唯美

中文版3ds Max 2016从入门到精通（微课视频版）

243集视频讲解**+手机扫码**看视频**+作者直播**

☑室内设计基础 ☑室内设计常用尺寸表 ☑三维灵感集锦 ☑3D常见问题答疑
☑3ds Max常用贴图 ☑常用模型 ☑PPT课件 ☑Photoshop必备知识点精讲

唯美世界 曹茂鹏 编著

中国水利水电出版社
www.waterpub.com.cn
·北 京·

内 容 简 介

《中文版3ds Max 2016从入门到精通（微课视频版）》是一本系统讲述3ds Max 2016软件的3ds Max视频教程，内容涵盖3ds Max室内设计、3ds Max建模、3ds Max渲染和3ds Max动画制作，并详细讲述了3ds Max在广告、影视特效、工业设计、建筑设计、室内设计、模型设计、三维动画、多媒体制作、游戏、辅助教学以及工程可视化等领域的必备知识和技术。

《中文版3ds Max 2016从入门到精通（微课视频版）》共23章，其中1~19章详细介绍了3ds Max 2016各工具和命令的使用方法和技巧，具体内容包括：认识3ds Max 2016，3ds Max 界面，3ds Max基本操作，几何体建模，样条线建模，复合对象建模，修改器建模，多边形建模，渲染器参数设置，灯光、材质和贴图技术，摄影机应用，环境与效果，动力学，粒子系统与空间扭曲，毛发技术，关键帧动画和高级动画等日常工作所使用到的全部知识点。20~23章通过4个具体的大型设计案例完整展示了使用3ds Max进行实际项目设计的全过程。

《中文版3ds Max 2016从入门到精通（微课视频版）》的各类学习资源有：

1.243集同步视频+素材源文件+手机扫码看视频+作者直播。

2.赠送《室内设计基础》《室内设计常用尺寸表》《三维灵感集锦》《3D常见问题答疑》《配色宝典》《色谱表》等电子书。

3.赠送3ds Max常用贴图、常用模型、常用快捷键索引和PPT课件。

4.赠送《Photoshop必备知识点视频精讲》（116集）《Photoshop CC常用快捷键速查表》《Photoshop CC常用工具速查表》。

《中文版3ds Max 2016从入门到精通（微课视频版）》适合于3ds Max初学者作为教材学习，也可作为学校、培训机构的教学用书，还可作为对3ds Max有一定使用经验的读者的参考书。3ds Max 2012、3ds Max 2014、3ds Max 2017等版本的读者也可参考学习。

图书在版编目（CIP）数据

中文版 3ds Max 2016 从入门到精通：微课视频版：唯美 / 唯美世界编著．—北京：中国水利水电出版社，2018.5（2023.3重印）

ISBN 978-7-5170-5654-6

I. ①中… II. ①唯… III. ①三维动画软件 IV. ①TP391.414

中国版本图书馆 CIP 数据核字（2017）第 181139 号

丛书名	唯美
书名	中文版3ds Max 2016从入门到精通（微课视频版） ZHONGWENBAN 3ds Max 2016 CONG RUMEN DAO JINGTONG(WEIKE SHIPIN BAN)
作者	唯美世界 曹茂鹏 编著
出版发行	中国水利水电出版社 （北京市海淀区玉渊潭南路1号D座 100038） 网址：www.waterpub.com.cn E-mail：zhiboshangshu@163.com 电话：（010）62572966-2205\2266\2201（营销中心）
经售	北京科水图书销售有限公司 电话：（010）68545874、63202643 全国各地新华书店和相关出版物销售网点
排版	北京智博尚书文化传媒有限公司
印刷	北京富博印刷有限公司
规格	203mm×260mm 16开本 33印张 1200千字 8插页
版次	2018年5月第1版 2023年3月第14次印刷
印数	76001—79000册
定价	99.80元

Chapter 23 汽车广告设计

Chapter 11 “质感神器”——材质
实例：VRayMtl材质制作酒瓶材质

Chapter 11 “质感神器”——材质
实例：VRayMtl材质制作金材质

Chapter 12 贴图
实例：置换贴图制作披萨饼

Chapter 04 内置几何体建模
案例：环形结制作儿童玩具

Chapter 04 内置几何体建模
举一反三：圆柱体制作茶几

Chapter 11 "质感神器"——材质
实例：VRayMtl材质制作大理石地砖

Chapter 04 内置几何体建模
实例：切角长方体制作沙发

Chapter 04 内置几何体建模
实例：圆柱体、长方体制作圆几

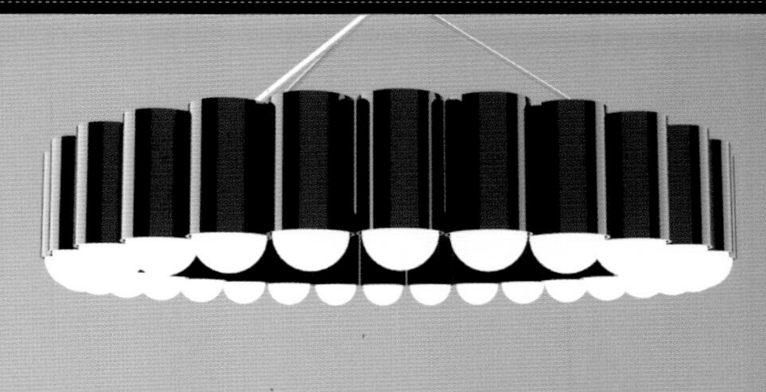
Chapter 04 内置几何体建模
实例：管状体、圆柱体、球体制作吊灯

Chapter 04 内置几何体建模
实例：创建室外植物

Chapter 04 内置几何体建模
实例：长方体工具制作书架

本书精彩案例欣赏

Chapter 05 样条线建模
举一反三：线、圆制作吊灯

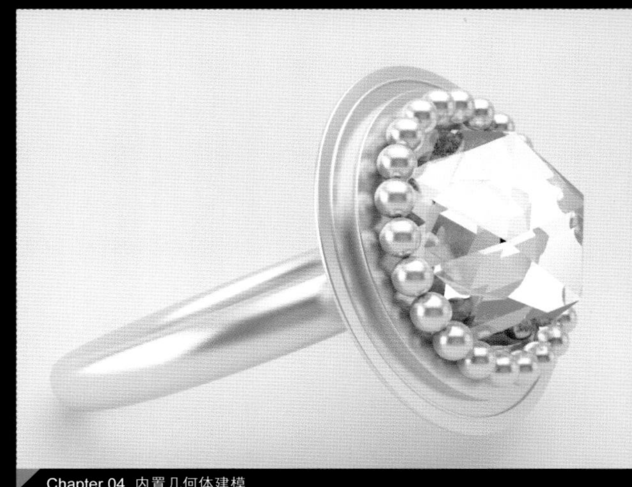

Chapter 04 内置几何体建模
实例：几何球体、圆环制作戒指

Chapter 05 样条线建模
实例：螺旋线制作弹簧

Chapter 05 样条线建模
综合实例：样条线制作小提琴

Chapter 05 样条线建模
实例：线制作创意椅子

Chapter 05 样条线建模
实例：线制作铁艺吊灯

Chapter 06 复合对象建模
举一反三：散布制作漫山遍野的植物

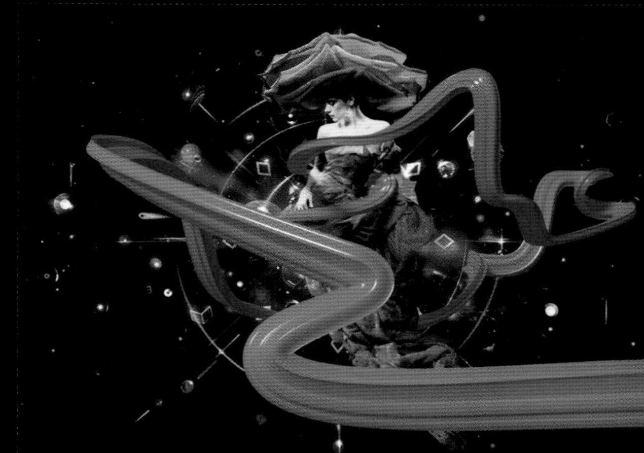

Chapter 06 复合对象建模
实例：放样制作奇幻三维人像合成

Chapter 11 “质感神器”——材质
实例：VRay2SidedMtl材质制作花朵

Chapter 11 “质感神器”——材质
实例：VRayMtl材质制作一杯萝卜汁

Chapter 11 “质感神器”——材质
实例：VRayMtl材质制作青花瓷

Chapter 11 “质感神器”——材质
实例：【多维子对象】材质制作卡通小岛

本书精彩案例欣赏

Chapter 12 贴图
实例：凹凸贴图制作墙体

Chapter 12 贴图
实例：位图贴图制作猕猴桃

Chapter 12 贴图
实例：不透明度贴图制作树叶

Chapter 12 贴图
实例：利用平铺贴图制作瓷砖

Chapter 13 摄影机
实例：创建一个合适的摄影机角度

Chapter 13 摄影机
实例：目标摄影机制作景深效果

Chapter 10 灯光
实例：VR-灯光制作台灯

Chapter 10 灯光
实例：VR-灯光（球体）制作烛光

Chapter 10 灯光
实例：目标灯光制作射灯

Chapter 11 "质感神器"——材质
实例：VRayMtl材质制作沙发皮革

Chapter 11 "质感神器"——材质
实例：VRayMtl材质制作透明泡泡

Chapter 13 摄影机
实例：VR-物理摄影机制作散景效果

本书精彩案例欣赏

Chapter 10 灯光
实例：VR-太阳制作黄昏灯光

Chapter 10 灯光
实例：泛光制作烛光

Chapter 10 灯光
实例：VR-灯光制作壁灯

Chapter 10 灯光
实例：VR-灯光制作柔和灯光

Chapter 10 灯光
实例：VR-灯光制作吊灯

Chapter 10 灯光
实例：VR-灯光制作灯带

Chapter 12 贴图
实例：泼溅贴图制作陶瓷花瓶

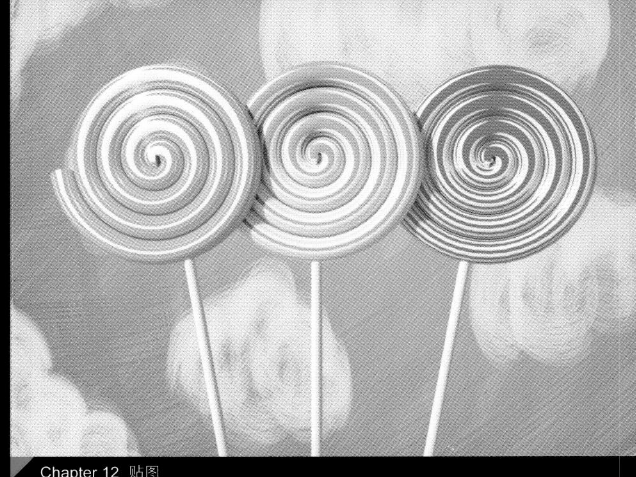
Chapter 12 贴图
实例：渐变坡度贴图制作棒棒糖

Chapter 12 贴图
实例：棋盘格贴图制作黑白地面

Chapter 14 环境和效果
实例：为场景添加背景

Chapter 12 贴图
实例：衰减贴图制作沙发

Chapter 17 毛发系统
实例：Hair和Fur（WSM）修改器制作草丛

本书精彩案例欣赏

Chapter 06 复合对象建模
实例：放样制作炫酷三维螺旋线

Chapter 06 复合对象建模
实例：散布工具制作创意吊灯

Chapter 07 修改器建模
实例：晶格修改器制作水晶灯

Chapter 07 修改器建模
实例：挤出修改器制作茶几

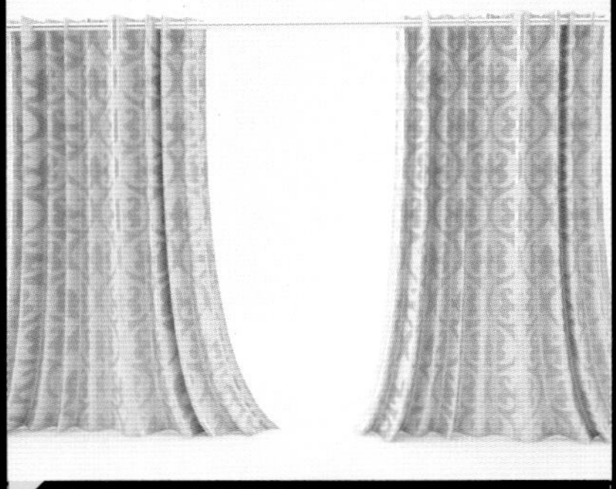

Chapter 07 修改器建模
实例：挤出和FFD修改器制作窗帘

Chapter 07 修改器建模
实例：挤出和FFD修改器制作吊灯

Chapter 07 修改器建模
实例：FFD修改器制作创意台灯

Chapter 07 修改器建模
实例：倒角剖面制作背景墙

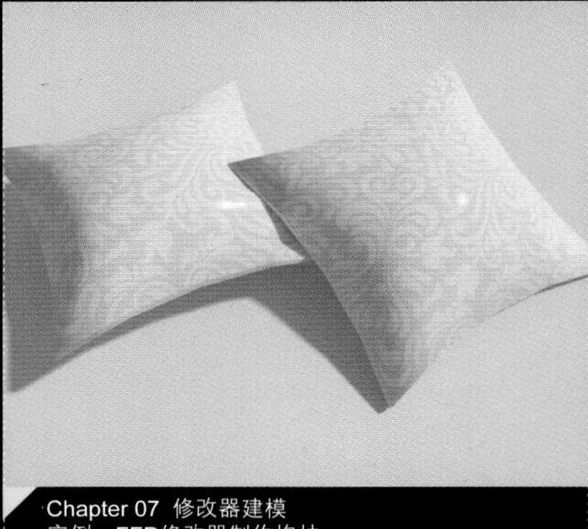

Chapter 07 修改器建模
实例：FFD修改器制作抱枕

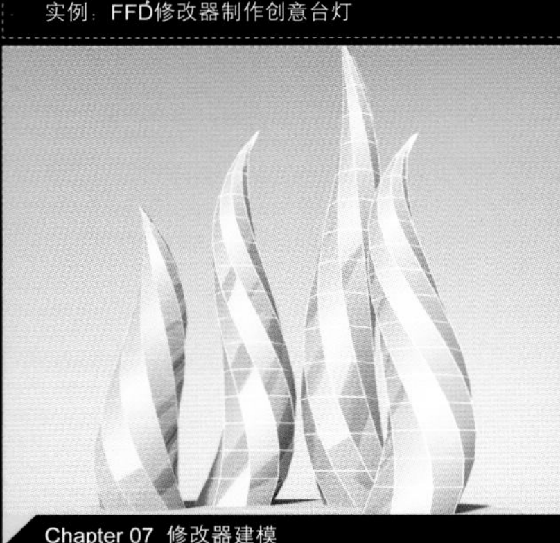

Chapter 07 修改器建模

Chapter 08 多边形建模

Chapter 08 多边形建模

Chapter 14 环境和效果
实例：雾制作高山仙境

Chapter 14 环境和效果
轻松动手学：为场景添加一个环境背景

Chapter 14 环境和效果
轻松动手学：创建雾效果

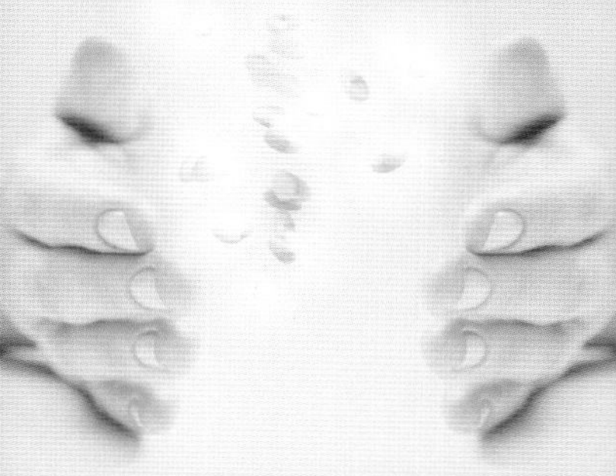
Chapter 14 环境和效果
实例：模糊效果制作手心里的爱

Chapter 17 毛发系统
实例：VR-毛皮制作毛毯

Chapter 17 毛发系统
实例：Hair和Fur（WSM）修改器制作毛绒玩具

Chapter 17 毛发系统
实例：VR-毛皮制作地毯

Chapter 11 “质感神器”——材质
实例：顶底材质制作大雪覆盖大树

Chapter 08 多边形建模
实例：多边形建模制作躺椅

Chapter 08 多边形建模
实例：多边形建模制作角色模型

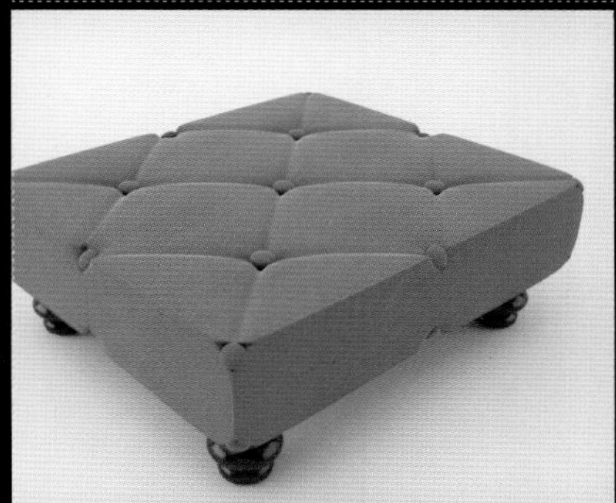
Chapter 08 多边形建模
实例：多边形建模制作脚凳

Chapter 11 “质感神器”——材质
实例：VRayMtl材质制作陶瓷

本书精彩案例欣赏

Chapter 15 动力学
实例：mCloth制作风吹布料

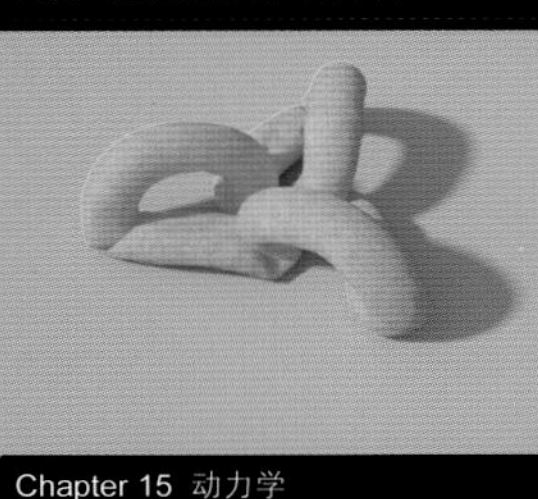

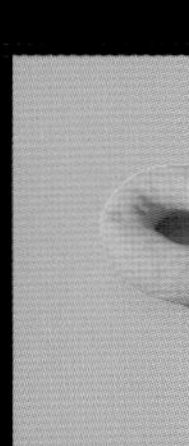

Chapter 15 动力学
实例：mCloth制作玩具漏气

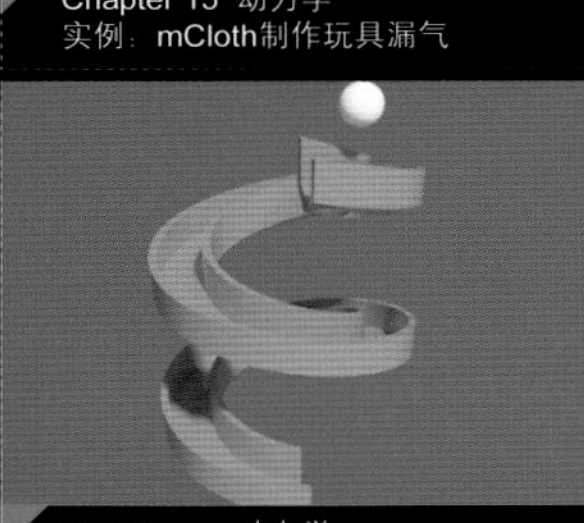
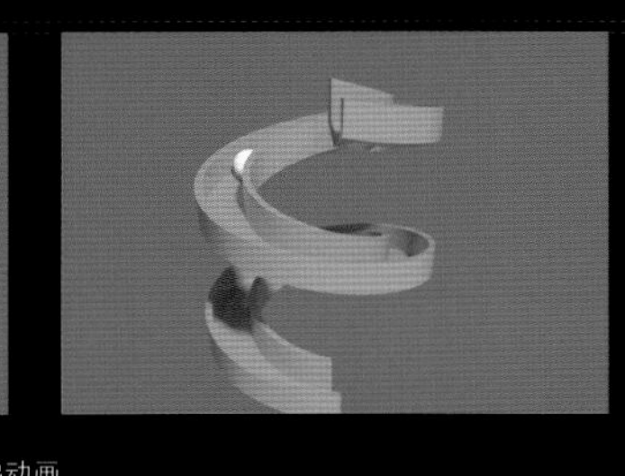

Chapter 15 动力学
实例：动力学刚体、静态刚体制作滑梯动画

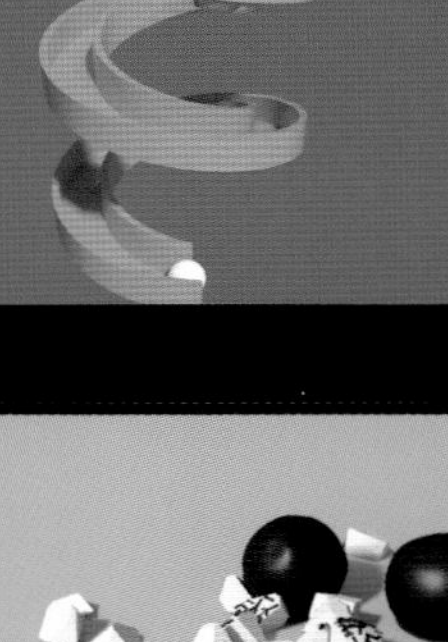

Chapter 15 动力学
实例：动力学刚体、运动学刚体制作巧克力球碰碎动画

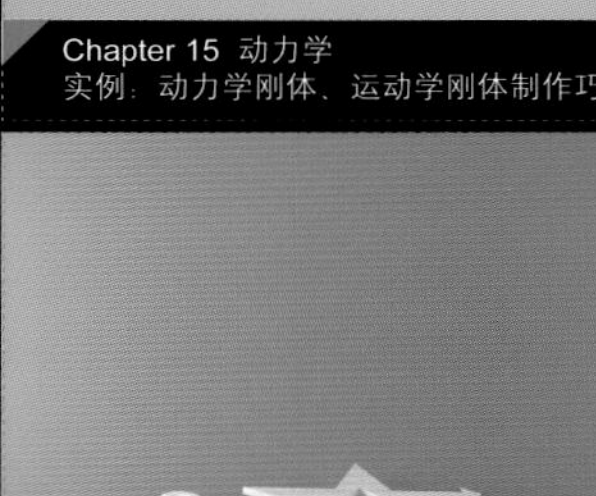

Chapter 15 动力学
实例：动力学刚体制作电视台LOGO动画

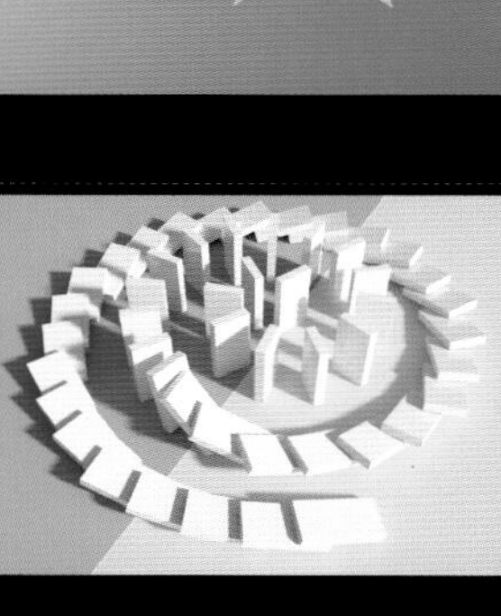

Chapter 15 动力学
实例：动力学刚体制作多米诺骨牌动画

Chapter 16 粒子系统与空间扭曲
实例：粒子流源制作绚烂烟火

Chapter 15 动力学
实例：动力学刚体制作桔子落地动画

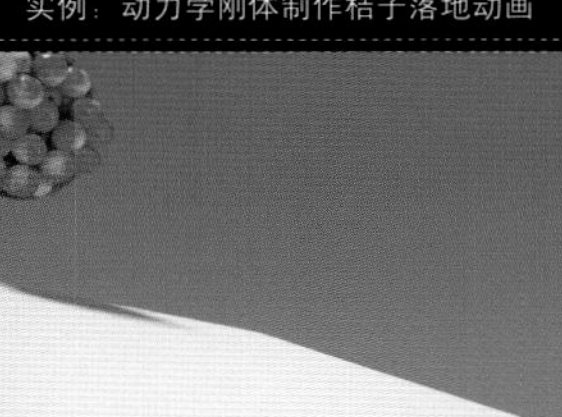

Chapter 15 动力学
实例：运动学刚体、静态刚体制作苹果动画

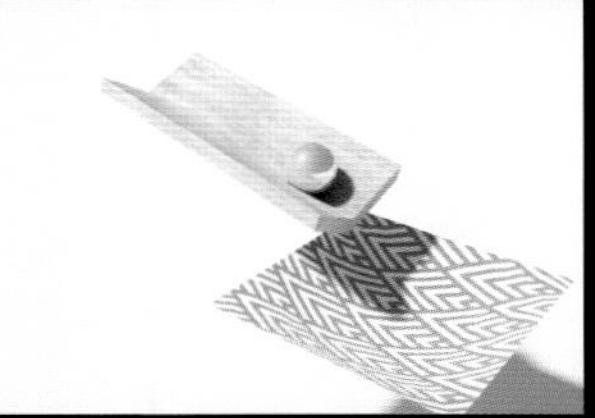
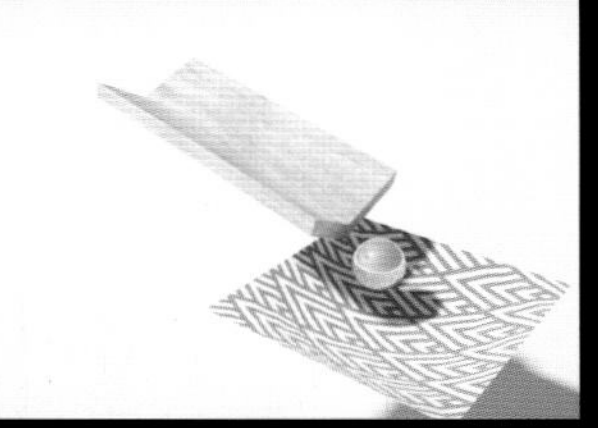

Chapter 15 动力学
实例：综合三种动力学制作小实验

Chapter 16 粒子系统与空间扭曲
实例：爆炸制作文字动画

Chapter 16 粒子系统与空间扭曲
实例：超级喷射制作超酷液体流动

本书精彩案例欣赏

Chapter 16 粒子系统与空间扭曲
实例：漩涡制作龙卷风

Chapter 16 粒子系统与空间扭曲
实例：超级喷射制作电视栏目包装

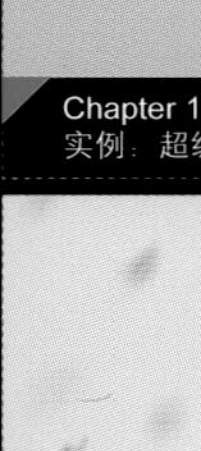

Chapter 16 粒子系统与空间扭曲
实例：路径跟随和超级喷射制作浪漫花朵

Chapter 18 关键帧动画
实例：关键帧动画制作三维标志变化

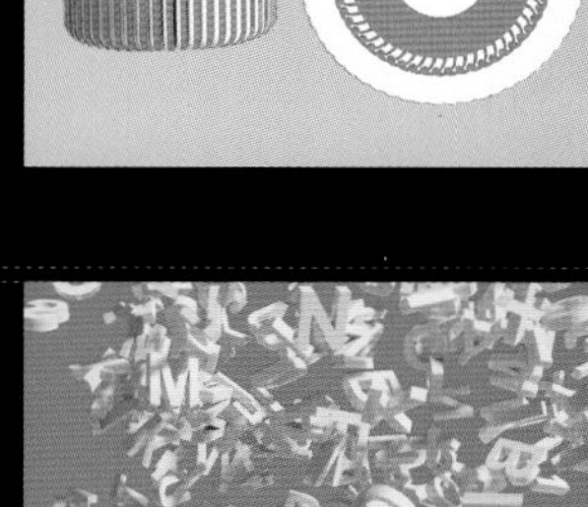

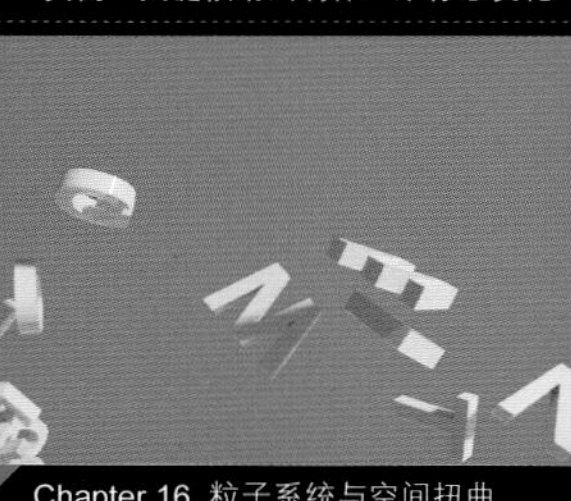
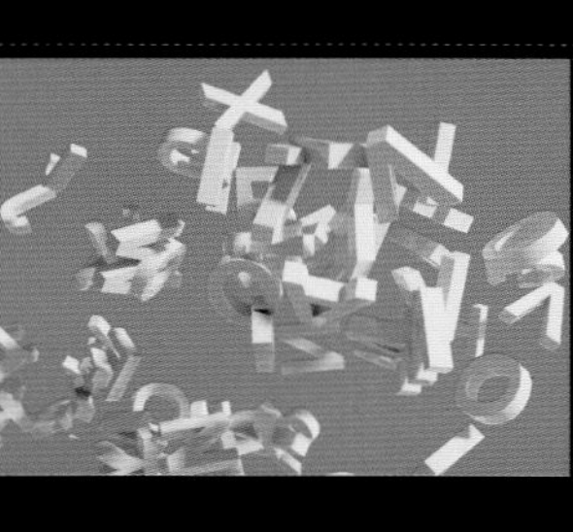

Chapter 16 粒子系统与空间扭曲
实例：粒子流源制作字母满天飞

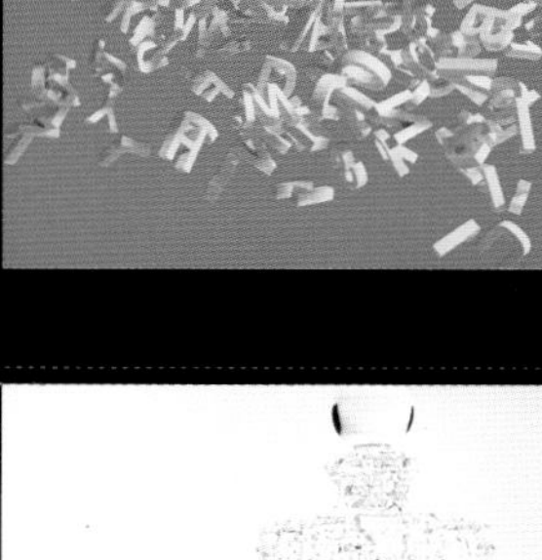

Chapter 16 粒子系统与空间扭曲
实例：粒子阵列制作酒瓶水珠

前 言

Preface

3ds Max（全称为3D Studio Max），是一款基于PC系统的三维动画制作和渲染软件，广泛应用于广告、影视、工业设计、建筑设计、三维动画、多媒体制作、游戏、辅助教学以及工程可视化等领域。随着计算机技术的不断发展，3ds Max软件也不断向智能化和多元化方向发展。近年来，虚拟现实（VR）技术非常火热，3ds Max软件在三维动态场景设计和实体行为设计中，也必将发挥重要作用。

本书显著特色

1. 配套视频讲解，手把手教您学习

本书配备了大量的同步教学视频，涵盖全书几乎所有实例和重要知识点，如同老师在身边手把手教您，可以让学习更轻松、更高效！

2. 二维码扫一扫，随时随地看视频

本书重要知识点和实例均录制了视频，并在书中的相应位置处设置了二维码，通过扫码，可以随时随地在手机上看视频。（若个别手机不能播放，可下载后在电脑上观看）

3. 内容极为全面，注重学习规律

本书涵盖了3ds Max几乎所有工具、命令常用的相关功能，是市场同类书中内容最全面的图书之一。同时采用“知识点+理论实践+实例练习+综合实例+技术拓展+技巧提示”的模式编写，也符合轻松易学的学习规律。

4. 实例极为丰富，强化动手能力

“轻松动手学”便于读者动手操作，在模仿中学习。“举一反三”可以巩固知识，在练习某个功能时触类旁通。“实例”用来加深印象，熟悉实战流程。后面几章的大型商业案例则是为将来的设计工作奠定基础。

5. 案例效果精美，注重审美熏陶

3ds Max只是工具，设计好的作品一定要有美的意识。本书实例案例效果精美，目的是加强对美感的熏陶和培养。

6. 配套资源完善，便于深度广度拓展

除了提供几乎覆盖全书的配套视频和素材源文件外，本书还根据设计师必学的内容赠送了大量教学与练习资源。具体如下：

《室内设计基础》《室内设计常用尺寸表》《三维灵感集锦》《3D 常见问题答疑》

《常用贴图》《常用模型》《配色宝典》《色谱表》

快捷键索引 PPT 课件

Photoshop是设计师必备软件之一，是抠图、修图、效果图制作的主要工具，为了方便读者学习，本书特赠送了《Photoshop必备知识点视频精讲》（116集）《Photoshop CC常用快捷键速查表》《Photoshop CC常用工具速查表》。

（本书不附带光盘，以上所有资源均需通过下面“本书服务”中介绍的方式下载后使用）

7. 专业作者心血之作，经验技巧尽在其中

作者系艺术学院讲师、Adobe® 创意大学专家委员会委员、Corel中国专家委员会成员。设计、教学经验丰富，大量的经验技巧融在书中，可以提高学习效率，少走弯路。

8. 订制学习内容，短期内快速上手

3ds Max功能强大、命令繁多，全部掌握需要较多时间。如想在短期内学会用3ds Max进行效果图制作、影视栏目包装设计、游戏设计等，可不必耗时费力学习3ds Max全部功能，只需根据本书的建议学习部分内容即可（可参考“特定学习指南”中的视频介绍）。

9. 提供在线服务，随时随地可交流

本书提供公众号、QQ群、网站等多渠道互动、答疑、下载服务。

本书服务

1. 3ds Max 2016软件获取方式

本书提供的下载文件包括教学视频和源文件等，教学视频可以演示观看，源文件可以查看实例的最终效果。要按照书中实例操作，必须先安装3ds Max软件之后，才可以进行。您可以通过如下方式获取3ds Max 2016简体中文版：

（1）登录https://www.autodesk.com.cn/products/3ds-max/网站下载试用版本（可试用30天，学生可使用3年），也可购买正版软件。

（2）可到当地电脑城的软件专卖店咨询。

（3）可到网上咨询、搜索购买方式。

2. 关于本书资源获取方式和相关服务

（1）登录网站xue.bookln.cn，输入书名，搜索到本书后，在“资源列表”中下载。

（2）加入本书学习QQ群：725625945（群满后，请根据加群提示加其他群，服务与本群一样），根据群公告提示下载。

（3）在学习本书的过程中遇到任何问题，可以扫描下面的微信公众号进行咨询，也可获取资源下载链接。

（4）还可以访问本书的QQ群：725625945，在群公告中获取资源下载链接，或就本书其他问题进行咨询，我们及时为您服务。

关于作者

本书由唯美世界组织编写，唯美世界由多名艺术学院讲师组成，主要从事平面设计、动漫制作、影视后期合成的教育培训和教材开发工作。具体参编的人员有荆爽、秦颖、王铁成、张玉华、曹爱德、曹元钢、崔英迪、董辅川、高歌、葛妍、韩雷、胡娟、矫雪、李芳、李化、李进、李路、李木子、刘微微、柳美余、马啸、马扬、齐琦、瞿吉业、瞿玉珍、瞿云芳、苏晴、孙芳、孙雅娜、曹诗雅、陶恒兵、曹明、王萍、王晓雨、王志惠、曹子龙、杨建超、杨力、于佳、于燕香、张建霞、曹玮、张越、赵民欣，在此一并表示感谢。

编　者

243集高清同步视频讲解

认识3ds Max 2016

本章开启了认识3ds Max世界的大门，在这里我们首先需要简单了解一下3ds Max的应用方向，认识一下在各个领域都能大放异彩的3ds Max。接下来需要熟悉一下3ds Max的工作流程，因为3ds Max是一款三维制图软件，所以其工作流程较为特殊。最后需要简单了解一下3ds Max 2016版本的新功能。

本章学习要点：

- 熟悉3ds Max的应用领域；
- 了解3ds Max的基本工作流程。

扫一扫，看视频

通过本章学习，我能做什么？

本章主要让大家对3ds Max有个初步的认识，了解其安装和操作流程。通过本章的学习，应该能够成功安装3ds Max，并为后面的学习做好准备。

1.1 3ds Max 2016 的应用领域

扫一扫，看视频

3ds Max 2016 的功能非常强大，适用于多个行业领域，可应用于室内效果图设计、建筑设计、园林景观设计、工业产品造型设计、栏目包装设计、影视动画、游戏、插画等。

1.1.1 3ds Max 2016 应用于室内效果图设计

3ds Max 最常用于制作室内效果图设计，其强大的渲染功能可使室内效果图更逼真，如图 1-1 和图 1-2 所示为优秀的室内效果图作品。

图1-1

图1-2

1.1.2 3ds Max 2016 应用于建筑设计

建筑设计一直是蓬勃发展的行业，随着数字技术的普及，建筑行业对于效果图制作的要求越加提高，不仅要求逼真，更要求具有一定的艺术感和审美价值，而 3ds Max 正是建筑效果图表现的不二之选，如图 1-3 和图 1-4 所示为优秀的建筑效果图作品。

图1-3

图1-4

1.1.3 3ds Max 2016 应用于园林景观设计

相对于室内设计而言，园林景观设计涉及的面积更大一些。单凭平面图很难完整地呈现出设计方案实施完成后的效果，所以需要进行效果图的制作。3ds Max 不仅适合于制作室内外小场景的效果图，对于超大的鸟瞰场景的表现也尤为出众，如图 1-5 和图 1-6 所示为优秀的园林景观效果图作品。

图1-5

图1-6

1.1.4 3ds Max 2016 应用于工业产品造型设计

随着经济的发展，产品的功能性已经不是吸引消费者的唯一要素，产品的外观在很大程度上也能够提升消费者的好感度。因此，产品造型设计逐渐成为近年来的热门行业，使用 3ds Max 可以进行工业产品造型的演示和操作功能的模拟，大大提升了产品造型展示的效果和视觉冲击力，如图 1-7 和图 1-8 所示为优秀的工业产品造型设计作品。

图1-7

图1-8

1.1.5 3ds Max 2016 应用于栏目包装设计

影视栏目包装设计可以说是节目、栏目、频道“个性”的体现，成功的栏目包装能够突出节目特点、确立栏目品牌地位、增强辨识度。栏目包装的重要性不言而喻。对于影视栏目包装的从业人员，不仅需要使用影视后期制作软件 After Effects 制作影视特效；很多时候为了使栏目包装更吸引观众眼球，3D 元素的运用是必不可少的。这部分的 3D 元素的制作就可以使用到 3ds Max，如图 1-9 和图 1-10 所示为优秀的栏目包装设计作品。

图1-9

图1-10

1.1.6 3ds Max 2016 应用于影视动画

随着 3D 技术的发展，3D 元素被越来越多地应用到电影和动画作品中，广受人们欢迎。3ds Max 由于其在造型以及渲染方面的优势，不仅可以制作风格各异的卡通形象，更能够用来模拟实际拍摄时无法实现的效果，如图 1-11 和图 1-12 所示为优秀的影视动画效果。

图 1-11

图 1-12

1.1.7 3ds Max 2016 应用于游戏

游戏行业一直是 3D 技术应用的先驱型行业，随着移动终端的普及和硬件技术的发展，从电脑平台到手机平台，用户对于 3D 游戏视觉体验的要求也越加提升。由此带来的是精美的 3D 角色和场景、细腻的画质、绚丽的视觉特效等。从角色到道具，再到场景，这些 3D 效果的背后都少不了 3ds Max 的身影，如图 1-13 和图 1-14 所示为优秀的游戏作品。

图 1-13

图 1-14

1.1.8 3ds Max 2016 应用于插画

插画并不算是一个新的行业，但是随着数字技术的普及，插画绘制的过程更多地从纸上转移到计算机上。而伴随着 3D 技术的发展，三维插画也越来越多地受到插画师的青睐。使用 3ds Max 可以轻松营造真实的空间感和光照感，更能制作出无限可能的 3D 造型，如图 1-15 和图 1-16 所示为优秀的 3D 插画作品。

图 1-15

图 1-16

1.2 3ds Max 2016 的安装流程

3ds Max 2016 的具体安装流程如下。

步骤 01 下载3ds Max 2016的安装程序，然后双击运行安装程序，如图1-17所示。

图1-17

步骤 02 此时等待一段时间，软件会自动解压缩，然后会弹出一个对话框，单击【安装】按钮，如图1-18所示。

步骤 03 选择【我接受】，然后单击【下一步】按钮，如图1-19所示。

Autodesk 3ds Max 2016
AUTODESK® 3DS MAX® 2016
AUTODESK.
安装说明：
中文(简体) (Chinese (Simplified))
创建展开
安装工具和实用程序
安装
在此计算机上安装
安装帮助
系统要求
自述
退出

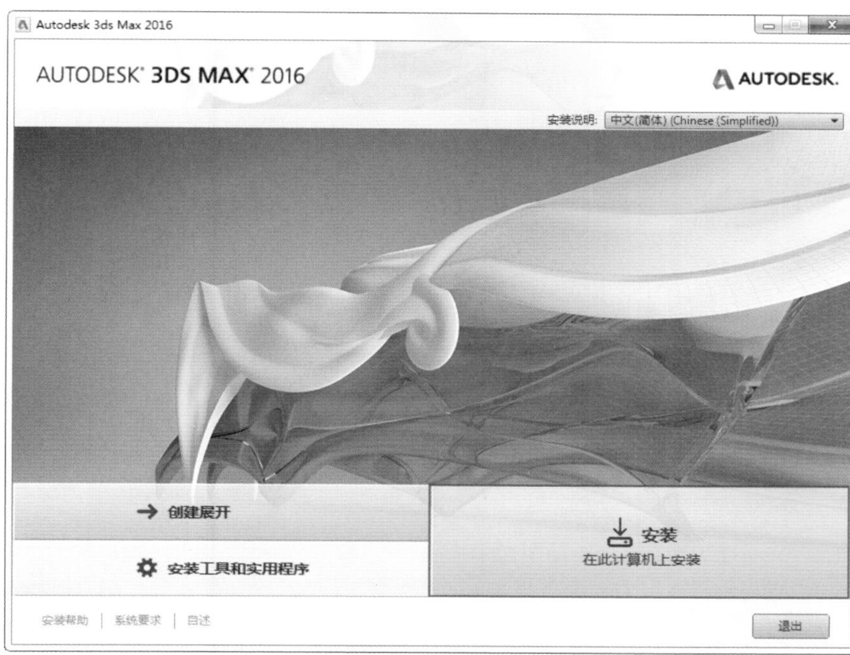

图1-18

Autodesk 3ds Max 2016
AUTODESK® 3DS MAX® 2016
AUTODESK.
安装 > 许可协议
国家或地区：
China
Autodesk
许可及服务协议
认真阅读：AUTODESK仅在被许可方接受本协议所含或所提及的所有条款的条件下才许可软件和其他许可材料。
如果您选择用以确认同意本协议电子版的条款的"我接受"("I ACCEPT")按钮或其他按钮或机制，或者安装、下载、访问或以其他方式复制或使用Autodesk材料的全部或任何部分，即表示(i)您代表授权您代其行事的实体（如：雇主）接受本协议并确认本协议对该实体有法律约束力（而且您同意以符合本协议的方式行事），或者（如果不存在授权您代其行事的实体）您代表自己作为个人接受本协议并确认本协议对您有法律约束力；及(ii)您陈述并保证自己具有代表该实体（如有）或自己行事并约束该实体（如有）或自己的权利、权力和授权。除非您是另一实体的雇员或代理人并且具有代表该实体行事的权利、权力和授权，否则您不得代表该实体接受本协议。
如果被许可方不愿意接受本协议，或者您不具有代表该实体或作为个人的自己行事（如不存在该等实体）并约束该实体或作为个人的自己的权利、权力和授权，则(a)不要选择"我接受"("I ACCEPT")按钮或者点击用以确认同意的任何按钮或其他机制，且不要安装、下载、访问或以其他方式复制或使用Autodesk材料的全部或任何部分；及(b)获得Autodesk材料之日起三十（30）日内，被许可方可以将Autodesk材料（包括任何副本）归还给提供该Autodesk材料的实体，以便收到被许可方此前支付的相关许可费的退款。
我拒绝
我接受
安装帮助
系统要求
自述
上一步
下一步
取消

图1-19

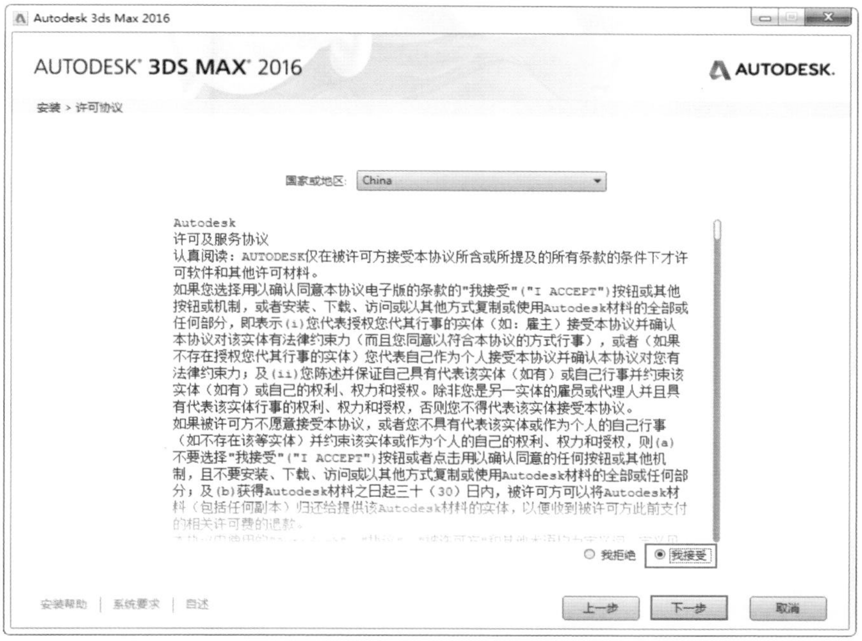

步骤04 3ds Max允许用户试用软件30天，可以首先选择【我想要试用该产品30天】，然后单击【下一步】，如图1-20所示。如果已经购买，选择【我有我的产品信息】，并输入【序列号】和【产品密钥】。

图1-20

步骤05 接着在弹出的窗口中单击【安装】按钮，如图1-21所示。接下来开始安装，如图1-22所示。

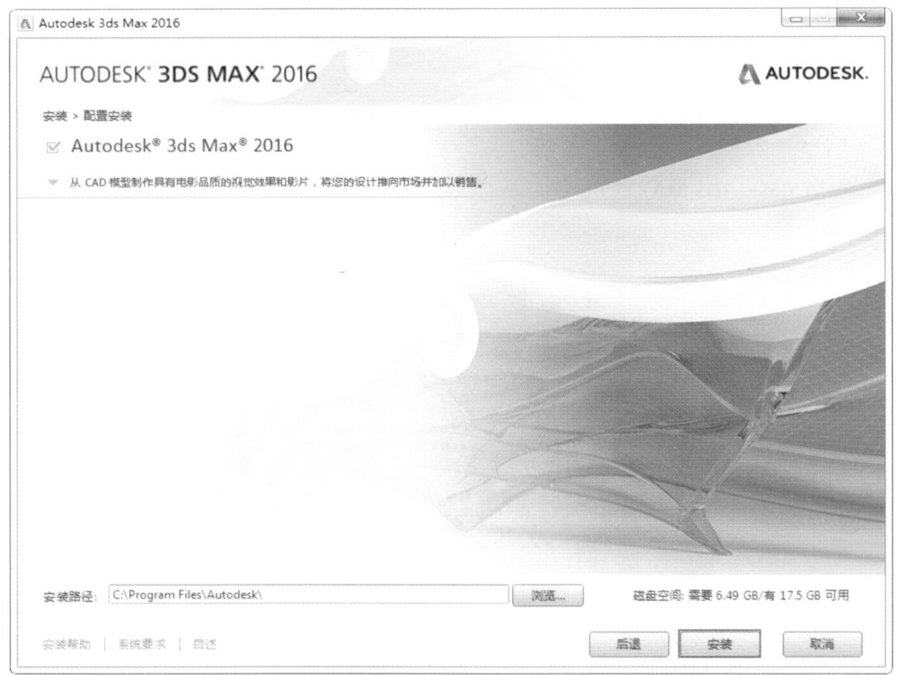

图1-21

图1-22

步骤 06 稍作等待，完成安装后会弹出成功安装的提示，如图1-23所示。

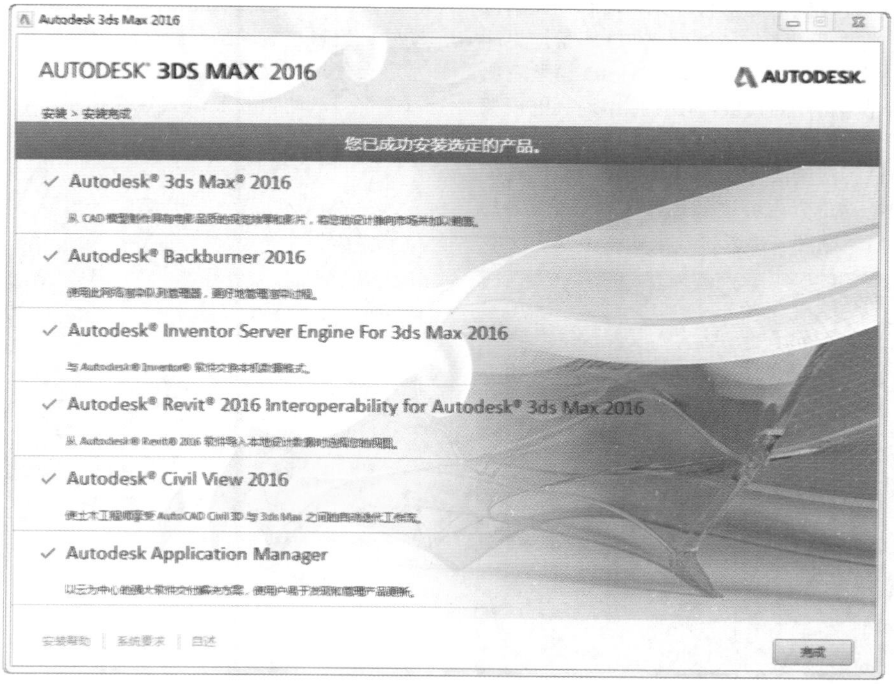

Autodesk 3ds Max 2016

AUTODESK® 3DS MAX® 2016

AUTODESK.

安装 > 安装完成

您已成功安装选定的产品。

✓ Autodesk® 3ds Max® 2016

✓ Autodesk® Backburner 2016

✓ Autodesk® Inventor Server Engine For 3ds Max 2016

✓ Autodesk® Revit® 2016 Interoperability for Autodesk® 3ds Max 2016

✓ Autodesk® Civil View 2016

✓ Autodesk Application Manager

安装帮助 | 系统要求 | 自述

完成

图1-23

重点 1.3 3ds Max 的创作流程

3ds Max 的创作流程主要包括建模，渲染设置，灯光、材质、贴图、摄影机设置，动画和渲染 5 大步骤。

1.3.1 建模

在 3ds Max 中想要制作出效果图，首先需要在场景中制作出 3D 模型，这个过程就叫做“建模”。建模的方式有很多，比如通过使用 3ds Max 内置的几何体创建立方体、球体等常见几何形体，利用多边形建模制作复杂的 3D 模型、利用“样条线”制作一些线形的对象等。关于建模方面的内容读者可以学习本书建模章节（第 4 ～ 8 章）。建模效果如图 1-24 所示。

1.3.2 渲染设置

想要得到精美的 3D 效果图，“渲染”是必不可少的一个步骤。简单来说，“渲染”就是将 3D 对象的细节、表面的质感、场景中的灯光呈现在一张图像中的过程。在 3ds Max 中，通常需要使用到某些特定的“渲染器”来实现逼真效果的渲染。而在渲染之前，就需要进行“渲染设置”，切换到相应渲染器之后才能够使用其特有的灯光、材质等功能。渲染设置如图 1-25 所示。这部分知识可以在本书第 9 章进行学习。

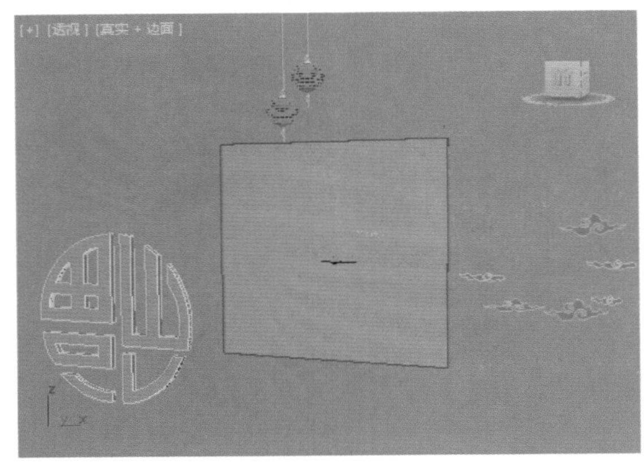
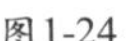

图1-24

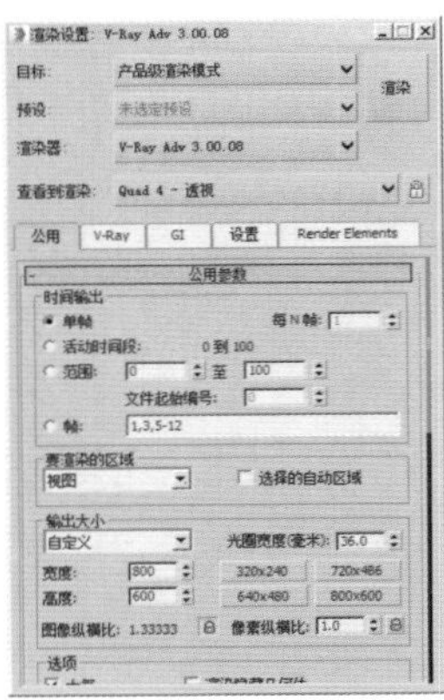

图1-25

1.3.3 灯光、材质、贴图、摄影机

模型建立完成后 3ds Max 的工作就完成了吗？并没有，3D 的世界里不仅要有 3D 模型，更要有灯光。没有灯光的世界是一片漆黑的，灯光的设置不仅能够照亮 3D 场景，更能够起到美化场景的作用。除此之外，还需要对 3D 模型表面进行颜色、质感、肌理等属性的设置，以模拟出逼真的模型效果。“摄影机”的设置可以理解为为画面选择一个合适的视角，然后以该视角进行渲染成像。还可以制作一些运动模糊、景深等特殊效果。这部分内容读者可以在本书第 10~13 章中学习，灯光、材质、贴图、摄影机效果如图 1-26 所示。

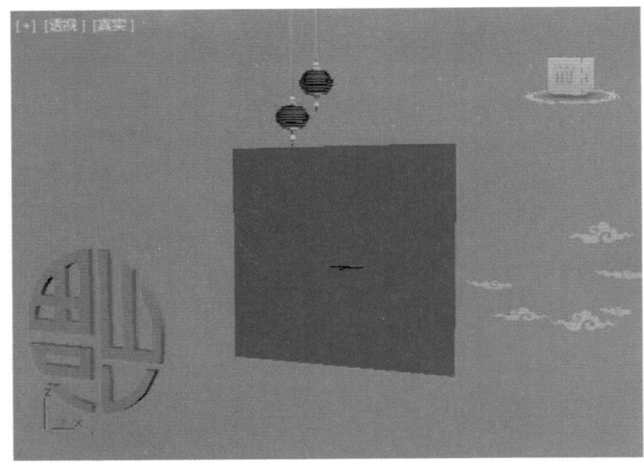

图1-26

1.3.4 动画

3ds Max 具有很强大的“动画”功能，不仅可以制作简单的位移、缩放动画，还可以制作角色动画、动力学动画、粒子动画等。这些功能常用于制作建筑浏览动画、产品演示动画、栏目包装动画、影视动画。在制作室内外效果图时通常不会使用到这部分内容。这部分知识可以在本书第 15~19 章中学习，动画效果如图 1-27 所示。

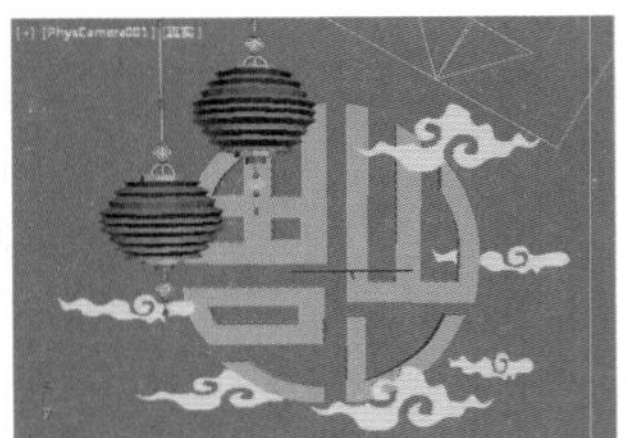

图1-27

1.3.5 渲染

经过了建模、渲染设置、灯光、材质、摄影机、动画的制作，下面可以进行场景的渲染，单击主工具栏中的【渲染产品】按钮即可对画面进行渲染，得到最终效果如图 1-28 所示。

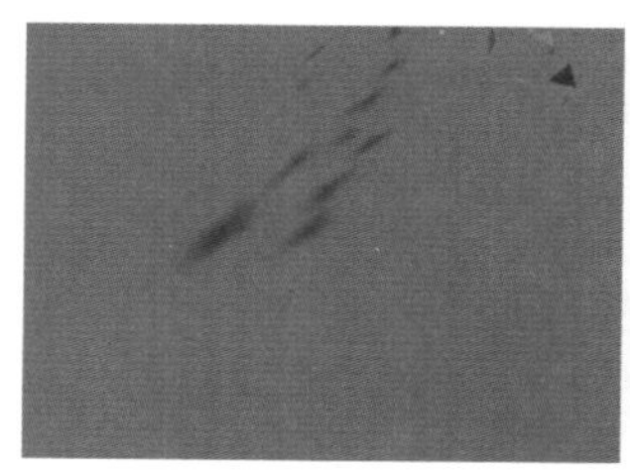

图1-28

1.4 3ds Max 2016 新增功能

3ds Max 2016 新增了很多功能，这些功能可使用户创建自定义工具、轻松共享工作、方便团队协作等。

1.易用性方面的新功能

（1）新设计工作区：引入新的设计工作空间为 3ds Max 用户提供更高效的工作流程。

（2）新模板系统：新的按需模板为用户提供标准化的启动配置，有助于加快场景创建过程。

（3）多点触控支持：具有多点触控三维导航功能，使美工人员可以更自由地与其 3D 内容进行交互。

（4）工作流程改进：改善了 3ds Max、Maya 和 Maya LT 的明暗器互操作性，方便创建和交换高级明暗器。

2.场景管理中的新增功能

（1）外部参照对象更新：新增支持外部参照对象中的非破坏性动画工作流且稳定性提高，协作更加轻松。

（2）改进的层处理和场景 / 层资源管理器更新：新选项能够选择如何处理合并场景中的层次。

3.基于节点的编程中的新功能

Max Creation Graph：3ds Max 2016 提供 Max Creation Graph，是一个基于节点的工具创建环境。

4.建模中的新增功能

（1）切角修改器：新的切角修改器可在堆栈上应用顶点和切角操作。

（2）硬边和平滑边：通过可编辑多边形对象和“编辑多边形”修改器可更轻松地创建硬边和平滑边。

（3）规格化样条线：【规格化样条线】修改器现在具有新的精度参数。

（4）镜像工具：新增了一个【几何体】选项，这对于建模非常有用。

（5）文本样条线现在支持 OpenType 字体：文本样条线现在可以使用 OpenType 字体。

5.数据交换中的新功能

（1）与 Alembic 数据交换：可将复杂的动画和数据提取到独立于应用程序的非程序性烘焙几何体结果集。

（2）Inventor 动画导入：Autodesk Inventor 约束和关节驱动动画现在可以作为烘焙关键帧导入到 3ds Max。

6.角色动画中的新功能

双四元数蒙皮：3ds Max 的平滑蒙皮方法得到了改善，这种新的平滑蒙皮方法有助于减少不必要的变形瑕疵。

7.硬件渲染中的新增功能

（1）Stingray 明暗器：可以创建 Stingray 明暗器。

（2）MetaSL 明暗器：3ds Max 2016 不再支持 MetaSL 明暗器。

8.摄影机中的新特性

（1）物理摄影机：新增了与 V-Ray 制造商 Chaos Group 共同开发的物理摄影机。

（2）摄影机序列器：新的摄影机序列器，可通过高质量动画可视化、动画和电影制片更轻松地讲述精彩故事。

9.渲染中的新功能

（1）Autodesk A360 渲染支持。

（2）添加了对新的 iray 和 mental ray 增强功能的支持。

（3）最新支持 Backburner 错误报告。

10.视口新功能

Nitrous 视口中的选择预览：鼠标移动到对象上，会出现黄色轮廓。选择对象后，会显示蓝色轮廓。

3ds Max界面

本章主要讲解3ds Max界面的各个部分，目的是认识界面中各个模块的名称、功能，熟悉各种常用工具的具体位置，为第3章学习3ds Max的基本操作做铺垫。

本章学习要点：

- 熟悉3ds Max的界面布局；
- 熟练使用菜单栏、主工具栏、状态栏控件；
- 熟练掌握视口操作的方式。

扫一扫，看视频

通过本章学习，我能做什么？

通过本章的学习，应该做到熟知3ds Max界面中各个部分的位置与基本的使用方法，能够在学习过程中找到需要使用的3ds Max的某项功能。这也是在学习3ds Max具体操作之前必须要做到的。

2.1 第一次打开 3ds Max 2016

在成功安装 3ds Max 之后，可以双击 3ds Max 图标打开 3ds Max 软件，如图 2-1 所示。

图2-1

提示：如何找到中文版的 3ds Max？

安装完 3ds Max 后，桌面上会自动产生一个 3ds Max 的图标，这是默认的英文版本。若是需要使用中文版，可以在开始程序中寻找。具体步骤如下：

执行【开始】|【所有程序】|【Autodesk】|【Autodesk 3ds Max 2016】|【3ds Max 2016-Simplified Chinese】，如图 2-2 所示。此处不仅有简体中文版，还有法语版、德语版等。

图2-2

然后会弹出这样一个欢迎窗口，我们可以单击【学习】进行教程学习，也可以单击【开始】进行打开文件或启动模板等操作。若是不需要每次都弹出该窗口，只需要取消选中左下方的【在启动时显示此欢迎屏幕】即可，如图 2-3 所示。

打开 3ds Max 2016 之后，其界面（主窗口）主要包括快速访问工具栏、菜单栏、主工具栏、功能区、视口、状态栏控件、动画控件、命令面板、时间尺、视口导航 10 大部分，如图 2-4 所示。

图2-3

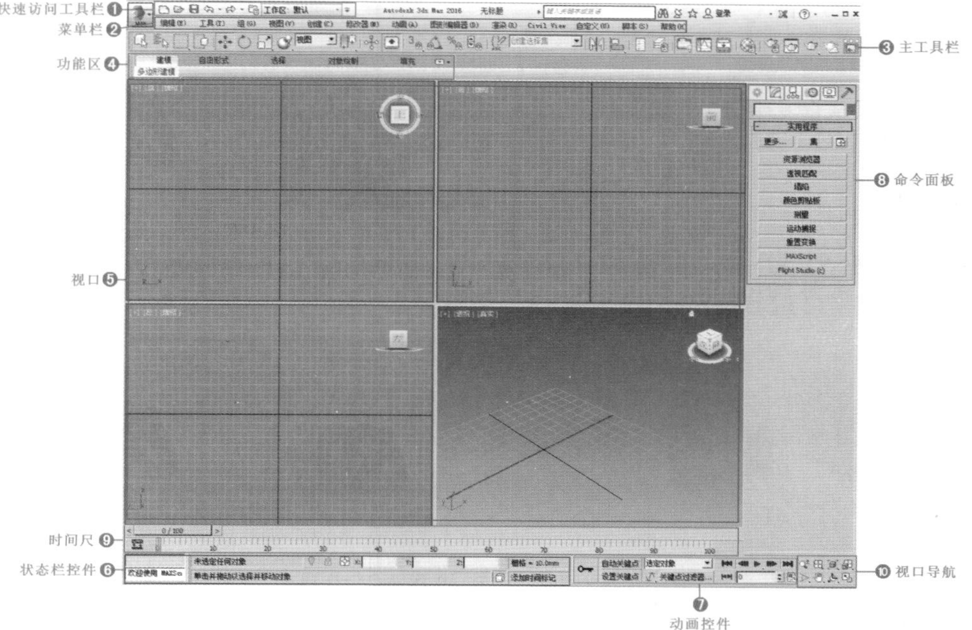

图2-4

扫一扫，看视频

具体说明如下：

① 快速访问工具栏：提供文件处理功能和撤销 / 重做命令，以及一个下拉列表，用于切换不同的工作空间界面。

② 菜单栏：很多功能都在菜单栏中，可以执行相应的操作。

③ 主工具栏：提供 3ds Max 中一些最常用的命令。

④ 功能区：包含一组工具，可用于建模、绘制到场景中以及添加人物。

⑤ 视口：可从多个角度显示场景，并预览照明、阴影、景深和其他效果。

⑥ 状态栏控件：显示场景和活动命令的提示和状态信息。

⑦ 动画控件：可以创建动画，并在视口内播放动画。

⑧ 命令面板：可以访问提供创建和修改几何体、添加灯光、控制动画等功能的工具。

⑨ 时间尺：可拖动时间尺，查看动画效果。

⑩ 视口导航：使用这些按钮可以在活动视口中导航场景。

2.2 快速访问工具栏

快速访问工具栏是用于管理场景文件的常用命令，包括【新建场景】的、【打开文件】、【保存文件】、【撤销场景操作】、【重做场景操作】、【项目文件夹】、【工作区】、【隐藏菜单栏】8 个工具，如图 2-5 所示。

图2-5

2.3 菜单栏

菜单栏位于主窗口的快速访问工具栏下面。每个菜单项的名称表明了其中相关命令的用途，其实很多工具都被集合到了主工具栏、【创建】面板、【修改】面板中。菜单栏中包含 1 个按钮和 13 个菜单项，分别为【应用程序】【编辑】【工具】【组】【视图】【创建】【修改器】【动画】【图形编辑器】【渲染】【Civil View】【自定义】【脚本】和【帮助】，如图 2-6 所示。

图2-6

1.【应用程序】按钮

单击【应用程序】按钮，会出现很多操作文件的命令，包括【新建】【重置】【打开】【保存】【另存为】【导入】【导出】等，如图 2-7 所示。

2.【编辑】菜单

在【编辑】菜单中可以对文件进行编辑操作，包括【撤销】【重做】【暂存】【取回】【删除】【克隆】【移动】【旋转】【缩放】等命令，如图 2-8 所示。

3.【工具】菜单

在【工具】菜单中可以对对象进行常用操作，如镜像、阵列、对齐等，更方便的方式是利用主工具栏中的命令创建，如图 2-9 所示。

4.【组】菜单

【组】菜单中的命令可将多个物体组在一起，还可以进行解组、打开组等操作，如图 2-10 所示。

5.【视图】菜单

【视图】菜单中的命令用来控制视图的显示方式以及视图的相关参数设置，如图 2-11 所示。

6.【创建】菜单

在【创建】菜单中可以创建模型、灯光、粒子等对象，更方便的方式是利用【创建】面板中的命令创建，如图 2-12 所示。

7.【修改器】菜单

在【修改器】菜单中可为对象添加修改器，更方便的方式是利用【修改】面板中的命令添加修改器，如图 2-13 所示。

8.【动画】菜单

【动画】菜单主要用来制作动画，包括正向动力学、反向动力学、骨骼的创建和修改等命令，如图 2-14 所示。

9.【图形编辑器】菜单

【图形编辑器】菜单是 3ds Max 中图形可视化功能的集合，包括【轨迹视图 - 曲线编辑器】【轨迹视图 - 摄影表】【新建图解视图】等命令，如图 2-15 所示。

10.【渲染】菜单

在【渲染】菜单中可以使用与渲染相关的功能，如【渲染】【渲染设置】【环境】等，如图 2-16 所示。

11.Civil View菜单

Civil View 菜单是一款供土木工程师和交通运输基础设施规划人员使用的可视化工具，如图 2-17 所示。

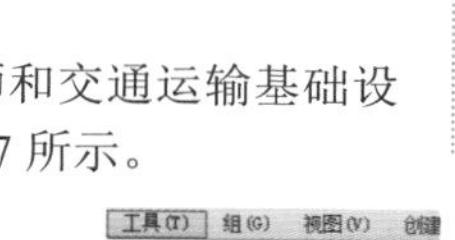

12.【自定义】菜单

【自定义】菜单用来更改用户界面或系统设置，如图 2-18 所示。

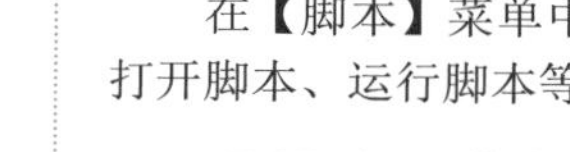

13.【脚本】菜单

在【脚本】菜单中可以进行语言设计，包括新建脚本、打开脚本、运行脚本等命令，如图 2-19 所示。

14.【帮助】菜单

在【帮助】菜单中可以学习 3ds Max 的帮助文件、了解新版本功能、搜索 3ds Max 命令等，如图 2-20 所示。

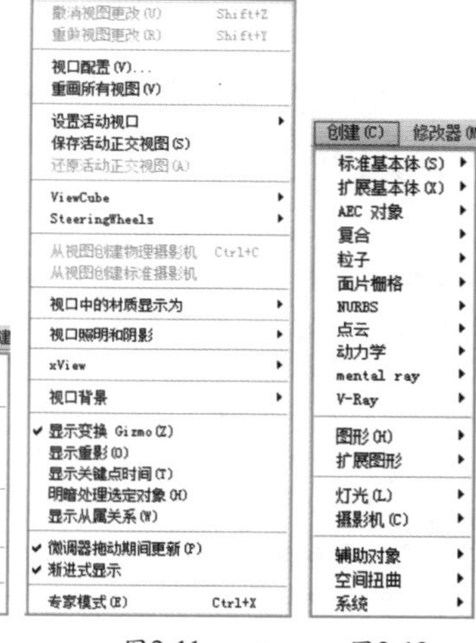

图2-7　图2-8　图2-9　图2-10　图2-11　图2-12　图2-13

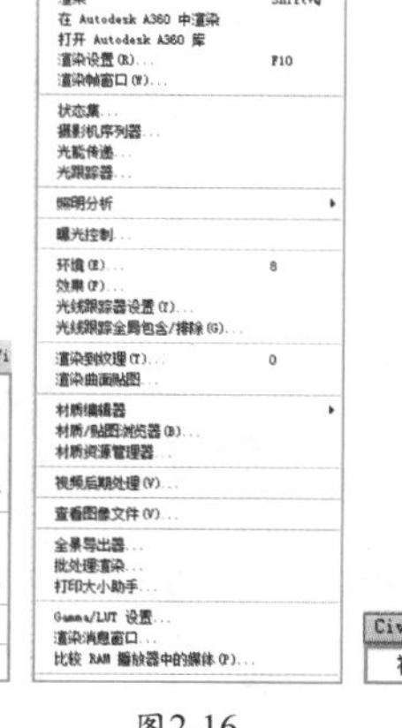

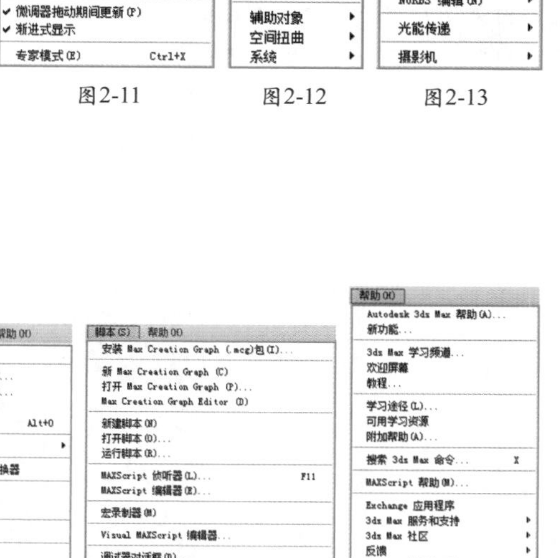

图2-14　图2-15　图2-16　图2-17　图2-18　图2-19　图2-20

重点 2.4 主工具栏

主工具栏包括了很多执行常见任务的工具，位于菜单栏下面。工具名称如图 2-21 所示。

扫一扫，看视频

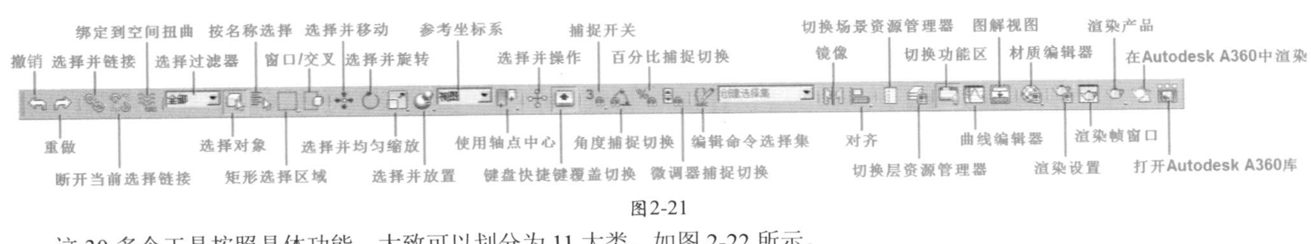

图2-21

这 30 多个工具按照具体功能，大致可以划分为 11 大类，如图 2-22 所示。

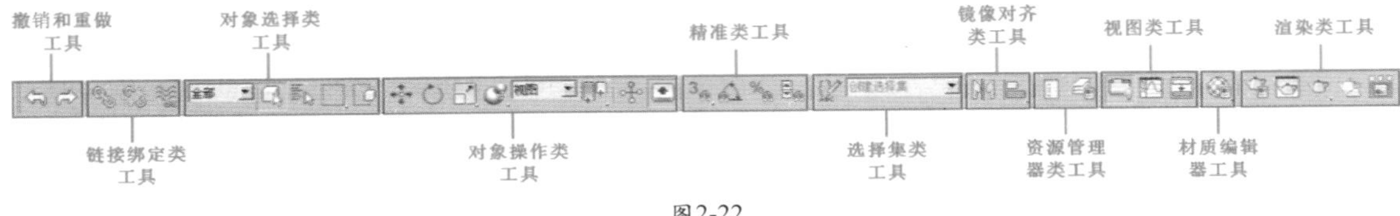

图2-22

提示：如何找到更多的隐藏工具？

3ds Max 界面其实隐藏了很多工具，可以通过以下方法调出来。

方法 1：在主工具栏空白处右击，可以看到很多未被勾选的工具。比如，勾选【MassFX 工具栏】，如图 2-23 所示。此时弹出了该工具面板，如图 2-24 所示。

有时候在操作软件时，可能不小心将命令面板拽消失了，这个时候只需要在主工具栏空白处右击并勾选【命令面板】，如图 2-25 所示。此时命令面板又出现在了 3ds Max 界面右侧，如图 2-26 所示。

方法 2：主工具栏中的几个工具按钮的右下方都有一个小的三角形图标，例如，表示其下方还有几个工具按钮。只要用鼠标左键一直按住该按钮，即可出现下拉列表，可以看到下面包括了好几个工具，如图 2-27 所示。

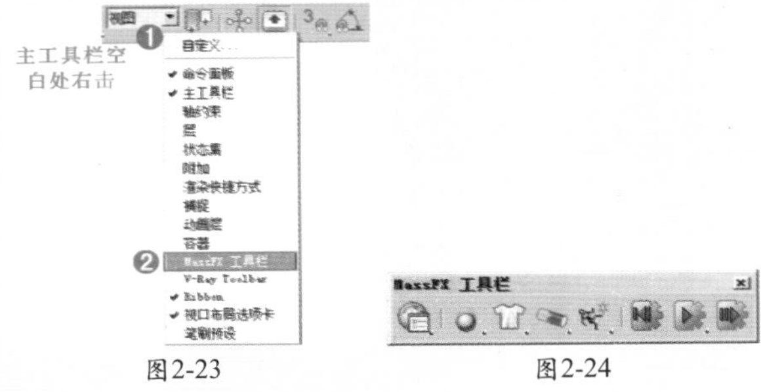

图2-23　图2-24

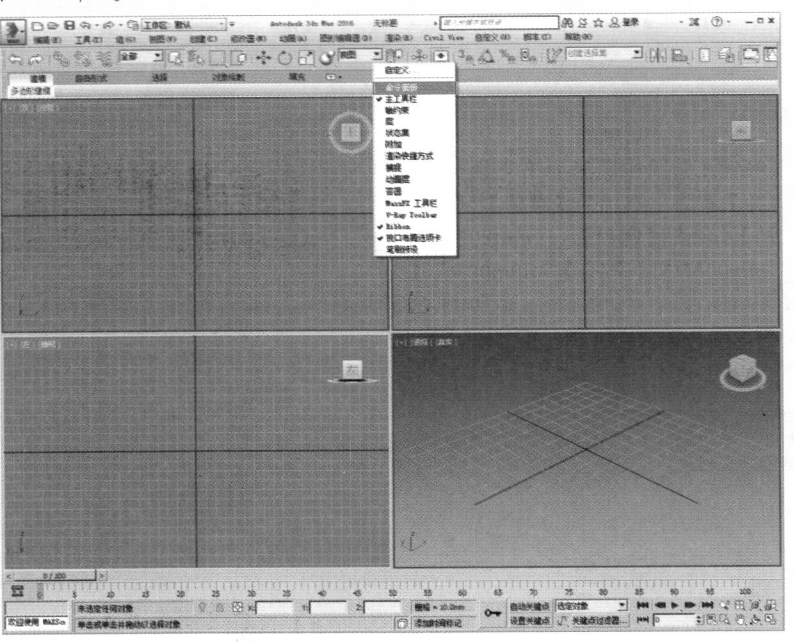

命令面板找不到了

图2-25

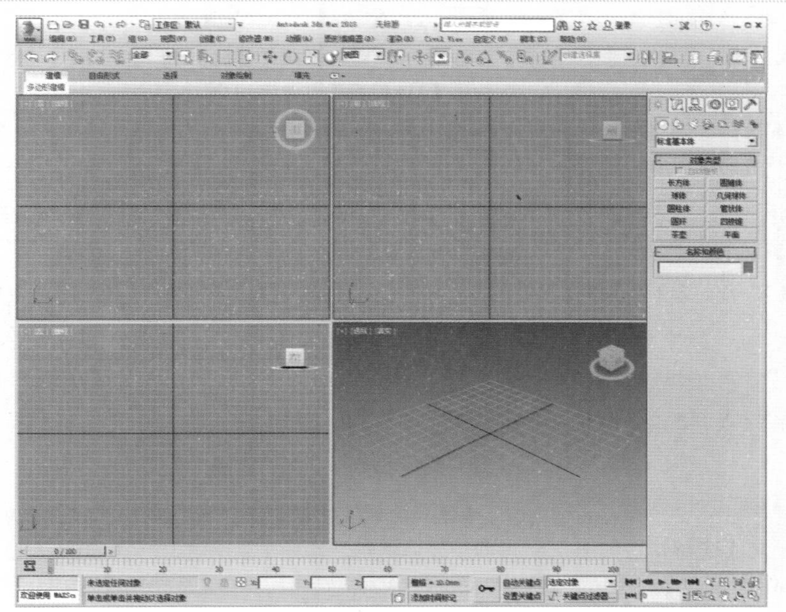

图2-26

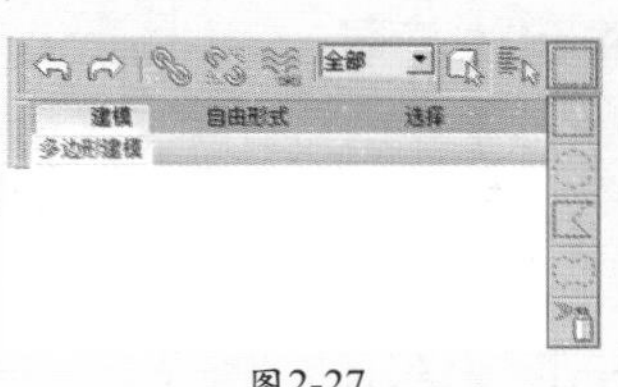

图2-27

2.4.1 撤销和重做工具

在 3ds Max 中操作失误时，可以单击（撤销）向前返回上一步操作（快捷键为 Ctrl+Z），也可单击（重做）向后返回一步。

2.4.2 链接绑定类工具

链接绑定类工具包括 3 个，分别为【选择并链接】工具、【断开当前选择链接】工具、【绑定到空间扭曲】工具。

1.选择并链接工具

【选择并链接】工具用于链接对象和对象之间的父子关系，链接后的子模型会跟随父模型进行移动。

2.断开当前选择链接工具

【断开当前选择链接】工具与【选择并链接】工具的作用恰好相反，可断开链接好的父子关系。

3.绑定到空间扭曲工具

【绑定到空间扭曲】工具可以将粒子与空间扭曲之间进行绑定。具体操作步骤在本书第 16 章有详细讲解。

2.4.3 对象选择类工具

对象选择类工具可以使用更合适的选择方式选择对象。对象选择类工具包括 5 个，分别为【过滤器】、【选择对象】工具、【按名称选择】工具、【选择区域】工具、【窗口 / 交叉】工具。在本书第 3 章中会详细讲解具体操作。

1.过滤器

使用【过滤器】可以只允许选择一类对象（例如灯光对象），不容易操作出错。

2.选择对象工具

【选择对象】工具主要用于选择一个或多个对象，按住 Ctrl 键可以进行加选，按住 Alt 键可以进行减选。

3.按名称选择工具

单击【按名称选择】按钮会弹出【从场景选择】对话框，在该对话框中可以按名称选择所需要的对象。

4.选择区域工具

选择区域工具包含 5 种模式，分别是【矩形选择区域】工具、【圆形选择区域】工具、【围栏选择区域】工具、【套索选择区域】工具和【绘制选择区域】工具。可以使用不同的选择区域形状选择对象。

5.窗口/交叉工具

【窗口 / 交叉】工具用于设置在框选对象时，是以哪种方式选择。其中当【窗口 / 交叉】工具处于突出状态（即未激活状态）时，只要选择的区域碰到对象，即可被选择。当【窗口 / 交叉】工具处于凹陷状态（即激活状态）时，选择的区域必须完全覆盖对象，才可被选择。

重点 2.4.4 对象操作类工具

对象操作类工具可以对对象进行基本操作，如移动、选择、缩放等，是一些常用的工具。在本书第 3 章中会详细讲解具体操作。

1.选择并移动工具

使用【选择并移动】工具可以沿 X、Y、Z 3 个轴向任意移动。

2.选择并旋转工具

使用【选择并旋转】工具可以沿 X、Y、Z 3 个轴向任意旋转。

3.选择并缩放工具

【选择并缩放】工具包含 3 种，分别是【选择并均匀缩放】工具、【选择并非均匀缩放】工具和【选择并挤压】工具。

4.选择并放置工具

使用【选择并放置】工具可以将一个对象准确地放到另一个对象的表面，例如把凳子放在地上。

5.参考坐标系

【参考坐标系】可以用来指定变换操作（如移动、旋转、缩放等）所使用的坐标系统，包括视图、屏幕、世界、父对象、局部、万向、栅格、工作区和拾取 9 种坐标系。

6.使用轴点中心工具

轴点中心工具包含【使用轴点中心】工具、【使用选择中心】工具和【使用变换坐标中心】工具 3 种。使用这些工具可以设置模型的轴点中心位置。

7.选择并操纵工具

使用【选择并操纵】工具可以在视图中通过拖拽【操纵器】来编辑修改器、控制器和某些对象的参数。

8.键盘快捷键覆盖切换工具

使用【键盘快捷键覆盖切换】工具可以在只使用“主用户界面”快捷键和同时使用主快捷键和组（如编辑 / 可编辑网格、轨迹视图、NURBS 等）快捷键之间进行切换。

2.4.5 精准类工具

精准类工具可以使模型在创建时更准确，包括捕捉开关、角度捕捉切换、百分比捕捉切换、微调器捕捉切换等工具。在本书第 3 章中会详细讲解具体操作。

1.捕捉开关工具

捕捉开关工具包括【2D 捕捉】工具、【2.5D 捕捉】工具和【3D 捕捉】工具 3 种。

2.角度捕捉切换工具

【角度捕捉切换】工具可以用来指定捕捉的角度（快捷键为 A 键）。激活该工具后，角度捕捉将影响所有的旋转变换，在默认状态下以 5° 为增量进行旋转。

3.百分比捕捉切换工具

【百分比捕捉切换】工具可以将对象缩放捕捉到自定的百分比（快捷键为 Shift+Ctrl+P），在缩放状态下，默认每次的缩放百分比为 10%。

4.微调器捕捉切换工具

【微调器捕捉切换】工具可以用来设置微调器单次单击的增加值或减少值。

2.4.6 选择集类工具

选择集类工具包括【编辑命名选择集】工具和【创建选择集工具】工具创建选择集。

1.编辑命名选择集工具

【编辑命名选择集】工具可以为单个或多个对象进行命名。选中一个对象后，单击【编辑命名选择集】按钮可以打开【命名选择集】对话框，在该对话框中就可以为选择的对象进行命名。

2.创建选择集工具

当使用【编辑命名选择集】工具创建了集后，可以单击该工具选择集，如图 2-28 所示。

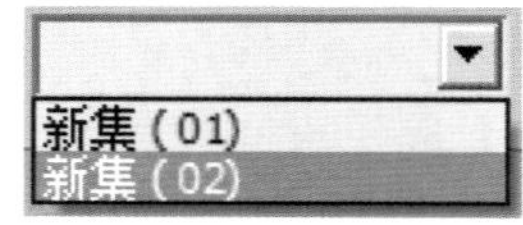

图2-28

2.4.7 镜像对齐类工具

镜像对齐类工具包括【镜像】工具和【对齐】工具，这两个工具是比较常用的，可以准确地复制和对齐模型。该内容在本书第 3 章中会详细讲解具体操作。

1.镜像工具

使用【镜像】工具可以围绕一个轴心镜像出一个或多个副本对象。

2.对齐工具

对齐工具可以使两个对象按照一定的方式对齐位置。鼠标左键长按【对齐】工具，对齐工具包括6种类型，分别是【对齐】工具、【快速对齐】工具、【法线对齐】工具、【放置高光】工具、【对齐摄影机】工具和【对齐到视图】工具。

- 【对齐】工具：快捷键为Alt+A，【对齐】工具可以将两个物体以一定的对齐位置和对齐方向进行对齐。
- 【快速对齐】工具：快捷键为Shift+A，使用【快速对齐】方式可以立即将当前选择对象的位置与目标对象的位置进行对齐。
- 【法线对齐】工具：快捷键为Alt+N，【法线对齐】基于每个对象的面或是以选择的法线方向来对齐两个对象。
- 【放置高光】工具：快捷键为Ctrl+H，使用【放置高光】方式可以将灯光或对象对齐到另一个对象，以便可以精确定位其高光或反射。
- 【对齐摄影机】工具：使用【对齐摄影机】方式可以将摄影机与选定的面法线进行对齐。
- 【对齐到视图】工具：【对齐到视图】方式可以将对象或子对象的局部轴与当前视图进行对齐。

2.4.8 资源管理器类工具

资源管理器类工具包括【切换场景资源管理器】工具和【切换层资源管理器】工具，如图2-21所示，分别可以对场景资源和层资源进行管理操作。

1.切换场景资源管理器

在【切换场景资源管理器】工具中可以查看、排序、过滤和选择对象，还提供了其他功能，用于重命名、删除、隐藏和冻结对象、创建和修改对象层次，以及编辑对象属性。

2.切换层资源管理器

【切换层资源管理器】工具可用来创建和删除层，也可用来查看和编辑场景中所有层的设置以及与其相关联的对象。

2.4.9 视图类工具

切换功能区、曲线编辑器、图解视图这3个工具可以调出3个不同的参数面板。

1.切换功能区

【切换功能区】可以切换是否显示【建模】工具，该建模工具是多边形建模方式的一种新型方式。单击【主工具栏】中的【切换功能区】按钮即可调出【建模】工具栏，如图2-29所示。

图2-29

2.曲线编辑器

单击主工具栏中的【曲线编辑器】按钮可以打开【轨迹视图-曲线编辑器】对话框。【曲线编辑器】是一种【轨迹视图】模式，可以用曲线来表示运动，在本书关键帧动画章节会详细讲解。

3.图解视图

【图解视图】是基于节点的场景图，通过它可以访问对象的属性、材质、控制器、修改器、层次和不可见场景关系。

2.4.10 材质编辑器工具

【材质编辑器】工具可以完成对材质和贴图的设置，在本书材质和贴图的相关章节会详细讲解。

2.4.11 渲染类工具

渲染类工具包括5种与渲染相关的工具，分别为渲染设置、渲染帧窗口、渲染产品、在Autodesk A360中渲染、打开Autodesk A360库。

1.渲染设置

单击主工具栏中的【渲染设置】按钮（快捷键为F10键）可以打开【渲染设置】对话框，所有的渲染设置参数基本上都在该对话框中完成。

2.渲染帧窗口

单击主工具栏中的【渲染帧窗口】按钮可以打开【渲染帧窗口】对话框，在该对话框中可执行选择渲染区域、切换图像通道和储存渲染图像等任务。

3.渲染产品

渲染产品包含【渲染产品】工具、【迭代渲染】工具和ActiveShade工具3种类型。

4.在Autodesk A360中渲染

【在Autodesk A360中渲染】工具可以使用A360云渲染场景。

5.打开Autodesk A360库

【打开Autodesk A360库】工具可以打开介绍A360云渲染的网页。

2.5 功能区

单击主工具栏中的（切换功能区）按钮，即可调出和隐藏功能区。调出的功能区主要用于多边形建模，如图 2-30 所示。

建模　自由形式　选择　对象绘制　填充
多边形建模

图2-30

2.6 视口

3ds Max 界面中最大的区域就是视口，默认情况下视口包括 4 部分，分别是顶视图（快捷键为 T）、前视图（快捷键为 F）、左视图（快捷键为 L）、透视图（快捷键为 P），如图 2-31 所示。

例如，单击前视图中右上导航器左侧的小图标，如图 2-32 所示。模型会转动到了左侧，并且视图左上方变成了【正交】，效果如图 2-33 所示。若想再次切换回【前视图】，则只需要按快捷键 F 即可，如图 2-34 所示。

单击视图左上方的 3 个按钮，能分别弹出 3 个对话框，可以允许我们进行是否显示栅格、切换其他视图、设置模型显示模式等操作，如图 2-35~ 图 2-37 所示。

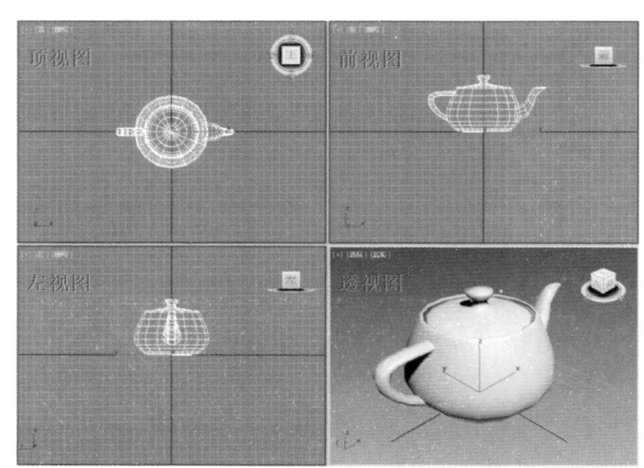

图2-31

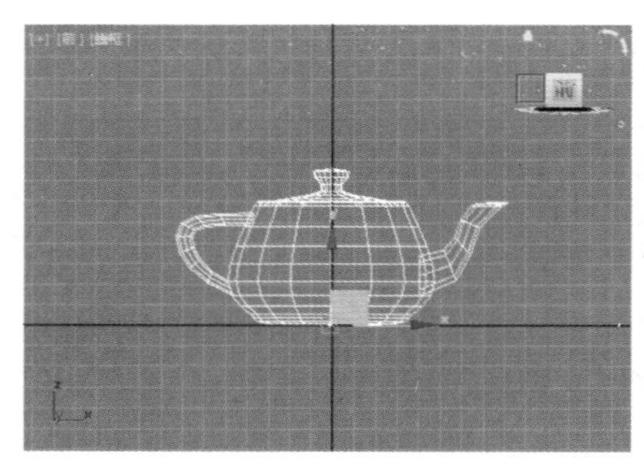

图2-32

图2-33

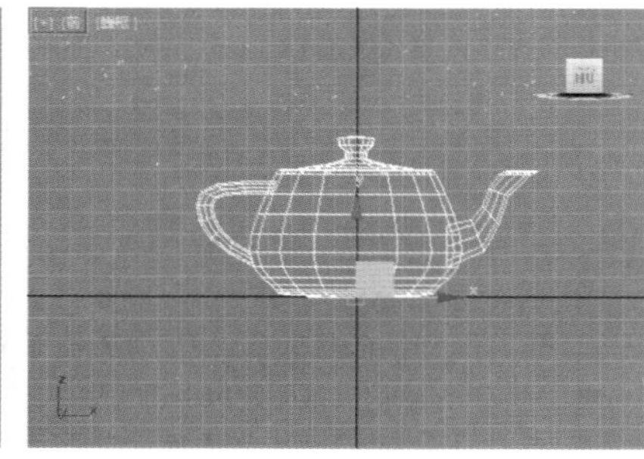

图2-34

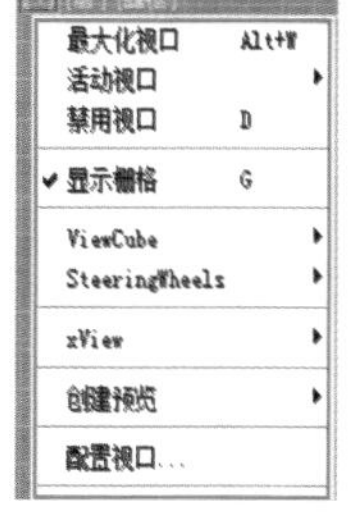

图2-35

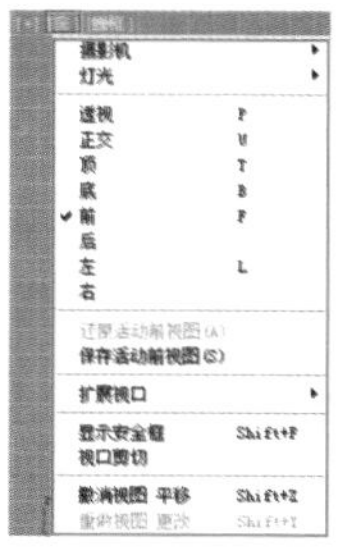

图2-36

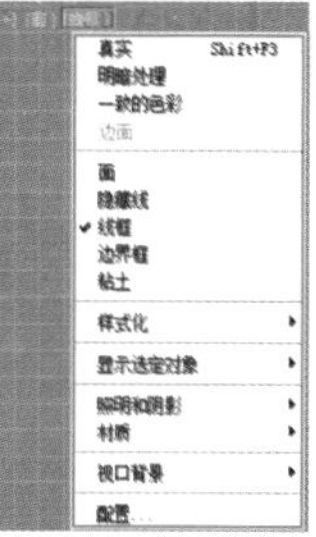

图2-37

2.7 状态栏控件

状态栏控件位于轨迹栏（在时间尺中）的下方，它提供了选定对象的数目、类型、变换值和栅格数目等信息，并且状态栏可以基于当前光标位置和当前程序活动来提供动态反馈信息，如图 2-38 所示。

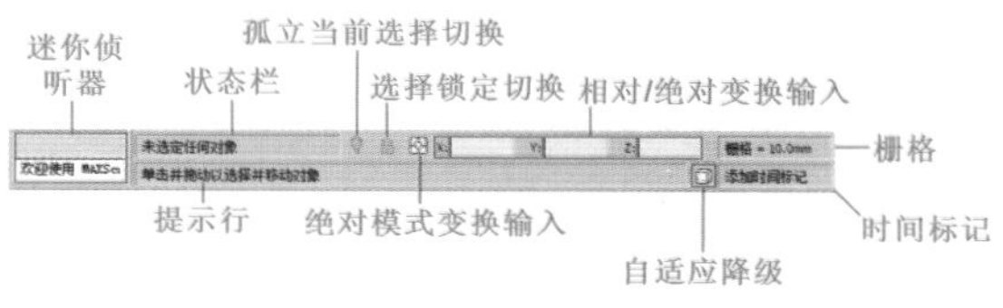

图2-38

- 迷你侦听器：用于 MAXScript 语言的交互翻译器，它与 DOS 命令提示窗口类似。
- 状态栏：此处可显示选中了几个对象。
- 提示行：此处提示如何操作当前使用的工具。
- 孤立当前选择切换：选择对象，单击该按钮将只选择该对象。
- 选择锁定切换：选择对象，单击该按钮可以锁定该对象，此时其他对象将无法选择。
- 绝对模式变换输入：单击可切换绝对模式变换输入或偏移模式变换输入。
- 相对 / 绝对变换输入：可在此处的 X、Y、Z 后方输入数值。
- 自适应降级：启用该工具，在操作场景时会更流畅。
- 栅格：此处显示栅格数值。
- 时间标记：单击可以添加和编辑标记。

2.8 动画控件

动画控件位于状态栏的右侧，这些按钮主要用来控制动画的播放效果，包括关键点控制和时间控制等，如图 2-39 所示。该内容在本书关键帧动画章节有详细讲解。

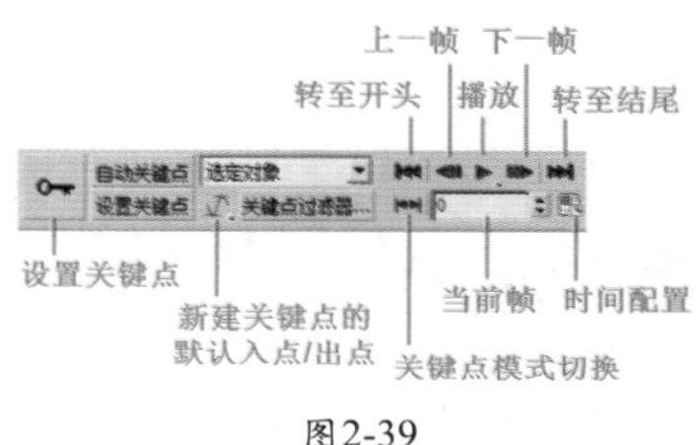

图2-39

2.9 命令面板

命令面板由 6 个用户界面面板组成，其中包含 3ds Max 的大多数建模功能，以及一些动画功能、显示选择和其他工具，3ds Max 每次只有一个面板可见。6 个面板分别为【创建】面板、【修改】面板、【层次】面板、【运动】面板、【显示】面板和【实用程序】面板，如图 2-40 所示。

图2-40

1.【创建】面板

进入【创建】面板，其中包括 7 种对象，分别是【几何体】、【图形】、【灯光】、【摄影机】、【辅助对象】、【空间扭曲】和【系统】，如图 2-41 所示。

图2-41

- 几何体：用来创建几何体模型，如长方体、球体等。
- 图形：用来创建样条线和 NURBS 曲线，如线、圆、矩形等。
- 灯光：用来创建场景中的灯光，如目标灯光、泛光灯。
- 摄影机：用来创建场景中的摄影机。
- 辅助对象：用来创建有助于场景制作的辅助对象。
- 空间扭曲：用来创建空间扭曲对象，常搭配粒子使用。
- 系统：用来创建系统工具，如骨骼、环形阵列等。

2.【修改】面板

【修改】面板用于修改对象的参数，还可以为对象添加修改器，如图 2-42 所示。

3.【层次】面板

在【层次】面板中可以访问调整对象间层次链接的工具，通过将一个对象与另一个对象相链接，可以创建对象之间的父子关系，包括【轴】、IK 和【链接信息】3 种工具，如图 2-43 所示。

4.【运动】面板

【运动】面板中的参数用来调整选定对象的运动属性，如图 2-44 所示。

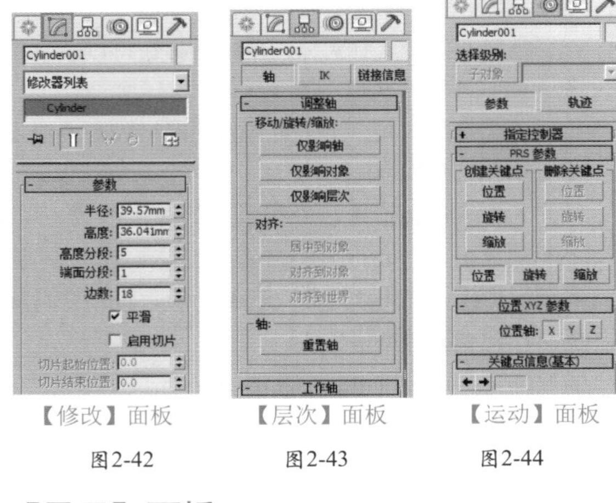

【修改】面板　　【层次】面板　　【运动】面板

图2-42　　图2-43　　图2-44

5.【显示】面板

【显示】面板中的参数用来设置场景中控制对象的显示方式，如图 2-45 所示。

6.【实用程序】面板

【实用程序】面板中包括几个常用的实用程序，如塌陷、测量等，如图 2-46 所示。

【显示】面板　　【实用程序】面板

图2-45　　图2-46

2.10 时间尺

【时间尺】包括【时间线滑块】和【轨迹栏】两大部分，如图 2-47 所示。

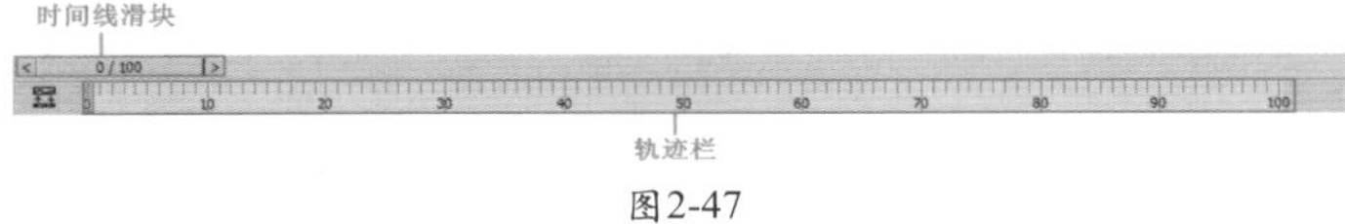

图2-47

- 【时间线滑块】：位于 3ds Max 界面下方，拖动时可以设置当前帧位于哪个位置。还可以单击向左箭头图标 < 与向右箭头图标 > 可以向前或者向后移动一帧。
- 【轨迹栏】：位于【时间线滑块】的下方，用于显示时间线的帧数和添加关键点的位置。

重点 2.11 视口导航

视口导航控制按钮在状态栏的最右侧，主要用来控制视图的显示和导航。使用这些按钮可以缩放、平移和旋转活动的视图，如图 2-48 所示。具体操作方法在本书第 3 章有详细讲解。

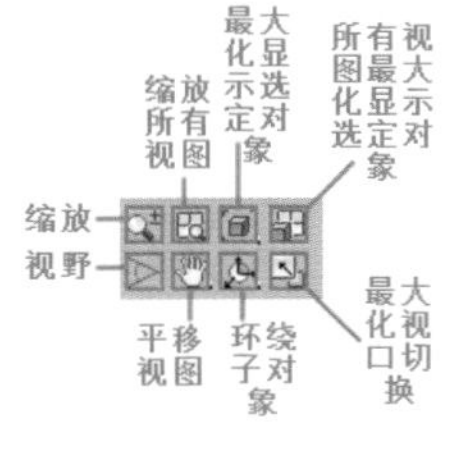

图2-48

- 【缩放】：使用该工具可以在透视图或正交视图中通过拖拽光标来调整对象的大小。
- 【视野】：使用该工具可以设置视野透视效果。
- 【缩放所有视图】：使用该工具可以同时调整所有视图的缩放效果。
- 【平移视图】：使用该工具可以将选定视图平移到任何位置。
- 【最大化显示选定对象】：使用该工具可以将选中的对象最大化显示在该视图中，快捷键为 Z。
- 【环绕子对象】：使用该工具可以使当前视图产生环绕旋转的效果。
- 【所有视图最大化显示选定对象】：使用该工具可以将选中的对象最大化显示在所有视图中。
- 【最大化视口切换】：单击该按钮可以切换一个视图或 4 个视图，快捷键为 Alt+W。

3ds Max基本操作

本章主要内容包括文件操作、对象操作、视图操作等。在学习3ds Max具体的对象创建与编辑之前，首先需要学习文件的打开、导入、导出等功能。接下来可以尝试在文件中添加一些对象，通过本章提供的大量基础案例学习对象的移动、旋转、缩放、组、锁定、对齐等基础操作。在此基础上，简单了解一下操作视图的切换以及透视图的操作方法，为后面章节中学习模型创建做准备。

本章学习要点：

扫一扫，看视频

- 熟练掌握文件的打开、导出、导入、重置、归档等基础操作；
- 熟练掌握对象的创建、删除、组、选择、移动、缩放、复制等基础操作；
- 熟练掌握视图的切换与透视图的基本操作。

通过本章学习，我能做什么？

通过本章的学习，能够完成一些文件的基本操作，例如打开已有的文件、向当前文件导入其他文件或将所选模型导出为独立文件。通过对象基本操作的学习，能够对3ds Max中的对象进行选择、移动、编组、旋转、缩放，还能够在不同的视图下观察模型效果。学完这些内容后，就可以尝试在3ds Max中打开已有的文件，并进行一些简单的对象操作。

3.1 认识 3ds Max 2016 基本操作

本节将了解 3ds Max 2016 的基本操作知识，包括基本操作的内容以及为什么要学习基本操作等。

3.1.1 3ds Max 2016 基本操作内容

3ds Max 2016 的基本操作包括如下内容。

（1）文件基本操作：是对整个软件的基本操作，如保存文件、打开文件。

（2）对象基本操作：是对对象的操作技巧，如移动、旋转、缩放。

（3）视图基本操作：是对视图操作的变换，如切换视图、旋转视图。

3.1.2 为什么要学习基本操作

3ds Max 的基本操作是非常重要的，如果本章知识学得不够扎实，那么在后面进行建模时就会显得有些困难，容易出现操作错误。例如，选择并移动工具的正确使用方法如果掌握不好，在建模移动物体时，就可能移动得不够精准，模型的位置会出现很多问题，因此本章内容一定要反复练习，为后面建模章节做好准备。

3.2 文件基本操作

扫一扫，看视频

文件基本操作是指对 3ds Max 文件的操作方法，如打开文件、保存文件、导出文件等。

3.2.1 实例：打开文件

扫一扫，看视频

案例路径：Chapter 03 3ds Max基本操作→实例：打开文件

在 3ds Max 中有很多种方法可以打开文件，本例选择常用的两种方法。

Part 01 打开文件方法1

步骤 01 双击本书中的文件“场景文件.max”，如图3-1所示。

步骤 02 等待一段时间，文件被打开了，如图3-2所示。

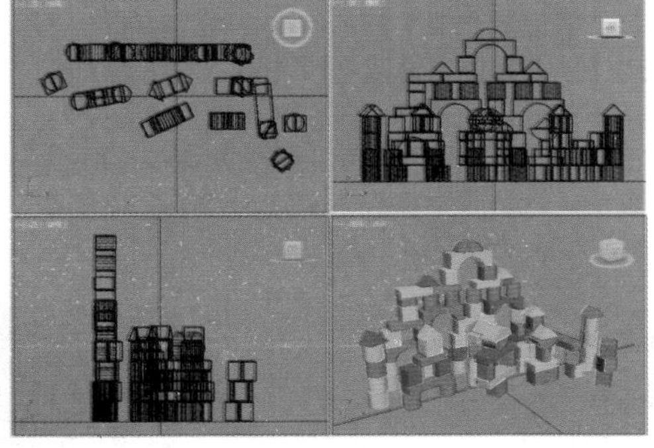

图3-1　　图3-2

Part 02 打开文件方法2

步骤 01 双击3ds Max图标，此时打开了3ds Max，如图3-3所示。

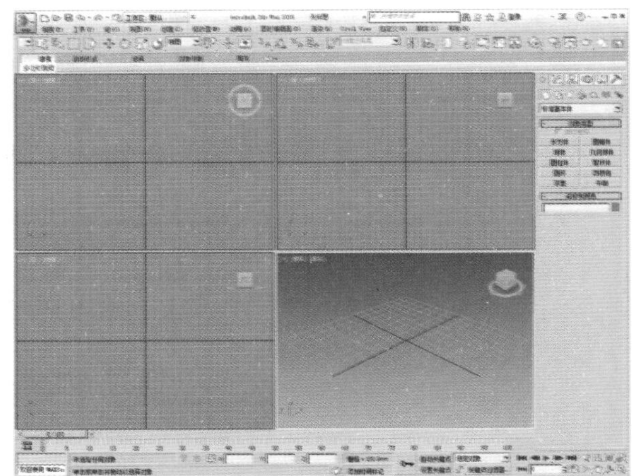

图3-3

步骤 02 选择本书中的文件“场景文件.max”，将其拖动到3ds Max视图中，并选择【打开文件】命令，如图3-4所示。

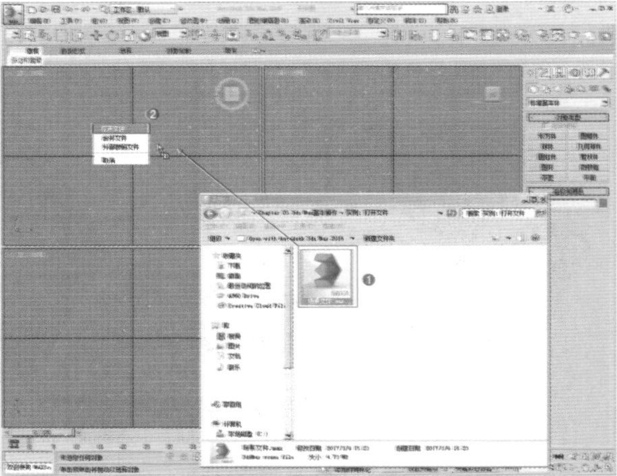

图3-4

步骤 03 等待一段时间，文件被打开了，如图3-5所示。

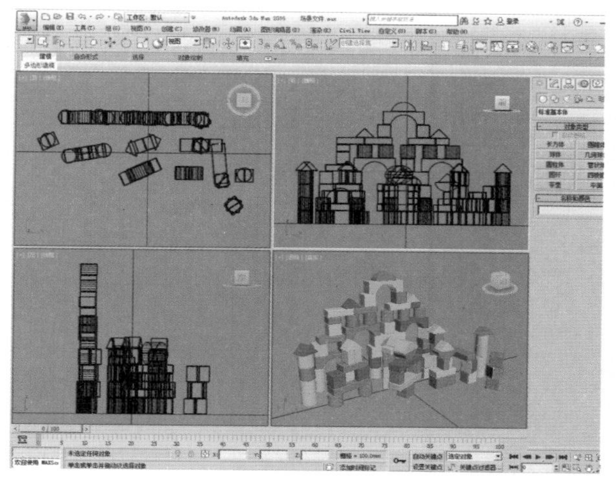

图3-5

3.2.2 实例：保存文件

案例路径：Chapter 03 3ds Max基本操作→实例：保存文件

扫一扫，看视频

在使用 3ds Max 制作作品时，要养成随时保存的好习惯，建议每十分钟保存一次。

步骤 01 创建一个圆柱体，参数如图3-6所示。

步骤 02 再次创建一个圆柱体，参数如图3-7所示。

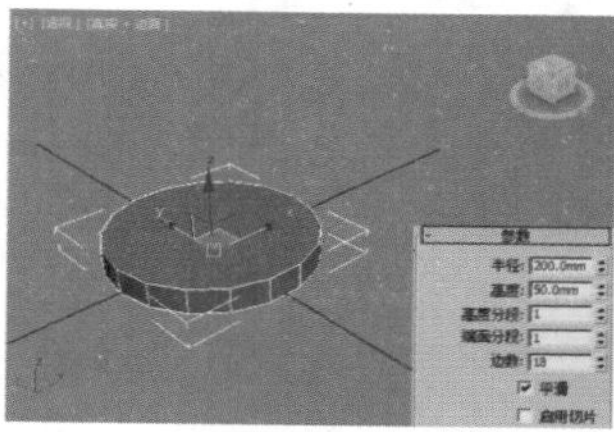

图3-6

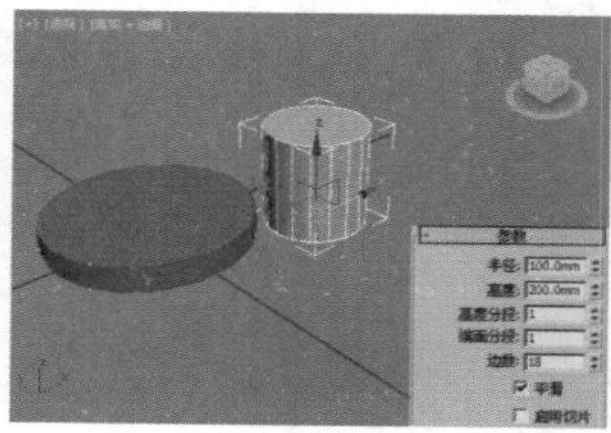

图3-7

步骤 03 继续创建一个圆柱体，参数如图3-8所示。

步骤 04 制作完成后，按快捷键Ctrl+S即可进行保存，也可单击按钮（应用程序按钮，即【文件】命令），再选择【保存】命令，进行保存。最终效果如图3-9所示。

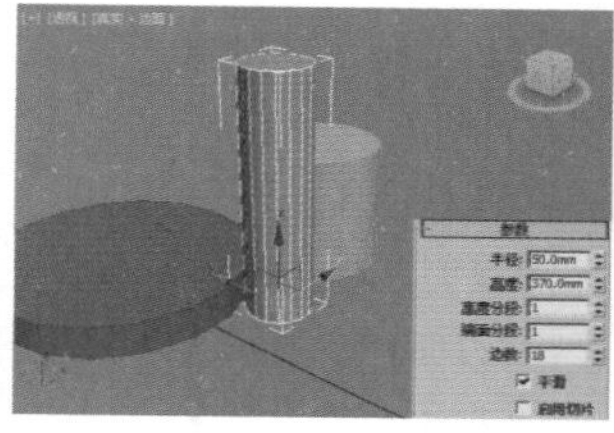

图3-8

图3-9

重点 3.2.3 实例：导出和导入 .obj 或 .3ds 格式的文件

在制作作品时，一些比较好的模型可以将其导出，以方便日后 3ds Max 使用或为了导入其他软件中，作为中间的格式使用。常用的导出格式有 .obj 或 .3ds 等。

扫一扫，看视频

Part 01 导出文件

步骤 01 打开本书文件，如图3-10所示。

步骤 02 选择车模型，单击按钮（即【文件】命令）按钮，然后单击【导出】后面的按钮，接着选择【导出选定对象】命令，如图3-11所示。

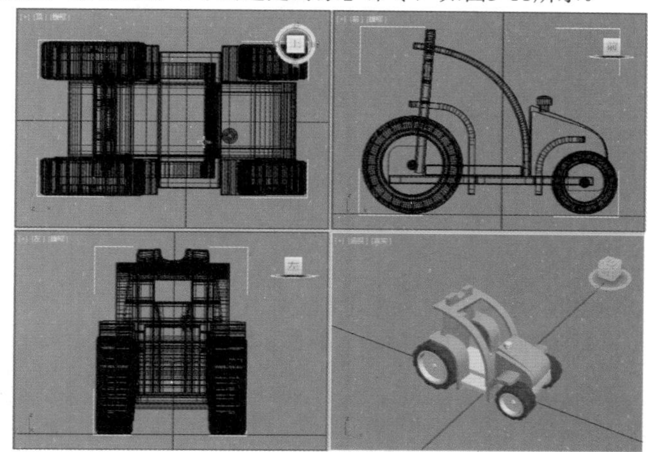

图3-10

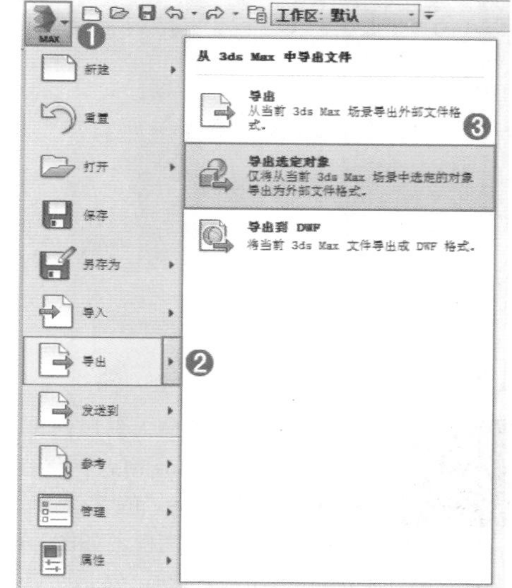

图3-11

步骤 03 在弹出的对话框中设置【文件名】，然后设置【保存格式】为.obj或.3ds，然后单击【保存】按钮，接着单击【导出】按钮，最后单击【完成】按钮，如图3-12所示。

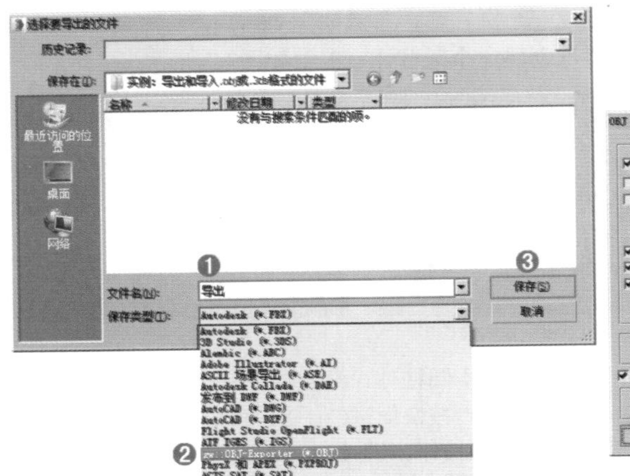

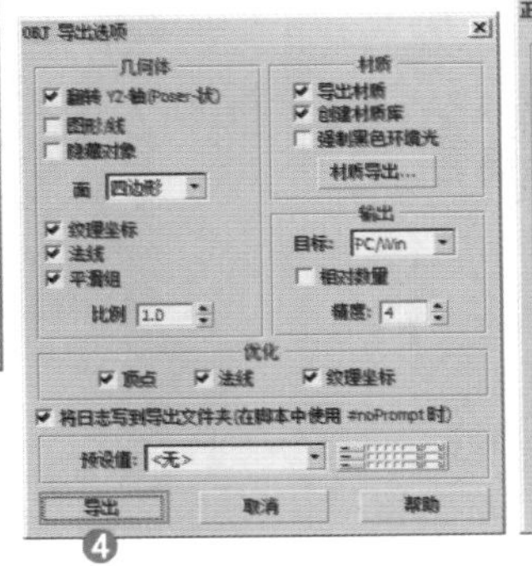

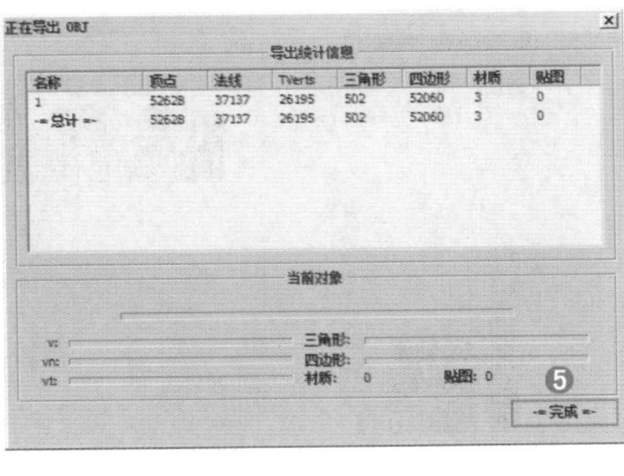

图3-12

步骤 04 导出完成之后，可以在刚才保存的位置找到文件【导出.obj】，如图3-13所示。

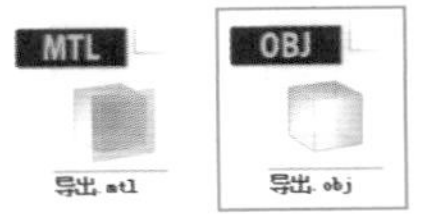

图3-13

Part 02 导入文件

步骤 01 使用【平面】创建一个地面模型，如图3-14所示。

步骤 02 单击按钮，然后单击【导入】命令后面的按钮，接着选择【导入】命令。在弹出的对话框中选择本书文件【导入的文件.obj】，单击【打开】按钮，最后在弹出的对话框中单击【导入】按钮，如图3-15所示。

步骤 03 导入之后的效果如图3-16所示。

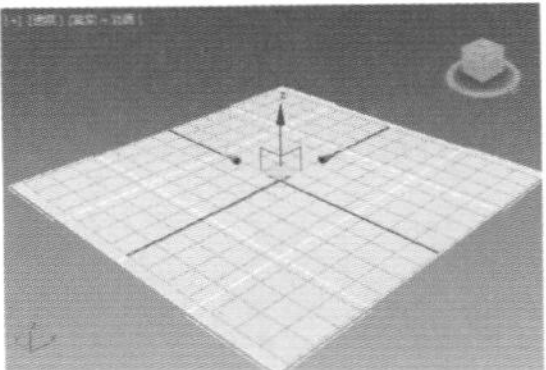

图3-14

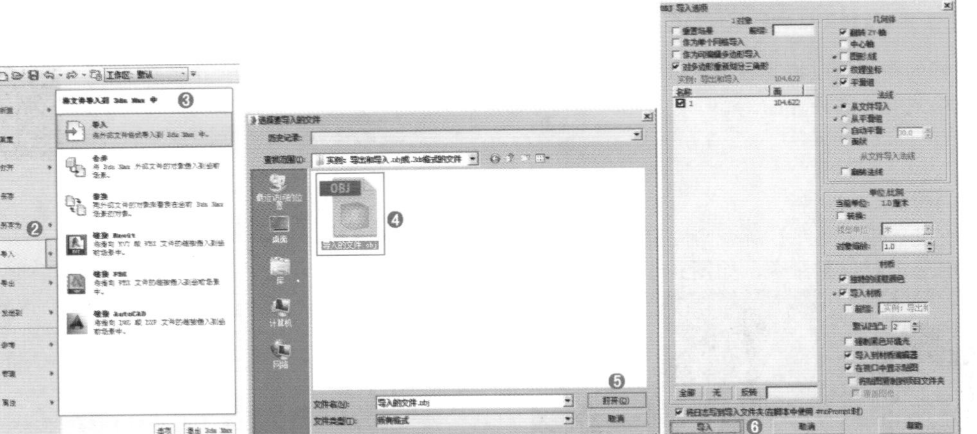

图3-15

图3-16

【重点】3.2.4 实例：合并 .max 格式的篮球模型

扫一扫，看视频

【合并】与【导入】虽然都可以将文件加载到场景中，但是两者有所区别。【合并】主要是针对 3ds Max 的源文件格式，即 .max 格式的文件；而【导入】主要是针对 .obj 或 .3ds 等格式的文件。

步骤 01 打开本书文件，如图3-17所示。

步骤 02 单击按钮，然后单击【导入】后面的按钮，接着选择【合并】命令。在弹出的对话框中选择【篮球 .max】文件，接着单击【打开】按钮，最后在列表中选中 1，单击【确定】按钮，如图 3-18 所示。

步骤 03 在透视图中单击，此时导入成功效果如图3-19所示。

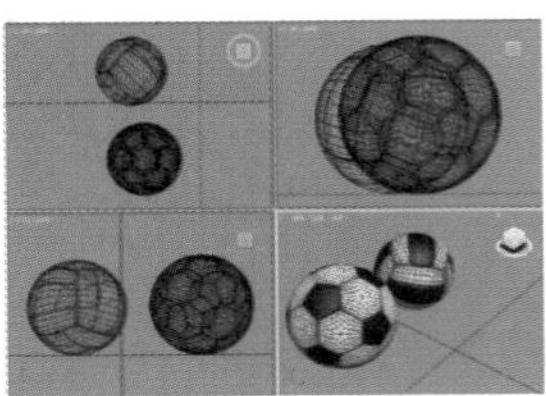

图3-17

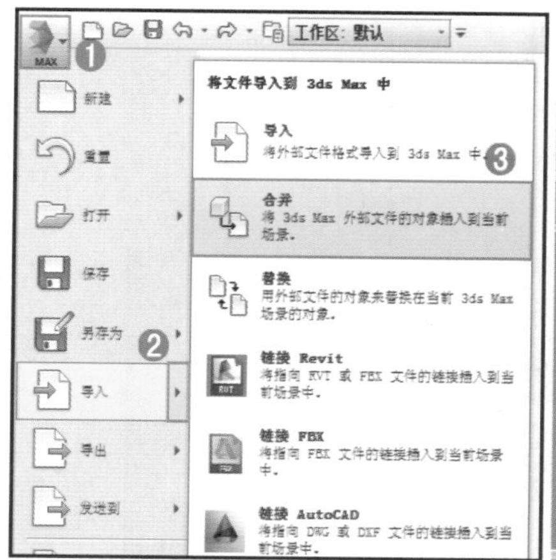
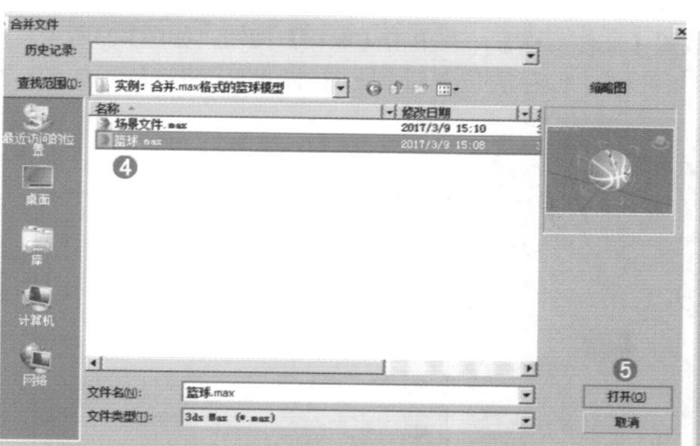
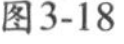
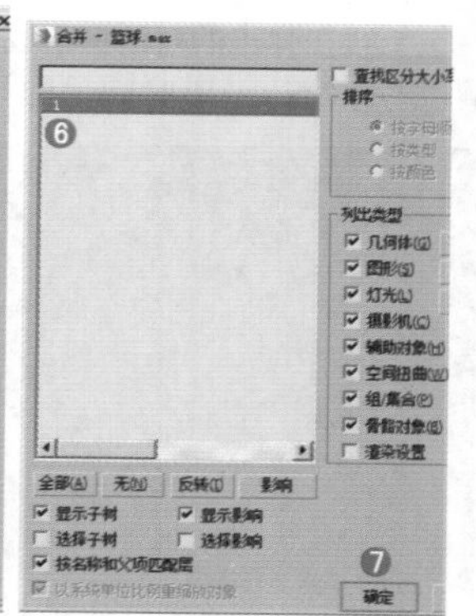

图3-18

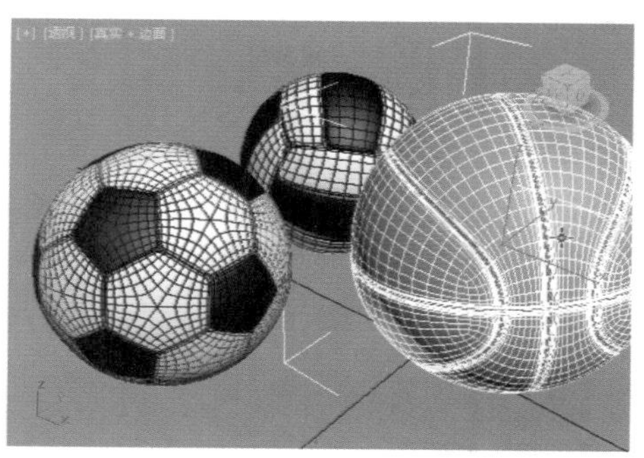

图3-19

3.2.5 实例：重置文件

案例路径：Chapter 03 3ds Max基本操作→实例：重置文件

【重置】是指将当前打开的文件复位为3ds Max最初打开的状态，其目的与关闭当前文件然后重新打开3ds Max软件相同。

扫一扫，看视频

步骤 01 打开本书文件，如图3-20所示。

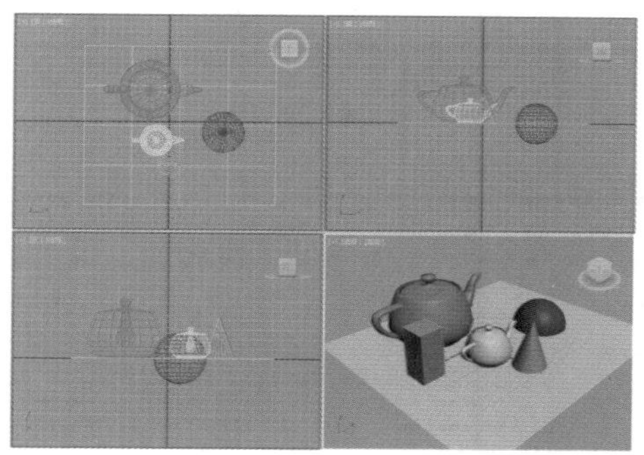

图3-20

步骤 02 执行【文件】|【重置】命令，然后单击【是】按钮，如图3-21所示。

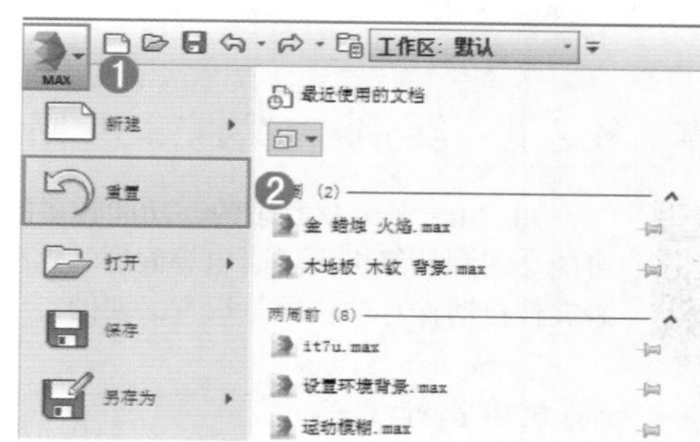

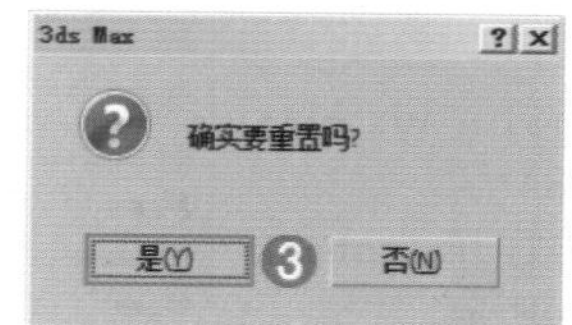

图3-21

步骤 03 此时创建中的对象都消失不见了，3ds Max被重置为一个全新的界面，与重新打开3ds Max是一样的，如图3-22所示。

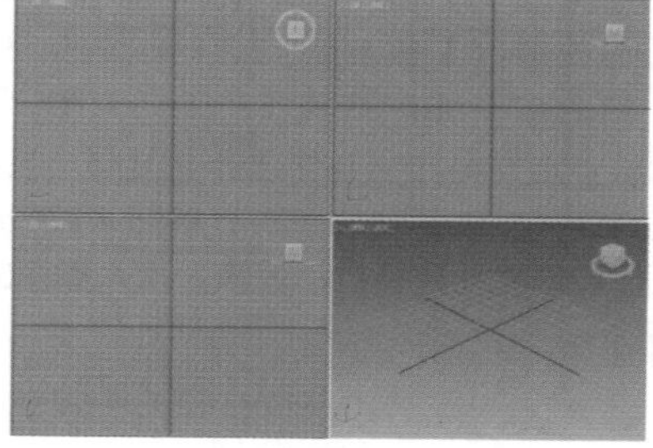

图3-22

重点 3.2.6 实例：归档文件

有时候在制作3ds Max作品时，场景中有很多的模型、贴图、灯光等，很有可能贴图的位置分布在计算机很多不同的位置，并没有整理在一个文件夹中，因此比较乱。而【归档】命令很好地解决了该问题，可以将3ds Max文件快速打包为一个.zip的压缩文件，其中包含了该文件所有的素材。

扫一扫，看视频

步骤 01 打开本书文件，如图3-23所示。

步骤 02 单击 按钮，然后单击【另存为】后面的 按钮，接着选择【归档】命令，如图3-24所示。

步骤 03 在弹出的对话框中设置【文件名称】，并单击【保存】按钮，如图3-25所示。

步骤 04 等待一段时间，即可在刚才保存的位置看到一个.zip的压缩文件，如图3-26所示。

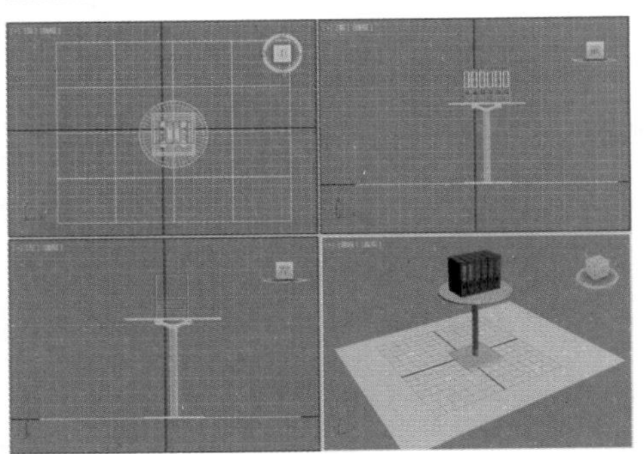

图3-23

图3-24

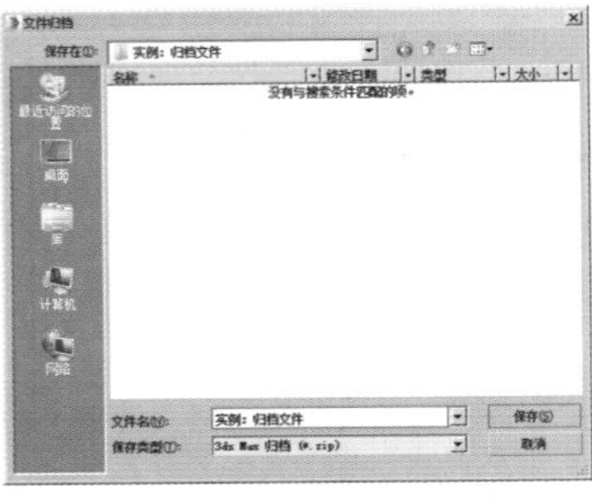

图3-25

图3-26

重点 3.2.7 实例：找到3ds Max的自动保存位置

扫一扫，看视频

3ds Max是一款复杂的、功能较多的三维软件，因此在运行时出现文件错误也是有可能发生的，除此之外还可能会遇到计算机突然断电等问题。这些时候可能会造成当前打开的3ds Max文件关闭而没有及时保存，因此找到文件自动保存的位置是很有必要的。

步骤 01 在计算机中执行【开始】|【文档】命令，如图3-27所示。

步骤 02 然后双击打开3ds Max文件夹，如图3-28所示。

步骤 03 继续双击打开autoback文件夹，如图3-29所示。

步骤 04 此时会看到该文件夹下的3个.max格式的文件，我们只需要根据【修改时间】找到离现在最近时间的那个.max格式的文件，然后一定要将这个文件选择并复制（按Ctrl+C）出来，然后找到计算机中其他位置进行粘贴（按Ctrl+V），避免造成该文件被每隔几分钟自动替换一次，如图3-30所示。

图3-27

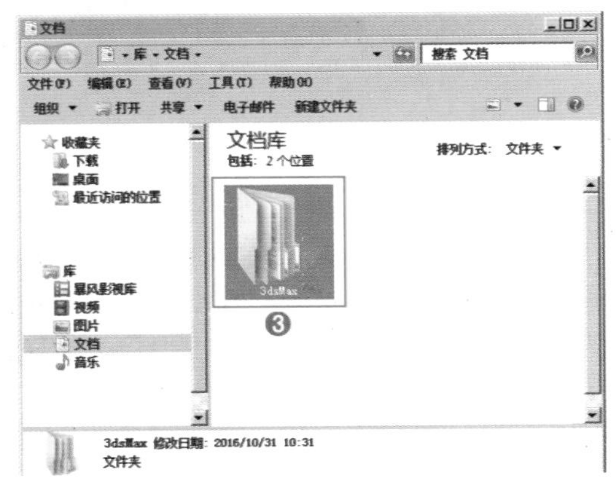

图3-28

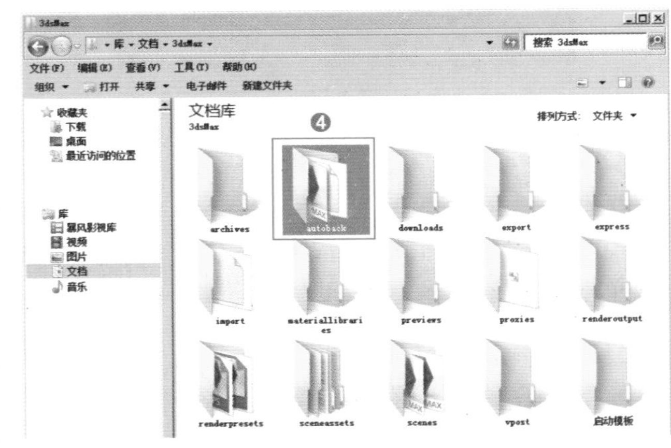

图3-29

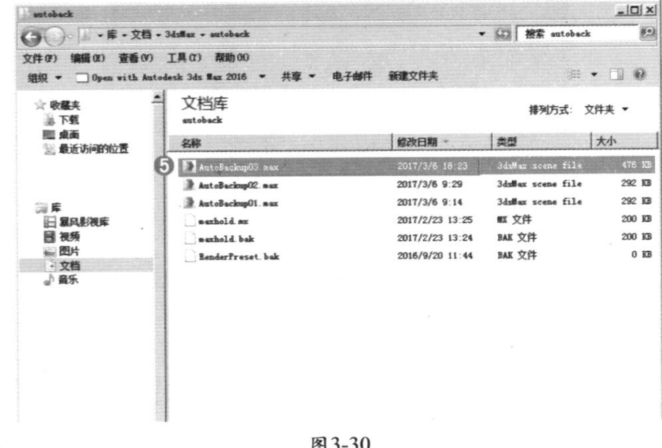

图3-30

3.3 对象基本操作

对象基本操作是指对场景中的模型、灯光、摄影机等对象进行创建、选择、复制、修改、编辑等操作，是完全针对对象的常用操作。本节将学到大量的3ds Max常用对象基本操作技巧。

扫一扫，看视频

3.3.1 实例：创建一组模型

案例路径：Chapter 03 3ds Max基本操作→实例：创建一组模型

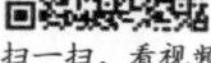

扫一扫，看视频

学习3ds Max的最基本操作，首先要从了解如何创建模型开始。

步骤01 在【命令面板】中执行（创建）|（几何体）| 平面 命令，然后在视图中按住鼠标左键拖动创建一个平面模型，如图3-31所示，并设置其参数，如图3-32所示。

步骤02 执行（创建）|（几何体）| 长方体 命令，然后在视图中拖动创建一个长方体模型，如图3-33所示，并设置其参数，如图3-34所示。

步骤03 最终效果如图3-35所示。

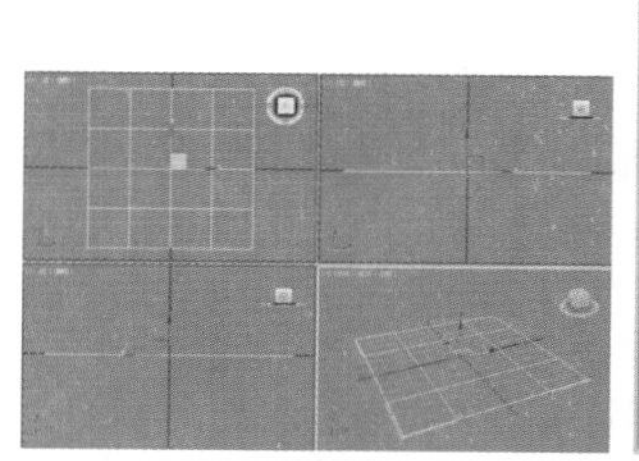

图3-31

图3-32

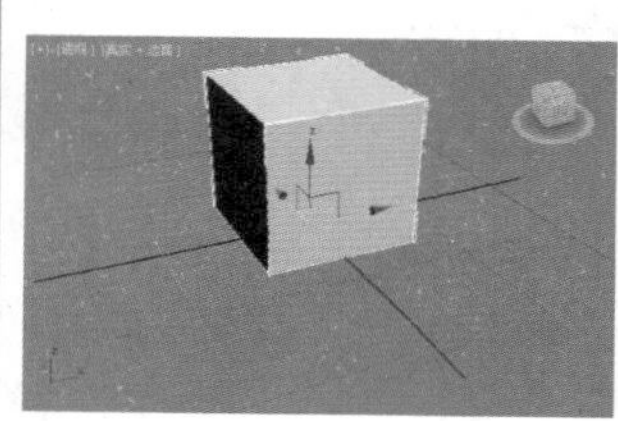

图3-33

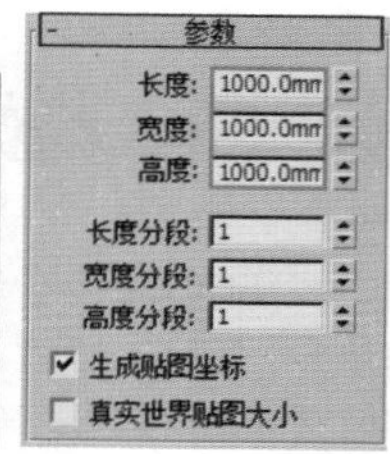

图3-34

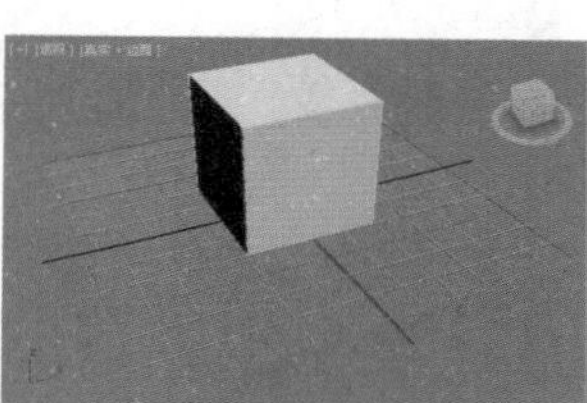

图3-35

3.3.2 实例：将模型位置设置到世界坐标中心

扫一扫，看视频

案例路径：Chapter 03 3ds Max基本操作→实例：将模型位置设置到世界坐标中心

在视图中创建模型时，可以将模型的位置设置到世界坐标中心。这样再次创建其他模型时，两个模型比较容易对齐。

步骤01 打开本书文件，如图3-36所示，发现模型没有在世界坐标中心位置。

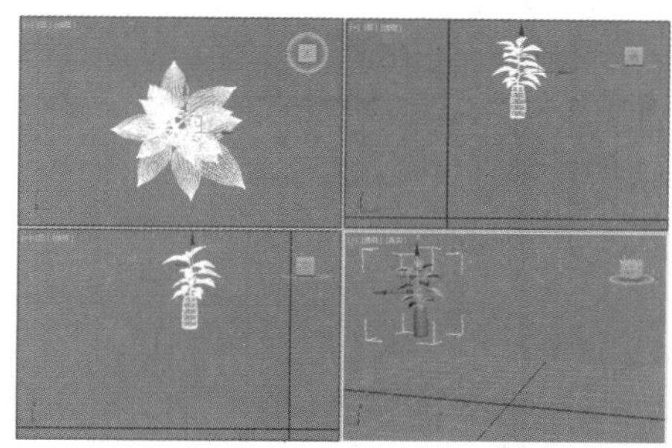

图3-36

步骤02 此时可以看到3ds Max界面下方的X、Y、Z后面的数值都不是0，如图3-37所示。

步骤03 可以将鼠标移动到X、Y、Z后方的位置，分别依次右击，可看到数值都被设置为0了，如图3-38所示。

步骤04 模型的位置也自动被设置到了世界坐标的中心，如图3-39所示。

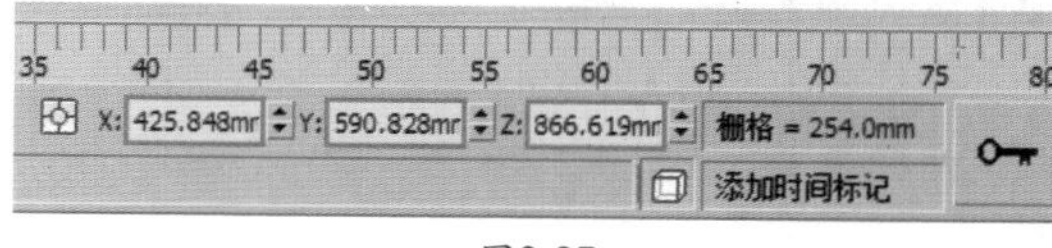

图3-37

图3-38

图3-39

3.3.3 实例：删除和快速删除大量对象

扫一扫，看视频

案例路径：Chapter 03 3ds Max基本操作→实例：删除和快速删除大量对象

删除是 3ds Max 的基本操作，按 Delete 键即可完成。除了删除单个文件外，删除很多个文件操作也比较常用。

步骤 01 打开本书文件，如图3-40所示。

图3-40

步骤 02 单击可以选择一个模型，按住Ctrl键并单击可以选择多个模型，如图3-41所示。

图3-41

步骤 03 按Delete键即可删除选中的多个模型，如图3-42所示。

图3-42

步骤 04 假如只想保留花盆模型，其他物体都删除。那么可以只选择花盆，如图3-43所示。

图3-43

步骤 05 按快捷键Ctrl+I（反选），此时选择了除去花盆外的模型，如图3-44所示。

图 3-44

步骤 06 按Delete键即可删除选择的模型，如图3-45所示。

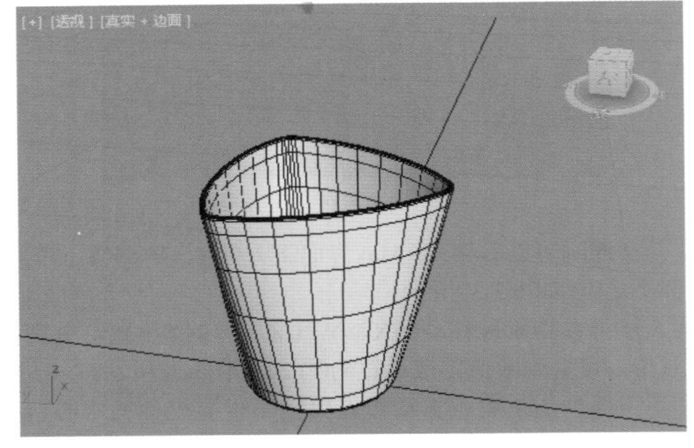

图3-45

3.3.4 实例：撤销和重做

案例路径：Chapter 03 3ds Max基本操作→实例：撤销和重做

扫一扫，看视频

在使用3ds Max制作作品时，非常容易出现操作的错误，这时一定会想到返回到上一步操作，往前返回就是【撤销】；与之相对应的，往后返回就叫【重做】。

步骤01 打开本书文件，如图3-46所示。

步骤02 单击选择右侧的模型，使用✣（选择并移动）工具向右移动模型，如图3-47所示。

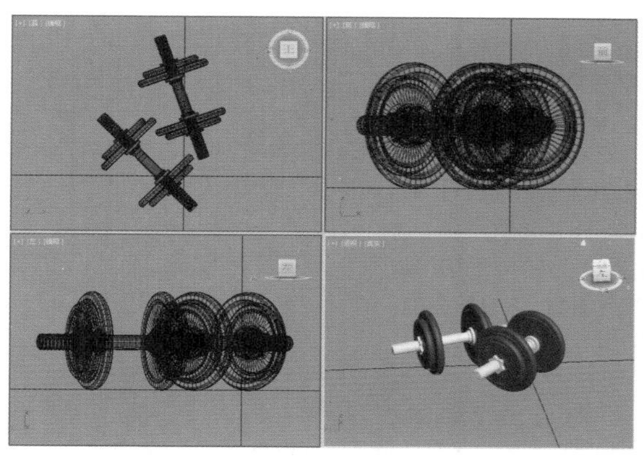
图3-46

步骤03 继续向下移动模型，如图3-48所示。此时共有两个操作，第1个操作是向右移动，第2个操作是向下移动。

步骤04 此时单击↶（撤销）按钮，或按快捷键Ctrl+Z，即可往前返回一步，如图3-49所示可以看到现在的状态是物体在右侧。

步骤05 假如不想执行刚才返回的那个步骤了，可以单击↷（重做）按钮，即可往后返回一步，如图3-50所示可以看到现在的状态是物体还在下方。

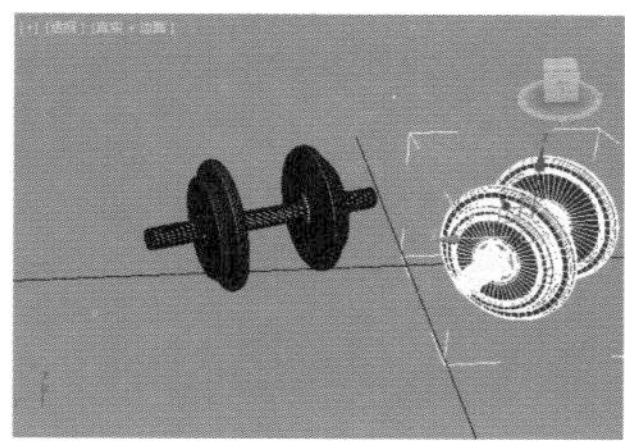
图3-47

图3-48

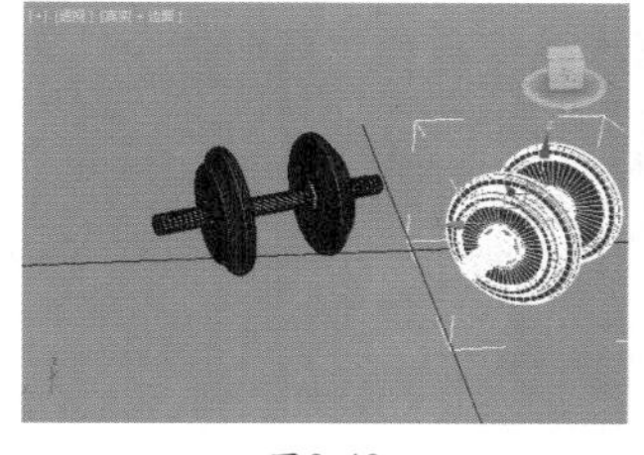
图3-49

图3-50

3.3.5 实例：组和解组

案例路径：Chapter 03 3ds Max基本操作→实例：组和解组

扫一扫，看视频

3ds Max中可以将多个对象进行组操作，组是指暂时将多个对象放在一起，被组的对象是无法修改参数的或单独调整某一个对象的位置。还可以将组解组，即可恢复到组之前的状态。也可以进行组打开，此时可以对物体暂时进行调整参数或位置，再进行组关闭。

Part 01 组

步骤01 打开本书文件，如图3-51所示。

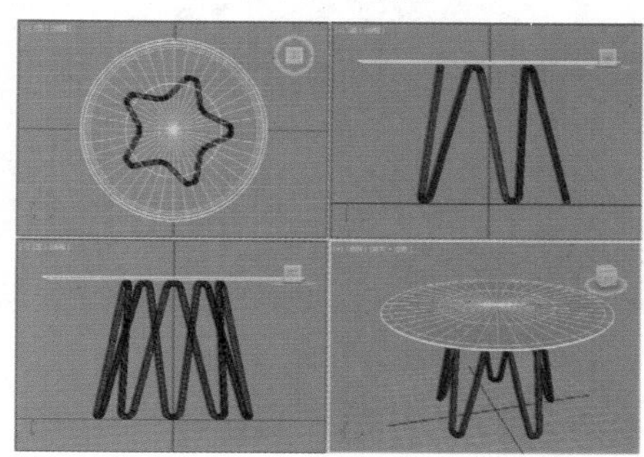
图3-51

步骤02 场景中的桌子包括桌面和桌腿两部分，如图3-52所示。

步骤03 选择两个模型，如图3-53所示。

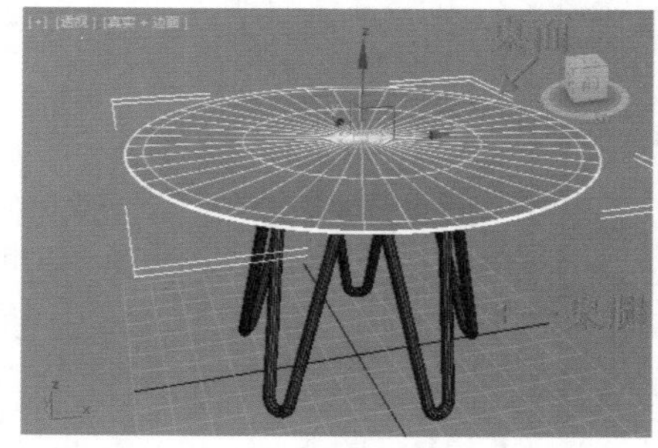

图3-52

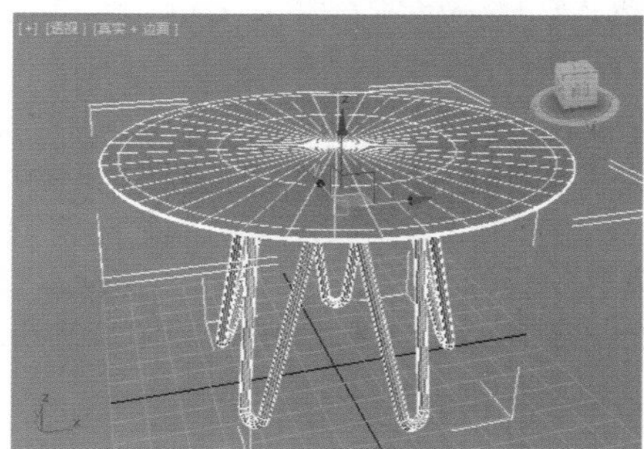
图3-53

步骤04 在菜单栏中执行【组】|【组】命令，如图3-54所示。

步骤05 在弹出的对话框中进行组命名，如图3-55所示。

步骤06 此时两个模型暂时组在一起了，如图3-56所示。

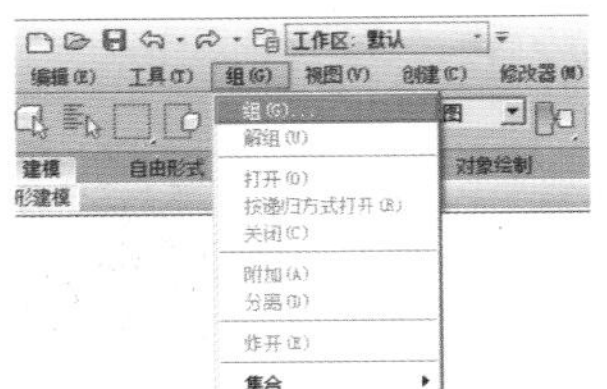

图3-54

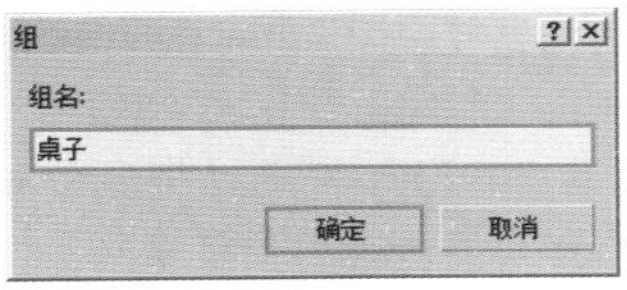

组
组名:
桌子
确定 取消

图3-55

图3-56

Part 02 解组

步骤 01 选择一个组模型，如图3-57所示。

步骤 02 在菜单栏中执行【组】|【解组】命令，如图3-58所示。

步骤 03 此时组已经被解组了，如图3-59所示。

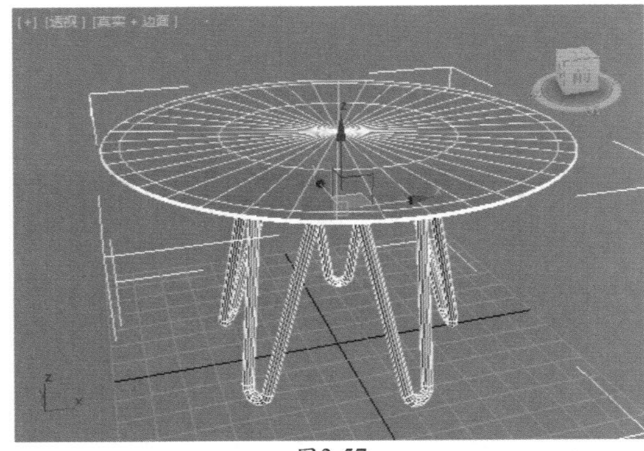

图3-57

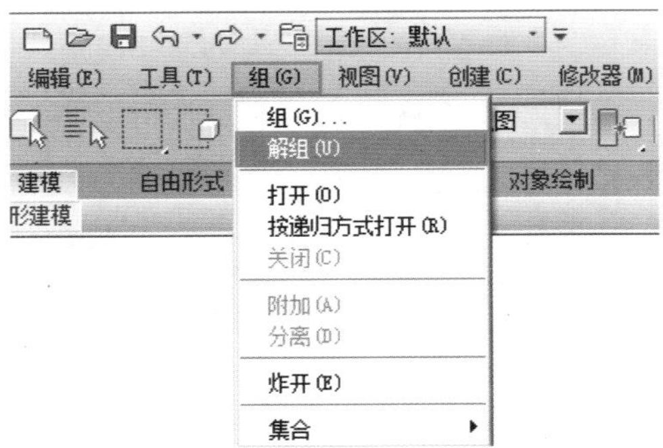

图3-58

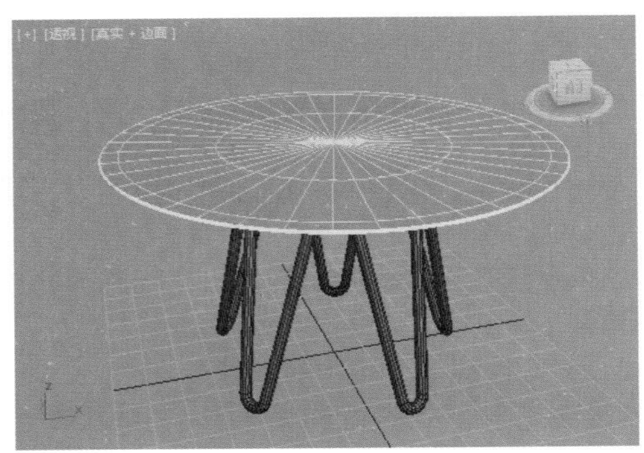

图3-59

Part 03 组打开

步骤 01 可以选择Part 01中完成的组模型，执行【组】|【打开】命令，如图3-60所示。

步骤 02 此时看到组被暂时打开了，如图3-61所示。

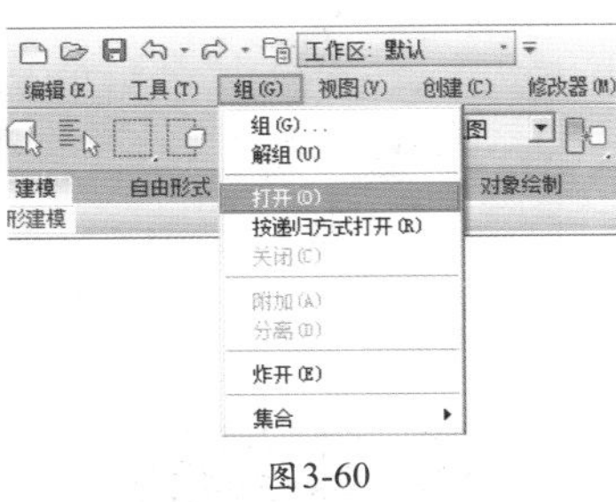

图3-60

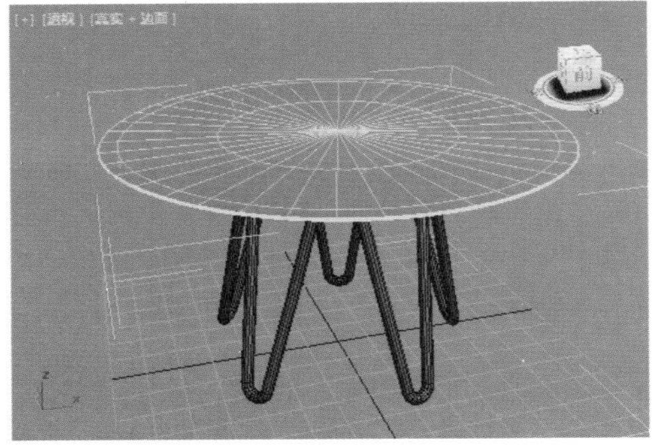

图3-61

步骤 03 此时可以单击选择桌面模型，使用（选择并均匀缩放）工具缩小桌面，如图3-62所示。

步骤 04 调整完成后，执行【组】|【关闭】命令，如图3-63所示。

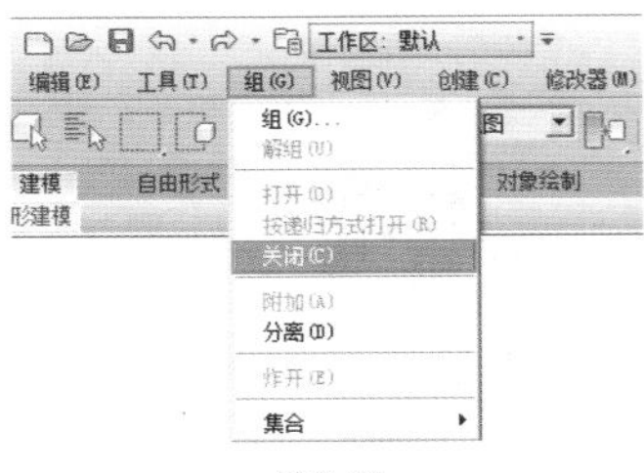

图3-63

步骤 05 关闭组之后的模型，还是被组在一起的状态，如图3-64所示。

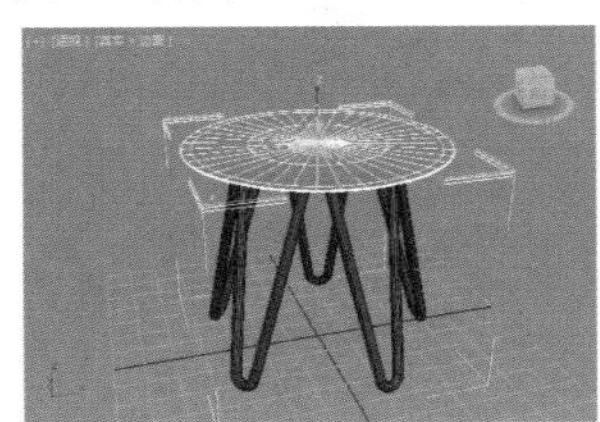

图3-62

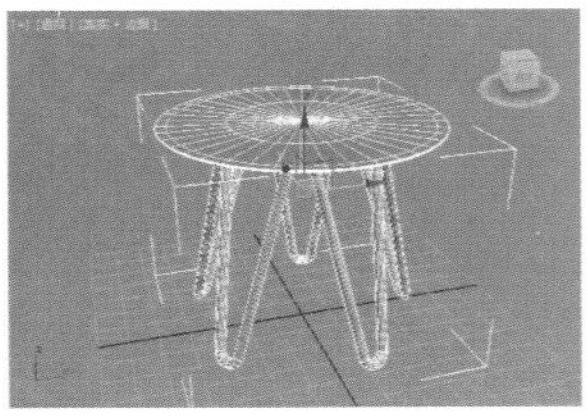

图3-64

3.3.6 实例：使用过滤器准确地选择对象

案例路径：Chapter 03 3ds Max基本操作→实例：使用过滤器准确地选择对象

扫一扫，看视频

3ds Max 中的对象有很多种，如几何体、图形、灯光、摄影机等。在较为复杂的创建中，这些对象可能非常多，因此不容易准确地进行选择。比如我们想选择某个图形，结果却单击选择了几何体。而【过滤器】可以很好地解决这个问题，可以设定好过滤器类型，设置好之后就只能选择到这一类对象了，不容易选择错误。

步骤 01 打开场景文件，如图3-65所示。

步骤 02 场景中包括三维模型（几何体）、二维线（图形）、泛光灯（灯光）这3种对象，如图3-66所示。

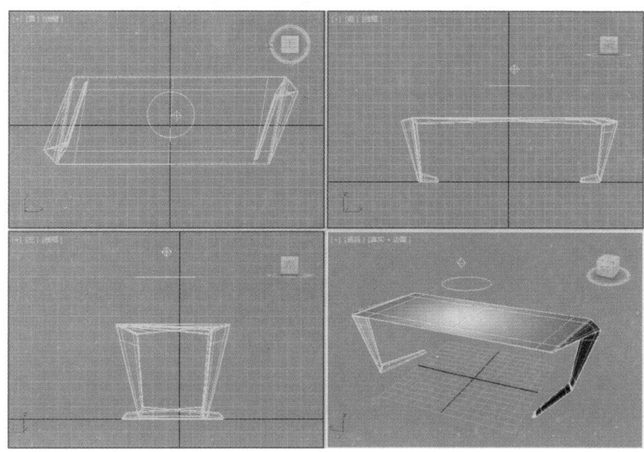

图3-65

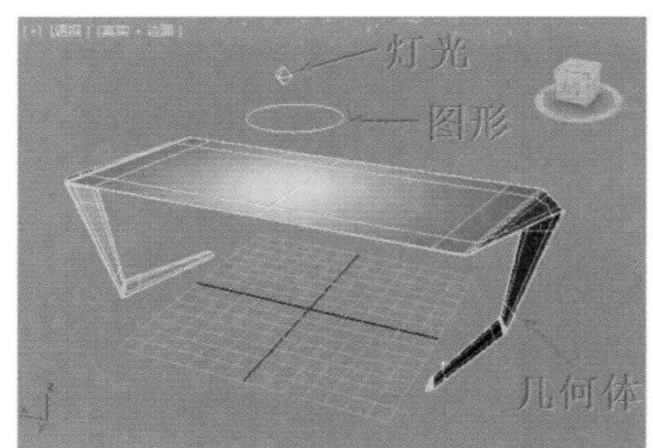

图3-66

步骤 03 单击过滤器，选择类型为【几何体】，如图3-67所示。

步骤 04 此时在视图中无论如何选择，就只能选择到几何体，如图3-68所示。

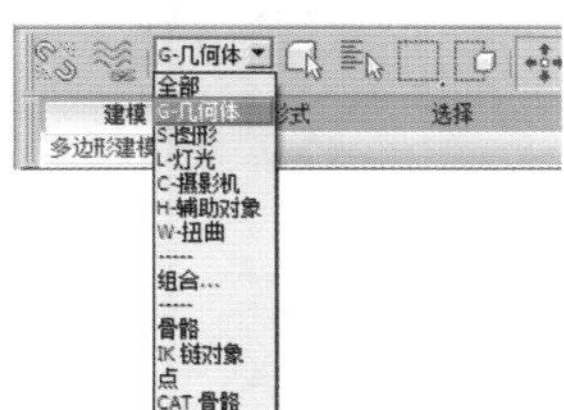

图3-67

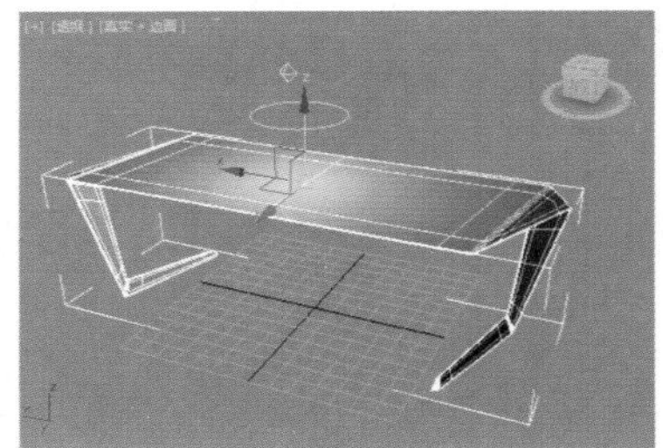

图3-68

步骤 05 单击过滤器，选择类型为【灯光】，如图3-69所示。

步骤 06 此时在视图中无论如何选择，就只能选择到灯光，如图3-70所示。

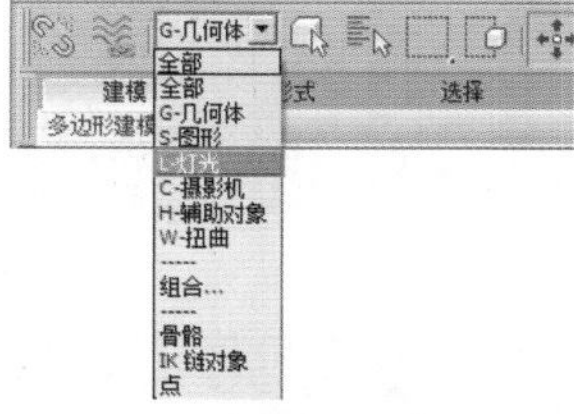

图3-69

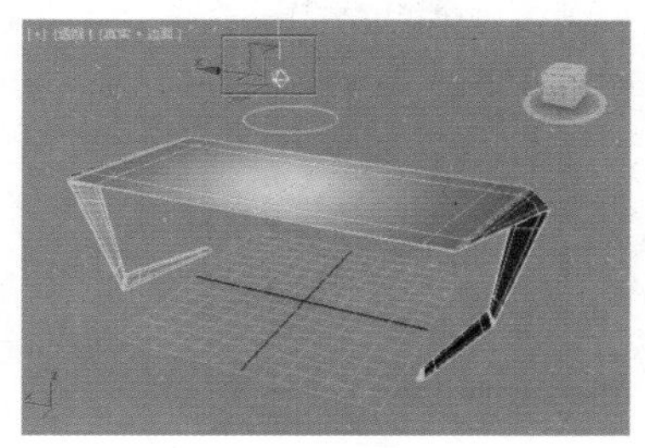

图3-70

步骤 07 单击过滤器，选择类型为【图形】，如图3-71所示。

步骤 08 此时在视图中无论如何选择，就只能选择到图形，如图3-72所示。

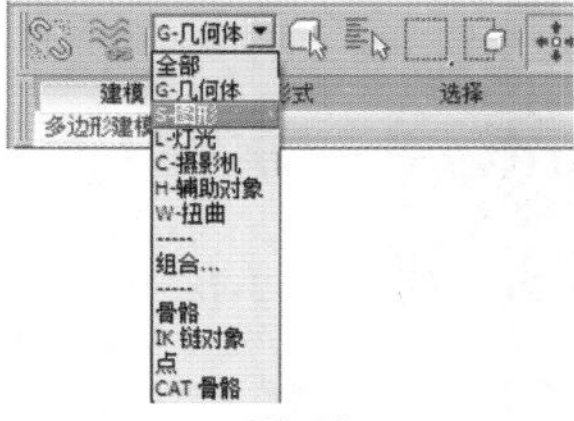

图3-71

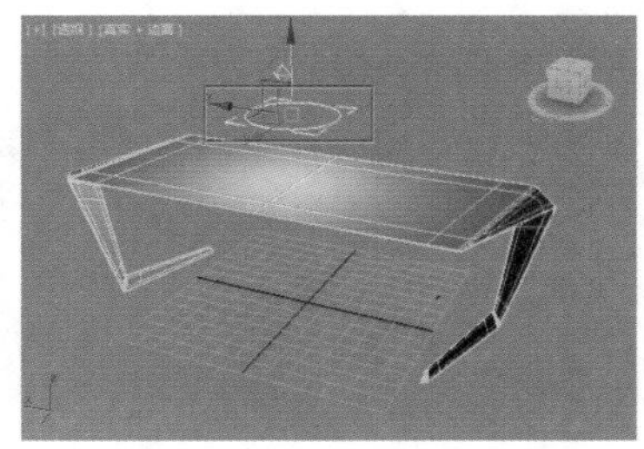

图3-72

3.3.7 实例：按名称选择物体

案例路径：Chapter 03 3ds Max基本操作→实例：按名称选择物体

扫一扫，看视频

在制作模型时，建议大家养成良好的习惯。将模型进行合理的命名，可以使用按名称选择物体快速找到所需要的模型。

步骤 01 打开本书文件，如图3-73所示。

步骤 02 小车分为车轮、车体、车顶3部分，如图3-74所示。

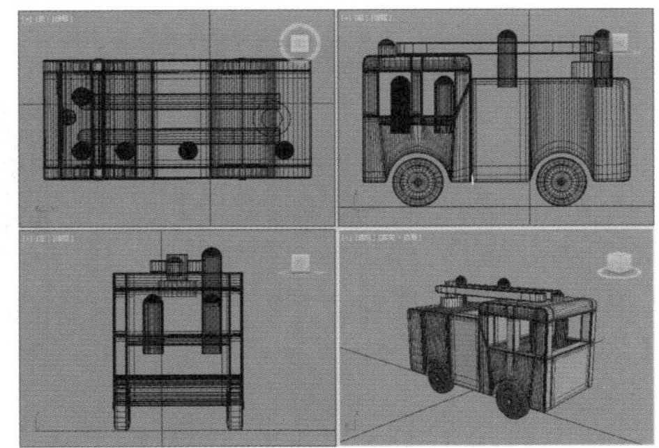

图3-73

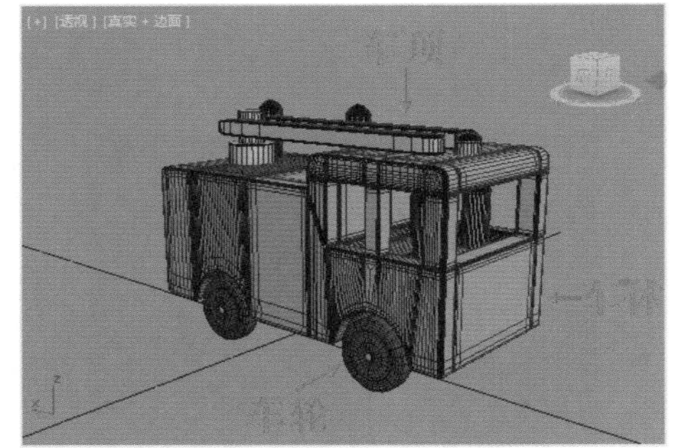

图3-74

步骤03 当选择其中一个模型，例如选择【车体】，然后单击修改，就可以看到它的名称（可以在这里修改它的名称），如图3-75所示。

图3-75

步骤04 除了直接单击选择物体之外，还可以通过使用主工具栏中的（按名称选择）工具，并在对话框中单击选择【车轮】，然后单击【确定】按钮，如图3-76所示。

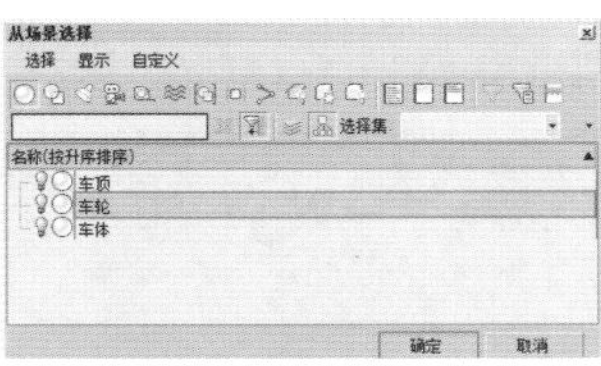

图3-76

步骤05 此时车轮模型已经被成功选择，如图3-77所示。

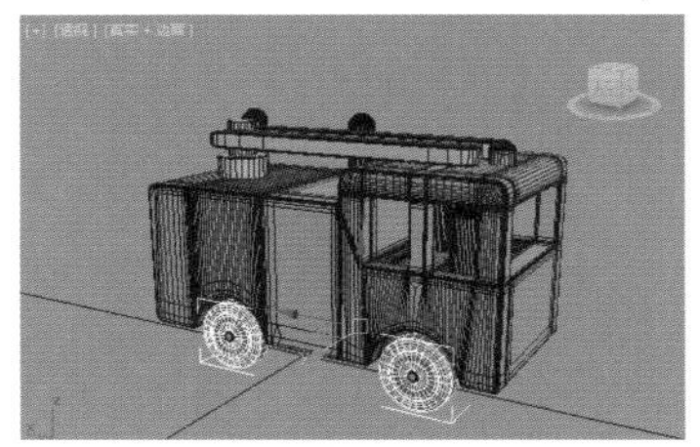

图3-77

3.3.8 实例：使用不同的选择区域选择物体

扫一扫，看视频

案例路径：Chapter 03 3ds Max基本操作→实例：使用不同的选择区域选择物体

3ds Max 主工具栏中的选择区域包含 5 种类型。鼠标左键一直按住（矩形选框工具）按钮，即可切换选择图 3-78 中的任意一种工具。

步骤01 打开本书文件，如图3-79所示。

步骤02 以默认（矩形选框工具）方式拖动鼠标，即可以矩形的方式进行选择，如图3-80所示。

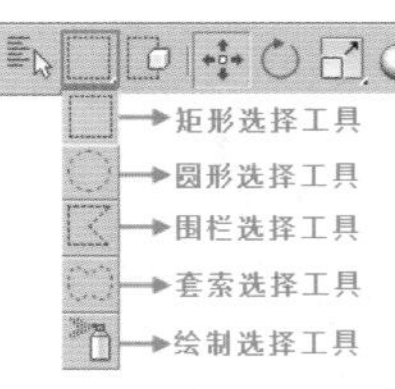

图3-78

图3-79

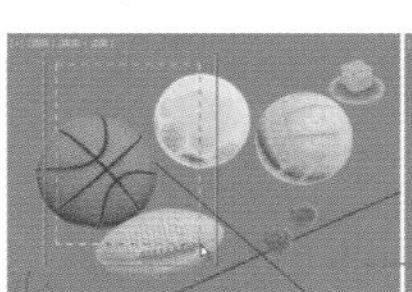

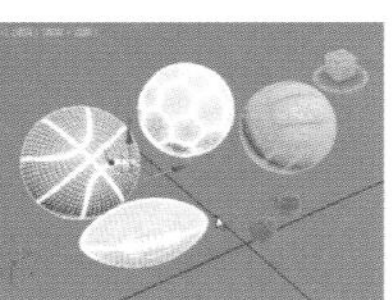

图3-80

步骤03 切换到（圆形选择工具）方式拖动鼠标，即可以圆形的方式进行选择，如图3-81所示。

步骤04 切换到（套索选择工具）方式拖动鼠标，即可以套索的样式进行选择，如图3-82所示。

步骤05 切换到（绘制选择工具）方式拖动鼠标，然后从空白位置按住鼠标左键，会出现圆形的图标，然后类似画笔一样在模型上拖动，此时即可选择模型，如图3-83所示。

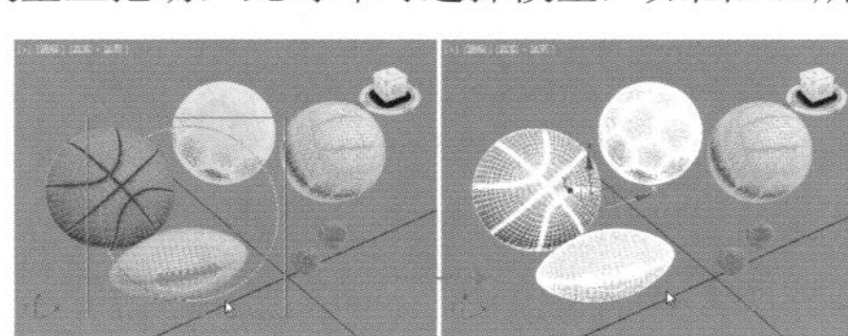

图3-81

图3-82

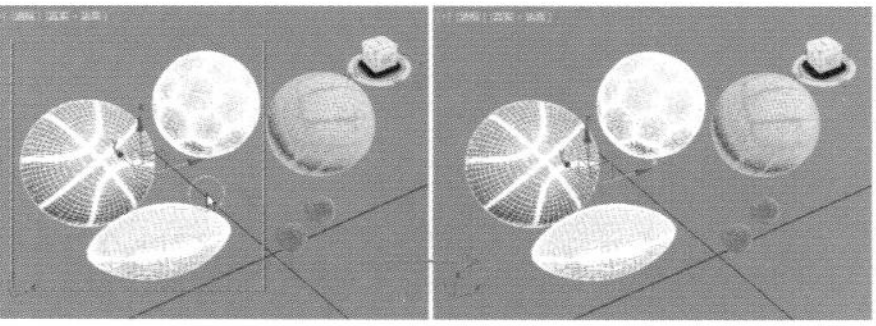

图3-83

重点 3.3.9 实例：准确地移动火车位置

案例路径：Chapter 03 3ds Max基本操作→实例：准确地移动火车位置

扫一扫，看视频

主工具栏中的✥（选择并移动）工具可以对物体进行移动，既可以沿单一轴线移动，也可以沿多个轴线移动。但是为了更精准，建议沿单一轴线进行移动（当鼠标移动到单一坐标，该坐标变为黄色时，代表已经选择了该坐标）。

Part 01 准确地移动火车位置

步骤 01 打开本书场景文件，如图3-84所示。

步骤 02 使用✥（选择并移动）工具，单击选择火车模型，如图3-85所示。

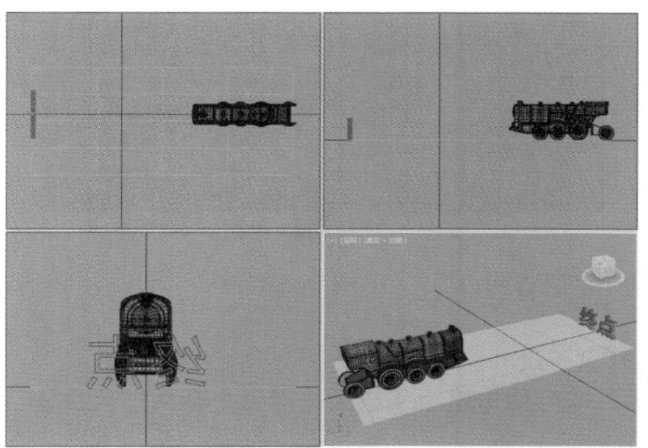
图3-84

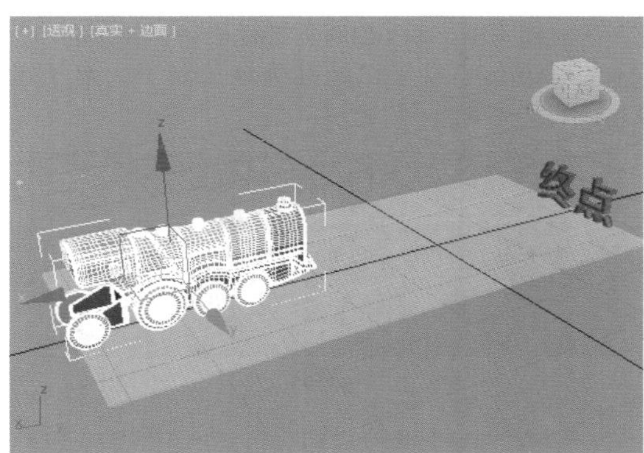
图3-85

步骤 03 鼠标移动到X轴位置，然后沿X轴向右侧进行移动，如图3-86所示。

图3-86

Part 02 错误的移动方法

步骤 01 错误的示范开始了。建议大家不要随便移动，若是不沿准确的轴向移动的话（例如沿X/Y/Z3个轴向移动），容易出现位置错误，如图3-87所示。但是在透视图中似乎看不出任何位置的错误。

步骤 02 当我们在4个视图中查看效果，发现火车已经在地面以上很高的位置了，如图3-88所示。因此说明，在建模时一定要随时查看4个视图中的模型效果，因为透视图的某些特殊视角看似无错误，其实或许已经出现位置错误。

步骤 03 除了查看4视图之外，还需要我们在建模时经常进入透视图，按住键盘上的Alt键，然后按住鼠标中轮并拖动鼠标位置，即可旋转视图，如图3-89所示发现火车从某些角度看也能发现错了。

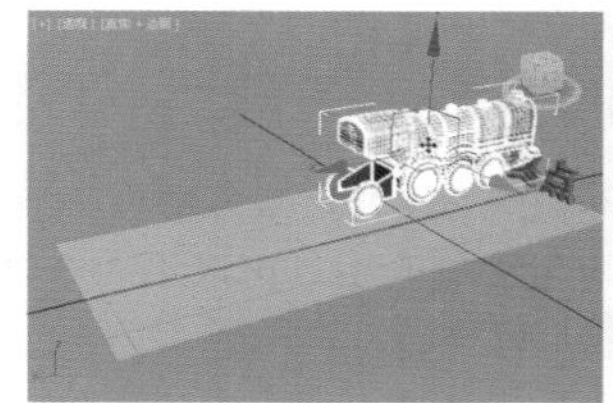
图3-87　图3-88

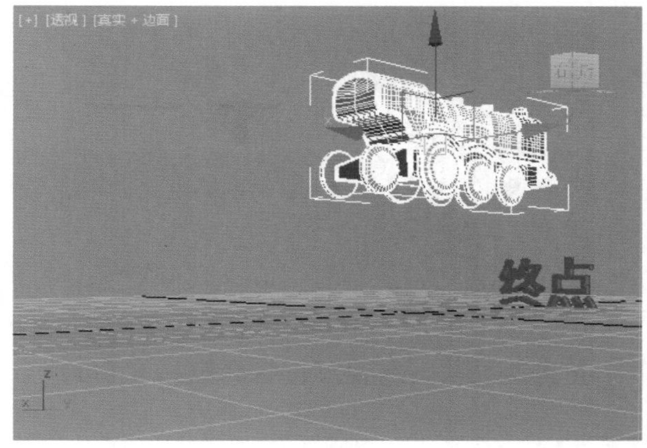
图3-89

重点 3.3.10 实例：准确地旋转模型

案例路径：Chapter 03 3ds Max基本操作→实例：准确地旋转模型

扫一扫，看视频

◌（选择并旋转）工具可以将模型进行旋转，与✥（选择并移动）工具的操作类似，建议大家在旋转时沿单一轴线旋转，这样更准确。

Part 01 准确地旋转模型

步骤 01 打开本场景文件，如图3-90所示。

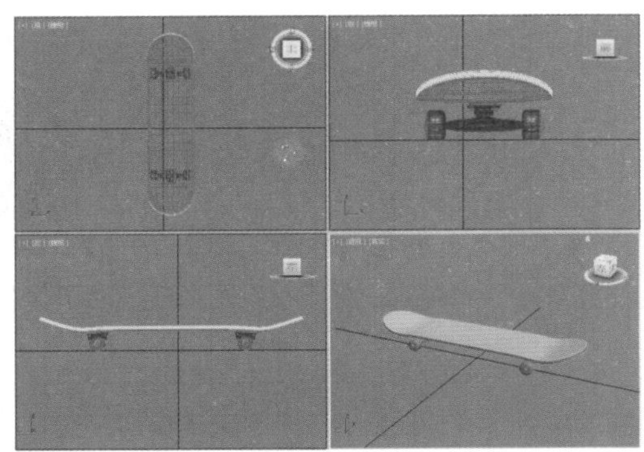

图3-90

步骤 02 使用主工具栏中的 （选择并旋转）工具单击模型，然后将鼠标移动到Z轴位置，然后按住鼠标左键并拖动，即可在Z轴进行旋转，如图3-91所示。

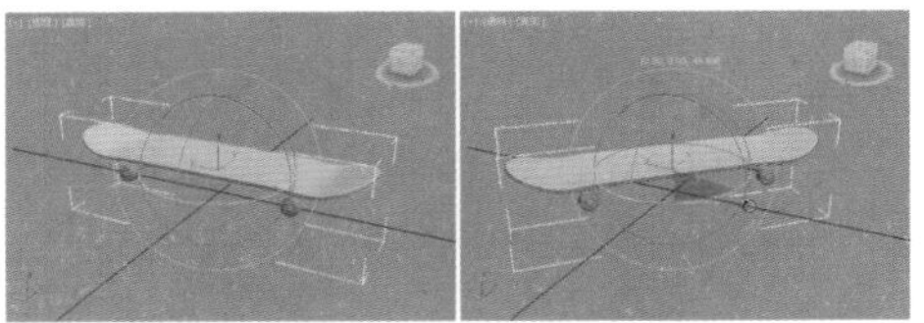

图3-91

Part 02 错误的旋转方法

使用主工具栏中的 （选择并旋转）工具单击模型，然后将鼠标随便放到模型附近，然后按住鼠标左键并拖动，此时模型已经在多个轴向被旋转了，如图 3-92 所示。

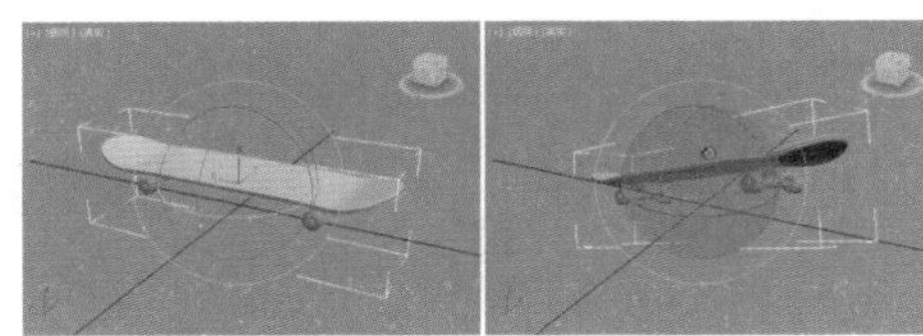

图3-92

3.3.11 实例：缩放方形盘子尺寸

扫一扫，看视频

案例路径：Chapter 03 3ds Max基本操作→实例：缩放方形盘子尺寸

（选择并均匀缩放）工具可以沿 3 个轴向缩放物体，即可均匀缩小或放大。沿一个轴向缩放物体，即可在该轴向压扁或拉长物体。

步骤 01 打开本书场景文件，如图3-93所示。

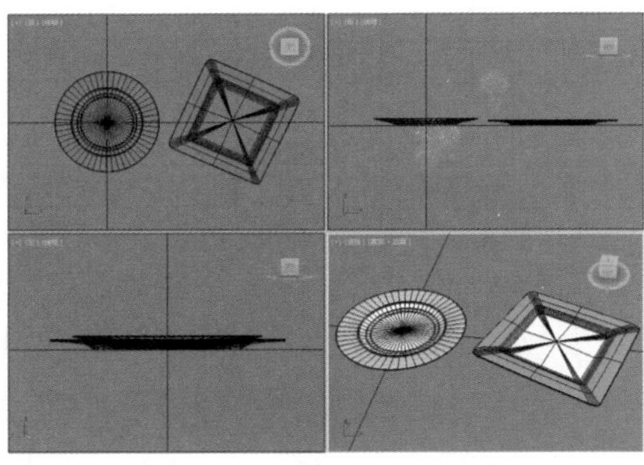

图3-93

步骤 02 选择方形的盘子，使用 （选择并均匀缩放）工具沿X、Y、Z3个轴向缩小方形盘子（移动鼠标位置，当3个轴向都变为黄色时代表3个轴向都被选择成功），如图3-94所示。

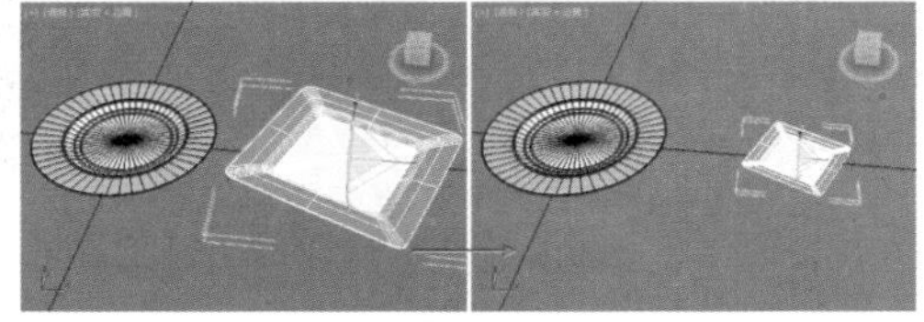

图3-94

步骤 03 在顶视图中，使用 （选择并移动）工具沿X轴进行移动，如图3-95所示。

步骤 04 在前视图中，沿Y轴向下进行移动，如图3-96所示。

步骤 05 此时方形小盘子已经准确地放到了大盘子里，如图3-97所示。

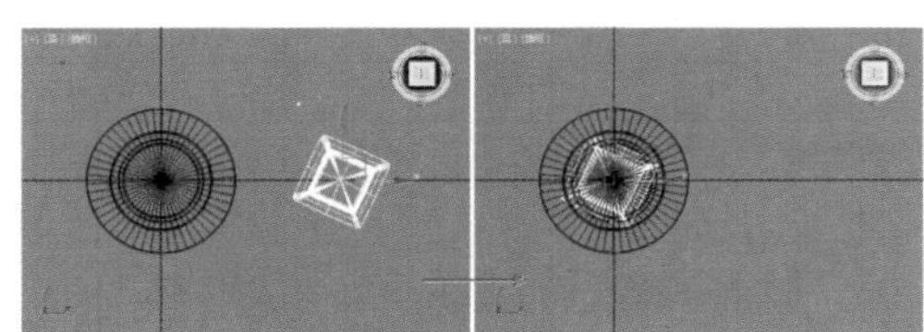

图3-95

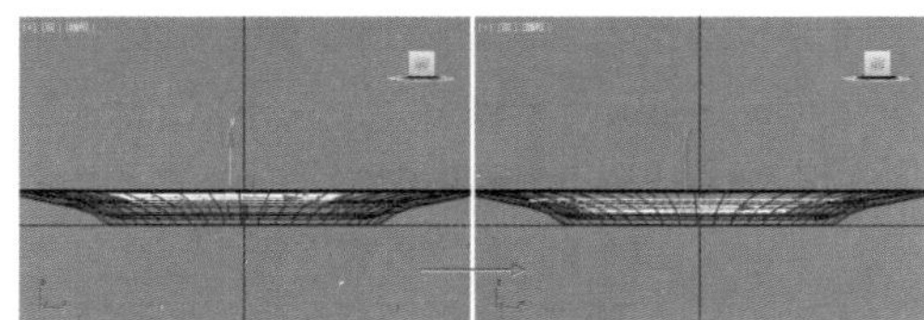

图3-96

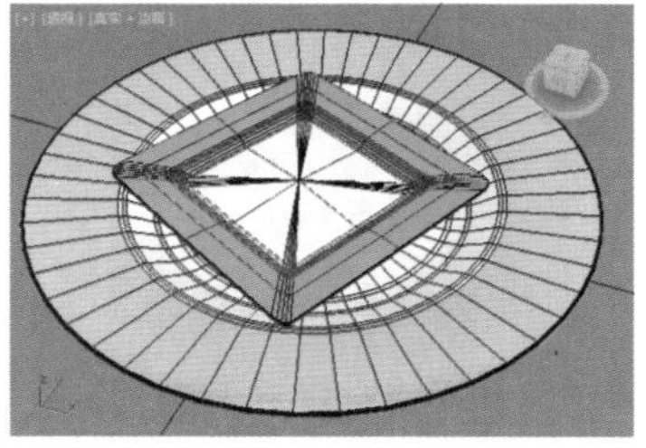

图3-97

3.3.12　实例：选择并放置工具将一个模型准确地放在另一个模型上

扫一扫，看视频

案例路径：Chapter 03 3ds Max基本操作→实例：选择并放置工具将一个模型准确地放在另一个模型上

可以使用【选择并放置】工具将一个模型准确地放在另一个模型表面，而且除了放在上方外，还可放在侧面。

步骤 01 创建一个长方体和茶壶模型，如图3-98所示，两个物体之间没有任何接触。

步骤 02 假如想把茶壶放在长方体上，除了直接移动位置之外，还可使用【选择并放置】工具。选择茶壶模型，然后单击【选择并放置】工具，如图3-99所示。

步骤 03 此时按住鼠标左键并移动鼠标位置，可以将茶壶准确地放在长方体上了，如图3-100所示。

步骤 04 还可以在移动鼠标时，将鼠标移动到长方体的侧面，此时茶壶的底面就自动对齐到了长方体的侧面上，如图3-101和图3-102所示。

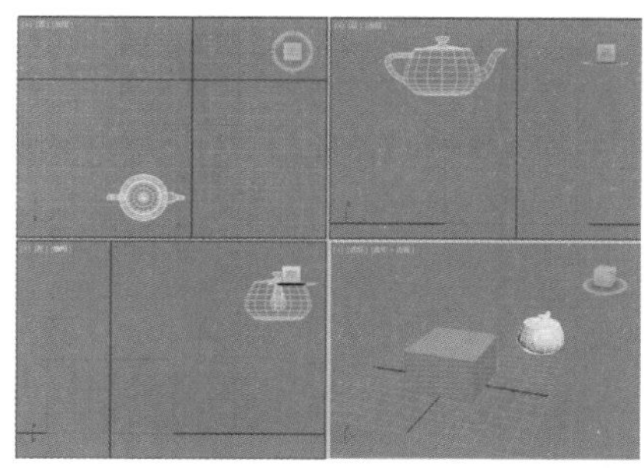
图3-98

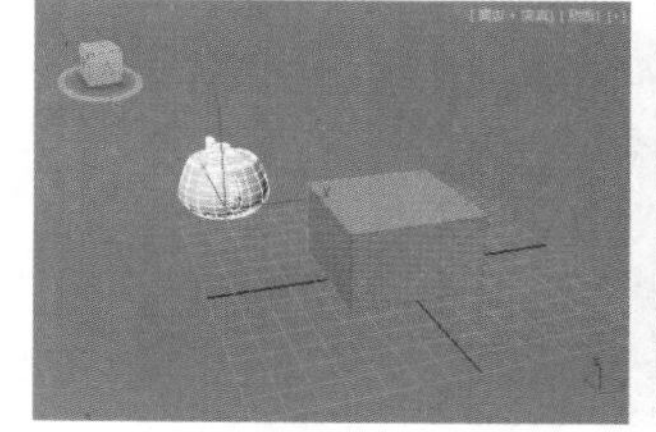
图3-99

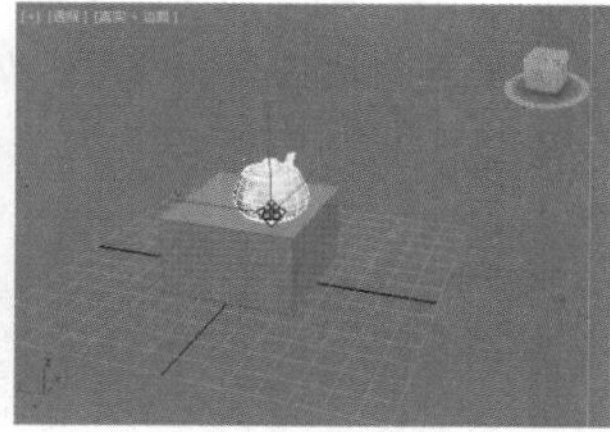
图3-100

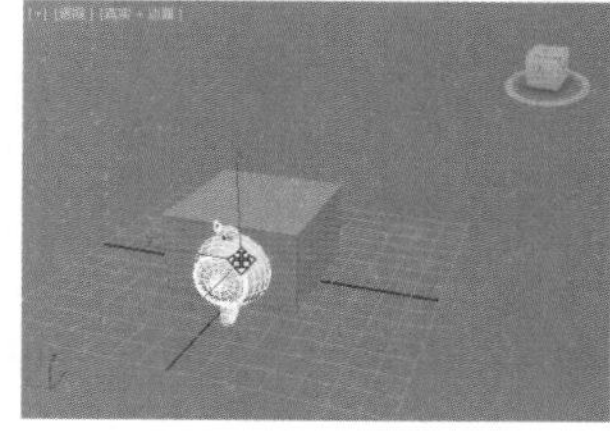
图3-101

图3-102

3.3.13　实例：使用选择中心将模型轴心设置到中心

扫一扫，看视频

案例路径：Chapter 03 3ds Max基本操作→实例：使用选择中心将模型轴心设置到中心

将模型的轴心设置到模型的中心位置，可以方便对模型进行移动、旋转、缩放等操作。

步骤 01 打开本书场景文件，如图3-103所示。

步骤 02 选择场景中的模型，如图3-104所示。

步骤 03 此时看到模型的坐标轴不在模型的中心位置，如图3-105所示。

步骤 04 按住主工具栏中的（使用轴点中心）按钮，然后单击【使用选择中心】按钮，如图3-106所示。

步骤 05 此时模型的轴心被设置到了模型的中心位置，如图3-107所示。

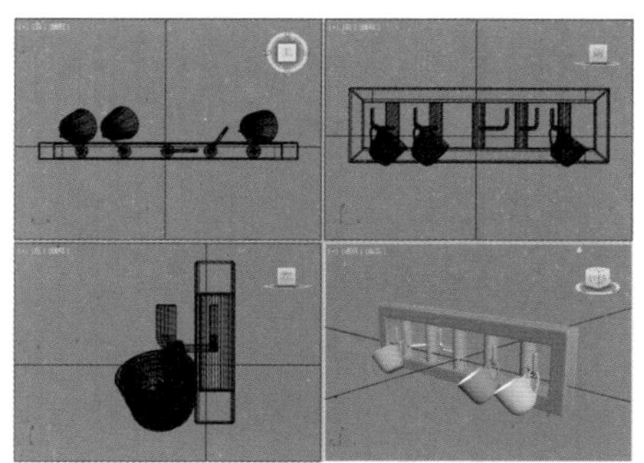
图3-103

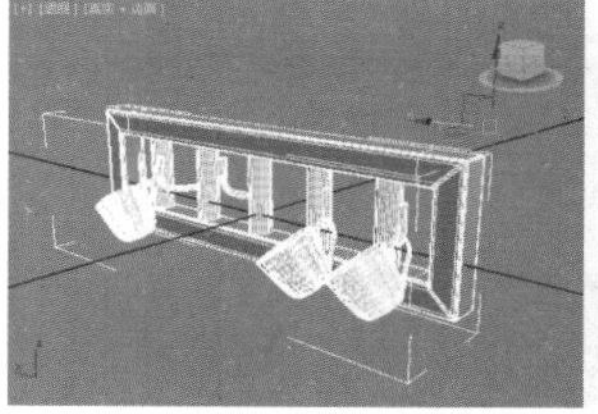
图3-104

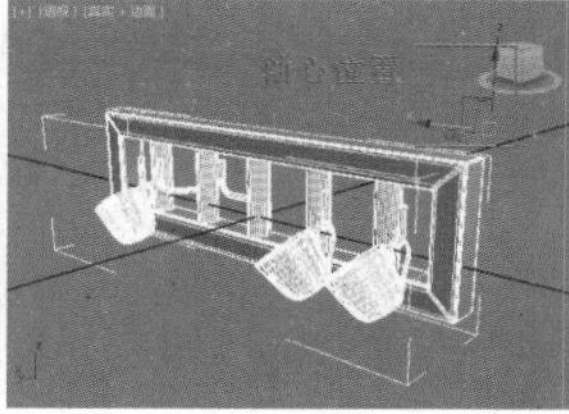
图3-105

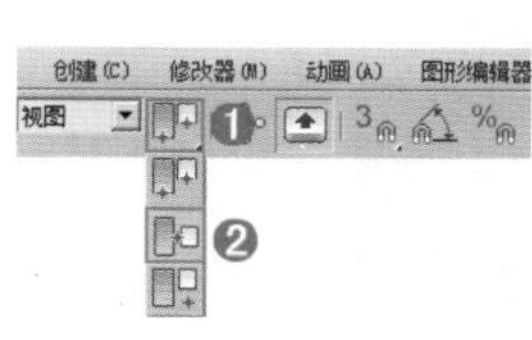

图3-106

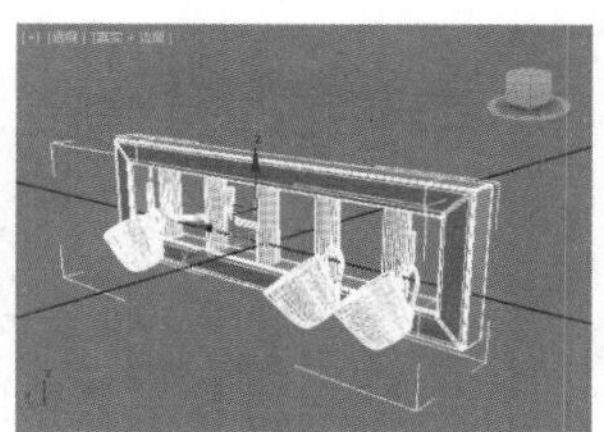
图3-107

【重点】3.3.14 实例：利用移动复制制作一排文件盒

扫一扫，看视频

案例路径：Chapter 03 3ds Max基本操作→实例：移动复制制作一排文件盒

步骤01 打开本书场景文件，如图3-108所示。

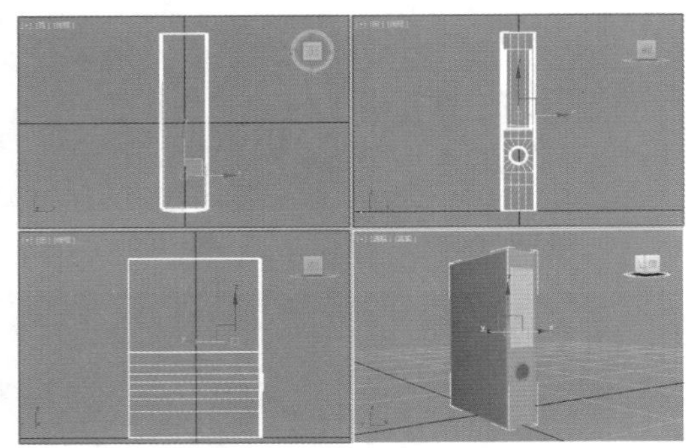

图3-108

步骤02 选择文件盒模型，然后按住Shift键以及鼠标左键沿X轴向右拖动，然后松开鼠标。在弹出的对话框中设置【对象】为【实例】，【副本数】为5，如图3-109所示。

步骤03 复制完成的效果如图3-110所示。

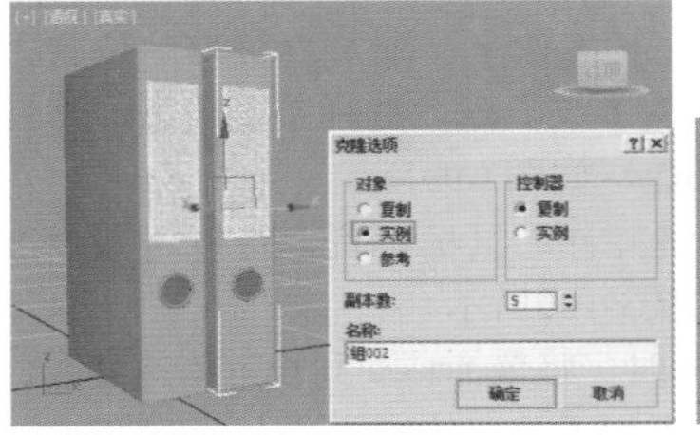

图3-109

图3-110

提示：原地复制模型。

选择物体，按快捷键Ctrl+V即可进行原地复制。

【重点】3.3.15 实例：利用旋转复制制作植物

扫一扫，看视频

案例路径：Chapter 03 3ds Max基本操作→实例：旋转复制制作植物

步骤01 打开本书场景文件，如图3-111所示。

图3-111

步骤02 选择"叶子01"，如图3-112所示。

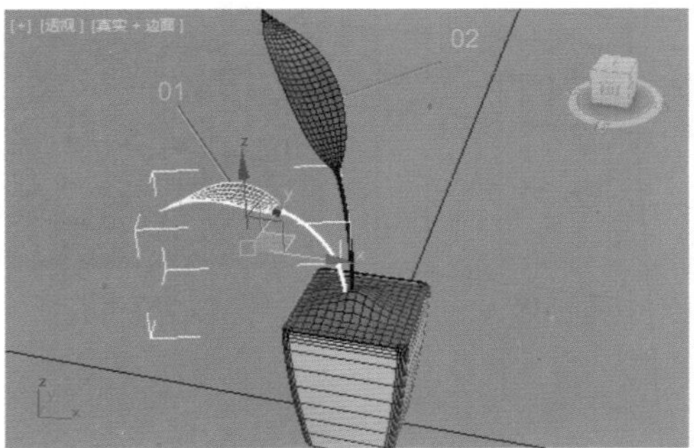

图3-112

步骤03 执行（层次）|仅影响轴命令，如图3-113所示。

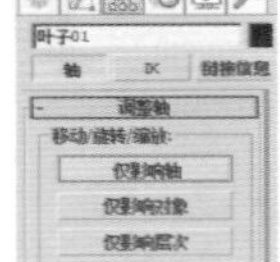

图3-113

步骤04 此时将轴心移动到花盆中心位置，如图3-114所示。

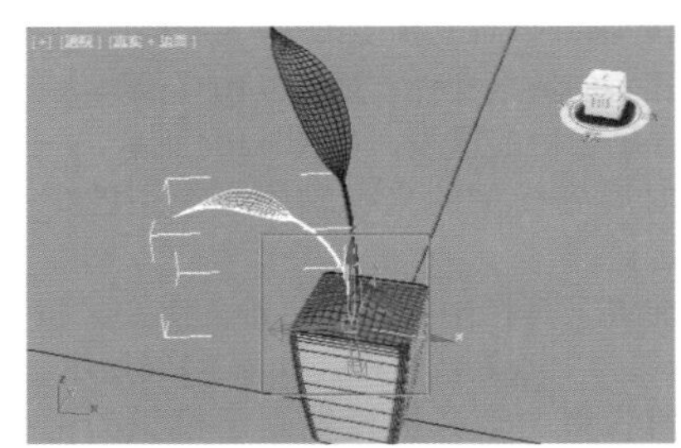

图3-114

步骤05 再次单击仅影响轴按钮，此时已经完成了坐标轴位置的修改。然后选择"叶子02"，如图3-115所示。

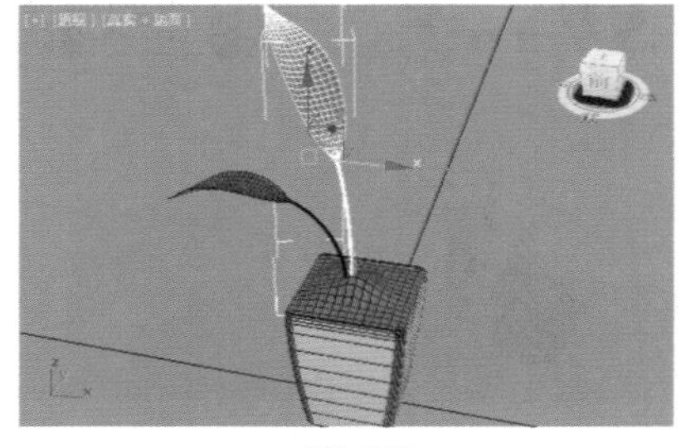

图3-115

步骤06 执行（层次）| 仅影响轴 命令，如图3-116所示。

图3-116

步骤07 此时将轴心移动到花盆中心位置，如图3-117所示。

步骤08 再次单击 仅影响轴 ，此时已经完成了坐标轴位置的修改。然后选择“叶子01”模型，依次单击（选择并旋转）和（角度捕捉切换）按钮。接着按住Shift键，沿Z轴拖动进行旋转，并注意当Z数值变为45度时，松开鼠标左键。在弹出的对话框中将【对象】设置为【实例】，【副本数】设置为7，如图3-118所示。

图3-117

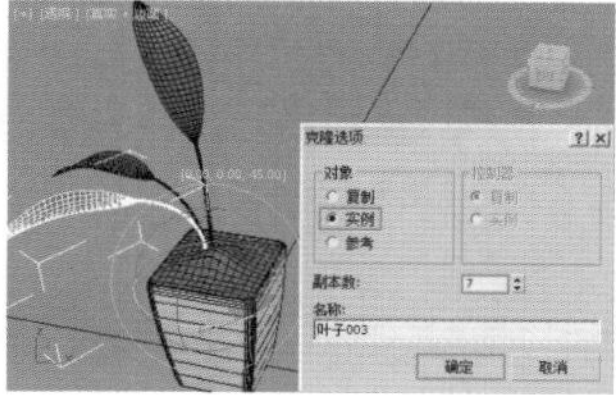

图3-118

步骤09 此时底部的一圈叶子已经被复制完成了，如图3-119所示。

步骤10 用同样的方法复制顶部一圈叶子，如图3-120所示。

图3-119

图3-120

步骤11 最终模型如图3-121所示。

图3-121

3.3.16 实例：利用捕捉开关准确地创建模型

案例路径：Chapter 03 3ds Max基本操作→实例：利用捕捉开关准确地创建模型

扫一扫，看视频

主工具栏中的（捕捉开关）可以捕捉栅格点、顶点等，使用捕捉开关可以在创建模型时更准确。例如可在模型表面创建一个长度和宽度数值一样的物体，也可沿着模型表面的点准确地绘制一条线。

步骤01 执行（创建）|（几何体）| 长方体 命令，然后在视图中拖动创建一个长方体，如图3-122所示。

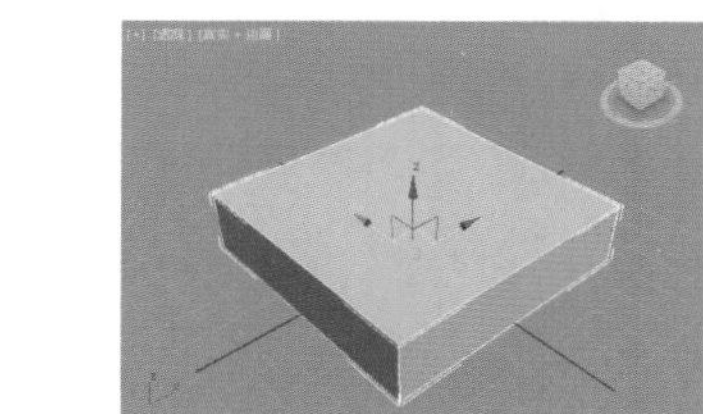

图3-122

步骤02 单击【修改】面板，设置【长度】为2000mm，【宽度】为2000mm，【高度】为500mm，如图3-123所示。

步骤03 单击打开主工具栏中的（捕捉开关）按钮，然后对该工具右击。在弹出的对话框中取消勾选【栅格点】，勾选【顶点】，如图3-124所示。

步骤04 再次在刚才的长方体上方拖动创建另外一个长方体，会发现该长方体的底部与刚才模型的顶部是完全对齐的，如图3-125所示。

步骤05 单击【修改】面板，可以看到新创建的长方体的参数中【长度】和【宽度】数值都是2000mm，如图3-126所示。

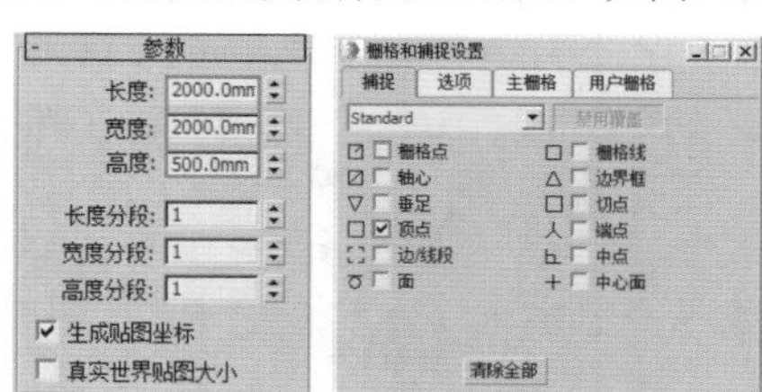

图3-123　图3-124

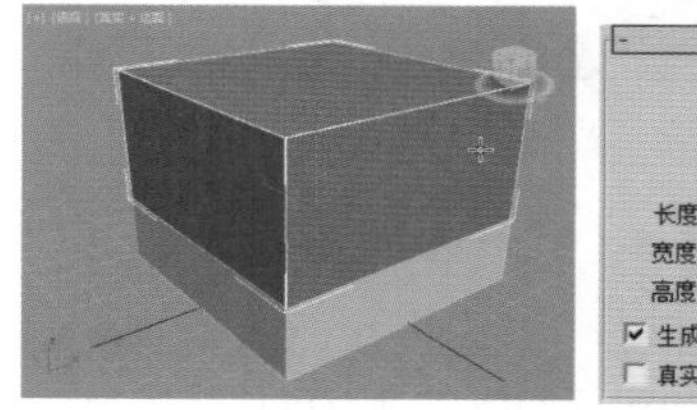

图3-125　图3-126

3.3.17 实例：镜像制作两个凳子

扫一扫，看视频

案例路径：Chapter 03 3ds Max基本操作→实例：镜像制作两个凳子

主工具栏中的（镜像）工具可以允许模型沿 X、Y、Z3 种轴向进行镜像复制。

步骤 01 打开本书场景文件，如图3-127所示。

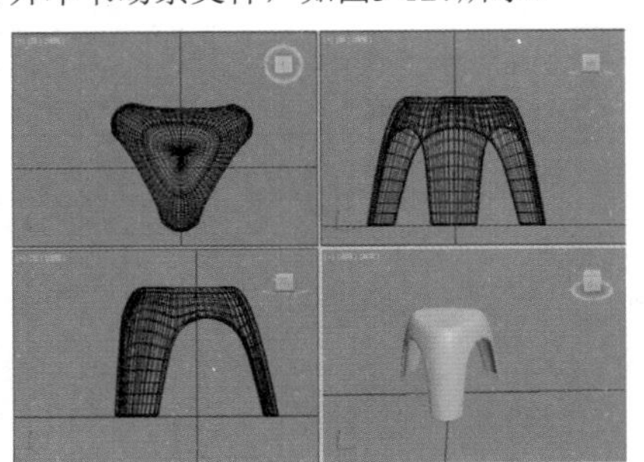
图3-127

步骤 02 选择凳子模型，单击主工具栏中的（镜像）工具。然后设置【镜像轴】为X，【偏移】为450mm，【克隆当前选择】为【复制】，最后单击【确定】按钮，如图3-128所示。

步骤 03 此时另外一个凳子镜像到了第一个镜子的右侧，如图3-129所示。

图3-128

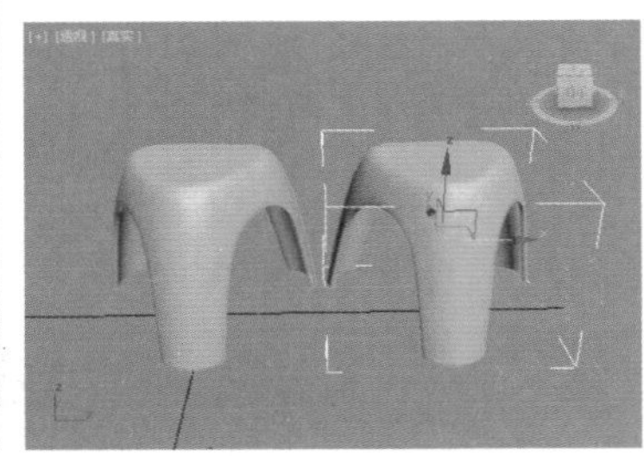
图3-129

3.3.18 实例：将制作的椅子对齐到地面

扫一扫，看视频

案例路径：Chapter 03 3ds Max基本操作→实例：将制作的椅子对齐到地面

主工具栏中的（对齐）工具可以将一个模型对齐到另外一个模型上面或中间。

步骤 01 打开本书场景文件，如图3-130所示。

步骤 02 在创建模型时，有时候很难将两个模型完美地对齐，例如将椅子对齐到地面上。此时选择椅子，单击主工具栏中的（对齐）按钮，然后再单击地面，如图3-131所示。

步骤 03 取消勾选【X位置】、【Y位置】，然后勾选【Z位置】，设置【当前对象】为【最小】，设置【目标对象】为【最小】，如图3-132所示。

步骤 04 此时椅子已经落到地面上了，如图3-133所示。

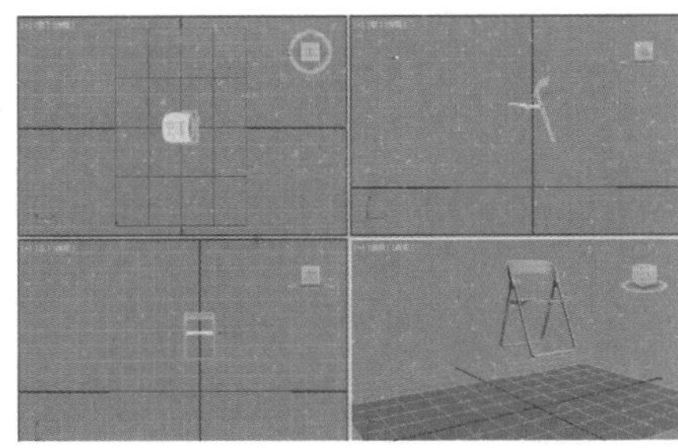
图3-130

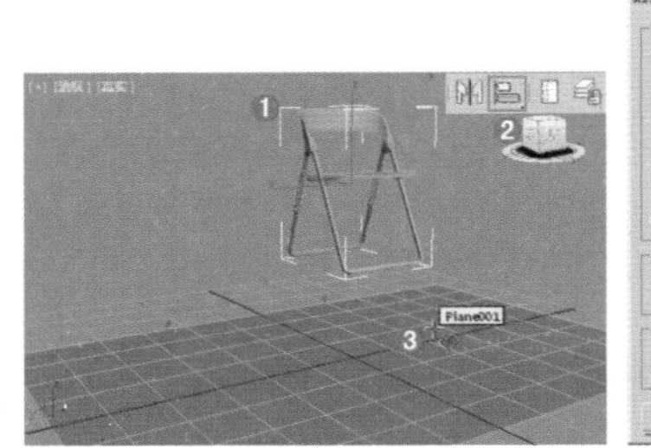

图3-131

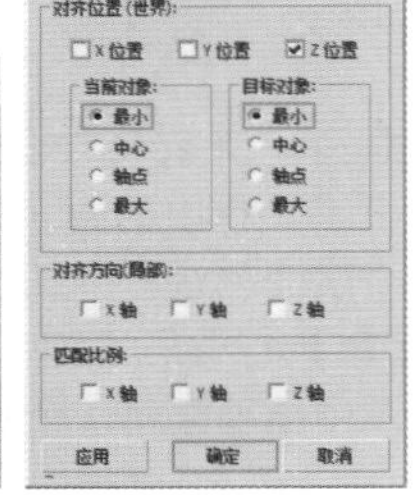

图3-132

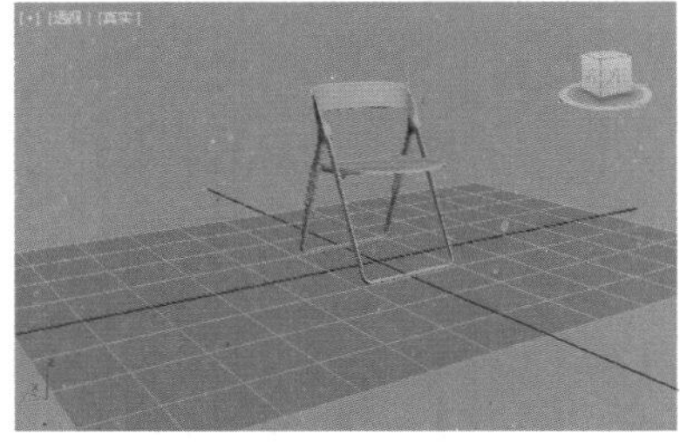
图3-133

3.3.19 实例：使用间隔工具制作椅子沿线摆放

扫一扫，看视频

案例路径：Chapter 03 3ds Max基本操作→实例：使用间隔工具制作椅子沿线摆放

使用【间隔工具】可以将模型沿线进行均匀复制分布。

步骤 01 打开本书场景文件，如图3-134所示。

步骤 02 使用【线】工具在顶视图中绘制一条曲线，如图3-135所示。

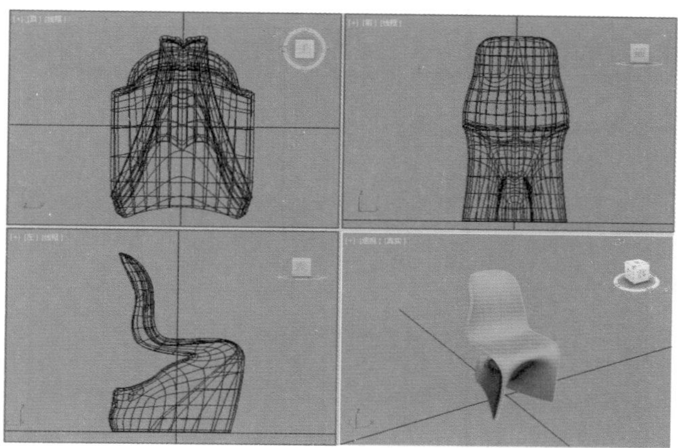

图3-134

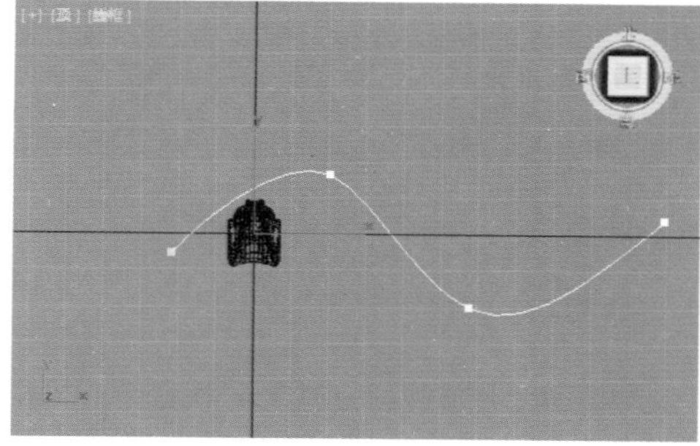

图3-135

步骤 03 在主工具栏空白处右击，选择【附加】命令，然后选择椅子模型，接着单击（阵列）按钮，在下拉列表中选择（间隔工具），如图3-136所示。

步骤 04 在弹出的对话框中单击【拾取路径】按钮，然后单击拾取场景中的线，接着设置【计数】为8，勾选【跟随】，并单击【应用】按钮，最后单击关闭，如图3-137所示。

步骤 05 此时椅子已经沿着线复制出来了，如图3-138所示。

步骤 06 最后将原始的椅子模型删除，最终效果如图3-139所示。

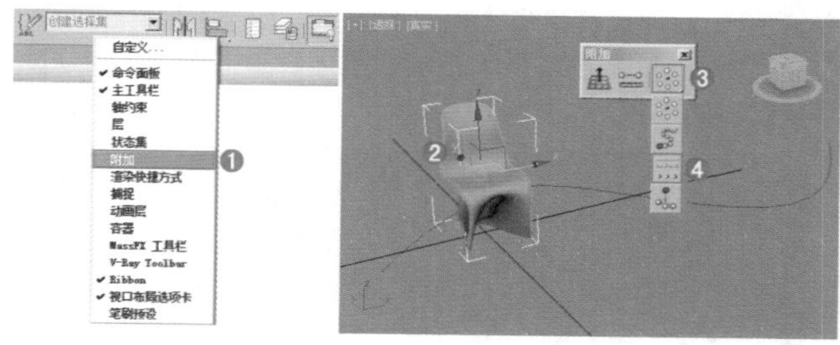

图3-136

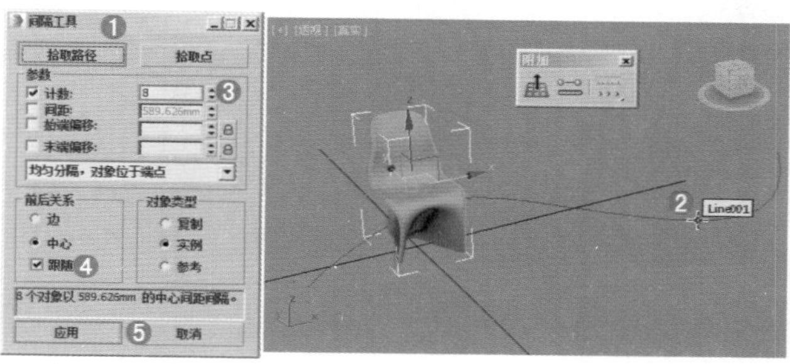

图3-137

图3-138

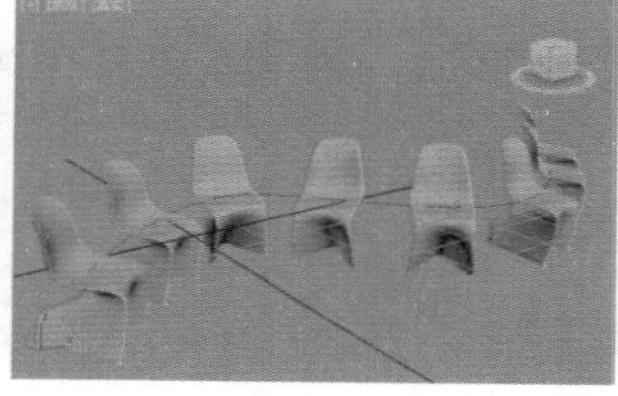

图3-139

3.3.20 实例：使用阵列工具制作玩具

案例路径：Chapter 03 3ds Max基本操作→实例：使用阵列工具制作玩具

扫一扫，看视频

3ds Max 中的【阵列】工具可以将模型沿特定轴向、沿一定角度进行复制。

步骤 01 打开本书场景文件，如图3-140所示。

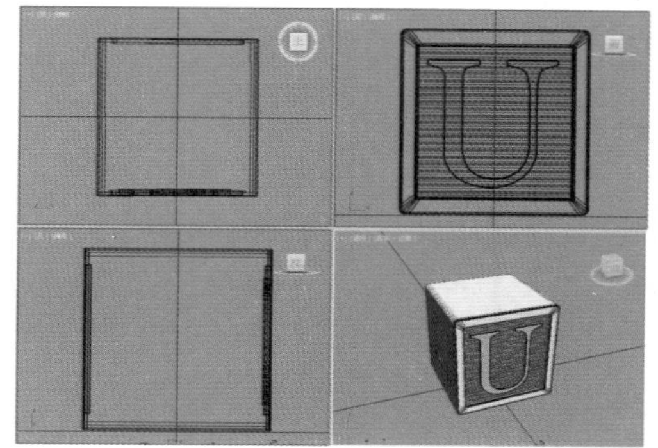

图3-140

步骤 02 选择模型，然后执行（层次）| 仅影响轴 命令，然后沿X轴将坐标移动到模型右侧，如图3-141所示。

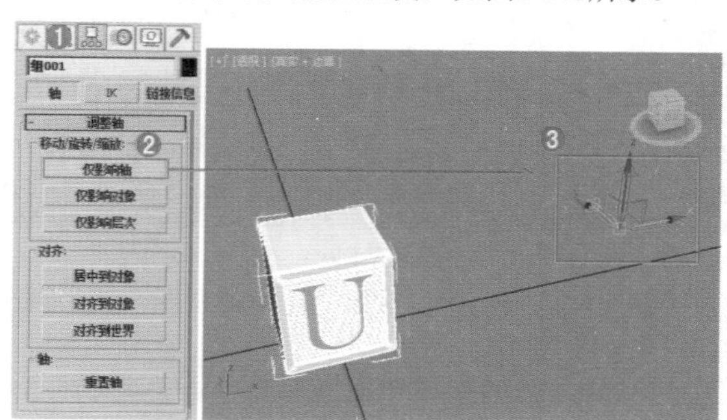

图3-141

步骤 03 再次单击 仅影响轴 ，此时坐标已经修改成功，如图3-142所示。

步骤 04 选择模型，然后在菜单栏中执行【工具】|【阵列】命令，如图3-143所示。

步骤 05 在弹出的对话框中设置Z的【旋转】数值为60，并单击 > 按钮，最后单击【确定】按钮，如图3-144所示。

步骤 06 此时模型被复制了一圈，刚才设置的轴心位置决定了复制时的半径，如图3-145所示。

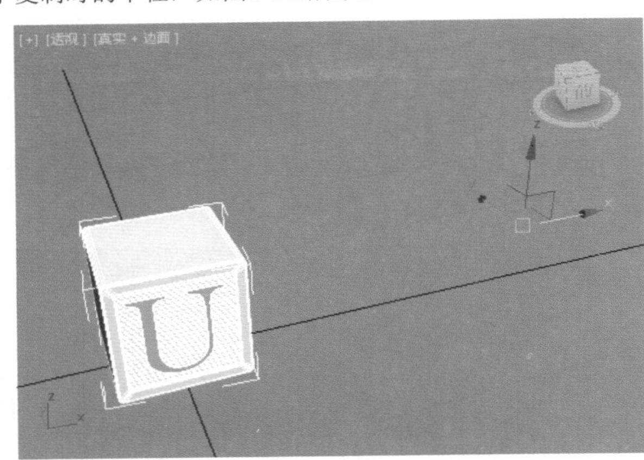

图3-142

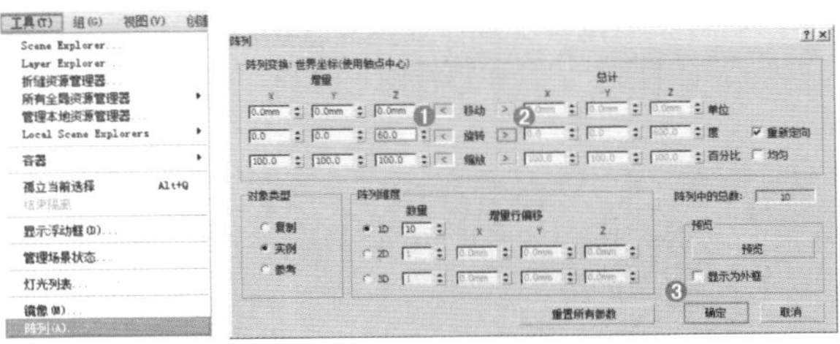

图3-143　　图3-144

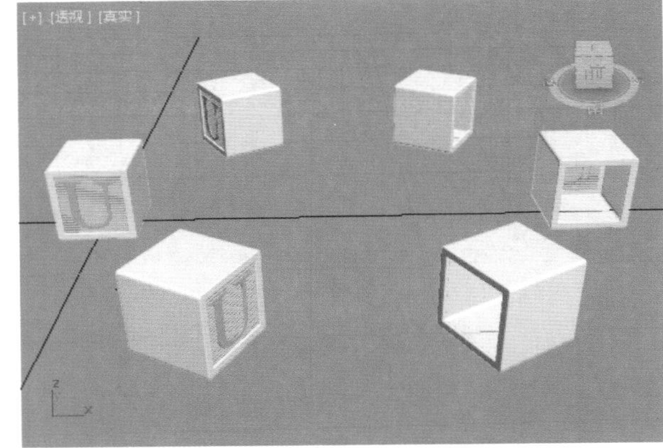

图3-145

重点 3.3.21 实例：从网络下载3D模型，并整理到当前文件中使用

扫一扫，看视频

案例路径：Chapter 03 3ds Max基本操作→实例：从网络下载3D模型，并整理到当前文件中使用

网络上有很多3ds Max的下载网站，可以通过搜索【3D模型】等关键词进入到这些网站。例如我们从网络上下载一个场景，但是只想使用该场景中的一小部分（例如只想使用笔记本模型）。那么就需要把下载的文件合并到3ds Max中，并进行整理、删除、移动等操作。

步骤 01 打开本书场景文件，如图3-146所示。

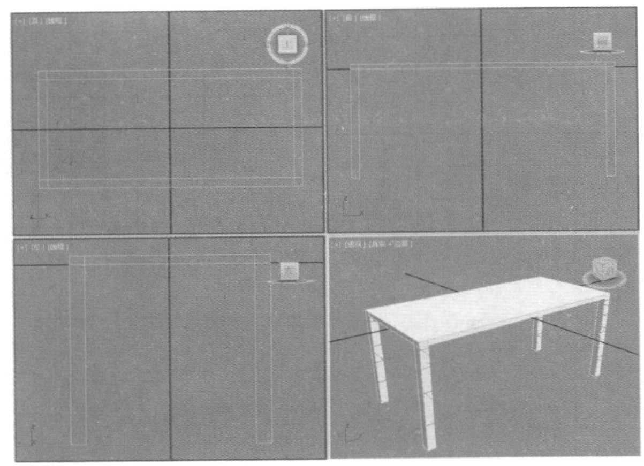

图3-146

步骤 02 进入顶视图，按住鼠标中轮拖动视图，使当前视图空出来一些，如图3-147所示。

步骤 03 找到本书的文件【下载.max】，单击该文件并拖到顶视图中，然后选择【合并文件】命令，如图3-148所示。

步骤 04 此时在顶视图中，单击鼠标左键确定被合并进来场景的位置，如图3-149所示。

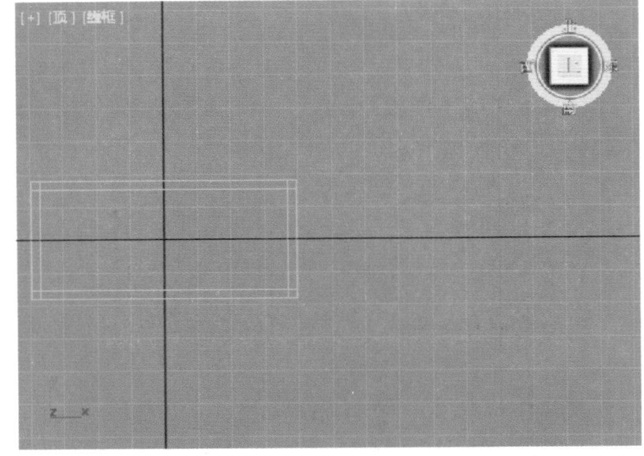

图3-147

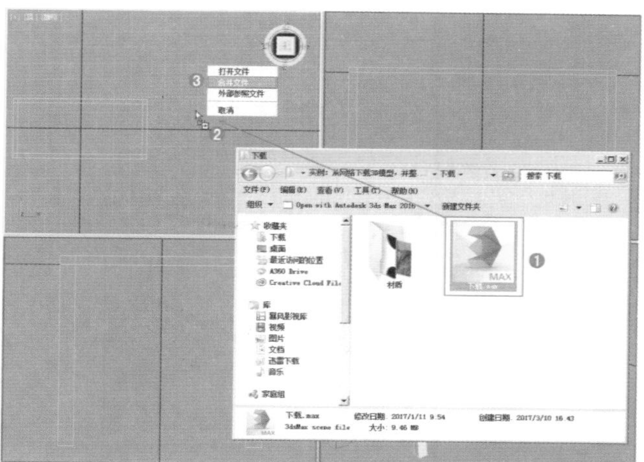

图3-148

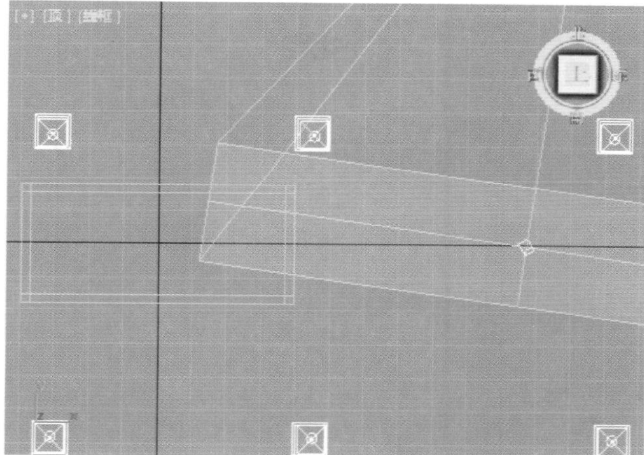

图3-149

步骤05 马上按键盘空格键，将合并进来的场景锁定住，然后滚动鼠标中轮缩小顶视图，如图3-150所示。

步骤06 将此时选中的场景进行移动，注意位置不要与场景文件中的桌子模型重合，如图3-151所示。

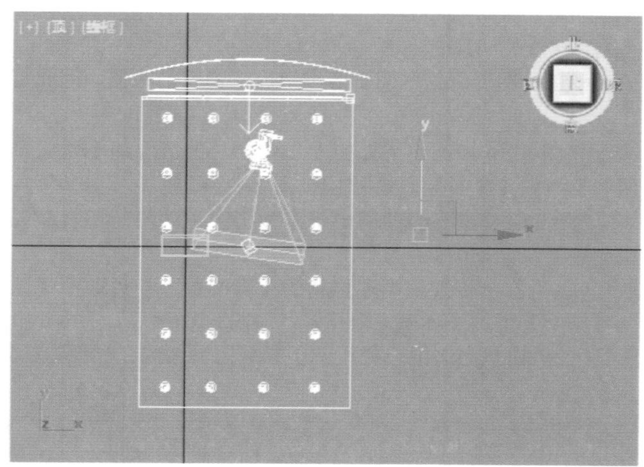

图3-150

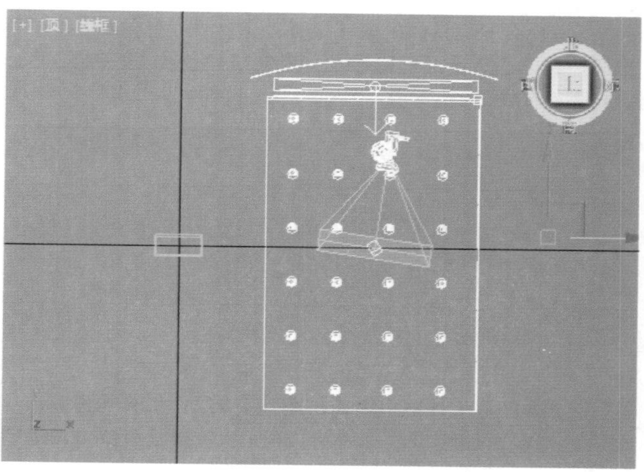

图3-151

步骤07 再次按键盘上的空格键，将场景解锁。然后设置主工具栏中的【过滤器】类型为L-灯光，接着按快捷键Ctrl+A全选灯光，如图3-152所示。按键盘Delete键删除，如图3-153所示。

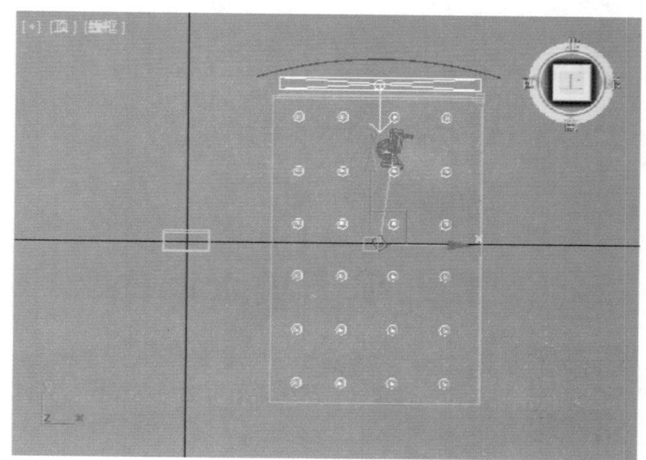

图3-152

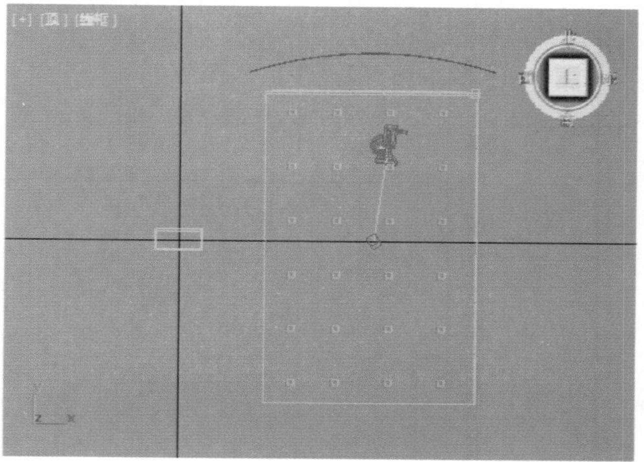

图3-153

步骤 08 设置主工具栏中的【过滤器】类型为C-摄影机，接着按快捷键Ctrl+A全选摄影机，如图3-154所示。按键盘Delete键删除，如图3-155所示。

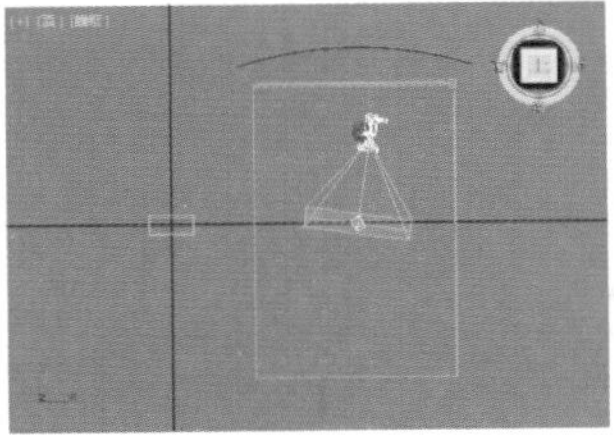
图3-154

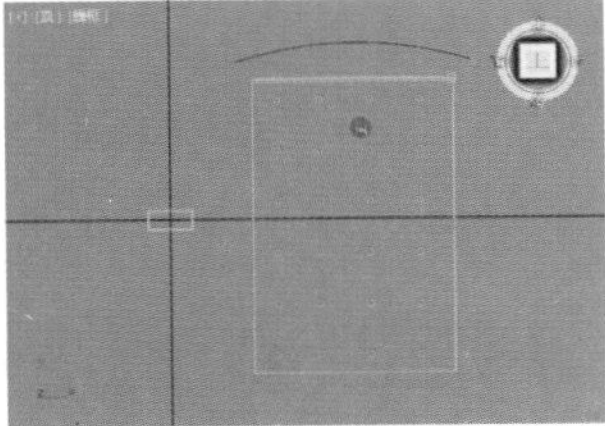
图3-155

步骤 09 设置主工具栏中的【过滤器】类型为全部按钮，然后选择多余的模型，如图3-156所示。按键盘Delete键删除，如图3-157所示。

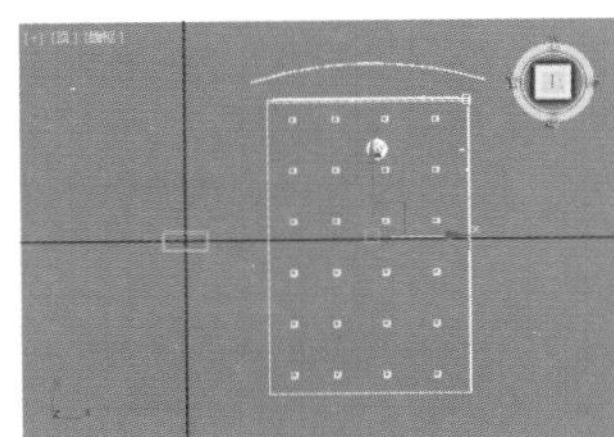
图3-156

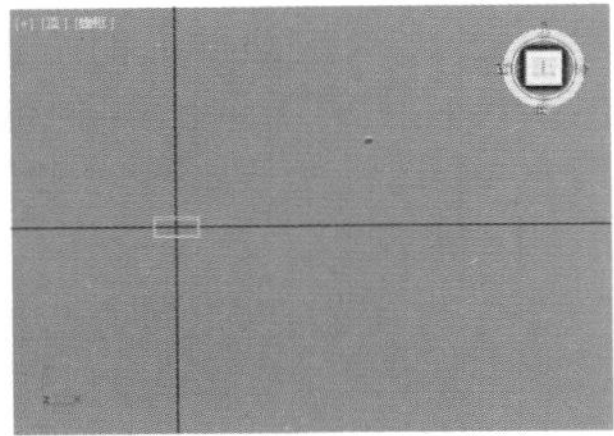
图3-157

步骤 10 此时选择笔记本模型，并将其移动到桌子上方，如图3-158所示。

步骤 11 最终模型效果如图3-159所示。

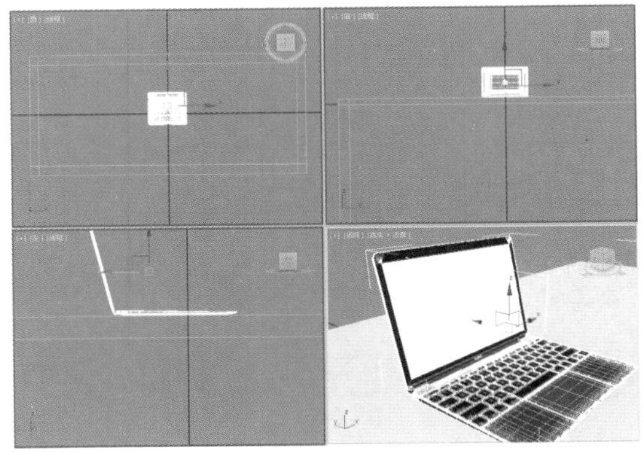
图3-158

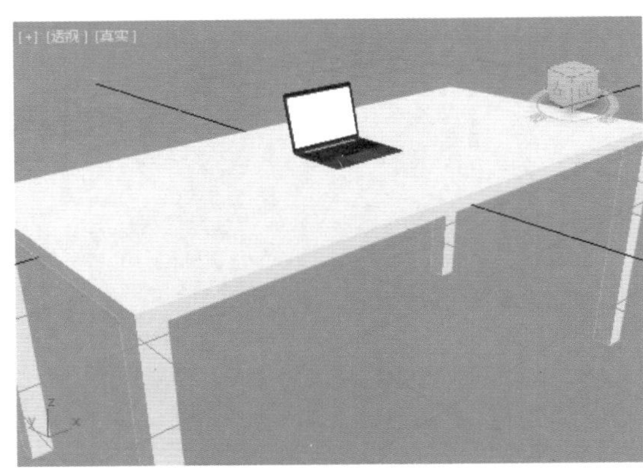

图3-159

重点 3.4 视图基本操作

扫一扫，看视频

视图基本操作是指对3ds Max中的视图区域内的操作，包括视图的显示效果、界面颜色更改、视图切换、透视图操作等。熟练应用视图基本操作，可以在建模时及时发现错误并更改。

3.4.1 实例：建模时建议关闭视图阴影

扫一扫，看视频

案例路径：Chapter 03 3ds Max基本操作→实例：建模时建议关闭视图阴影

在建模的过程中，旋转视图时，某一些角度都会有黑色的阴影。这些阴影容易造成建模时的不便，因此可以将阴影关闭，使视图变得更干净一些。

步骤 01 打开本书场景文件，如图3-160所示。

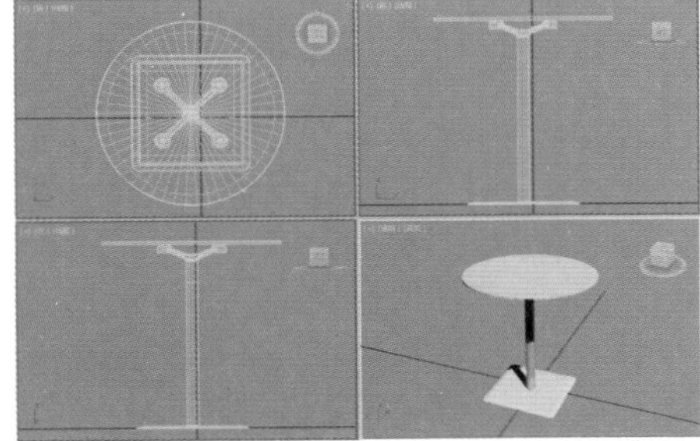
图3-160

步骤 02 单击透视图左上角的【真实】，然后取消【照明和阴影】下的【阴影】，如图3-161所示。

步骤 03 此时模型表面的阴影基本都消失了，但是还有微弱的阴影效果，如图3-162所示。

步骤 04 再次单击透视图左上角的【真实】，然后取消【照明和阴影】下的【环境光阻挡】，如图3-163所示。

步骤 05 此时模型表面已经没有了任何阴影效果，如图3-164所示。

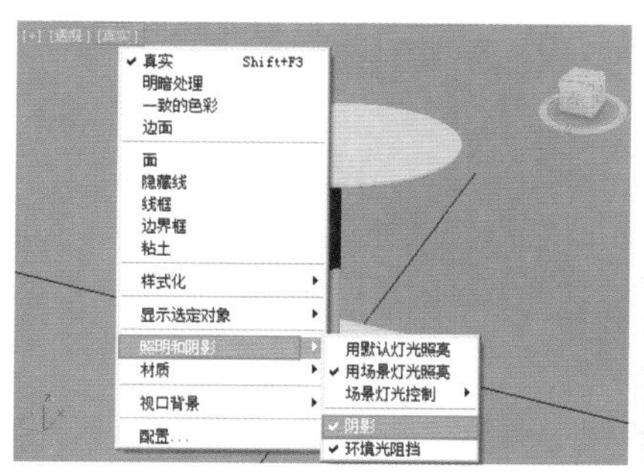

图3-161

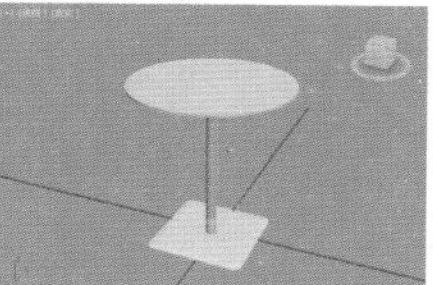

图3-162

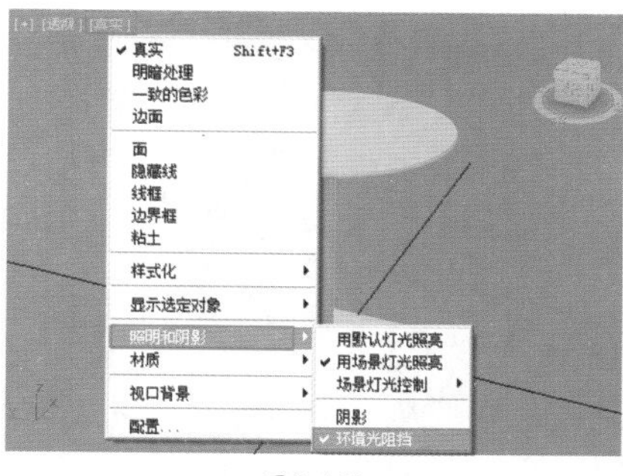

图3-163

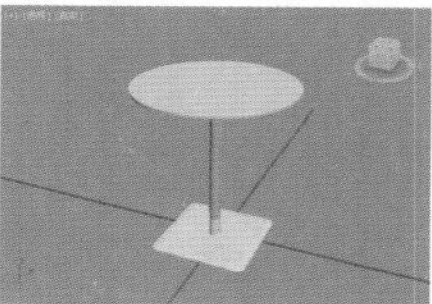

图3-164

3.4.2 实例：自定义界面颜色

打开 3ds Max 时，界面可能是深灰色的、非常暗。在这种界面下长时间使用 3ds Max 时会比较舒服、不太刺眼。也可以设置界面为浅灰色，这种界面比较亮、清爽。

扫一扫，看视频

步骤 01 打开3ds Max软件，如图3-165所示为深灰色界面。

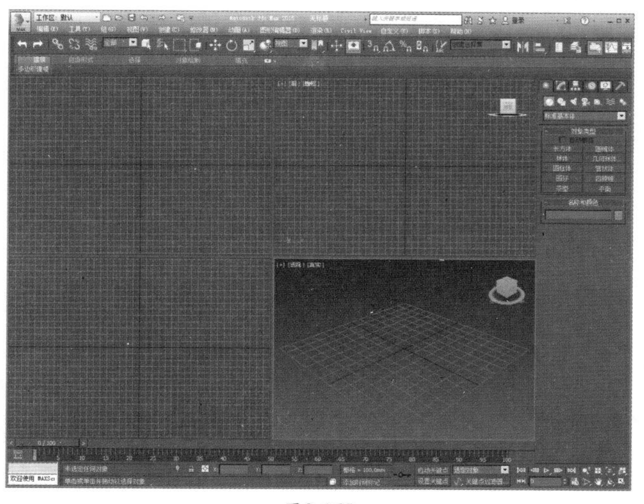

图3-165

步骤 02 在菜单栏中执行【自定义】|【加载自定义用户界面方案】命令，在弹出的对话框中选择ame-light.ui，最后单击【打开】按钮，如图3-166所示。

步骤 03 此时界面已经变为了浅灰色的效果，如图3-167所示。

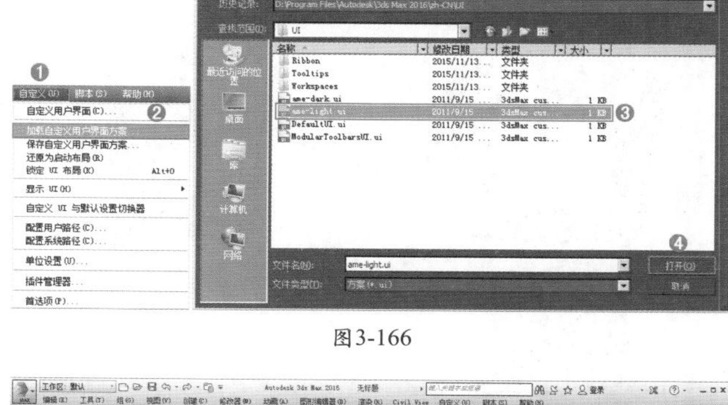

图3-166

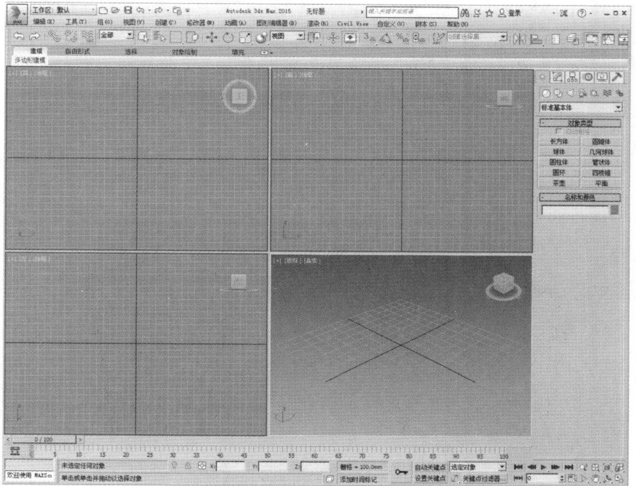

图3-167

3.4.3 实例：切换视图（顶、前、左、透视图）

案例路径：Chapter 03 3ds Max基本操作→实例：切换视图（顶、前、左、透视图）

3ds Max 界面默认状态是 4 个视图，分别是顶视图、前视图、左视图、透视图，如图 3-168 所示。建议只在透视图中进行旋转视图操作。

扫一扫，看视频

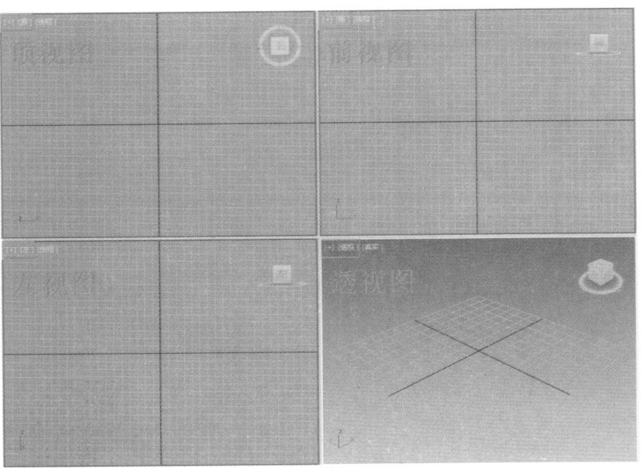

图3-168

步骤 01 打开本书场景文件，如图3-169所示。

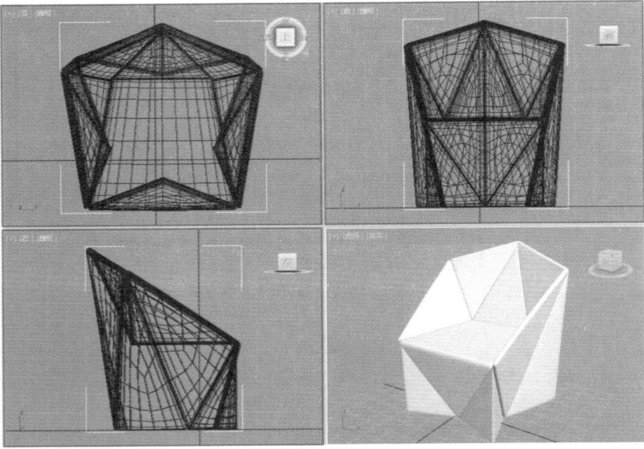

图3-169

步骤 02 鼠标移动到顶视图位置，单击鼠标中轮，即可选择该视图，如图3-170所示。

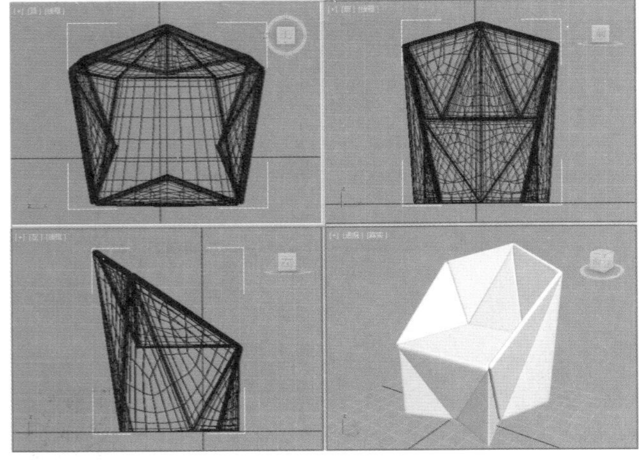

图3-170

步骤 03 单击3ds Max界面右下角的（最大化视口切换）按钮，即可将当前视图最大化，如图3-171所示。

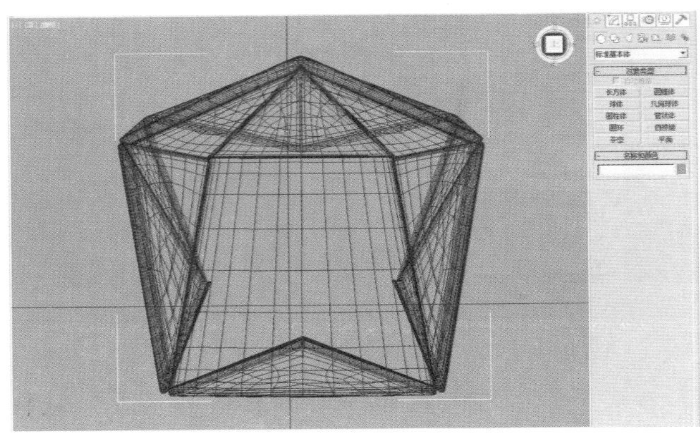

图3-171

步骤 04 当在顶视图中，按住键盘上的Alt键，然后按住鼠标中轮并拖动鼠标位置时，发现【顶】视图变为了【正交】视图，如图3-172所示。

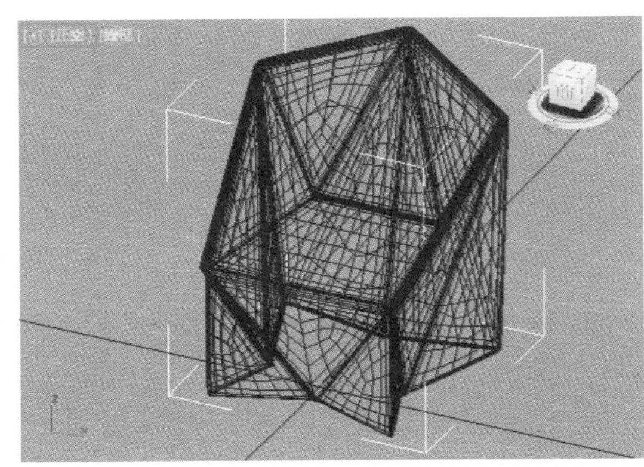

图3-172

步骤 05 当出现这种情况时，只需要按快捷键T，即可重新切换为顶视图，如图3-173所示。建议左上方的视图保持【顶】（快捷键为T），右上方的视图保持为【前】（快捷键为F），左下方的视图保持为【左】（快捷键为L），右下方的视图保持为【透视图】（快捷键为P）。假如视图出现更改时，只需要在相应的视图中按快捷键即可切换回来。

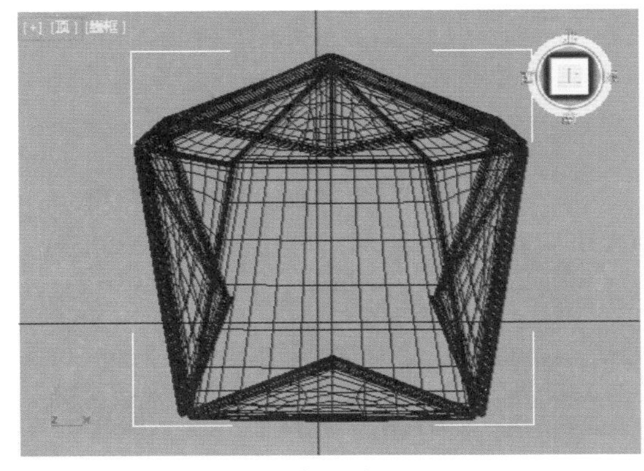

图3-173

3.4.4 实例：模型的线框和边面显示

扫一扫，看视频

案例路径：Chapter 03 3ds Max基本操作→实例：模型的线框和边面显示

在 3ds Max 中创建模型时，建议在顶视图、前视图、左视图中使用【线框】的方式显示，建议在透视图中使用【真实 + 边面】的方法显示。

步骤 01 打开本书场景文件，如图3-174所示。

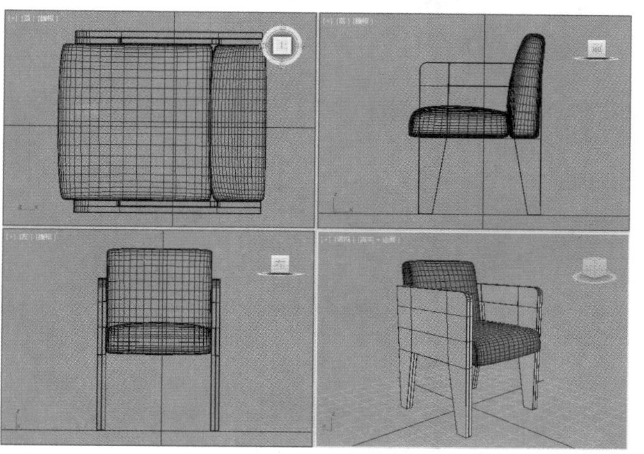

图3-174

步骤 02 进入透视图，可以看到此时模型是实体显示，并且模型四周有线框效果，如图3-175所示。

步骤 03 按快捷键F4即可切换【真实+边面】或【真实】效果，如图3-176所示。

步骤 04 按快捷键F3即可切换【真实】或【线框】效果，如图3-177和图3-178所示。

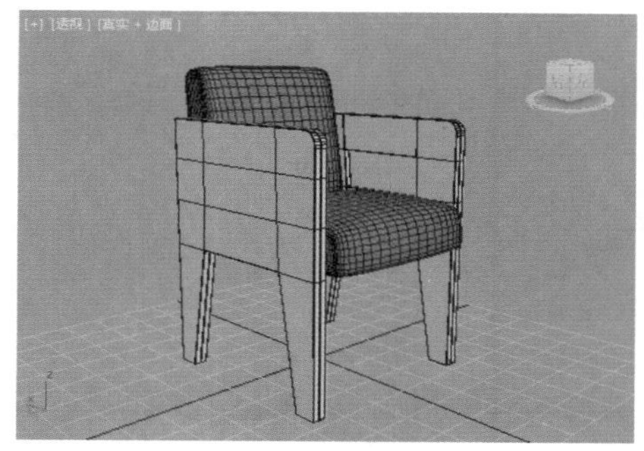

图3-175

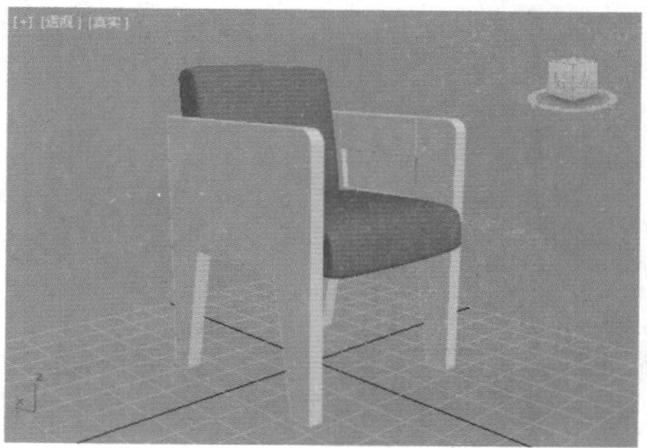

图3-176

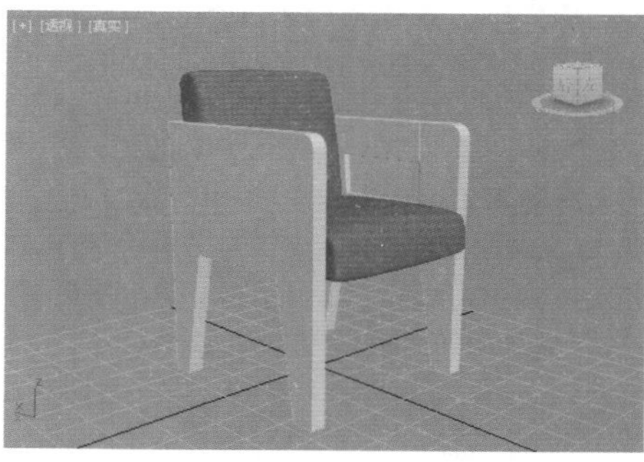

图3-177

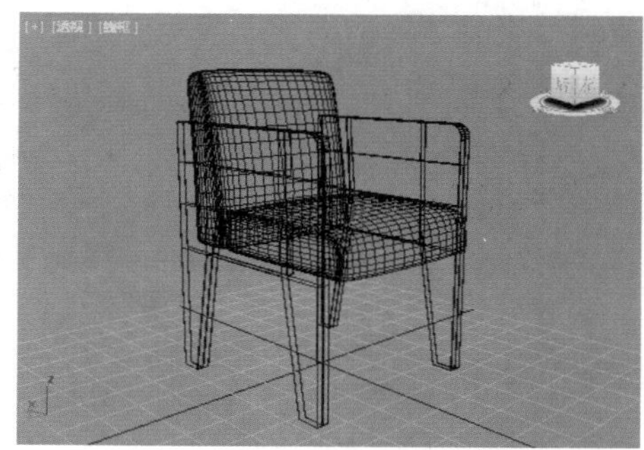

图3-178

提示：按快捷键 F4 或 F3 没有效果，怎么办？

使用台式机操作 3ds Max 时，按快捷键 F4 或 F3 是可以切换效果的，但是有时候用笔记本电脑操作 3ds Max 时，则没有任何作用。

遇到这种情况时，可以尝试按住键盘上的 Fn 键，然后再按 F4 或 F3 键。

3.4.5 实例：透视图基本操作

扫一扫，看视频

案例路径：Chapter 03 3ds Max基本操作→实例：透视图基本操作

在透视图中可以对场景进行平移、缩放、推拉、旋转、最大化显示选定对象等操作。

步骤 01 打开本书场景文件，如图3-179所示。

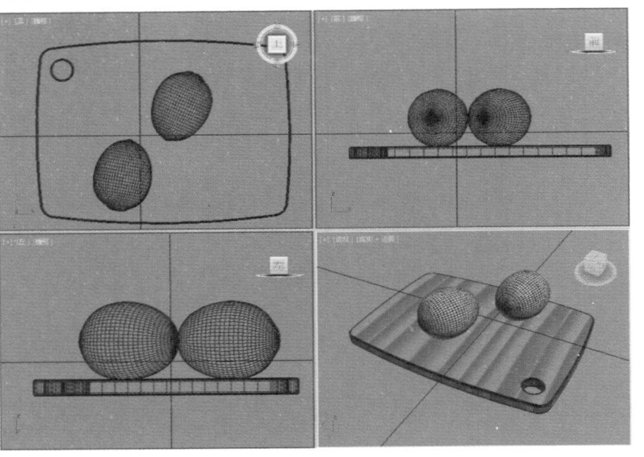

图3-179

步骤 02 进入透视图，按住鼠标中轮并拖动鼠标位置，即可平移视图，如图3-180所示。

步骤 03 进入透视图，滚动住鼠标中轮，即可缩放视图，如图3-181所示。

步骤 04 进入透视图，按住键盘上的Alt键和Ctrl键，然后按住鼠标中轮并拖动鼠标位置，即可推拉视图，如图3-182所示。

步骤 05 进入透视图，按住键盘上的Alt键，然后按住鼠标中轮并拖动鼠标位置，即可旋转视图，如图3-183所示。

步骤 06 进入透视图，选择一个柠檬，并按键盘上的Z键，即可最大化显示该物体，如图3-184所示。

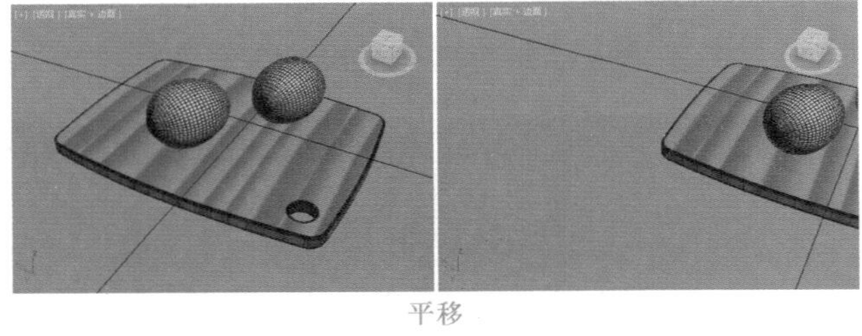

平移

图3-180

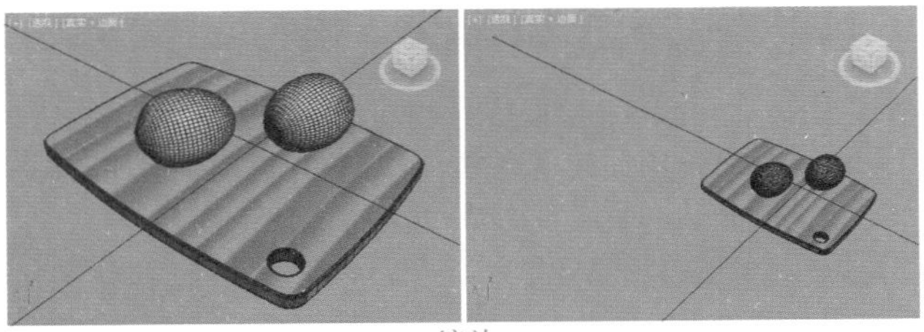

缩放

图3-181

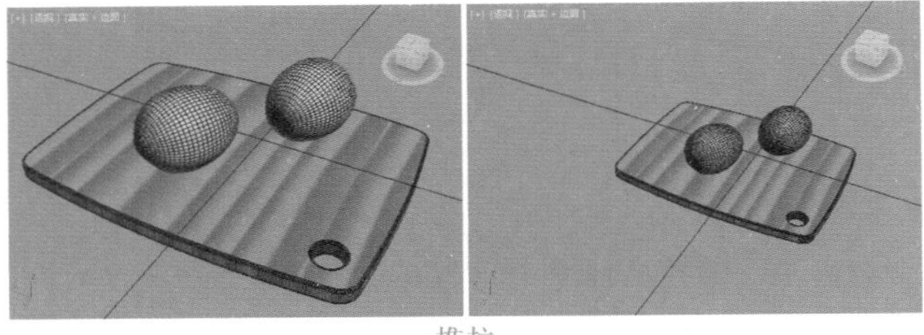

推拉

图3-182

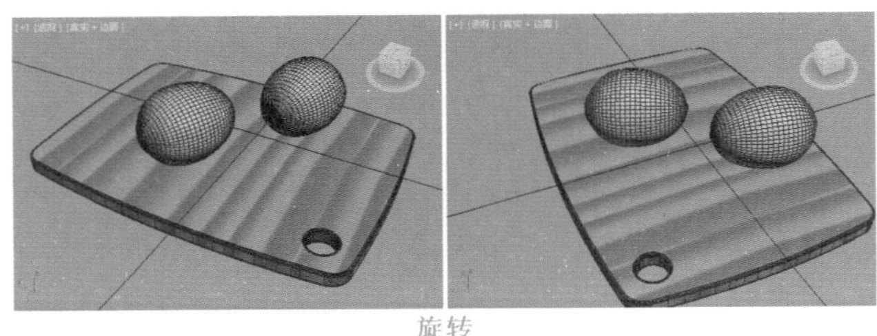

旋转

图3-183

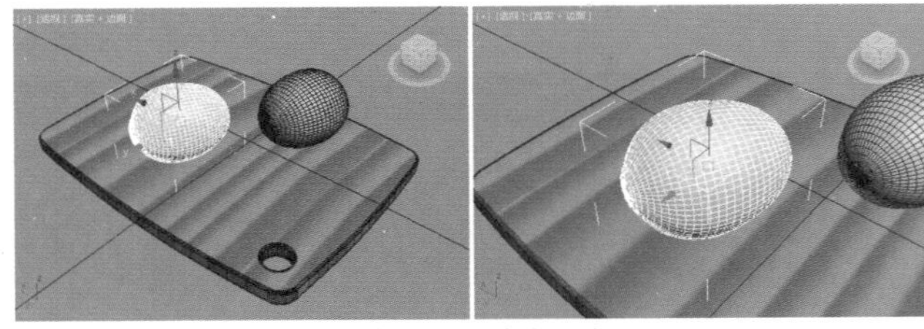

最大化显示选定对象

图3-184

3.5 3ds Max 常见问题及解决方法

3ds Max 在使用过程中可能会出现一些问题，下面罗列了几个常见的问题及相应的解决方法，以便我们在遇到这些问题时可以顺利解决。

3.5.1 打开文件缺失贴图怎么办

有时候在打开 3ds Max 文件时，会出现提示对话框，如图 3-185 所示。或者视图中某一些模型的贴图没有显示，看起来像是贴图路径错误时，就需要为该文件更换路径位置了。

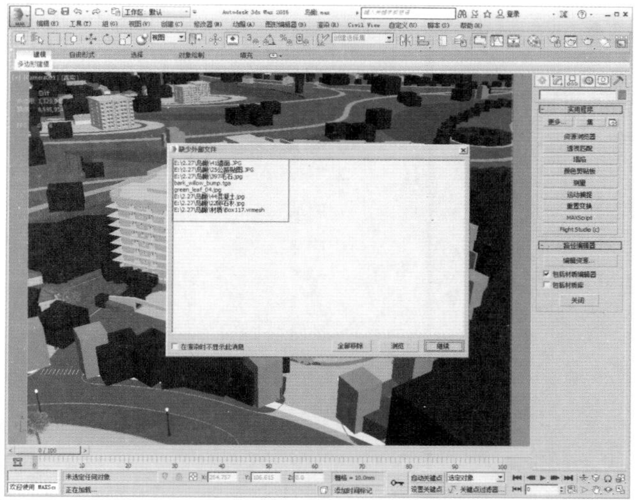

图3-185

步骤01 在命令面板中单击【实用程序】按钮，然后单击【更多】按钮，接着选择【位图/光度学路径】，最后单击【确定】按钮，如图3-186所示。然后单击【编辑资源】按钮，如图3-187所示。

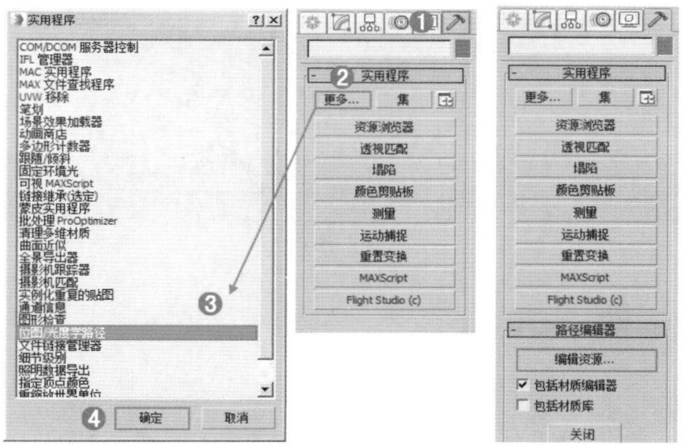

图3-186　　图3-187

步骤02 此时弹出【位图/光度学路径编辑器】对话框，如图3-188所示能看到路径是非常混乱的。

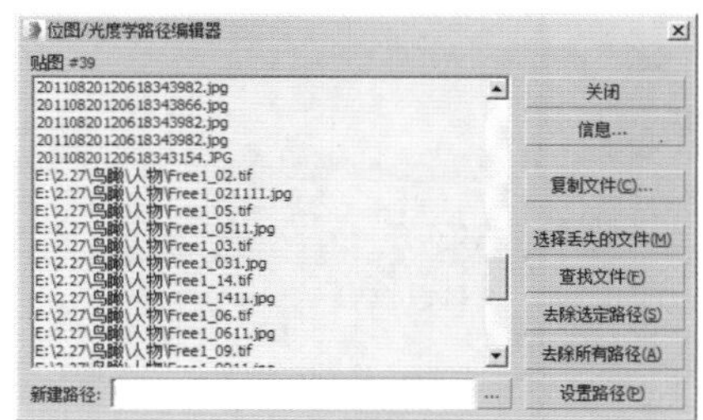

图3-188

步骤03 选中左侧所有的贴图，然后单击...按钮，如图3-189所示。

步骤04 在弹出的对话框中设置该文件贴图应该在的路径位置，然后单击【使用路径】按钮，如图3-190所示。

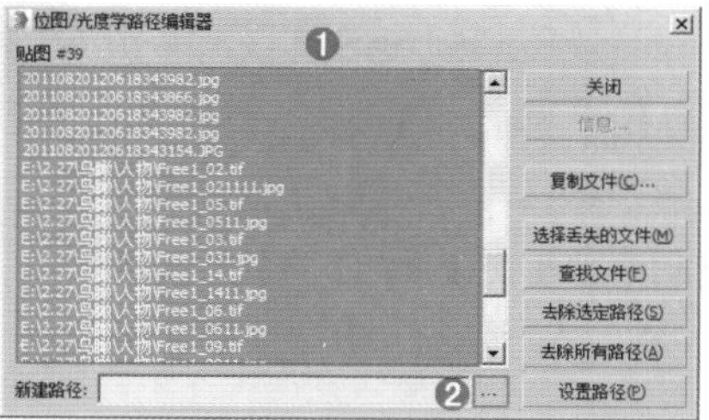

图3-189

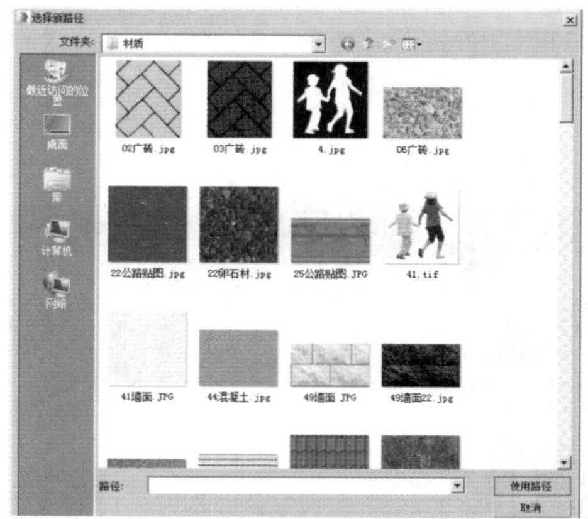

图3-190

步骤05 设置完成路径后，单击【设置路径】按钮，如图3-191所示。

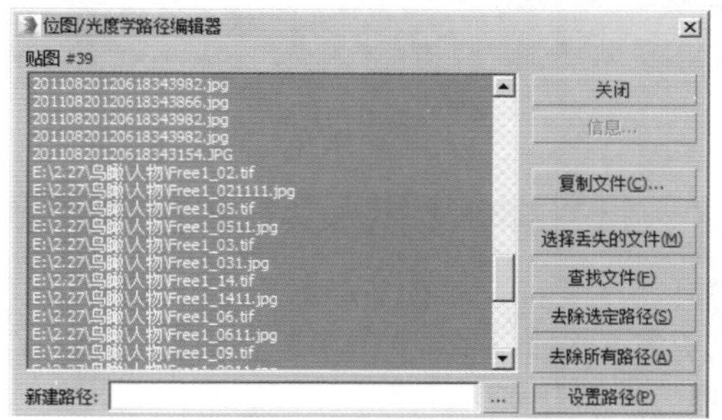

图3-191

步骤06 此时路径已经更改成功，最后单击【关闭】按钮，如图3-192所示。

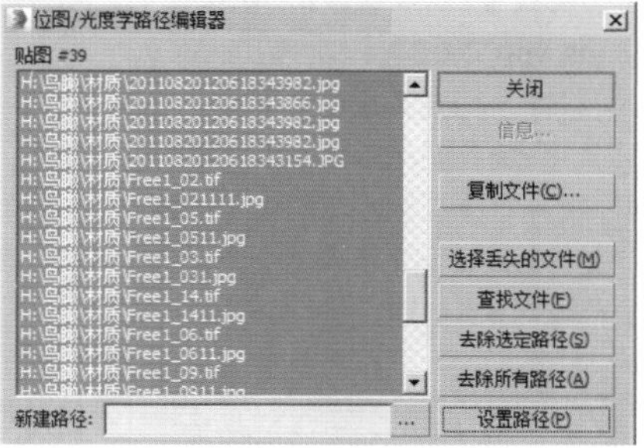

图3-192

此时保存文件之后，再次打开该文件时，就不会提示贴图位置的错误了。

3.5.2 打开 3ds Max 文件提示缺少外部文件

打开 3ds Max 文件提示缺少外部文件，其实不会影响我们使用 3ds Max，但是每次都弹出该窗口，怎么解决这个问题呢？

步骤 01 打开一个文件时，如图3-193所示，提示【缺少外部文件】，此时需要单击【继续】按钮。

步骤 02 执行 |【参考】|【资源追踪】命令，如图3-194所示。

步骤 03 在弹出的窗口中右击，选择【移除缺少的资源】，如图3-195所示。然后将此时的文件保存，关闭该文件重新再打开一次，就会发现不会再提醒【缺少外部文件】了。

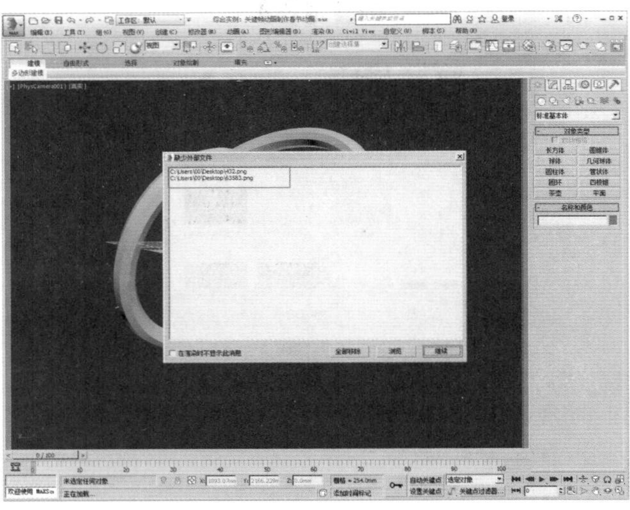

图3-193

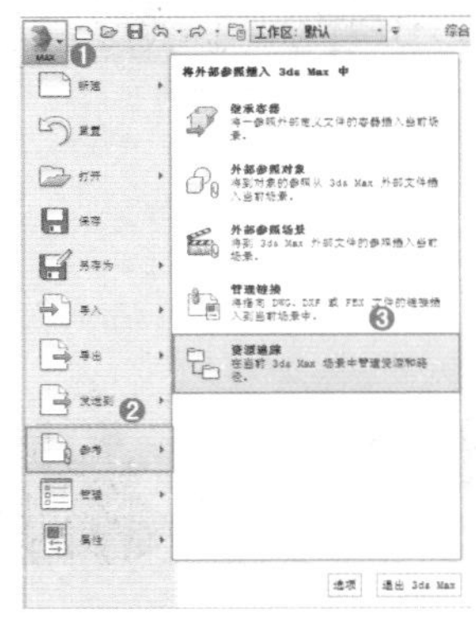

图3-194

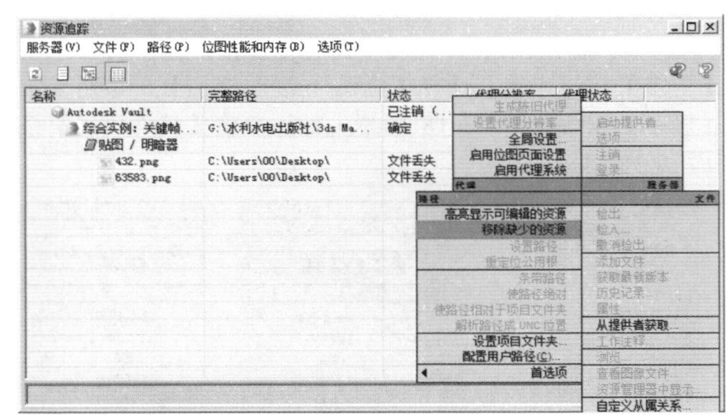

图3-195

3.5.3 低版本的 3ds Max 打不开高版本的文件

需要注意，3ds Max 的低版本是无法打开高版本文件的。比如本书文件是 3ds Max 2016 版本制作的，那么使用 3ds Max 2014 则打不开本书文件。那么有什么办法解决吗？

方法 1：3ds Max 2016 在进行另存为操作时，可以设置【保存类型】，最低版本可以保存为 3ds Max 2013 版本，如图 3-196 所示。

方法 2：可以在 3ds Max 2016 中进行 3.2.3 节的操作，将模型导出，再进行导入，这样就可以将模型导入到低版本中了，但是灯光等对象是无法进行导出的。

图3-196

3.5.4 为什么我选不了其他物体

在操作时，有可能不小心按下了键盘的空格键，那么就会将当前选中的对象锁定了，也就是说只能对当前对象进行操作了，其他对象是无法选择的，如图 3-197 所示。

如果想对其他对象进行操作，只需要再次按键盘空格键或单击按钮即可解锁，如图 3-198 所示可以选择其他物体了。

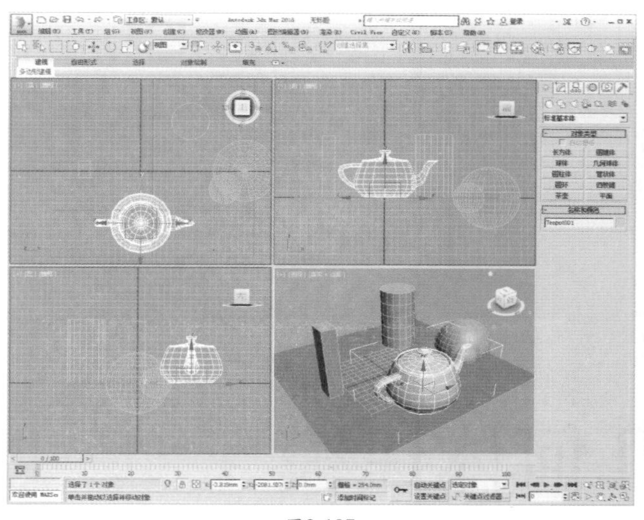
图3-197

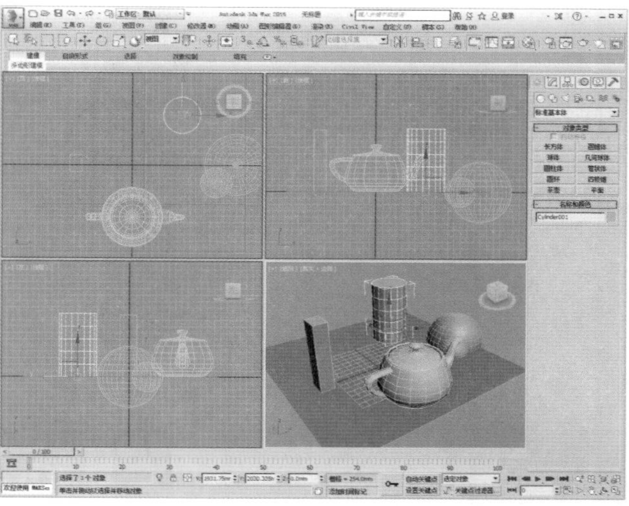
图3-198

3.5.5 经常会用到的几个小技巧

技巧1：物体的坐标怎么没有了？

按一下X键。

技巧2：模型非常细致，计算机很卡，怎么办？

可选择模型右击，执行【对象属性】命令，然后勾选【显示为外框】，这样就会流畅很多。

技巧3：Alt+X透明效果。可以选择模型，按快捷键Alt+X，即可显示为透明效果，如图3-199和图3-200所示。

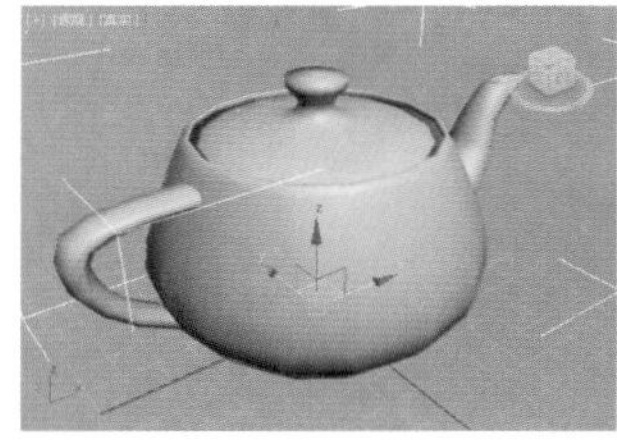
图3-199

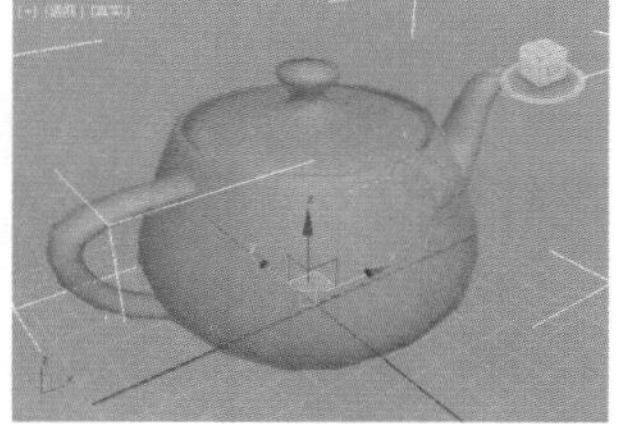
图3-200

技巧4：Ctrl+X大师模式。按快捷键Ctrl+X，视图将变为大师模式，这样操作界面会更大，方便建模使用，如图3-201和图3-202所示。

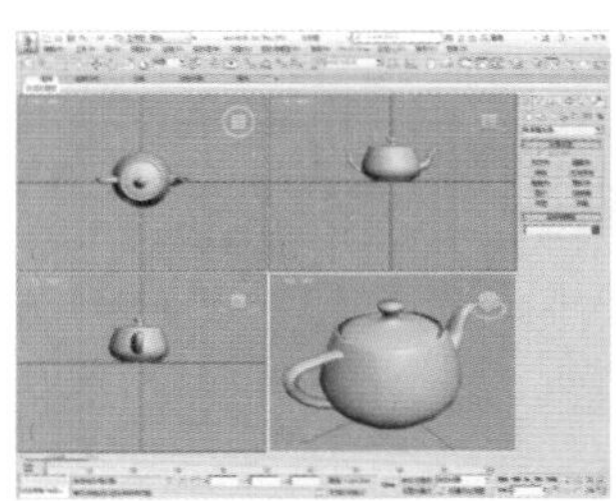
图3-201

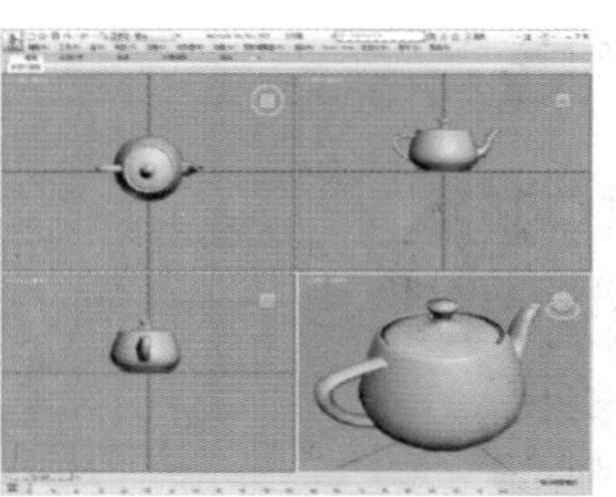
图3-202

技巧5：冻结和解冻对象。可选择模型，右击并执行【冻结当前选择】命令，如图3-203所示。此时模型被冻结了，无法被选中，如图3-204所示。如果想解冻，则需要右击并执行【全部解冻】命令。

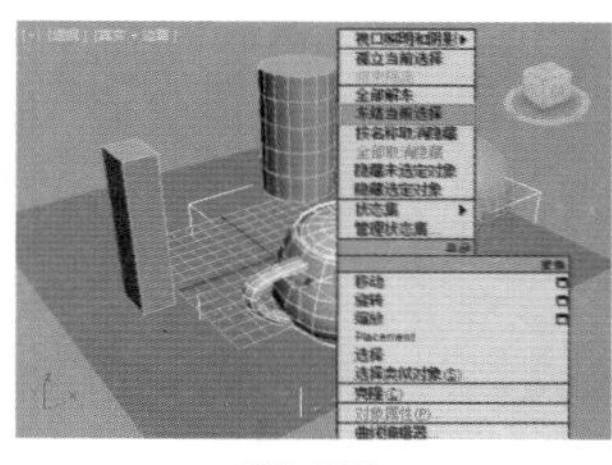
图3-203

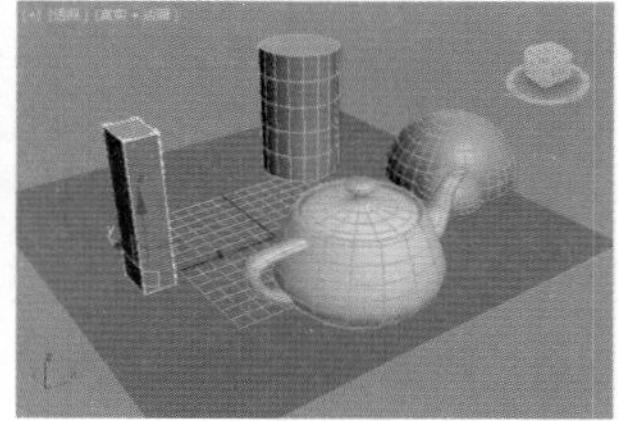
图3-204

技巧6：隐藏和显示对象。可选择对象，右击并执行【隐藏选定对象】命令，如图3-205和图3-206所示。

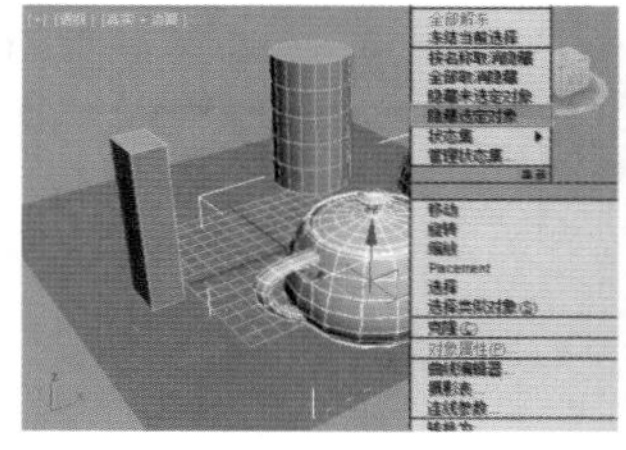
图3-205

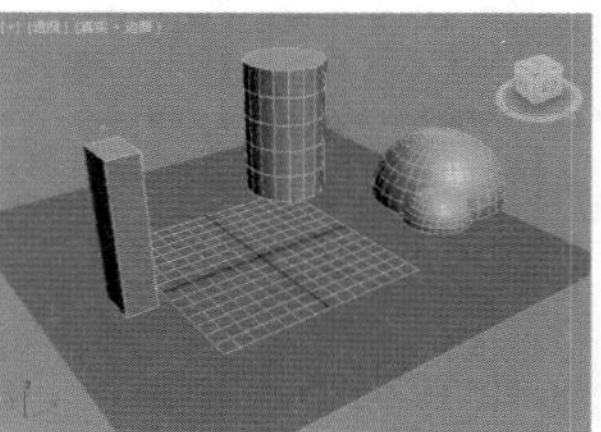
图3-206

技巧7：Alt+Q孤立模式。可选择对象，按快捷键Alt+Q，即可只显示当前选中的对象，如图3-207所示。若想恢复正常，则需单击3ds Max界面下方的按钮。

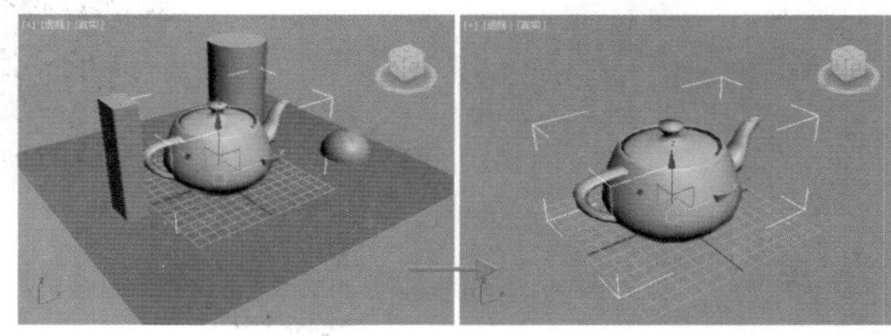
图3-207

内置几何体建模

建模是3D世界中的第一步操作。在3ds Max中有很多种建模方式，其中几何体建模是3ds Max中最简单的建模方式。3ds Max内置多种常见的几何形体，例如长方体、球体、圆柱体、平面、圆锥体等。通过这些几何形体的组合，可以制作出一些简单的模型。除此之外，3ds Max还内置一些室内设计中常用的元素，例如门、窗、楼梯等，只需设置简单的参数就可以得到精确尺寸的模型对象。

本章学习要点：

- 熟练掌握标准基本体和扩展基本体的创建方法；
- 熟练掌握门、窗、楼梯、植物、栏杆等室内外设计常用元素的创建方法。

扫一扫，看视频

通过本章学习，我能做什么？

通过学习本章内容，可以完成对标准基本体、扩展基本体、AEC扩展、门、窗、楼梯等简单模型的创建、修改，并且可以使用多种几何体类型搭配在一起组合出完整的模型效果，使用几何体建模可以制作一些简易家具、墙体模型。

4.1 了解建模

本节将讲解建模的基本知识，包括建模概念、建模的几种方式、创建一个简易模型的方法等内容。

4.1.1 什么是建模

建模是指使用 3ds Max 相应的技术手段建立模型的过程，如图 4-1~ 图 4-4 所示为优秀的建模作品。

图4-1

图4-2

图4-3

图4-4

4.1.2 为什么要建模

建模是 3ds Max 中创作作品的第一步，作品有了模型就可以对模型设置材质、贴图，围绕模型进行灯光和渲染、为模型设置动画等。模型是创作的基础，由此可见建模的重要性。

4.1.3 几种常用的建模方式

常用的建模方式很多，包括几何体建模、样条线建模、复合对象建模、修改器建模、多边形建模等，本书将对这几种重点讲解。

重点 轻松动手学：创建一个长方体

文件路径：Chapter 04 内置几何体建模→轻松动手学：创建一个长方体

步骤01 在【创建】面板中，执行（创建）|（几何体）|标准基本体|长方体命令，如图4-5所示。

图4-5

步骤02 进入透视图中，单击并拖动鼠标，然后松开鼠标。此时已经确定好了长方体的X和Y轴的大小，如图4-6所示。

步骤03 继续移动鼠标位置，然后单击鼠标左键即可确定长方体Z轴的大小，如图4-7所示。

步骤04 最终效果如图4-8所示。

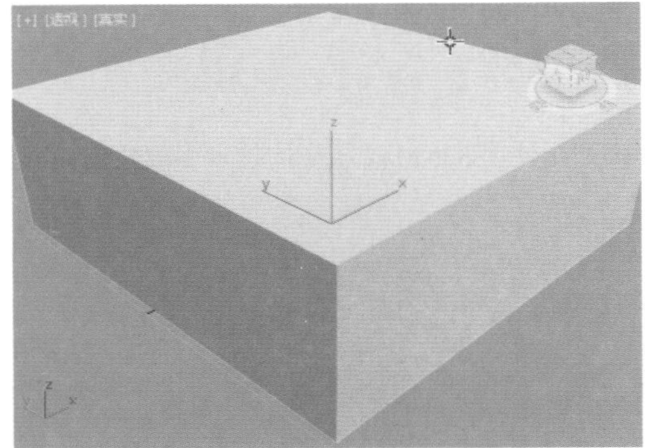

图4-7

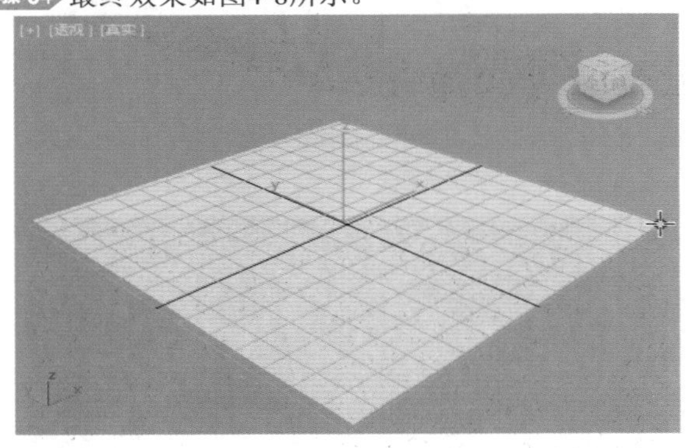

图4-6

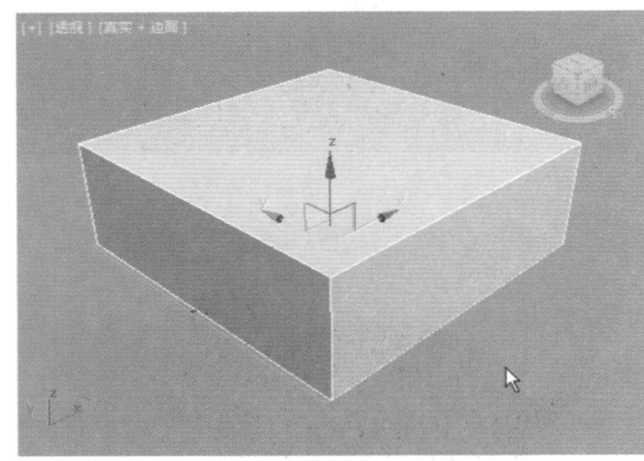

图4-8

4.2 认识几何体建模

几何体建模是3ds Max最简单的建模方式，本节将了解几何体建模概念、适合制作的模型类型、命令面板、几何体类型等知识。

4.2.1 什么是几何体建模

几何体建模是指通过创建几何体类型（例如长方体、球体、圆柱体等），进行物体之间的摆放、参数的修改而创建的模型。

4.2.2 几何体建模适合制作什么模型

几何体建模多应用于效果图制作中，用于制作简易家具模型，如小茶几、桌子、镜子、沙发模型等，如图4-9~图4-12所示。

图4-9

图4-10

图4-11

图4-12

【重点】4.2.3 认识命令面板

在 3ds Max 中建模时，会反复用到命令面板。命令面板位于 3ds Max 界面右侧，用于创建对象、修改对象等操作，如图 4-13 所示。

当需要进行建模时，可以单击进入【创建】面板，如图 4-14 所示。

当选择建模并需要修改参数时，可以单击进入【修改】面板，如图 4-15 所示。

图4-13 图4-14 图4-15

4.2.4 认识几何体类型

扫一扫，看视频

执行（创建）|（几何体）| 标准基本体 命令，可以看到其中包括了 16 种类型，如图 4-16 所示。

图4-16

- 标准基本体：包括 3ds Max 中最常用的几何体类型，如长方体、球体、圆柱体等。
- 扩展基本体：是标准基本体的扩展补充版，较为常用的类型包括切角长方体、切角圆柱体。
- 复合对象：是一种比较特殊的建模方式，在本书第 6 章有详细讲解。
- 粒子系统：是专门用于创建粒子动画的工具，在本书第 16 章有详细讲解。
- 面片栅格：可以创建四边形面片和三角形面片两种面片表面。
- 实体对象：用于编辑、转换、合并和切割实体对象。
- 门：包括多种内置门工具。
- NURBS 曲面：包括点曲面、CV 曲面两种类型，常用于制作较为光滑的模型。
- 窗：包括多种内置窗户工具。
- mental ray：针对于 mental ray 渲染器的类型，不常用。
- AEC 扩展：包括植物、栏杆、墙三种对象类型。
- Point Cloud Objects：用于加载点云操作，不常用。
- 动力学对象：包括动力学的两种对象：弹簧和阻尼器。
- 楼梯：包括多种内置楼梯工具。
- Alembic：用于加载 Alembic 文件，不常用。
- VRay：在安装完成 VRay 渲染器后才可使用该工具。

4.3 标准基本体和扩展基本体

扫一扫，看视频

标准基本体和扩展基本体是 3ds Max 内置的几何体类型。标准基本体包括 10 种几何体类型，是比较常用的几何体。扩展基本体是标准基本体的扩展版，包括 13 种相对不太常用的几何体。

【重点】4.3.1 标准基本体

标准基本体是 3ds Max 中最简单的几何体类型，包括 10 种类型，如图 4-17 所示。

图4-17

图4-18

1.长方体

长方体是由长度、宽度、高度 3 个元素决定的模型，是最常用的模型之一。常用长方体来模拟方形物体，比如桌子、建筑、书架等，如图 4-18 所示。

使用【长方形】工具创建一个长方体，如图 4-19 所示。其参数如图 4-20 所示。

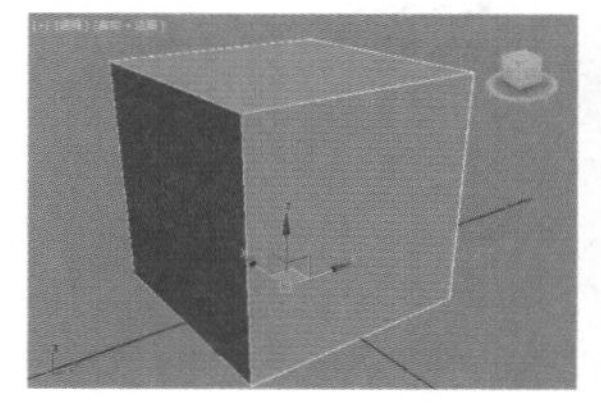

图4-19

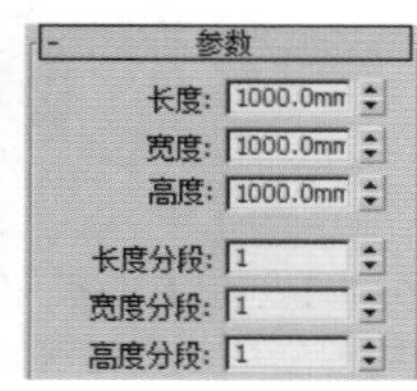

图4-20

- 长度/宽度/高度：设置长方体的长度、宽度、高度的数值。
- 长度分段/宽度分段/高度分段：设置长度、宽度、高度的分段数值。

提示：设置系统单位为 mm。

3ds Max 制作效果图时需要将系统单位设置为 mm（毫米），这样在创建模型时就会更准确。

(1) 在菜单栏中执行【自定义】|【单位设置】命令，如图 4-21 所示。

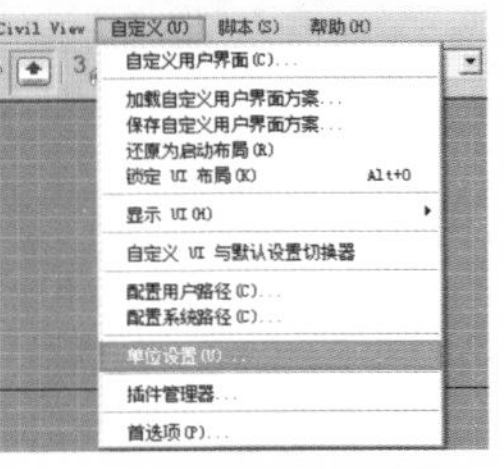

图4-21

(2) 在弹出的对话框中单击【系统单位设置】按钮，并设置【系统单位比例】为【毫米】，然后单击【确定】按钮。接着设置【显示单位比例】中的【公制】为【毫米】，最后单击【确定】按钮，如图 4-22 所示。

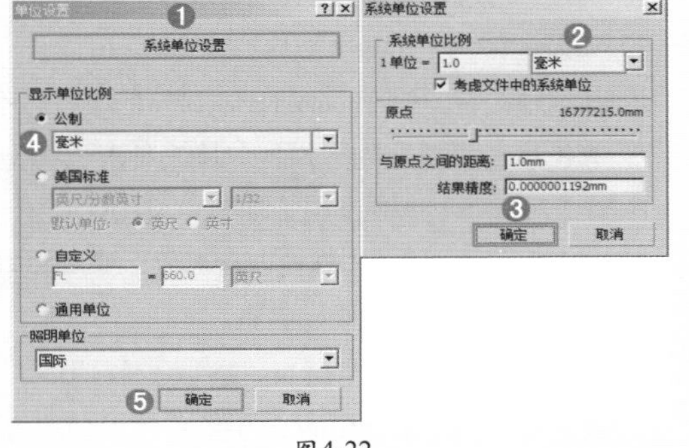

图4-22

实例：使用长方体制作书架

扫一扫，看视频

文件路径：Chapter 04 内置几何体建模→实例：使用长方体制作书架

本例使用长方体不断组合的方式得到一个创意书架模型，最终渲染效果如图 4-23 所示。

图4-23

步骤 01 在【创建】面板中，执行（创建）|（几何体）| 长方体 命令，在透视图中创建一个长方体，如图4-24所示。设置【长度】为350mm，【宽度】为600mm，【高度】为10mm，如图4-25所示。

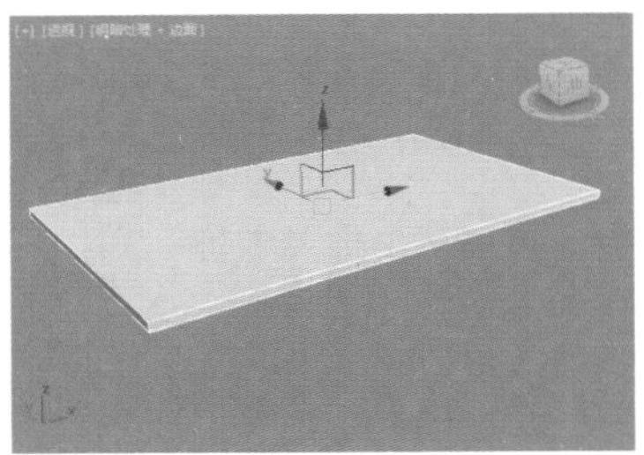

图4-24

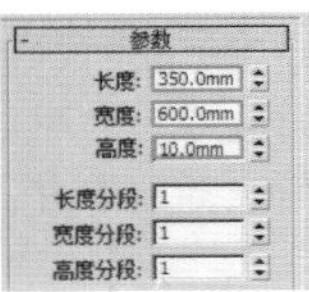

图4-25

步骤 02 在前视图中创建一个长方体作为书架隔断，如图4-26所示。并设置【长度】为200mm，【宽度】为10mm，【高度】为350mm，如图4-27所示。

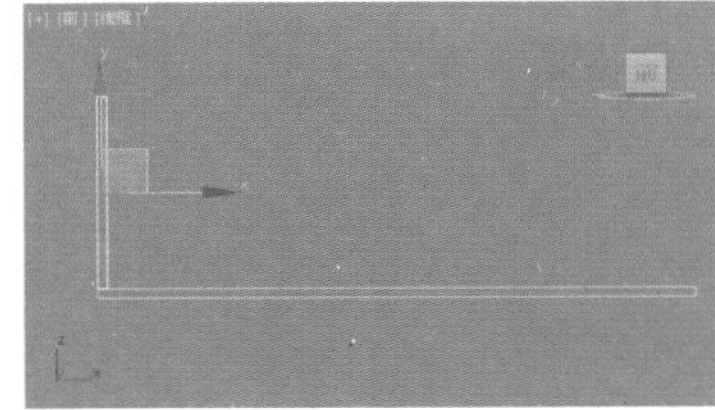

图4-26

图4-27

步骤 03 选中刚创建的隔断，并按住Shift键拖动鼠标左键，即可移动复制出另一个隔断，效果如图4-28所示。

步骤 04 依照上面的制作方法继续移动和复制制作隔断，如图4-29所示。

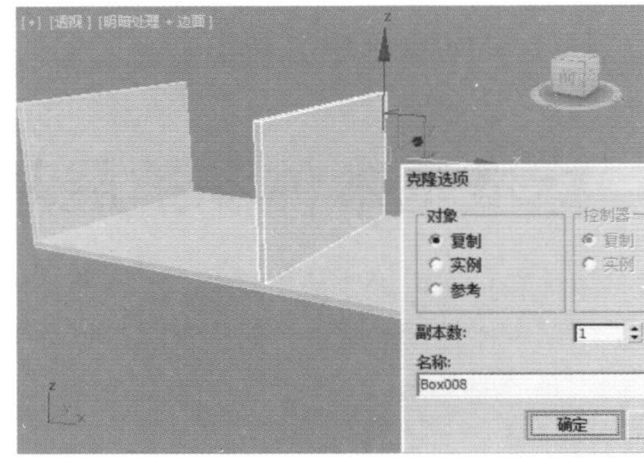

图4-28

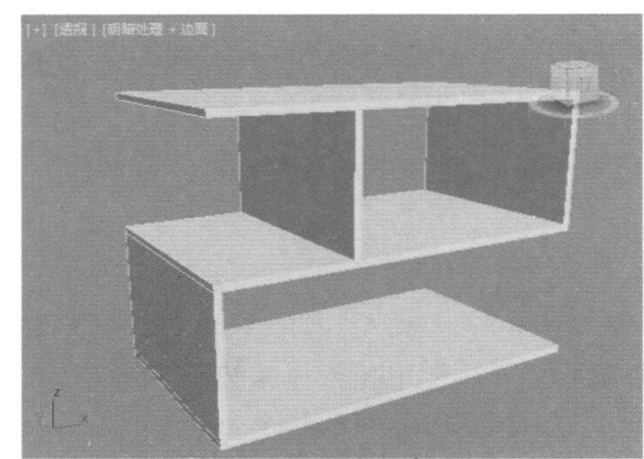

图4-29

2.球体

球体可以制作半径不同的球体模型。常用球体来模拟球形物体，比如篮球、手串、水果等，如图 4-30 所示。

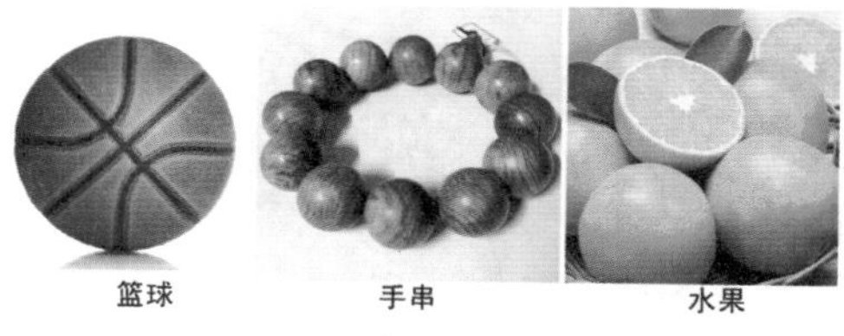

图4-30

使用【球体】工具创建一个球体，如图 4-31 所示。其参数如图 4-32 所示。

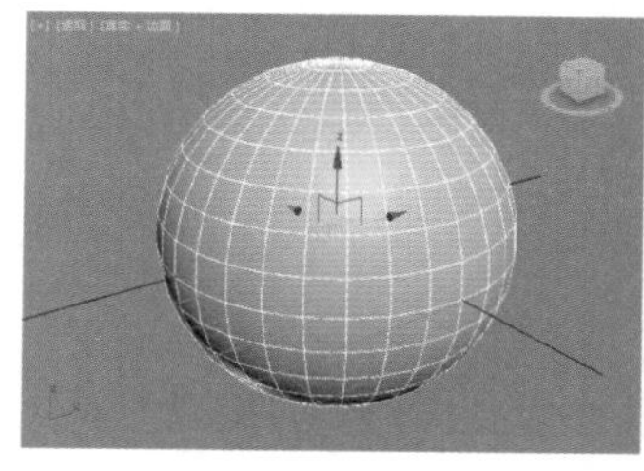

图4-31

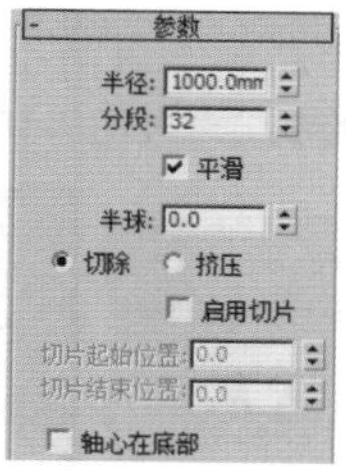

参数
半径: 1000.0mm
分段: 32
☑ 平滑
半球: 0.0
◉ 切除 ○ 挤压
☐ 启用切片
切片起始位置: 0.0
切片结束位置: 0.0
☐ 轴心在底部

图4-32

- 半径：半径大小。
- 分段：球体的分段数。
- 平滑：是否产生平滑效果，默认勾选效果比较平滑，若取消勾选则会产生尖锐的转折效果。两种效果如图 4-33 所示。

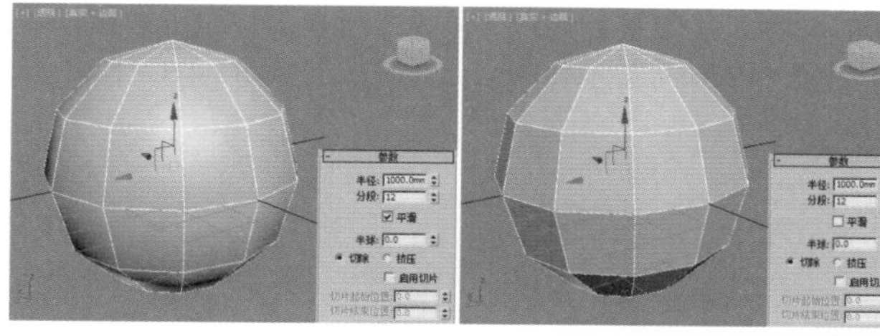

图4-33

- 半球：使球体变成一部分球体模型效果。半球为 0 时，球体是完整的；为 0.5 时，球体是一半。两种效果如图 4-34 所示。

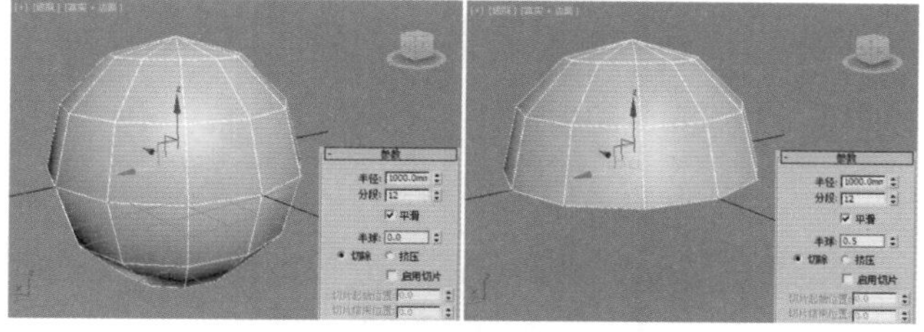

图4-34

- 切除：默认设置为该方式，在使用半球效果时，球体的多边形个数和顶点数会减少。
- 挤压：在使用半球效果，并设置为该方式时，半球的多边形个数和顶点数不会减少，如图 4-35 所示为两种方式对比效果（按快捷键 7 可以显示多边形和顶点数）。

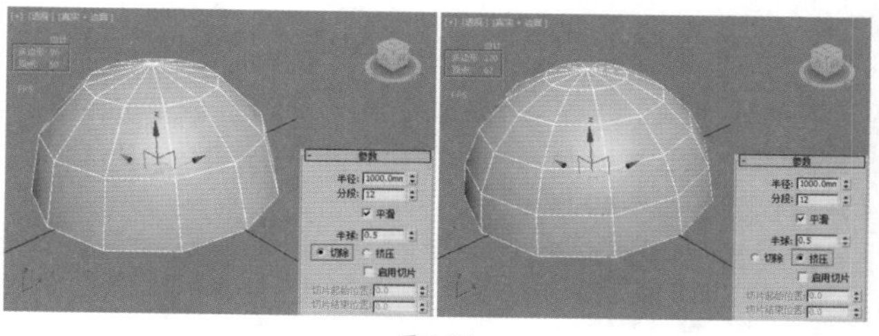

图4-35

- 启用切片：勾选该选项，才可以使用切片功能，使用该功能可以制作一部分球体效果。两种效果如图 4-36 所示。

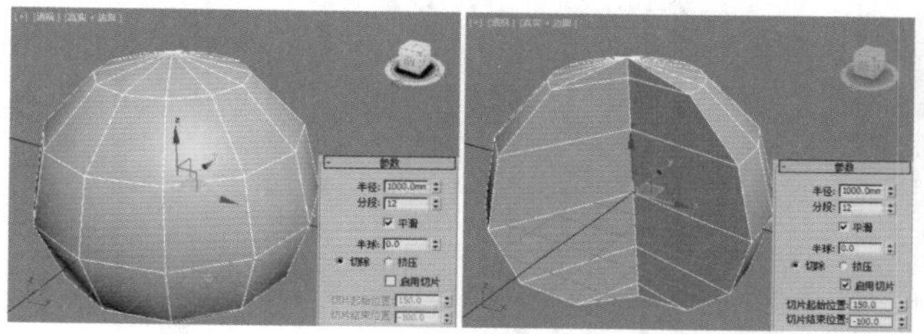

图4-36

- 切片起始位置 / 切片结束位置：设置切片的起始 / 结束位置。
- 轴心在底部：勾选该选项可以将模型的轴心设置在模型的最底端。

提示：快速设置模型到世界坐标中心。

为了在创建模型时更精准，可以在创建完成模型之后，快速设置模型到世界坐标中心。

(1) 如图 4-37 所示为创建的球体模型。只需要选择模型，并在 3ds Max 界面下方的 X、Y、Z 后方的图标 位置右击，如图 4-38 所示。

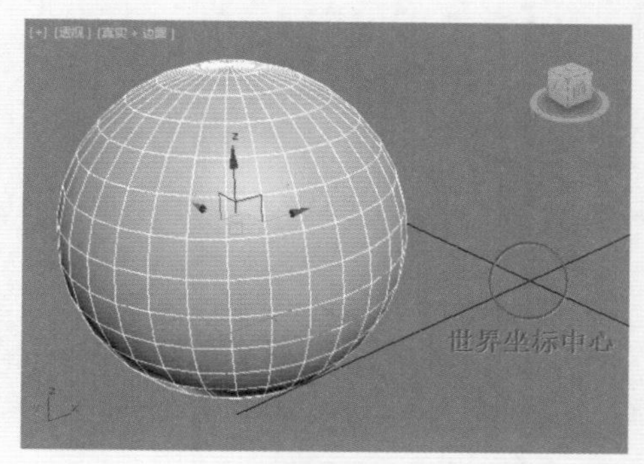

图4-37

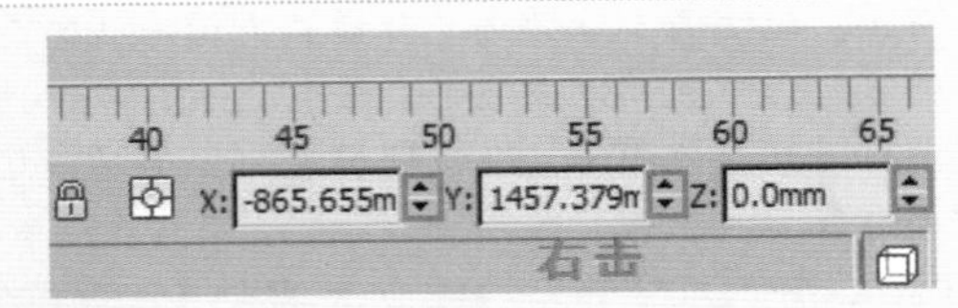

图4-38

(2) 此时 X、Y、Z 数值变更为 0mm，说明模型的坐标已经在世界坐标的中心了，如图 4-39 所示。此时球体的位置如图 4-40 所示。

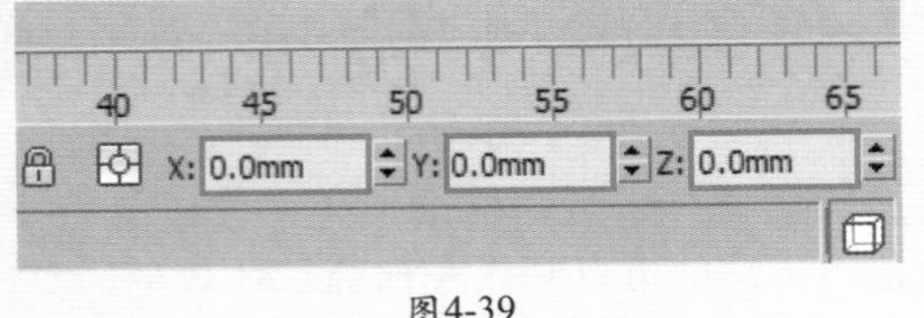

图4-39

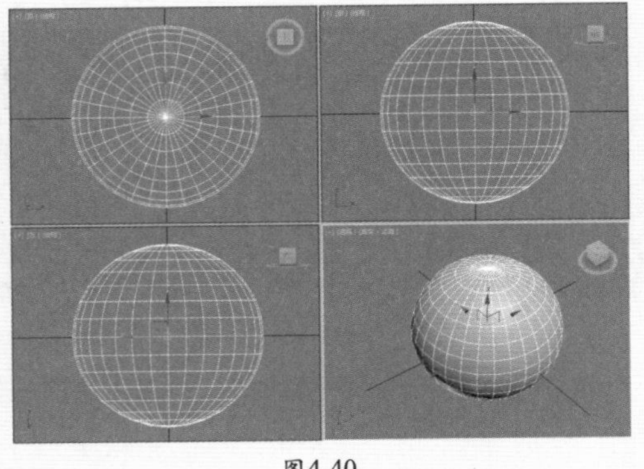

图4-40

实例：使用球体、圆环制作手串

扫一扫，看视频

文件路径：Chapter 04　内置几何体建模→实例：使用球体、圆环制作手串

本例将使用球体和圆环工具制作手串模型，需要应用到旋转复制操作，制作难点在于需要调节球体的轴位置。最终渲染效果如图 4-41 所示。

图4-41

步骤 01 使用【圆环】工具在视图中创建一个圆环，如图4-42所示。并设置【半径1】为1000mm，【半径2】为6mm，【分段】为80，【边数】为12，如图4-43所示。

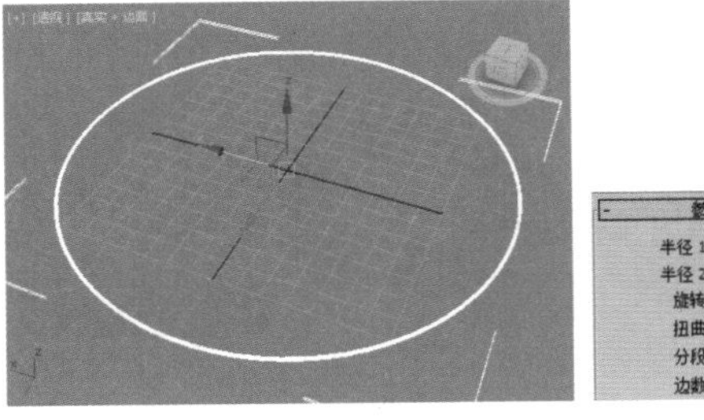

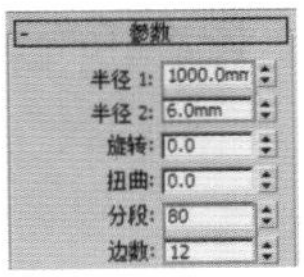

图4-42

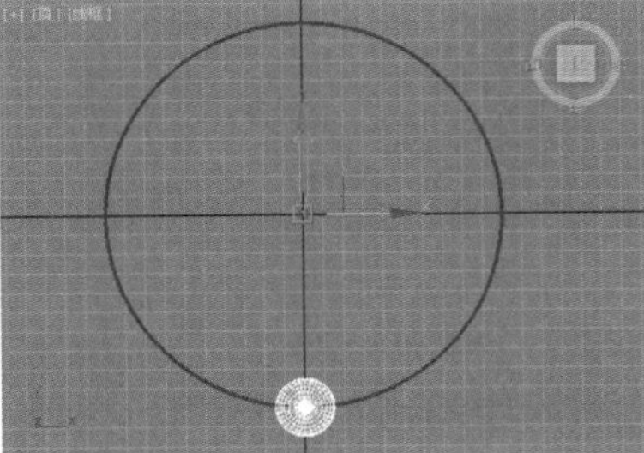

图4-43

步骤 02 创建一个球体，并设置【半径】为150mm，执行（层次）| 仅影响轴 命令，如图4-44所示。然后将轴移动到手串的中心，如图4-45所示。最后再次单击 仅影响轴 按钮将其取消。

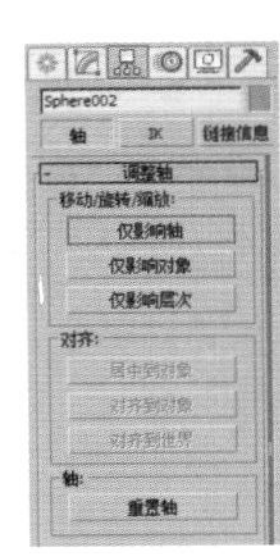

图4-44

图4-45

步骤 03 在菜单栏中执行【工具】|【阵列】命令，此时会弹出【阵列】对话框，单击【旋转】后面的 > 按钮，设置Z轴为360度，【数量】为17，单击【预览】按钮，最后单击【确定】按钮，如图4-46所示。此时效果如图4-47所示。

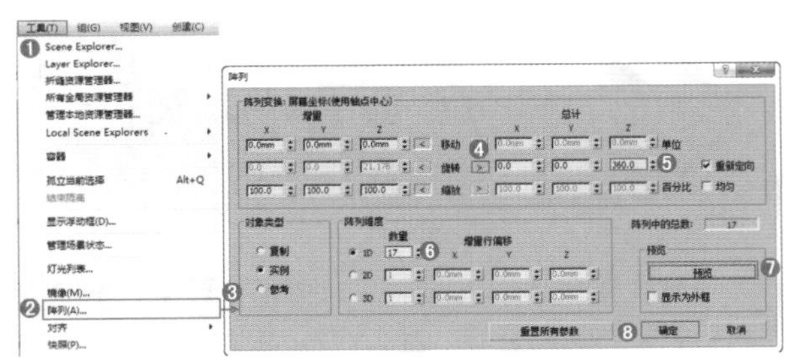

图4-46

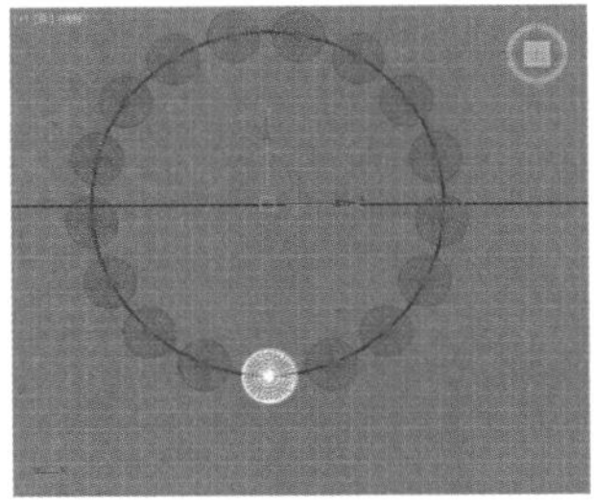

图4-47

步骤 04 最终效果如图4-48所示。

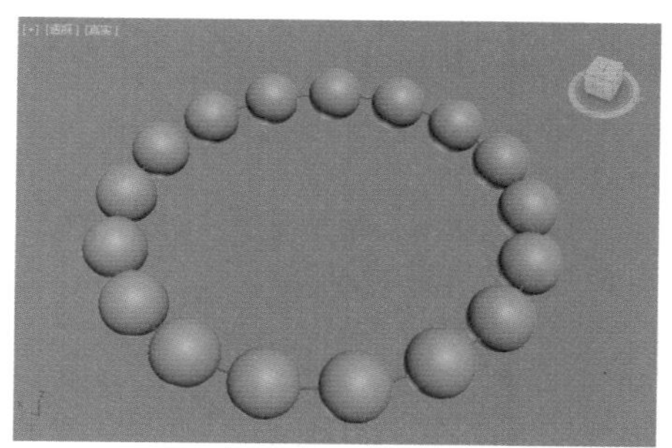

图4-48

3.圆柱体

圆柱体是指具有一定半径、一定高度的模型。常用圆柱体来模拟柱形物体，比如桌面、餐桌、罗马柱等，如图 4-49 所示。

图4-49

使用【圆柱体】工具创建一个圆柱体，如图 4-50 所示。其参数如图 4-51 所示。

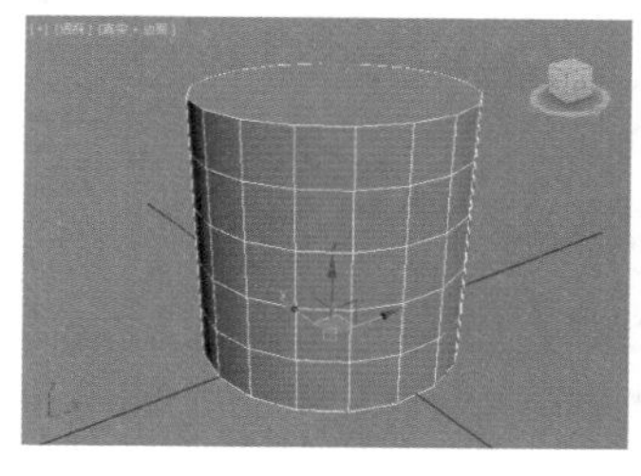

图4-50　　图4-51

- 半径：设置圆柱体的半径大小。
- 高度：设置圆柱体的高度数值。
- 高度分段：设置圆柱体在纵向（高度）上的分段数。
- 端面分段：设置圆柱体在端面上的分段数。
- 边数：设置圆柱体在横向（边数）上的分段数。

提示：分段的重要性。

圆柱体中【高度分段】【端面分段】【边数】表示圆柱体在 3 个方向的分段数多少。例如分别设置【边数】为 30 和 6，则会看到圆柱体的圆滑度有很大的区别，分段越多模型越光滑，如图 4-52 和图 4-53 所示。

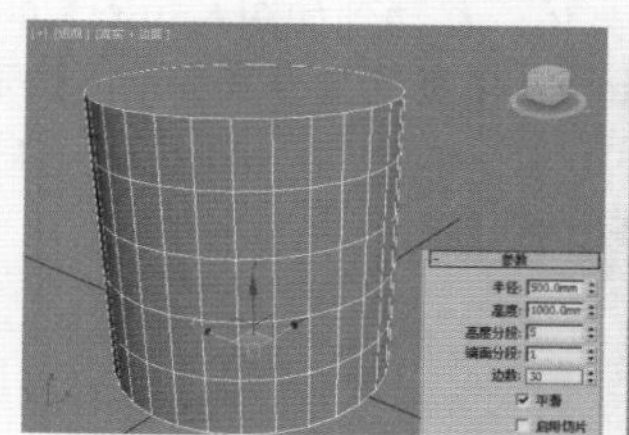

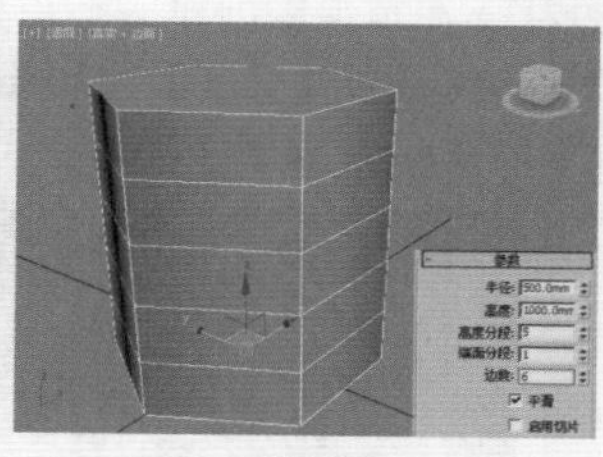

图4-52　　图4-53

但是假如更改【高度分段】的数值，会发现模型在高度上有了分段数的变化，但是模型本身没有任何变化，如图 4-54 和图 4-55 所示。因此要想好哪些分段需要修改。

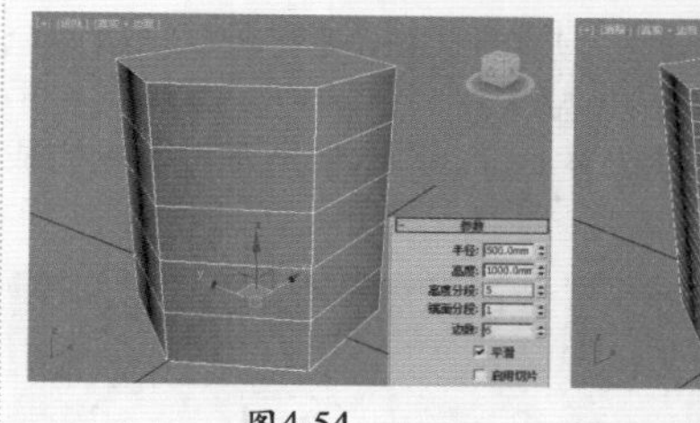

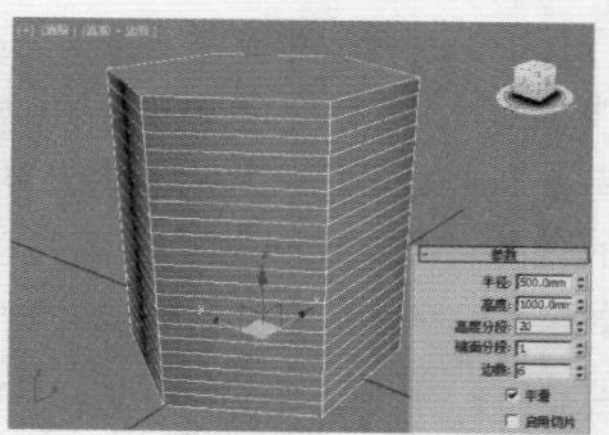

图4-54　　图4-55

实例：使用圆柱体、长方体制作圆茶几

文件路径：Chapter 04　内置几何体建模→使用圆柱体、长方体制作圆茶几

本例将使用圆柱体和长方体制作圆茶几，最终渲染效果如图 4-56 所示。

图4-56

步骤 01 在透视图中创建一个圆柱体，如图4-57所示。并设置【半径】为400mm，【高度】为30mm，【高度分段】为5，【边数】为50，如图4-58所示。

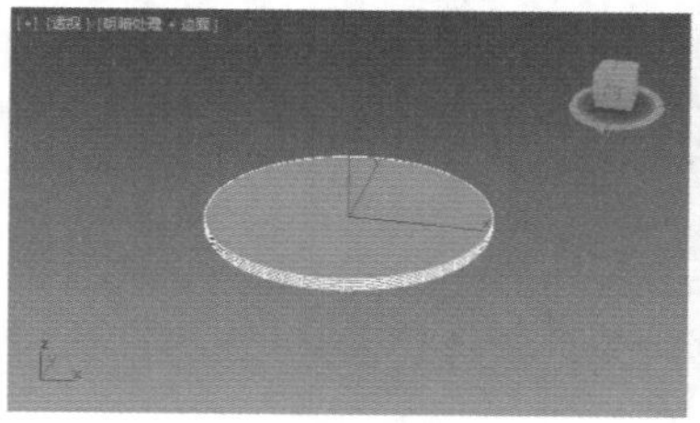

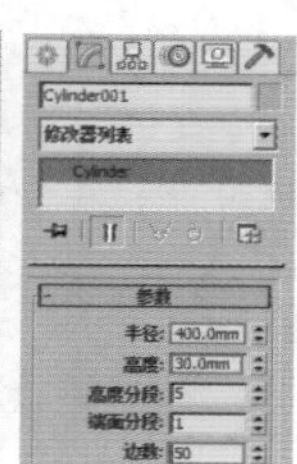

图4-57　　图4-58

步骤 02 在顶视图创建一个长方体，移动到如图4-59所示的位置。并设置【长度】为300mm，【宽度】为30mm，【高度】为30mm，如图4-60所示。

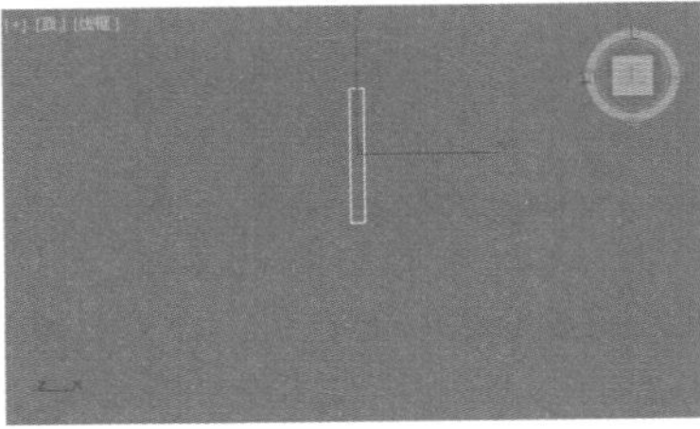

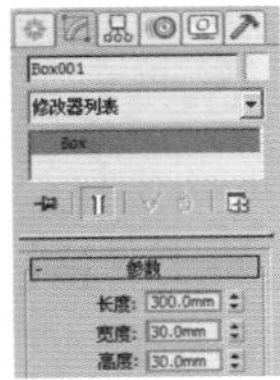

图4-59　图4-60

步骤 03 选择刚制作的模型，并按住Shift键旋转复制出两个模型（具体旋转复制的方法与【实例：球体、圆环制作手串】一样，都需要调整轴位置），如图4-61所示。复制完成的效果如图4-62所示。

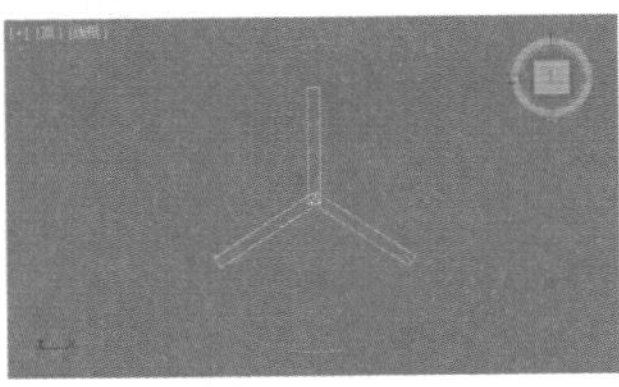

图4-61　图4-62

步骤 04 在透视图中创建一个圆柱体，如图4-63所示。设置【半径】为30mm，【高度】为600mm，【边数】为50，如图4-64所示。

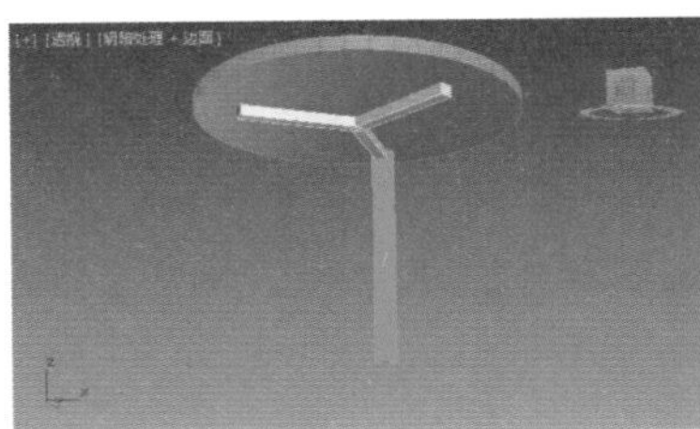

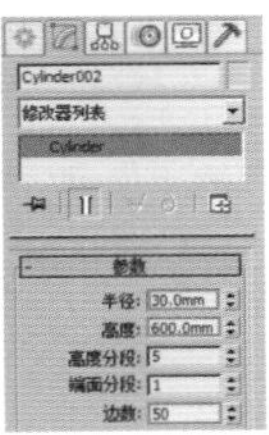

图4-63　图4-64

步骤 05 选择刚刚的模型，并移动复制两个模型，移动到合适的位置，如图4-65所示。

图4-65

举一反三：使用圆柱体制作茶几

文件路径：Chapter 04　内置几何体建模→举一反三：使用圆柱体制作茶几

通过上面案例的讲解，举一反三，就会制作另外一个茶几效果了。最终效果如图 4-66 所示。

图4-66

步骤 01 在透视图中创建一个圆柱体，如图4-67所示。【半径】为400mm，【高度】为20mm，【边数】为50mm，如图4-68所示。

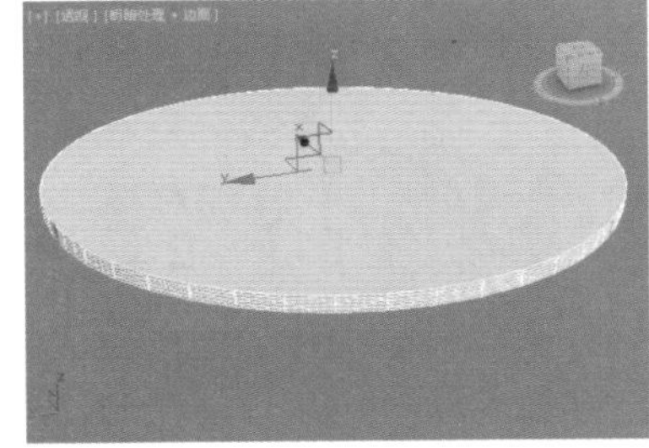

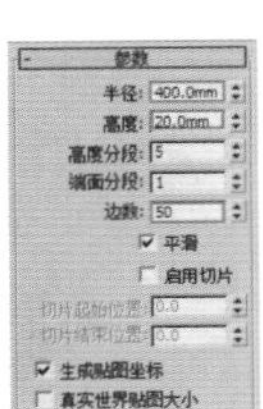

图4-67　图4-68

步骤 02 在前视图中创建一个长方体，如图4-69所示。并设置【长度】为400mm，【宽度】为50mm，【高度】为50mm，如图4-70所示。

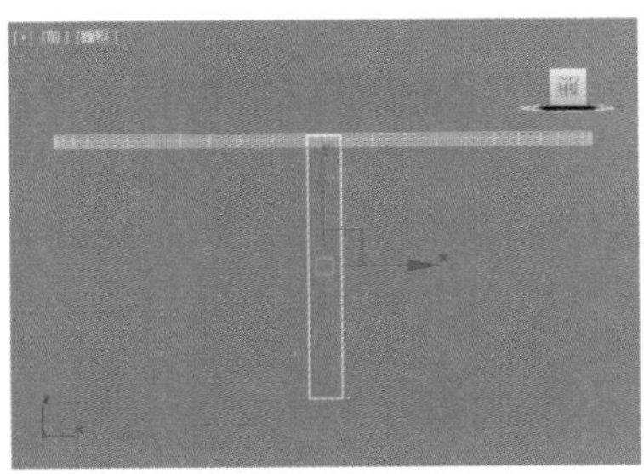

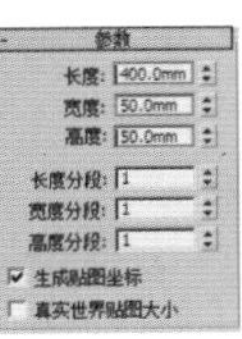

图4-69　图4-70

步骤 03 选择刚刚制作的模型，并按住Shift键复制出两个长方体，调节到合适的位置，如图4-71所示。

步骤 04 最后使用【圆柱体】工具创建3个圆柱体放在下方，如图4-72所示。

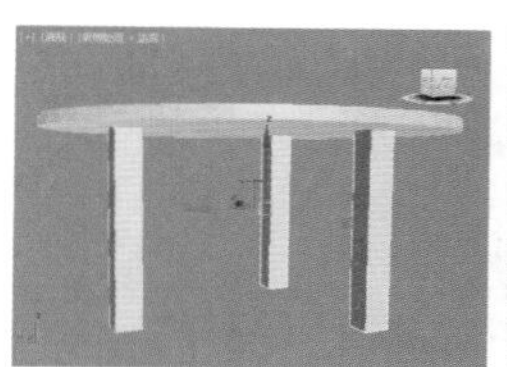
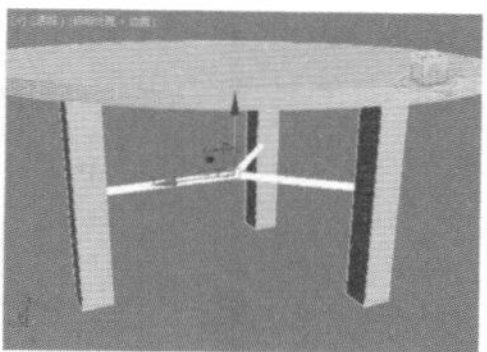

图4-71　　图4-72

步骤 05 这样一个小圆桌就制作完毕了，如图4-73所示。

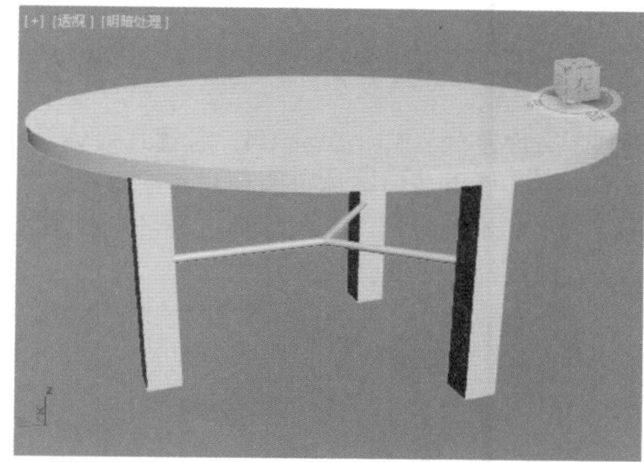

图4-73

4.平面

平面是只有长度和宽度，而没有高度（厚度）的模型。可用平面来模拟纸张、背景、地面，如图 4-74 所示。

纸张　　背景　　地面

图4-74

使用【平面】工具创建一个平面，如图 4-75 所示。其参数如图 4-76 所示。

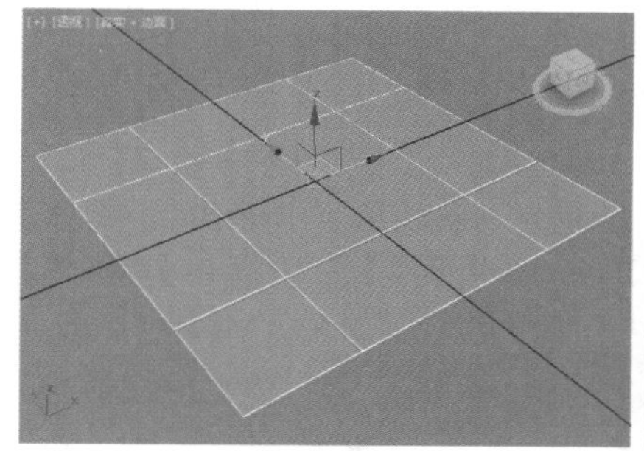
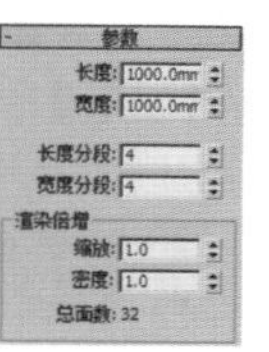

图4-75　　图4-76

5.圆锥体

圆柱体是由上半径（半径 2）下半径（半径 1）及高度组成的模型。可用圆锥体来模拟路障、冰激凌、圆锥体等，如图 4-77 所示。

路障　　冰激凌　　圆锥体

图4-77

使用【圆锥体】工具创建一个圆锥体，如图 4-78 所示。其参数如图 4-79 所示。

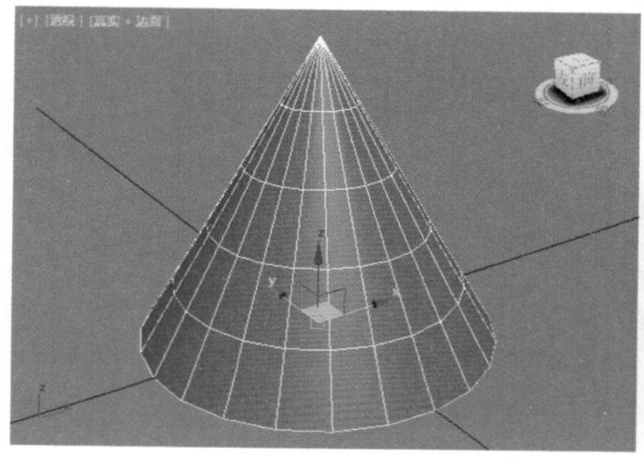

图4-78　　图4-79

- 半径 1：控制圆锥体底部的半径大小。
- 半径 2：控制圆锥体顶部的半径大小。数值为 0 时，顶端是最尖锐的；数值大于 0 时，顶端较为平坦。两种效果如图 4-80 所示。

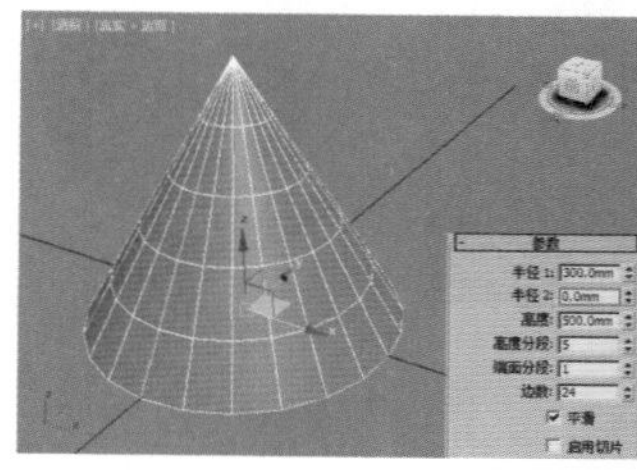
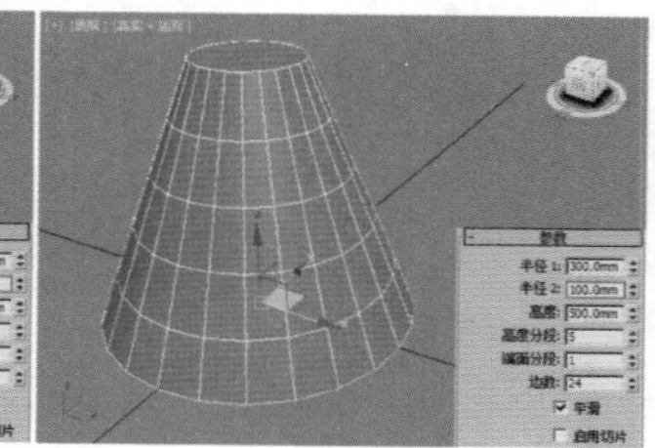

图4-80

6.茶壶

茶壶是由壶体、壶把、壶嘴、壶盖 4 部分组成的模型。可用茶壶来模拟茶壶、茶叶罐、花盆等，如图 4-81 所示。

茶壶　　茶叶罐　　花盆

图4-81

使用【茶壶】工具创建一个茶壶，如图 4-82 所示。其参数如图 4-83 所示。

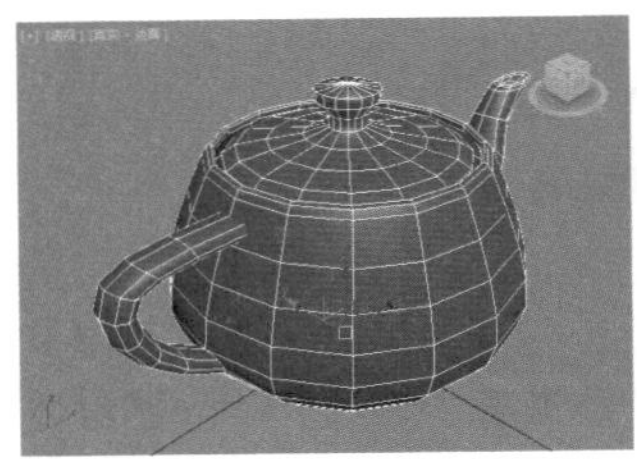

图4-82

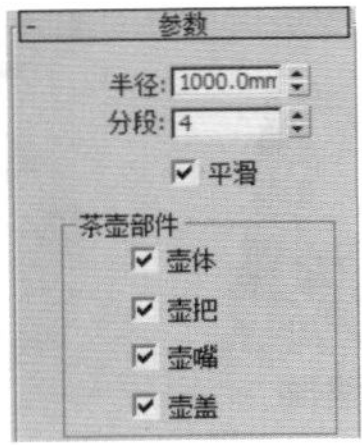

图4-83

- 壶体 / 壶把 / 壶嘴 / 壶盖：分别控制茶壶的 4 大部分，取消选择时，被取消的部分将不会显示，如图 4-84 所示。

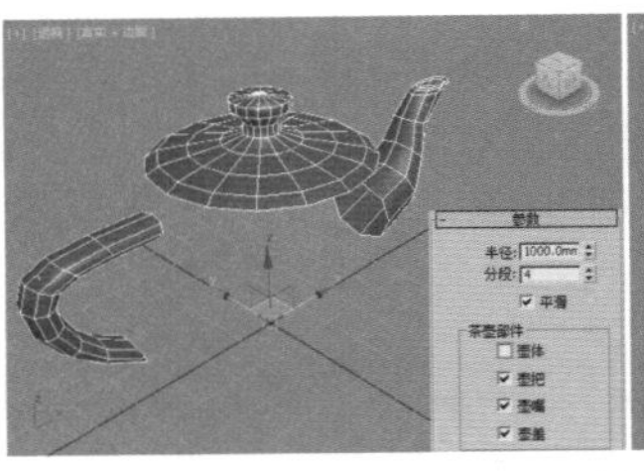

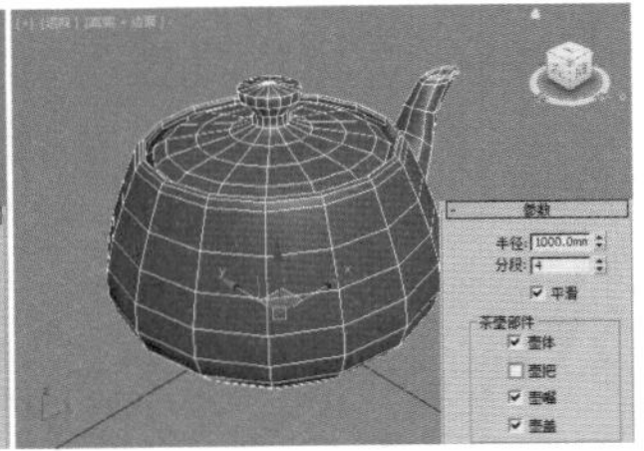

图4-84

7.几何球体

几何球体是被几何化的球体，可以选择 3 种方式，分别为四面体、八面体、二十面体。可用几何球体来模拟饰品、建筑、舞台灯等，如图 4-85 所示。

饰品

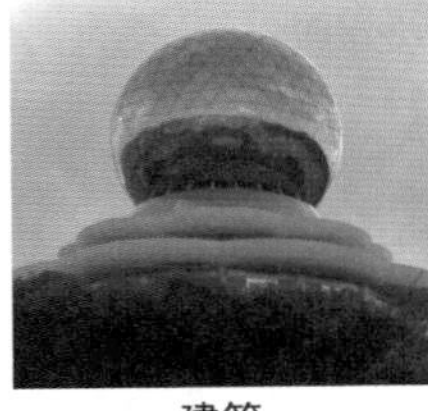

建筑

舞台灯

图4-85

使用【几何球体】工具创建一个几何球体，如图 4-86 所示。其参数如图 4-87 所示。

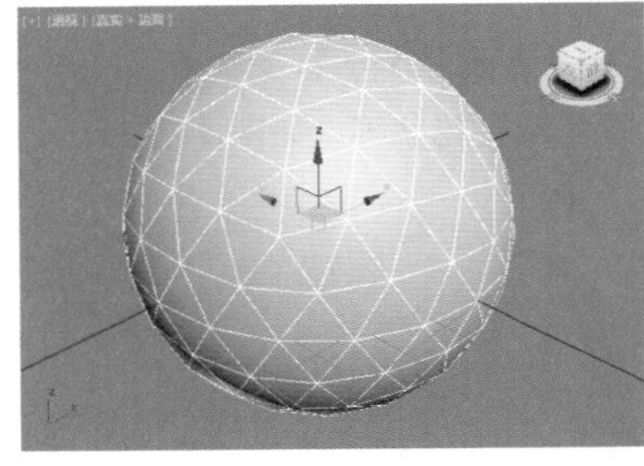

图4-86

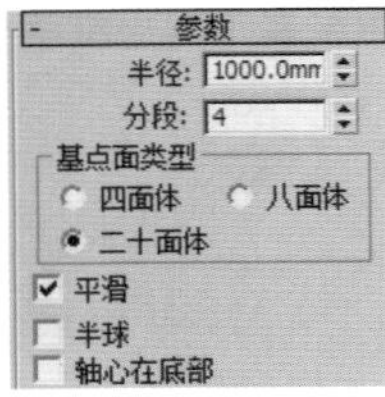

图4-87

- 四面体 / 八面体 / 二十面体：可以选择 3 种模型方式，如图 4-88 所示为其中两种的对比效果。

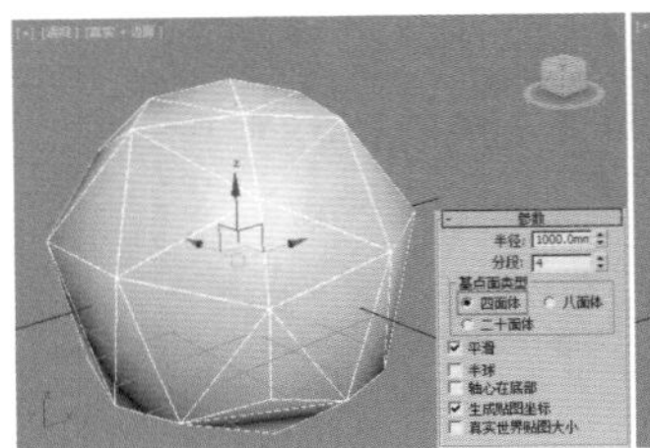

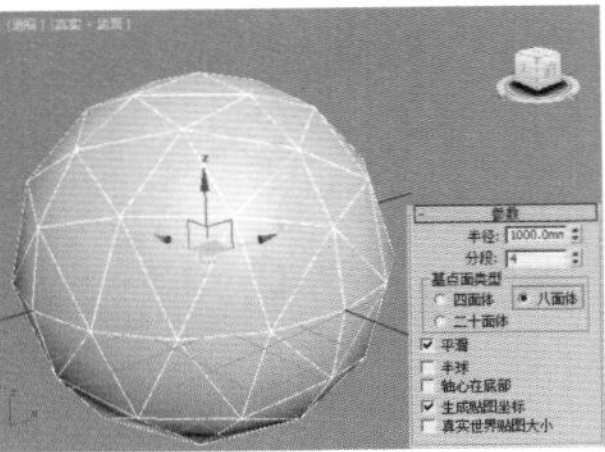

图4-88

实例：使用几何球体、圆环制作戒指

扫一扫，看视频

文件路径：Chapter 04 内置几何体建模→实例：使用几何球体、圆环制作戒指

本例将使用几何球体、圆环制作戒指模型。最终渲染效果如图 4-89 所示。

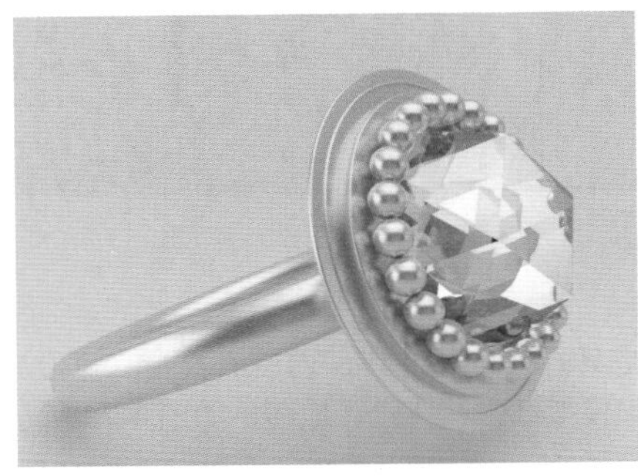

图4-89

步骤 01 在顶视图中创建一个如图4-90所示的圆环，并设置【半径1】为500mm，【半径2】为40mm，【分段】为100，【边数】为12，如图4-91所示。

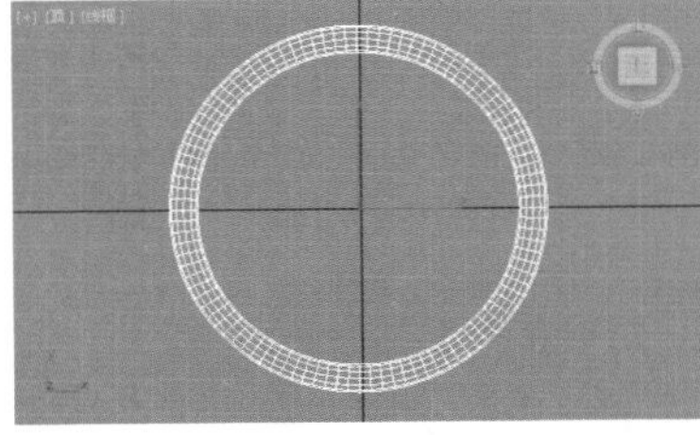

图4-90

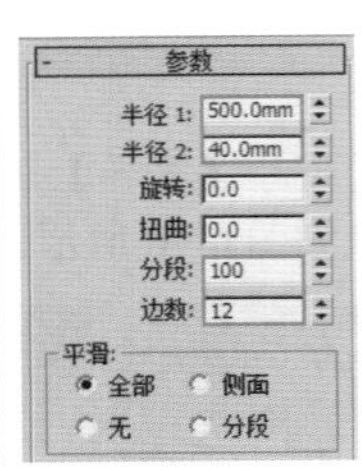

图4-91

步骤 02 在透视图中创建一个如图4-92所示的几何球体，并设置【半径】为300mm，【分段】为2，选择【八面体】，最后勾选【半球】，如图4-93所示。

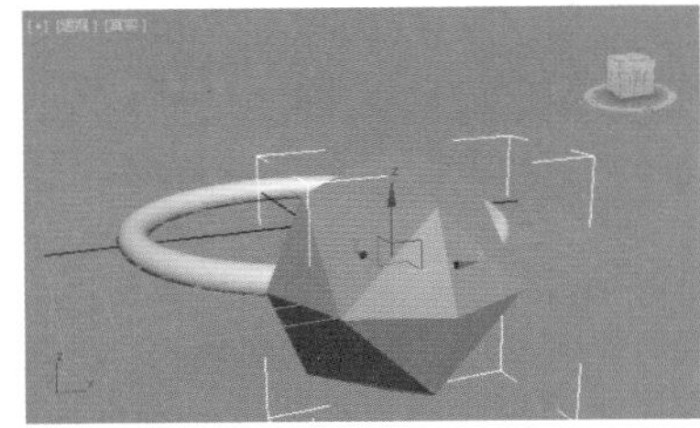

图4-92

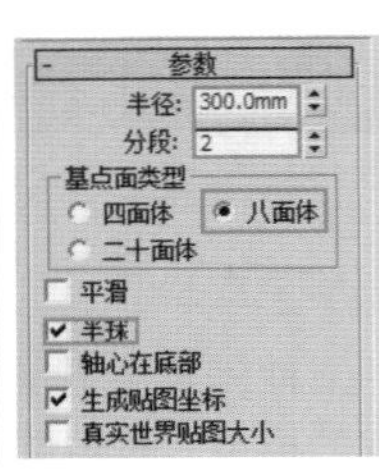

图4-93

步骤 03 在前视图中创建一个如图4-94所示的切角圆柱体，并设置【半径】为400mm，【高度】为10mm，【圆角】为3mm，【高度分段】为1，【圆角分段】为3，【边数】为100，如图4-95所示。

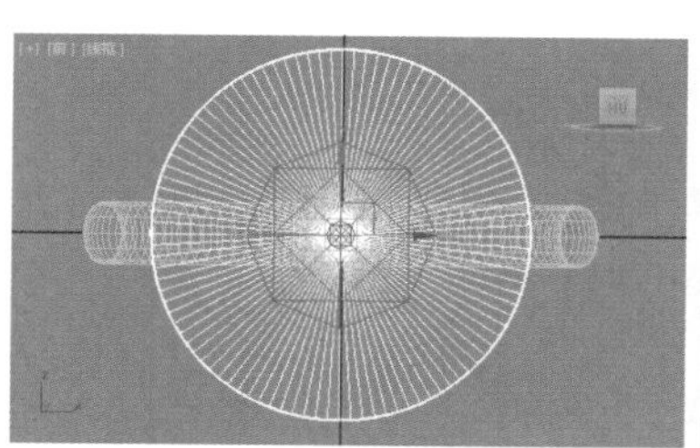

图4-94

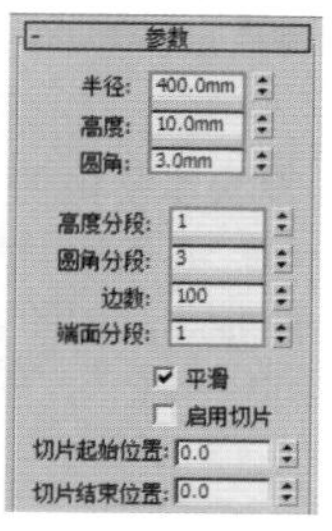

图4-95

步骤 04 再次在前视图中创建一个如图4-96所示的切角圆柱体，并设置【半径】为300mm，【高度】为20mm，【圆角】为3mm，【高度分段】为1，【圆角分段】为3，【边数】为100，【端面分段】为1，如图4-97所示。

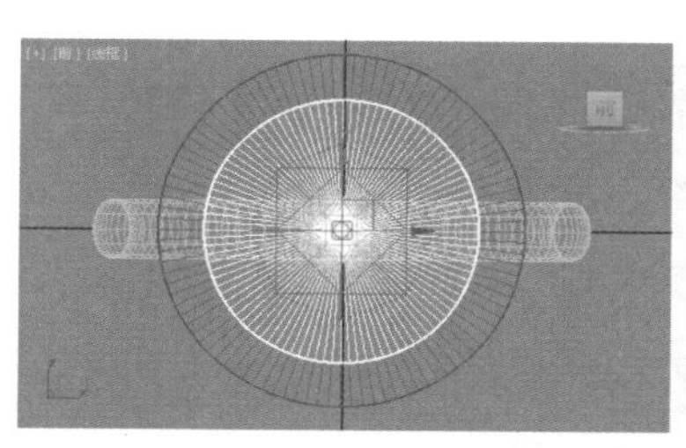

图4-96

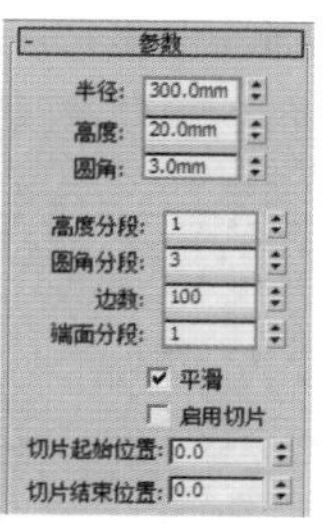

图4-97

步骤 05 在前视图中创建一个如图4-98所示的球体，并设置【半径】为33mm，【分段】为50，再适当调节位置，如图4-99所示。

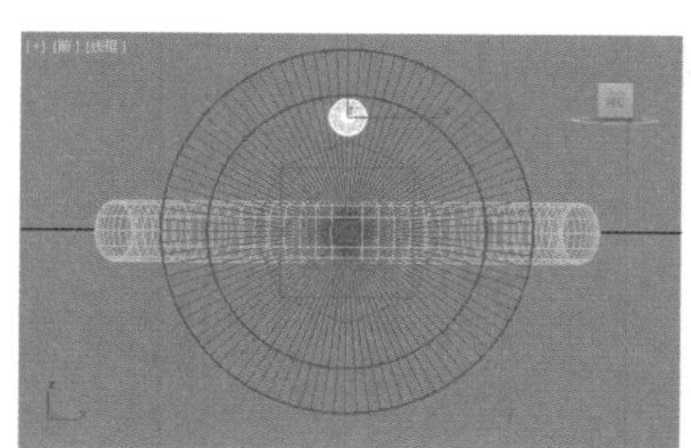

图4-98

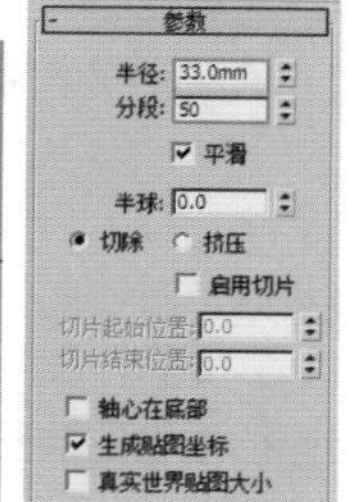

图4-99

步骤 06 此时效果如图4-100所示。

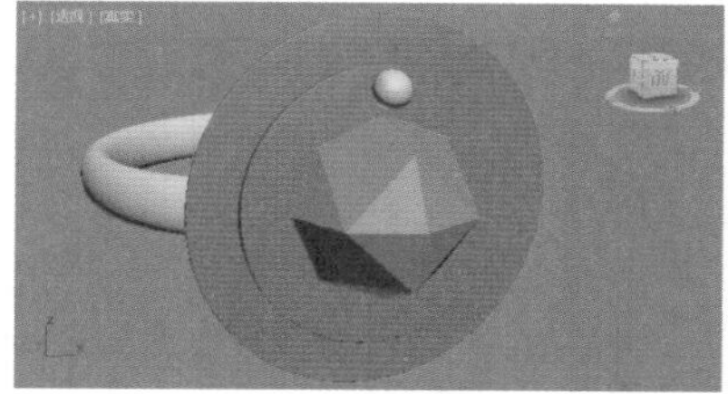

图4-100

步骤 07 选择前视图中的【球体】，执行（层次）| 轴 | 仅影响轴 命令，如图4-101所示。并将其轴心移动到戒指中心位置，如图4-102所示。最后再次单击 仅影响轴 按钮将其取消。

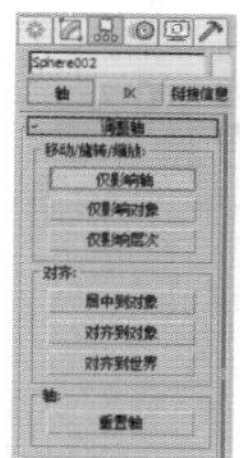

图4-101

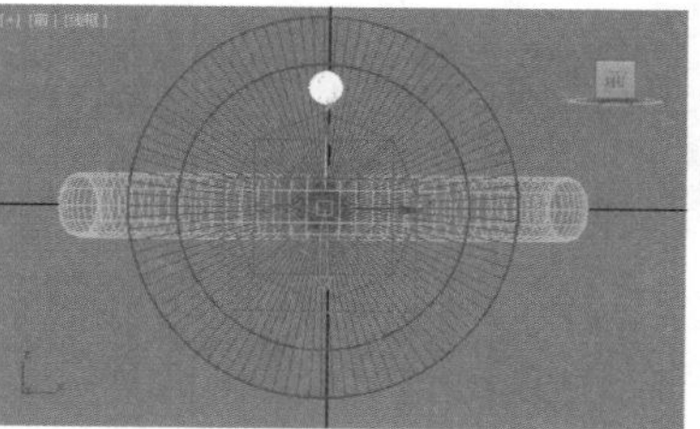

图4-102

步骤 08 在菜单栏中执行【工具】|【阵列】命令，此时会弹出【阵列】对话框，单击【旋转】后面的 > 按钮，设置Z度数为360，设置【数量】为23，单击【预览】按钮，最后单击【确定】按钮，如图4-103所示。此时效果如图4-104所示。

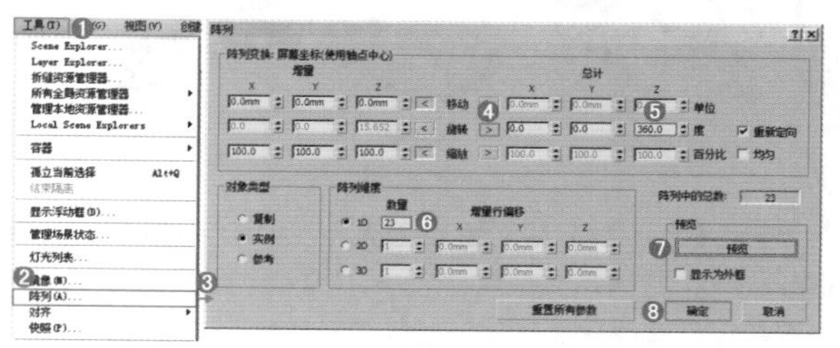

图4-103

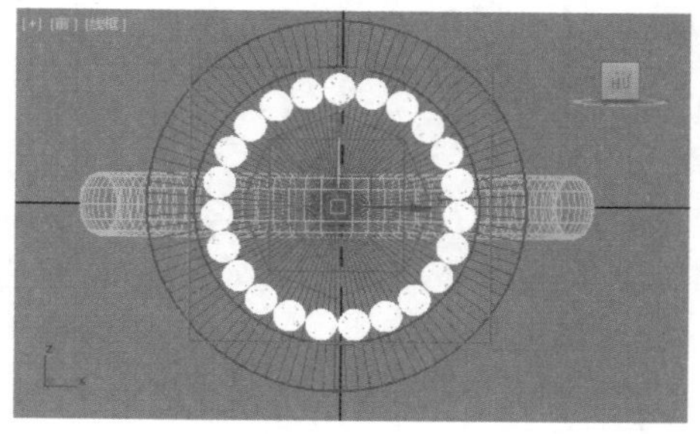

图4-104

步骤 09 在透视图中创建如图4-105所示的【圆环】，并设置【半径1】为210mm，【半径2】为3mm，【分段】为100，【边数】为50，如图4-106所示。

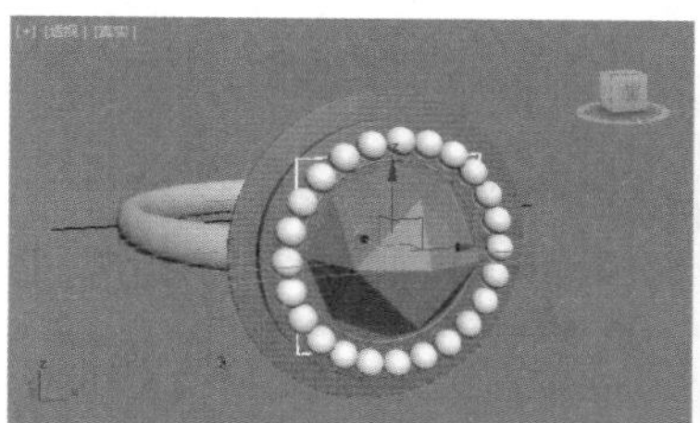

图4-105

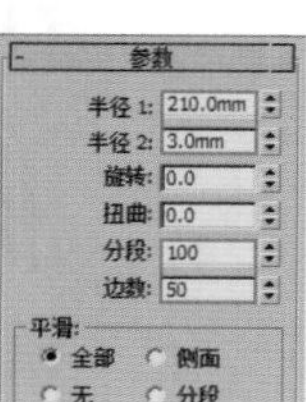

图4-106

步骤 10 在透视图中创建如图4-107所示的【圆环】，并设置【半径1】为330mm，【半径2】为3mm，【分段】为100，【边数】为50，如图4-108所示。

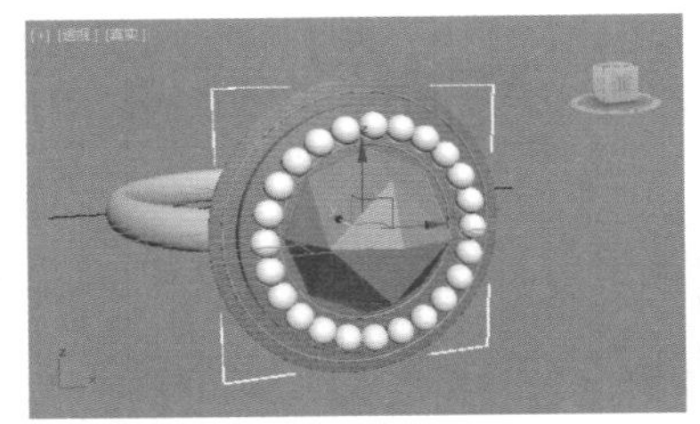

图4-107

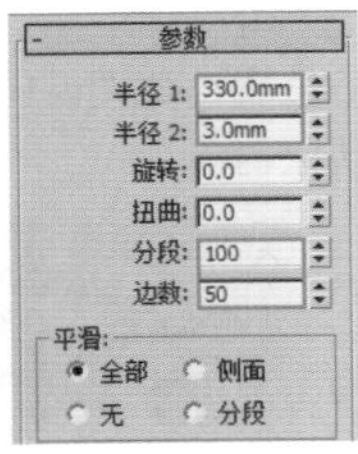

图4-108

8.圆环

圆环是由内半径（半径 2）和外半径（半径 1）组成的模型，其横截面为圆形。可用圆环来模拟甜甜圈、游泳圈、镜框等，如图 4-109 所示。

图4-109

使用【圆环】工具创建一个圆环，如图 4-110 所示。其参数如图 4-111 所示。

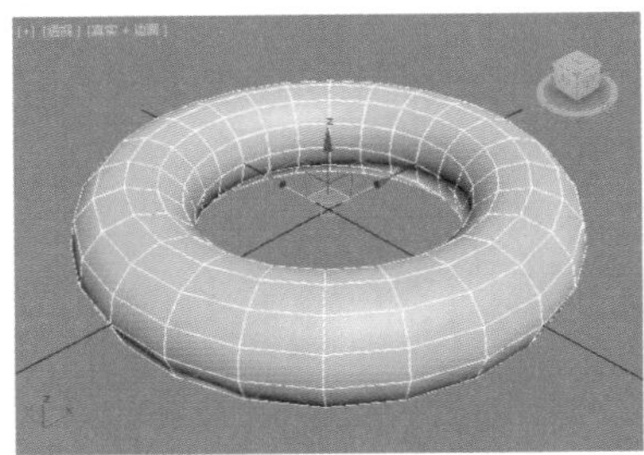

图4-110

图4-111

- 半径 1：设置圆环最外侧的半径数值。
- 半径 2：设置圆环最内侧的半径数值。
- 旋转：控制圆环产生旋转效果。
- 扭曲：控制圆环产生扭曲效果。

9.管状体

管状体是由内半径（半径 2）和外半径（半径 1）组成的模型，其横截面为方形。可用管状体来模拟圆形沙发、灯罩、胶带等，如图 4-112 所示。

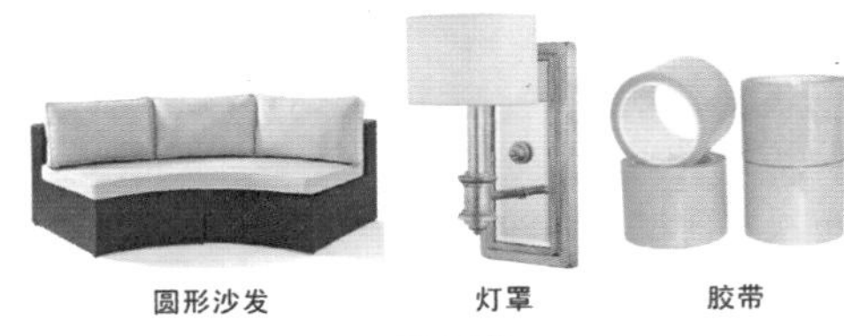

图4-112

使用【管状体】工具创建一个管状体，如图 4-113 所示。其参数如图 4-114 所示。

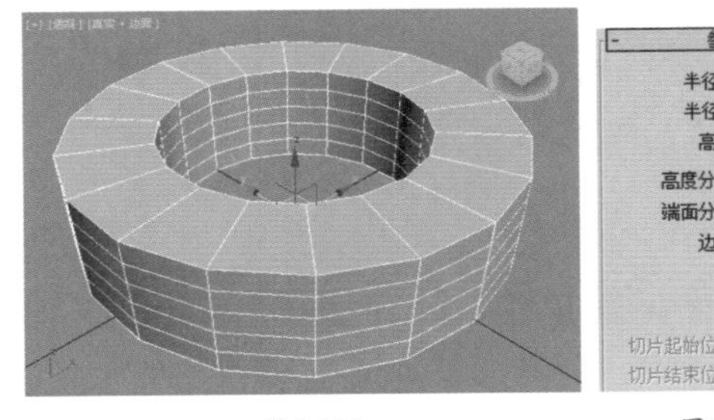

图4-113　　图4-114

- 半径 1：设置管状体最外侧的半径数值。
- 半径 2：设置管状体最内侧的半径数值。
- 高度：设置管状体的高度数值。

实例：使用管状体、圆柱体、球体制作吊灯

扫一扫，看视频

文件路径：Chapter 04 内置几何体建模→实例：使用管状体、圆柱体、球体制作吊灯

本例将使用管状体、圆柱体、球体制作吊灯模型，由于模型有很多雷同的部分，因此可以先单独做好一部分，然后进行复制，从而制作出复杂的吊顶模型。最终渲染效果如图 4-115 所示。

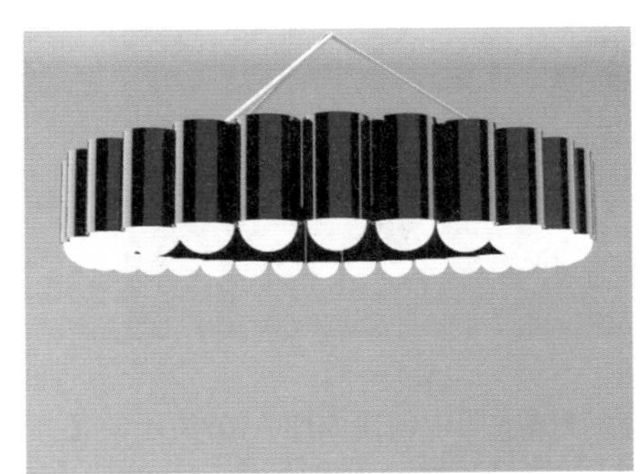

图4-115

步骤 01 在透视图中创建一个【管状体】，并设置【半径1】为75mm，【半径2】为80mm，【高度】为250mm，【高度分段】为5，【端面分段】为1，【边数】为30，如图4-116和图4-117所示。

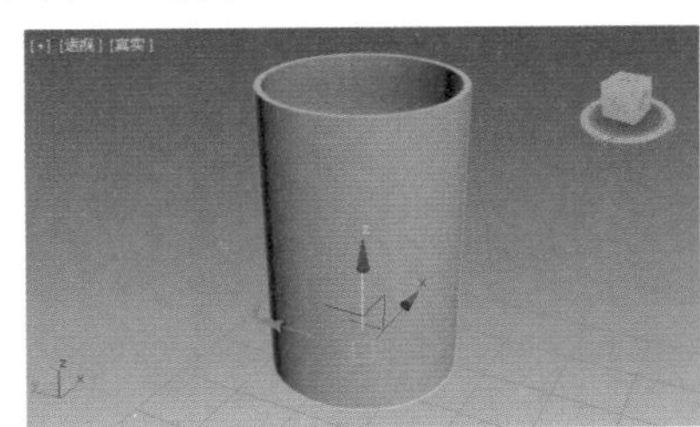

图4-116

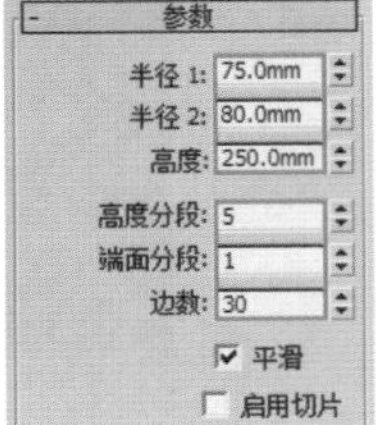

图4-117

步骤 02 在顶视图中创建一个球体，再移动到合适的位置，如图4-118所示。设置【半径】为70mm，【分段】为30，如图4-119所示。

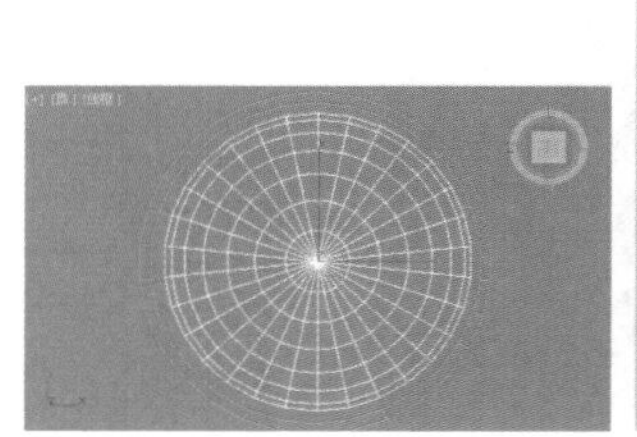

图4-118

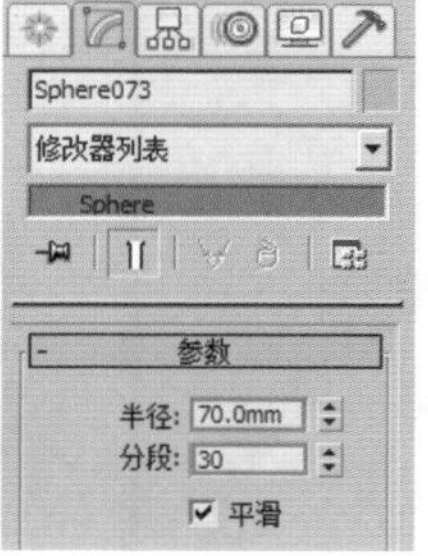

图4-119

步骤 03 选择刚才创建的两个模型，单击【层次】按钮，并单击 仅影响轴 按钮，接着在顶视图中将轴心移动到球体的正下方，最后再次单击 仅影响轴 按钮将其取消，如图4-120所示。

步骤 04 单击（角度捕捉切换）按钮，然后右击该按钮，并设置【角度】为0.5，如图4-121所示。

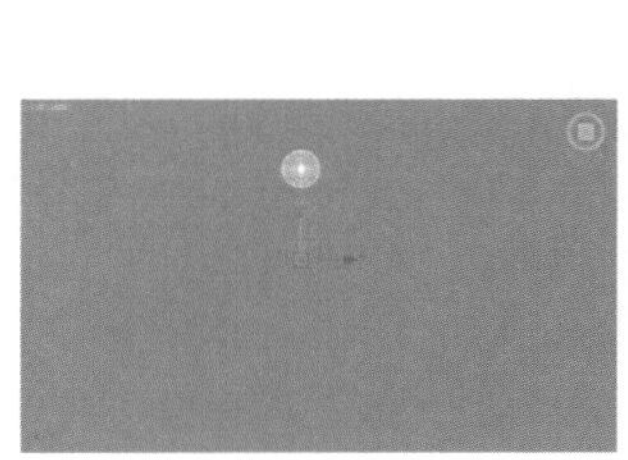

图4-120

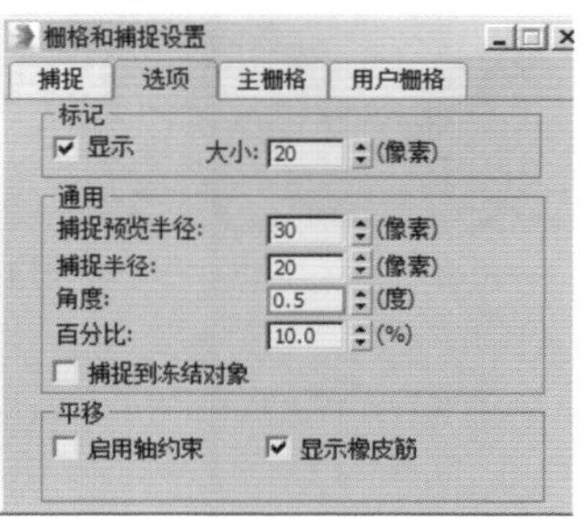

图4-121

步骤 05 按住Shift键拖动鼠标左键进行旋转复制，当Z轴出现-12度时，松开鼠标左键。设置【对象】为【实例】，并在弹出的【克隆选项】对话框中设置【副本数】为29，如图4-122所示。复制完成的效果如图4-123所示。

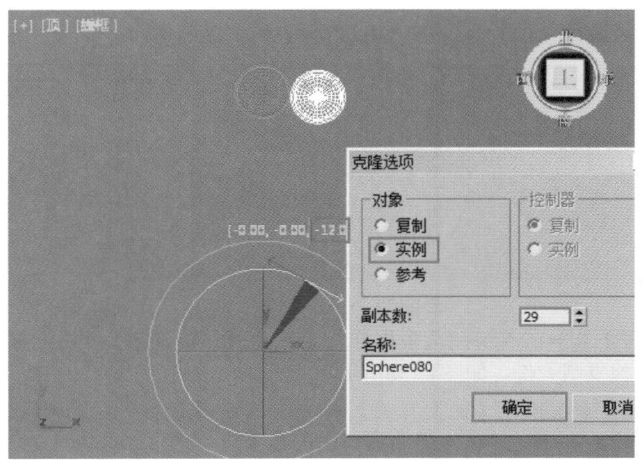

图4-122

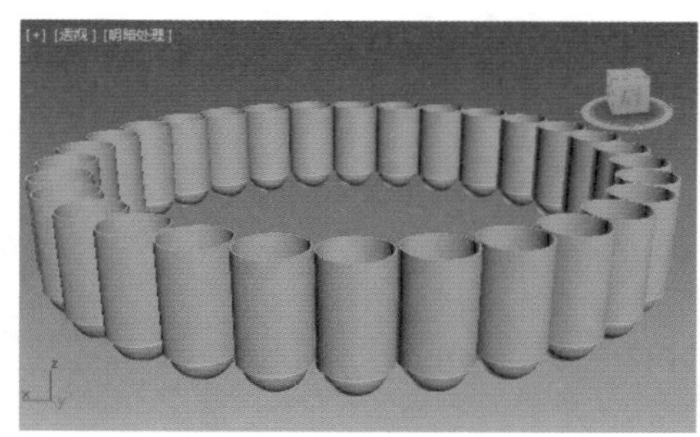

图4-123

步骤 06 在透视图中创建如图4-124所示的圆柱体，进行设置并适当旋转。

步骤 07 使用同样方法在其他位置创建如图4-125所示的两个圆柱体，作为吊灯的吊线。

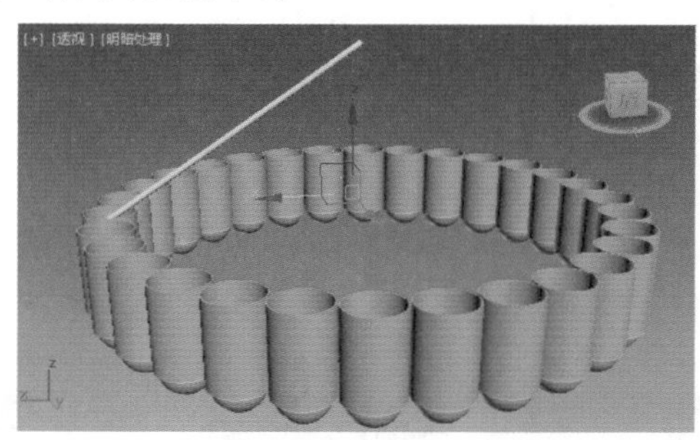

图4-124

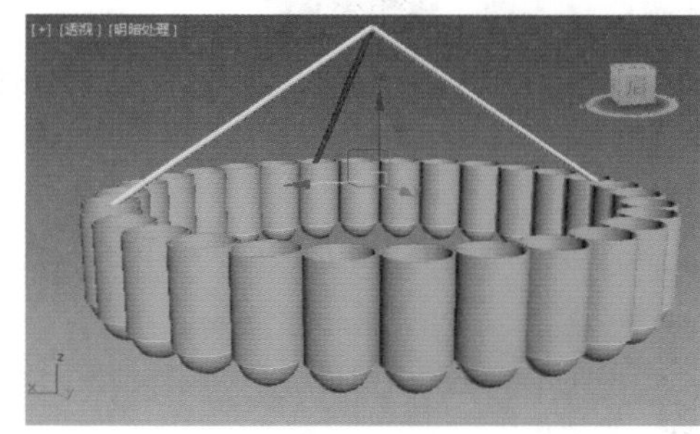

图4-125

10.四棱锥

四棱锥是由宽度、深度、高度组成的，底部为四边形的锥状模型。使用【四棱锥】工具创建一个四棱锥，如图 4-126 所示。其参数如图 4-127 所示。

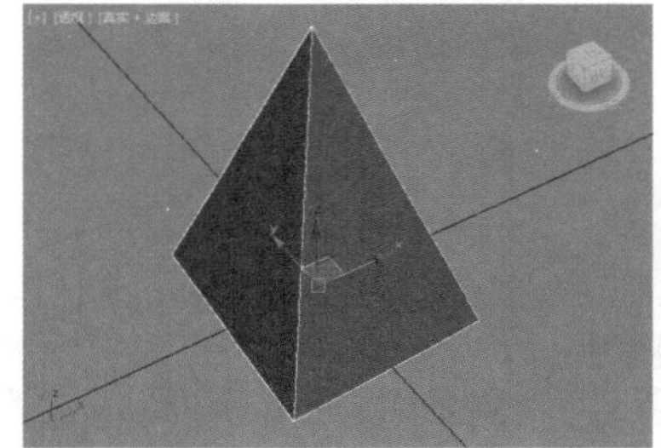

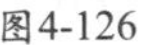

图4-126

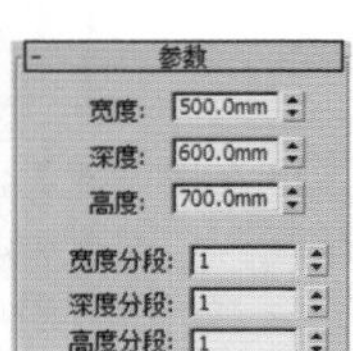

图4-127

- 宽度 / 深度 / 高度：设置四棱锥的宽度 / 深度 / 高度数值。

4.3.2 扩展基本体

扩展基本体是指 3ds Max 中标准基本体的扩展版，包括 13 种不太常用的几何体模型，只需要对这些类型有所了解即可，如图 4-128 所示。

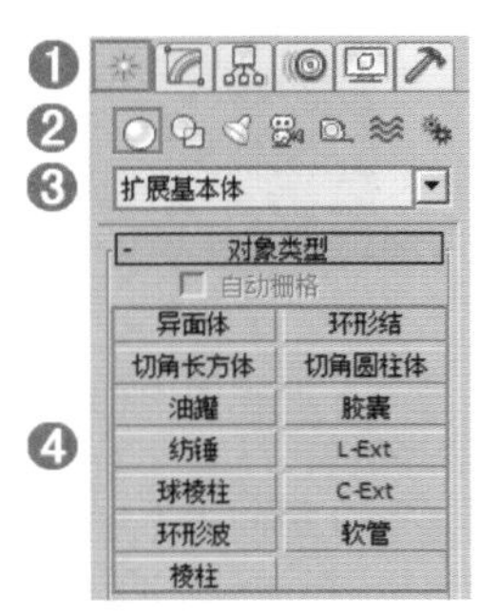

图4-128

1.切角长方体

【切角长方体】比【长方体】增加了【圆角】参数，因此可以制作很多具有圆角的模型（在创建模型时，比创建长方体要多一次拖动并单击鼠标）。可用切角长方体来模拟沙发、茶几、鼠标垫等，如图 4-129 所示。

图4-129

使用【切角长方体】工具创建一个切角长方体，如图 4-130 所示。其参数如图 4-131 所示。

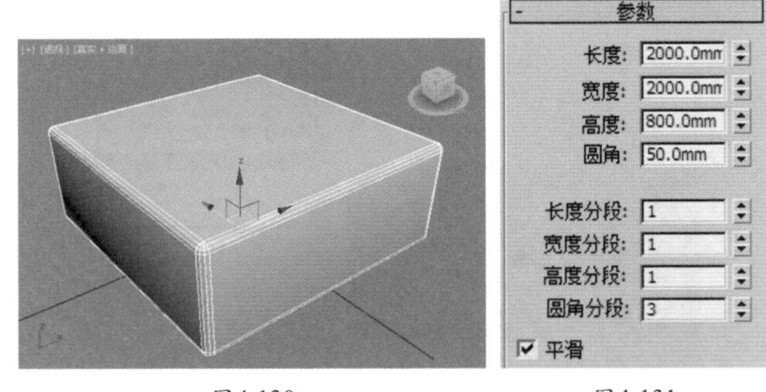

图4-130　　图4-131

- 圆角：用来设置模型边缘处产生圆角的程度。当设置圆角为 0 时，模型边缘无圆角，其实就是长方体效果。两种效果如图 4-132 所示。

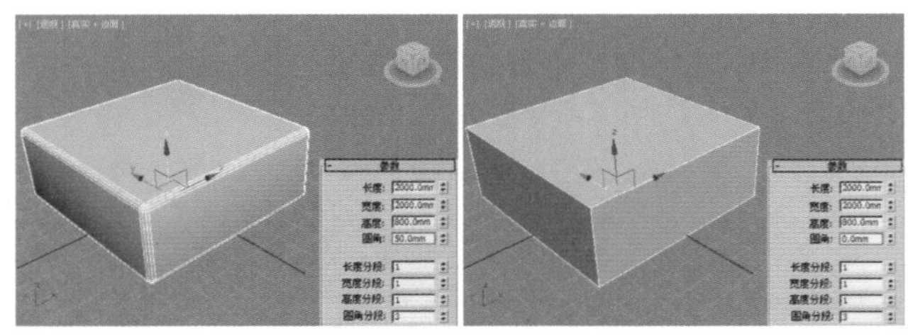

图4-132

重点 实例：使用切角长方体制作沙发

扫一扫，看视频

文件路径：Chapter 04 内置几何体建模→实例：使用切角长方体制作沙发

本例主要由切角长方体制作沙发，切角长方体与长方体的区别在于可以设置【圆角】数值。本例的重点在于复制及对齐模型的方法。最终渲染效果如图 4-133 所示。

图4-133

步骤 01 在【创建】面板中，执行（创建）|（几何体）| 扩展基本体 | 切角长方体 命令。在顶视图中创建一个切角长方体，如图4-134所示，并设置【长度】为700mm，【宽度】为800mm，【高度】为200mm，【圆角】为15mm，【圆角分段】为2，如图4-135所示。

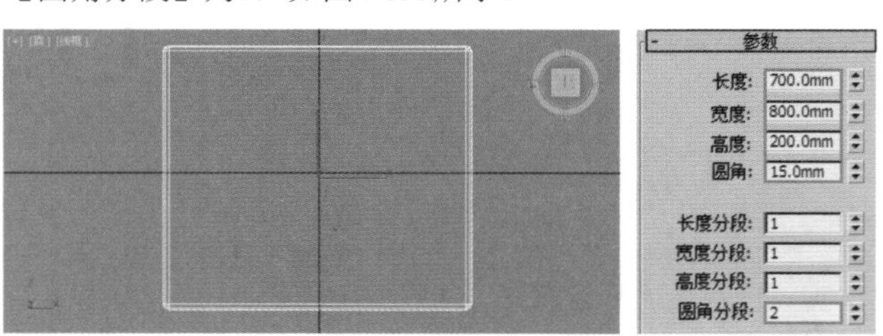

图4-134　　图4-135

步骤 02 在前视图选中模型，并按住Shift键沿着X轴向左拖拽复制一份，如图4-136所示。

步骤 03 单击【捕捉开关】按钮，在【捕捉开关】按钮上右击，并在弹出的窗口中勾选【边/线段】，如图4-137所示。

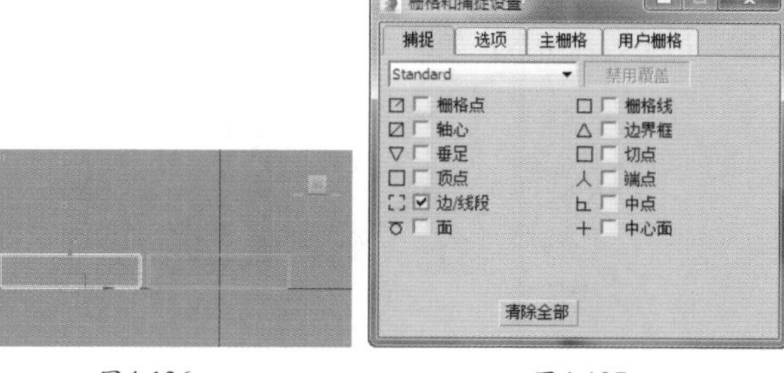

图4-136　　图4-137

步骤 04 在前视图中选择刚复制模型的一条边，并将其向另一个模型附近移动，即可将两个模型对齐在一起，如图4-138所示。

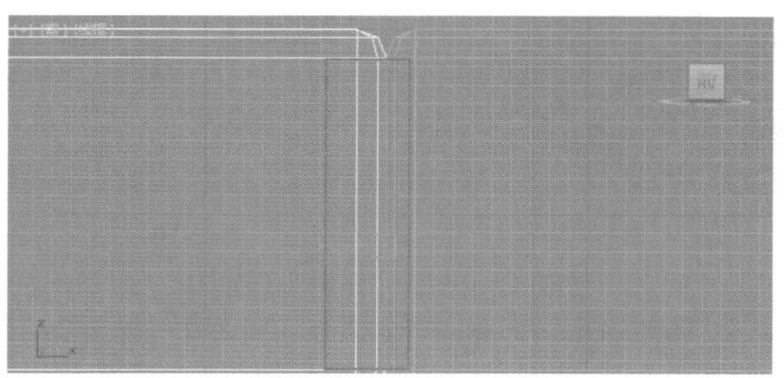

图4-138

步骤 05 在前视图选中模型，按住Shift键沿着X轴向左拖拽复制，如图4-139所示，并设置【长度】为1400mm，如图4-140所示。

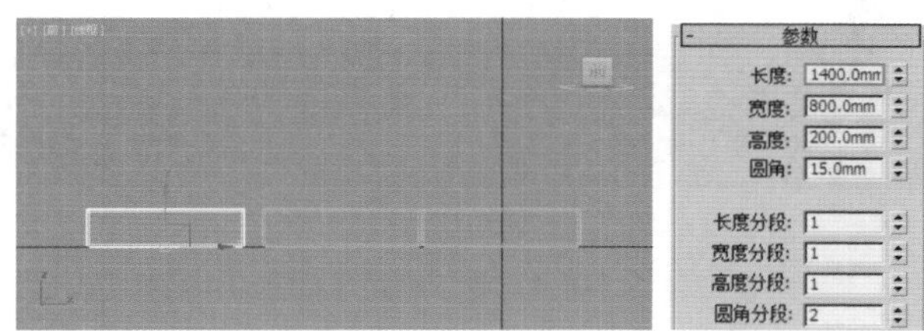

图4-139　　图4-140

步骤 06 继续将两个模型对齐在一起，如图4-141所示。

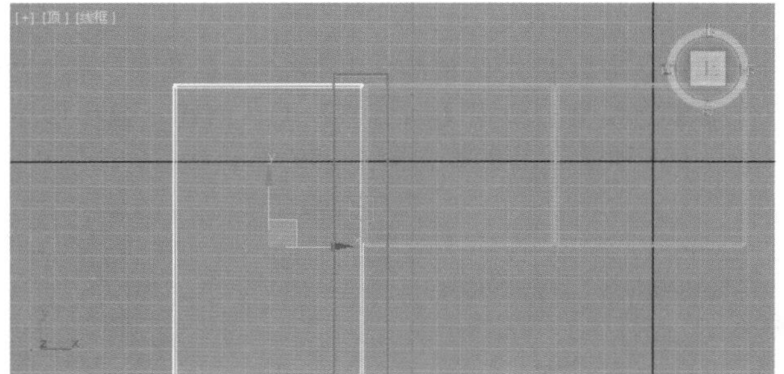

图4-141

步骤 07 继续创建一个【切角长方体】，如图4-142所示，并设置【长度】为700mm，【宽度】为200mm，【高度】为600mm，【圆角】为15mm，【圆角分段】为2，如图4-143所示。

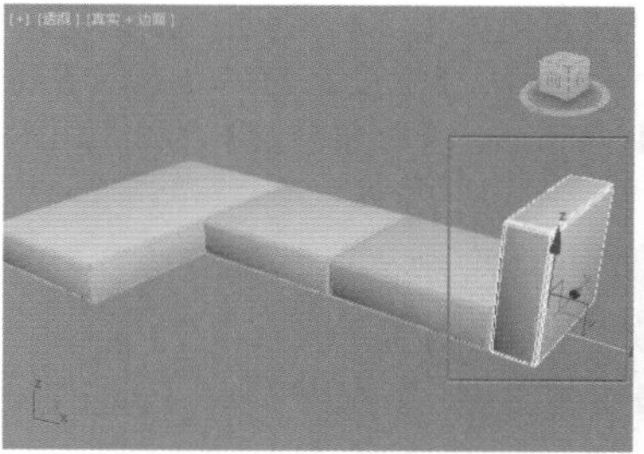

图4-142　　图4-143

步骤 08 选择刚才的切角长方体，按Shift键向左侧进行复制，如图4-144所示。

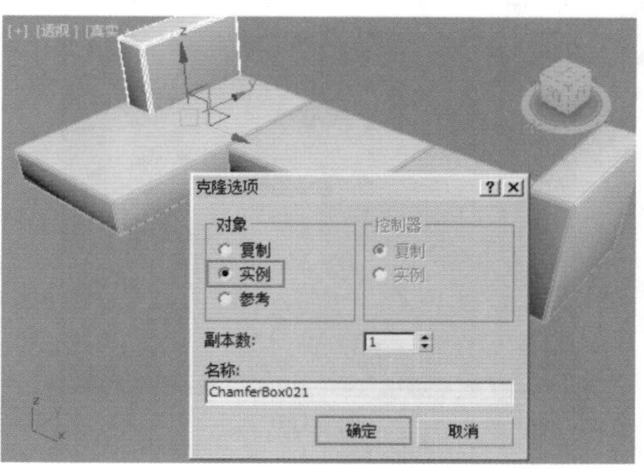

图4-144

步骤 09 继续创建一个【切角长方体】，如图4-145所示，并设置【长度】为200mm，【宽度】为2600mm，【高度】为600mm，【圆角】为15mm，【圆角分段】为2，如图4-146所示。

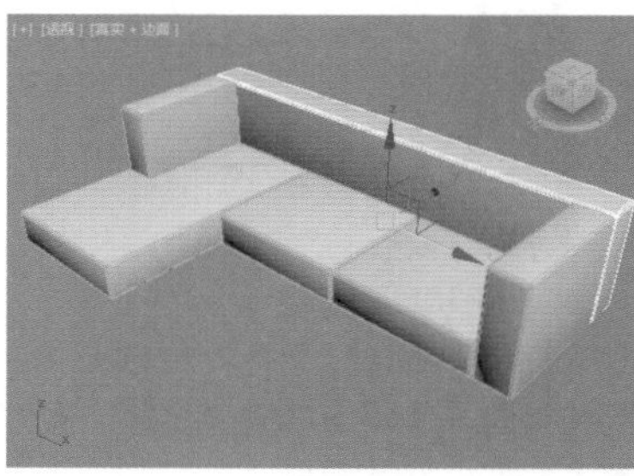

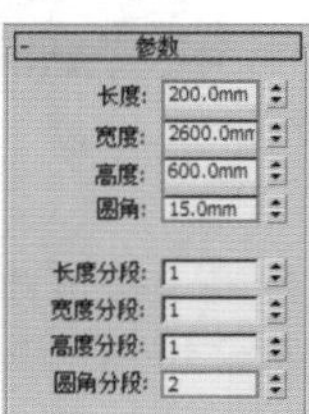

图4-145　　图4-146

步骤 10 继续在上方创建沙发垫，如图4-147所示。

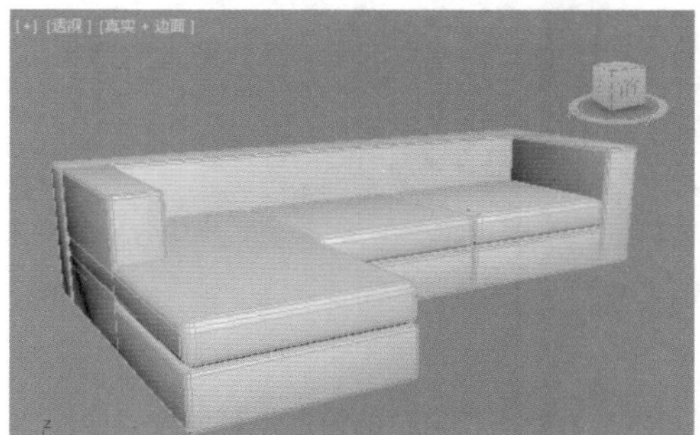

图4-147

步骤 11 在顶视图中创建出如图4-148所示的8个切角长方体。设置【长度】为50mm，【宽度】为130mm，【高度】为150mm，【圆角】为5mm，【圆角分段】为2，如图4-149所示。

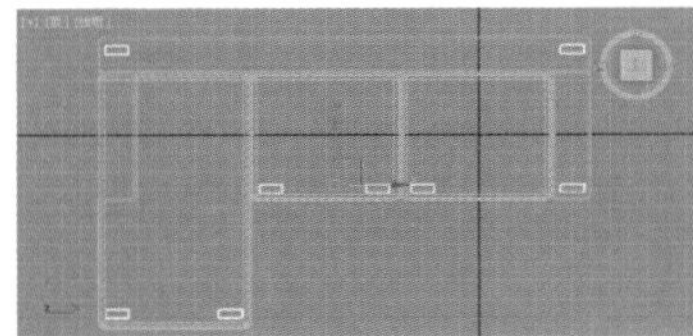

图4-148　图4-149

步骤 12 此时模型已经创建完成，效果如图4-150所示。

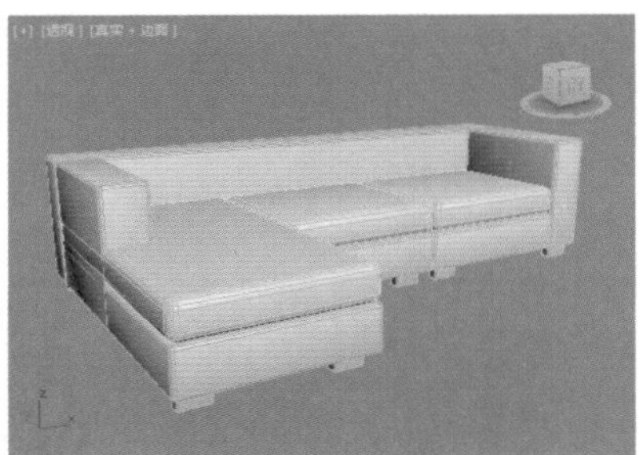

图4-150

2.切角圆柱体

切角圆柱体是指模型边缘处具有圆角效果的圆柱体。可用切角圆柱体来模拟音响、易拉罐、茶几等，如图4-151所示。

音响

易拉罐
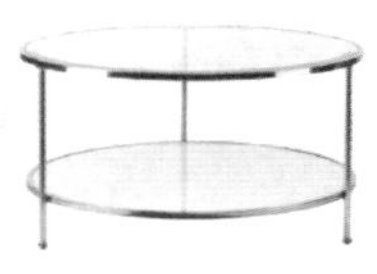
茶几

图4-151

使用【切角圆柱体】工具创建一个切角圆柱体，如图 4-152 所示。其参数如图 4-153 所示。

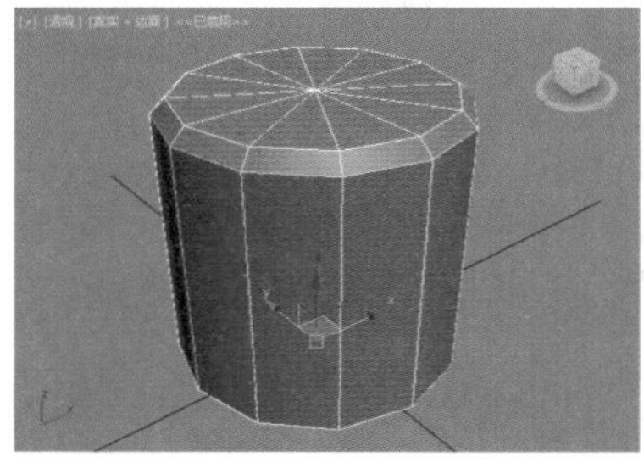
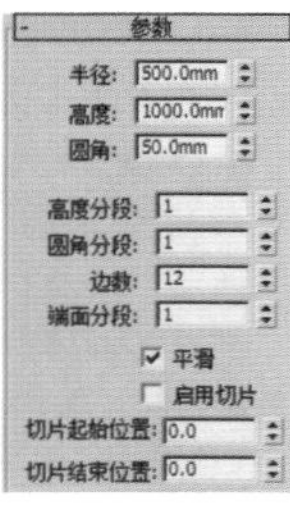

图4-152　图4-153

3.异面体

异面体是一种比较奇异的模型，可以模拟四面体、八面体、十二面体、二十面体、星形等效果。可用异面体来模拟珠宝、吊坠、珠帘等，如图 4-154 所示。

珠宝

吊坠
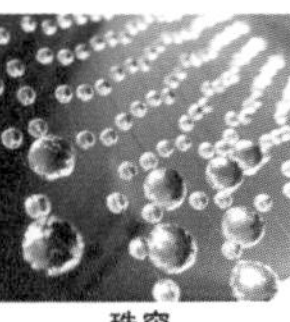
珠帘

图4-154

使用【异面体】工具创建一个异面体，如图4-155所示。其参数如图 4-156 所示。

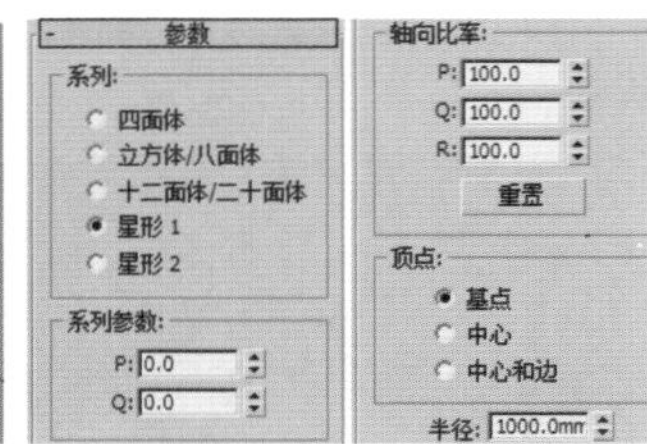

图4-155　图4-156

- 系列：包括 5 种类型，分别为四面体、立方体 / 八面体、十二面条 / 二十面体、星形 1、星形 2，如图 4-157 所示为立方体 / 八面体和星形 2 效果。

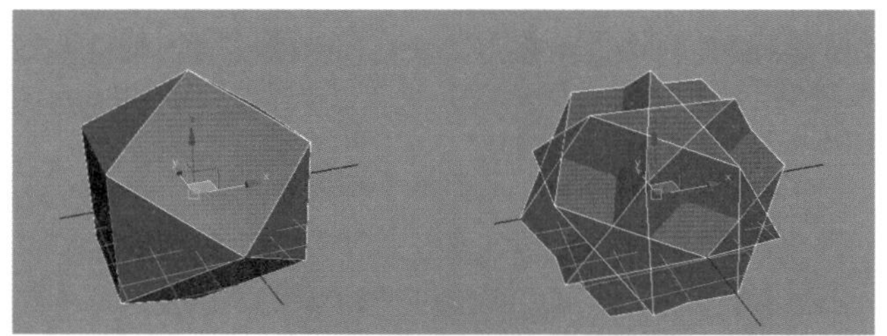

图4-157

- 系列参数：为多面体顶点和面之间提供两种方式变换的关联参数。
- 轴向比率：控制多面体一个面反射的轴。

4.环形结

环形结可以制作模型随机缠绕的复杂效果，常用来制作抽象的模型。使用【环形节】工具创建一个环形结，如图 4-158 所示。其参数如图 4-159 所示。

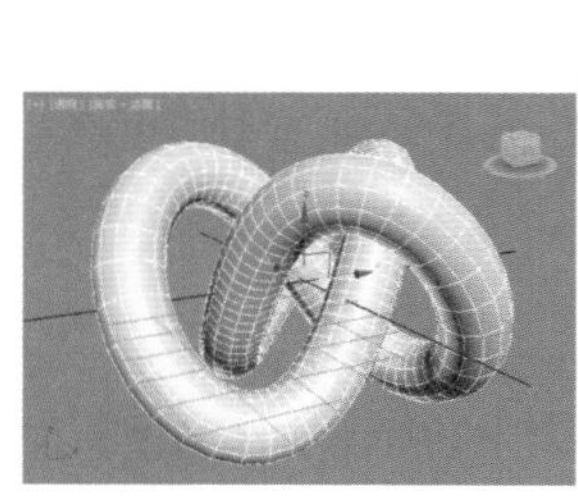
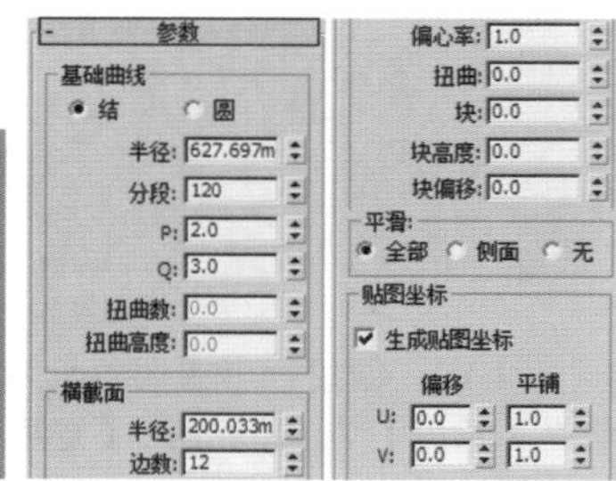

图4-158　图4-159

实例：使用环形结制作儿童玩具

文件路径：Chapter 04 内置几何体建模→实例：使用环形结制作儿童玩具

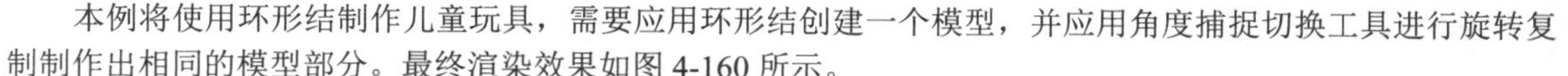

本例将使用环形结制作儿童玩具，需要应用环形结创建一个模型，并应用角度捕捉切换工具进行旋转复制制作出相同的模型部分。最终渲染效果如图 4-160 所示。

图4-160

步骤 01 在【创建】面板中，执行（创建）|（几何体）| 扩展基本体 | 环形结 命令。在场景中创建一个环形结模型，如图4-161所示。设置基础曲线【半径】为30mm，横截面【半径2】为3.6mm，如图4-162所示。

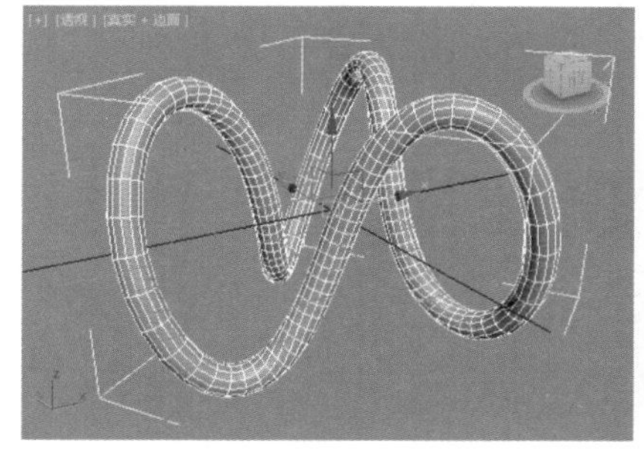

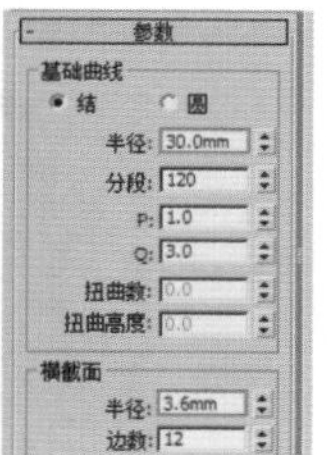

图4-161　图4-162

步骤 02 单击主工具栏中的（角度捕捉切换）工具，在顶视图中选择环形结，并按住Shift键沿Z轴旋转复制，在Z轴出现-30度时松开鼠标左键，设置【对象】为【实例】，【副本数】为2，如图4-163所示。

步骤 03 此时模型已制作完成，效果如图4-164所示。

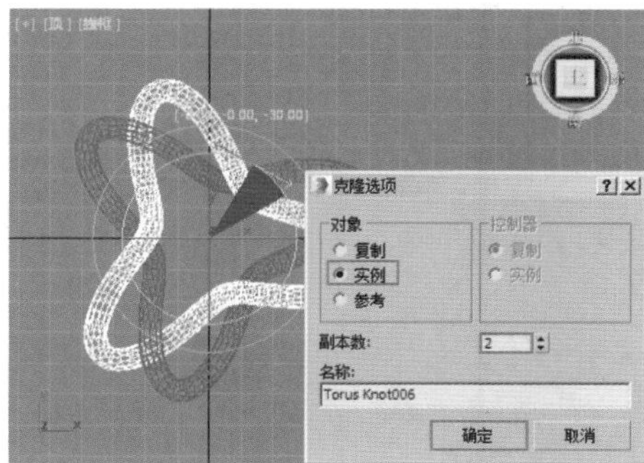

图4-163

图4-164

5.油罐

油罐可以创建带有凸面封口的圆柱体。创建一个油罐，如图 4-165 所示。其参数如图 4-166 所示。

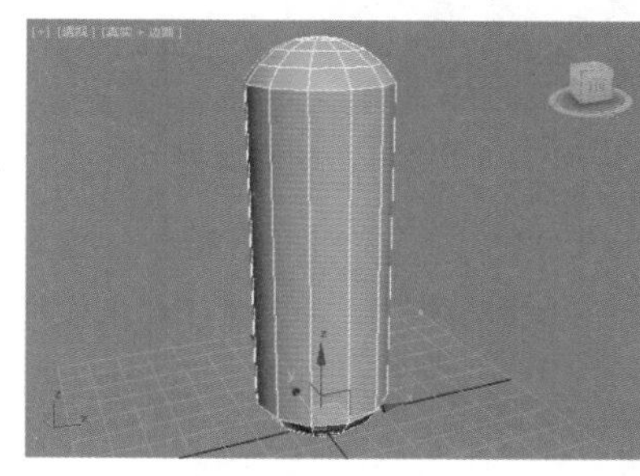

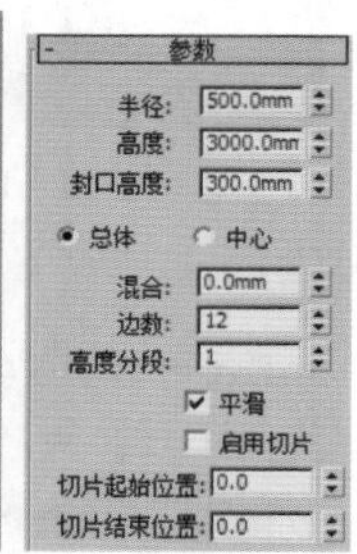

图4-165　图4-166

6.胶囊

胶囊可以创建带有半球状封口的圆柱体，可用胶囊来模拟胶囊药物等。使用【胶囊】工具创建一个胶囊，如图 4-167 所示。其参数如图 4-168 所示。

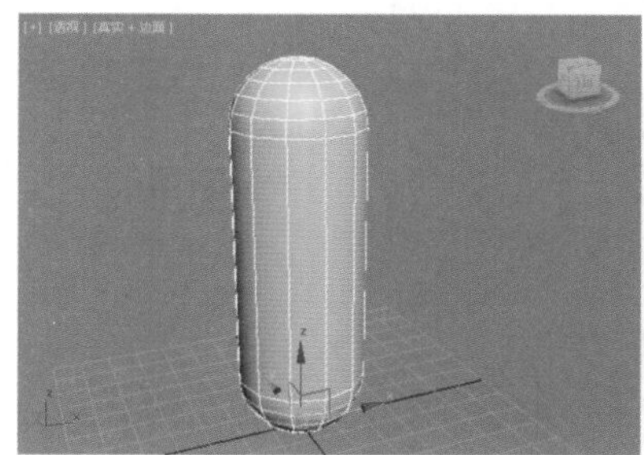

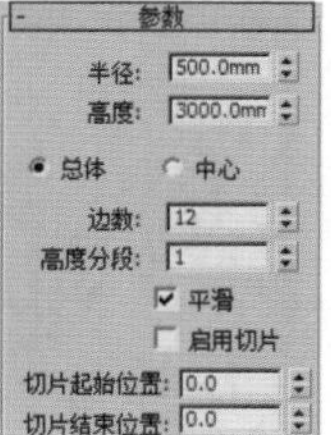

图4-167　图4-168

7.纺锤

纺锤可以创建带有圆锥形封口的圆柱体。创建一个纺锤，如图 4-169 所示。其参数如图 4-170 所示。

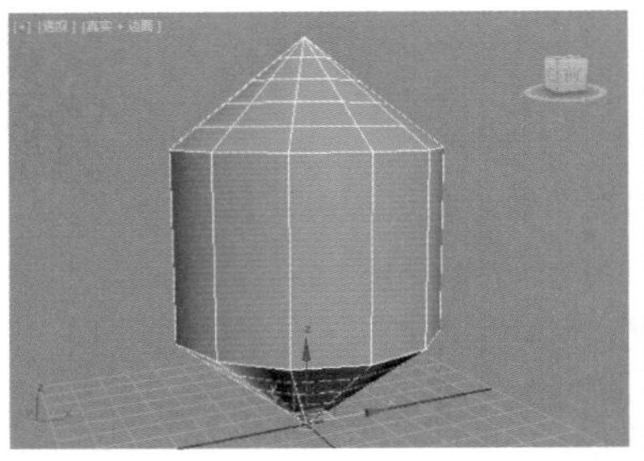

图4-169　　图4-170

8.球棱柱

球棱柱可以创建类似圆柱体的效果（可设置模型边数、可设置是否有圆角效果）。使用【球棱柱】工具创建一个球棱柱，如图 4-171 所示。其参数如图 4-172 所示。

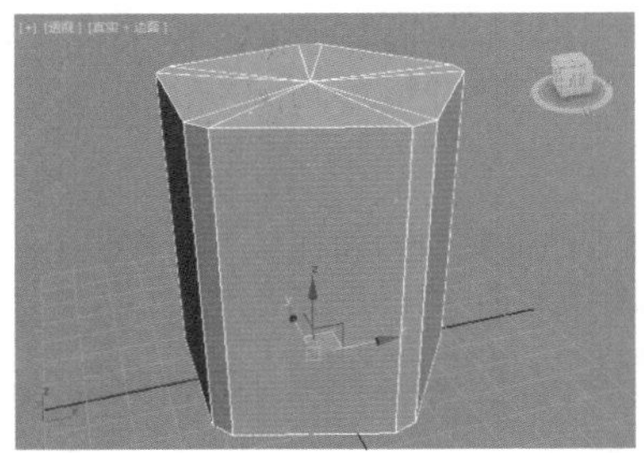

图4-171　　图4-172

9.L-Ext

L-Ext 可以创建具有 L 形的模型。可用 L-Ext 来模拟墙体、书架、迷宫等，如图 4-173 所示。

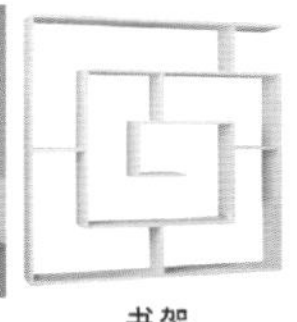

图4-173

使用 L-Ext 工具创建一个 L-Ext，如图 4-174 所示。其参数如图 4-175 所示。

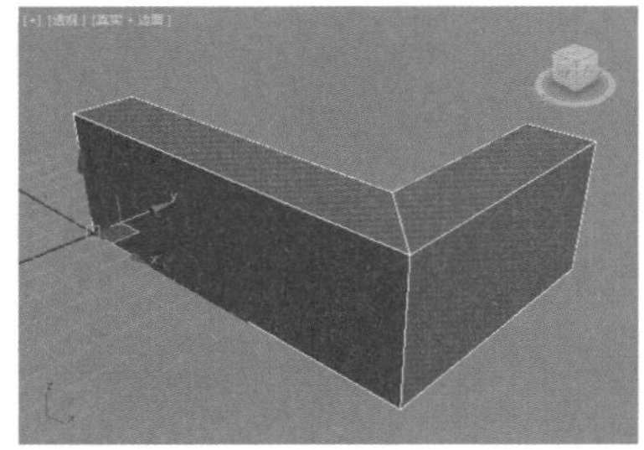

图4-174　　图4-175

10.C-Ext

C-Ext 可以创建具有 C 形的模型。可用 C-Ext 来模拟墙体。使用 C-Ext 工具创建一个 C-Ext，如图 4-176 所示。其参数如图 4-177 所示。

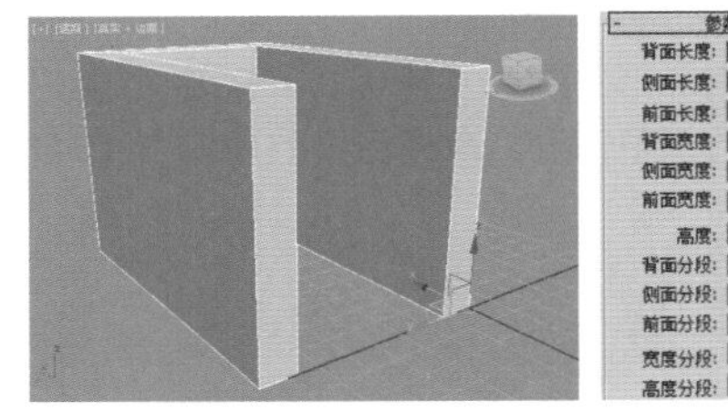

图4-176　　图4-177

11.环形波

环形波可以制作具有环形波浪状的模型，不太常用。使用【环形波】工具创建一个环形波，如图 4-178 所示。其参数如图 4-179 所示。

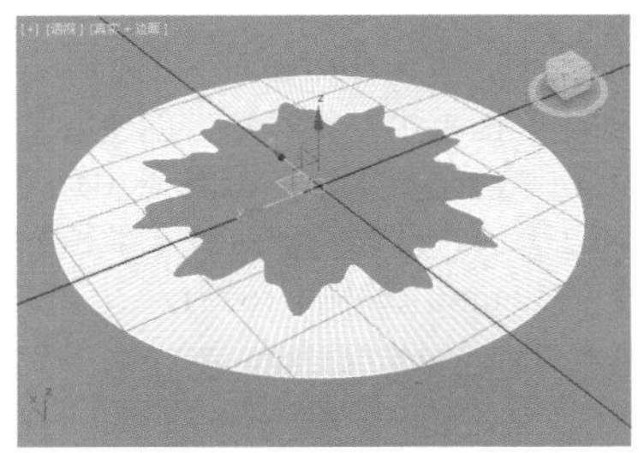

图4-178

图4-179

12.软管

软管可以创建具有管状结构的模型，可用软管来模拟饮料吸管。使用【软管】工具创建一个软管，如图 4-180 所示。其参数如图 4-181 所示。

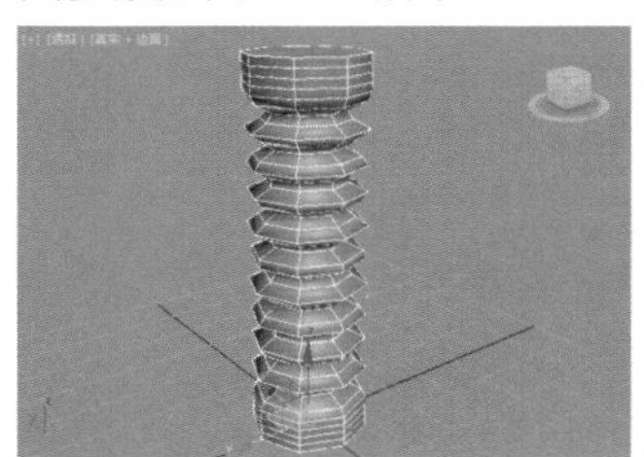

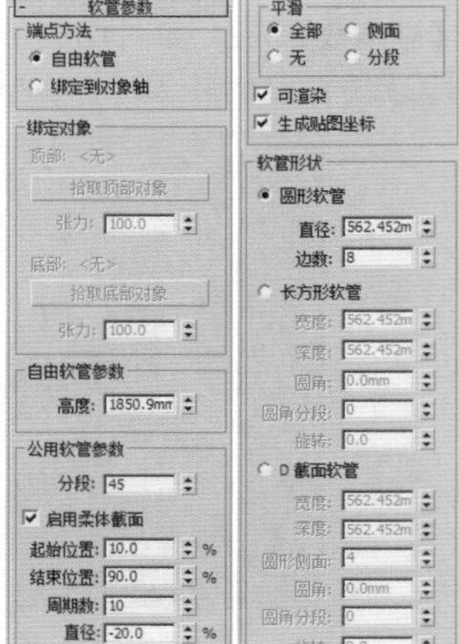

图4-180　　图4-181

13.棱柱

棱柱可以创建带有独立分段面的三面棱柱。使用【棱柱】工具创建一个棱柱，如图 4-182 所示。其参数如图 4-183 所示。

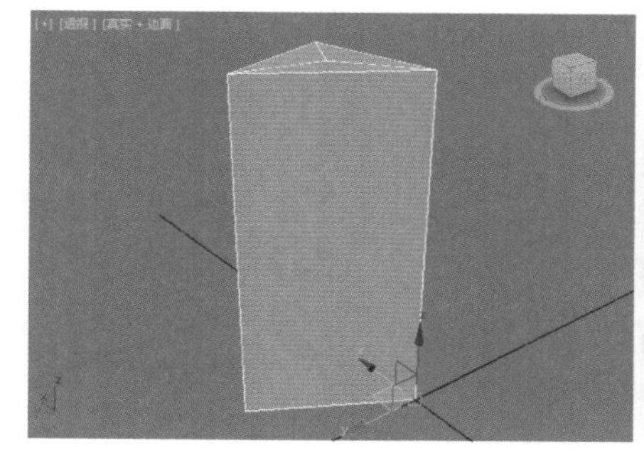

图4-182

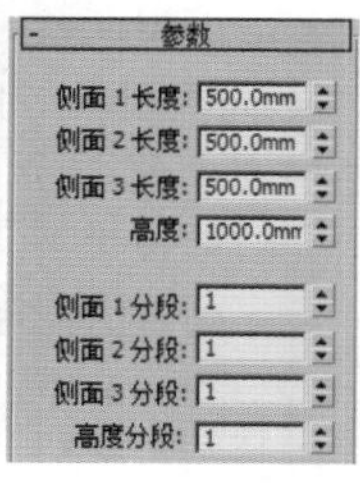

图4-183

4.4 门、窗、楼梯

3ds Max 中内置了很多室内设计常用的模型，如门、窗、楼梯。可以使用这些工具快速创建相应的模型，例如推拉门、平开窗、旋转楼梯等。

4.4.1 门

3ds Max 中内置了 3 种类型的门，分别为枢轴门、推拉门、折叠门，如图 4-184 所示。

- 枢轴门：可以创建最普通样式的门。
- 推拉门：可以创建推拉样式的门。
- 折叠门：可以创建折叠样式的门。

图4-184

如图 4-185 所示为 3 种门效果。3 种门的参数基本一样，以枢轴门为例了解一下其参数，如图 4-186 所示。

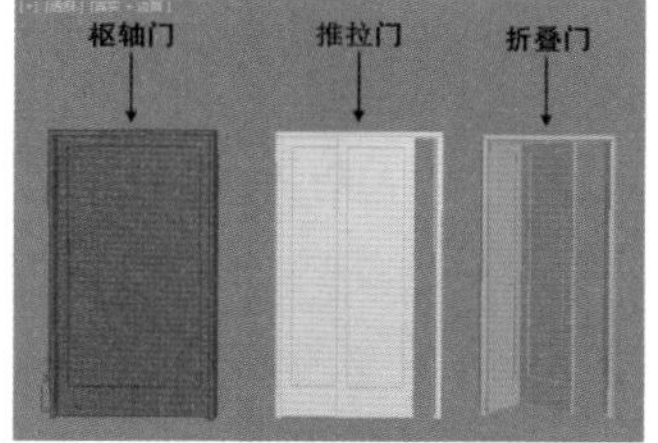

图4-185

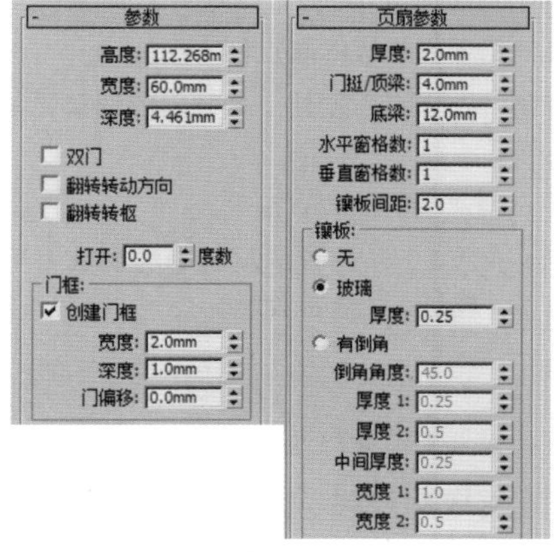

图4-186

- 高度 / 宽度 / 深度：设置门的总体高度 / 宽度 / 深度。
- 打开：设置不同的数值会将门开启不同的角度。
- 创建门框：控制是否创建门框。
- 厚度：设置门的厚度。
- 门挺 / 顶梁：设置顶部和两侧的镶板框的宽度。
- 底梁：设置门脚处的镶板框的宽度。
- 水平 / 垂直窗格数：设置镶板沿水平 / 垂直轴划分的数量。
- 镶板间距：设置镶板之间的间隔宽度。
- 镶板：指定在门中创建镶板的方式。
  - 无：不创建镶板。
  - 玻璃：创建不带倒角的玻璃镶板。
  - 厚度：设置玻璃镶板的厚度。
  - 有倒角：勾选该选项可以创建具有倒角的镶板。
  - 倒角角度：指定门的外部平面和镶板平面之间的倒角角度。
  - 厚度 1/ 厚度 2：设置镶板的外部 / 倒角从起始处厚度。
  - 中间厚度：设置镶板内的面部分的厚度。
  - 宽度 1/ 宽度 2：设置倒角从起始处 / 镶板内的面部分的宽度。

4.4.2 窗

3ds Max 中内置了 6 种类型的窗，分别为遮篷式窗、平开窗、固定窗、旋开窗、伸出式窗、推拉窗，如图 4-187 所示。

- 遮篷式窗：可以创建具有一个或多个可在顶部转枢的窗框。
- 平开窗：可以创建具有一个或两个可在侧面转枢的窗框。
- 固定窗：可以创建关闭的窗，因此没有“打开窗”参数。

图4-187

- 旋开窗：可以创建只具有一个窗框，中间通过窗框面用铰链接合起来。其可以垂直或水平旋转打开。
- 伸出式窗：可以创建3个窗框。顶部窗框不能移动、底部的两个窗框可像遮篷式窗那样旋转打开。
- 推拉窗：可以创建两个窗框。一个固定的窗框，一个可移动的窗框。

如图4-188所示为6种窗效果。6种窗的参数类似，以固定窗为例了解一下其参数，如图4-189所示。

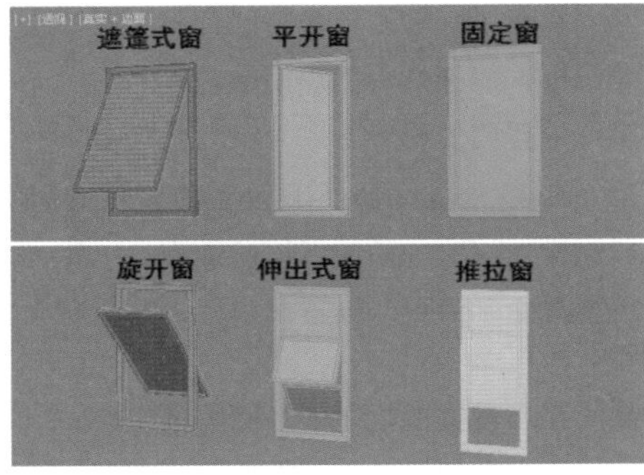

图4-188

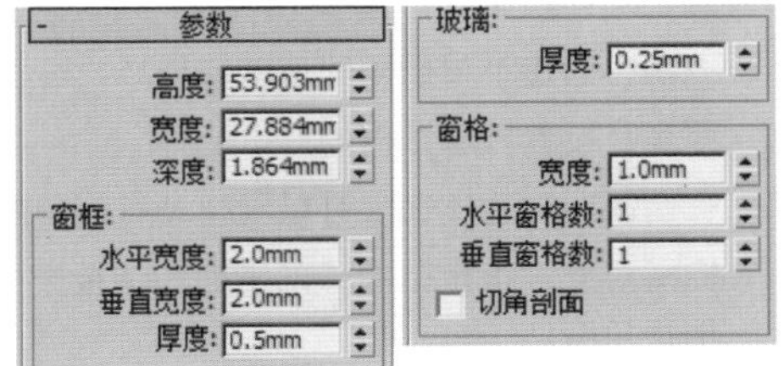

图4-189

- 高度/宽度/深度：设置窗户的总体高度/宽度/深度。
- 窗框：控制窗框的宽度和深度。
- 玻璃：用来指定玻璃的厚度等参数。
- 窗格：该选项控制窗格的基本参数，如窗格宽度、窗格个数。

4.4.3 楼梯

3ds Max中内置了4种类型的楼梯，分别为直线楼梯、L型楼梯、U型楼梯、螺旋楼梯，如图4-190所示。

- 直线楼梯：可以创建直线型的的楼梯。
- L型楼梯：可以创建L型转折效果的楼梯。
- U型楼梯：可以创建一个两段平行的楼梯，并且它们之间有一个平台。

图4-190

- 螺旋楼梯：可以创建螺旋状的旋转楼梯效果。

如图4-191所示为4种楼梯效果。4种楼梯的参数类似，以直线楼梯为例了解一下其参数，如图4-192所示。

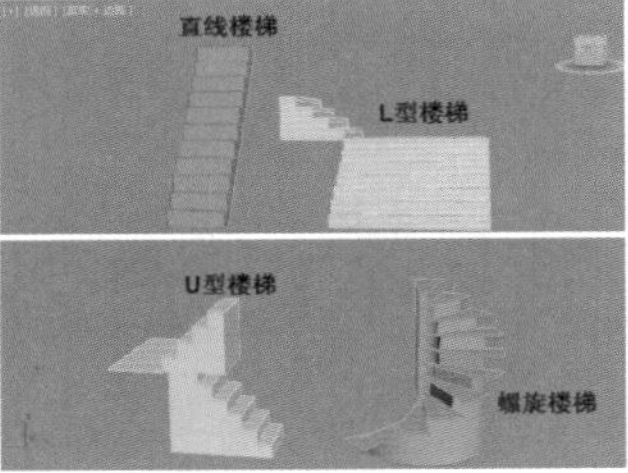

图4-191

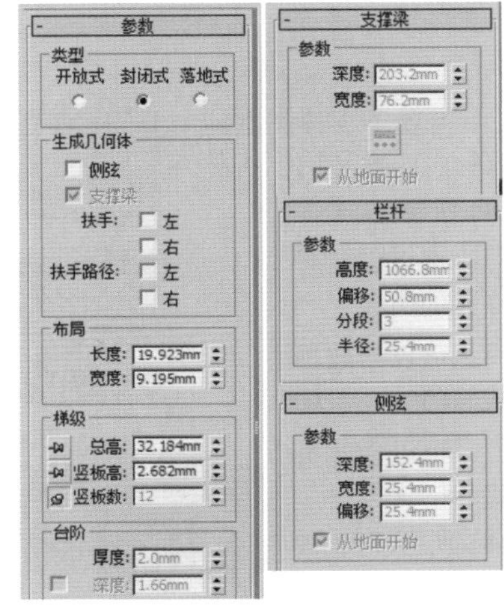

图4-192

1.参数

- 类型：设置楼梯的类型，包括开放式、封闭式、落地式。
- 侧弦：沿楼梯梯级的端点创建侧弦。
- 支撑梁：在梯级下创建一个倾斜的切口梁，该梁支撑着台阶。
- 扶手：创建左扶手和右扶手。
- 布局/梯级/台阶：该选项组中的参数用于设置楼梯的布局/梯级/台阶参数。

2.支撑梁

- 深度：设置支撑梁离地面的深度。
- 宽度：设置支撑梁的宽度。
- 【支撑梁间距】按钮：设置支撑梁的间距。

3.栏杆

- 高度：设置栏杆离台阶的高度。
- 偏移：设置栏杆离台阶端点的偏移量。
- 分段：设置栏杆中的分段数量。值越高，栏杆越平滑。
- 半径：设置栏杆的半径。

4.侧弦

- 深度：设置侧弦离地板的深度。
- 宽度：设置侧弦的宽度。
- 偏移：设置地板与侧弦的垂直距离。

4.5 AEC 扩展

AEC 扩展是专门用于建筑、工程、构造等相关设计领域的模型，包括 3 种类型，分别为植物、栏杆、墙，如图 4-193 所示。

图4-193

4.5.1 植物

3ds Max 内置了 12 种植物，包括花草树木等效果，但是这 12 种植物模型不是非常逼真，假如在制作作品时需要更真实的植物效果，可以从网络上下载更精致的植物使用，如图 4-194 所示为创建一植物，其参数如图 4-195 所示。

图4-194

图4-195

- 高度：设置植物的生长高度。
- 密度：设置植物叶子和花朵的数量。值为 1 表示植物具有完整的叶子和花朵；值为 0.5 表示植物具有 1/2 的叶子和花朵；值为 0 表示植物没有叶子和花朵，如图 4-196 所示。

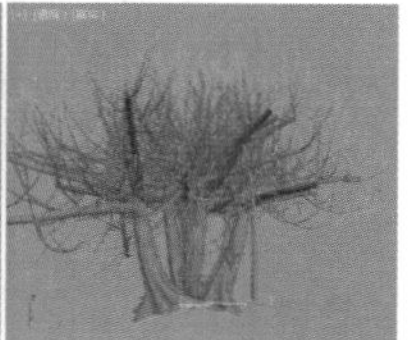

图4-196

- 修剪：设置植物的修剪效果。数值越大修剪程度越大，如图 4-197 所示为将修剪值分别设置为 0，0.5，和 1 时的效果。

图4-197

- 种子：随机设置一个数值会出现一个随机的植物样式。
- 显示：控制是否需要显示树叶、果实、花、树干、树枝和根。
- 视图树冠模式：该选项组用于设置树冠在视口中的显示模式。
  - * 未选择对象时：当没有选择任何对象时以树冠模式显示植物。
  - * 始终：始终以树冠模式显示植物。
  - * 从不：从不以树冠模式显示植物，但是会显示植物的所有特性，如图 4-198 所示。

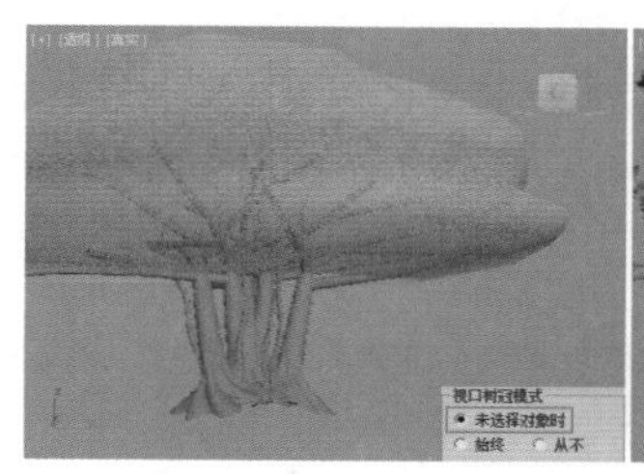
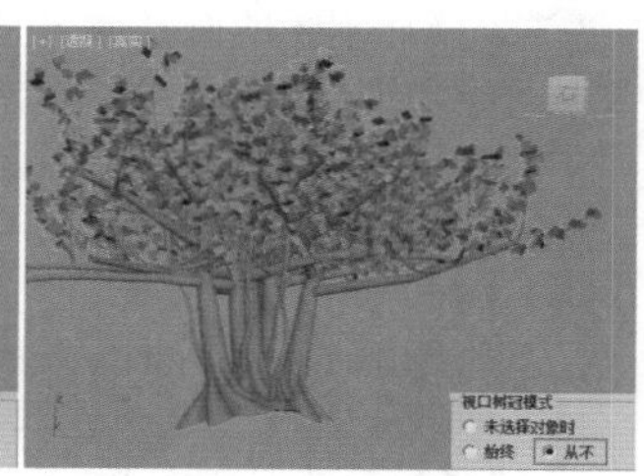

图4-198

- 详细程度等级：该选项组中的参数用于设置植物的渲染细腻程度。
  - * 低：用来渲染植物的树冠。
  - * 中：用来渲染减少了面的植物。
  - * 高：用来渲染植物的所有面。

实例：创建室外植物

扫一扫，看视频

文件路径：Chapter 04 内置几何体建模→实例：创建室外植物

本案例将使用AEC扩展下的植物工具创建几种植物效果，并应用阵列工具复制模型。最终渲染效果如图4-199所示。

图4-199

步骤 01 使用【圆柱体】工具创建一个圆柱体，如图4-200所示。设置【半径】为2000mm，【高度】为155mm，【边数】为40，如图4-201所示。

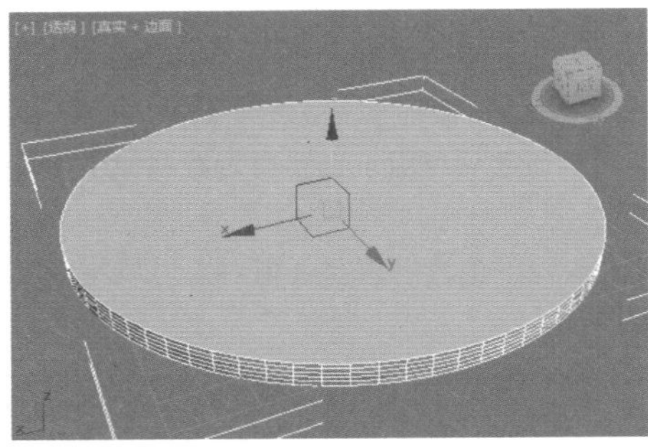
图4-200　图4-201

步骤 02 选择刚才的圆柱体，按住Shift键并沿着Z轴先向上复制一份，如图4-202所示。然后进行等比缩放，如图4-203所示。

步骤 03 继续制作出顶部的第3个和第4个圆柱体，如图4-204所示。

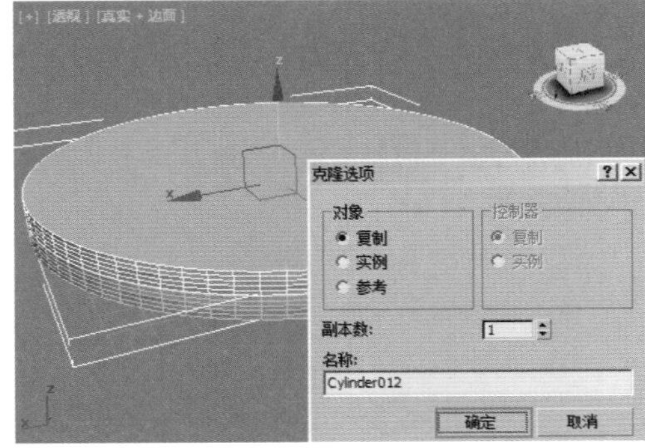

图4-202

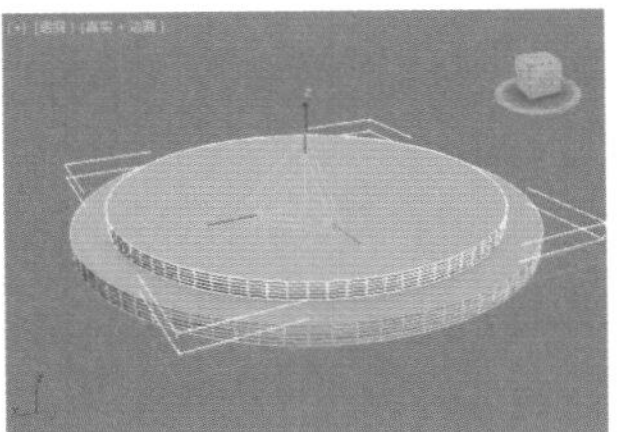
图4-203

图4-204

步骤 04 在【创建】面板中，执行（创建）|（几何体）| AEC 扩展 | 植物 命令，然后选择【芳香蒜】，如图4-205所示。在场景中单击创建一颗芳香蒜，如图4-206所示。

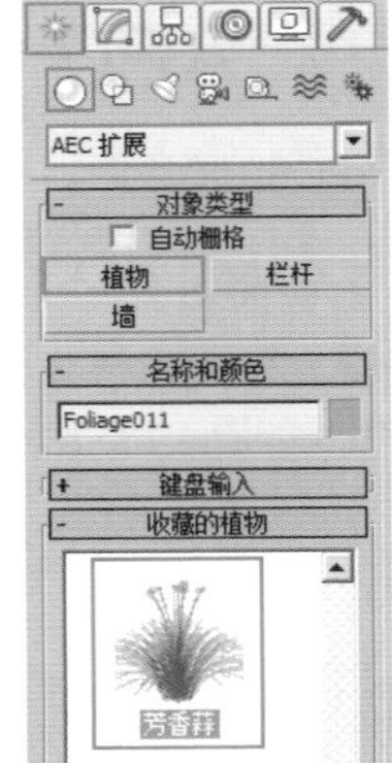

图4-205

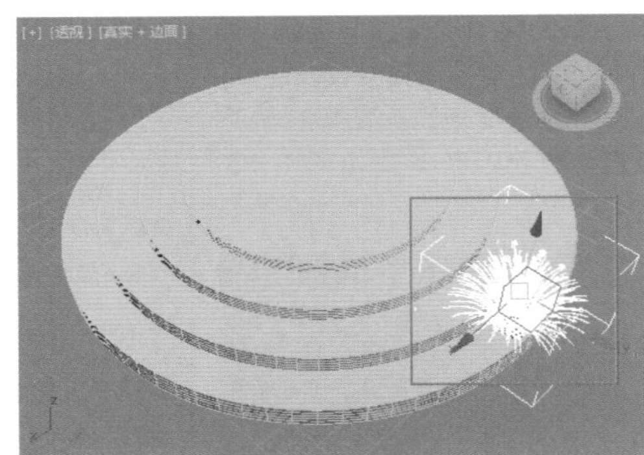
图4-206

步骤 05 进入【层次】面板，单击 仅影响轴 按钮，如图4-207所示。并将顶视图中的【轴】移动到中心，效果如图4-208所示。最后再次单击 仅影响轴 按钮将其取消。

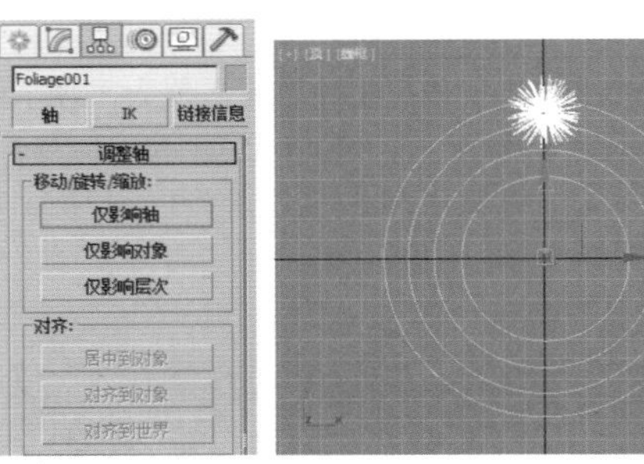

图4-207　图4-208

步骤 06 在菜单栏中执行【工具】/【阵列】命令，如图4-209

所示。并在弹出的对话框中单击【旋转】后面的 > 按钮，设置Z为360度，设置1D数量为11，如图4-210所示。

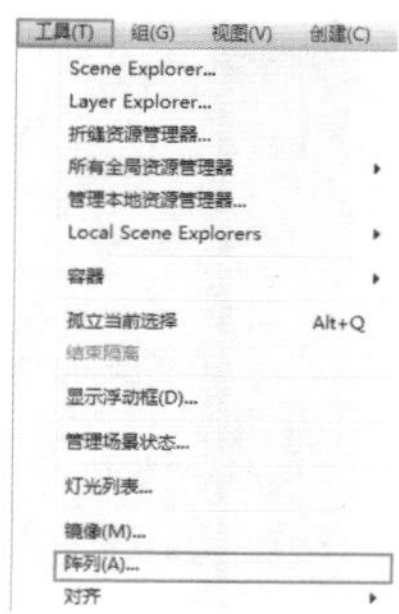

图4-209

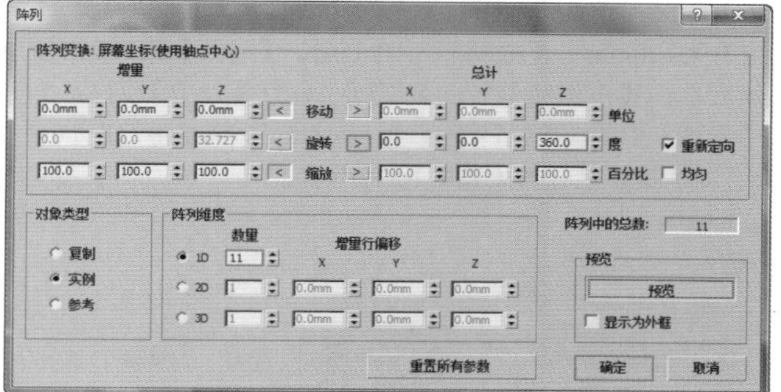

图4-210

步骤 07 此时模型效果如图4-211所示。

步骤 08 用同样的方法继续创建很多植物，最终模型如图4-212所示。

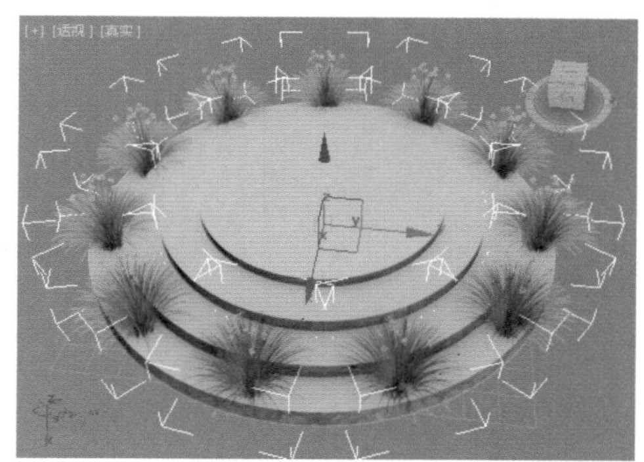

图4-211

图4-212

4.5.2 栏杆

栏杆工具由栏杆、立柱和栅栏3部分组成。通过栏杆可以制作直线护栏，也可以制作沿路径产生的护栏效果。参数面板如图4-213所示。

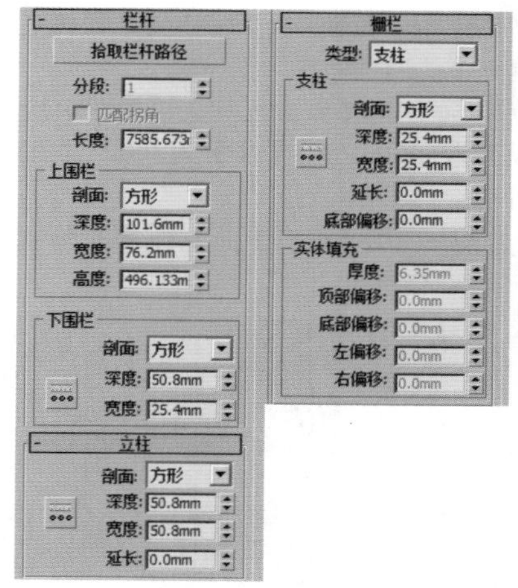

图4-213

1.栏杆

- 拾取栏杆路径：单击该按钮可拾取样条线来作为栏杆的路径。
- 分段：设置栏杆对象的分段数。
- 匹配拐角：在栏杆中放置拐角，以匹配栏杆路径的拐角。
- 长度：设置栏杆的长度。
- 上围栏：用于设置栏杆上围栏部分的相关参数。
- 下围栏：用于设置栏杆下围栏部分的相关参数。
- 【下围栏间距】按钮：设置下围栏之间的间距。
- 生成贴图坐标：为栏杆对象分配贴图坐标。
- 真实世界贴图大小：控制应用于对象的纹理贴图材质所使用的缩放方法。

2.立柱

- 剖面：指定立柱的横截面形状。
- 深度：设置立柱的深度。
- 宽度：设置立柱的宽度。
- 延长：设置立柱在上栏杆底部的延长量。
- 【立柱间距】按钮：设置立柱的间距。

3.栅栏

- 类型：指定立柱之间的栅栏类型，有【无】【支柱】和【实体填充】3个选项。
- 支柱：该选项组中的参数只有当栅栏类型设置为【支柱】类型时才可用。
- 实体填充：该选项组中的参数只有当栅栏类型设置为【实体填充】类型时才可用。

轻松动手学：创建一个弧形栏杆

文件路径：Chapter 04 内置几何体建模→轻松动手学：创建一个弧形栏杆

步骤01 使用【弧】工具在顶视图中绘制一个弧，设置【半径】为5000mm，【从】为200，【到】为335，如图4-214所示。

步骤02 使用【栏杆】工具在透视图中拖动创建一个栏杆，如图4-215所示。

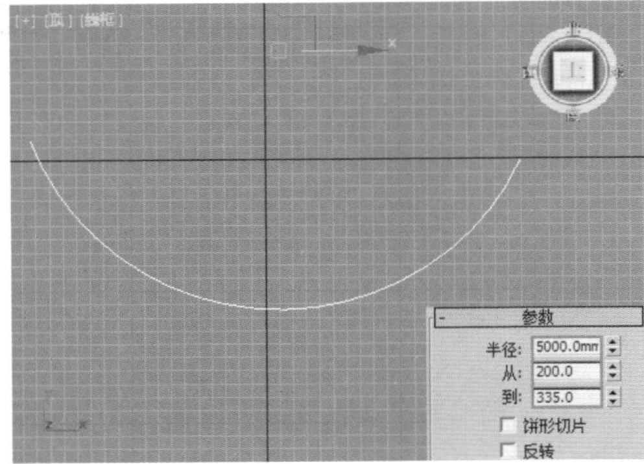

图4-214

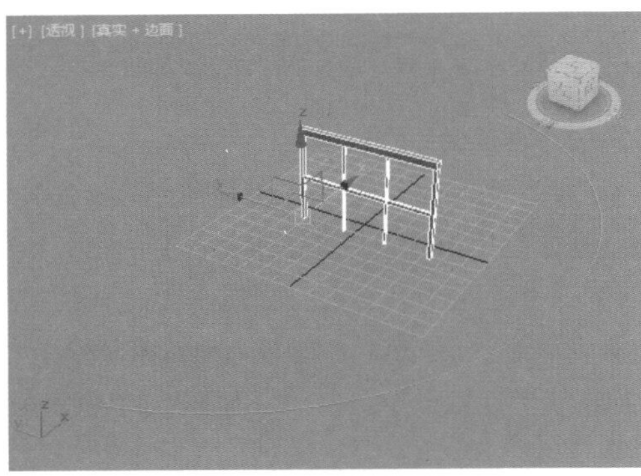

图4-215

步骤03 选择栏杆模型，单击【修改】按钮。单击【拾取栏杆路径】按钮，然后在视图中单击拾取刚才绘制的弧，如图4-216所示。

步骤04 此时效果如图4-217所示。

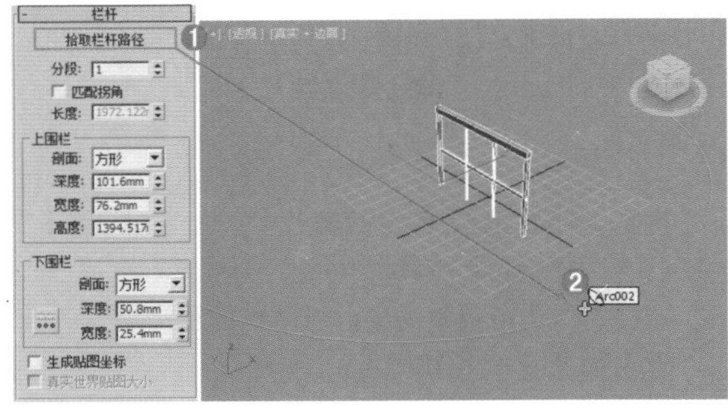

图4-216

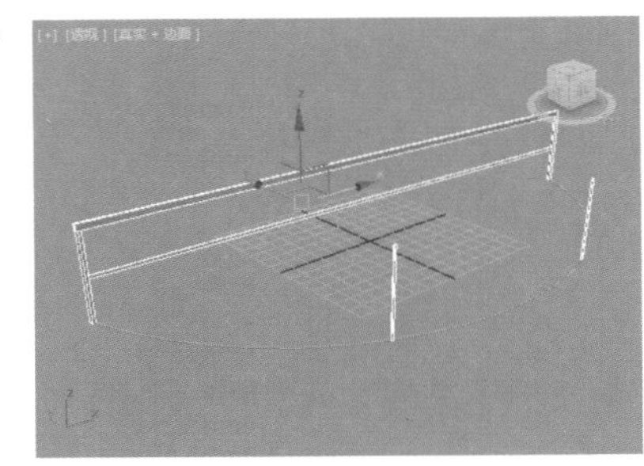

图4-217

步骤05 选择栏杆模型，继续单击【修改】按钮。设置【分段】为50，设置【上围栏】中的【剖面】为【圆形】，【深度】为100mm、【宽度】为100mm、【高度】为2000mm。然后单击【下围栏】中的▪按钮，设置【计数】为2。单击【立柱】中的▪按钮，设置【计数】为3，如图4-218所示。

步骤06 最终栏杆效果如图4-219所示。

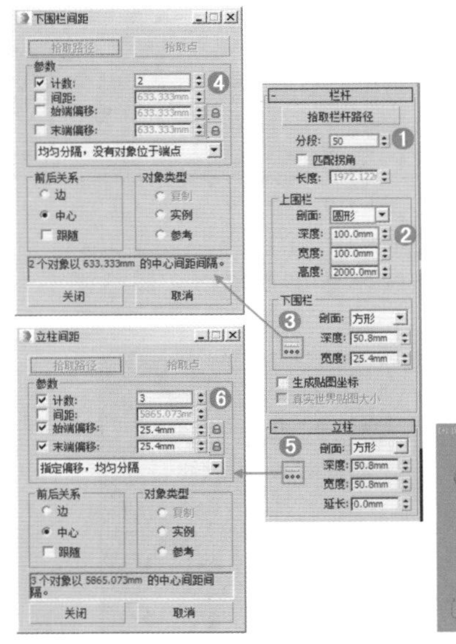

图4-218

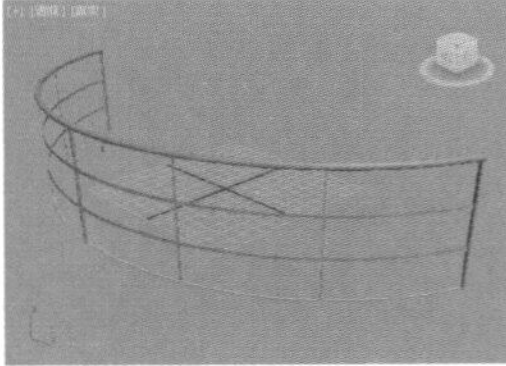

图4-219

4.5.3 墙

【墙】工具可以快速创建实体墙，比使用样条线制作更快捷，如图 4-220 所示。参数如图 4-221 所示。

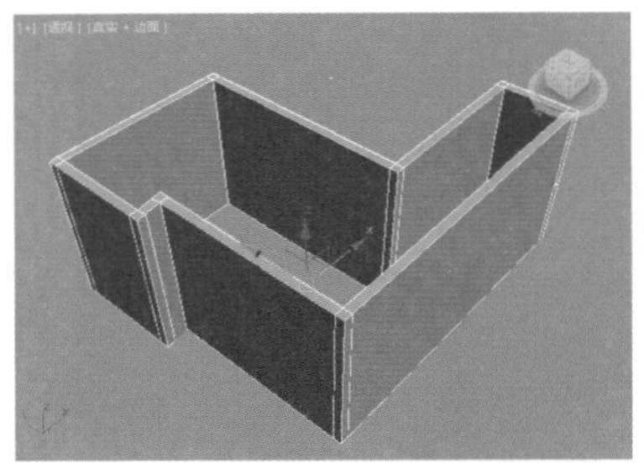

图4-220

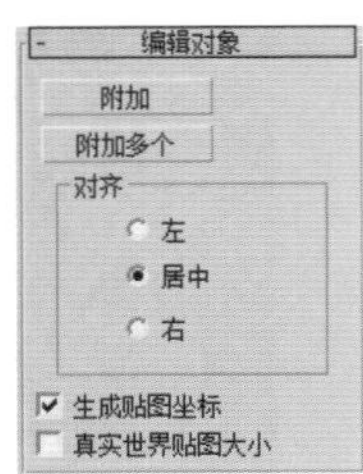

图4-221

样条线建模

本章将学习样条线建模。可以对二维图形进行创建、修改，还可以将其转化为可编辑样条线，从而对样条线的顶点、线段等进行编辑操作。学习样条线，不仅可以制作出二维的图形效果，还可以将其修改为三维模型。

本章学习要点：

- 熟练掌握样条线的创建方法；
- 熟练掌握样条线的编辑方法；
- 掌握扩展样条线的使用方法。

扫一扫，看视频

通过本章学习，我能做什么？

通过本章的学习，我们可以利用样条线建模轻松制作出一些线条形态的模型，这些模型通常用于组成家具中的某些部分，比如吊灯上的弧形灯柱、顶棚四周的石膏线、铁艺桌椅、欧式家具上的雕花等。

5.1 认识样条线建模

本节将讲解样条线建模的基本知识，包括样条线概念、样条线适用模型、样条线类型。

5.1.1 什么是样条线

样条线是二维图形，它是一条没有深度的连续线，可以是开的，也可以是封闭的。创建二维的样条线对于三维模型来说是很重要的，比如使用样条线中的【文本】工具创建一组文字，然后可以将它变为三维文字。

5.1.2 样条线建模适合制作什么模型

样条线可以制作很多线性形状的模型，如竹藤吊灯、墙体框架模型、水晶灯，还可制作三维文字，如图 5-1 和图 5-2 所示。

图5-1

图5-2

5.1.3 3 种图形类型

在命令面板中执行【创建】 | 【图形】命令，此时可以看到 3 种图形类型，分别为样条线、NURBS 曲线、扩展样条线，如图 5-3 所示。

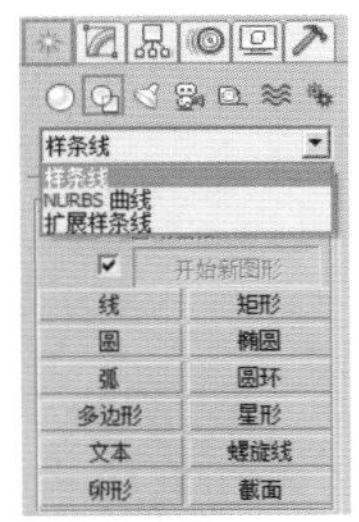

图5-3

- 样条线：样条线中包含了比较常用的二维图形，如线、矩形、圆。
- NURBS 曲线：由 NURBS 建模创建曲线对象。
- 扩展样条线：扩展样条线是对样条线的扩展版。

读书笔记

5.2 样条线

扫一扫，看视频

样条线是默认的图形类型，其中包括 12 种样条线类型，如图 5-4 所示，最常用的有线、矩形、圆、多边形、文本等。熟练使用样条线，不仅可以创建笔直的、弯曲的线，还可以创建文字等图形。

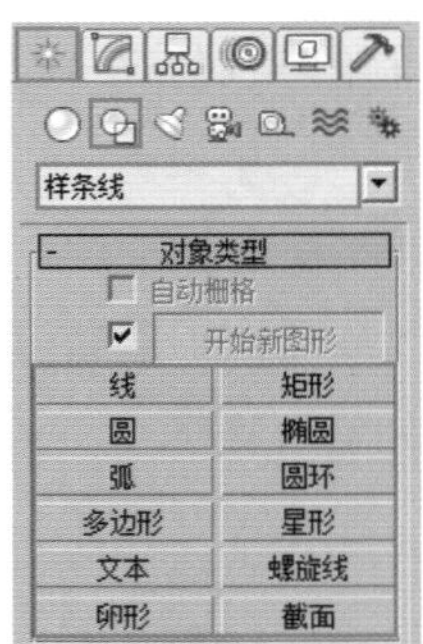

图5-4

- 线：可以创建笔直、弯曲的线，可以是闭合的图形，也可以是非闭合图形。
- 矩形：可以创建矩形图案的图形。
- 圆：可以创建圆形图案的图形。
- 椭圆：可以创建椭圆形图案的图形。
- 弧：可以创建弧形的图案。
- 圆环：可以创建两个圆形呈环形套在一起的图案。
- 多边形：可以创建多边形，如三角形、五边形、六边形等。
- 星形：可以创建星形图案，并且可以设置星形的点数和圆角效果。
- 文本：可以创建文字。
- 螺旋线：可以创建很多圈的螺旋线图案。
- 卵形：可以创建类似鸡蛋的图案。
- 截面：截面是一种特殊类型的样条线，其可以通过几何体对象基于横截面切片生成图形。

重点 5.2.1 线

使用【线】工具可以绘制任意的线效果，如直线、曲线、90度转折线等，如图5-5所示。绘制线不仅为了绘制二维图形，而且可以将其修改为三维效果，或应用于其他建模方式（如修改器建模、复合对象建模等）。

扫一扫，看视频

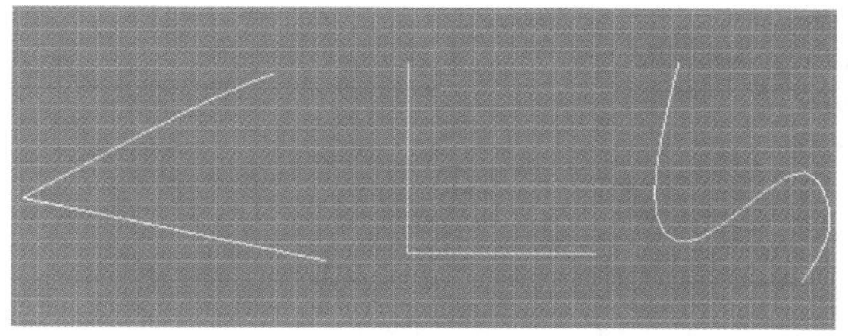

图5-5

提示：创建线之前，选择不同的效果。

单击【线】工具，会看到【创建方法】卷展栏，如图5-6所示。

当设置【初始类型】为【角点】时，创建的线都是转折的效果；当设置【初始类型】为【平滑】时，创建的线都是光滑的效果，如图5-7所示。

图5-6

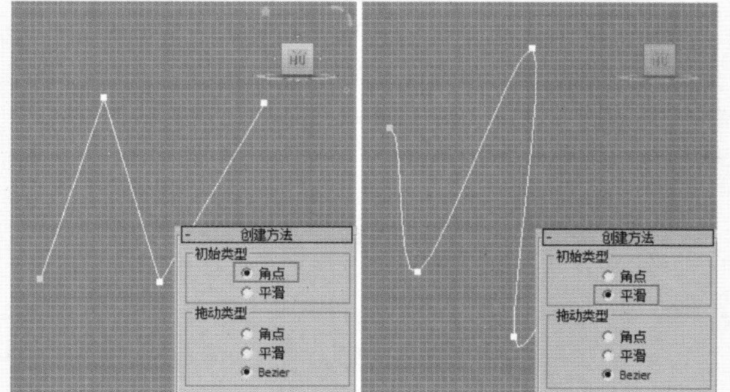

图5-7

同样，若是修改【拖动类型】，那么在创建线时，单击并拖动鼠标左键会按照【拖动类型】的设置产生相应的效果。

1.【渲染】卷展栏

创建完成线之后单击【修改】按钮，可在【渲染】卷展栏中将线设置为三维效果。【渲染】卷展栏参数如图5-8所示。

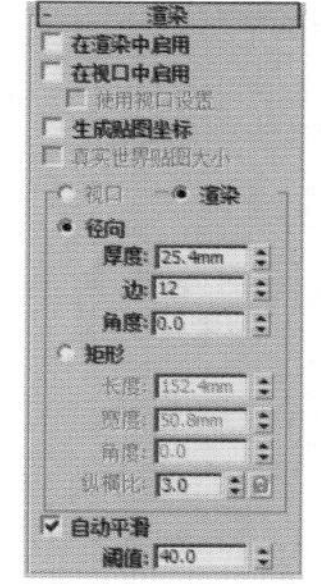

图5-8

- 在渲染中启用：勾选该选项时，在渲染时，线会呈现三维效果。
- 在视口中启用：勾选该选项时，样条线在视图中会显示为三维效果。
- 径向：设置样条线的横截面为圆形，如图5-9所示。
  - 厚度：设置样条线的直径。
  - 边：设置样条线的边数。
  - 角度：设置横截面的旋转位置。
- 矩形：设置样条线的横截面为矩形，如图5-10所示。
  - 长度：用于设置沿局部Y轴的横截面大小。
  - 宽度：用于设置沿局部X轴的横截面大小。
  - 角度：用于调整视图或渲染器中的横截面的旋转位置。
  - 纵横比：用于设置矩形横截面的纵横比。如图5-9和图5-10所示为径向和矩形两种不同的方式的对比效果。

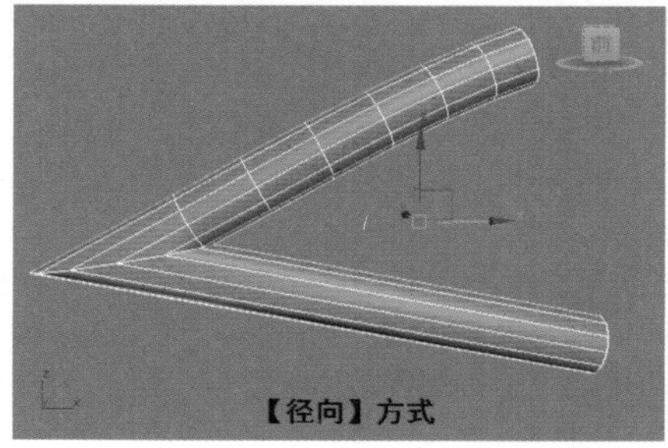

图5-9

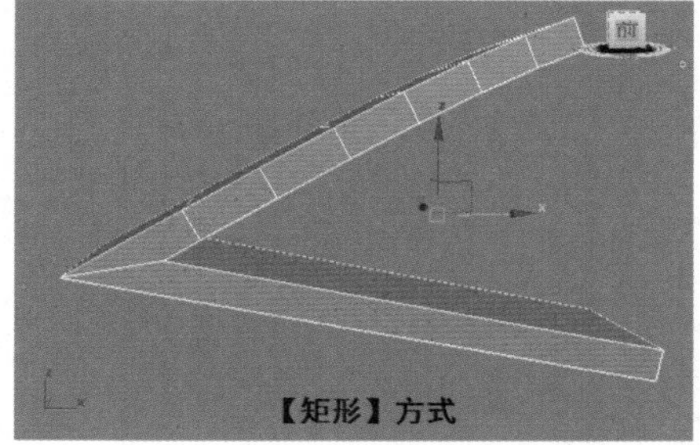

图5-10

【重点】轻松动手学：将二维线变成三维线

文件路径：Chapter 05　样条线建模→轻松动手学：将二维线变成三维线

步骤 01 使用【线】工具，在前视图中绘制一条线，如图5-11所示。

步骤 02 单击【修改】按钮，勾选【在渲染中启用】和【在视口中启用】。若设置方式为【径向】，设置【厚度】为1000mm，如图5-12所示。则会出现横截面为圆形的三维模型，如图5-13所示。

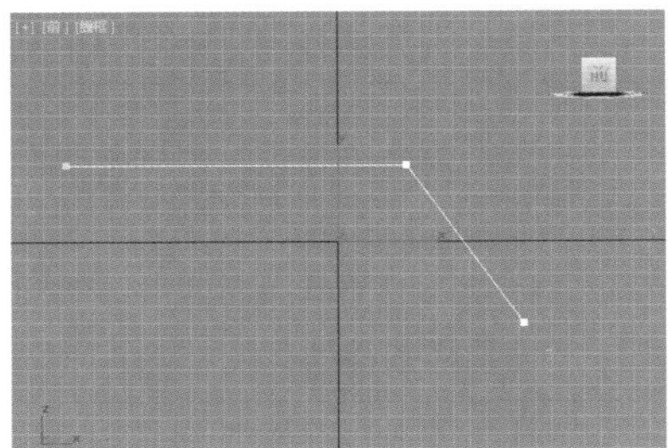

图5-11

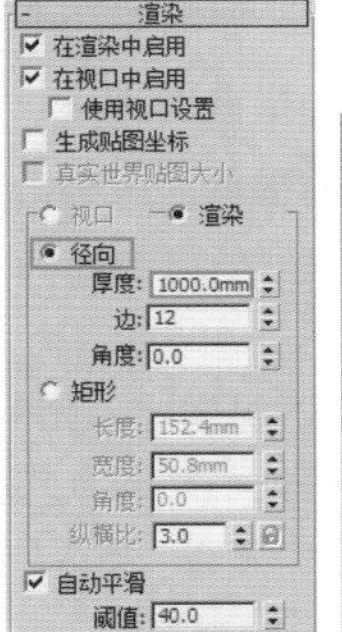

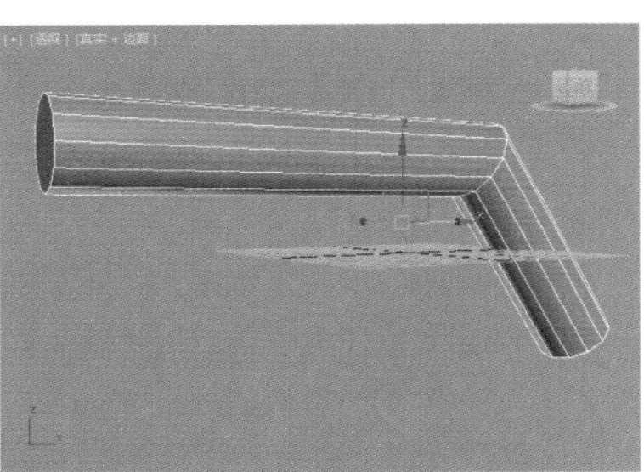

图5-12　图5-13

步骤 03 若设置方式为【矩形】，设置【长度】为1000mm、【宽度】为1000mm，如图5-14所示。则会出现横截面为矩形的三维模型，如图5-15所示。

步骤 04 如果想继续绘制新的线，并且不需要直接创建线为三维效果，则只需要在创建线时取消勾选【在渲染中启用】和【在视口中启用】，如图5-16所示。

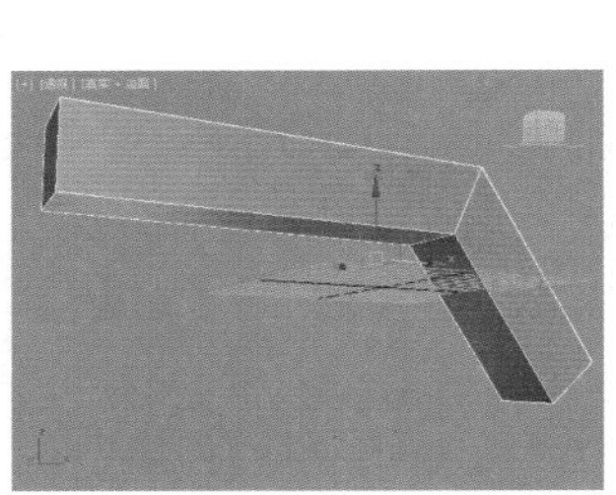

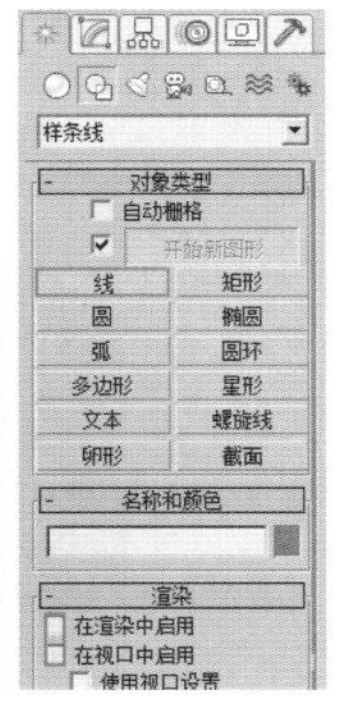

图5-14　图5-15　图5-16

提示：绘制不同样式的线。

（1）绘制尖锐转折的线。使用【线】工具，在前视图中单击可以确定线的第1个顶点，然后移动鼠标位置并再次单击即可确定第2个顶点，继续同样的操作步骤。当需要绘制完成时，则只需要右击即可完成绘制，如图5-17所示。

（2）绘制90度角转折的线。在学会了上面讲解的尖锐转折线绘制方法的基础上，只需要在绘制线时按下键盘上的Shift键，即可绘制90度角转折的线，如图5-18所示。

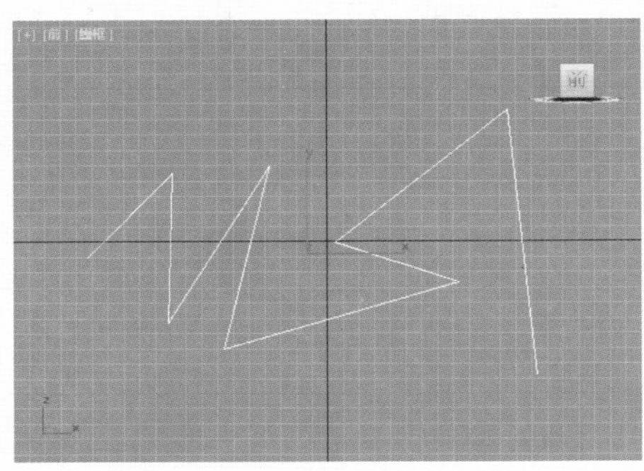

图5-17

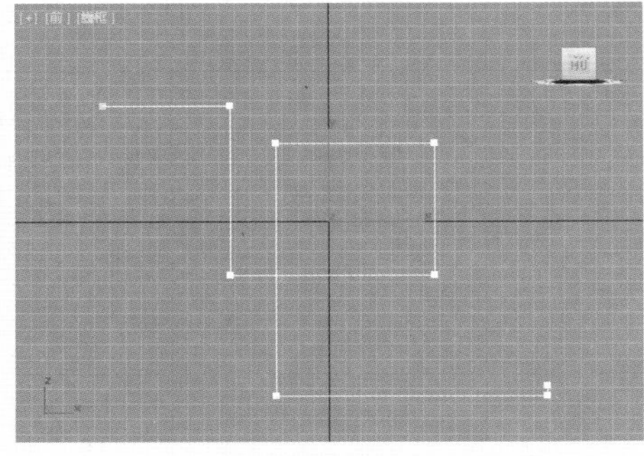

图5-18

（3）绘制过渡平滑的曲线。在学会了上面讲解的尖锐转折线绘制方法的基础上，只需要在绘制时由单击鼠标左键变为按下鼠标左键并拖动鼠标，即可绘制过渡平滑的曲线，如图5-19所示。

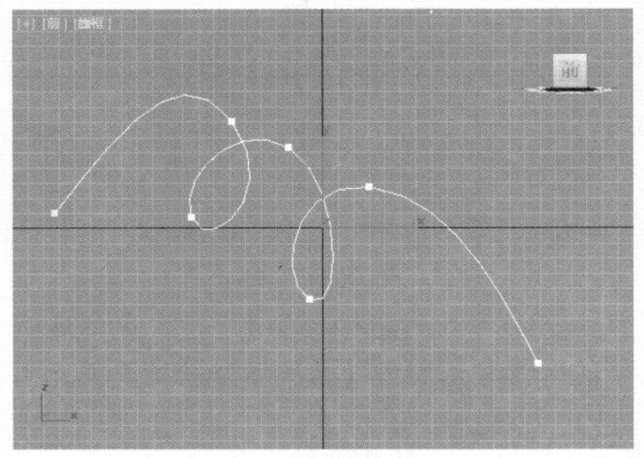

图5-19

2.【插值】卷展栏

在【插值】卷展栏中可以将图形设置的更圆滑，参数如图 5-20 所示。

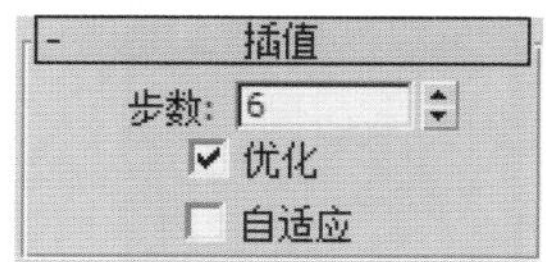

图5-20

- 步数：数值越大图形越圆滑，如图 5-21 所示为设置【步数】为 2 和 20 的对比效果。

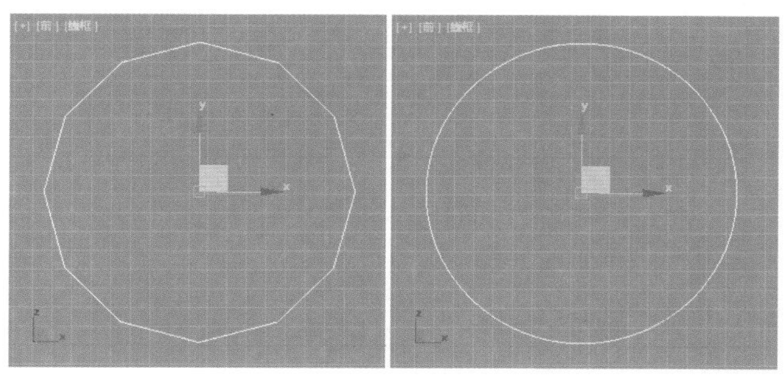

图5-21

- 优化：勾选该选项后，可从样条线的直线线段中删除不需要的步数。
- 自适应：勾选该选项后，会自适应设置每条样条线的步数，从而生成平滑的曲线。

其他几个卷展栏的参数，在 5.3 节中会详细讲解。

提示：继续向视图之外绘制线。

在绘制线时，由于视图有限，因此无法完整绘制复杂的、较大的图形，如图 5-22 所示，向右侧绘制线时，视图显示不全了。

按 I 键，可以看到视图自动向右跳转了。所以使用这个方法就可以轻松绘制较大的图形，如图 5-23 所示。

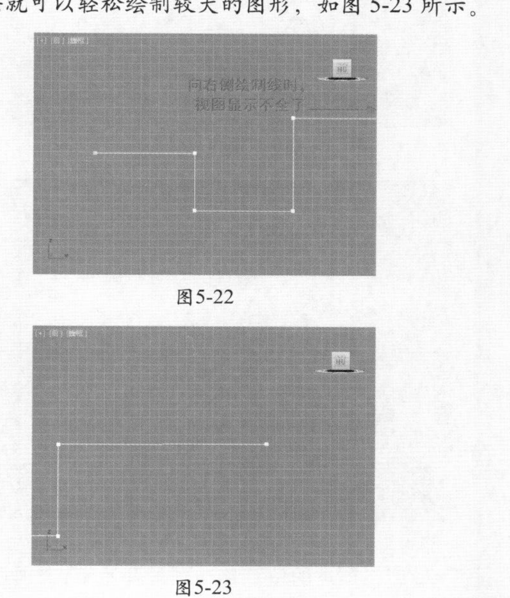

图5-22

图5-23

重点 轻松动手学：使用捕捉工具绘制精准的图形

文件路径：Chapter 05 样条线建模→轻松动手学：使用捕捉工具绘制精准的图形

步骤 01 单击打开 （捕捉开关）工具，然后鼠标右击该工具，此时可以弹出对话框，并在该对话框中选择需要捕捉的类型，例如栅格点（栅格点指视图中的灰色网格），如图5-24所示。

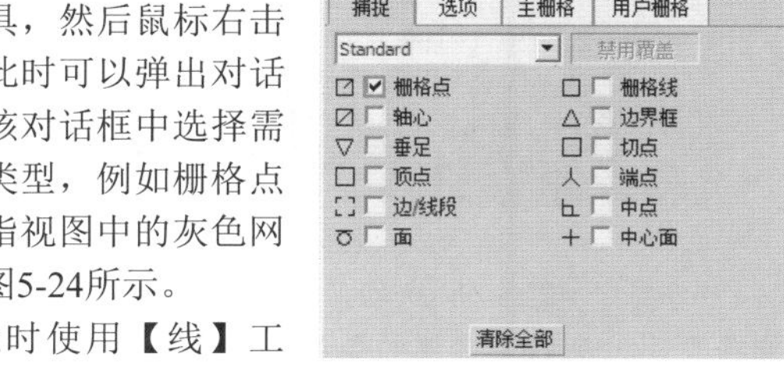

图5-24

步骤 02 此时使用【线】工具，可以在前视图中进行绘制图形了。在移动鼠标时，会自动捕捉到栅格点，在一个栅格点的位置单击确定第1个顶点，如图5-25所示。

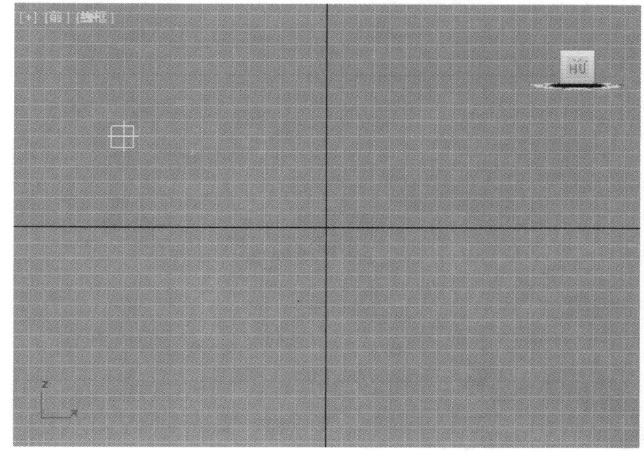

图5-25

步骤 03 移动鼠标确定第2个顶点位置，并单击鼠标左键，如图5-26所示。

步骤 04 用同样的方法继续绘制，如图5-27所示。

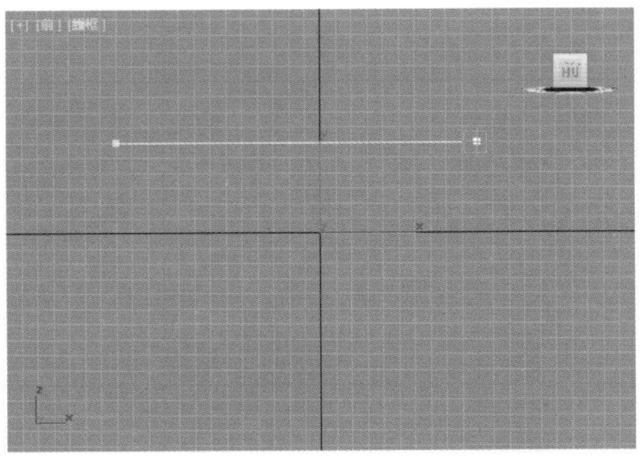

图5-26

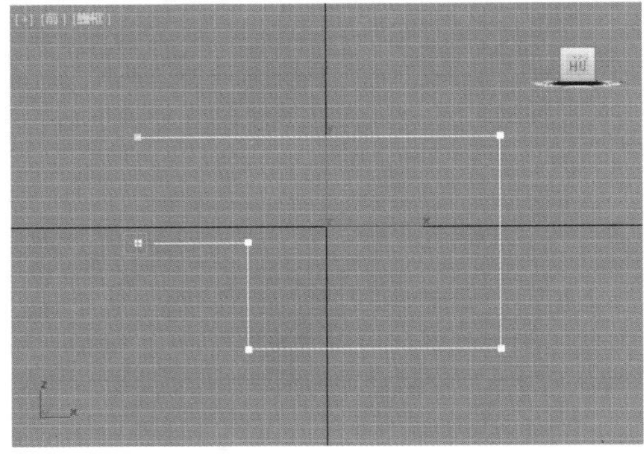

图5-27

步骤 05 最后将顶点的位置移动到最开始第1个顶点处，并单击鼠标左键，在弹出的对话框中选择【是】按钮，即可进行闭合线的操作，如图5-28所示。

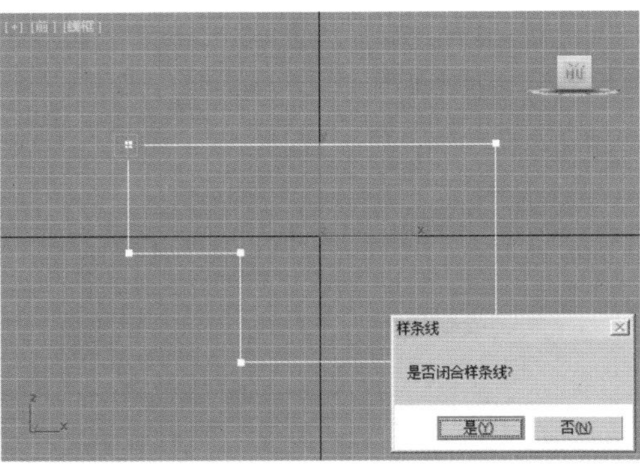

图5-28

提示：顶点的 4 种显示方式。

绘制一条线，如图 5-29 所示。

单击【修改】按钮，单击按钮，选择【顶点】级别，如图 5-30 所示。

此时可以选择顶点，如图 5-31 所示。

右击，可以看到顶点有 4 种显示方式，如图 5-32 所示。

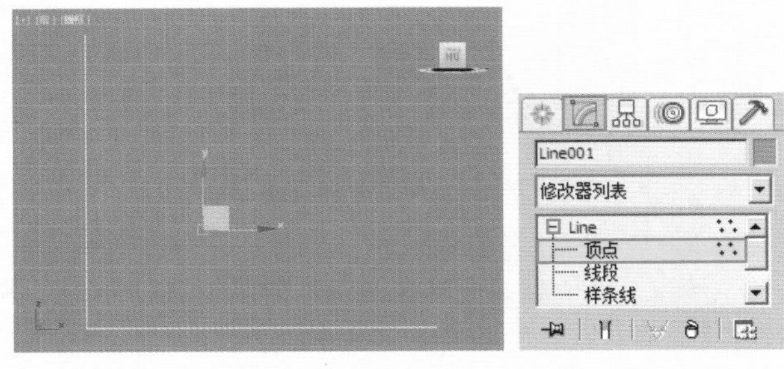

图5-29　　图5-30

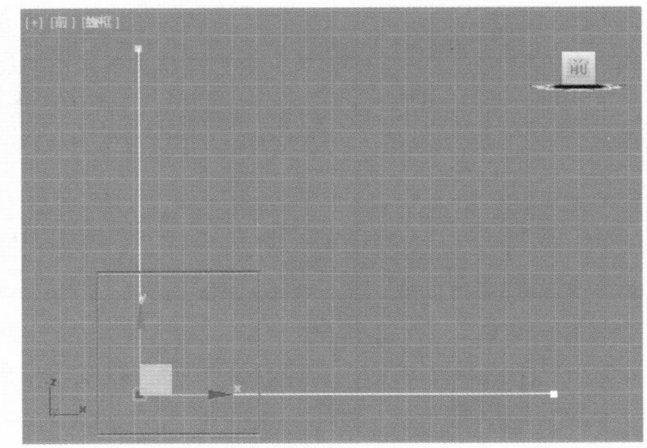

图5-31

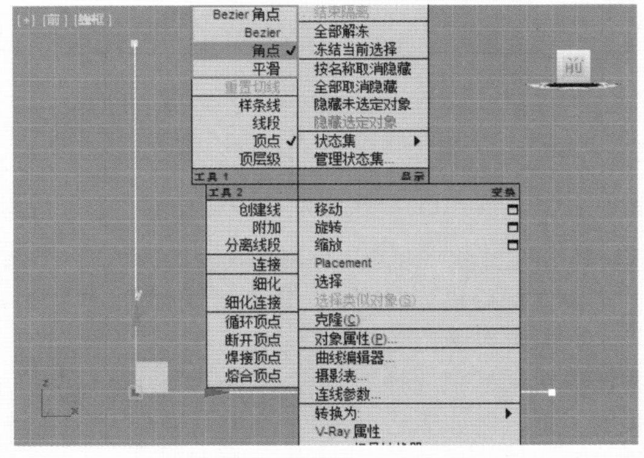

图5-32

Bezier 角点：顶点的两侧各有一个滑竿，通过拖动滑竿可以分别设置两侧的弧度。

Bezier：顶点上只有一个滑竿，通过拖动这一个滑竿控制两侧同时变化（当无法正确拖动滑竿时，需要稍微移动顶点的位置）。

角点：自动设置该顶点为转折强烈的点。

平滑：自动设置该顶点为过渡圆滑的点。

如图 5-33 所示为 4 种不同方法的对比效果。

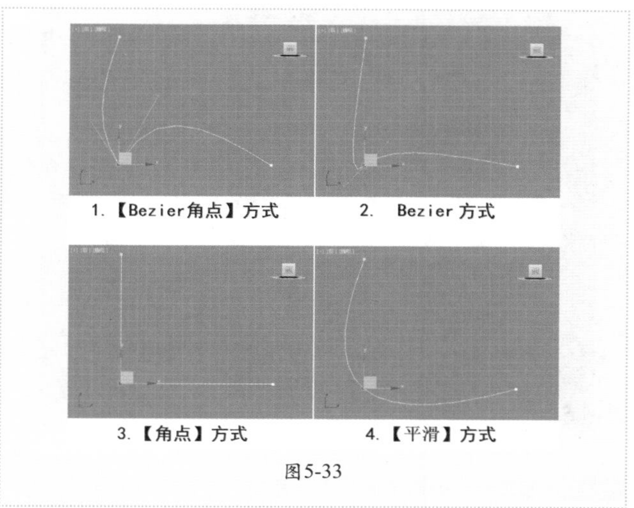
1.【Bezier角点】方式　2. Bezier 方式
3.【角点】方式　4.【平滑】方式

图5-33

提示：绘制线时，顶点越少越容易调节圆滑效果。

在使用【线】绘制线时，顶点越多越不容易调节出平滑的过渡效果。建议使用尽可能少的点，这样调整时会更容易调整出平滑的线，如图5-34所示。

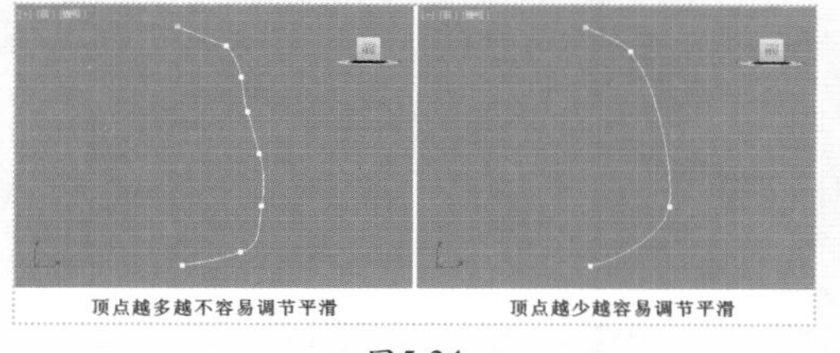
顶点越多越不容易调节平滑　顶点越少越容易调节平滑

图5-34

实例：使用线制作创意椅子

文件路径：Chapter 05 样条线建模→实例：使用线制作创意椅子

扫一扫，看视频

本例将使用线制作创意椅子模型。只需要使用线绘制出椅子轮廓，然后修改参数即可变为三维效果。最终渲染效果如图5-35所示。

图5-35

步骤 01 在透视图中创建一个如图5-36所示的长方体作为参考，参考完毕后可以将其删除掉，并设置长方体的【长度】为800mm，【宽度】为450mm，【高度】为450mm，如图5-37所示。

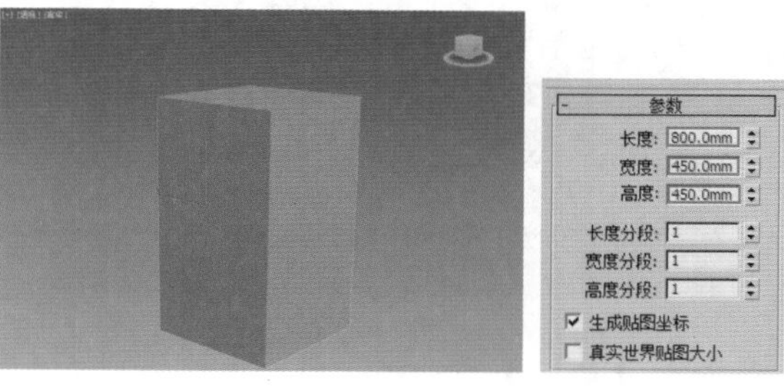

图5-36　图5-37

步骤 02 在【创建】面板中，执行（创建）|（图形）|样条线|线命令，在前视图绘制出如图5-38所示的样条线。

步骤 03 单击【修改】按钮，展开【选择】卷展栏，选择（顶点）级别，如图5-39所示。

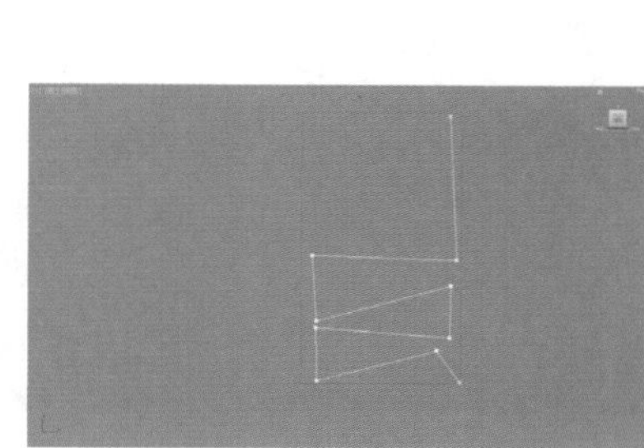

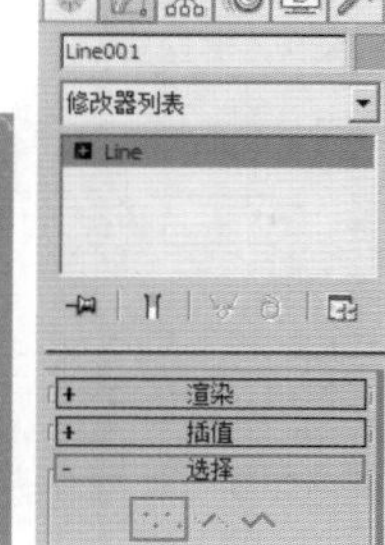

图5-38　图5-39

步骤 04 在前视图选中中间部分的顶点，然后右击执行【平滑】命令，如图5-40所示。然后适当地调节每个点的位置和圆滑程度，如图5-41所示。

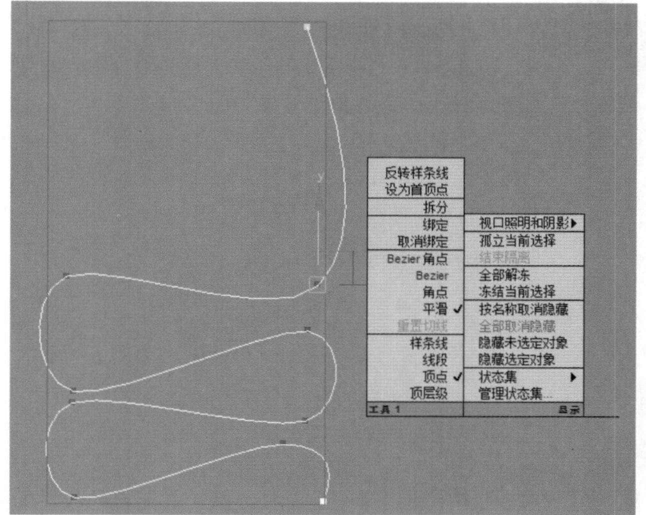

图5-40

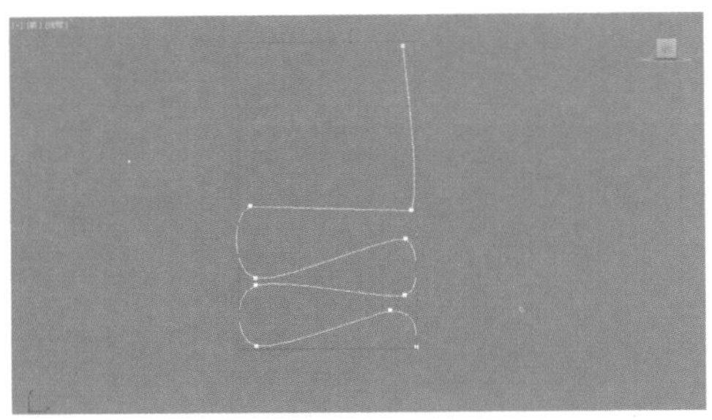

图5-41

步骤05 单击【修改】按钮，勾选【在渲染中启用】和【在视口中启用】，选择【矩形】，设置【长度】为450mm，【宽度】为13mm，如图5-42所示。将最开始的长方体删除，最终效果如图5-43所示。

图5-42

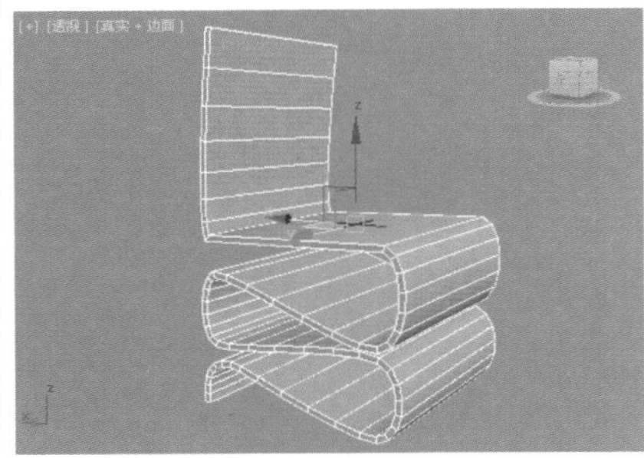

图5-43

实例：使用线制作凳子

扫一扫，看视频

文件路径：Chapter 05 样条线建模→实例：使用线制作凳子

本案例将使用线制作凳子模型，除了线工具外，还需要应用到第7章的部分内容，使线变成三维模型效果。最终渲染效果如图5-44所示。

图5-44

步骤01 在左视图中使用【线】工具绘制一条闭合的线，如图5-45所示。

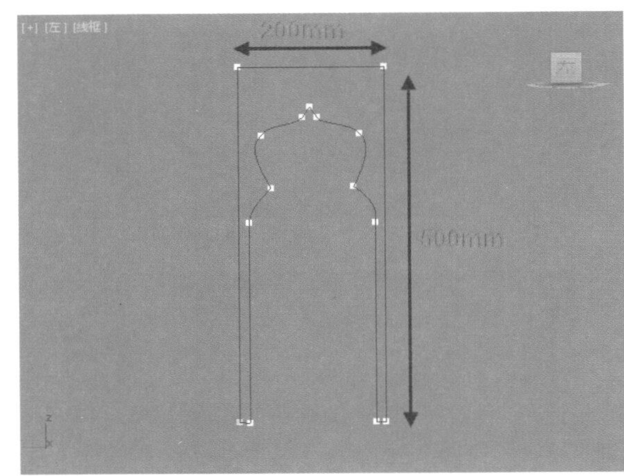

图5-45

步骤02 选择线，单击【修改】按钮，选择修改器列表，然后为其加载【挤出】修改器，并设置【数量】为20mm，如图5-46所示。此时模型如图5-47所示。

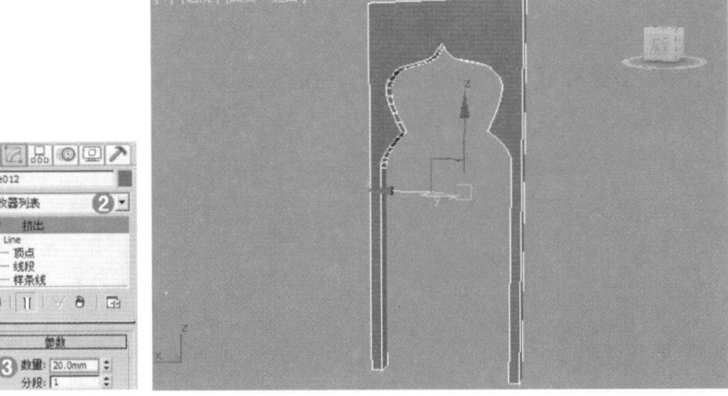

图5-46　　图5-47

步骤03 选择刚才的模型，单击【层次】按钮，并单击仅影响轴按钮，接着将轴心移动到右侧，最后再次单击仅影响轴，将其取消，如图5-48所示。单击（角度捕捉切换）工具，然后在该工具上右击，在弹出的【栅格和捕捉设置】窗口中设置【角度】为45度，如图5-49所示。

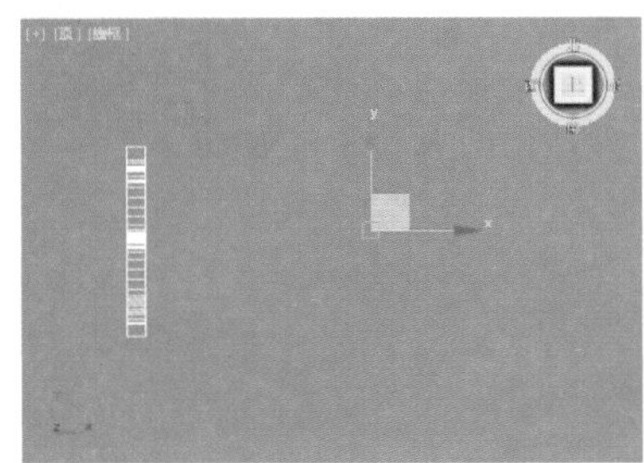

图5-48

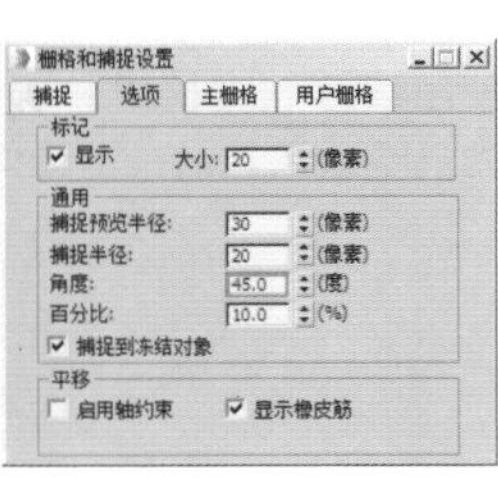

图5-49

步骤04 此时按住Shift键，使用（选择并旋转）工具，沿Z轴拖动鼠标左键，当Z变为45度时，松开鼠标左键。然后设置【对象】为【实例】，【副本数】为7，如图5-50所示。此时模型效果如图5-51所示。

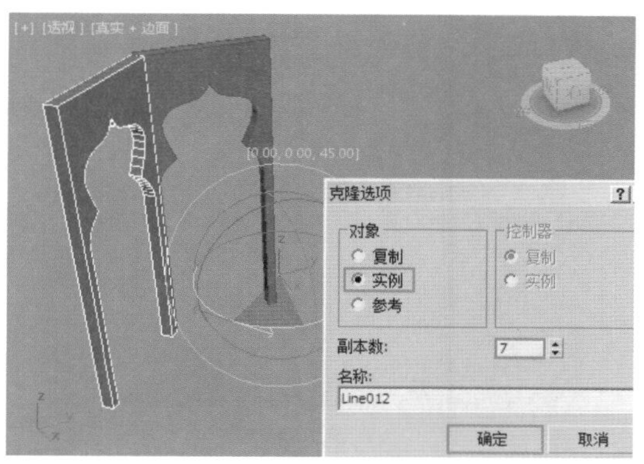

图5-50

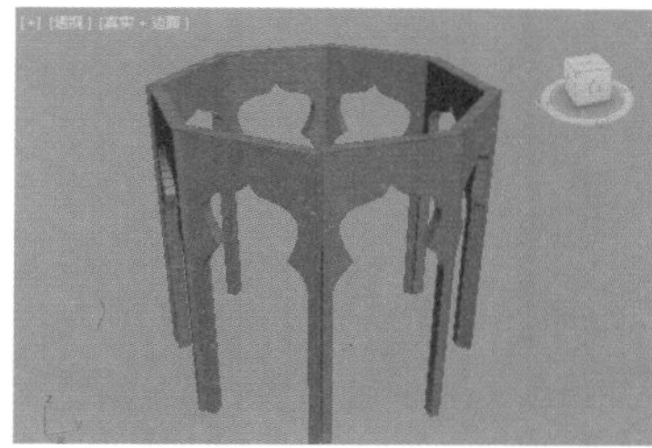
图5-51

步骤 05 使用【线】工具，继续在顶视图绘制出如图5-52所示的线。单击【修改】按钮，为其加载【挤出】修改器，设置【数量】为20mm，如图5-53所示。

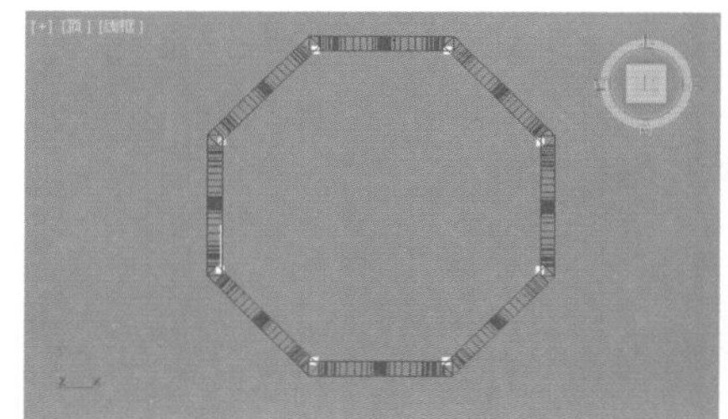
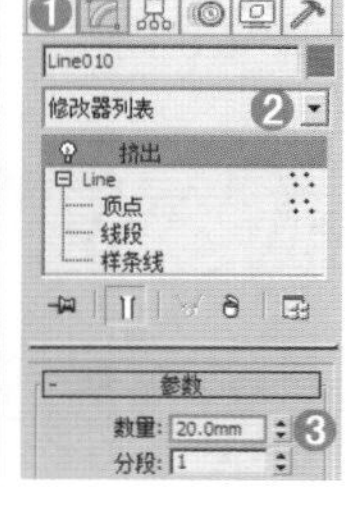

图5-52　图5-53

步骤 06 选择刚才绘制的样条线，并移动到如图5-54所示的位置。这样这个模型就制作完成了。

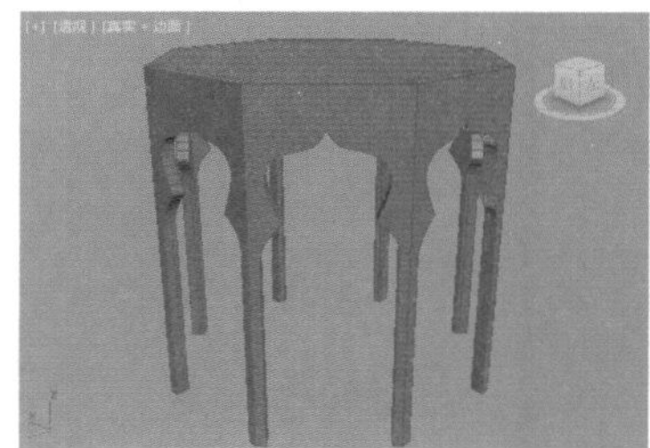
图5-54

实例：使用线制作铁艺吊灯

文件路径：Chapter 05　样条线建模→实例：使用线制作铁艺吊灯

扫一扫，看视频

本案例将使用线制作铁艺吊灯。最终渲染效果如图5-55所示。

图5-55

步骤 01 在前视图创建一个【矩形】作为参考图形，如图5-56所示，并设置矩形的【长度】为300mm，【宽度】为300mm，如图5-57所示。

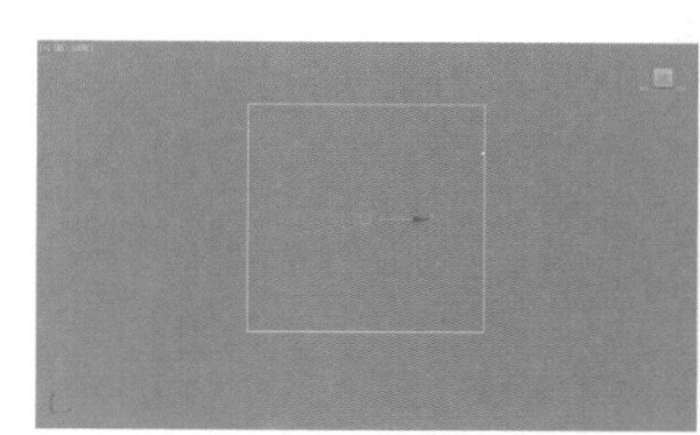

图5-56　图5-57

步骤 02 使用【线】工具，在前视图中绘制如图5-58所示的线，单击【修改】按钮，勾选【在渲染中启用】和【在视口中启用】，选择【径向】，并设置【厚度】为5mm，如图5-59所示。按Delete键将辅助用的矩形删除，此时效果如图5-60所示。

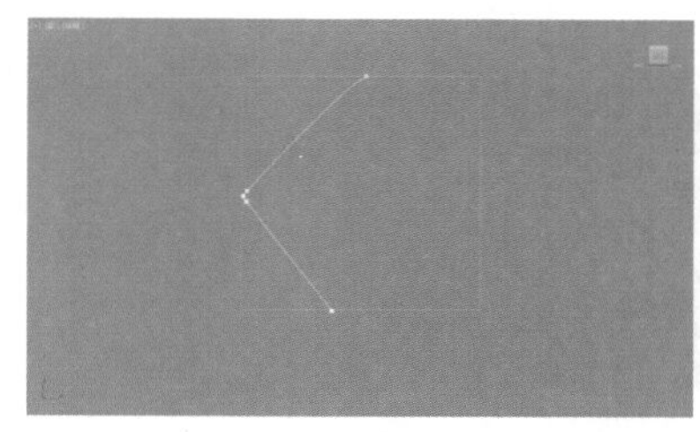
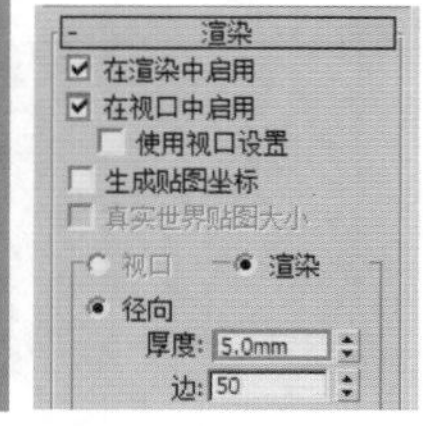

图5-58　图5-59

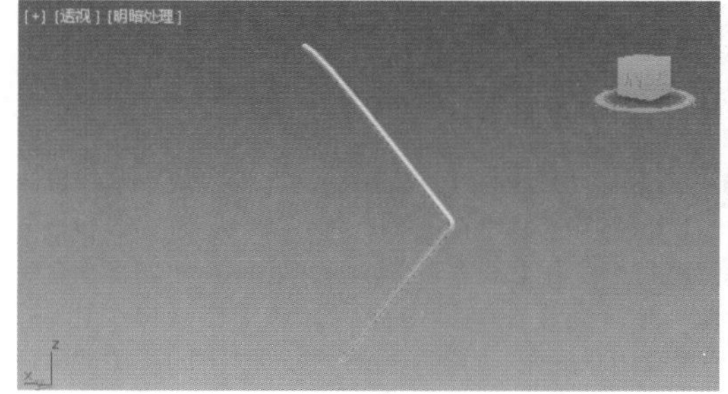
图5-60

步骤 03 选择刚才绘制的线，如图5-61所示。单击【层次】按钮品，并单击 仅影响轴 按钮，接着在前视图中对轴的位置进行移动，最后再次单击 仅影响轴 按钮，将其取消。

步骤 04 单击 (角度捕捉切换）工具，然后右击该工具，并设置【角度】为6，如图5-62所示。

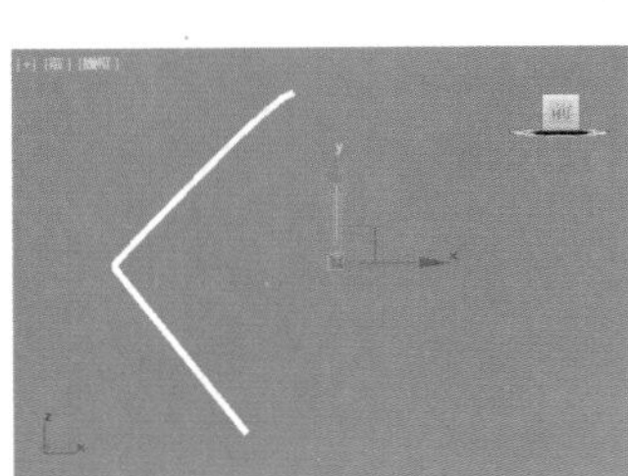

图5-61

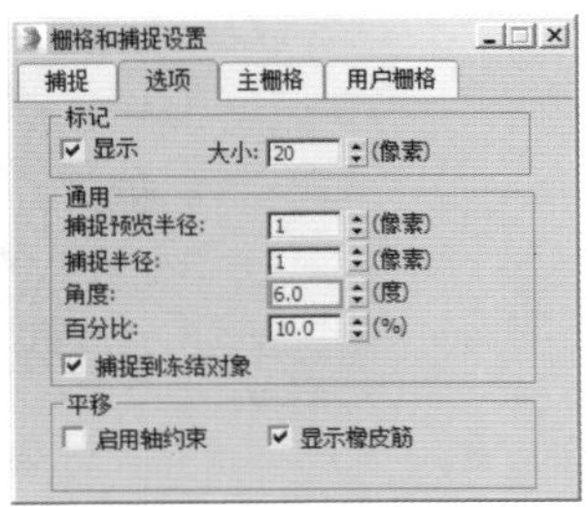

图5-62

步骤 05 选择刚才的线，在视图中按住Shift键沿Z轴拖动鼠标左键进行旋转复制，当Z轴出现6度时，松开鼠标左键。设置【副本数】为59，如图5-63所示。

步骤 06 此时查看效果，如图5-64所示。

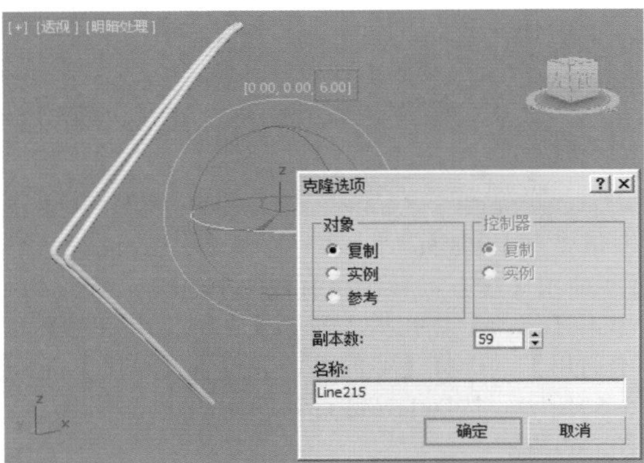

图5-63

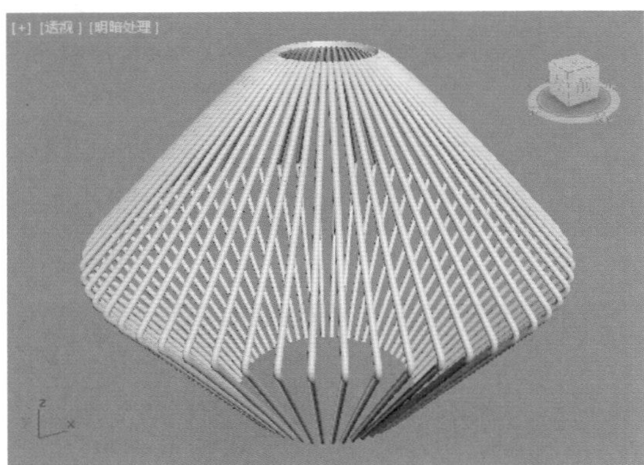

图5-64

步骤 07 再次使用【线】工具，在视图绘制如图5-65所示的样条线，并勾选【在渲染中启用】和【在视口中启用】，设置【厚度】为5mm，如图5-66所示。使用同样方法进行旋转复制，得到如图5-67所示的模型。

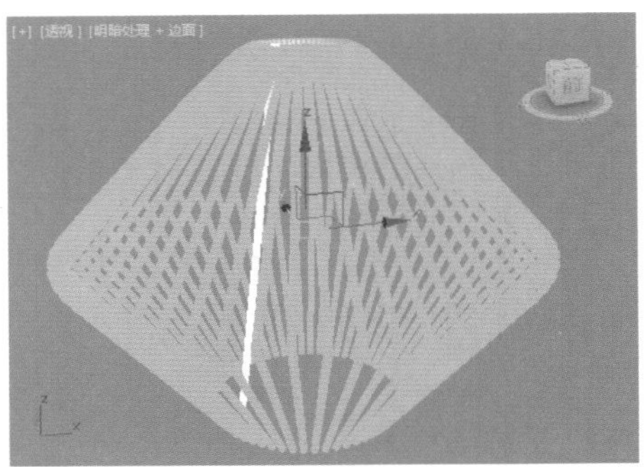

图5-65

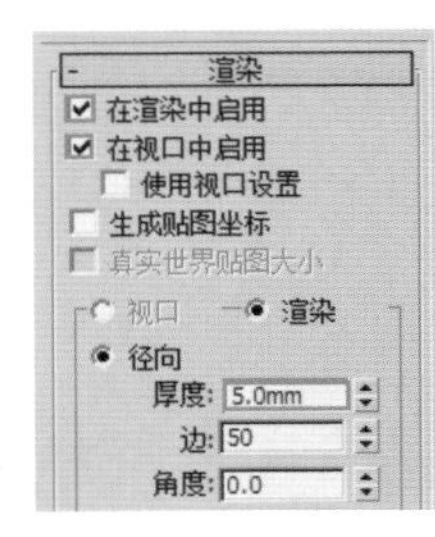

图5-66

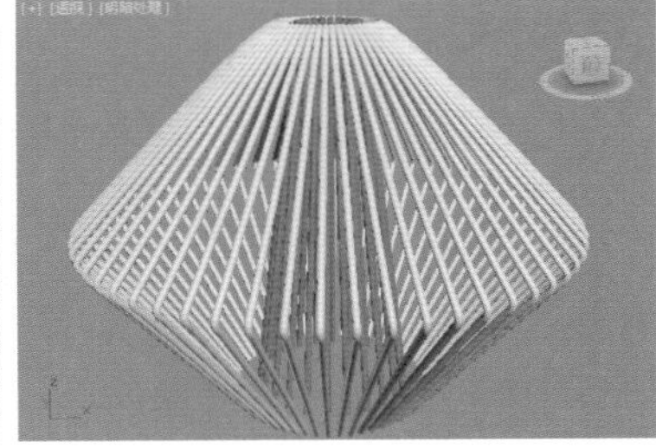

图5-67

步骤 08 使用【圆】工具在顶视图绘制一个如图5-68所示的圆形，并勾选【在渲染中启用】和【在视口中启用】，设置【厚度】为5mm，【半径】为193.797mm，如图5-69所示。

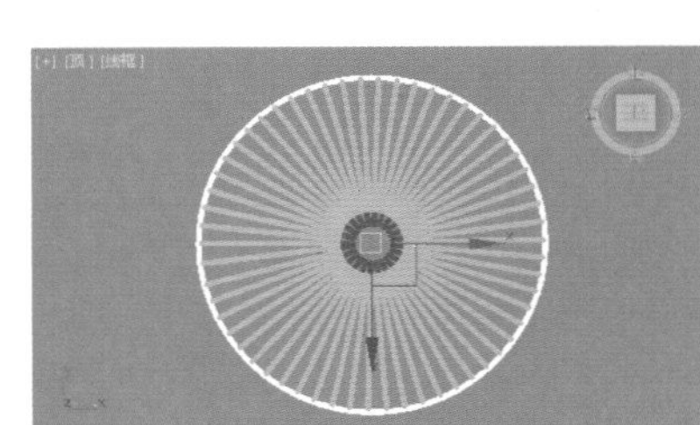

图5-68

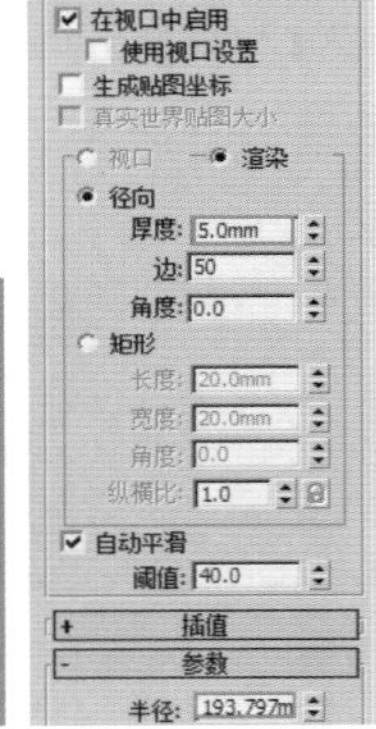

图5-69

步骤 09 使用同样方法再次绘制4个圆形，依次移动到相应位置，如图5-70所示。

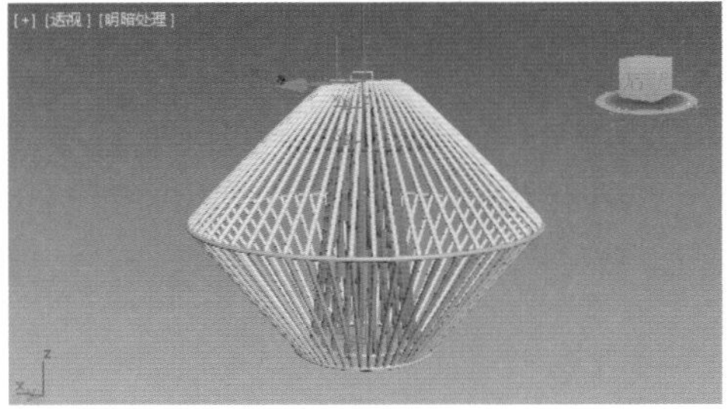

图5-70

步骤 10 绘制灯泡模型。为了方便观看，在模型外部绘制灯泡。使用【线】工具绘制如图5-71所示的样条线。

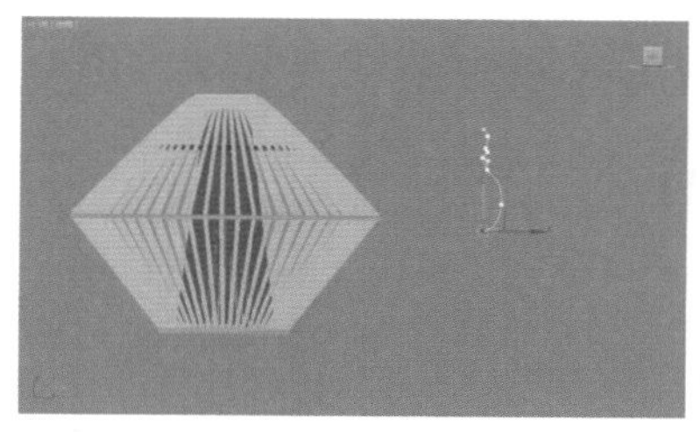

图5-71

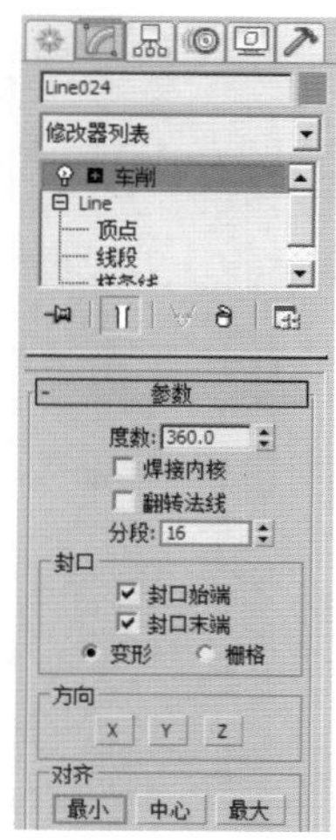

图5-72

步骤 11 单击【修改】按钮，为其加载【车削】修改器，设置【对齐】为【最小】，如图5-72所示。此时灯泡模型如图5-73所示。将模型移动到合适的位置，如图5-74所示。

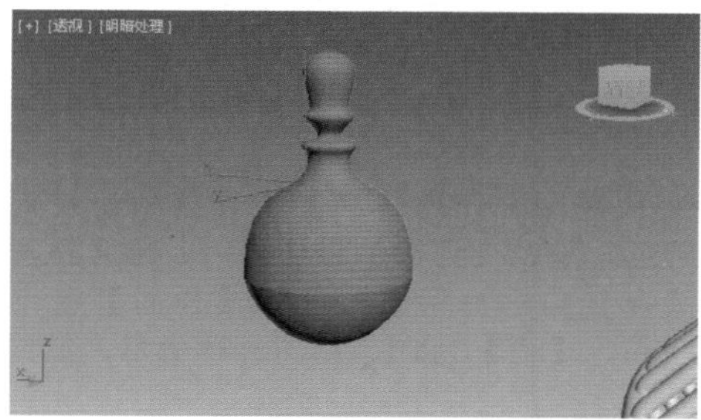

图5-73

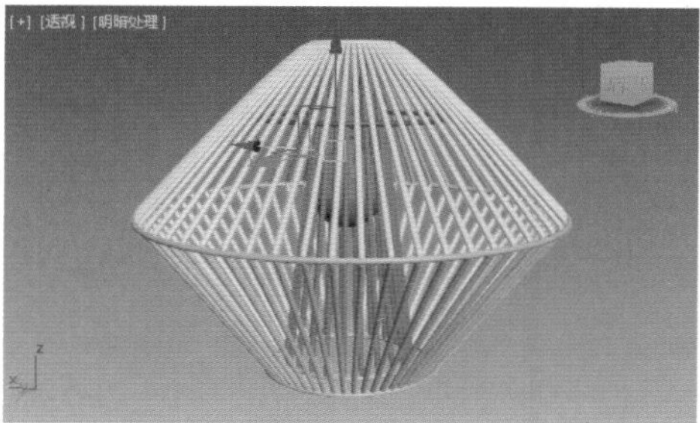

图5-74

步骤 12 最后使用【线】工具绘制一条线，并勾选【在渲染中启用】和【在视口中启用】，设置【厚度】为5mm，如图5-75所示。效果如图5-76所示。

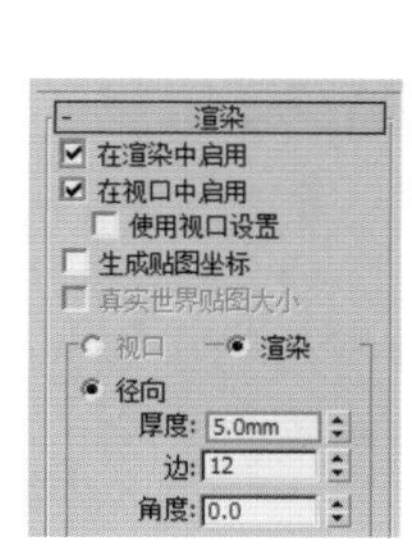

图5-75

图5-76

举一反三：使用线、圆制作吊灯

文件路径：Chapter 05 样条线建模→举一反三：使用线、圆制作吊灯

学习了上面的一个铁艺吊灯的制作方法后，举一反三可以制作其他的灯模型，这里将使用线和圆工具制作吊灯模型，本例将应用到角度捕捉切换和旋转复制技巧。最终渲染效果如图 5-77 所示。

图5-77

步骤 01 执行（创建）|（图形）|样条线|线命令，在前视图中绘制如图5-78所示的线。单击【修改】按钮，勾选【在渲染中启用】和【在视口中启用】，选择【矩形】，设置【长度】为5mm，【宽度】为5mm，如图5-79所示。

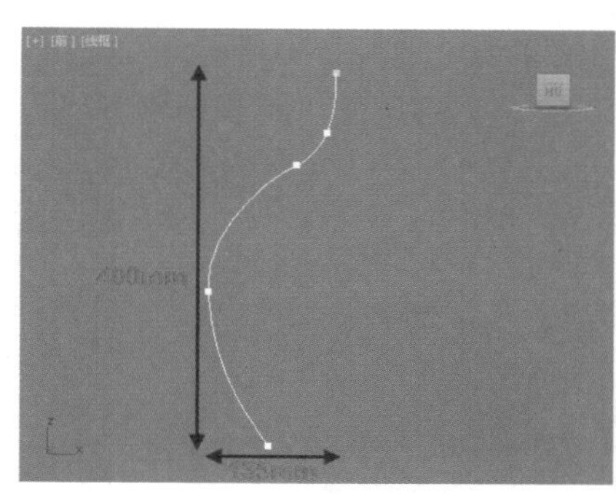

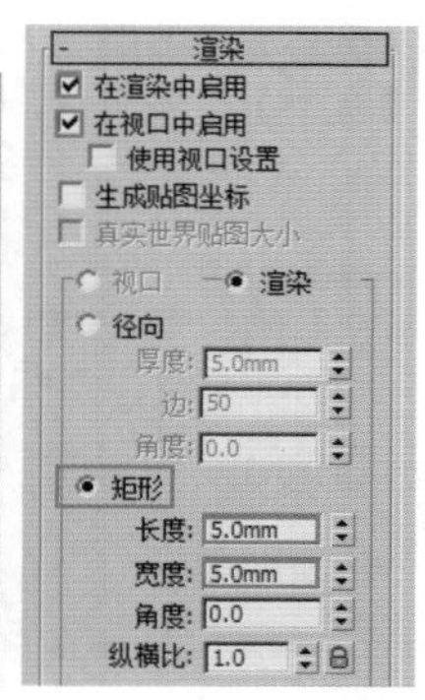

图5-78　　图5-79

步骤 02 选择刚才的模型，如图5-80所示。单击【层次】按钮，并单击 仅影响轴 按钮，接着在顶视图中将轴心移动到球体的正下方，如图5-81所示。最后再次单击 仅影响轴 按钮，将其取消。

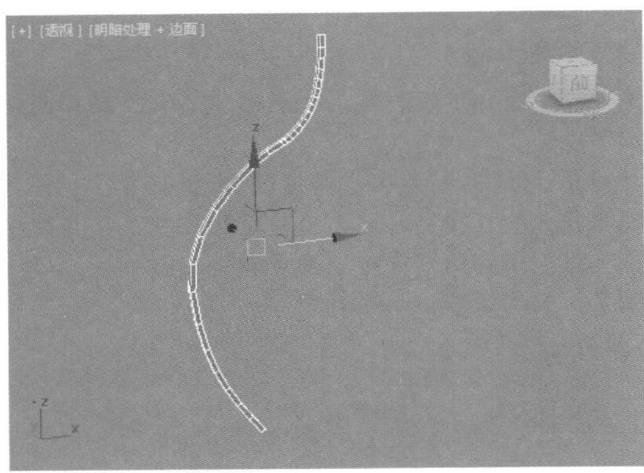
图5-80

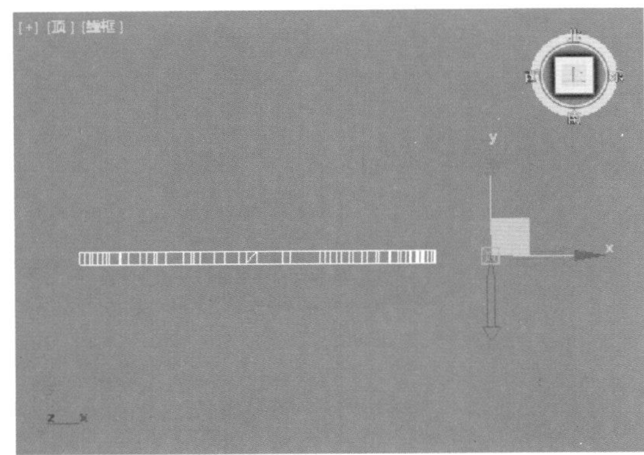
图5-81

步骤03 单击（角度捕捉切换）工具，然后右击该工具，并设置【角度】为9，如图5-82所示。

步骤04 在顶视图中按住Shift键沿Z轴拖动鼠标左键进行旋转复制，当Z轴出现9度时，松开鼠标左键。设置【对象】为【实例】，设置【副本数】为39，如图5-83所示。

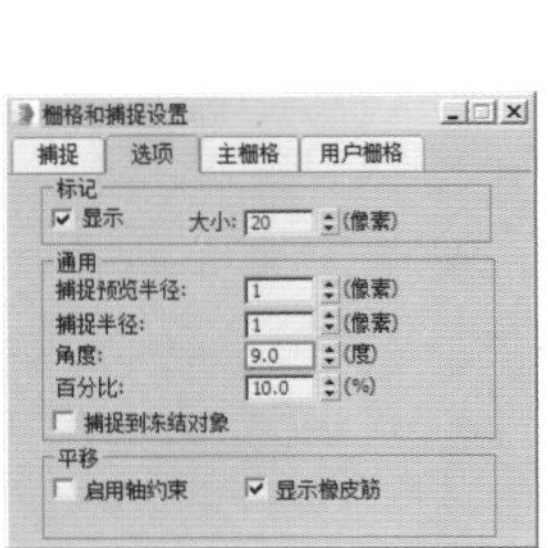

图5-82

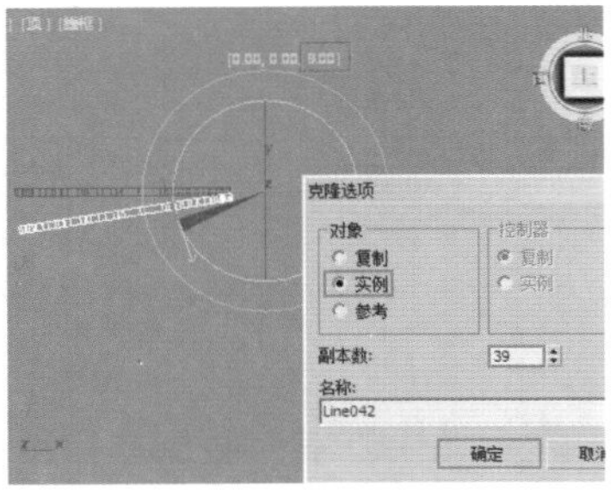

图5-83

步骤05 复制完成的效果如图5-84所示。

步骤06 使用【圆】工具绘制一个圆形，放在吊灯下方，如图5-85所示。

步骤07 单击【修改】按钮，勾选【在渲染中启用】和【在视口中启用】，选择【径向】，设置【厚度】为5mm，【边】为50，设置【步数】为20，设置【半径】为100mm，如图5-86所示。

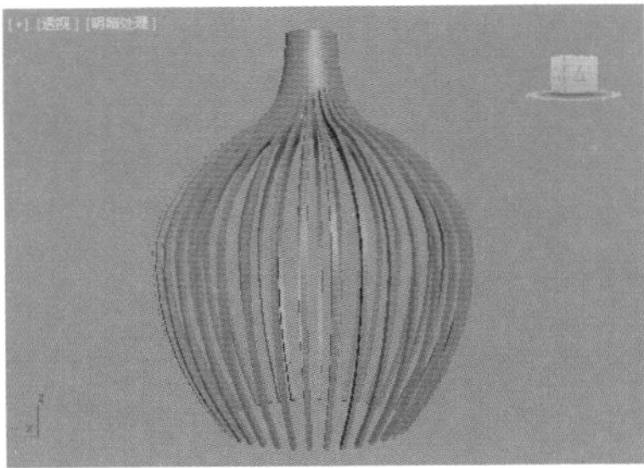
图5-84

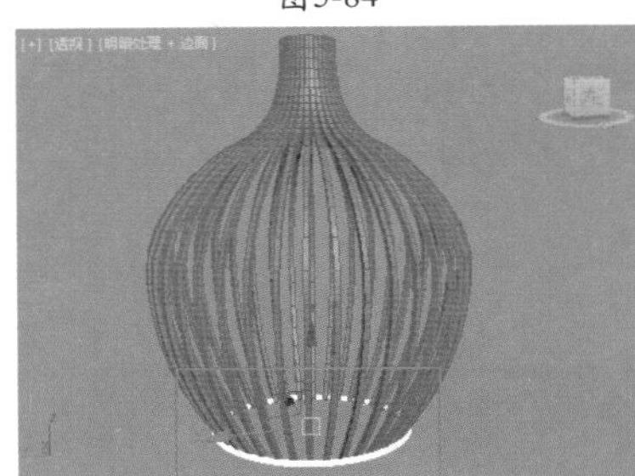
图5-85

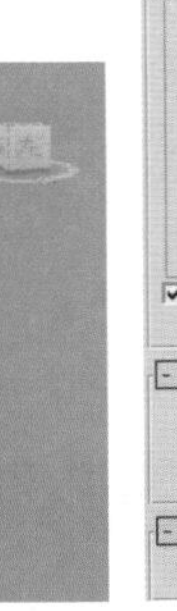

图5-86

步骤08 在前视图中使用【线】工具绘制一条直线，如图5-87所示。单击【修改】按钮，勾选【在渲染中启用】和【在视口中启用】，选择【径向】，设置【厚度】为5mm，【边】为50，如图5-88所示。最终模型如图5-89所示。

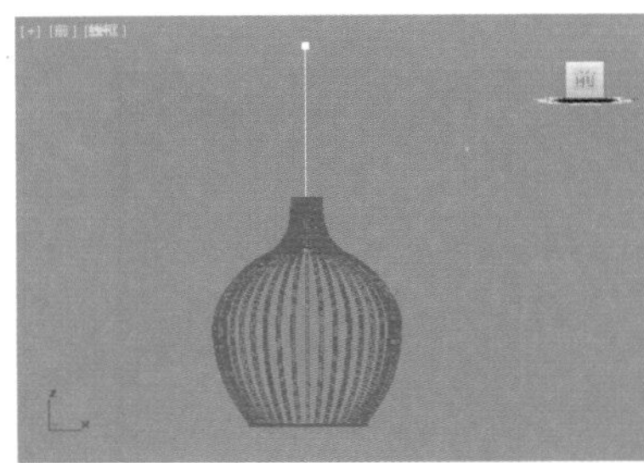
图5-87

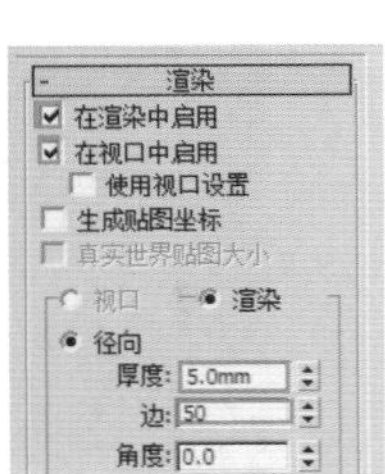

图5-88

图5-89

重点 5.2.2 矩形

【矩形】工具可以创建长方形、圆角矩形等效果。创建一个矩形，如图 5-90 所示。其参数面板如图 5-91 所示。

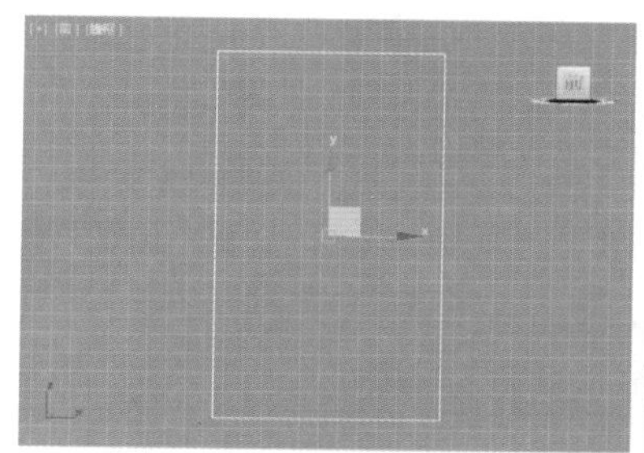

图5-90

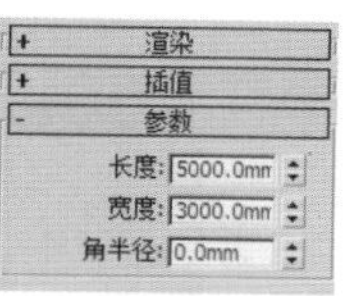

图5-91

- 角半径：通过设置角半径可以制作圆角矩形效果，如图 5-92 所示为设置【角半径】为 0 和 500 的对比效果。

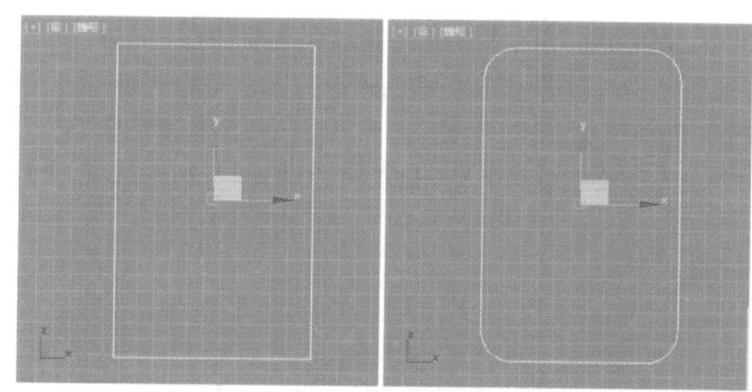

图5-92

5.2.3 圆、椭圆

用【圆】工具创建一个圆，如图 5-93 所示。其参数面板如图 5-94 所示。

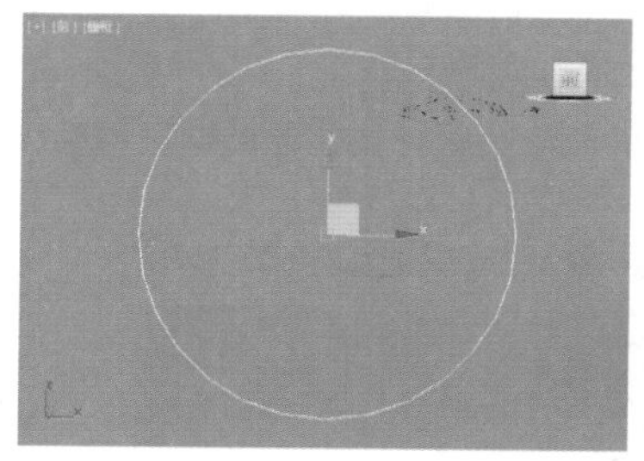

图5-93

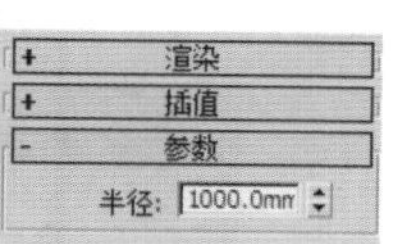

图5-94

提示：怎么使绘制的圆更圆滑？

创建完成的图形通常都不会特别平滑，如果需要设置更平滑的效果，则需要增大【插值】卷展栏下的【步数】数值，如图 5-95 所示为设置【步数】为 2 和 20 的对比效果。

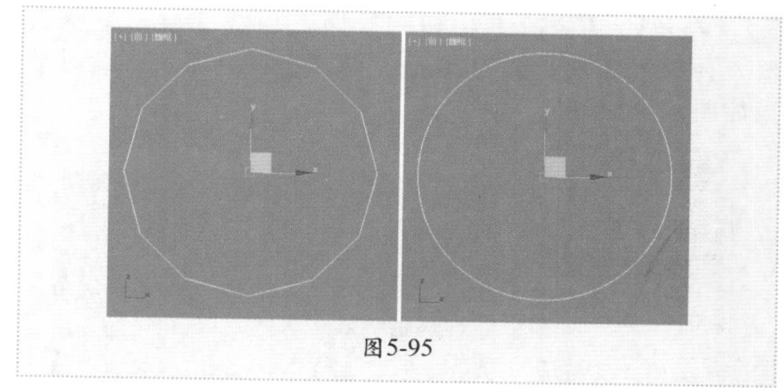

图5-95

用【椭圆】工具创建一个椭圆，如图 5-96 所示。其参数面板如图 5-97 所示。

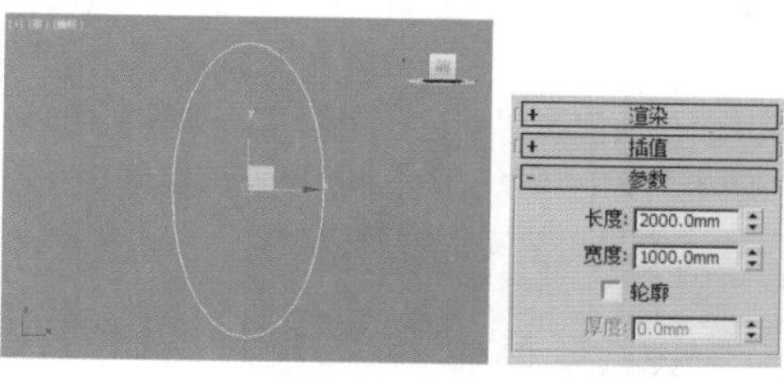

图5-96　图5-97

实例：使用线、圆制作圆形茶几

文件路径：Chapter 05 样条线建模→实例：使用线、圆制作圆形茶几

扫一扫，看视频

本例将使用线和圆制作圆形茶几，最终渲染效果如图 5-98 所示。

图5-98

步骤 01 使用【圆】工具，在顶视图创建一个圆形，如图5-99所示。单击【修改】按钮，设置【步数】为20（步数数值越大，图形越光滑），设置【半径】为500mm，如图5-100所示。

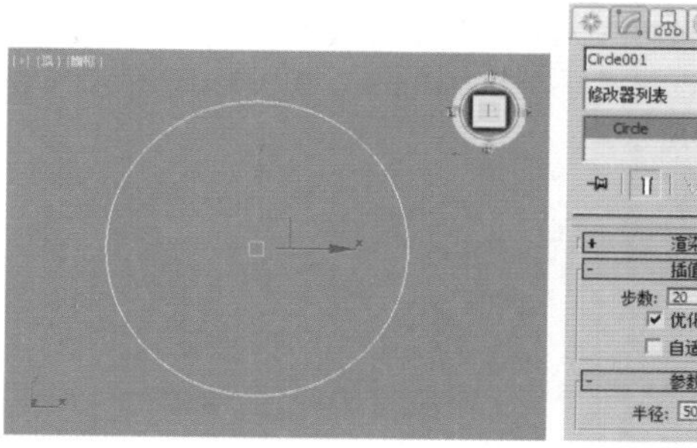

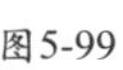

图5-99　图5-100

步骤02 单击【修改】按钮，为圆加载【挤出】修改器，并设置【数量】为20mm，如图5-101所示。此时效果如图5-102所示。

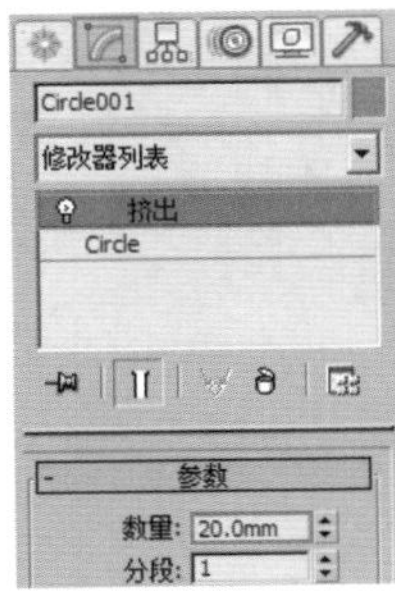

图5-101

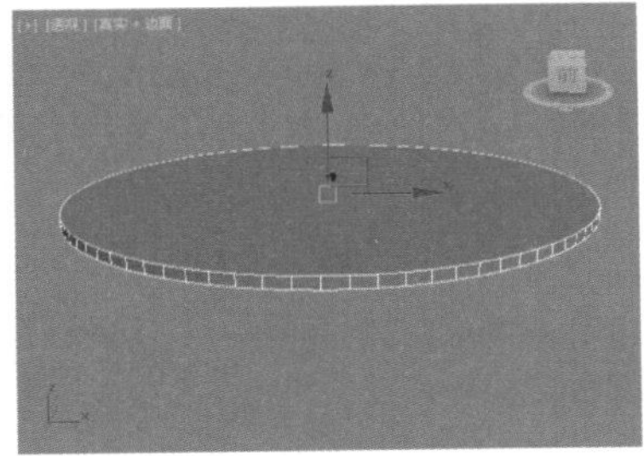

图5-102

步骤03 再次在顶视图中创建一个圆形，如图5-103所示，并设置【步数】为20，【半径】为400mm，如图5-104所示。

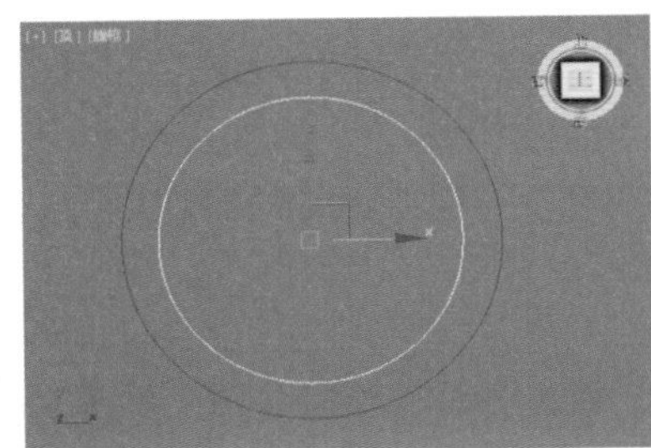

图5-103

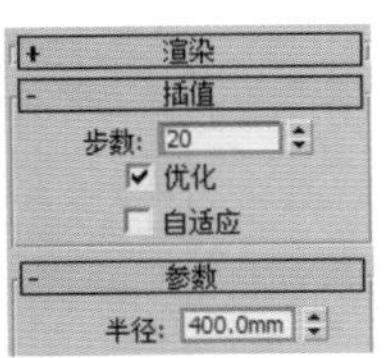

图5-104

步骤04 单击【修改】按钮，接着勾选【在渲染中启用】和【在视口中启用】，选择【径向】设置【厚度】为10mm，如图5-105所示。此时效果如图5-106所示。

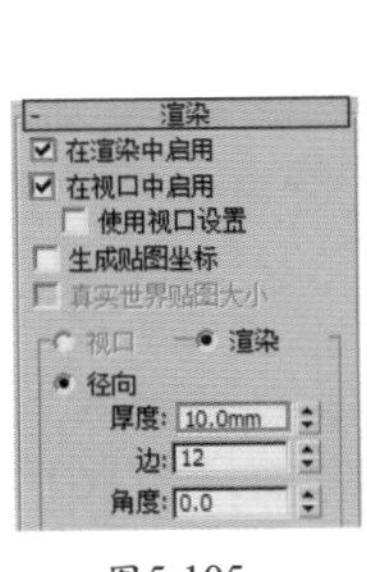

图5-105

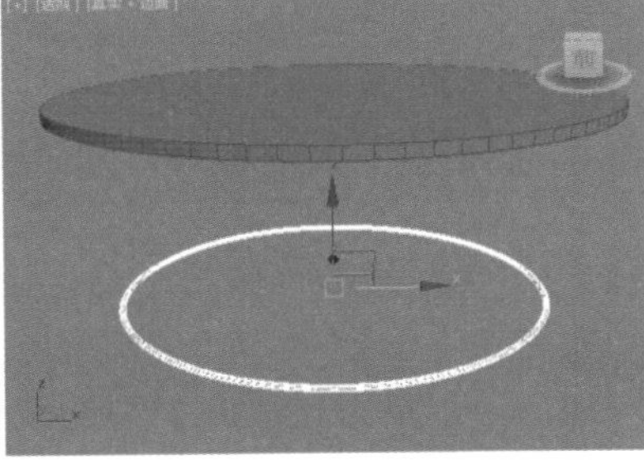

图5-106

步骤05 使用【线】工具在前视图绘制一条如图5-107所示的线，并勾选【在渲染中启用】和【在视口中启用】，选择【径向】，设置【厚度】为10mm，如图5-108所示。此时效果如图5-109所示。

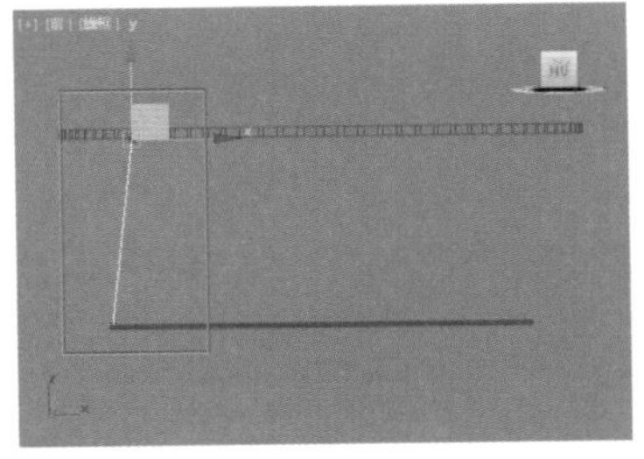

图5-107

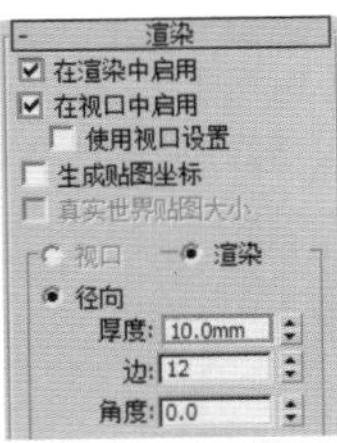

图5-108

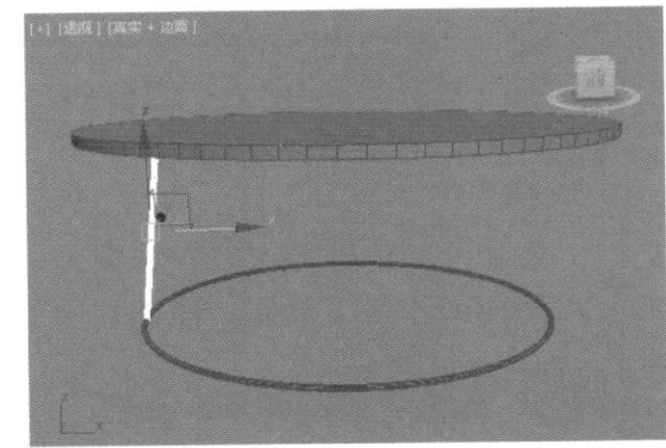

图5-109

步骤06 选择茶几腿，单击主工具栏中的【镜像】工具，然后设置【镜像轴】为X，【克隆当前选择】为【复制】，单击【确定】按钮，如图5-110所示。并移动到如图5-111所示的位置。

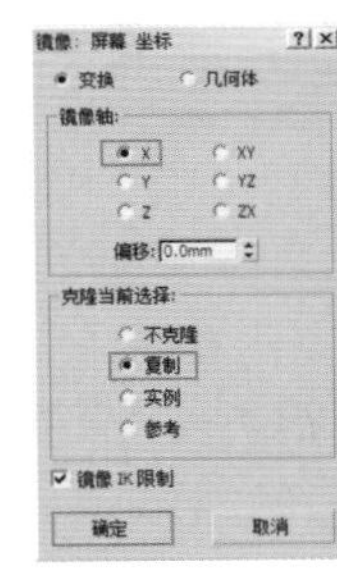

图5-110

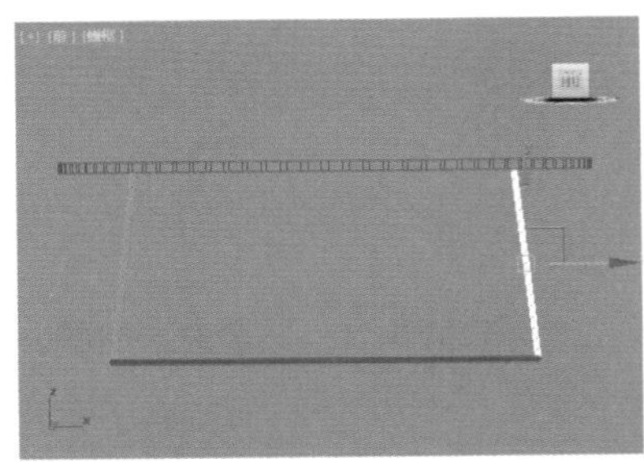

图5-111

步骤07 选择刚刚制作的两个桌腿，按住Shift键进行旋转复制操作，如图5-112所示。

步骤08 这个桌子的模型就已经完成了，如图5-113所示。

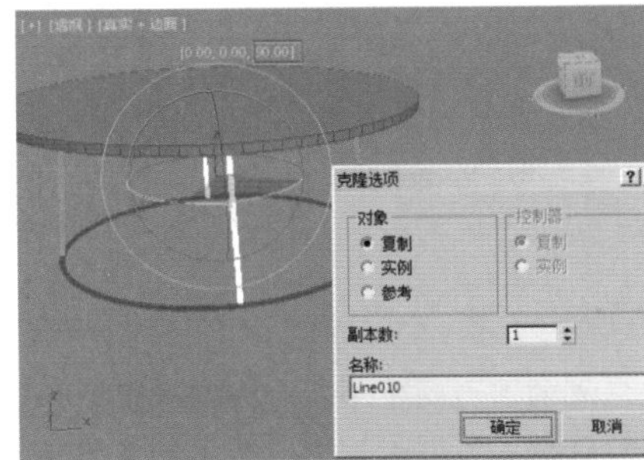

图5-112

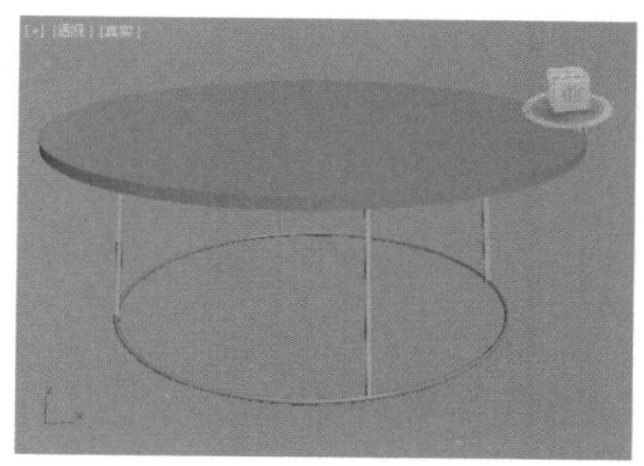

图5-113

5.2.4 弧

利用【圆弧】工具创建一个弧，如图5-114所示。其参数面板如图5-115所示。

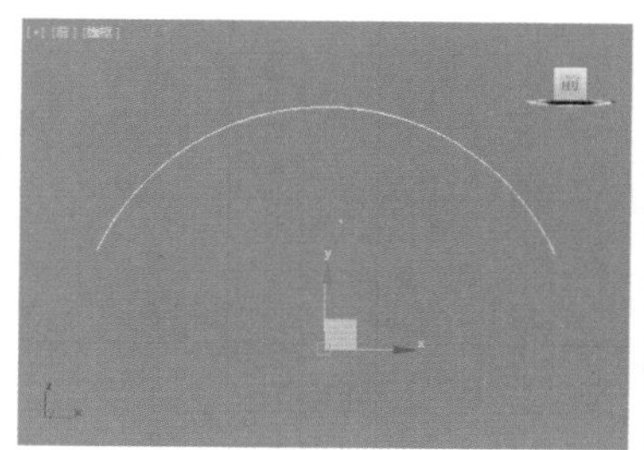

图5-114

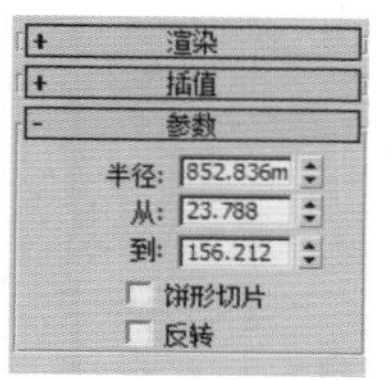

图5-115

5.2.5 圆环

利用【圆环】工具创建一个圆环，如图5-116所示。其参数面板如图5-117所示。

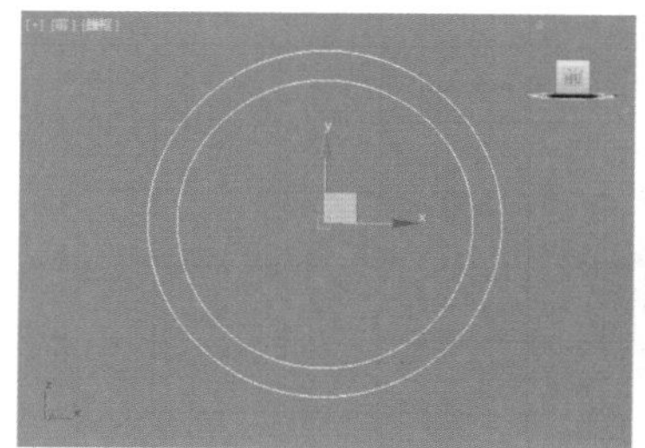

图5-116

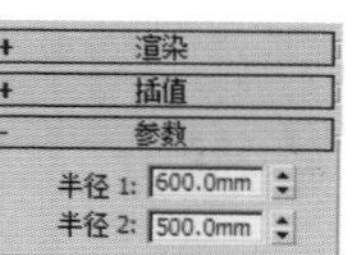

图5-117

5.2.6 多边形

利用【多边形】工具创建一个多边形，如图5-118所示。其参数面板如图5-119所示。

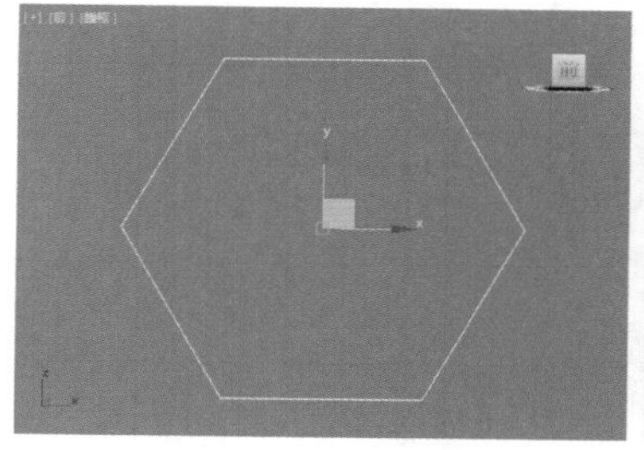

图5-118

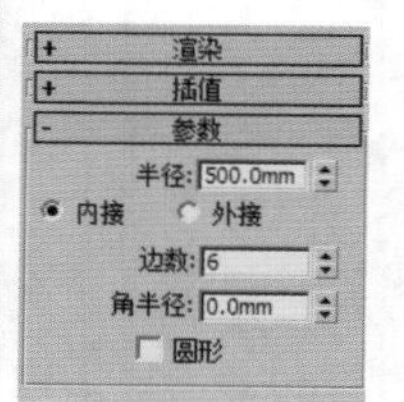

图5-119

5.2.7 星形

利用【星形】工具创建一个星形，如图5-120所示。其参数面板，如图5-121所示。

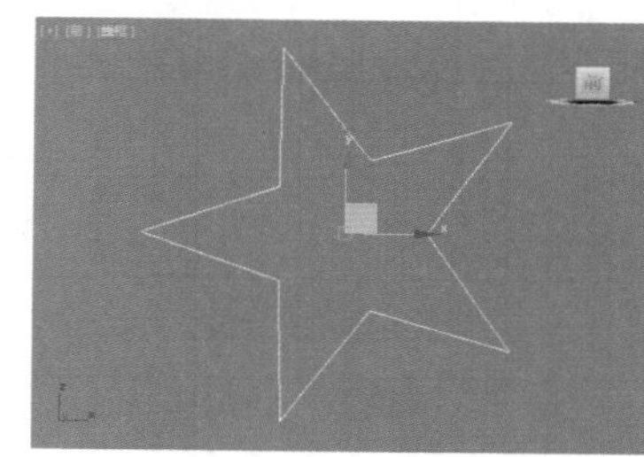

图5-120

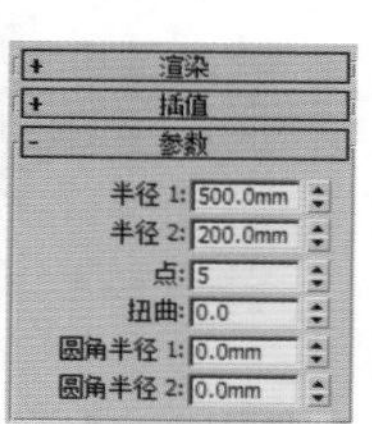

图5-121

读书笔记

实例：使用线、星形制作电视LOGO

文件路径：Chapter 05 样条线建模→实例：使用线、星形制作电视LOGO

本案例将使用线、星形工具制作电视台LOGO。最终渲染效果如图5-122所示。

图5-122

扫一扫，看视频

步骤 01 在前视图中绘制出如图5-123所示的星形。设置【半径1】为800mm，【半径2】为303mm，【点】为5，如图5-124所示。

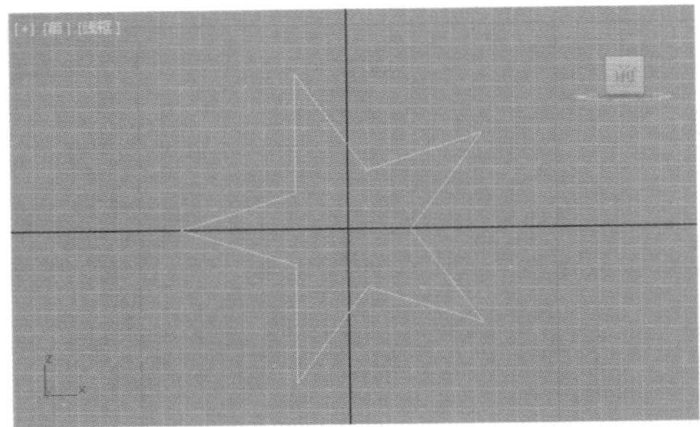

图5-123

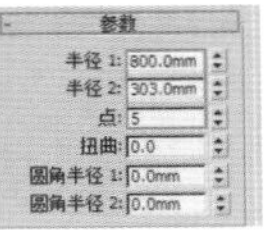

图5-124

步骤 02 在前视图选中星形，并沿着Z轴旋转18度，如图5-125所示。接着在前视图中绘制出如图5-126所示的三角形。

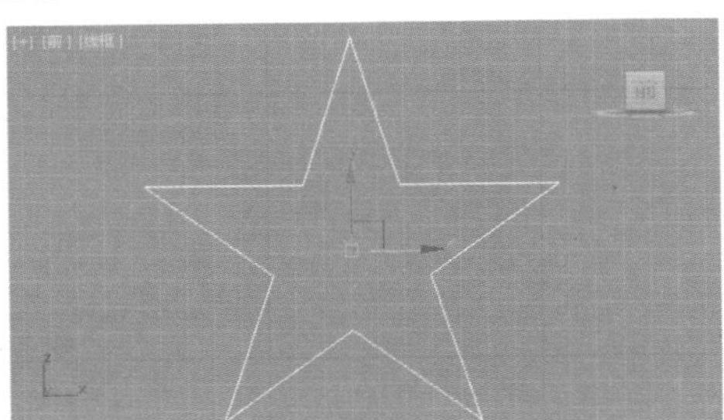

图5-125

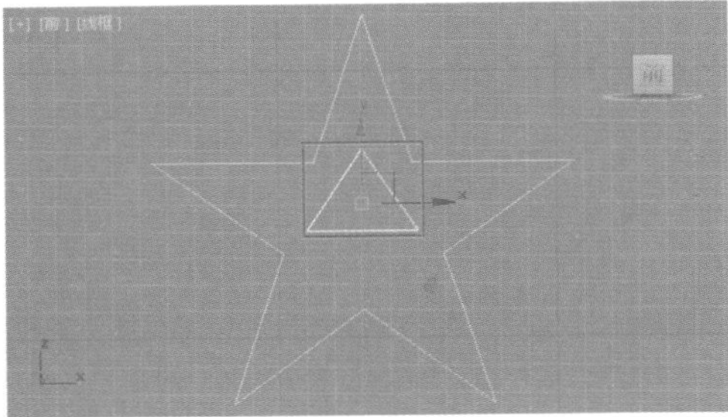

图5-126

步骤 03 选择星形，右击执行【转换为】|【转换为可编辑样条线】命令，如图5-127所示。单击【修改】按钮，展开【几何体】卷展栏，单击【附加】按钮，如图5-128所示。在视图中单击拾取三角形，如图5-129所示（此步骤的目的是将两个图形合并为一个图形）。

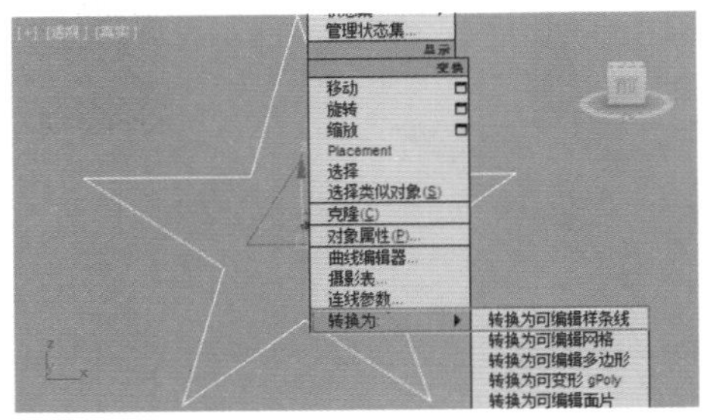

图5-127

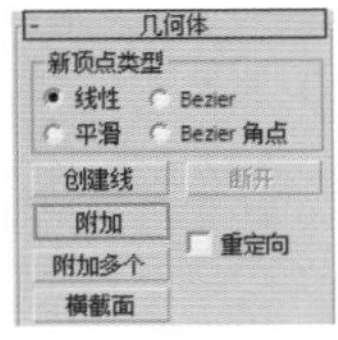

图5-128

图5-129

步骤 04 为视图中的样条线加载【挤出】修改器，设置【数量】为50mm，如图5-130所示。效果如图5-131所示。

图5-130

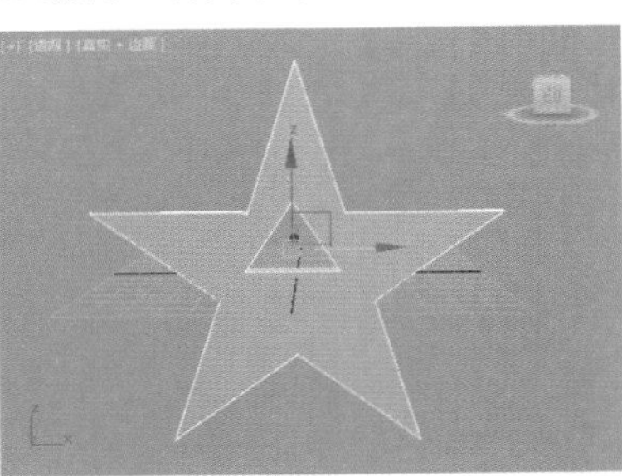

图5-131

步骤 05 在前视图中绘制出两条如图5-132所示的线。然后单击【修改】按钮，勾选【在渲染中启用】和【在视口中启用】，选择【矩形】，设置【长度】为40mm，【宽度】为20mm，如图5-133所示。效果如图5-134所示。

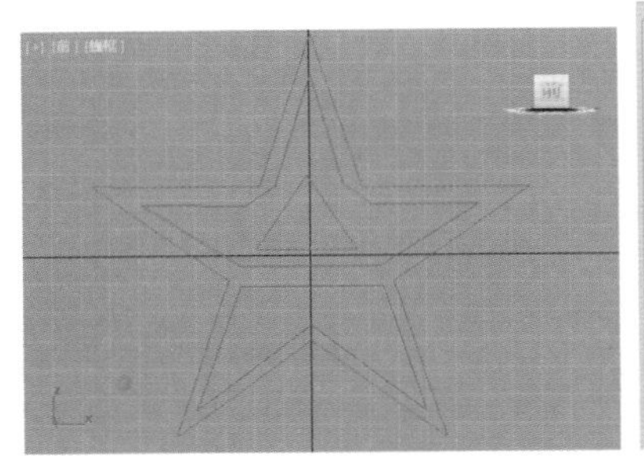

图5-132

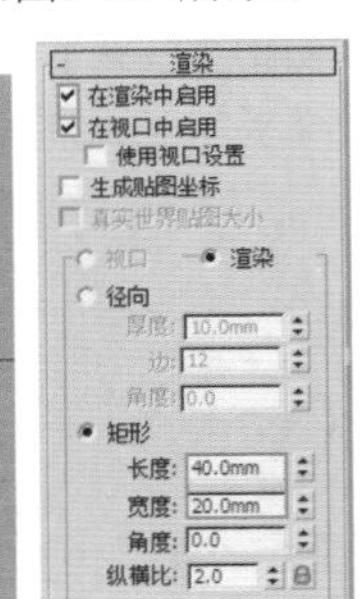

图5-133

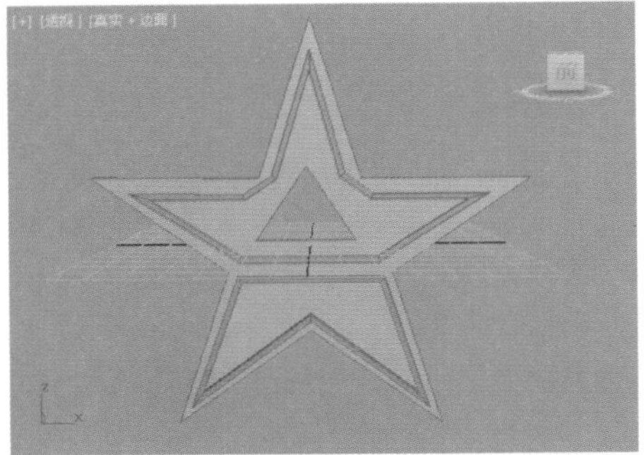

图5-134

步骤 06 使用【矩形】工具在前视图中绘制出如图5-135所示的矩形。然后展开【渲染】卷展栏，勾选【在渲染中启用】和【在视口中启用】，选择【矩形】，设置【长度】为60mm，【宽度】为20mm，如图5-136所示。效果如图5-137所示。

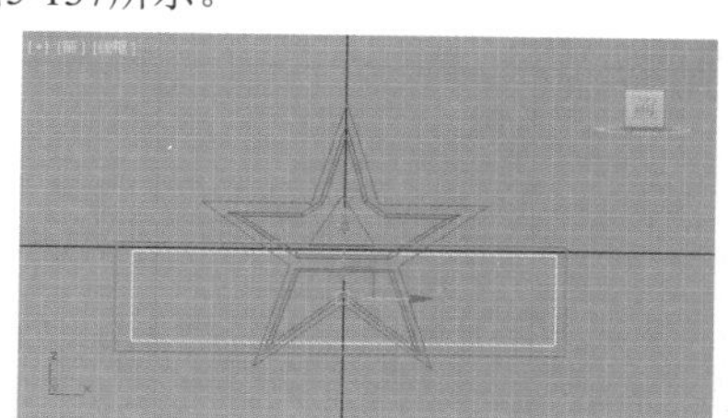

图5-135

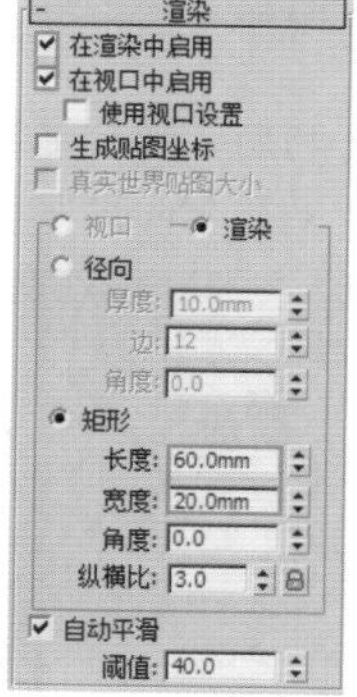

图5-136

图5-137

步骤 07 执行（创建）|（图形）| 样条线 | 文本 命令，在【前】视图中创建如图5-138所示的文本。单击【修改】按钮，设置【大小】为700mm，如图5-139所示。然后为其加载【倒角】修改器，设置【高度】为20mm，【轮廓】为－16mm，如图5-140所示。

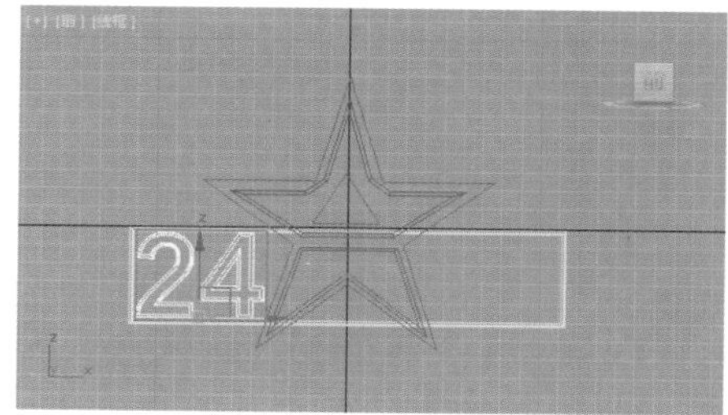

图5-138

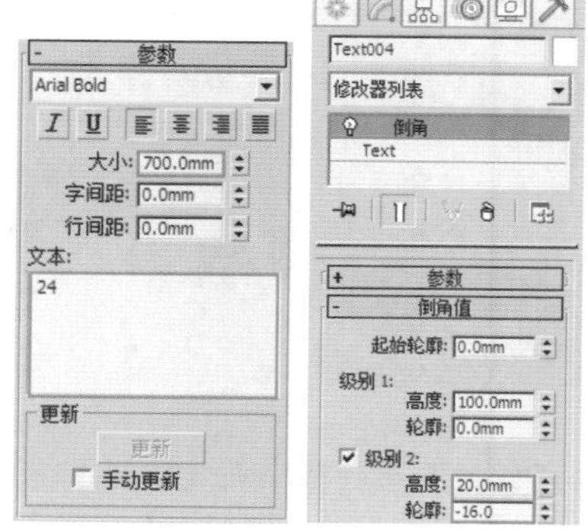

图5-139 图5-140

步骤 08 此时效果如图5-141所示。

图5-141

步骤 09 继续创建文本hour，并为其加载【倒角】修改器，设置【高度】为20mm，【轮廓】为－6mm，如图5-142所示。再次创建文本News time，并为其加载【倒角】修改器，设置【高度】为20mm，【轮廓】为－2mm，如图5-143所示。

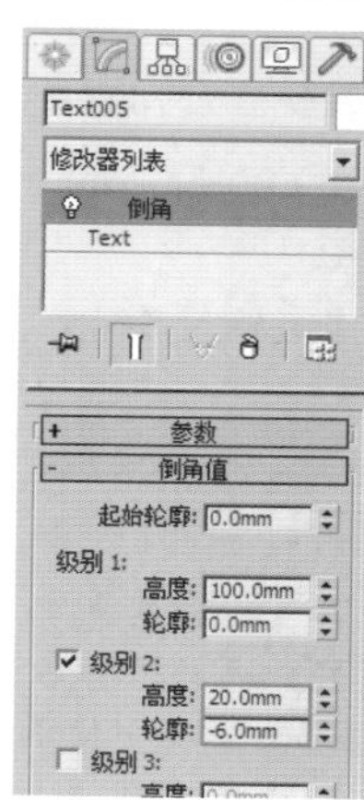

图5-142

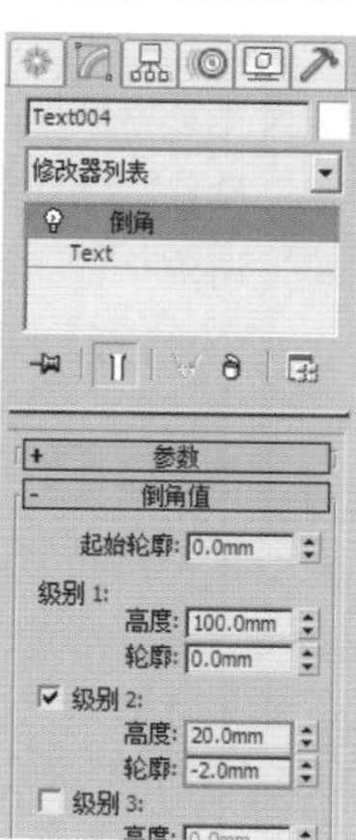

图5-143

步骤 10 此时模型已创建完成，效果如图5-144所示。

图5-144

重点 5.2.8 文本

【文本】工具用于创建文字。单击创建一组文字，如图 5-145 所示。其参数面板如图 5-146 所示。

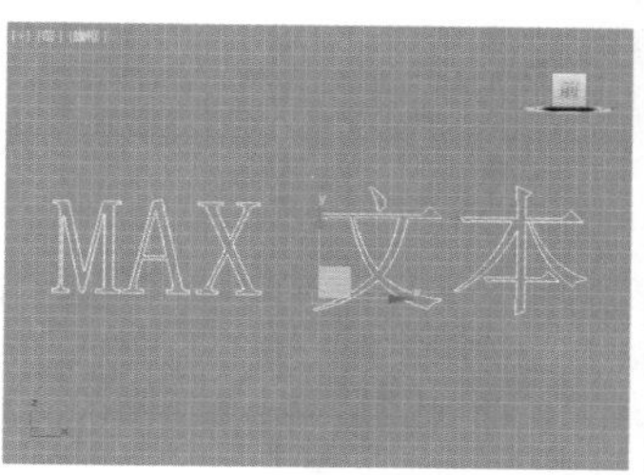

图5-145

图5-146

- 【斜体样式】按钮 I：单击该按钮可以将文件切换为斜体文本。
- 【下划线样式】按钮 U：单击该按钮可以将文本切换为下划线文本。
- 【左对齐】按钮：单击该按钮可以将文本对齐到边界框的左侧。
- 【居中】按钮：单击该按钮可以将文本对齐到边界框的中心。
- 【右对齐】按钮：单击该按钮可以将文本对齐到边界框的右侧。
- 【对正】按钮：分隔所有文本行以填充边界框的范围。
- 大小：设置文本高度，其默认值为100mm。
- 字间距：设置文字间的间距。
- 行间距：调整字行间的间距。
- 文本：在此可输入文本，若要输入多行文本，可以按Enter键切换到下一行。

提示：安装字体到计算机中。

在3ds Max中使用文本工具可以创建文字，而且可以随意设置需要的字体，但是假如我们从网络上下载到一款字体非常合适，那么怎么在3ds Max中使用呢？

(1) 找到下载的字体，选择该字体并按快捷键Ctrl+C将其复制。然后执行【开始】|【控制面板】命令，并单击【字体】文件夹图标，如图5-147所示。

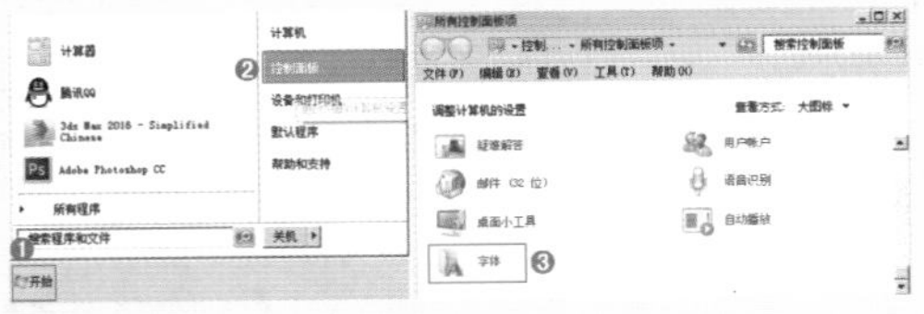

图5-147

(2) 在打开的文件夹中右击，选择【粘贴】命令，此时文字就开始安装，如图5-148所示。

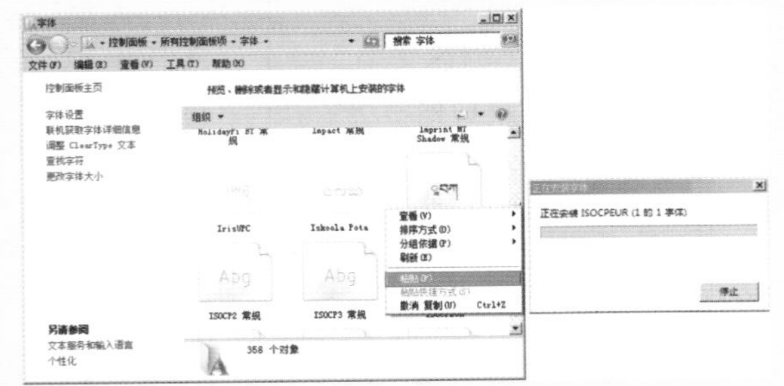

图5-148

(3) 文字安装成功之后，重新开启3ds Max，就可以调用新字体了。

5.2.9 螺旋线

利用【螺旋线】工具创建一条螺旋线，如图5-149所示。其参数面板如图5-150所示。

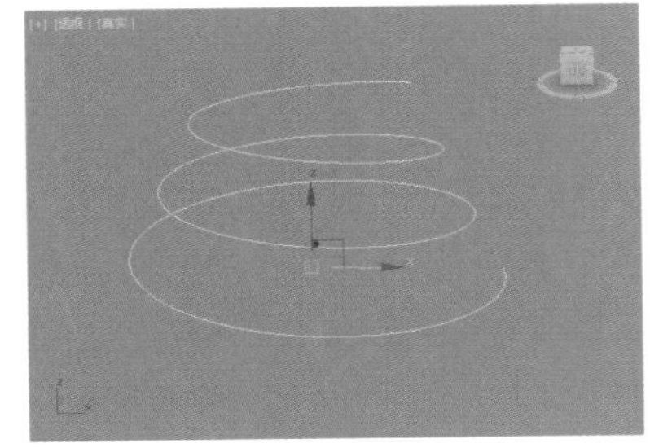

图5-149

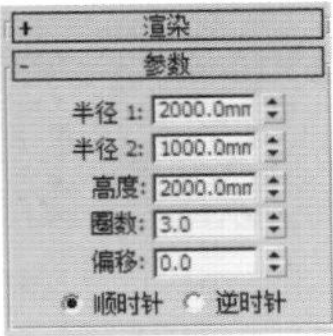

图5-150

实例：使用螺旋线制作弹簧

扫一扫，看视频

文件路径：Chapter 05 样条线建模→实例：使用螺旋线制作弹簧

本例使用螺旋线制作弹簧模型效果。最终渲染效果如图5-151所示。

图5-151

步骤01 使用【螺旋线】工具在顶视图中创建一条螺旋线，如图5-152所示，并设置【半径1】为50mm，【半径2】为50mm，【高度】为150mm，【圈数】为15，如图5-153所示。

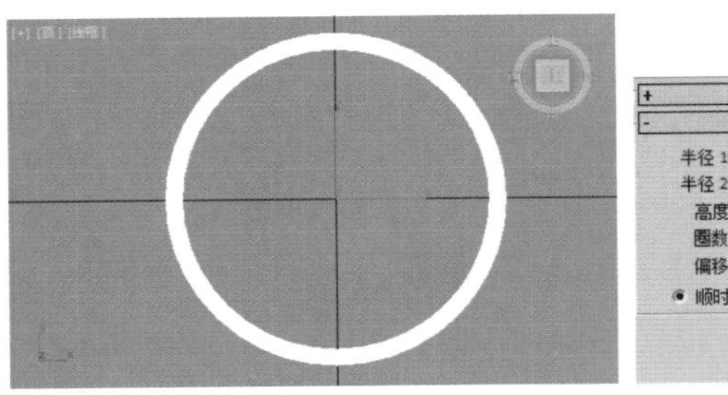

图5-152　图5-153

步骤02 单击【修改】按钮，在【渲染】卷展栏中勾选【在渲染中启用】和【在视口中启用】，设置【厚度】为5mm，【边】为20，【角度】为0，如图5-154所示。

步骤03 得到如图5-155所示的模型。

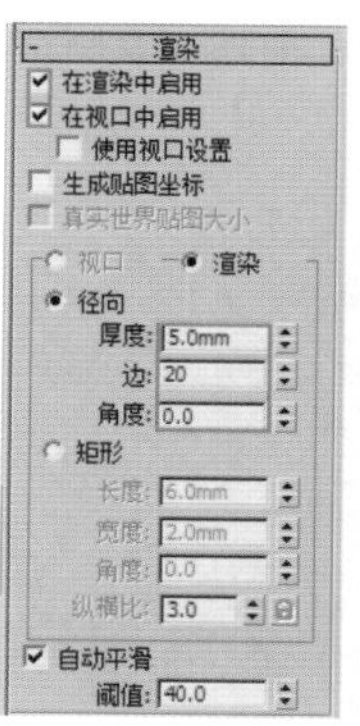

图5-154

图5-155

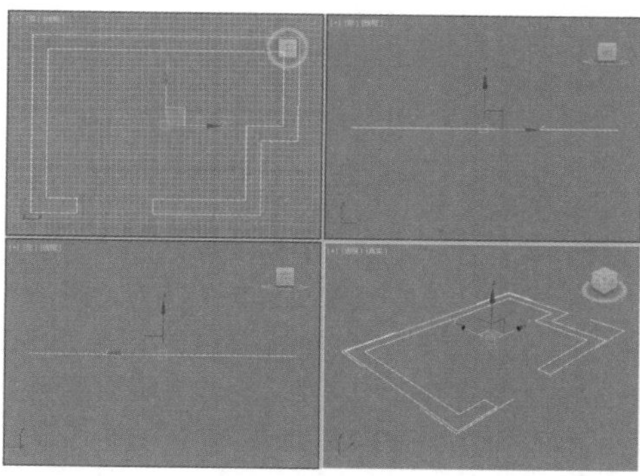

图5-158

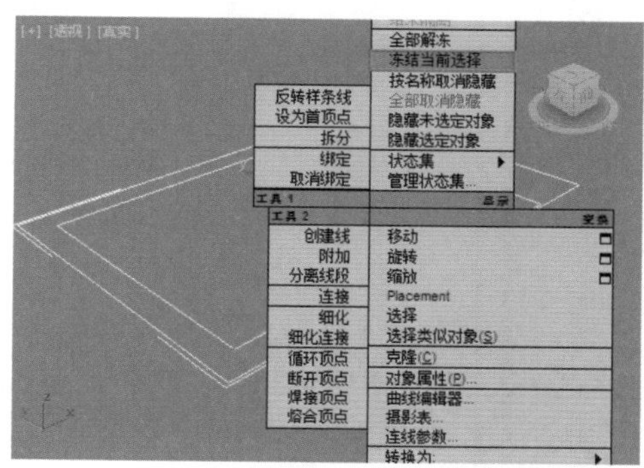

图5-159

重点 实例：导入CAD绘制图形

文件路径：Chapter 05 样条线建模→实例：导入CAD绘制图形

扫一扫，看视频

本例需要导入CAD的.dwg格式文件到3ds Max中，并根据图形进行绘制，从而制作室内三维墙体结构。该方法是室内设计、景观设计、建筑设计中常用的方法，如图5-156所示。

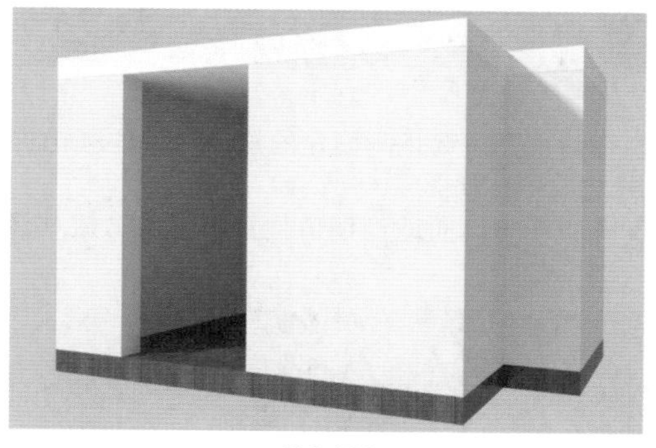

图5-156

步骤01 单击按钮，然后单击【导入】，并在弹出的对话框中选择本书的CAD文件【墙.dwg】，单击【打开】按钮，此时在弹出的对话框中单击【确定】按钮，如图5-157所示。

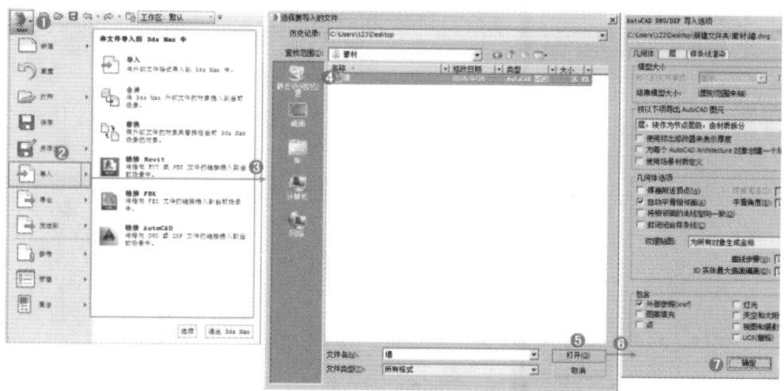

图5-157

步骤02 此时效果如图5-158所示。

步骤03 选中刚导入的图形，右击执行【冻结当前选择】命令，如图5-159所示。

步骤04 此时图形已经变为灰色，并且不能被选择到，目的是为了在绘制新图形时，原来的图形不会被选中，如图5-160所示。

步骤05 激活【捕捉】按钮，然后鼠标右击该按钮，并在弹出的对话框中的【捕捉】选项卡中勾选【端点】，在【选项】选项卡中勾选【捕捉到冻结对象】，如图5-161所示。

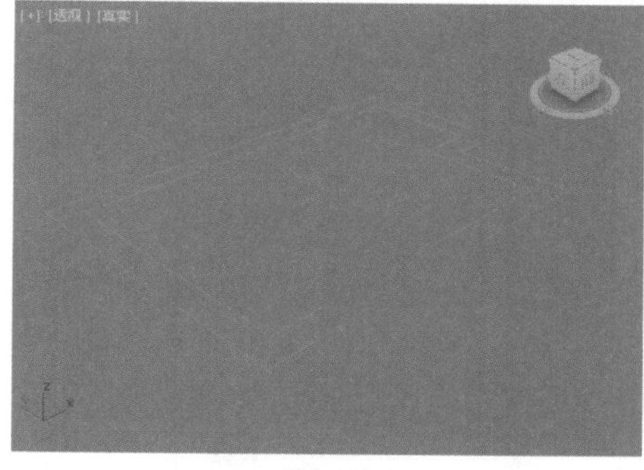

图5-160

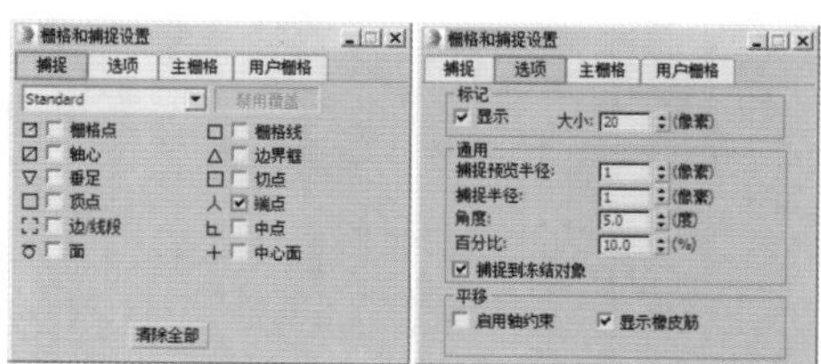

图5-161

步骤06 使用【线】工具，在顶视图中开始沿着被冻结的图形进行绘制，绘制时点会自动进行捕捉，如图5-162所示。

步骤07 继续绘制线，制作首尾闭合，并单击【是】按钮，结果如图5-163所示。

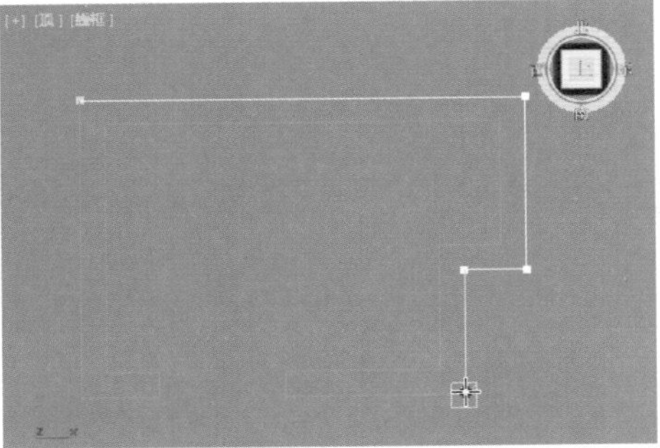

图5-162

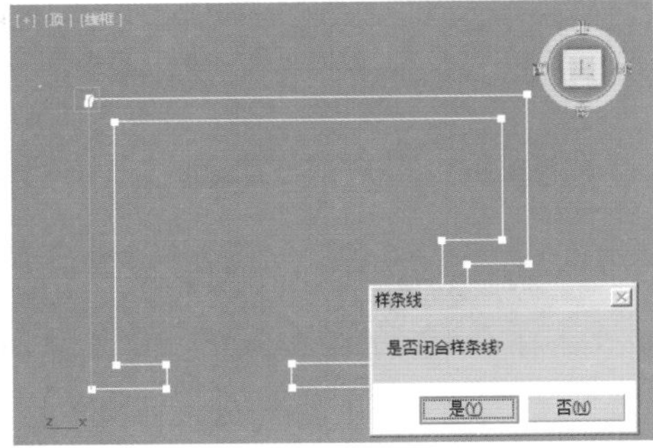

图5-163

步骤08 选中刚才绘制的图形，如图5-164所示，并为其加载【挤出】修改器，设置【数量】为2500，如图5-165所示。此时效果如图5-166所示。

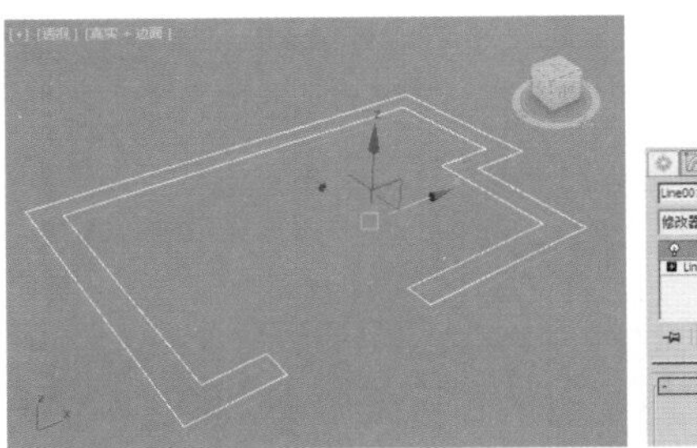

图5-164　图5-165

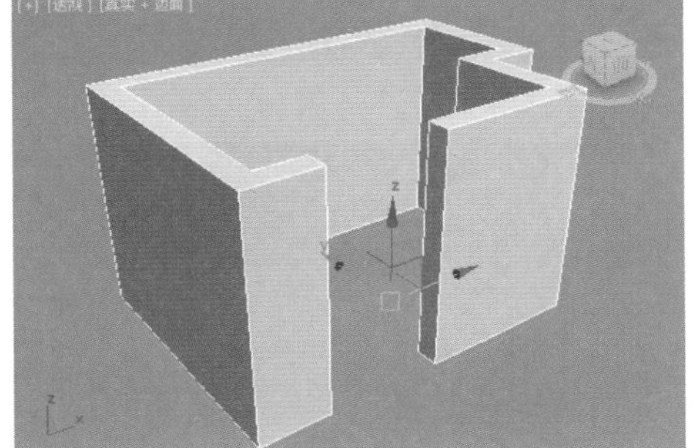

图5-166

步骤09 再次选择【线】在顶视图中进行捕捉，绘制出房顶图形，如图5-167所示，并为其添加【挤出】修改器，设置【数量】为200，效果如图5-168所示。

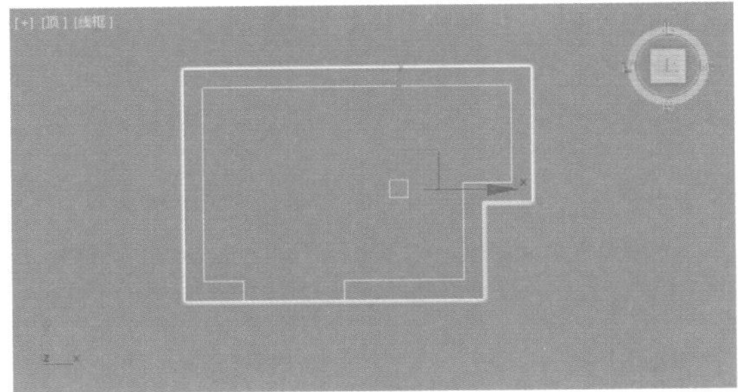

图5-167

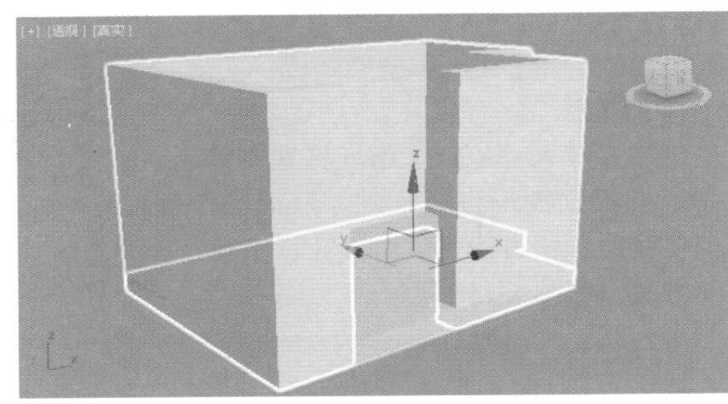

图5-168

步骤10 在前视图中选择刚创建的模型，按住Shift键沿着Y轴向上拖拽复制，如图5-169所示。

步骤11 将房顶与地面适当调节位置，最终效果如图5-170所示。

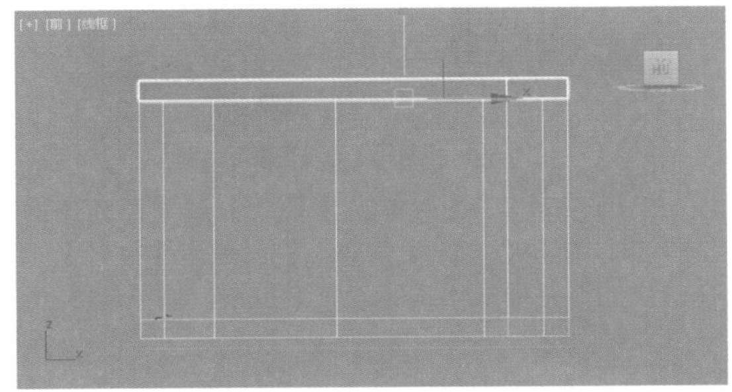

图5-169

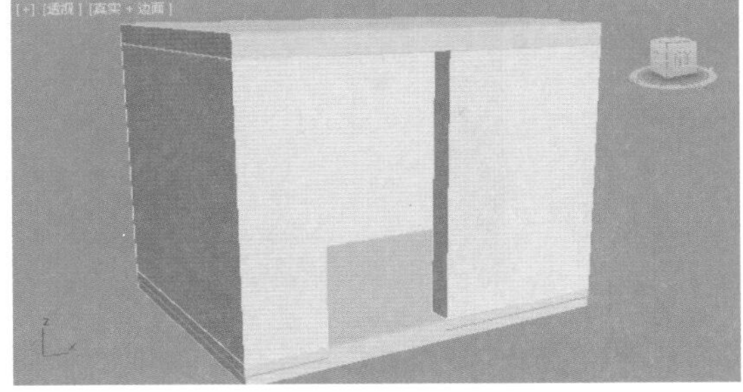

图5-170

5.3 可编辑样条线

扫一扫，看视频

可编辑样条线是样条线建模中的重要技术，通过使用可编辑样条线的相关工具，可将图形形状设置得更丰富。

5.3.1 认识可编辑样条线

1.什么是可编辑样条线

可编辑样条线是指可以进行编辑的样条线效果。任何图形都可以转换为可编辑样条线，转换之后的图形可以对【顶点】级别、【线段】级别、【样条线】级别进行编辑。

2.为什么需要将图形转换为可编辑样条线

在创建完成一个图形，例如创建矩形之后，单击【修改】按钮，只能设置矩形的基本参数，如长度、宽度等，但是无法对矩形的顶点位置进行修改，如图5-171和图5-172所示。

选择图形，右击执行【转换为】|【转换为可编辑样条线】命令之后，再次单击【修改】按钮会看到可以选择顶点级别了，如图5-173所示。此时对顶点位置进行调整，如图5-174所示。

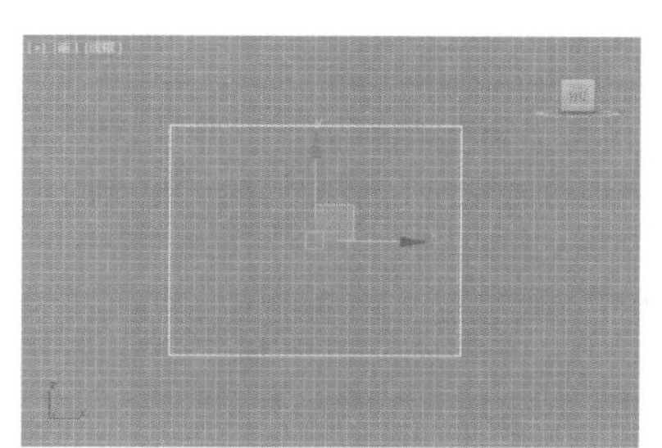
图5-171

图5-172

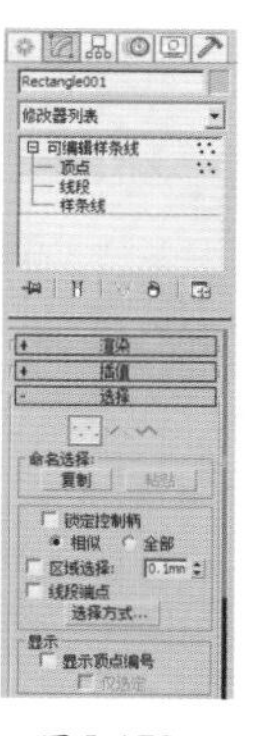
图5-173

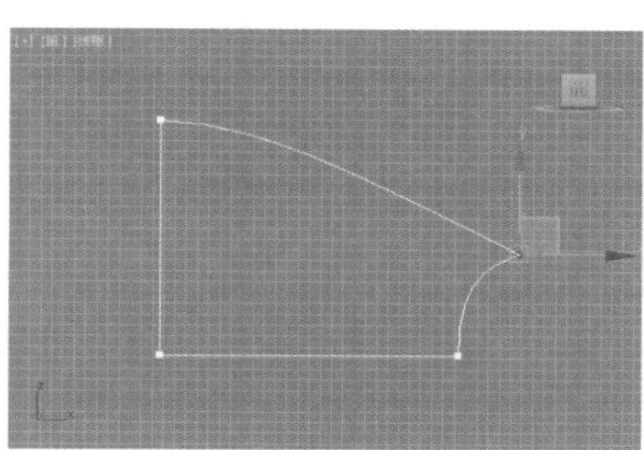
图5-174

重点 轻松动手学：将圆转换为可编辑样条线

文件路径：Chapter 05 样条线建模→轻松动手学：将圆转换为可编辑样条线

【圆】的默认参数中无法对顶点、线段、样条线进行编辑，因此需要转换为可编辑样条线。

步骤 01 创建一个圆，如图5-175所示。

步骤 02 选择圆，右击，选择【转换为】|【转换为可编辑样条线】命令，如图5-176所示。

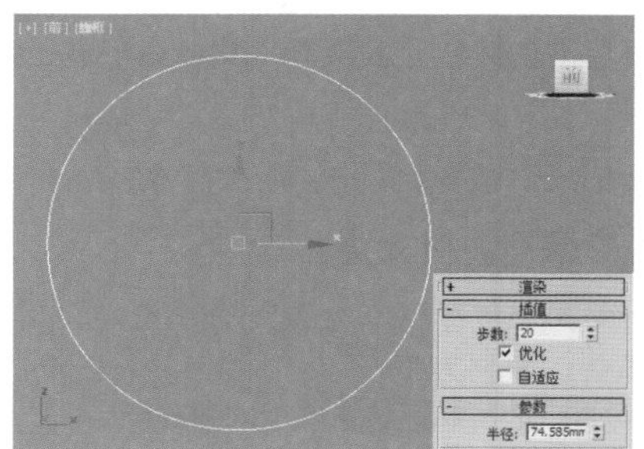
图5-175

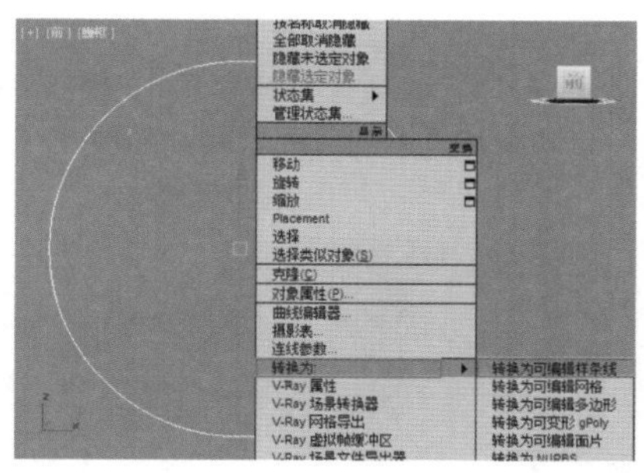
图5-176

步骤 03 单击【修改】按钮，看到原来的参数已经发生了变化。此时的圆参数，已经变得和线的参数一样，如图5-177所示。可以理解为任何一个图形（例如圆、矩形、弧等）被转换为可编辑样条线后，都变成了一条线。

步骤 04 此时就可以对现在的圆进行操作了，例如移动顶点位置，如图5-178所示。

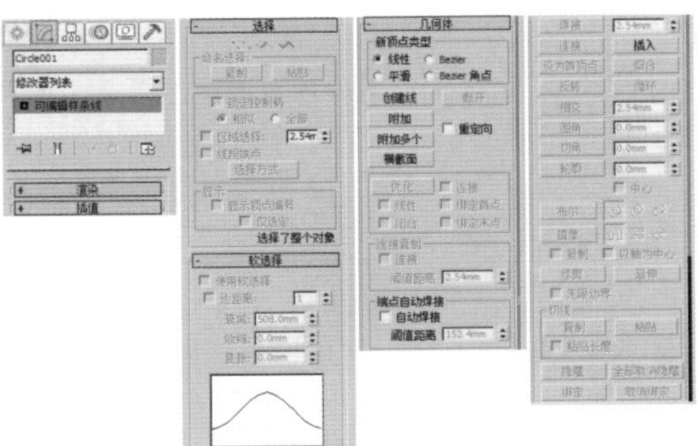

图5-177

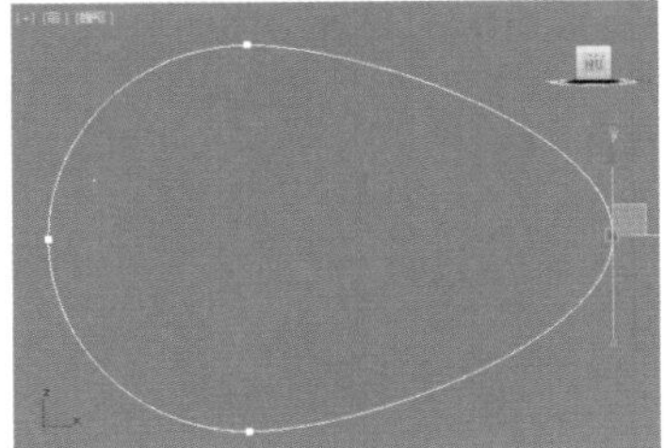

图5-178

提示：建议不要将样条线转换为可编辑多边形。

使用【圆】创建一个圆形，如图5-179所示。

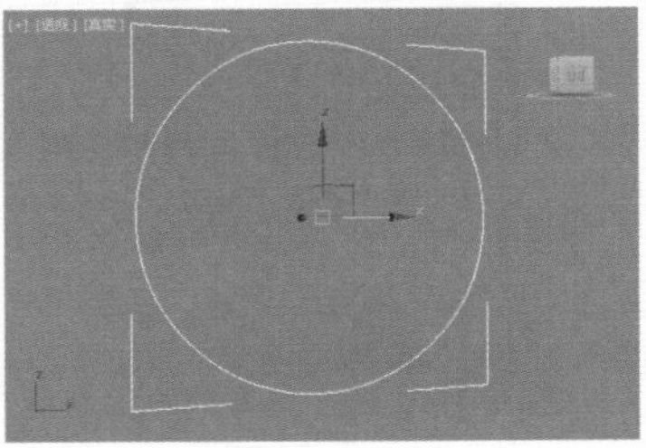

图5-179

选择圆，右击，选择【转换为】|【转换为可编辑样条线】命令，如图5-180所示。此时的圆外观没有发生变化，还是二维的图形，如图5-181所示。

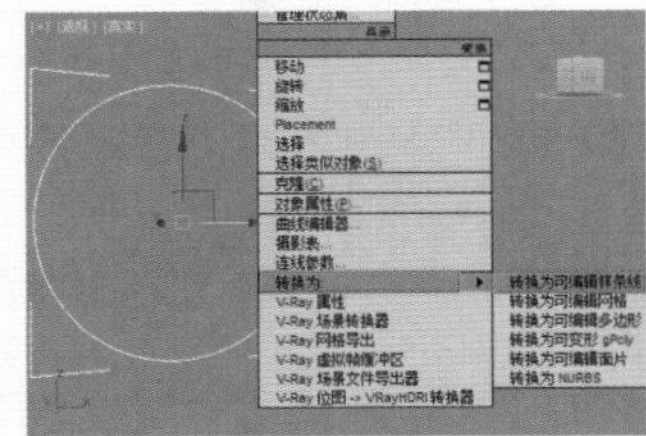

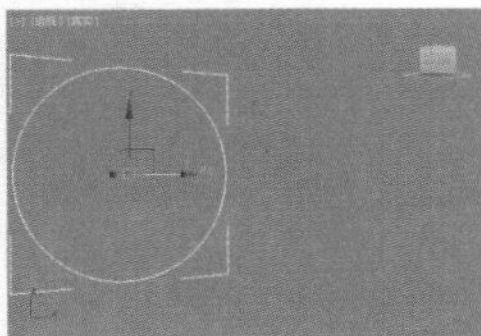

图5-180　　图5-181

但是，假如选择圆，右击，选择【转换为】|【转换为可编辑多边形】命令，如图5-182所示。此时圆变成三维的圆形薄片，如图5-183所示。

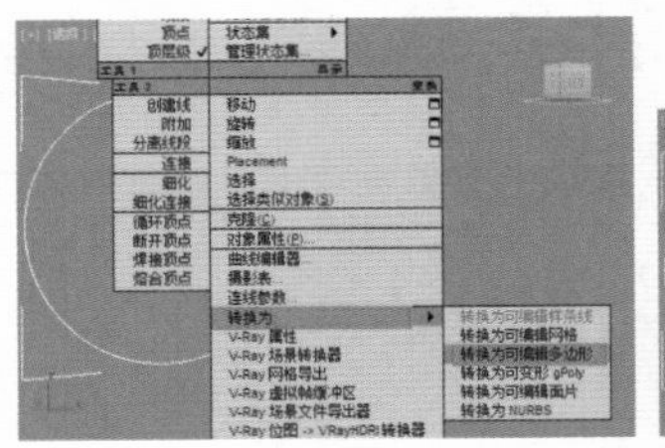

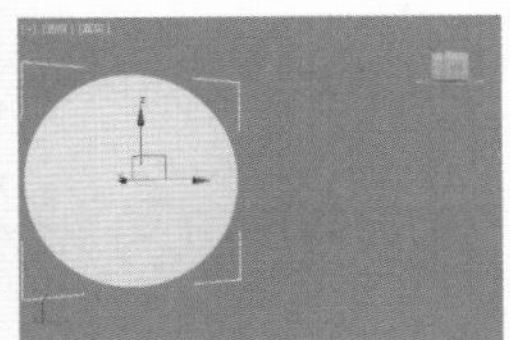

图5-182　　图5-183

因此，建议二维图形转换为可编辑样条线，而三维模型转换为可编辑多边形。可以选择已经转换为可编辑样条线的圆，此时可以调整顶点的位置，如图5-184所示。

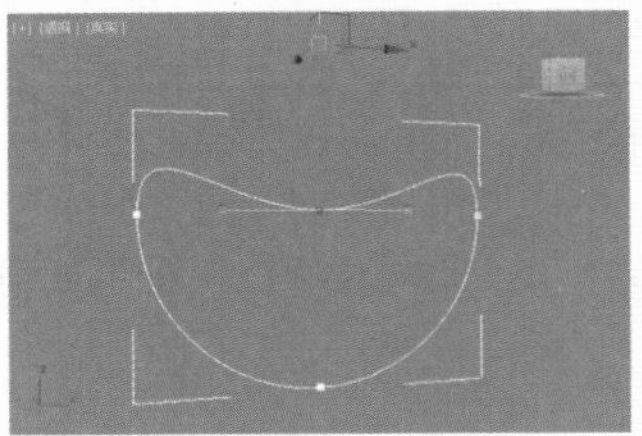

图5-184

5.3.2 不选择任何子级别下的参数

在不选择进入任何子级别的情况下，单击【修改】按钮，可以看到可用的参数很少，最常用的就是【附加】工具。参数面板如图5-185所示。

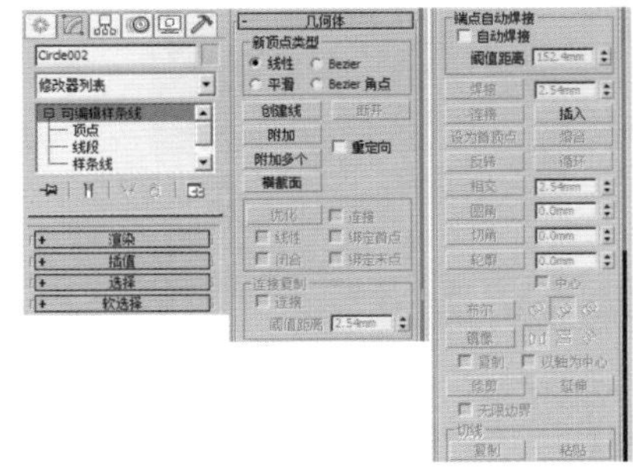

图5-185

- 附加：单击该按钮可以在列表中选择需要合并的图形。
- 附加多个：可以将两个或多个图形合并为一个图形，需要单击该按钮并依次单击其他图形进行合并。

提示：使用附加工具，然后可以添加挤出修改器制作镂空模型。

两个或多个图形可以变为一个图形，只需要应用到【附加】工具。举例如下。

(1) 创建两个圆，如图5-186所示。

(2) 选择任意一个圆，右击，执行【转换为】|

【转换为可编辑样条线】命令，如图 5-187 所示。

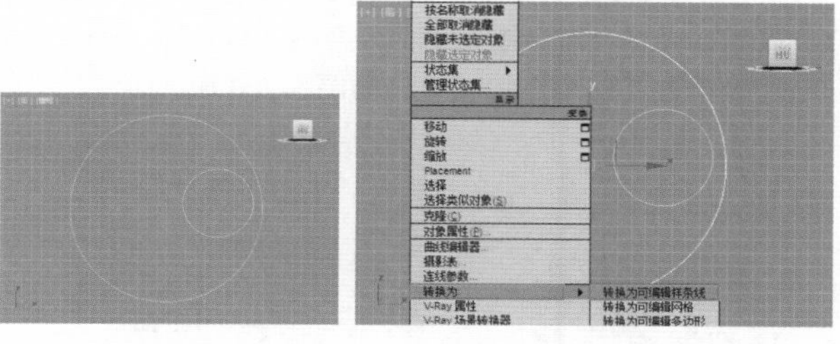

图5-186　　图5-187

（3）选择上一步中选中的圆，单击【修改】按钮，然后单击【附加】按钮，并在视图中单击拾取另外一个圆，如图 5-188 所示。

（4）此时两个图形已经变成了一个。单击【修改】按钮，为其添加【挤出】修改器，并设置【数量】为 500mm，如图 5-189 所示。

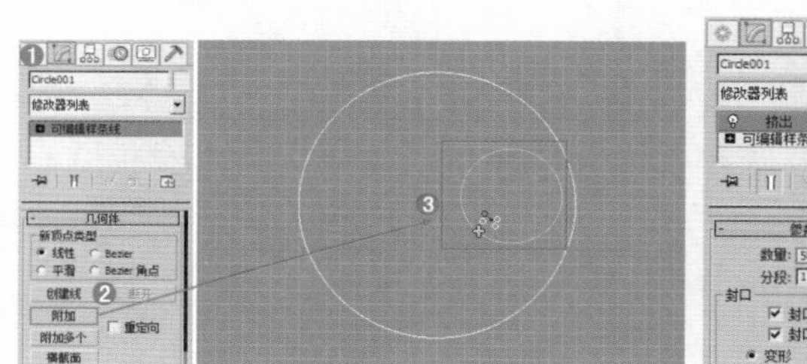

图5-188

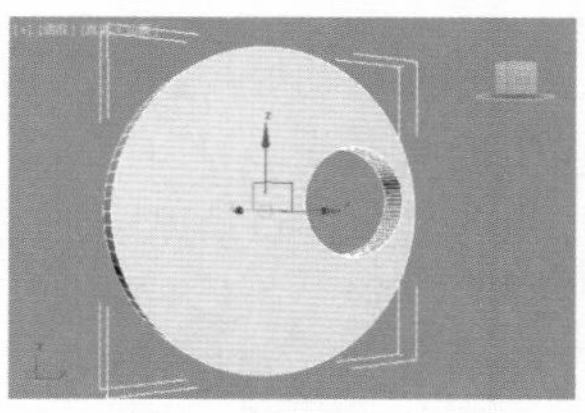

图5-189

（5）此时出现了三维镂空的模型效果如图 5-190 所示。

图5-190

重点 5.3.3 【顶点】级别下的参数

单击【修改】按钮，进入【顶点】级别（快捷键为 1），参数如图 5-191 所示。

图5-191

1.【选择】卷展栏

【选择】卷展栏中可以选择 3 种不同的级别类型，还可以使用命名选择、锁定控制柄、显示设置以及所选实体的信息提供控件。其参数如图 5-192 所示。

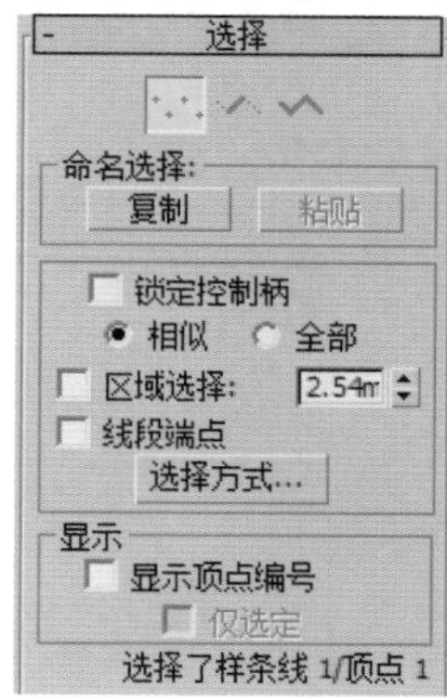

图5-192

- 顶点：最小的级别，指线上的顶点。
- 分段：指连接两个顶点之间的线段。
- 样条线：一个或多个相连线段的组合。
- 复制：将命名选择放置到复制缓冲区。
- 粘贴：从复制缓冲区中粘贴命名选择。

2.【软选择】卷展栏

【软选择】卷展栏中可以选择邻接处的子对象，进行移动等操作，使其产生柔软的过渡效果。其参数如图 5-193 所示。

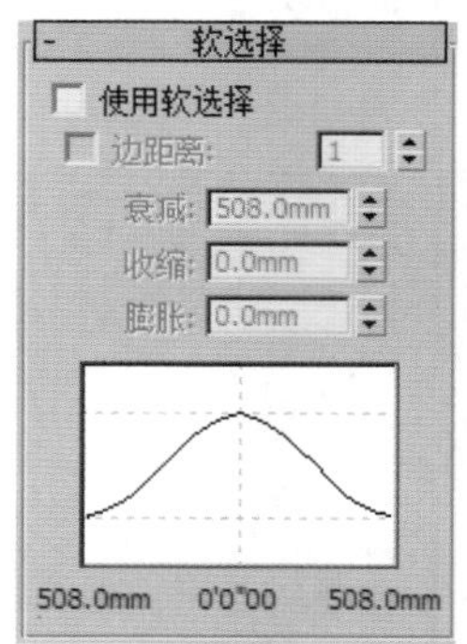

图5-193

- 使用软选择：选择该选项，才可以使用软选择。
- 边距离：选择该选项后，将软选择限制到指定的面数，该选择在进行选择的区域和软选择的最大范围之间。
- 衰减：定义影响区域的距离。
- 收缩：沿着垂直轴提高并降低曲线的顶点。
- 膨胀：沿着垂直轴展开和收缩曲线。

3.【几何体】卷展栏

【几何体】卷展栏中可以对图形进行很多操作，如断开、优化、切角、焊接等。其参数如图 5-194 所示。

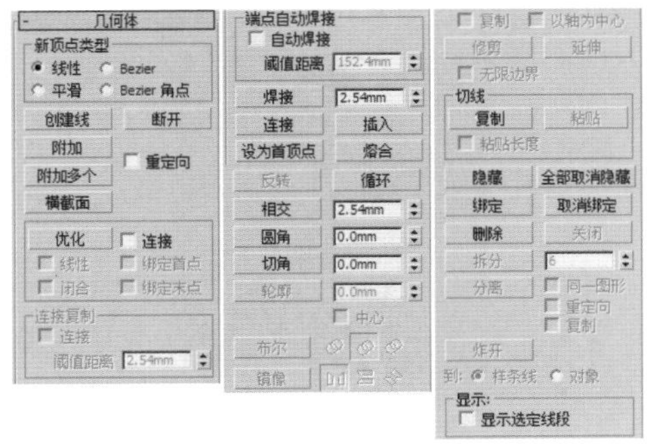

图5-194

- 创建线：向所选对象添加更多样条线。
- 断开：可将选择的点断开。比如，选中一个顶点，如图 5-195 所示。单击【断开】按钮，如图 5-196 所示。此时单击选择顶点并移动其位置，可以看到已经由一个顶点变为了两个顶点，如图 5-197 所示。

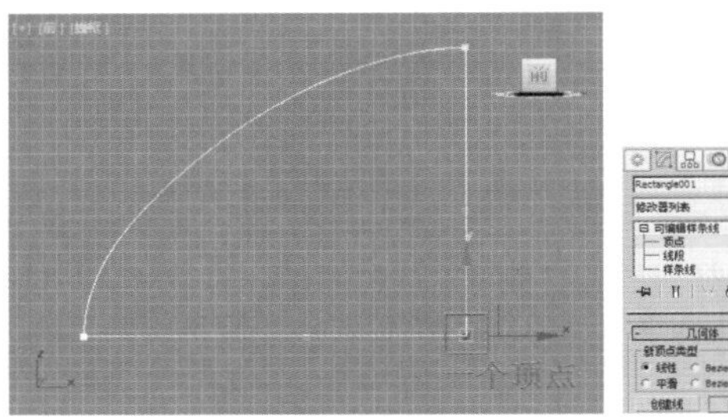

图5-195　　图5-196

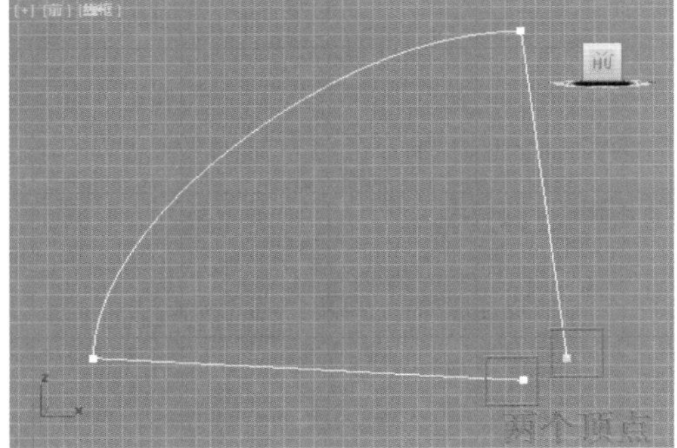

图5-197

- 附加：将场景中其他样条线附加到所选样条线，使其变为一个图形。
- 附加多个：单击该按钮，可弹出【附加多个】对话框，可在列表中选择需要附加的图形。
- 横截面：在横截面形状外面创建样条线框架。
- 优化：在线上添加顶点，如图 5-198 所示进入顶点级别，单击【优化】按钮，如图 5-199 所示。此时在线上单击，即可添加顶点，如图 5-200 所示。

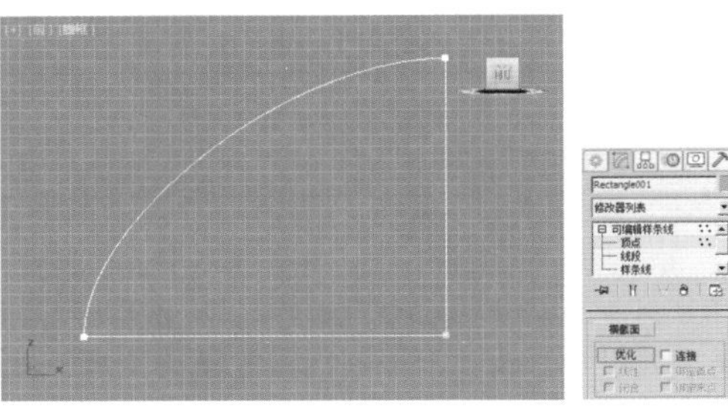

图5-198　　图5-199

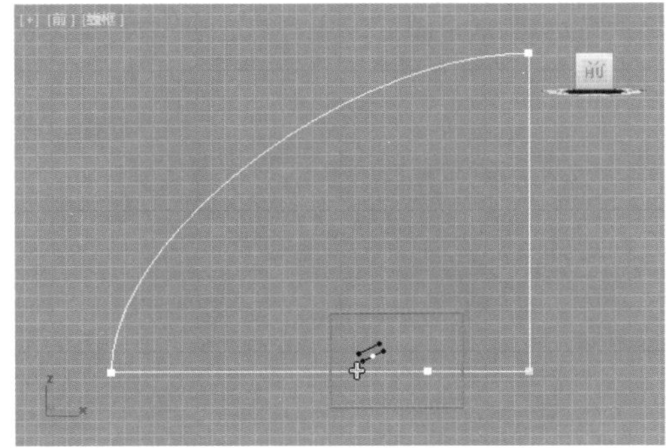

图5-200

- 连接：启用时，通过连接新顶点创建一个新的样条线子对象。
- 自动焊接：启用【自动焊接】后，会自动焊接在一定阈值距离范围内的顶点。
- 阈值距离：用于控制在自动焊接顶点之前，两个顶点接近的程度。
- 焊接：可以将两个顶点焊接在一起，变为一个顶点，如图 5-201 所示选中两个顶点，在【焊接】后面设置一个较大的数值，并单击【焊接】按钮，如图 5-202 所示。此时变为了一个顶点，如图 5-203 所示。

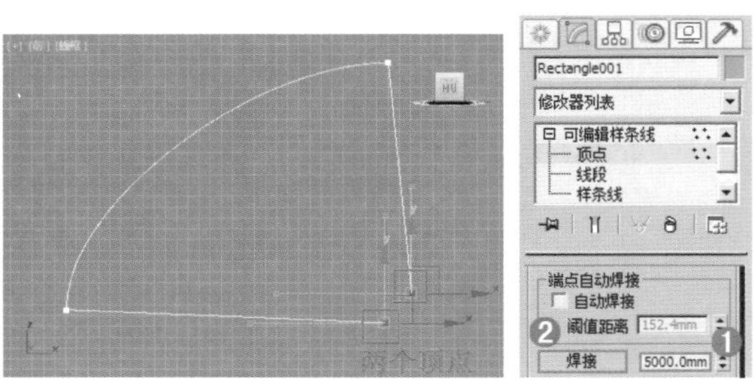

图5-201　　图5-202

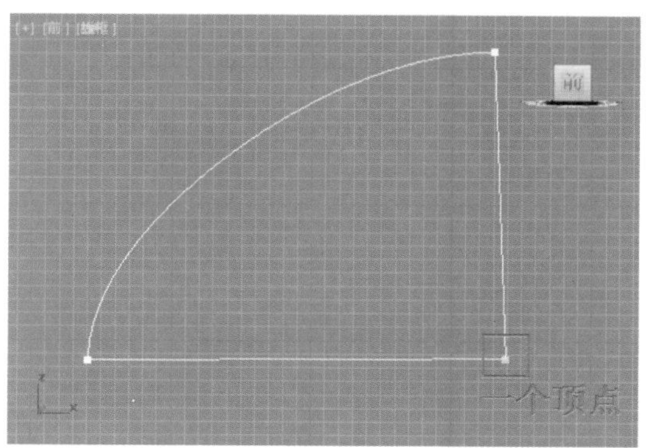

图5-203

- 连接：连接两个端点顶点以生成一个线性线段，而无论端点顶点的切线值是多少。
- 设为首顶点：指定所选形状中的哪个顶点是第一个顶点。
- 熔合：将所有选定顶点移至它们的平均中心位置。
- 相交：在属于同一个样条线对象的两个样条线的相交处添加顶点。
- 圆角：可以将选择的顶点变为具有圆滑过渡的两个顶点，如图5-204所示选中一个顶点，单击【圆角】按钮，如图5-205所示。然后在该点处单击并拖动鼠标左键，即可产生圆角效果，如图5-206所示。

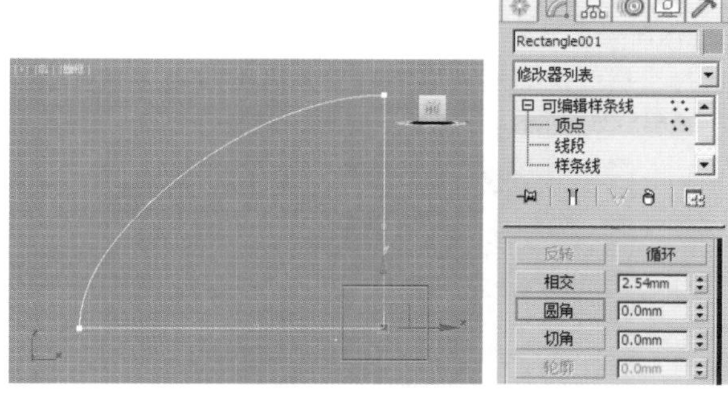

图5-204　图5-205

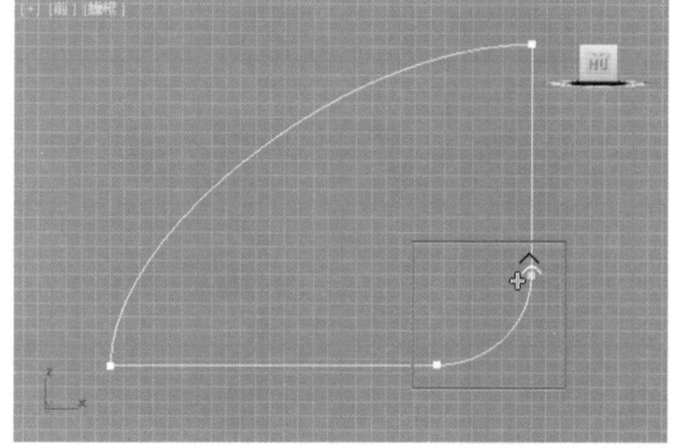

图5-206

- 切角：可以将选择的顶点变为具有转角过渡的两个顶点，如图5-207所示选中一个顶点，单击【切角】按钮，如图5-208所示。然后在该点处单击并拖动鼠标左键，即可产生切角效果，如图5-209所示。

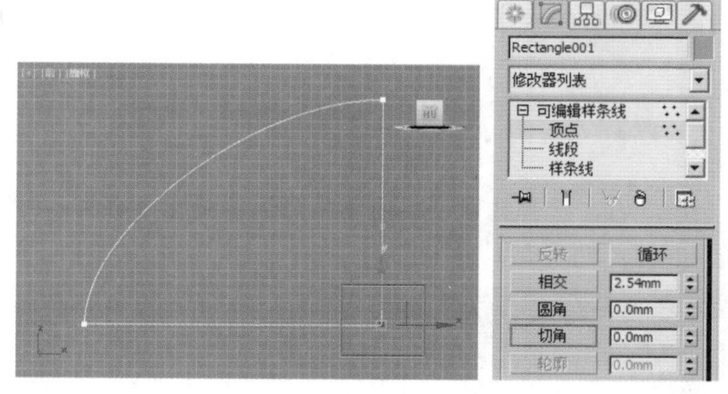

图5-207　图5-208

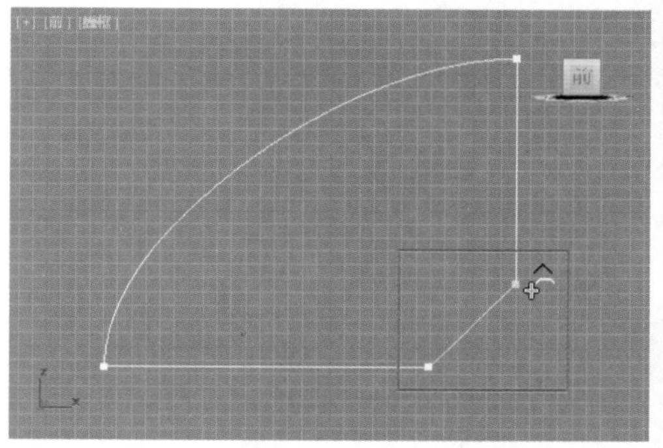

图5-209

- 复制：启用此按钮，然后选择一个控制柄。此操作将把所选控制柄切线复制到缓冲区。
- 粘贴：启用此按钮，然后单击一个控制柄。此操作将把控制柄切线粘贴到所选顶点。
- 粘贴长度：启用此按钮后，还会复制控制柄长度。
- 隐藏：隐藏所选顶点和任何相连的线段。选择一个或多个顶点，然后单击【隐藏】按钮。
- 全部取消隐藏：显示任何隐藏的子对象。
- 绑定：允许创建绑定顶点。
- 取消绑定：允许断开绑定顶点与所附加线段的连接。
- 删除：删除所选的一个或多个顶点，以及与每个要删除的顶点相连的那条线段。
- 显示选定线段：启用后，顶点子对象层级的任何所选线段将高亮显示为红色。

重点 5.3.4 【线段】级别下的参数

单击【修改】按钮，选择（线段）级别（快捷键为2），参数如图5-210所示。

图5-210

- 隐藏：选择线段，单击【隐藏】按钮即可将其暂时隐藏，如图 5-211 所示。

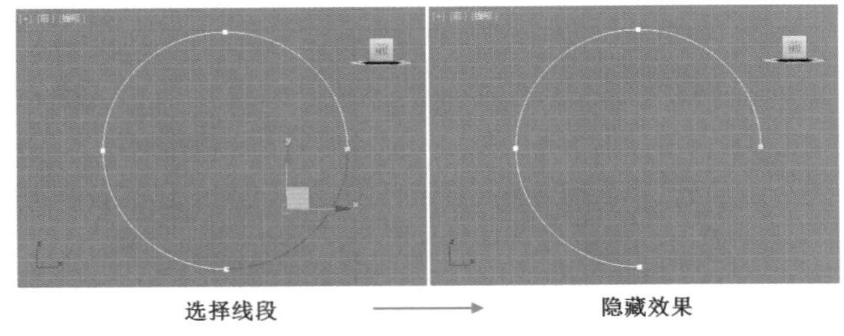

图5-211

- 全部取消隐藏：单击该按钮即可全部显示被隐藏的线段，如图 5-212 所示。

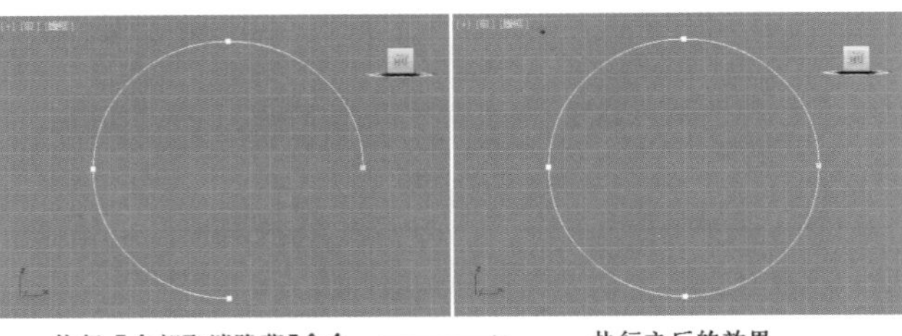

图5-212

- 拆分：该工具可以将线段拆分成多段。举例如下。

步骤 01 选择一条线段，如图5-213所示。

步骤 02 设置【拆分】为3，然后单击【拆分】按钮，如图5-214所示。

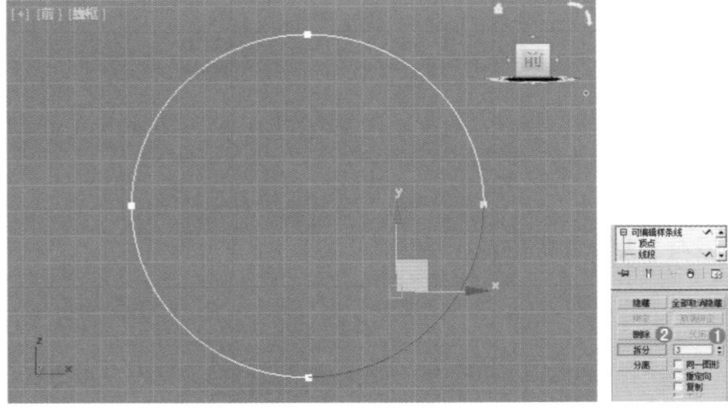

图5-213　　图5-214

步骤 03 此时线段被拆分4段，如图5-215所示。

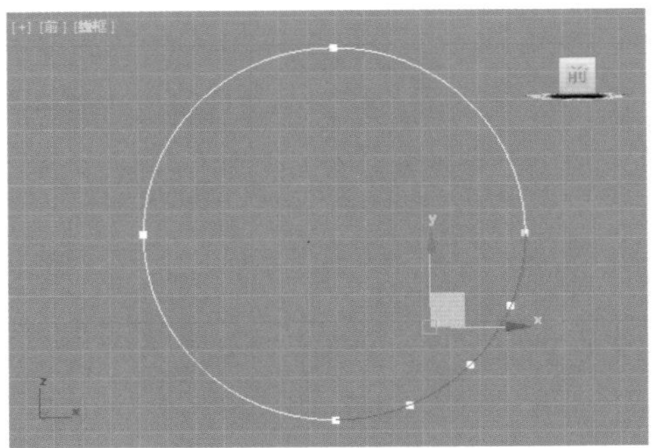

图5-215

- 分离：使用该工具可以将选中的线段分类为新的图形。举例如下。

步骤 01 选择 （线段）级别，选择一部分线段，如图5-216所示。然后单击【分离】按钮，并单击【确定】按钮，如图5-217所示。

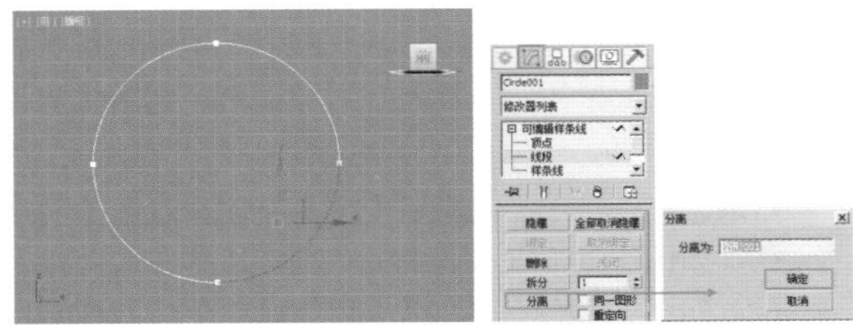

图5-216　　图5-217

步骤 02 此时线段分离完成，一条线已经变成了两条线，如图5-218所示。此时可以再次选择 （线段）级别，即可取消选择子层级，然后可以选择被分离出的线，即可进行移动，如图5-219所示。

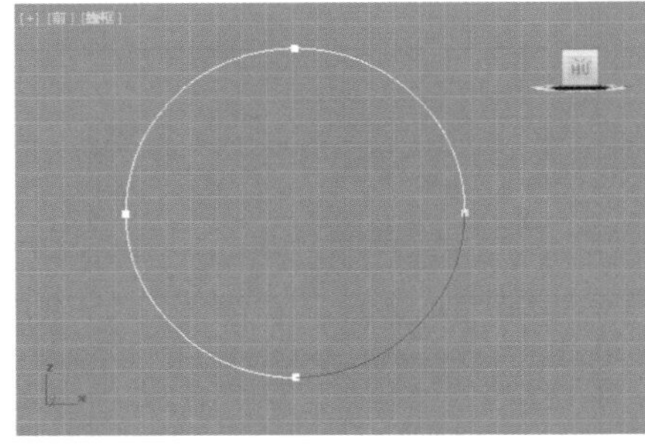

图5-218

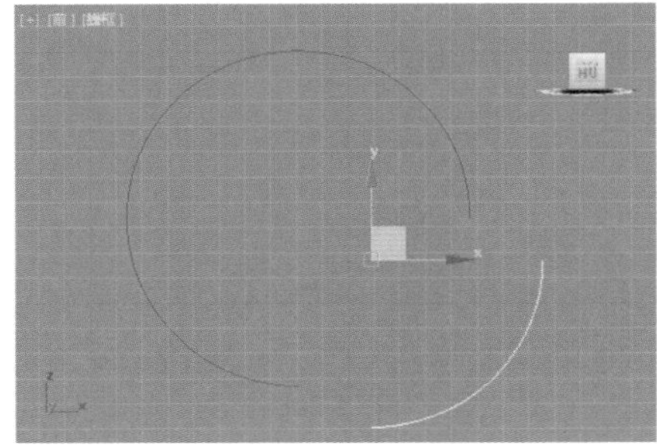

图5-219

5.3.5 【样条线】级别下的参数

单击【修改】按钮，选择（样条线）级别（快捷键为3），参数如图5-220所示。

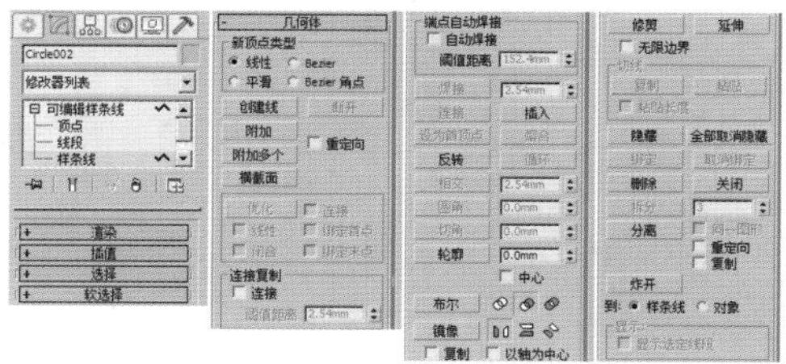

图5-220

- 插入：使用该工具可以多次单击左键，即可插入多个顶点使图形产生变化，如图5-221所示。

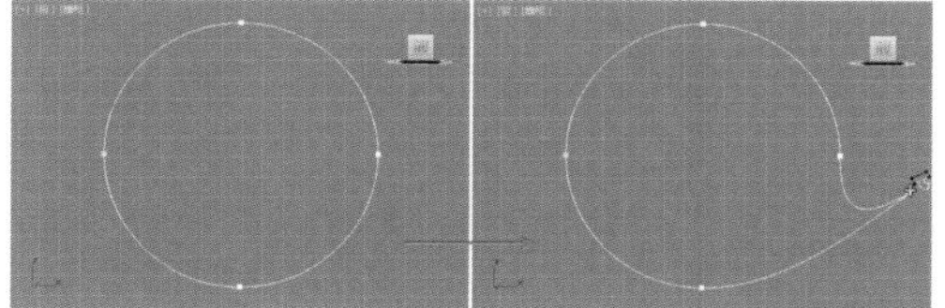

图5-221

- 轮廓：可以在轮廓后面输入数值，然后按键盘的Enter（回车）键即可完成操作，如图5-222所示可以选择一个样条线，在【轮廓】后输入500mm，然后按键盘的Enter（回车）键即可，如图5-223所示。此时出现了轮廓效果，如图5-224所示。

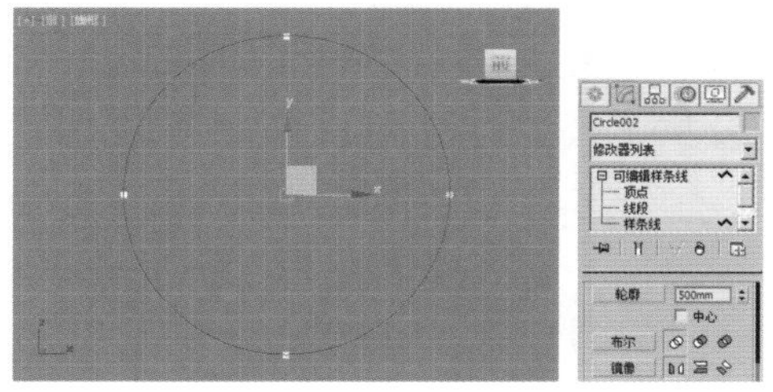

图5-222　图5-223

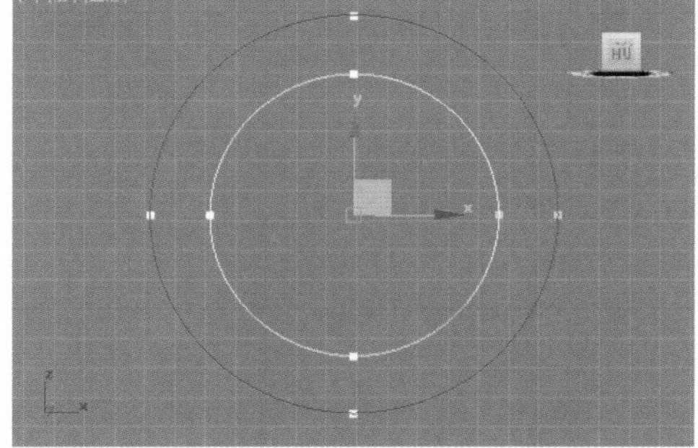

图5-224

- 布尔：可以使用该工具中的任意一个工具，如（并集）、（差集）、（交集）来完成两个样条线的并集、差集、交集操作。举例说明如下。

步骤01 （并集）效果。选择图形中的一个样条线，然后单击（并集）按钮，并单击【布尔】按钮，最后单击另外一个样条线，如图5-225所示。此时的并集效果如图5-226所示（注意：此时的两个样条线已经被附加为一个图形）。

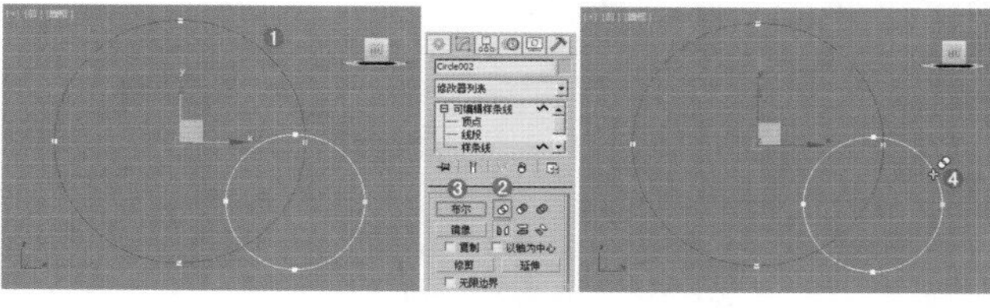

图5-225

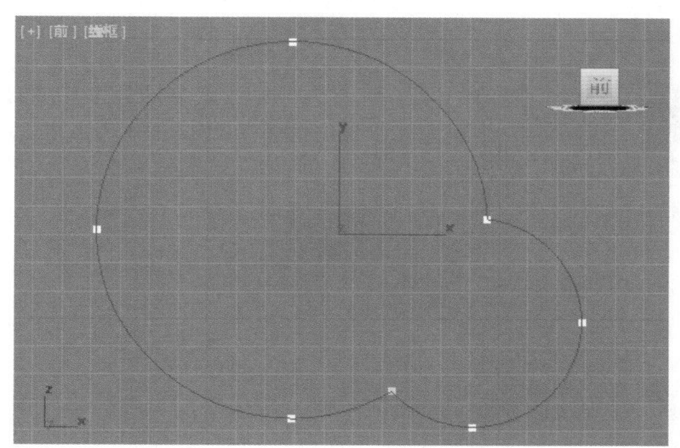

图5-226

步骤02 （差集）效果。选择图形中的一个样条线，然后单击（差集）按钮，并单击【布尔】按钮，最后单击另外一个样条线，此时的差集效果如图5-227所示。

步骤03 （交集）效果。选择图形中的一个样条线，然后单击（交集）按钮，并单击【布尔】按钮，最后单击另外一个样条线，此时的交集效果如图5-228所示。

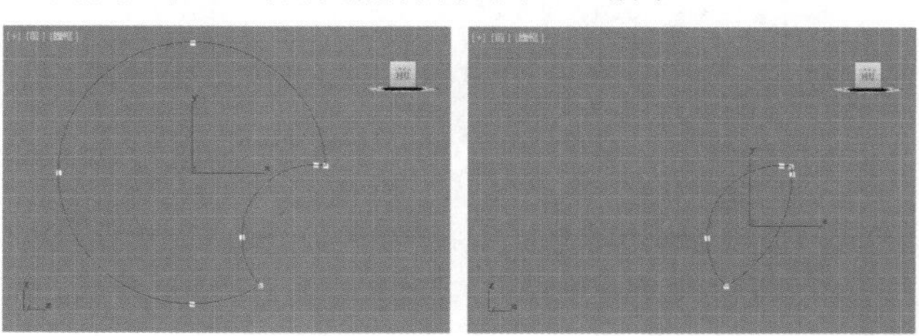

图5-227　图5-228

- 镜像：可以沿水平镜像、垂直镜像或双向镜像方向镜像样条线。
- 修剪：使用该工具可以清理形状中的重叠部分，使端点接合在一个点上。
- 延伸：使用该工具可以清理形状中的开口部分，使端点接合在一个点上。
- 无限边界：为了计算相交，启用此选项将开口样条线视为无穷长。

实例：使用圆、多边形、线、矩形制作钟表

扫一扫，看视频

文件路径：Chapter 05 样条线建模→实例：使用圆、多边形、线、矩形制作钟表

本例使用圆、多边形、线、矩形制作钟表。最终渲染效果如图 5-229 所示。

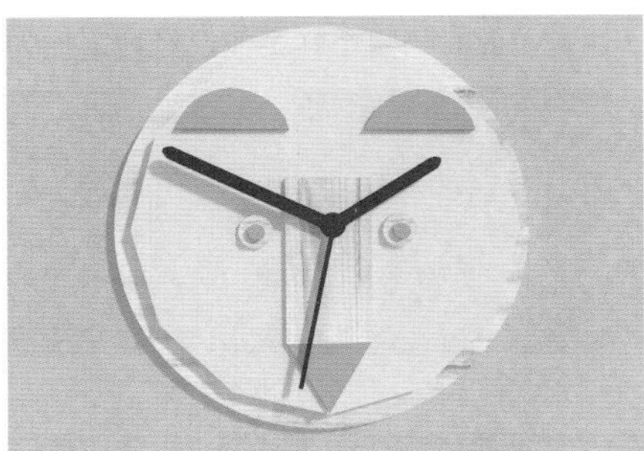
图5-229

步骤 01 使用【圆】工具在前视图绘制一个如图5-230所示的圆形。设置【步数】为20，【半径】为250mm，如图5-231所示。

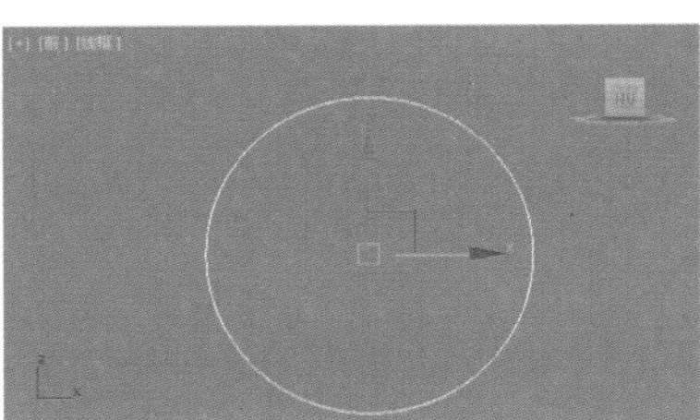
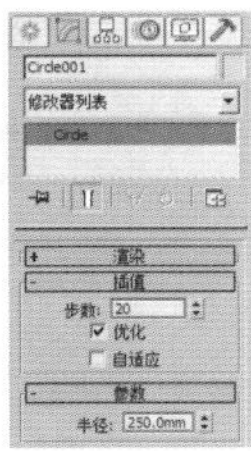
图5-230　　图5-231

步骤 02 为刚制作的圆形加载【挤出】修改器，并设置【数量】为20mm，如图5-232所示。挤出效果如图5-233所示。

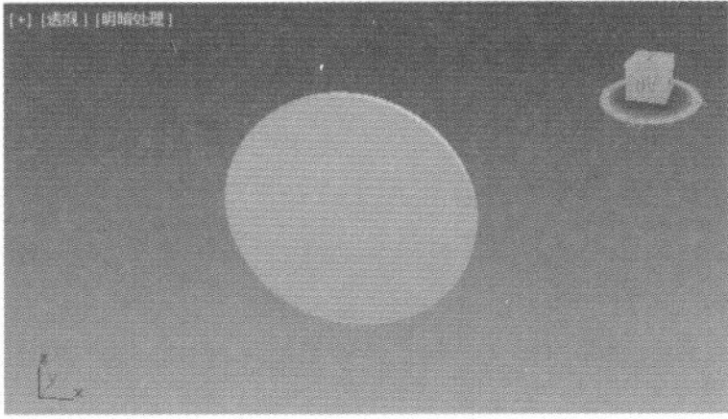
图5-232　　图5-233

步骤 03 使用【多边形】工具在前视图中绘制一个如图5-234所示多边形。设置【半径】为230mm，【边数】为12，如图5-235所示。然后为其加载【挤出】修改器，设置【数值】为20mm，如图5-236所示。

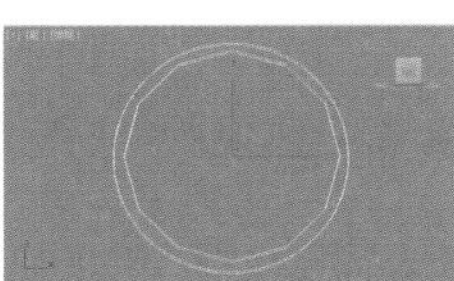
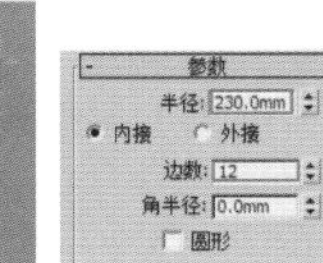

图5-234　　图5-235　　图5-236

步骤 04 使用【线】工具在前视图中绘制如图5-237所示的线。为其加载【挤出】修改器，并设置【数量】为10mm，如图5-238所示。此时模型效果如图5-239所示。

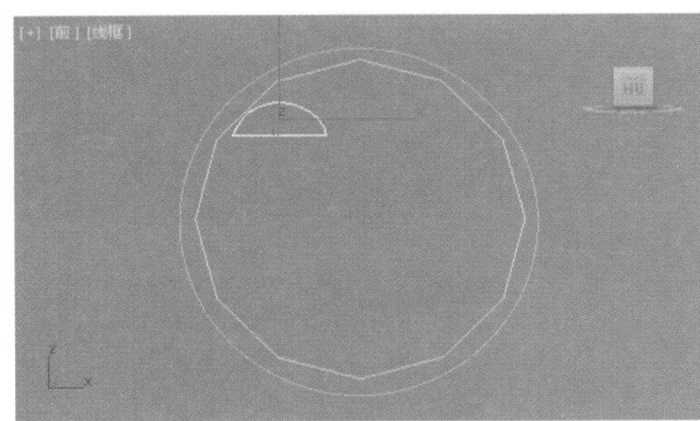
图5-237

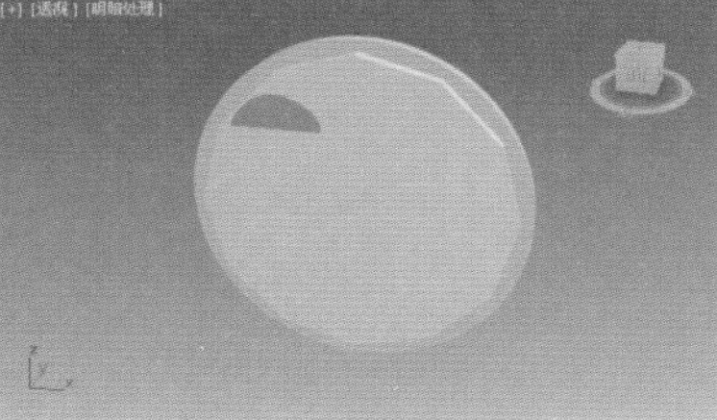
图5-238　　图5-239

步骤 05 此时将模型选中，按住Shift键将模型复制到另外一边，如图5-240所示。

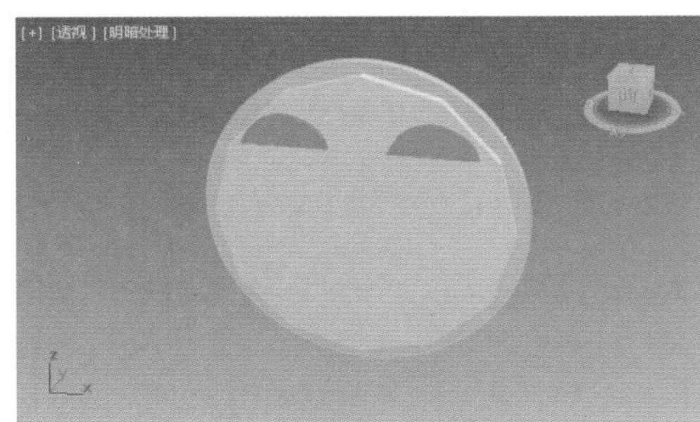
图5-240

步骤 06 使用【矩形】工具在前视图中绘制如图5-241所示的矩形。设置【长度】为200mm，【宽度】为100mm，如图5-242所示。

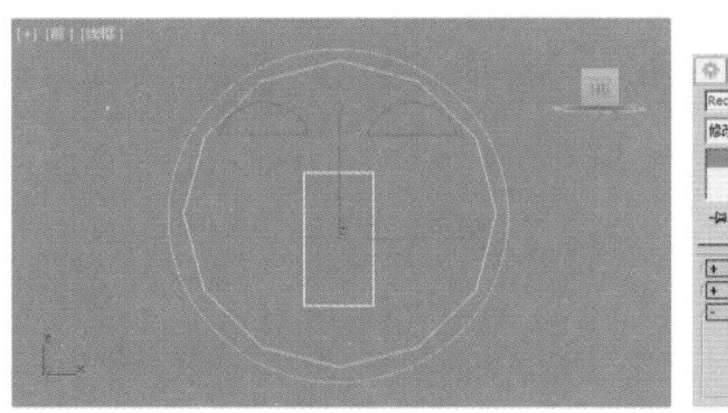
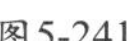
图5-241　　图5-242

步骤 07 为刚才的矩形加载【挤出】修改器，并设置【数量】为10mm，如图5-243所示。挤出效果如图5-244所示。

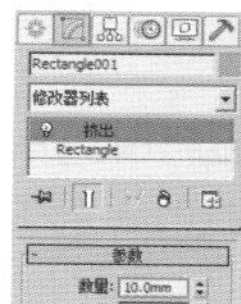

图5-243

图5-244

步骤 08 使用【多边形】工具在前视图绘制一个三角形，如图5-245所示。设置【半径】为58mm，【边数】为3，如图5-246所示。

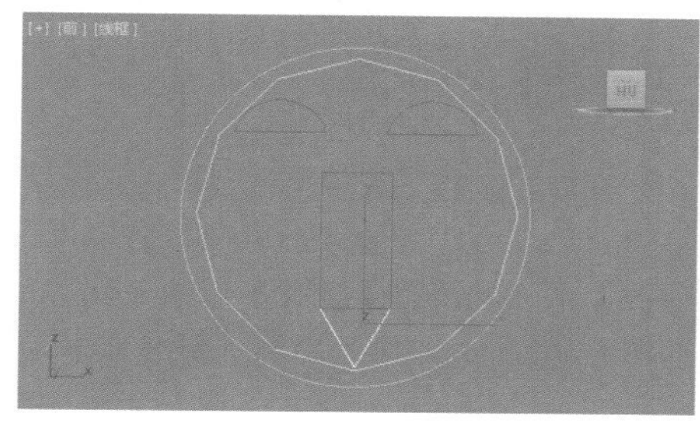

图5-245

图5-246

步骤 09 为三角形加载【挤出】修改器，设置【数量】为10mm，如图5-247所示。模型效果如图5-248所示。

图5-247

图5-248

步骤 10 再次使用【圆】工具绘制一个圆形，如图5-249所示。设置【步数】为20，【半径】为20mm，如图5-250所示。

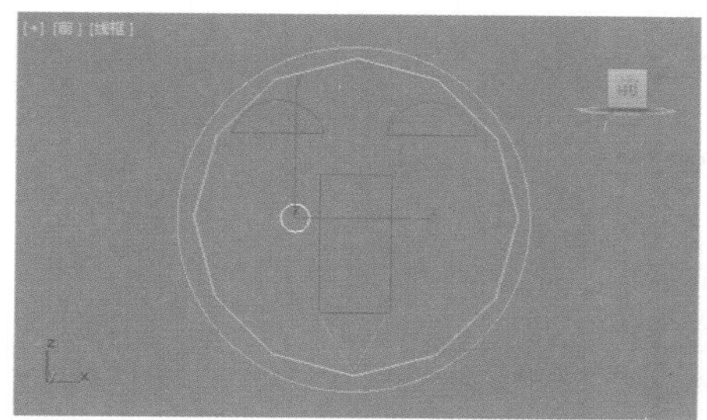

图5-249

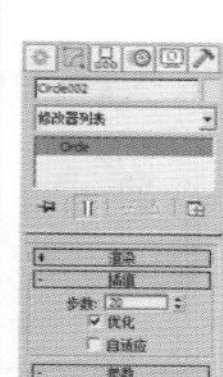

图5-250

步骤 11 为其加载【挤出】修改器，设置【数量】为10mm，如图5-251所示。挤出效果如图5-252所示。

图5-251

图5-252

步骤 12 继续使用【圆】工具和加载【挤出】修改器制作圆形模型，如图5-253和图5-254所示。

图5-253

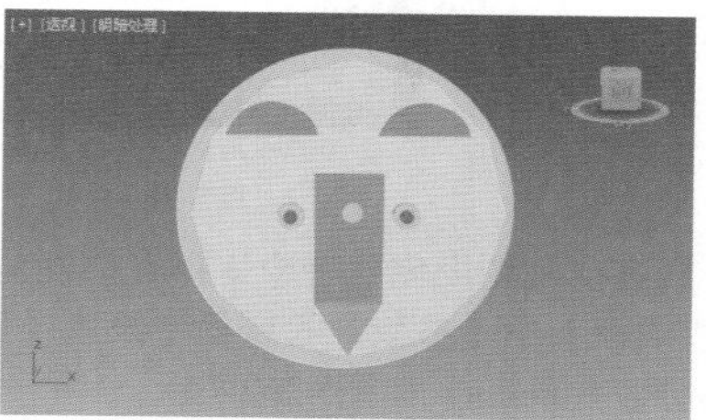

图5-254

步骤 13 绘制指针。使用【线】工具绘制如图5-255所示的线。然后为其加载【挤出】修改器，设置【数量】为5mm，如图5-256所示。挤出效果如图5-257所示。

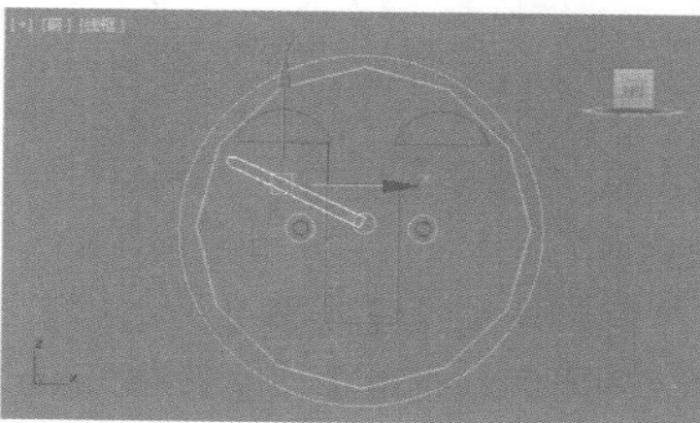

图5-255

图5-256

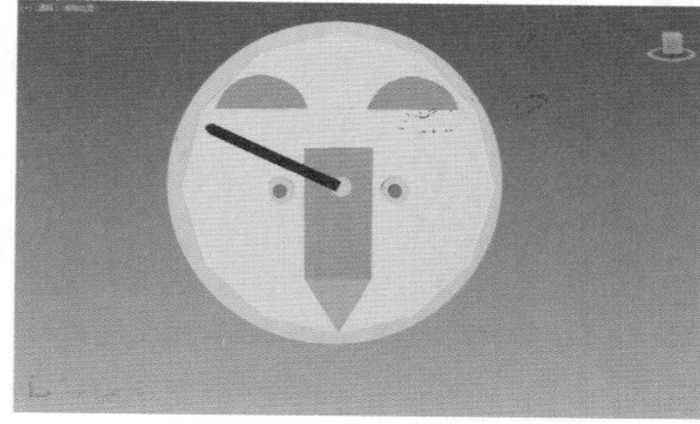

图5-257

步骤 14 使用上述方法制作出其他指针，如图5-258所示。

步骤 15 最终模型效果如图5-259所示。

图5-258

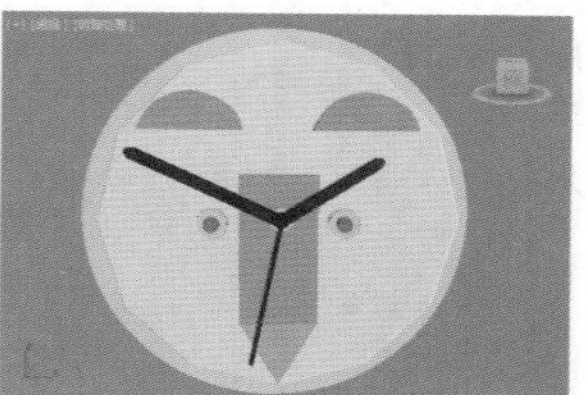

图5-259

实例：使用矩形、文本制作装饰画

扫一扫，看视频

文件路径：Chapter 05 样条线建模→实例：使用矩形、文本制作装饰画

本例将使用矩形和文本制作装饰画。主要应用可编辑样条线中的轮廓工具制作轮廓图形，并应用了挤出修改器制作出三维效果。最终渲染效果如图 5-260 所示。

图5-260

步骤 01 在前视图上创建一个矩形，如图5-261所示，然后在【修改面板】中【参数】卷展栏中设置【长度】为300mm，【宽度】为300mm，如图5-262所示。

图5-261 图5-262

步骤 02 在【渲染】卷展栏中勾选【在渲染中启用】和【在视口中启用】，选择【矩形】，设置【长度】为20mm、【宽度】为20mm，如图5-263所示。得到如图5-264所示的效果。

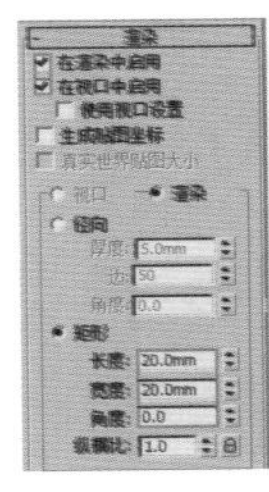

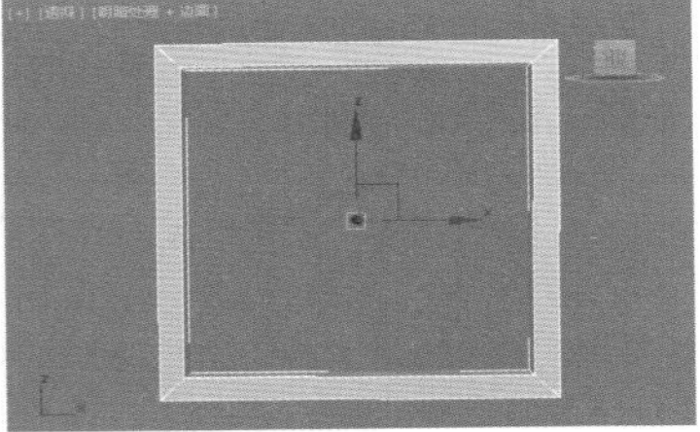

图5-263 图5-264

步骤 03 继续创建一个与画框模型等大的矩形，如图5-265所示。然后右击，执行【转换为】|【转换为可编辑样条线】命令，如图5-266所示。

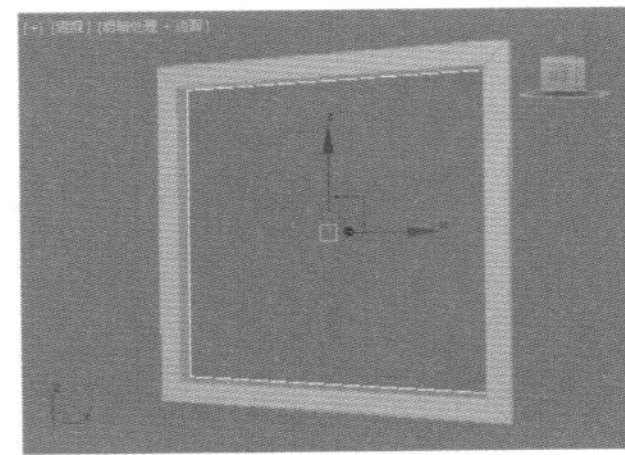

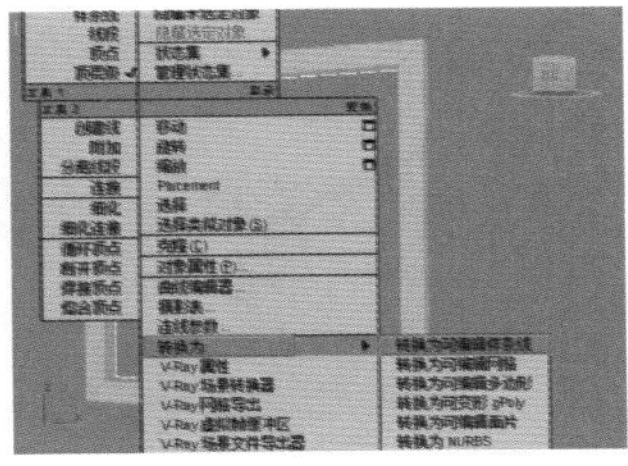

图5-265 图5-266

步骤 04 单击【修改】按钮，在【选择】卷展栏中选择（样条线）级别，如图5-267所示。单击选择此时的样条线级别，如图5-268所示。

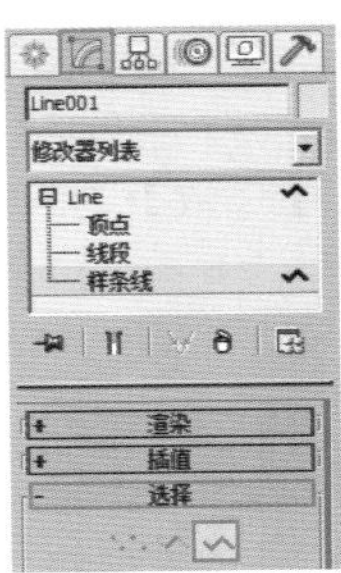

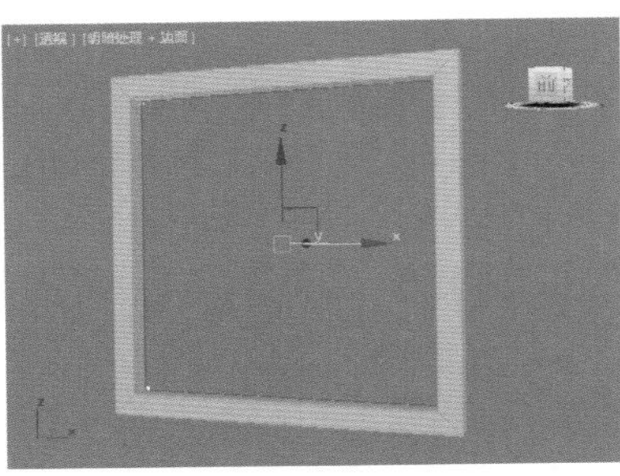

图5-267 图5-268

步骤 05 单击【修改】按钮，在【轮廓】后输入40mm，并按Enter键，如图5-269所示。此时出现了轮廓效果，如图5-270所示。

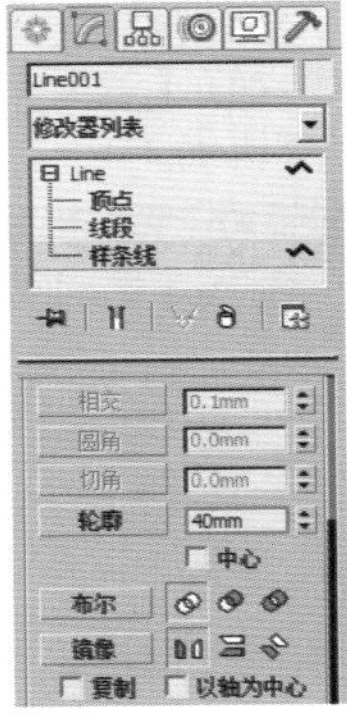

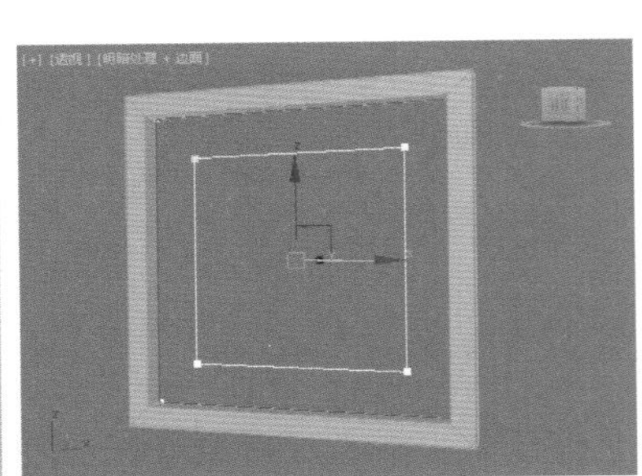

图5-269 图5-270

步骤 06 再次选择（样条线）级别，取消选择子级别。为其加载【挤出】修改器，然后设置【数量】为10mm，如图5-271所示。挤出效果如图5-272所示。

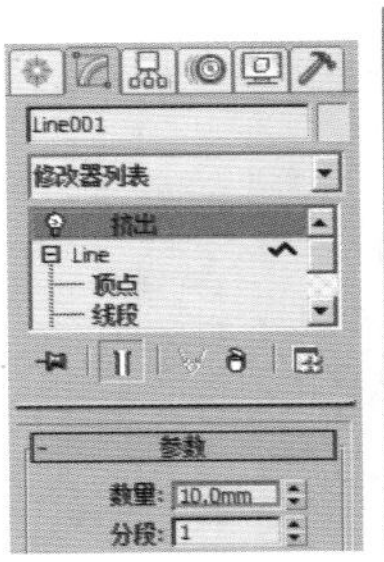

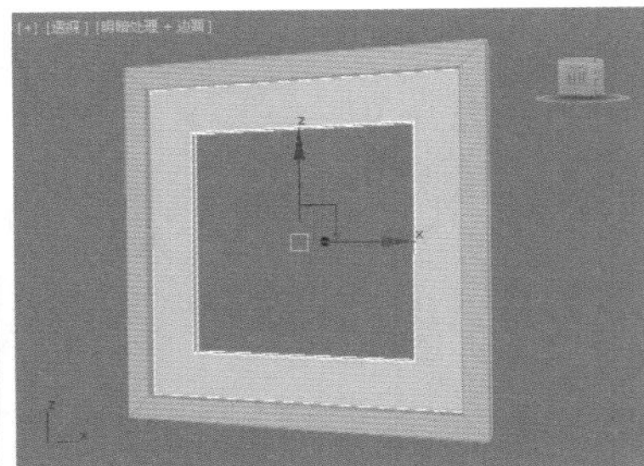

图5-271 图5-272

步骤 07 使用【矩形】工具在内部绘制一个矩形，如图5-273所示。

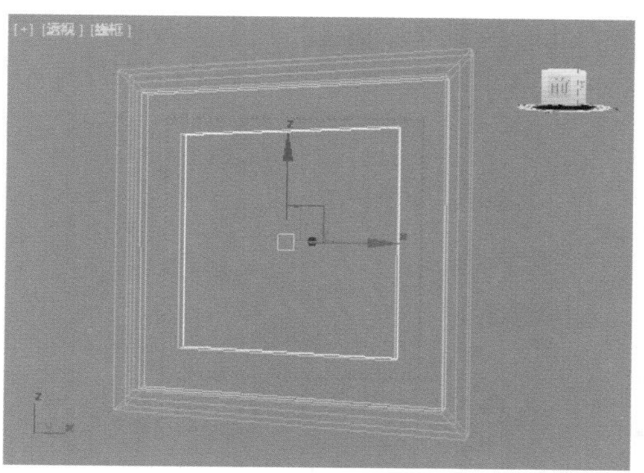
图5-273

步骤08 选择该矩形，为其加载【挤出】修改器，设置【数量】为8mm，如图5-274所示。此时效果如图5-275所示。

图5-274

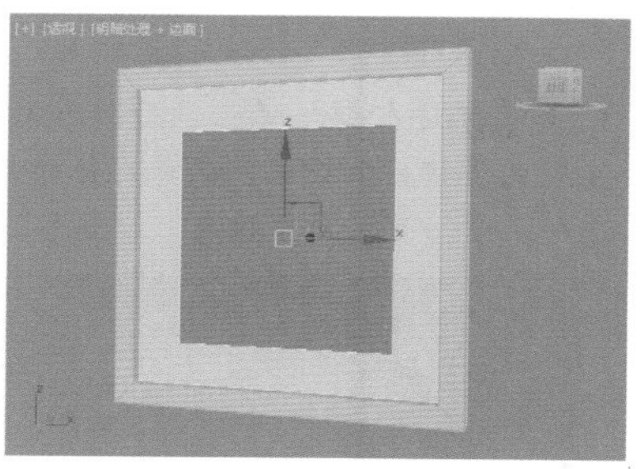
图5-275

步骤09 使用【文本】工具，在前视图中单击创建文字，如图5-276所示。单击【修改】按钮，设置【字体】类型，设置【大小】为200mm，在【文本】中输入T，如图5-277所示。

图5-276

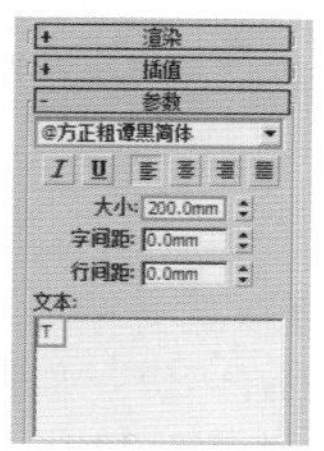
图5-277

步骤10 调整“T”字的位置，如图5-278所示。然后为其加载【挤出】修改器，设置【数量】为2mm，如图5-279所示。

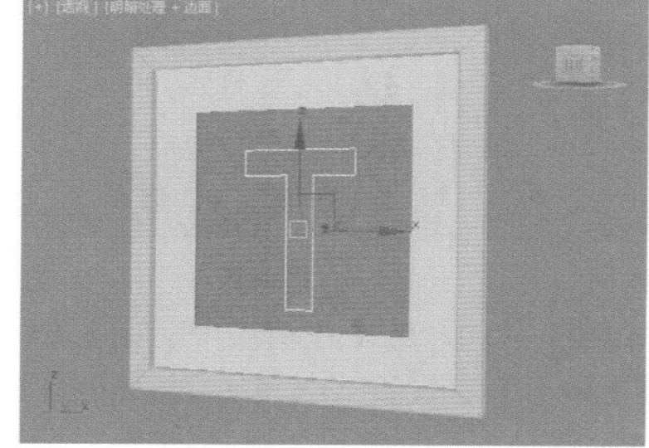
图5-278

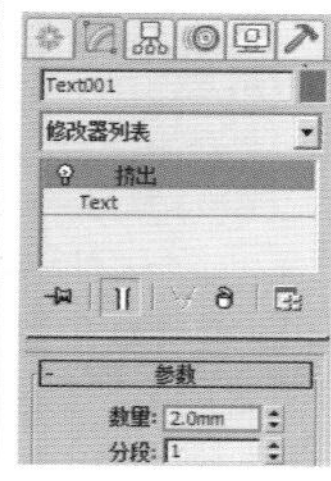
图5-279

步骤11 得到如图5-280所示的模型。

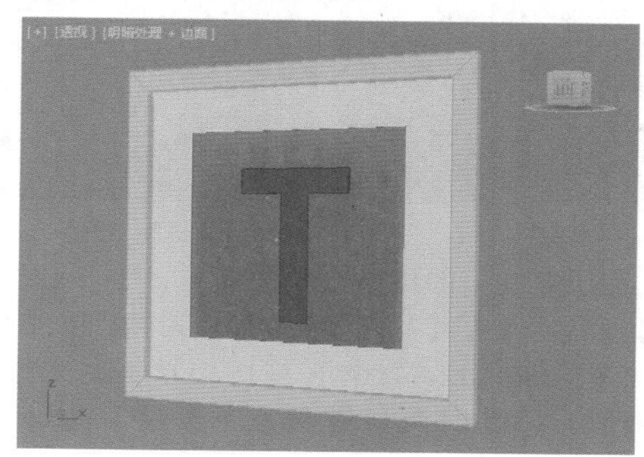
图5-280

重点 综合实例：使用样条线制作小提琴

文件路径：Chapter 05 样条线建模→综合实例：使用样条线制作小提琴

扫一扫，看视频

本例使用线工具、可编辑样条线、挤出修改器等制作一个复杂的小提琴模型。本例小提琴包括两个部分，分别是小提琴琴身、小提琴部件。最终渲染效果如图 5-281 所示。

图5-281

Part 01 小提琴琴身模型制作

步骤01 使用【线】工具在顶视图中绘制一条曲线，如图5-282所示。

步骤02 在顶视图中选择刚绘制的样条线，单击【镜像】按钮，设置【镜像轴】为X，【克隆当前选择】为【复制】，最后单击【确定】按钮，如图5-283所示。此时效果如图5-284所示，移动图形位置如图5-285所示。

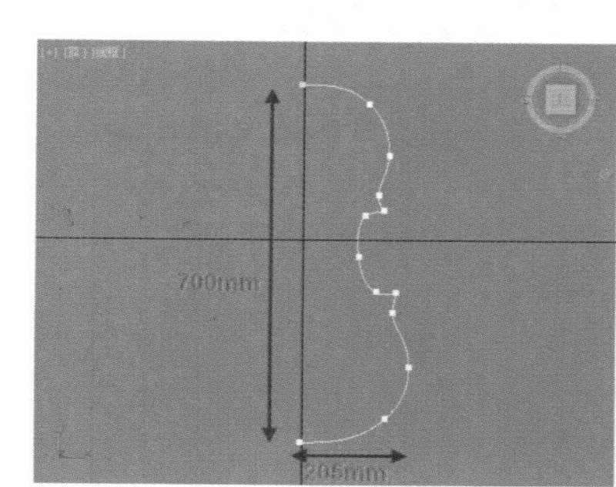

图5-282

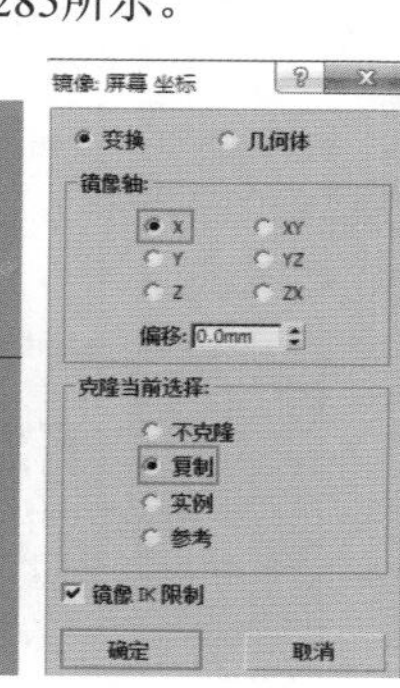

图5-283

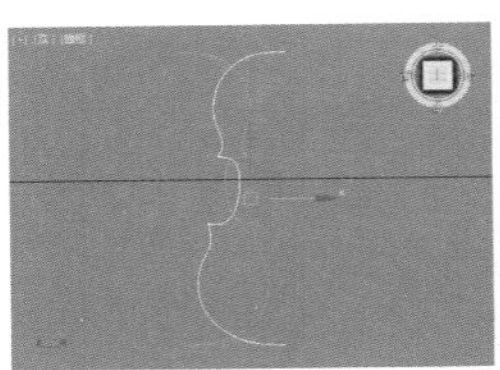

图5-284

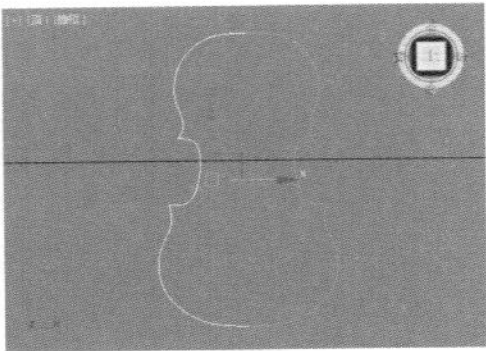

图5-285

步骤03 选择复制出的线条，单击【修改】按钮，进入【修改】面板，展开【几何体】卷展栏，然后单击【附加】按钮，如图5-286所示。接着在视图中单击另一条线，如图5-287所示。此时两条线变为一条线了，如图5-288所示。

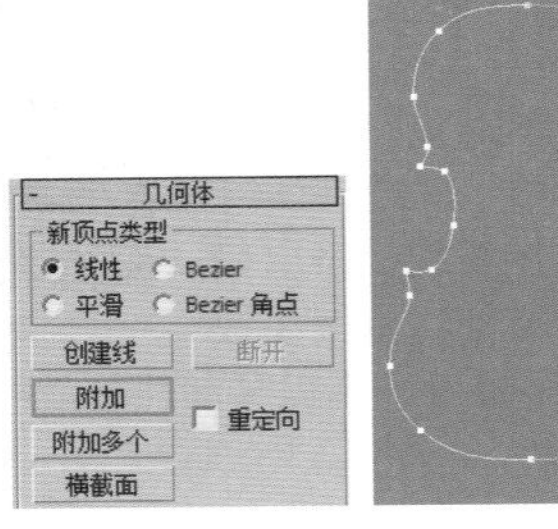

图5-286

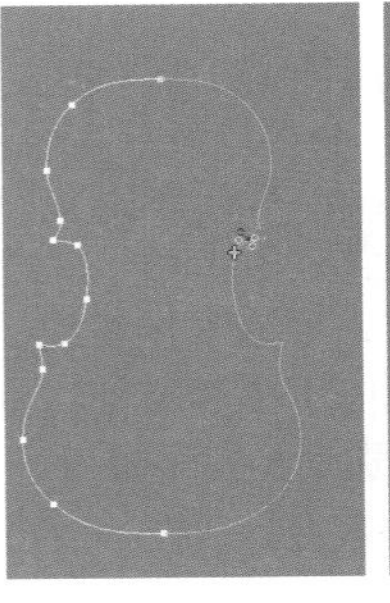

图5-287

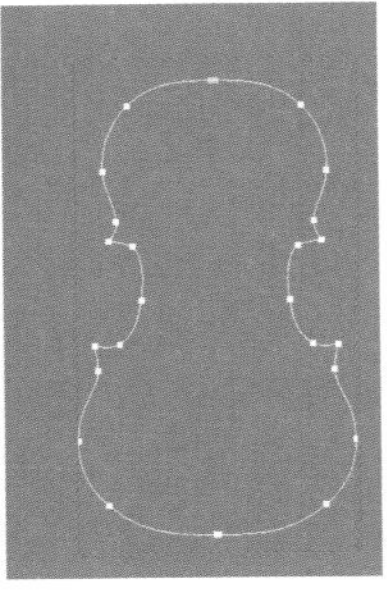

图5-288

步骤04 虽然两条线变为一条线了，但是图形的顶部和底部的顶点需要进行焊接。进入【顶点】级别，框选上方的一些顶点，如图5-289所示。单击【修改】按钮，展开【几何体】卷展栏，将【焊接】后面的数值调到1000mm，最后单击【焊接】按钮，如图5-290所示。此时顶部的顶点被焊为了一个顶点，如图5-291所示。

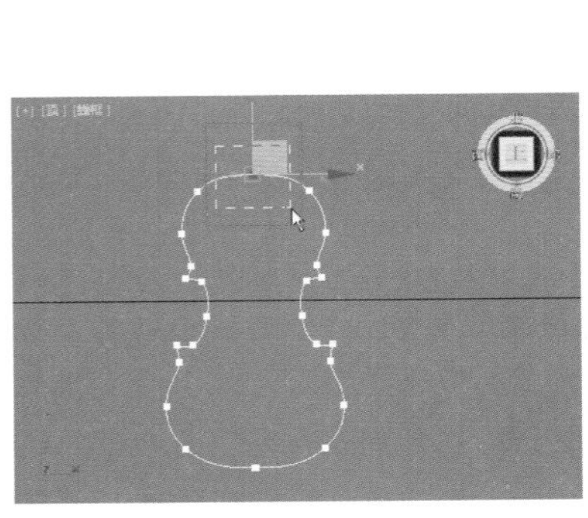

图5-289

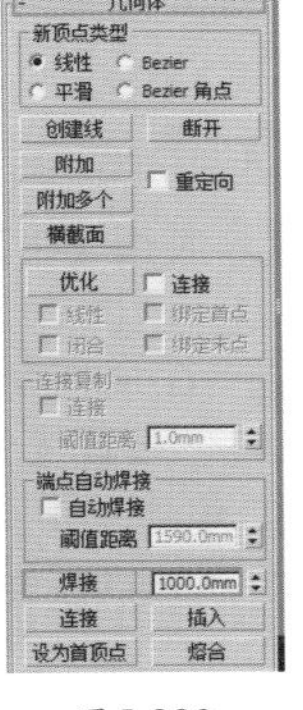

图5-290

步骤05 用同样的方法将底部的顶点框选也进行焊接，如图5-292所示。

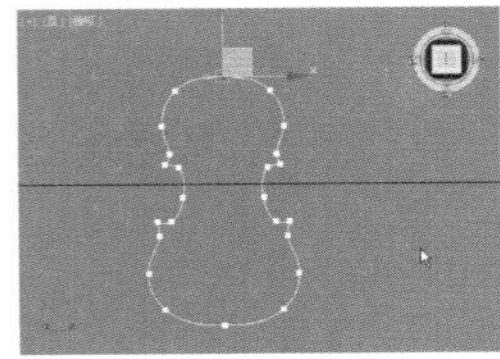

图5-291

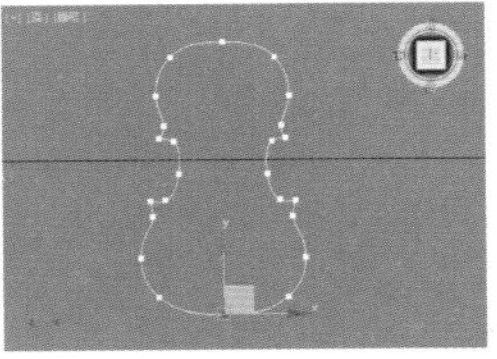

图5-292

步骤06 为此时的图形添加【挤出】修改器，并设置【数量】为6mm，如图5-293所示。此时效果如图5-294所示。

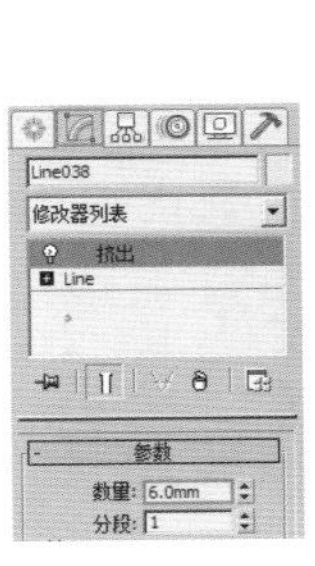

图5-293

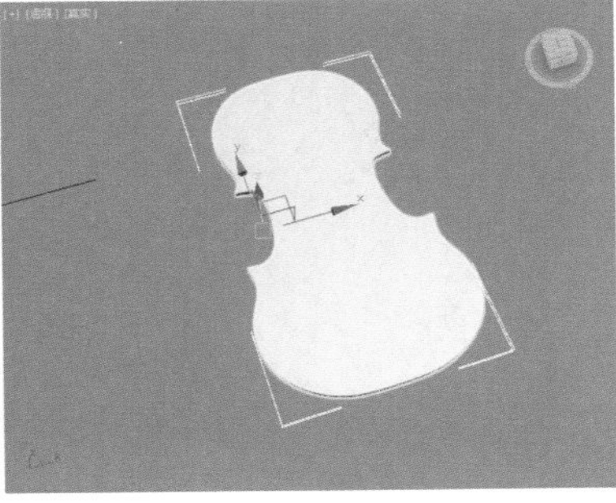

图5-294

提示：焊接顶点的重要性。

如果不进行焊接的话，为图形添加【挤出】修改器，会出现向上挤出的效果，而非实体效果。也就是说未焊接的图形，是一条未闭合的线，如图5-295所示。

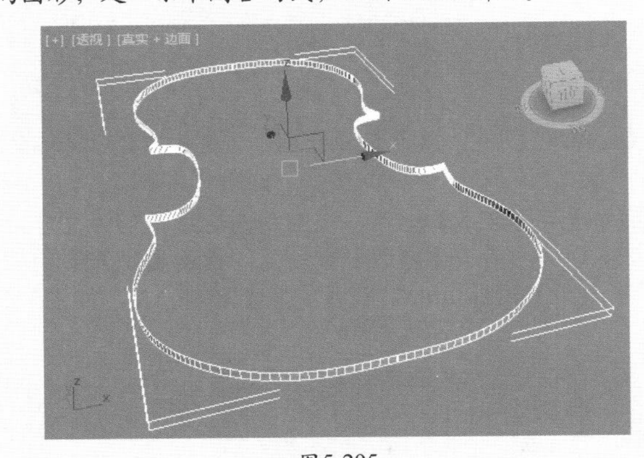

图5-295

步骤07 选择刚才的图形，按住Shift键并沿着Z轴向上拖拽复制一份，如图5-296所示。继续复制一份，放在中间，如图5-297所示。选择复制出的模型，在【修改】面板中选中【挤出】，并单击（删除）按钮进行删除，如图5-298所示。

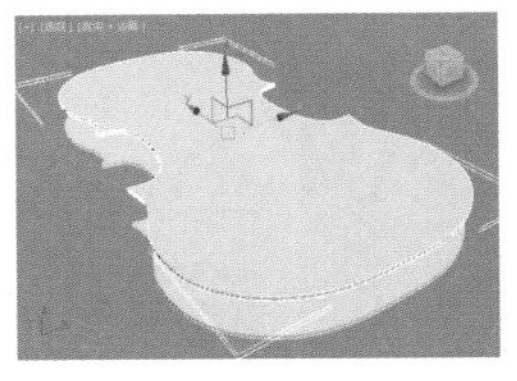

图5-296

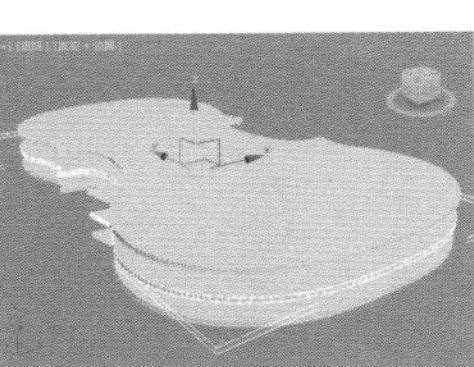

图5-297

步骤08 继续选中刚才的图形，勾选【在渲染中启用】和【在视口中启用】，选择【矩形】，设置【长度】为50mm，【宽度】为3mm，如图5-299所示。此时效果如图5-300所示。

图5-298

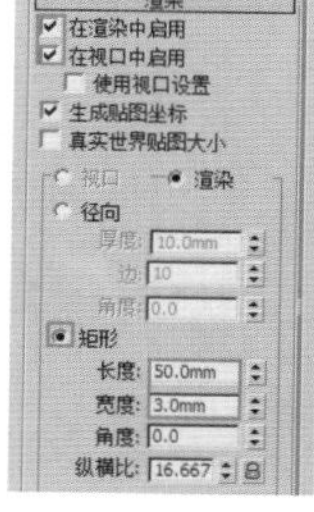

图5-299

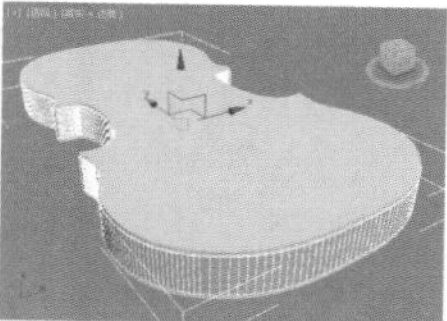
图5-300

步骤 09 复制模型，如图5-301所示。单击【修改】按钮，设置【长度】为5mm，【宽度】为15mm，如图5-302所示。

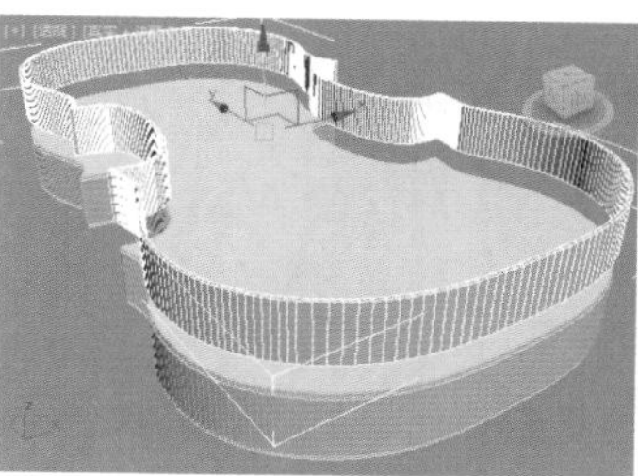
图5-301

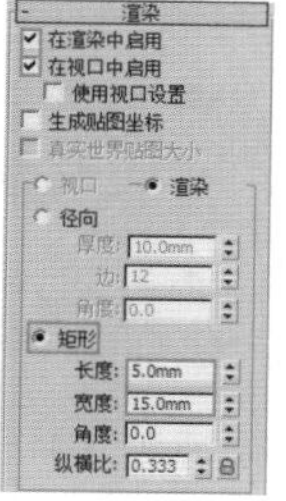

图5-302

步骤 10 此时模型效果如图5-303所示。继续按Shift键向下复制一份，如图5-304所示。

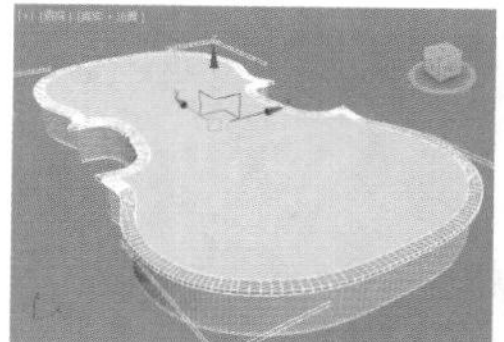
图5-303

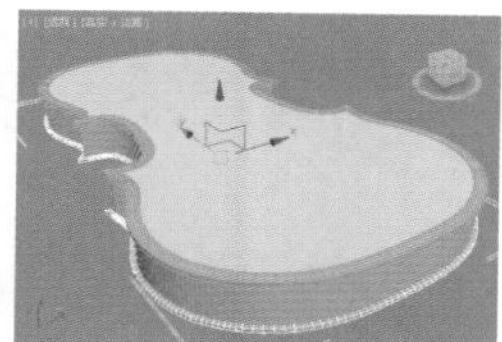
图5-304

步骤 11 在顶视图中绘制出如图5-305所示的线。

步骤 12 为刚才绘制的线添加【倒角】修改器，并设置【级别1】的【高度】为10mm；勾选【级别2】，设置【高度】为10mm，【轮廓】为-8mm；勾选【级别3】，设置【高度】为3mm，【轮廓】为-5mm，如图5-306所示。效果如图5-307所示。

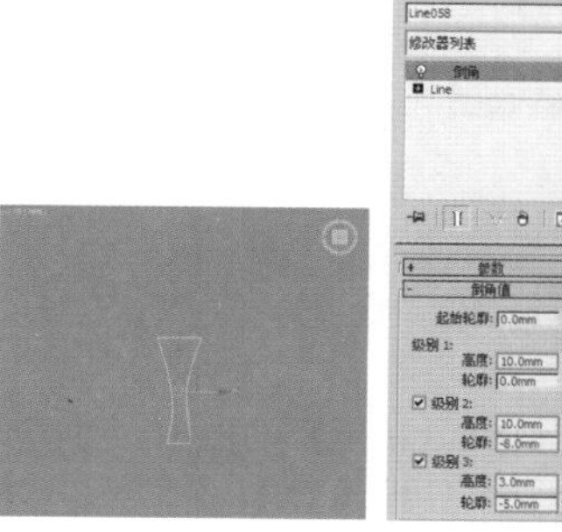
图5-305

图5-306

图5-307

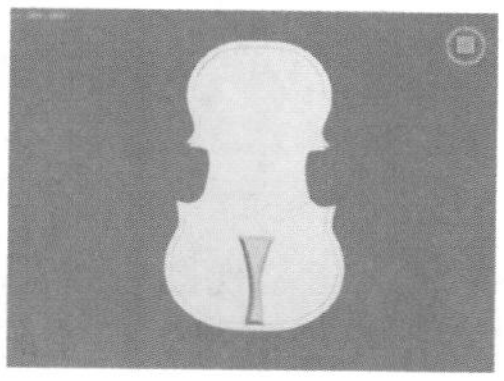

步骤 13 在顶视图中绘制出如图5-308所示的图形。单击【修改】按钮，选择【矩形】，设置【长度】为5mm，【宽度】为15mm，设置【步数】为20，如图5-309所示。

图5-308

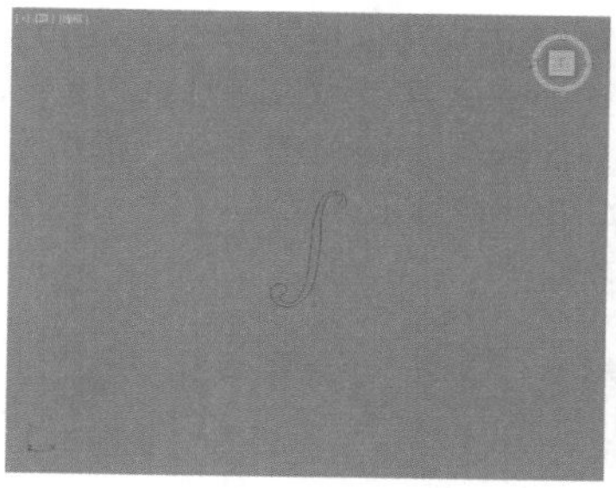

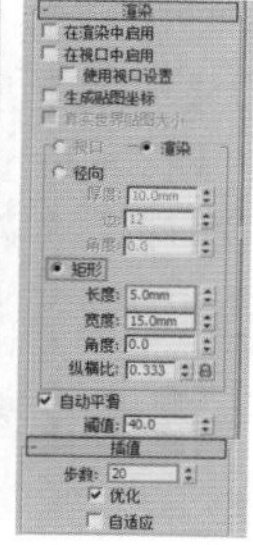
图5-309

步骤 14 为刚才绘制的线添加【挤出】修改器，设置【数量】为3mm，【分段】为1，如图5-310所示。效果如图5-311所示。

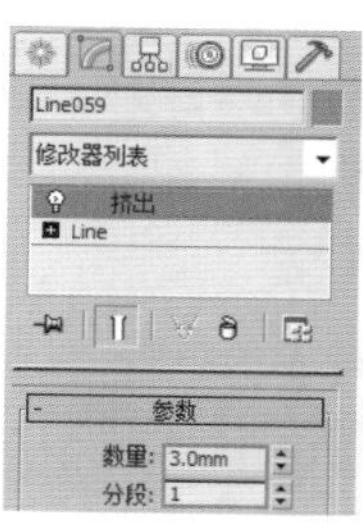

图5-310

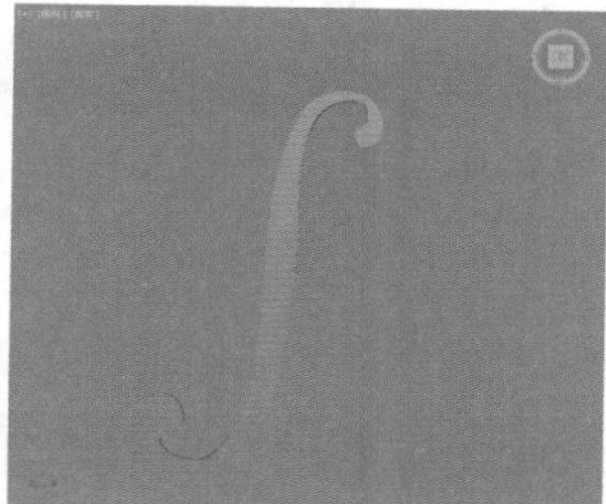
图5-311

步骤 15 选择刚才的模型，单击【镜像】按钮，设置【镜像轴】为X轴，设置【克隆当前选择】为【复制】，最后单击【确定】按钮，如图5-312所示。将模型移动到合适的位置，如图5-313所示。

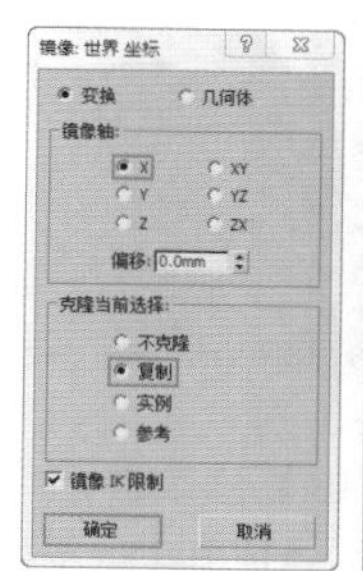

图5-312

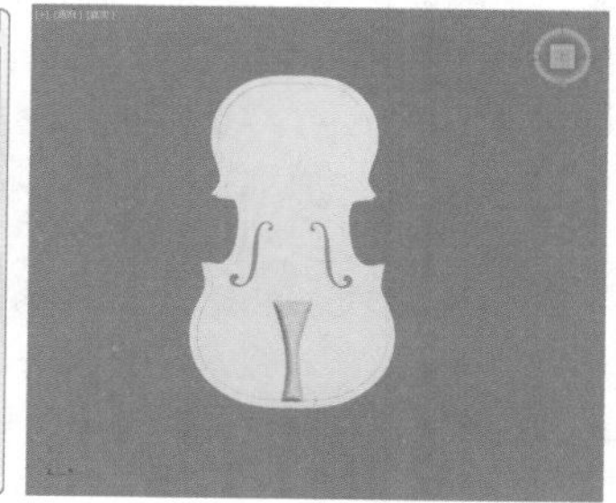
图5-313

步骤 16 在顶视图中绘制出如图5-314所示的图形，单击【修改】按钮，选择【径向】，设置【厚度】为2mm，【边】为12，设置【步数】为20，如图5-315所示。

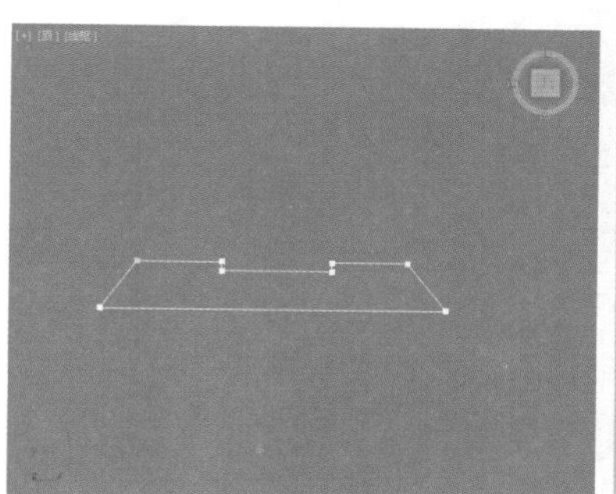
图5-314

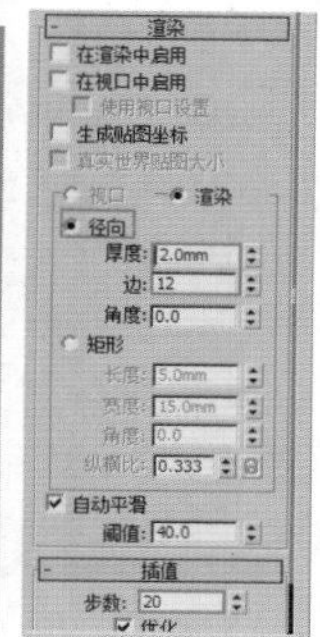

图5-315

步骤 17 为刚才绘制的线添加【倒角】修改器，并设置【级别1】的【高度】为15mm；勾选【级别2】，【高度】为15mm，【轮廓】为－5mm，如图5-316所示。最后将模型移动到适合的位置，如图5-317所示。

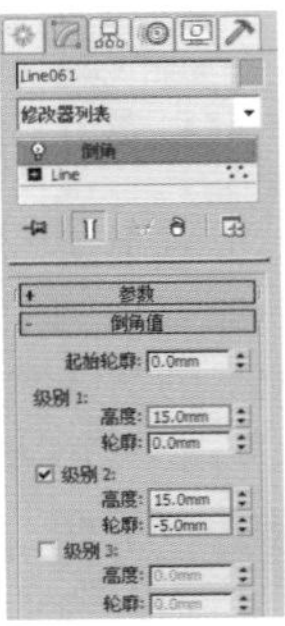
图5-316

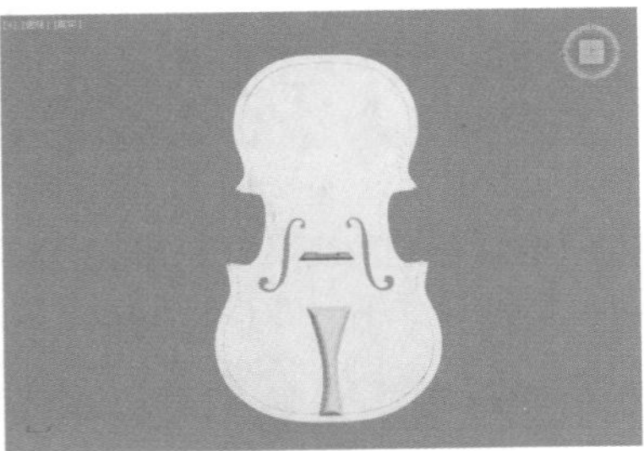
图5-317

Part 02 小提琴部件的制作

步骤 01 在顶视图中绘制出如图5-318所示的图形。

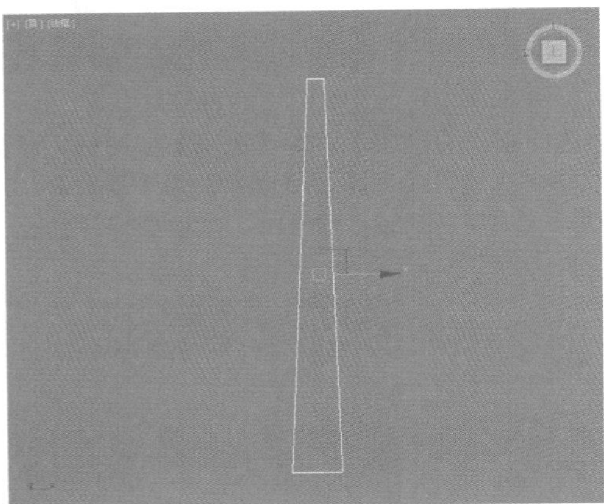
图5-318

步骤 02 为刚才绘制的线条添加【挤出】修改器，并设置【数量】为6mm，【分段】为1，如图5-319所示。最后适当移动模型，如图5-320所示。

图5-319

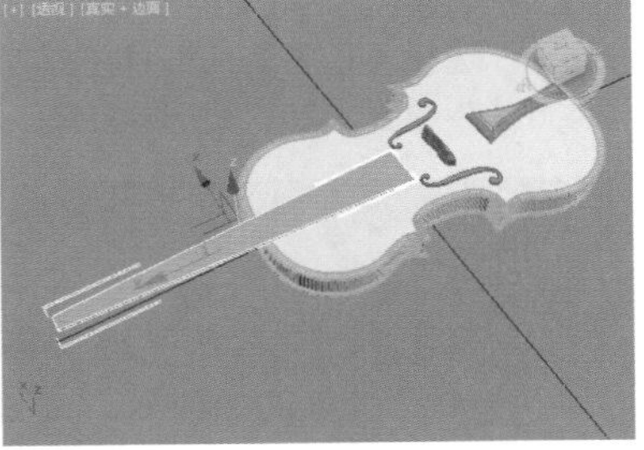
图5-320

步骤 03 使用【螺旋线】工具在左视图中绘制出图形，如图5-321所示，并设置其参数，如图5-322所示。

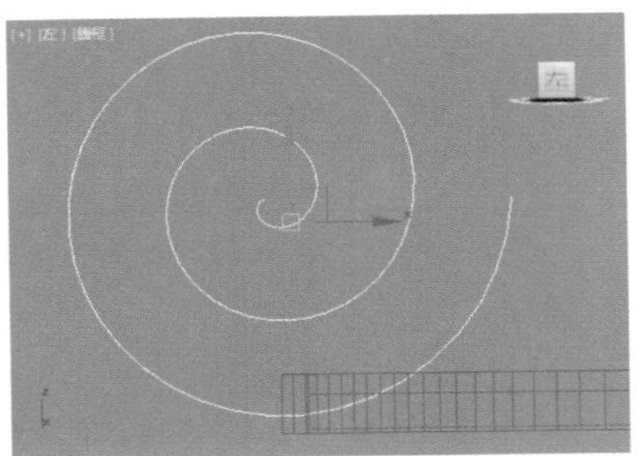
图5-321

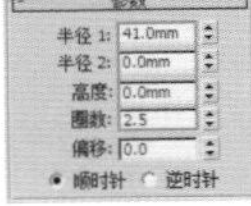
图5-322

步骤 04 右击，选择【转换为】|【转换为可编辑样条线】命令，如图5-323所示。进入顶点级别，调整顶点的位置，如图5-324所示。

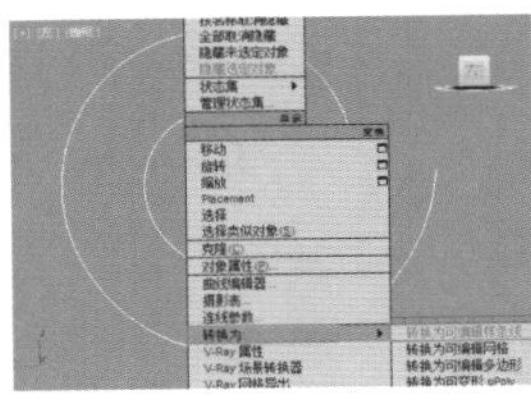
图5-323

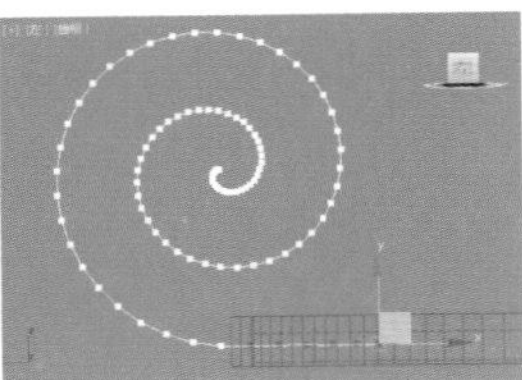
图5-324

步骤 05 单击【修改】按钮，勾选【在渲染中启用】和【在视口中启用】，选择【矩形】，设置【长度】为40mm，【宽度】为19mm，如图5-325所示。此时模型如图5-326所示。

图5-325

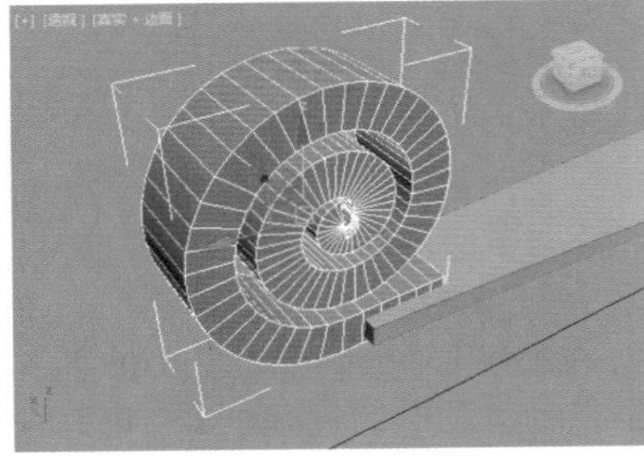
图5-326

步骤 06 在顶视图中绘制出如图5-327所示的图形。

步骤 07 为刚才绘制的线条添加【挤出】修改器，并设置【数量】为10mm，如图5-328所示。模型如图5-329所示。

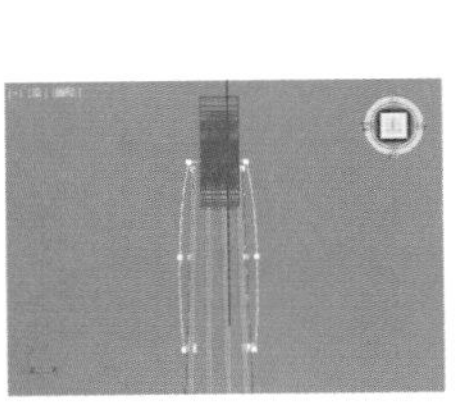
图5-327

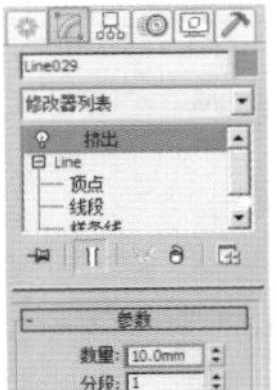
图5-328

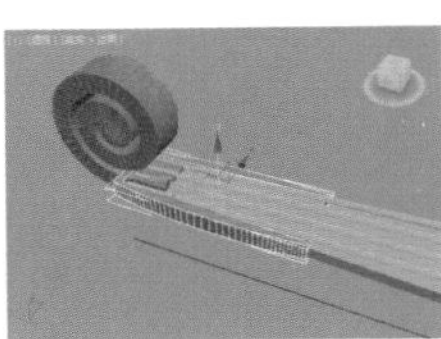
图5-329

步骤 08 在左视图中绘制出如图5-330所示的图形，并勾选【在渲染中启用】和【在视口中启用】，选择【径向】，设置【厚度】为2.5mm，【边】为12，展开【插值】卷展栏，设置【步数】为20，如图5-331所示。此时效果如图5-332所示。

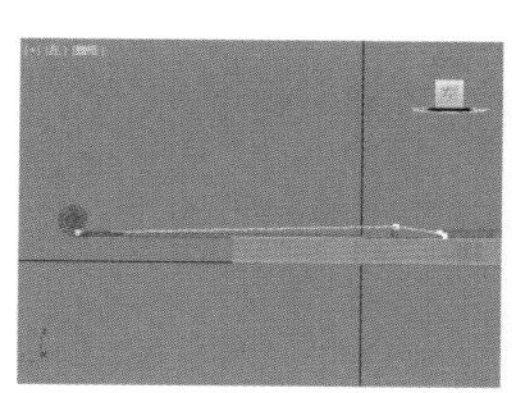

图5-330

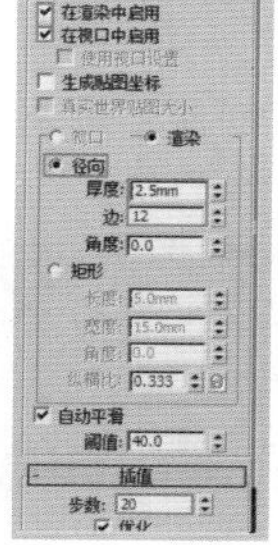

图5-331

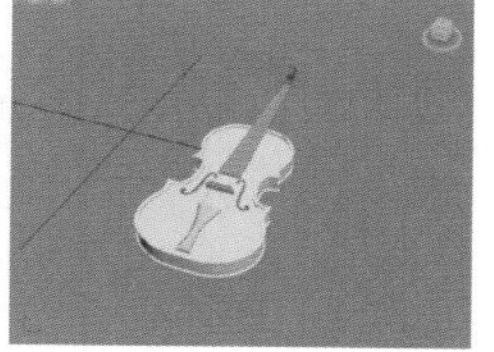

图5-332

步骤 09 选择顶视图中的琴弦，按住Shift键并沿着X轴向右拖拽移动，此时在弹出的对话框中选择【复制】，设置【副本数】为3，单击【确定】按钮，如图5-333所示。最后适当移动位置，效果如图5-334所示。

步骤 10 继续使用【线】工具制作出其他的小结构，如图5-335所示。

步骤 11 最终模型效果如图5-336所示。

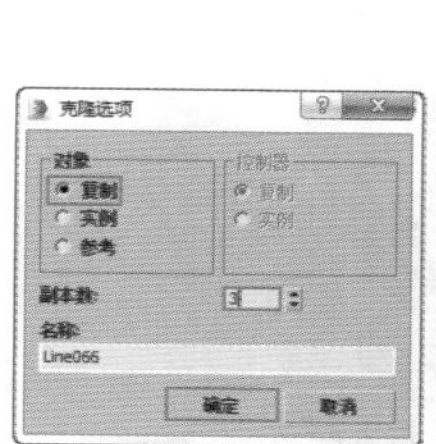

图5-333

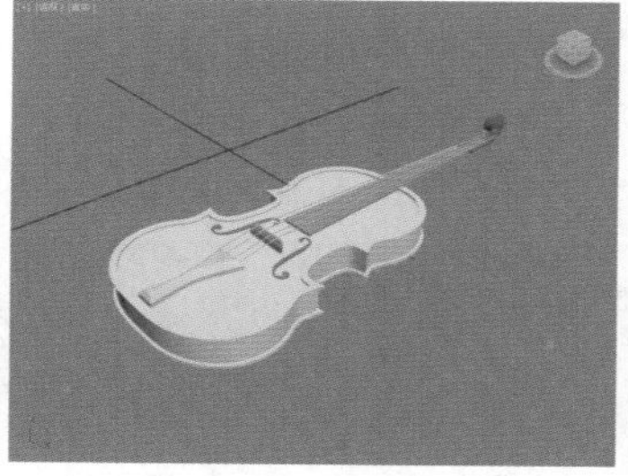

图5-334

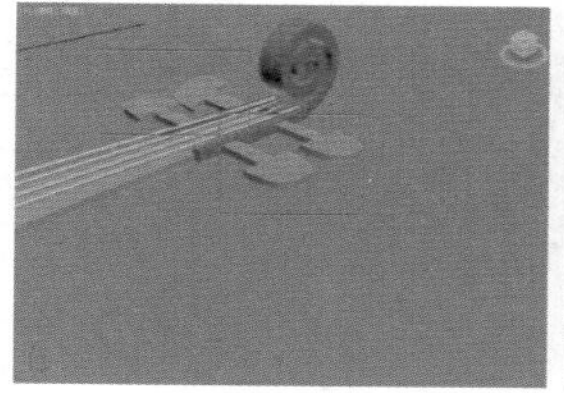

图5-335

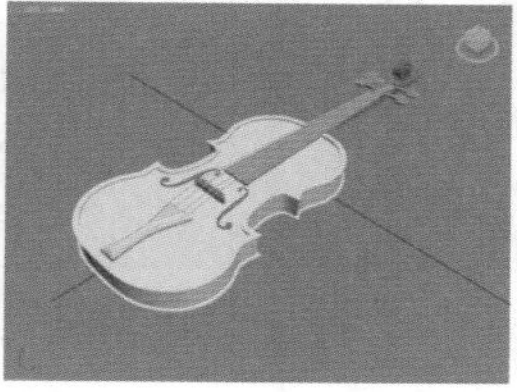

图5-336

5.4 扩展样条线

扩展样条线中包含 5 种类型的工具，分别为墙矩形、通道、角度、T 形、宽法兰，如图 5-337 所示。这些工具用于制作室内外效果图的墙体结构。

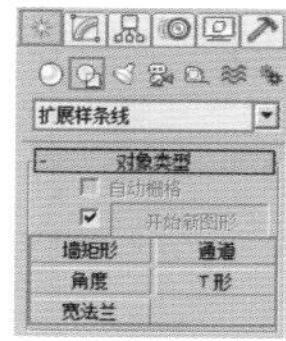

图5-337

5.4.1 墙矩形

用【墙矩形】工具创建一个墙矩形，如图 5-338 所示。其参数面板如图 5-339 所示。

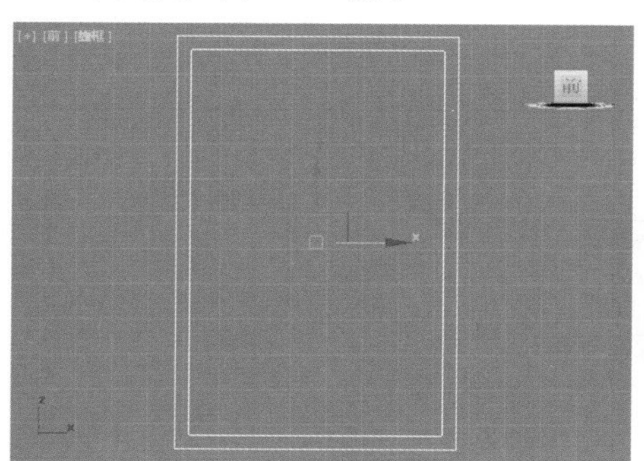

图5-338

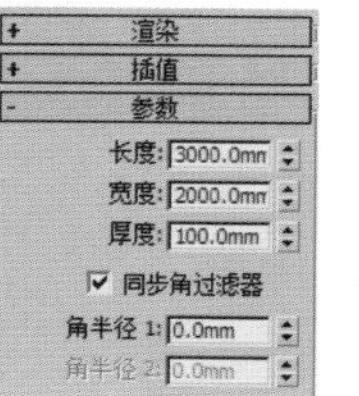

图5-339

5.4.2 通道

用【通道】工具创建一个通道，如图 5-340 所示。其参数面板如图 5-341 所示。

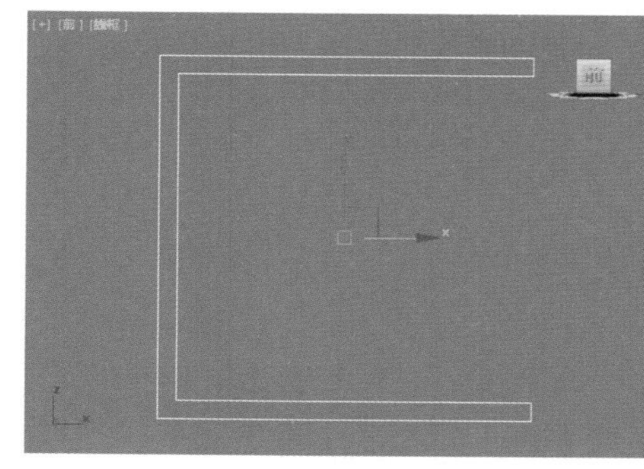

图5-340

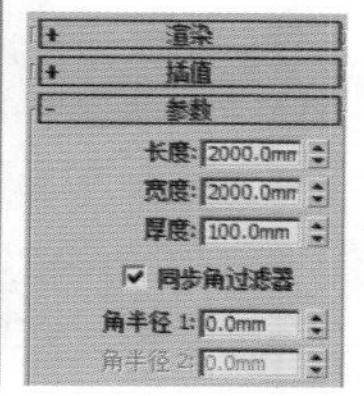

图5-341

5.4.3 角度

用【角度】工具创建一个角度，如图 5-342 所示。其参数面板如图 5-343 所示。

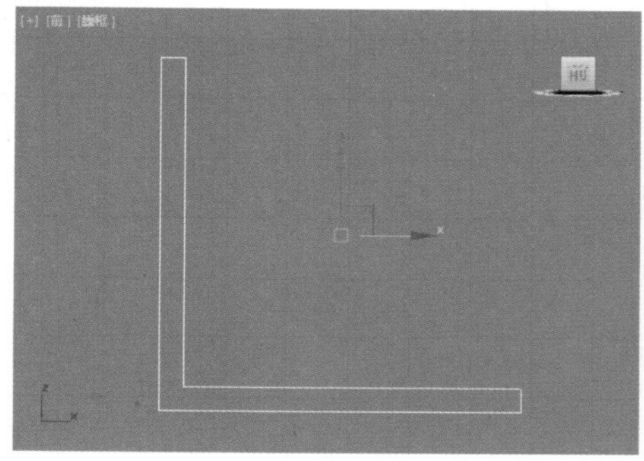

图5-342

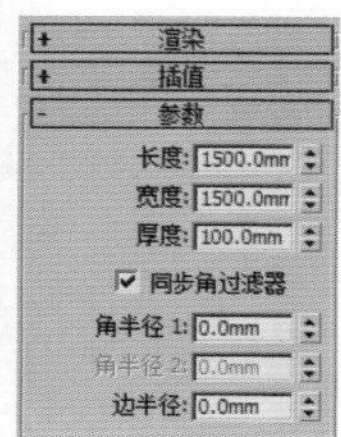

图5-343

5.4.4 T形

用【T形】工具创建一个T形，如图5-344所示。其参数面板如图5-345所示。

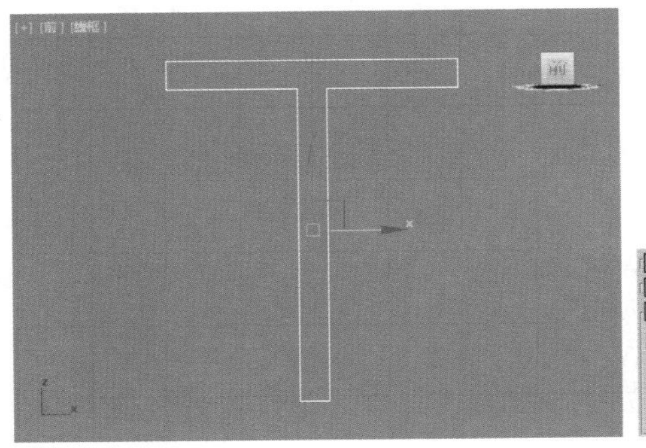

图5-344

图5-345

5.4.5 宽法兰

用【宽法兰】工具创建一个宽法兰，如图5-346所示。其参数面板如图5-347所示。

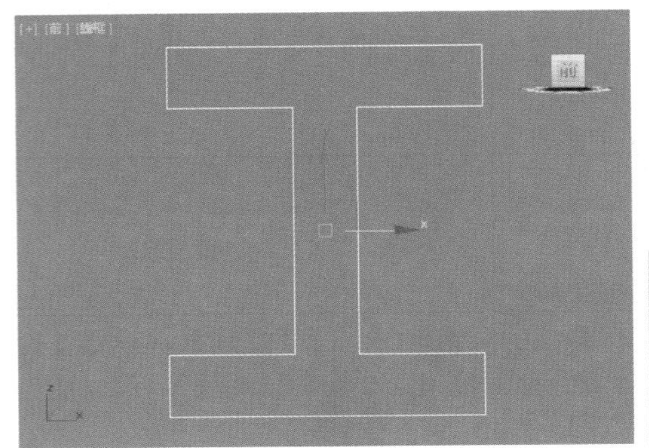

图5-346

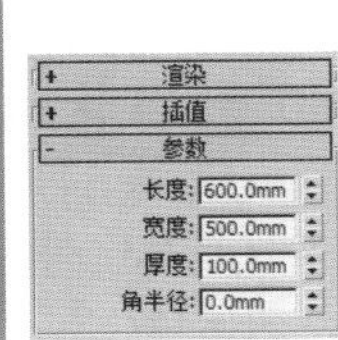

图5-347

读书笔记

Chapter 06 第6章

复合对象建模

本章将学习复合对象建模。复合对象建模是一种非常特殊的建模方式，只适用于很少一部分类型的模型。由于复合对象的很多工具在操作时需要应用到几何体、样条线的内容，因此将本章安排在此，方便我们轻松学习掌握。

本章学习要点：

- 认识复合对象；
- 熟练掌握放样、图形合并、散布、布尔、变形等工具的使用。

扫一扫，看视频

通过本章学习，我能做什么？

3ds Max中包含的这些种复合对象工具的使用方法与产生效果都不相同。【放样】工具可以制作石膏线、镜框、油画框等对象；【图形合并】工具可以制作轮胎花纹、石头刻字等。【散布】工具可以制作石子路、树林、花海；【布尔】工具、【ProBoolean（超级布尔）】工具可用来模拟螺丝、骰子、手机按钮效果；【变形】工具可以制作变形效果的动画；【一致】工具可以制作山上的公路；【地形】工具可以使用多条图形制作具有高低不同海拔的地形模型。

6.1 了解复合对象

本节将讲解复合对象的基本知识，其中包括复合对象的概念、复合对象适合制作的模型类型、复合对象 12 种类型。

6.1.1 什么是复合对象

复合对象建模方式并不能制作所有的模型效果，它是一种比较特殊的建模方式，通常将两个或多个现有对象组合成单个对象。

6.1.2 复合对象适合制作哪些模型

复合对象适合制作特殊的模型效果，例如一类物体分布于另外一个物体表面、模型与模型之间产生了相减效果、石膏线、带有花纹纹理的戒指模型等，如图 6-1~ 图 6-4 所示。

图6-1

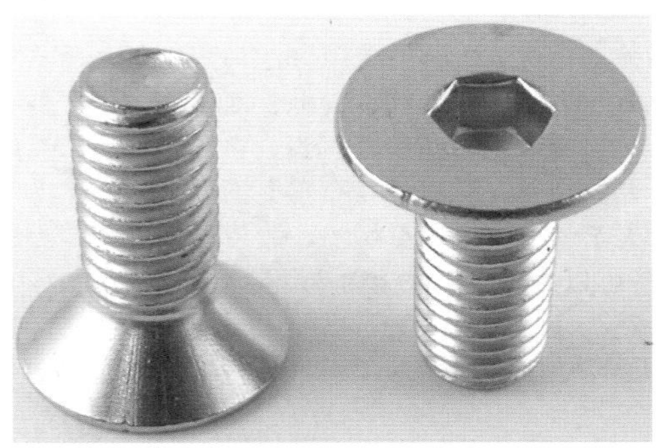

图6-2

图6-3

图6-4

6.1.3 认识复合对象

扫一扫，看视频

执行【创建】|【几何体】|复合对象命令，可以看到复合对象包括 12 种类型，每种类型可以用于制作不同的模型效果，如图 6-5 所示。

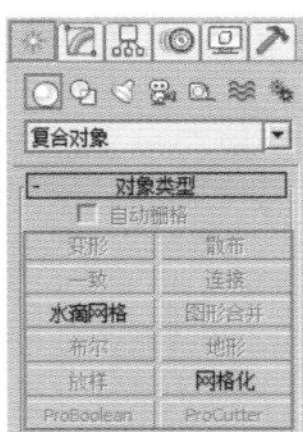

图6-5

- 变形：变形是一种与 2D 动画中的中间动画类似的动画技术。可以将一个模型变为另外一个模型。
- 散布：将一类对象分布于另外一类对象表面。例如树分布于山表面。
- 一致：通过将某个对象的顶点投影至另一个对象的表面而创建。例如制作山上曲折盘旋的公路。
- 连接：使用连接复合对象，可通过对象表面的“洞”连接两个或多个对象。
- 水滴网格：可通过几何体或粒子创建一组球体，还可将球体连接起来，好像这些球体是由柔软的液态物质构成的一样。
- 图形合并：创建包含网格对象和一个或多个图形的复合对象。常制作物体表面的图案，如轮胎的花纹、戒指纹饰等。
- 布尔：用于两个模型之间的作用，如两个模型的相加效果、相减效果等。
- 地形：用等高线数据创建曲面。
- 放样：使用两条图形，制作三维模型，如石膏线、油画框等。
- 网格化：以每帧为基准将程序对象转化为网格对象，这样可以应用修改器，如弯曲或 UVW 贴图。
- ProBoolean：与布尔类似，是布尔的升级版。
- ProCutter：用于爆炸、断开、装配、建立截面或将对象拟合在一起的工具。

6.2 复合对象工具

复合对象包括 12 种类型，其中有专门针对二维图形的复合对象类型，也有针对三维模型的复合对象。在使用复合对象之前建议保存 3ds Max 文件，因为复合对象操作较容易出现错误问题。

重点 6.2.1 放样

【放样】工具是通过两条线制作三维效果（一条为截面、一条为顶视图效果），如图 6-6 所示。

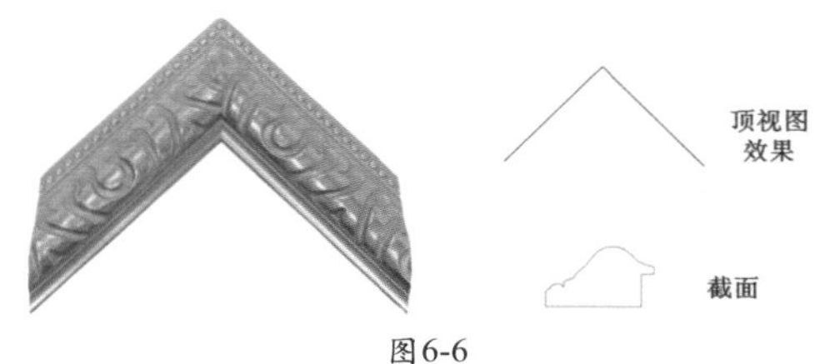

图6-6

通常用来模拟例如石膏线、镜框、油画框等，如图 6-7 所示。

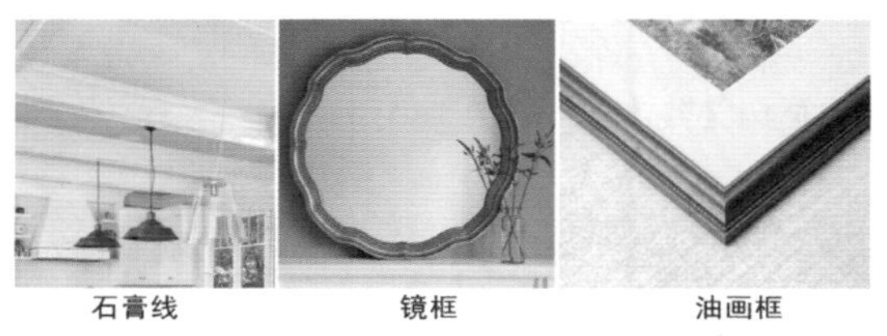

图6-7

其参数如图 6-8 所示。

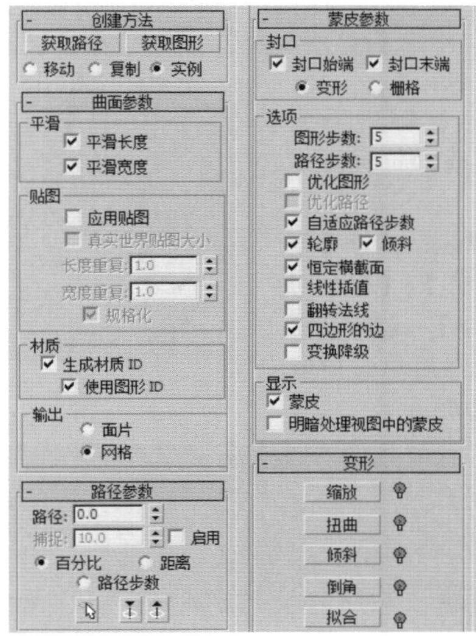

图6-8

- 创建方法：可以选择【获取路径】或【获取图形】。
  - 获取路径：将路径指定给选定图形或更改当前指定的路径。
  - 获取图形：将图形指定给选定路径或更改当前指定的图形。
- 曲面参数：可以控制放样曲面的平滑以及指定是否沿着放样对象应用纹理贴图。
  - 平滑长度：沿着路径的长度提供平滑曲面。
  - 平滑宽度：围绕横截面图形的周界提供平滑曲面。
- 路径参数：可以控制沿着放样对象路径在各个间隔期间的图形位置。
  - 路径：通过输入值或拖动微调器来设置路径的级别。
  - 捕捉：用于设置沿着路径图形之间的恒定距离。
  - 启用：当启用【启用】选项时，【捕捉】处于活动状态。
  - 百分比：将路径级别表示为路径总长度的百分比。
  - 距离：将路径级别表示为路径第一个顶点的绝对距离。
  - 路径步数：将图形置于路径步数和顶点上，而不是作为沿着路径的一个百分比或距离。
- 蒙皮参数：可以调整放样对象网格的复杂性。
  - 封口始端：如果启用，则路径第一个顶点处的放样端被覆盖或封口。
  - 封口末端：如果启用，则路径最后一个顶点处的放样端被封口。
- 图形步数：设置横截面图形的每个顶点之间的步数。该值会影响围绕放样周界的边的数目，如图 6-9 所示为设置【图形步数】为 2 和 10 的对比效果。

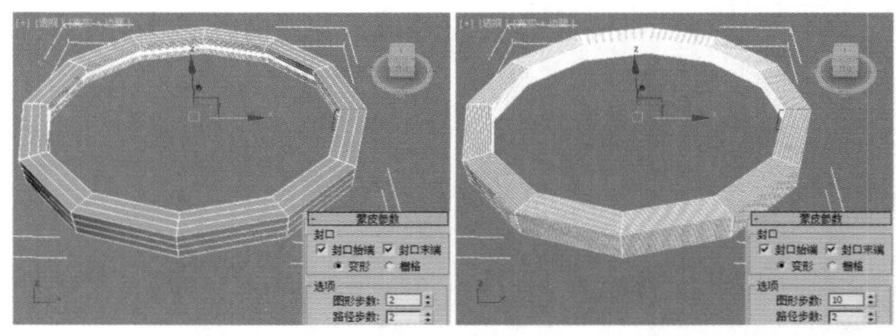

图6-9

- 路径步数：设置路径的每个主分段之间的步数。该值会影响沿放样长度方向的分段的数目，值越大越光滑，如图 6-10 所示为设置【路径步数】为 2 和 20 的对比效果。

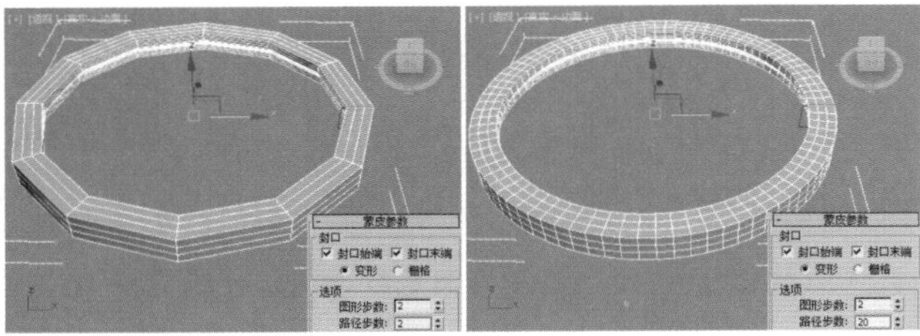

图6-10

- 变形：变形控件用于沿着路径缩放、扭曲、倾斜、倒角或拟合形状。
  * 缩放：可通过调节曲线的形状控制放样后的模型产生局部变大或变小的效果，如图6-11和图6-12所示为设置缩放前后的对比效果，如图6-13所示为曲线效果。

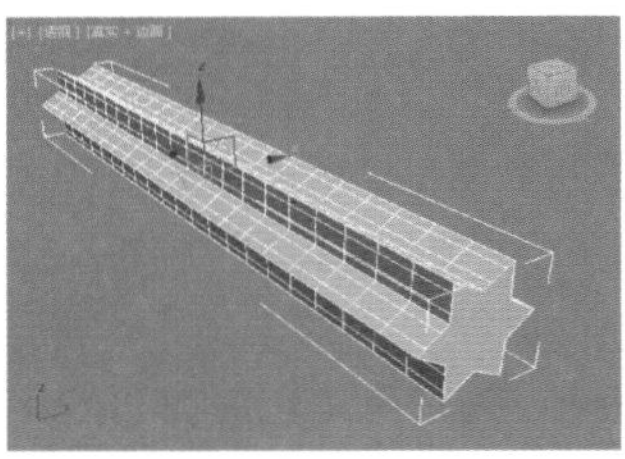

图6-11

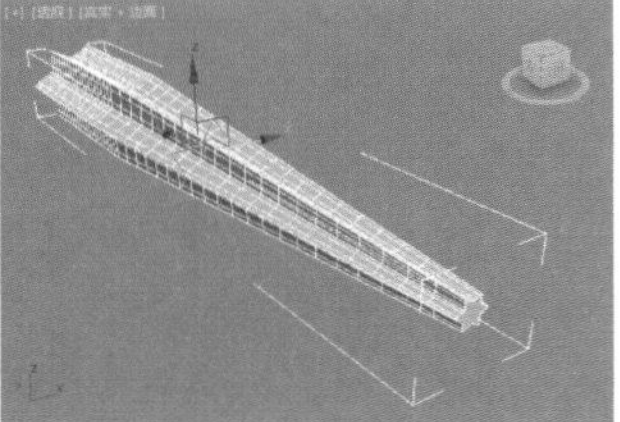

图6-12

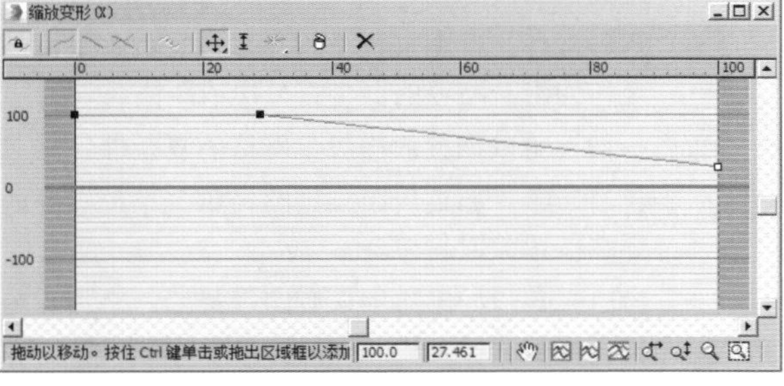

图6-13

  * 扭曲：可通过调节曲线的形状控制放样后的模型产生扭曲旋转的效果，如图6-14和图6-15所示为设置扭曲前后的对比效果，如图6-16所示为曲线效果。

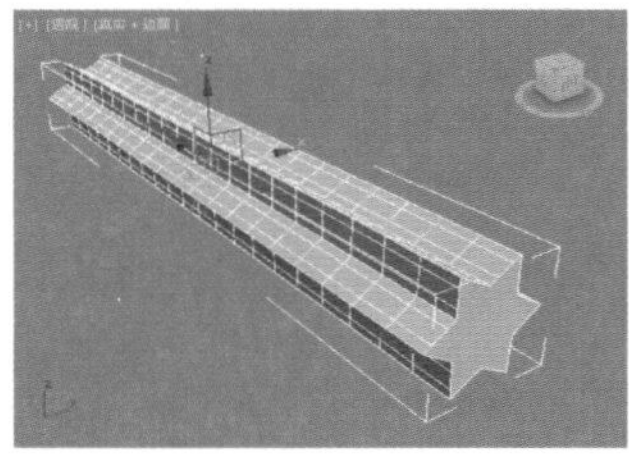

图6-14

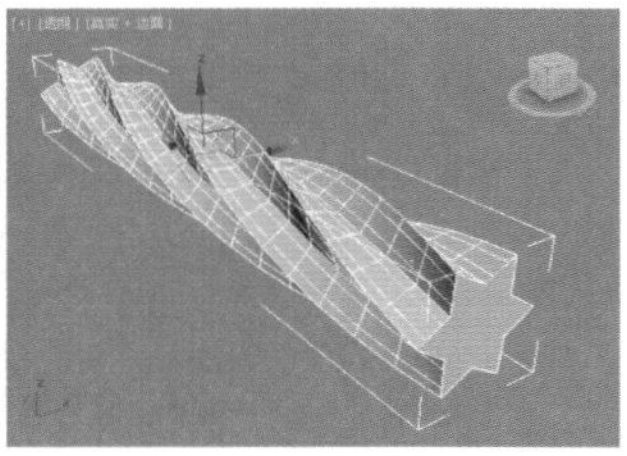

图6-15

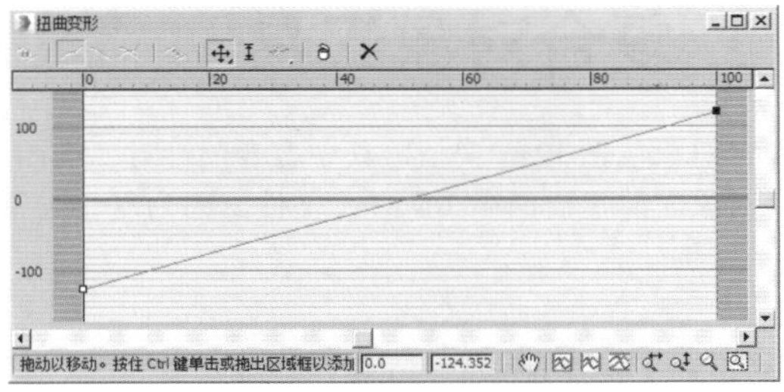

图6-16

  * 倾斜：围绕局部的X轴和Y轴旋转图形。
  * 倒角：使放样后的模型产生倒角效果。
  * 拟合：可以使用两条“拟合”曲线来定义对象的顶部和侧剖面。

轻松动手学：使用【放样】制作三维文字

文件路径：Chapter 06 复合对象建模→轻松动手学：使用【放样】制作三维文字

步骤01 使用【文本】工具在前视图中创建一组数字，如图6-17所示。

步骤02 使用【线】工具在左视图中绘制一条线，如图6-18所示。

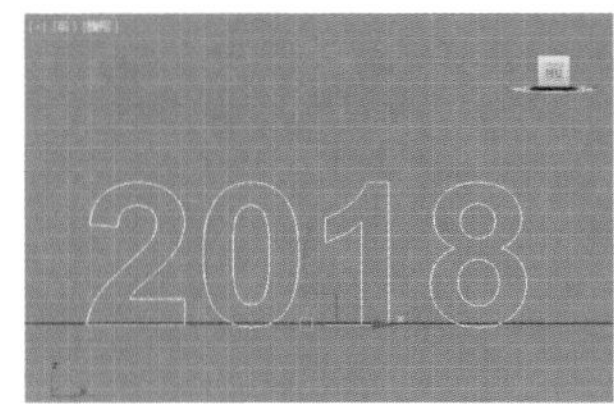

图6-17

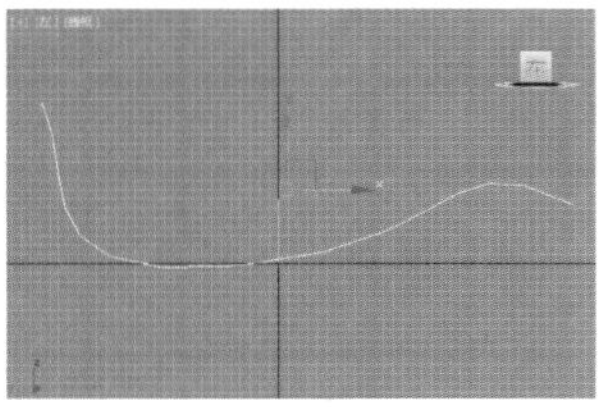

图6-18

步骤03 在透视图中看到此时数字和线的位置，如图6-19所示。

图6-19

步骤04 选择线，执行【创建】|【几何体】|【复合对象】|【放样】|【获取图形】命令，然后单击拾取线，如图6-20所示。

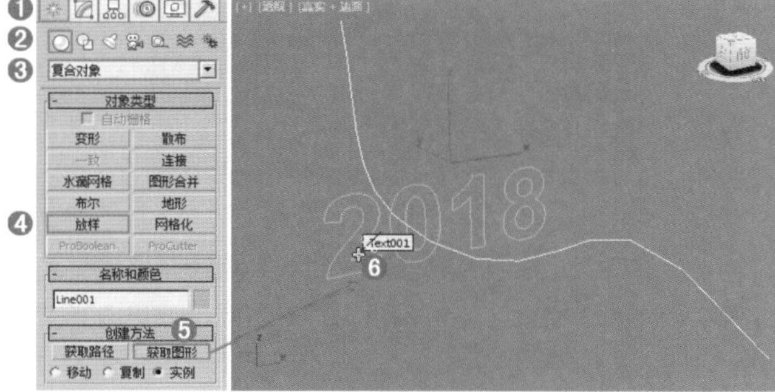

图6-20

提示：复合对象建模时，为什么出现的效果不对。

复合对象建模时，容易遇到先选择一个对象然后使用复合对象后，要拾取另外一个对象，容易造成选择的顺序混淆错误，因此出现的效果也是错误的。遇到错误时，要按 Ctrl+Z 键撤销操作，若执行一次无法撤销到使用复合对象命名之前时，可以多次撤销。要保证撤销回使用复合对象命名之前时，再重新制作。

步骤 05 此时已经出现了三维文字效果，但是文字是倒置的，如图6-21所示。

步骤 06 此时需要旋转其图形元素。单击修改，单击■按钮并选择【图形】，如图6-22所示。

步骤 07 选择三维文字中的图形元素，然后单击打开（角度捕捉切换）按钮，并单击（选择并旋转）按钮，沿着Z轴旋转－90度，效果如图6-23所示。

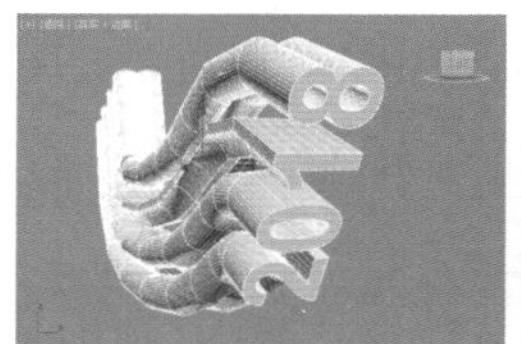

图6-21

图6-22

图6-23

步骤 08 由于刚才生成的三维文字不太圆滑，所以可以单击修改并设置【路径步数】为50，如图6-24所示。此时模型更圆滑了，如图6-25所示。

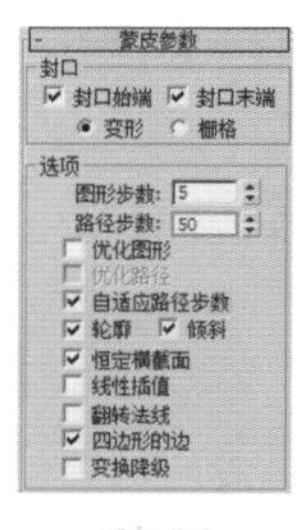

图6-24

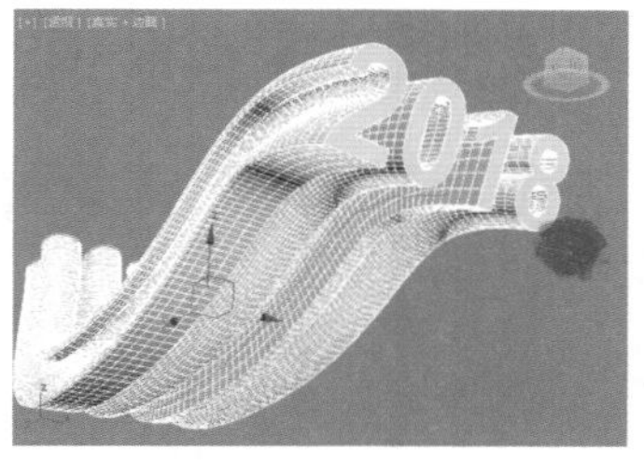

图6-25

步骤 09 如果感觉此时的形态不是很合适，还可以通过修改最初那条线的顶点来控制三维文字的形态走向，如图6-26所示。

步骤 10 还可以使模型产生扭曲效果。展开【变形】卷展栏，单击【扭曲】按钮，如图6-27所示。并设置两个点的位置，如图6-28所示。此时扭曲的文字效果如图6-29所示。

图6-26

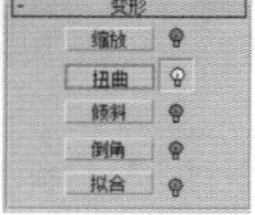

图6-27

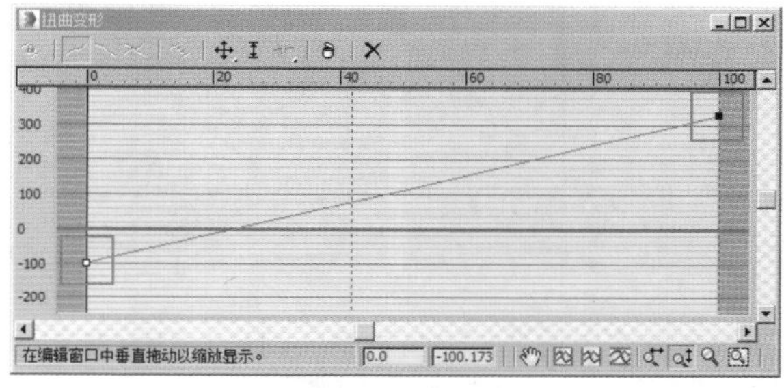

图6-28

图6-29

实例：使用【放样】制作奇幻三维人像合成

文件路径：Chapter 06 复合对象建模→实例：使用【放样】制作奇幻三维人像合成

扫一扫，看视频

本例将使用放样工具制作蜿蜒曲折的三维模型，该方法常用于影视包装设计中，可以模拟三维彩带、缠绕立体元素等。最终渲染效果如图 6-30 所示。

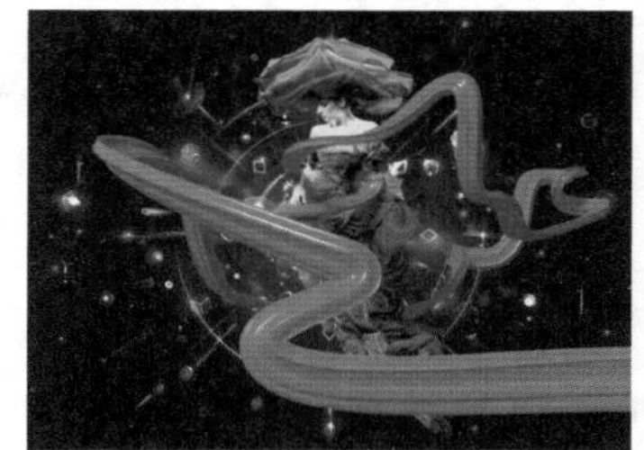

图6-30

步骤 01 使用【线】工具在视图中创建一条闭合的线，然后进入顶点级别，调整顶点的位置，使其产生上下曲折的效果，如图6-31所示。

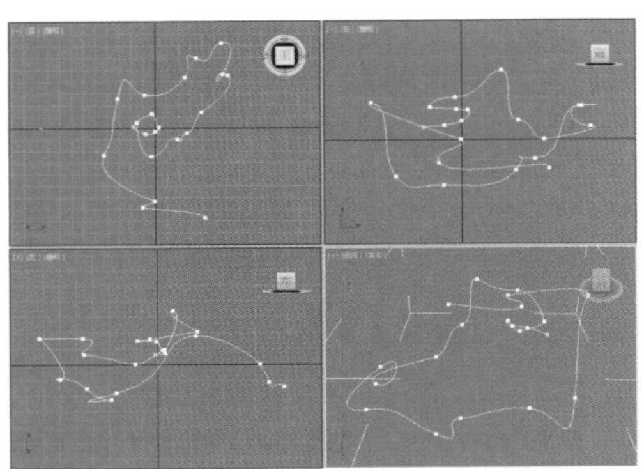
图6-31

步骤02 使用【线】工具在前视图中创建一条闭合的线，然后进入顶点级别，调整顶点的位置，如图6-32所示。

步骤03 此时两个图形的大小比例关系如图6-33所示。

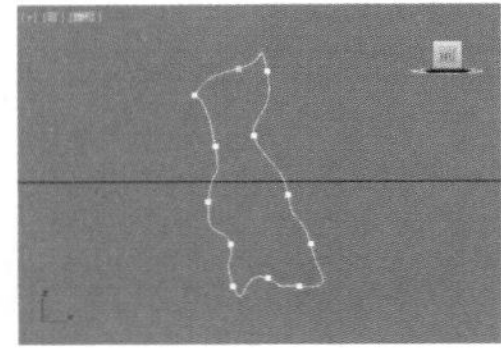
图6-32

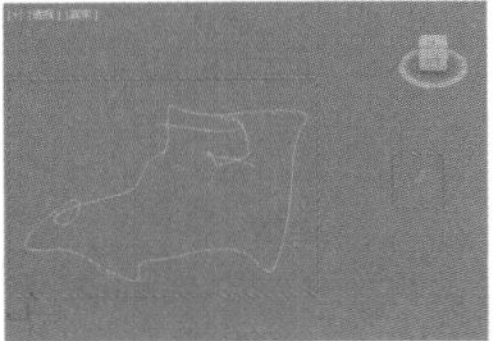
图6-33

步骤04 选择较大的图形，执行（创建）|（几何体）|复合对象|放样|获取图形命令。最后单击拾取较小的图形，如图6-34所示。

步骤05 此时模型效果如图6-35所示。

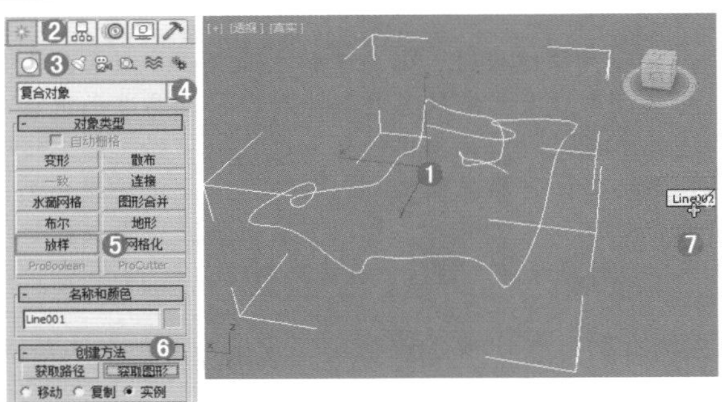

图6-34

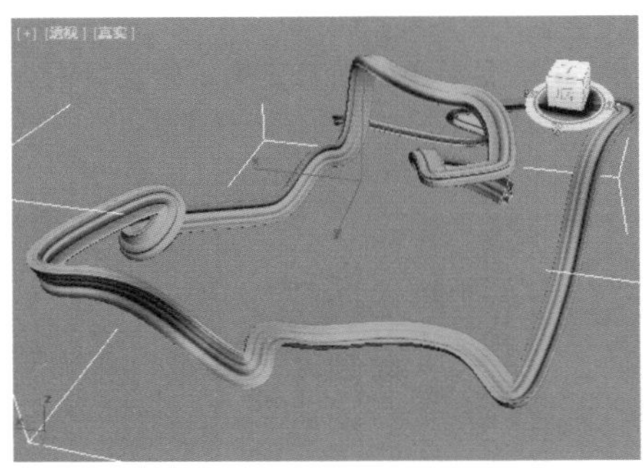
图6-35

实例：使用【放样】制作炫酷三维螺旋线

扫一扫，看视频

文件路径：Chapter 06 复合对象建模→实例：使用【放样】制作炫酷三维螺旋线

本例将使用放样工具制作炫酷三维螺旋线，该方法常用于广告设计、电视栏目包装设计中。本例重点在于放样之后调节出模型的缩放变化，如图 6-36 所示。

图6-36

步骤01 使用【椭圆】工具在左视图中创建如图6-37所示的椭圆，并设置【长度】为150mm，【宽度】为50mm，如图6-38所示。

步骤02 使用【螺旋线】工具在前视图中创建如图6-39所示的螺旋线，并设置【半径1】为200mm，【半径2】为300mm，【高度】为1292mm，【圈数】为2，如图6-40所示。

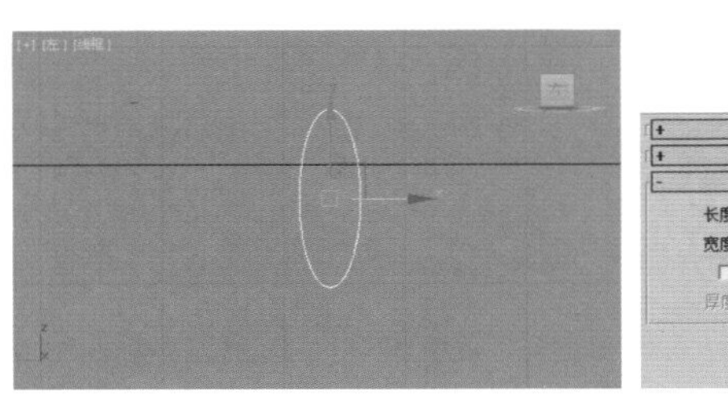

图6-37　图6-38

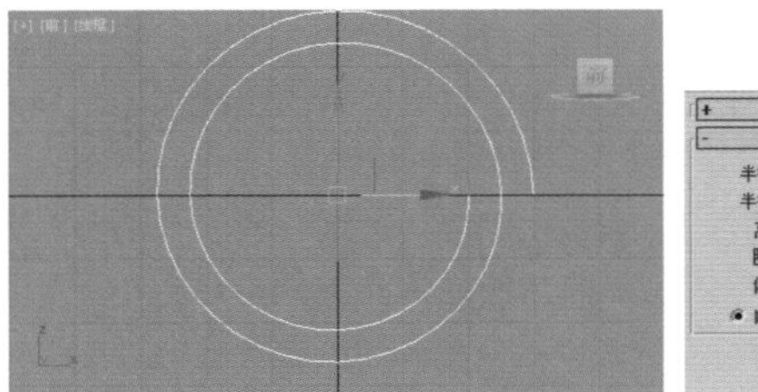

图6-39　图6-40

步骤03 选择螺旋线，执行【创建】|【几何体】|【复合对象】|【放样】|【获取图形】命令，然后单击拾取椭圆，如图6-41所示。放样后的模型效果如图6-42所示。

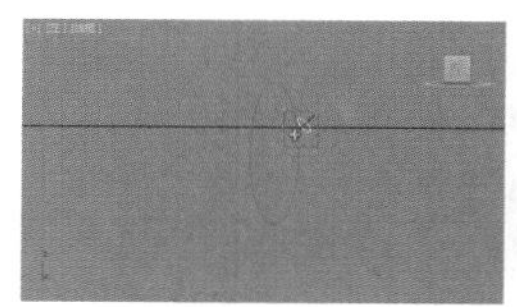

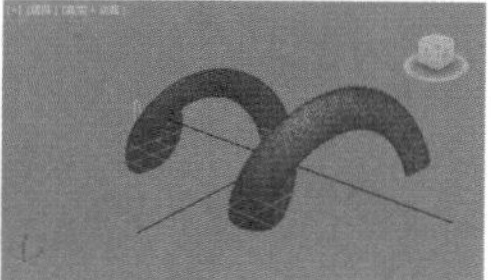

图6-41　　图6-42

步骤 04 选择刚创建的模型，单击修改并展开【变形】卷展栏，单击 缩放 按钮，此时会弹出【缩放变形】窗口，并调节曲线形状，如图6-43所示。此时模型如图6-44所示。

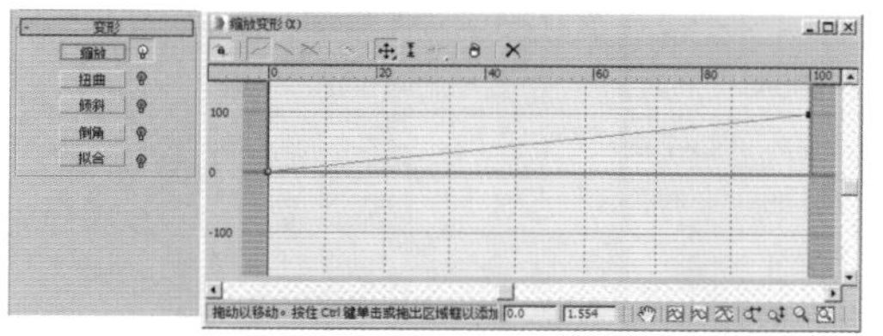

图6-43

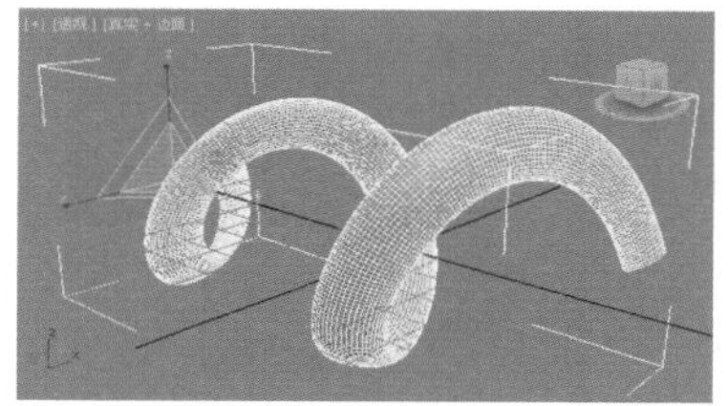

图6-44

步骤 05 由于调整了曲线的形状变化，所以模型也产生了相应的缩放变化，如图6-45所示。

步骤 06 继续使用同样方法制作出其他的模型，如图6-46所示。

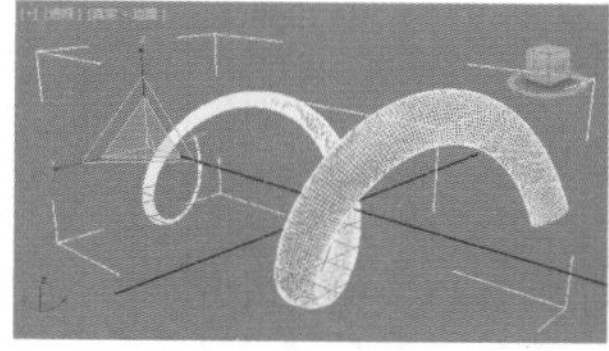

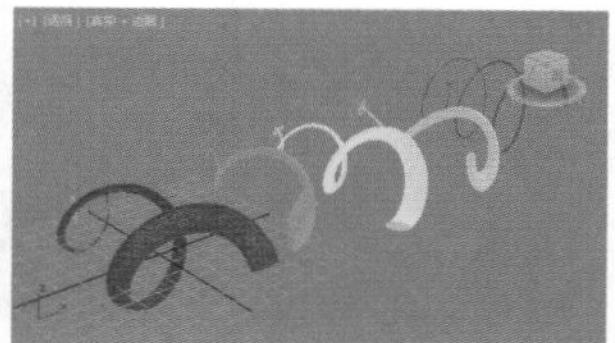

图6-45　　图6-46

步骤 07 最后将所有模型移动到合适的位置，如图6-47所示。

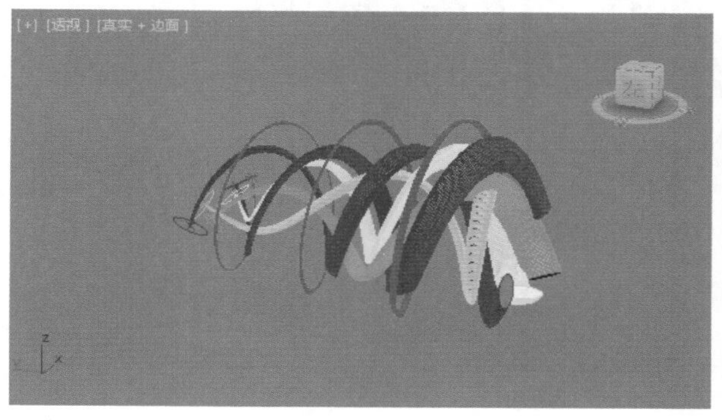

图6-47

实例：使用【放样】制作欧式石膏线

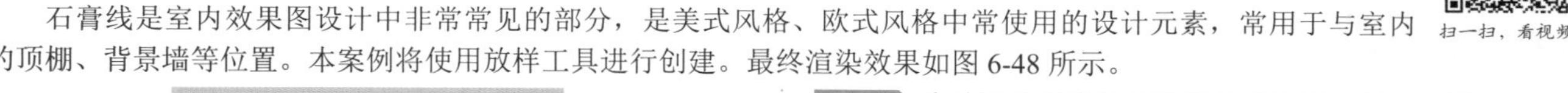

文件路径：Chapter 06 复合对象建模→实例：使用【放样】制作欧式石膏线

扫一扫，看视频

石膏线是室内效果图设计中非常常见的部分，是美式风格、欧式风格中常使用的设计元素，常用于与室内的顶棚、背景墙等位置。本案例将使用放样工具进行创建。最终渲染效果如图 6-48 所示。

图6-48

步骤 01 使用【矩形】工具在顶视图中创建一个如图6-49所示的矩形，并设置【长度】为750mm，【宽度】为1500mm，如图6-50所示。

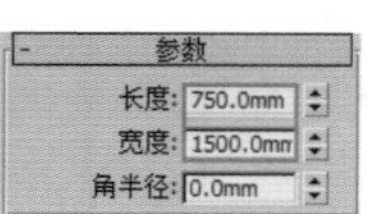

图6-49　　图6-50

步骤 02 使用【线】工具在前视图中创建一个如图6-51所示的闭合线（要注意两个图形不要在一个视图中创建，建议可以一个在顶视图创建、一个在前视图创建）。

步骤 03 此时矩形和线的位置及尺寸比例如图6-52所示。

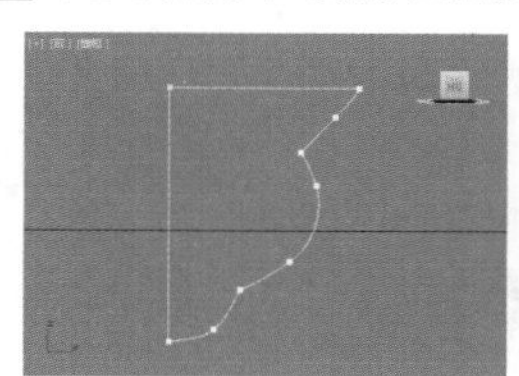

图6-51　　图6-52

步骤 04 选择刚才的【线】，单击修改进入【顶点】级别，选择如图6-53所示的点。右击，选择Bezier方式，然后调节这两个点的光滑效果，如图6-54所示。

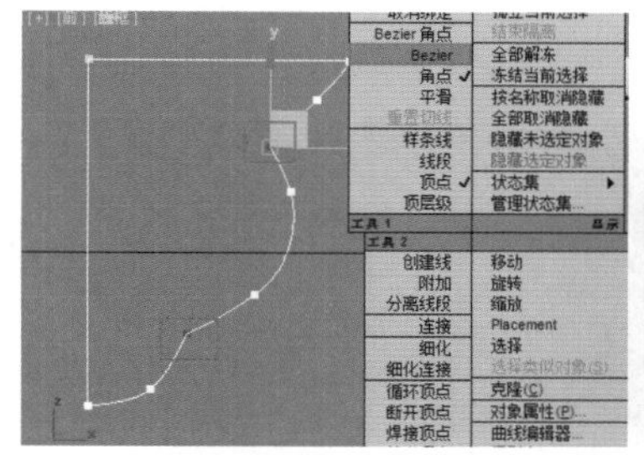

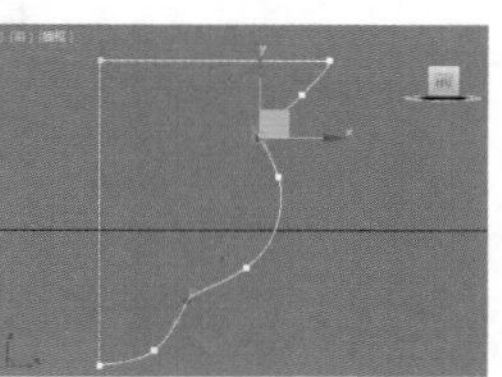

图6-53　　图6-54

步骤05 选择刚才创建的矩形，执行【创建】|【几何体】|【复合对象】|【放样】|【获取图形】命令，然后单击拾取线，如图6-55所示。放样后的模型效果如图6-56所示。

步骤06 最后旋转模型如图6-57所示。

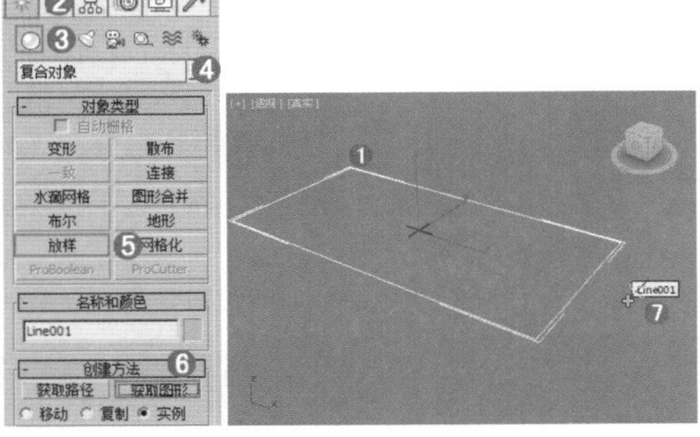

图6-55

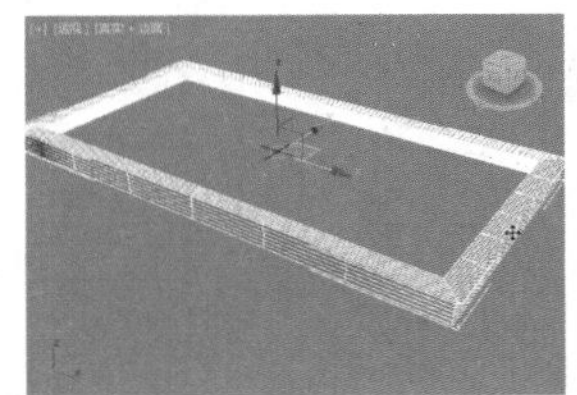

图6-56

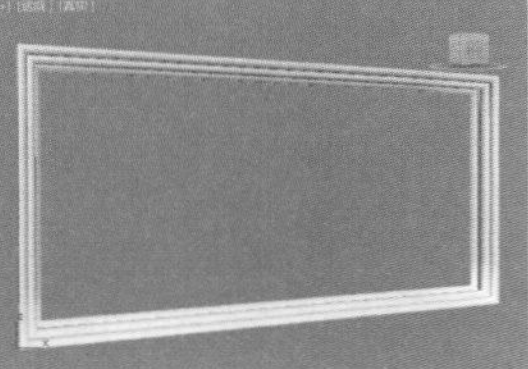

图6-57

重点 6.2.2 图形合并

【图形合并】工具可以将一个二维的图形“印”到三维模型上面。通常用来模拟轮胎花纹、石头刻字、戒指刻字效果，如图6-58所示。其参数如图6-59所示。

图6-58

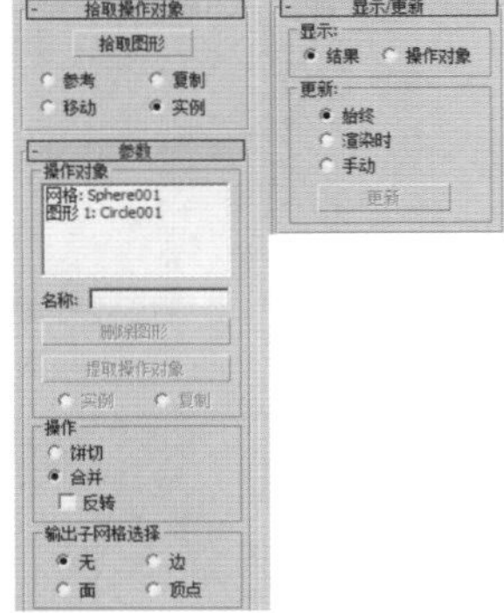

图6-59

- 拾取图形：单击该按钮，然后单击要嵌入网格对象中的图形。
- 操作对象：在复合对象中列出所有操作对象。
- 名称：如果选择列表中的对象，则此处将显示其名称。
- 删除图形：从复合对象中删除选中图形。
- 提取操作对象：提取选中操作对象的副本或实例。
- 饼切：切去网格对象曲面外部的图形。
- 合并：将图形与网格对象曲面合并。
- 反转：反转“饼切”或“合并”效果。

轻松动手学：使用【图形合并】将图形印到球体上

文件路径：Chapter 06 复合对象建模→轻松动手学：使用【图形合并】将图形印到球体上

步骤01 创建一个三维球体模型和一个二维多边形图形，如图6-60所示（需要注意球体和多边形的位置，多边形要在球体的前方，这样才能保证多边形能完整地“印”在球体上）。

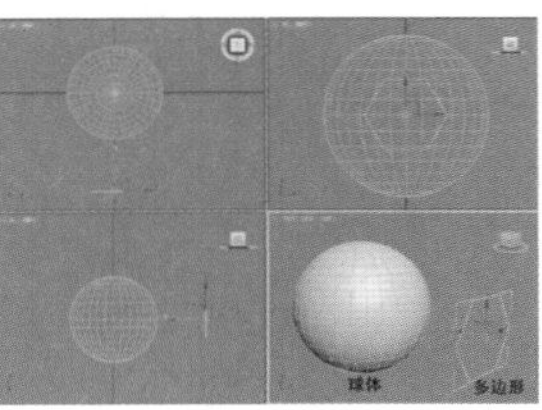

图6-60

步骤02 选择球体，执行【创建】|【几何体】|【复合对象】|【图形合并】|【拾取图形】命令，然后单击拾取多边形，如图6-61所示。

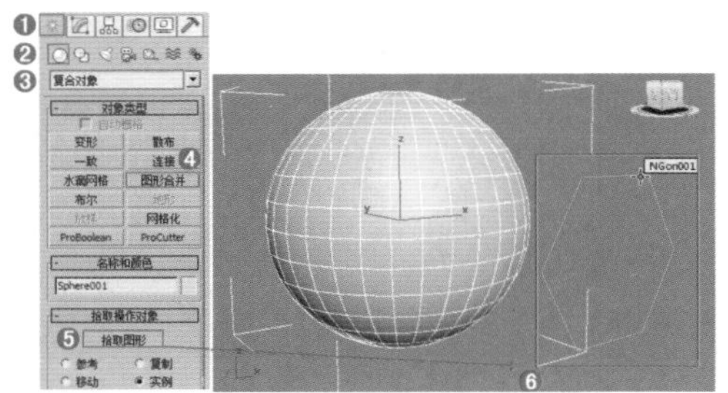

图6-61

步骤03 此时多边形被“印”到了球体表面，如图6-62所示。

步骤04 选择球体，右击执行【转换为】|【转换为可编辑多边形】命令，如图6-63所示（后面的步骤操作可以参考本书第8章）。

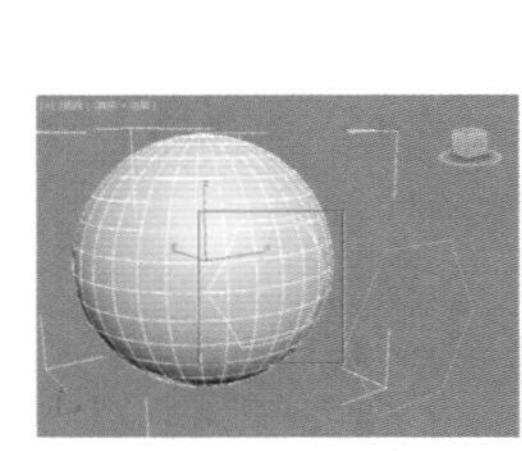

图6-62

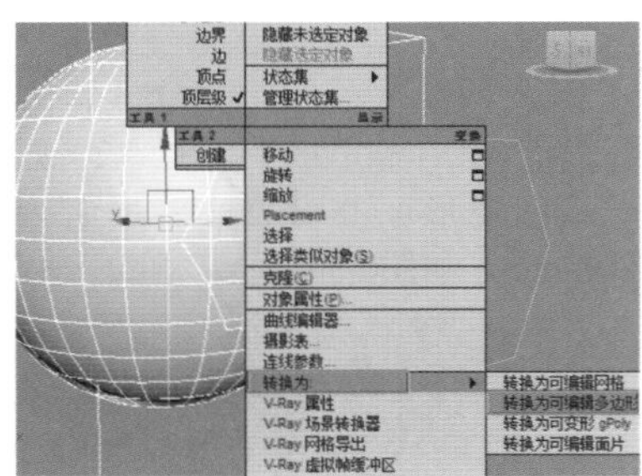

图6-63

步骤05 选择■（多边形）级别，并选择如图6-64所示的多边形。

步骤06 单击【挤出】后面的【设置】按钮■，如图6-65所示。设置【高度】为-30mm，如图6-66所示。

步骤07 此时效果如图6-67所示。

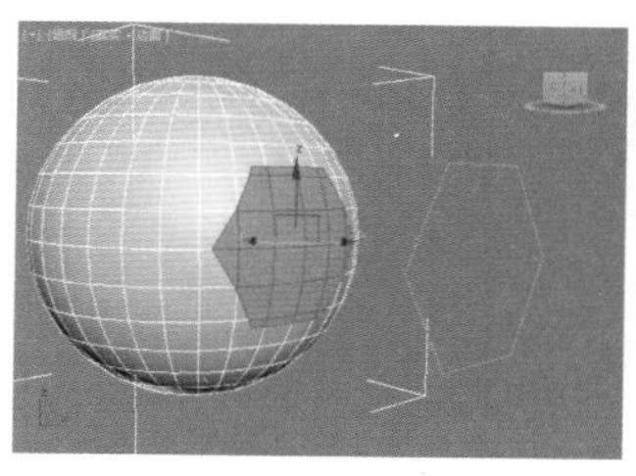

图6-64

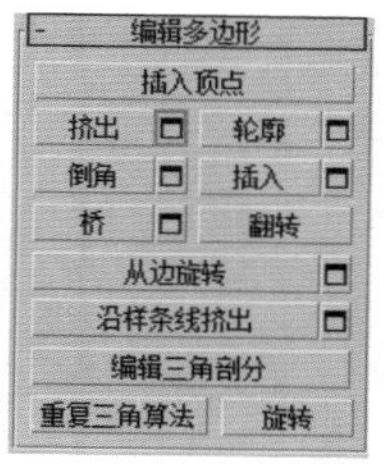

图6-65

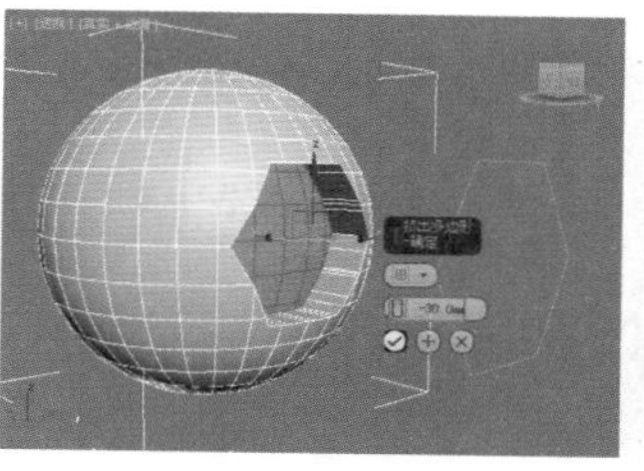

图6-66

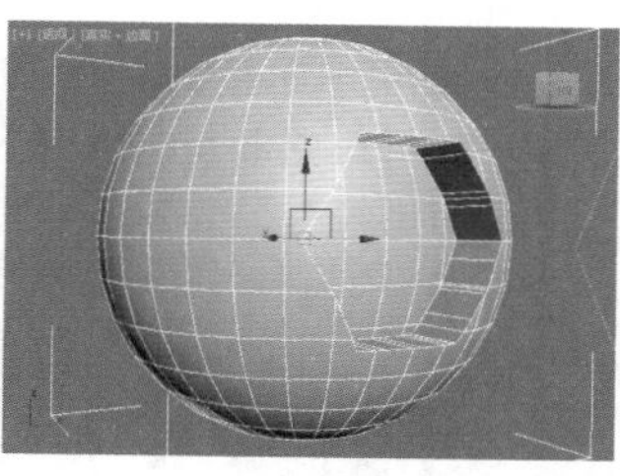

图6-67

重点 6.2.3 散布

【散布】工具可以将一个模型随机分布到另外一个物体表面。可用来模拟海边石子、一片树林、一簇郁金香，如图 6-68 所示。

图6-68

其参数如图 6-69 所示。

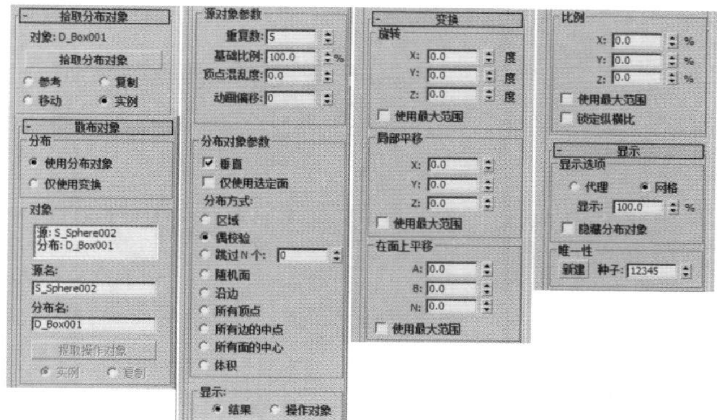

图6-69

- 拾取分布对象：选择一个 A 对象，然后单击【散布】工具，接着单击该按钮，最后在场景中单击一个 B 对象，即可将 A 分布在 B 表面。
- 分布：【使用分布对象】根据分布对象的几何体来散布源对象。【仅使用变换】选项无需分布对象，而是使用【变换】卷展栏上的偏移值来定位源对象的重复项。
- 源对象参数：该选项组中可设置散布源对象的重复数目、比例、随机扰动、偏移效果。
- 分布对象参数：用于设置源对象重复项相对于分布对象的排列方式。
- 分布方式：设置源对象的分布方式。

提示：使用【散布】工具制作创意作品的思路。

【散布】工具不仅可以制作漫山遍野的松树、地面散落的石子、四处丛生的杂草等真实效果。还可以制作具有创意感、趣味感的作品效果。例如提供给大家一点小思路。

（1）创建一个大茶壶和一个小树，如图 6-70 所示。

图6-70

（2）选择树模型，执行【创建】|【几何体】|【复合对象】|【散布】命令，然后单击【拾取分布对象】按钮，最后单击拾取小树，如图 6-71 所示。

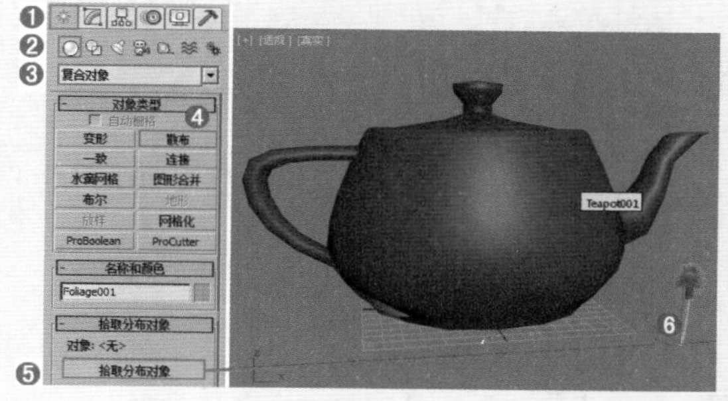

图6-71

（3）单击【修改】按钮，设置【重复数】为 100，如图 6-72 所示。

（4）此时茶壶上出现了 100 颗树，如图 6-73 所示。这种物体大小比例混乱化的设计，很容易吸引人们眼球，因此可以使用该方法模拟一些极具创意感的作品，当然你还可以自己动手尝试在茶壶上创建一个小人物，这样整个作品就更生动鲜活了。

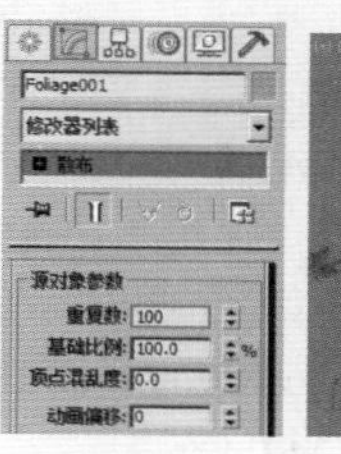

图6-72

图6-73

(5) 如图 6-74 所示为整体效果和局部效果。

(6) 还可以创建出另外的一些效果，如植物生长在球体表面，这种效果可以用来制作一些常见的公益广告设计（如环保主题），如图 6-75 所示。

图6-74

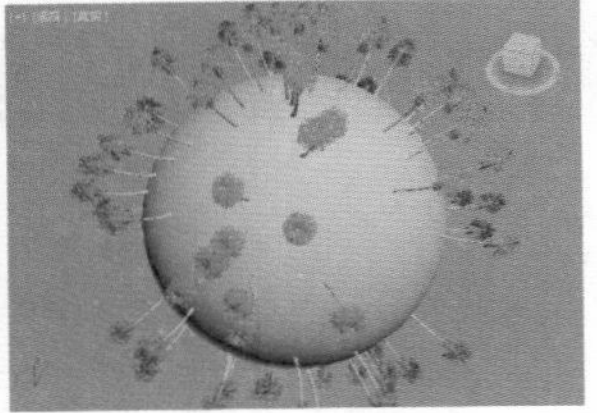
图6-75

实例：使用【散布】制作创意吊灯

扫一扫，看视频

文件路径：Chapter 06 复合对象建模→实例：使用【散布】工具制作创意吊灯

使用散布工具可将一个模型分布在另外一个模型表面。创意吊灯模型比较复杂，使用常规的建模方式制作起来比较麻烦，而使用散布工具可以快速创建出来。最终渲染效果如图 6-76 所示。

图6-76

步骤 01 使用【球体】工具创建一个球体模型，如图6-77所示。单击【修改】按钮，设置【半径】为500mm，如图6-78所示。

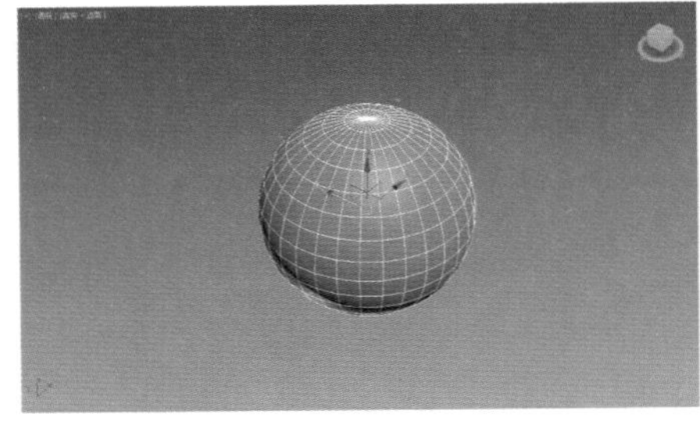
图6-77

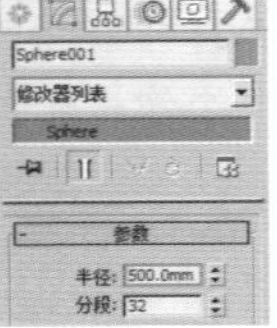
图6-78

步骤 02 使用【平面】工具创建一个如图6-79所示的平面。设置【长度】为200mm、【宽度】为200mm，设置【长度分段】和【宽度分段】为1，如图6-80所示。

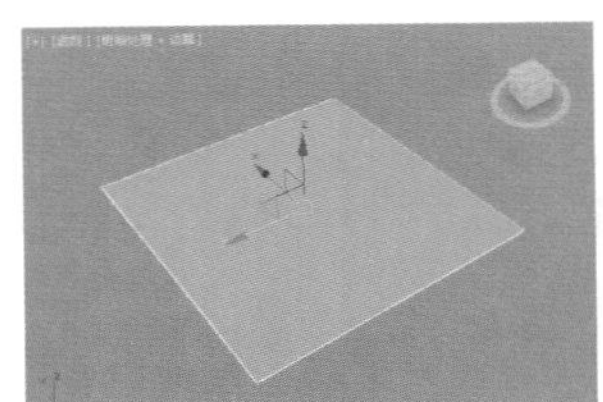
图6-79

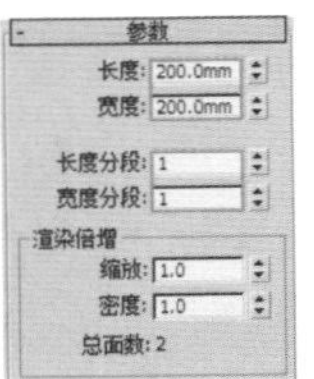
图6-80

步骤 03 选择【平面】模型，右击，执行【转换为】|【转换为可编辑多边形】命令，如图6-81所示。使用（选择并旋转）工具旋转复制3个，使用（选择并移动）工具移动到合适位置，如图6-82所示。

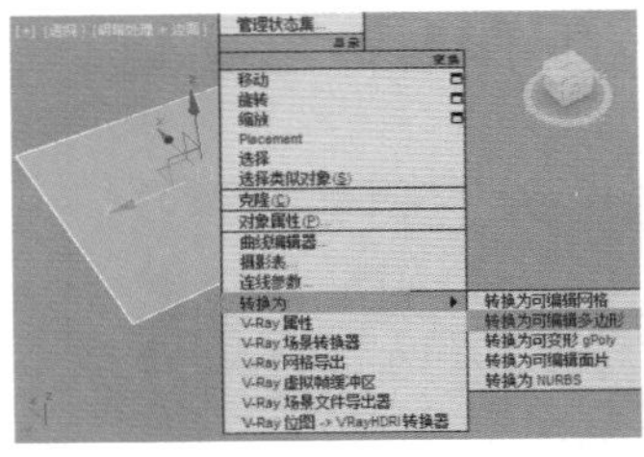
图6-81

图6-82

步骤 04 选择此时的4个平面，然后执行（实用程序）| 塌陷 | 塌陷选定对象 命令，如图6-83所示。此时这几个模型变为了一个模型，如图6-84所示。

图6-83

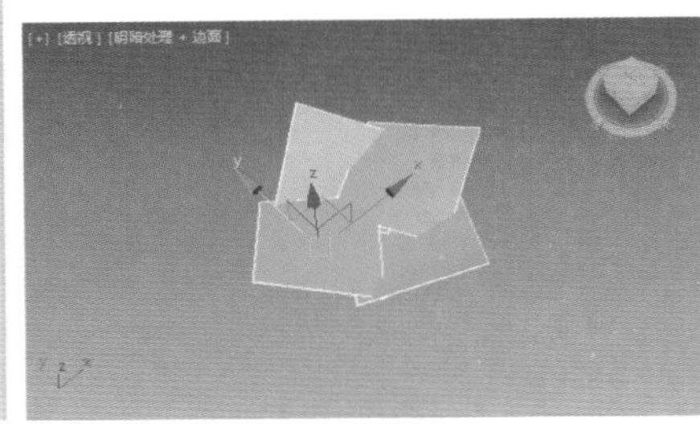
图6-84

步骤 05 选择刚才塌陷后的平面模型，执行【创建】|【几何体】|【复合对象】|【散布】命令，然后单击 拾取分布对象 按钮，最后单击【拾取分布对象】拾取球体，如图6-85所示。

步骤 06 此时选择散布后的模型，单击修改设置【重复数】为50，选择【区域】，如图6-86所示。

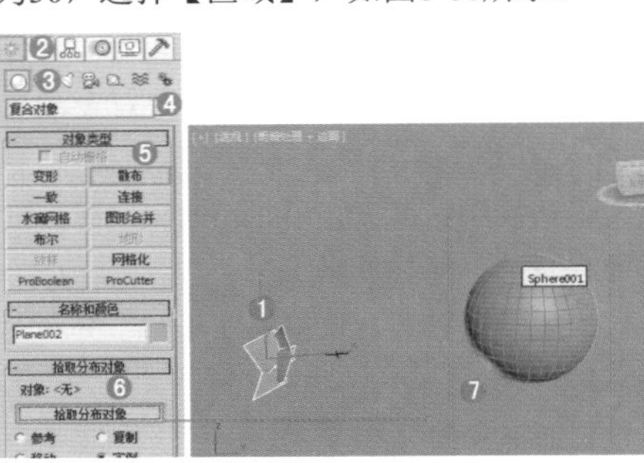
图6-85

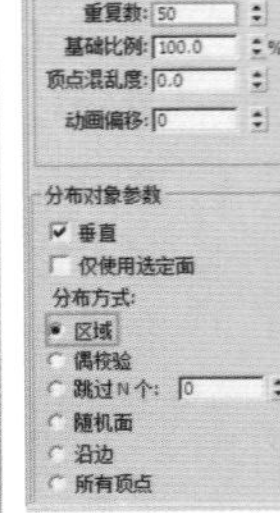
图6-86

步骤07 使用 ✥（选择并移动）工具选中散布出来的模型移动到合适位置，然后将剩下的球体删除，如图6-87所示。

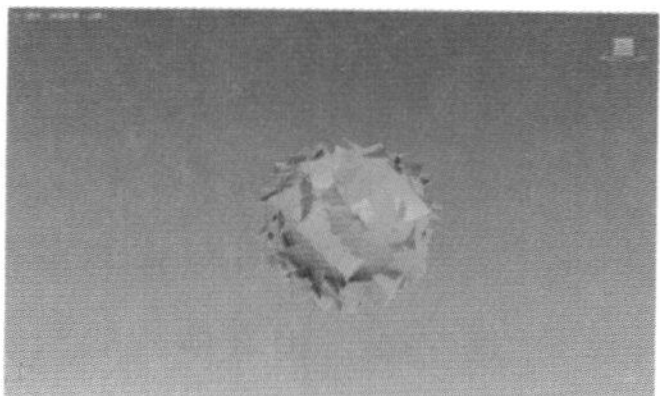

图6-87

步骤08 在前视图中绘制一条直线，如图6-88所示。勾选【在渲染中启用】和【在视口中启用】，选择【径向】，设置【厚度】为10mm，如图6-89所示。

图6-88

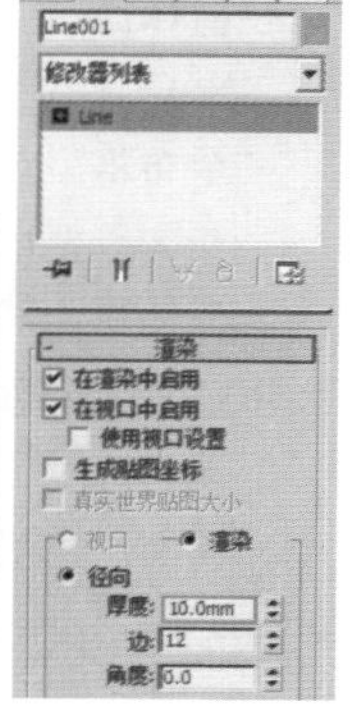

图6-89

步骤09 这样这个吊灯模型就制作完成了，如图6-90所示。

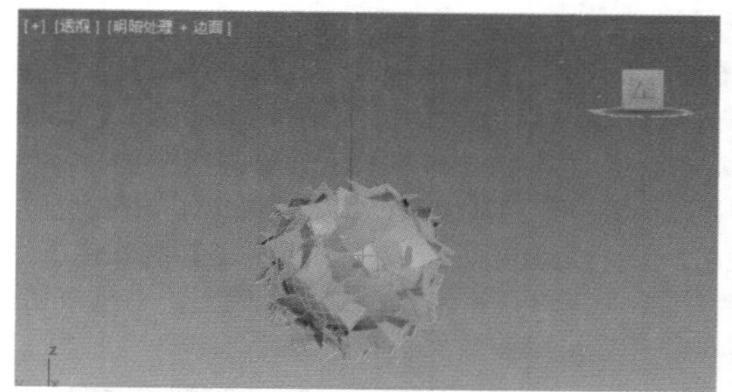

图6-90

读书笔记

举一反三：使用【散布】制作漫山遍野的植物

文件路径：Chapter 06 复合对象建模→举一反三：使用【散布】制作漫山遍野的植物

通过对上面实例的学习，我们已经掌握了将某个物体分布到另外一个物体表面的制作方法，接下来举一反三，使用【散布】工具制作漫山遍野的植物，效果如图 6-91 所示。

图6-91

步骤01 打开本书场景文件，如图6-92所示。

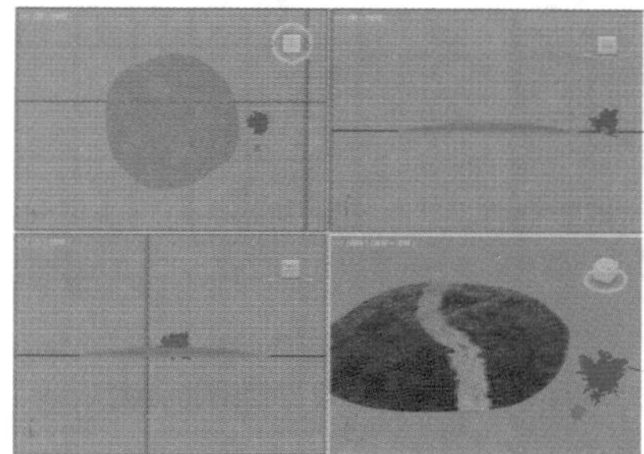

图6-92

步骤02 选择【植物】模型，执行【创建】|【几何体】|【复合对象】|【散布】命令，单击 拾取分布对象 按钮，如图6-93所示。选择刚才散布后的模型，单击修改设置【重复数】为8，设置【分布方式】为【随机面】，如图6-94所示。

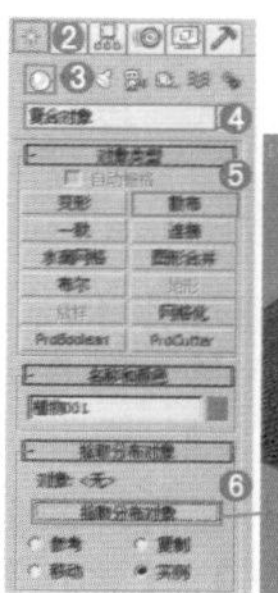

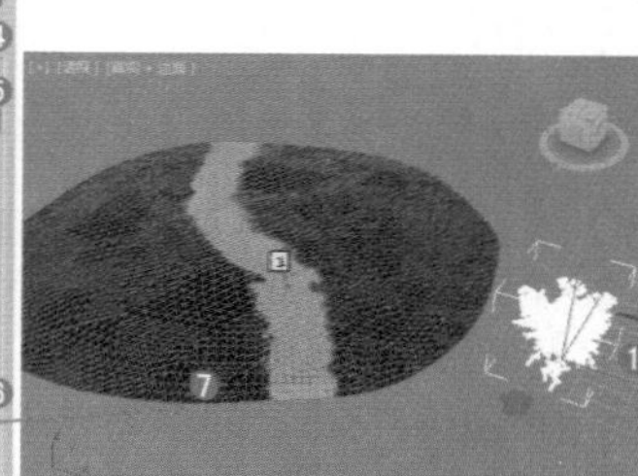

图6-93

图6-94

步骤03 此时植物模型已经分布到了地面上，如图6-95所示。

步骤04 继续使用同样的方法制作杂草的散布效果，最终模型如图6-96所示。

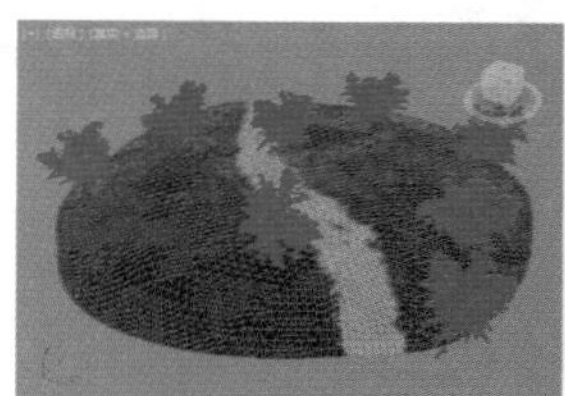

图6-95

图6-96

第6章 复合对象建模

重点 6.2.4　布尔、ProBoolean（超级布尔）

【布尔】工具、【ProBoolean（超级布尔）】工具都可以制作两个物体之间的“相减”“相加”等效果。【ProBoolean（超级布尔）】工具比【布尔】工具更高级一些，不容易产生错误，因此只学会其中一个工具就可以了（在执行布尔操作之前，应该先保存场景或使用【编辑】菜单栏下的【暂存】）。这两个工具可用来模拟螺丝、骰子、手机按钮效果，如图6-97所示。其参数如图6-98所示。

图6-97

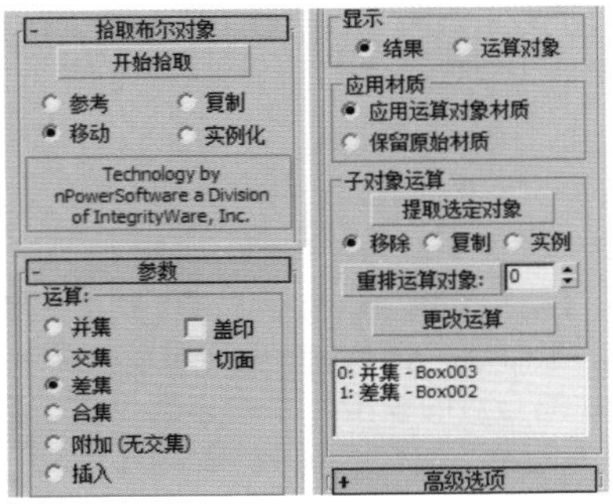

图6-98

- 并集：移除几何体的相交部分或重叠部分。
- 交集：只保留几何体的重叠位置。
- 差集：减去相交体积的原始对象的体积，例如为模型打洞。
- 合集：将对象组合到单个对象中，而不移除任何几何体。
- 附加（无交集）：将两个或多个单独的实体合并成单个布尔型对象，而不更改各实体的拓扑。
- 插入：先从第一个操作对象减去第二个操作对象的边界体积，然后再组合这两个对象。
- 盖印：将图形轮廓（或相交边）打印到原始网格对象上。
- 切面：切割原始网格图形的面，只影响这些面。

提示：布尔和ProBoolean的注意事项。

在为模型应用布尔或ProBoolean之前，一定要保存当前的文件。另外建议在使用这两个工具之前，要确保该模型不会再进行其他编辑，例如进行平滑处理、进行多边形建模等操作。若在使用这两个工具之后，再进行平滑处理、进行多边形建模等操作时，该模型可能产生比较奇怪的效果。

轻松动手学：布尔和ProBoolean的应用

文件路径：Chapter 06 复合对象建模→轻松动手学：布尔和ProBoolean的应用

步骤01 用【球体】工具和【长方体】工具创建球体和长方体，并且将球体的一部分放置在长方体内部，另一部分在上部，如图6-99所示。

步骤02 在准备使用ProBoolean（超级布尔）之前，我们要进行重要的一步，即在菜单栏中执行【编辑】|【暂存】命令，这样保证即使之后出现错误，只需要执行【编辑】|【取回】命令，即可回到ProBoolean（超级布尔）之前的场景状态，如图6-100所示。

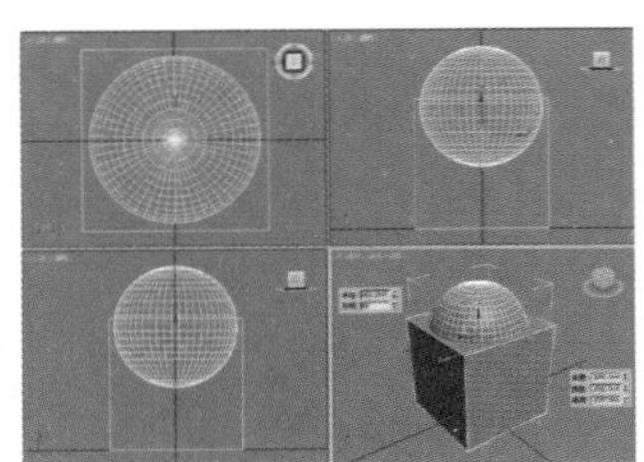

图6-99

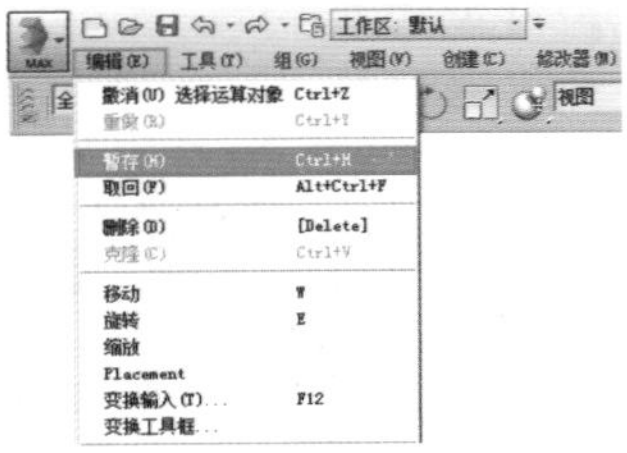

图6-100

步骤03 选择长方体，然后执行【创建】|【几何体】|【复合对象】|ProBoolean命令，然后选择【差集】，单击【开始拾取】按钮拾取球体，如图6-101所示。

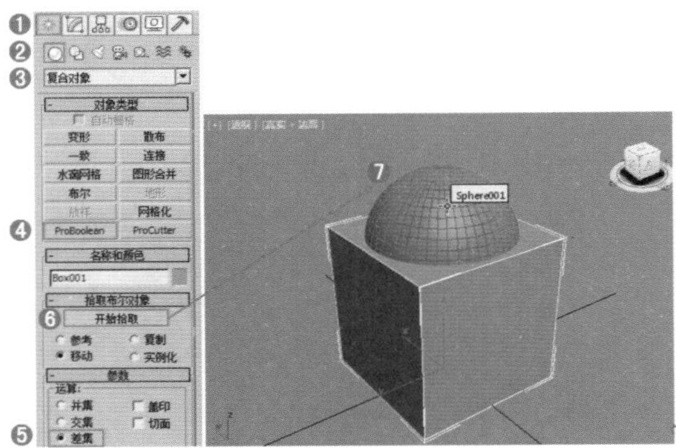

图6-101

步骤04 此时产生的【差集】效果如图6-102所示。

步骤05 当选择【并集】时，效果如图6-103所示。

步骤06 当选择【交集】时，效果如图6-104所示。

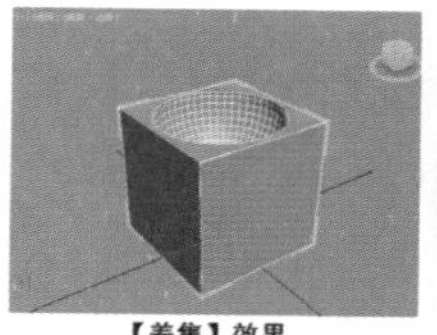

图6-102

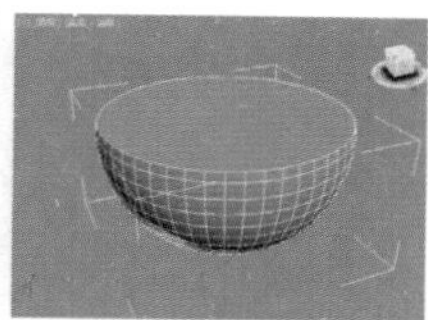

图6-103

【交集】效果

图6-104

实例：使用【布尔】制作小凳子

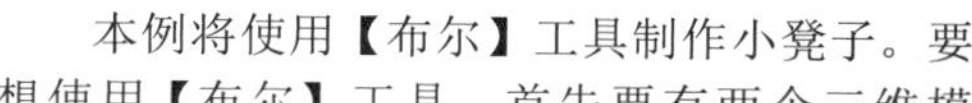

文件路径：Chapter 06 复合对象建模→实例：使用【布尔】制作小凳子

扫一扫，看视频

本例将使用【布尔】工具制作小凳子。要想使用【布尔】工具，首先要有两个三维模型，然后选择大的模型进行布尔，最后拾取小的模型，则会默认出现两个模型进行差集运算，最终保留大的模型，这样就制作出了模型的扣除部分效果，如图6-105所示。

图6-105

步骤01 使用【线】工具在前视图中绘制如图6-106所示闭合的线。单击【修改】按钮，进入【顶点】级别，并选择如图6-107所示的顶点。

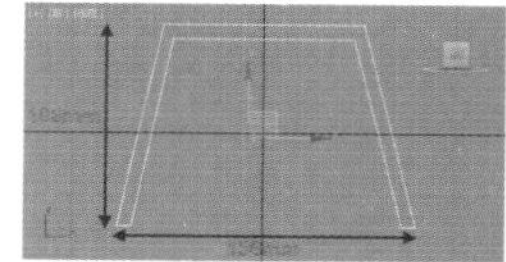

图6-106

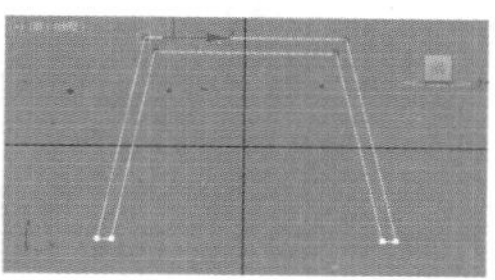

图6-107

步骤02 展开【几何体】卷展栏，在【圆角】后面输入数值3mm，然后按键盘上的Enter键，如图6-108所示。此时效果如图6-109所示。

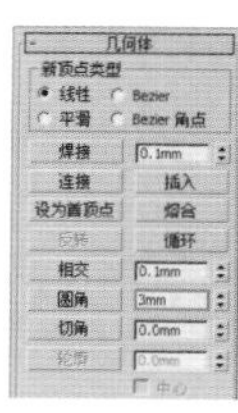

图6-108

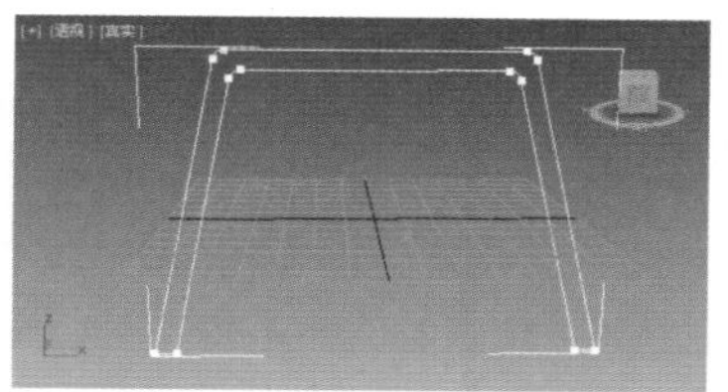

图6-109

步骤03 进入【修改】面板，为其加载【挤出】修改器，并设置【数量】为80mm，如图6-110所示。模型效果如图6-111所示。

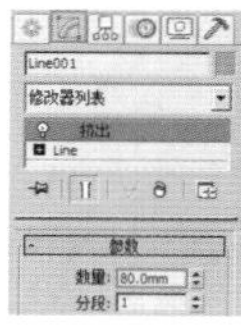

图6-110

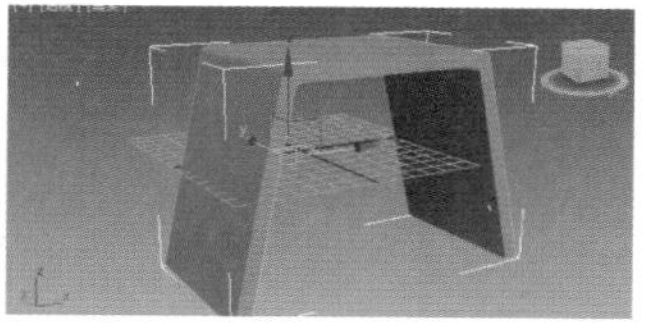

图6-111

步骤04 使用【切角长方体】工具在左视图中创建如图6-112所示的模型。设置【长度】为50mm，【宽度】为60mm，【高度】为174mm，【圆角】为6mm，如图6-113所示。

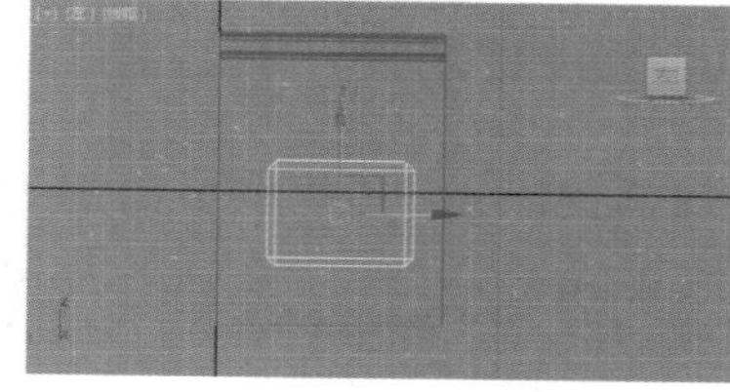

图6-112

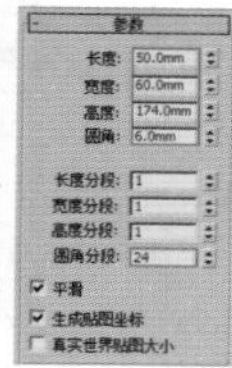

图6-113

步骤05 选择凳子模型，执行【创建】|【几何体】|【复合对象】|【布尔】命令，然后单击 拾取操作对象B 按钮，最后单击拾取刚才创建的切角长方体模型，如图6-114所示。

步骤06 此时模型已经制作完成，效果如图6-115所示。

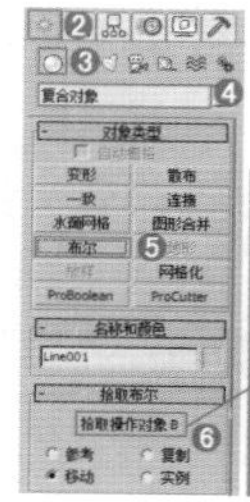

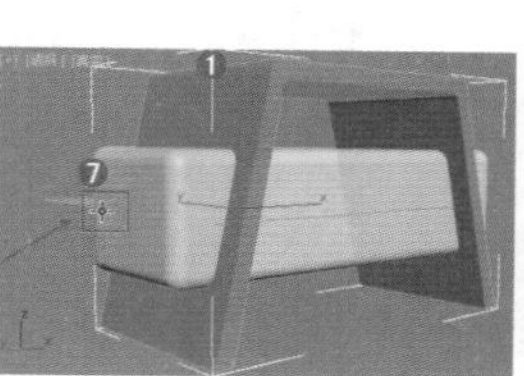

图6-114

图6-115

6.2.5 变形

【变形】工具可以将一个物体变为另外一个物体，从而制作出变形动画（需注意：这两个物体必须是网格、面片或多边形对象，这两个物体必须包含相同的顶点数）。为模型添加【变形】修改器，也可以制作变形动画效果。其参数如图6-116所示。

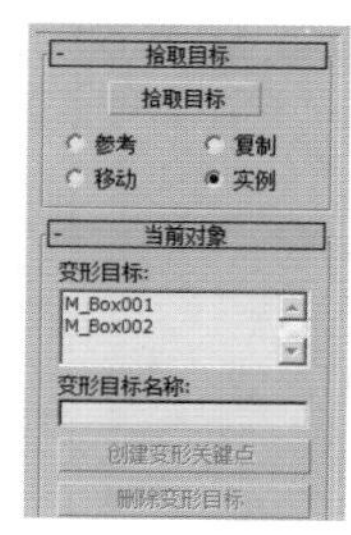

图6-116

轻松动手学：长方体变成球体动画

文件路径：Chapter 06 复合对象建模→轻松动手学：长方体变成球体动画

步骤01 创建一个长方体Box001，复制出另外一个Box002。为右侧Box002添加FFD修改器（具体操作可参考第7章），通过调整控制点更改长方体的形态为球体，因此Box001和Box002的顶点数是一致的，所以可以使用【变形】工具。效果如图6-117所示。

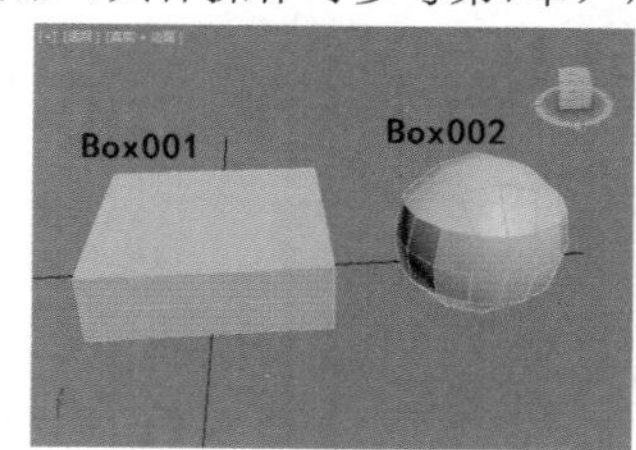

图6-117

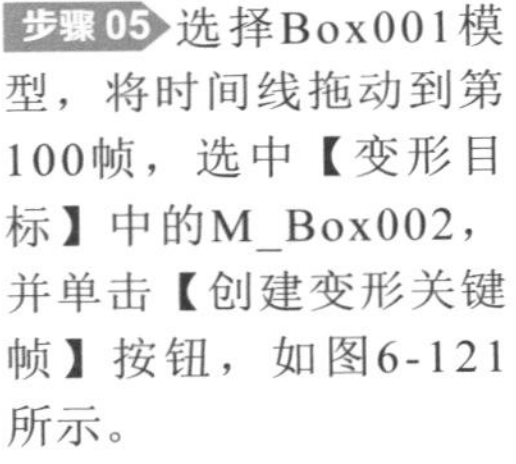

步骤02 执行【创建】|【几何体】|【复合对象】|【变形】|【拾取目标】命令，然后单击拾取右侧的Box002，如图6-118所示。

步骤03 此时左侧的Box001已经变成了与右侧Box002一样的外观，如图6-119所示。

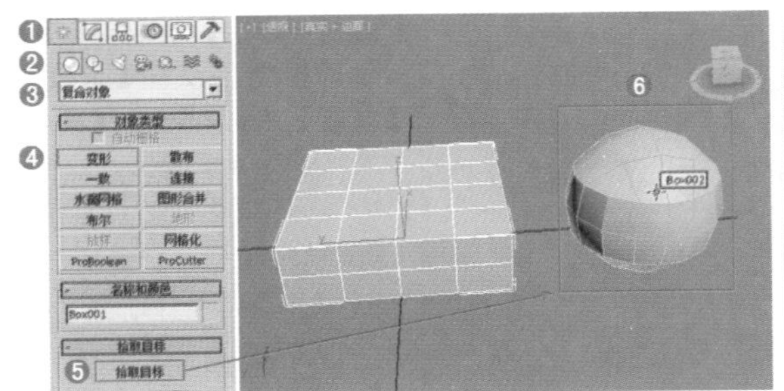

图6-118

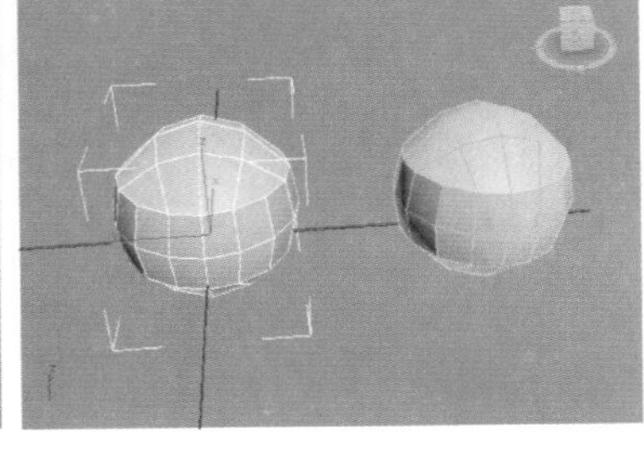

图6-119

步骤04 选择Box001模型，将时间线拖动到第0帧，选中【变形目标】中的M_Box001，并单击【创建变形关键帧】按钮，如图6-120所示。

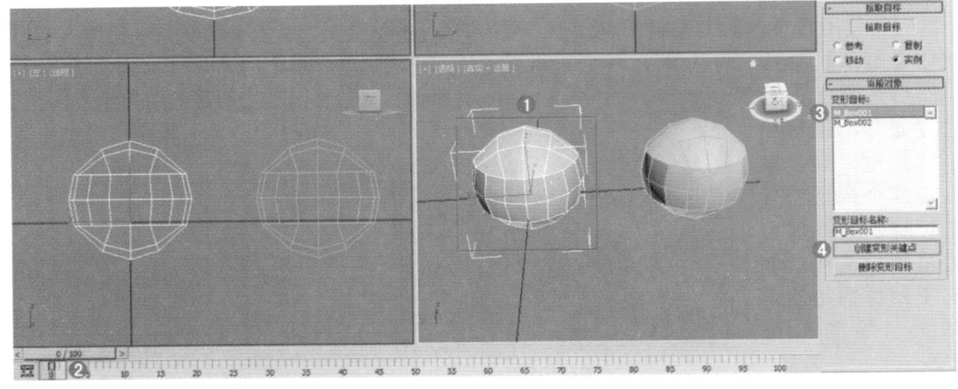

图6-120

步骤05 选择Box001模型，将时间线拖动到第100帧，选中【变形目标】中的M_Box002，并单击【创建变形关键帧】按钮，如图6-121所示。

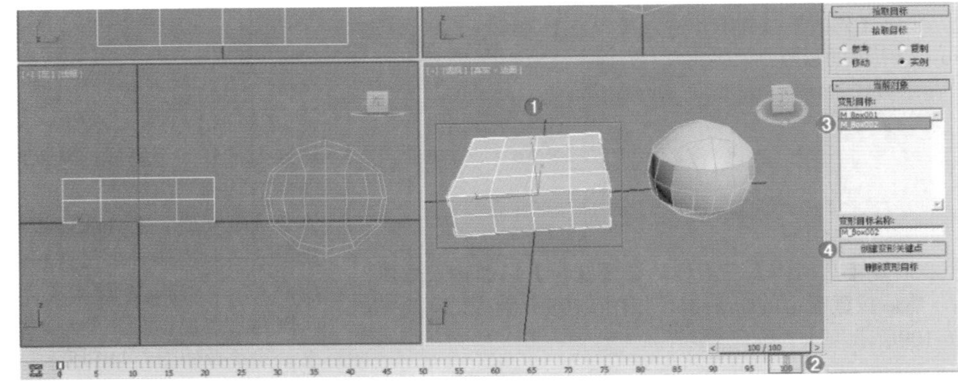

图6-121

步骤06 此时拖动时间线，可以看到出现了长方体变为球体的动画，如图6-122所示。

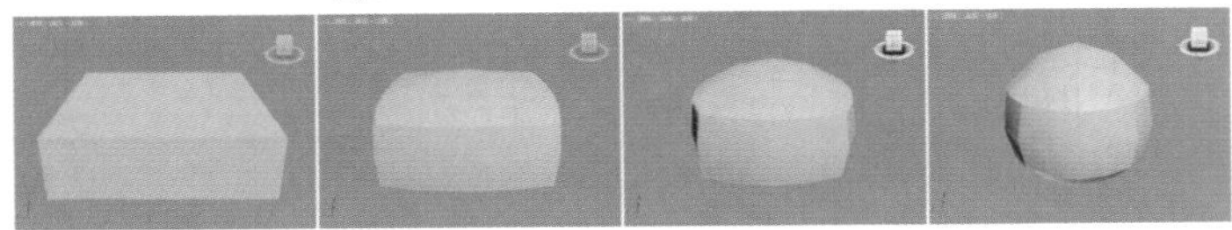

图6-122

6.2.6 一致

【一致】工具是通过将某个对象（称为“包裹器”）投射到另一个对象（称为“包裹对象”）的表面而创建，常用来制作山表面的道路等效果。其参数如图 6-123 所示。

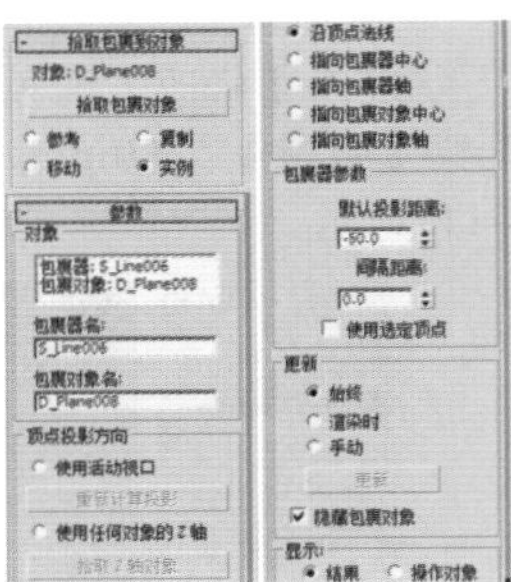

图6-123

轻松动手学：使用【一致】制作山路

文件路径：Chapter 06 复合对象建模→轻松动手学：使用【一致】制作山路

步骤 01 创建一个小平面模型和一个大平面模型（类似山脉的起伏），如图6-124所示。

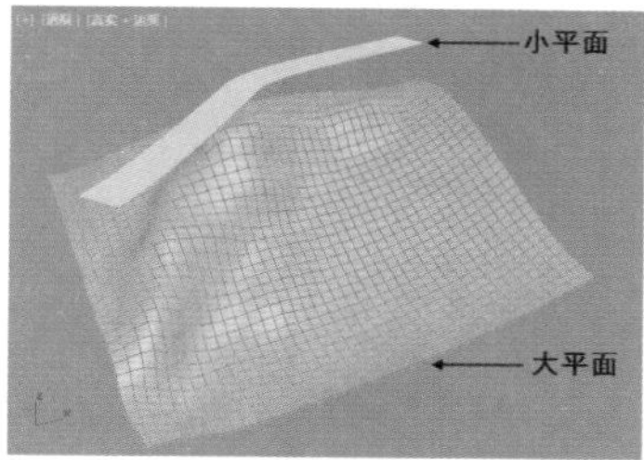

图6-124

步骤 02 选择小平面模型，执行【创建】|【几何体】|【复合对象】|【一致】命令，然后单击【拾取包裹对象】按钮，最后单击拾取大平面模型，如图6-125所示。

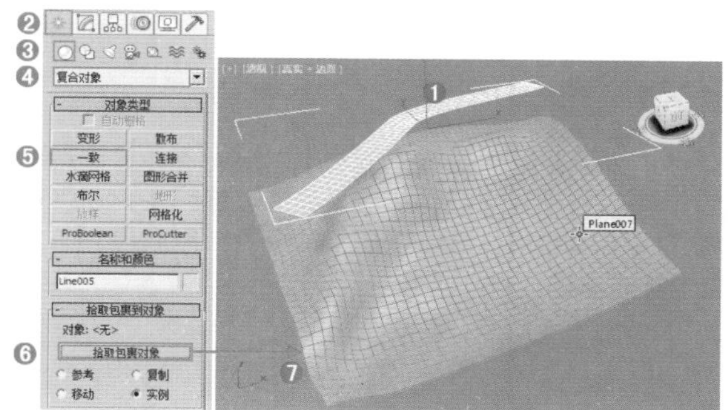
图6-125

步骤 03 此时的效果如图6-126所示。

步骤 04 单击【修改】按钮，设置方式为【沿顶点法线】，【默认投影距离】为-50，勾选【隐藏包裹对象】，如图6-127所示。

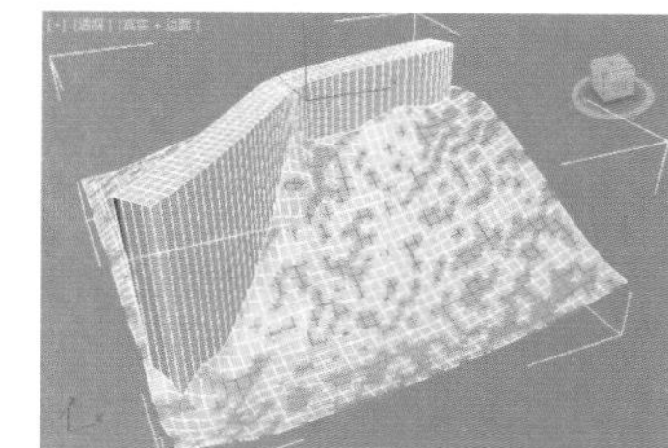
图6-126

步骤 05 最终的山路效果如图6-128所示。

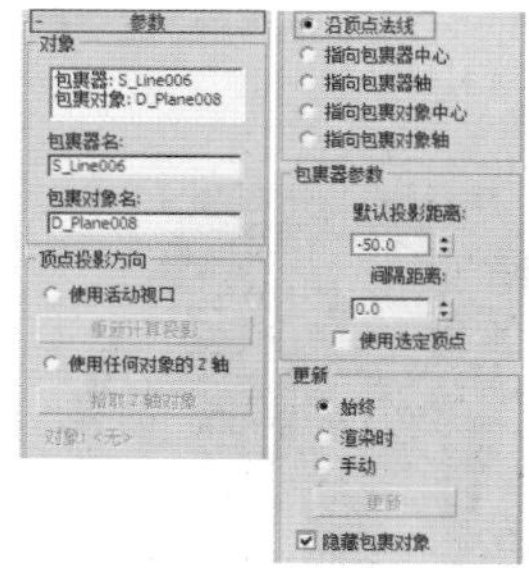
图6-127

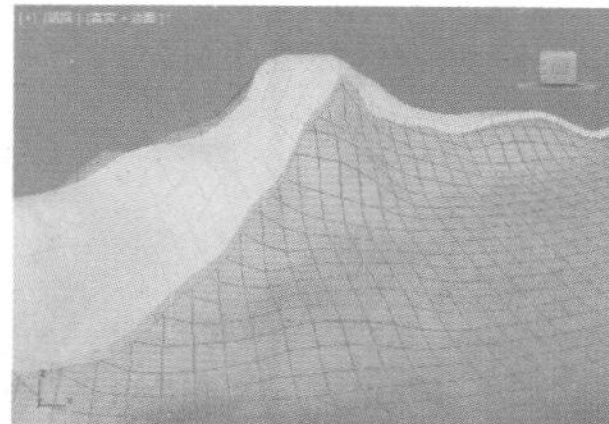
图6-128

6.2.7 地形

【地形】工具可以使用多条图形制作具有高低不同海拔的地形模型。其参数如图 6-129 所示。

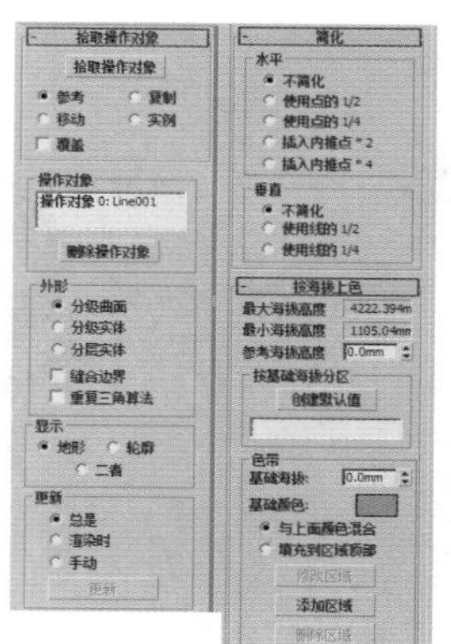
图6-129

轻松动手学：使用【地形】制作起伏山脉

文件路径：Chapter 06 复合对象建模→轻松动手学：使用【地形】制作起伏山脉

步骤 01 使用【线】工具绘制多条闭合的曲线，如图6-130所示。

步骤 02 依次移动曲线，使其在不同的高度位置（不同的海拔），如图6-131所示。

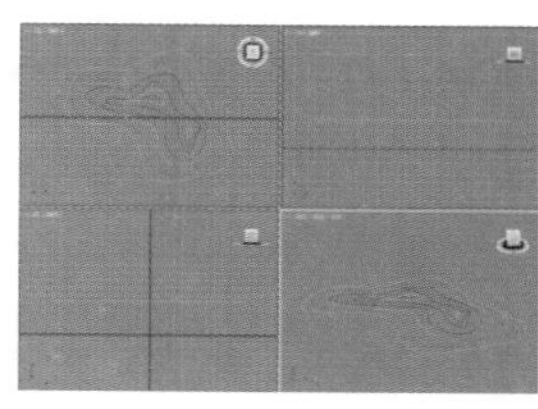
图6-130

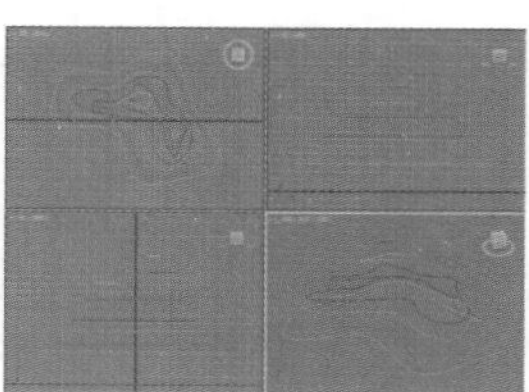
图6-131

步骤 03 选择任意一条线，单击【修改】按钮，单击 附加 （附加）工具，然后依次单击其余的线，此时所有的线都变成一条线，如图6-132所示。

步骤 04 此时选择上一步中的线，执行【创建】|【几何体】|【复合对象】|【地形】命令，如图6-133所示。

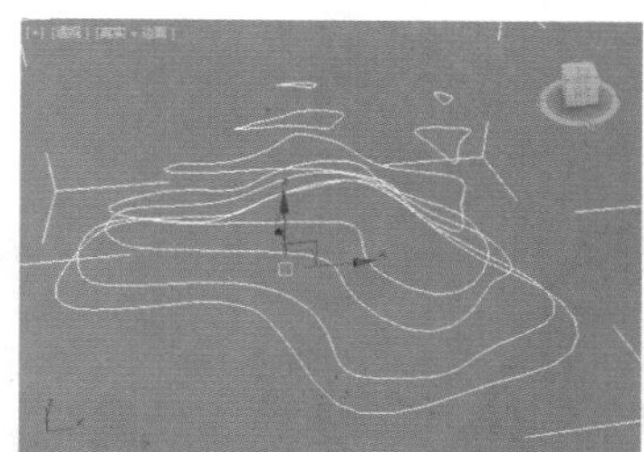
图6-132

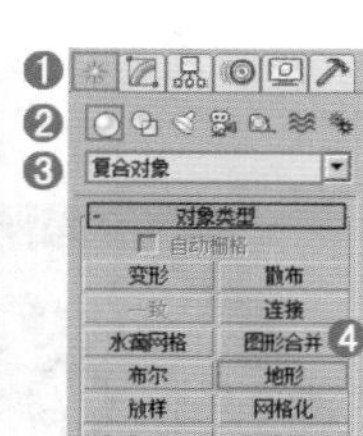
图6-133

步骤 05 此时出现了三维的起伏山脉效果如图6-134所示。

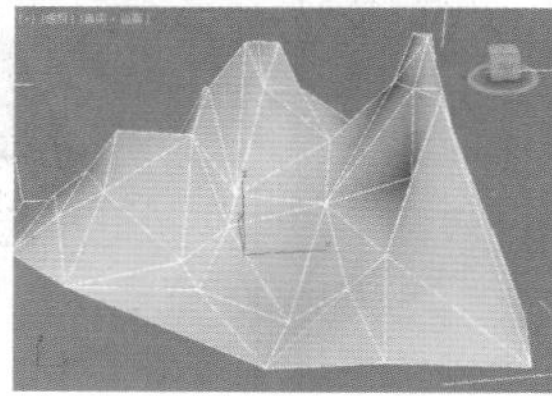
图6-134

Chapter 07

第7章

修改器建模

本章将学习修改器建模。修改器建模是需要为模型或图形添加修改器，并设置参数，从而产生新模型的建模方式。本章包括二维图形修改器和三维模型修改器两大部分内容。通常二维图形修改器可以使二维变为三维效果，而三维模型修改器可以改变模型本身的形态。

本章学习要点：

- 熟练掌握挤出、车削、倒角等二维修改器的使用方法；
- 熟练掌握FFD、弯曲、壳、网格平滑等三维修改器的使用方法。

扫一扫，看视频

通过本章学习，我能做什么？

通过本章的学习，我们可以借助修改器使二维图形变为三维对象，例如制作立体文字、从CAD室内平面图创建墙体等。使用三维修改器可以快速制作出变形的三维对象。

7.1 认识修改器建模

本节将讲解修改器的基本知识，包括修改器概念、为什么添加修改器、修改器适合制作什么模型以及如何编辑修改器。

7.1.1 什么是修改器

修改器是为图形或模型添加的工具，使原来的图形或模型产生形态的变化。

7.1.2 为什么要添加修改器

常使用修改器制作有明显变化的模型效果，如扭曲的模型（扭曲修改器）、弯曲的模型（弯曲修改器）、变形的模型（FFD 修改器）等。每种修改器都会使对象产生不同的效果，因此本章的知识点比较分散，需要多加练习。

7.1.3 修改器建模适合制作什么模型

修改器建模常用于制作室内家具模型，通过为对象添加修改器使其产生模型的变化。例如，为模型添加晶格修改器制作水晶灯、为模型添加 FFD 修改器使之产生变形效果等，如图 7-1 所示为图形添加倒角剖面修改器制作油画框。

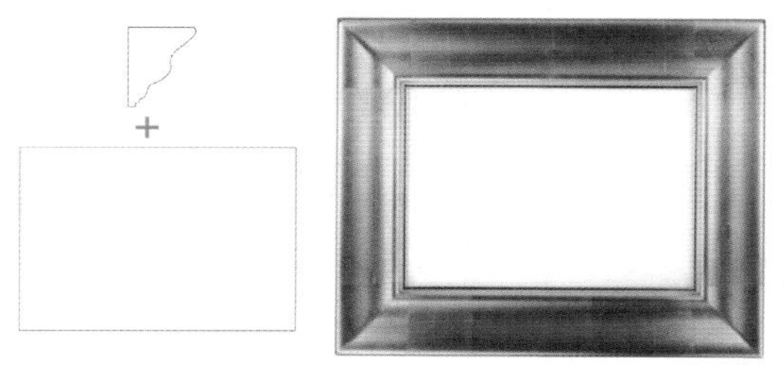

图7-1

7.1.4 编辑修改器

模型创建完成后，可以单击进入【修改】面板，不仅可以对模型参数进行设置，还可以为其添加修改器，如图 7-2 所示为修改器参数面板。

扫一扫，看视频

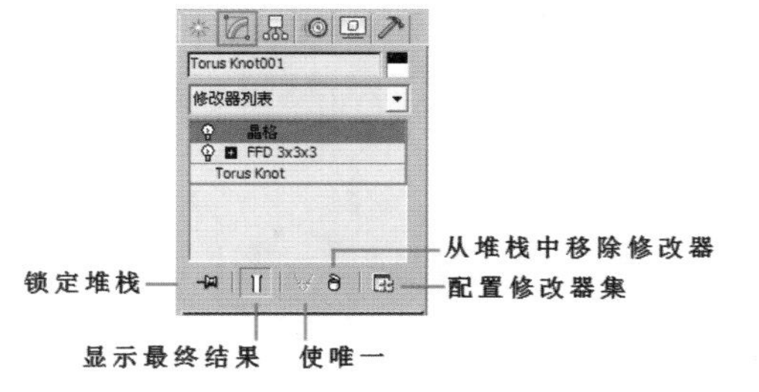

图7-2

- 锁定堆栈：比如场景中有很多添加了修改器的模型，但是我们只选择某一个模型并激活该按钮，此时只可以对当前选择的模型调整参数。
- 显示最终结果：激活该按钮后，会在选定的对象上显示添加修改器后的最终效果。
- 使唯一：激活该按钮，可将以【实例】方式复制的对象设置为独立的对象。

1.复制修改器

模型上添加的修改器可以进行复制，然后粘贴到其他模型的修改器中，如图 7-3 所示选择一个模型，单击【修改】按钮，对某个修改器右击，选择【复制】命令。然后选择其他模型，单击【修改】按钮，对名称位置右击，选择【粘贴】命令，如图 7-4 所示。此时这个模型就被粘贴上了与最开始模型一样的修改器，如图 7-5 所示。

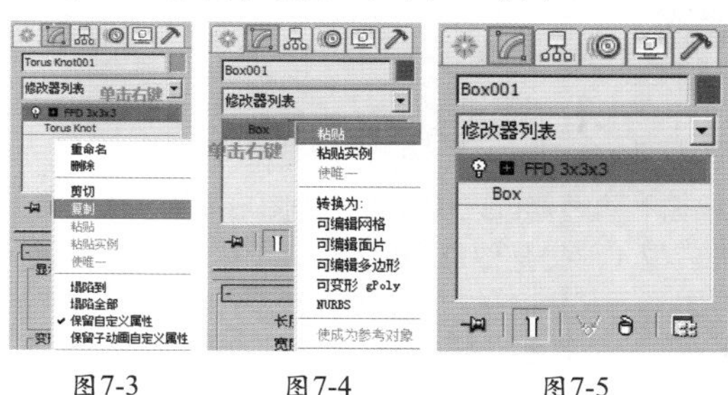

图7-3　　图7-4　　图7-5

2.删除修改器

为模型添加完修改器后，如果需要删除，不要按键盘上的 Delete 键。若按 Delete 键，则会将模型也删掉了。正确的方法是选择修改器，然后单击（从堆栈中移除修改器）按钮，如图 7-6 所示。

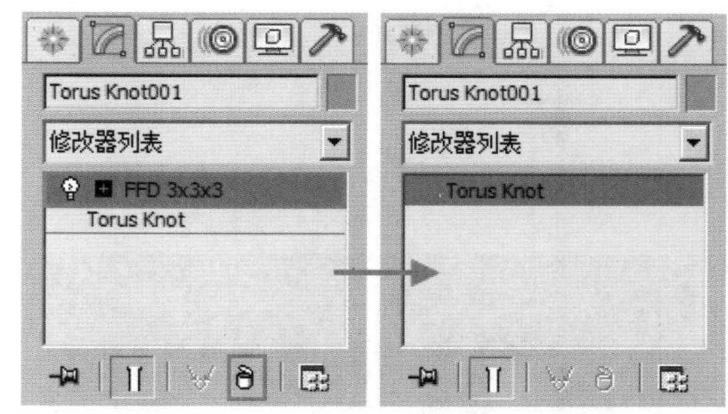

图7-6

3.更改修改器排列次序

可以为一个模型添加多个修改器，这些修改器的上下位置排序会影响模型的效果，如图 7-7 所示为上面一个弯曲修改器、下面一个扭曲修改器的模型效果。

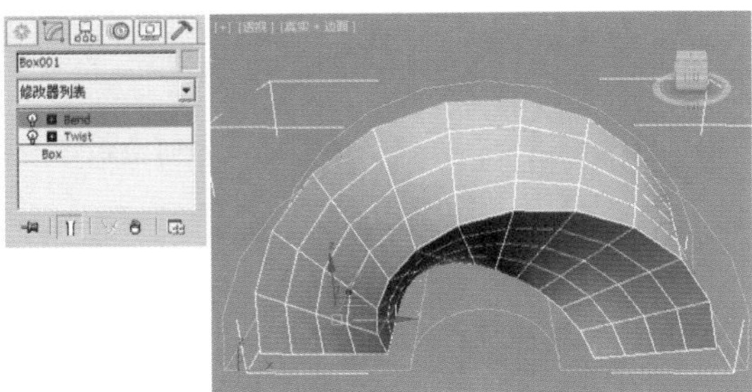

图7-7

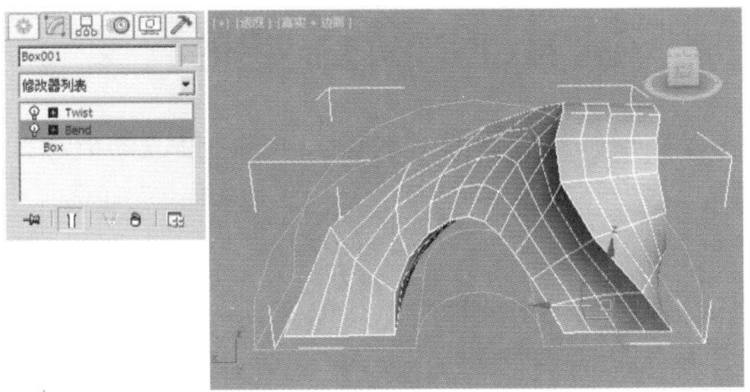

图7-8

选择弯曲修改器，可以向下拖动其位置即可更换次序，如图 7-8 所示发现更换修改器排列次序可能会使模型产生不同的效果。

7.2 二维图形的修改器类型

扫一扫，看视频

二维图形修改器是针对于二维图形的，通过对二维图形添加相应的修改器使其变为三维模型效果。常用的二维图形修改器有挤出、车削、倒角、倒角剖面等。

重点 7.2.1 【挤出】修改器

【挤出】修改器可以快速将二维图形变为具有厚度或高度的三维模型（前提是图形为闭合图形，才会产生三维实体模型；若图形不是闭合的，则只会挤出高度而不是实体效果）。常用来制作立体文字、窗帘等，如图 7-9 和图 7-10 所示。

图7-9

图7-10

【挤出】修改器参数面板如图 7-11 所示。

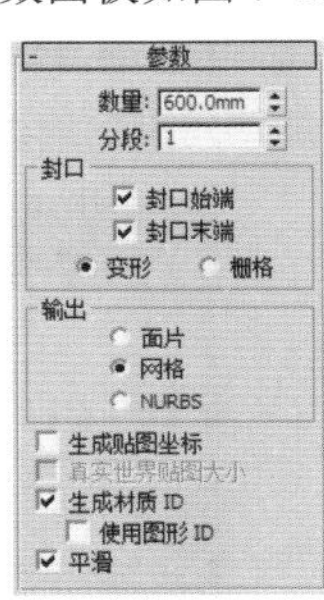

图7-11

- 数量：设置挤出的深度，默认为 0 代表没有挤出，数值越大挤出厚度越大。
- 分段：指定将要在挤出对象中创建线段的数目。
- 封口始端：在挤出对象始端生成一个平面。
- 封口末端：在挤出对象末端生成一个平面。
- 平滑：将平滑应用于挤出图形。

闭合的图形和未闭合的图形在添加【挤出】修改器时，会产生不同的三维效果。

（1）闭合的图形，挤出后的效果是具有厚度的实体模型，如图 7-12 所示。

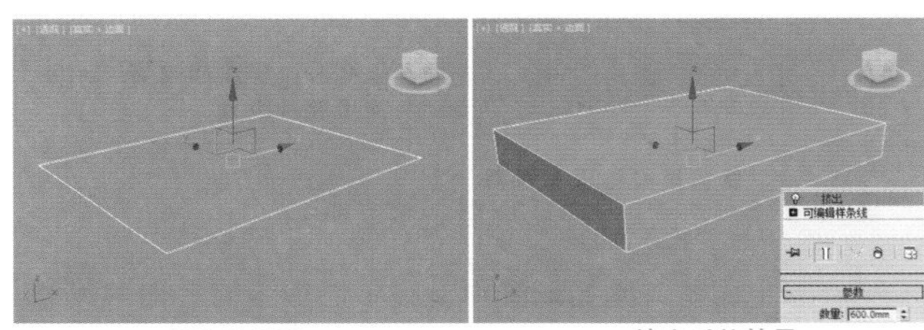

图7-12

（2）未闭合的图形，挤出后的效果是没有厚度但是有高度的薄片模型，如图 7-13 所示。

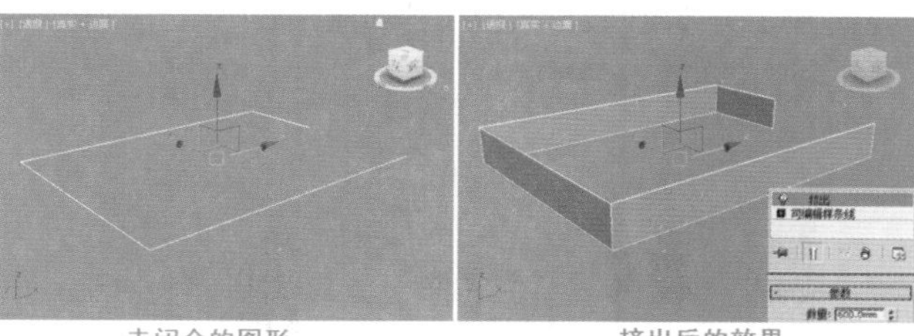
未闭合的图形　挤出后的效果

图7-13

（3）图形包括两个子图形，挤出后会产生具有部分扣除的效果，如图 7-14 所示。

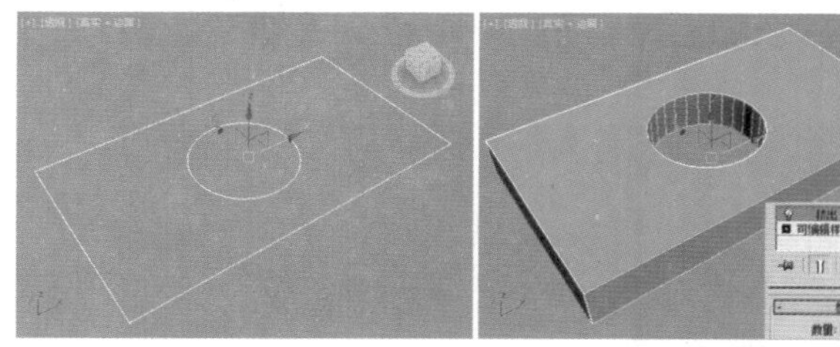
图形包括两个子图形　挤出后的效果

图7-14

实例：使用【挤出】修改器制作茶几

文件路径：Chapter 07 修改器建模→实例：使用【挤出】修改器制作茶几

扫一扫，看视频

本例通过为样条线添加【轮廓】修改器和【挤出】修改器，制作出带有厚度和立体感的茶几桌面。为样条线添加【挤出】修改器制作茶几的桌腿，效果如图 7-15 所示。

图7-15

步骤 01 执行（创建）|（图形）| 样条线 | 矩形 命令，在前视图中绘制如图7-16所示的矩形作为模型的尺寸参考，参数设置如图7-17所示。

图7-16

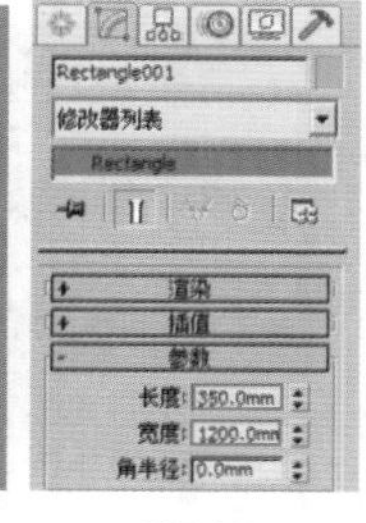

图7-17

步骤 02 使用【线】工具，在前视图中绘制如图7-18所示闭合的线。

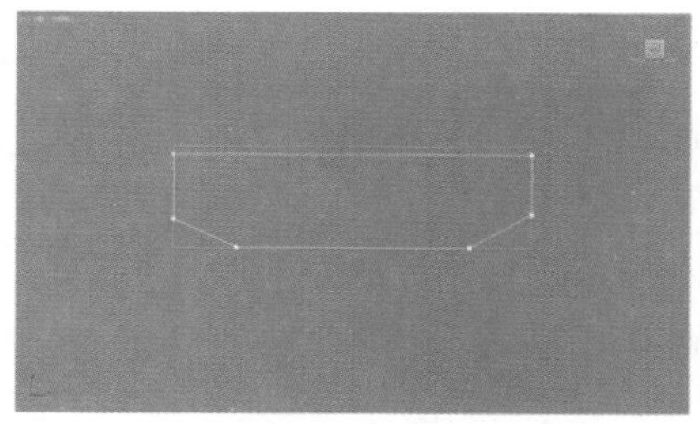

图7-18

步骤 03 单击【修改】按钮，选中（样条线）级别，如图7-19所示。然后选择线中的样条线，如图7-20所示。

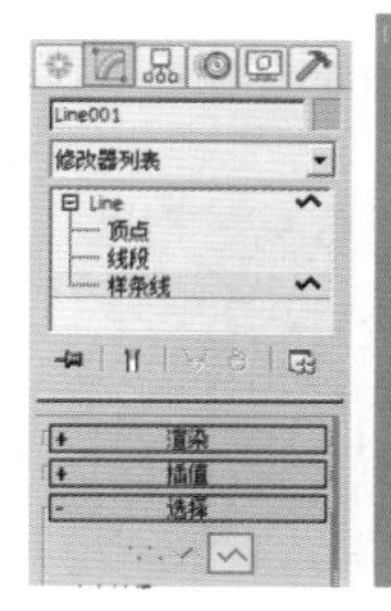

图7-19

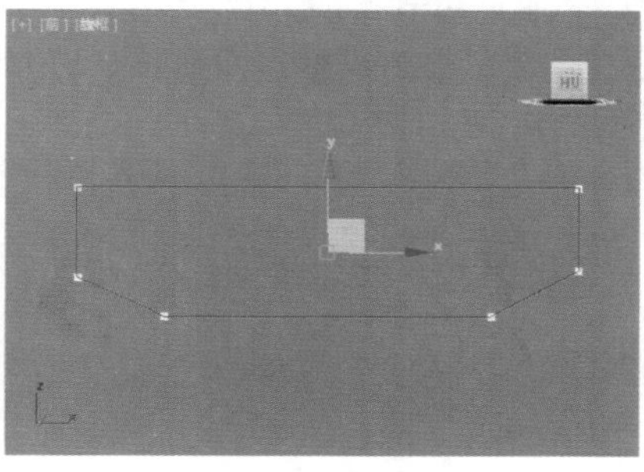

图7-20

步骤 04 单击【修改】按钮，在【轮廓】后面的数值框中输入数值为25mm，并按键盘上的Enter键，如图7-21所示。此时图形出现了轮廓效果，如图7-22所示。

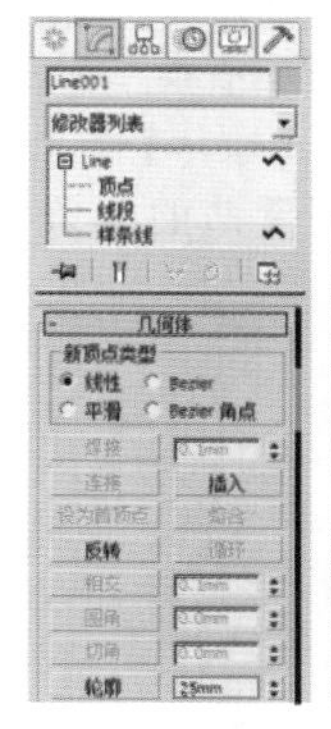

图7-21

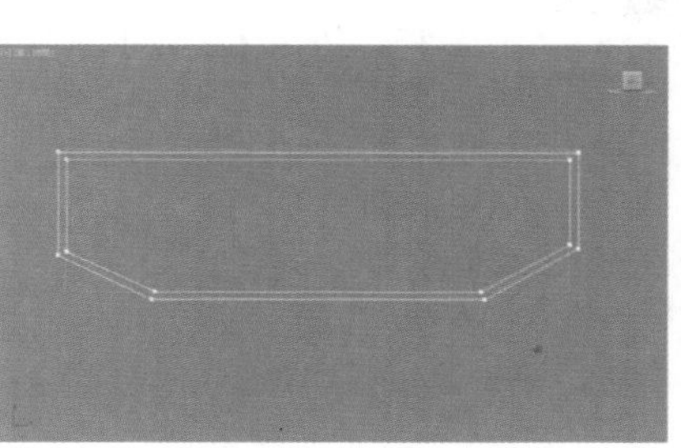

图7-22

步骤 05 为其加载【挤出】修改器，设置【数量】为350mm，如图7-23所示。此时模型效果如图7-24所示。

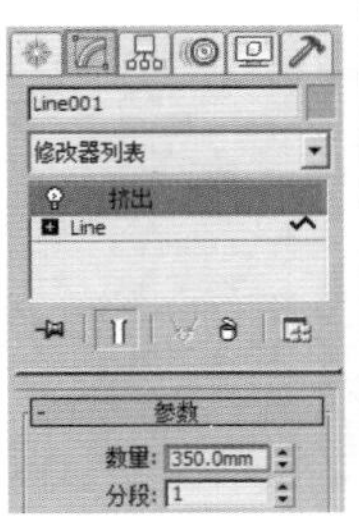

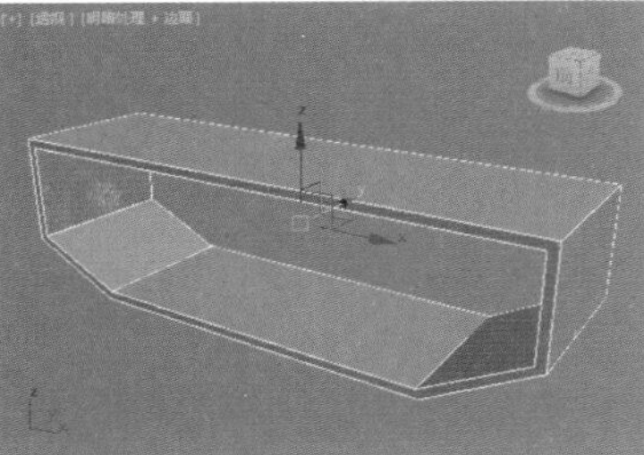

图7-23　　图7-24

步骤 06 使用【线】工具在前视图中绘制如图7-25所示的线，然后为其加载【挤出】修改器，设置【数值】为50mm，如图7-26所示。

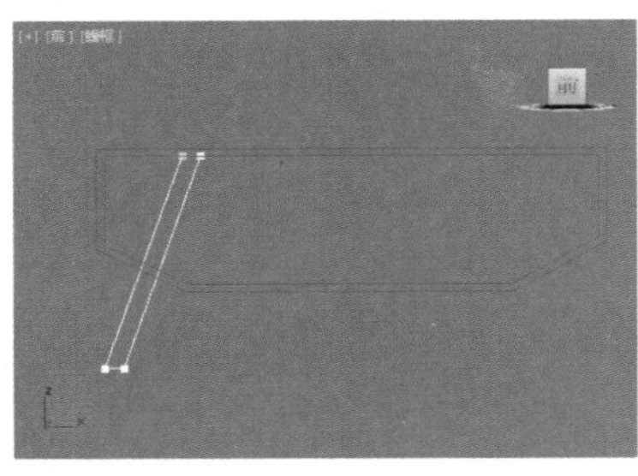

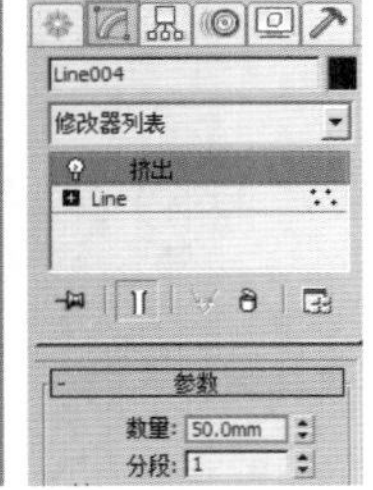

图7-25　　图7-26

步骤 07 此时模型效果如图7-27所示。

步骤 08 选中桌腿模型，然后按住Shift键复制一个，如图7-28所示。

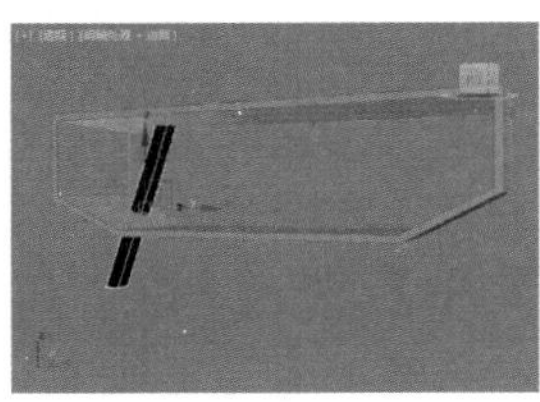

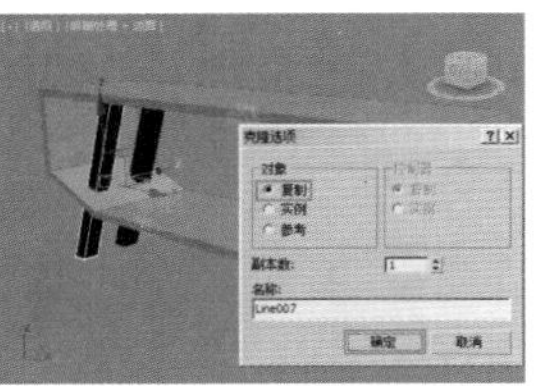

图7-27　　图7-28

步骤 09 选中两个桌腿，单击主工具栏中的（镜像）按钮，然后设置【镜像轴】为X，【偏移】为960mm，【克隆当前选择】为【复制】，如图7-29和图7-30所示。

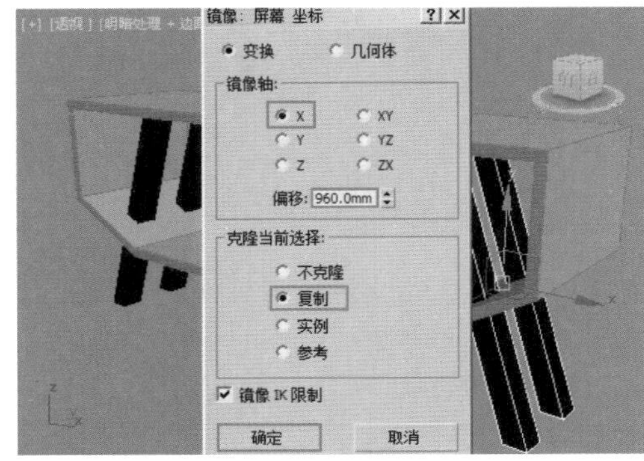

图7-29

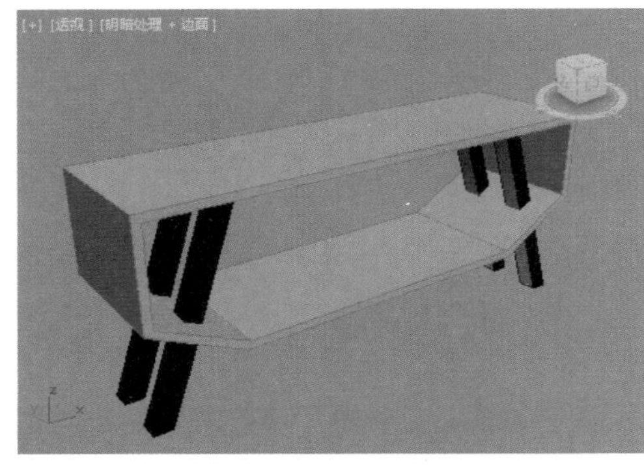

图7-30

读书笔记

实例：使用【挤出】和FFD修改器制作窗帘

扫一扫，看视频

文件路径：Chapter 07　修改器建模→实例：使用【挤出】和FFD修改器制作窗帘

本例使用【圆柱体】和【球体】制作窗帘杆。使用【线】工具绘制弯曲的样条线，并对样条线添加【挤出】修改器得到立体效果。使用FFD 3×3×3修改器修改窗帘的形态，效果如图7-31所示。

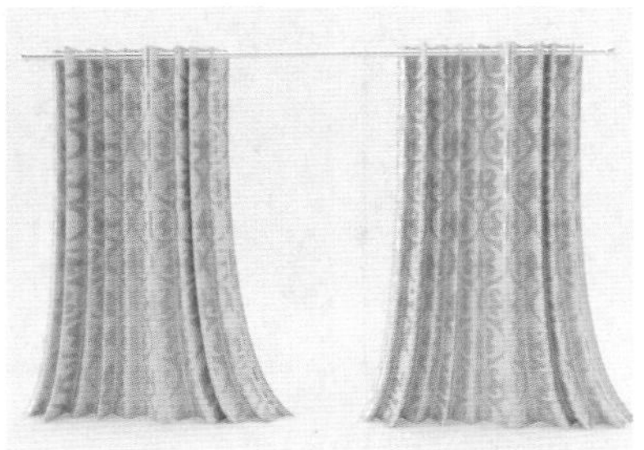

图7-31

步骤 01 制作一个窗帘杆。使用【圆柱体】工具创建一个圆柱体，如图7-32所示。单击【修改】按钮，设置【半径】为25mm，【宽度】为4000mm，如图7-33所示。

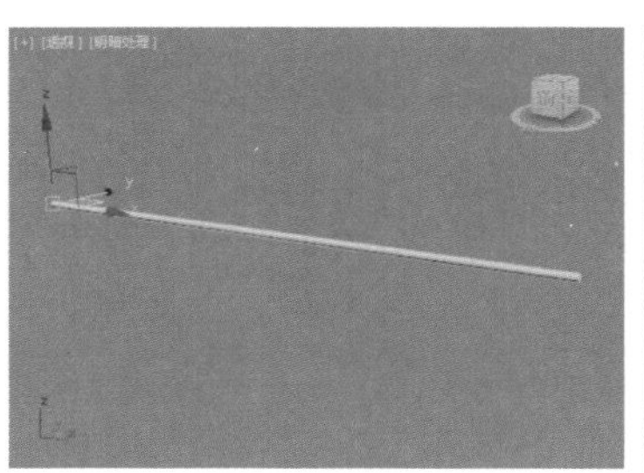

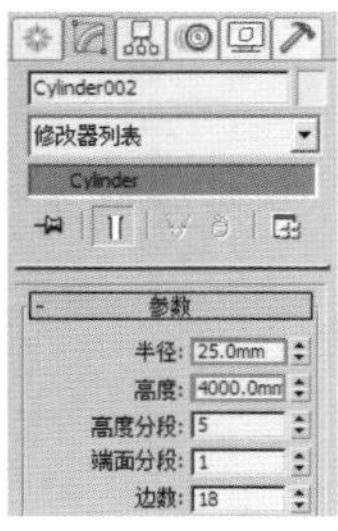

图7-32　　图7-33

步骤 02 使用【球体】工具创建一个球体，如图7-34所示。然后设置【半径】为40mm，如图7-35所示。

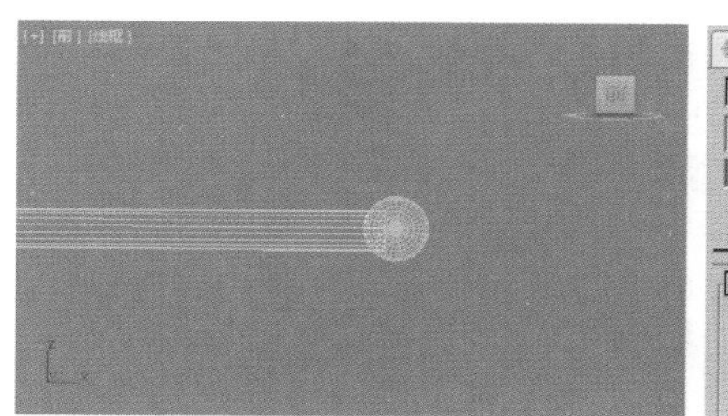

图7-34

图7-35

步骤03 使用 （选择并移动）按住Shift键移动复制一个到另外一侧，如图7-36所示。

图7-36

步骤04 制作窗帘。使用【线】工具在顶视图中创建一条弯曲的线，如图7-37所示。然后为其加载【挤出】修改器，设置【数量】为2700mm，【分段】为12，如图7-38和图7-39所示。

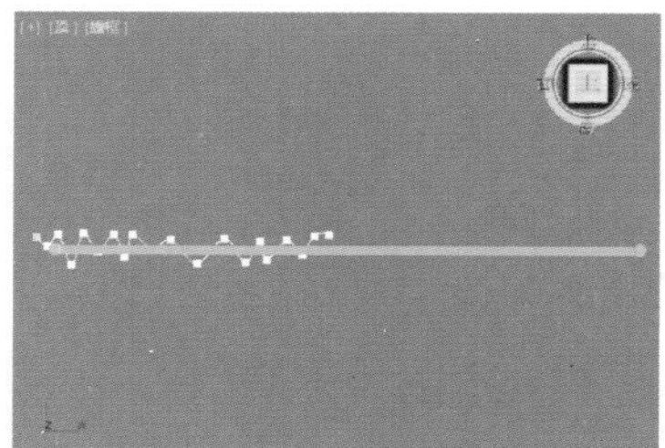

图7-37

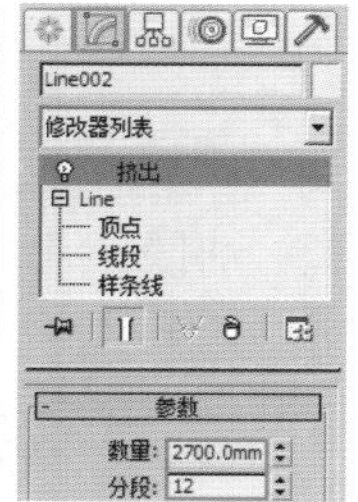

图7-38

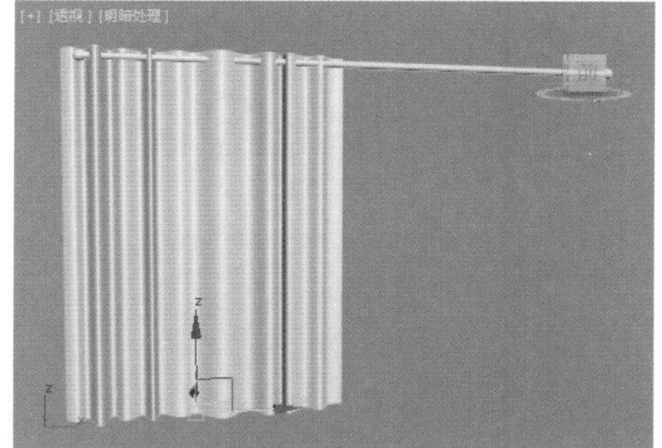

图7-39

步骤05 为模型加载FFD 3×3×3修改器，单击图标，选择【控制点】级别，如图7-40所示。框选如图7-41所示的控制点，沿X轴拖动使其向内收缩。

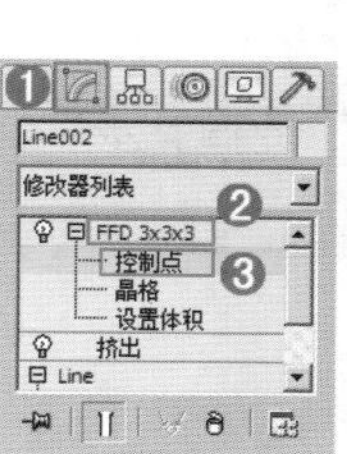

图7-40

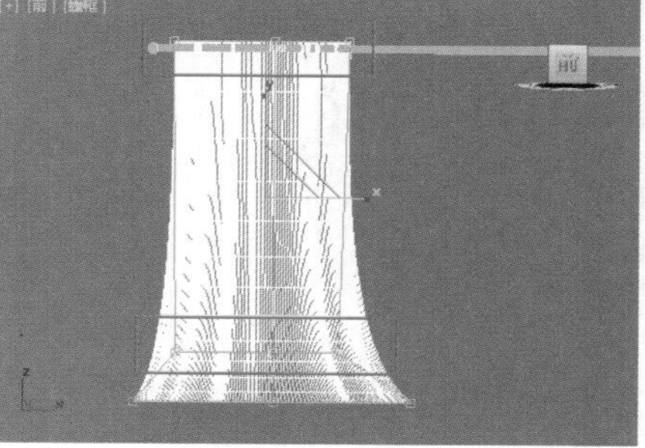

图7-41

步骤06 此时模型效果如图7-42所示。最后将另外一侧窗帘复制出来，如图7-43所示。

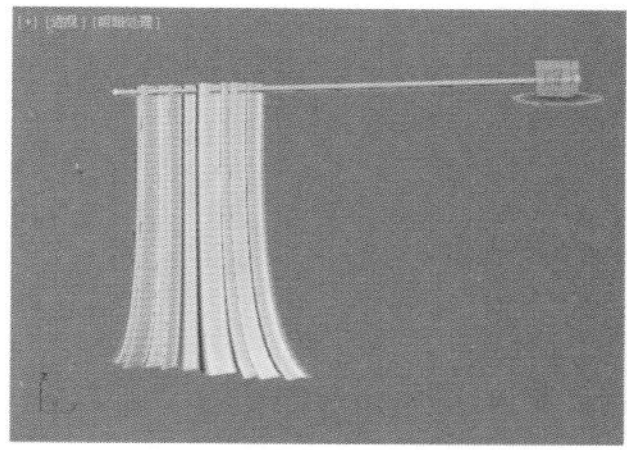

图7-42

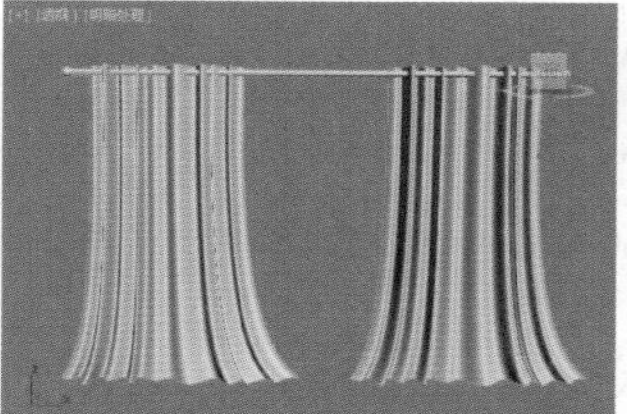

图7-43

重点 7.2.2 【车削】修改器

【车削】修改器的原理是通过绕轴旋转一个图形来创建3D模型，常用来制作花瓶、罗马柱、玻璃杯、酒瓶等，如图7-44和图7-45所示。

图7-44

图7-45

【车削】原理图如图 7-46 所示。车削参数如图 7-47 所示。

图7-46

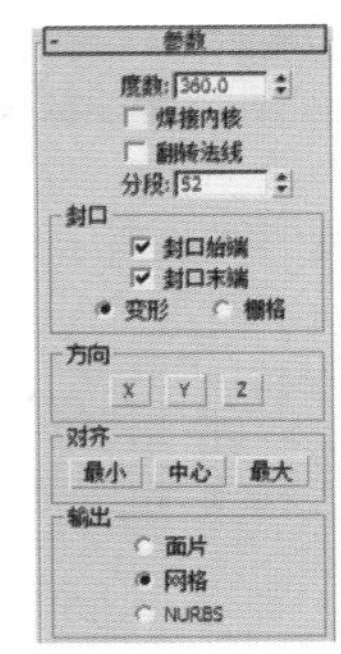

图7-47

- 度数：确定对象绕轴旋转多少度，如图 7-48 所示为设置度数为 180 和 360 的对比效果。
- 焊接内核：通过将旋转轴中的顶点焊接来简化网格。
- 翻转法线：勾选该选项后，模型会产生内部外翻的效果。有时候我们发现车削之后的模型“发黑”，不妨勾选该选项试一下。

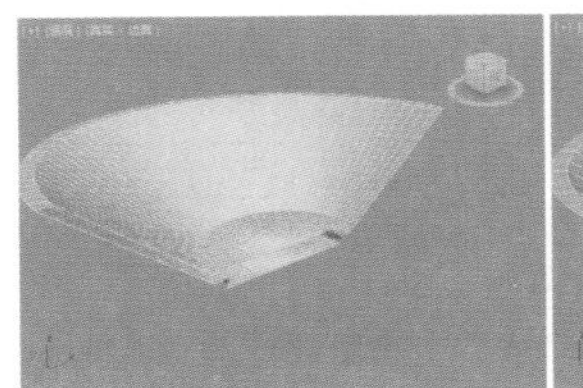
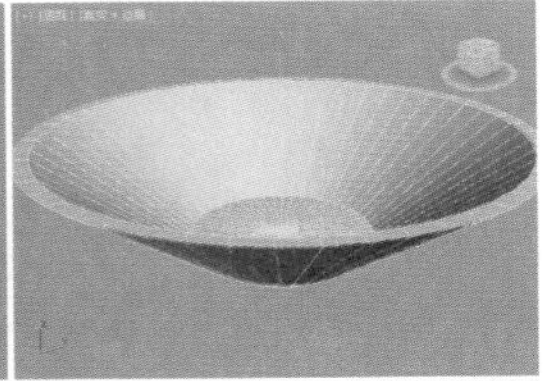

【度数】为180　　【度数】为360

图7-48

- 分段：数值越大，模型越光滑。如图 7-49 所示为设置分段为 12 和 60 的对比效果。

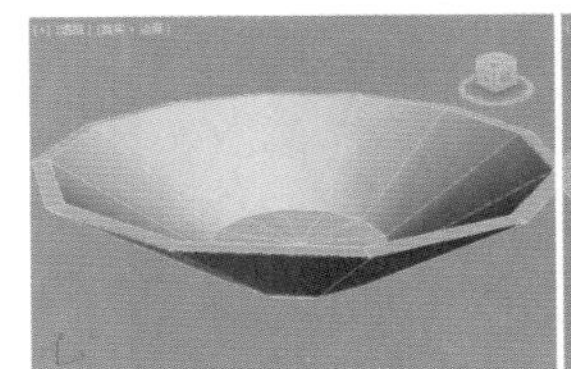

【分段】为12　　【分段】为60

图7-49

- X/Y/Z：设置轴的旋转方向。
- 对齐：将旋转轴与图形的最小、中心或最大范围对齐。

轻松动手学：使用【车削】修改器制作实心模型

文件路径：Chapter 07 修改器建模→轻松动手学：使用【车削】修改器制作实心模型

下面将学习如何创建一个完全实心的模型，这类模型很常见，例如烛台、罗马柱。

步骤 01 使用【线】工具，在前视图中绘制这样一条曲线，如图7-50所示。

步骤 02 选择线，单击【修改】按钮，为其添加【车削】修改器。设置【分段】为52，【对齐】为【最小】，如图7-51所示。

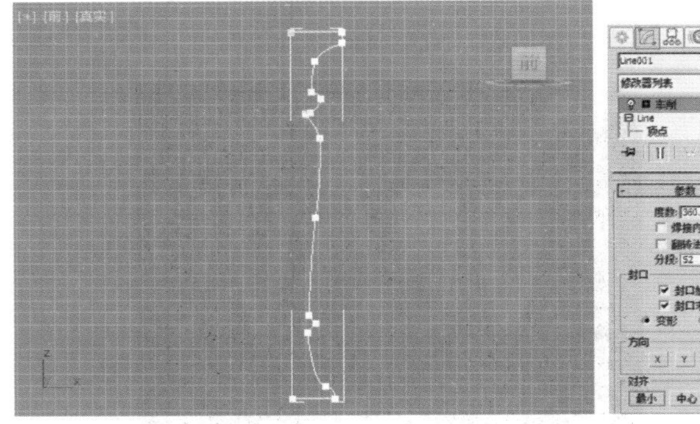

图7-50

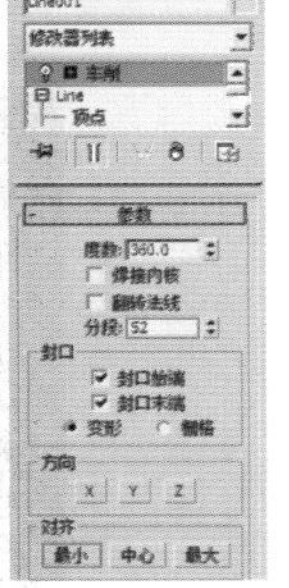

图7-51

步骤 03 此时烛台已经制作完成，如图7-52所示。最后创建一个圆柱体作为蜡烛，如图7-53所示。

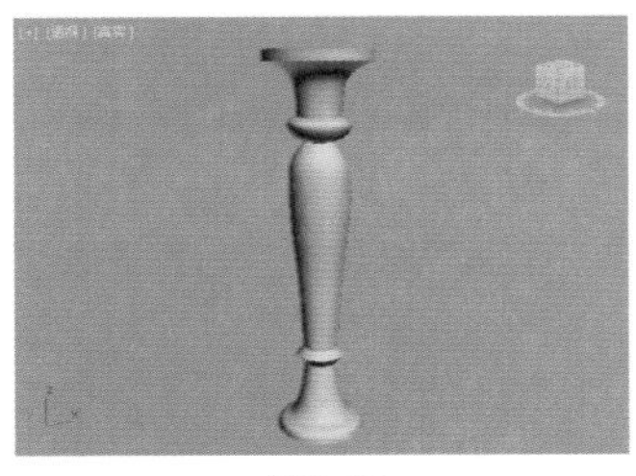

图7-52

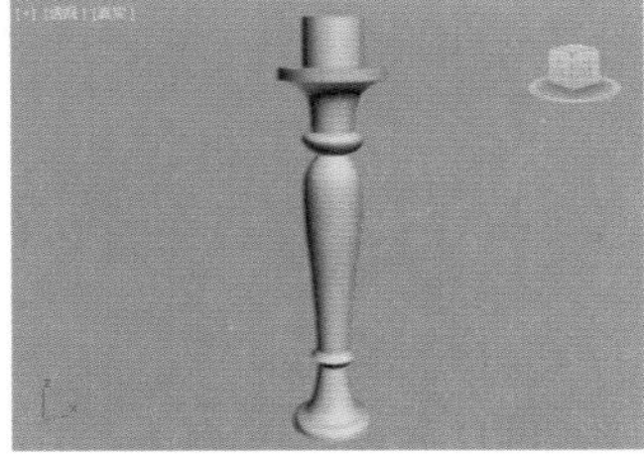

图7-53

轻松动手学：使用【车削】修改器制作带有厚度的模型

文件路径：Chapter 07 修改器建模→轻松动手学：使用【车削】修改器制作带有厚度的模型

下面将学习如何创建一个带有厚度的模型，例如高脚杯、碗。

步骤 01 使用【线】工具，在前视图中绘制这样一条曲线，如图7-54所示。为了看得更清晰，如图7-55所示为自上而下线的3个局部效果。

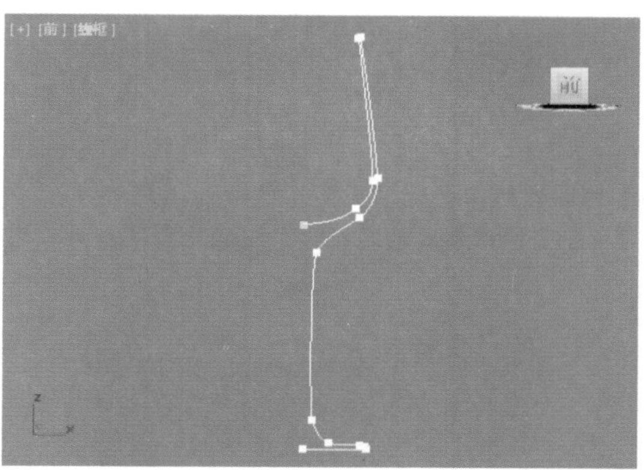

图7-54

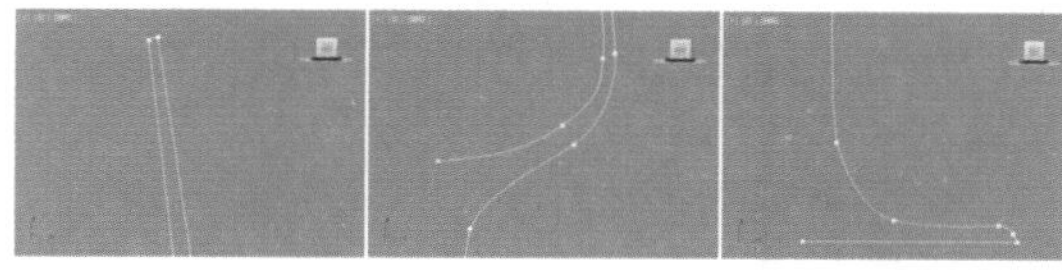

图7-55

步骤 02 选择线，单击【修改】按钮添加【车削】修改器。设置【分段】为60，【对齐】为【最小】，如图7-56所示。

步骤 03 此时高脚杯已经制作完成，如图7-57所示。

图7-56　　图7-57

提示：怎样准确地对齐图形中的上下两个点。

由于在绘制线时，很有可能不是足够精准，会导致左侧的两个的顶点不在一条垂直线上，即在X轴的坐标数值是不一样，如图7-58所示。这样为图形加载【车削】后，可能会造成产生缺口的错误现象，因此建议将这两个顶点对齐。

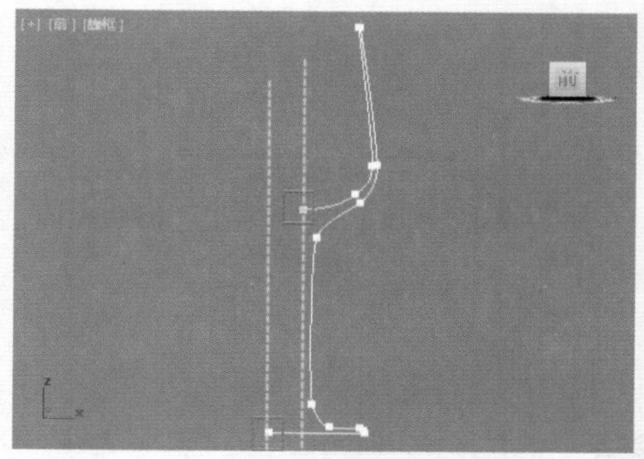

图7-58

此时选择上面一个顶点，如图7-59所示。然后复制其X的数值，如图7-60所示。

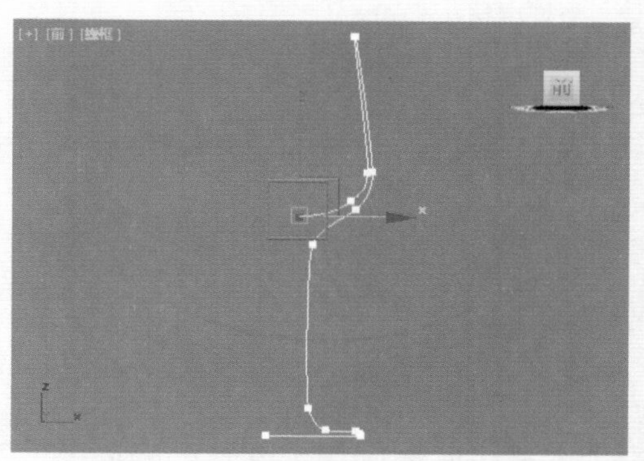

图7-59

图7-60

接着选择下面的顶点，如图7-61所示。然后将刚才复制的X数值粘贴进去，按Enter键结束，如图7-62所示。

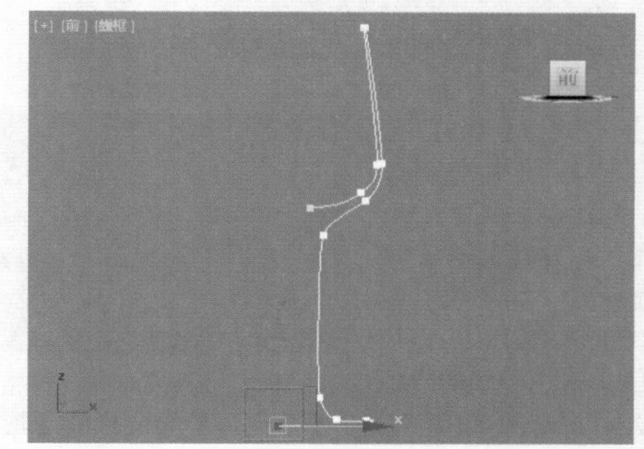

图7-61

第7章　修改器建模

两个顶点的X数值一致了，那么两个点就会在一条垂直线上了。效果如图7-63所示。

图7-62

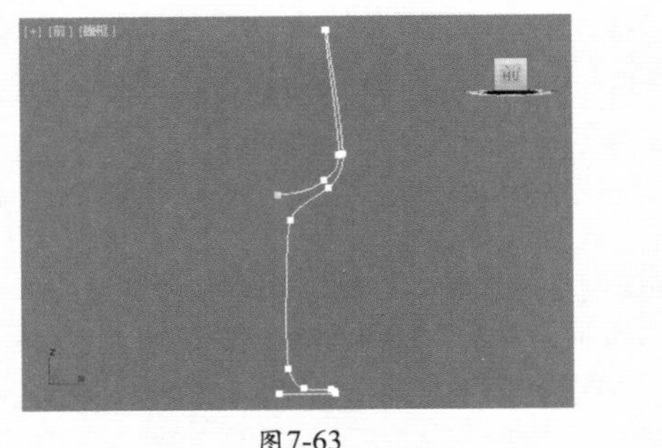
图7-63

实例：使用【车削】修改器制作餐具

扫一扫，看视频

文件路径：Chapter 07 修改器建模→实例：使用【车削】修改器制作餐具

本例首先绘制餐具的半切面的线条，然后为其使用【车削】修改器，使之旋转，生成完整的餐具效果。效果如图7-64所示。

图7-64

步骤01 执行（创建）|（图形）|样条线|矩形命令，在前视图中创建一个矩形，如图7-65所示。参数设置如图7-66所示，作为碗的数值参考。

图7-65

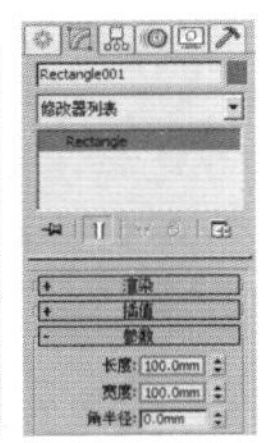
图7-66

步骤02 使用【线】工具，在前视图中沿着矩形的轮廓绘制如图7-67所示的线。单击【修改】按钮，选择（样条线）级别，如图7-68所示。

图7-67

步骤03 单击选中线的样条线子级别，如图7-69所示。在【几何体】卷展栏的【轮廓】后面输入数值5mm，并按键盘Enter键，如图7-70所示。此时出现了样条线的轮廓效果，如图7-71所示。

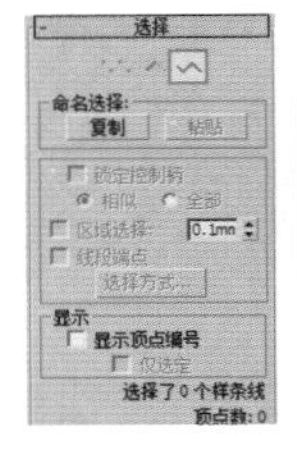
图7-68

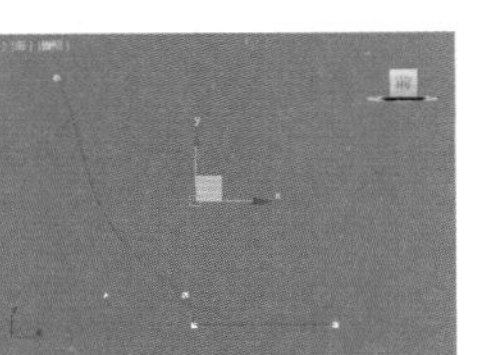
图7-69

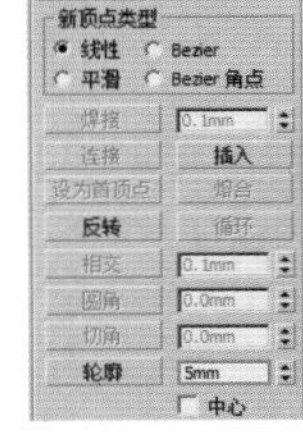
图7-70

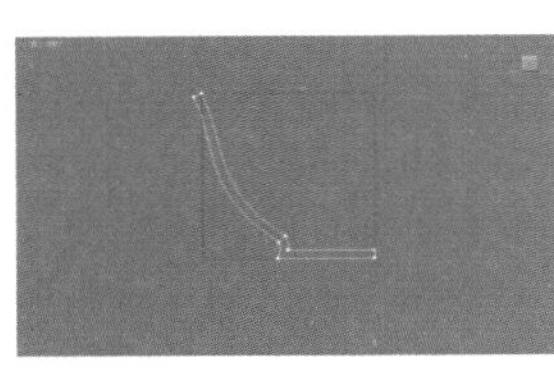
图7-71

步骤04 再次选择（样条线）级别，将其取消。接着为其加载【车削】修改器，设置【分段】为100，单击【对齐】下的【最大】按钮，如图7-72所示。最后删除掉刚开始的参考矩形。

步骤05 此时的模型如图7-73所示。

步骤06 选中碗模型，按住Shift键复制两份，如图7-74所示。

图7-72

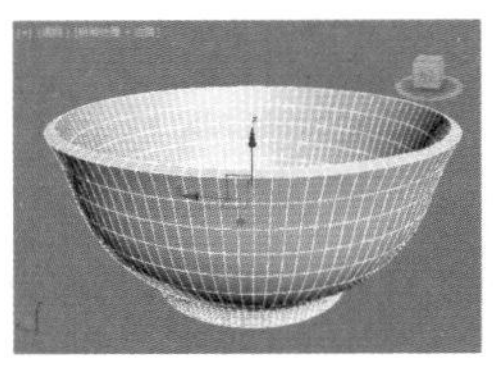
图7-73

图7-74

步骤07 制作盘子模型。用同样的方法继续绘制线，并加载【车削】修改器制作出盘子模型，如图7-75所示。

步骤08 最终模型如图7-76所示。

图7-75

图7-76

重点 7.2.3 【倒角】修改器

【倒角】修改器可以将二维图形挤出厚度的同时，在模型的边缘处产生倒角斜面的效果，使得模型边缘细节更丰富，如图7-77所示。

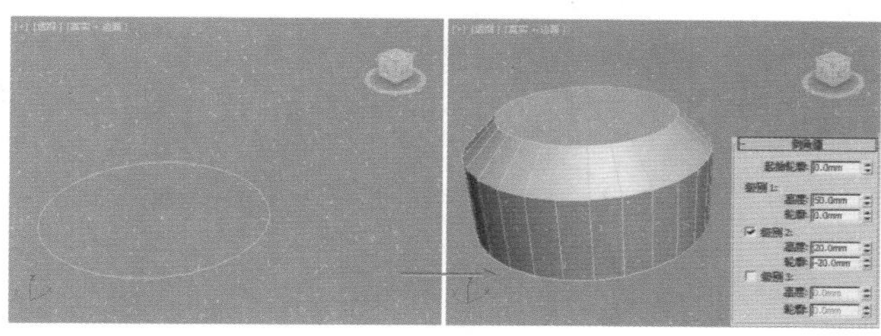

图7-77

【倒角】修改器常用来制作倒角文字以及带有倒角的对象（例如手机、平板电脑等），如图7-78和图7-79所示。

图7-78

图7-79

【倒角】修改器参数如图7-80所示。

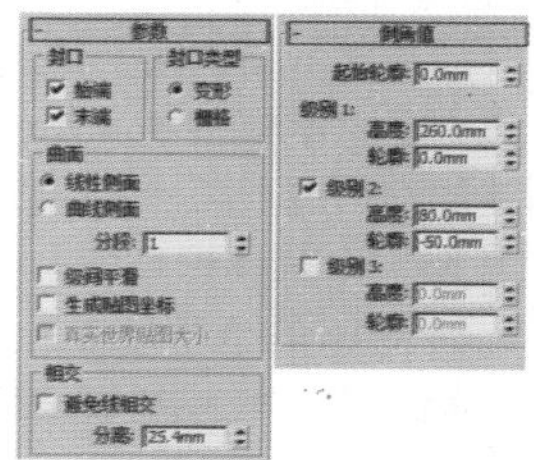

图7-80

- 始端/末端：用对象的始端/末端进行封口。
- 变形：为变形创建适合的封口面。
- 栅格：在栅格图案中创建封口面。封装类型的变形和渲染要比渐进变形封装效果好。
- 线性侧面：激活此项后，级别之间的分段插值会沿着一条直线。

- 曲线侧面：激活此项后，级别之间的分段插值会沿着一条 Bezier 曲线。
- 分段：在每个级别之间设置中级分段的数量。
- 级间平滑：控制是否将平滑组应用于倒角对象侧面。封口会使用与侧面不同的平滑组。
- 避免线相交：防止轮廓彼此相交。它通过在轮廓中插入额外的顶点并用一条平直的线段覆盖锐角来实现。
- 分离：设置边之间所保持的距离。
- 起始轮廓：设置轮廓从原始图形的偏移距离。非零设置会改变原始图形的大小。
- 级别 1：包含两个参数，它们表示起始级别的改变。
  - 高度：设置级别 1 在起始级别之上的距离。
  - 轮廓：设置级别 1 的轮廓到起始轮廓的偏移距离。

轻松动手学：三维倒角文字

文件路径：Chapter 07 修改器建模→轻松动手学：三维倒角文字

步骤 01 使用【文本】工具在前视图中创建一组文字，如图7-81所示。

图7-81

步骤 02 单击【修改】按钮，为文字添加【倒角修改器】，并设置【倒角值】卷展栏下的【级别1】的【高度】为260mm。勾选【级别2】，设置【高度】为80mm，【轮廓】为－50mm，如图7-82所示。

步骤 03 此时效果如图7-83所示。

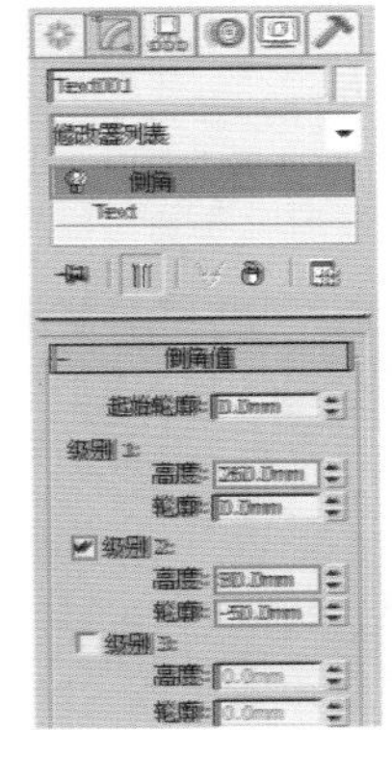

图7-82

图7-83

重点 7.2.4 【倒角剖面】修改器

【倒角剖面】修改器需要应用两个二维图形。选择其中一个图形，然后为其添加【倒角剖面】修改器，并拾取另外一个图形，从而产生一个三维模型（需要注意，这两个图形一个是在左视图创建的剖面图形，一个是在前视图创建的路径图形，因此不要在同一个视图中创建）。常用来制作石膏线、画框等，如图 7-84 和图 7-85 所示。

图7-84

图7-85

【倒角剖面】修改器原理图如图 7-86 所示。其参数如图 7-87 所示。

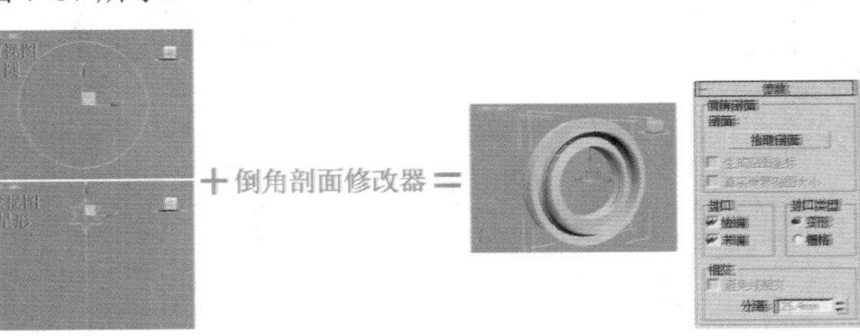

图7-86 图7-87

- 拾取剖面：选中一个图形或 NURBS 曲线用于剖面路径。

轻松动手学：使用【倒角剖面】修改器制作画框

文件路径：Chapter 07 修改器建模→轻松动手学：使用【倒角剖面】修改器制作画框

步骤01 创建两个图形，分别为星形和矩形。参数及位置如图7-88所示。

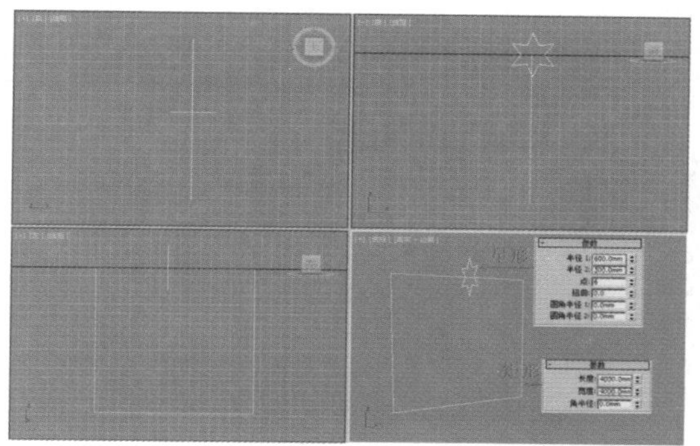

图7-88

步骤02 选择矩形，单击【修改】按钮，为其添加【倒角剖面】修改器，如图7-89所示。

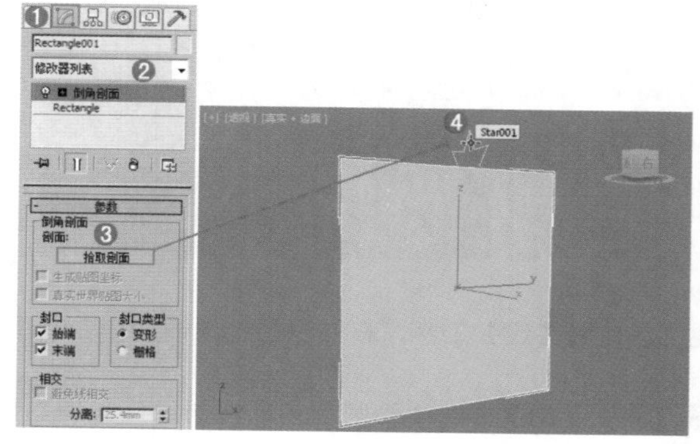

图7-89

步骤03 此时产生了横截面为星形的三维模型，如图7-90所示。

步骤04 4个视图中的模型效果如图7-91所示。

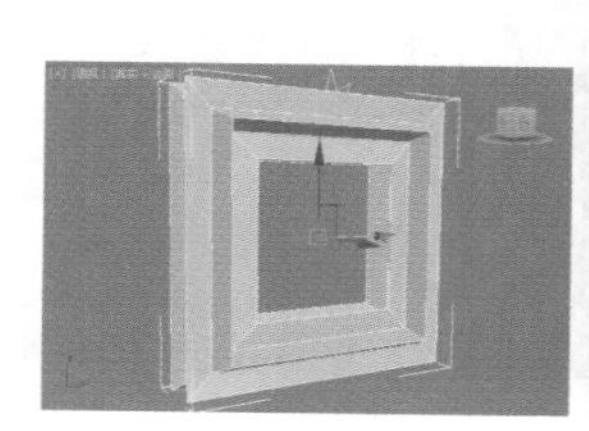

图7-90

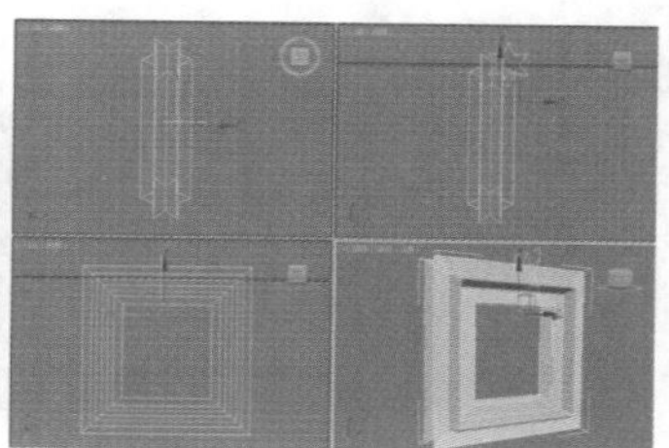

图7-91

实例：使用【倒角剖面】修改器制作背景墙

扫一扫，看视频

文件路径：Chapter 07 修改器建模→实例：使用【倒角剖面】修改器制作背景墙

本例主要通过对样条线添加【挤出】修改器，使之变为带有厚度的三维模型，然后使用样条线以及【倒角剖面】修改器制作背景墙的另一个部分。效果如图7-92所示。

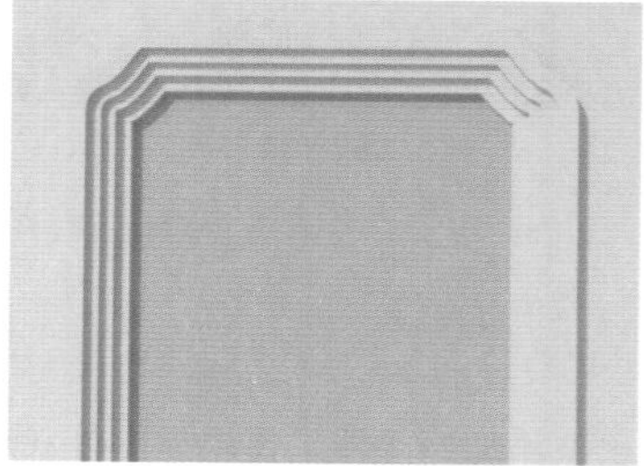

图7-92

步骤01 使用【线】工具在前视图中创建一条闭合的线，如图7-93所示。

步骤02 单击修改，选择如图7-94所示的两个顶点。

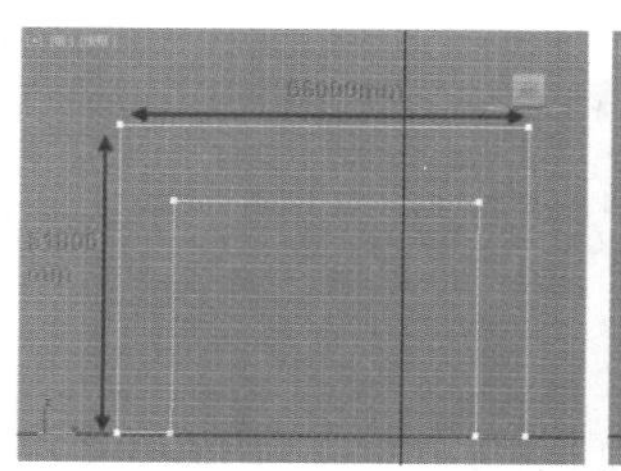

图7-93

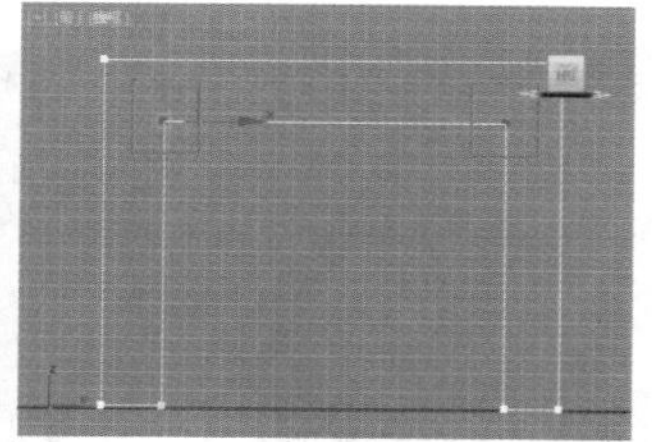

图7-94

步骤03 在【几何体】卷展栏的【圆角】后面输入数值6300mm，并按键盘Enter键，如图7-95所示。

步骤04 此时刚才的两个顶点已经变成了圆滑的效果，如图7-96所示。

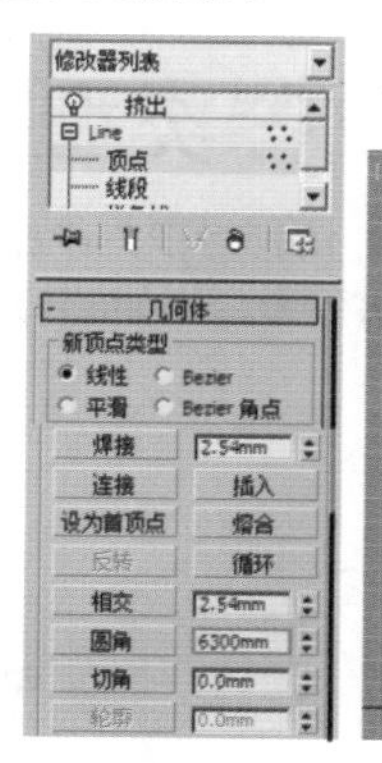

图7-95

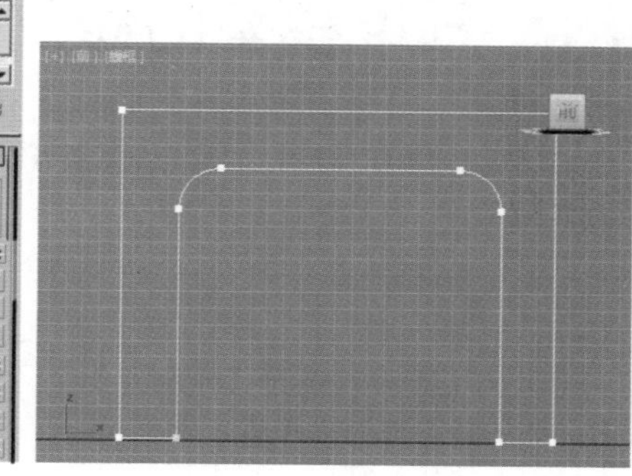

图7-96

步骤05 为线添加【挤出】修改器，设置【数量】为1540mm，如图7-97所示。此时模型效果，如图7-98所示。

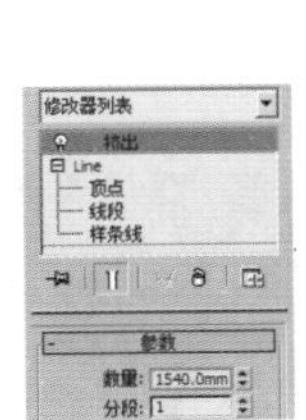

图7-97

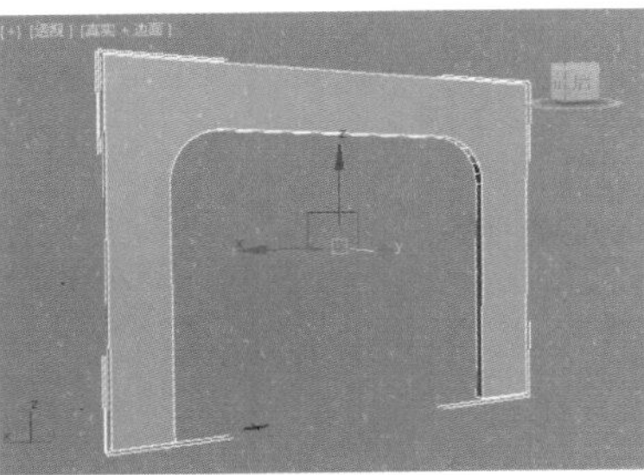

图7-98

步骤06 使用【线】工具，在前视图中绘制如图7-99所示的线。

步骤07 在顶视图中继续绘制一条闭合的线，如图7-100所示。

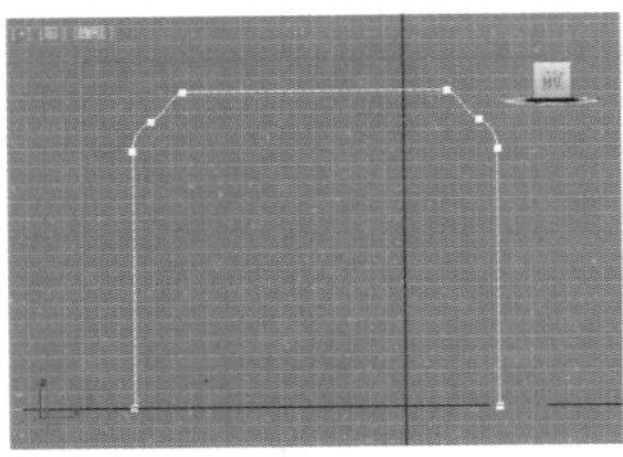

图7-99

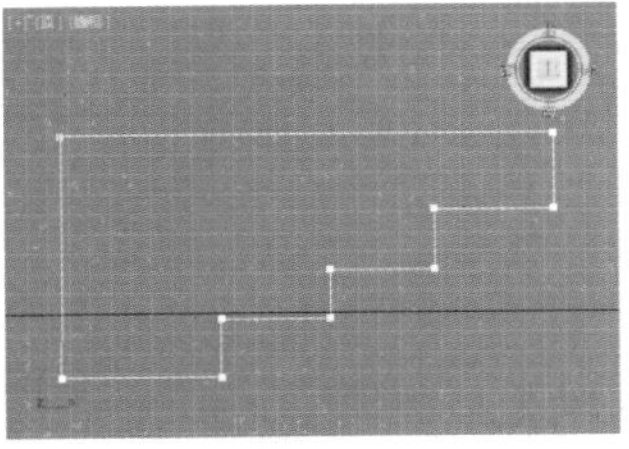

图7-100

步骤08 此时两个图形的大小比例如图7-101所示。

步骤09 选择刚才创建的比较大的线，然后单击【修改】按钮，为其加载【倒角剖面】修改器，然后单击【拾取剖面】按钮拾取刚才创建的小的线，如图7-102所示。

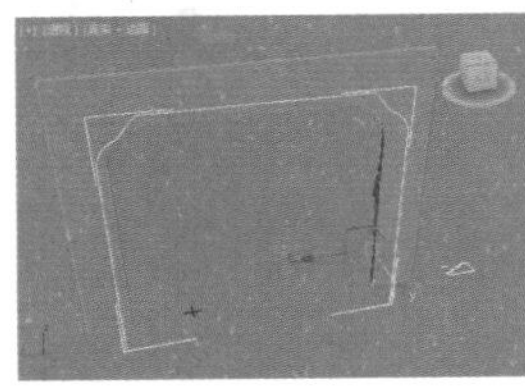

图7-101

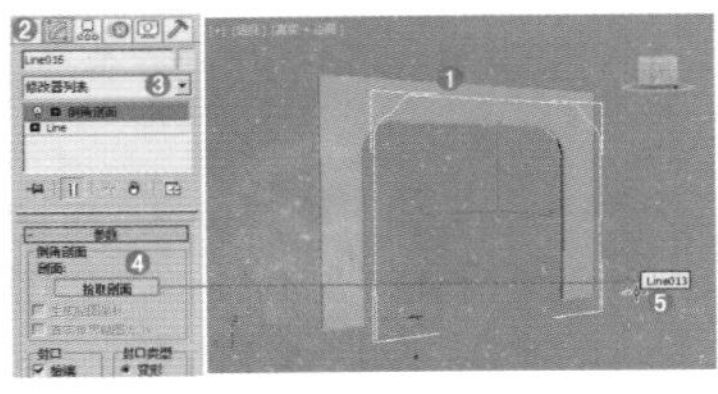

图7-102

步骤10 此时产生出了一个三维模型，如图7-103所示。

步骤11 调整位置，最终模型如图7-104所示。

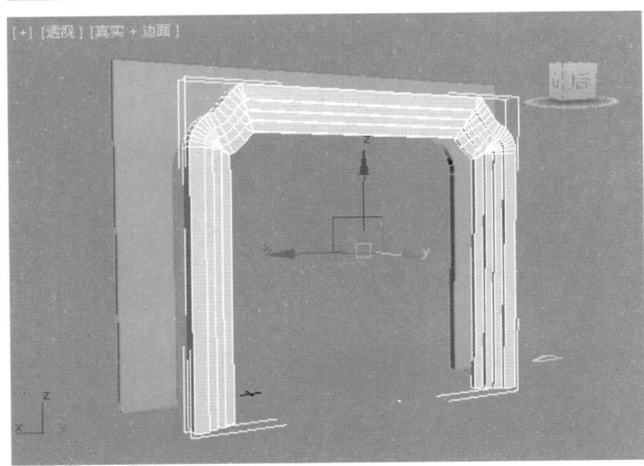

图7-103

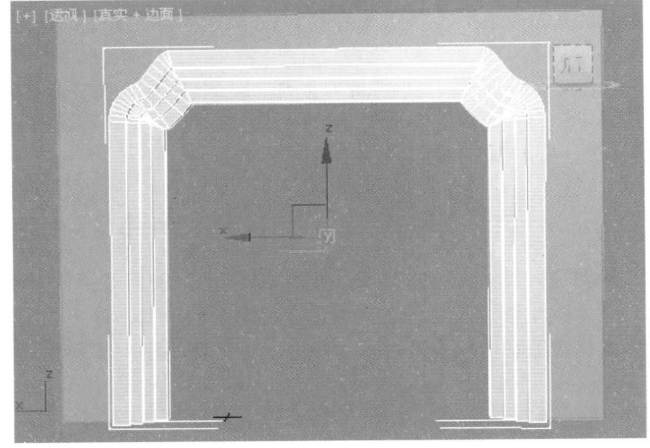

图7-104

7.3 三维模型的修改器类型

扫一扫，看视频

三维模型的修改器是专门针对于三维模型的，通过为三维模型添加修改器，使模型的外观产生变化。常用的三维模型修改器类型有很多，比如FFD、弯曲、扭曲、壳、对称、晶格等。

重点 7.3.1 FFD修改器

FFD修改器通过选择【控制点】级别，然后移动控制点位置，使模型产生外观的变化。常用来制作整体扭曲的模型，例如扭曲的雕塑、粗细不同的形体等，如图7-105和图7-106所示。

图7-105

图7-106

3ds Max 中包括 5 种 FFD 修改器，分别为 FFD 2×2×2、FFD 3×3×3、FFD 4×4×4、FFD（圆柱体）、FFD（长方体）。这 5 种使用方法是一样的，区别在于控制点的数量不同，如图 7-107 所示，如图 7-108 所示为模型加载 FFD 修改器，并通过调整控制点的位置，产生的模型变化效果。

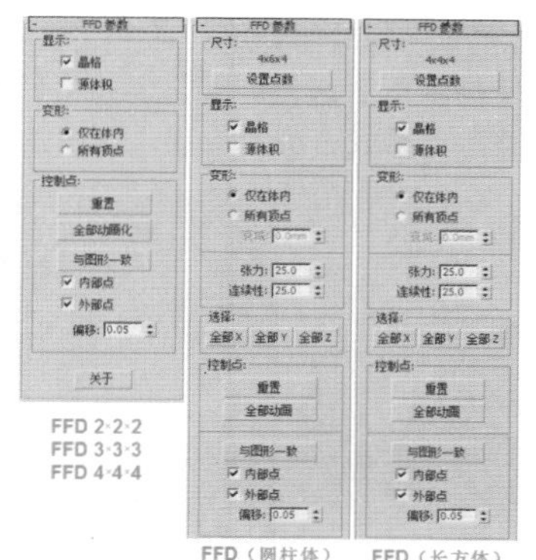

图7-107

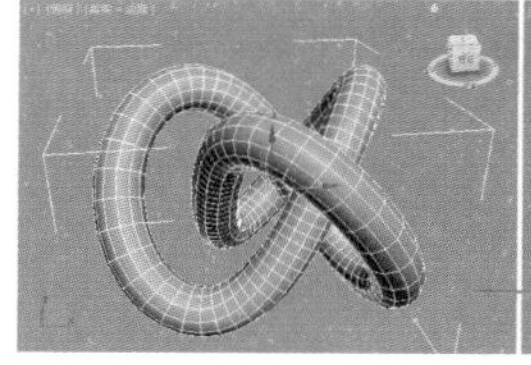
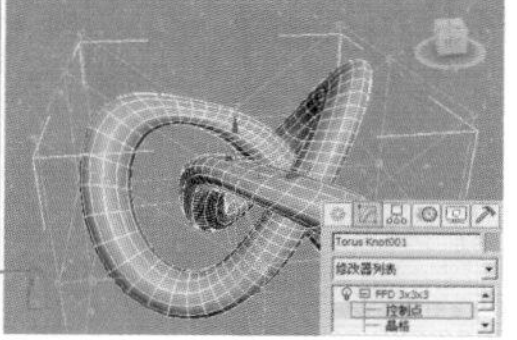

图7-108

- 晶格：将绘制连接控制点的线条以形成栅格。
- 源体积：控制点和晶格会以未修改的状态显示。
- 衰减：它决定着 FFD 效果减为零时离晶格的距离。仅用于选择“所有顶点”时。
- 张力 / 连续性：调整变形样条线的张力和连续性。
- 重置：将所有控制点返回到它们的原始位置。
- 全部动画：将“点”控制器指定给所有控制点，这样它们在“轨迹视图”中立即可见。
- 与图形一致：在对象中心控制点位置之间沿直线延长线，将每一个 FFD 控制点移到修改对象的交叉点上，这将增加一个由“偏移”微调器指定的偏移距离。
    * 内部点：仅控制受“与图形一致”影响的对象内部点。
    * 外部点：仅控制受“与图形一致”影响的对象外部点。
- 偏移：受“与图形一致”影响的控制点偏移对象曲面的距离。

提示：模型添加修改器之前，要设置合适的分段。

在为模型添加修改器时，模型的分段是很重要的。分段过少，容易造成模型无法出现需要的效果。例如 FFD 修改器、【弯曲】修改器、【扭曲】修改器等修改器时，分段尤为重要。

创建一个圆柱体，默认设置【高度分段】为 1，加载【弯曲】修改器之后，模型没有弯曲，如图 7-109 所示。

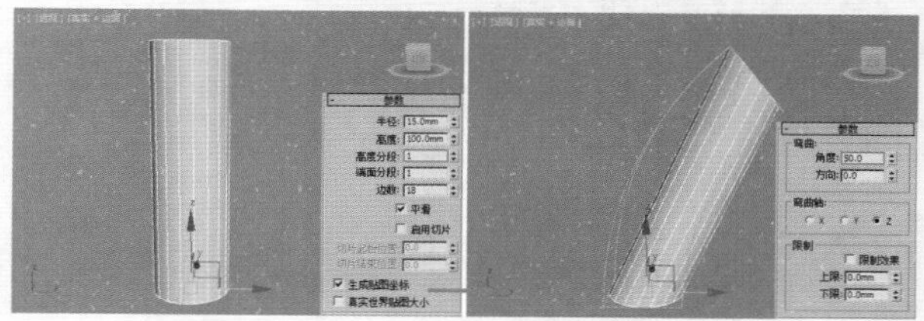

图7-109

而创建一个圆柱体，设置【高度分段】为 10，加载【弯曲】修改器之后，模型的弯曲很好，如图 7-110 所示。

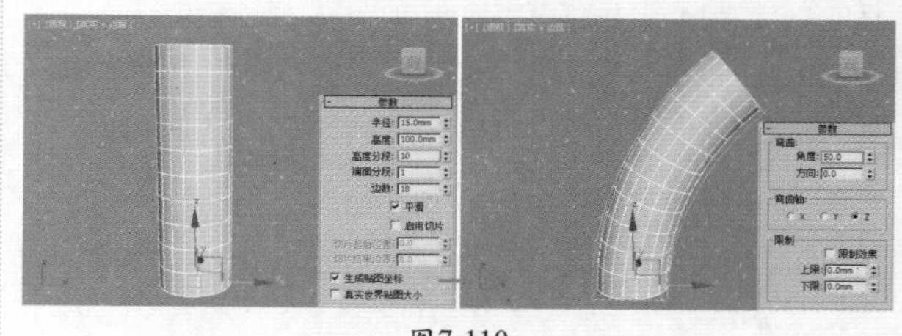

图7-110

实例：使用 FFD 修改器制作创意台灯

文件路径：Chapter 07 修改器建模→实例：使用FFD修改器制作创意台灯

扫一扫，看视频

本例主要使用 FFD 修改器对多种常见几何形体进行变形，组合成创意台灯。效果如图 7-111 所示。

图7-111

步骤 01 执行（创建）|（几何体）|标准基本体 | 管状体 命令，创建如图7-112所示的管状体。单击【修改】按钮，设置【半径1】为255mm，【半径2】为245mm，【高度】为300mm，【边数】为30，如图7-113所示。

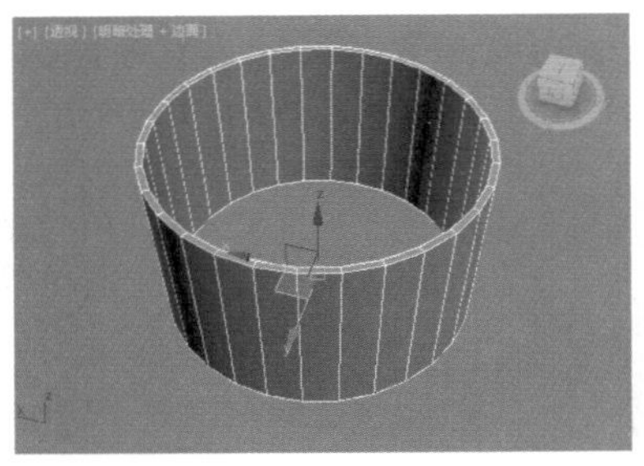

图7-112

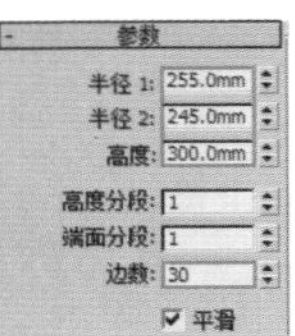

图7-113

步骤02 为刚创建的管状体加载FFD 2×2×2修改器，单击+图标，选择【控制点】级别，如图7-114所示。选择如图7-115所示的4个控制点，并向内等比缩放。

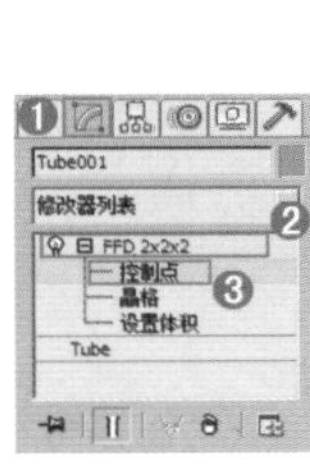

图7-114

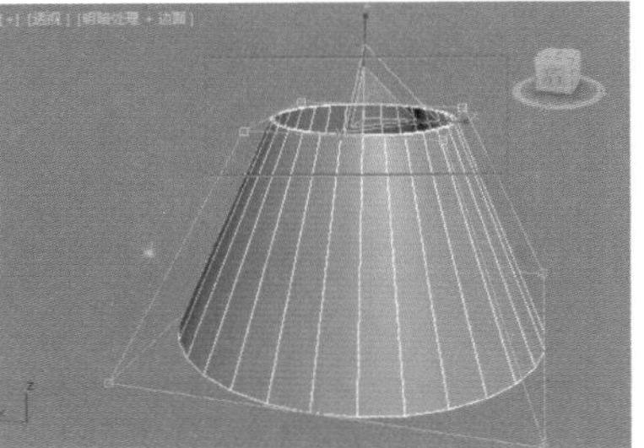

图7-115

步骤03 在灯罩内部创建两个长方体，参数如图7-116所示。

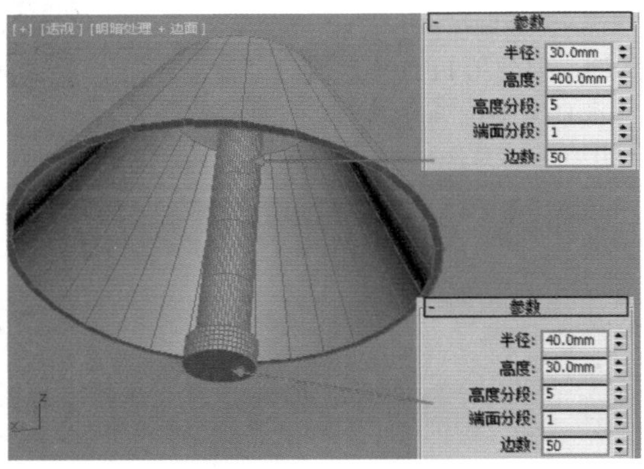

图7-116

步骤04 绘制石头造型。使用【球体】工具在下方创建一个球体，如图7-117所示。设置【半径】为100mm，【分段】为50，如图7-118所示。

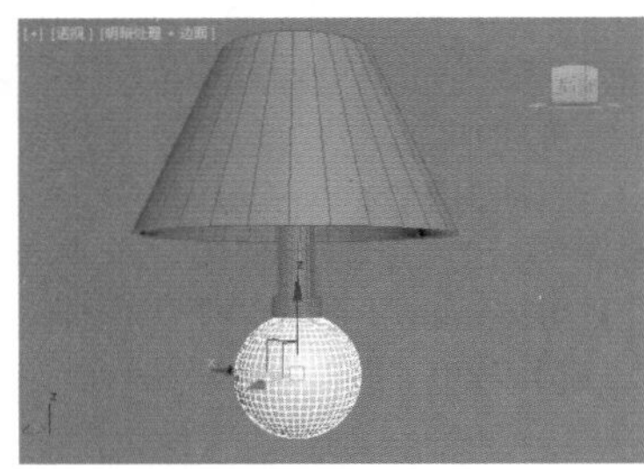

图7-117

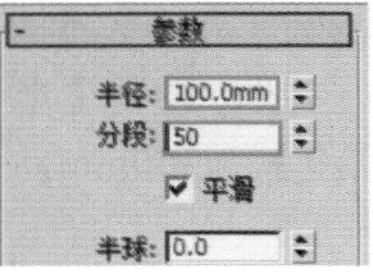

图7-118

步骤05 为球体加载FFD 3×3×3修改器，单击+图标，选择【控制点】级别，如图7-119所示。将控制点的位置进行调整，调整成石头的形状，如图7-120所示。

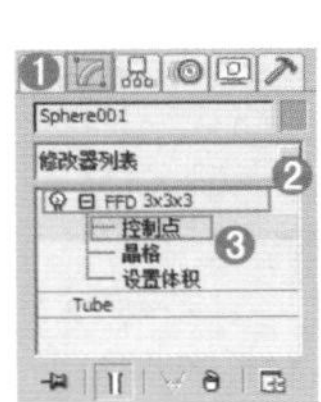

图7-119

图7-120

步骤06 使用同样方法制作其他石头造型，并依次向下摆放，如图7-121所示。最终台灯效果如图7-122所示。

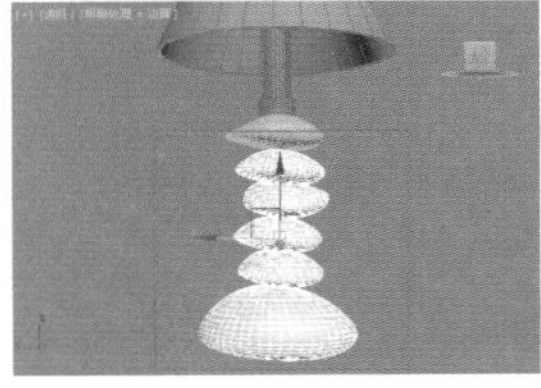

图7-121

图7-122

实例：使用 FFD 修改器制作抱枕

扫一扫，看视频

文件路径：Chapter 07 修改器建模→实例：使用FFD修改器制作抱枕

本例主要通过对长方体添加 FFD 修改器，然后进行变形，模拟中间厚、四周薄的抱枕模型。效果如图 7-123 所示。

图7-123

步骤01 使用【长方体】工具创建一个长方体，如图7-124所示。单击【修改】按钮，设置【长度】为500mm，【宽度】为3mm，【高度】为500mm，并设置【长度分段】【宽度分段】【高度分段】均为4，如图7-125所示。

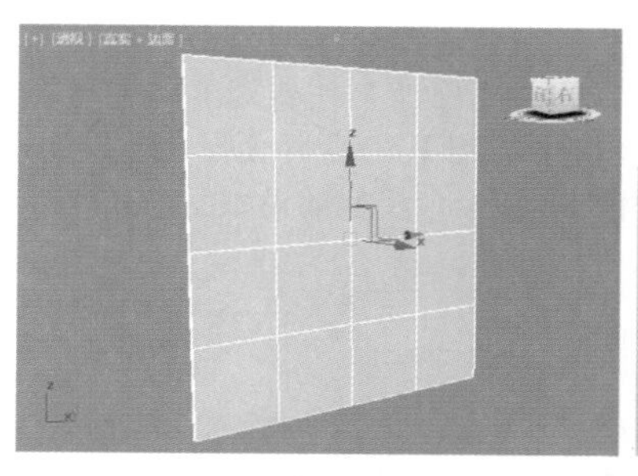
图7-124

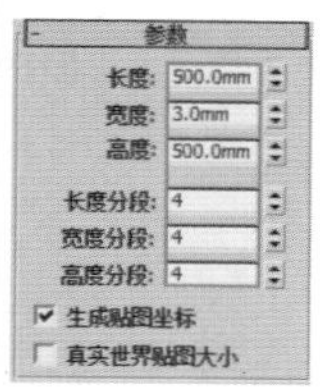
图7-125

步骤 02 为长方体加载FFD 4×4×4修改器，单击+图标，选择【控制点】级别，如图7-126所示。然后在左视图中框选中间的控制点，如图7-127所示。

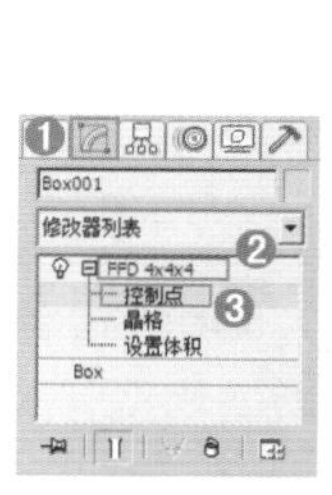
图7-126

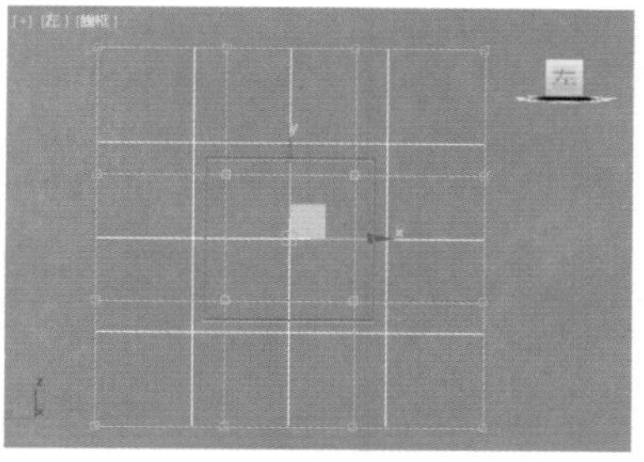
图7-127

步骤 03 在透视图中，使用（选择并均匀缩放）工具沿X轴向外进行多次拖动，使其向外扩张，如图7-128所示。

步骤 04 在左视图中框选如图7-129所示的控制点。

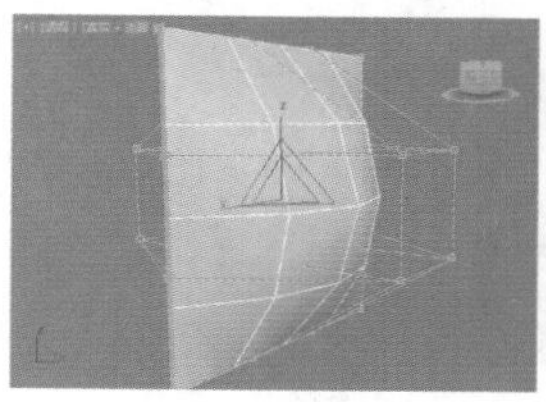
图7-128

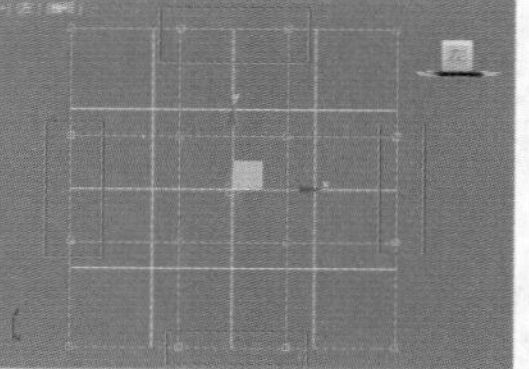
图7-129

步骤 05 在透视图中，使用（选择并均匀缩放）工具沿X、Y、Z 3个轴向进行拖动，使其向内收缩，如图7-130所示。

步骤 06 最终模型如图7-131所示。

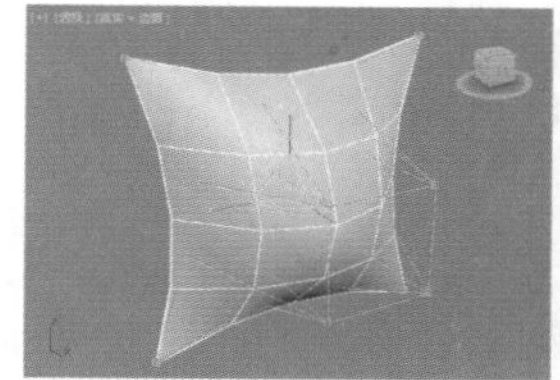
图7-130

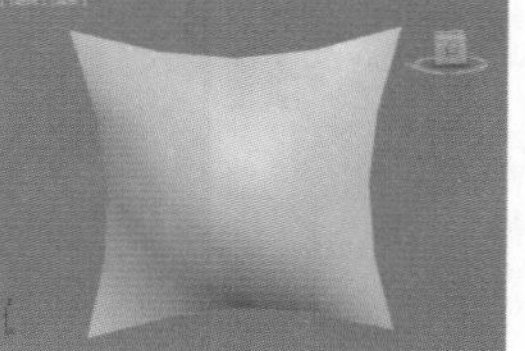
图7-131

实例：使用【挤出】和FFD修改器制作吊灯

扫一扫，看视频

文件路径：Chapter 07 修改器建模→实例：使用【挤出】和FFD修改器制作吊灯

本例首先绘制一个模型的截面，然后通过【挤出】修改器，将样条线挤出一定的高度，然后使用FFD修改器进行变形，得到吊灯模型。效果如图7-132所示。

图7-132

步骤 01 执行（创建）|（图形）|样条线|星形命令，在顶视图中创建一个星形，如图7-133所示。单击【修改】按钮，设置【半径1】为300mm，【半径2】为250mm，【点】为20，如图7-134所示。

图7-133

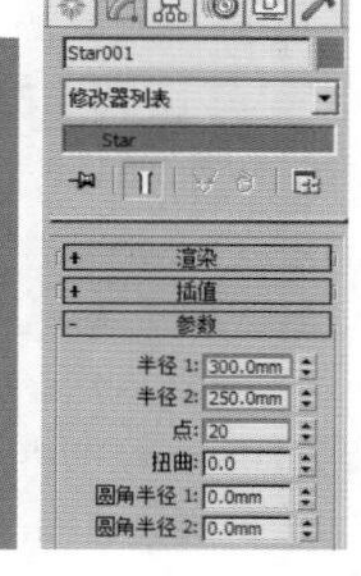
图7-134

步骤 02 再次使用星形工具，参数设置如图7-135所示。使用（选择并移动）工具移动到如图7-136所示的位置。

步骤 03 选中一个星形，然后右击执行【转换为】|【转换为可编辑样条线】命令，如图7-137所示。然后单击【修改】按钮，单击【几何体】卷展栏下的【附加】按钮，然后单击拾取另外一个星形，如图7-138所示。

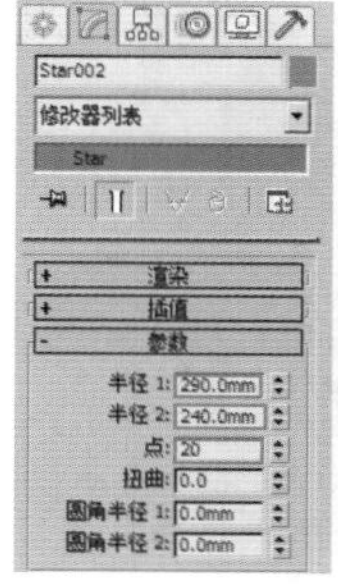
图7-135

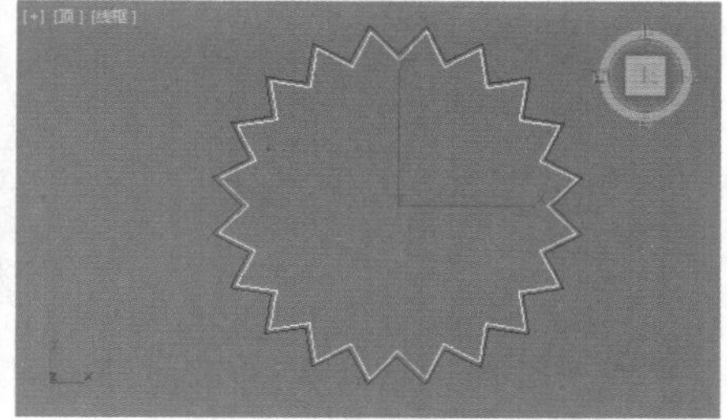
图7-136

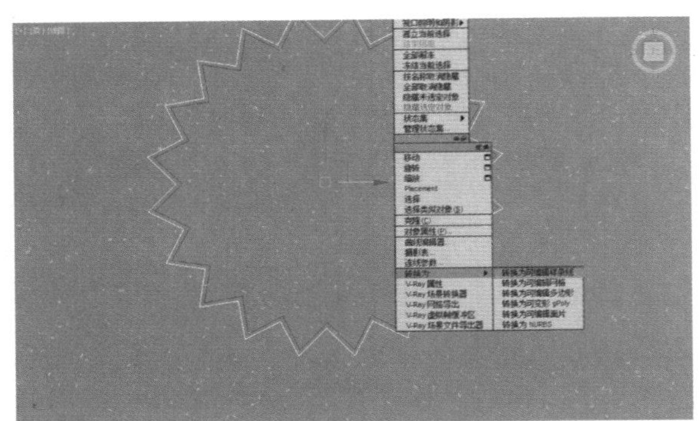

图7-137

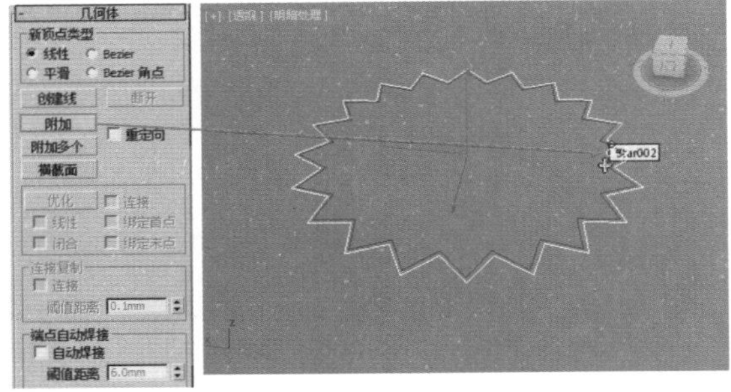

图7-138

步骤 04 此时两个图形变成了一个图形，然后为其添加【挤出】修改器，设置【数量】为400mm，如图7-139所示。模型效果如图7-140所示。

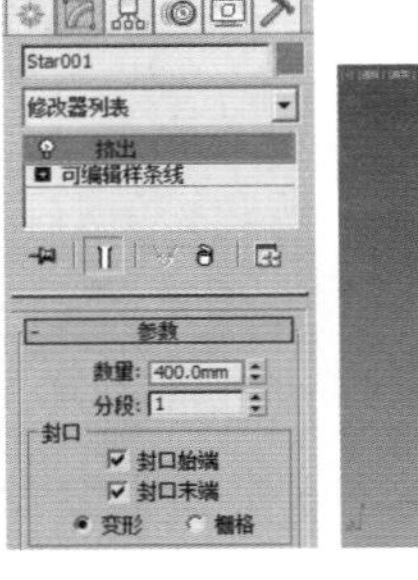

图7-139

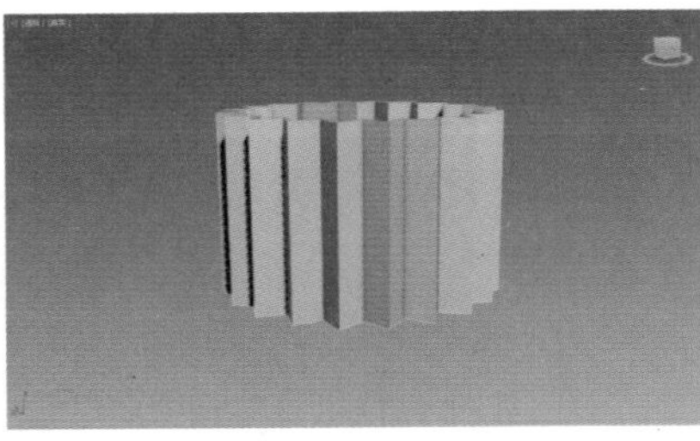

图7-140

步骤 05 为模型FFD 3×3×3修改器，单击■图标，选择【控制点】级别，如图7-141所示。框选如图7-142所示的控制点，并向内等比缩放。

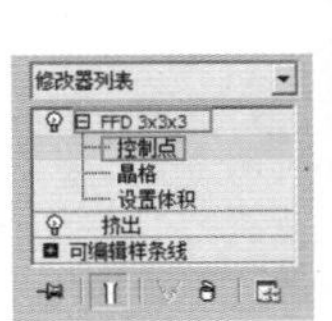

图7-141

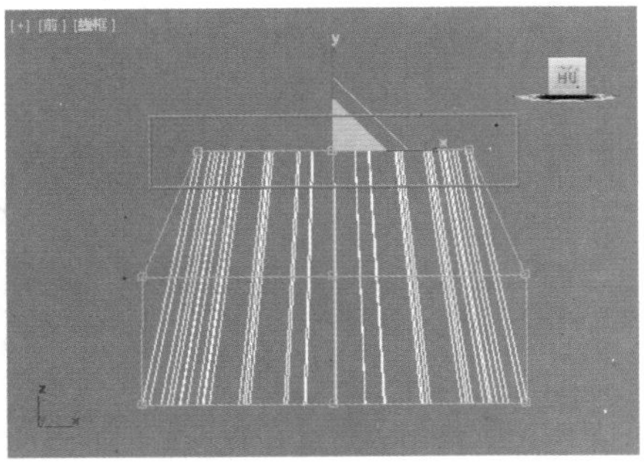

图7-142

步骤 06 使用【圆】工具在顶视图中绘制一个圆形，如图7-143所示。然后单击【修改】按钮，勾选【在渲染中启用】和【在视口中启用】，设置【厚度】为5mm，【边】为12，如图7-144所示。模型效果如图7-145所示。

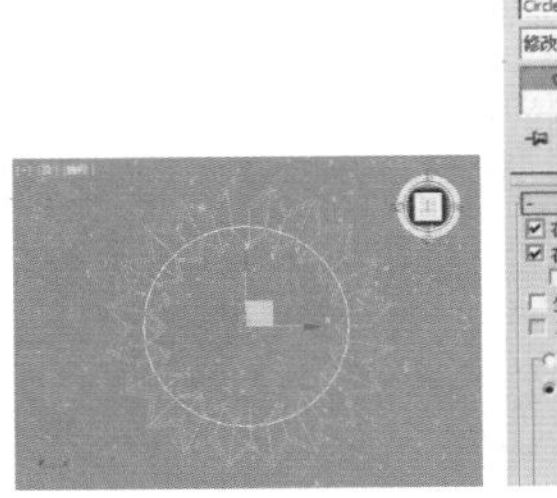

图7-143

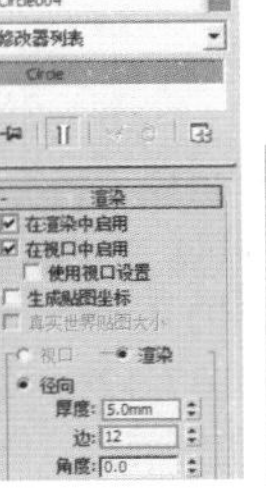

图7-144

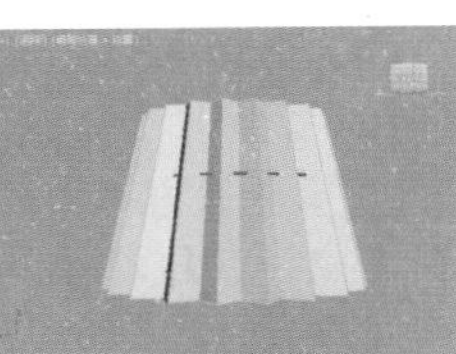

图7-145

步骤 07 使用【线】工具在前视图中绘制一条样条线，如图7-146所示。并设置参数，效果如图7-147所示。

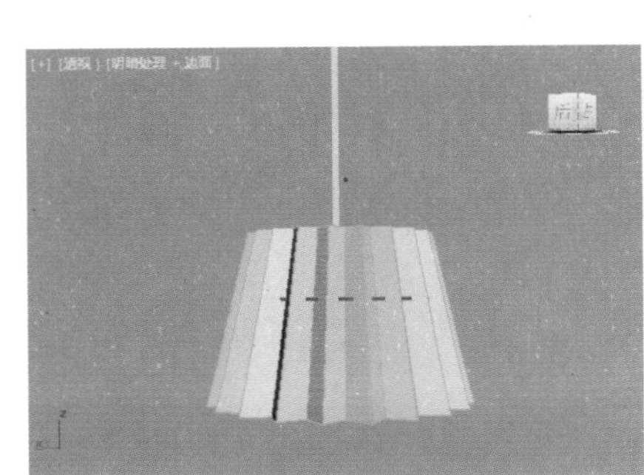

图7-146

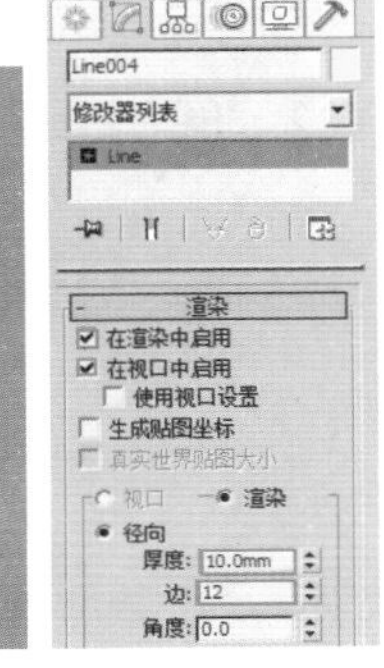

图7-147

步骤 08 最后将模型进行复制，如图7-148所示。

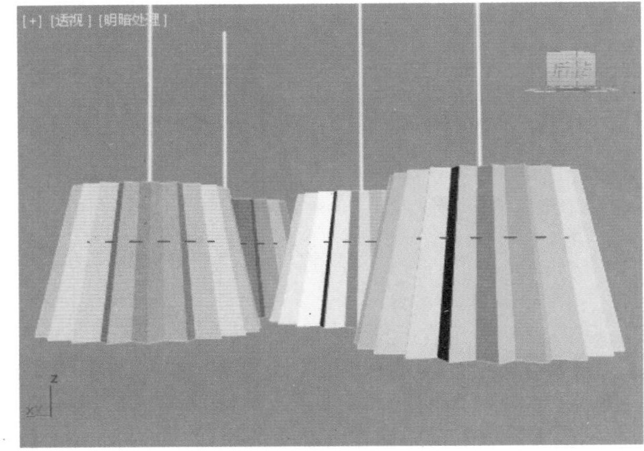

图7-148

读书笔记

重点 7.3.2 【弯曲】和【扭曲】修改器

【弯曲】修改器和【扭曲】修改器都可以对三维模型的外观产生较为明显的变化，从字面就可以看出两个修改器的功能。

1.【弯曲】修改器

【弯曲】修改器可以将模型变弯曲，还可以限制模型弯曲的位置、角度、方向等。常用来制作带有弯曲感的对象，例如弯曲的楼梯、拱门、弧形棚顶等，如图 7-149 和图 7-150 所示。

图 7-149

图 7-150

【弯曲】修改器参数如图 7-151 所示。

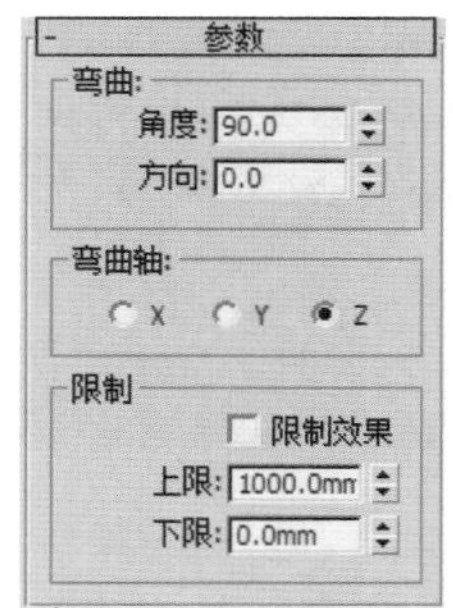

图 7-151

- 角度：从顶点平面设置要弯曲的角度，如图 7-152 所示为设置角度为 0 和 90 的对比效果。

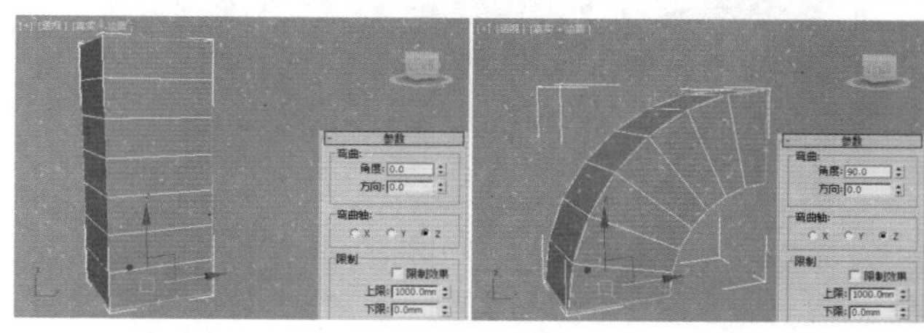

图 7-152

- 方向：设置弯曲相对于水平面的方向，如图 7-153 所示为设置方向为 45 和 145 的对比效果。

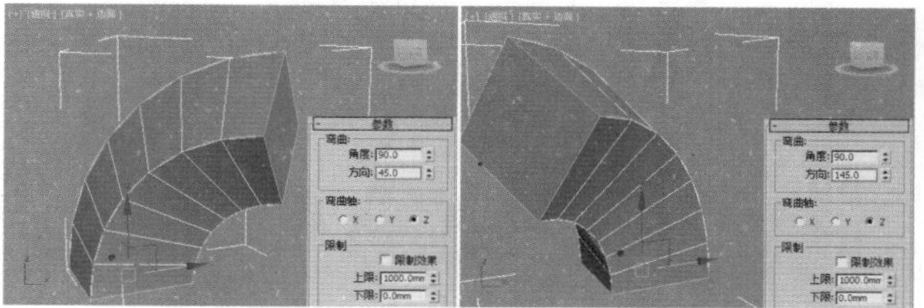

图 7-153

- 弯曲轴：控制弯曲的轴向，如图 7-154 所示为设置弯曲轴为 X 和 Z 的对比效果。

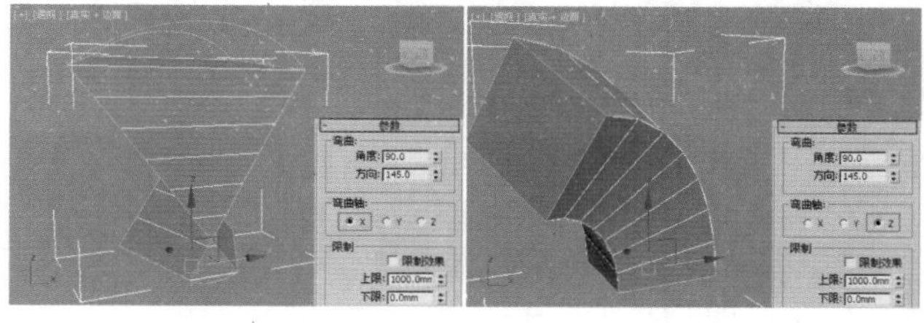

图 7-154

- 限制效果：将限制约束应用于弯曲效果。
- 上限 / 下限：控制产生限制效果的上限位置和下限位置，如图 7-155 所示为取消【限制效果】和勾选【限制效果】并设置【上限】为 1000mm 的对比效果。

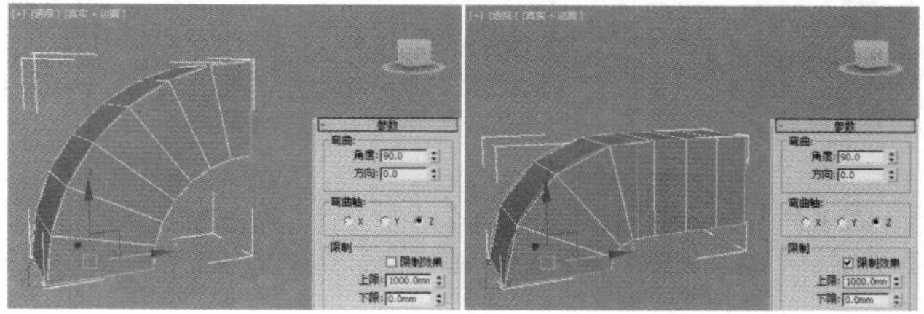

图 7-155

2.【扭曲】修改器

【扭曲】修改器可以将模型变扭曲旋转。常用来制作带有规则扭曲感的对象，如图 7-156 和图 7-157 所示。

图7-156

图7-157

【扭曲】修改器参数如图 7-158 所示。

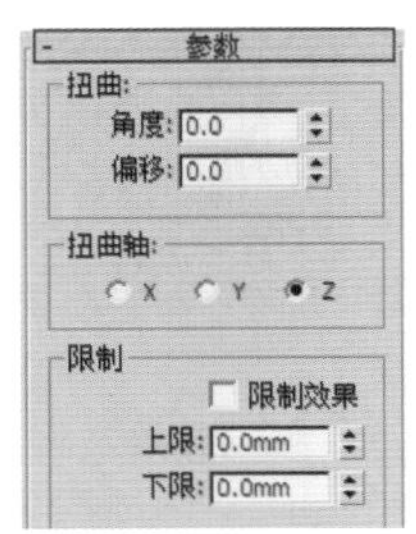

图7-158

- 角度：设置扭曲的角度，如图 7-159 所示为设置角度为 0 和 90 的对比效果。
- 偏移：使扭曲旋转在对象的任意末端聚团。
- 扭曲轴：控制扭曲的轴向。

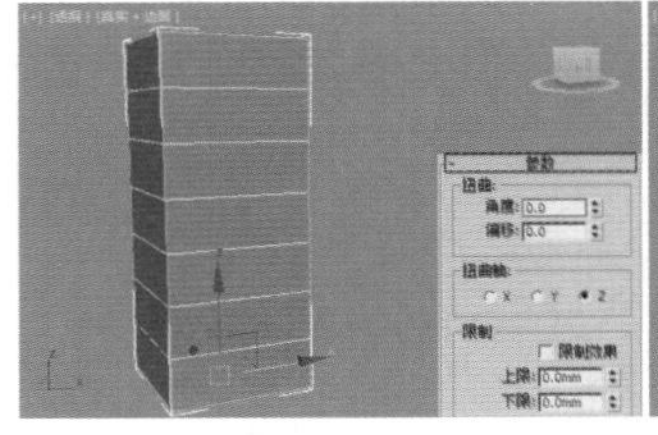
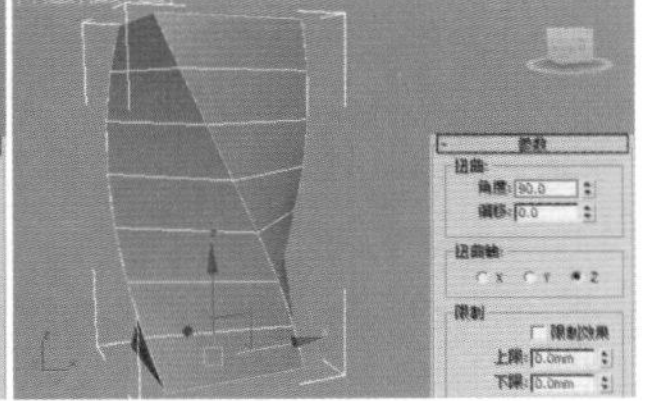

图7-159

重点 7.3.3 【壳】修改器

【壳】修改器可以为模型添加厚度效果。常用来制作能够显露出切面厚度的对象，例如水杯、灯罩、花瓶等，如图 7-160 和图 7-161 所示。

图7-160

图7-161

【壳】修改器参数如图 7-162 所示。

图7-162

- 内部量/外部量：控制向模型内或外产生厚度的数值，如图 7-163 所示。

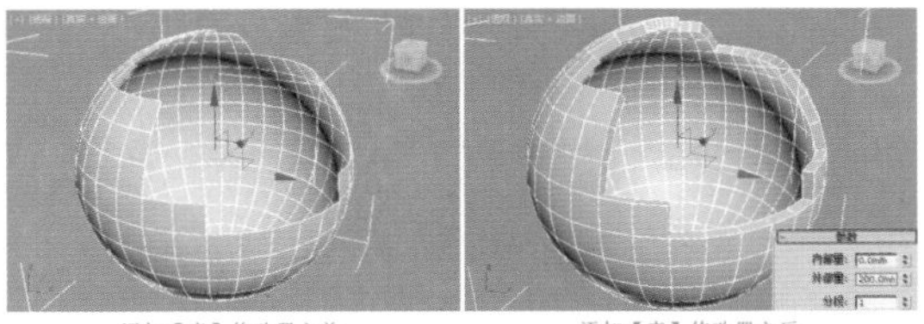

图7-163

- 倒角边：启用该选项后，并指定“倒角样条线”，3ds Max 会使用样条线定义边的剖面和分辨率。
- 倒角样条线：单击此按钮，然后选择打开样条线定义边的形状和分辨率。

7.3.4 【对称】修改器

【对称】修改器可以将模型沿 X、Y、Z 中的任一轴向进行镜像，使其产生对称的模型效果。因此提供给我们一个创建对称模型的方法，那就是只做一侧模型，最后添加【对称】修改器。常用来制作上下对称或左右对称的物体，例如沙发、圆桌等，如图 7-164 和图 7-165 所示。

图7-164

图7-165

【对称】修改器参数如图 7-166 所示。

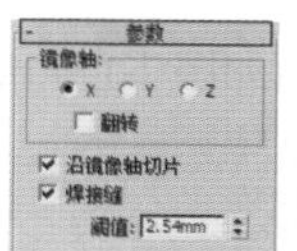

图7-166

- 镜像轴：设置镜像的轴向，如图 7-167 所示为分别设置 X 和 Z 的对比效果。
- 翻转：控制是否需要翻转镜像的效果，如图 7-168 所示为取消和勾选翻转选项的效果。
- 沿镜像轴切片：启用“沿镜像轴切片”使镜像 gizmo 在定位于网格边界内部时作为一个切片平面。
- 焊接缝：启用“焊接缝”确保沿镜像轴的顶点在阈值以内时会自动焊接。
- 阈值：阈值设置的值代表顶点在自动焊接起来之前的接近程度。

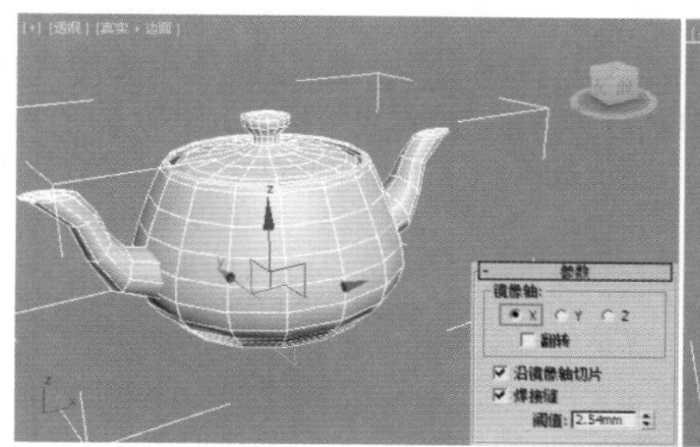

图7-167

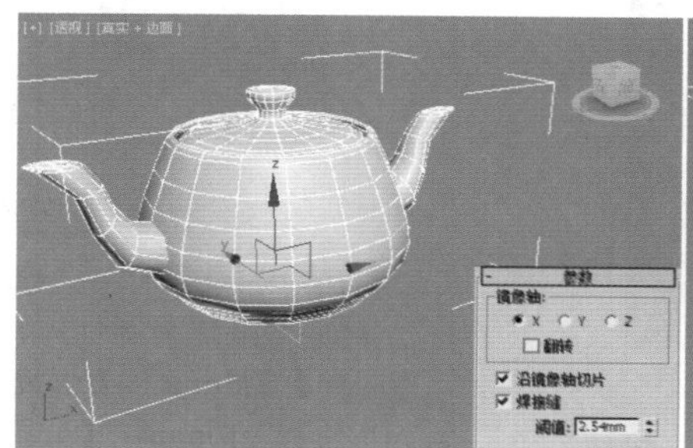
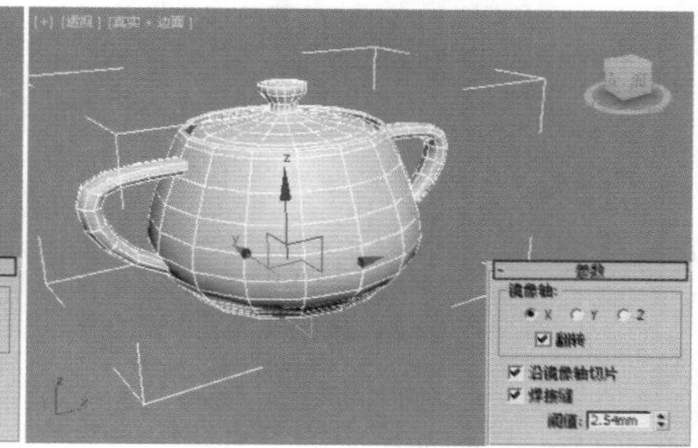

图7-168

提示：调整镜像位置设置不同对称效果。

单击⊞展开，选择【镜像】级别，如图 7-169 所示。

此时可以移动镜像级别的位置，不同的位置会出现不同的对称模型效果，如图 7-170 和图 7-171 所示。

图7-169

图7-170

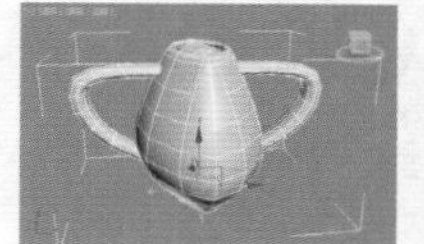

图7-171

7.3.5 【晶格】修改器

【晶格】修改器可以将模型变成晶格水晶结构效果，该结构包括两部分，分别是支柱（可以理解为框架）、节点（框架交汇处的节点）。常用来制作笼子、水晶灯等，如图 7-172 和图 7-173 所示。

图 7-172

图 7-173

【晶格】修改器参数如图 7-174 所示。

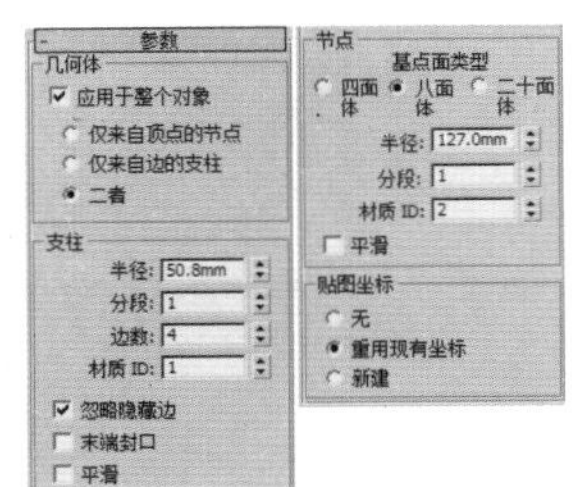
图 7-174

- 应用于整个对象：应用到对象的所有边或线段上。
- 支柱：控制晶格中的支柱结构的参数，包括半径、分段、边数等参数，如图 7-175 所示。

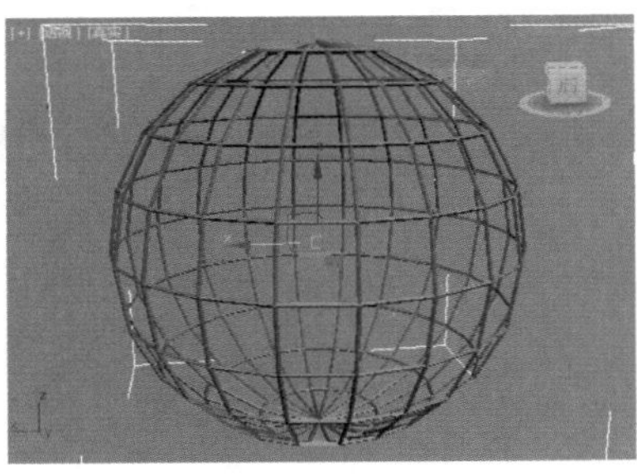
图 7-175

- 节点：控制晶格中的节点结构的参数，包括半径、分段等参数，如图 7-176 所示。

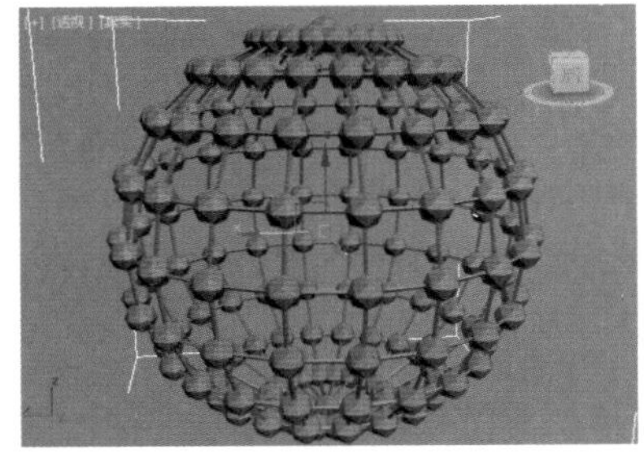
图 7-176

实例：使用【晶格】修改器制作水晶灯

扫一扫，看视频

文件路径：Chapter 07 修改器建模→实例：使用【晶格】修改器制作水晶灯

本例制作的难点在于带有切面感的水晶柱和水晶球的制作，这部分可以使用【晶格】修改器进行制作，效果如图 7-177 所示。

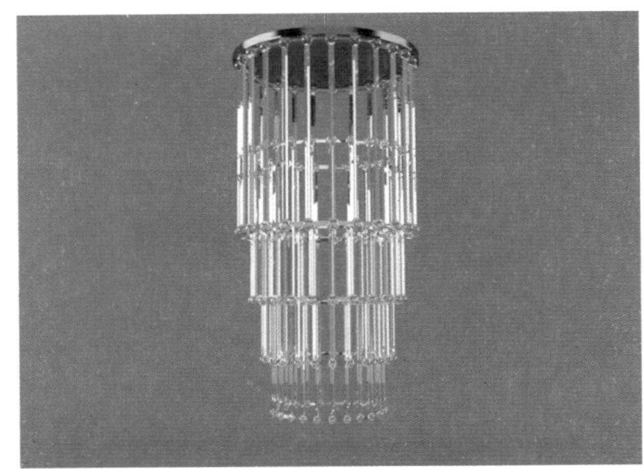
图 7-177

步骤 01 使用【圆柱体】工具在场景中创建一个圆柱体，如图7-178所示。设置【半径】为150mm，【高度】为300mm，【高度分段】为1，【端面分段】为1，【边数】为25，如图7-179所示。

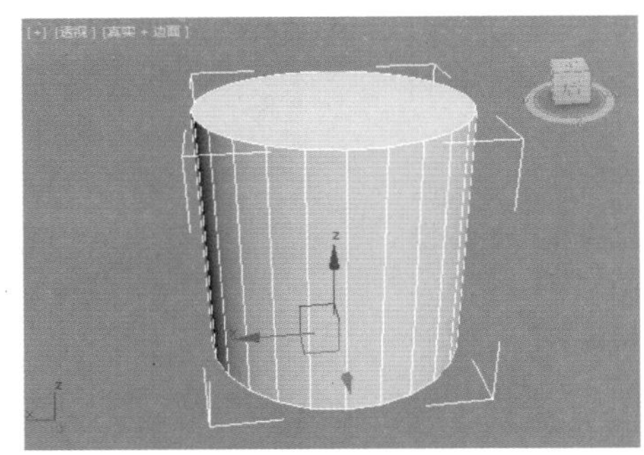
图 7-178

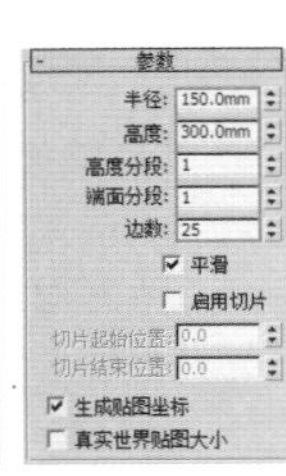
图 7-179

步骤 02 选择圆柱体，为其加载【晶格】修改器，设置【半径】为5mm，【边数】为3，选择【二十面体】，设置【半径】为10mm，【分段】为5，如图7-180所示。

步骤 03 此时模型如图7-181所示。

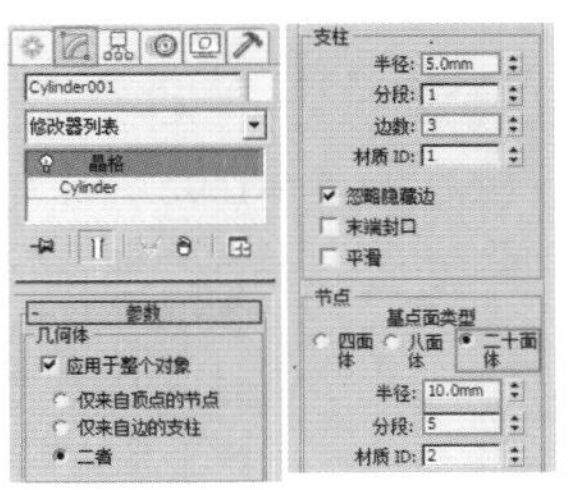
图 7-180

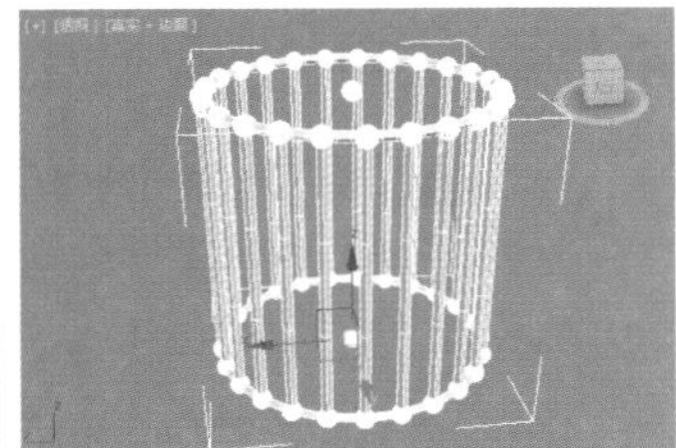
图 7-181

步骤 04 选择模型，按住Shift键向下复制一份，如图7-182所示。将复制出的模型进行收缩，如图7-183所示。

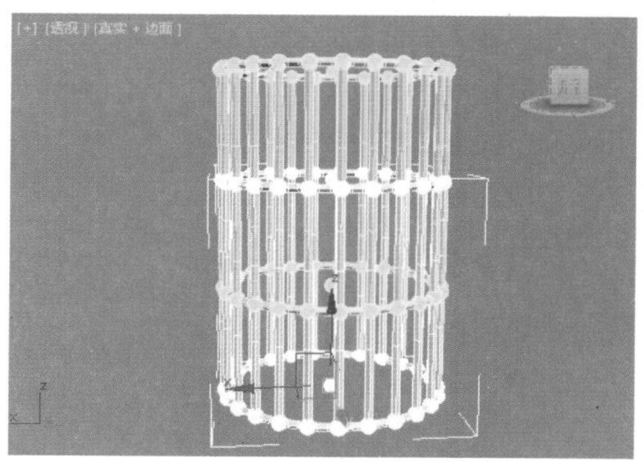

图7-182

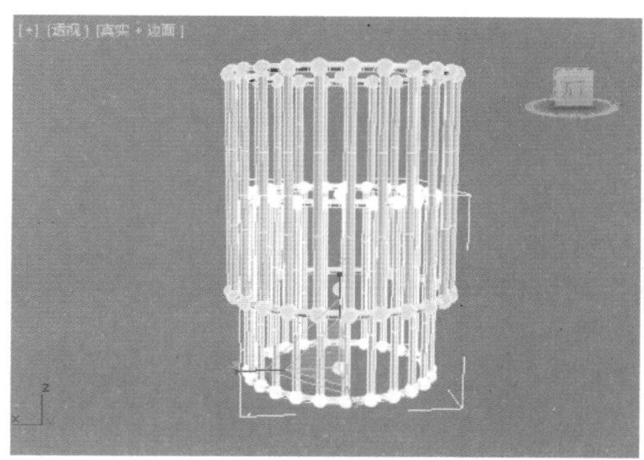

图7-183

步骤 05 继续向下复制两个模型，并收缩模型，如图7-184所示。

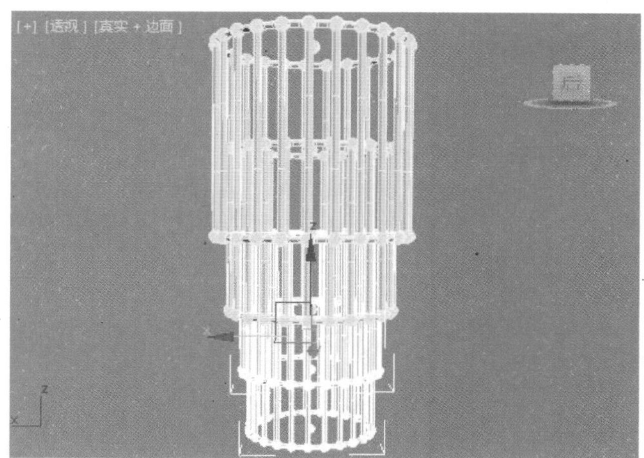

图7-184

步骤 06 使用【切角圆柱体】工具在吊顶顶部创建一个切角圆柱体，如图7-185所示。

步骤 07 单击【修改】按钮，设置【半径】为165mm，【高度】为12，【圆角】为2mm，【边数】为25，如图7-186所示。

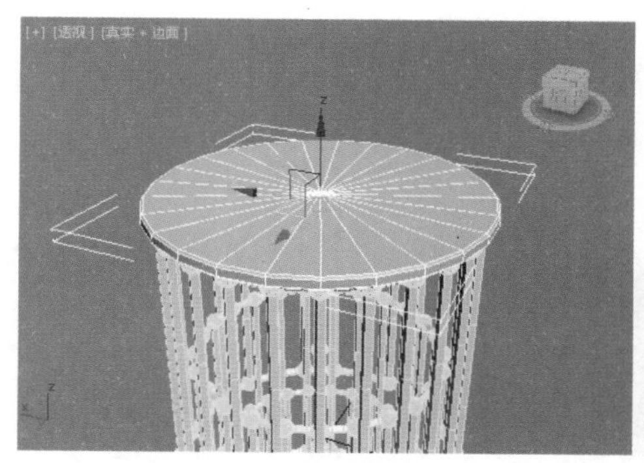

图7-185

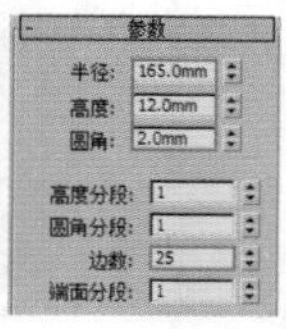

图7-186

步骤 08 使用【圆柱体】工具创建一个圆柱体，放置在顶端。设置【半径】为3mm，【高度】为400mm，【边数】为25，如图7-187和图7-188所示。

步骤 09 最终效果如图7-189所示。

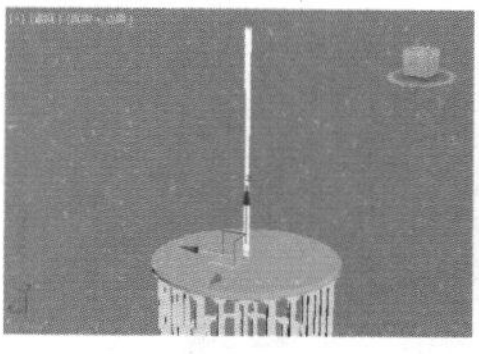

图7-187

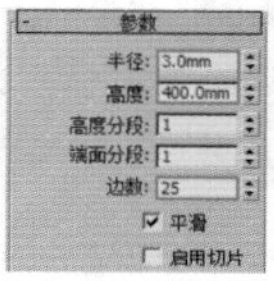

图7-188

图7-189

7.3.6 【路径变形】修改器

可为模型添加【路径变形】修改器，并拾取路径，使模型产生变形效果。常用来制作动画效果，如蛇在地上游走等效果。【路径变形】修改器参数如图7-190所示。

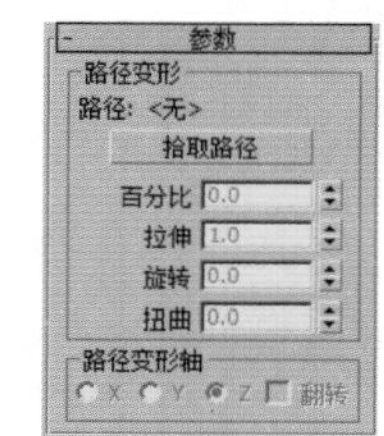

图7-190

- 拾取路径：单击该按钮，然后选择一条样条线或NURBS曲线以作为路径使用。
- 百分比：根据路径长度的百分比，沿着gizmo路径移动对象。
- 拉伸：使用对象的轴点作为缩放的中心，沿着gizmo路径缩放对象。
- 旋转：关于gizmo路径旋转对象。
- 扭曲：关于路径扭曲对象。

7.3.7 【噪波】修改器

【噪波】修改器可以使三维模型沿3个轴产生噪波凹凸混乱的效果。常用来制作凹凸海面、橙子表皮，如图7-191和图7-192所示。

图7-191

图7-192

【噪波】修改器参数如图 7-193 所示。

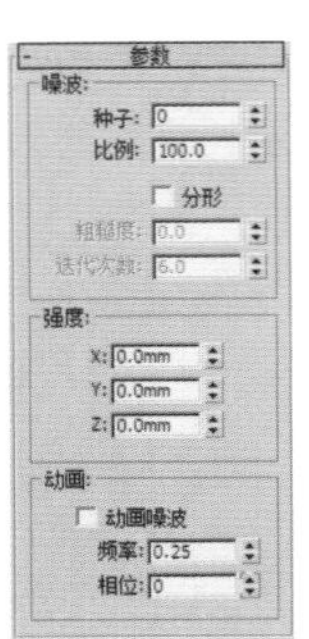

图7-193

- 种子：控制噪波产生随机的凹凸效果。
- 比例：控制噪波的波纹大小。
- 分形：根据当前设置产生分形效果。
- 粗糙度：决定分形变化的程度。
- 迭代次数：控制分形功能所使用的迭代数目。
- X、Y、Z：沿着 3 条轴的每一个设置噪波效果的强度。
- 动画噪波：调节“噪波”和“强度”参数的组合效果。
- 频率：设置正弦波的周期。
- 相位：移动基本波形的开始和结束点。

7.3.8 【切片】修改器

【切片】修改器可以以切片平面的位置移除模型的顶部或底部等部分，可用于制作建筑生长动画。【切片】修改器参数如图 7-194 所示。

图7-194

轻松动手学：使用【切片】修改器制作树生长动画

文件路径：Chapter 07 修改器建模→轻松动手学：使用【切片】修改器制作树生长动画

步骤 01 创建一颗【AEC扩展】中的松树模型，如图7-195所示。

步骤 02 选中松树，为其添加【切片】修改器，并设置【切片类型】为【移除顶部】，如图7-196所示。

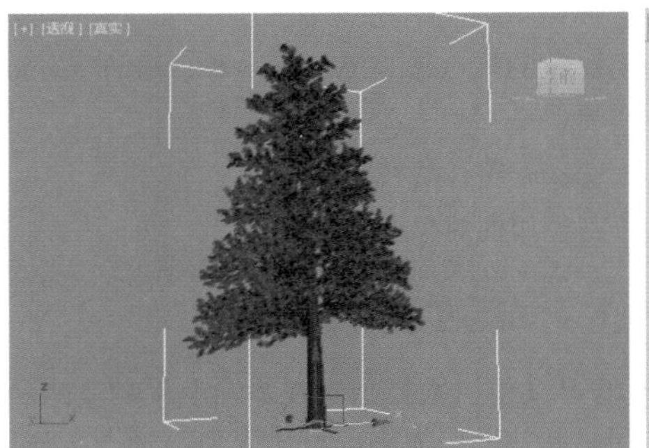

图7-195

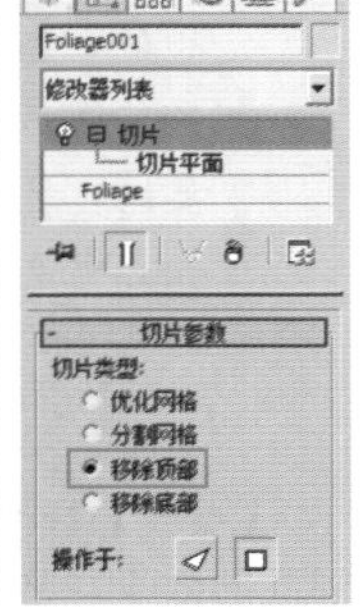

图7-196

步骤 03 单击【修改】按钮，然后单击展开，接着单击选中**切片平面**，如图7-197所示。

步骤 04 单击**自动关键点**按钮开始制作动画。将时间线拖动到第0帧，将切片平面的位置移动到树的最底部，如图7-198所示（该部分应用到动画，动画具体操作可在本书第18章学习）。

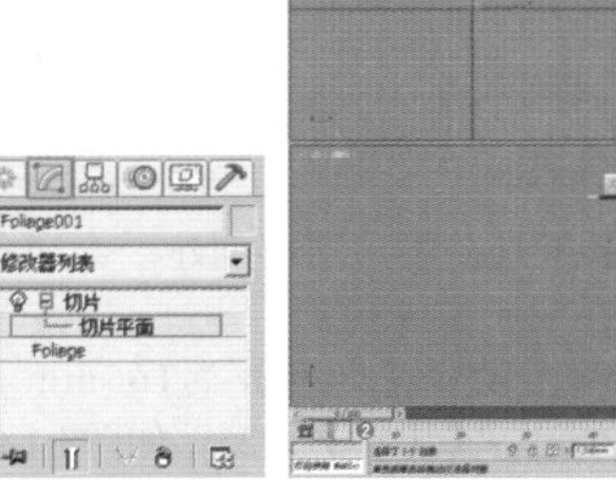

图7-197

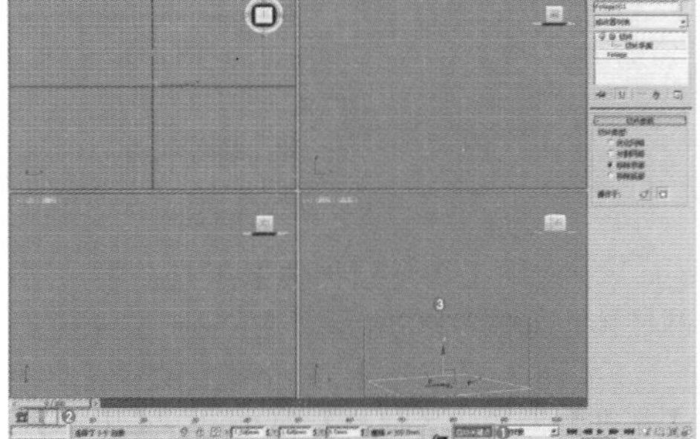

图7-198

步骤 05 将时间线拖动到第100帧，将切片平面的位置移动到树的最顶部，如图7-199所示。

图7-199

步骤 06 动画完成后，再次单击 自动关键点 按钮，此时就出现了松树的生长动画效果，如图7-200~图7-202所示。

图7-200

图7-201

图7-202

7.3.9 【融化】修改器

【融化】修改器可以使模型产生融化效果，通常使用该修改器制作融化动画效果。参数如图 7-203 所示。

- 数量：控制融化的程度，数值越大融化得越严重，如图 7-204 所示为设置数量为 0 和 50 的对比效果。
- 融化百分比：指定随着【数量】值增加多少对象和融化会扩展。该值基本上是沿着平面的“凸起”。

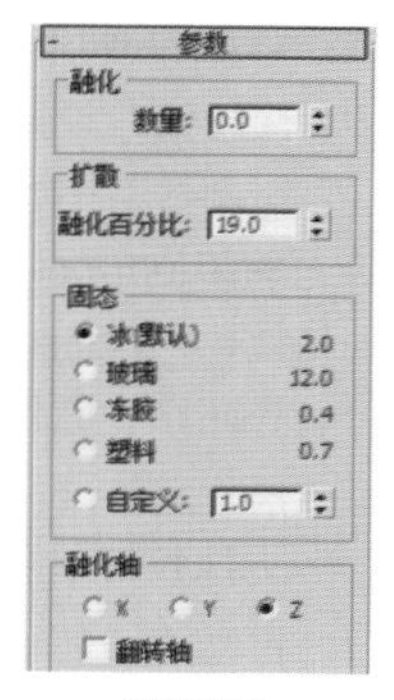

图7-203

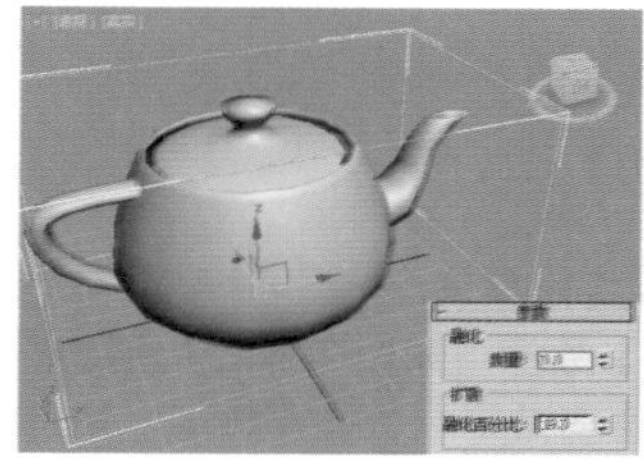

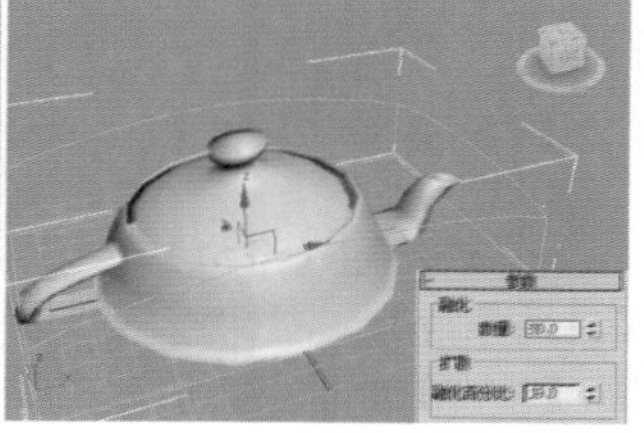

图7-204

- 固态：设置融化的方式，包括冰、玻璃、冻胶、塑料、自定义，如图 7-205 所示为玻璃的融化过程，如图 7-206 所示为塑料的融化过程。

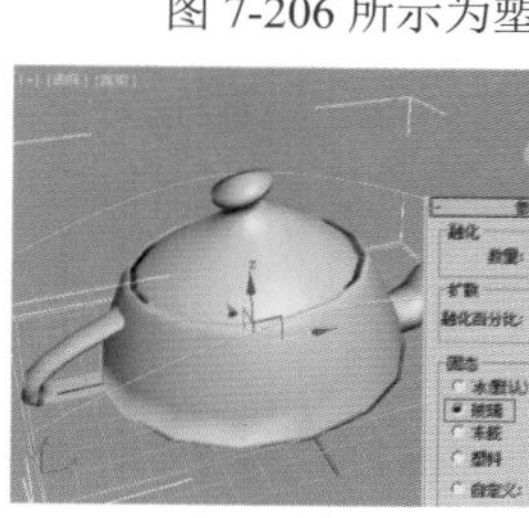

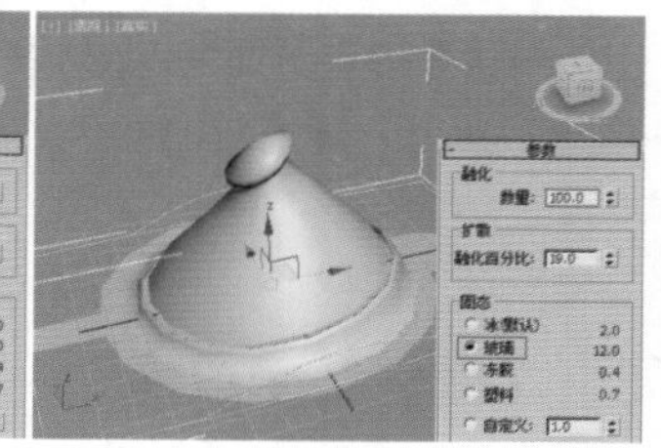

图7-205

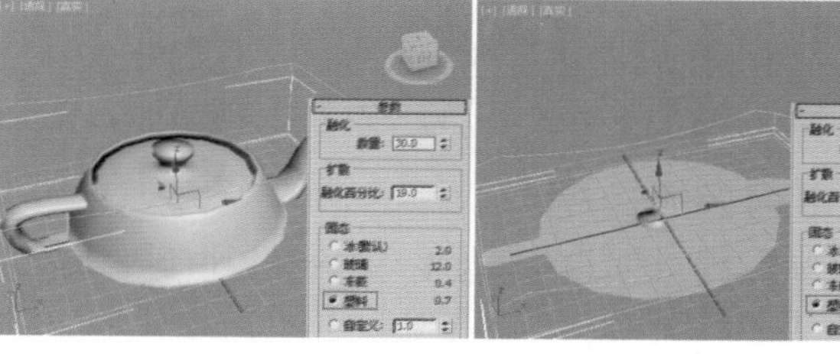

图7-206

7.3.10 【细分】【细化】和【优化】修改器

3ds Max 中的修改器可以增加或减少模型的多边形个数。

1. 【细分】修改器

【细分】修改器可以增加模型的多边形个数，但是不会改变模型本身的外观形态，如图 7-207 所示为长方体，如图 7-208 所示为为其添加细分修改器，如图 7-209 所示为添加后的效果。

图7-207

图7-208

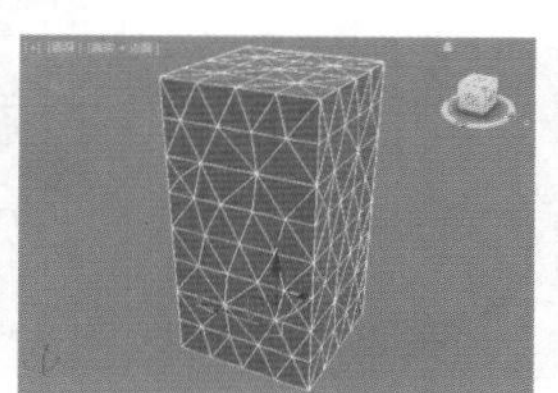

图7-209

2. 【细化】修改器

【细化】修改器可以增加模型的多边形个数，而且会使模型产生更加光滑的效果，如图 7-210 和图 7-211 所示。

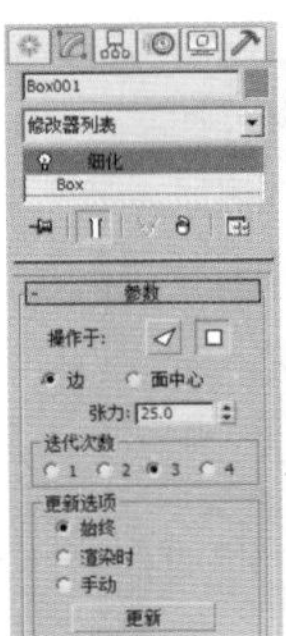

图 7-210

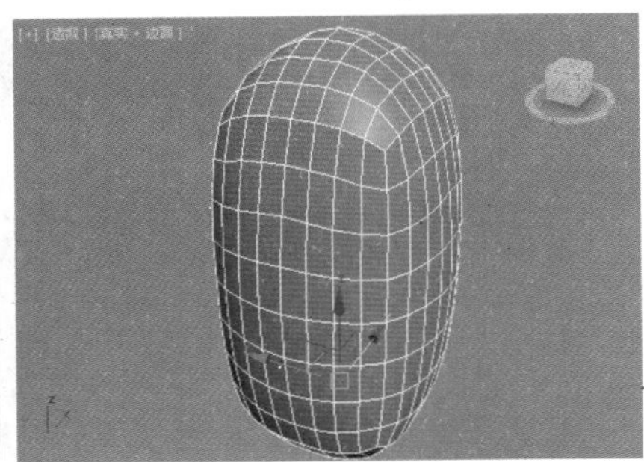

图 7-211

- ◁ 面：将选择作为三角形面集来处理。
- □ 多边形：拆分多边形面。
- 边：从面或多边形的中心到每条边的中点进行细分。应用于三角面时，也会将与选中曲面共享边的非选中曲面进行细分。
- 面中心：从面或多边形的中心到角顶点进行细分。
- 张力：决定新面在经过边细分后是平面、凹面还是凸面。
- 迭代次数：应用细分的次数。

3. 【优化】修改器

与【细分】【细化】两个修改器相反，【优化】修改器可以减少模型多边形个数，使得模型多边形变少，视图操作更流畅。【优化】修改器参数如图 7-212 所示。加载【优化】修改器前后的对比效果如图 7-213 所示。

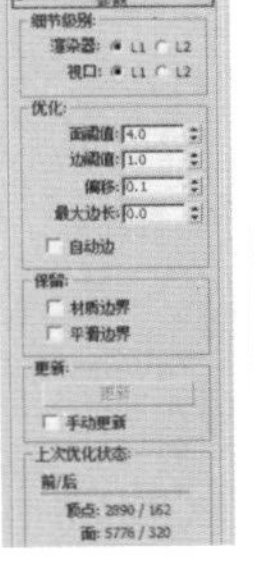

图 7-212

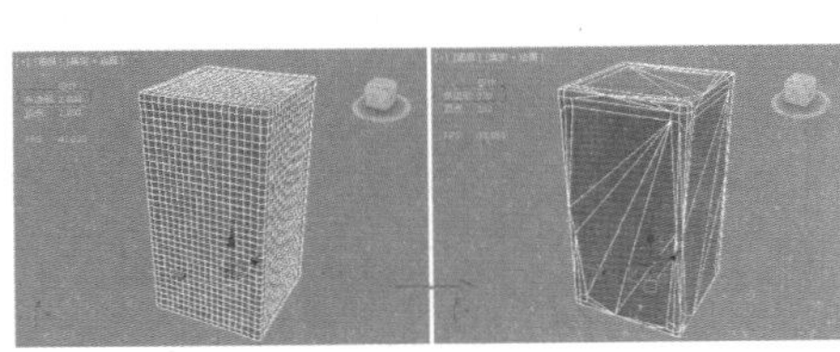

图 7-213

- 渲染器 L1、L2：设置默认扫描线渲染器的显示级别。使用“视口 L1、L2”来更改保存的优化级别。
- 视口 L1、L2：同时为视口和渲染器设置优化级别。该选项同时切换视口的显示级别。
- 面阈值：设置用于决定哪些面会塌陷的阈值角度。
- 边阈值：为开放边（只绑定了一个面的边）设置不同的阈值角度。较低的值保留开放边。
- 偏移：帮助减少优化过程中产生的细长三角形或退化三角形，它们会导致渲染缺陷。
- 最大边长度：指定最大长度，超出该值的边在优化时无法拉伸。
- 自动边：随着优化启用和禁用边。

重点 7.3.11 【平滑】【网格平滑】和【涡轮平滑】修改器

3ds Max 中有 3 种修改器可以使模型变得更平滑，分别是【平滑】【网格平滑】和【涡轮平滑】修改器。

1. 【平滑】修改器

【平滑】修改器可以使模型变得更平滑，但是平滑效果很一般，该修改器不会增加模型的多边形个数。创建一个球体模型，多边形个数为 80，如图 7-214 所示。为球体添加【平滑】修改器，默认是取消【自动平滑】的，如图 7-215 所示。此时不但没有更光滑，反而出现了转折更强的效果，如图 7-216 所示。

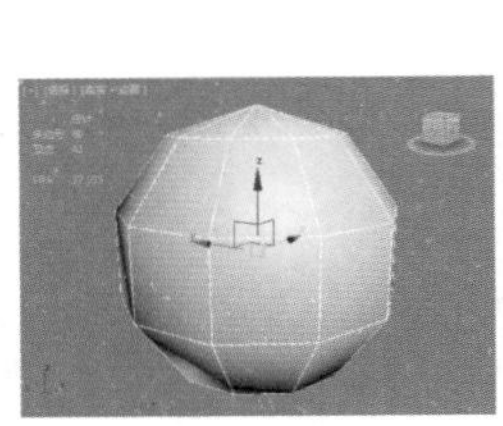

图 7-214

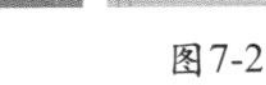

图 7-215

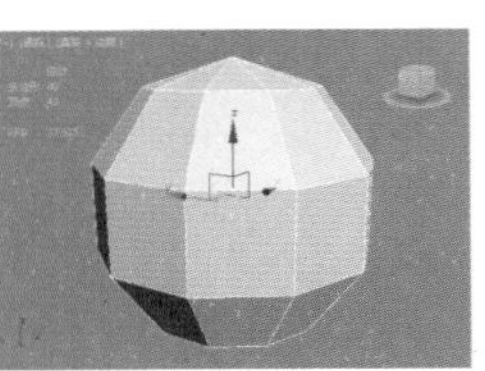

图 7-216

若想使用【平滑】修改器将模型变平滑，则需要勾选【自动平滑】，并且增大【阈值】数值，如图 7-217 所示。添加【平滑】修改器之后的模型，多边形个数没有增多，还是 80 个，而且平滑效果不明显，如图 7-218 所示。

图 7-217

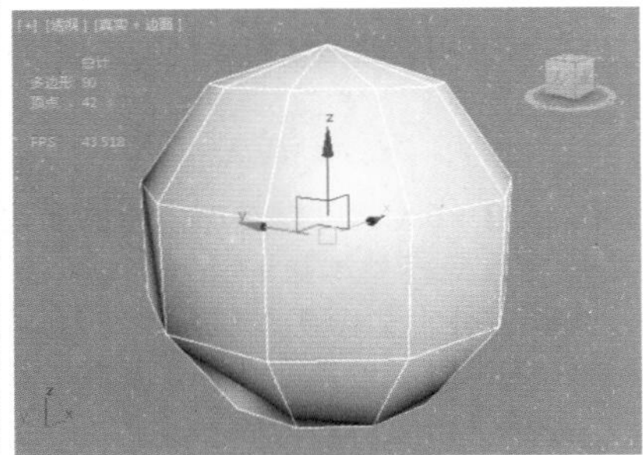

图 7-218

2. 【网格平滑】修改器

【网格平滑】修改器可以把模型变得非常平滑，但是会增加模型多边形个数，此时多边形个数增加到了180个，如图7-219所示。【网格平滑】修改器参数如图7-220所示。

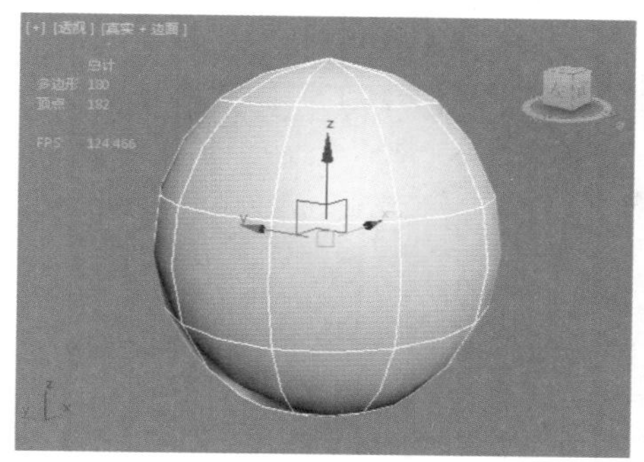

图7-219

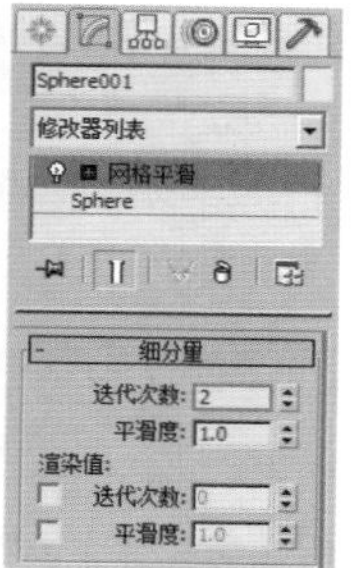

图7-220

- 迭代次数：控制光滑的程度，数值越大越光滑。但是模型的多边形个数也越多、占用内存也越大。建议该数值不要超过3。

3. 【涡轮平滑】修改器

【涡轮平滑】修改器可以把模型变得非常平滑，也会增加模型多边形个数，此时多边形个数增加到了1440个，甚至比刚才的【网格平滑】修改器还要多，如图7-221所示（过多的多边形个数会占用大量电脑内存，会使3ds Max操作起来变得卡顿）。【涡轮平滑】修改器参数如图7-222所示。

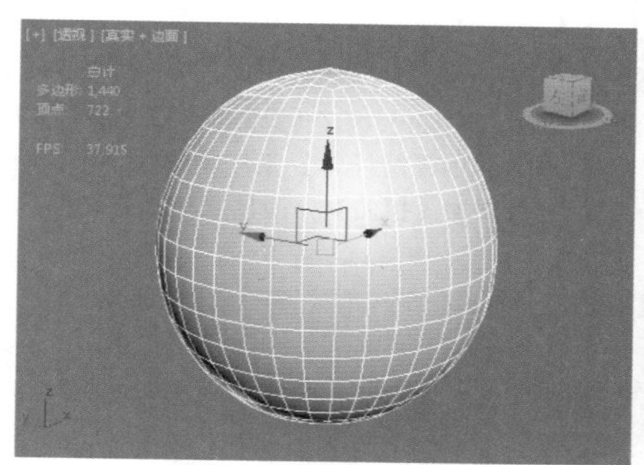

图7-221

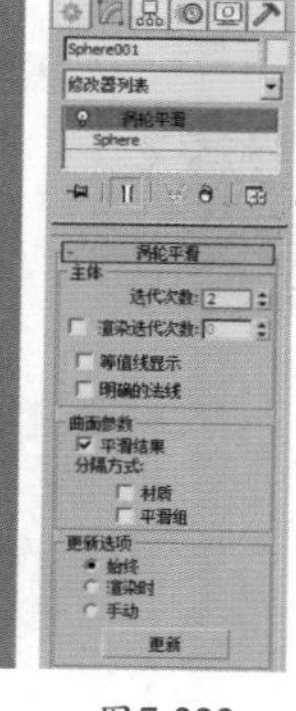

图7-222

7.3.12 【置换】修改器

【置换】修改器可以借助一张贴图使模型产生起伏感，常用于制作草地、毛巾、浮雕、山脉等。参数如图7-223所示。

读书笔记

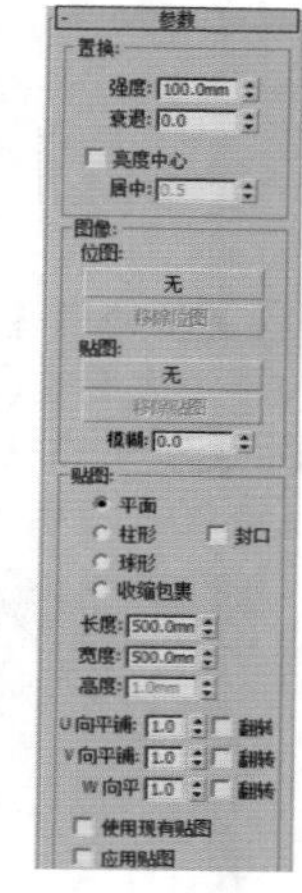

图7-223

轻松动手学：使用【置换】修改器制作起伏山丘

文件路径：Chapter 07 修改器建模→轻松动手学：使用【置换】修改器制作起伏山丘

步骤01 可创建一个平面模型，如图7-224所示。

步骤02 为平面添加【置换】修改器，并设置强度数值，最后在【位图】通道上加载一张黑白贴图，如图7-225所示。

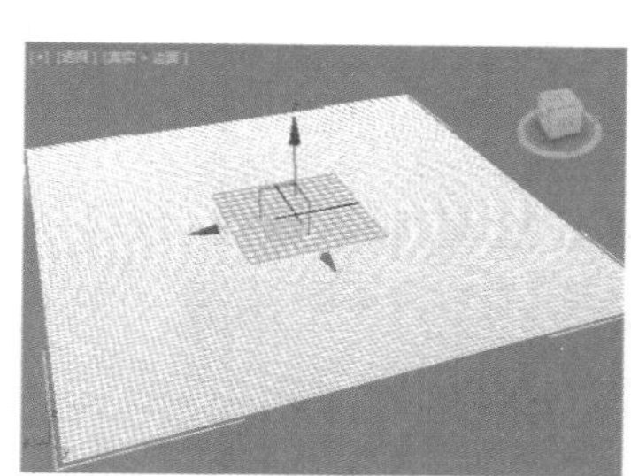

图7-224

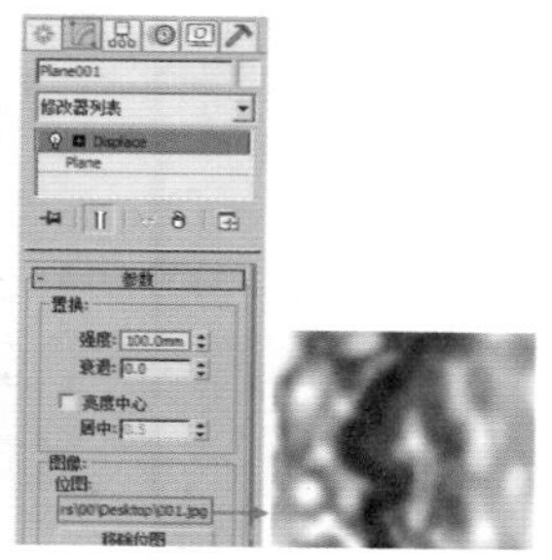

图7-225

步骤03 此时平面已经产生了起伏，并且按照刚才的黑白贴图产生的起伏感觉，如图7-226所示。

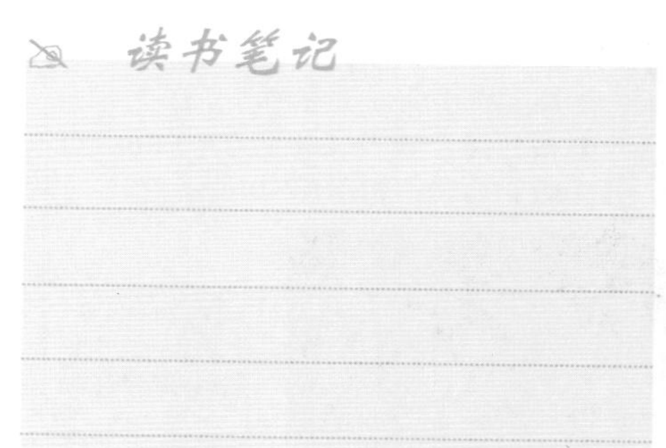

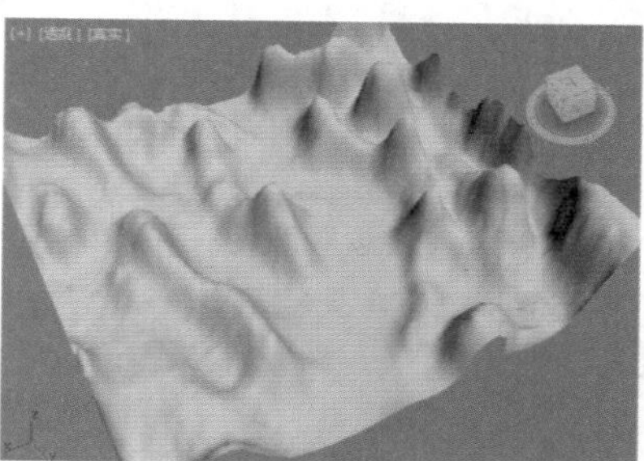

图7-226

步骤04 切换一个合适的角度，可以看到山丘的感觉更真实了，如图7-227所示。

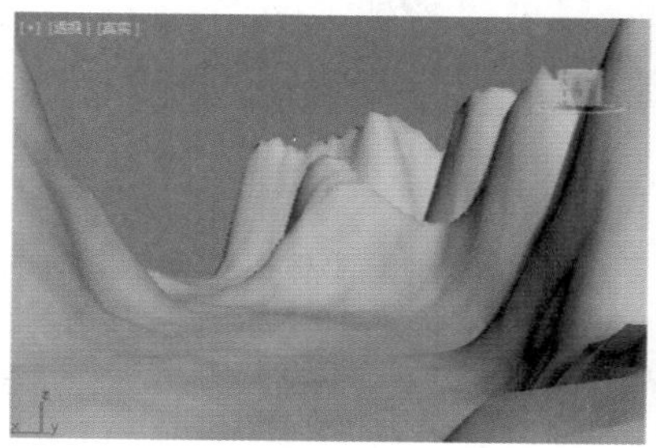

图7-227

第7章 修改器建模

综合实例：使用【挤出】、FFD、【扭曲】修改器制作创意大厦

扫一扫，看视频

文件路径：Chapter 07 修改器建模→综合实例：使用【挤出】、FFD、【扭曲】修改器制作创意大厦

本例使用【圆柱体】工具制作大厦的地面，创建多边形样条线，并为其添加【挤出】修改器，得到立体效果。接着添加【扭曲】修改器制作出旋转扭曲效果。最后使用FFD修改器修改建筑顶部的形态，效果如图7-228所示。

图7-228

步骤01 使用【圆柱体】工具，在场景中创建一个圆柱体模型作为大厦的地面，如图7-229所示。

步骤02 单击【修改】按钮，设置【半径】为200mm，【高度】为4mm，【边数】为50，如图7-230所示。

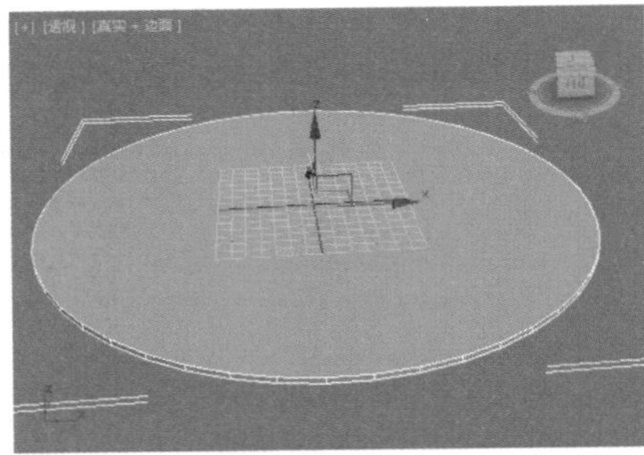

图7-229

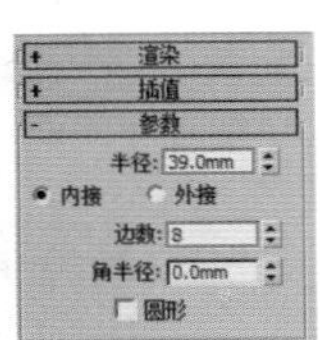

图7-230

步骤03 执行（创建）|（图形）|样条线|多边形命令，并创建一个多边形图形，如图7-231所示。单击修改设置【半径】为39mm，【边数】为8，如图7-232所示。

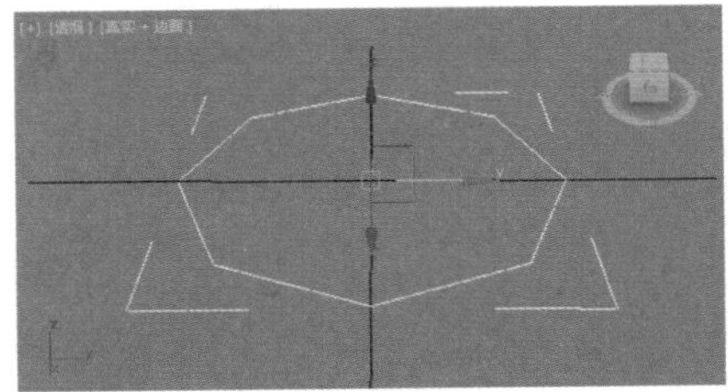

图7-231

图7-232

步骤04 为多边形图形加载【挤出】修改器，并设置【数量】为350mm，【分段】为15，如图7-233所示。模型效果如图7-234所示。

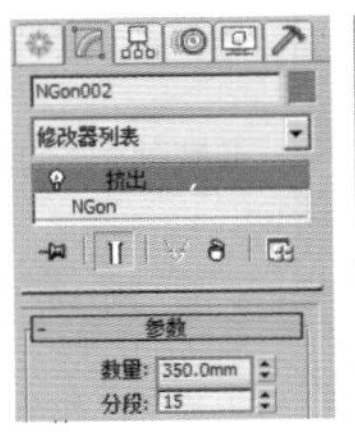

图7-233

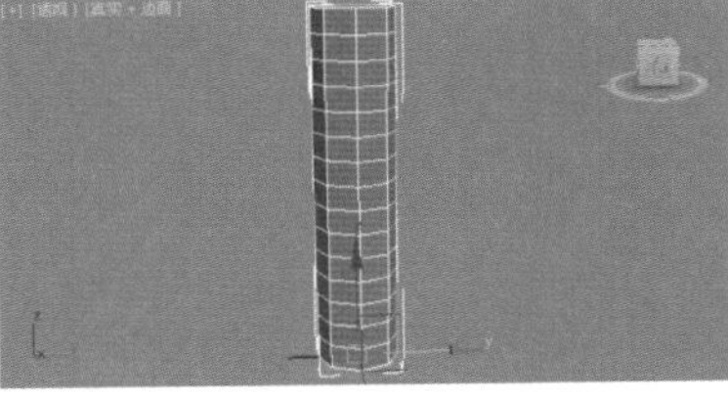

图7-234

步骤05 继续为模型加载【扭曲】修改器，设置【角度】为200，设置【扭曲轴】为Z，如图7-235所示。效果如图7-236所示。

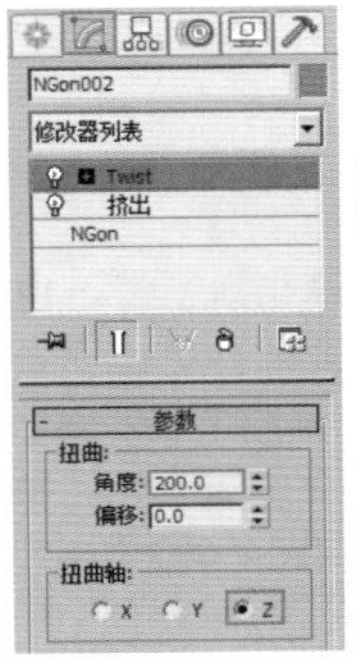

图7-235

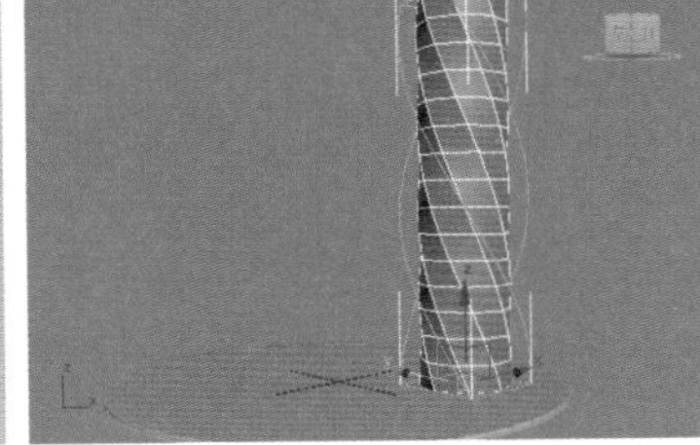

图7-236

步骤06 选中模型，为其加载FFD 4×4×4修改器，并在透视图中选择如图7-237所示的控制点。并沿着Y轴向左等比缩放，再沿着X轴向右等比缩放，效果如图7-238所示。

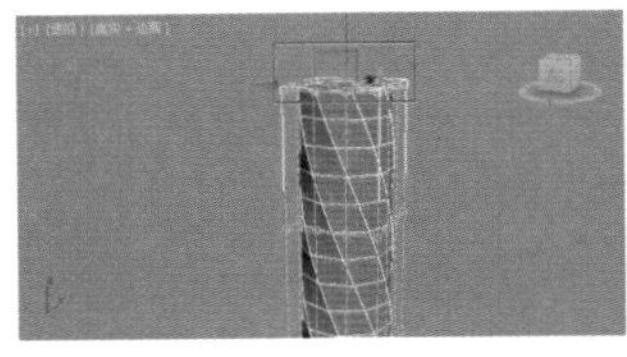

图7-237

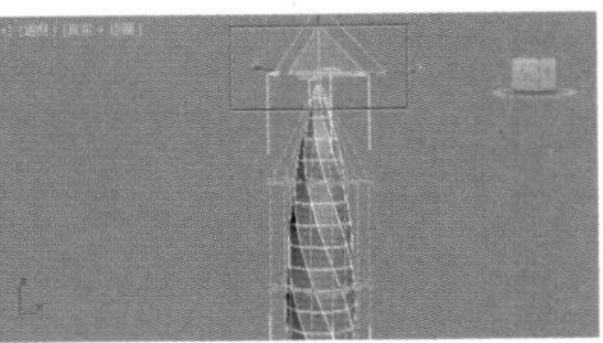

图7-238

步骤07 选择控制点，并调节到如图7-239所示的效果。

步骤08 将模型调节到合适的位置，如图7-240所示。

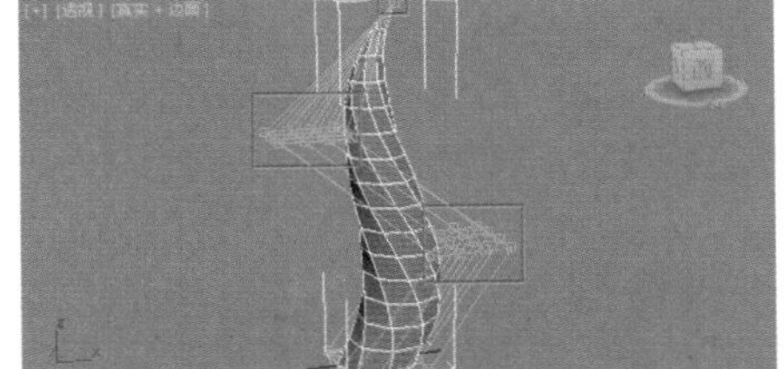

图7-239

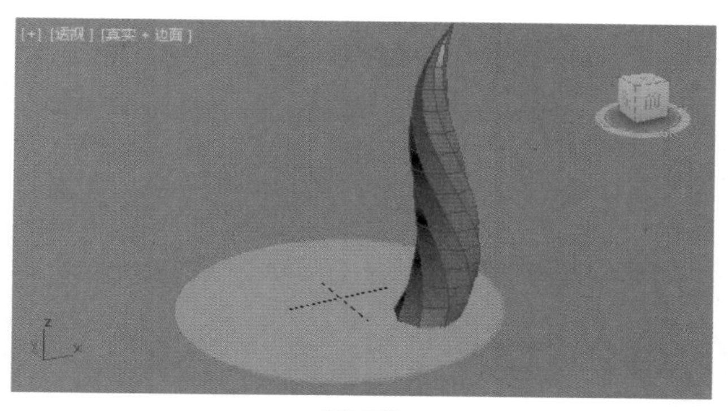

图7-240

步骤 09 用同样的方法继续创建另外3个建筑模型，如图7-241所示。

步骤 10 最终模型效果如图7-242所示。

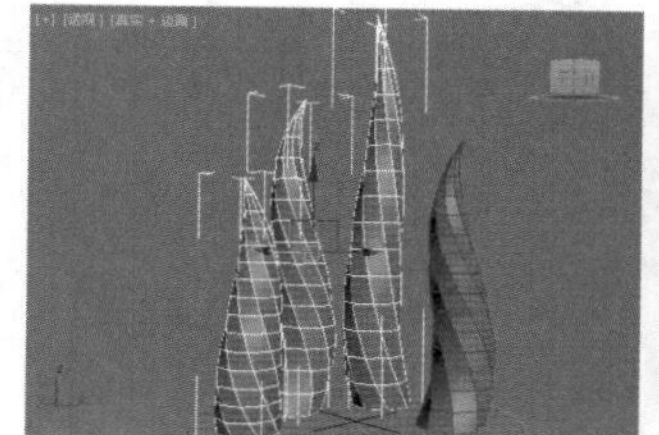

图7-241

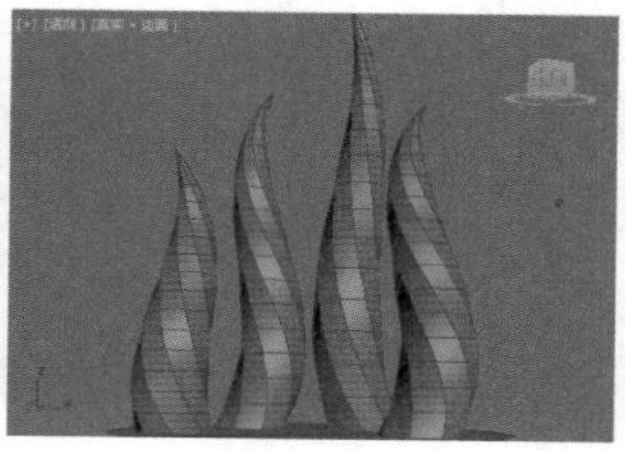

图7-242

读书笔记

Chapter 08

第8章

多边形建模

本章将学习多边形建模，多边形建模是3ds Max中最复杂的建模方式之一，也是最重要的建模方式。通过将模型转换为可编辑多边形，可对模型的顶点、边、边界、多边形、元素进行编辑，因此模型的可调性变得非常强大，从而一步步地将简单模型调整为复杂精细的模型。

本章学习要点：

- 熟练掌握多边形建模的操作流程；
- 熟练掌握各子级别下工具的应用。

扫一扫，看视频

通过本章学习，我能做什么？

多边形建模的可控性特别强，所以利用前面章节的功能结合多边形建模几乎可以制作任何模型。但需要注意的是，并不是每种模型都适合使用多边形建模，在建模之前需要进行分析，进而选择一种最适合的建模方式。

8.1 认识多边形建模

本节将讲解多边形建模的基本知识，包括多边形建模的概念、多边形建模适合制作的模型类型、多边形建模常用流程、转换为可编辑多边形的方法等。

扫一扫，看视频

8.1.1 什么是多边形建模

多边形建模是 3ds Max 中最为复杂的建模方式，该建模方式功能强大，可以进行较为复杂的模型制作，是本书中最重要的建模方式之一。通过对多边形的顶点、边、边界、多边形、元素这 5 种子级别的操作，使模型产生变化效果。因此多边形建模是基于一个简单模型进行编辑更改而得到精细复杂模型效果的过程。

8.1.2 多边形建模适合制作什么模型

在制作模型时，有一些复杂的模型效果很难用几何体建模、样条线建模、修改器建模等建模方式制作，这时可以考虑使用多边形建模方式。由于多边形建模的应用广泛，可以使用该建模方式制作家具模型、建筑模型、产品模型、CG 模型等几乎所有领域的模型效果，如图 8-1~ 图 8-4 所示。

图 8-1

图8-2

图8-3

图8-4

8.1.3 多边形建模的常用流程

多边形建模是完全固定的流程，大致可以分为以下几个步骤：

（1）创建几何体模型。

（2）将模型转换为可编辑多边形。

（3）继续细化模型。

（4）根据模型的实际情况继续细化模型，如图 8-5 所示为一个笔筒的创作流程。

读书笔记

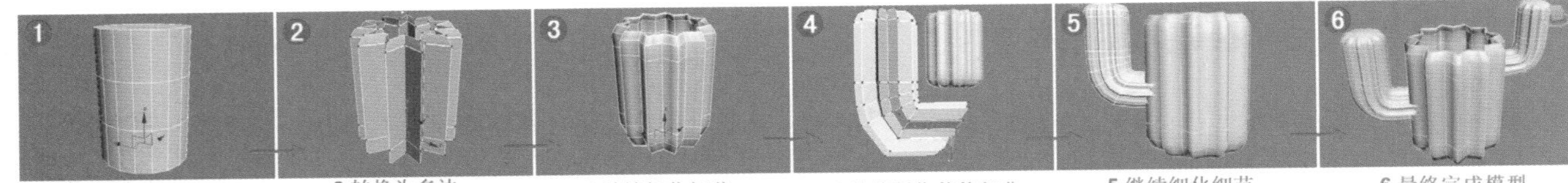

图 8-5

重点 8.1.4 将模型转换为可编辑多边形

创建一个长方体，单击【修改】按钮，可以看到出现了很多原始参数，如长度、宽度、高度，如图 8-6 所示。

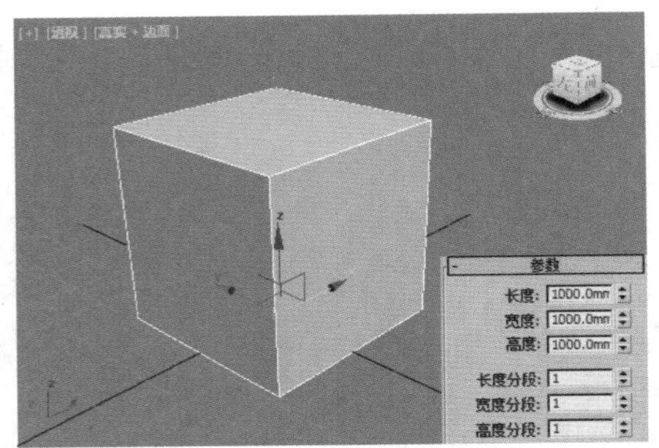

图 8-6

此时可以将模型转换为可编辑多边形，常用的方法有以下 3 种。

方法 1：选择模型右击，执行【转换为】|【转换为可编辑多边形】命令，如图 8-7 所示。

方法 2：选择模型单击【修改】按钮，为其添加【编辑多边形】修改器，如图 8-8 所示。

方法 3：选择模型，并在主工具栏空白位置右击，选择 Ribbon 命令，然后执行【多边形建模】|【转化为多边形】命令，如图 8-9 所示。

这 3 种方法都可以将模型转换为可编辑多边形。转换完成后的模型，单击【修改】按钮，可以看到原始的参数已经不见了，取而代之的是【软选择】【编辑几何体】【绘制变形】【细分曲面】等卷展栏参数，如图 8-10 所示。

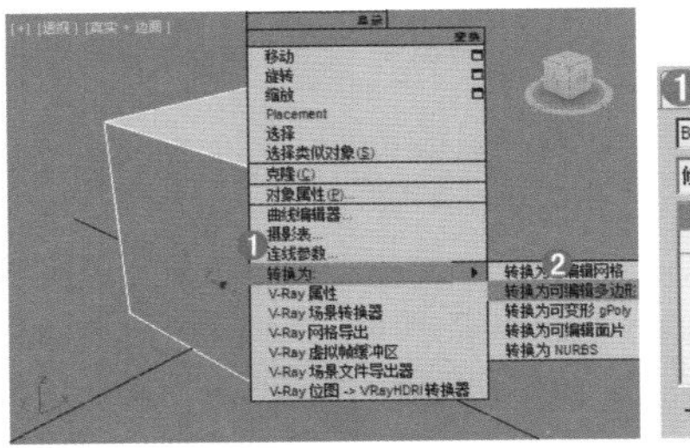

图 8-7　图 8-8

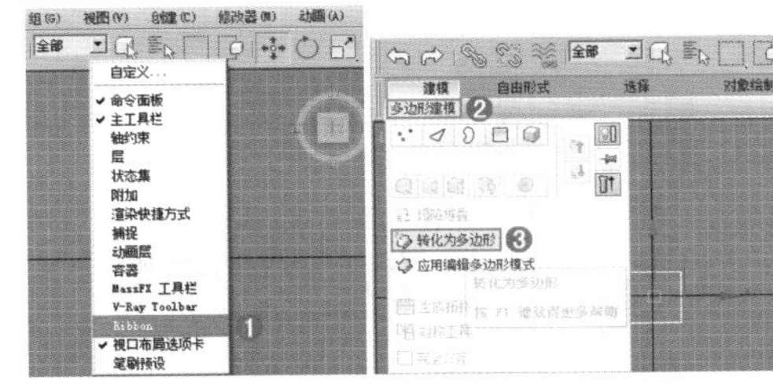

图 8-9

图 8-10

重点 8.2 【选择】卷展栏

扫一扫，看视频

将模型转换为可编辑多边形后，单击【修改】按钮，进入【选择】卷展栏，此时可以选择任意一种子级别。参数面板如图 8-11 所示。

- 子级别类型：包括【顶点】、【边】、【边界】、【多边形】和【元素】5 种级别。
- 按顶点：除了【顶点】级别外，该选项可以在其他 4 种级别中使用。启用该选项后，只有选择所用的顶点才能选择子对象。
- 忽略背面：启用该选项后，只能选中法线指向当前视图的子对象。

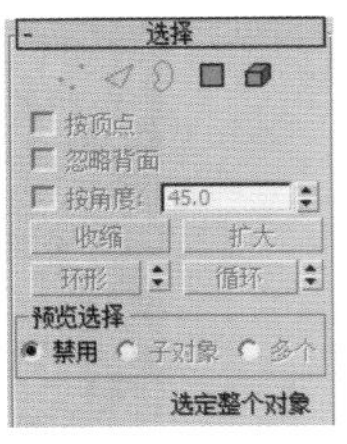

图 8-11

- 按角度：启用该选项后，可以根据面的转折度数来选择子对象。
- 收缩：单击该按钮可以在当前选择范围中向内减少一圈，如图 8-12 所示。

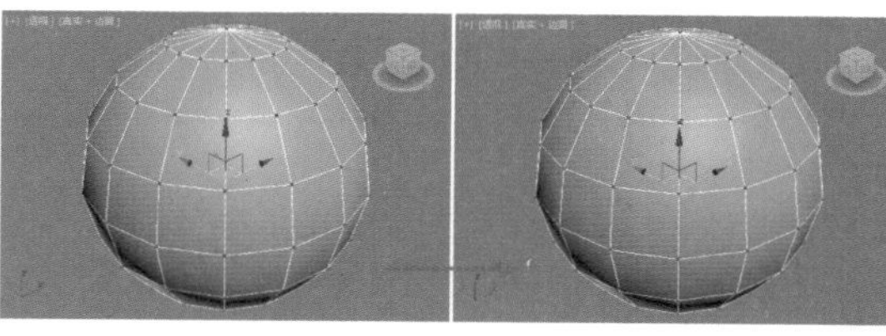

图8-12

- 扩大：与【收缩】相反，单击该按钮可以在当前选择范围中向外增加一圈，如图 8-13 所示。

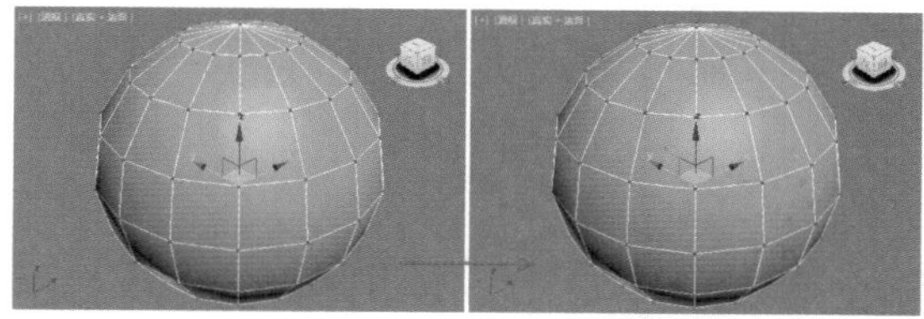

图8-13

- 环形：使用该工具可以快速选择平行于当前的对象（该按钮只能在【边】和【边界】级别中使用），如图 8-14 所示。

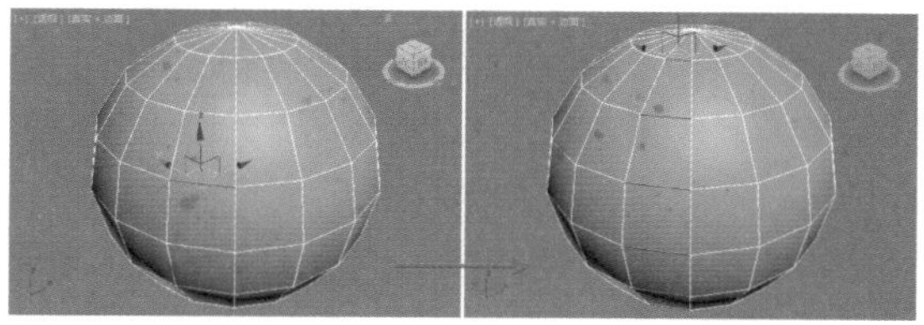

图8-14

- 循环：使用该工具可以快速选择当前对象所在的循环一周的对象（该按钮只能在【边】和【边界】级别中使用）、如图 8-15 所示。

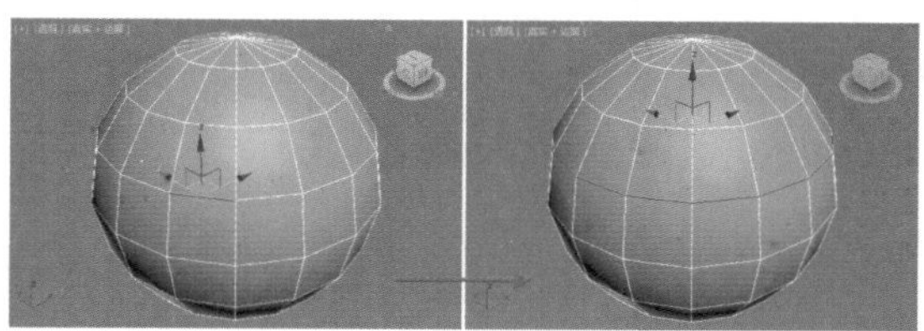

图8-15

- 预览选择：选择对象之前，通过这里的选项可以预览光标滑过位置的子对象，有【禁用】【子对象】和【多个】3 个选项可供选择。

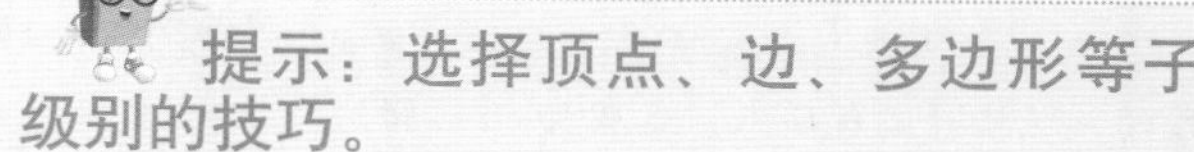

提示：选择顶点、边、多边形等子级别的技巧。

1. 熟用 Alt 键

（1）在选择【多边形】时，可以在前视图中框选如图 8-16 所示的多边形。

（2）按住 Alt 键，并在前视图中拖动鼠标左键，在顶部框选出一个范围，如图 8-17 所示。

（3）此时就可以将顶部的多边形排除了，如图 8-18 所示。

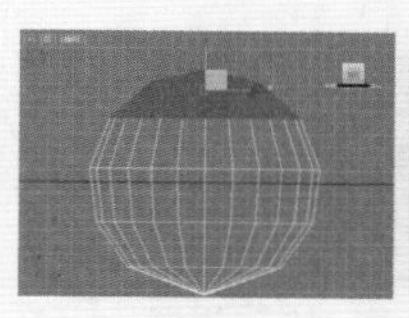

图8-16

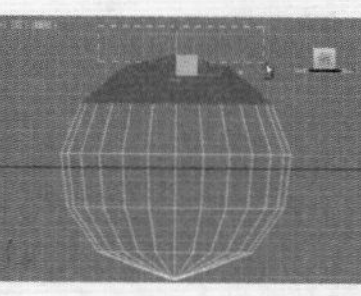

图8-17

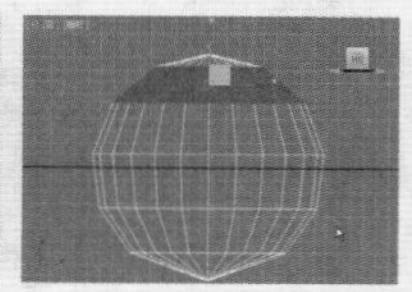

图8-18

2. 熟用 Ctrl 键

（1）在选择【边】时，可以在视图中单击选择如图 8-19 所示的边，如图 8-20 所示。

（2）此时就可以选择 3 条边，如图 8-21 所示。

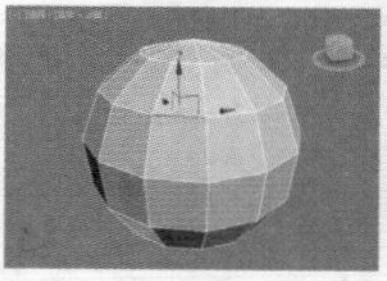

图8-19

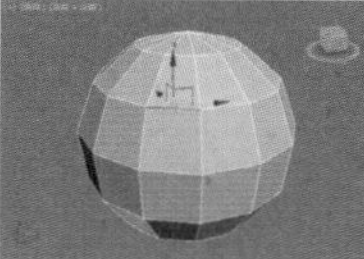

图8-20

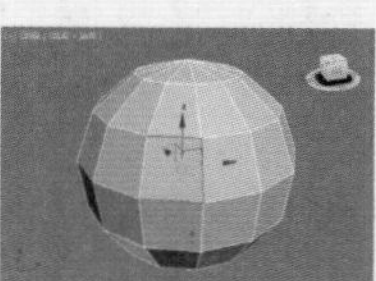

图8-21

提示：顶点快速对齐的方法。

当不小心将某一些顶点位置移动了，或需要将一些顶点对齐在一条水平线上时，可以通过使用（选择并均匀缩放）工具进行操作。

（1）进入顶点子级别，如图 8-22 所示。

（2）在前视图中选择如图 8-23 所示的参差不齐的顶点。

（3）单击使用（选择并均匀缩放）工具，并沿着 Y 轴多次向下方拖动，即可使点变得整齐，如图 8-24 所示。

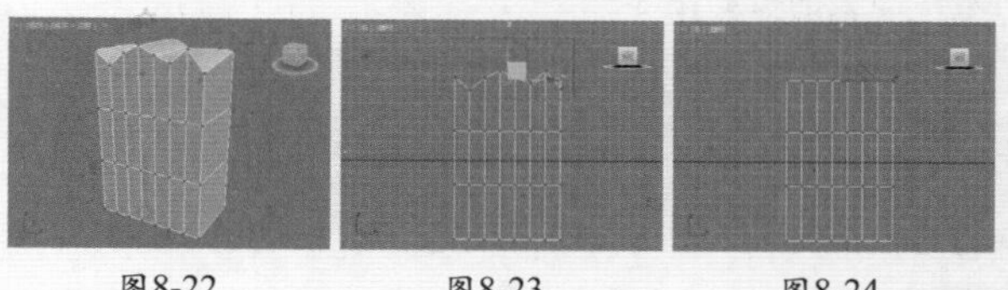

图8-22　　图8-23　　图8-24

提示：5 种子级别的参数各有不同。

选择任何级别时，有 5 个卷展栏参数是一致的，包括【选择】卷展栏、【编辑几何体】卷展栏、【软选择】卷展栏、【绘制变形】卷展栏、【细分曲面】卷展栏、【细分置换】卷展栏。

在选择某一些级别时，还有几个卷展栏参数是不一致的，包括【编辑顶点】卷展栏、【编辑边】卷展栏、【编辑边界】卷展栏、【编辑多边形】卷展栏、【编辑元素】卷展栏。

如图 8-25~ 图 8-29 所示为【顶点】、【边】、【边界】、【多边形】和【元素】下不同的参数。

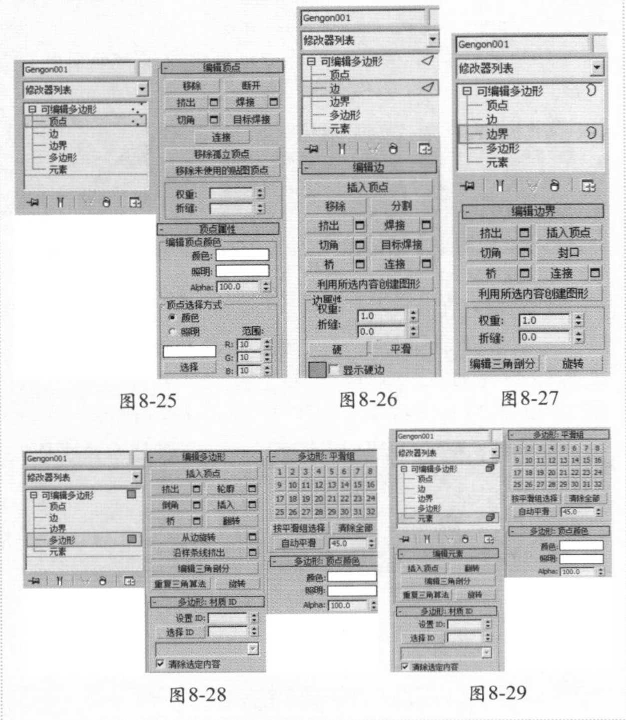

图8-25　图8-26　图8-27

图8-28　图8-29

提示：调出 Ribbon 工具。

Ribbon 工具是 3ds Max 中多边形建模的另外一种操作方式，相比之下 Ribbon 工具更灵活一些，但是其主要工具与该章的主要内容基本一致，所以不做过多重复介绍。下面是调出 Ribbon 工具的方法：

(1) 在主工具栏空白位置右击，选择 Ribbon 工具，如图 8-30 所示。

(2) 此时在 3ds Max 的上方出现了 Ribbon 工具，包括【建模】【自由形式】【选择】【对象绘制】【填充】，如图 8-31 所示。

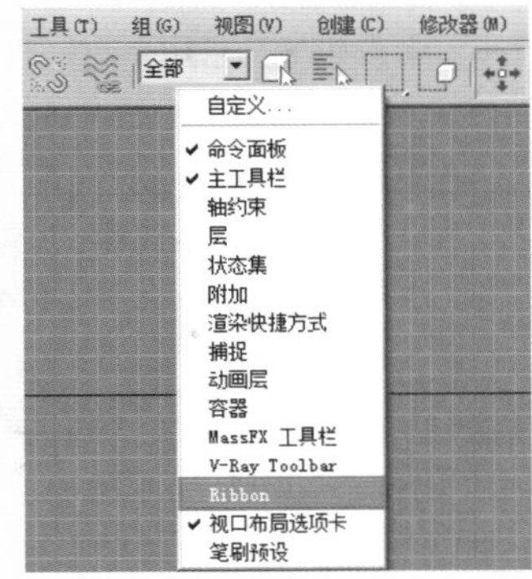

图8-30

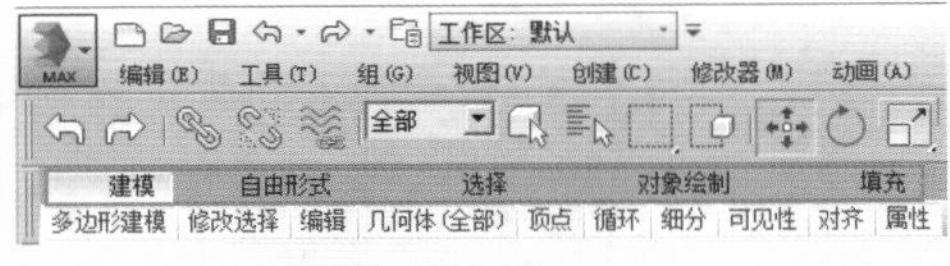

图8-31

重点 8.3 【软选择】卷展栏

扫一扫，看视频

选择一个顶点，使用【软选择】工具，即可选择该点附近的多个点，并且在移动时会按照颜色影响移动的程度（颜色越红影响越大，越蓝影响越小）。进入任何一种子级别时，【软选择】卷展栏中的参数可以使用。软选择原理图如图 8-32 所示，参数面板如图 8-33 所示。

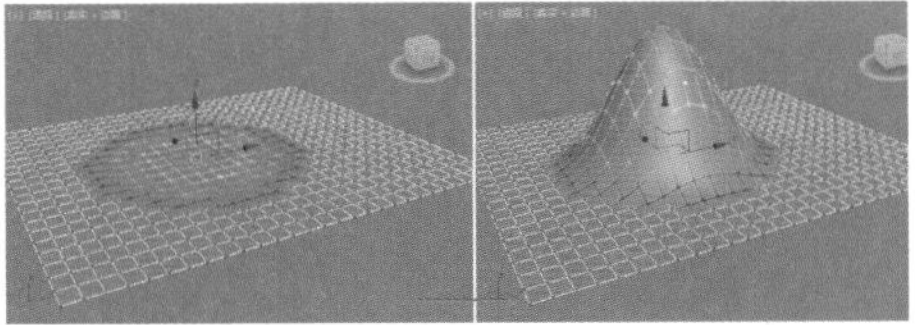

图8-32

图8-33

轻松动手学：利用【软选择】制作凸起的沙发垫

文件路径：Chapter 08 多边形建模→轻松动手学：利用【软选择】制作凸起的沙发垫

步骤 01 创建一个切角长方体，如图8-34所示。参数如图8-35所示。

步骤 02 选择模型右击，执行【转换为】|【转换为可编辑多边形】命令，然后进入（多边形）级别，并选择如图8-36所示的多边形。

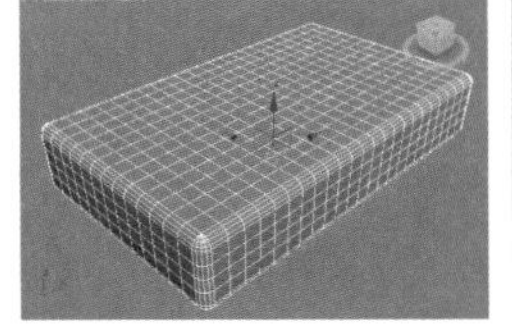

图8-34

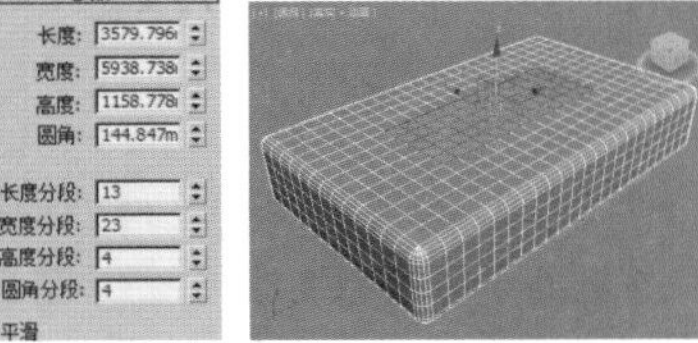

图8-35　图8-36

步骤 03 单击【修改】按钮，进入【软选择】卷展栏。勾选【使用软选择】，取消【影响背面】，并设置【衰减】为1300mm，如图8-37所示。

步骤 04 此时刚才被选中的多边形周围产生了颜色的变化，中间接近红色，四周接近蓝色，如图8-38所示。

步骤 05 沿Z轴向上移动，如图8-39所示。

步骤 06 制作完成后，取消勾选【使用软选择】，并再次单击取消（多边形）级别，可以看到模型产生了凸起的效果，并且过渡很柔和，如图8-40所示。

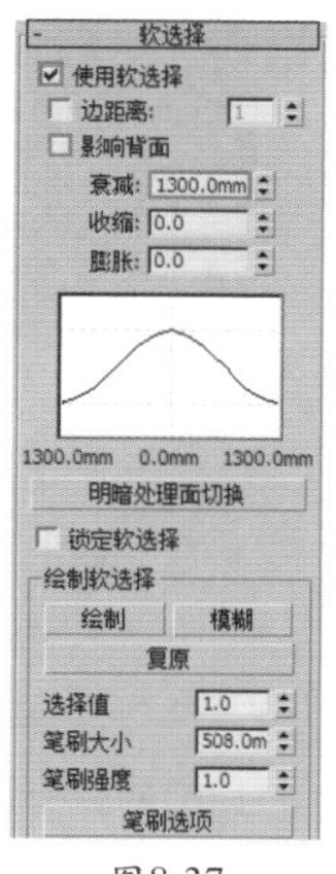

图8-37

图8-38

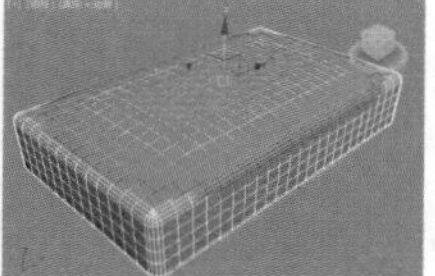
图8-39

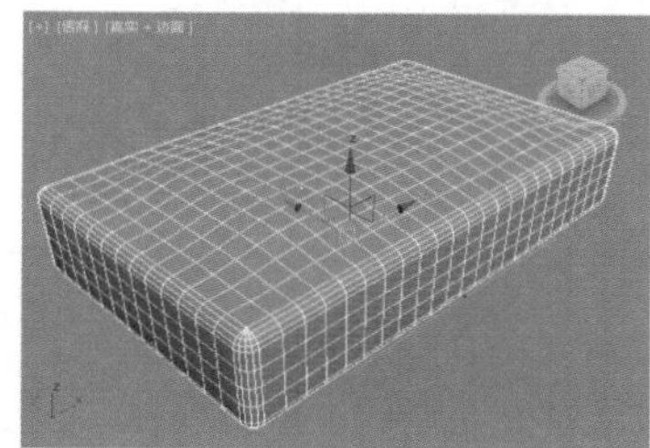
图8-40

重点 8.4 【编辑几何体】卷展栏

扫一扫，看视频

【编辑几何体】卷展栏中可以完成附加、切片平面、分割、网格平滑等操作。参数面板如图 8-41 所示。

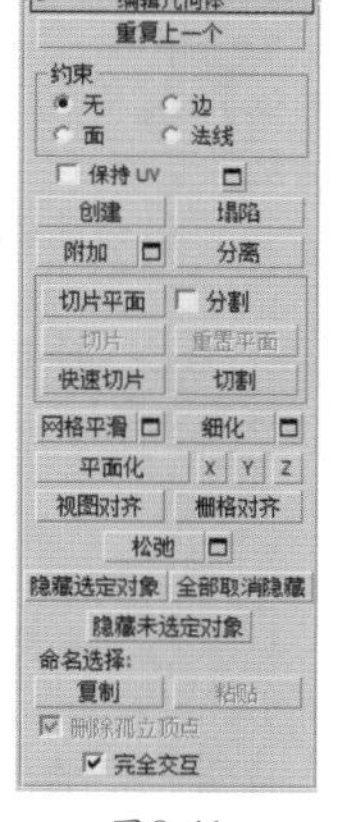

图8-41

- 重复上一个：单击该按钮可重复使用上次应用的命令。
- 约束：使用现有的几何体来约束子对象的变换效果，有【无】【边】【面】和【法线】4 种方式可供选择。
- 保持 UV：启用该选项后，可以在编辑子对象的同时不影响该对象的 UV 贴图。
- 创建：创建新的几何体。
- 塌陷：这个工具与【焊接】工具很像，但它无需设置【阈值】可以直接塌陷在一起（需选择 5 种子对象中的任何一种才可使用）。例如，在选择【顶点】子对象时，选择两个顶点，然后单击【塌陷】按钮，即可变为一个顶点，如图 8-42 所示。

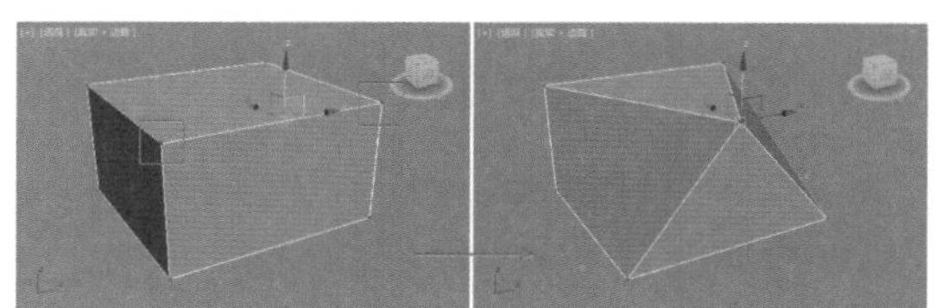
图8-42

- 附加：使用该工具可以将其他模型也被附加在一起，变为一个模型，如图 8-43 所示。
- 分离：将选定的子对象作为单独的对象或元素分离出来。

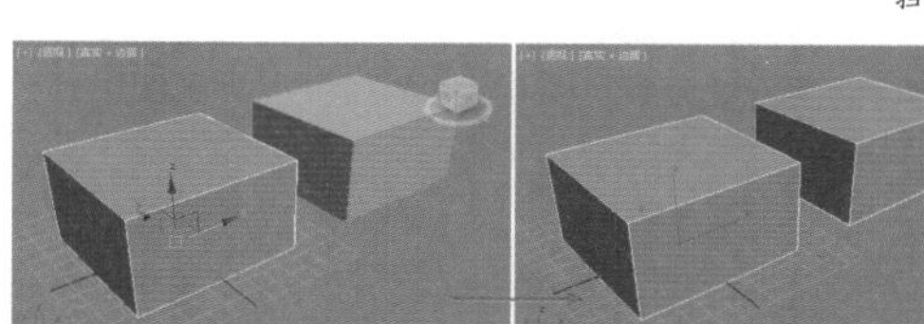
图8-43

- 切片平面：使用该工具可以沿某一平面分开网格对象。
- 分割：启用该选项后，可通过【快速切片】工具和【切割】工具在划分边的位置处创建出两个顶点集合。
- 切片：可以在切片平面位置处执行切割操作。
- 重置平面：将执行过【切片】的平面恢复到之前的状态。
- 快速切片：使用该工具可以在模型上创建完整一圈的分段，如图 8-44 所示。

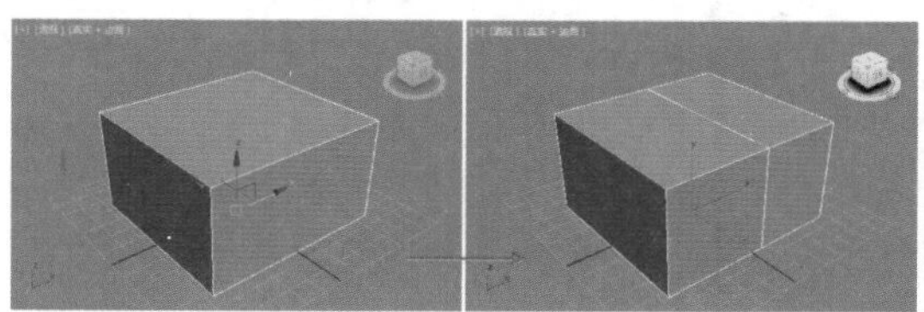
图8-44

- 切割：可以在模型上创建出新的边，非常灵活方便，如图 8-45 所示。

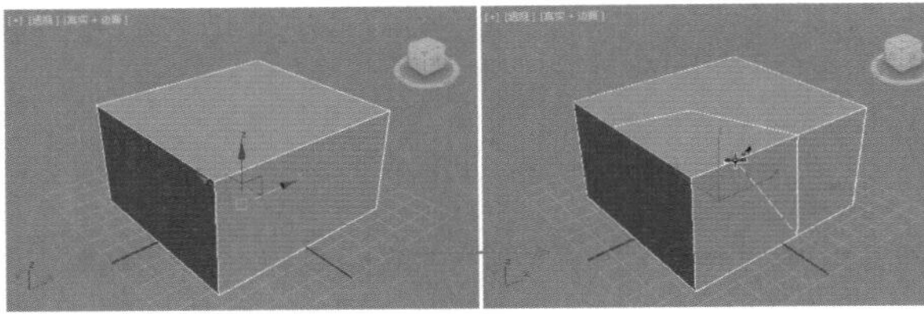

图8-45

- 网格平滑：使选定的对象产生平滑效果，如图 8-46 所示。

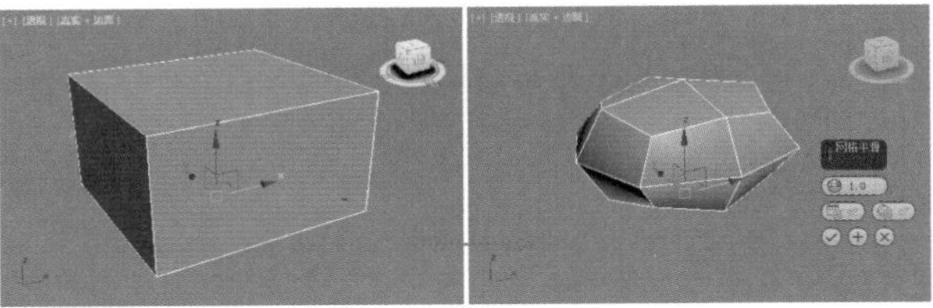

图8-46

- 细化：增加局部网格的密度，从而方便处理对象的细节，多次执行该工具可以多次细化模型，如图 8-47 所示。

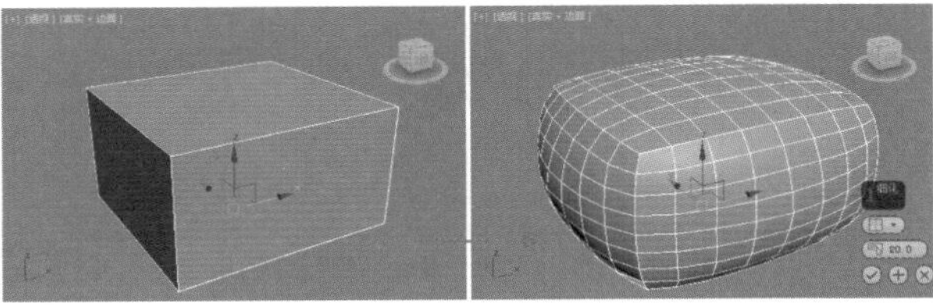

图8-47

- 平面化：强制所有选定的子对象成为共面。
- 视图对齐：使对象中的所有顶点与活动视图所在的平面对齐。
- 栅格对齐：使选定对象中的所有顶点与活动视图所在的平面对齐。
- 松弛：使当前选定的对象产生松弛平缓现象，如图 8-48 所示。

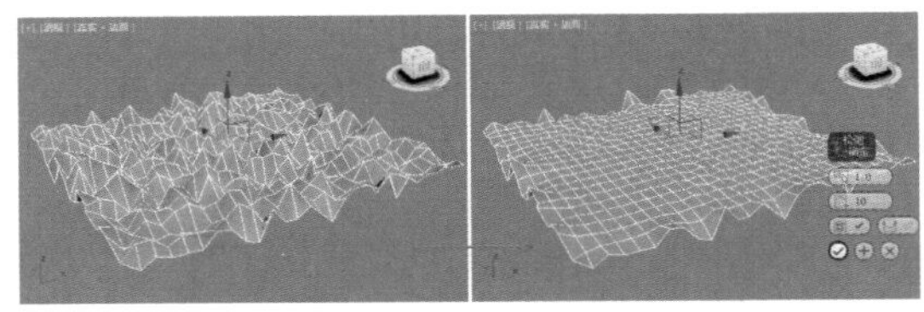

图8-48

- 隐藏选定对象：隐藏所选定的子对象。
- 全部取消隐藏：将所有的隐藏对象还原为可见对象。
- 隐藏未选定对象：隐藏未选定的任何子对象。
- 命名选择：用于复制和粘贴子对象的命名选择集。
- 删除孤立顶点：启用该选项后，选择连续子对象时会删除孤立顶点。
- 完全交互：启用该选项后，如果更改数值，将直接在视图中显示最终的结果。

提示：把多个模型变为一个模型。

把多个模型变为一个模型，除了使用【编辑几何体】卷展栏中的【附加】工具之外，还可以使用【塌陷】方法。

（1）选择 4 个模型，如图 8-49 所示。

（2）执行（实用程序）| 塌陷 | 塌陷选定对象命令，如图 8-50 所示。

（3）此时 4 个模型变为了一个模型，如图 8-51 所示。

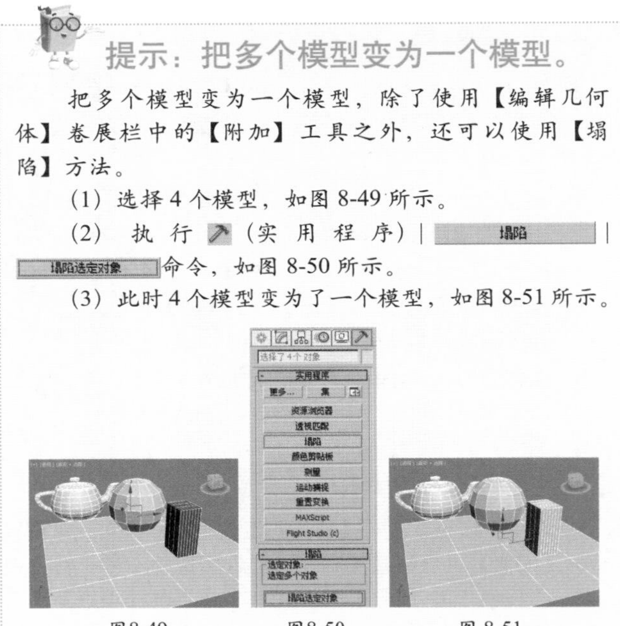

图8-49　图8-50　图 8-51

重点 8.5 【细分曲面】卷展栏

【细分曲面】卷展栏可以将细分应用于采用网格平滑格式的对象，以便可对分辨率较低的“框架”网格进行操作，同时查看更为平滑的细分结果。参数面板如图 8-52 所示。

- 平滑结果：对所有的多边形应用相同的平滑组。
- 使用 NURMS 细分：通过 NURMS 方法应用平滑效果。
- 等值线显示：启用该选项后，只显示等值线。

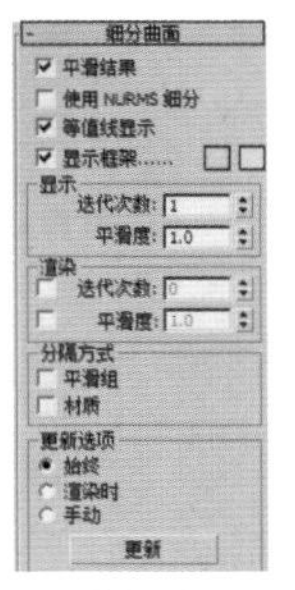

图8-52

- 显示框架：在修改或细分之前，切换可编辑多边形对象的两种颜色线框的显示方式。
- 显示：包含【迭代次数】和【平滑度】两个选项。
  * 迭代次数：用于控制平滑多边形对象时所用的迭代次数。
  * 平滑度：用于控制多边形的平滑程度。
- 渲染：用于控制渲染时的迭代次数与平滑度。
- 分隔方式：包括【平滑组】与【材质】两个选项。
- 更新选项：设置手动或渲染时的更新选项。

8.6 【细分置换】卷展栏

【细分置换】卷展栏用于细分可编辑多边形对象的曲面近似设置。参数面板如图 8-53 所示。

图 8-53

读书笔记

重点 8.7 【绘制变形】卷展栏

【绘制变形】卷展栏可以推、拉或者在对象曲面上拖动鼠标来使模型产生凹凸效果，类似于绘画效果。通常使用【绘制变形】卷展栏制作起伏山脉、布褶皱、浮雕等，如图 8-54 所示。参数面板如图 8-55 所示。

扫一扫，看视频

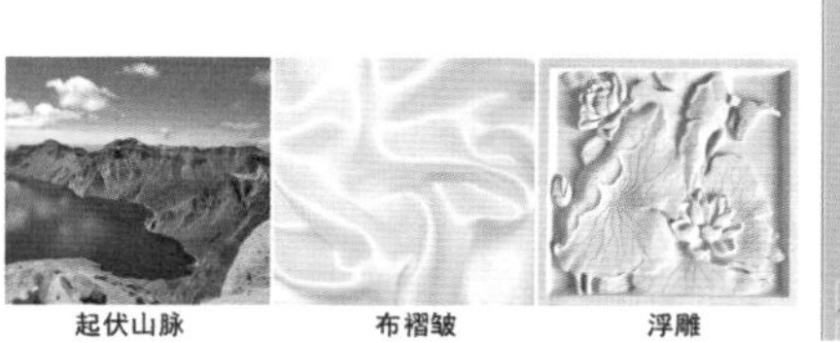

图8-54

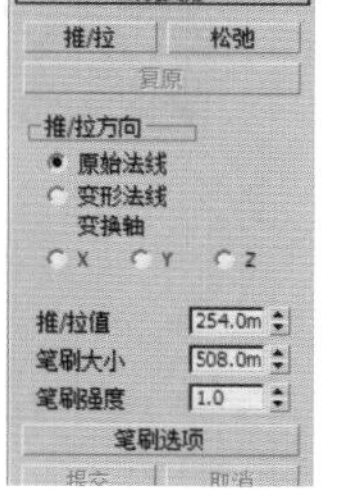

图8-55

- 推 / 拉：单击该按钮即可拖动鼠标左键，在模型上绘制凸起的效果。按住 Alt 键绘制，则会绘制凹陷的效果。
- 松弛：单击该按钮即可拖动鼠标左键，让模型更松弛平缓。
- 复原：通过绘制可以逐渐“擦除”或反转“推 / 拉”或“松弛”的效果。
- 原始法线：选择此项后，对顶点的推或拉会使顶点以它变形之前的法线方向进行移动。
- 变形法线：选择此项后，对顶点的推或拉会使顶点以它现在的法线方向进行移动。
- 变化轴 X/Y/Z：选择此项后，对顶点的推或拉会使顶点沿着指定的轴进行移动。
- 推 / 拉值：确定单个推 / 拉操作应用的方向和最大范围。
- 笔刷大小：设置圆形笔刷的半径。只有笔刷圆之内的顶点才可以变形。
- 笔刷强度：设置笔刷应用“推 / 拉”值的速率。
- 笔刷选项：单击此按钮以打开【绘制选项】对话框，从中可设置各种笔刷相关的参数。
- 提交：单击该按钮即可完成绘制。
- 取消：单击即可取消刚才绘制变形的效果。

轻松动手学：利用【绘制变形】制作山脉

文件路径：Chapter 08 多边形建模→轻松动手学：利用【绘制变形】制作山脉

步骤 01 创建一个【平面】模型，如图8-56所示。设置较多的分段数值，如图8-57所示。

步骤 02 选择模型，右击，执行【转换为】|【转换为可编辑多边形】命令，如图8-58所示。

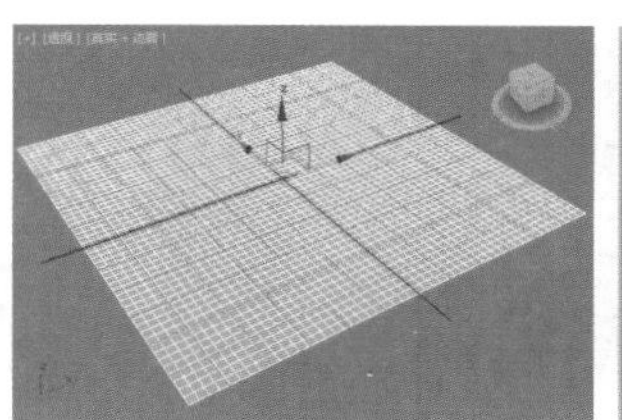

图8-56

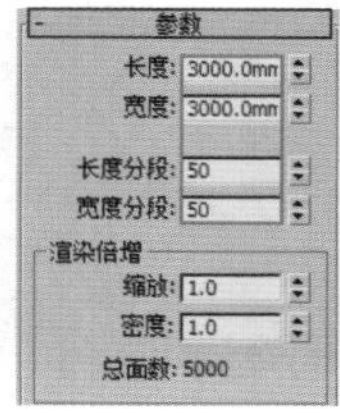

图8-57

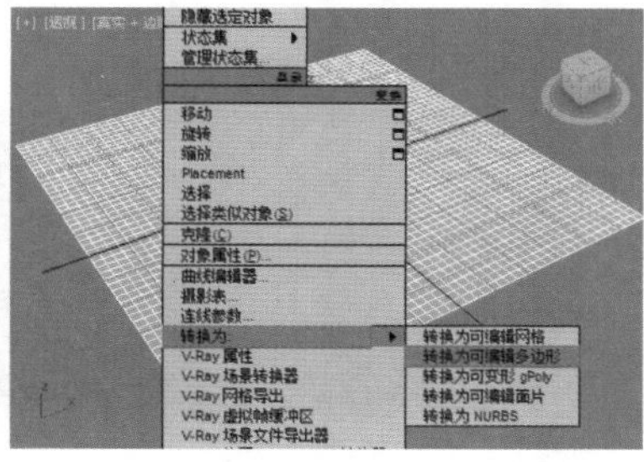

图8-58

步骤 03 单击修改，展开【绘制变形】卷展栏，单击 推/拉 按钮，并设置参数，如图8-59所示。然后多次按下鼠标左键并拖动鼠标，即可制作起伏效果，如图8-60所示。

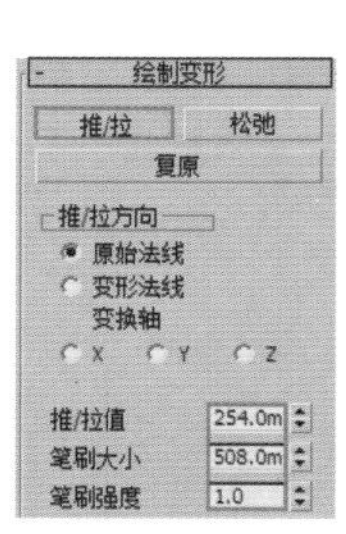

图8-59

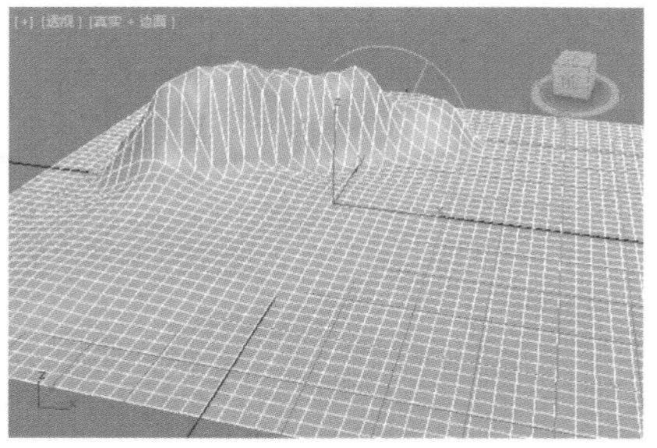

图8-60

步骤 04 继续单击修改，并设置参数（设置更小的推/拉值、笔刷强度可以制作较微弱的凸起），如图8-61所示。然后多次按下鼠标左键并拖动鼠标，即可制作小的起伏效果，如图8-62所示。

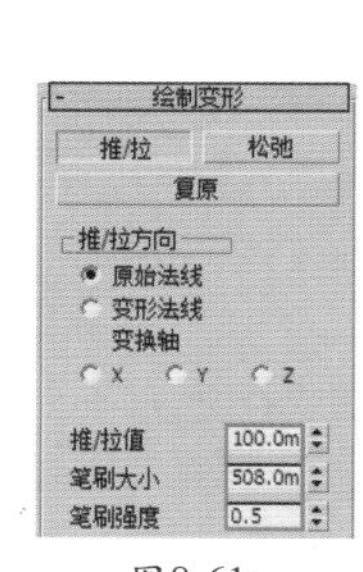

图8-61

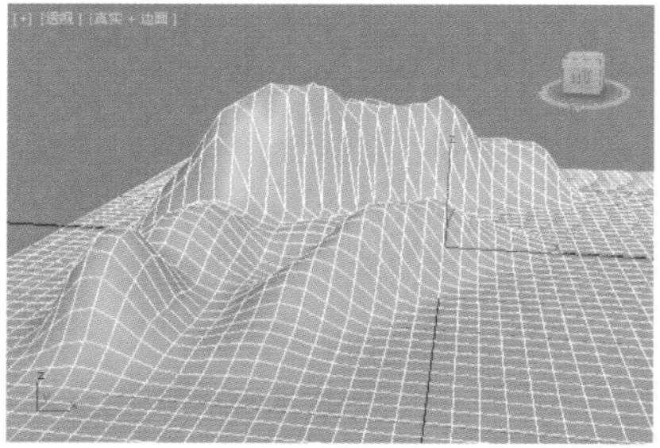

图8-62

步骤 05 还可以按住Alt键，并多次按下鼠标左键并拖动鼠标，即可制作凹陷效果，如图8-63所示。

步骤 06 单击 松弛 按钮，然后对转折较强的位置多次按下鼠标左键并拖动鼠标，即可使其变得缓和，如图8-64所示。

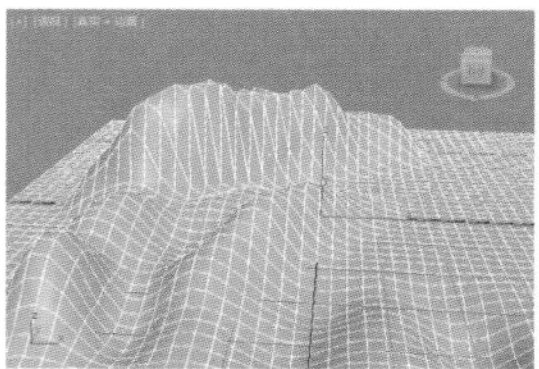

图8-63

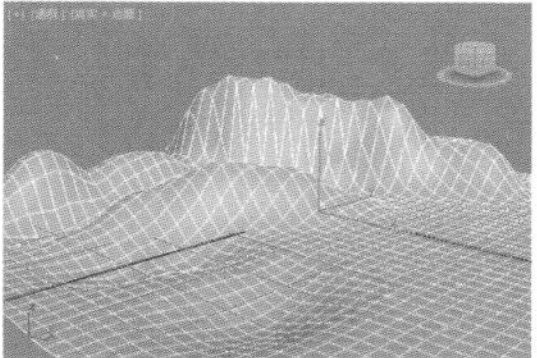

图8-64

步骤 07 此时换一个角度，可以看到最终效果。最后再次单击 松弛 按钮完成绘制，如图8-65所示。

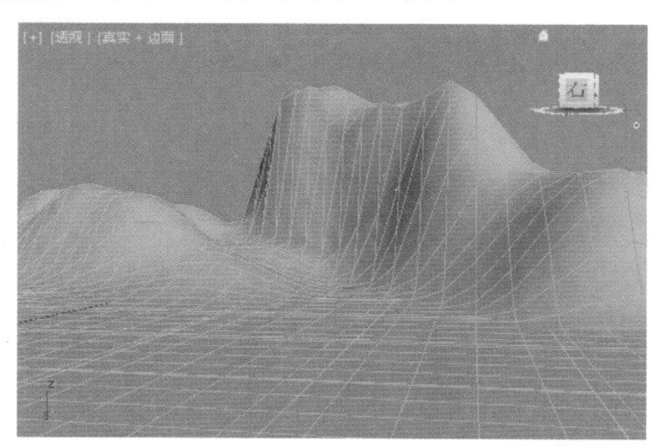

图8-65

重点 8.8 【编辑顶点】卷展栏

扫一扫，看视频

单击进入【顶点】级别，可以找到【编辑顶点】卷展栏。【编辑顶点】卷展栏可以对顶点进行移除、挤出、切角、焊接等操作。参数面板如图 8-66 所示。

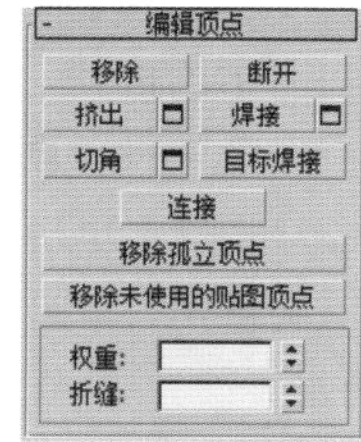

图8-66

- 移除：该选项可以将顶点进行移除处理，如图 8-67 所示。

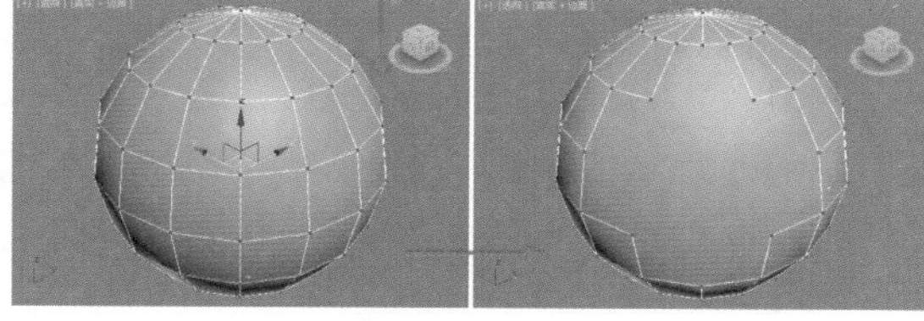

图8-67

- 断开：选择顶点，并单击该选项后可以将顶点断开，变为多个顶点，如图 8-68 所示。

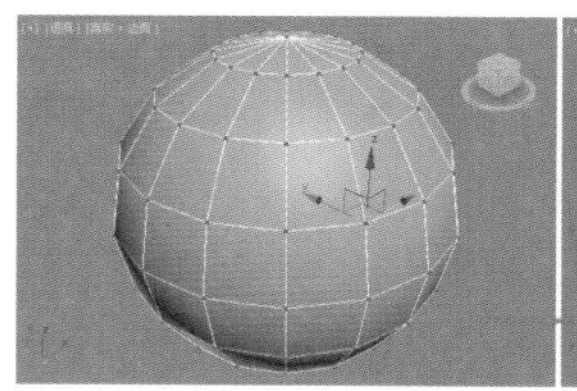

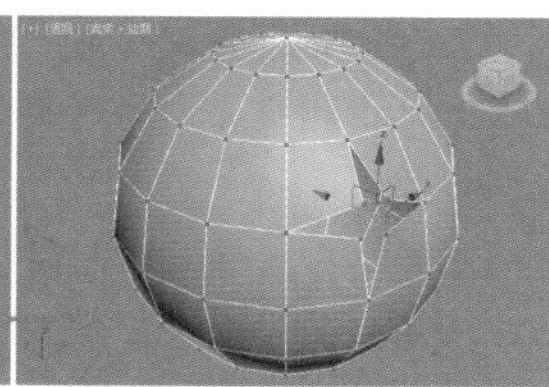

图8-68

- 挤出：使用该工具可以将顶点向往后向内进行挤出，使其产生锥形的效果。
- 焊接：两个或多个顶点在一定的距离范围内，可以使用该选项进行焊接，焊接为一个顶点，如图 8-69 所示。

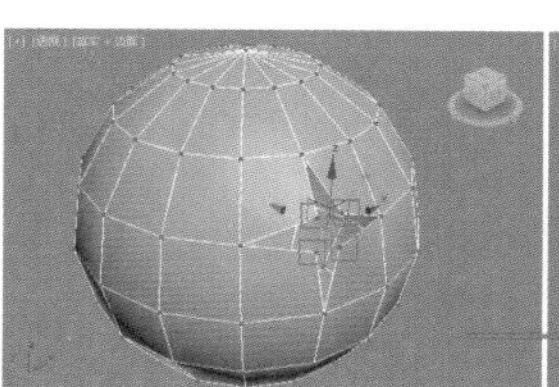

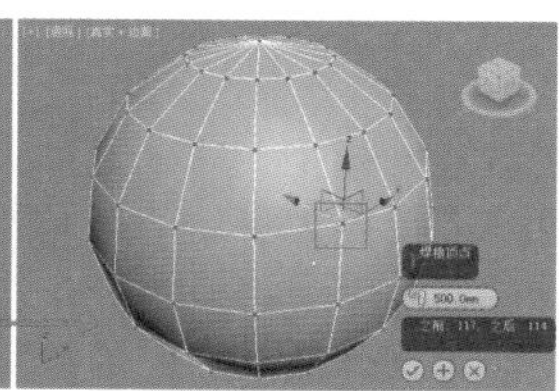

图8-69

- 切角：使用该选项可以将顶点切角为三角形的面效果，如图 8-70 所示。

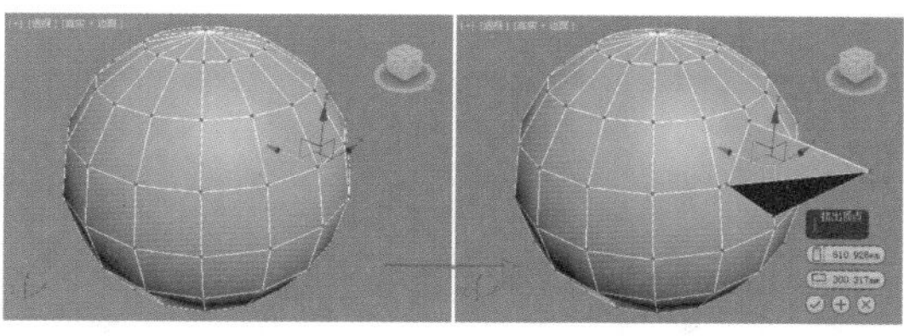

图8-70

- 目标焊接：选择一个顶点后，使用该工具可以将其焊接到相邻的目标顶点。
- 连接：在选中的对角顶点之间创建新的边，如图 8-71 所示。

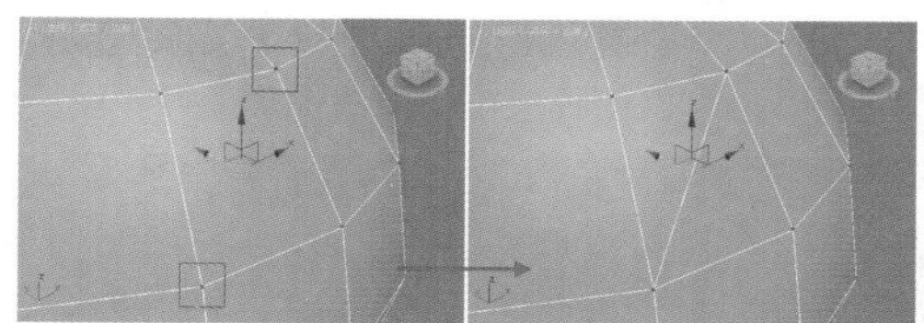

图8-71

- 移除孤立顶点：删除不属于任何多边形的所有顶点。
- 移除未使用的贴图顶点：该选项可以将未使用的顶点进行自动删除。
- 权重：设置选定顶点的权重，供 NURMS 细分选项和【网格平滑】修改器使用。
- 折缝：指定对选定顶点或顶点执行的折缝操作量，供 NURMS 细分选项和“网格平滑”修改器使用。

重点 8.9 【编辑边】卷展栏

扫一扫，看视频

单击进入【边】级别，可以找到【编辑边】卷展栏。【编辑边】卷展栏可以对边进行挤出、焊接、切角、连接等操作。参数面板如图 8-72 所示。

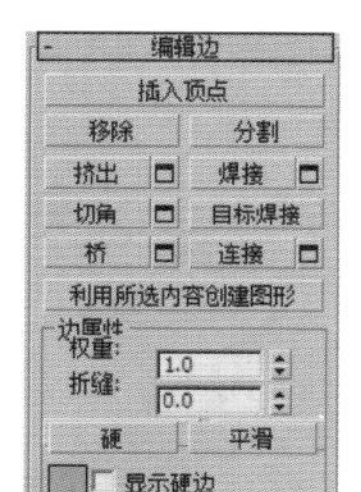

图8-72

- 插入顶点：可以手动在选择的边上任意添加顶点。
- 移除：选择边，单击该按钮可将边移除，如图 8-73 所示（若按 Delete 键，则会删除边以及与边连接的面，效果不同，如图 8-74 所示）。

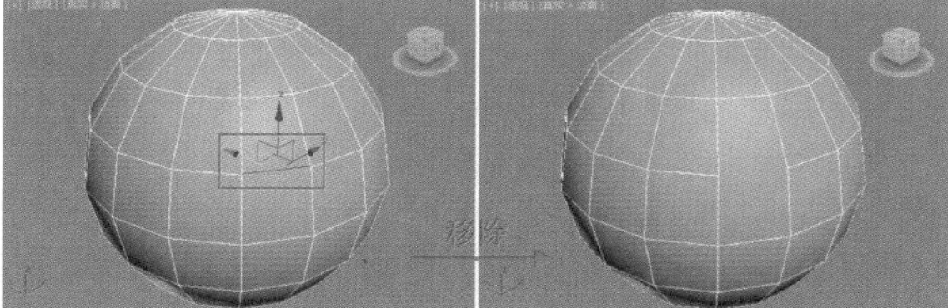

图8-73

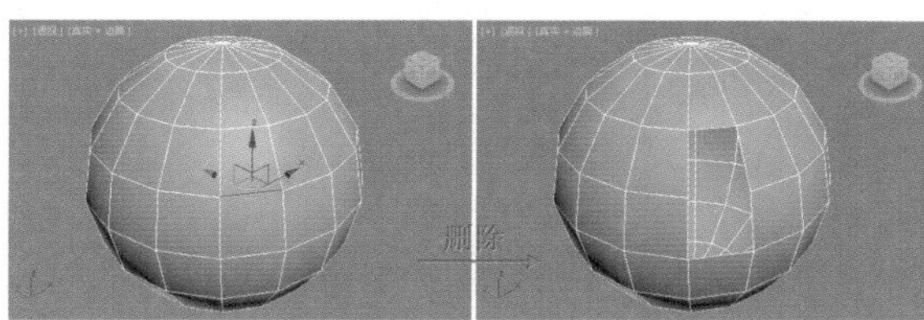

图8-74

- 分割：沿着选定边分割网格。对网格中心的单条边应用时，不会起任何作用。
- 挤出：直接使用这个工具可以在视图中挤出边，是最常使用的工具，需要熟练掌握，如图 8-75 所示。

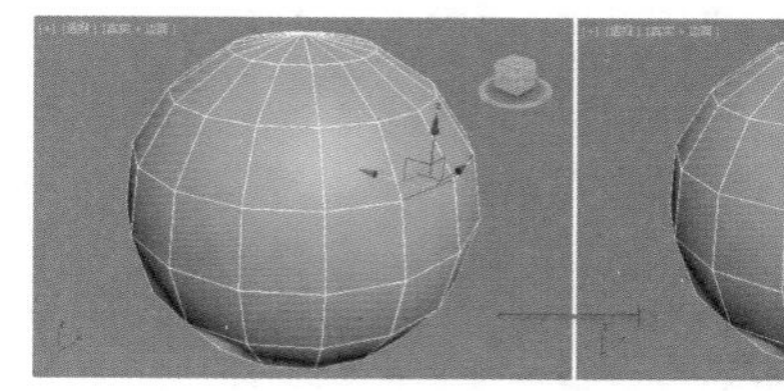

图8-75

- 焊接：组合【焊接边】对话框指定的【焊接阈值】范围内的选定边。只能焊接仅附着一个多边形的边，也就是边界上的边。
- 切角：可以将选择的边进行切角处理产生平行的多条边，是最常使用的工具，需要熟练掌握，如图 8-76 所示。

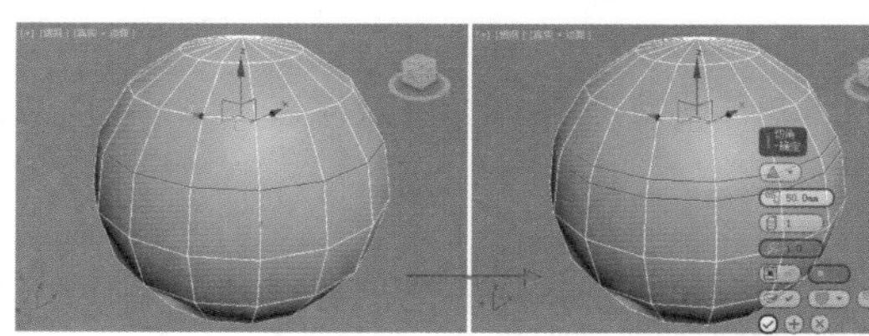

图8-76

- 目标焊接：用于选择边并将其焊接到目标边。只能焊接仅附着一个多边形的边，也就是边界上的边。
- 桥：使用该工具可以连接对象的边，但只能连接边界边，也就是只在一侧有多边形的边。
- 连接：可以选择平行的多条边，并使用该工具产生垂直的边，如图 8-77 所示。
- 利用所选内容创建图形：可以将选定的边创建为新的样条线图形，如图 8-78 所示选择边，并单击【利用所选内容创建图形】，当设置【图形类型】为【平滑】时，可以创建一个平滑的图形。

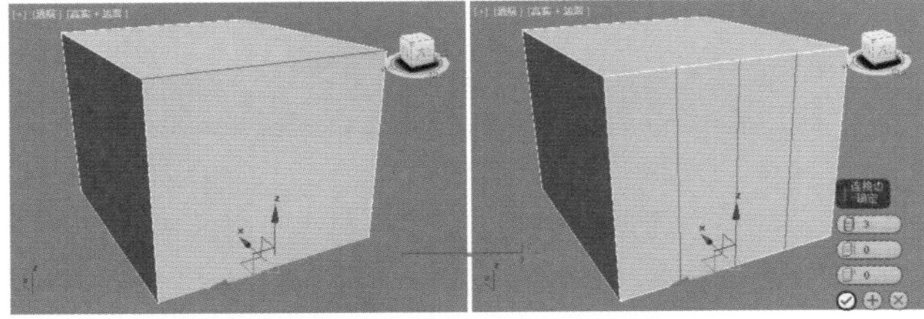

图8-77

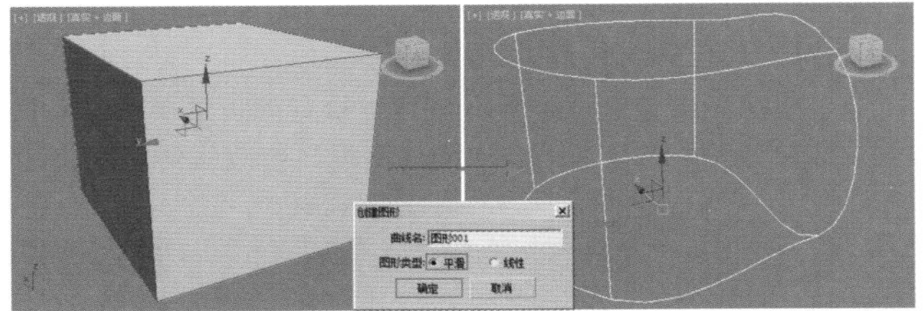

图8-78

如图 8-79 所示选择边，并单击【利用所选内容创建图形】，当设置【图形类型】为【线性】时，可以创建一个转角的图形。

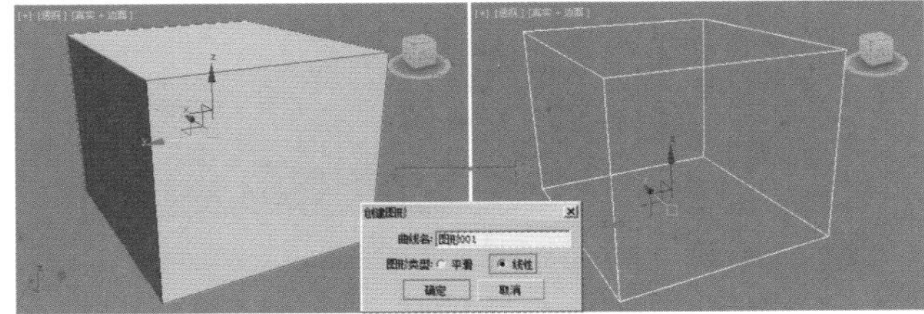

图8-79

- 权重：设置选定边的权重，供 NURMS 细分选项和【网格平滑】修改器使用。
- 折缝：指定对选定边或边执行的折缝操作量，供 NURMS 细分选项和【网格平滑】修改器使用。

提示：为模型增加分段的方法。

模型在进行多边形建模时，有时候需要增加一些分段，使其制作更精细。其中有几种常用的工具，可以为模型增加分段。

1. 切角

进入边级别，选择几条边，然后单击 切角 后的【设置】按钮，即可产生出平行与被选择边的新分段，如图 8-80 所示。

2. 连接

进入边级别，选择几条边，然后单击 连接 后的【设置】按钮，即可产生出垂直与被选择边的新分段，如图 8-81 所示。

3. 快速切片

进入顶点级别，单击 快速切片 按钮，然后在模型上单击，接着移动鼠标，再次单击即可添加一条循环的分段，如图 8-82 所示。

4. 切割

进入顶点级别，单击 切割 按钮，然后在模型上多次单击，即可添加任意形状的分段，非常灵活，如图 8-83 所示。

5. 细化

在不选择任何子级别的情况下，单击 细化 后的【设置】按钮即可快速均匀增加分段，如图 8-84 所示。

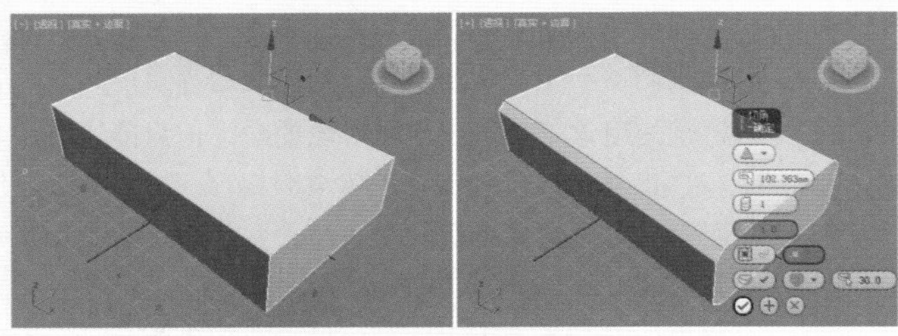

图8-80

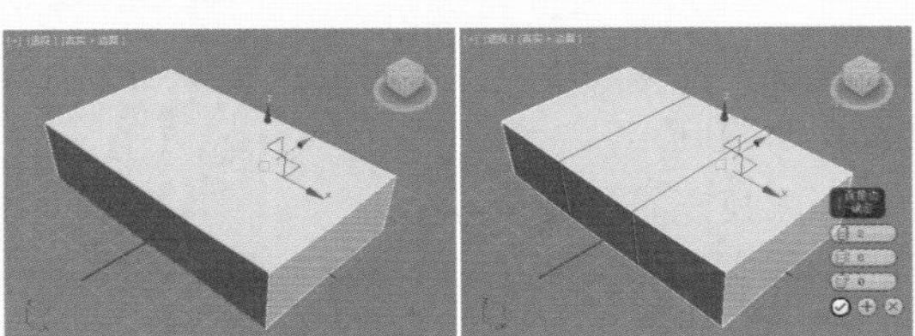

图8-81

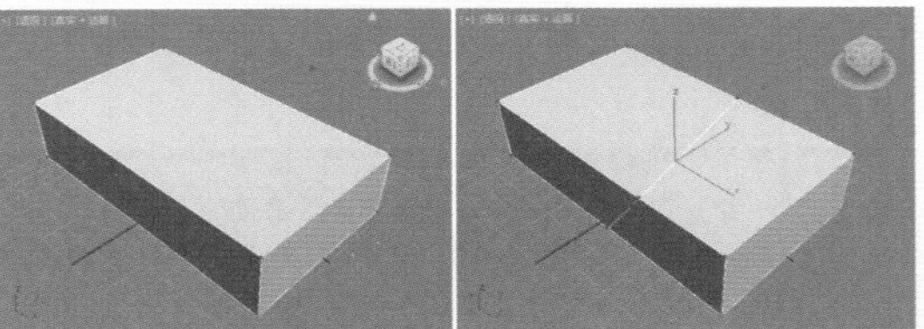

图8-82

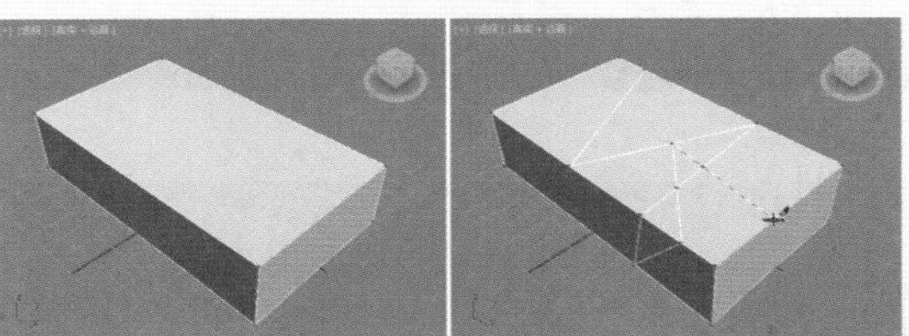

图8-83

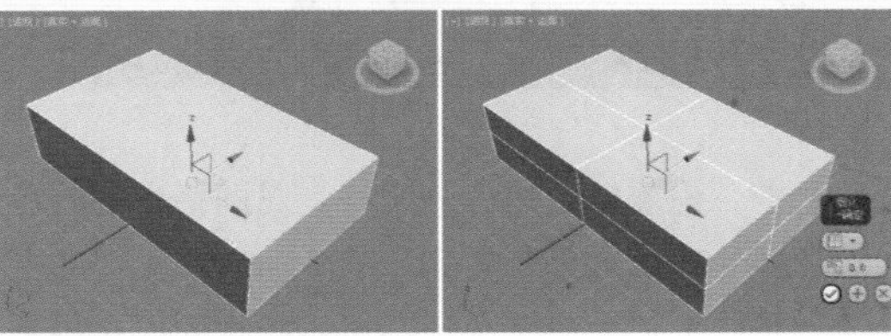

图 8-84

8.10 【编辑边界】卷展栏

单击进入【边界】，可以找到【编辑边界】卷展栏。【编辑边界】卷展栏可以对边界进行挤出、切角、封口等操作。参数面板如图 8-85 所示。

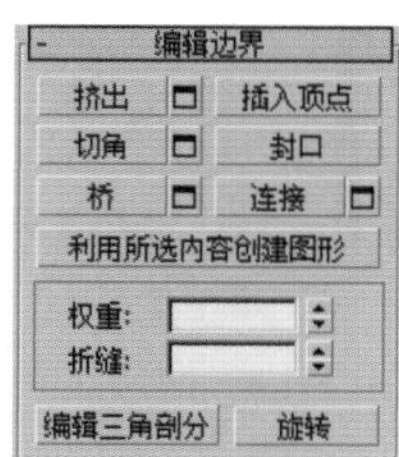

图 8-85

- 封口：进入【边界】，然后单击选择模型的边界，如图 8-86 所示。单击【封口】按钮，即可产生一个新的多边形将其闭合，如图 8-87 所示。

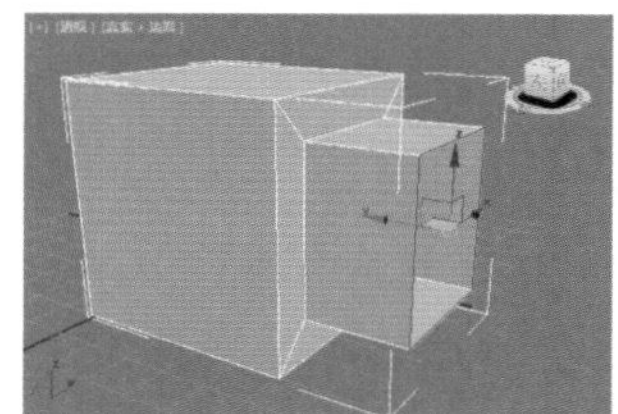

图 8-86

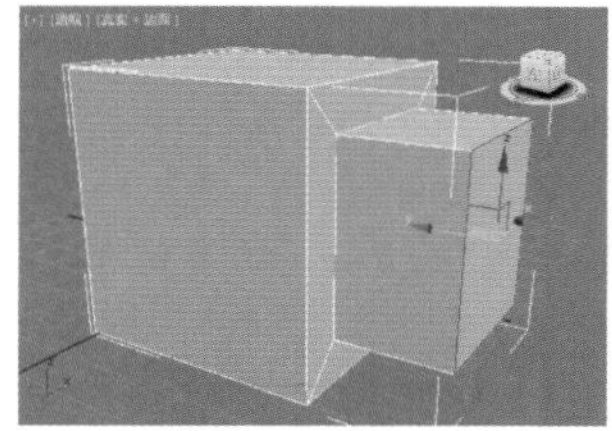

图 8-87

提示：为什么选择不了模型的边界呢？

边界是指模型有缺口的位置，这一圈对象叫做边界。因此只有带有缺口的模型才有边界，如图 8-88 所示。单击即可选择边界，如图 8-89 所示。

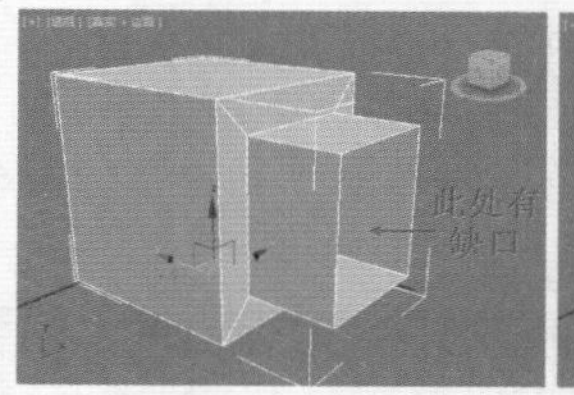

图 8-88

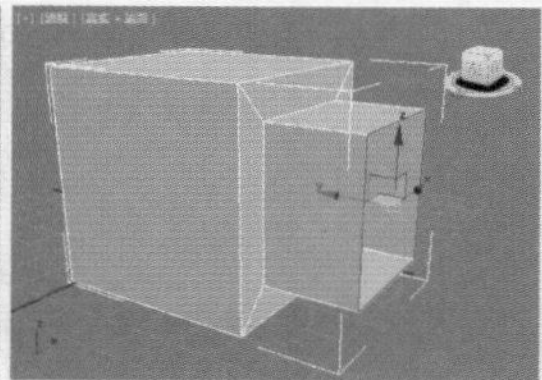

图 8-89

而完全封闭的模型，是没有边界的，因此也就无法选择边界，如图 8-90 所示。

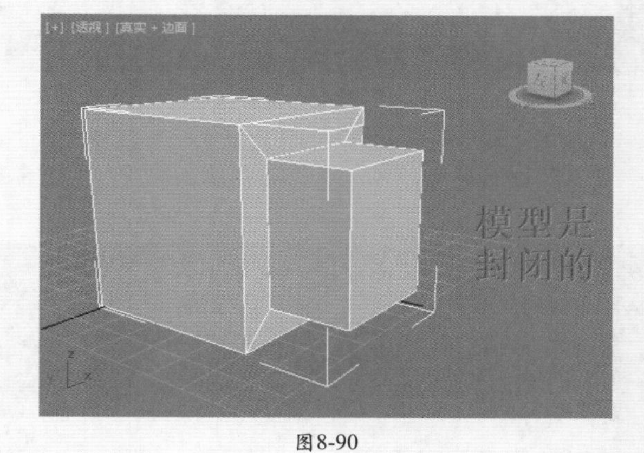

图 8-90

重点 8.11 【编辑多边形】卷展栏

单击进入【多边形】，可以找到【编辑多边形】卷展栏。【编辑多边形】卷展栏可以对多边形进行挤出、倒角、轮廓、插入、桥等操作。参数面板如图 8-91 所示。

扫一扫，看视频

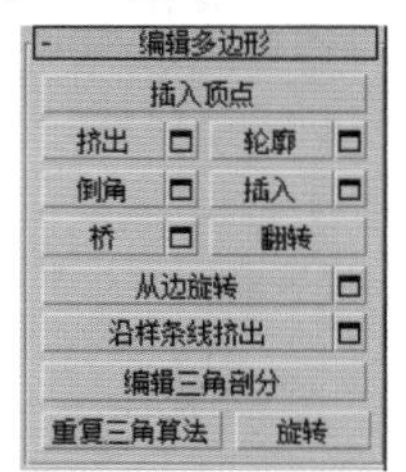

图 8-91

- 插入顶点：可以手动在选择的多边形上任意添加顶点。
- 挤出：【挤出】工具可以将选择的多边形进行挤出效果处理。组、局部法线、按多边形 3 种方式，效果各不相同，如图 8-92 所示。

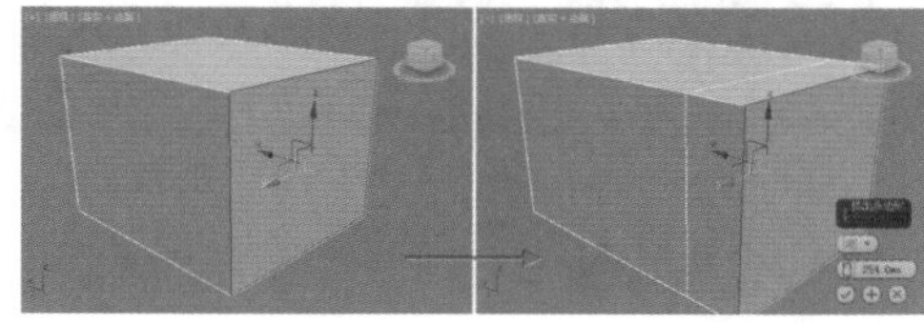

图 8-92

- 轮廓：用于增加或减小每组连续的选定多边形的外边，如图 8-93 所示。

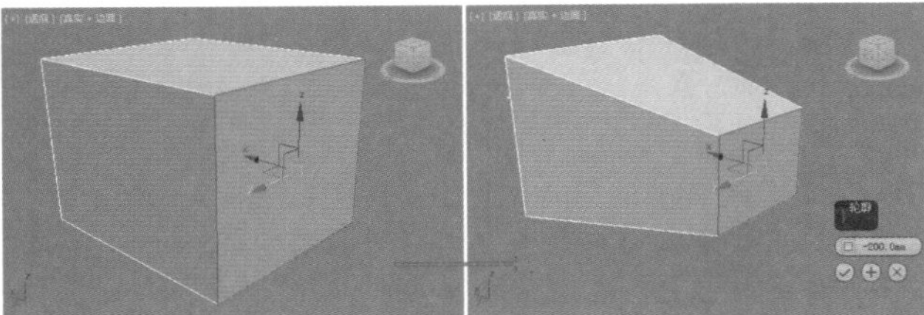

图8-93

- 倒角：与挤出比较类似，但比挤出更为复杂，可以挤出多边形，也可以向内和外缩放多边形，如图 8-94 所示。

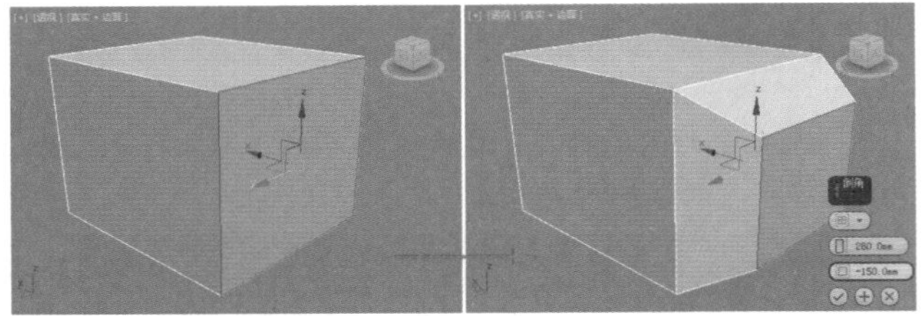

图8-94

- 插入：使用该选项可以制作出插入一个新多边形的效果，是最常使用的工具，需要熟练掌握，如图 8-95 所示。

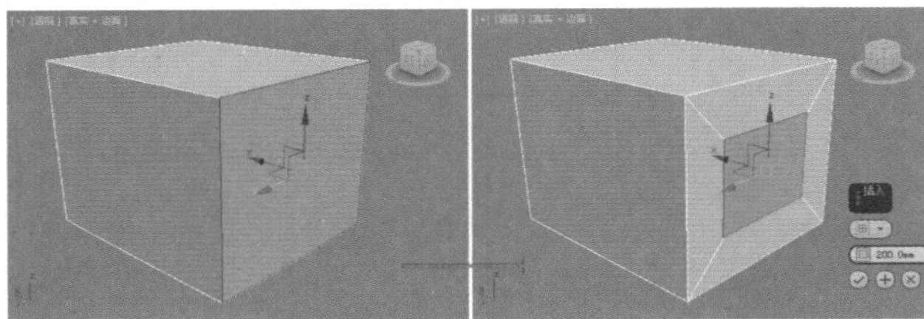

图8-95

- 桥：选择模型正反两面相对的两个多边形，并使用该工具可以制作出镂空的效果，如图 8-96 所示，选择两个多边形，使用【插入】工具使其插入产生一个多边形，如图 8-97 所示。单击按钮，即可产生镂空效果，如图 8-98 所示。

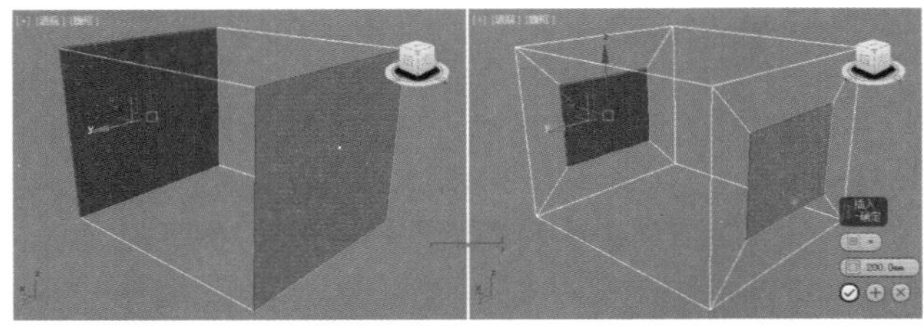

图8-96　　图8-97

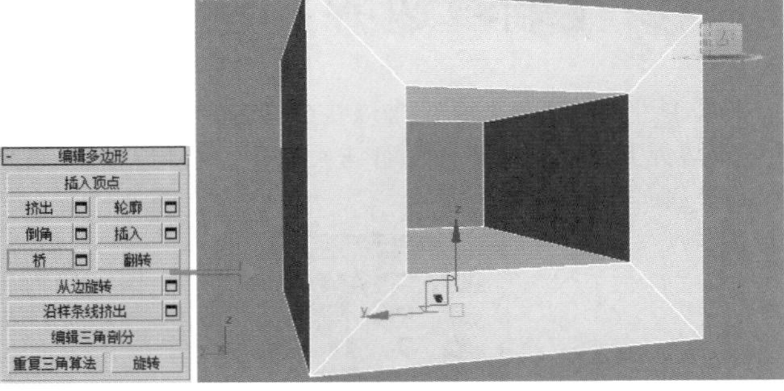

图8-98

- 翻转：反转选定多边形的法线方向，从而使其面向用户的正面。
- 从边旋转：选择多边形后，使用该工具可以沿着垂直方向拖动任何边，旋转选定多边形。
- 沿样条线挤出：沿样条线挤出当前选定的多边形。
- 编辑三角剖分：通过绘制内边修改多边形细分为三角形的方式。
- 重复三角算法：在当前选定的一个或多个多边形上执行最佳三角剖分。
- 旋转：使用该工具可以修改多边形细分为三角形的方式。

提示：插入、挤出的不同效果。

插入和挤出工具在默认状态下都是按【组】方式操作，还可以根据实际情况切换其他的类型。

1. 插入

【插入】包括【组】和【按多边形】两种方式，如图 8-99 所示。

图8-99

（1）组。整体作为一组进行插入多边形，如图 8-100 所示。

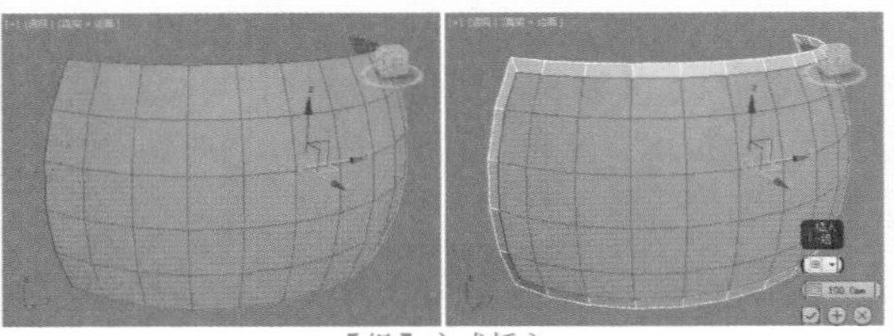

【组】方式插入

图8-100

（2）按多边形。按照每个多边形独立产生插入效果，如图 8-101 所示。

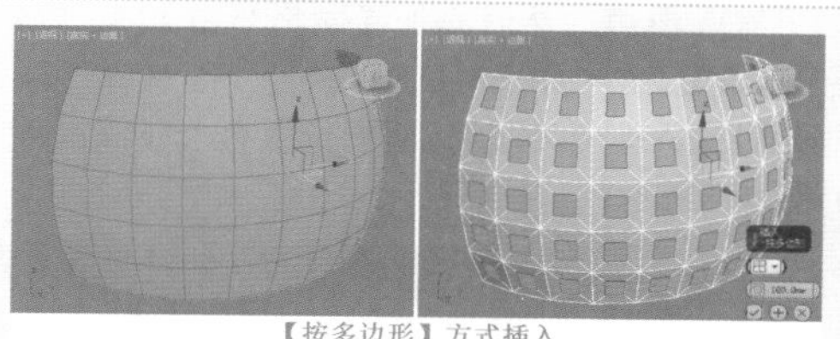
【按多边形】方式插入

图8-101

2. 挤出

【挤出】包括【组】【局部法线】和【按多边形】3种方式，如图 8-102 所示。

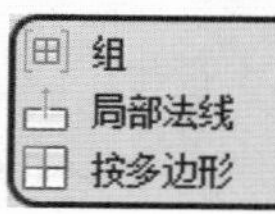

图8-102

（1）组。整体作为一组产生挤出效果，如图 8-103 所示。

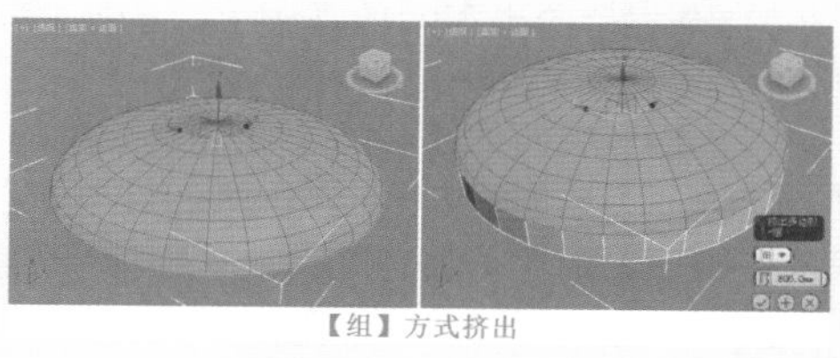
【组】方式挤出

图8-103

（2）局部法线。按照多边形局部法线的方向进行挤出，如图 8-104 所示。

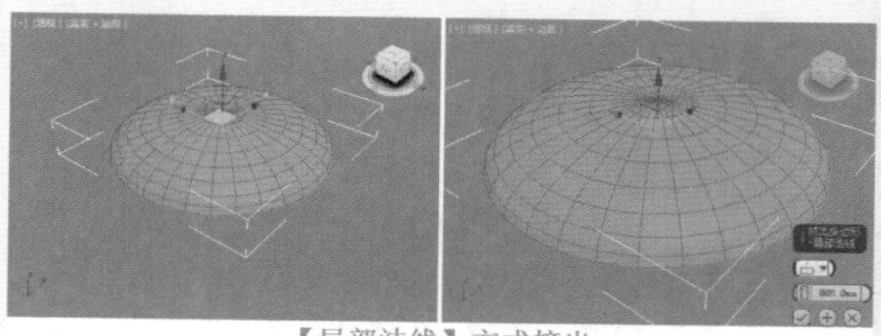
【局部法线】方式挤出

图8-104

（3）按多边形。按照每个多边形的方向独立产生挤出效果，如图 8-105 所示。

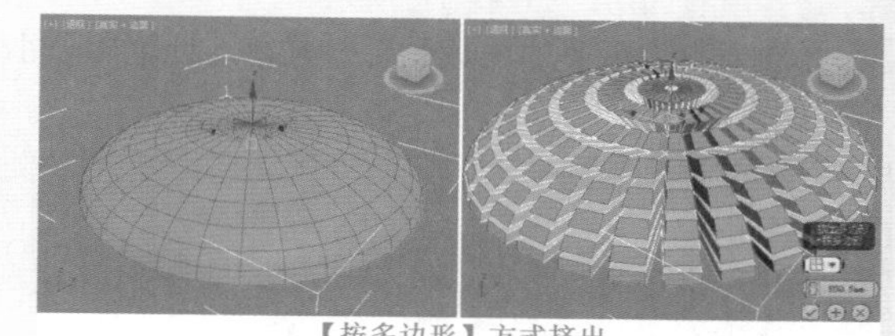
【按多边形】方式挤出

图8-105

8.12 【编辑元素】卷展栏

单击进入【元素】级别，可以找到【编辑元素】卷展栏。【编辑元素】卷展栏可以对元素进行翻转、旋转、编辑三角剖分等操作。参数面板如图 8-106 所示。

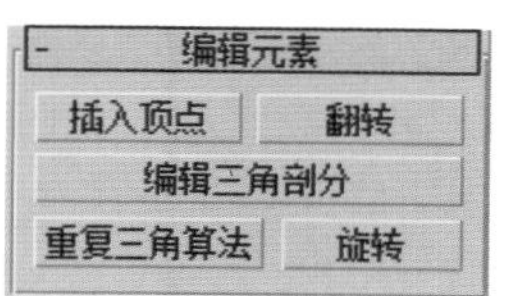

图8-106

- 插入顶点：可用于手动细分多边形。
- 翻转：反转选定多边形的法线方向。
- 编辑三角剖分：可以通过绘制内边修改多边形细分为三角形的方式。
- 重复三角算法：3ds Max 对当前选定的多边形自动执行最佳的三角剖分操作。
- 旋转：用于通过单击对角线修改多边形细分为三角形的方式。

重点 轻松动手学：为模型设置平滑效果

文件路径：Chapter 08 多边形建模→轻松动手学：为模型设置平滑效果

在为模型添加【网格平滑】修改器之前，需要先根据实际情况为模型添加分段。创建一个长方体，如图 8-107 所示。设置参数如图 8-108 所示。

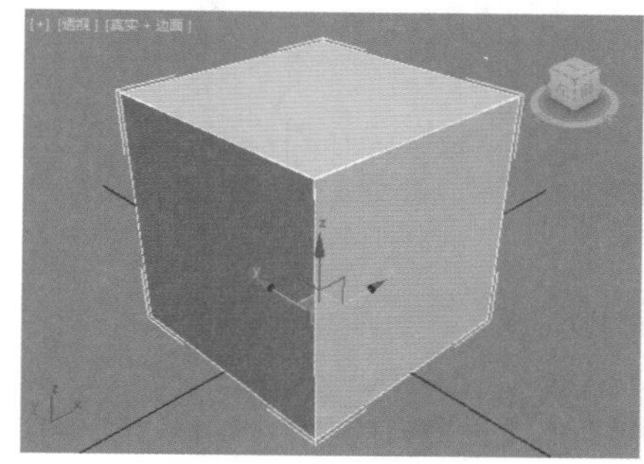

图8-107

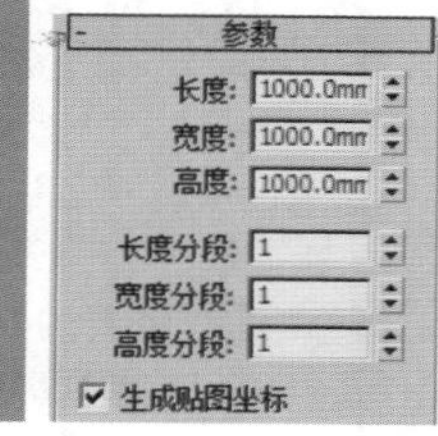

图8-108

类型1：长方体+网格平滑修改器

步骤 01 为长方体添加【网格平滑】修改器，并设置【迭代次数】为2，如图8-109所示。

步骤 02 此时长方体变为了光滑的球体效果，如图8-110所示。

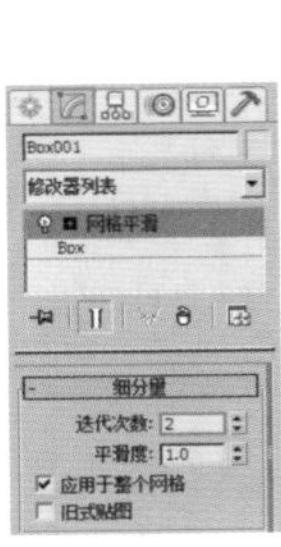
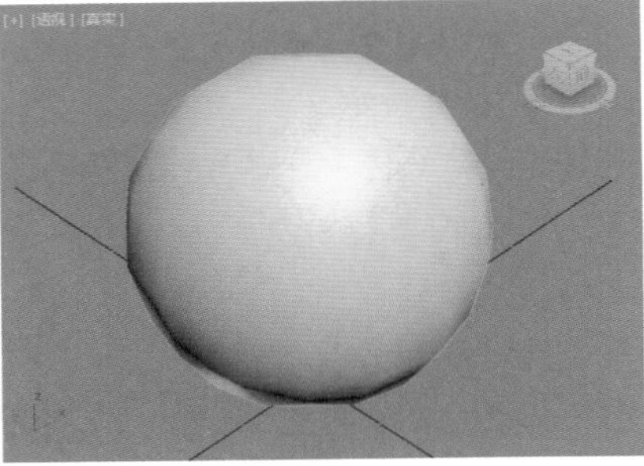
图8-109　　图8-110

类型2：所有边切角+网格平滑修改器

步骤 01 选择所有的边，如图8-111所示。

步骤 02 单击 切角 后面的【设置】按钮▣，设置比较小的数值，如图8-112所示。

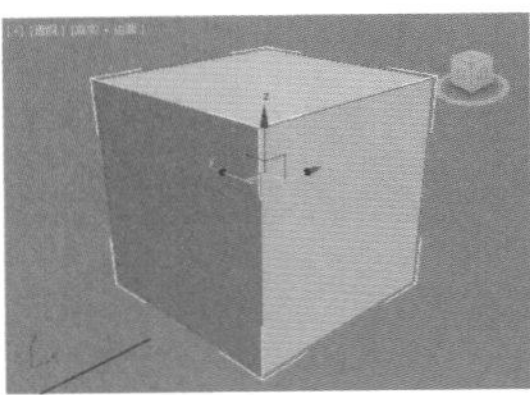
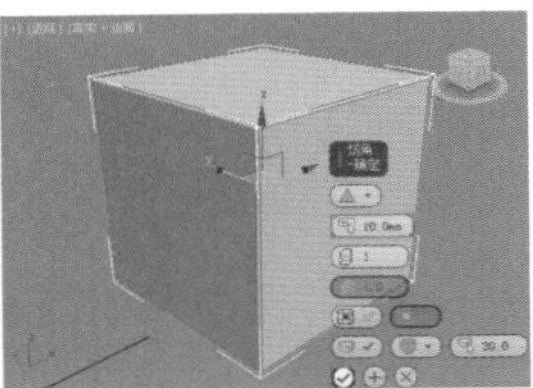
图8-111　　图8-112

步骤 03 再次取消边，然后添加【网格平滑】修改器，并设置【迭代次数】为2，如图8-113所示。

步骤 04 此时长方体变为了四周有一定圆滑效果的模型，如图8-114所示。

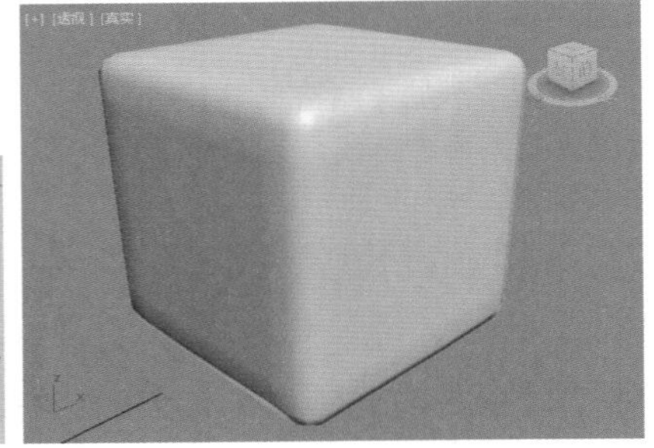
图8-113　　图8-114

类型3：4条竖着的边切角+网格平滑修改器

步骤 01 选择竖着的4条边，如图8-115所示。

步骤 02 单击 切角 后面的【设置】按钮▣，设置比较小的数值，如图8-116所示。

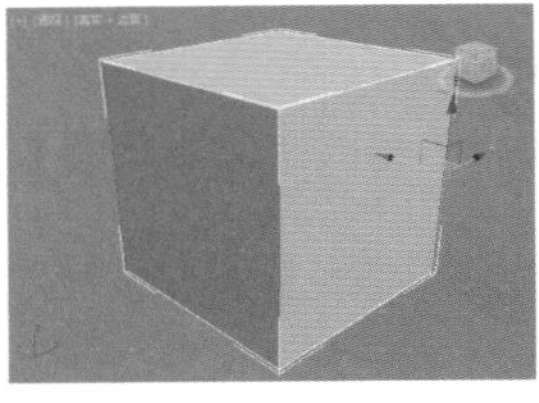

图8-115　　图8-116

步骤 03 再次取消边，然后添加【网格平滑】修改器，并设置【迭代次数】为2，如图8-117所示。

步骤 04 此时长方体变为了4条竖着位置有一定圆滑效果的模型，如图8-118所示。

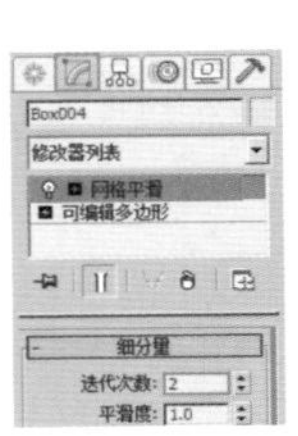
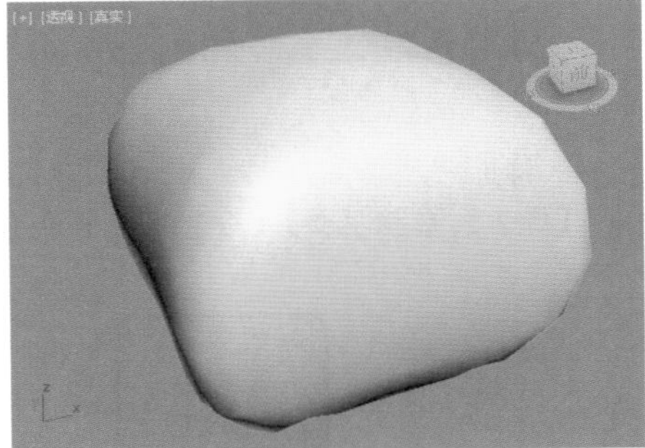
图8-117　　图8-118

类型4：继续增加分段+网格平滑修改器

步骤 01 在第3个类型的步骤02的基础上，选择4条线，如图8-119所示。

步骤 02 单击 连接 后面的【设置】按钮▣，添加两条分段，并且分布在模型两侧的边缘位置，如8-120所示。

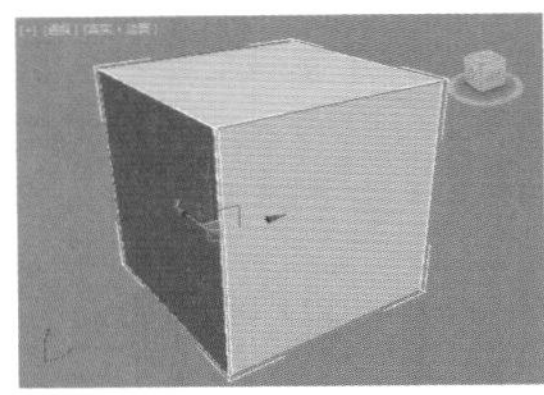

图8-119　　图8-120

步骤 03 再次取消边，然后添加【网格平滑】修改器，并设置【迭代次数】为2，如图8-121所示。

步骤 04 此时长方体变为了一个横着的圆柱体的模型，如图8-122所示。

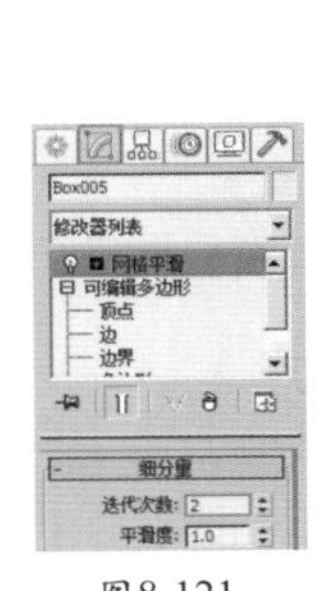
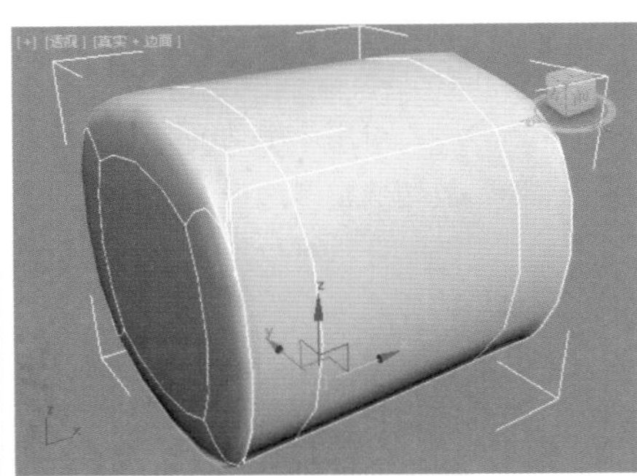
图8-121　　图8-122

根据上面 4 种类型的学习，可以认识到模型分段的重要性。为模型的边缘处添加分段（通常使用【切角】工具增加分段）时，再添加【网格平滑】修改器，产生的模型会在这些边缘处比较尖锐，而其他位置则自动光滑。因此，想让模型的哪个位置比较尖锐，就应该在哪个位置增加分段。

举一反三：内部为圆形、外部为方形的效果

文件路径：Chapter 08　多边形建模→举一反三：内部为圆形、外部为方形的效果

步骤 01 为长方体分别设置【插入】和【挤出】操作，如图8-123和图8-124所示。

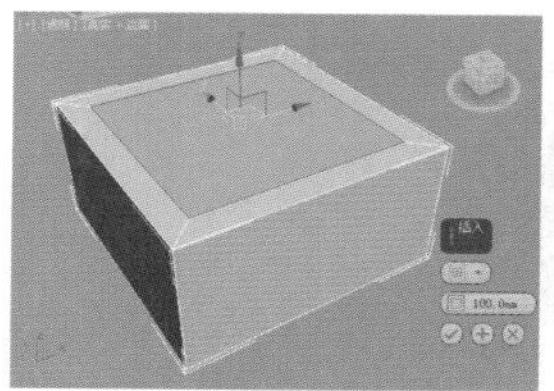

图8-123

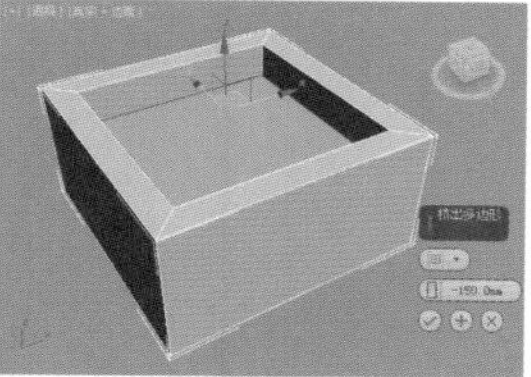

图8-124

步骤 02 选择如图8-125所示的10条边（都是模型外轮廓的边）。

步骤 03 单击 切角 后面的【设置】按钮，设置比较小的数值，如图8-126所示。

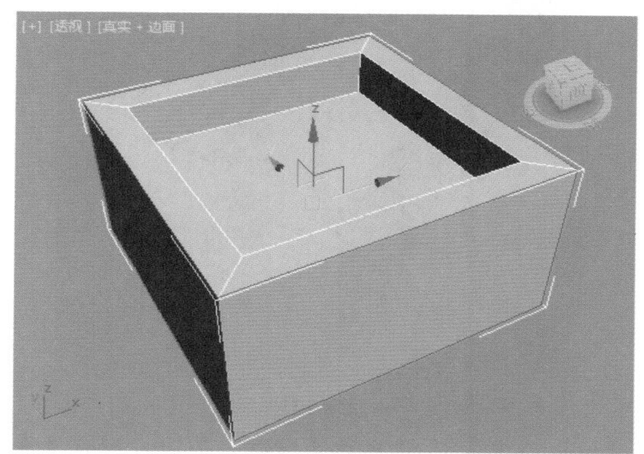

图8-125

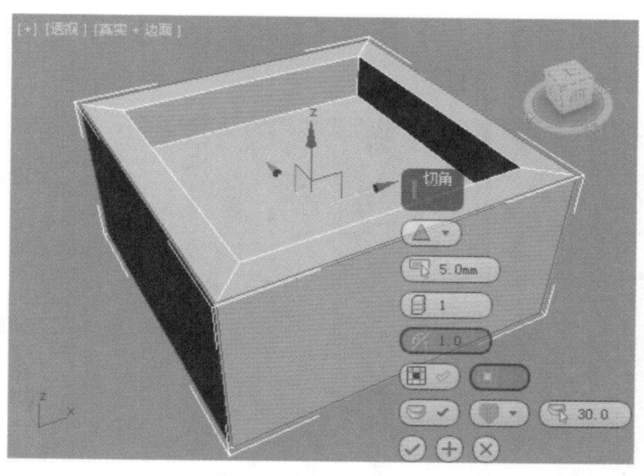

图8-126

步骤 04 再次取消边，然后添加【网格平滑】修改器，并设置【迭代次数】为2，如图8-127所示。

步骤 05 此时长方体变为了内部为圆形、外部为方形的模型，如图8-128所示（因为刚才没有为模型内部的边进行切角，因此网格平滑后的模型效果就是内部为圆形、外部为方形的模型）。

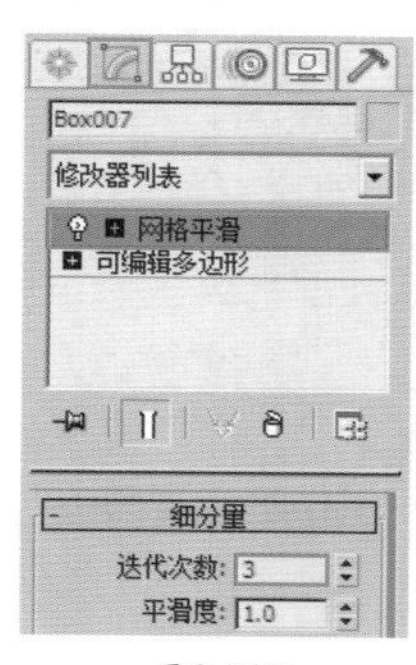

图8-127

图8-128

重点 8.13 多边形建模应用实例

实例：多边形建模制作浴缸

文件路径：Chapter 08　多边形建模→实例：多边形建模制作浴缸

本案例通过将长方体转换为可编辑多边形，插入多边形并向内挤压，制作出浴缸效果，如图 8-129 所示。

图8-129

扫一扫，看视频

步骤 01 在透视图中创建一个长方体，如图8-130所示。设置【长度】为1500mm，【宽度】为600mm，【高度】为500mm，【长度分段】为2，【宽度分段】为2，【高度分段】为2，如图8-131所示。

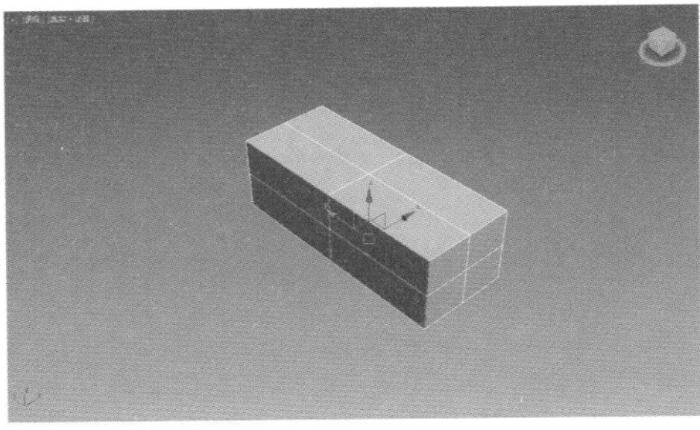

图8-130

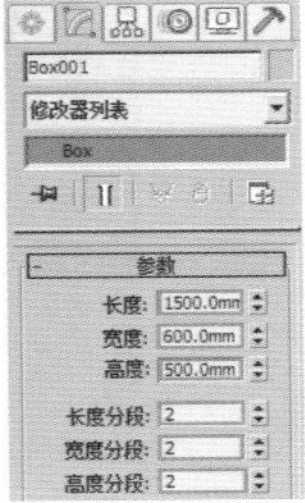

图8-131

步骤 02 右击，执行【转换为】|【转换为可编辑多边形】命令，如图8-132所示。进入■（多边形）级别，然后选中上面的4个面，然后单击 插入 后面的■（设置）按钮，设置【数量】为50mm，如图8-133所示。

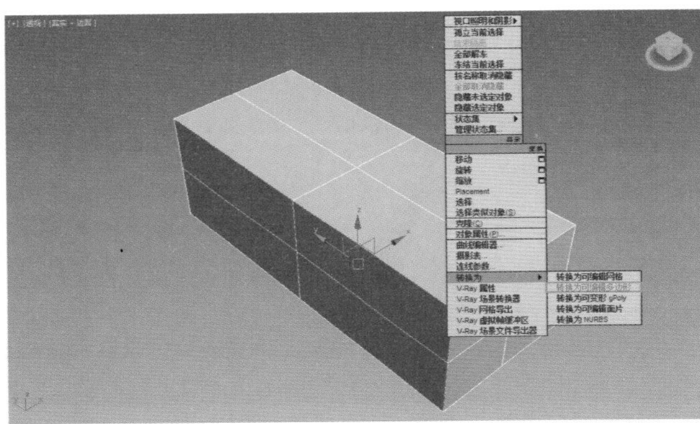

图8-132

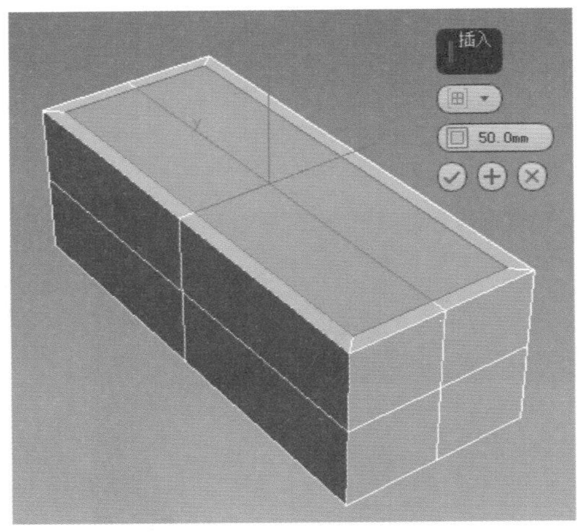

图8-133

步骤 03 单击 挤出 后面的■（设置）按钮，设置【数量】为 - 100mm，如图8-134所示。继续挤出两次，挤出相同的数量，得到如图8-135所示的模型。

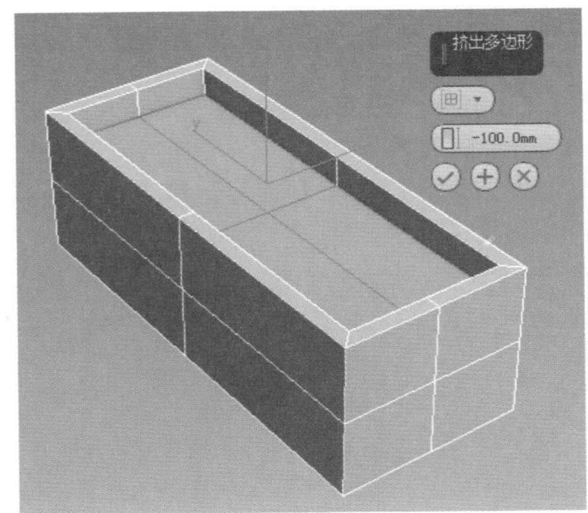

图8-134

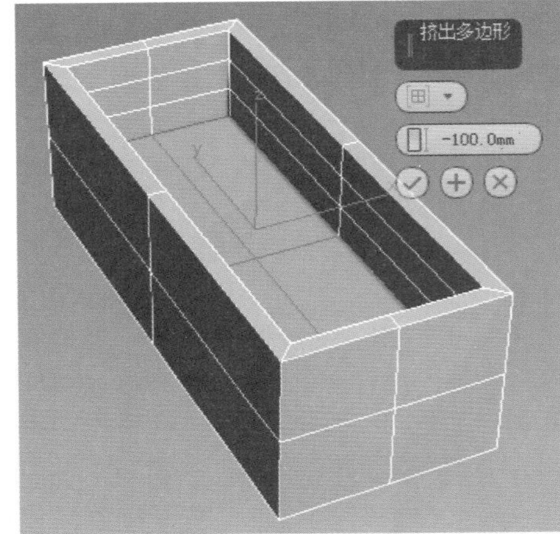

图8-135

步骤 04 单击 倒角 后面的■（设置）按钮，设置【倒角高度】为 - 100mm，【倒角轮廓】为 - 50mm。进入（顶点）级别，在左视图中选中如图8-136所示的两个底边的点，单击（选择并均匀缩放）工具，沿着X轴进行收缩，如图8-137所示。

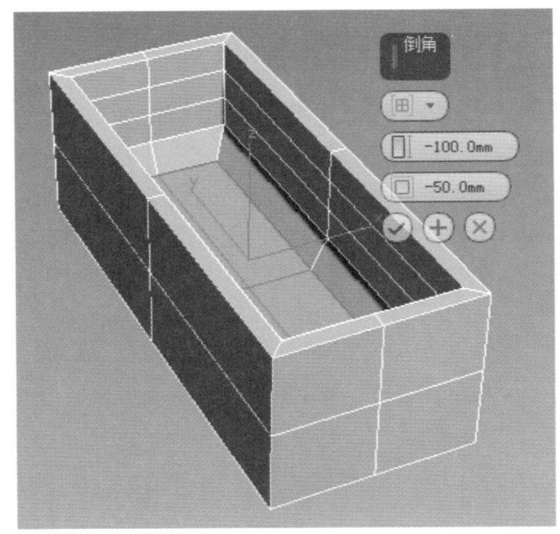

图8-136

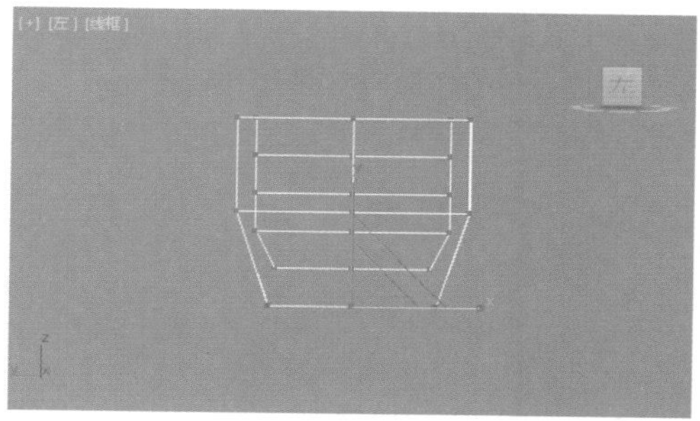

图8-137

步骤05 继续使用（选择并均匀缩放）工具在前视图中收缩相应的点，如图8-138和图8-139所示。

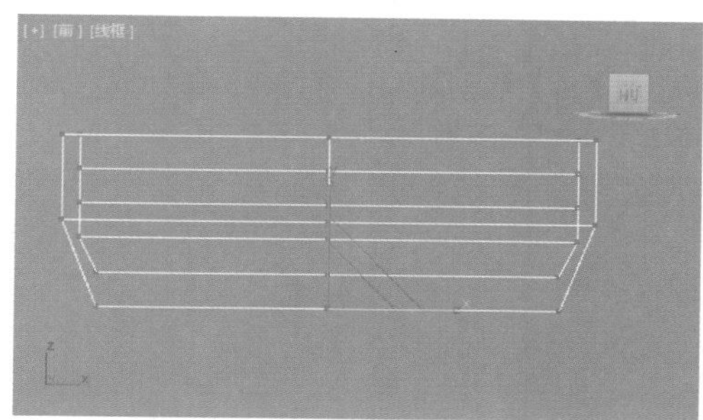

图8-138

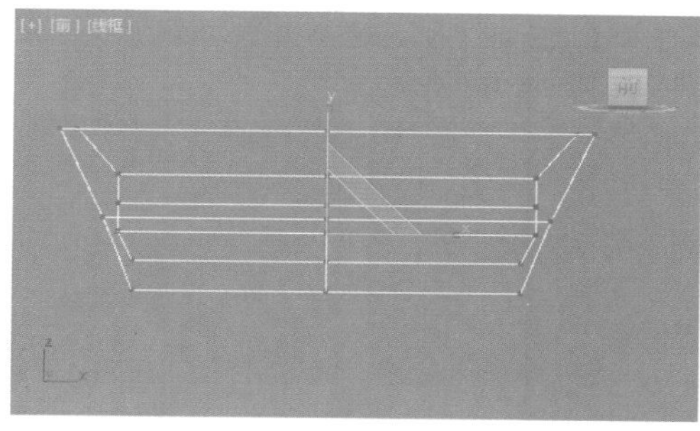

图8-139

步骤06 进入（边）级别，选择如图8-140所示的两条边，然后单击 循环 按钮，如图8-141所示。

步骤07 单击 切角 后面的（设置）按钮，设置【边切角量】为5mm，【连接边分段】为2，如图8-142所示。接着为模型加载【网格平滑】修改器，如图8-143所示。

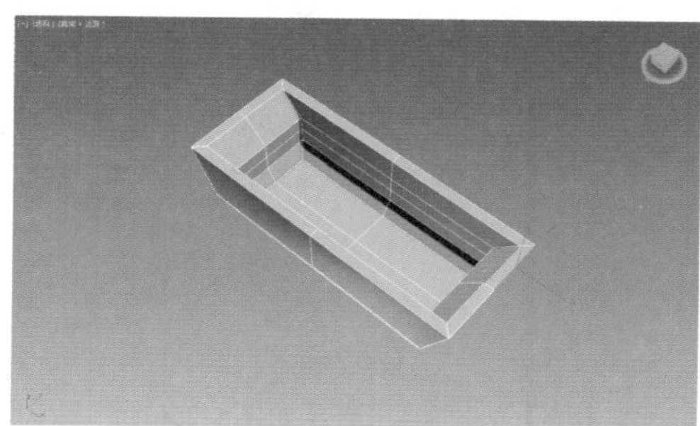

图8-140

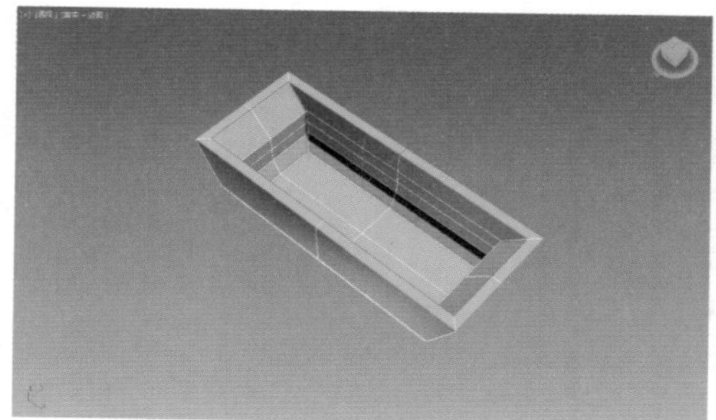

图8-141

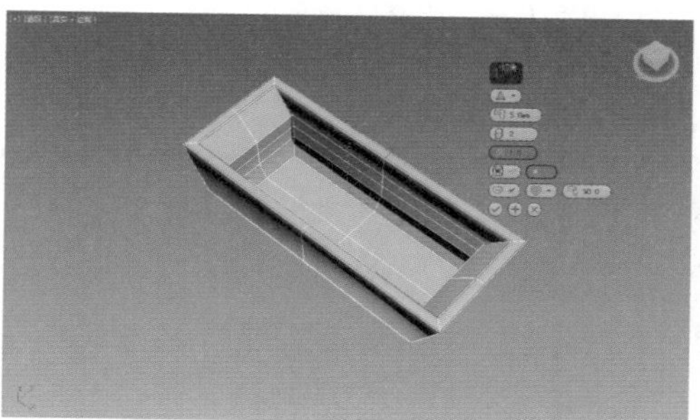

图8-142

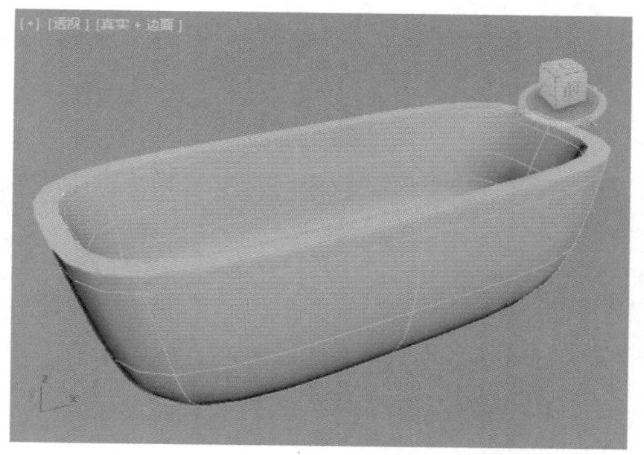

图8-143

实例：多边形建模制作纸飞机

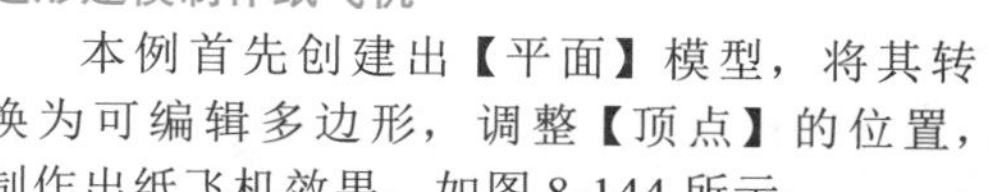

文件路径：Chapter 08 多边形建模→实例：多边形建模制作纸飞机

本例首先创建出【平面】模型，将其转换为可编辑多边形，调整【顶点】的位置，制作出纸飞机效果，如图 8-144 所示。

步骤01 在透视图中创建出如图8-145所示的【平面】模型，并设置【长度】为20mm，【宽度】为60mm，【长度分段】为3，【宽度分段】为7，如图8-146所示。

图8-144

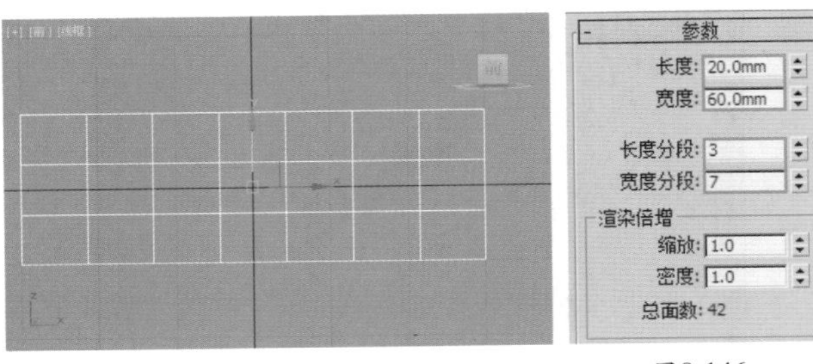

图8-145　　图8-146

步骤02 选择模型右击，将其转换为可编辑多边形，如图8-147所示。进入【顶点】级别，选择如图8-148所示的点，并沿着X轴进行旋转。

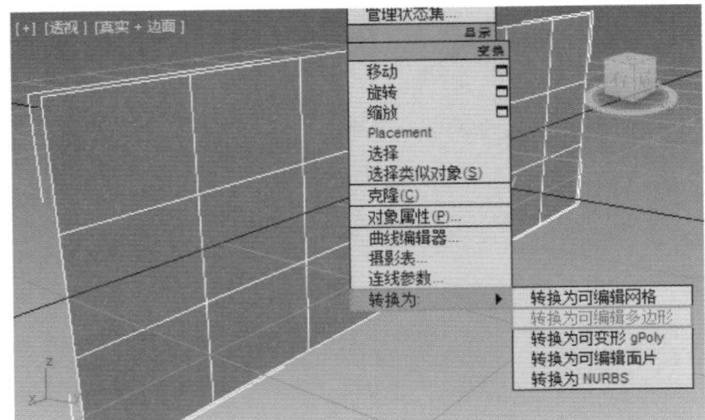

图8-147

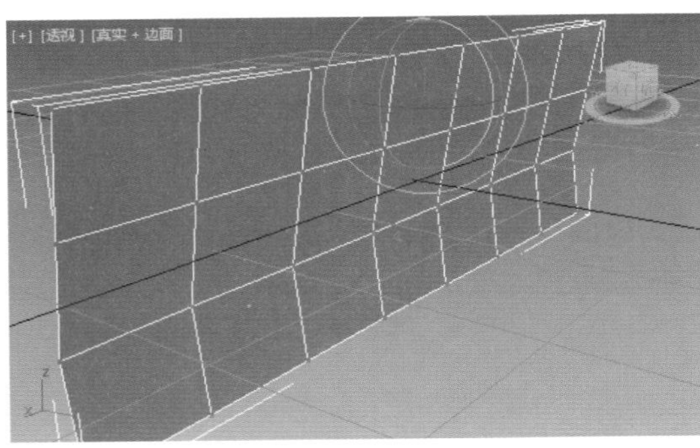

图8-148

步骤03 进入【边】级别，选择部分边，并沿着Y轴旋转，如图8-149所示。

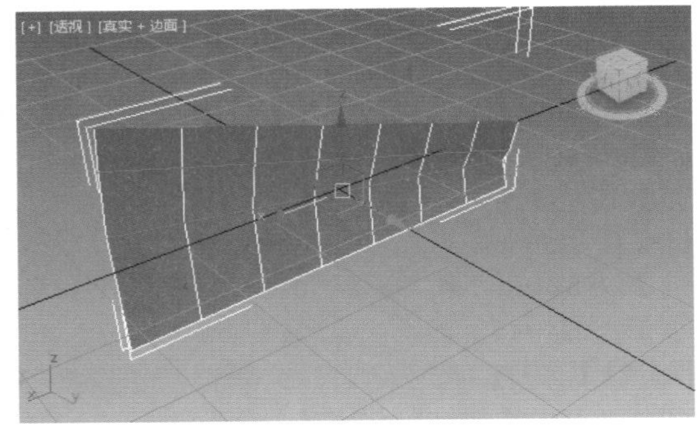

图8-149

步骤04 进入【点】级别，并在前视图中选择部分点，并对顶点进行缩放、移动，如图8-150所示。

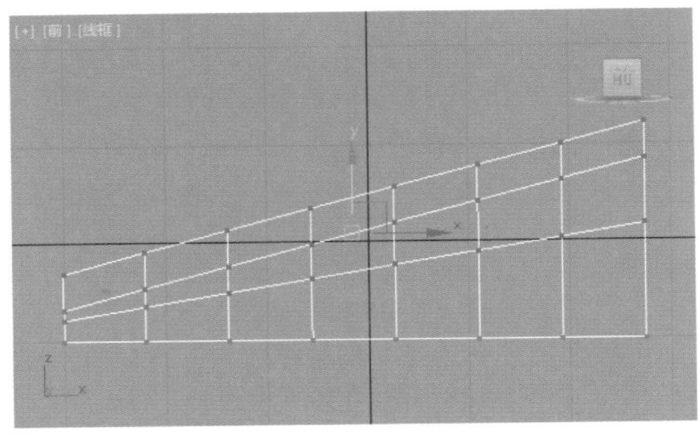

图8-150

步骤05 进入【边】级别，选择如图8-151所示的一条边。按住Shift键沿着Y轴拖拽，如图8-152所示。

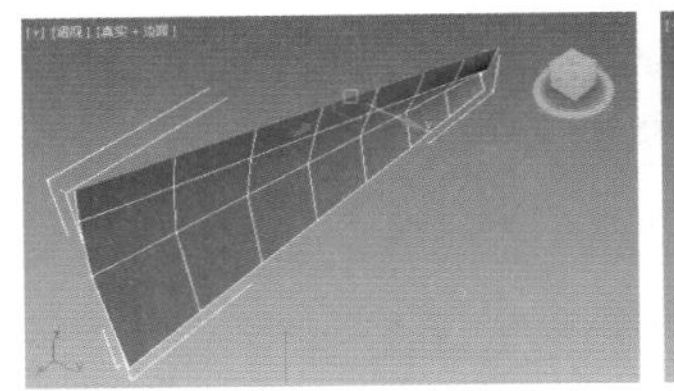

图8-151　　图8-152

步骤06 进入【点】级别，选择如图8-153所示的点，并对点进行移动，如图8-154所示。

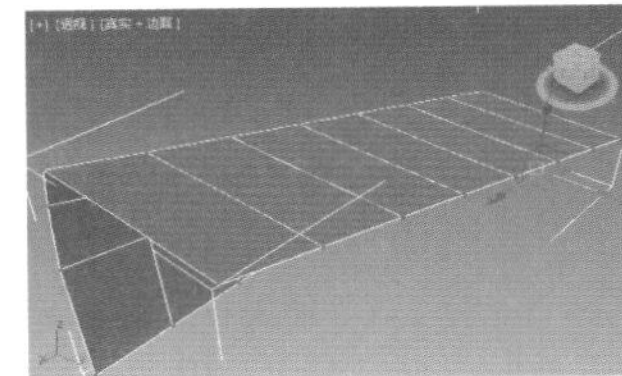

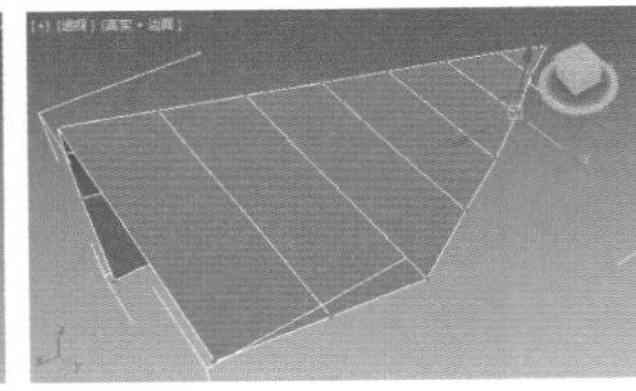

图8-153　　图8-154

步骤07 继续调整顶点，如图8-155所示。

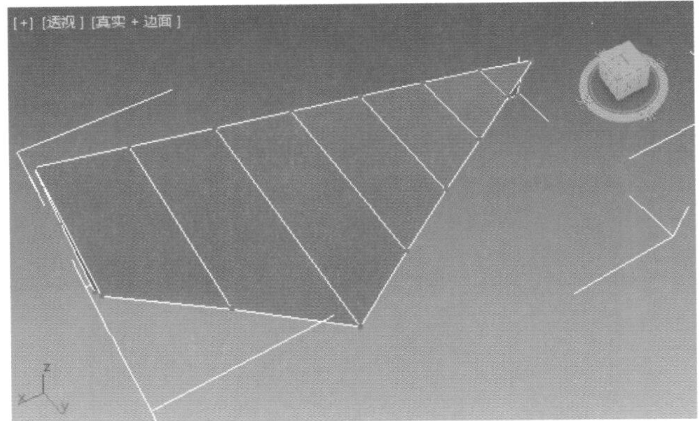

图8-155

步骤08 进入【边】级别，选择如图8-156所示的边。按住Shift键沿着Z轴向上拖拽，如图8-157所示。

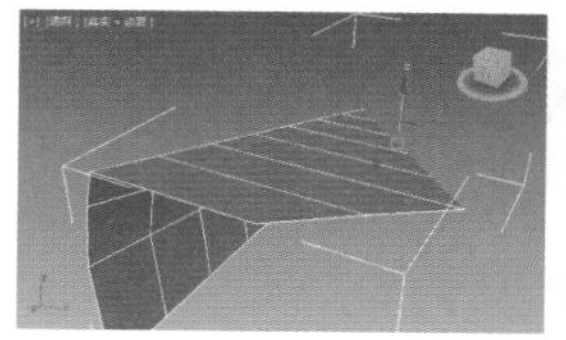
图8-156

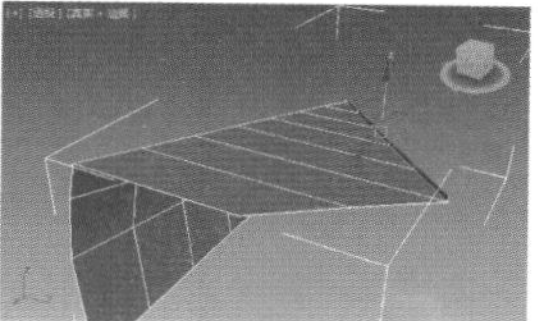
图8-157

步骤 09 继续沿着Y轴拖拽，如图8-158所示。

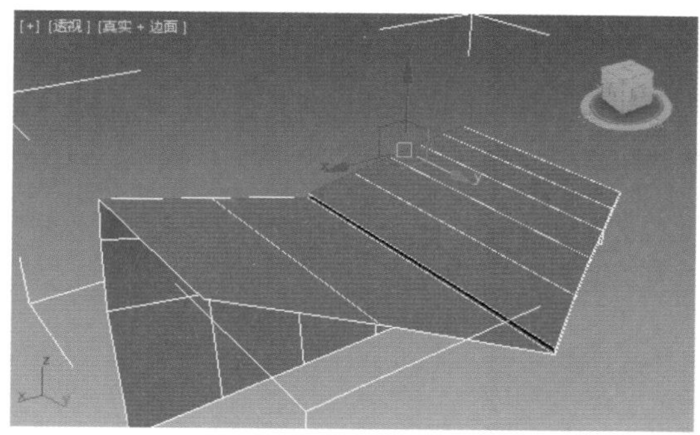
图8-158

步骤 10 进入【点】级别，选择如图8-159所示的顶点。将位置进行调整，使其与下面的顶点对齐，如图8-160所示。

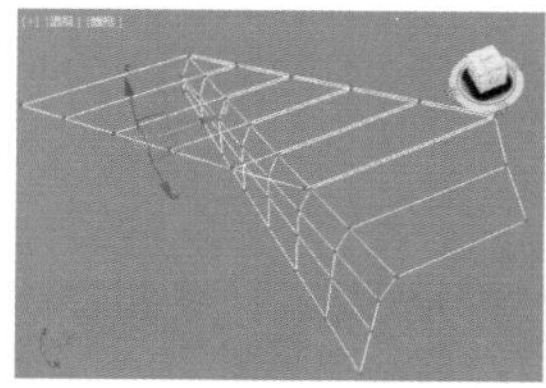
图8-159

图8-160

步骤 11 选择模型，单击（镜像）工具，并在弹出的对话框中选择Y轴和【复制】，如图8-161所示。此时纸飞机模型已经制作完成，如图8-162所示。

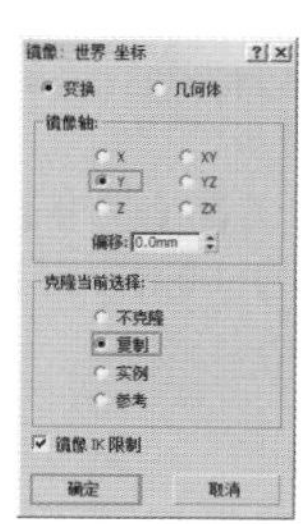
图8-161

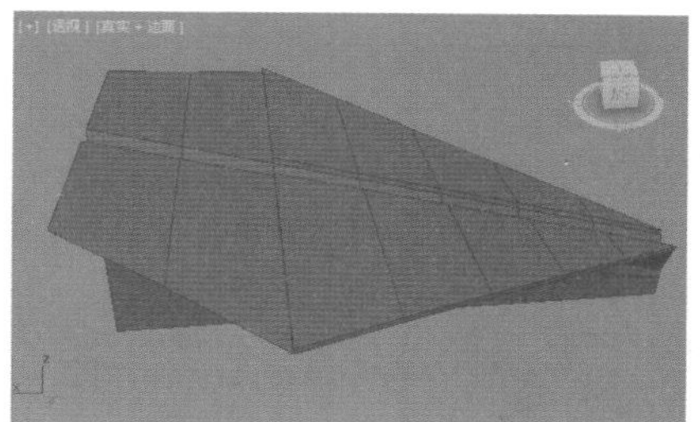
图8-162

实例：多边形建模制作多人沙发

文件路径：Chapter 08 多边形建模→实例：多边形建模制作多人沙发

扫一扫，看视频

本例使用多边形建模，将切角长方体转换为多边形，通过挤出多边形，得到沙发靠背和扶手。创建切角长方体作为沙发的靠垫。制作出沙发的一侧后，镜像并复制，得到另一侧。完成沙发的制作，效果如图8-163所示。

图8-163

步骤 01 使用【切角长方体】在顶视图中创建如图8-164所示的【切角长方体】，并设置【长度】为500mm，【宽度】为800mm，【高度】为200mm，【圆角】为15mm，【长度分段】为2，【宽度分段】为2，【圆角分段】为3，如图8-165所示，并按住Shift键向右侧复制一份，如图8-166所示。

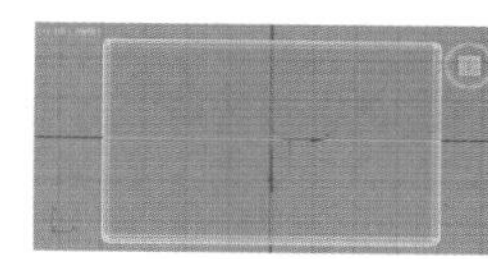
图8-164

图8-165

图8-166

步骤 02 选择复制后的模型，右击将其转换为可编辑多边形，如图8-167所示。

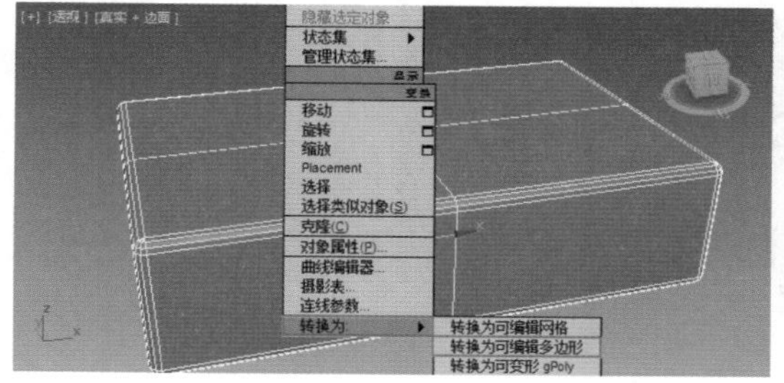
图8-167

步骤 03 进入【边】级别，选择如图8-168所示的边，并移动到合适的位置，如图8-169所示。再次在顶视图中框选中间的边，并移动到合适的位置，如图8-170所示。

图8-168

图8-169

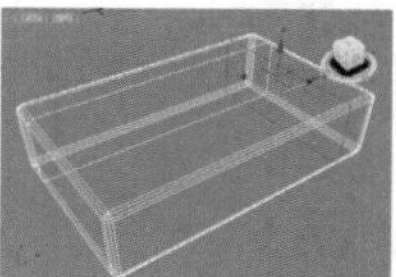
图8-170

步骤 04 进入（多边形）级别，选择如图8-171所示的多边形。接着单击 挤出 后面的（设置）按钮，设置【数量】为300mm，如图8-172所示。

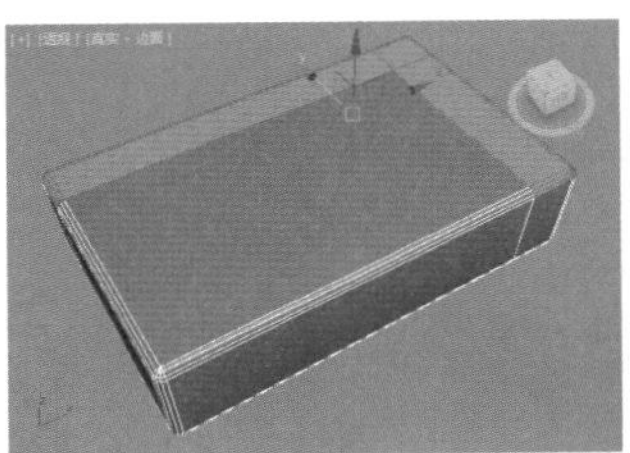

图8-171

图8-172

步骤 05 再次单击取消▣（多边形）级别。在模型上方创建一个【切角长方体】，如图8-173所示。参数如图8-174所示。

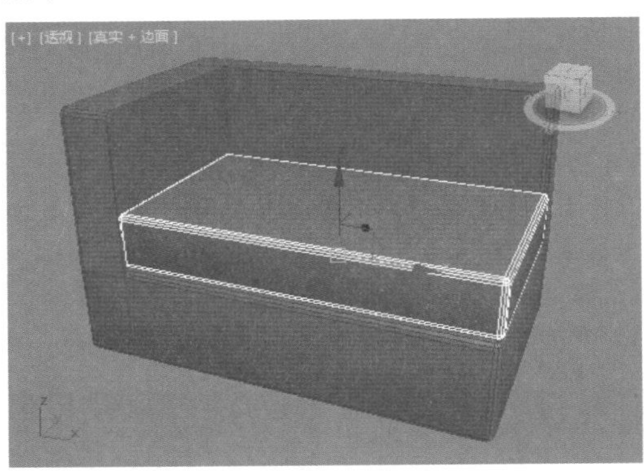

图8-173

图8-174

步骤 06 选择此时的两个模型，单击▣（镜像）工具，设置【镜像轴】为X，【偏移】为750mm，【克隆当前选择】为【复制】，如图8-175所示。最终模型如图8-176所示。

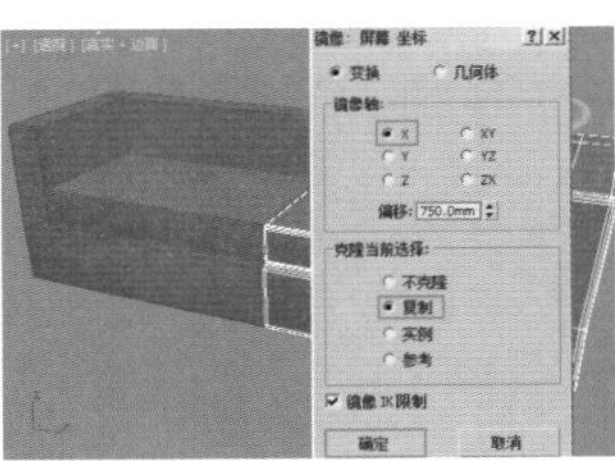

图8-175

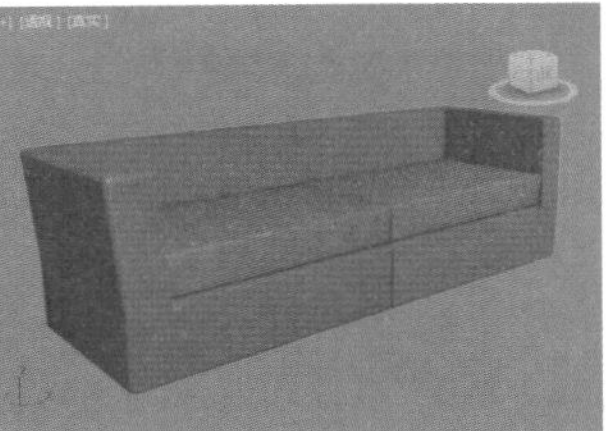

图8-176

实例：多边形建模制作衣柜

扫一扫，看视频

文件路径：Chapter 08 多边形建模→实例：多边形建模制作衣柜

本例使用矩形样条线创建衣柜的外框，衣柜的柜门使用长方体制作，转换为多边形后使用【快速切片】功能制作出衣柜表面的切分设计。最终效果如图 8-177 所示。

步骤 01 执行▣（创建）|▣（图形）|样条线|矩形命令，在前视图中创建一个如图8-178所示的矩形，并设置【长度】为2200mm，【宽度】为2000mm，如图8-179所示。

图8-177

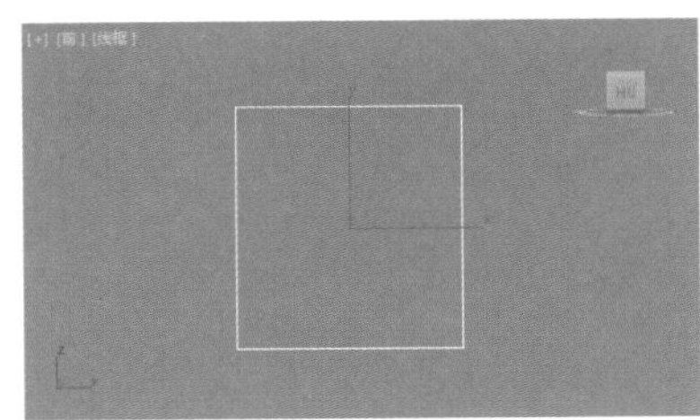

图8-178

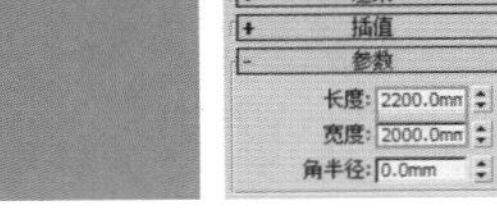

图8-179

步骤 02 展开【渲染】卷展栏，勾选【在渲染中启用】和【在视口中启用】，选择【矩形】设置【长度】为500mm，【宽度】为50mm，如图8-180所示。效果如图8-181所示。

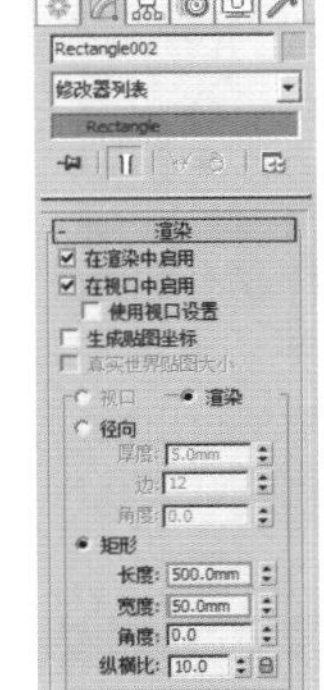

图8-180

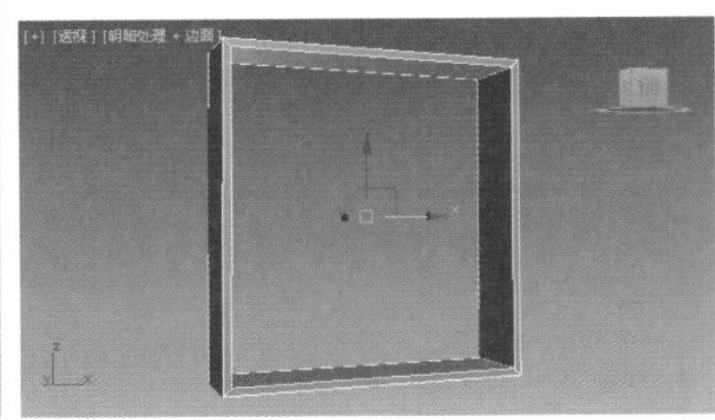

图8-181

步骤 03 创建一个长方体，如图8-182所示。设置【长度】为2150mm，【宽度】为1950mm，【高度】为500mm，【宽度分段】为3，如图8-183所示。

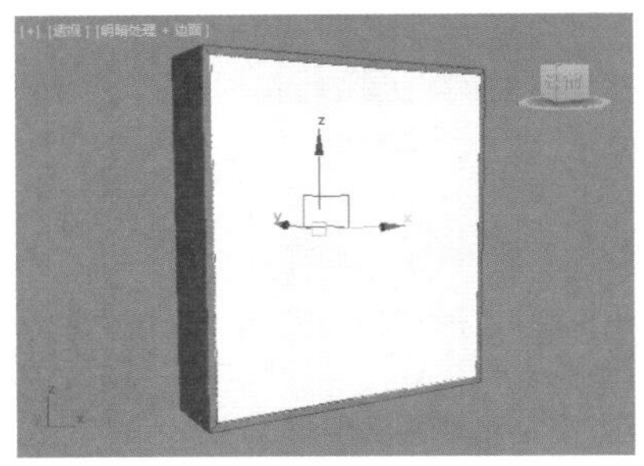

图8-182

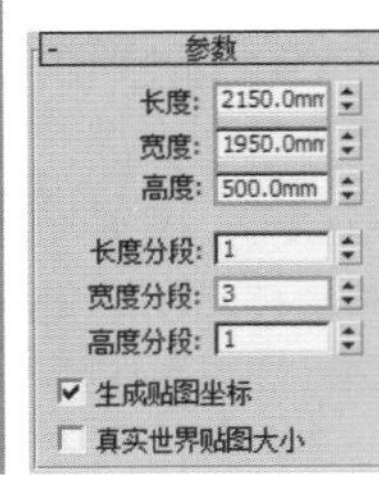

图8-183

步骤 04 选中中间的长方体，右击执行【转换为】|【转换为可编辑多边形】命令，如图8-184所示。

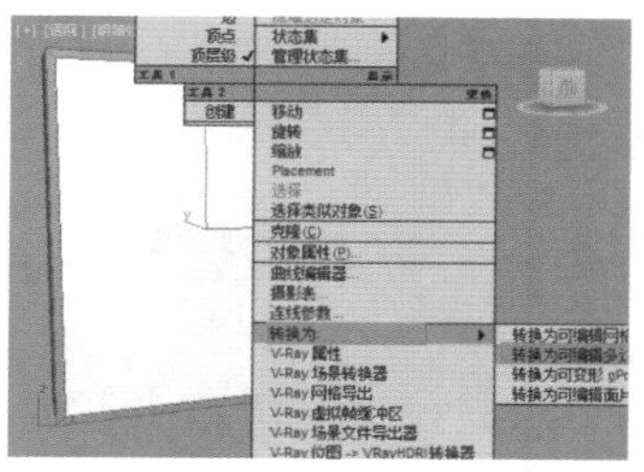

图8-184

步骤 05 继续使用【长方体】工具，在柜子下方创建4个小的长方体作为柜子腿，参数如图8-185所示。效果如图8-186所示。

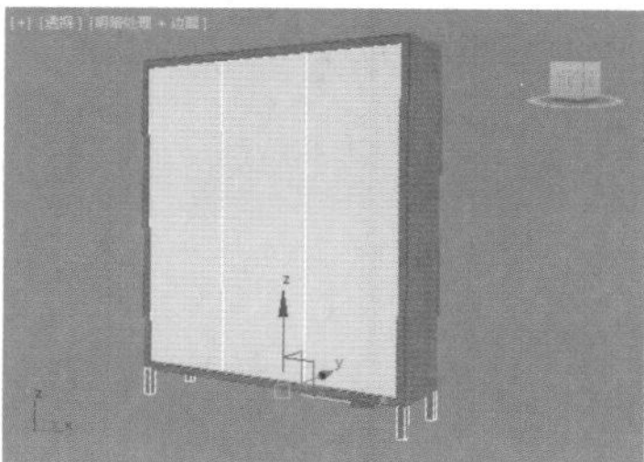

图8-185　　图8-186

步骤 06 选中中间的长方体。单击【修改】按钮，接着进入（顶点）级别，选择中间的顶点，使用【选择并均匀缩放】工具，然后沿X轴向左侧拖动，使其中间产生小的缝隙，如图8-187所示。

步骤 07 进入（多边形）级别，然后选择中间的多边形，如图8-188所示。

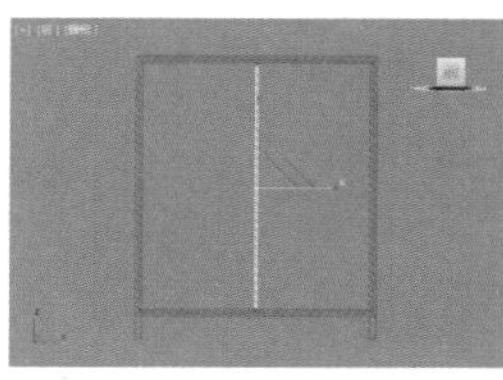

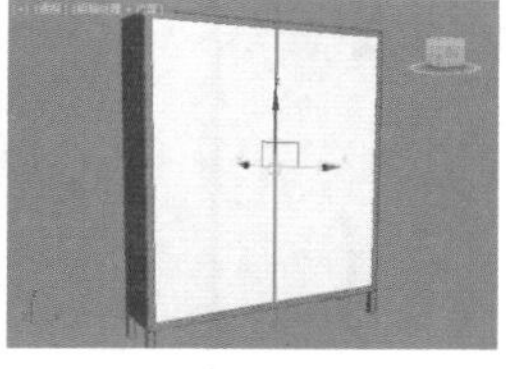

图8-187　　图8-188

步骤 08 单击【编辑几何体】卷展栏下的【分离】按钮，如图8-189所示。

步骤 09 再次单击（多边形）级别，取消选择该级别。然后选择白色柜子模型，单击【修改】按钮，单击【编辑几何体】下的 快速切片 按钮，在模型上单击两次，即可创建如图8-190所示的线。

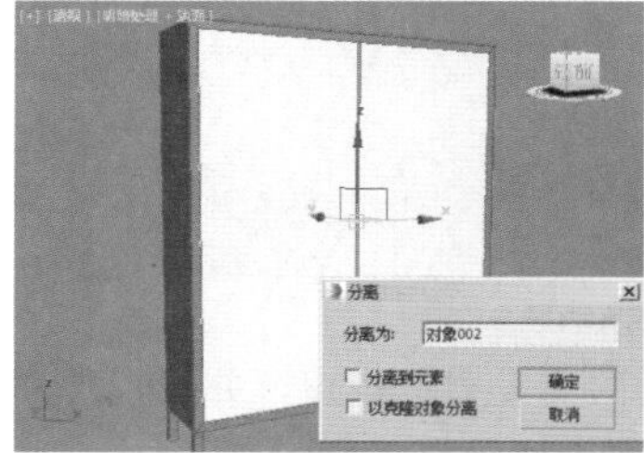

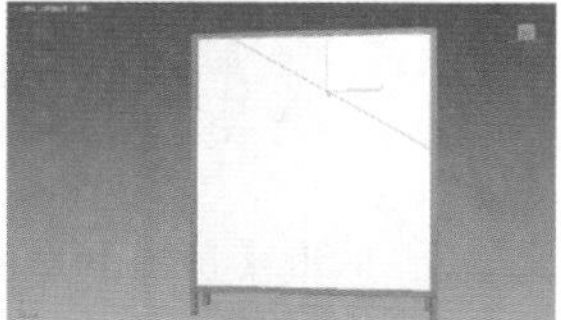

图8-189　　图8-190

步骤 10 用同样的方法继续使用【快速切片】切出来几条线，如图8-191所示。

步骤 11 进入（多边形）级别，然后选择多边形。单击【编辑几何体】卷展栏下的【分离】按钮，在参数对话框中单击【确定】按钮，如图8-192所示。

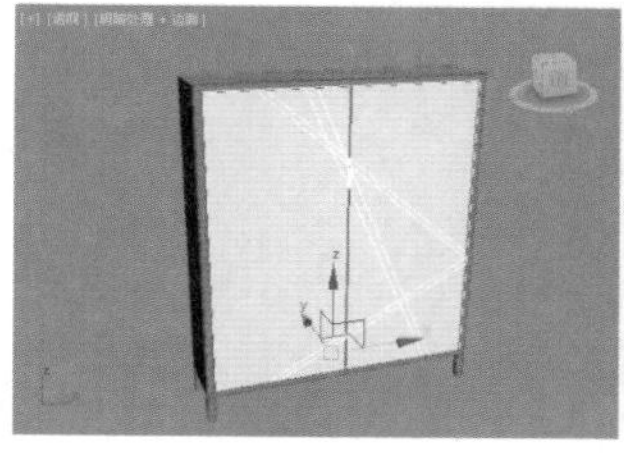

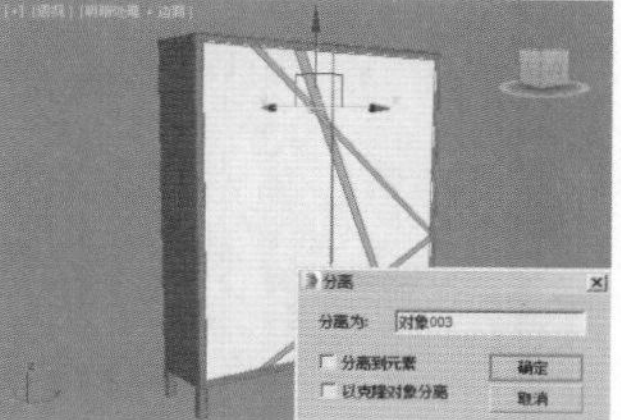

图8-191　　图8-192

步骤 12 最终模型如图8-193所示。

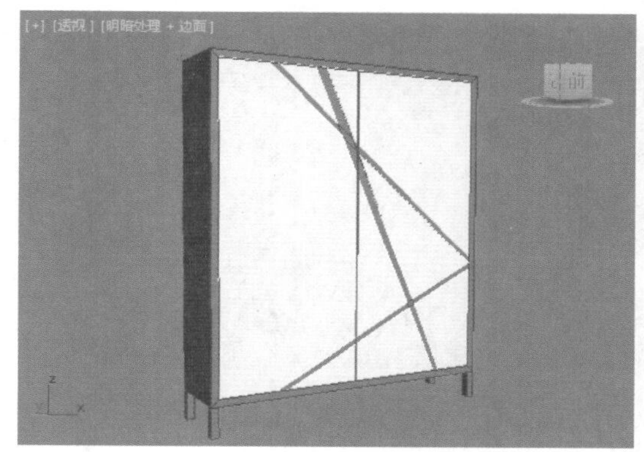

图8-193

实例：多边形建模制作 U 盘

文件路径：Chapter 08　多边形建模→实例：多边形建模制作U盘

扫一扫，看视频

本例的 U 盘模型是以长方体创建而成，将模型转换为可编辑多边形，通过调整【点】并配合【桥】制作出 U 盘上的圆形空洞，效果如图 8-194 所示。

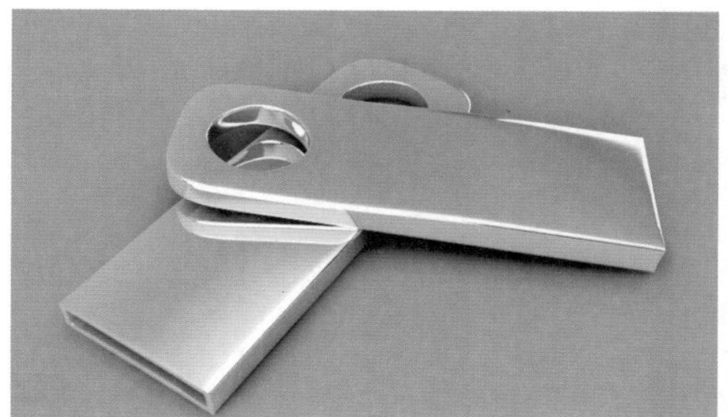

图8-194

步骤 01 在顶视图中创建一个长方体，如图8-195所示，并设置【长度】为50mm，【宽度】为20mm，【高度】为5mm，【长度分段】为5，【宽度分段】为2，如图8-196所示。

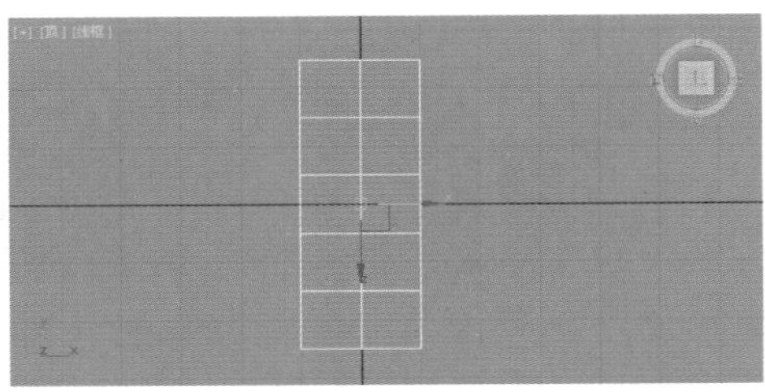

图8-195　　图8-196

步骤 02 选择透视图中的长方体，并将其转换为可编辑多边形，如图8-197所示。

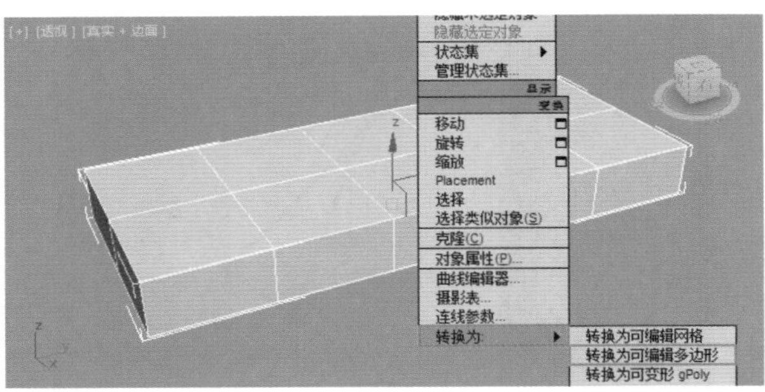

图8-197

步骤 03 单击【修改】按钮，进入【边】级别，选择如图8-198所示的边，并沿着Z轴向下移动，如图8-199所示。

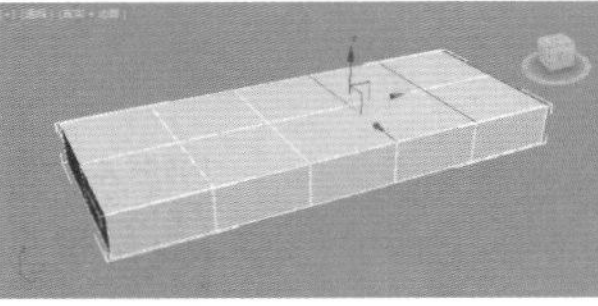

图8-198　　图8-199

步骤 04 进入【顶点】级别，选择如图8-200所示的上下两点，并单击【切角】后面的【设置】按钮，设置【切角】数值为8mm，如图8-201所示。

步骤 05 进入【多边形】级别，在透视图中选择如图8-202所示的上下两边，并单击【桥】，如图8-203所示。

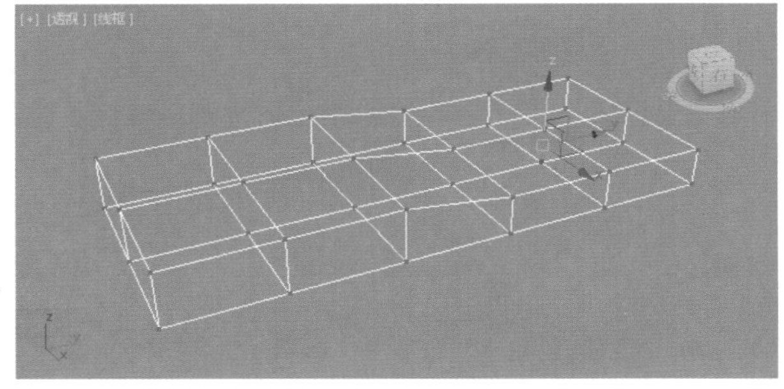

图8-200

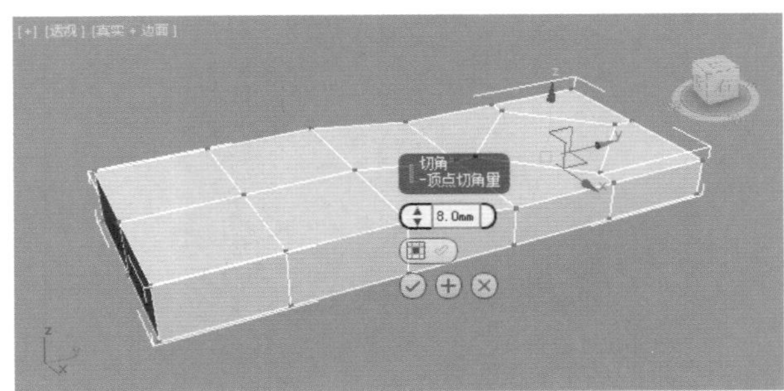

图8-201

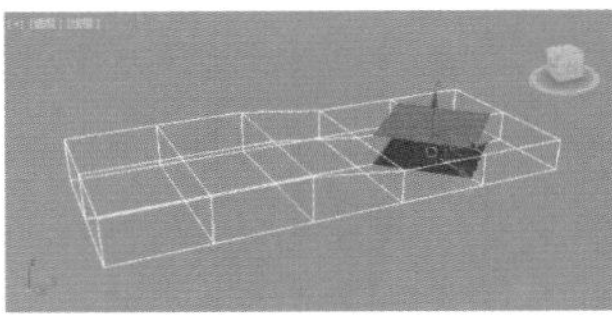

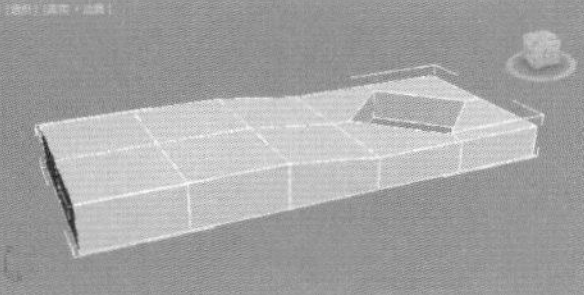

图8-202　　图8-203

提示：【桥】的作用。

选择正对的两个多边形，单击【桥】命令，即可出现镂空效果。

步骤 06 选择如图8-204所示的多边形。单击【插入】后面的【设置】按钮，并设置【插入】数值为1mm，如图8-205所示。

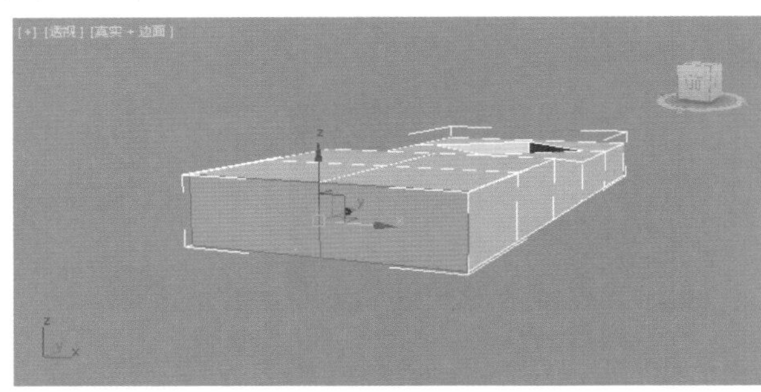

图8-204

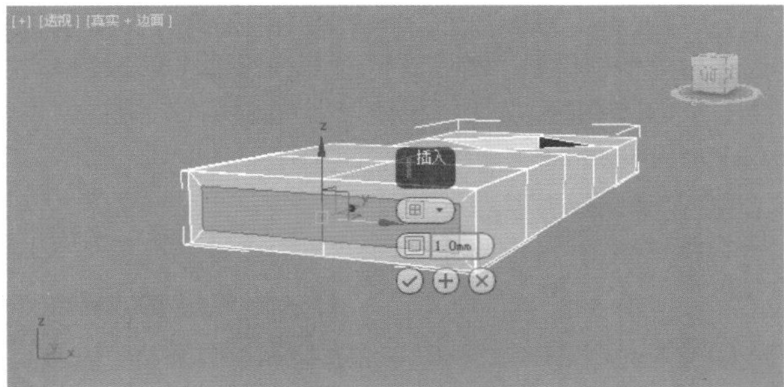

图8-205

步骤 07 单击【挤出】后面的【设置】按钮，并设置【高度】为－19mm，如图8-206所示。

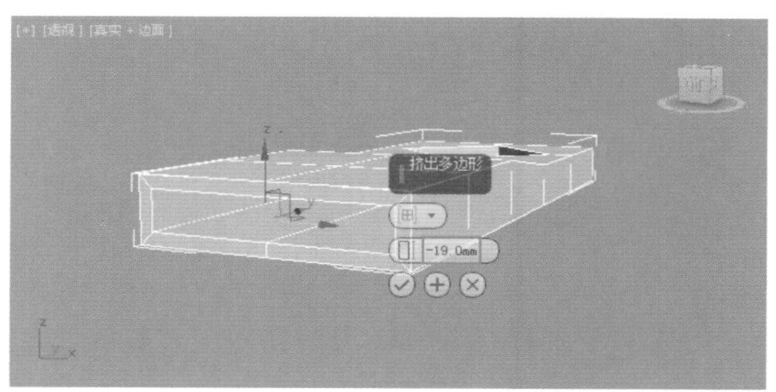

图8-206

步骤 08 进入【边】级别，选择如图8-207所示的边，并单击【切角】后面的【设置】按钮，设置【边切角量】为8mm，【连接边分段】为3，如图8-208所示。

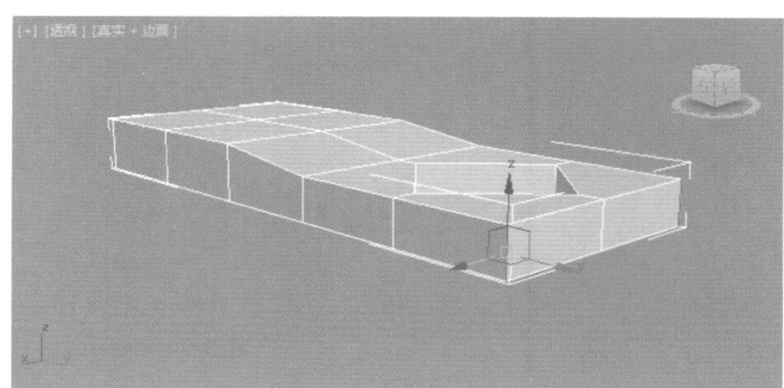

图8-207

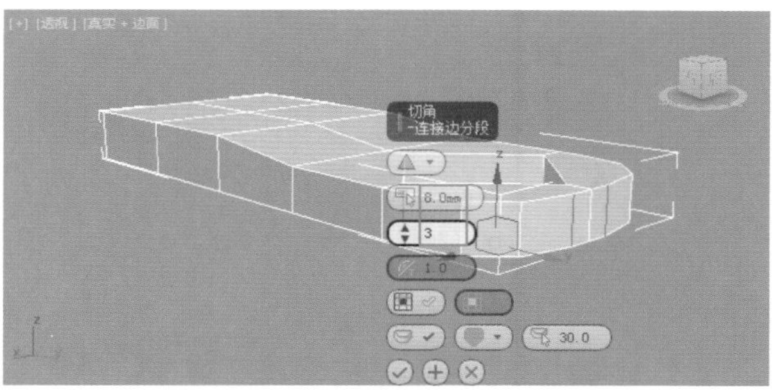

图8-208

步骤 09 选择如图8-209所示的边，并单击【切角】后面的【设置】按钮，设置【边切角量】为0.1mm，【连接边分段】为1，如图8-210所示。

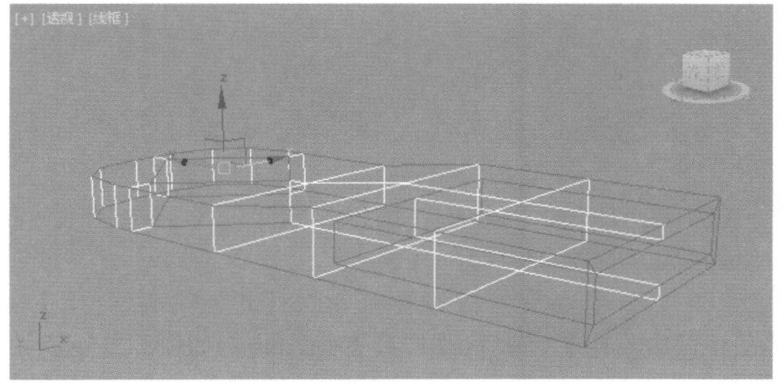

图8-209

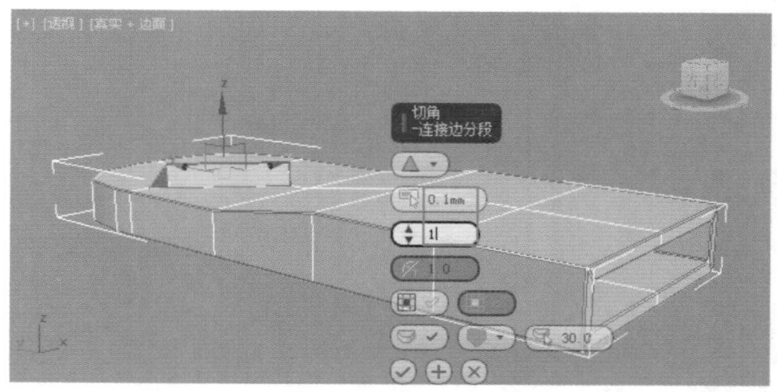

图8-210

步骤 10 再次单击取消【边】级别，并为模型加载【网格平滑】修改器，设置【迭代次数】为3，如图8-211所示。

步骤 11 此时模型已经制作完成，效果如图8-212所示。

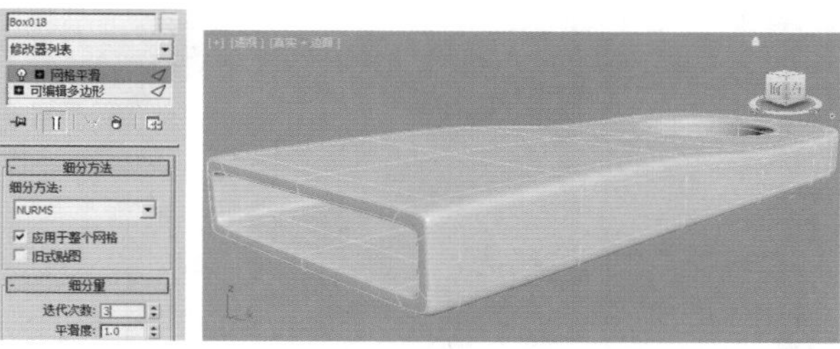

图8-211　　图8-212

实例：多边形建模制作创意吊灯

文件路径：Chapter 08　多边形建模→实例：多边形建模制作创意吊灯

扫一扫，看视频

本例通过对球体【细化】使模型上的多边形个数增多，并利用【优化】使模型上的四边形变为三角形。转换为可编辑多边形后，使用【利用所选内容创建图形】功能得到图形表面的样条线。多次复制样条线，制作出吊灯的灯罩。灯泡部分使用到了样条线和【撤销】命令进行制作，效果如图 8-213 所示。

图8-213

Part 01 创建球形吊灯

步骤 01 执行（创建）|（几何体）|标准基本体|球体命令，创建一个球体，如图8-214所示。在【修改】面板中设置【半径】为250mm，如图8-215所示。

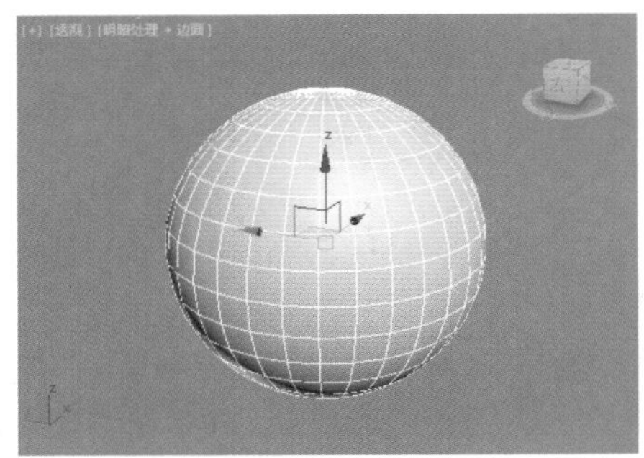

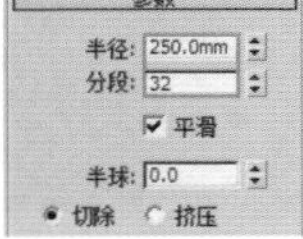

图8-214　　图8-215

步骤02 为其加载【细化】修改器，设置【张力】为25，【迭代次数】为2，如图8-216所示。模型效果如图8-217所示。

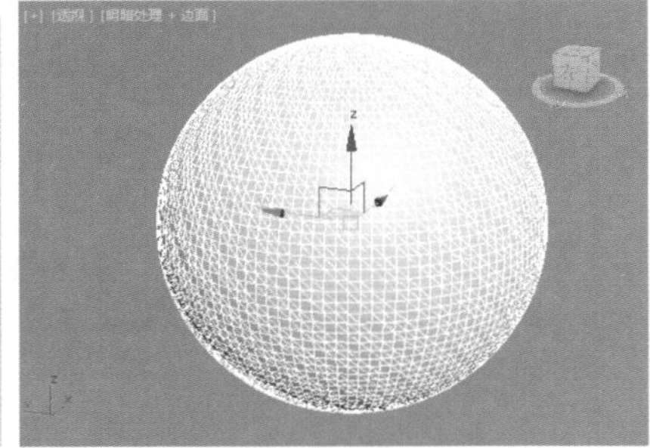

图8-216　　图8-217

步骤03 为其加载【优化】修改器，设置【面阈值】为9，如图8-218所示。模型效果如图8-219所示。

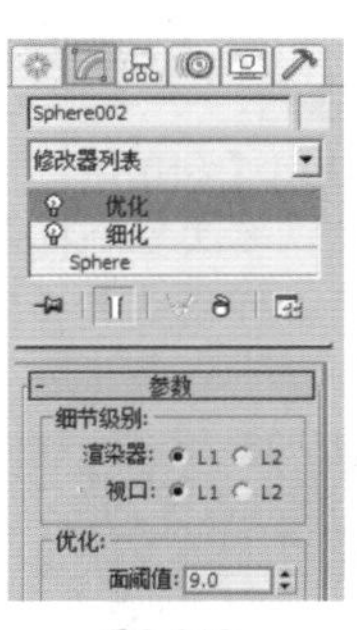

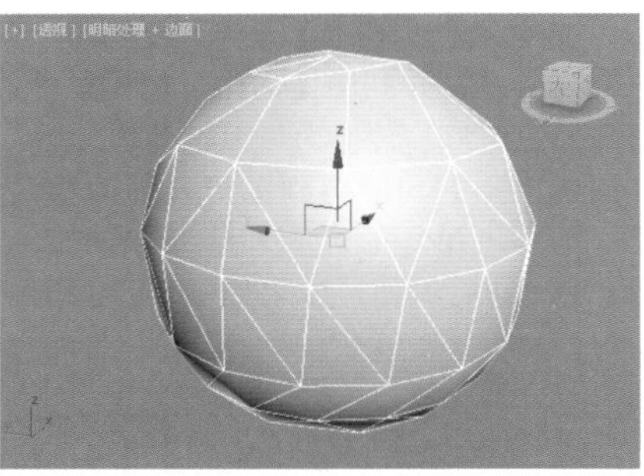

图8-218　　图8-219

步骤04 选中球体右击，执行【转换为】|【转换为可编辑多边形】命令，如图8-220所示。然后单击【修改】按钮，进入（边）级别，选择所有的边，最后单击【利用所选内容创建图形】按钮，如图8-221所示。

步骤05 在【编辑边】卷展栏中单击 利用所选内容创建图形 按钮，在弹出的对话框中设置【图形类型】为【平滑】，如图8-222所示。

步骤06 再次单击（边）级别按钮，取消选择边。此时线已经被提取出来了，如图8-223所示。

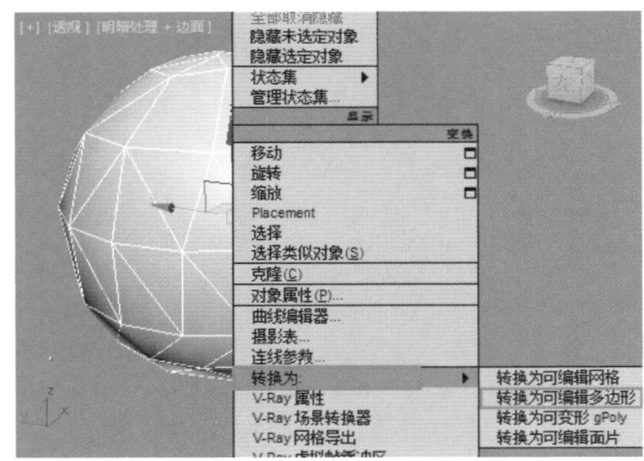

图8-220

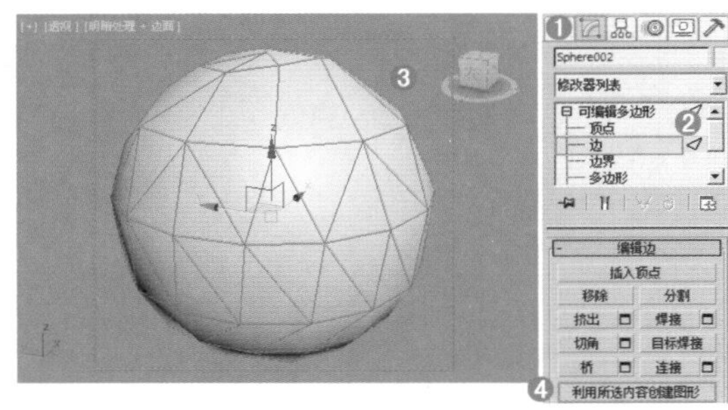

图8-221

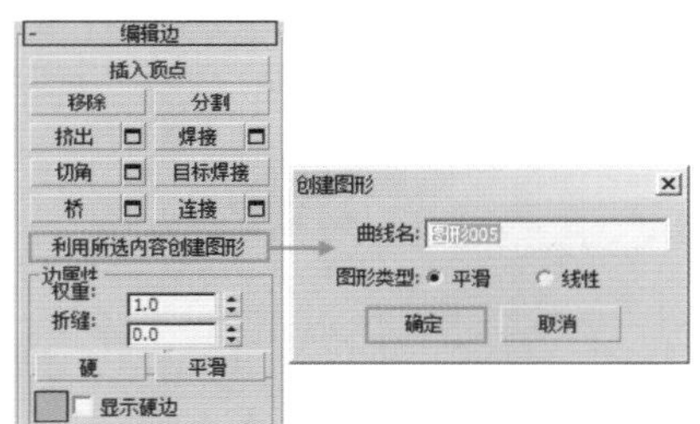

图8-222

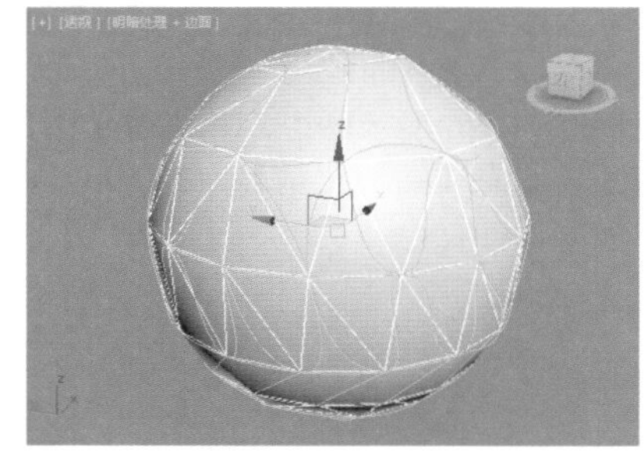

图8-223

步骤07 选择球体，按Delete键将其删除，然后选择刚才提取出的线，如图8-224所示。

步骤08 单击【修改】按钮，勾选【在渲染中启用】和【在视口中启用】，设置【厚度】为2mm，如图8-225所示。

步骤09 此时的线已经具有了厚度，变为了三维效果，如图8-226所示。

步骤 10 此时的模型不够密集，因此可以将其旋转复制。选择此时的模型，使用（选择并旋转）工具，按下Shift键将其旋转复制，如图8-227所示。

步骤 11 复制后的效果如图8-228所示。

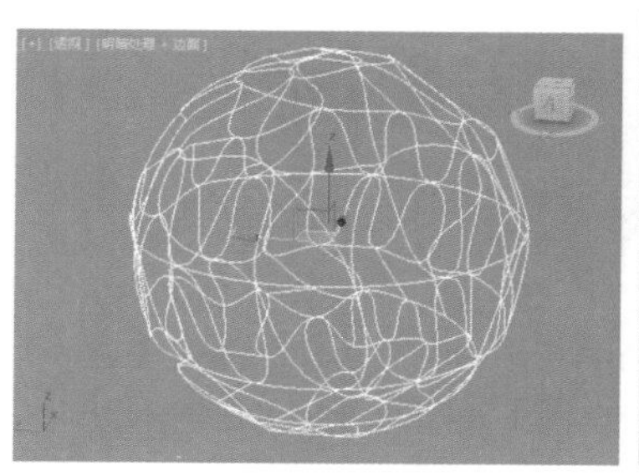

图8-224

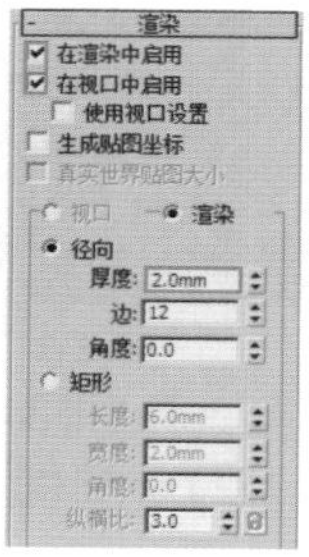

图8-225

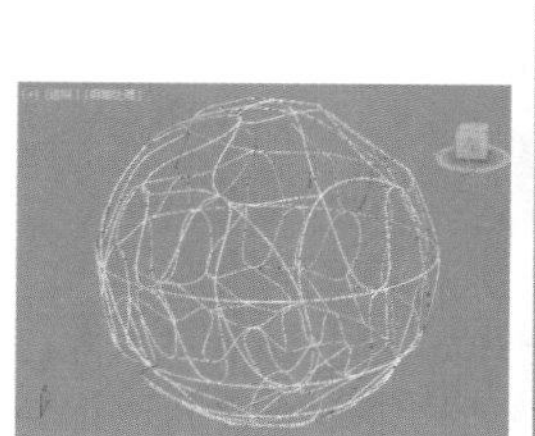

图8-226

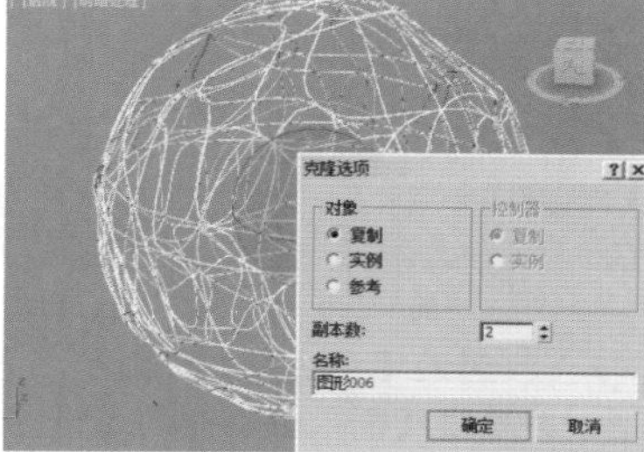

图8-227

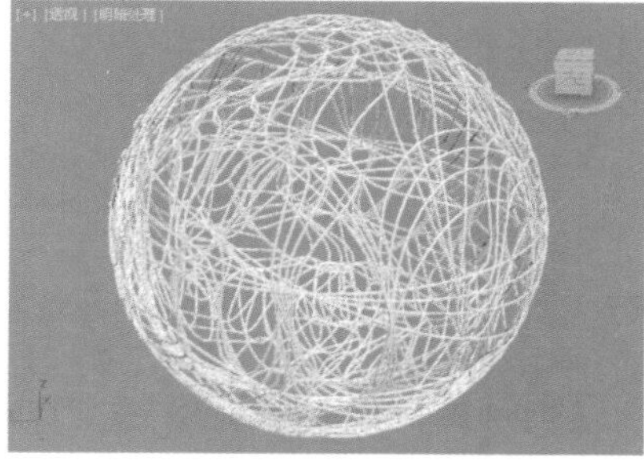

图8-228

Part 02 创建灯泡和电线

步骤 01 制作灯泡模型。使用【线】工具在前视图中绘制一条线，如图8-229所示。为其加载【车削】修改器，单击最小按钮，如图8-230所示。此时模型效果如图8-231所示。

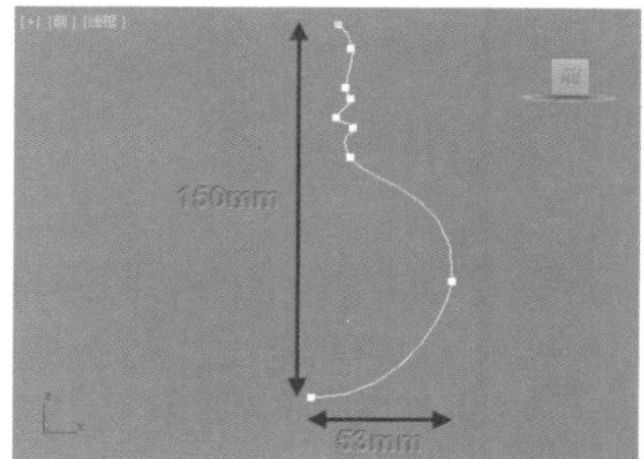

图8-229

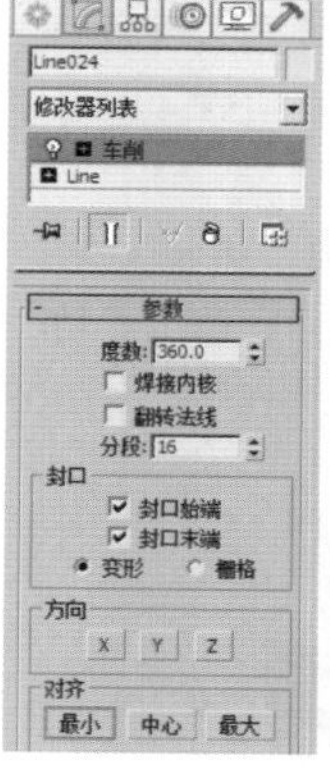

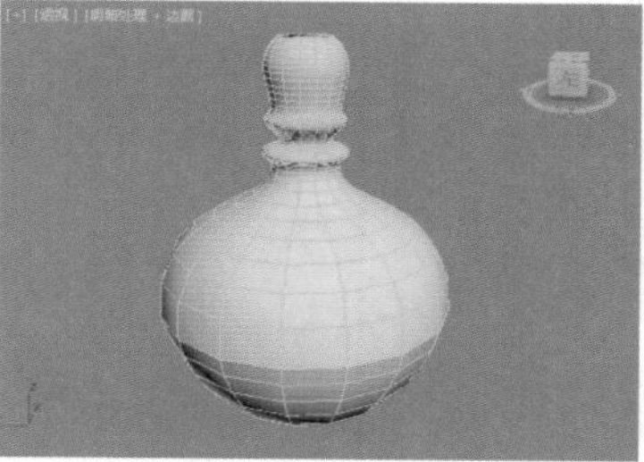

图8-230

图8-231

步骤 02 使用【管状体】工具在灯泡上方创建，如图8-232所示。参数如图8-233所示。

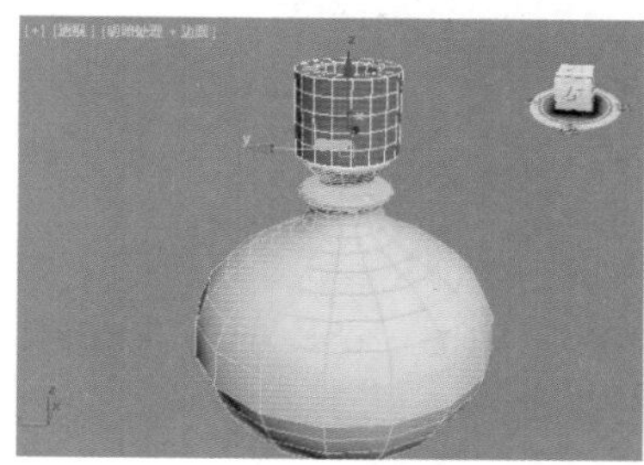

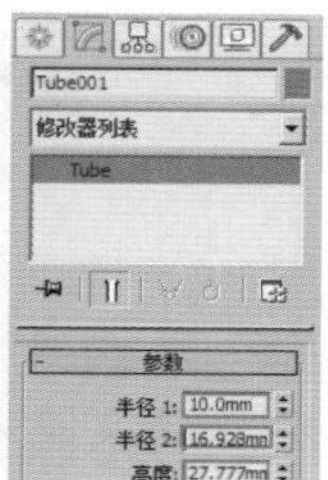

图8-232

图8-233

步骤 03 选中整个灯泡模型，使用（选择并移动）工具移动到如图8-234所示的位置。

步骤 04 使用【线】工具绘制一条线，如图8-235所示，然后勾选【在渲染中启用】和【在视口中启用】，选择【径向】，设置【厚度】为5mm，如图8-236所示。效果如图8-237所示。

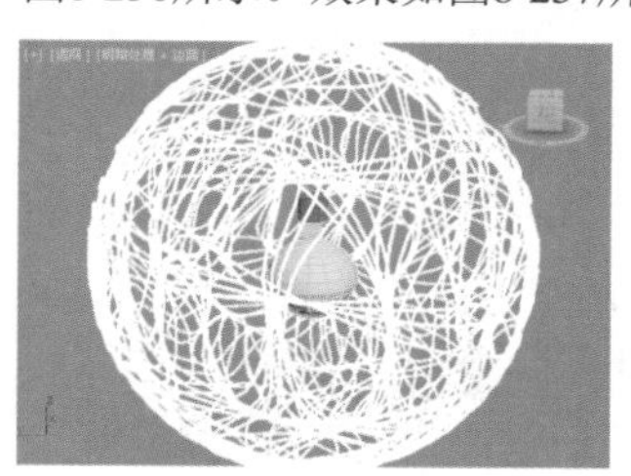

图8-234

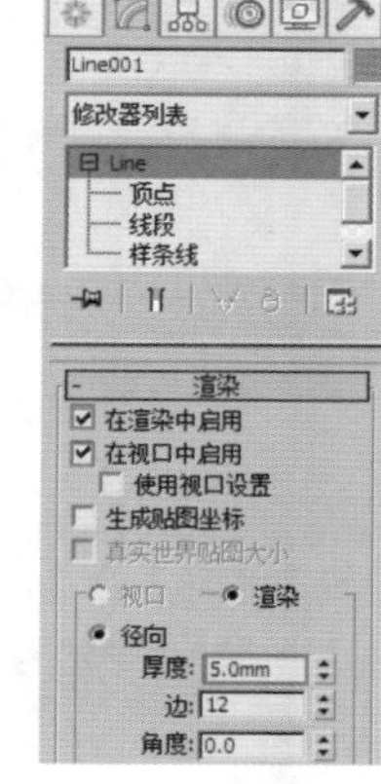

图8-236

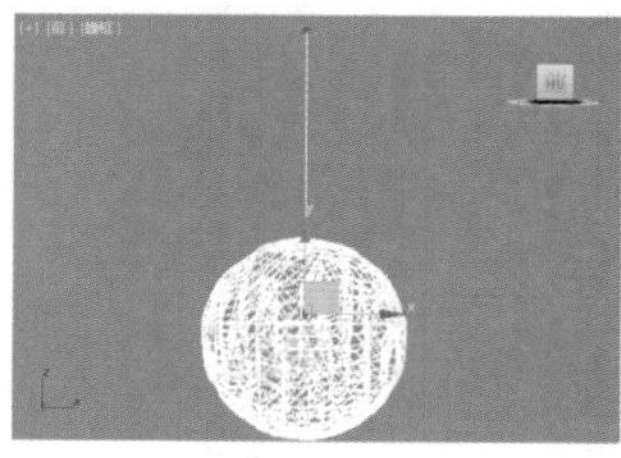

图8-235

图8-237

第8章 多边形建模

实例：多边形建模制作橱柜

扫一扫，看视频

文件路径：Chapter 08 多边形建模→实例：多边形建模制作橱柜

本例使用多边形建模，将长方体转换为多边形后，使用插入、倒角、挤出等功能制作橱柜的柜体。创建分段数为 4 的圆环作为抽屉拉手。效果如图 8-238 所示。

图8-238

Part 01 制作橱柜柜身

步骤 01 使用【长方体】工具创建一个长方体，如图8-239所示。设置参数如图8-240所示。

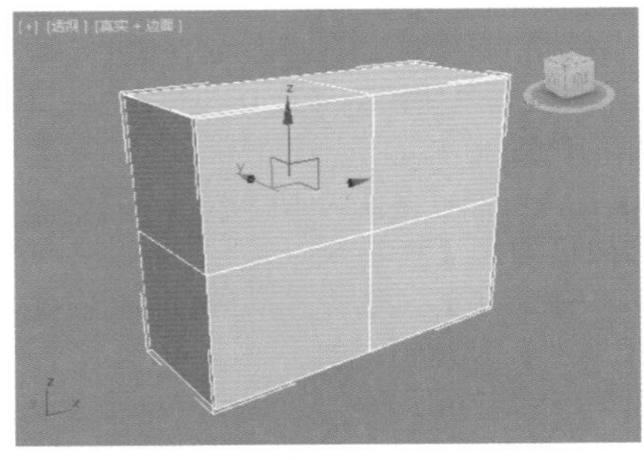
图8-239

参数

长度:	1160.0mm
宽度:	1505.0mm
高度:	600.0mm
长度分段:	2
宽度分段:	2
高度分段:	1

☑ 生成贴图坐标
☐ 真实世界贴图大小

图8-240

步骤 02 选择【长方体】右击，执行【转换为】|【转换为可编辑多边形】命令，如图8-241所示。

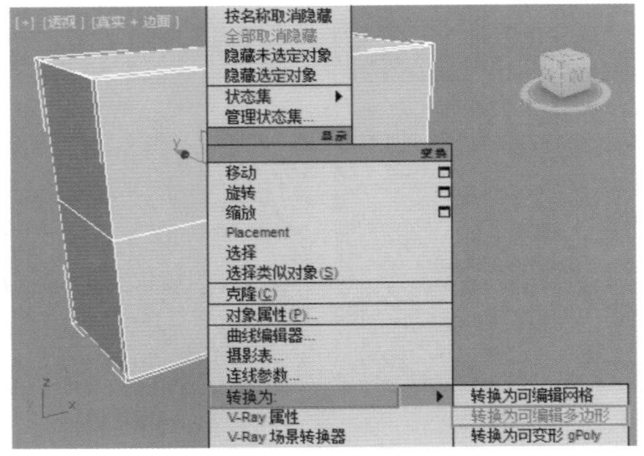

图8-241

步骤 03 单击【修改】按钮，进入【边】级别，选择如图8-242所示的6条边，并将其移动到如图8-243所示的位置。

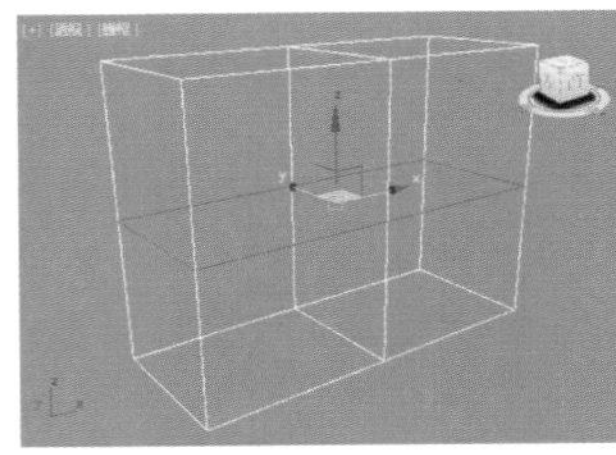
图8-242

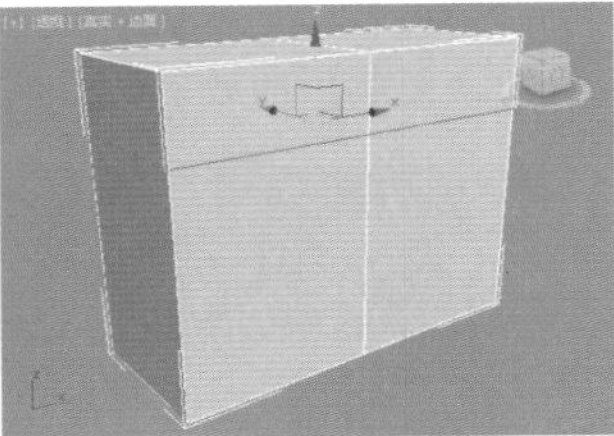
图8-243

步骤 04 选择如图8-244所示的两条边，并单击【连接】后面的【设置】按钮，设置【分段】为2，如图8-245所示。

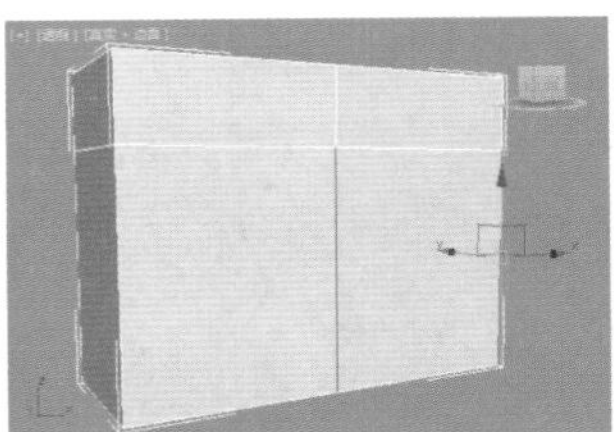
图8-244

图8-245

步骤 05 进入【多边形】级别，选择如图8-246所示的多边形，并单击【插入】后面的【设置】按钮，设置【数量】为15mm，如图8-247所示。

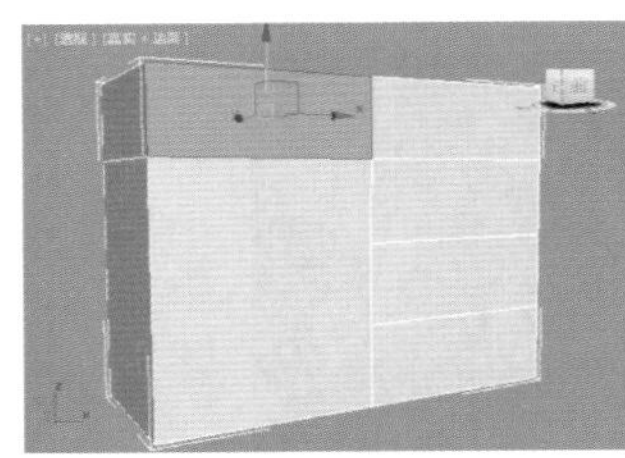
图8-246

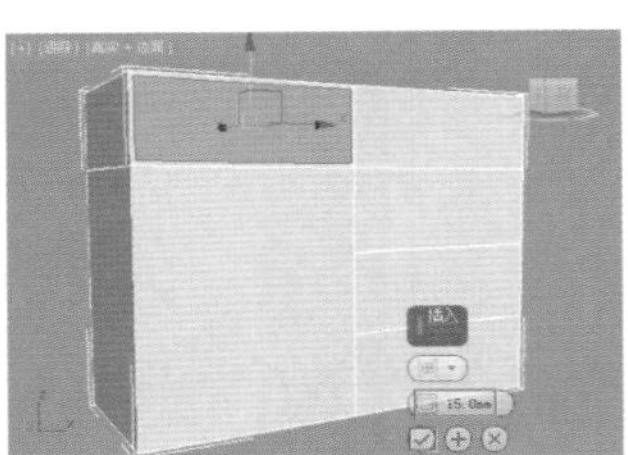
图8-247

步骤 06 单击【倒角】后面的【设置】按钮，设置【高度】为10mm，【轮廓】为 - 10mm，如图8-248所示。

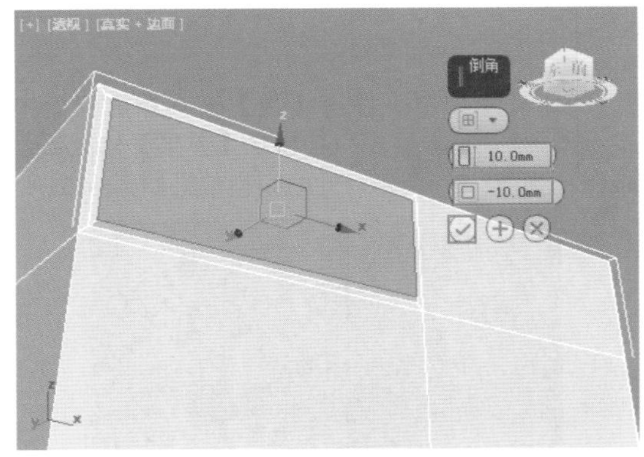

图8-248

步骤 07 单击【插入】后面的【设置】按钮，设置【数量】为10mm，如图8-249所示。

步骤 08 单击【倒角】后面的【设置】按钮，设置【高度】为 - 10mm，【轮廓】为 - 10mm，如图8-250所示。

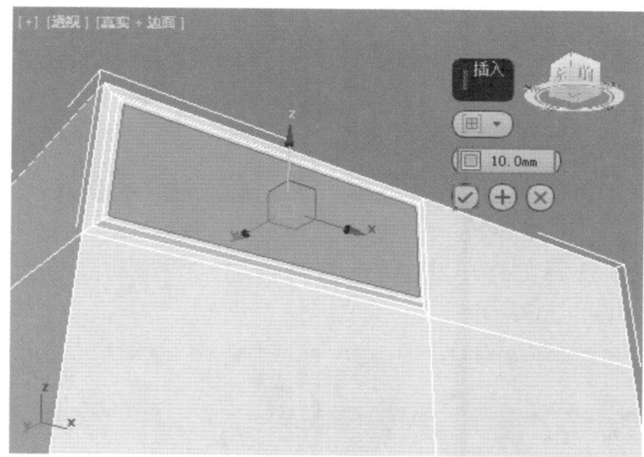

图8-249

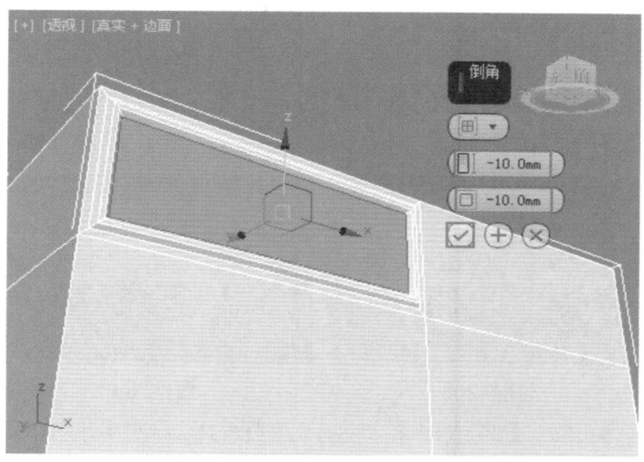

图8-250

步骤 09 分别选择其余5个如图8-251所示的多边形，继续使用同样的方法制作另外的部分，如图8-252所示。

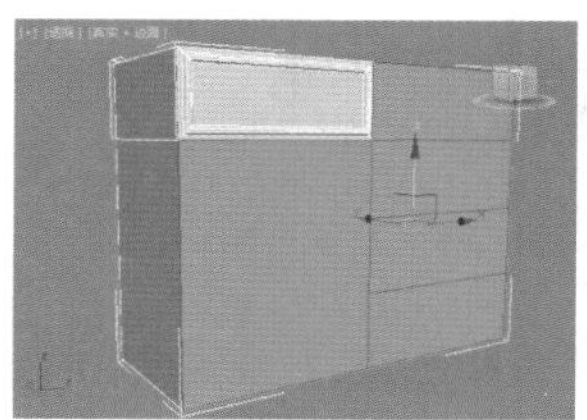

图8-251

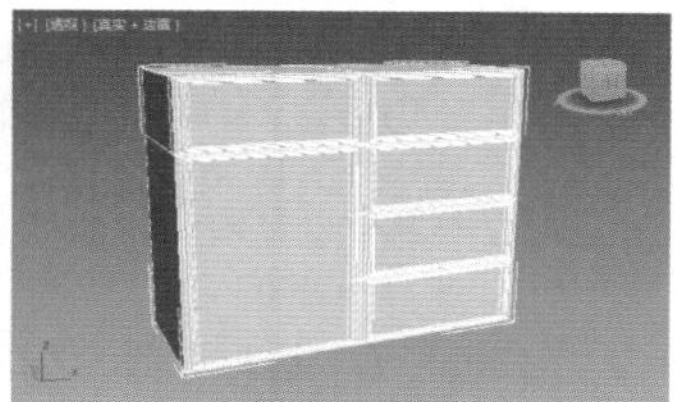

图8-252

提示：制作抽屉的简单方法。

除了可以使用上述方法依次制作每一个抽屉外，还可以对所有抽屉一起制作。

(1) 选择如图 8-253 所示的 6 个多边形。

(2) 单击【插入】后面的【设置】按钮，然后设置类型为（按多边形）方式，设置【数量】为15mm，如图 8-254 所示。

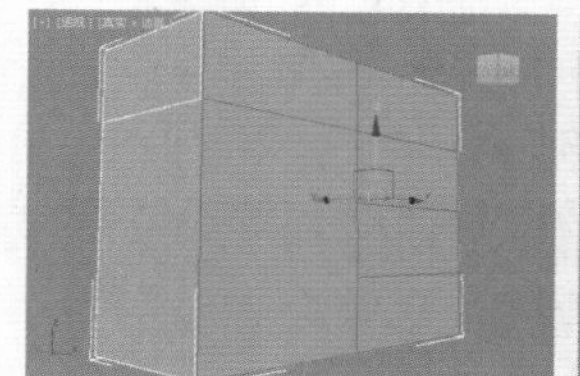

图8-253

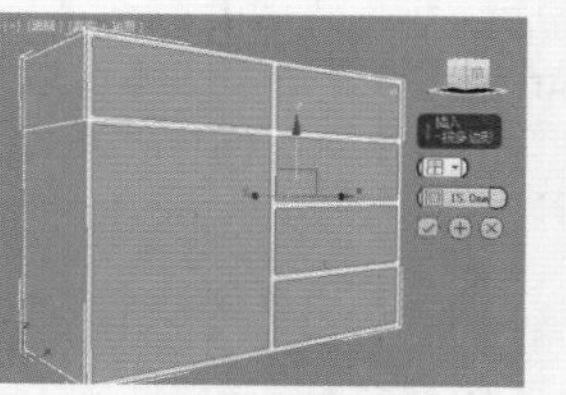

图8-254

(3) 继续进行倒角、插入、倒角操作，同样可以制作出柜子效果，如图 8-255 所示。

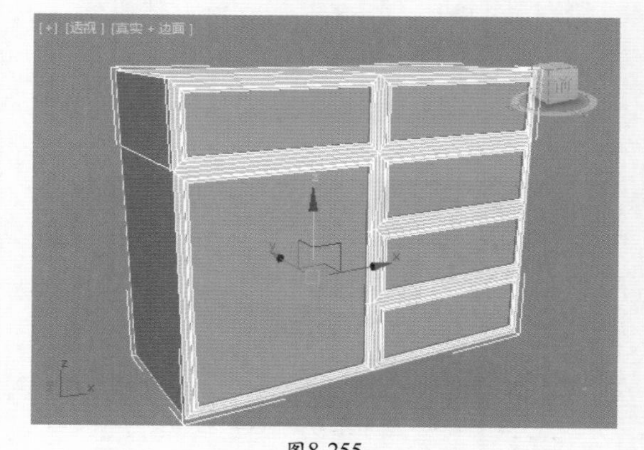

图8-255

步骤 10 进入【多边形】级别，选择如图8-256所示柜子底部的两个多边形，并单击【倒角】后面的【设置】按钮，设置【高度】为30mm，【轮廓】为15mm，如图8-257所示。

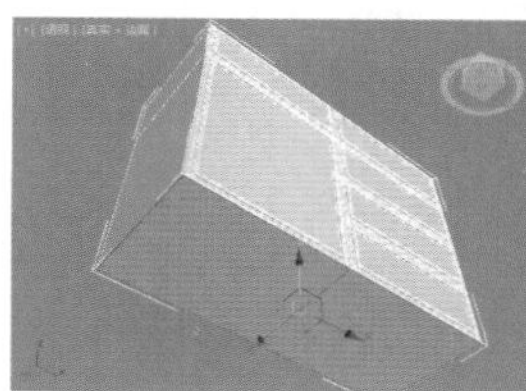

图8-256

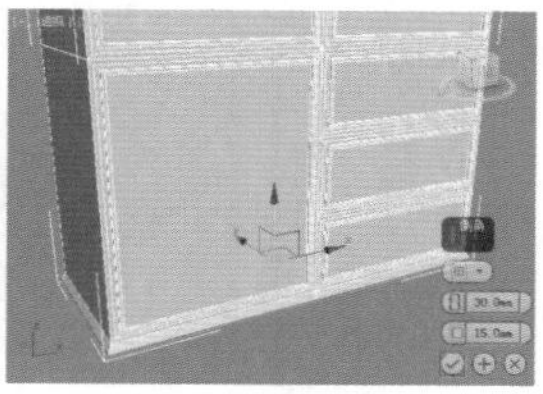

图8-257

步骤 11 单击【挤出】后面的【设置】按钮，设置【高度】为80mm，如图8-258所示。

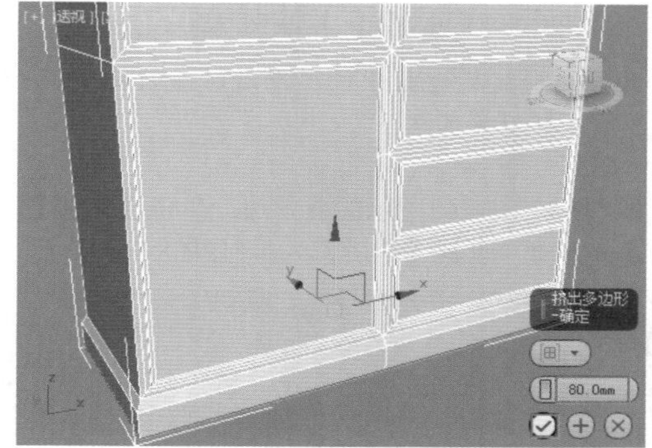

图8-258

步骤12 进入【边】级别，选择如图8-259所示的4条边。单击【连接】后面的【设置】按钮，设置【分段】为1，如图8-260所示。移动两条线的位置，如图8-261所示。

图8-259

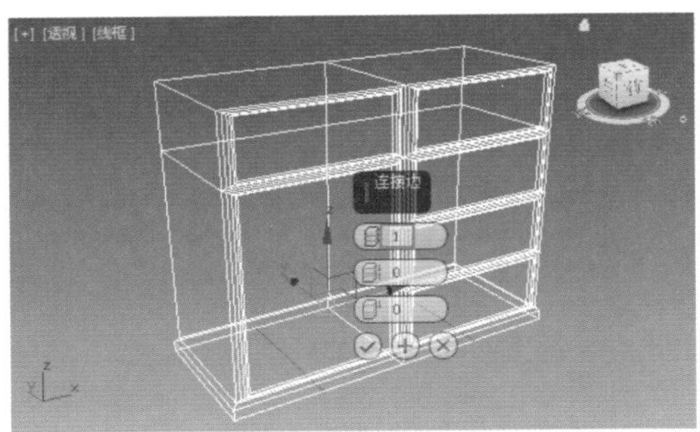

图8-260

图8-261

提示：F3 和 F4 快捷键的应用。

在多边形建模过程中，可以随时按快捷键 F3 或 F4 切换线框或模型效果。

步骤13 选择如图8-262所示的两条边。单击【连接】后面的【设置】按钮，设置【分段】为2，如图8-263所示。

图8-262

图8-263

步骤14 选择如图8-264所示的两条边。单击【连接】后面的【设置】按钮，设置【分段】为2，如图8-265所示。

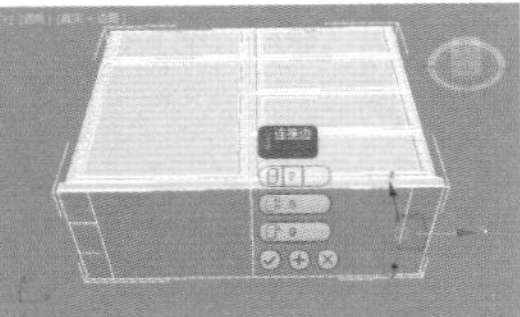

图8-264　　图8-265

步骤15 选择如图8-266所示的两条边，并移动到合适的位置，如图8-267所示。

图8-266　　图8-267

步骤16 选择如图8-268所示的边，并移动到合适的位置，如图8-269所示。

图8-268　　图8-269

步骤17 进入【多边形】级别，选择如图8-270所示的4个多边形。单击【挤出】后面的【设置】按钮，设置【高度】为100mm，如图8-271所示。

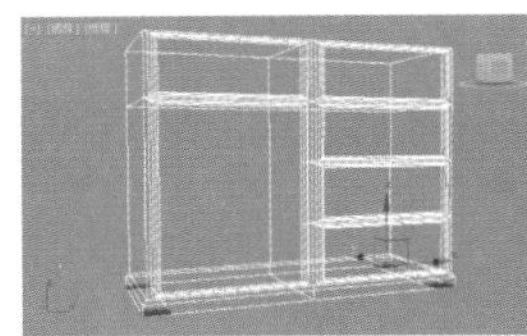

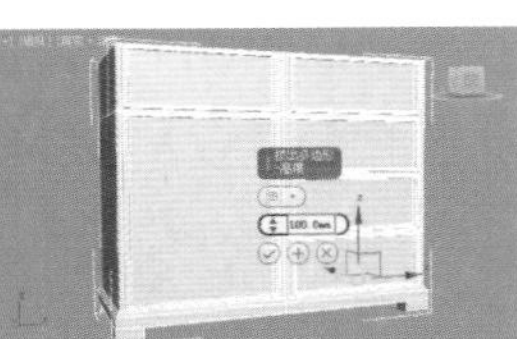

图8-270　　图8-271

步骤18 进入【多边形】级别，选择如图8-272所示的多边形。单击【挤出】后面的【设置】按钮，设置【高度】为－580mm，如图8-273所示。

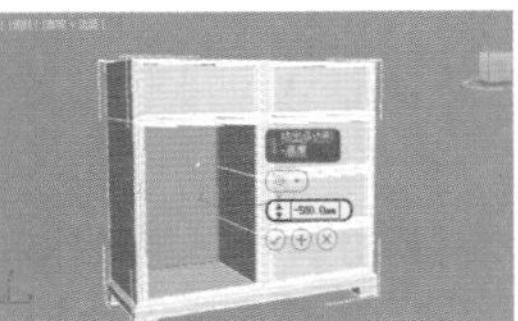

图8-272　　图8-273

Part 02 制作橱柜顶部

步骤01 在顶视图中创建如图8-274所示的长方体，并设置【长度】为696mm，【宽度】为1600mm，【高度】为50mm，如图8-275所示。

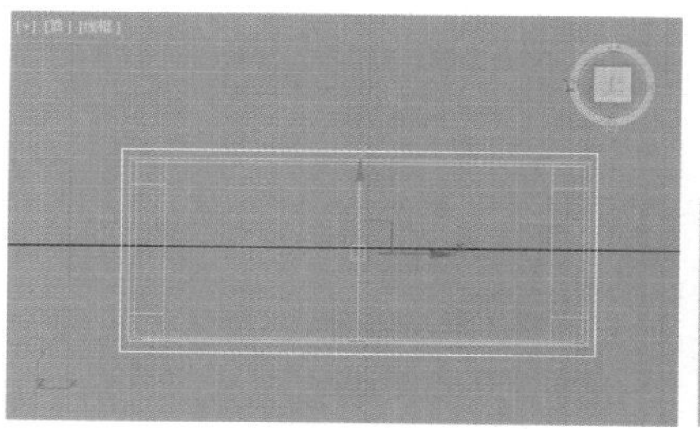

图8-274

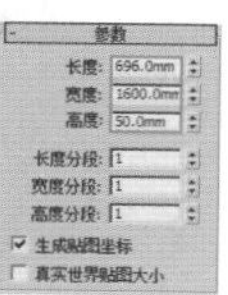

图8-275

步骤 02 将刚制作的模型转换为可编辑多边形，并进入【多边形】级别■，选择如图8-276所示的多边形。

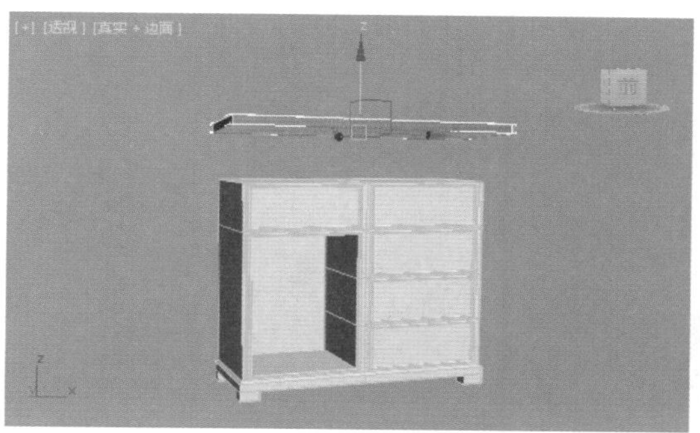

图8-276

步骤 03 单击【插入】后面的【设置】按钮■，设置【数量】为10mm，如图8-277所示。

步骤 04 单击【倒角】后面的【设置】按钮■，设置【高度】为10mm，【轮廓】为－10mm，如图8-278所示。

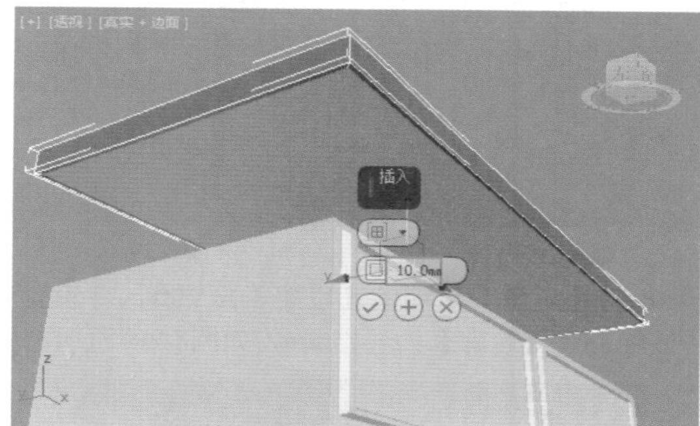

图8-277

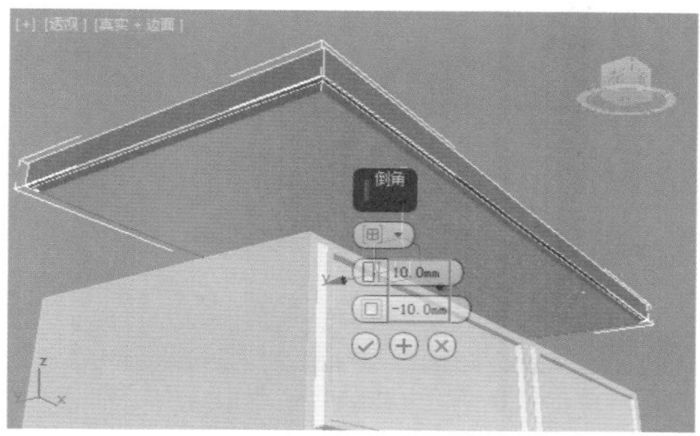

图8-278

步骤 05 循环两次上面的设置，效果如图8-279所示。移动到合适的位置，如图8-280所示。

图8-279

图8-280

Part 03 制作橱柜抽屉

步骤 01 在前视图中创建如图8-281所示的长方体。参数设置如图8-282所示。

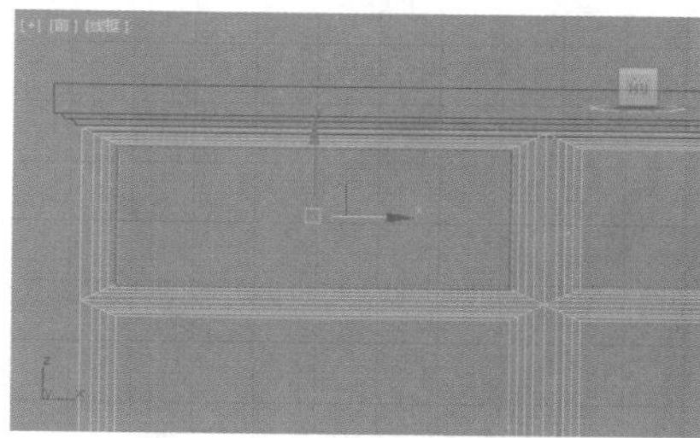

图8-281

图8-282

步骤 02 将刚创建的模型转换为可编辑多边形，并选择如图8-283所示的多边形。

步骤 03 单击【插入】后面的【设置】按钮■，并设置【数量】为10mm，如图8-284所示。

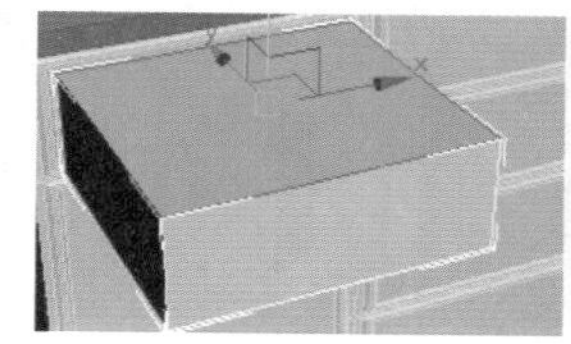

图8-283

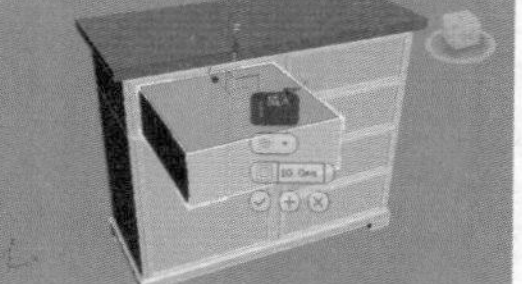

图8-284

步骤 04 单击【倒角】后面的【设置】按钮■，设置【高度】为－224mm，【轮廓】为0mm，如图8-285所示。

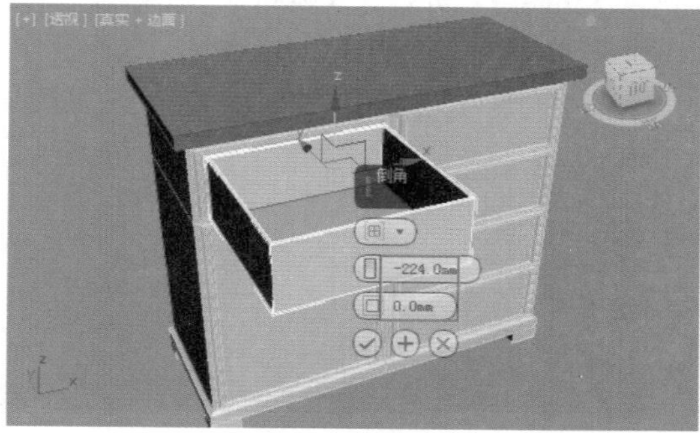

图8-285

步骤 05 选择如图8-286所示的多边形。单击【插入】后面的【设置】按钮■，设置【数量】为50mm，如图8-287所示。

第8章 多边形建模

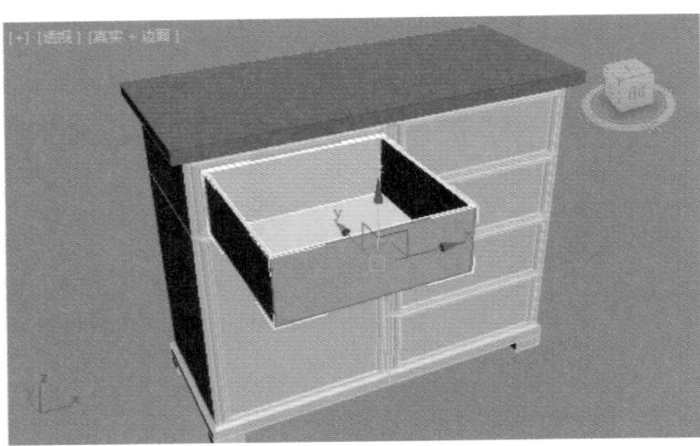

图8-286

图8-287

步骤 06 单击【倒角】后面的【设置】按钮，设置【高度】为-8mm，【轮廓】为-15mm，如图8-288所示。

步骤 07 将模型移动到合适的位置，如图8-289所示。

图8-288

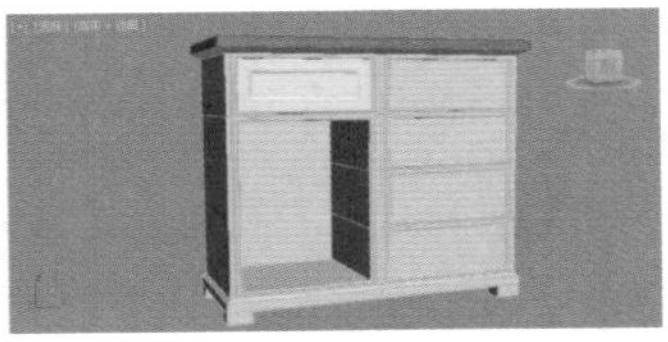

图8-289

步骤 08 在顶视图中创建【圆环】，并设置【半径1】为150mm，【半径2】为12mm，【分段】为4，【边数】为40，如图8-290所示。再将其移动到左上角的抽屉处，如图8-291所示。

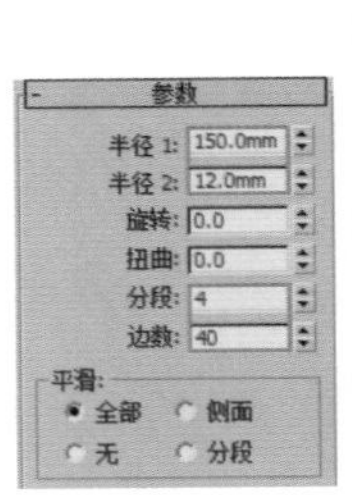

图8-290

图8-291

步骤 09 在前视图中选择抽屉模型，按住Shift键沿着X轴依次向右、向下方拖拽复制，如图8-292所示。

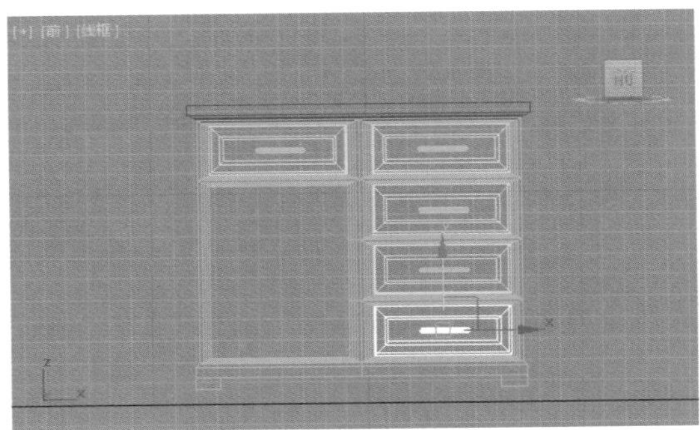

图8-292

步骤 10 在前视图中创建如图8-293所示的长方体。参数设置如图8-294所示。

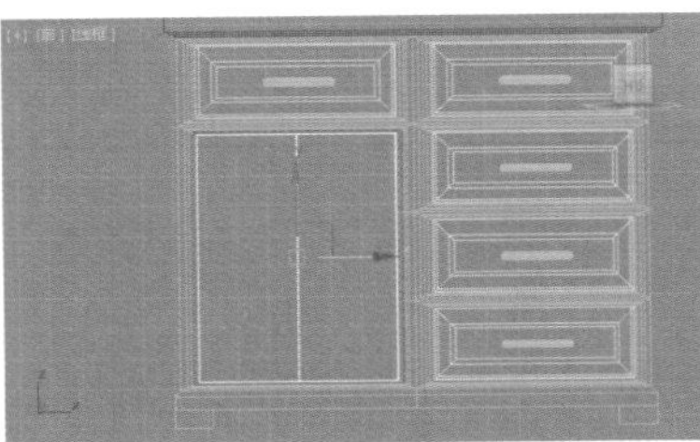

图8-293

图8-294

步骤 11 将刚创建的模型转换为可编辑多边形，进入【多边形】级别，选择如图8-295所示的多边形。

步骤 12 单击【插入】后面的【设置】按钮，并设置【数量】为50mm，如图8-296所示。

图8-295

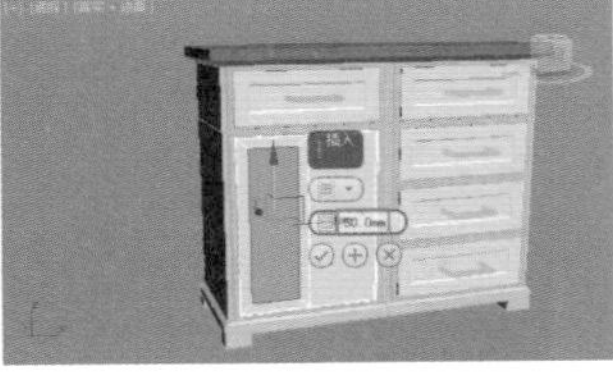

图8-296

步骤 13 单击【倒角】后面的【设置】按钮，并设置【高度】为-8mm，【轮廓】为-15mm，如图8-297所示。

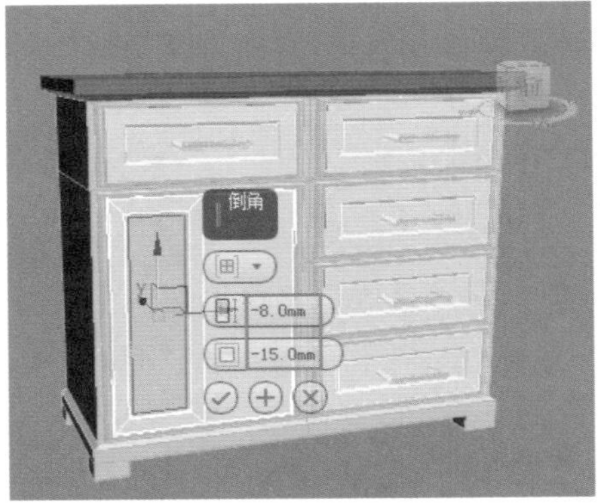

图8-297

步骤 14 选择如图8-298所示的多边形。单击【插入】后面的

【设置】按钮▣，并设置【数量】为50mm，如图8-299所示。

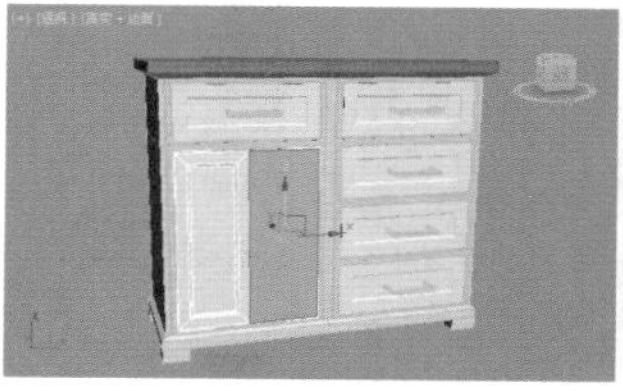

图8-298

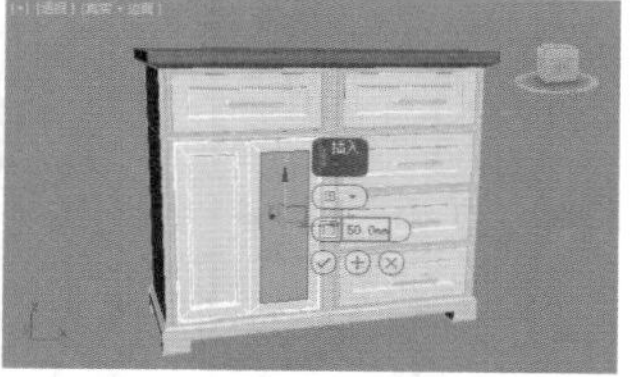

图8-299

步骤 15 单击【倒角】后面的【设置】按钮▣，并设置【高度】为-8mm，【轮廓】为-15mm，如图8-300所示。

步骤 16 继续把剩下的把手模型复制出来，如图8-301所示。

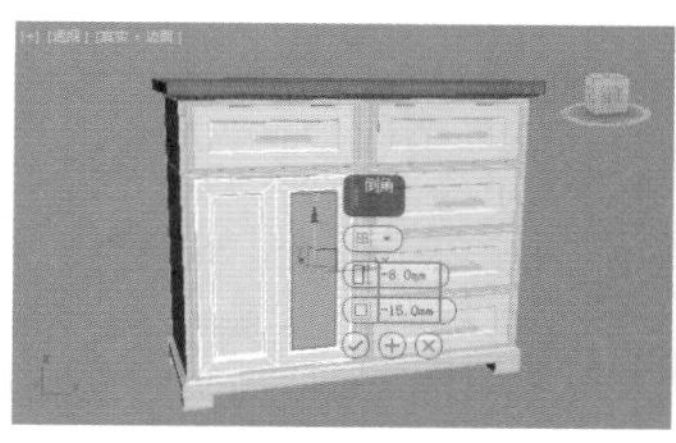

图8-300

图8-301

步骤 17 最终模型效果如图8-302所示。

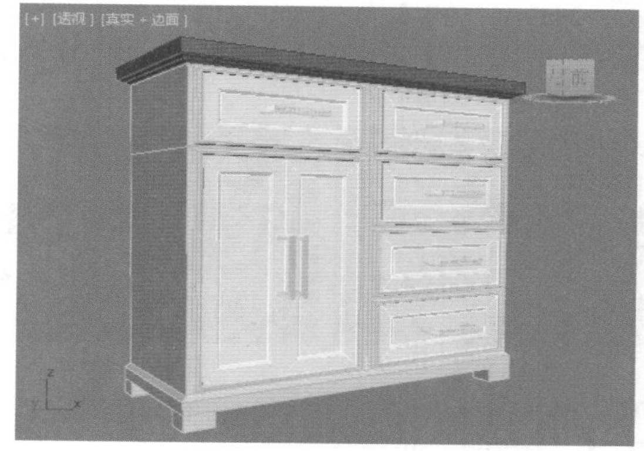

图8-302

读书笔记

实例：多边形建模制作床头柜

文件路径：Chapter 08 多边形建模→实例：多边形建模制作床头柜

扫一扫，看视频

该床头柜是由两个部分组成的，将柜子分为上下两个部分分别制作。在制作的过程中多次利用【挤出】和【倒角】工具丰富模型上的细节，效果如图 8-303 所示。

图8-303

Part 01 制作床头柜身

步骤 01 在顶视图中创建出如图8-304所示的【长方体】。设置参数如图8-305所示。

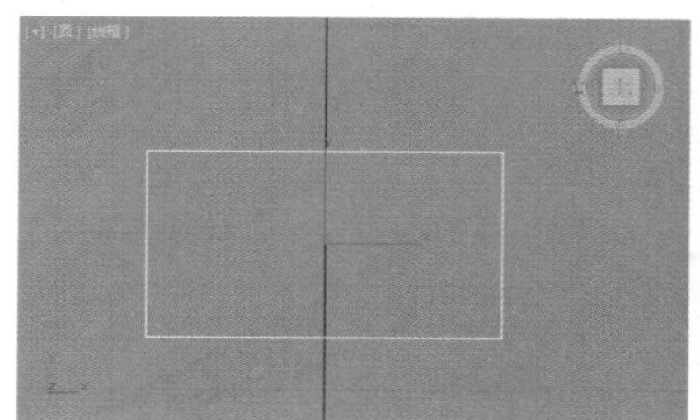

图8-304

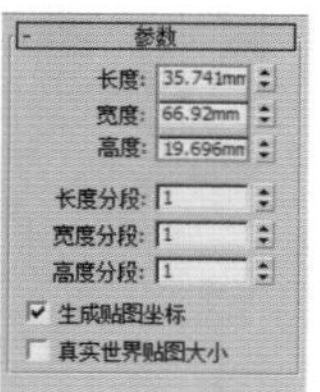

图8-305

步骤 02 选中模型右击，执行【转换为】|【转换为可编辑多边形】命令，如图8-306所示。

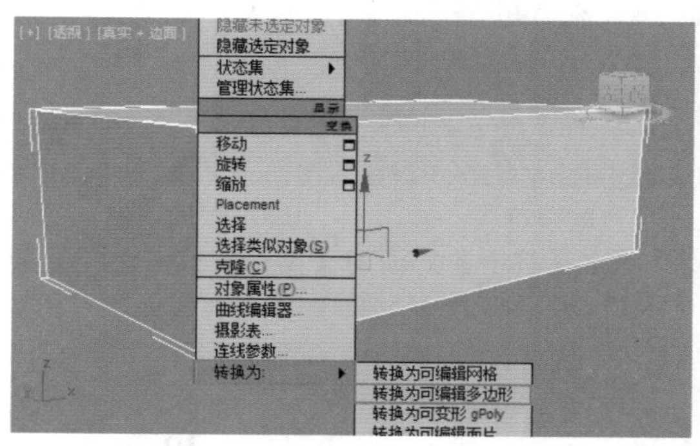

图8-306

步骤 03 进入【多边形】级别▣，选择如图8-307所示的边，并单击【插入】后面的【设置】按钮▣，设置【数量】为1mm，如图8-308所示。

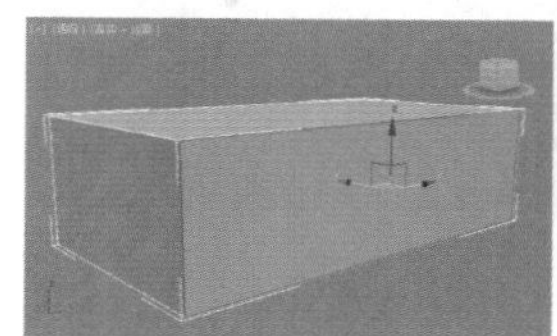

图8-307

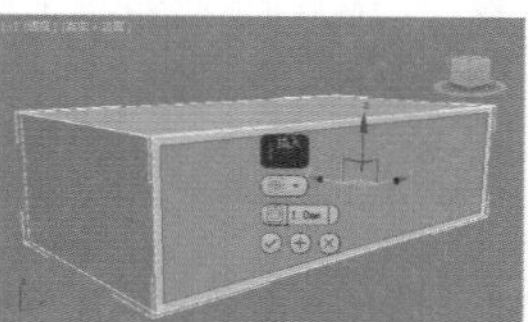

图8-308

步骤04 单击【倒角】后面的【设置】按钮▣，设置【高度】为 - 2mm，【轮廓】为 - 2mm，如图8-309所示。

步骤05 单击【挤出】后面的【设置】按钮▣，设置【高度】为-30，如图8-310所示。

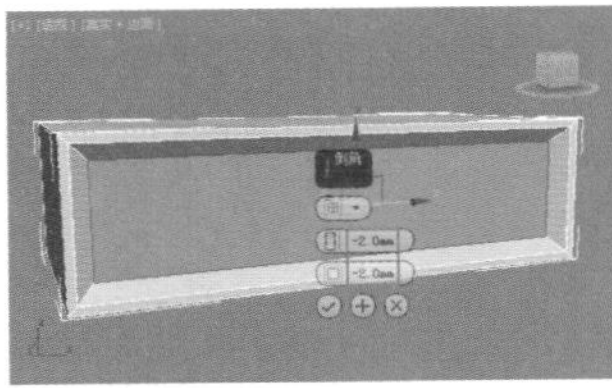

图8-309

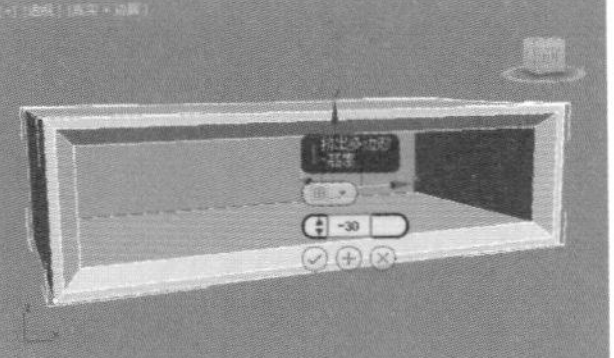

图8-310

步骤06 开始制作抽屉内部。在顶视图中创建如图8-311所示的长方体，参数设置如图8-312所示。

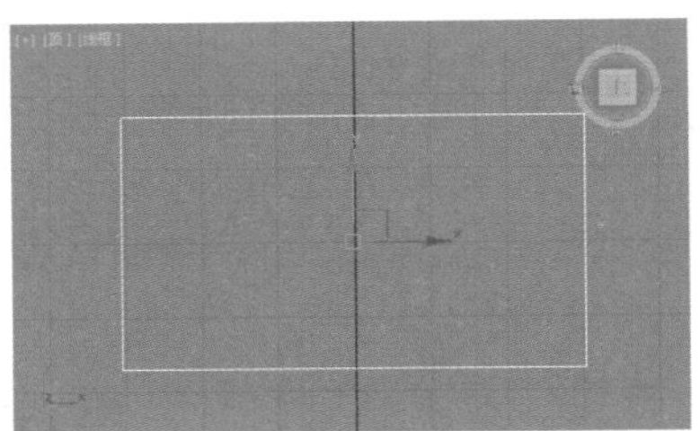

图8-311

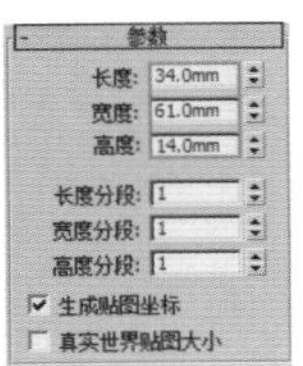

图8-312

步骤07 在透视图中将模型转换为可编辑多边形，进入【多边形】级别▣，选择如图8-313所示的边。

步骤08 单击【插入】后面的【设置】按钮▣，设置【数量】为1mm，如图8-314所示。

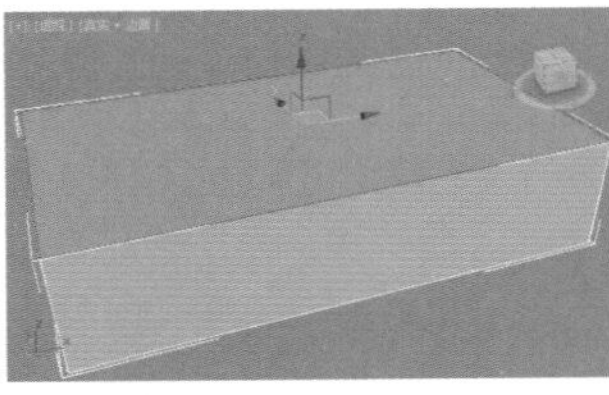

图8-313

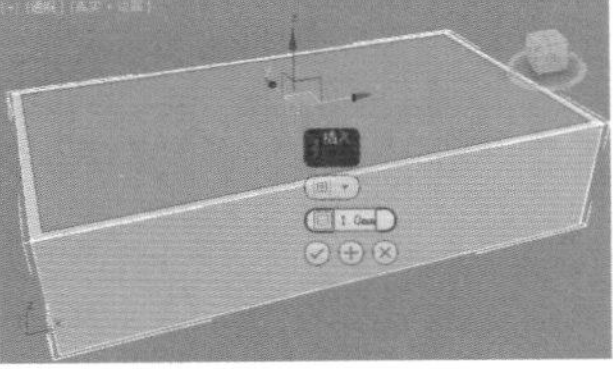

图8-314

步骤09 单击【挤出】后面的【设置】按钮▣，设置【高度】为 - 13mm，如图8-315所示。

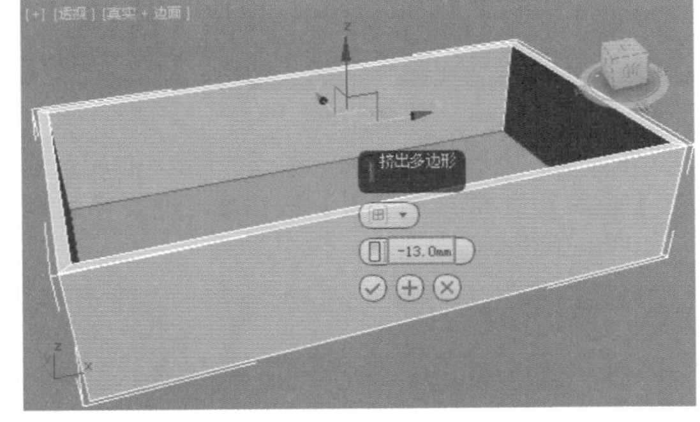

图8-315

步骤10 在透视图中创建如图8-316所示的球体。参数设置如图8-317所示。

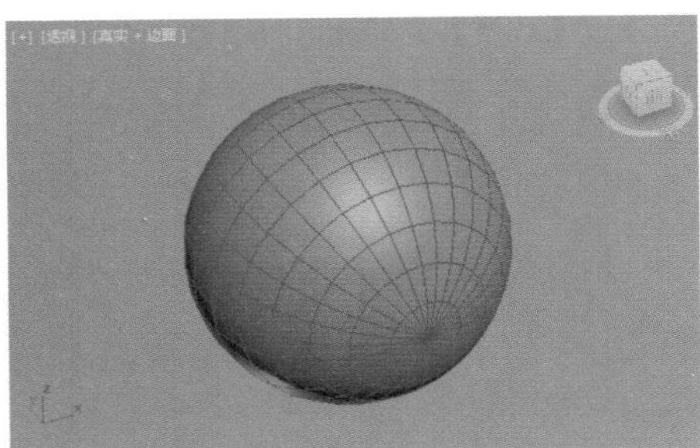

图8-316

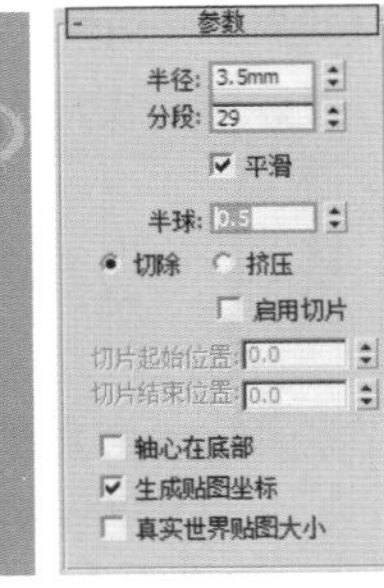

图8-317

步骤11 在透视图中创建如图8-318所示的球体。参数设置如图8-319所示。

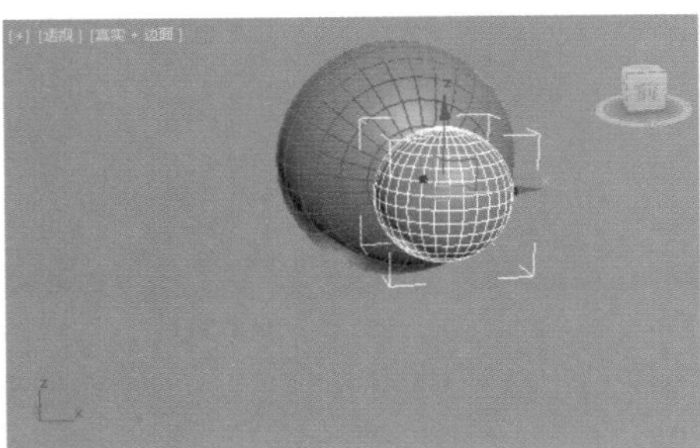

图8-318

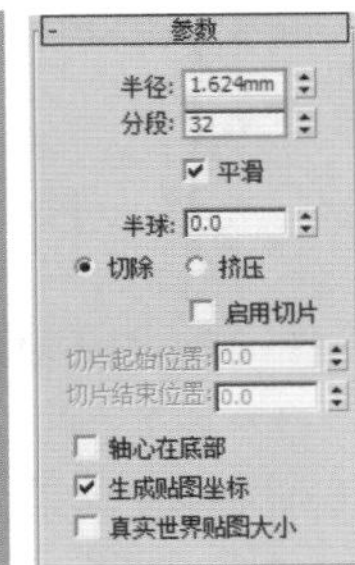

图8-319

步骤12 在透视图中创建如图8-320所示的环形。参数设置如图8-321所示。

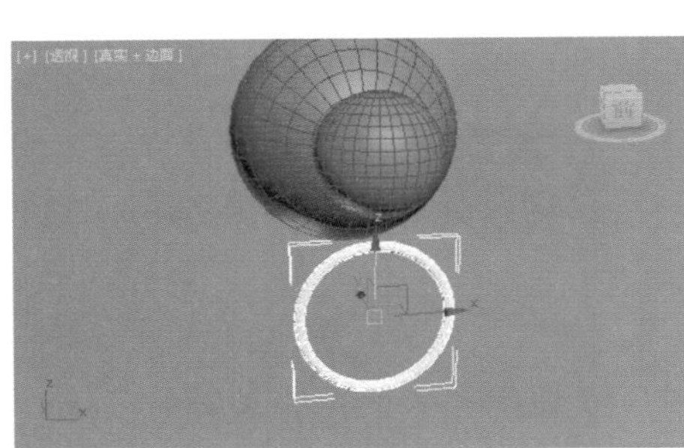

图8-320

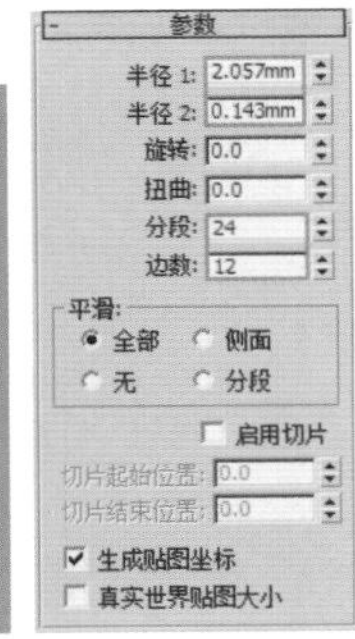

图8-321

步骤13 将模型进行位置的调整，如图8-322所示。

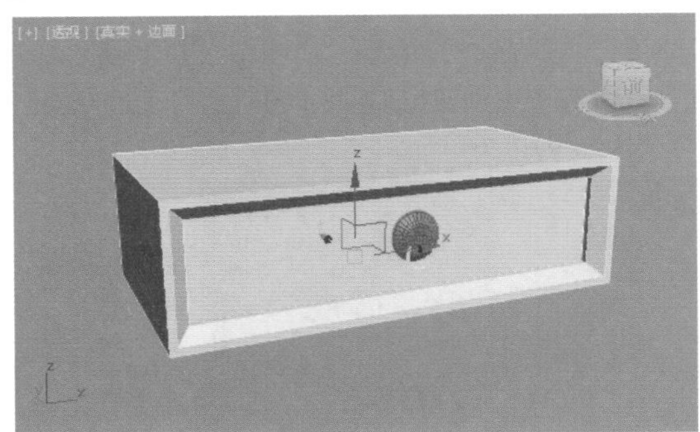

图8-322

Part 02 制作床头柜腿

步骤 01 创建如图8-323所示的长方体。参数设置如图8-324所示。

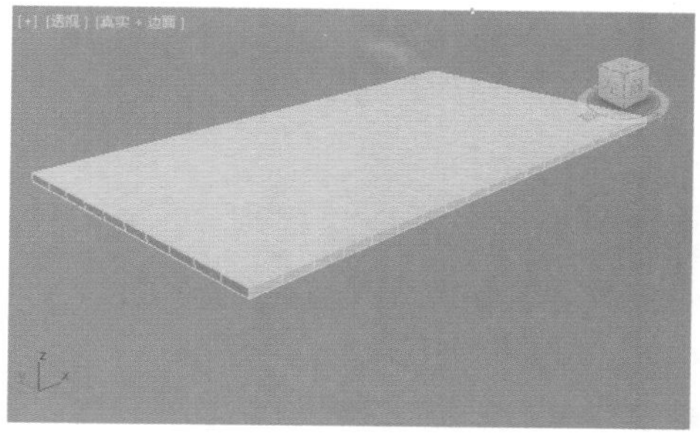

图8-323

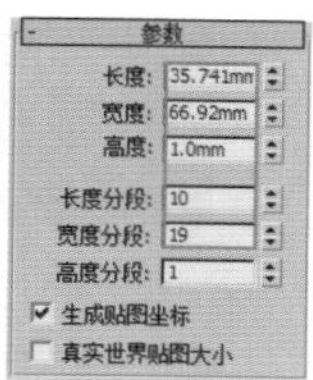

图8-324

步骤 02 将刚创建的模转换为可编辑多边形，并进入【多边形】级别■，选择如图8-325所示的多边形。并单击【挤出】后面的【设置】按钮■，设置【数量】为40mm，如图8-326所示。

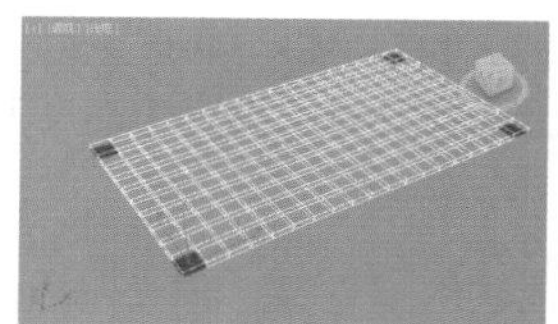

图8-325

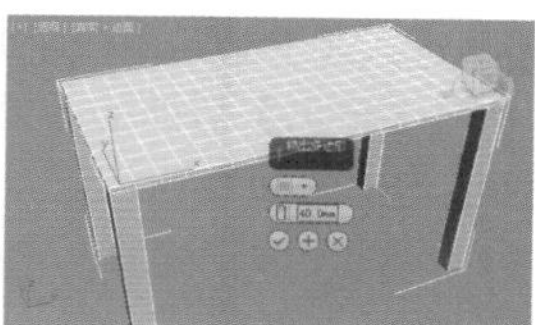

图8-326

步骤 03 进入【边】级别◁，选择如图8-327所示的边，并单击【连接】后面的【设置】按钮■，设置【分段】为2，如图8-328所示。

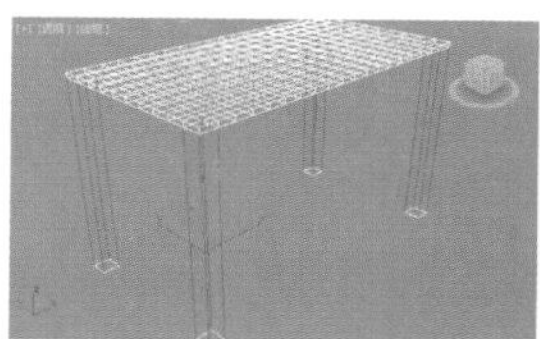

图8-327

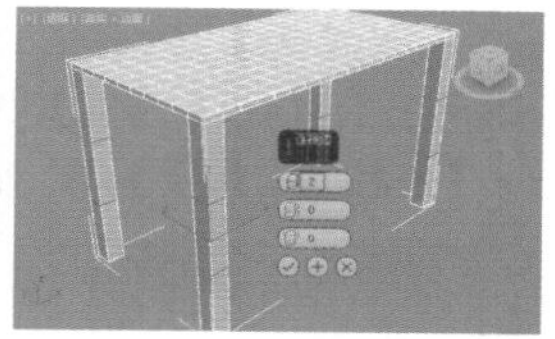

图8-328

步骤 04 将【边】移动到合适的位置，如图8-329所示。

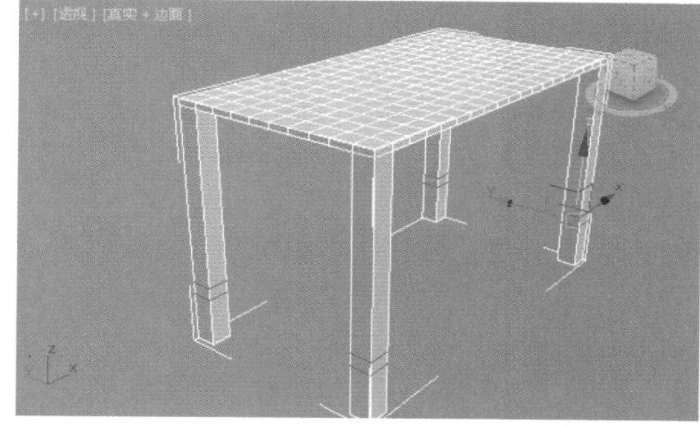

图8-329

步骤 05 进入【多边形】级别■，选择如图8-330所示的多边形，并单击【挤出】后面的【设置】按钮■，设置【高度】为30mm，如图8-331所示。

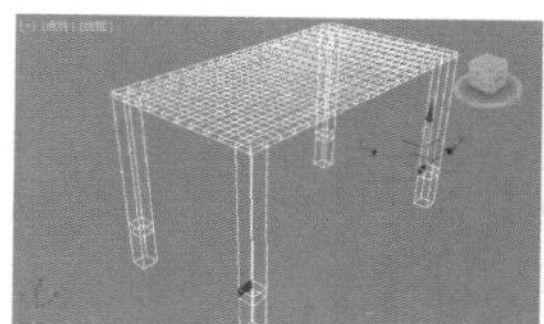

图8-330

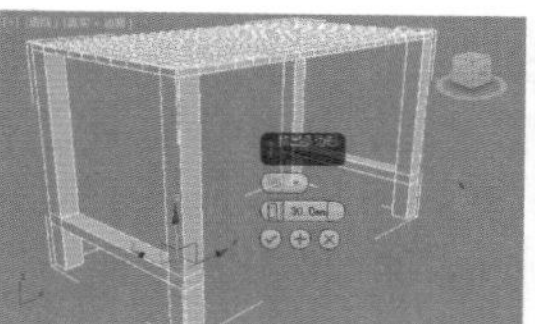

图8-331

步骤 06 选择如图8-332所示的多边形，并单击【挤出】后面的【设置】按钮■，设置【高度】为60mm，如图8-333所示。

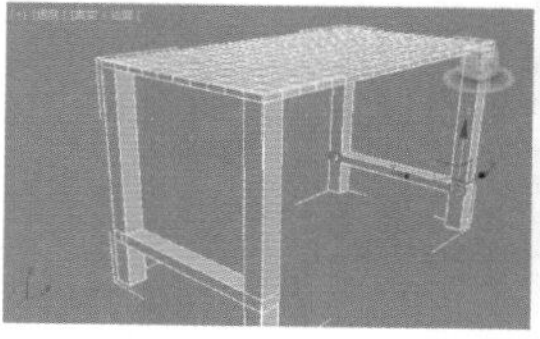

图8-332

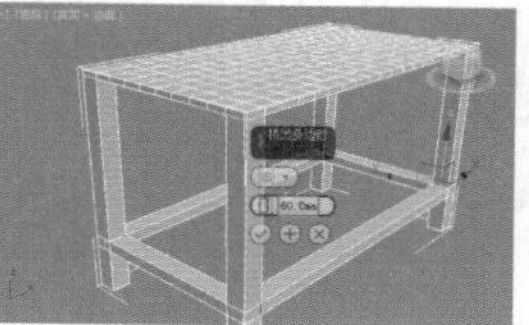

图8-333

步骤 07 最后将模型的位置进行移动调整，如图8-334所示。

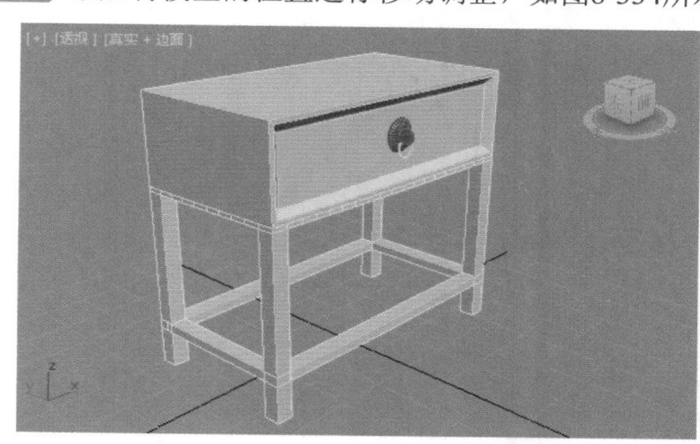

图8-334

实例：多边形建模制作躺椅

文件路径：Chapter 08 多边形建模→实例：多边形建模制作躺椅

扫一扫，看视频

本例中躺椅的主体部分通过将长方体转换为多边形，并配合【连接】和【挤出】工具制作躺椅的靠背和扶手，使用切角长方体和切角圆柱体创建出其他部分，如图 8-335 所示。

图8-335

Part 01 制作躺椅椅身

步骤 01 在顶视图中创建如图8-336所示长方体，并设置【长度】为2000mm，【宽度】为1000mm，【高度】为200mm，如图8-337所示。

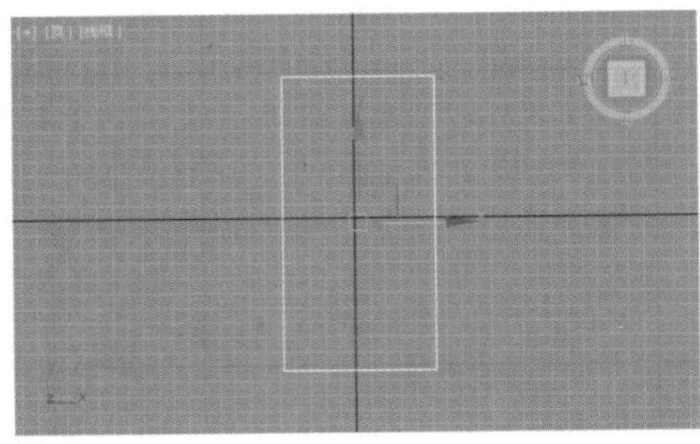

图8-336

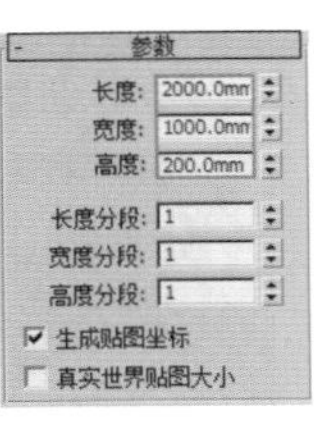

图8-337

步骤 02 选中长方体，右击将其转换为可编辑多边形，如图8-338所示。

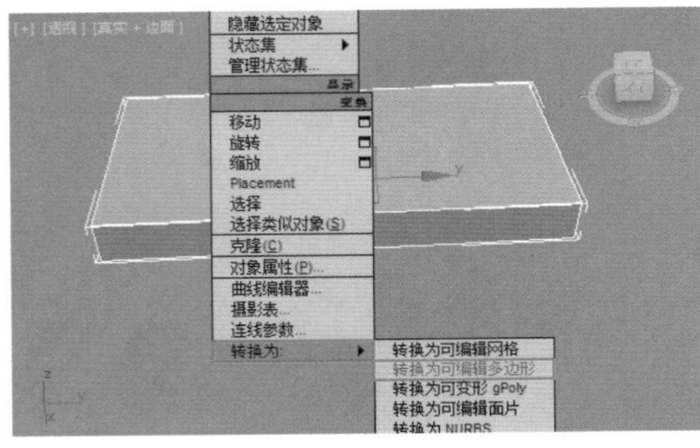

图8-338

步骤 03 进入【边】级别，在透视图中框选如图8-339所示的边。单击【连接】后面的【设置】按钮，设置【分段】为2，【收缩】为83，如图8-340所示。

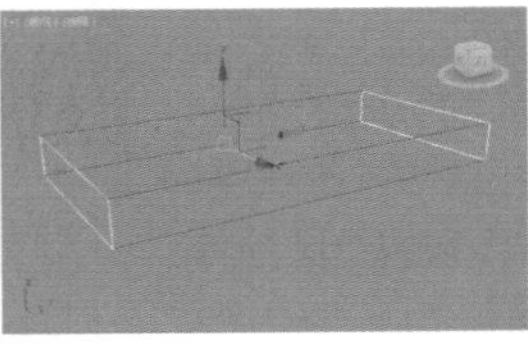

图8-339

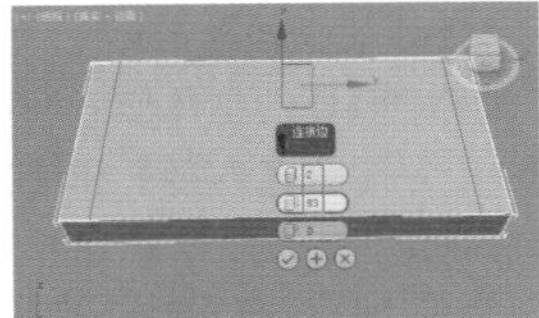

图8-340

步骤 04 接着选择如图8-341所示的边。单击【连接】后面的【设置】按钮，设置【分段】为1，如图8-342所示。

图8-341

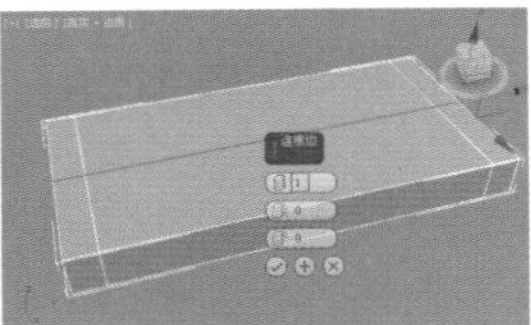

图8-342

步骤 05 将边移动到合适的位置，如图8-343所示。

步骤 06 选择如图8-344所示的边。单击【连接】后面的【设置】按钮，设置【分段】为2，【收缩】为25，如图8-345所示。

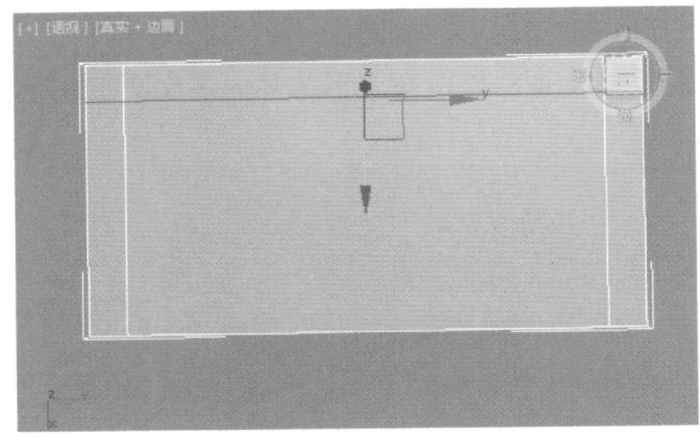

图8-343

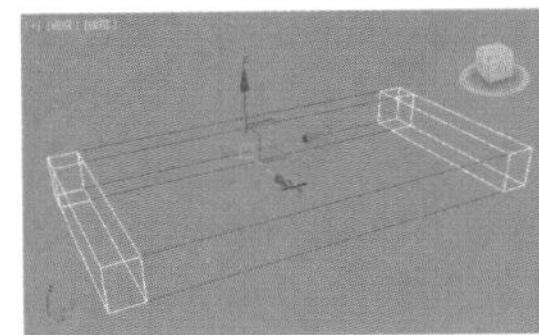

图8-344

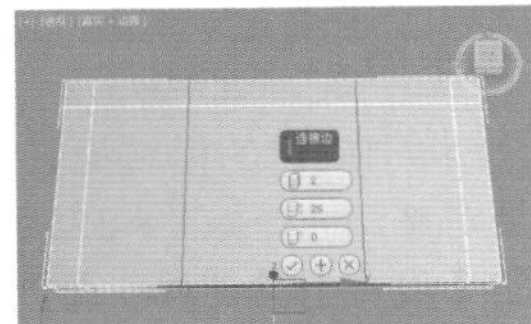

图8-345

步骤 07 进入【多边形】级别，选择如图8-346所示的多边形。单击【挤出】后面的【设置】按钮，设置【高度】为350mm，如图8-347所示。

图8-346

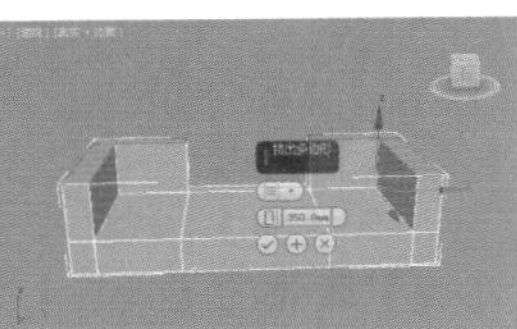

图8-347

步骤 08 进入【边】级别，选择如图8-348所示的边。单击【切角】后面的【设置】按钮，设置【边切角量】为1mm，【连接边分段】为1，如图8-349所示。

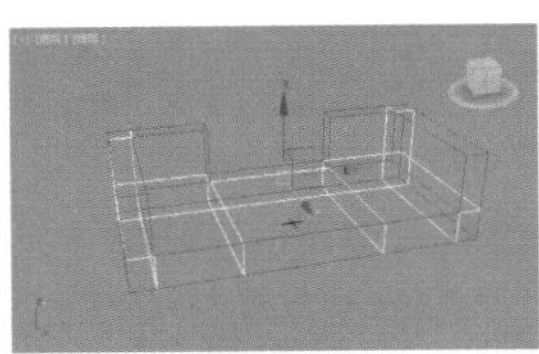

图8-348

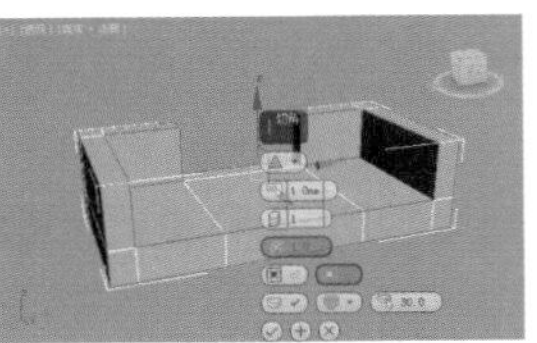

图8-349

步骤 09 选择模型，为其加载【网格平滑】修改器，并设置【迭代次数】为2，如图8-350所示。此时效果如图8-351所示。

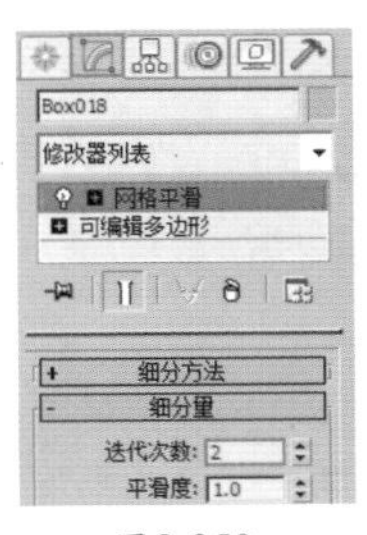

图8-350

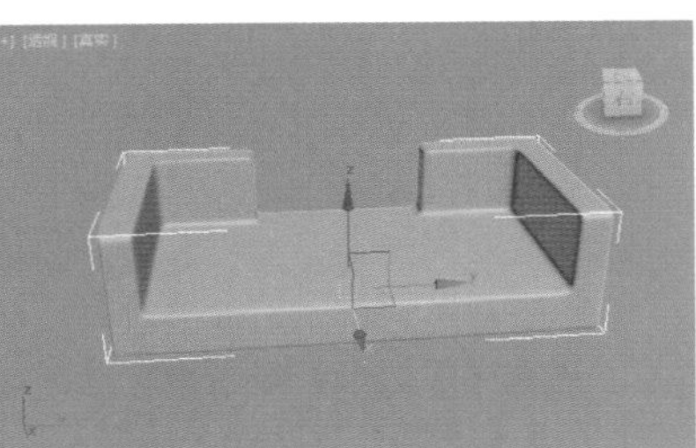

图8-351

步骤 10 为模型加载【编辑多边形】，并进入【边】级别，选择如图8-352所示的边。

步骤 11 展开【编辑边】卷展栏，并单击【创建图形】 创建图形 后面的【设置】按钮，在弹出的对话框中选择【线性】，最后单击【确定】按钮，如图8-353所示。

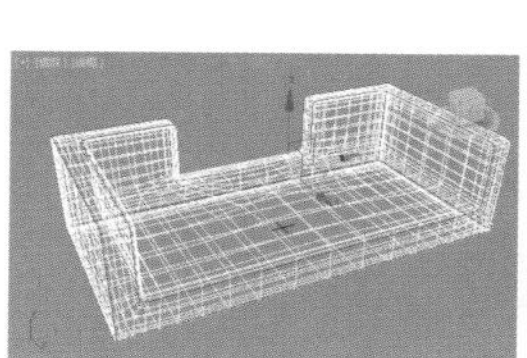

图8-352

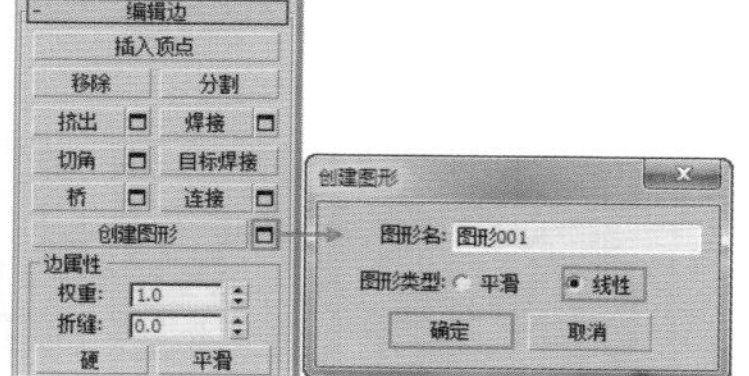

图8-353

步骤 12 取消【边】级别，选择刚才创建的图形，并勾选【在渲染中启用】和【在视口中启用】，选择【径向】，设置【厚度】为5mm，如图8-354所示。查看效果如图8-355所示。

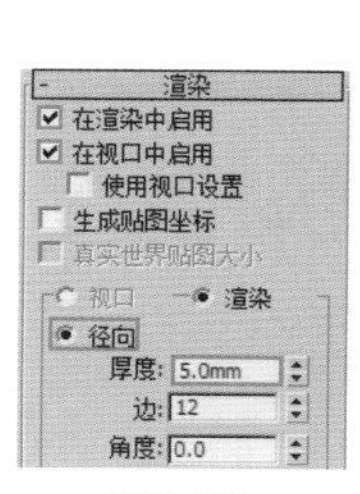

图8-354

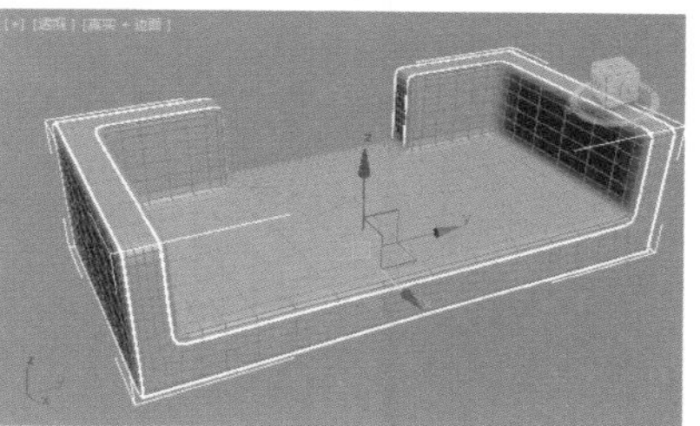

图8-355

Part 02 制作躺椅椅垫

步骤 01 在顶视图中创建如图8-356所示的【切角长方体】，并设置【长度】为1717mm，【宽度】为870mm，【高度】为150mm，【圆角】为30mm，再将其移动到合适的位置，如图8-357所示。

图8-356

图8-357

步骤 02 为模型加载【编辑多边形】修改器，并进入【边】级别，选择如图8-358所示的两圈边。

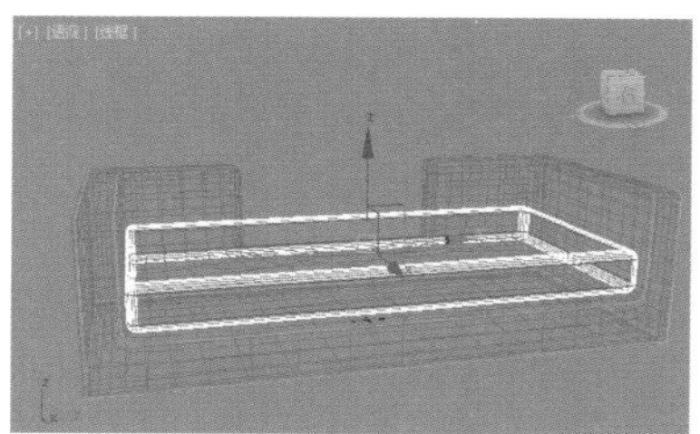

图8-358

步骤 03 单击【创建图形】后面的【设置】按钮，在弹出的对话框中选择【线性】，如图8-359所示。取消【边】级别，并勾选【在渲染中启用】和【在视口中启用】，选择【径向】，设置【厚度】为5mm，如图8-360所示。

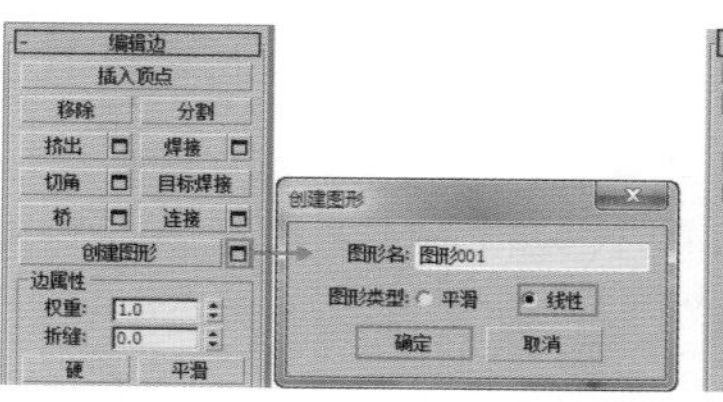

图8-359

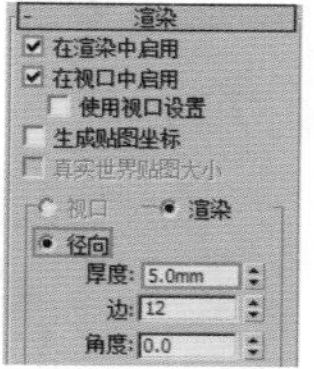

图8-360

步骤 04 此时模型如图8-361所示。

图8-361

步骤 05 在左视图中创建如图8-362所示的【切角圆柱体】，并设置【半径】为85mm，【高度】为845mm，【圆角】为30mm，【圆角分段】为5，【边数】为30，如图8-363所示。

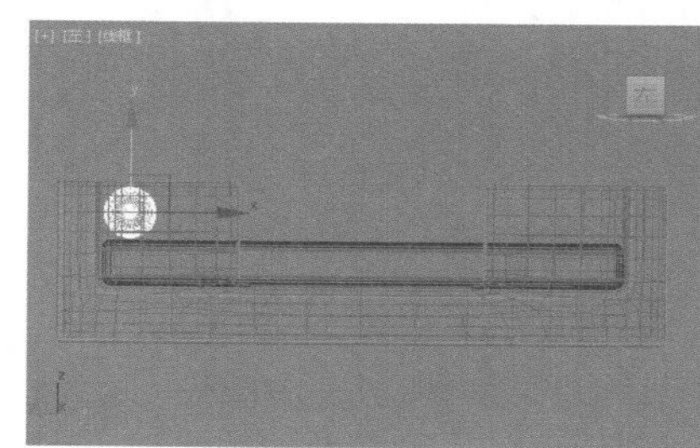

图8-362

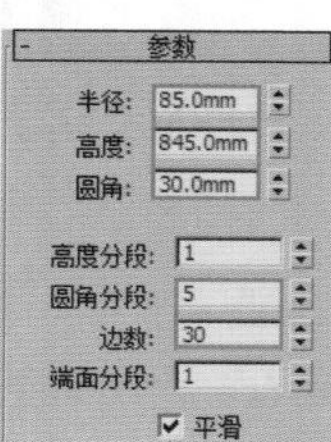

图8-363

步骤 06 为圆柱体抱枕加载【编辑多边形】修改器，进入【边】级别，如图8-364所示，并选择如图8-365所示的边。

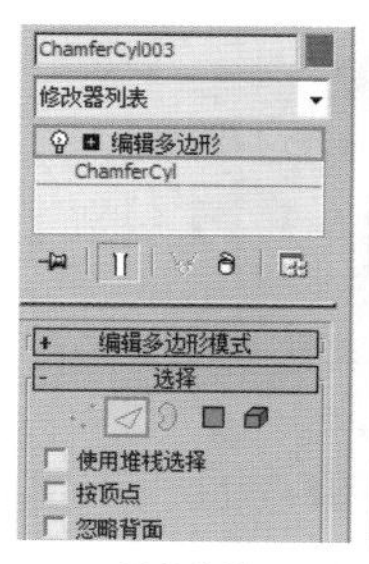

图8-364

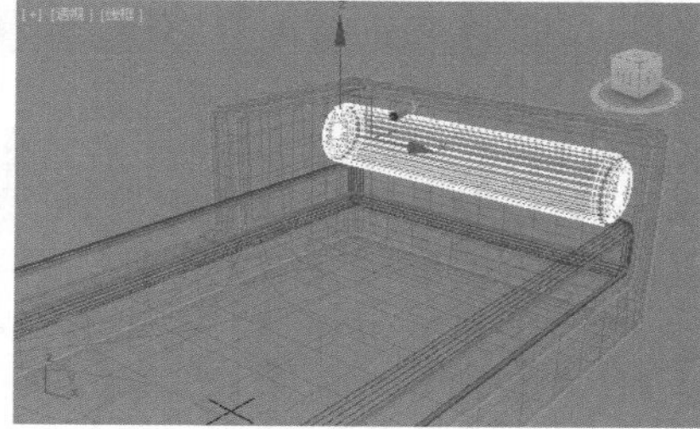

图8-365

步骤07 单击【创建图形】后面的【设置】按钮▣，在弹出的对话框中选择【线性】，如图8-366所示。取消【边】级别◁，勾选【在渲染中启用】和【在视口中启用】，选择【径向】，设置【厚度】为6mm，如图8-367所示。

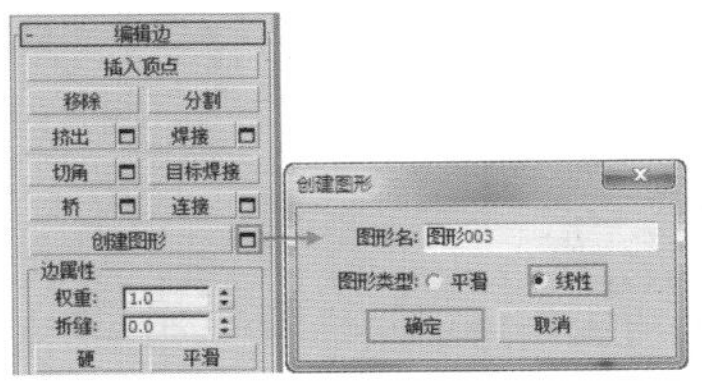

图8-366

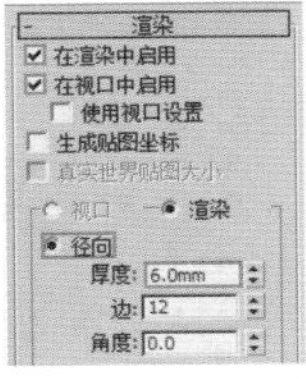

图8-367

步骤08 此时查看效果如图8-368所示。

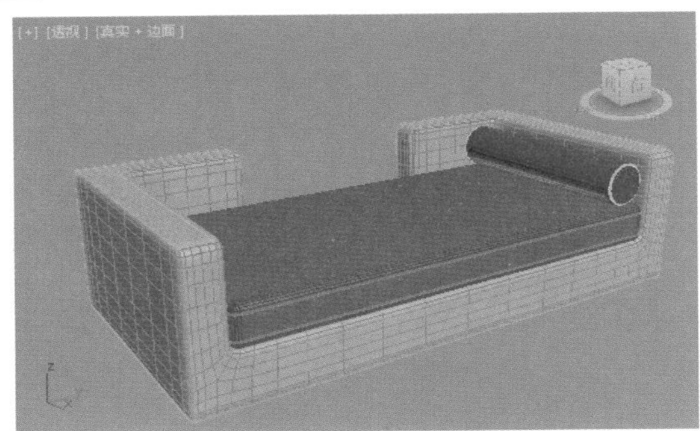
图8-368

步骤09 在顶视图中选择如图8-369所示的模型，并按住Shift键沿着Y轴拖拽复制，如图8-370所示。

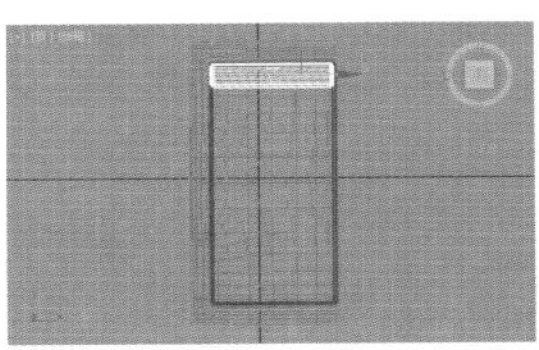
图8-369

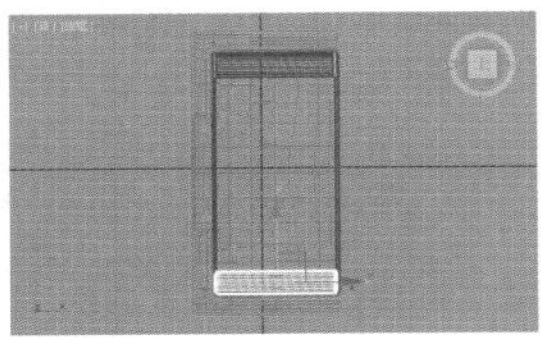
图8-370

Part 03 制作躺椅腿部

步骤01 在顶视图中创建如图8-371所示的长方体。在透视图中查看效果，如图8-372所示。

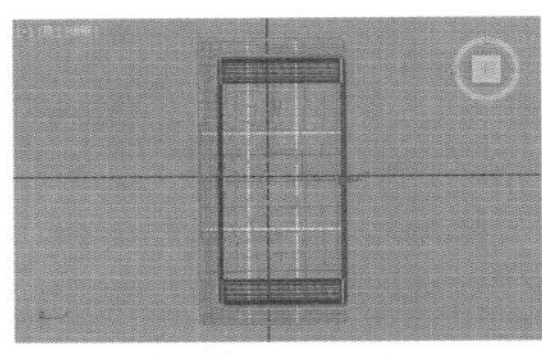
图8-371

图8-372

步骤02 将模型转换为可编辑多边形，进入【边】级别◁，并将所选的边移动到合适的位置，如图8-373所示。

步骤03 再分别选择其余的3条边，并将其移动到合适的位置，如图8-374所示。

步骤04 进入【多边形】级别■，选择如图8-375所示的多边形，并单击【挤出】后面的【设置】按钮▣，设置【高度】为120mm，如图8-376所示。

图8-373

图8-374

图8-375

图8-376

步骤05 进入【边】级别◁，选择如图8-377所示的边，并单击【连接】后面的【设置】按钮▣，设置【连接边】为3，如图8-378所示。

图8-377

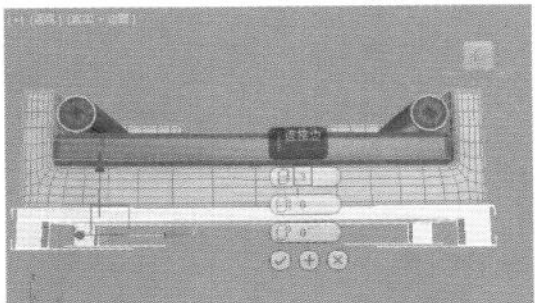
图8-378

步骤06 在透视图中选择如图8-379所示的边，并沿着Y轴移动，如图8-380所示。

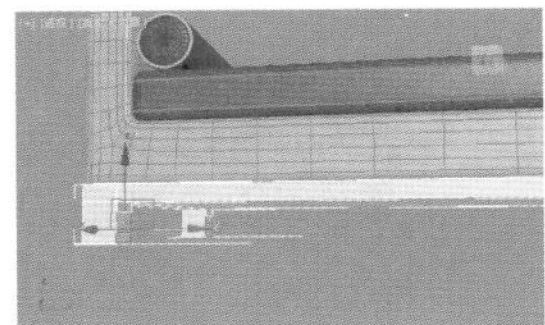
图8-379

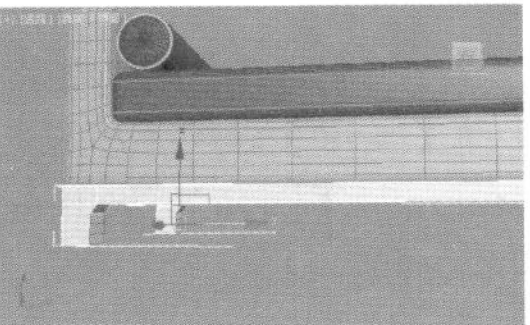
图8-380

步骤07 如此移动到如图8-381所示。用同样的方法制作另外两个椅腿，如图8-382所示。此时我们已将模型制作完成。

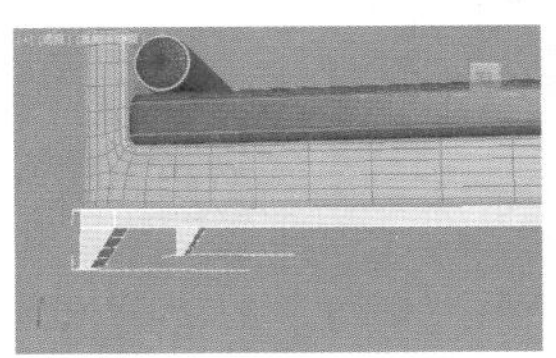
图8-381

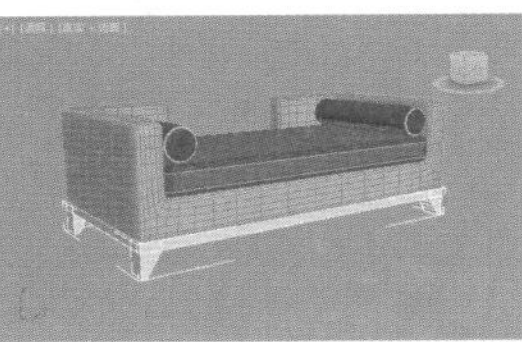
图8-382

实例：多边形建模制作仙人掌笔筒

扫一扫，看视频

文件路径：Chapter 08　多边形建模→实例：多边形建模制作仙人掌笔筒

本例是一个仙人掌笔筒模型，主要通过创建圆柱体模型转换为可编辑多边形，并进行顶点、边和多边形位置的调整，然后进行切角等操作。最终渲染效果如图 8-383 所示。

图8-383

Part 01 制作笔筒中间模型

步骤 01 在视图中创建一个圆柱体，如图8-384所示。设置【半径】为30mm，【高度】为90mm，【高度分段】为3mm，【端面分段】为1，【边数】为22，如图8-385所示。

步骤 02 选择刚才创建的圆柱体模型，右击执行【转换为】|【转换为可编辑多边形】命令，如图8-386所示。

步骤 03 单击【修改】按钮，进入【多边形】级别，选择如图8-387所示的多边形。然后按Delete键将其删除，如图8-388所示。

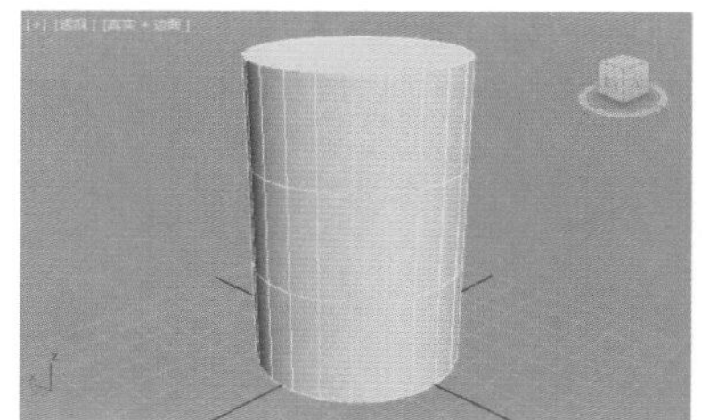

图8-384

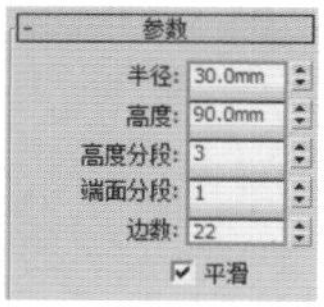

图8-385

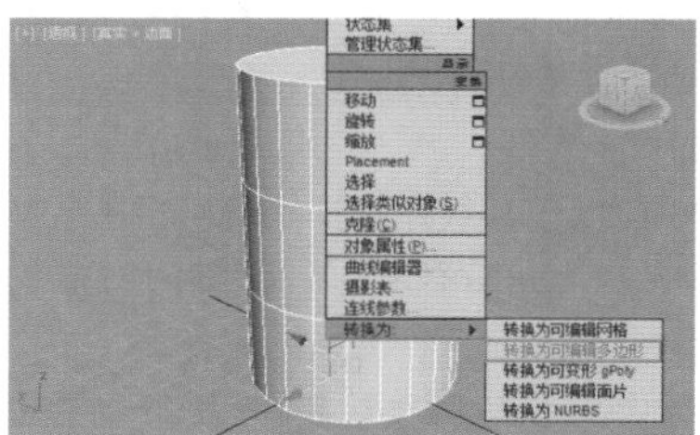

图8-386

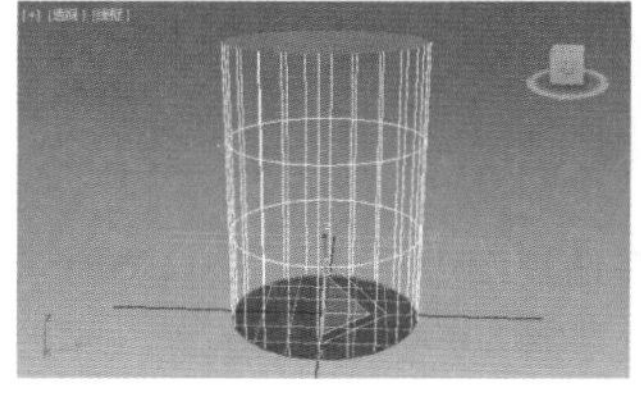

图8-387

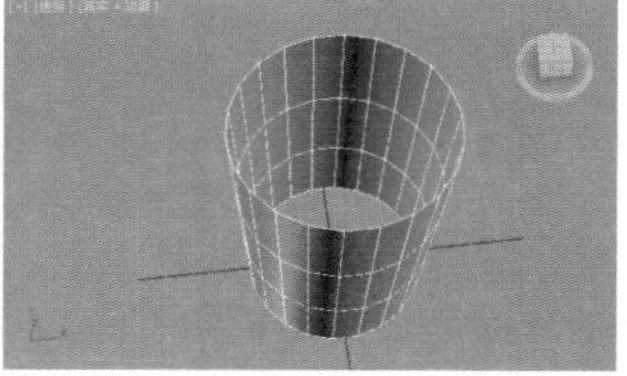

图8-388

步骤 04 进入【顶点】级别，在顶视图中隔着框选顶点，如图8-389所示，并沿着X、Y、Z轴等比例缩放，如图8-390所示。

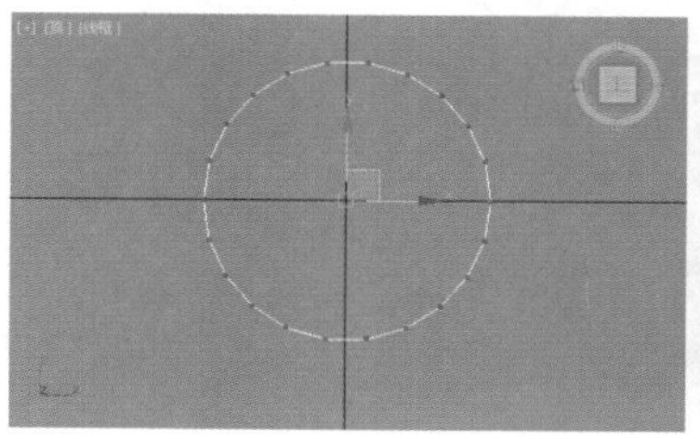

图8-389

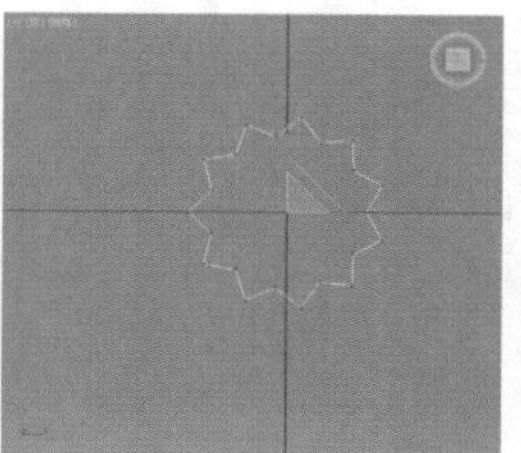

图8-390

步骤 05 在透视图中选择如图8-391所示顶点。在前视图中沿着Y轴拖动进行缩放，使顶部的【顶点】对齐，如图8-392所示。

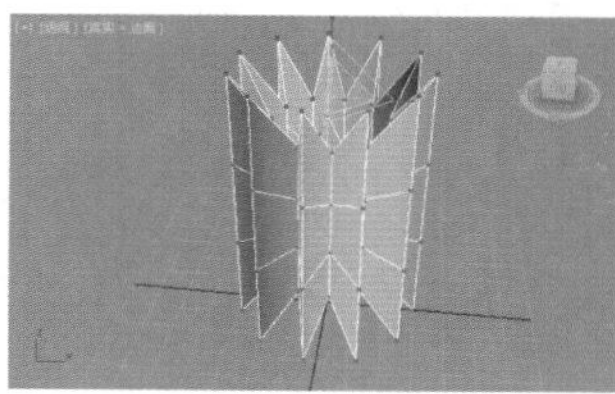

图8-391

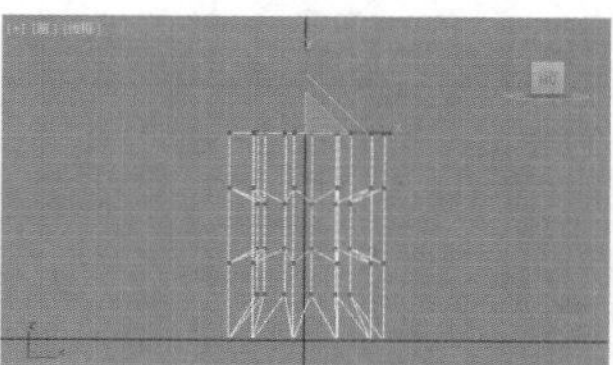

图8-392

步骤 06 在透视图中选择如图8-393所示的顶点。在前视图中沿着Y轴缩放，使底部的【顶点】对齐，如图8-394所示。

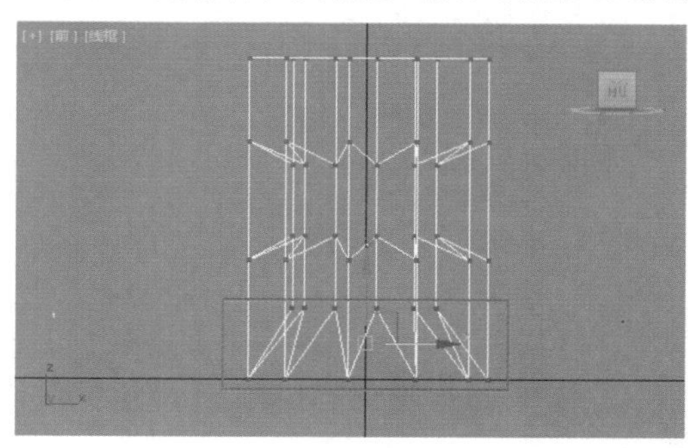

图8-393

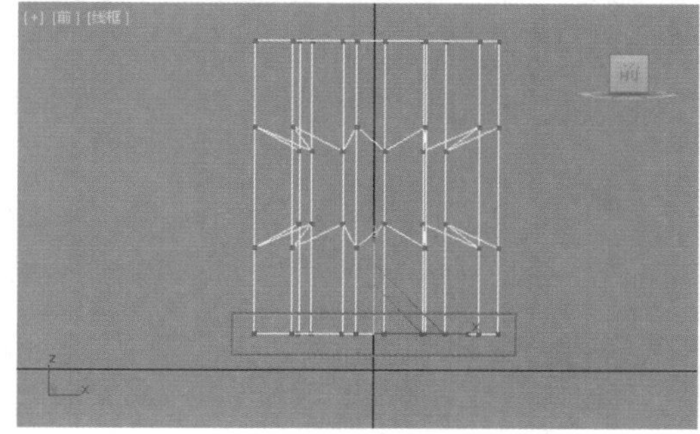

图8-394

步骤 07 选择透视图中的一圈顶点，如图8-395所示。在前视图中沿着Y轴缩放，如图8-396所示。

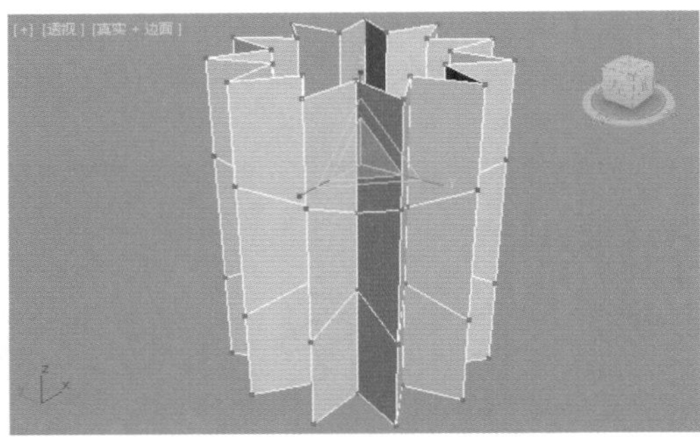

图8-395

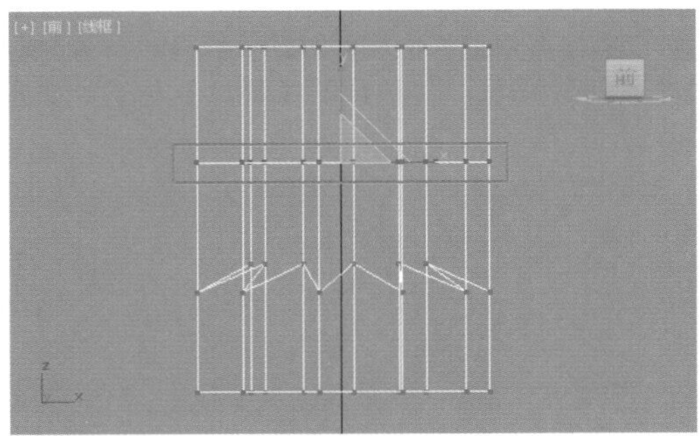

图8-396

步骤 08 选择透视图中的一圈顶点，如图8-397所示。在前视图中沿着Y轴缩放，如图8-398所示。

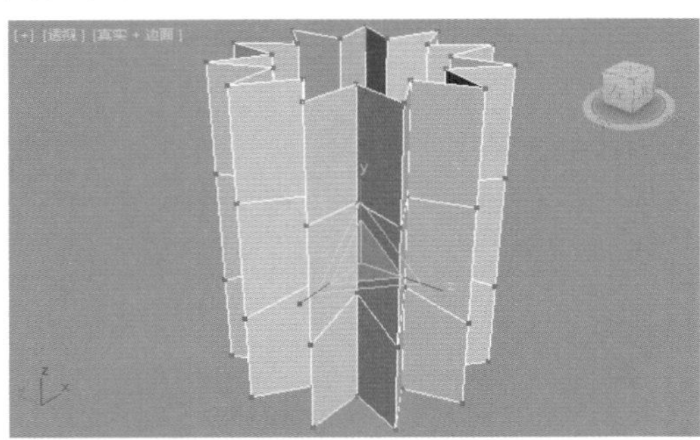

图8-397

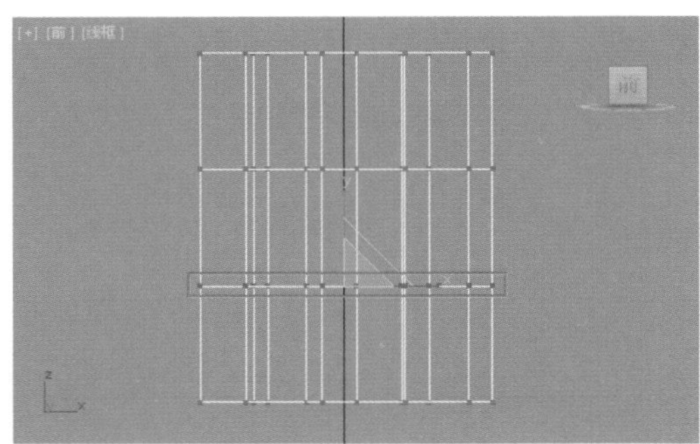

图8-398

步骤 09 进入【边】级别，在透视图中选择如图8-399所示的一圈边，并沿Y轴向上移动，如图8-400所示。

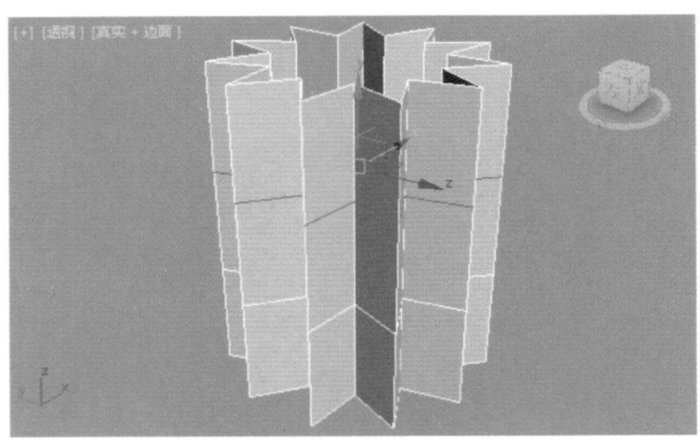

图8-399

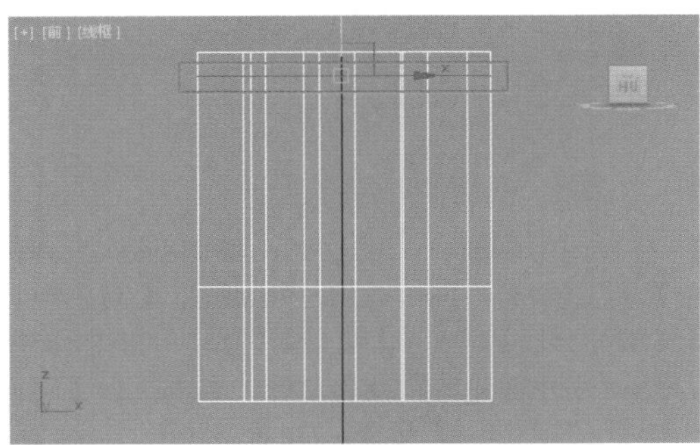

图8-400

步骤 10 在【编辑边】卷展栏中单击【切角】后面的【设置】按钮，如图8-401所示，并设置数值为0.1mm，如图8-402所示。

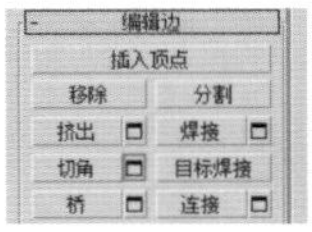

图8-401

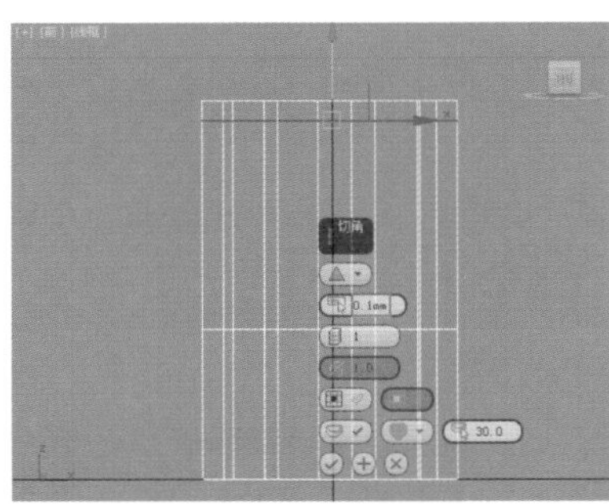

图8-402

步骤 11 进入【顶点】级别，在视图中选择上面一圈顶点，如8-403所示，并沿着X、Y、Z轴向内缩放，如图8-404所示。

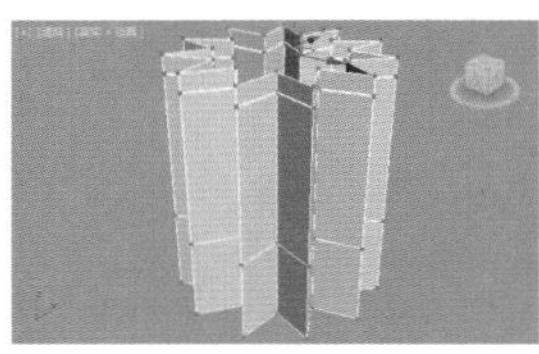

图8-403

图8-404

步骤 12 进入【边】级别，在透视图中选择如图8-405所示的一圈边，并沿Y轴向下移动，如图8-406所示。

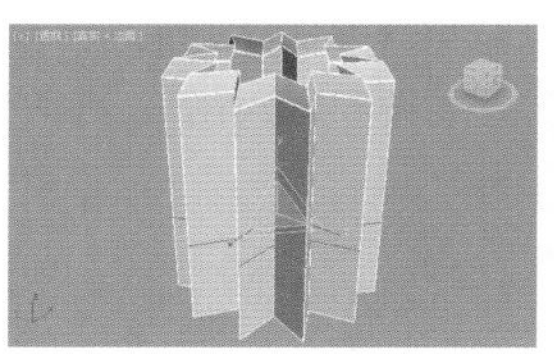
图8-405

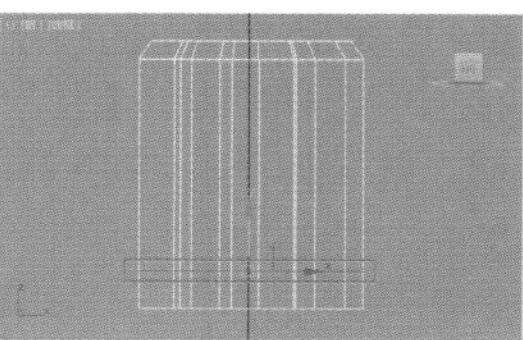
图8-406

步骤13 展开【编辑边】卷展栏，单击【切角】后面【设置】按钮，如图8-407所示，并设置数值为0.1mm，如图8-408所示。

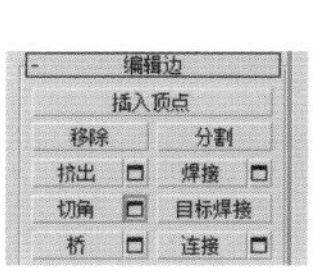

图8-407

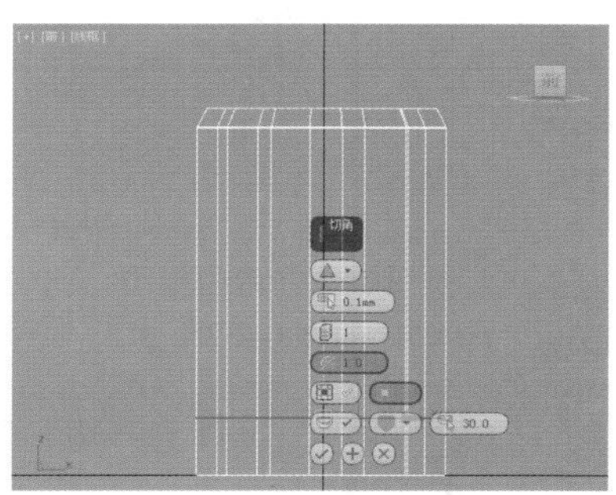
图8-408

步骤14 进入【顶点】级别，在视图中选择下面一圈顶点，如图8-409所示，并将其向内缩放，如图8-410所示。

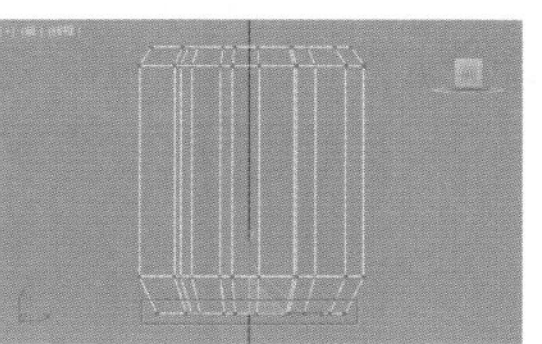
图8-409

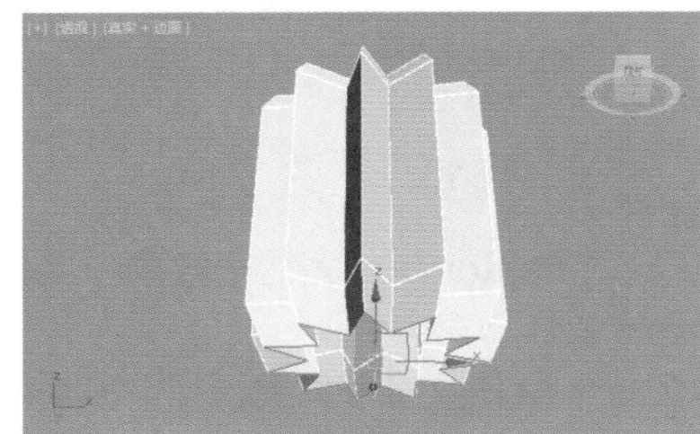
图8-410

步骤15 进入【边界】级别，在透视图中选择最下面一圈边界，如图8-411所示。展开【编辑边界】卷展栏，单击【封口】按钮，如图8-412所示。效果如图8-413所示。

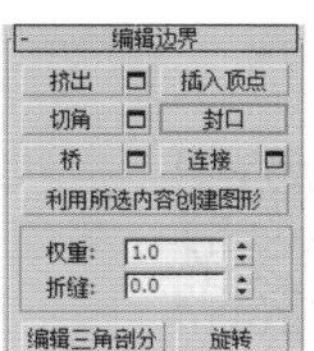
图8-411

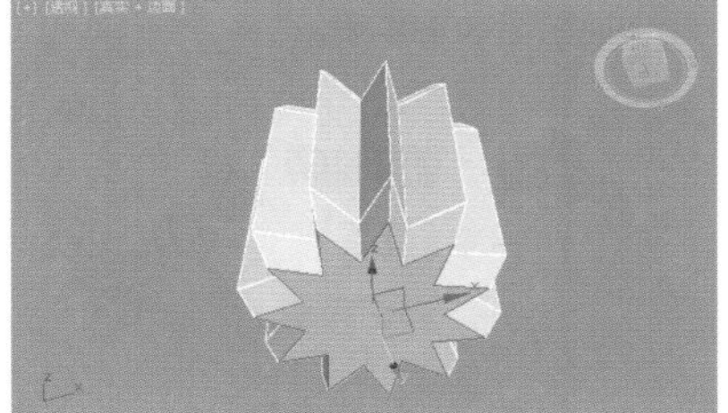

图8-412

图8-413

步骤16 为模型添加【壳】修改器，并设置【外部量】为1mm，如图8-414所示。效果如图8-415所示。

图8-414

图8-415

步骤17 为模型添加【网格平滑】修改器，并设置【迭代次数】为1，【平滑度】为1，如图8-416所示。效果如图8-417所示。

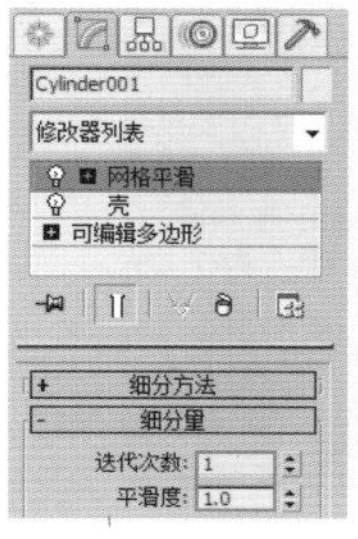

图8-416

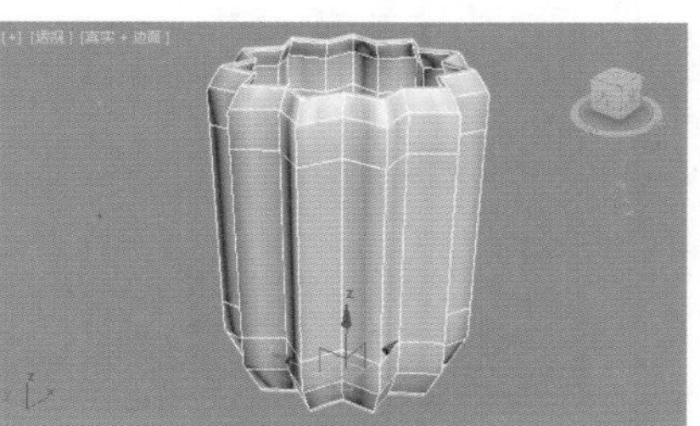
图8-417

Part 02 制作笔筒两侧模型

步骤01 在前视图中选择模型，按Shift键沿着X轴拖拽进行复制，如图8-418所示。

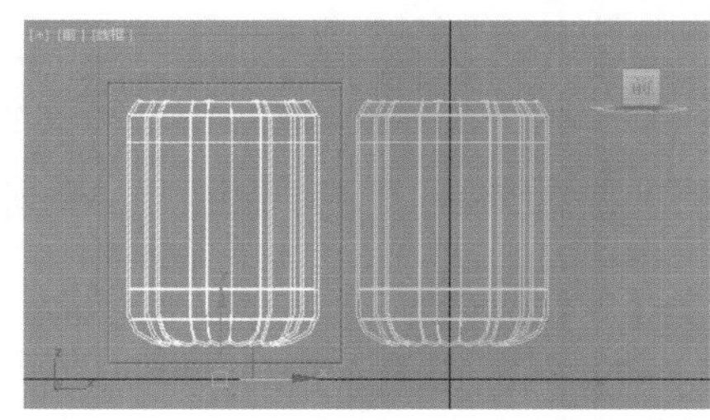
图8-418

步骤02 单击【镜像】按钮，并在弹出的对话框中设置【镜像轴】为Y，设置【克隆当前选择】为【不克隆】，如图8-419所示。此时效果如图8-420所示。

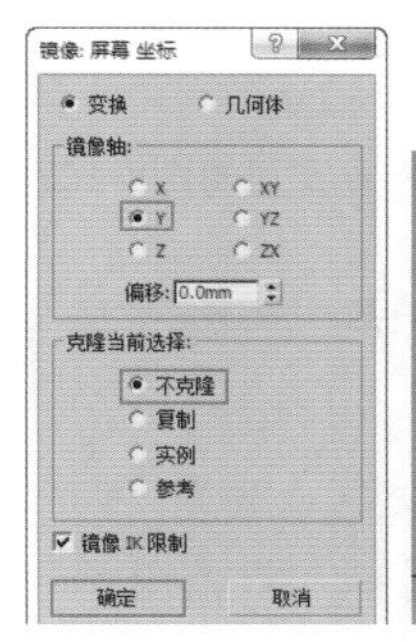

图8-419

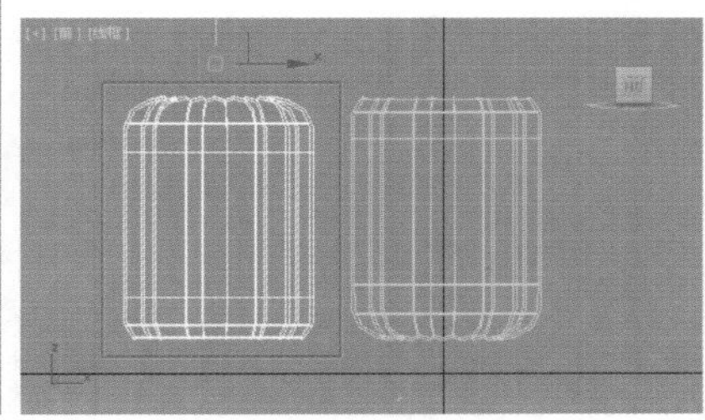
图8-420

步骤03 进入【顶点】级别，选择模型中的点，如图8-421所示。再将其删除，如图8-422所示。

图8-421

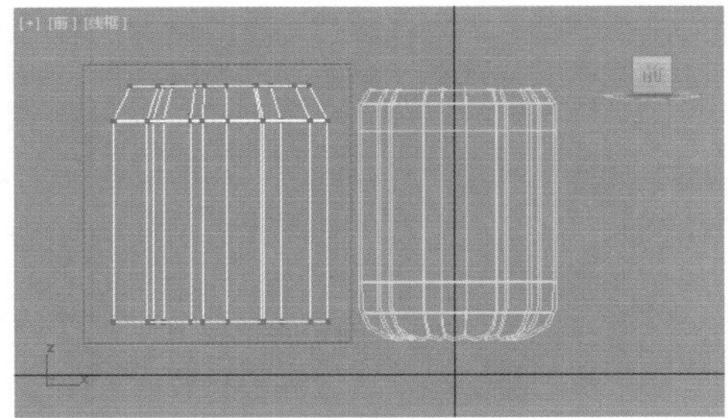

图8-422

步骤04 进入【边】级别，在透视图中选择最下面的一圈边，按住Shift键向下拖拽，并沿着Y轴旋转，如图8-423所示，然后依次旋转到如图8-424所示。

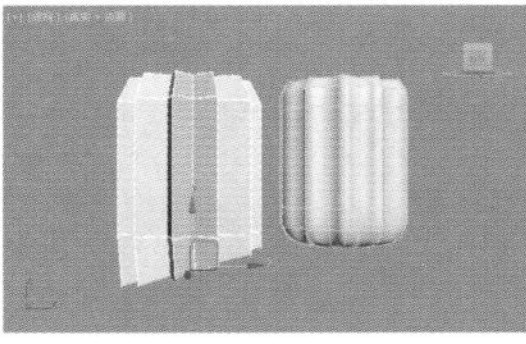

图8-423

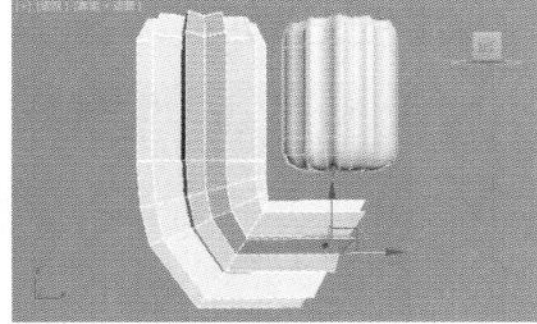

图8-424

步骤05 进入【点】级别，在透视图中选择如图8-425所示的【顶点】，并沿着X轴等比例缩放，如图8-426所示。

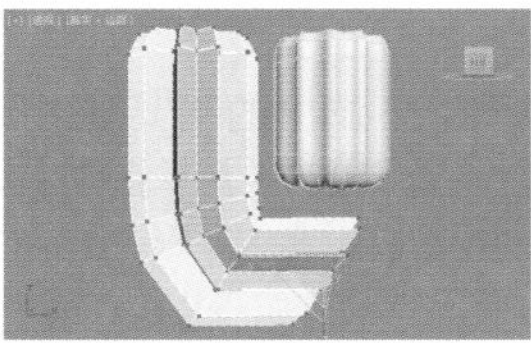

图8-425

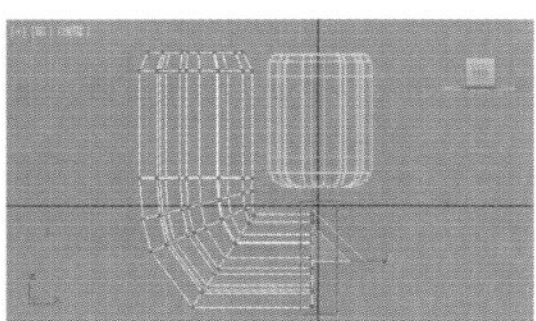

图8-426

步骤06 在前视图中选择弯曲模型，均匀缩放到如图8-427所示，并适当移动。效果如图8-428所示。

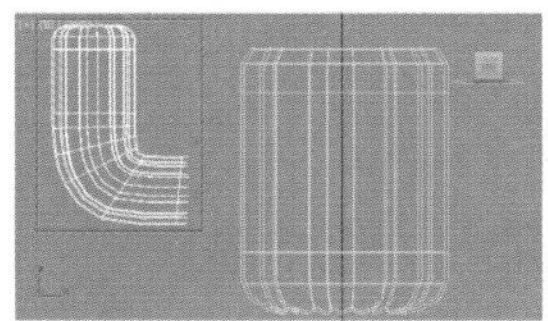

图8-427

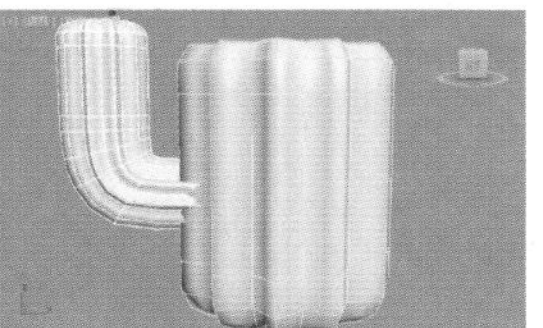

图8-428

步骤07 选择前视图中的模型，单击【镜像】，此时在弹出的对话框中选择X轴和【复制】，如图8-429所示。再适当移动位置，效果如图8-430所示。

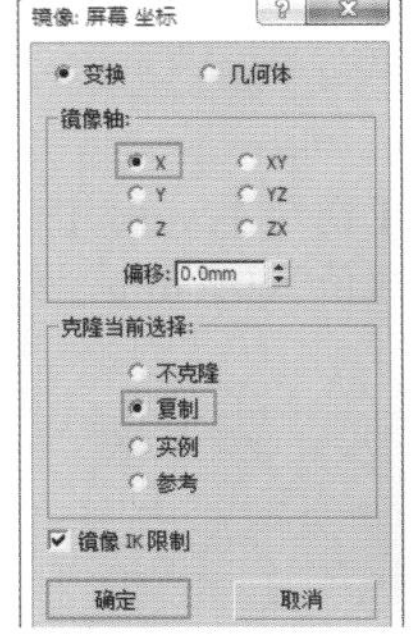

图8-429

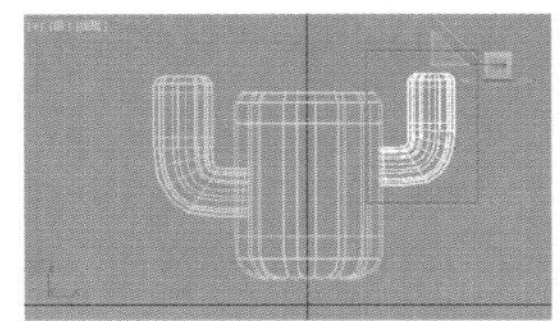

图8-430

步骤08 在前视图中选择弯曲模型，均匀缩放到如图8-431所示。并适当移动，如图8-432所示。

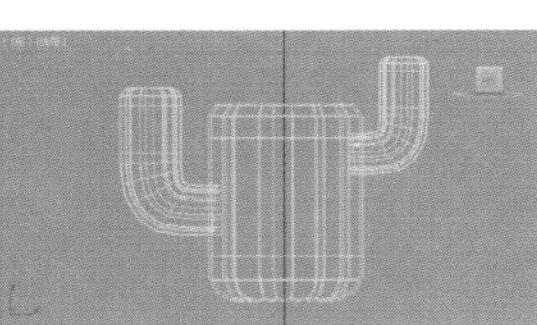

图8-431

图8-432

步骤09 此时已将模型制作完成，如图8-433所示。

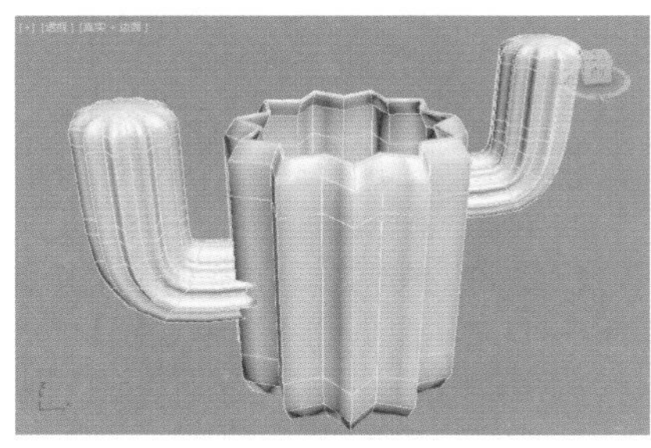

图8-433

实例：多边形建模制作巧克力

扫一扫，看视频

文件路径：Chapter 08 多边形建模→实例：多边形建模制作巧克力

本例是一个复杂的巧克力模型，应用了多边形建模中的【切割】和【分离】工具将模型分离为两部分，并多次使用绘制变形工具制作出巧克力流淌的质感。最终渲染如图 8-434 所示。

图8-434

Part 01 制作C型巧克力

步骤 01 在前视图中创建如图8-435所示的长方体，并设置【长度】为5000mm，【宽度】为1300mm，【高度】为960mm，如图8-436所示。

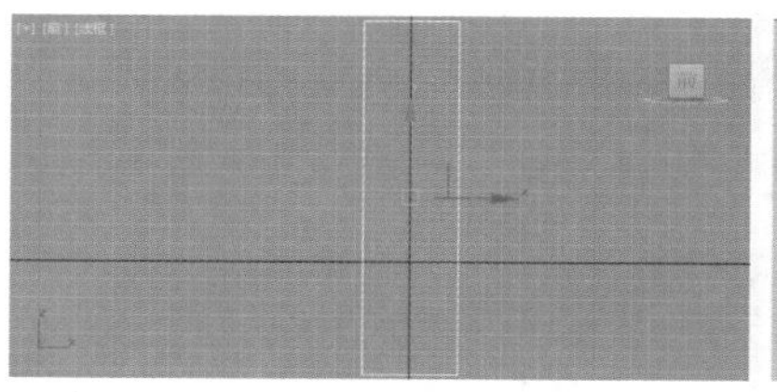
图8-435

图8-436

步骤 02 选择透视图中的模型，并将其转换为可编辑多边形，如图8-437所示。

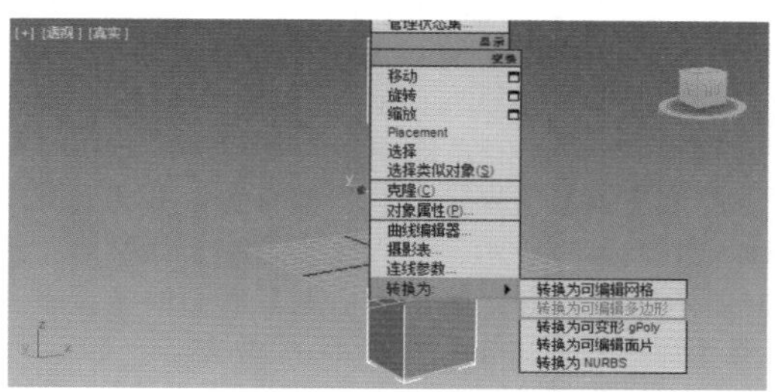

图8-437

步骤 03 在前视图中创建C文本作参考，如图8-438所示。

步骤 04 进入【点】级别，选择顶点，并将其移动到如图8-439所示的位置。

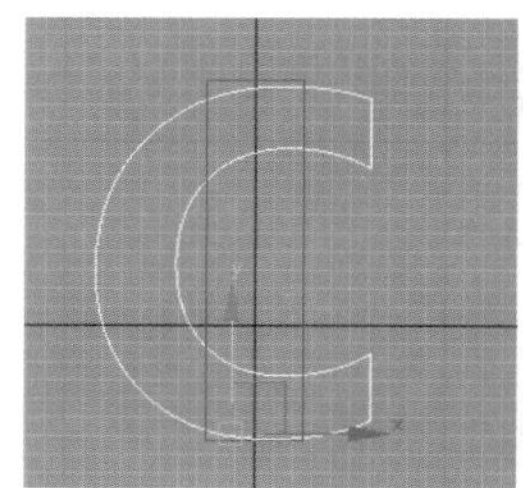
图8-438

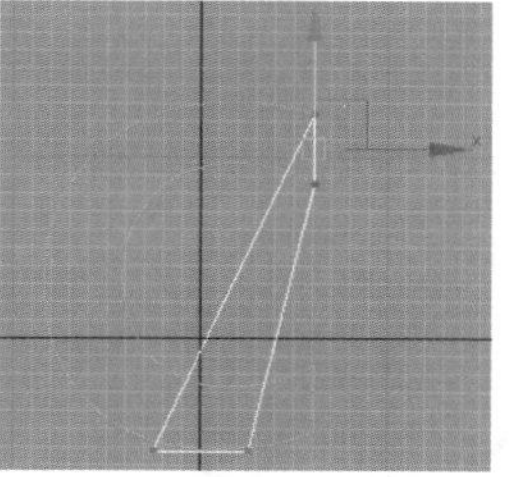
图8-439

步骤 05 进入【边】级别，选择如图8-440所示的边。并单击【连接】后面的【设置】按钮，设置【分段】为1，如图8-441所示。

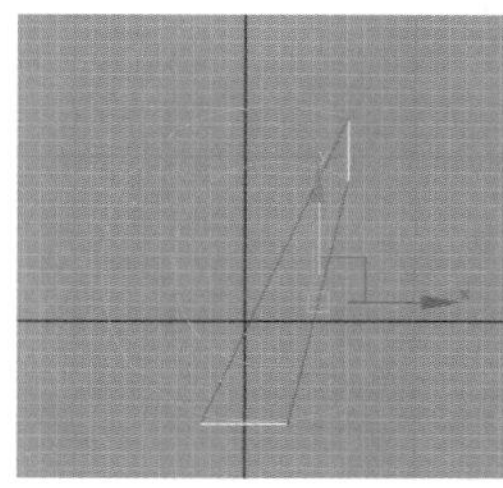
图8-440

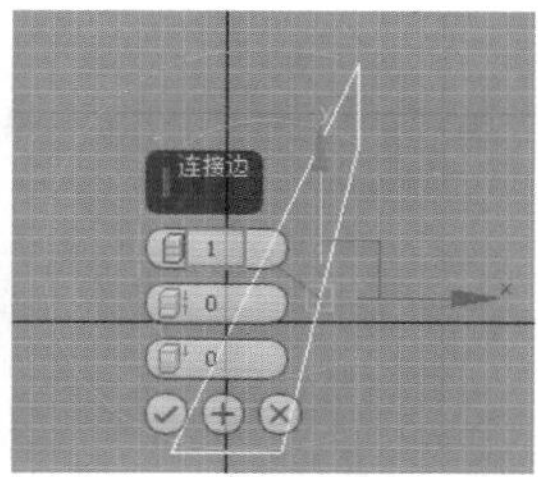

图8-441

步骤 06 进入【点】级别，框选顶点，并将其移动到如图8-442所示的位置。

步骤 07 再次进入【边】级别，选择如图8-443所示的边。并单击【连接】后面的【设置】按钮，设置【分段】为1，如图8-444所示。

步骤 08 进入【点】级别，框选顶点，并将其移动到如图8-445所示的位置。

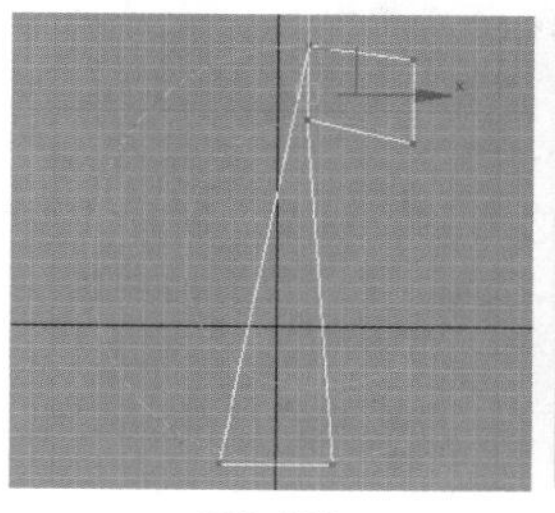
图8-442

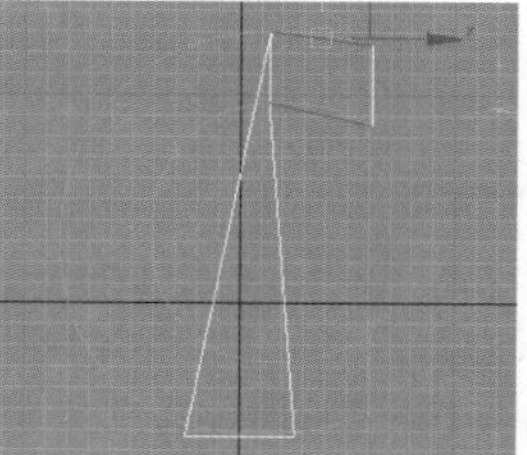
图8-443

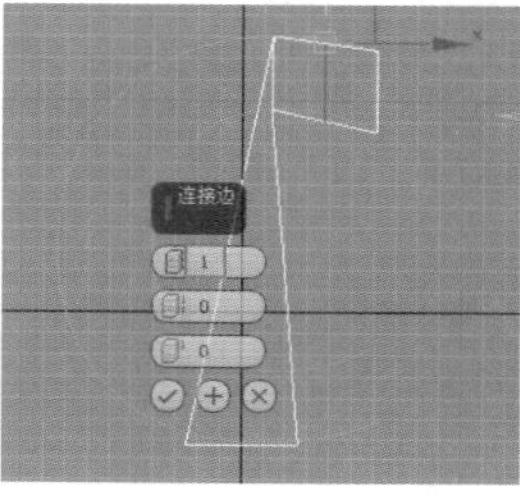

图8-444

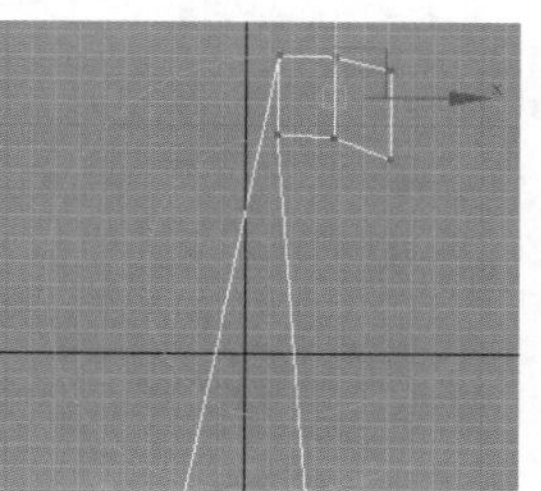
图8-445

步骤 09 用同样的方法继续将长方体调节成C的形状，如图8-446所示。最后将参考线删除，如图8-447所示。

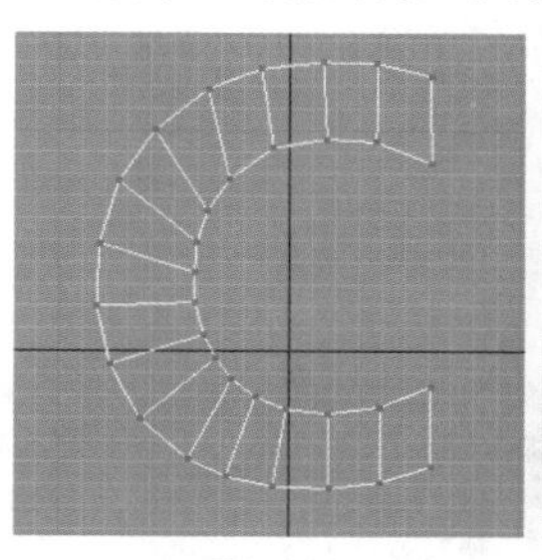
图8-446

图8-447

步骤 10 选择模型，按住Shift键沿着Y轴拖拽复制出一个模型，如图8-448所示。进入【多边形】级别，选择如图8-449所示的多边形边，并按键盘Delete键将多边形删除，如图8-450所示。

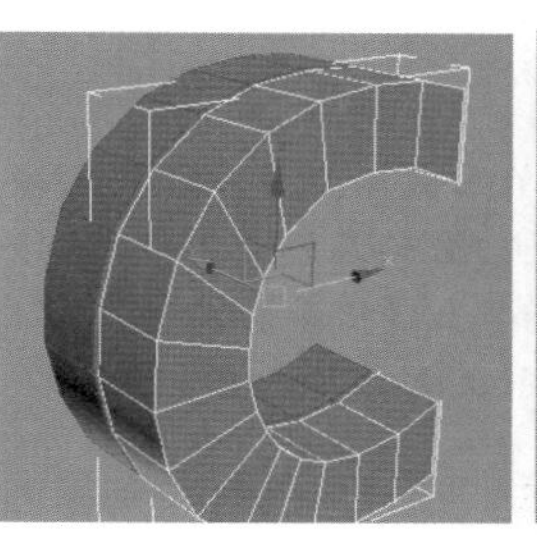
图8-448

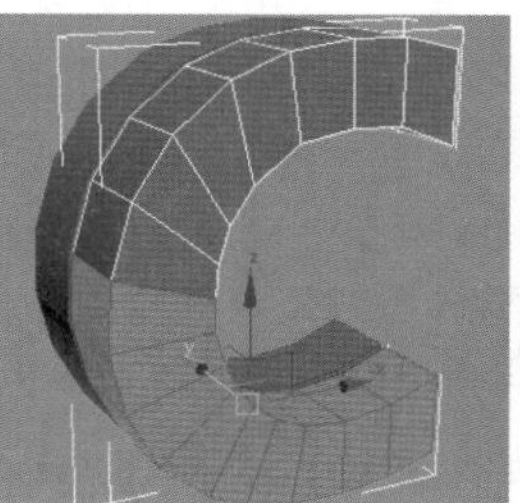
图8-449

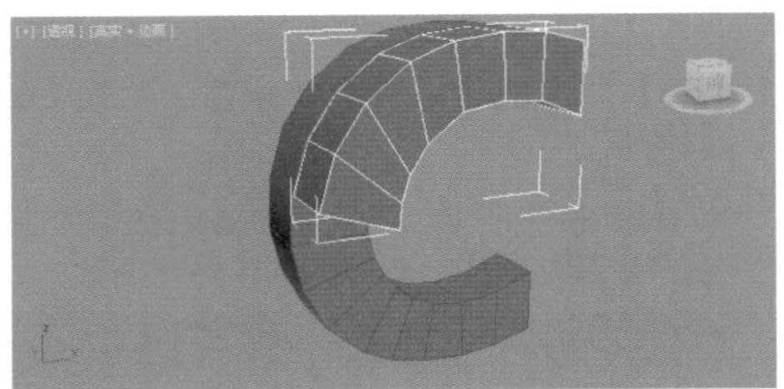

图8-450

步骤 11 再次单击，取消【多边形】级别■。展开【编辑几何体】卷展栏，单击【细化】后面的【设置】按钮■，设置【张力】为10，如图8-451所示。再次单击【细化】按钮3次，如图8-452所示（此步骤的目的是使模型变得更细致，方便后面进行细节操作）。

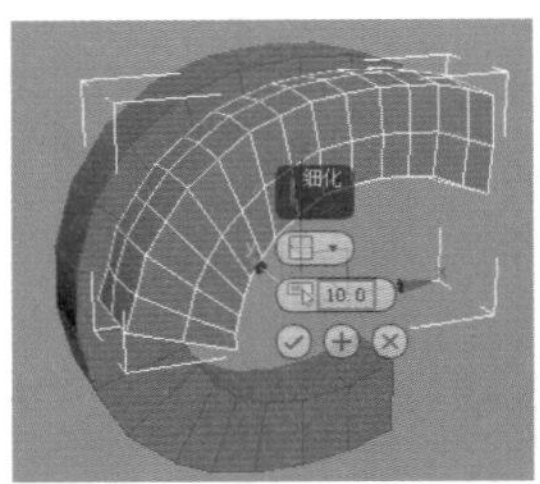

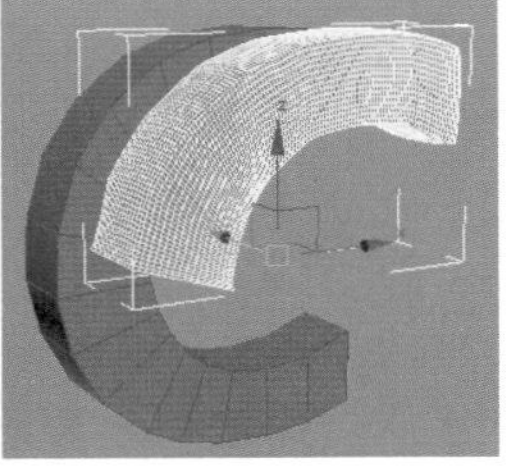

图8-451　　图8-452

步骤 12 展开【绘制变形】卷展栏，单击【推/拉】按钮，设置【推/拉值】为100mm，【笔刷大小】为500mm，如图8-453所示。在透视图模型上推拉出如图8-454所示效果，再将其移动到合适的位置，并将模型调节成褐色。

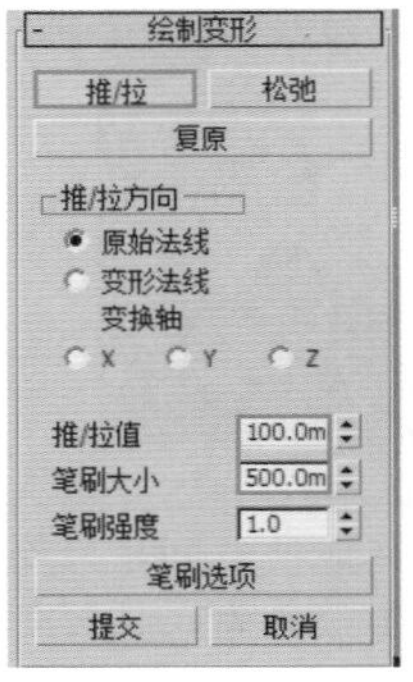

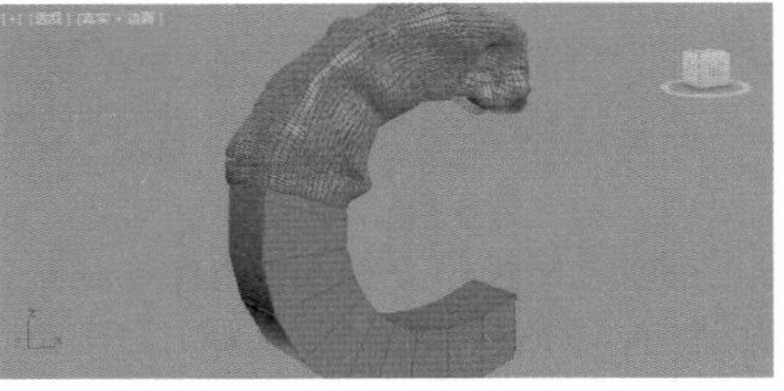

图8-453　　图8-454

提示：绘制变形的应用技巧。

单击【推/拉】按钮，单击鼠标左键在模型上移动，便可制作出凸起的感觉；按住Alt键在模型上推/拉移动，模型便可制作凹陷的感觉。单击【松弛】按钮，单击鼠标左键在模型上移动，便可以让模型更平缓。

步骤 13 进入【多边形】级别■，选择如图8-455所示的多边形。单击【倒角】后面的【设置】按钮■，设置【高度】为30.724mm，【轮廓】为－25.4mm，如图8-456所示。

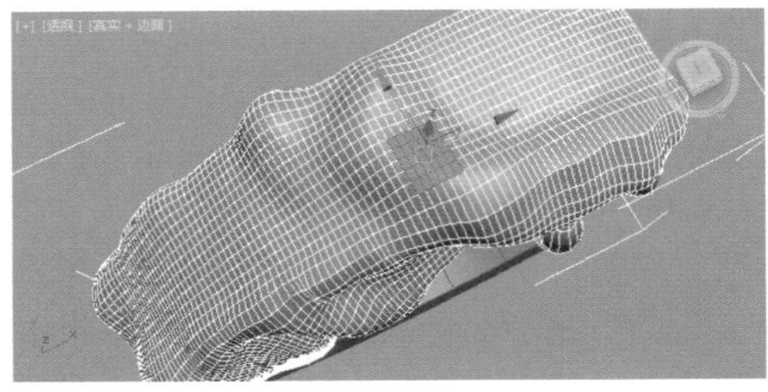

图8-455

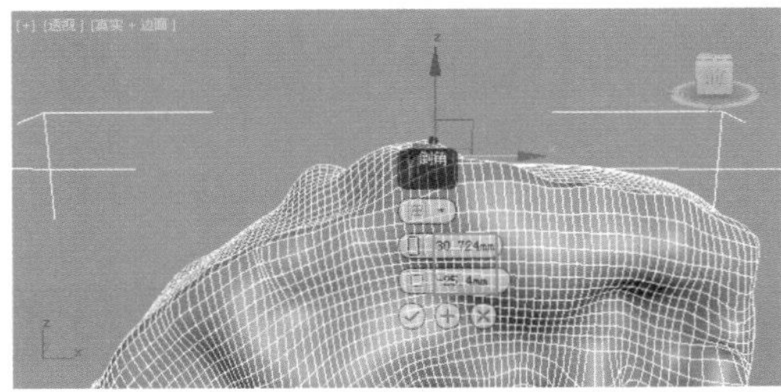

图8-456

步骤 14 进入【点】级别■，选择部分点，并将其移动调节成圆形，如图8-457所示。进入【多边形】级别■，选择如图8-458所示的多边形。单击【插入】后面的【设置】按钮■，设置【数量】为25mm，如图8-459所示。

图8-457

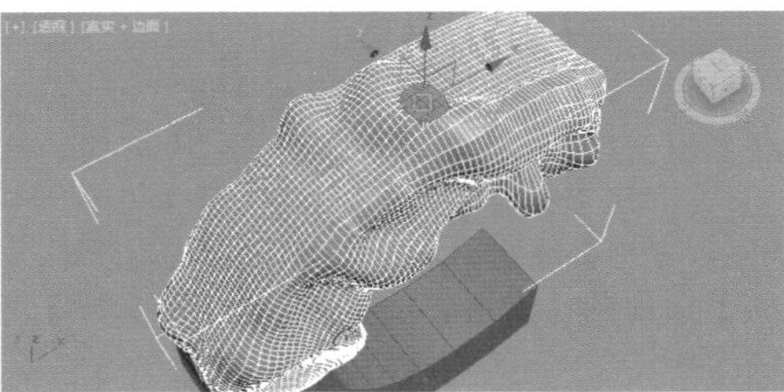

图8-458

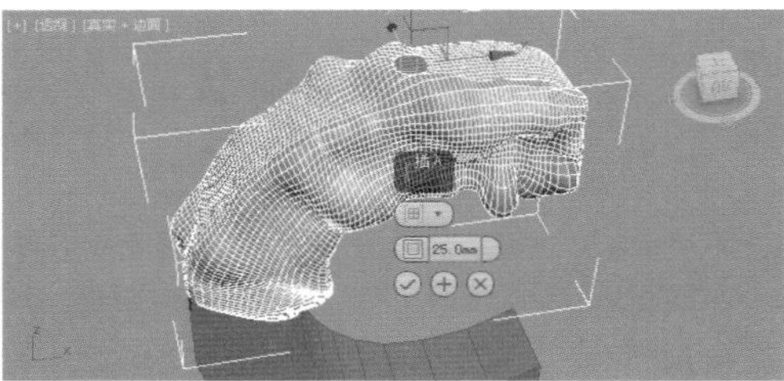

图8-459

步骤 15 单击【倒角】后面的【设置】按钮▣，设置【高度】为30mm，【轮廓】为0mm，如图8-460所示。再次进行【插入】和【倒角】操作，如图8-461所示。

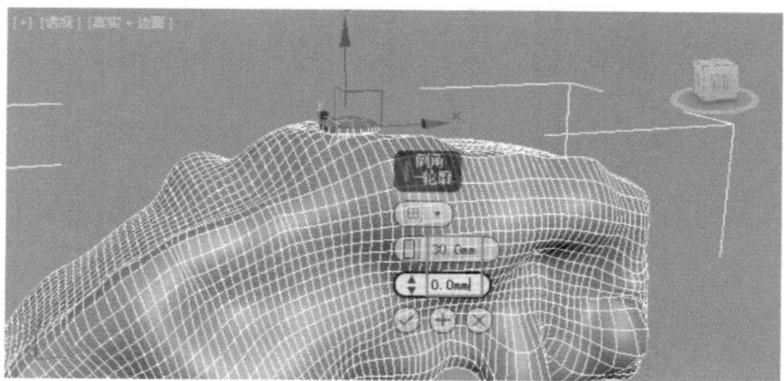

图8-460

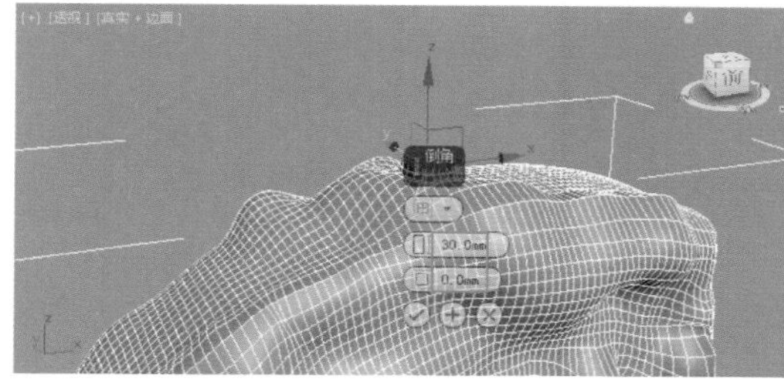

图8-461

步骤 16 单击【挤出】后面的【设置】按钮▣，设置【高度】为1900mm，如图8-462所示。最后进入【多边形】级别▣，选择如图8-463所示的边，并进行等比缩放。

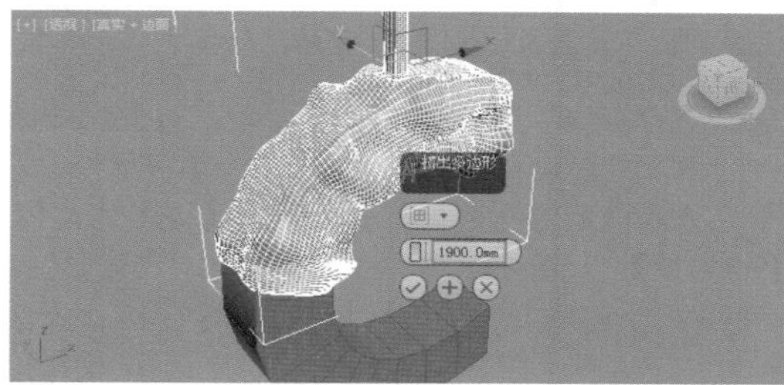

图8-462

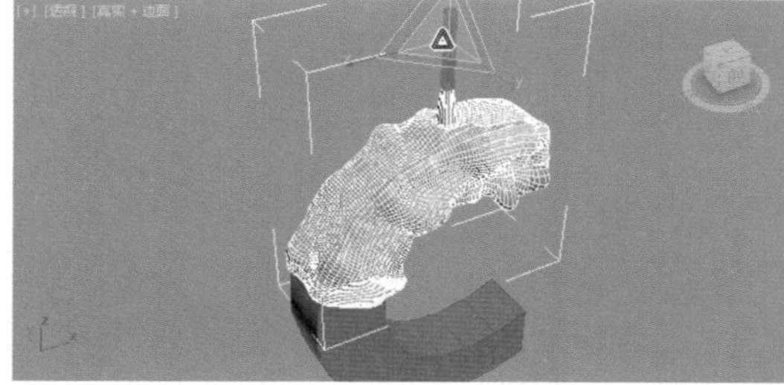

图8-463

Part 02 制作E型巧克力

步骤 01 创建如图8-464所示的长方体，并设置【长度】为5000mm，【宽度】为1300mm，【高度】为960mm，【长度分段】为5，如图8-465所示。

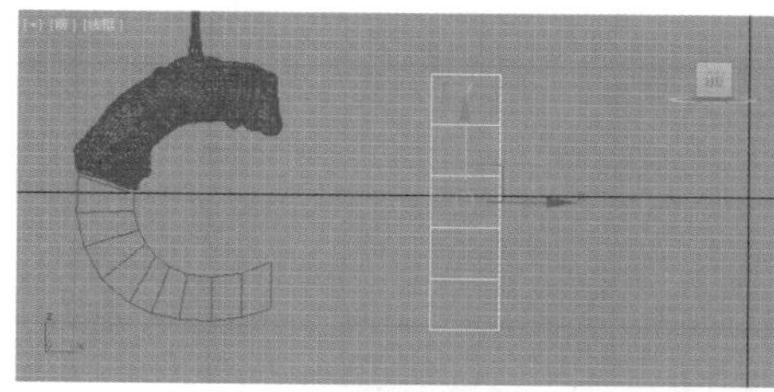

图8-464

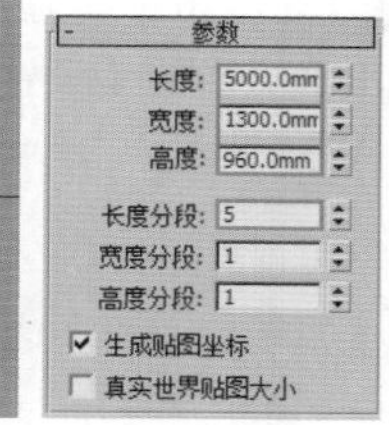

图8-465

步骤 02 选择模型右击，将其转换为可编辑多边形，进入【多边形】级别▣，选择如图8-466所示的多边形。单击【挤出】后面的【设置】按钮▣，设置【高度】为1330mm，如图8-467所示。

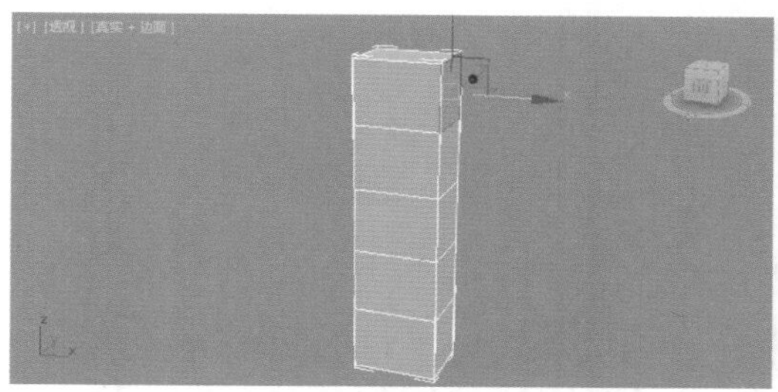

图8-466

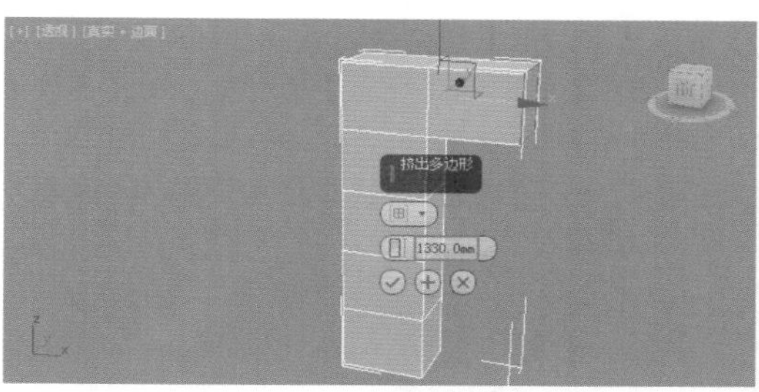

图8-467

步骤 03 再次重复上面的【挤出】设置，如图8-468所示。选择如图8-469所示的【多边形】，单击【挤出】后面的【设置】按钮▣，设置【高度】为1330mm，如图8-470所示。

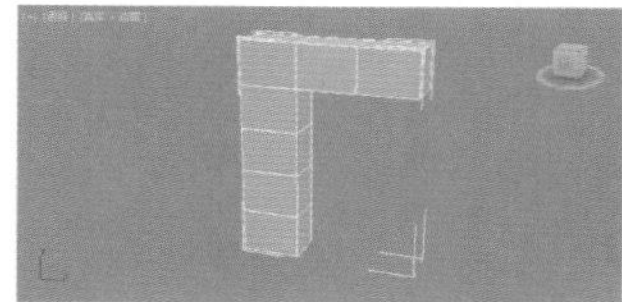

图8-468

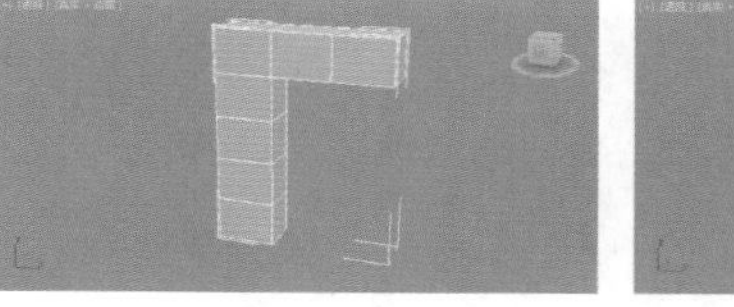

图8-469

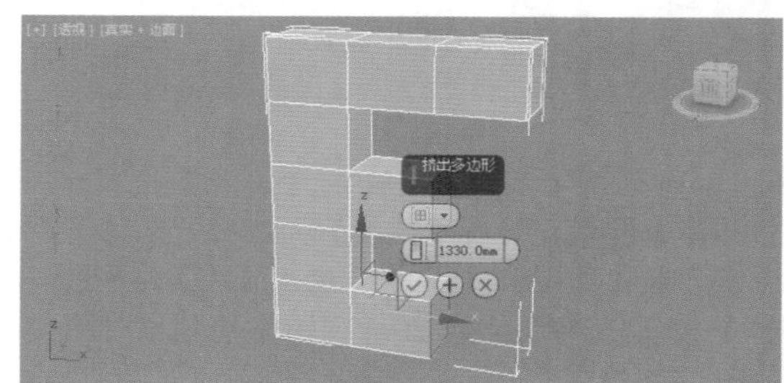

图8-470

步骤04 再次选择如图8-471所示的【多边形】。单击【挤出】后面的【设置】按钮，设置【高度】为1330mm，如图8-472所示。

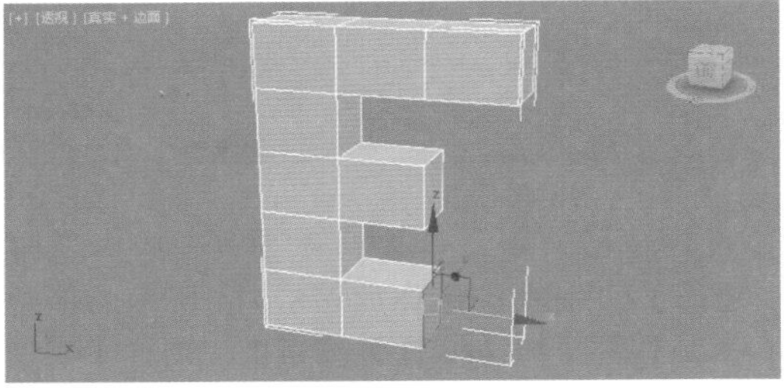

图8-471

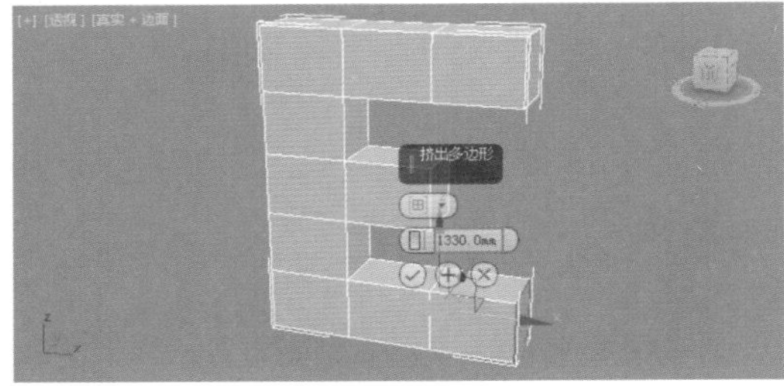

图8-472

步骤05 进入【多边形】级别，选择如图8-473所示的多边形。单击【插入】后面的【设置】按钮，设置【数量】为30mm，如图8-474所示。

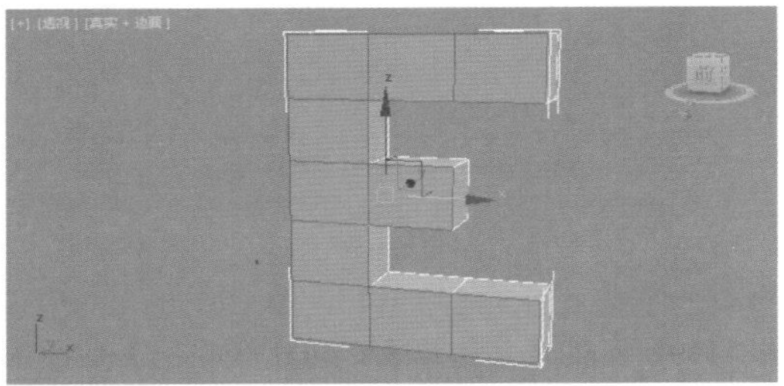

图8-473

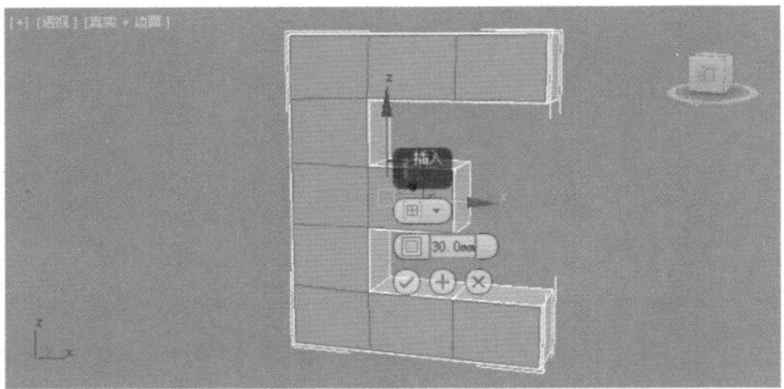

图8-474

步骤06 再次单击【倒角】后面的【设置】按钮，选择【按多边形】，设置【高度】为254mm，【轮廓】为-110mm，效果如图8-475所示。进入【边】级别，单击【切割】按钮 切割 ，并在透视图中切割出一圈循环的边，如图8-476所示。

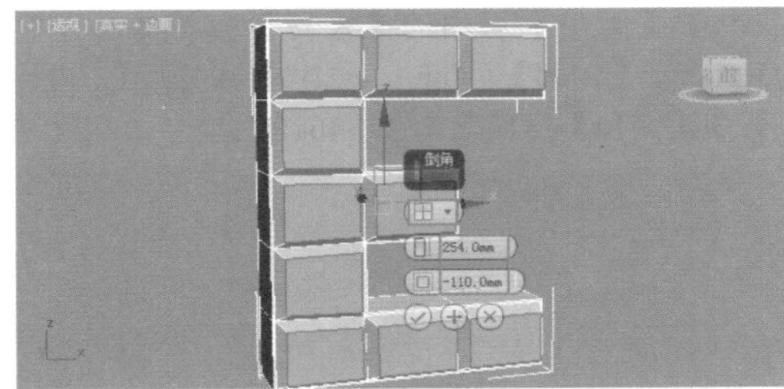

图8-475

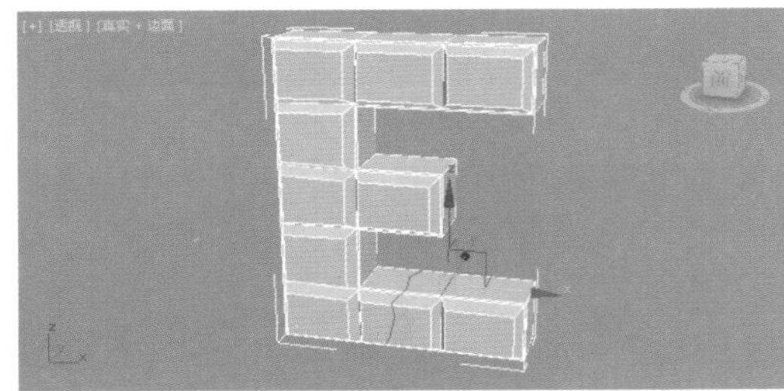

图8-476

步骤07 进入【多边形】级别，选择如图8-477所示的多边形。单击【分离】按钮 分离 ，并在弹出的【分离】对话框中单击【确定】按钮，如图8-478所示（此处的目的是将多边形分离称为另外一个模型）。

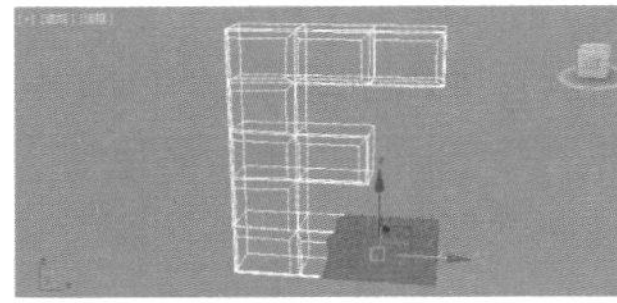

图8-477　图8-478

步骤08 为分离前后的两个模型分别加载【壳】修改器，并设置【外部量】为50mm，如图8-479所示。效果如图8-480所示。

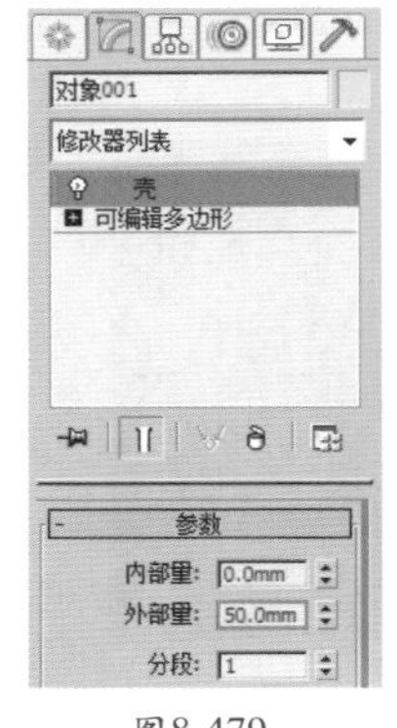

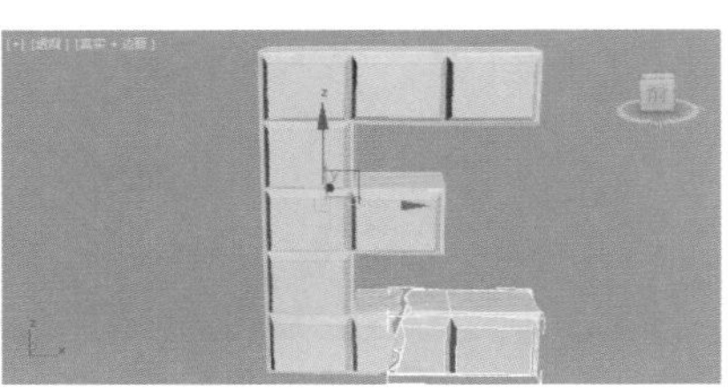

图8-479　图8-480

步骤09 在前视图中创建圆柱体，如图8-481所示。并设置【半径】为600mm，【高度】为650mm，【端面分段】为5，【边数】为18，如图8-482所示。

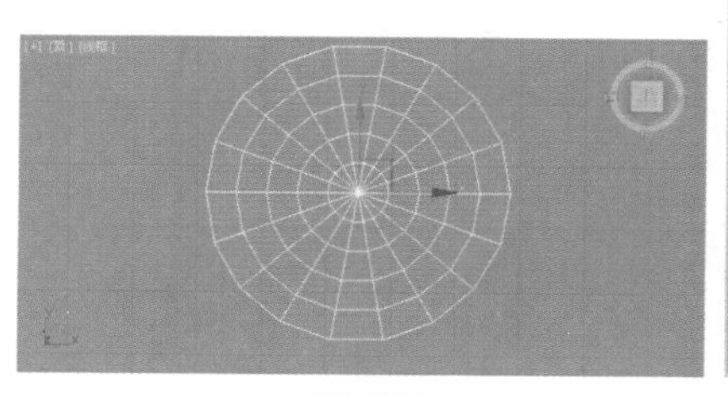

图8-481

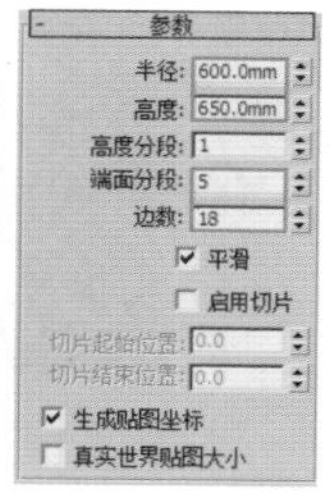

图8-482

步骤 10 选择圆柱体模型，如图8-483所示。并加载【细化】修改器，设置【迭代次数】为2，如图8-484所示。效果如图8-485所示。

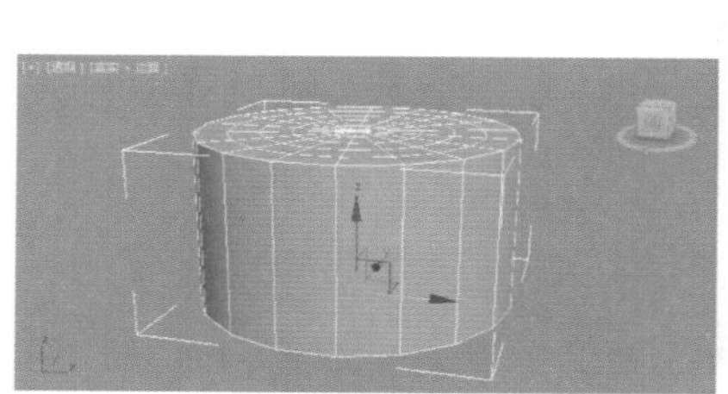

图8-483

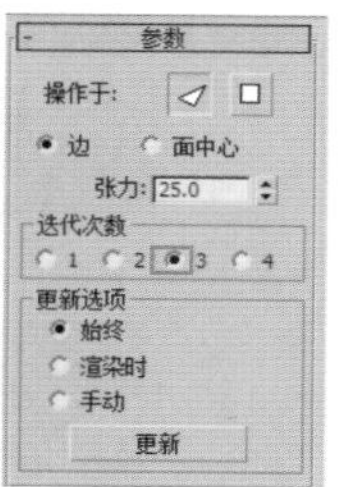

图8-484

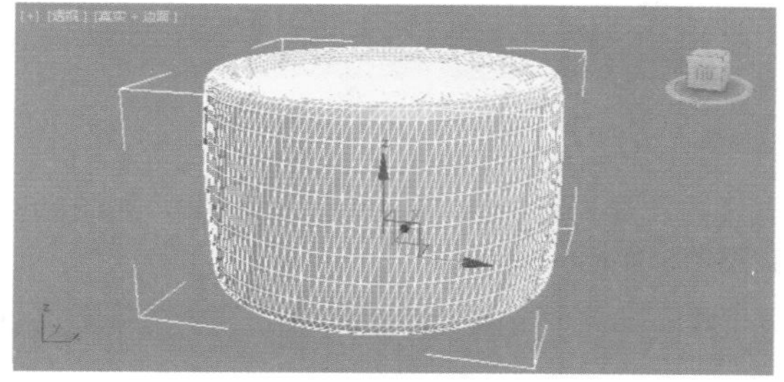

图8-485

步骤 11 将模型右击转换为可编辑多边形，展开【绘制变形】卷展栏，使用【推/拉】和【松弛】工具，在透视图中推拉模型，使其呈现出流淌的感觉，如图8-486所示。

步骤 12 选择模型，并将其移动到合适的位置，如图8-487所示。

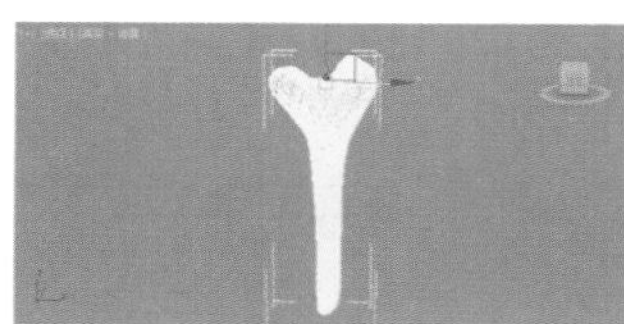

图8-486

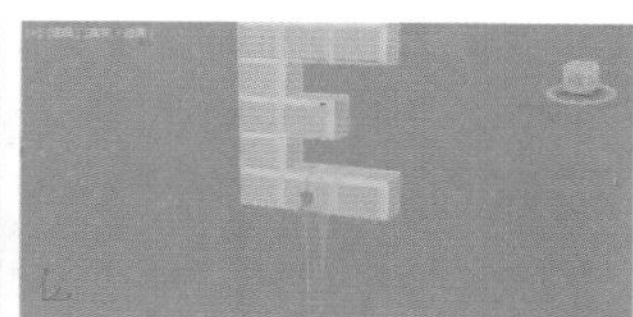

图8-487

Part 03 制作V型巧克力

步骤 01 在前视图中创建如图8-488所示的长方体，并设置【长度】为5000mm，【宽度】为1300mm，【高度】为960mm，如图8-489所示。将模型转化为可编辑多边形，进入【边】级别，并在透视图中选择如图8-490所示的边。

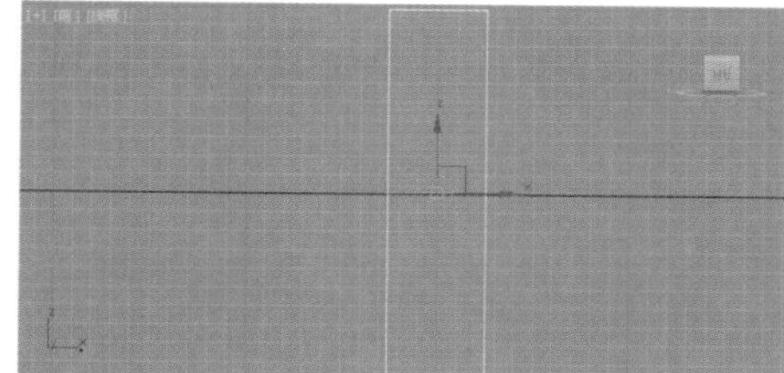

图8-488

图8-489

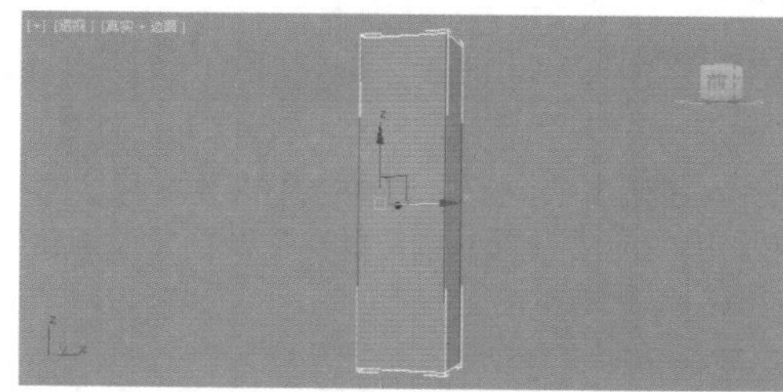

图8-490

步骤 02 单击【连接】后面的【设置】按钮，设置【滑块】为－55，如图8-491所示。进入【多边形】级别，选择如图8-492所示的多边形。并单击【挤出】后面的【设置】按钮，设置【高度】为3972mm，如图8-493所示。

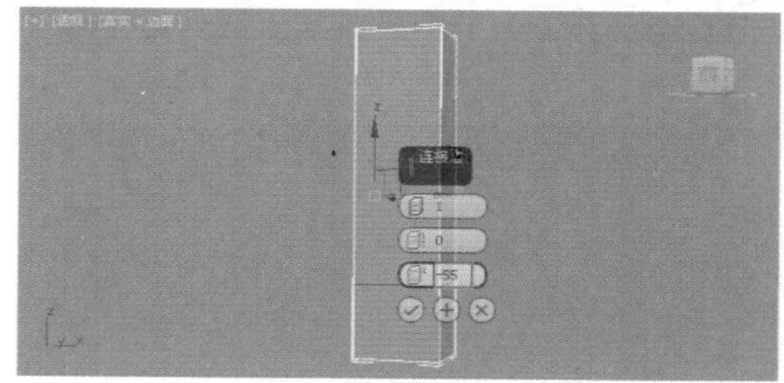

图8-491

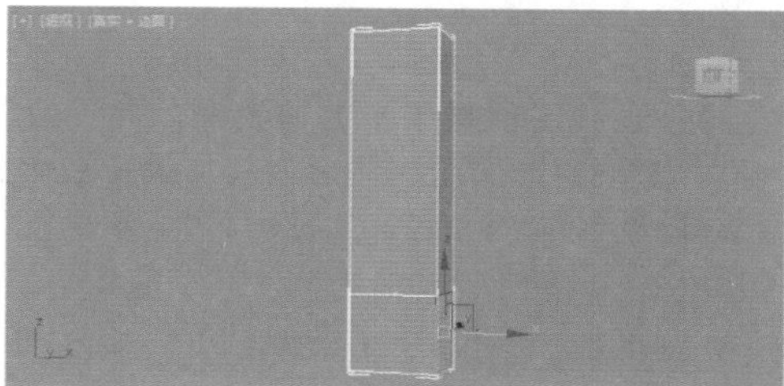

图8-492

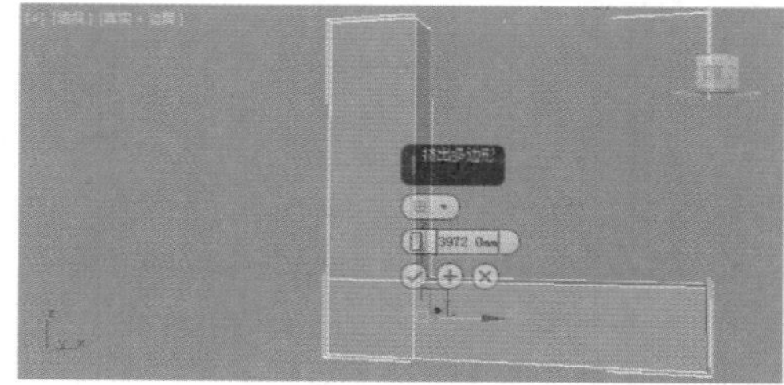

图8-493

步骤 03 单击【角度捕捉切换】按钮，并设置【角度】为45度，如图8-494所示。选择前】视图中的模型，并沿着Y轴向左旋转，如图8-495所示。

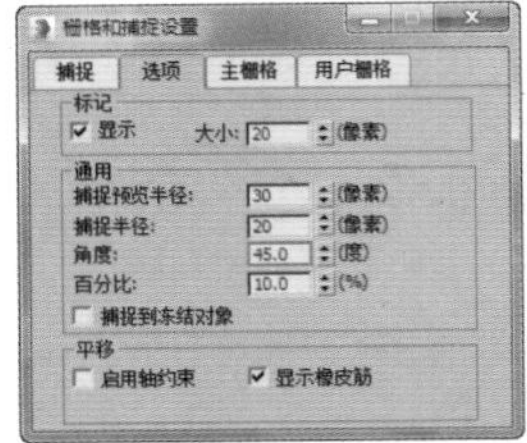

图8-494

图8-495

步骤 04 进入【边】级别，选择如图8-496所示的边。单击【切角】后面的【设置】按钮，并设置【边切角量】为1mm，如图8-497所示。

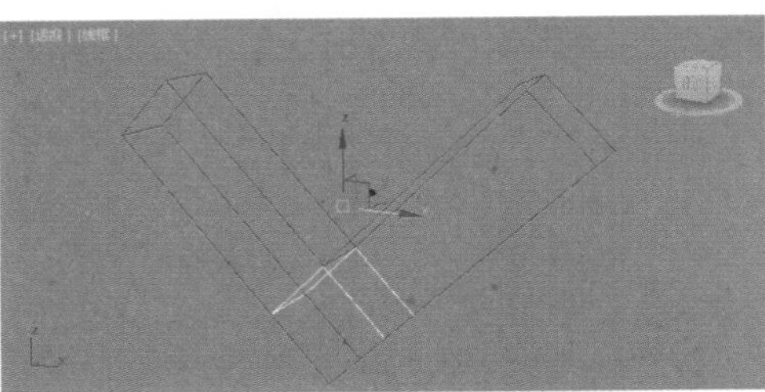

图8-496

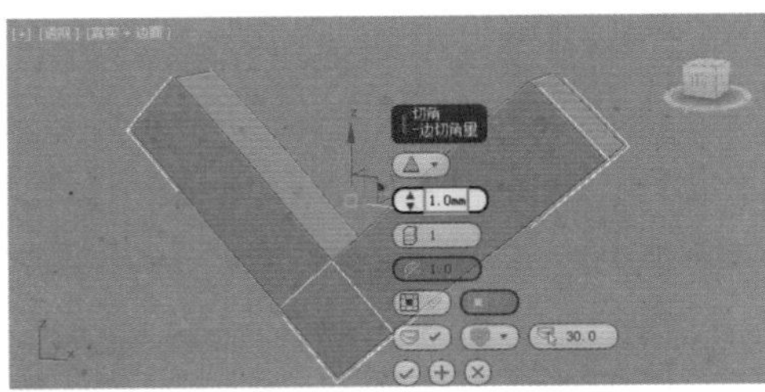

图8-497

步骤 05 为模型加载【网格平滑】修改器，并设置【迭代次数】为3，如图8-498所示。然后为其加载【细化】修改器，并设置【迭代次数】为2，如图8-499所示。模型效果如图8-500所示。

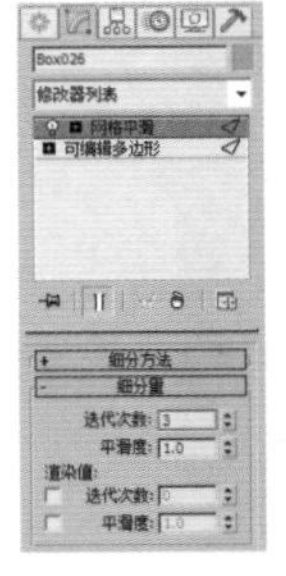

图8-498

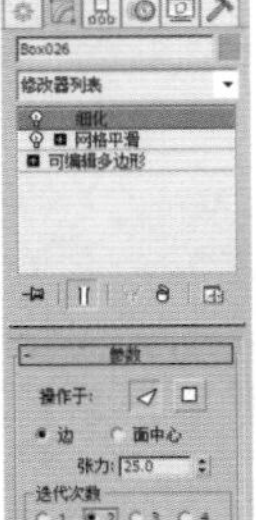

图8-499

图8-500

步骤 06 再次为模型添加【编辑多边形】修改器，在【编辑几何体】卷展下单击【切割】按钮 切割 ，并在透视图模型上切割出一条循环的边，如图8-501所示。

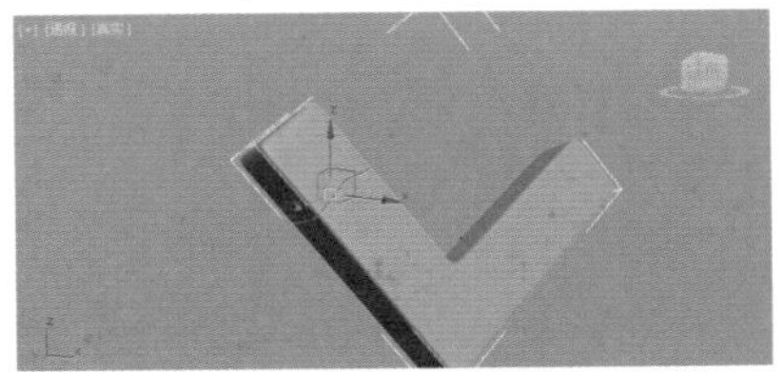

图8-501

步骤 07 进入【多边形】级别，选择如图8-502所示多边形。单击【分离】按钮，并适当的移动，如图8-503所示。

图8-502

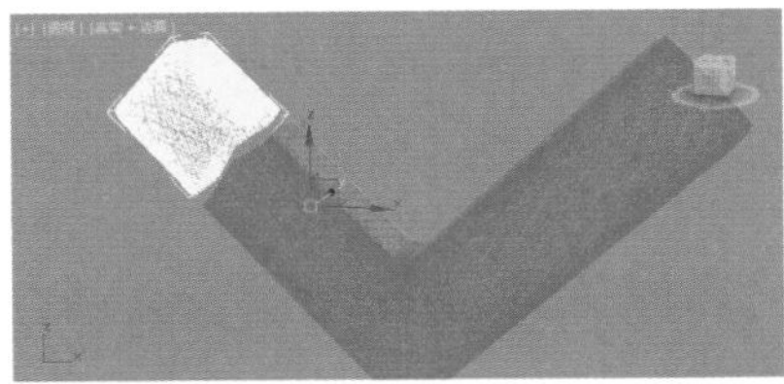

图8-503

步骤 08 为刚才分离前后的两个模型加载【壳】修改器，并设置【内部量】为100，【外部量】为100，如图8-504所示。模型效果如图8-505所示。

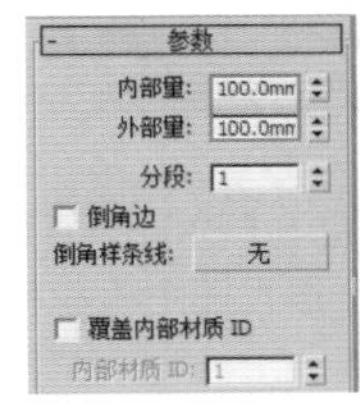

图8-504

图8-505

步骤 09 在前视图中创建如图8-506所示的长方体。设置【长度】为1800mm，【宽度】为1290mm，【高度】为960mm，如图8-507所示。

图8-506

图8-507

步骤 10 右击将模型转换为可编辑多边形，进入【边】级别，选择所有的边，如图8-508所示。并单击【切角】后面的【设置】按钮，设置【边切角量】为5mm，如图8-509所示。

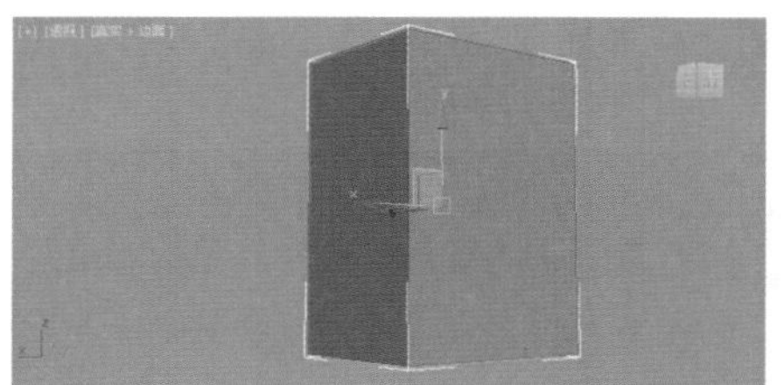

图8-508

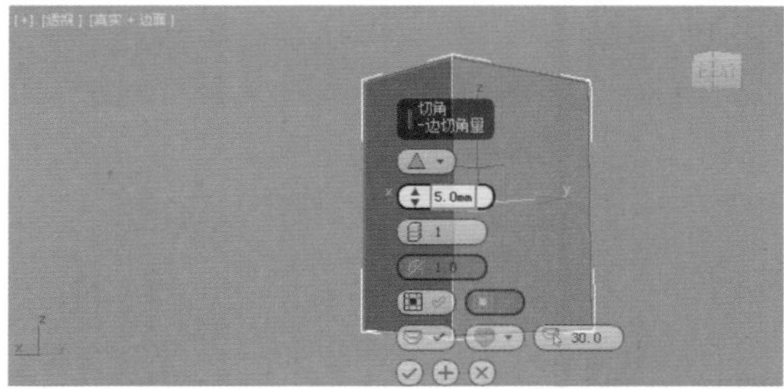

图8-509

步骤 11 为模型加载【网格平滑】修改器，并设置【迭代次数】为3，如图8-510所示。效果如图8-511所示。

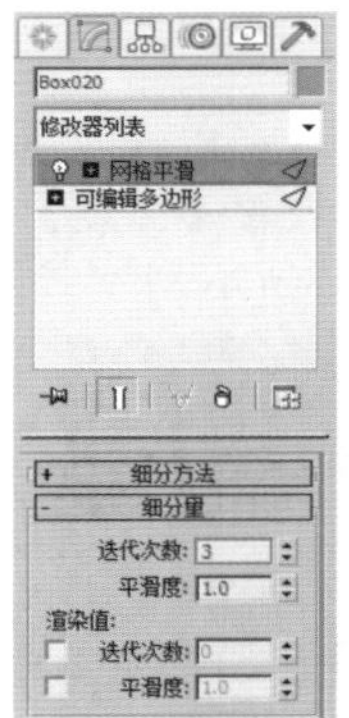

图8-510

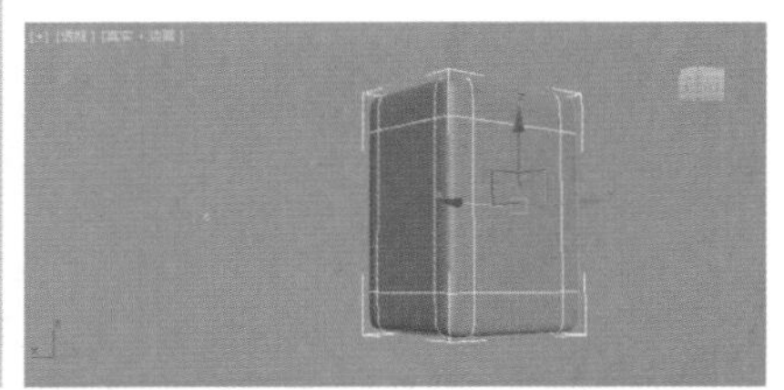

图8-511

步骤 12 为模型加载【细化】修改器，并设置【迭代次数】为2，如图8-512所示。效果如图8-513所示。

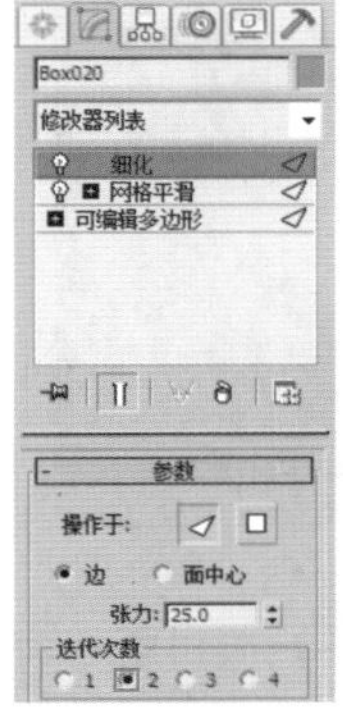

图8-512

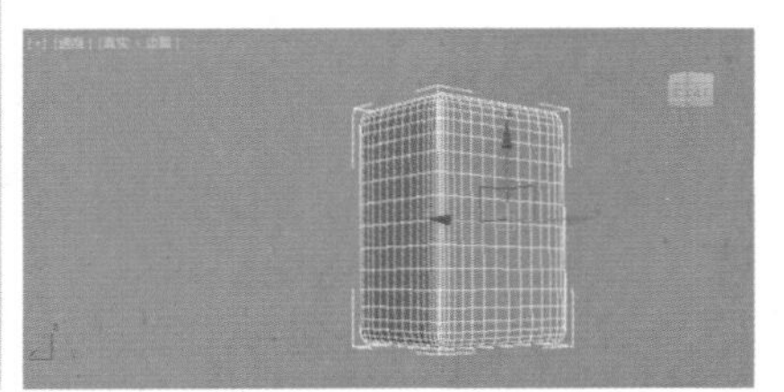

图8-513

步骤 13 再次为模型加载【编辑多边形】修改器，单击【推/拉】和【松弛】按钮，在透视图的模型上推拉，如图8-514所示。并将其移动到合适的位置，如图8-515所示。

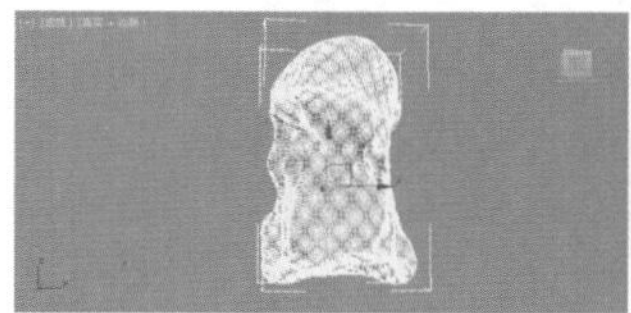

图8-514

图8-515

步骤 14 选择透视图中的模型，单击【推/拉】按钮，如图8-516所示。并在模型上推拉，再将模型换成巧克力颜色，如图8-517所示。

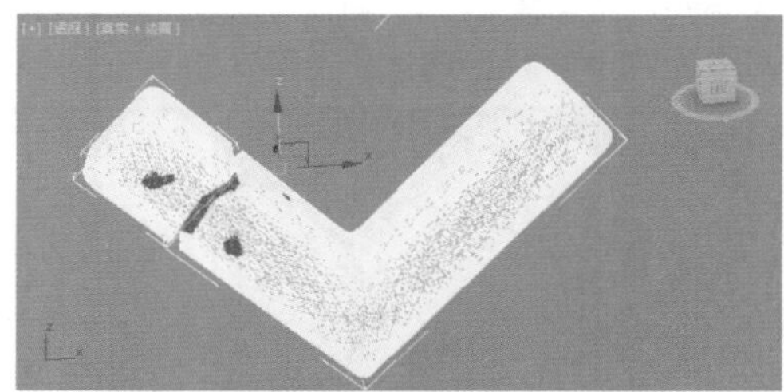

图8-516

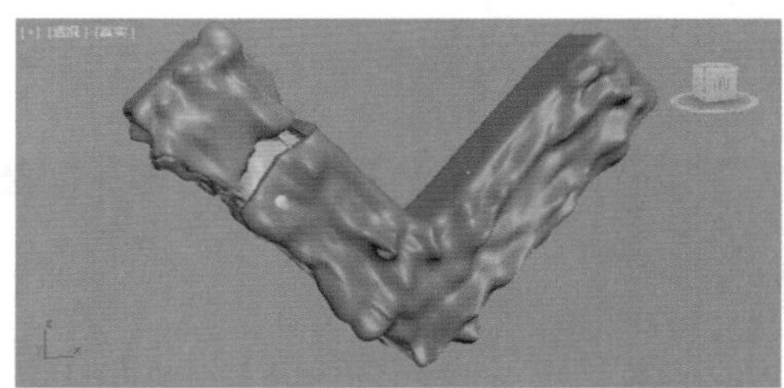

图8-517

步骤 15 最终模型如图8-518所示。

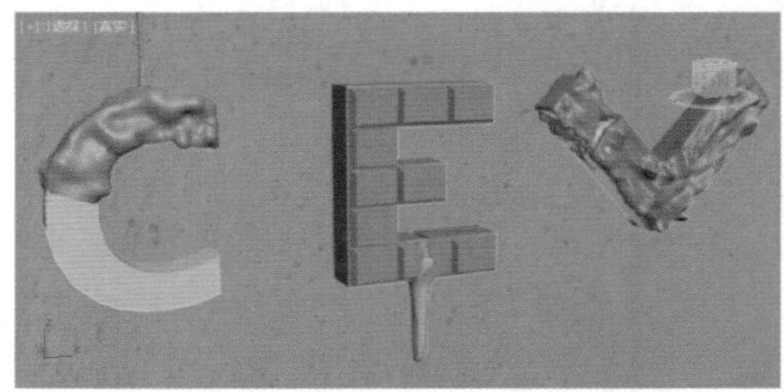

图8-518

实例：多边形建模制作脚凳

文件路径：Chapter 08 多边形建模→实例：多边形建模制作脚凳

扫一扫，看视频

本例是一个脚凳模型，脚凳最大的特点是有很多十字交叉的下陷效果。使用了多边形建模中的切割、挤出工具制作出倾斜的线，最后对模型加载修改器。最终模型如图 8-519 所示。

图8-519

步骤 01 使用【长方体】工具创建一个长方体，如图8-520所示，并设置【长度】为800mm，【宽度】为900mm，【高度】为200mm，【长度分段】为4，【宽度分段】为4，【高度分段】为2，如图8-521所示。

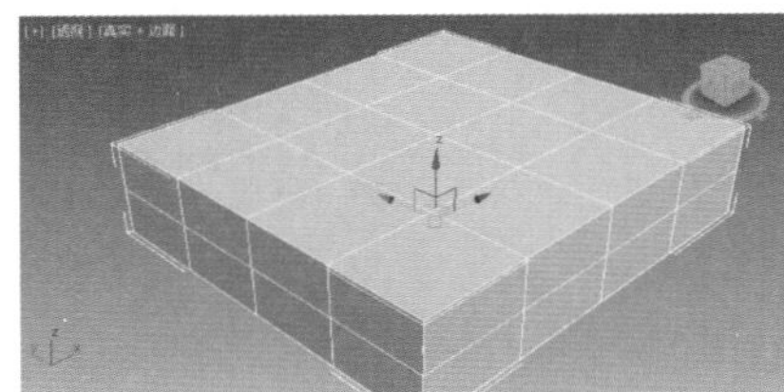

图8-520

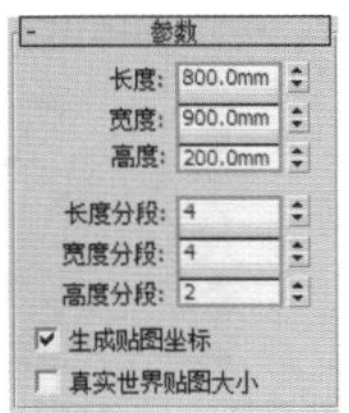

图8-521

步骤 02 选择透视图中的模型，并将其转换为可编辑多边形，如图8-522所示。

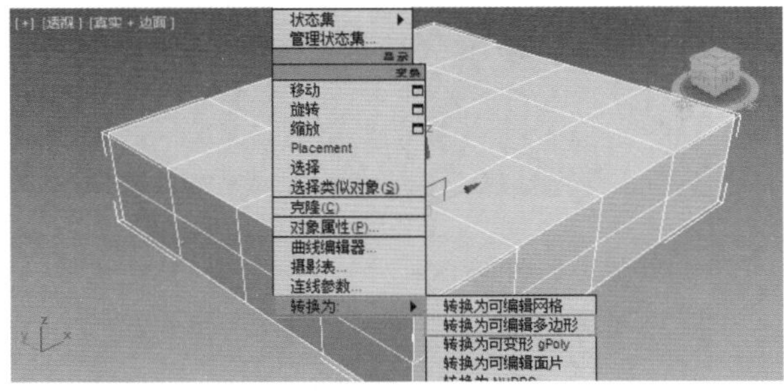

图8-522

步骤 03 进入【顶点】级别，在顶视图中框选如图8-523所示的点。并按住Alt键，在左视图中框选取消如图8-524所示的点。

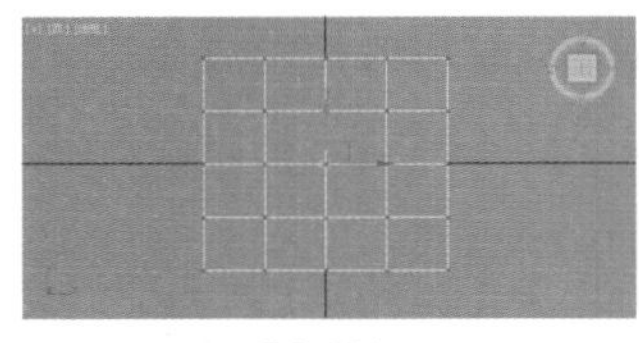

图8-523

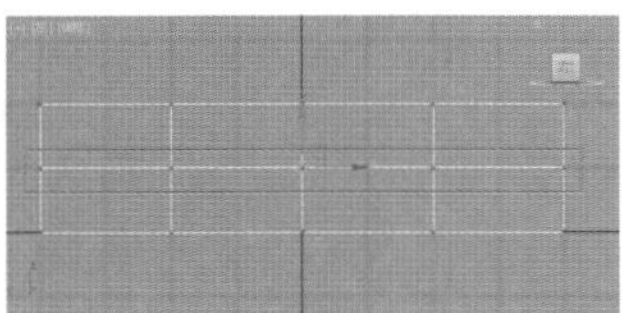

图8-524

步骤 04 单击【挤出】后面的【设置】按钮，设置【高度】为 - 50mm，【宽度】为40mm，如图8-525所示。

步骤 05 激活主工具栏中的【捕捉】按钮，单击【切割】按钮 切割 ，并在前视图模型上进行切割，切割完关闭【捕捉】按钮，如图8-526所示。

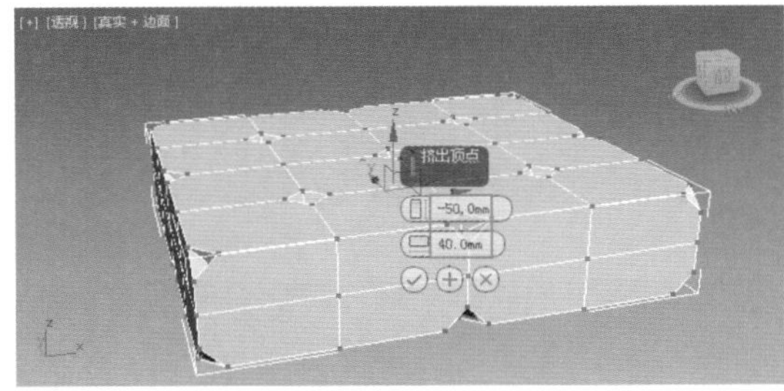

图8-525

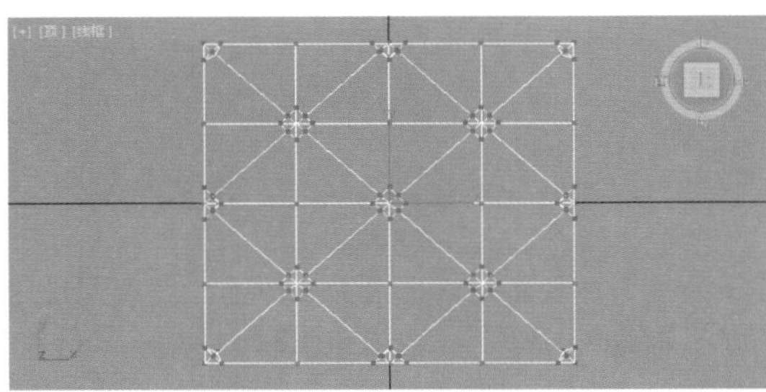

图8-526

步骤 06 进入【边】级别，选择如图8-527所示的边。单击【挤出】后面的【设置】按钮，设置【高度】为 - 10mm，【宽度】为10mm，如图8-528所示。

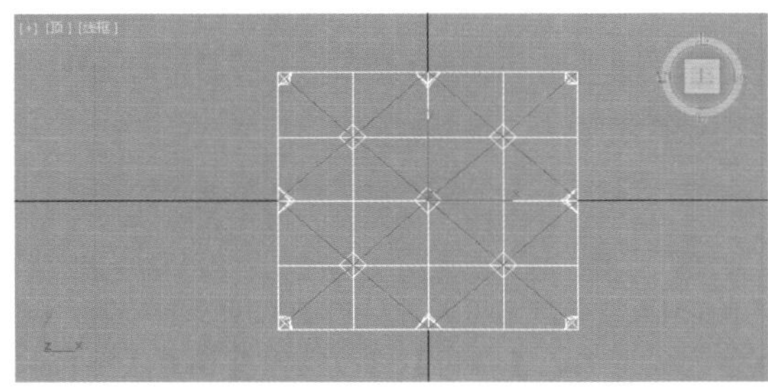

图8-527

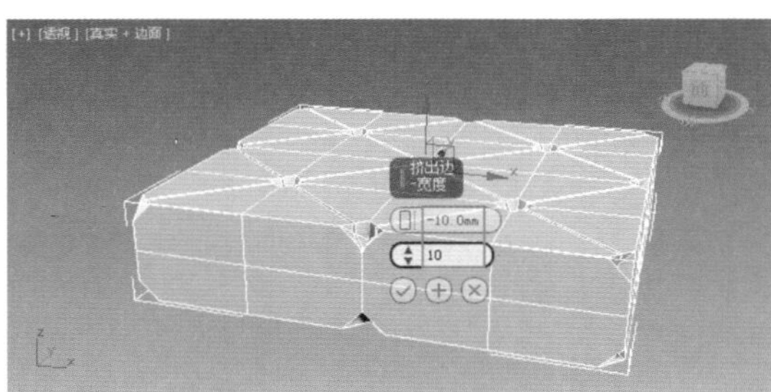

图8-528

步骤 07 再次单击【挤出】后面的【设置】按钮，设置【高度】为10mm，【宽度】为4mm，如图8-529所示。

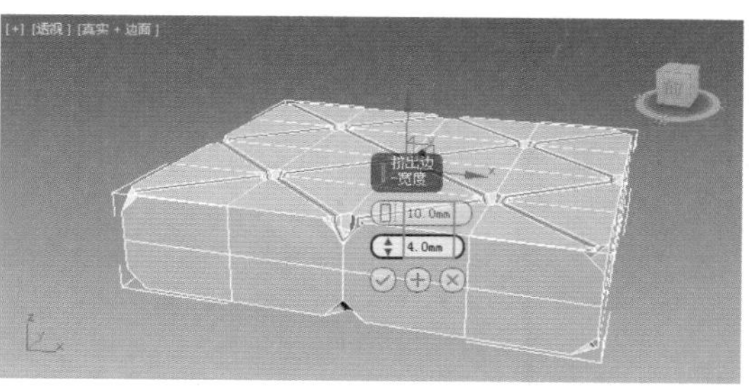
图8-529

步骤 08 将模型背面进行如上所示创建，如图8-530所示。进入【边】级别，选择如图8-531所示的边。

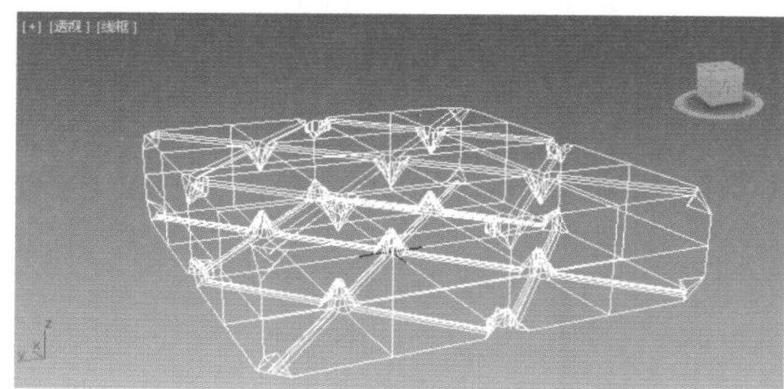
图8-530

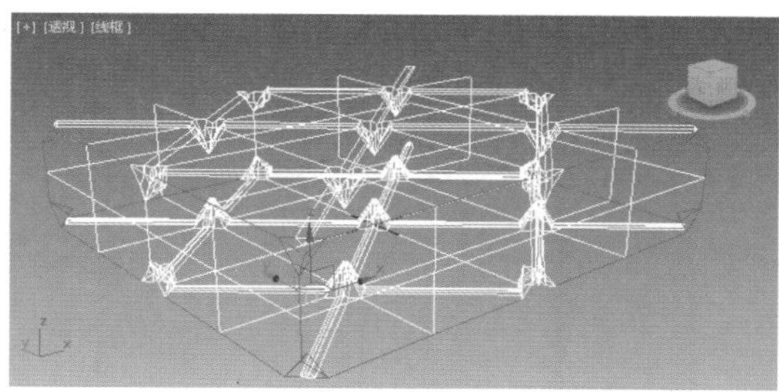
图8-531

步骤 09 单击【挤出】后面的【设置】按钮，设置【高度】为 - 10mm，【宽度】为10mm。再次单击【挤出】后面的【设置】按钮，设置【高度】为10mm，【宽度】为4mm，如图8-532所示。

步骤 10 在透视图中选中模型，并为其加载【网格平滑】修改器，设置【迭代次数】为3，如图8-533所示。效果如图8-534所示。

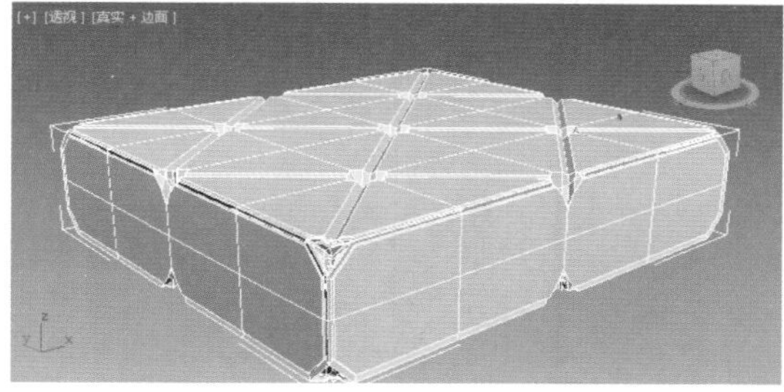
图8-532

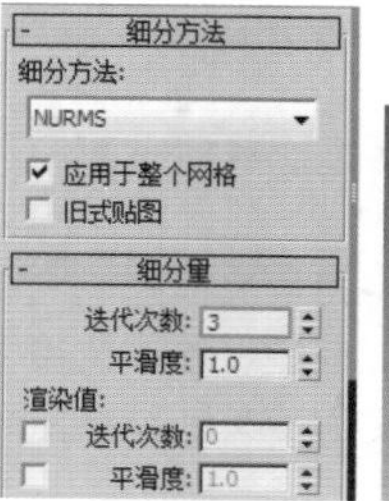

图8-533

图8-534

步骤 11 在透视图中创建如图8-535所示的球体，并设置【半径】为35mm，如图8-536所示。

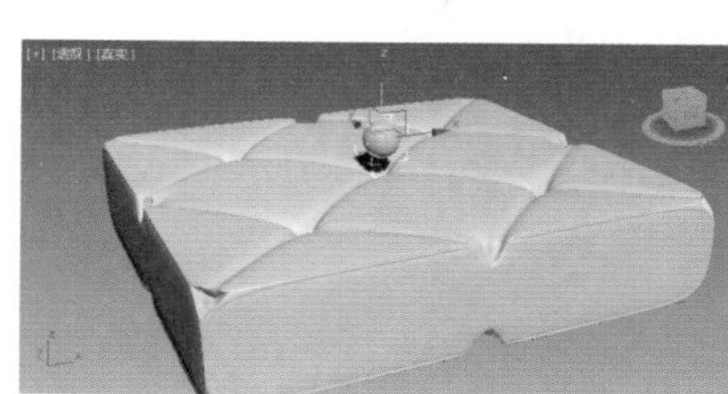
图8-535

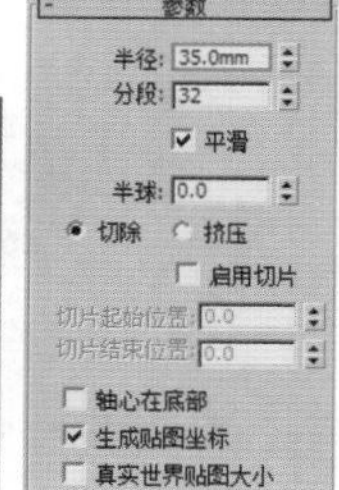

图8-536

步骤 12 在透视图中选择球体，沿着Y轴缩放，并移动到合适的位置，如图8-537所示。

步骤 13 复制多个【球体】，并分别移动到合适的位置，如图8-538所示。

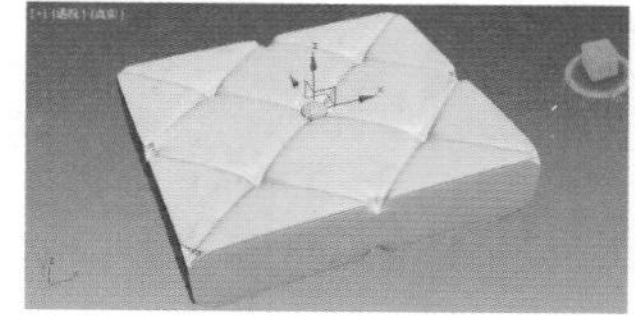
图8-537

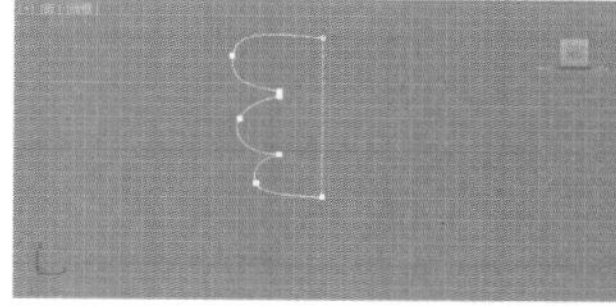
图8-538

步骤 14 在前视图中绘制出如图8-539所示的线条，并为线条加载【车削】修改器，如图8-540所示。

图8-539

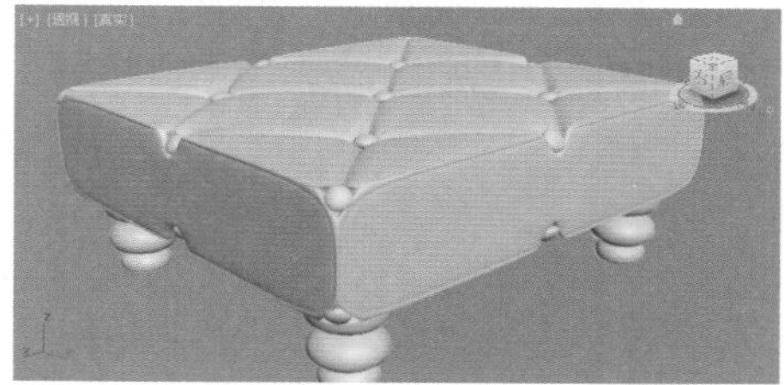
图8-540

步骤 15 选择刚制作的模型，在透视图中缩放复制并适当的移动位置，此时模型已经制作完成，如图8-541所示。

图8-541

实例：多边形建模制作角色模型

扫一扫，看视频

文件路径：Chapter 08 多边形建模→实例：多边形建模制作角色模型

本例是一个类似火龙果的角色模型，它有一只眼睛、几只触角，非常有趣。通过使用多边形建模调整顶点位置，并使用挤出、倒角工具制作出复杂效果。最终效果如图8-542所示。

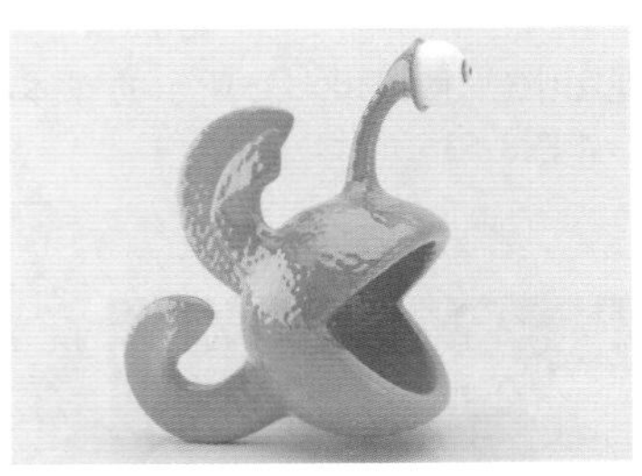
图8-542

Part 01 圆形制作模型头部

步骤 01 在前视图中创建如图8-543所示的球体，并设置【半径】为1200mm，如图8-544所示。

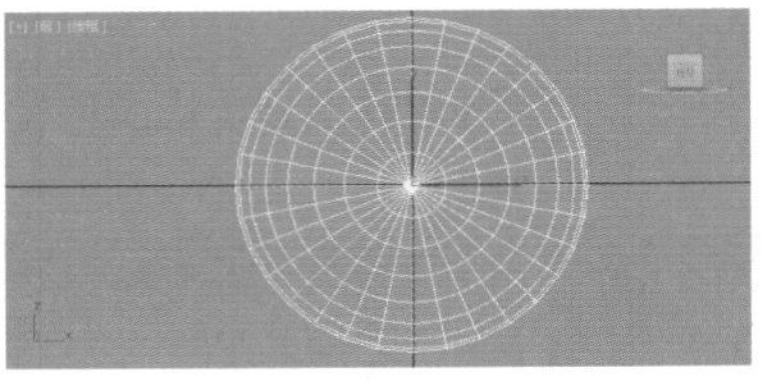
图8-543 图8-544

步骤 02 选择模型，右击，将其转换为可编辑多边形，如图8-545所示。

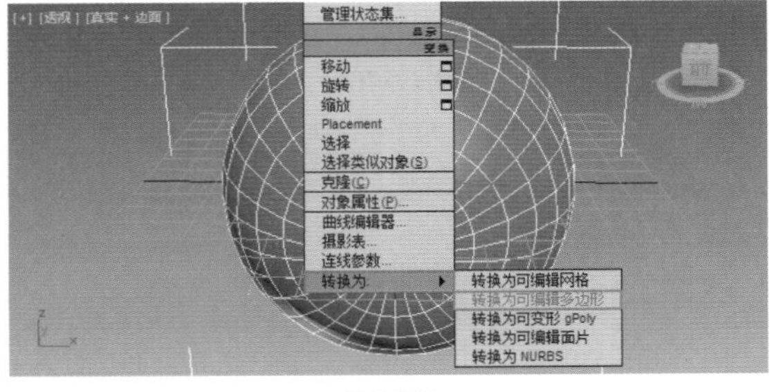
图8-545

步骤 03 进入【多边形】级别，选择如图8-546所示的多边形，并按Delete键删除所选多边形，如图8-547所示。

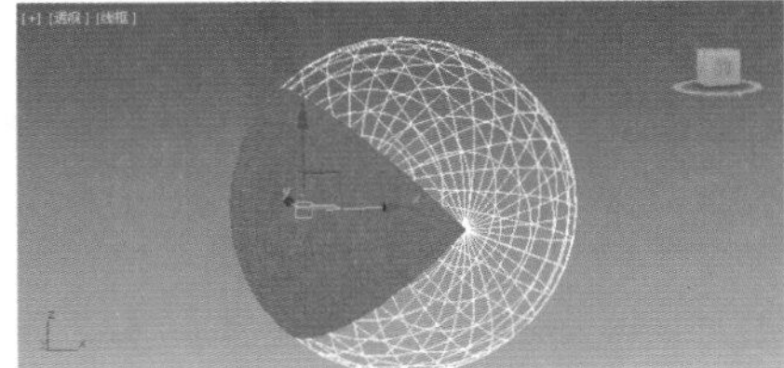
图8-546

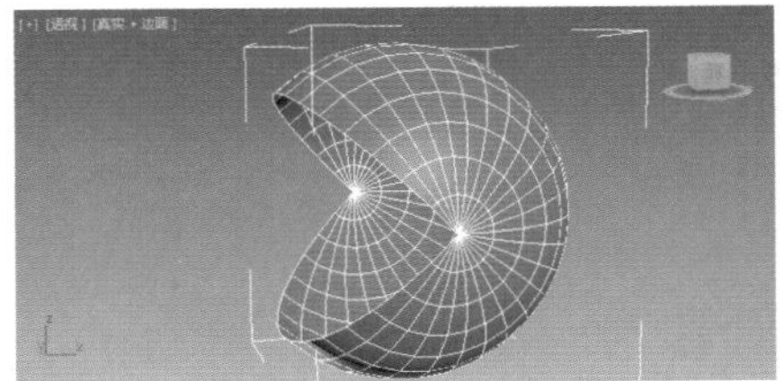
图8-547

步骤 04 进入【修改】面板，为模型加载【壳】修改器，并设置【内部量】为100mm，【外部量】为100mm，如图8-548所示。效果如图8-549所示。

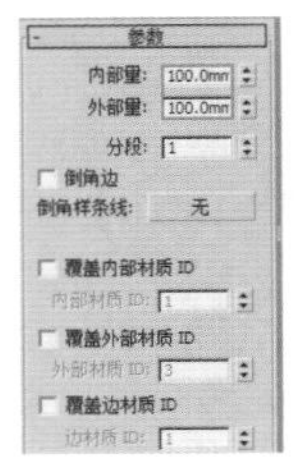
图8-548

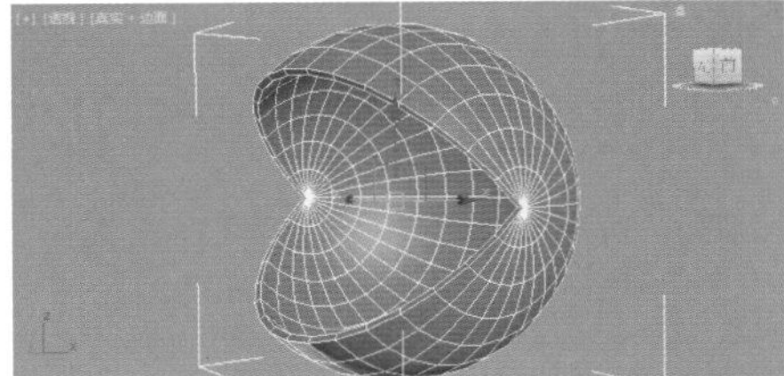
图8-549

Part 02 制作模型眼睛和触角

步骤 01 选择模型，为其加载【编辑多边形】修改器，进入【点】级别，选择如图8-550所示的点，并适当调节点。

图8-550

步骤 02 进入【多边形】级别，选择如图8-551所示的多边形。单击【倒角】后面的【设置】按钮，设置【高度】为350mm，【轮廓】为-40mm，如图8-552所示。

图8-551

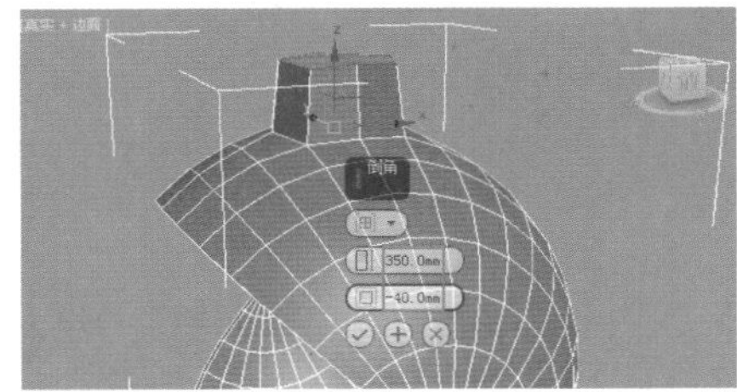
图8-552

步骤 03 再次单击【倒角】后面的【设置】按钮▣，设置【高度】为350mm，【轮廓】为-40mm，如图8-553所示。

步骤 04 进入【边】级别◁，并在透视图中沿着Y轴进行旋转，如图8-554所示。

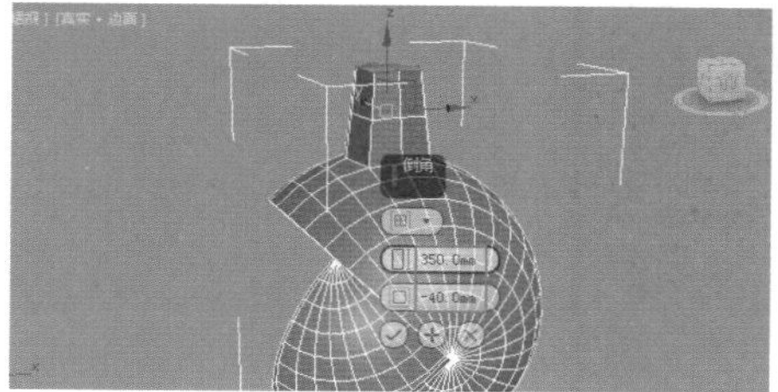

图8-553

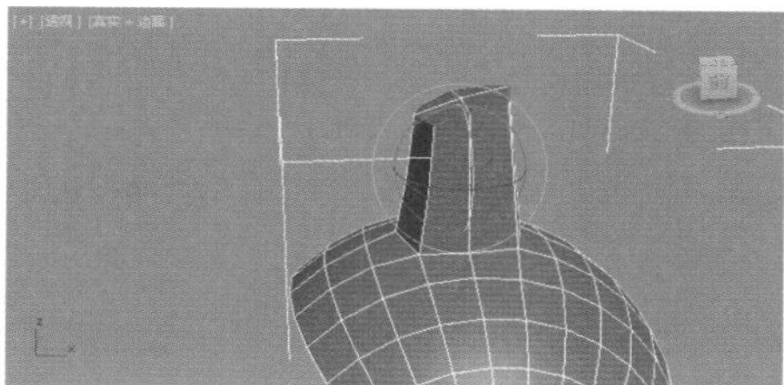

图8-554

步骤 05 进入【多边形】级别■，选择如图8-555所示的多边形。单击【倒角】后面的【设置】按钮▣，设置【高度】为300mm，【轮廓】为－40mm，如图8-556所示。

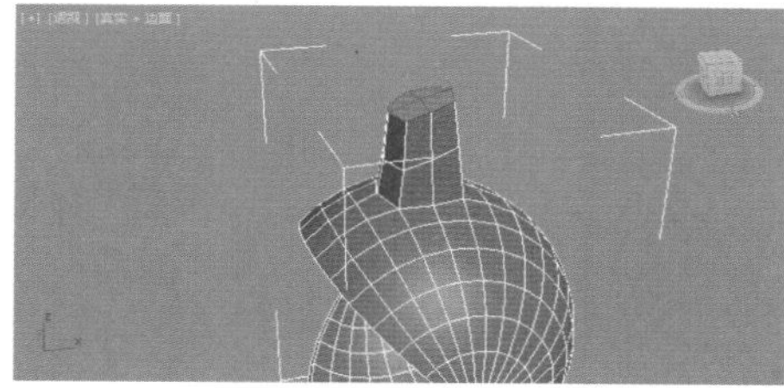

图8-555

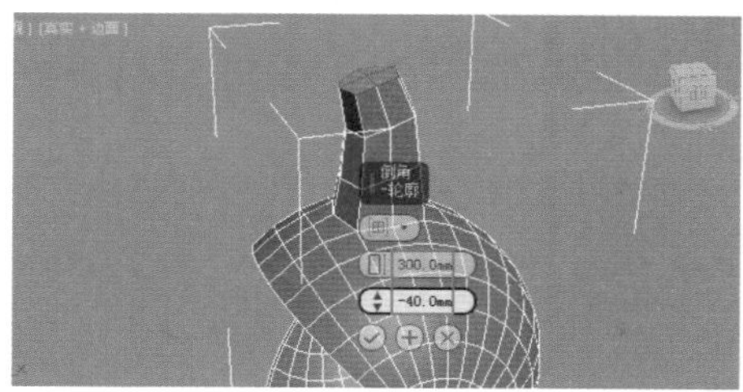

图8-556

步骤 06 继续沿着Y轴进行旋转，如图8-557所示。

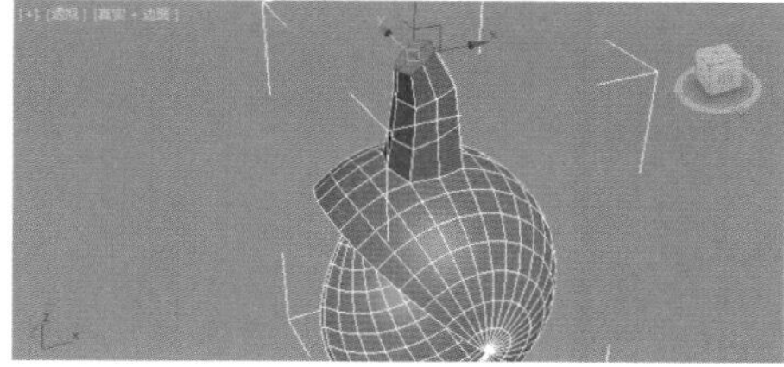

图8-557

步骤 07 再次单击【倒角】后面的【设置】按钮▣，设置【高度】为100mm，【轮廓】为60mm，并沿着Y轴向左旋转，如图8-558所示。依此类推，制作出如图8-559所示的模型。

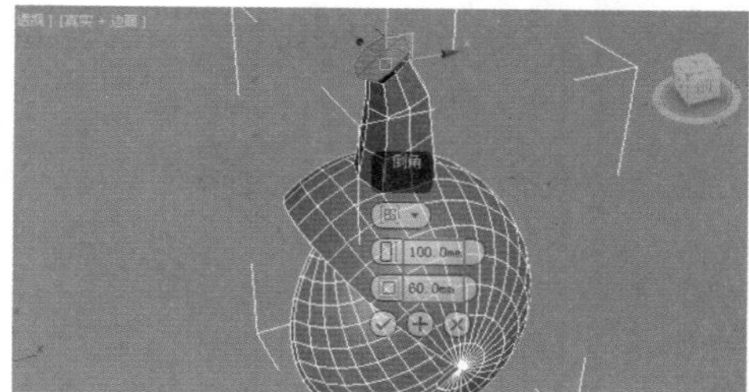

图8-558

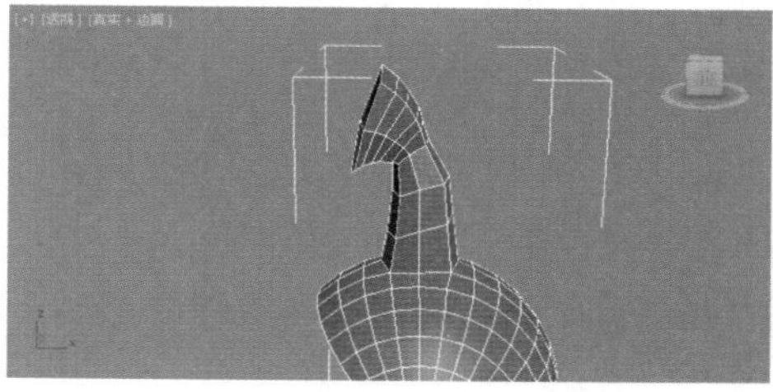

图8-559

步骤 08 进入【点】级别⁘，选择如图8-560所示的点，并将其移动、缩放到如图8-561所示的效果。

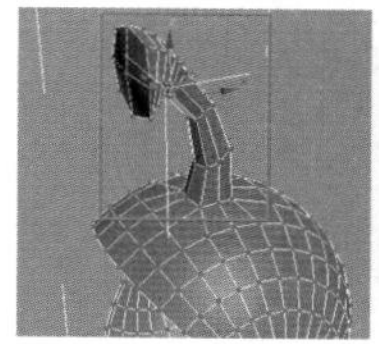

图8-560

图8-561

提示：弯曲模型中顶点的调整技巧。

要制作弯曲的效果，需要逐渐的旋转顶点，使其产生较好的过渡效果。而不是一次旋转到位，这种做法很可能导致顶点位置错乱。

步骤 09 在左视图中创建如图8-562所示的圆环，设置【半径1】为339mm，【半径2】为26mm，如图8-563所示。

图8-562

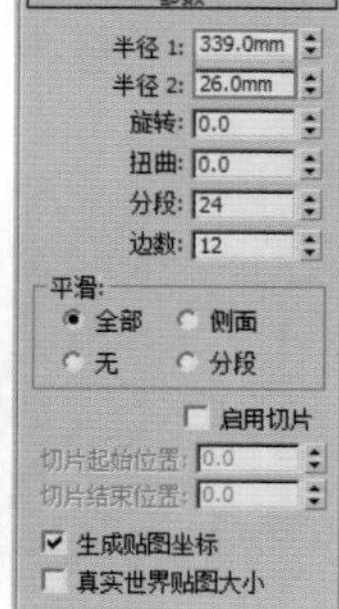

图8-563

步骤 10 在左视图中创建如图8-564所示的球体，设置【半径】为320mm，如图8-565所示。

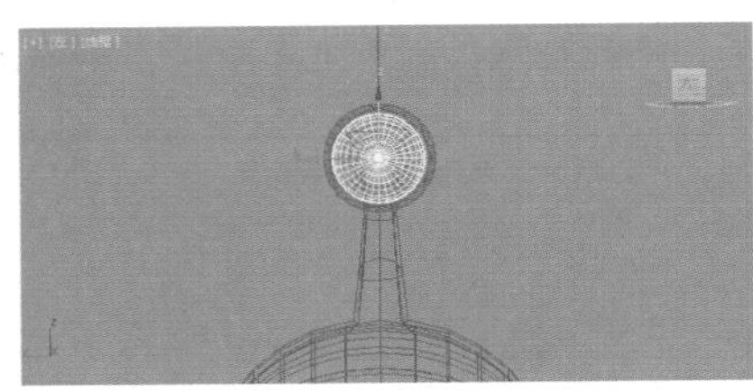

图8-564

参数
半径: 320.0mm
分段: 32
平滑
半球: 0.0
切除
挤压
启用切片
切片起始位置: 0.0
切片结束位置: 0.0
轴心在底部
生成贴图坐标
真实世界贴图大小

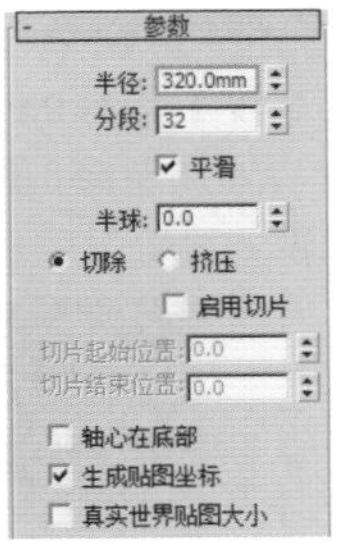

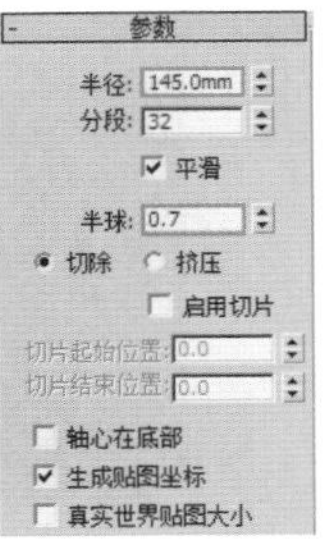

图8-565

步骤 11 在左视图中创建如图8-566所示的球体，设置【半径】为145mm，【半球】为0.7，如图8-567所示。效果如图8-568所示。

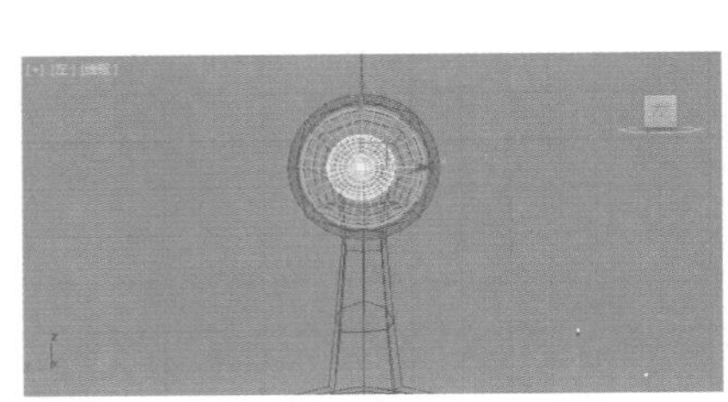

图8-566

参数
半径: 145.0mm
分段: 32
平滑
半球: 0.7
切除
挤压
启用切片
切片起始位置: 0.0
切片结束位置: 0.0
轴心在底部
生成贴图坐标
真实世界贴图大小

图8-567

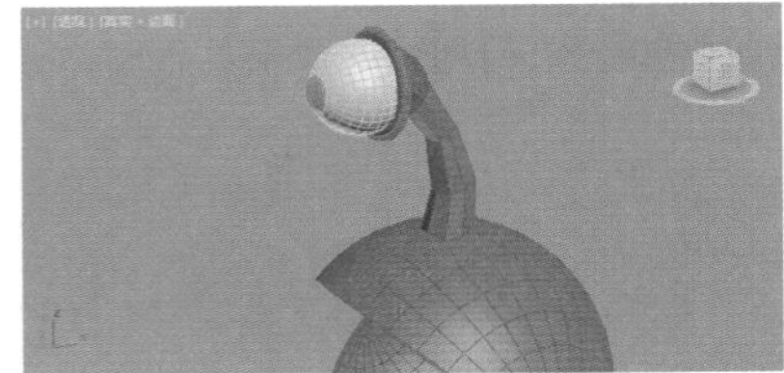

图8-568

步骤 12 进入【多边形】级别■，选择如图8-569所示的多边形。单击【挤出】后面的【设置】按钮■，设置【高度】为200，如图8-570所示。

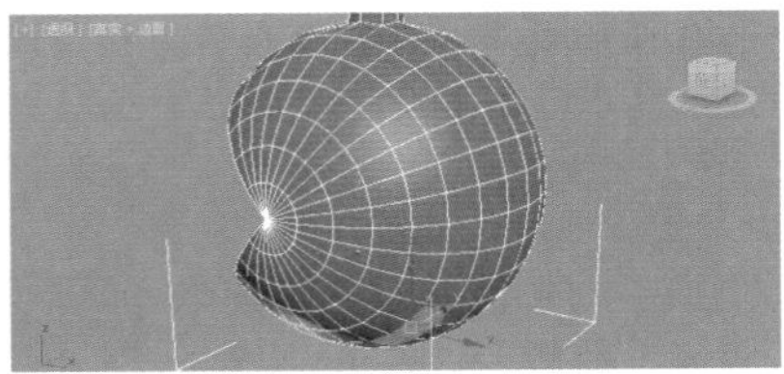

图8-569

挤出多边形
- 高度
200

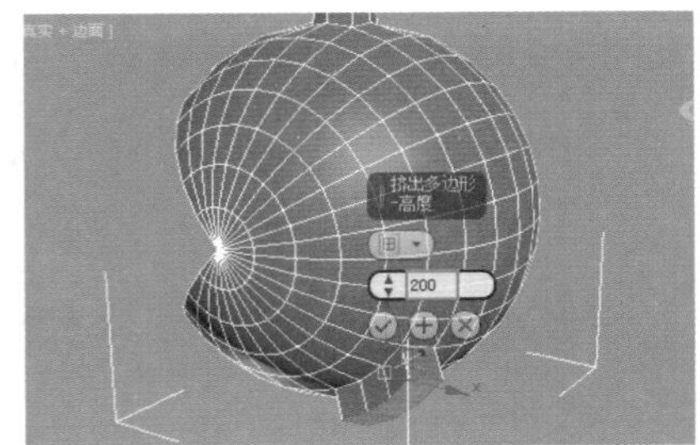

图8-570

步骤 13 沿着Y轴向上旋转，如图8-571所示。接着以此类推地挤出、旋转，如图8-572所示。

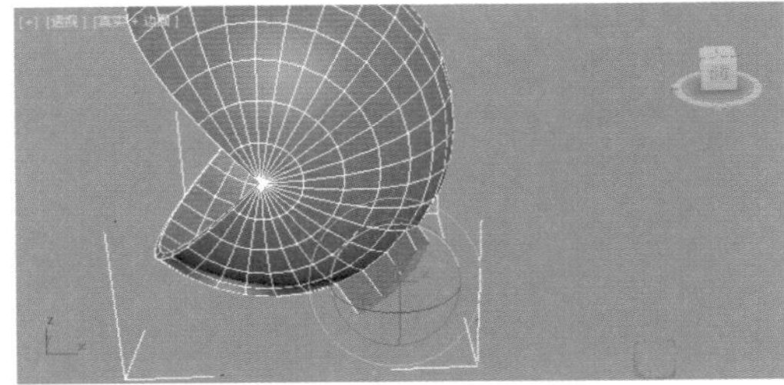

图8-571

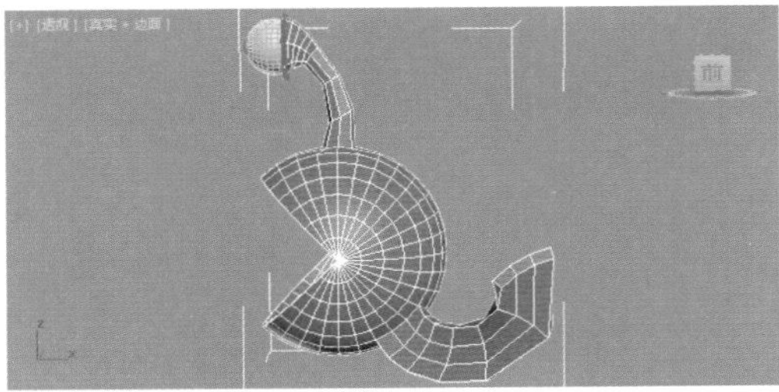

图8-572

步骤 14 如上所示再创建几个模型，如图8-573所示。为模型加载【网格平滑】修改器，设置【迭代次数】为3，如图8-574所示。此时模型已经制作完成，效果如图8-575所示。

图8-573

Sphere001
修改器列表
网格平滑
编辑多边形
壳
可编辑多边形
细分方法
细分量
迭代次数: 3
平滑度: 1.0

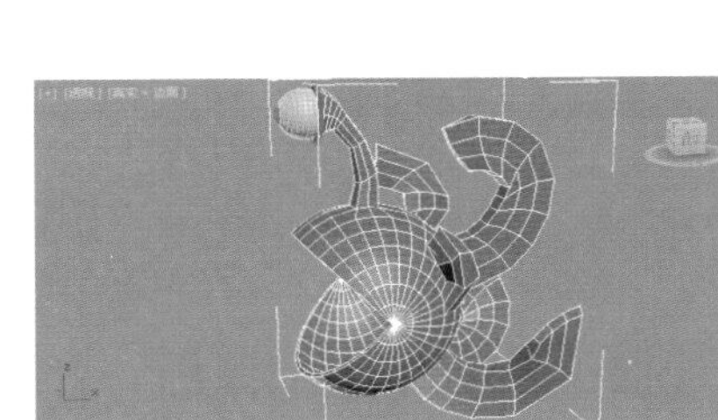

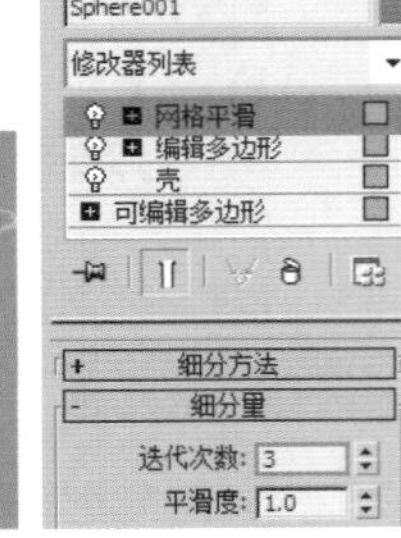

图8-574

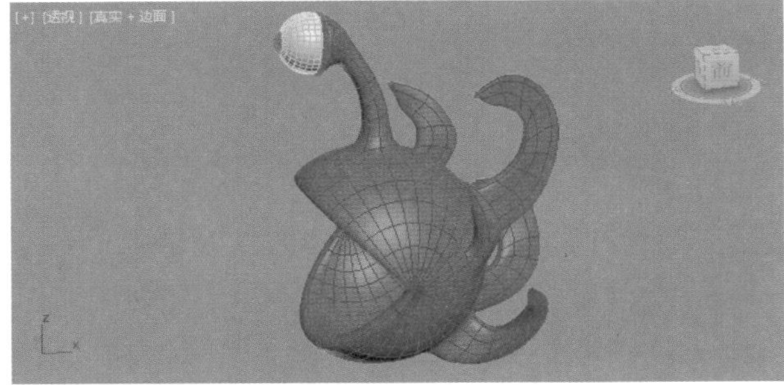

图8-575

渲染器参数设置

3ds Max与V-Ray可以说是“最强搭档”。V-Ray渲染器是功能最强大的渲染器之一，是室内外效果图、产品设计效果图、CG动画制作常用的渲染器，也是本书的重点。本章参数非常多，可能学起来有些枯燥，但要有耐心。理解每项参数的原理，才能设置出合适的参数，在保证画面效果的前提下更快地渲染。本章最后的两套参数设置是最需要掌握的，每次创作一幅作品之前都需要设置相应参数。

本章学习要点：

扫一扫，看视频

- 认识渲染器；
- 掌握V-Ray渲染器的参数设置；
- 熟练掌握测试渲染和高精度渲染参数的设置。

通过本章学习，我能做什么？

通过本章的学习，将学到V-Ray渲染器参数设置方法，能够在效果图的制作过程中正确地设置渲染参数，并进行测试渲染与最终效果的渲染。虽然渲染是3ds Max的最后步骤，但若是渲染器参数设置不合理，即使创建了灯光、材质，也不会渲染出真实的效果。所以将渲染器参数设置安排在比较靠前的章节进行学习。

9.1 认识渲染器

本节将讲解渲染器的基本知识，包括渲染器概念、为什么使用渲染器、渲染器的类型、渲染器的设置步骤等。

9.1.1 什么是渲染器

渲染器是指从3D场景呈现最终效果的工具，这个过程就是渲染，如图9-1~图9-4所示为渲染器渲染的优秀作品。

图9-1

图9-2

图9-3

图9-4

9.1.2 为什么要使用渲染器

3ds Max和Photoshop软件在成像方面有很多不同。Photoshop在操作时，画布中显示的效果就是最终的作品效果，而3ds Max视图中的效果仅仅是模拟效果，并且这种模拟效果可能会与最终渲染效果相差很多，因此就需要使用渲染器将最终的场景进行渲染，从而得到更真实的作品。这个渲染的工具就称为渲染器。如图9-5所示为场景中显示的视图效果和使用渲染器渲染的效果。

视图效果

渲染效果

图9-5

9.1.3 渲染器有哪些类型

渲染器类型有很多，3ds Max 2016默认自带的渲染器有5种，分别是默认扫描线渲染器、NVIDIA iray、NVIDIA mental ray、Quicksilver硬件渲染器、VUE文件渲染器。这5种渲染器各有利弊，默认扫描线渲染器的渲染速度最快，但渲染功能较差、效果不真实。本书的重点是V-Ray渲染器，V-Ray渲染器需要关闭3ds Max并安装后才可使用。

重点 9.1.4 渲染器的设置步骤

设置渲染器主要有两种方法。

方法1：单击主工具栏中的（渲染设置）按钮，在弹出的【渲染设置】对话框中设置【渲染器】为V-Ray Adv 3.00.08，如图9-6所示。此时渲染器已经被设置为V-Ray了，如图9-7所示。

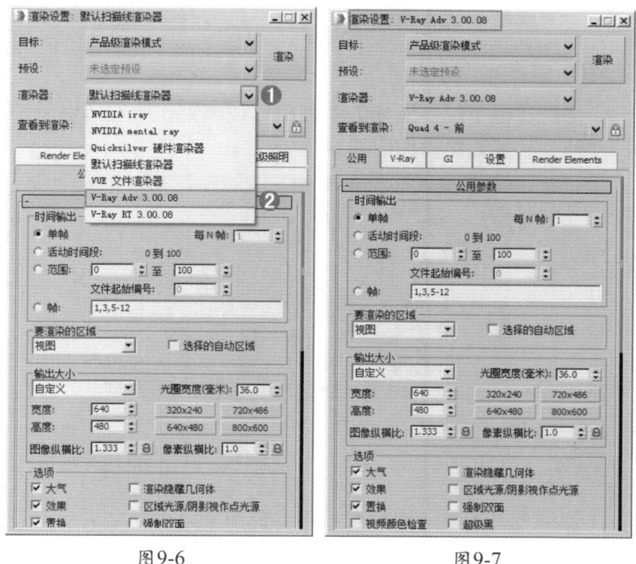

图9-6　　图9-7

方法 2：单击主工具栏中的（渲染设置）按钮，在弹出的【渲染设置】对话框中选择【公用】选项卡，展开【指定渲染器】卷展栏，单击【产品级】后的...（选择渲染器）按钮，在弹出的【选择渲染器】对话框中选择 V-Ray Adv 3.00.08，最后单击【确定】按钮，如图 9-8 所示。此时渲染器已经被设置为 V-Ray 了，如图 9-9 所示。

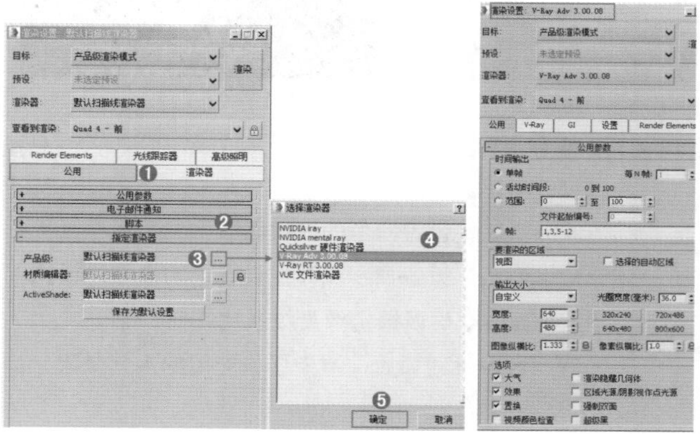

图9-8　　图9-9

9.2 V-Ray 渲染器

扫一扫，看视频

V-Ray 渲染器的功能非常强大（只有在安装 V-Ray 渲染器之后，很多功能才可以使用），其强大的反射、折射、半透明等效果，非常适合效果图设计。除此之外，V-Ray 灯光能模拟真实的光照效果。V-Ray 渲染器参数设置主要涉及【公用】、V-Ray、GI、【设置】和【Render Elements（渲染元素）】5 个选项卡，如图 9-10 所示。

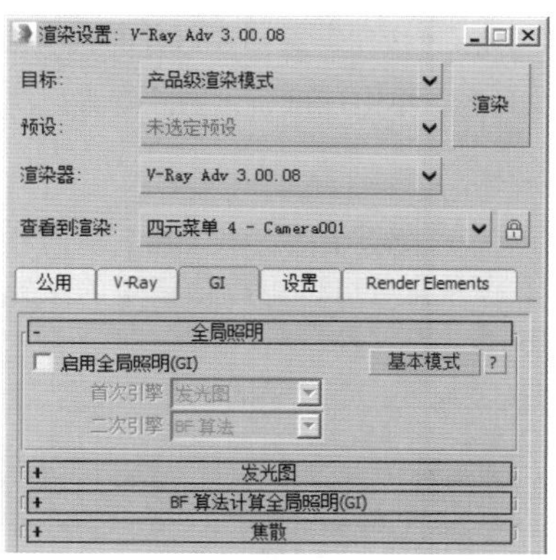

图9-10

9.2.1 公用

1.公用参数

【公用参数】卷展栏主要控制基本的渲染器参数，如渲染类型、渲染尺寸、文件保存路径等。其参数面板如图 9-11 所示。

- 单帧：仅表示当前帧。
- 活动时间段：活动时间段为显示在时间滑块内的当前帧范围。
- 范围：指定两个数字之间（包括这两个数）的所有帧。
- 帧：指定非连续帧，帧与帧之间用逗号隔开或连续的帧范围，用连字符相连。
- 要渲染的区域：分为视图、选定对象、区域、裁剪、放大。
- 选择的自动区域：该选项控制选择的自动渲染区域。
- 输出大小下拉列表：可以选择几个标准的电影和视频分辨率以及纵横比。

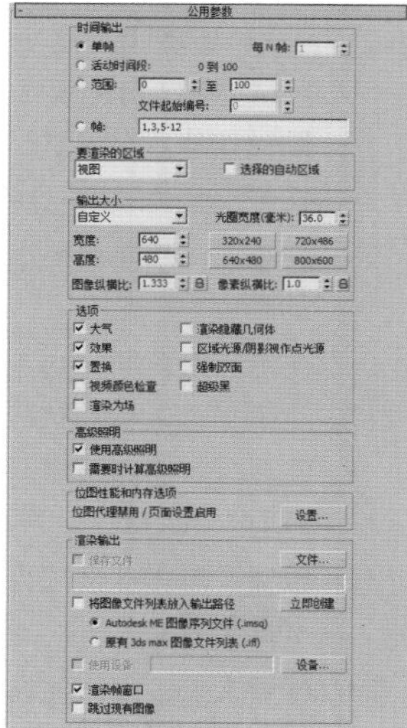

图9-11

- 光圈宽度（毫米）：指定用于创建渲染输出的摄影机光圈宽度。
- 宽度和高度：以像素为单位指定图像的宽度和高度。如图 9-12 所示，设置【宽度】为 600，【高度】为 800，效果如图 9-13 所示。

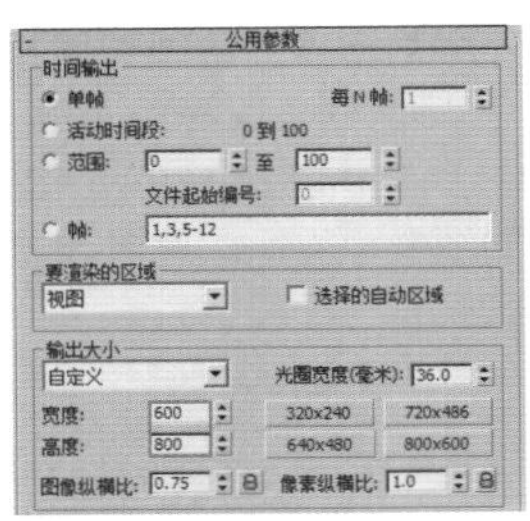

图9-12

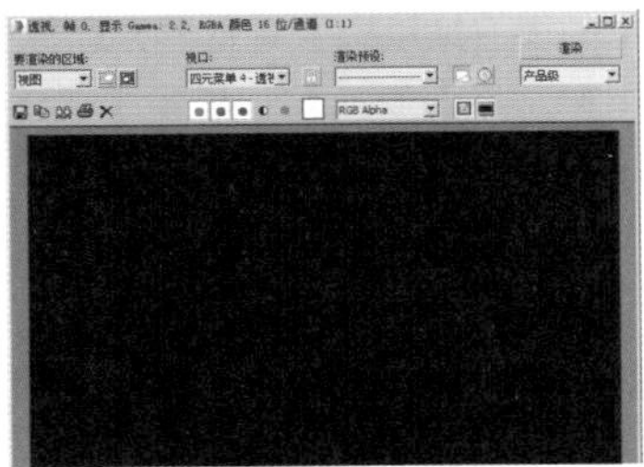

图9-13

- 预设分辨率按钮（320×240、640×480 等）：选择预设分辨率。
- 图像纵横比：设置图像的纵横比。
- 像素纵横比：设置显示在其他设备上的像素纵横比。
- 锁定按钮：可以锁定像素纵横比。
- 大气：启用此选项后，渲染任何应用的大气效果，如体积雾。
- 效果：启用此选项后，渲染任何应用的渲染效果，如模糊。
- 置换：渲染任何应用的置换贴图。
- 视频颜色检查：检查超出 NTSC 或 PAL 安全阈值的像素颜色。
- 渲染为场：为视频创建动画时，将视频渲染为场，而不是渲染为帧。
- 渲染隐藏几何体：渲染场景中所有的几何体对象，包括隐藏的对象。
- 区域光源 / 阴影视作点光源：将所有的区域光源或阴影当作从点对象发出的进行渲染。
- 强制双面：双面材质渲染可渲染所有曲面的两个面。
- 超级黑：超级黑渲染限制用于视频组合的渲染几何体的暗度。
- 使用高级照明：启用此选项后，3ds Max 在渲染过程中提供光能传递解决方案或光跟踪。
- 需要时计算高级照明：启用此选项后，当需要逐帧处理时，3ds Max 计算光能传递。
- 设置：单击此选项以打开位图代理对话框的全局设置和默认值。
- 保存文件：启用此选项后，进行渲染时 3ds Max 会将渲染后的图像或动画保存到磁盘。
- 文件：打开渲染输出文件对话框，指定输出文件名、格式以及路径。
- 将图像文件列表放入输出路径：启用此选项可创建图像序列文件，并将其保存。
- 渲染帧窗口：在渲染帧窗口中显示渲染输出。

2.电子邮件通知

使用【电子邮件通知】卷展栏可使渲染作业发送电子邮件通知。其参数面板如图 9-14 所示。

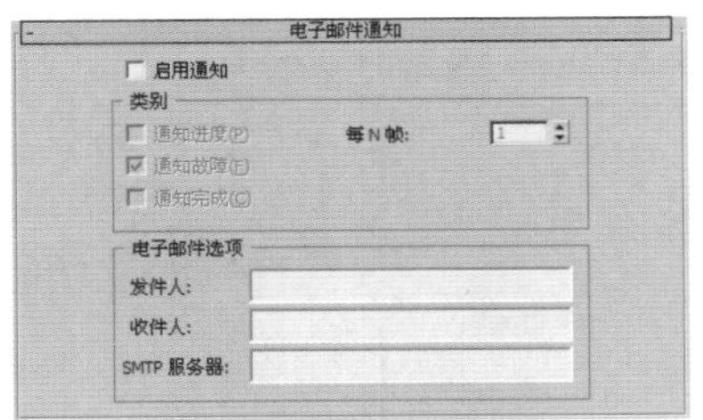

图9-14

3.脚本

使用【脚本】卷展栏可以指定在渲染之前和之后要运行的脚本。其参数面板如图 9-15 所示。

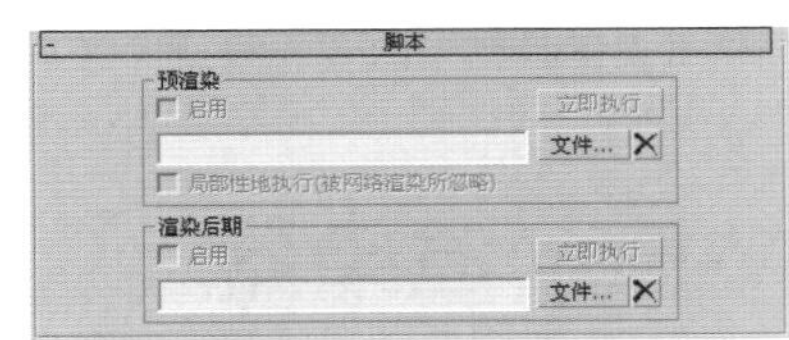

图9-15

- 启用：启用该选项之后，启用脚本。
- 立即执行：单击该按钮可手动执行脚本。
- 文件：单击该按钮，选择要运行的预渲染脚本。
- 删除文件：单击该按钮可删除脚本。

4.指定渲染器

对于每个渲染类别，【指定渲染器】卷展栏显示当前指定的渲染器名称和其后可以更改该指定的按钮。其参数面板，如图 9-16 所示。

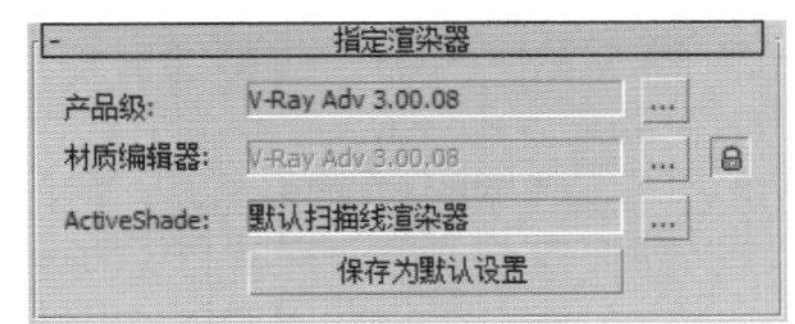

图9-16

- 选择渲染器按钮：单击带有省略号的按钮可更改指定渲染器。
- 产品级：选择用于渲染图形输出的渲染器。
- 材质编辑器：选择用于渲染材质编辑器中示例的渲染器。
- 锁定按钮：默认情况下，示例窗渲染器被锁定为与产品级渲染器相同的渲染器。

- 保存为默认设置：单击该按钮可将当前渲染器指定保存为默认设置。

9.2.2 V-Ray

1.授权

【V-Ray:: 授权】卷展栏下主要呈现的是 V-Ray 的注册信息，注册文件一般都放置在 C:\Program Files\Common Files\ChaosGroup\vrlclient.xml 中，如图 9-17 所示。

图9-17

2.关于V-Ray

在【V-Ray:: 关于 V-Ray】卷展栏下可以看到渲染器的版本等信息，如图 9-18 所示。

图9-18

3.帧缓冲区

【帧缓冲区】卷展栏下的参数可以代替 3ds Max 自身的帧缓冲窗口。这里可以设置渲染图像的大小、保存渲染图像等。其参数面板如图 9-19 所示。

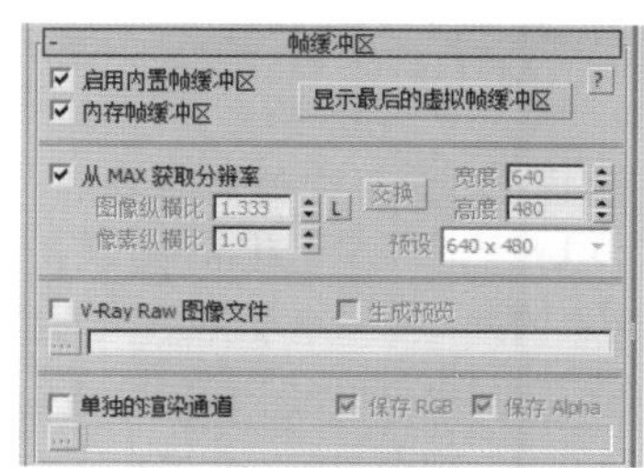

图9-19

- 启用内置帧缓冲区：取消该选项则会使用 3ds Max 默认的渲染窗口，勾选该选项则会使用 V-Ray 自带的渲染窗口。如图 9-20 所示为取消和勾选该选项的对比效果。

取消【启用内置帧缓冲区】

勾选【启用内置帧缓冲区】

图9-20

- 内存帧缓冲区：勾选该选项，可将图像渲染到内存，再由帧缓冲区窗口显示出来，可以方便用户观察渲染过程。
- 从 MAX 获取分辨率：当勾选该选项时，将从 3ds Max 的【渲染设置】对话框的【公用】选项卡的【输出大小】选项组中获取渲染尺寸。
- 图像纵横比：控制渲染图像的长宽比。
- 宽度 / 高度：设置渲染图像的宽度 / 高度。
- 像素纵横比：控制渲染图像像素的长宽比。
- V-Ray Raw 图像文件：控制是否将渲染后的文件保存到所指定的路径中。
- 单独的渲染通道：控制是否单独保存渲染通道。
- 保存 RGB/Alpha：控制是否保存 RGB 色彩 /Alpha 通道。
- ...按钮：单击该按钮可以保存 RGB 和 Alpha 文件。

4.全局开关

【全局开关】卷展栏中可以对灯光、材质、置换等进行全局设置，例如是否使用默认灯光、是否开启阴影等。其参数面板如图 9-21 所示。

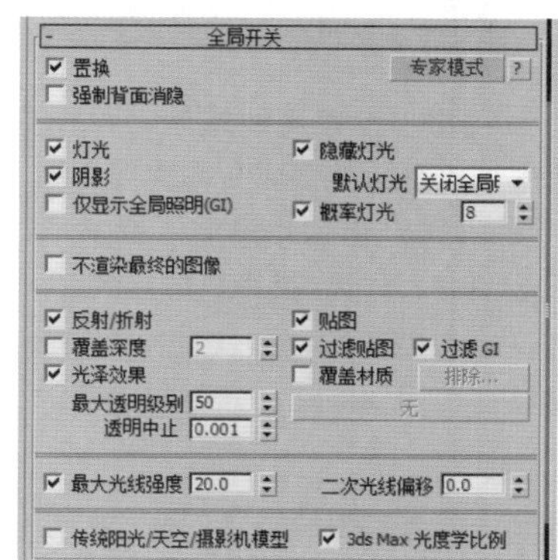

图9-21

- 置换：控制是否开启场景中的置换效果。
- 强制背面消隐：【强制背面消隐】与【创建对象时背

面消隐】选项相似，【强制背面消隐】是针对渲染而言的，勾选该选项后反法线的物体将不可见。

- 灯光：控制是否开启场景中的光照效果。当关闭该选项时，场景中放置的灯光将不起作用。
- 隐藏灯光：控制场景是否让隐藏的灯光产生光照。该选项对于调节场景中的光照很方便。
- 阴影：控制场景是否产生阴影。
- 仅显示全局照明：当勾选该选项时，场景渲染结果只显示全局照明的光照效果。
- 概率灯光：控制场景是否使用 3ds Max 系统中的默认光照，一般情况下不勾选。
- 不渲染最终的图像：控制是否渲染最终图像。
- 反射 / 折射：控制是否开启场景中的材质的反射和折射效果。
- 覆盖深度：控制整个场景中的反射、折射的最大深度。
- 光泽效果：是否开启反射或折射模糊效果。
- 贴图：控制是否让场景中的物体的程序贴图和纹理贴图渲染出来。
- 过滤贴图：这个选项用来控制 V-Ray 渲染时是否使用贴图纹理过滤。
- 过滤 GI：控制是否在全局照明中过滤贴图。
- 最大透明级别：控制透明材质被光线追踪的最大深度。值越高，效果越好，渲染越慢。
- 透明中止：控制 V-Ray 渲染器对透明材质的追踪终止值。
- 覆盖材质：当在通道中设置了一个材质后，场景中所有物体都将使用该材质进行渲染。
- 最大光线强度：该数值钳制二次光线以消除由非常明亮的光源所生成的澡波。
- 二次光线偏移：设置光线发生二次反弹时的偏移距离，主要用于检查建模时有无重面。
- 传统阳光 / 天空 / 摄影机模型：该选项可以选择是否启用旧版阳光 / 天空 / 摄影机的模式。
- 3ds Max 光度学比例：默认情况下是勾选该选项的，也就是默认使用 3ds Max 光度学比例。

提示：场景灯光较多时，渲染效果很奇怪，怎么办？

在制作室内效果图时，很可能遇到一个问题，就是由于场景中的灯光个数非常多，在渲染时效果感觉很奇怪，而且检查了灯光参数没有任何问题。这时要考虑检查一下渲染参数，打开【渲染设置】面板，选择 V-Ray 选项卡，展开【全局开关】卷展栏，将【概率灯光】取消。再次进行渲染会发现渲染效果正确了，如图 9-22 所示。

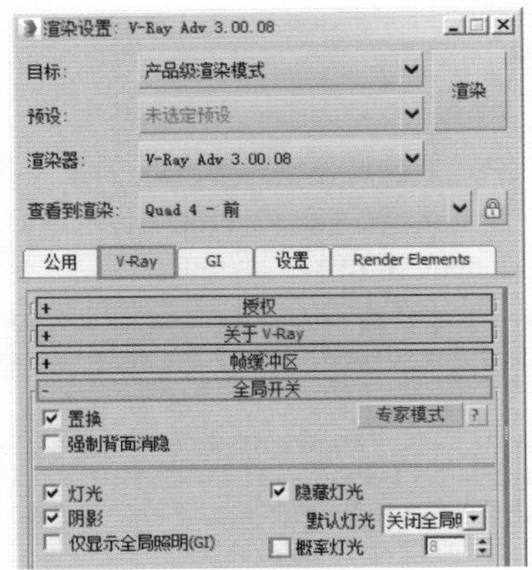

图9-22

那这是为什么呢？其实这是 V-Ray 的一个比较新的功能，它的原理是在场景中不超过 8 盏灯光的情况下，渲染是肯定没有问题的。而超过 8 盏灯光时，V-Ray 会自动选择其中几盏灯光参与渲染，而其他的灯光不会参与渲染，所以就导致渲染时出现错误效果了，所以建议将【概率灯光】取消。

5.图像采样器（抗锯齿）

在【图像采样器（抗锯齿）】卷展栏中可以对图像采样的参数进行设置，这些参数直接影响最终渲染的精度。其参数面板如图 9-23 所示。

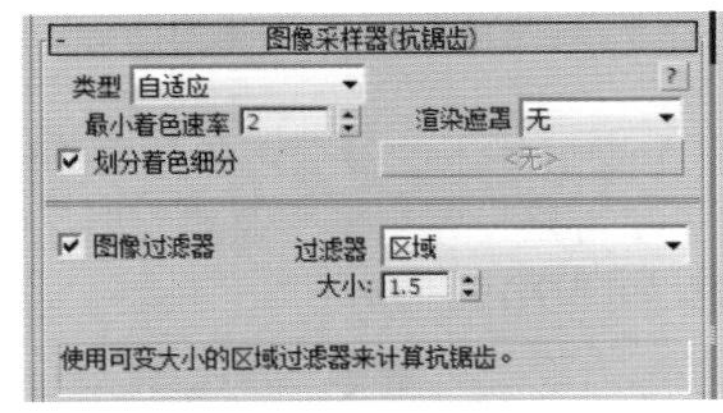

图9-23

- 类型：设置【图像采样器】的类型，包括【固定】【自适应】【自适应细分】和【渐进】4 种类型。
  - 固定：该方式渲染速度最快，但是质量较差。
  - 自适应：可以根据每个像素以及与它相邻像素的明暗差异，使不同像素使用不同的样本数量。
  - 自适应细分：适用在没有或者有少量的模糊效果的场景中，这种情况下，它的渲染速度最快。
  - 渐进：这个采样器可以适合渐进的效果，是新增的一个种类。
- 划分着色细分：当关闭抗锯齿过滤器时，常用于测试渲染，渲染速度快、质量差。

- 图像过滤器：设置渲染场景的抗锯齿过滤器。
- 过滤器：设置过滤器的类型，包括如下类型。
  * 区域：该方式渲染速度最快，但是质量较差。
  * 清晰四方形：来自 Neslon Max 算法的清晰 9 像素重组过滤器。
  * Catmull-Rom：一种具有边缘增强的过滤器，可以产生较清晰的图像效果。
  * 图版匹配 /MAX R2：使用 3ds Max R2 将摄影机和场景或【无光 / 投影】与未过滤的背景图像匹配。
  * 四方形：和【清晰四方形】相似，能产生一定的模糊效果。
  * 立方体：基于立方体的 25 像素过滤器，能产生一定的模糊效果。
  * 视频：适合于制作视频动画的一种抗锯齿过滤器。
  * 柔化：用于程度模糊效果的一种抗锯齿过滤器。
  * Cook 变量：一种通用过滤器，较小的数值可以得到清晰的图像效果。
  * 混合：一种用混合值来确定图像清晰或模糊的抗锯齿过滤器。
  * Blackman：一种没有边缘增强效果的抗锯齿过滤器。
  * Mitchell-Netravali：一种常用的过滤器，能产生微量模糊的图像效果。
  * VRayLanczos/VRaySincFilter：可以很好地平衡渲染速度和渲染质量。
  * VRayBox/VRayTriangleFilter：以【盒子】和【三角形】的方式进行抗锯齿。
- 大小：设置过滤器的大小。

6.自适应图像采样器

自适应采样器是一种高级抗锯齿采样器。在【图像采样器（抗锯齿）】卷展栏中设置【类型】为自适应，此时系统会增加一个【自适应图像采样器】卷展栏，如图 9-24 所示。

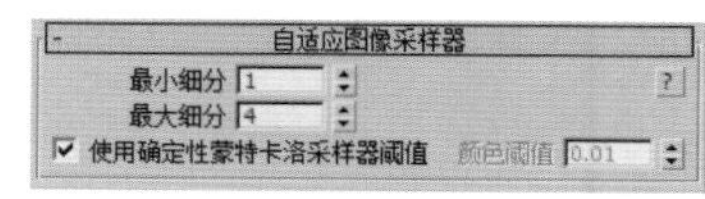

图9-24

- 最小细分：定义每个像素使用样本的最小数量。
- 最大细分：定义每个像素使用样本的最大数量。
- 使用确定性蒙特卡洛采样器阈值：若勾选该选项,【颜色阈值】选项将不起作用。
- 颜色阈值：色彩的最小判断值，当色彩的判断达到这个值以后，就停止对色彩的判断。

7.环境

【环境】卷展栏分为【全局照明（GI）环境】【反射 / 折射环境】和【折射环境】3 个选项组，如图 9-25 所示。

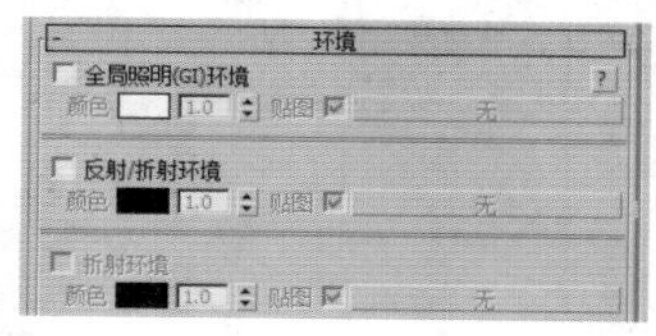

图9-25

（1）全局照明（GI）环境

- 全局照明（GI）环境：该选项控制是否使用全局照明环境效果。
- 颜色：设置天光的颜色。
- 倍增：设置天光亮度的倍增。值越高，天光的亮度越高。
- 贴图 无 ：选择贴图来作为天光的光照。

（2）反射/折射环境

- 反射 / 折射环境：当勾选该选项后，当前场景中的反射环境将由它来控制。
- 颜色：设置反射环境的颜色。
- 倍增：设置反射环境亮度的倍增。值越高，反射环境的亮度越高。
- 贴图 无 ：选择贴图来作为反射环境。

（3）折射环境

- 折射环境：当勾选该选项后，当前场景中的折射环境由它来控制。
- 颜色：设置折射环境的颜色。
- 倍增：设置折射环境亮度的倍增。值越高，折射环境的亮度越高。
- 贴图 无 ：选择贴图来作为折射环境。

8.颜色贴图

【颜色贴图】卷展栏下的参数用来控制整个场景的色彩和曝光方式，其参数面板如图 9-26 所示。

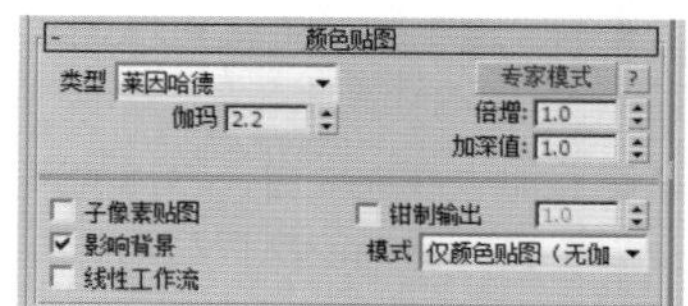

图9-26

- 类型：包括线性倍增、指数、HSV 指数、强度指数、伽玛校正、强度伽玛、莱因哈德 7 种模式。
  - 线性倍增：设置该模式，在渲染时容易产生曝光效果，如图 9-27 所示。

图9-27

  - 指数：设置该模式，在渲染时能够产生较柔和的效果，不会太暗或太亮。一般推荐使用【指数】方式，如图 9-28 所示。

图9-28

  - HSV 指数：与【指数】曝光相似，不同之处在于可保持场景的饱和度。
  - 强度指数：这种方式是对上面两种指数曝光的结合，既抑制曝光效果，又保持物体的饱和度。
  - 伽玛校正：采用伽玛来修正场景中的灯光衰减和贴图色彩，其效果和【线性倍增】曝光模式类似。
  - 强度伽玛：这种曝光模式不仅拥有【伽玛校正】的优点，同时还可以修正场景灯光的亮度。
  - 莱因哈德：这种曝光方式可以把【线性倍增】和【指数】曝光混合起来。
- 子像素贴图：勾选该选项后，物体的高光区与非高光区的界限处不会有明显的黑边。
- 钳制输出：勾选该选项后，在渲染图中有些无法表现出来的色彩会通过限制来自动纠正。
- 影响背景：控制是否让曝光模式影响背景。当关闭该选项时，背景不受曝光模式的影响。

9.摄影机

在【摄影机】卷展栏中可以制作景深和运动模糊等效果，如图 9-29 所示。

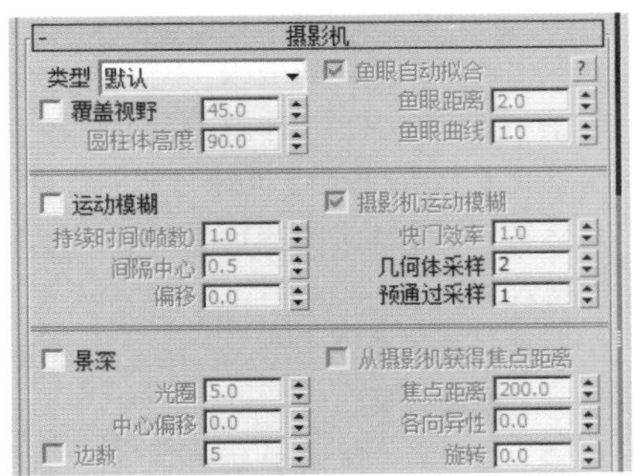

图9-29

（1）类型

在【类型】选项组中可以选择不同的相机类型，比如球形、长方形，其参数面板如图 9-30 所示。

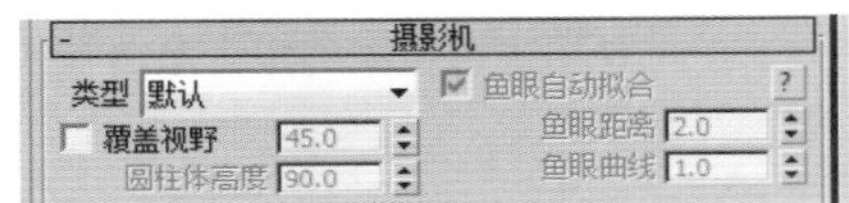

图9-30

- 类型：V-Ray 支持 7 种摄影机类型，分别是【默认】【球形】【圆柱（点）】【圆柱（正交）】【盒】【鱼眼】【变形球（旧式）】。
- 覆盖视野：替代 3ds Max 默认摄影机的视角。
- 视野：这个值可以替换 3ds Max 默认的视角值。
- 圆柱体高度：当仅使用【圆柱（正交）】摄影机时，该选项才可用，用于设定摄影机高度。
- 鱼眼自动拟合：当使用【鱼眼】和【变形球（旧式）】摄影机时，该选项才可用。
- 鱼眼距离：值越大，表示摄影机到反射球之间的距离越大。
- 鱼眼曲线：用来控制渲染图形的扭曲程度。值越小，扭曲程度越大。

（2）景深

【景深】选项组主要用来模拟摄影中的景深效果，其参数面板如图 9-31 所示。

图9-31

- 景深：该选项控制是否开启景深。
- 从摄影机获得焦点距离：当勾选该选项时，焦点由摄影机的目标点确定。
- 光圈：值越小，景深越大；值越大，景深越小，模糊程度越高。
- 中心偏移：这个参数主要用来控制模糊效果的中心位置。
- 边数：这个选项用来模拟物理世界中的摄影机光圈的多边形形状。
- 焦点距离：摄影机到焦点的距离，焦点处的物体最清晰。
- 各向异性：控制多边形形状的各向异性，值越大，形状越扁。
- 旋转：光圈多边形形状的旋转。

（3）运动模糊

【运动模糊】选项组中包括了设置运动模糊效果的参数，其参数面板如图 9-32 所示。

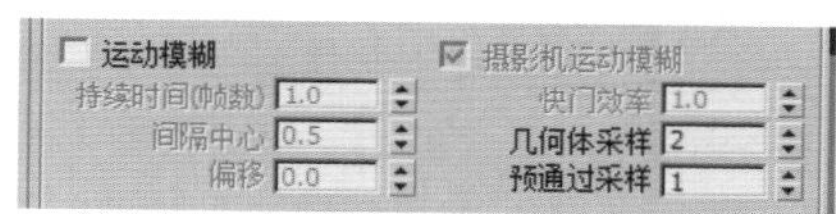

图9-32

- 运动模糊：勾选该选项后，可以开启运动模糊特效。
- 持续时间（帧数）：控制运动模糊每一帧的持续时间，值越大，模糊程度越强。
- 间隔中心：用来控制运动模糊的时间间隔中心。
- 偏移：用来控制运动模糊的偏移。
- 快门效率：控制快门的效率。
- 几何体采样：这个值常用在制作物体的旋转动画上。
- 预通过采样：控制在不同时间段上的模糊样本数量。

重点 9.2.3 GI

GI 翻译为中文，意思是全局照明，是指模拟真实世界中的光照射的原理，光从一个曲面可反弹到另外一个曲面，使得光线和阴影更柔和，如图 9-33 所示。

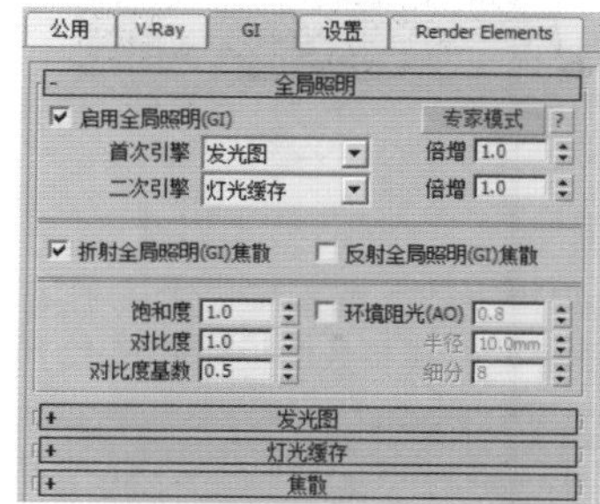

图9-33

1.全局照明

全局照明是 V-Ray 渲染器中最重要的部分，通过使用全局照明使得场景中的光照照射更均匀，使得光线照射到物体表面后，再反射到其他位置，然后继续反射，因此场景中较暗的位置也会显得更通透，而不是乌黑的效果，其原理如图 9-34 所示。

图9-34

其参数面板如图 9-35 所示。

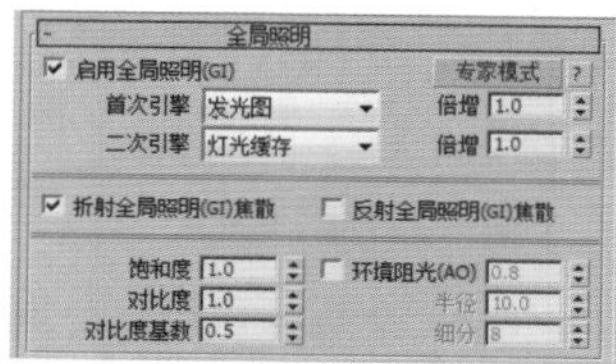

图9-35

- 启用全局照明：控制是否开启全局照明，建议开启此选项，开启该选项时渲染的效果更通透；关闭该选项的渲染效果暗部更暗。如图 9-36 所示为开启和关闭该选项的对比效果。

图9-36

- 首次引擎 / 二次引擎：控制首次引擎和二次引擎的方式，通常分别设置发光图和灯光缓存。
- 倍增：控制首次引擎和二次引擎的光的倍增值。
- 反射全局照明（GI）焦散：控制是否开启反射焦散效果。
- 折射全局照明（GI）焦散：控制是否开启折射焦散效果。
- 饱和度：可以用来控制色溢，数值越小色彩与色彩之间的影响越小。如图 9-37 所示为设置饱和度为 1、

0.5、0 时的对比效果。

图9-37

- 对比度：控制色彩的对比度。数值越大色彩的对比度越强，也就越艳丽。如图 9-38 所示为设置对比度为 1 和 3 时的对比效果。

图9-38

- 对比度基数：控制饱和度和对比度的基数。
- 环境阻光：该选项可以控制环境阻光（AO）贴图的效果。
- 半径：控制环境阻光（AO）的半径。
- 细分：环境阻光（AO）的细分。

2.发光图

发光图是计算场景中物体的漫反射表面发光的时候采取的一种有效的方法。它是一种常用的全局照明引擎，只存在于【首次引擎】中，其参数面板如图 9-39 所示。

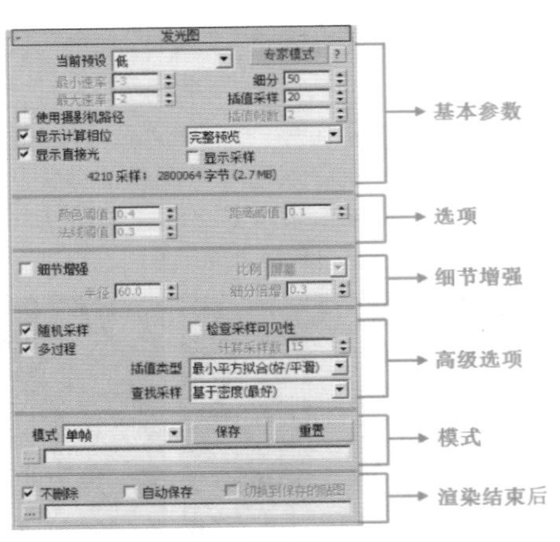

图9-39

（1）基本参数

【基本参数】选项组主要用来选择当前预设的类型及控制样本的数量、采样的分布等。其具体参数如图 9-40 所示。

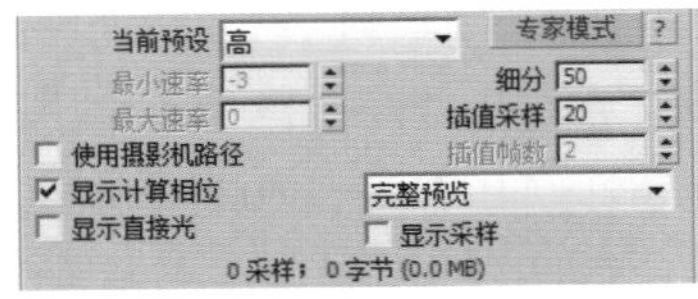

图9-40

- 当前预设：设置发光图的预设类型，共有以下 8 种。
  - 自定义：选择该模式时，可以手动调节参数。
  - 非常低：是一种非常低的精度模式，主要用于测试阶段。
  - 低：是一种比较低的精度模式。
  - 中：是一种中级品质的预设模式。
  - 中 # 动画：用于渲染动画效果，可以解决动画闪烁的问题。
  - 高：一种高精度模式，一般用在光子贴图中。
  - 高 # 动画：比中等品质效果更好的一种动画渲染预设模式。
  - 非常高：是预设模式中精度最高的一种，可以用来渲染高品质的效果图。
- 最小 / 最大速率：控制场景中比较平坦且面积比较大 / 细节比较多且弯曲较大的面的质量受光。
- 细分：数值越高，表现光线越多，精度也就越高，渲染的品质也越好。
- 插值采样：这个参数是对样本进行模糊处理，数值越大渲染越精细。
- 插值帧数：该数值用于控制插补的帧数。
- 使用摄影机路径：勾选该选项，将会使用摄影机的路径。
- 显示计算相位：勾选后，可看到渲染帧里的 GI 预计算过程，建议勾选。
- 显示直接光：在预计算的时候显示直接光，以方便用户观察直接光照的位置。
- 显示采样：显示采样的分布以及分布的密度，会影响最终渲染的效果，如图 9-41 所示。因此不建议勾选该选项。

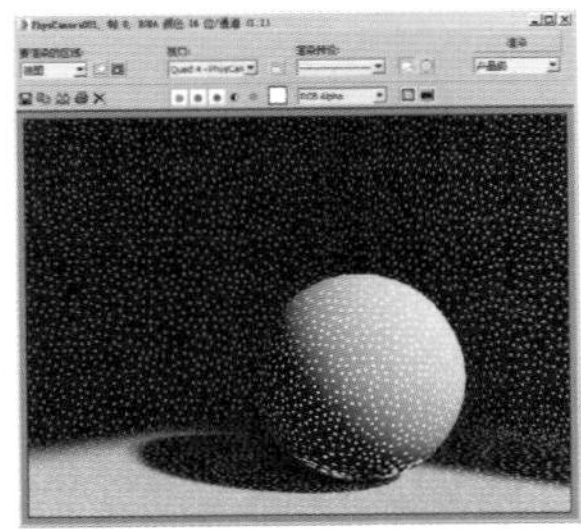

图9-41

（2）选项

【选项】选项组下的参数主要用来控制渲染过程的显示方式和样本是否可见。其参数面板如图 9-42 所示。

图9-42

- 颜色阈值：这个值让渲染器分辨平坦区域。
- 法线阈值：这个值让渲染器分辨交叉区域。
- 距离阈值：这个值让渲染器分辨弯曲表面区域。值越高，区分能力越强。

（3）细节增强

有时候由于场景的模型细节非常多，需要渲染特别静止的细节转折效果，那么不妨试试打开【细节增强】选项组。假如不需要特别强调细节，那么不建议渲染，因为渲染速度太慢。其参数面板如图 9-43 所示。

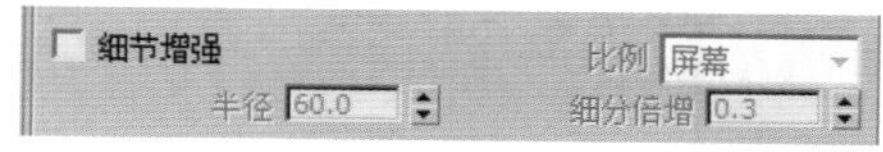

图9-43

- 细节增强：是否开启细节增强的功能，勾选该选项后，细节非常精细，但是渲染速度非常慢。
- 比例：细分半径单位的依据，有【屏幕】和【世界】两个单位选项。【屏幕】是指用渲染图的最后尺寸来作为单位；【世界】是用 3ds Max 系统中的单位来定义的。
- 半径：值越大，使用细节增强功能的区域也就越大，渲染时间也越慢。
- 细分倍增：控制细部的细分。值越低，细部就会产生杂点，渲染速度比较快。

提示：渲染细节较多的创建时，如何设置渲染器参数？

在渲染作品时，如果场景中的模型非常细致（例如工业产品零部件较多、欧式建筑花纹密集），而在渲染时这些细节没有被很好地渲染清晰。那么可以在渲染设置中，选择 GI 选项卡，展开【发光图】卷展栏，并勾选【细节增强】选项，然后设置细节增强的相关参数，再次渲染即可得到更细致的渲染效果，但是渲染速度会比较慢，如图 9-44 所示。

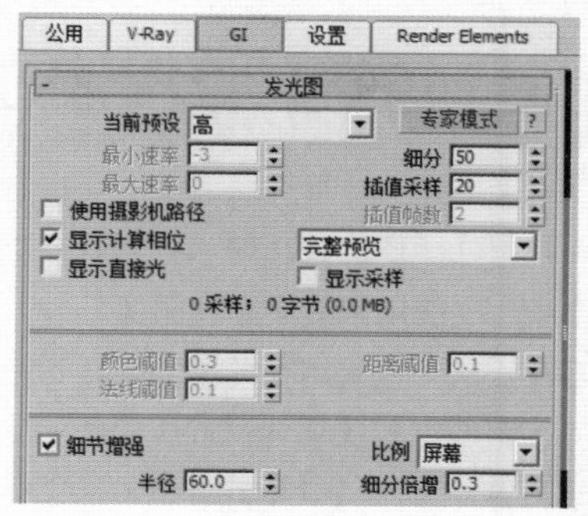

图9-44

（4）高级选项

【高级选项】选项组下的参数主要是对样本的相似点进行插值、查找。其参数面板如图 9-45 所示。

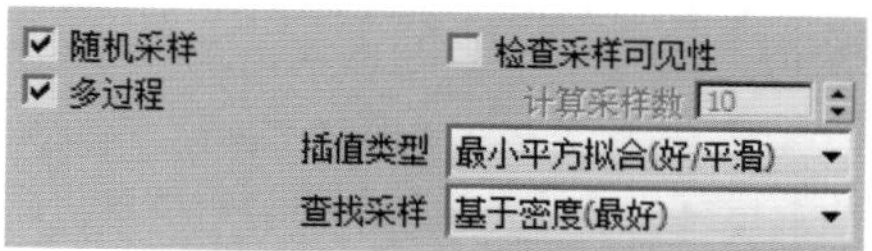

图9-45

- 随机采样：控制发光图的样本是否随机分配。
- 多过程：当勾选该选项时，V-Ray 会根据【最大比率】和【最小比率】进行多次计算。
- 检查采样可见性：在场景中灯光可能会产生漏光现象，勾选该选项可以解决这个问题。
- 计算采样数：用在计算发光图过程中，主要计算已经被查找后的插补样本的使用数量。
- 插值类型：V-Ray 提供了 4 种样本插补方式，为发光图的样本的相似点进行插补。
- 查找采样：主要控制哪些位置的采样点是适合用来作为基础插补的采样点。

（5）模式

【模式】选项组下的参数主要提供发光图的使用模式。其参数面板如图 9-46 所示。

图9-46

- 模式：包括 8 种发光图模式，分别为单帧、多帧增量、从文件、添加到当前贴图、增量添加到当前贴图、块模式、动画（预通过）、动画（渲染）。
- 保存按钮：将光子图保存到硬盘。
- 重置按钮：将光子图从内存中清除。
- 文件：设置光子图所保存的路径。
- 【浏览】按钮…：从硬盘中调用需要的光子图进行渲染。

（6）渲染结束后

【渲染结束后】选项组下的参数主要用来控制光子图在渲染完成以后如何处理。其参数面板如图 9-47 所示。

图9-47

- 不删除：当光子渲染完成以后，不把光子从内存中删掉。
- 自动保存：当光子渲染完成以后，自动保存在硬盘中，单击…按钮就可以选择保存位置。

- 切换到保存的贴图：当勾选了【自动保存】选项后，在渲染结束时会自动进入【从文件】模式并调用光子贴图。

3.灯光缓存

【灯光缓存】是从摄影机开始追踪光线到光源，摄影机追踪光线的数量就是【灯光缓存】的最后精度。其参数面板如图 9-48 所示。

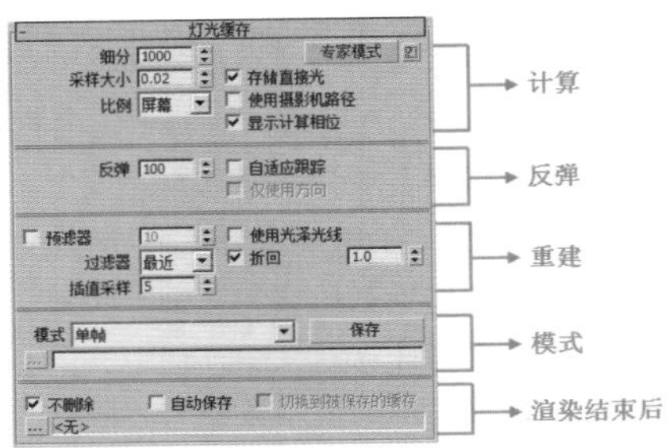

图9-48

（1）计算

【计算】选项组用来设置【灯光缓存】的基本参数，比如细分、采样大小、比例（单位依据）等。其参数面板如图 9-49 所示。

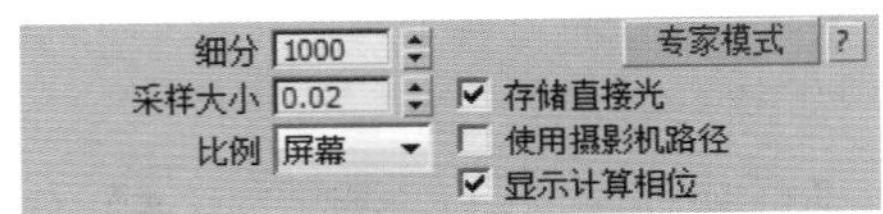

图9-49

- 细分：用来决定【灯光缓存】的样本数量。值越高，渲染效果越好，渲染越慢。
- 采样大小：控制【灯光缓存】的样本大小，小的样本可以得到更多的细节。
- 比例：在效果图中使用【屏幕】选项，在动画中使用【世界】选项。
- 存储直接光：勾选该选项以后，【灯光缓存】将储存直接光照信息。
- 使用摄影机路径：勾选改选项后将使用摄影机作为计算的路径。
- 显示计算相位：勾选该选项以后，可以显示【灯光缓存】的计算过程，方便观察。

（2）反弹

【反弹】选项组可以控制反弹、自适应跟踪、仅使用方向的参数。其参数面板如图 9-50 所示。

图9-50

- 反弹：控制反弹的数量。
- 自适应跟踪：这个选项的作用在于记录场景中灯光的位置，并在光的位置上采用更多的样本，同时模糊特效也会处理得更快，但是会占用更多的内存资源。
- 仅使用方向：勾选【自适应跟踪】后，该选项被激活。

（3）重建

【重建】选项组主要是对【灯光缓存】的样本以不同的方式进行模糊处理。其参数面板如图 9-51 所示。

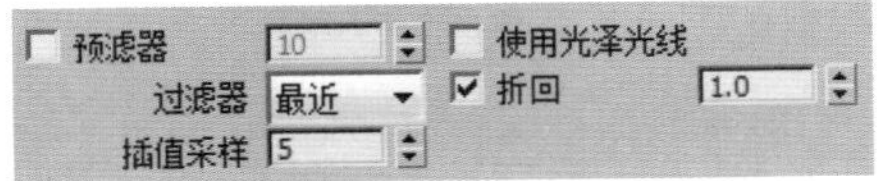

图9-51

- 预滤器：当勾选该选项以后，可以对【灯光缓存】样本进行提前过滤，查找样本边界，然后对其进行模糊处理。后面的值越高，对样本进行模糊处理的程度越深。
- 使用光泽光线：是否使用平滑的灯光缓存，开启该功能后会使渲染效果更加平滑，但会影响到细节效果。
- 过滤器：该选项是在渲染最后成图时，对样本进行过滤，其下拉列表中共有以下 3 个选项。
  - 无：对样本不进行过滤。
  - 最近：当使用这个过滤方式时，过滤器会对样本的边界进行查找，然后对色彩进行均化处理，从而得到一个模糊效果。
  - 固定：这个方式和【邻近】方式的不同点在于，它采用距离的判断来对样本进行模糊处理。
- 插值采样：这个参数是对样本进行模糊处理，较大的值可以得到比较模糊的效果，较小的值可以得到比较锐利的效果。
- 折回：控制折回的阈值数值。

（4）模式

该参数与发光图中的光子图使用模式基本一致。其参数面板如图 9-52 所示。

图9-52

- 模式：设置光子图的使用模式，共有以下 4 种。
  - 单帧：一般用来渲染静帧图像。
  - 穿行：这个模式用在动画方面，它把第一帧到最后一帧的所有样本都融合在一起。
  - 从文件：使用这种模式，V-Ray 要导入一个预先渲染好的光子贴图，该功能只渲染光影追踪。
  - 渐进路径跟踪：与【自适应】一样，是一个精确的计算方式。

* 保存按钮：将保存在内存中的光子贴图再次进行保存。
* ...按钮：从硬盘中浏览保存好的光子图。

（5）渲染结束后

【渲染结束后】选项组主要用来控制光子图在渲染完成以后如何处理。其参数面板如图 9-53 所示。

图9-53

- 不删除：当光子渲染完成以后，不把光子从内存中删掉。
- 自动保存：当光子渲染完成以后，自动保存在硬盘中，单击浏览按钮可以选择保存位置。

9.2.4 设置

【设置】选项卡主要包括默认置换和系统两个卷展栏。其参数面板如图 9-54 所示。

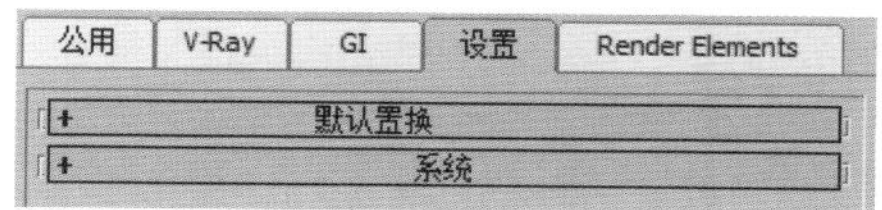

图9-54

1.默认置换

【默认置换】卷展栏下的参数是用灰度贴图来实现物体表面的凸凹效果。它对材质中的置换起作用，而不作用于物体表面。其参数面板如图 9-55 所示。

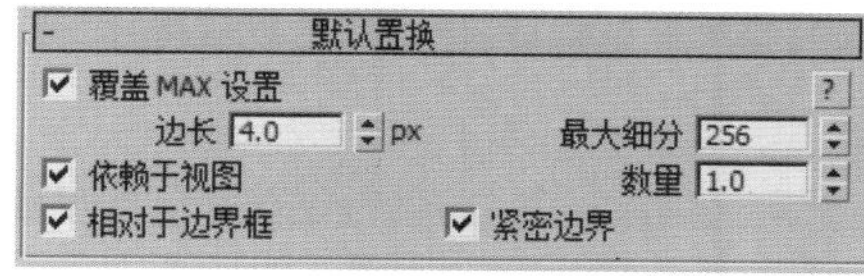

图9-55

- 覆盖 MAX 设置：控制是否用【默认置换】卷展栏下的参数来替代 3ds Max 中的置换参数。
- 边长：设置 3D 置换中产生最小的三角面长度。数值越小，精度越高，渲染速度越慢。
- 依赖于视图：控制是否将渲染图像中的像素长度设置为【边长度】的单位。
- 相对于边界框：控制是否在置换时关联边界。
- 最大细分：设置物体表面置换后可产生的最大细分值。
- 数量：设置置换的强度总量。数值越大，置换效果越明显。
- 紧密边界：控制是否对置换进行预先计算。

2.系统

【系统】卷展栏中可以设置渲染的次序、动态内存极限、帧标记等参数。其参数面板如图 9-56 所示。

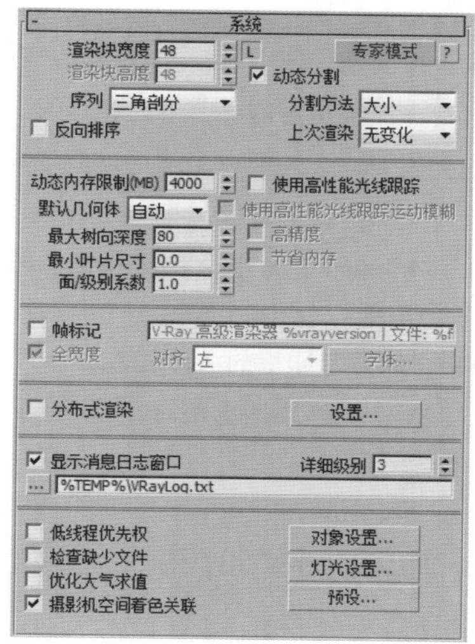

图9-56

- 渲染块宽度 / 高度：表示宽度 / 高度方向的渲染块的尺寸。
- 序列：控制渲染块的渲染顺序。如图 9-57 所示为三角剖分和棋格方式的对比效果。

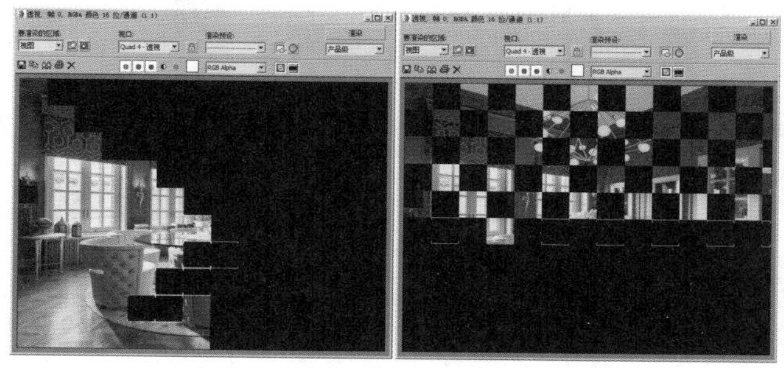

图9-57

- 反向排序：当勾选该选项以后，渲染顺序将和设定的顺序相反。
- 动态分割：控制是否进行动态的分割。
- 上次渲染：确定在渲染开始时，在 3ds Max 默认的帧缓冲区框以哪种方式处理渲染图像。
- 动态内存限制：控制动态内存的总量。
- 默认几何体：控制内存的使用方式，共有以下 3 种方式。
- 最大树向深度：控制根节点的最大分支数量。
- 最小叶片尺寸：控制叶节点的最小尺寸，当达到叶节点尺寸以后，系统停止计算场景。
- 面 / 级别系数：控制一个节点中的最大三角面数量，当未超过临近点时计算速度快。

- 使用高性能光线跟踪：控制是否使用高性能光线跟踪。
- 使用高性能光线跟踪运动模糊：控制是否使用高性能光线跟踪运动模糊。
- 高精度：控制是否使用高精度效果。
- 节省内存：控制是否需要节省内存。
- 帧标记：当勾选该选项后，就可以显示水印。
- 全宽度：水印的最大宽度。
- 对齐：控制水印里的字体排列位置，有【左】【中】【右】3 个选项。
- 字体 按钮：修改水印里的字体属性。
- 分布式渲染：当勾选该选项后，可以开启【分布式渲染】功能。
- 设置... 按钮：控制网络中的计算机的添加、删除等。
- 显示消息日志窗口：勾选该选项后，可以显示【V-Ray 日志】的窗口。
- 详细级别：控制【V-Ray 日志】的显示内容，共分 4 个级别。
- ...：可以选择保存【V-Ray 日志】文件的位置。
- 检查缺少文件：勾选该选项，V-Ray 会寻找场景中丢失的文件，保存到 C:\VRayLog.txt 中。
- 对象设置... 按钮：在该对话框中设置场景物体的局部参数。
- 灯光设置... 按钮：在该对话框中设置场景灯光的一些参数。
- 预设 按钮：在该对话框中保持当前 V-Ray 渲染参数的属性。

9.2.5 Render Elements（渲染元素）

通过添加【渲染元素】，可以针对某一级别单独进行渲染，并在后期进行调节、合成、处理，非常方便，Render Elements 选项卡如图 9-58 所示。

- 添加：单击该按钮即添加渲染元素类型，如图 9-59 所示。
- 合并：单击该按钮可合并来自其他 3ds Max Design 场景中的渲染元素。
- 删除：单击该按钮可从列表中删除选定对象。
- 激活元素：启用该选项后，单击【渲染】可分别对元素进行渲染。默认设置为启用。

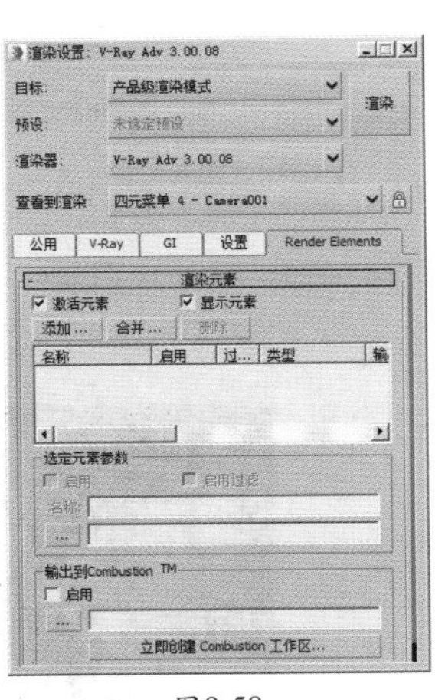
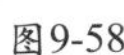

图9-58

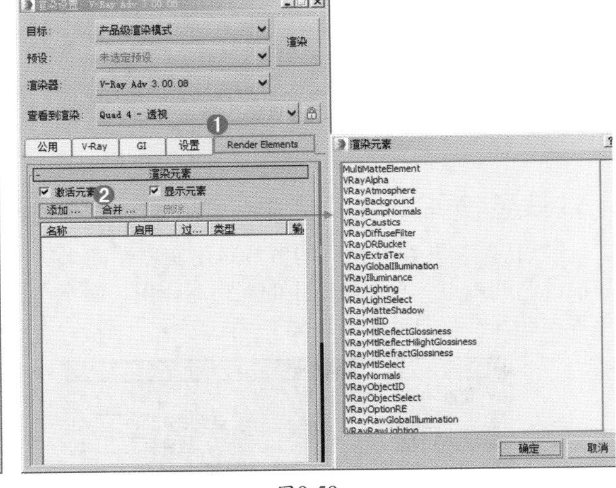

图9-59

- 显示元素：启用此选项后，每个渲染元素会显示在各自的窗口中。
- 元素渲染列表：这个可滚动的列表显示要单独进行渲染的元素，以及它们的状态。
- 选定元素参数：这些控制用来编辑列表中选定的元素。

重点 轻松动手学：设置测试渲染的参数

扫一扫，看视频

文件路径：Chapter 09 渲染器参数设置→轻松动手学：设置测试渲染的参数

测试渲染的特点是：渲染速度快、渲染质量差。

步骤 01 在主工具栏中单击【渲染设置】按钮，在弹出的【渲染设置】对话框中单击【渲染器】后的按钮，在打开的下拉列表框中选择V-Ray Adv 3.00.08，如图9-60所示。

步骤 02 选择【公用】选项卡，设置【宽度】为640、【高度】为480，如图9-61所示。

步骤 03 选择V-Ray选项卡，取消【启用内置帧缓冲区】。设置【图像采样器（抗锯齿）】卷展栏中的【类型】为【固定】、【过滤器】为【区域】，如图9-62所示。

步骤 04 选择V-Ray选项卡，设置【自适应数量】为0.9、【噪波阈值】为0.05。设置【颜色贴图】卷展栏中的【类型】为【指数】，勾选【子像素贴图】、勾选【钳制输出】，如图9-63所示。

步骤 05 选择GI选项卡，勾选【启用全局照明】，设置【首次引擎】为【发光图】，【二次引擎】为【灯光缓存】。

设置【发光图】卷展栏中的【当前预设】为【非常低】，勾选【显示计算相位】和【显示直接光】，如图9-64所示。

步骤06 选择GI选项卡，设置【细分】为500，如图9-65所示。

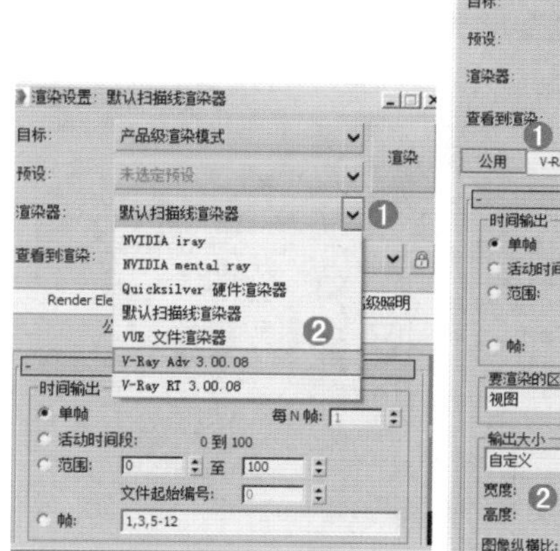
图9-60

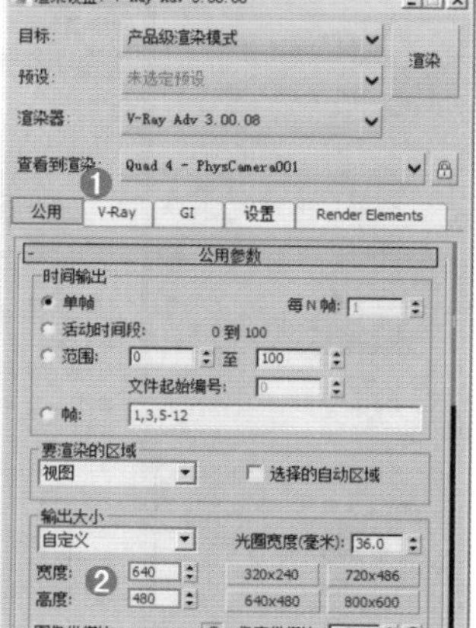
图9-61

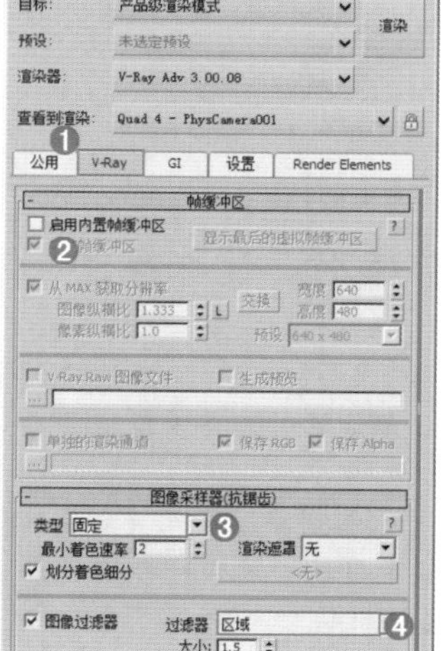
图9-62

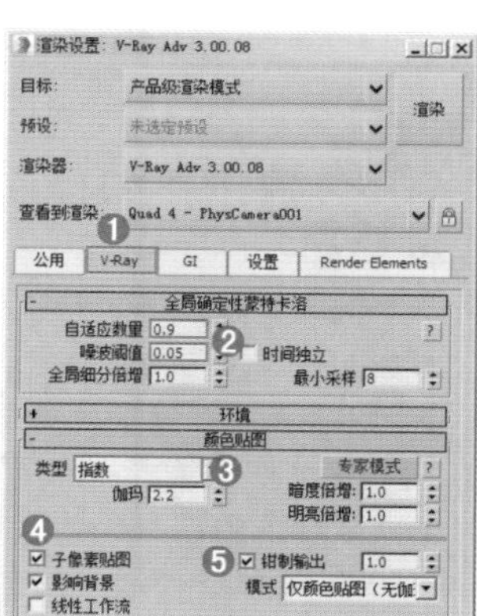
图9-63

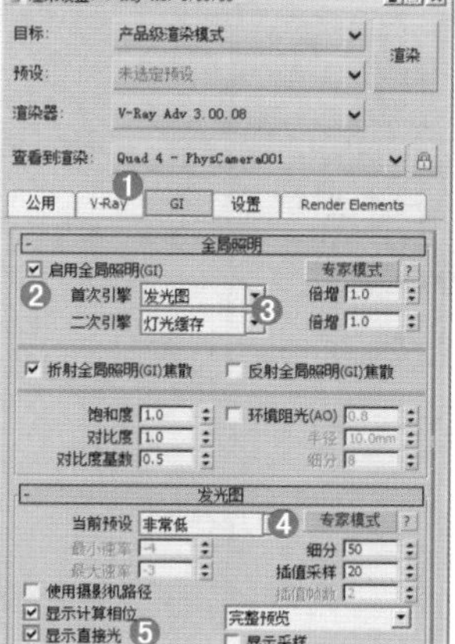
图9-64

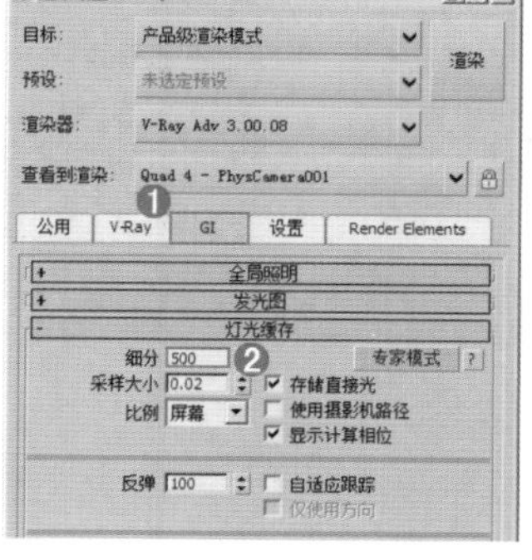
图9-65

重点 轻松动手学：设置高精度渲染参数

文件路径：Chapter 09 渲染器参数设置→轻松动手学：设置高精度渲染的参数

扫一扫，看视频

测试渲染的特点是：渲染速度慢、渲染质量好。

步骤01 在主工具栏中单击【渲染设置】按钮，在弹出的【渲染设置】对话框中单击【渲染器】后的按钮，在打开的下拉列表框中选择V-Ray Adv 3.00.08，如图9-66所示。

步骤02 选择【公用】选项卡，设置【宽度】为3000、【高度】为2250，如图9-67所示。

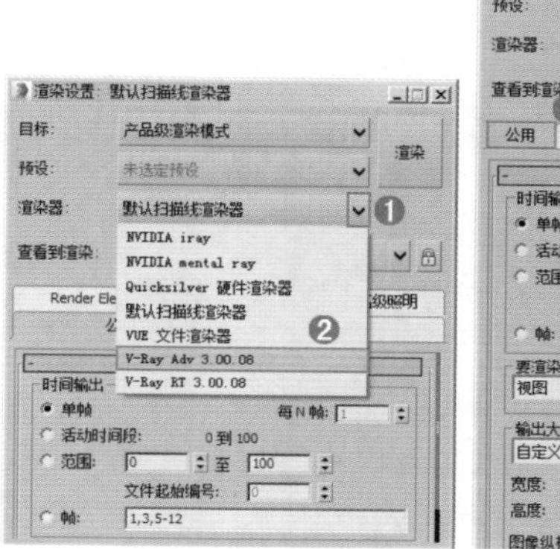
图9-66

图9-67

步骤03 选择V-Ray选项卡，取消【启用内置帧缓冲区】。设置【图像采样器（抗锯齿）】卷展栏中的【类型】为【自适应细分】、【过滤器】为【Mitchell-Neteavali】，如图9-68所示。

步骤04 选择V-Ray选项卡，设置【自适应数量】为0.8、【噪波阈值】为0.005、【最小采样】为20。设置【颜色贴图】卷展栏中的【类型】为【指数】，勾选【子像素贴图】和【钳制输出】，如图9-69所示。

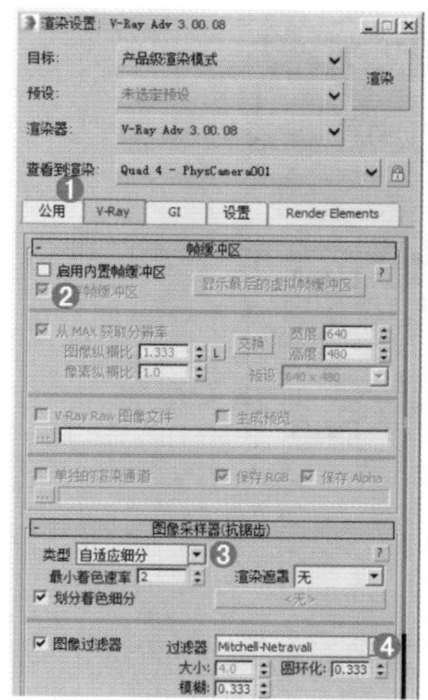
图9-68

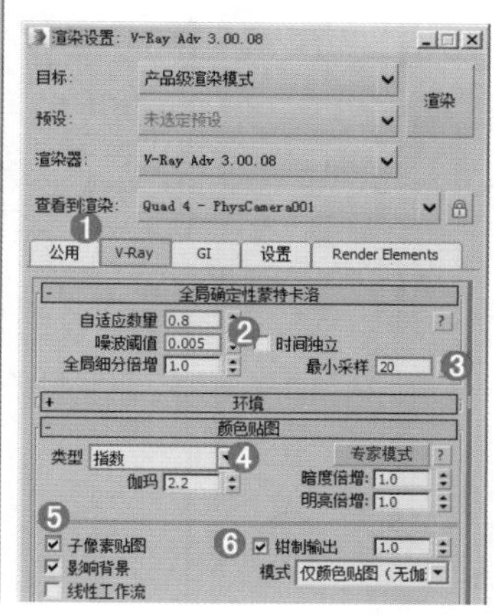
图9-69

步骤 05 选择GI选项卡，勾选【启用全局照明】，设置【首次引擎】为【发光图】【二次引擎】为【灯光缓存】。设置【发光图】卷展栏中的【当前预设】为【中】，勾选【显示计算相位】和【显示直接光】，如图9-70所示。

步骤 06 选择GI选项卡，设置【细分】为1500，如图9-71所示。

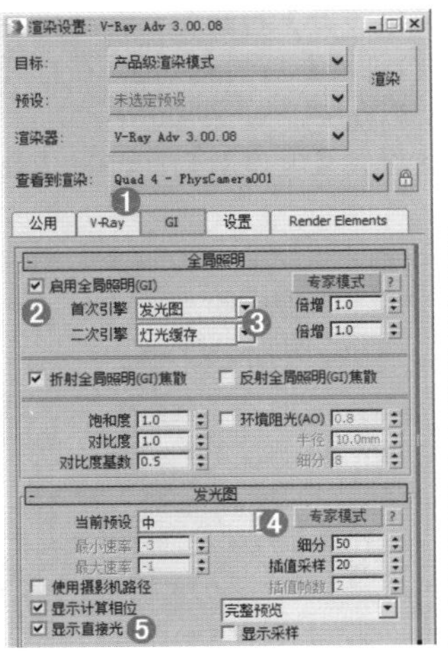

图9-70

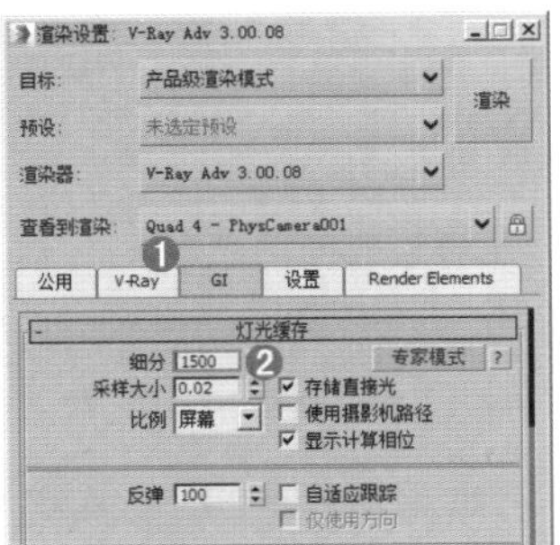

图9-71

需要注意的是，每次打开 3ds Max 软件制作作品时，都需要重新设置一次 V-Ray 渲染器及相关参数。

提示：提高作品的渲染质量，减少噪点。

在渲染作品时，产生很多噪点会影响作品的效果。所以要解决噪点问题，尽量让噪点少一些，画面感觉干净一些。通常需要围绕以下 3 方面进行设置。

(1) 材质。通常最终渲染时要设置材质的细分数值为 20，如图 9-72 所示。

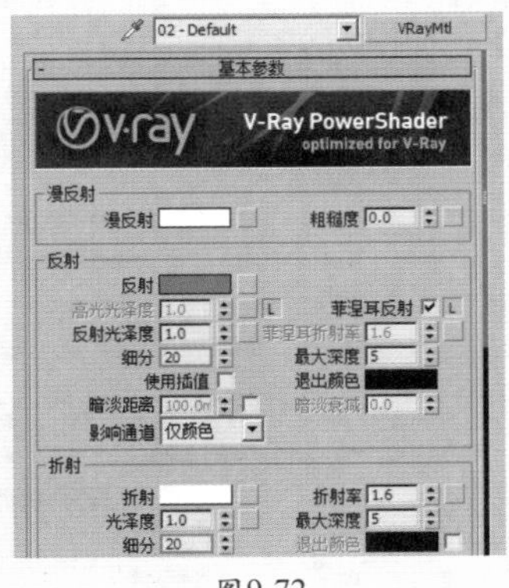

图9-72

(2) 灯光。通常最终渲染时要设置灯光的细分数值为 20，如图 9-73~ 图 9-75 所示。

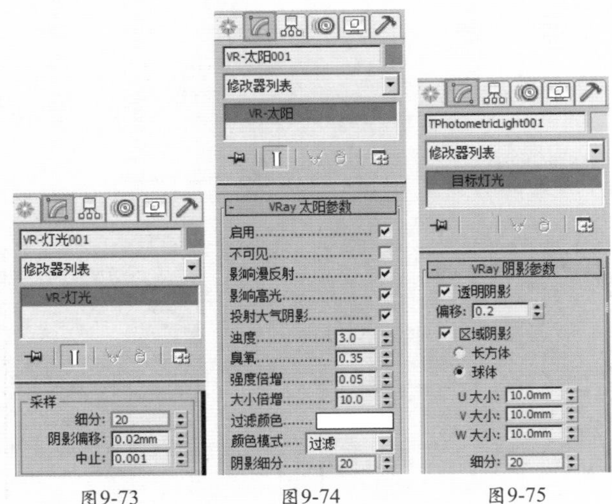

图9-73　　图9-74　　图9-75

(3) 渲染。渲染设置是本章的重要内容，要想得到较好的渲染质量，需要设置高精度渲染的参数，具体参数设置可参考本章内容设置。

提示：如何在渲染时，让作品的精度更高？

如果已经提高了材质细分、灯光细分，而且渲染器参数也已经适当地调高了，但是渲染时还会出现很多噪点，不妨试一下以下方法：

在渲染设置中，选择 V-Ray 选项卡，展开【全局确定性蒙特卡洛】卷展栏，并设置【最小采样】为 20，如图 9-76 所示。

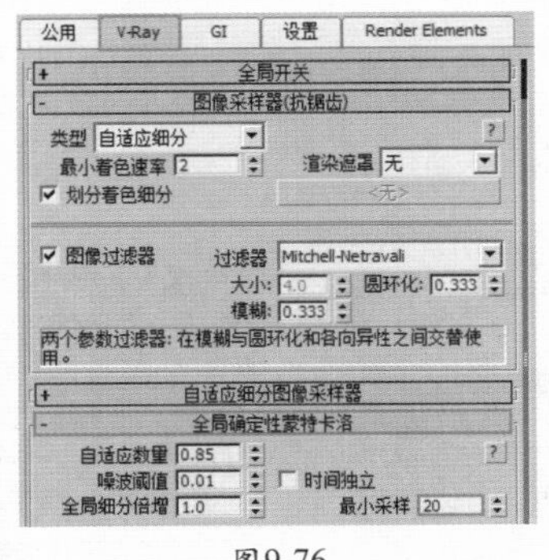

图9-76

灯光

3ds Max与真实世界非常相似，没有光，世界是黑的，一切物体都是无法呈现的。所以，在场景中添加灯光非常有必要。在3ds Max中有3个灯光类型：标准灯光、光度学灯光和V-Ray灯光。而各类型中又有多个灯光可供选择。3ds Max中的灯光与真实世界中的灯光非常相似，在3ds Max中创建灯光时，可以参考身边的光源布置方式。

本章学习要点：

- 熟练掌握标准灯光的使用方法；
- 熟练掌握VR-灯光、VR-太阳的使用方法；
- 熟练掌握使用光度学灯光的使用方法。

扫一扫，看视频

通过本章学习，我能做什么？

通过对本章的学习，应该能够创建出不同时间段如清晨、中午、黄昏、夜晚等的灯光效果；可以创建出不同用途的灯光效果，如工业场景灯光、室内设计灯光等；可以发挥想象创建出不同情景的灯光效果，如柔和、自然、奇幻等氛围光照效果。

10.1 认识灯光

本节将学习灯光的基本概念、为什么要应用灯光、灯光的创建流程，为后面学习灯光技术做准备。

10.1.1 什么是灯光

灯光是极具魅力的设计元素，它照射于物体表面，还可在暗部产生投影，使其更立体。3ds Max 中的灯光不仅是为了照亮场景，更多是为了表达作品的情感。不同的空间需要不同的灯光设置，或明亮或暗淡或闪烁或奇幻，仿佛不同的灯光背后都有着人与环境的故事。灯光在设置时，应充分考虑色彩、色温、照度，更能符合人体工程学，让人更舒适。CG 作品中的灯光设计更多时候会突出个性化，夸张的灯光设计可凸显模型造型和画面氛围。如图 10-1 和图 10-2 所示为优秀的灯光作品。

图10-1

图10-2

10.1.2 为什么要应用灯光

现实生活中光是很重要的，它可以照亮黑暗。按照时间的不同，灯光可以分为清晨阳光、中午阳光、黄昏阳光、夜晚夜光等。按照类型的不同，灯光可以分为自然光和人造光，如太阳光就是自然光，吊顶灯光则是人造光。按照灯光用途的不同，灯光可以分为吊顶、台灯、壁灯等。由此可见灯光的分类之多，地位之重要。

在 3ds Max 中灯光除了可以照亮场景以外，它还起到渲染作品风格气氛、模拟不同时刻、视觉装饰感、增强立体感、增大空间感等作用。如图 10-3 所示为中午的阳光效果和傍晚的光线效果的对比。

正午阳光效果

夜晚灯光效果

图10-3

重点 10.1.3 灯光的创建流程

灯光的创建流程要遵循先创建主光源，然后创建辅助光源，最后创建点缀光源的方式进行。这样渲染出的作品层次分明、气氛到位、效果真实。

1.创建主光源

主光源的特点一般是在灯光中起到最重要的作用，直观来讲就是亮度最大、灯光照射面积较大。例如，可以在右侧创建一盏【VR- 灯光】，如图 10-4 所示。参数设置如图 10-5 所示，渲染效果如图 10-6 所示。

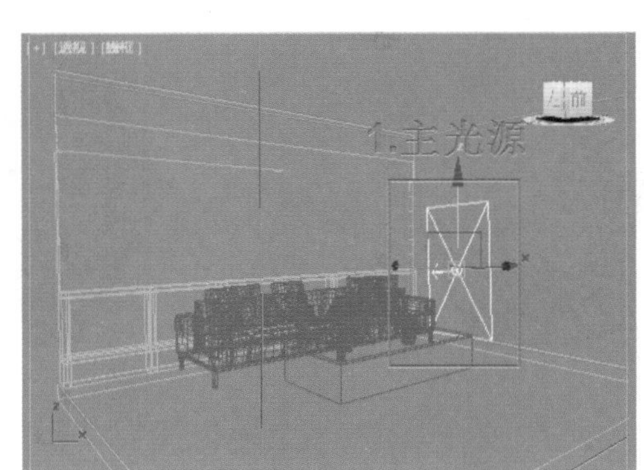

图10-4

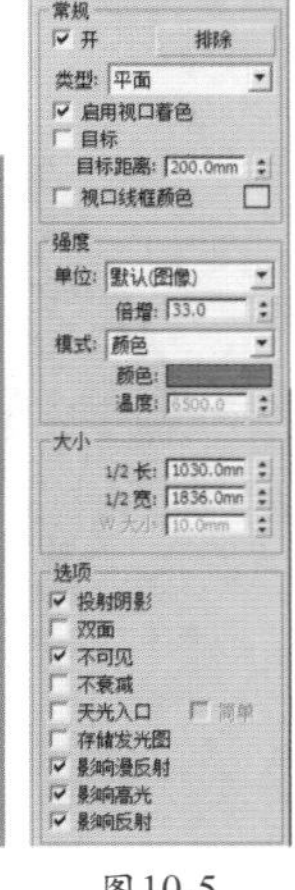

图10-5

图10-6

2.创建辅助光源

辅助光源的亮点仅次于主光源，辅助光源可以是一盏灯光，也可以是多盏灯光。例如，可以在左侧创建一盏【VR-灯光】，如图10-7所示。参数设置如图10-8所示，渲染效果如图10-9所示。

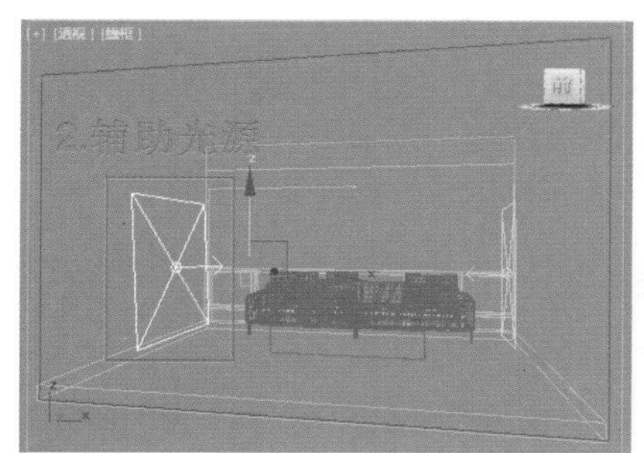

图10-7

图10-8

图10-9

3.创建点缀光源

点缀光源的存在不会严重影响整体的亮点，一般点缀光的面积较小，起到画龙点睛的作用。可以在灯罩内创建一盏【VR-灯光（球体）】，如图10-10所示。参数设置如图10-11所示，渲染效果如图10-12所示。

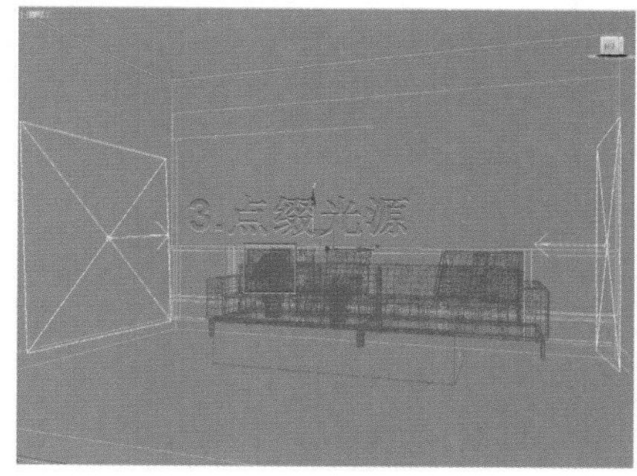

图10-10

图10-11

图10-12

读书笔记

10.2 标准灯光

标准灯光是3ds Max中最简单的灯光，包括8种类型，如图10-13所示。其中目标聚光灯、目标平行光、泛光较为常用，不同类型的灯光会产生不同的灯光效果。

扫一扫，看视频

图10-13

- 目标聚光灯：模拟聚光灯效果，如射灯、手电筒光。
- 自由聚光灯：与目标聚光灯类似，掌握目标聚光灯即可。
- 目标平行光：模拟太阳光效果，比较常用。
- 自由平行光：与目标平行光类似，掌握目标平行光即可。
- 泛光：模拟点光源效果，如烛光、点光。
- 天光：模拟制作柔和的天光效果，不太常使用。
- mr Area Omni：需要 mr 渲染器才可以使用，由于本书使用的渲染器为 V-Ray 渲染器，所以该灯光不做讲解。
- mr Area Spot：需要 mr 渲染器才可以使用，由于本书使用的渲染器为 V-Ray 渲染器，所以该灯光不做讲解。

重点 10.2.1 目标聚光灯

目标聚光灯是指灯光沿目标点方向发射的聚光光照效果。常用该灯光模拟舞台灯光、汽车灯光、手电筒灯光等，如图 10-14 所示。其光照原理如图 10-15 所示。

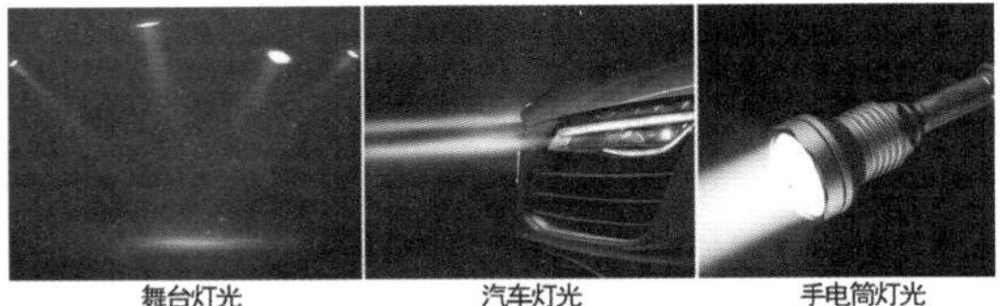

图10-14

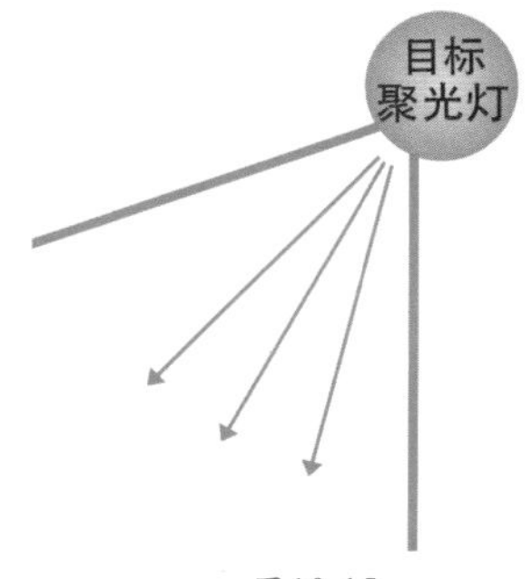

图10-15

参数设置如图 10-16 所示。

图10-16

在【常规参数】卷展栏中可以设置是否启用灯光、是否启用阴影，还可以选择阴影类型，如图 10-17 所示。

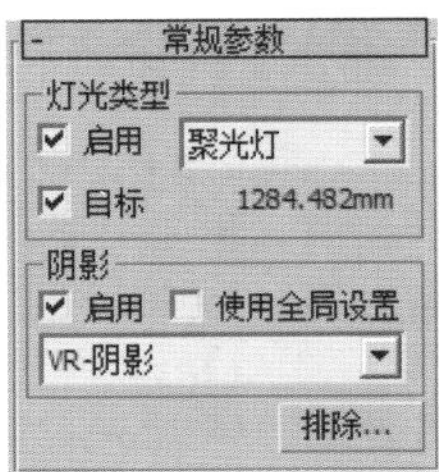

图10-17

- 灯光类型：设置灯光的类型，有 3 种类型可供选择，分别是【聚光灯】【平行光】和【泛光灯】。
  - ＊ 启用：是否开启灯光。
  - ＊ 目标：启用该选项后，灯光将成为目标灯光，关闭则成为自由灯光。
- 阴影：控制是否开启灯光阴影以及设置阴影的相关参数。
  - ＊ 使用全局设置：启用该选项后可以使用灯光投射阴影的全局设置。
  - ＊ 下拉列表：切换阴影的方式来得到不同的阴影效果，最常用的方式为【VR- 阴影】。
  - ＊ 排除... 按钮：可以将选定的对象排除于灯光效果之外。

在【强度 / 颜色 / 衰减】卷展栏中可以设置灯光基本参数，如倍增、颜色、衰减等，如图 10-18 所示。

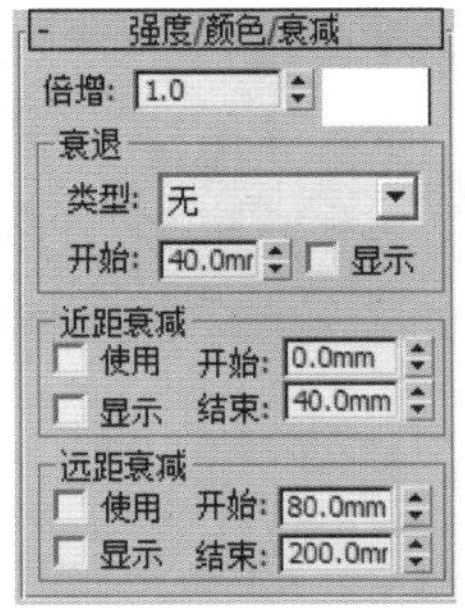

图10-18

- 倍增：控制灯光的强弱程度。

- 颜色：用来设置灯光的颜色。
- 衰退：该选项组中的参数用来设置灯光衰退的类型和起始距离。
    * 类型：指定灯光的衰退方式。【无】为不衰退；【倒数】为反向衰退；【平方反比】以平方反比的方式进行衰退。
    * 开始：设置灯光开始衰减的距离。
    * 显示：在视图中显示灯光衰减的效果。
- 近距衰退：该选项组用来设置灯光近距离衰退的参数。
    * 使用：启用灯光近距离衰减。
    * 显示：在视图中显示近距离衰减的范围。
    * 开始：设置灯光开始淡出的距离。
    * 结束：设置灯光达到衰减最远处的距离。
- 远距衰减：该选项组用来设置灯光远距离衰退的参数。
    * 使用：启用灯光远距离衰减。
    * 显示：在视图中显示远距离衰减的范围。
    * 开始：设置灯光开始淡出的距离。
    * 结束：设置灯光衰减为 0 时的距离。

在【聚光灯参数】卷展栏中可以设置灯光的照射衰减范围，如图 10-19 所示。

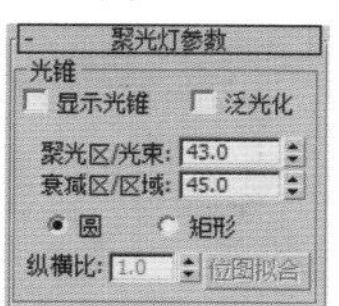

图10-19

- 显示光锥：是否开启圆锥体显示效果。
- 泛光化：开启该选项时，灯光将在各个方向投射光线。
- 聚光区 / 光束：用来调整圆锥体灯光的角度。
- 衰减区 / 区域：设置灯光衰减区的角度。【衰减区 / 区域】与【聚光区 / 光束】的差值越大，灯光过渡越柔和，如图 10-20 所示。

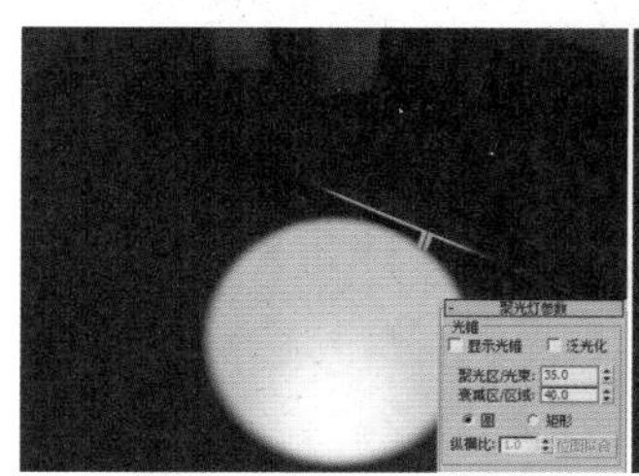
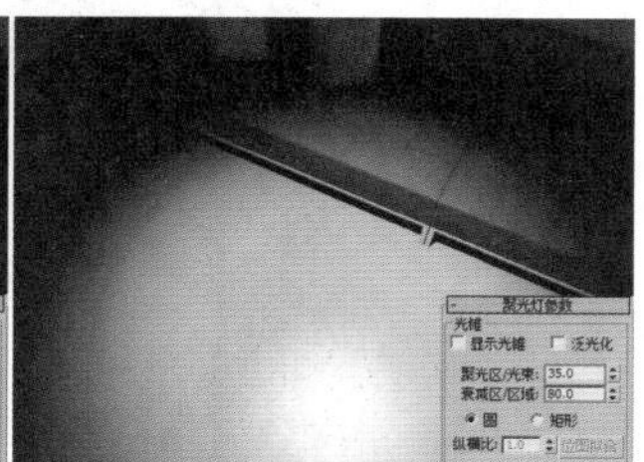

图10-20

- 圆 / 矩形：指定聚光区和衰减区的形状。
- 纵横比：设置矩形光束的纵横比。
- 位图拟合按钮：若灯光阴影的纵横比为矩形，可以用该按钮来设置纵横比，以匹配特定的位图。

在【高级效果】卷展栏中可以设置投影贴图，如图 10-21 所示。

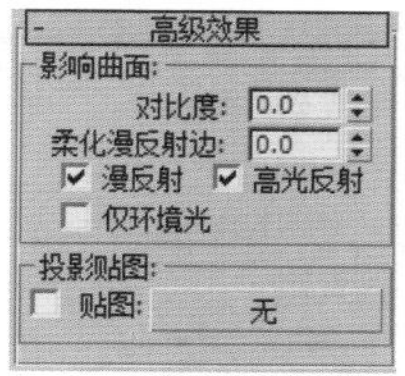

图10-21

- 对比度：调整曲面的漫反射区域和环境光区域之间的对比度。
- 柔化漫反射边：增加柔化漫反射边的值可以柔化曲面的漫反射部分与环境光部分之间的边缘。
- 漫反射：启用此选项后，灯光将影响对象曲面的漫反射属性。
- 高光反射：启用此选项后，灯光将影响对象曲面的高光属性。
- 仅环境光：启用此选项后，灯光仅影响照明的环境光组件。
- 贴图：可以在通道上添加贴图（贴图中黑色表示光线被遮挡，白色表示光线可以透过），会根据贴图的黑白分布产生遮罩效果，常用该功能制作带有图案的灯光，如 KTV 灯光、舞台灯光等，如图 10-22 所示为没有勾选【贴图】的渲染效果。勾选【贴图】，并添加一个黑白贴图（如图 10-23 所示）的渲染效果如图 10-24 所示。

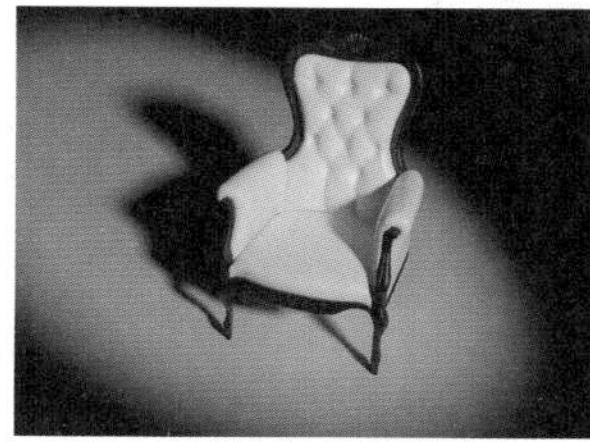

图10-22

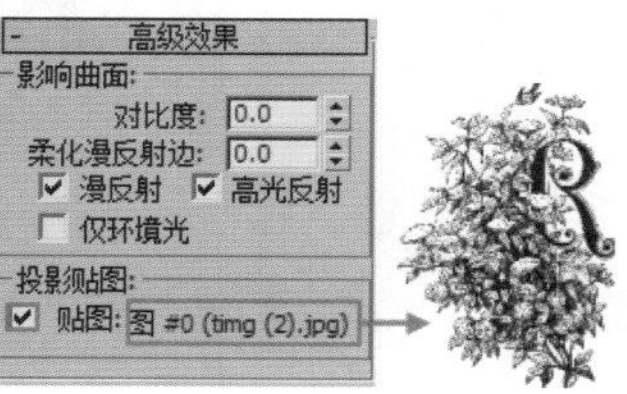

图10-23

图10-24

在【阴影参数】卷展栏中可以设置阴影基本参数，如图 10-25 所示。

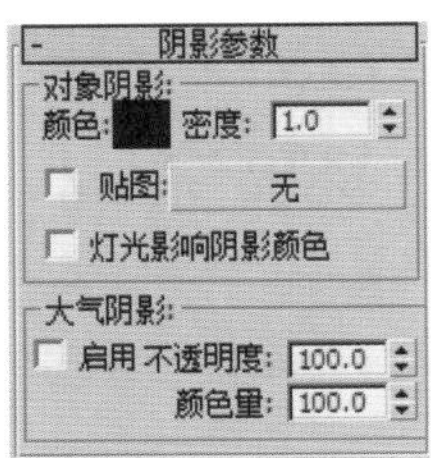

图10-25

- 颜色：设置阴影的颜色，默认为黑色。
- 密度：设置阴影的密度。
- 贴图：为阴影指定贴图。
- 灯光影响阴影颜色：开启该选项后，灯光颜色将与阴影颜色混合在一起。
- 启用：启用该选项后，大气可以穿过灯光投射阴影。
- 不透明度：调节阴影的不透明度。
- 颜色量：调整颜色和阴影颜色的混合量。

当设置【阴影】方式为【VR- 阴影】时，在【VRay 阴影参数】卷展栏中可以设置阴影的柔和程度，如图 10-26 所示。

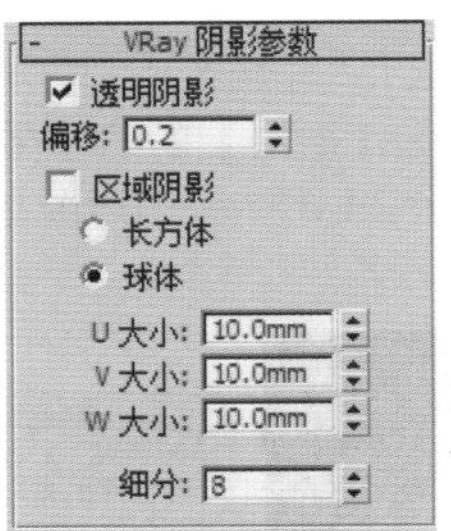

图10-26

- 透明阴影：控制透明物体的阴影，必须使用 V-Ray 材质并选择材质中的【影响阴影】才能产生效果。
- 偏移：控制阴影与物体的偏移距离，一般可保持默认值。
- 区域阴影：勾选该选项时，阴影会变得柔和。如图 10-27 所示为取消勾选和勾选【区域阴影】时的对比效果。

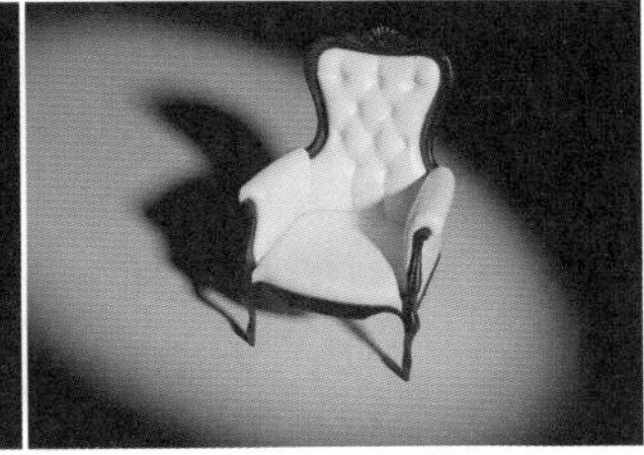

取消勾选【区域阴影】　　勾选【区域阴影】

图10-27

- 长方体 / 球体：用来控制阴影的方式，一般默认设置为球体即可。
- U/V/W 大小：数值越大，阴影越柔和。如图 10-28 所示为设置 U/V/W 数值为 10mm 和 60mm 时的对比效果。

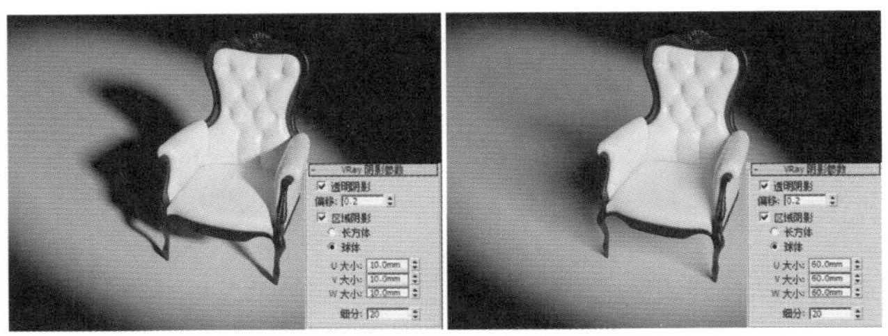

图10-28

- 细分：该数值越大，阴影越细腻，噪点越少，渲染速度越慢。

实例：使用目标聚光灯制作聚光效果

扫一扫，看视频

文件路径：Chapter 10 灯光→实例：使用目标聚光灯制作聚光效果

在这个场景中，主要使用目标聚光灯的效果，它是一种投射出来的灯光。它可以影响光束内的物体，产生出阴影和特殊效果。场景的最终渲染效果如图 10-29 所示。

图10-29

读书笔记

步骤 01 打开本书场景文件，如图10-30所示。

步骤 02 执行（创建）（灯光）命令，设置【灯光类型】为【标准】，最后单击 目标聚光灯 按钮，如图10-31所示。

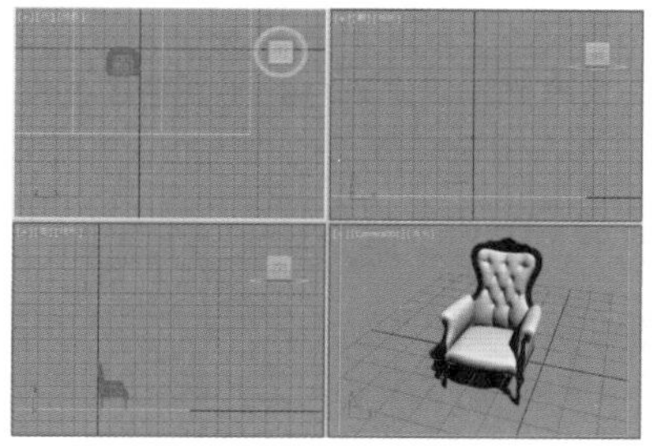

图10-30

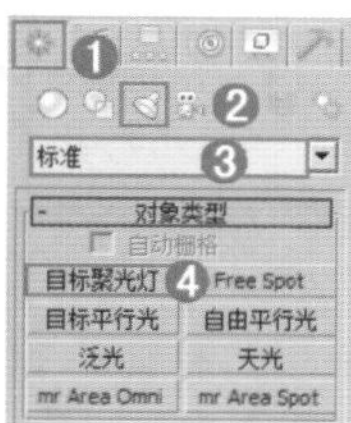

图10-31

步骤 03 创建1盏目标聚光灯，位置如图10-32所示。单击【修改】按钮，在【阴影】选项组下勾选【启用】，设置【阴影类型】为【VRay阴影】。设置【倍增】为4，【颜色】为蓝色。展开【聚光灯参数】卷展栏，设置【聚光区/光束】为15，【衰减区/区域】为25。展开【V-Ray阴影参数】卷展栏，勾选【区域阴影】，设置【细分】为20，如图10-33所示。

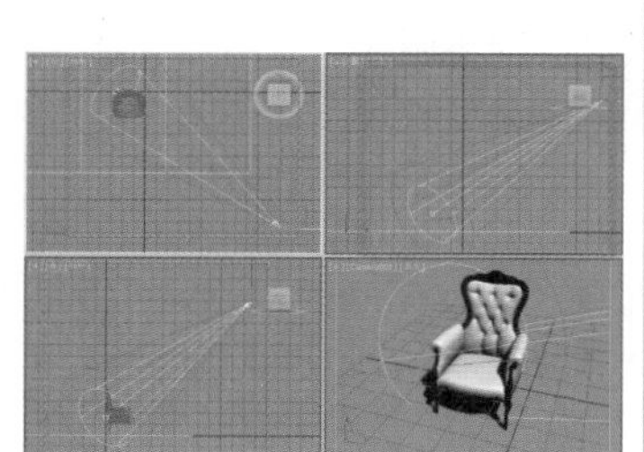

图10-32

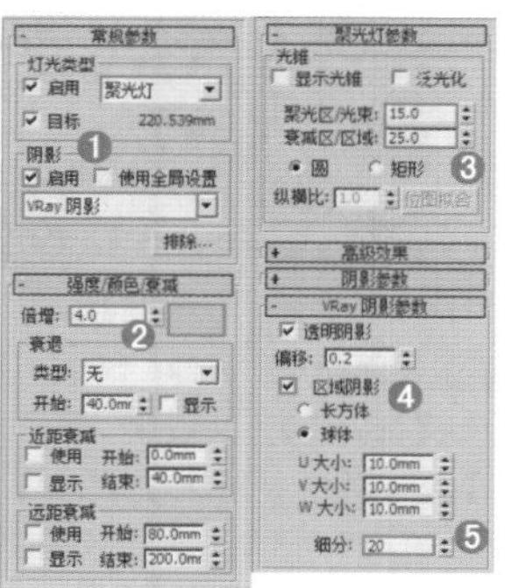

图10-33

步骤 04 最终的渲染效果如图10-34所示。

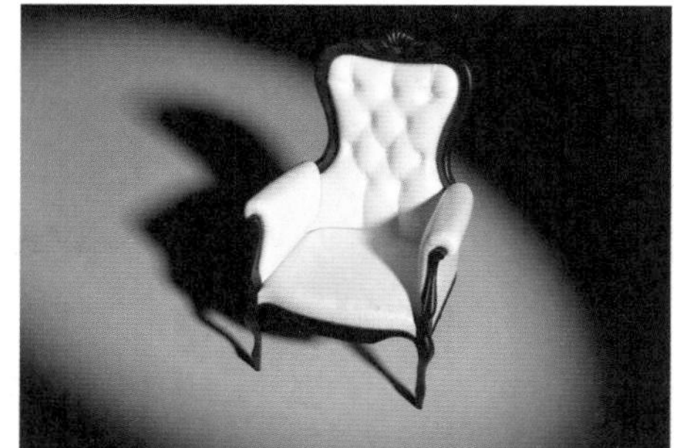

图10-34

提示：灯光与地面夹角会影响阴影效果。

灯光在创建完成后，需要在各个视图中修改它的位置，使其产生倾斜照射的效果。若垂直照射地面，则导致模型的正下方出现阴影，显得比较奇怪，如图 10-35 和图 10-36 所示。

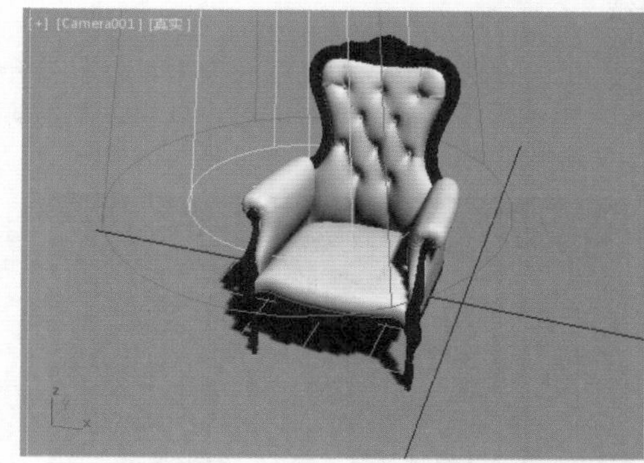

图10-35

图10-36

因此通常会让灯光变得倾斜，以得到更真实的阴影效果，如图 10-37 和图 10-38 所示。

图10-37

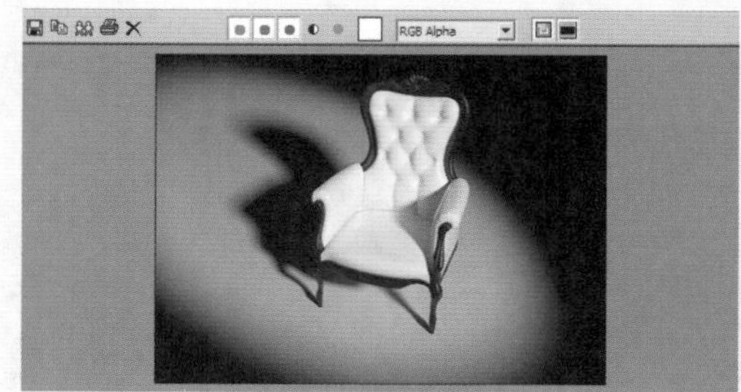

图10-38

第10章 灯光

实例：使用目标聚光灯制作舞台灯光

扫一扫，看视频

文件路径：Chapter 10 灯光→实例：目标聚光灯制作舞台灯光

在这个场景中，主要使用目标聚光灯创建出不同角度的灯光和光感，以模拟梦幻的舞台灯光。场景的最终渲染效果如图 10-39 所示。

图10-39

步骤 01 打开本书场景文件，如图10-40所示。

步骤 02 执行（创建）|（灯光）命令，设置【灯光类型】为【标准】，最后单击 目标聚光灯 按钮，如图10-41所示。

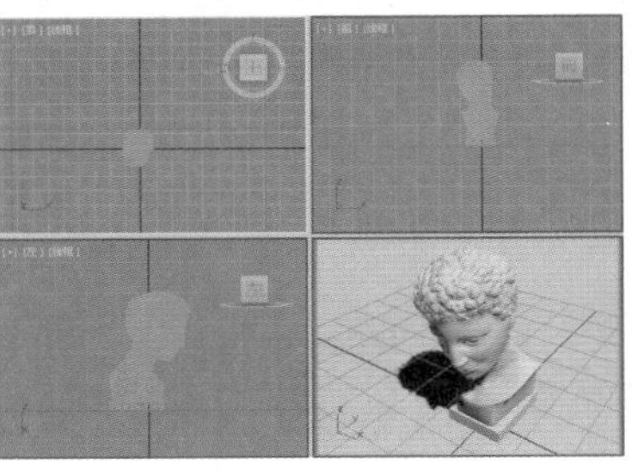

图10-40

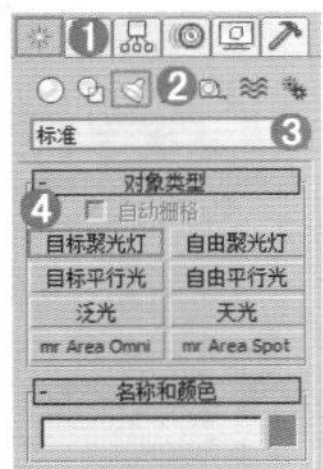

图10-41

步骤 03 在视图创建1盏目标聚光灯，位置如图10-42所示。单击【修改】按钮，勾选【启用】，设置【倍增】为1，【颜色】为红色；展开【聚光灯参数】卷展栏，设置【聚光区/光束】为15，【衰减区/区域】为50，如图10-43所示。

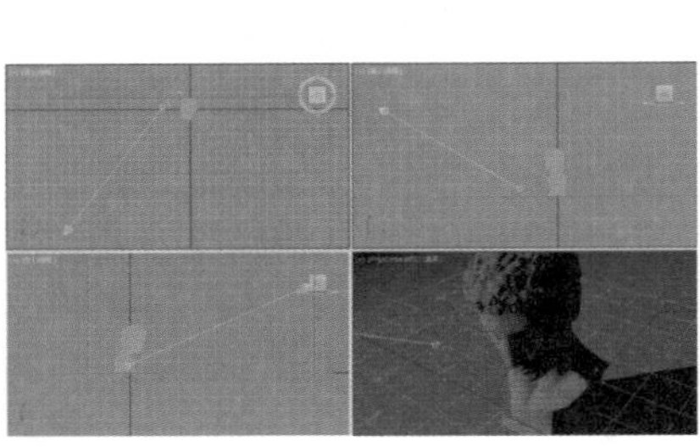

图10-42　　图10-43

提示：聚光区/光束、衰减区/区域有什么用？

聚光区/光束、衰减区/区域的数值差值越大，在渲染时灯光的过渡效果越好，灯光边缘就会显得很柔软。若两者的差值越小，则在渲染时灯光的边缘就没有好的过渡，因此就显得很生硬。

步骤 04 继续创建1盏目标聚光灯，如图10-44所示。勾选【启用】，设置【倍增】为1，【颜色】为蓝色，【聚光区/光束】为13，【衰减区/区域】为20，如图10-45所示。

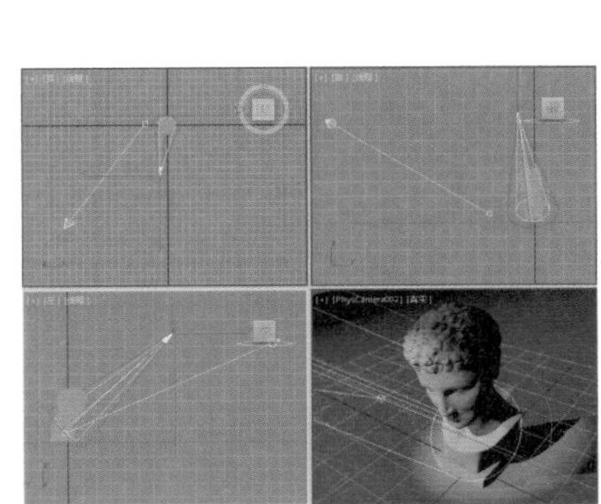

图10-44

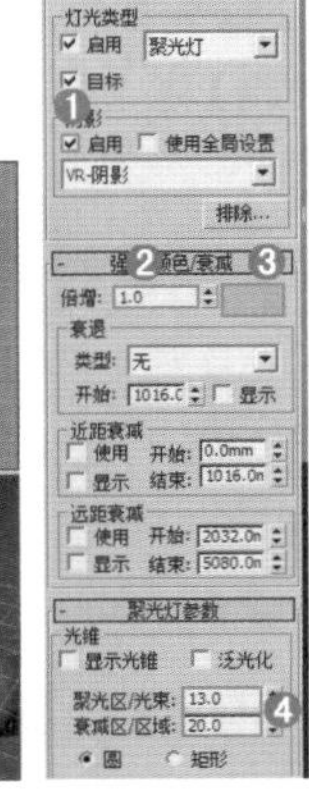

图10-45

步骤 05 继续创建1盏目标聚光灯，如图10-46所示。勾选【启用】，设置【倍增】为1，【颜色】为绿色，【聚光区/光束】为10，【衰减区/区域】为15，如图10-47所示。

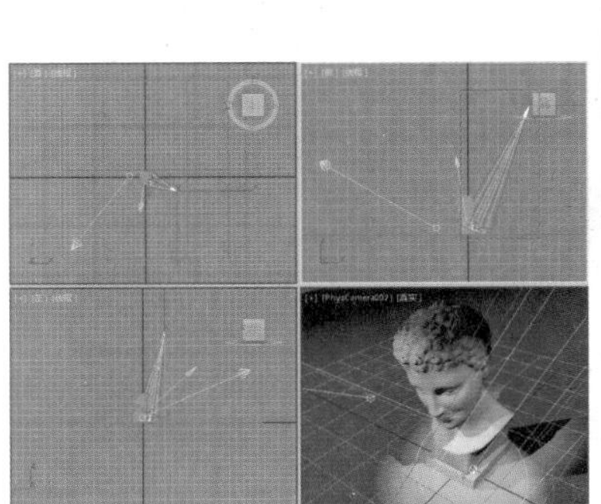

图10-46　　图10-47

步骤 06 继续创建1盏目标聚光灯，如图10-48所示。勾选【启用】，设置【倍增】为1，【颜色】为粉色，【聚光区/光束】为15，【衰减区/区域】为20，如图10-49所示。

步骤 07 最终的渲染效果如图10-50所示。

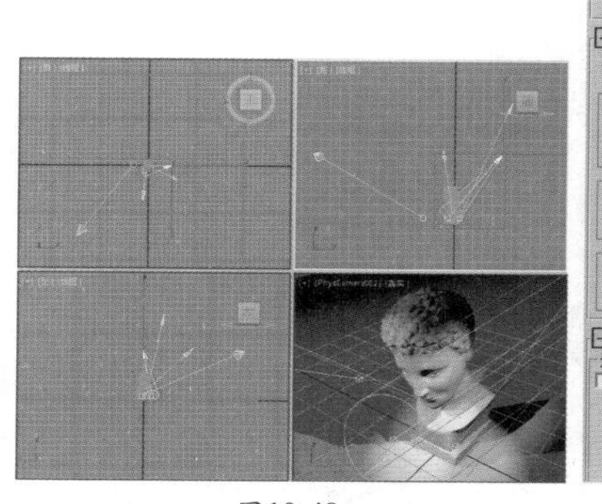

图10-48

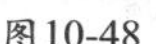

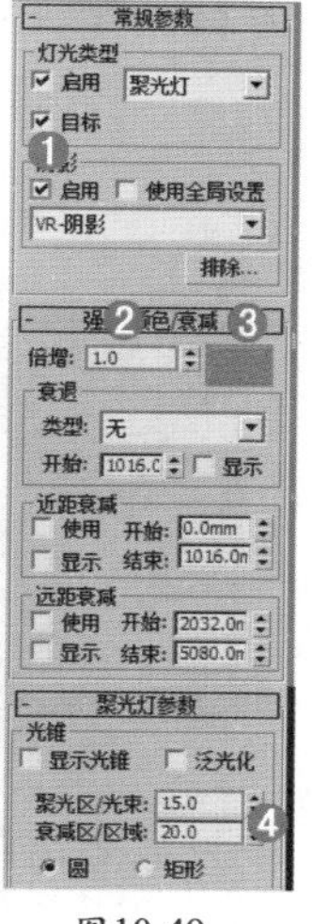

图10-49

图10-50

10.2.2 目标平行光

目标平行光可以产生一个圆柱状的平行照射区域，主要用于模拟阳光、探照灯、激光光束等效果，如图10-51所示。在制作室内外建筑效果图时，主要使用该灯光模拟室外阳光效果。其光照原理如图10-52所示。

图10-51

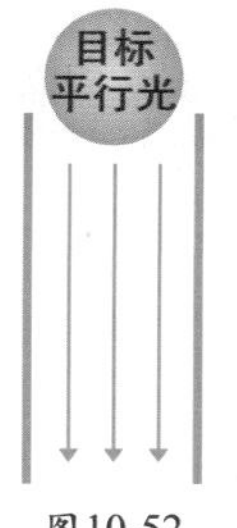

图10-52

参数设置如图10-53所示。

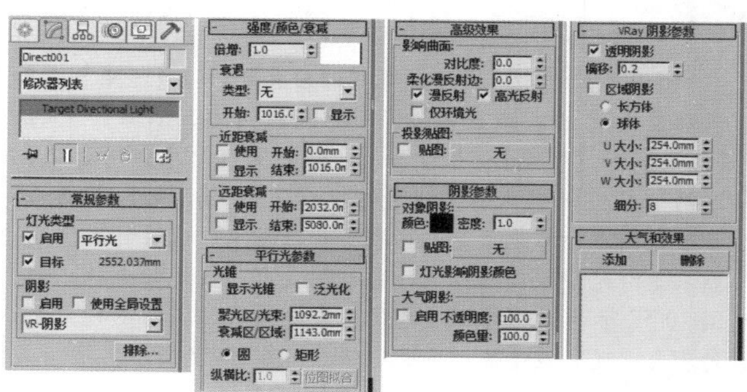

图10-53

10.2.3 泛光

泛光是一种由一个点向四周均匀发射光线的灯光。通常使用该灯光模拟制作壁灯、蜡烛火焰、吊灯等效果，如图10-54所示。其光照原理如图10-55所示。

图10-54

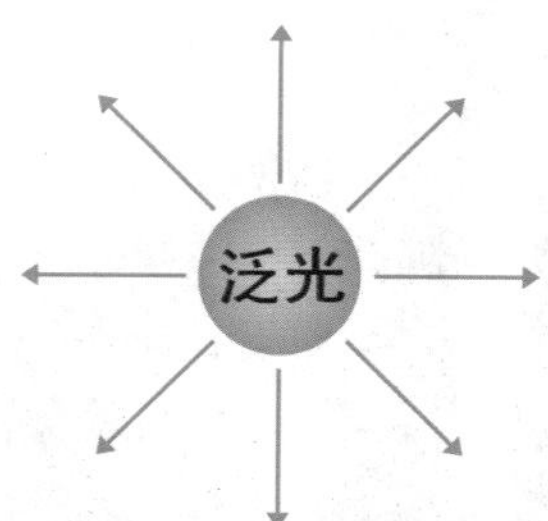

图10-55

参数设置如图10-56所示。

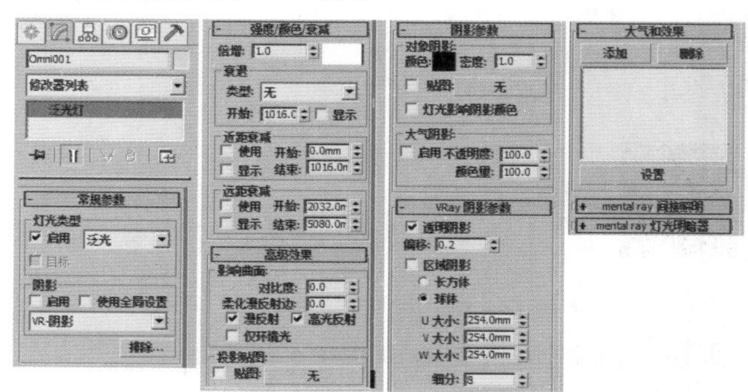

图10-56

提示：泛光怎么设置灯光的照射范围？

【泛光】灯光是通过设置【近距衰减】和【远距衰减】来调整灯光的衰减距离。例如，勾选【远距衰减】下的【使用】和【显示】，并设置【开始】和【结束】的数值，这两个数值就代表了该灯光的照射范围。【开始】数值的半径范围表示灯光最亮的区域，而【结束】数值的半径范围表示灯光最微弱的位置，再外则没有该灯光的效果，如图10-57所示为不勾选【远距衰减】选项组下的参数，泛光不会出现衰减效果，亮度均匀，如图10-58所示。

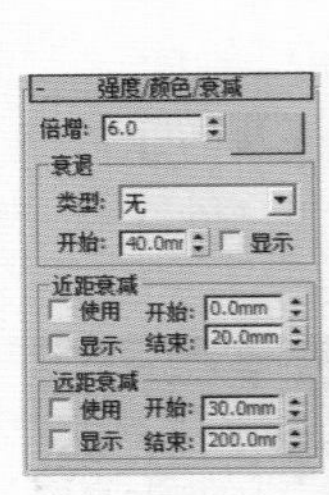

图10-57

图10-58

如图10-59所示为勾选【远距衰减】选项组下的【使用】和【显示】，并设置【开始】和【结束】的数值为30和200，会渲染出明显的衰减效果，如图10-60所示。

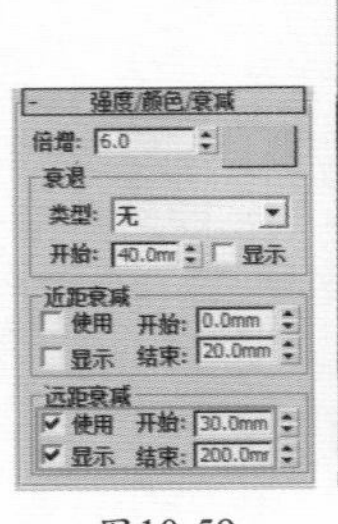

图10-59

图10-60

实例：使用泛光制作烛光

扫一扫，看视频

文件路径：Chapter 10 灯光→实例：使用泛光制作烛光

在这个场景中，主要使用泛光、VR灯光制作烛光的效果。场景的最终渲染效果如图10-61所示。

步骤01 打开本书场景文件，如图10-62所示。

步骤02 执行（创建）|（灯光）命令，设置【灯光类型】为【标准】，最后单击 泛光 按钮，如图10-63所示。

图10-61

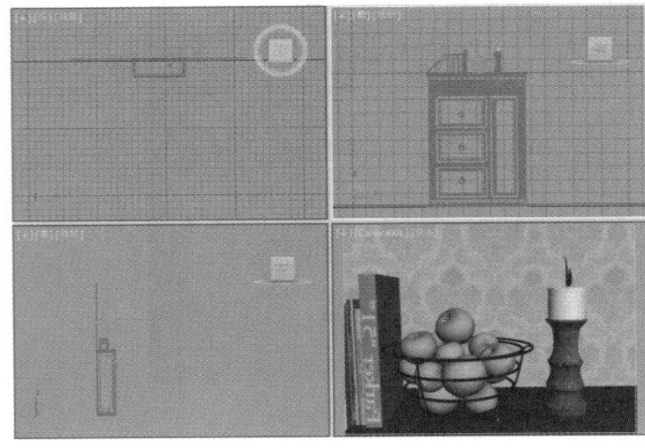

图10-62

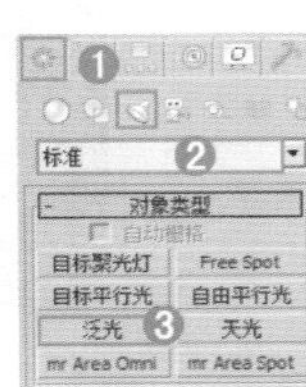

图10-63

步骤03 在前视图中拖拽并创建1盏泛光灯，如图10-64所示。勾选【启用】，设置【阴影类型】为【VRay阴影】，【倍增】为6，调节【颜色】为黄色。在【远距衰减】选项组下，勾选【使用】和【显示】，设置【开始】为30mm，【结束】为200。展开【V-Ray阴影参数】卷展栏，勾选【区域阴影】，设置【细分】为20，如图10-65所示。

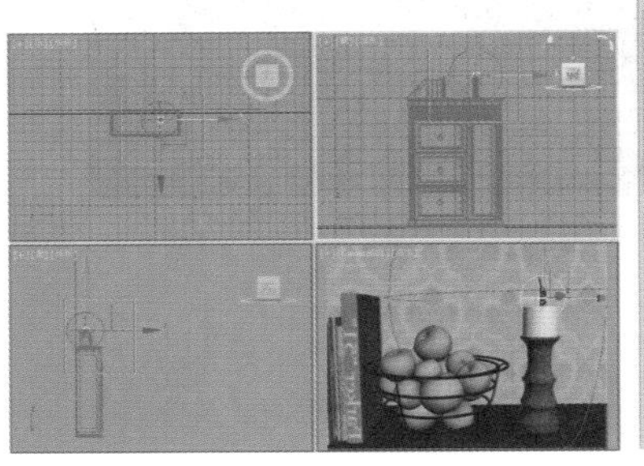

图10-64

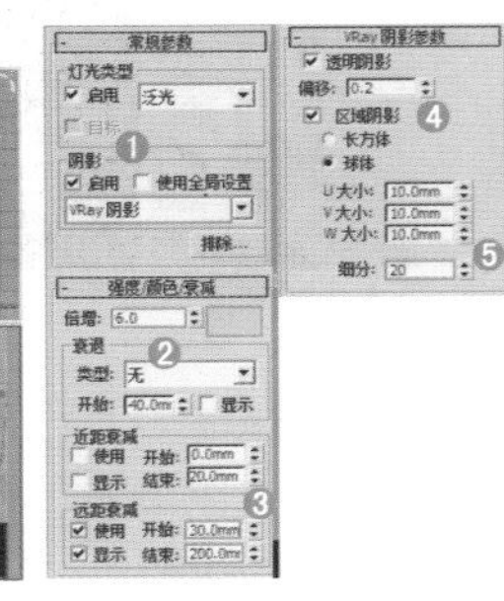

图10-65

步骤04 执行（创建）|（灯光）命令，设置【灯光类型】为VRay，最后单击 VR灯光 按钮，如图10-66所示。

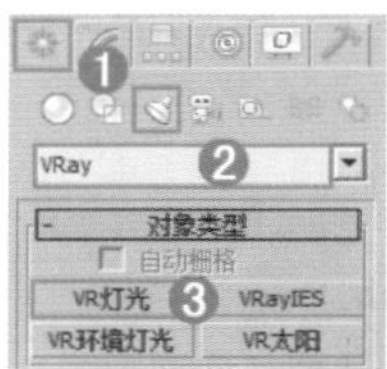

图10-66

步骤 05 在视图中创建1盏VR-灯光（该灯光的目的是起到辅助照射场景的作用），如图10-67所示。在【常规】选项组下设置类型为【平面】；在【强度】选项组下设置【倍增】为10，【颜色】为蓝色；在【大小】选项组下设置【1/2长】为700mm，【1/2宽】为1000mm；在【选项】选项组下勾选【不可见】；在【采样】选项组下设置【细分】为20，如图10-68所示。

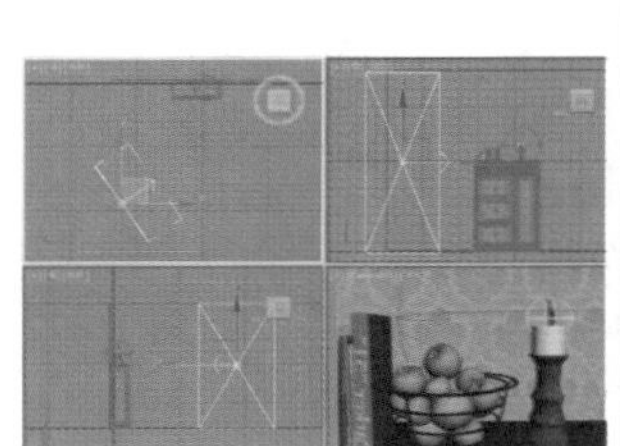

图10-67

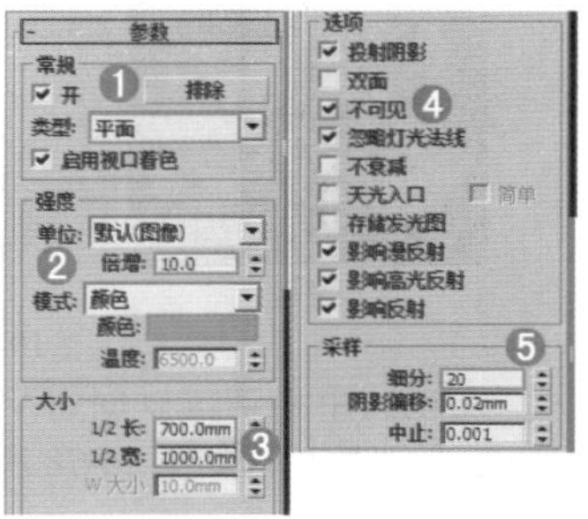

图10-68

步骤 06 最终的渲染效果如图10-69所示。

图10-69

10.2.4 天光

【天光】灯光可以将场景整体提亮，常使用该灯光模拟天空天光环境，如图 10-70 所示。

图10-70

其参数面板如图 10-71 所示。

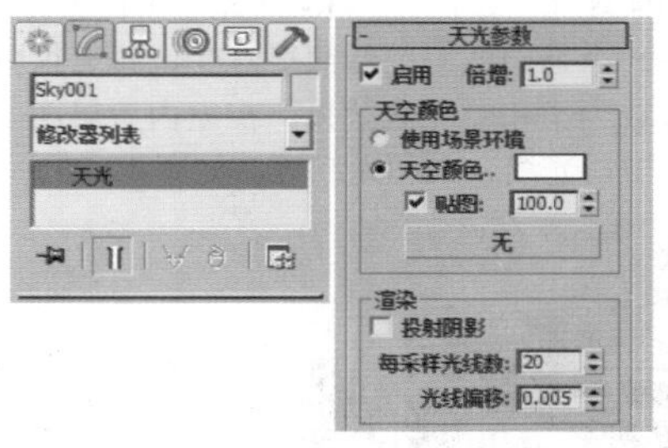

图10-71

- 启用：控制是否开启天光。
- 倍增：控制灯光的强度。
- 使用场景环境：使用【环境与特效】对话框中设置的灯光颜色。
- 天空颜色：设置天光的颜色。
- 贴图：设置贴图来影响天光颜色。
- 投影阴影：控制是否产生阴影。

10.3 VRay 灯光

VRay 灯光主要用来模拟室内外效果图、产品设计、CG 动画等灯光效果。VRay 灯光的特点是效果非常逼真、参数比较简单。其中 VR- 灯光和 VR- 太阳两种灯光是最重要的，是必须要熟练掌握的，如图 10-72 所示。

图10-72

- VR- 灯光：常用于模拟室内外灯光，该灯光光线比较柔和，是最常用的灯光之一。
- VR- 太阳：常用于模拟真实的太阳光，灯光的位置影响灯光的效果（正午、黄昏、夜晚），是最常用的灯光之一。
- VRayIES：该灯光类似于目标灯光，都可以加载 IES 灯光，可产生类似射灯的效果。
- VR- 环境灯光：可以模拟环境灯光效果。

重点 10.3.1 VR- 灯光

扫一扫，看视频

VR- 灯光是 3ds Max 最常用、最强大的灯光之一，是必须要熟练掌握的灯光类型。【VR- 灯光】产生的光照效果比较柔和，其中包括 VR- 灯光（平面）、VR- 灯光（球体）、VR- 灯光（穹顶）、VR- 灯光（网格），其中 VR- 灯光（平面）、VR- 灯光（球体）是最常用的两类灯光。

（1）VR- 灯光（平面）。VR- 灯光（平面）是由一个方形的灯光沿某一个方向或沿前后照射灯光，具有很强的方向性。常用来模拟较为柔和的光线效果，在室内效果图中应用较多，例如灯带、窗口光线、柔和光线等，如图 10-73 所示。

图 10-73

在视图中拖动可以创建 VR- 灯光（平面），如图 10-74 所示。其光照原理如图 10-75 所示。

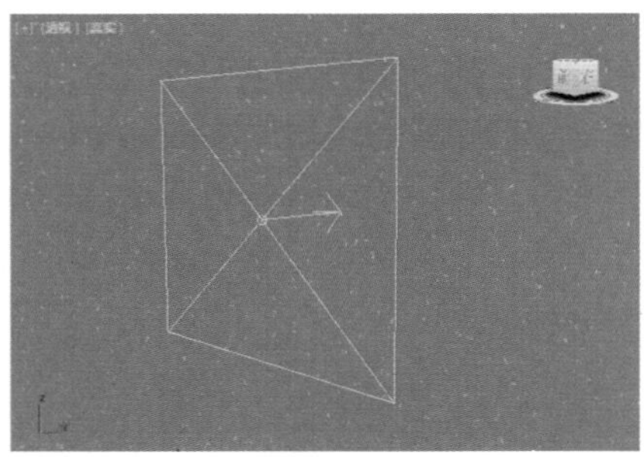

图 10-74

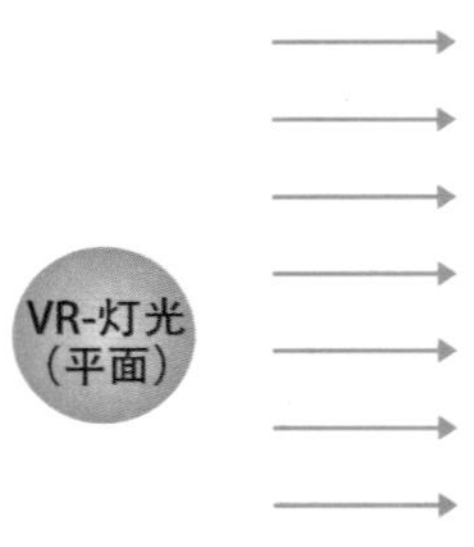

图 10-75

（2）VR- 灯光（球体）。VR- 灯光（球体）是由一个圆形的灯光组成，由中心向四周均匀发散光线，并伴随距离的增大产生衰减效果。常用来模拟吊灯、壁灯、台灯等，如图 10-76 所示。

图 10-76

在视图中拖动可以创建 VR- 灯光（球体），如图 10-77 所示。其光照原理如图 10-78 所示。

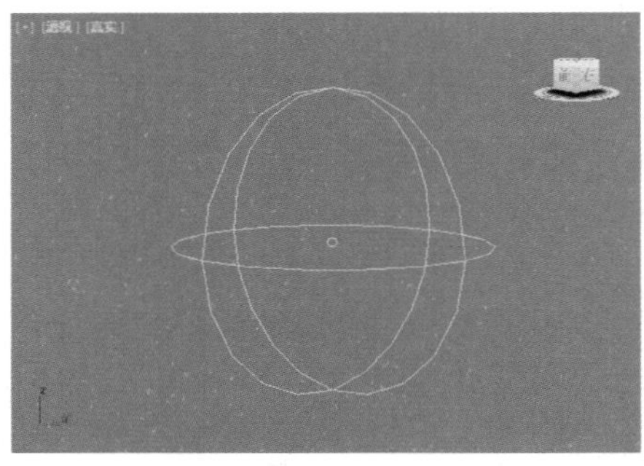

图 10-77

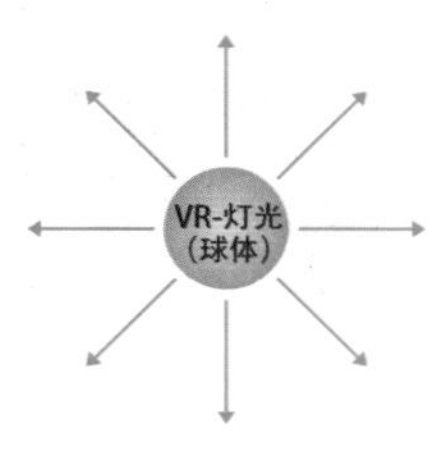

图 10-78

读书笔记

参数设置如图 10-79 所示。

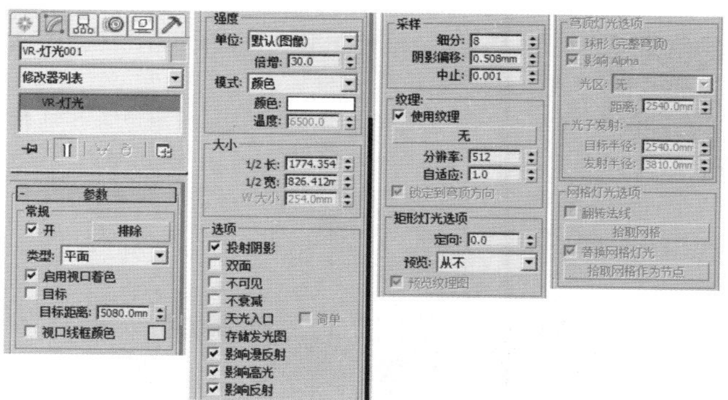

图10-79

1.常规

- 开：控制是否开启灯光。
- 类型：指定 VR- 灯光的类型，包括【平面】、【穹顶】、【球体】和【网格】。
  - ＊ 平面：灯光为平面形状的 VR- 灯光，主要模拟由一平面向外照射的灯光效果，如图 10-80 所示。

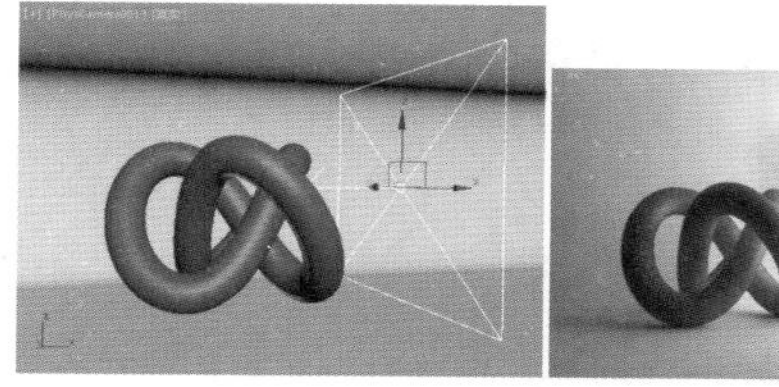

图10-80

  - ＊ 球体：灯光为球体形状的 VR- 灯光，主要模拟由一点向四周发散的光线效果，如图 10-81 所示。

图10-81

  - ＊ 穹顶：可以产生类似天光灯光的均匀效果，如图 10-82 所示。

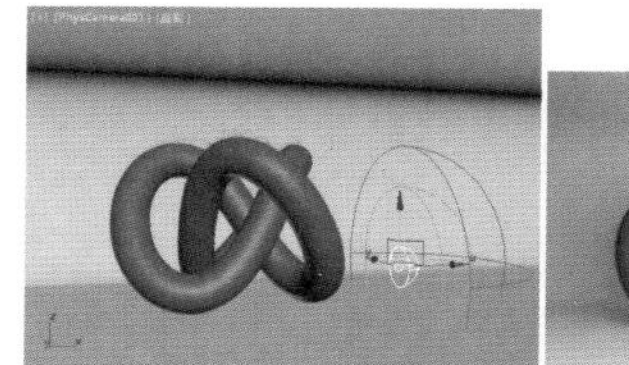

图10-82

  - ＊ 网格：可以将物体设置为灯光发射光源，如图 10-83 所示（操作方法为：设置【类型】为【网格】，并单击【拾取网格】，接着在场景中单击拾取一个模型，此时 VR- 灯光将按照该模型的形状产生光线）。

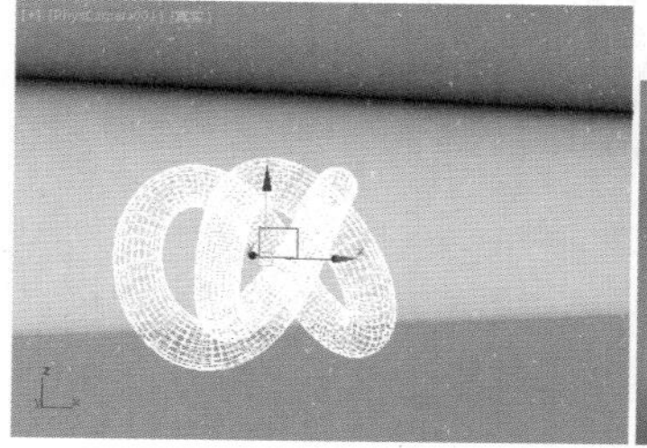

图10-83

2.强度

- 单位：设置 VR- 灯光的发光单位类型，如发光率、亮度。
- 颜色：设置灯光的颜色，如图 10-84 所示为设置颜色为白色和蓝色的对比效果。

图10-84

- 倍增器：设置灯光的强度。数值越大越亮。

3.大小

- 1/2 长：设置灯光的长度。
- 1/2 宽：设置灯光的宽度。
- W 大小：设置类型为球体时，该选项控制灯光的半径尺寸。

4.选项

- 投射阴影：控制是否产生阴影。
- 双面：控制是否产生双面照射灯光的效果，如图 10-85 所示。

图10-85

- 不可见：控制是否可以渲染出灯光本身，如图 10-86 所示。

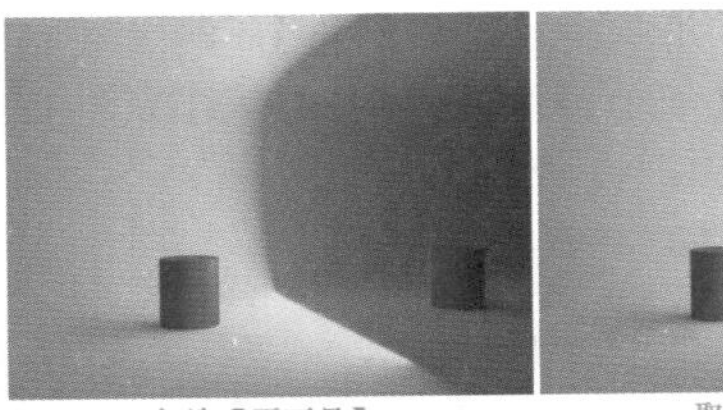
勾选【不可见】

取消【不可见】

图10-86

- 不衰减：默认取消时，可以产生真实的灯光强度衰减。勾选时，则不会产生衰减。
- 影响漫反射：控制是否影响物体材质属性的漫反射。
- 影响高光：控制是否影响物体材质属性的高光。
- 影响反射：控制是否影响物体材质属性的反射。勾选时，该灯光本身会出现在反射物体表面；取消时，该灯光不会出现在反射物体表面，如图 10-87 所示。

勾选【影响反射】

取消【影响反射】

图10-87

5.采样

- 细分：控制灯光的采样细分。数值越小，渲染杂点越多，渲染速度越快，如图 10-88 所示。

设置【采样】为2

设置【采样】为20

图10-88

- 阴影偏移：控制物体与阴影的偏移距离。
- 中止：控制灯光中止的数值。

6.纹理

- 使用纹理：控制是否用纹理贴图作为半球光源。
- 无：选择贴图通道。
- 分辨率：设置纹理贴图的分辨率，最高为 2048。
- 自适应：控制纹理的自适应数值，一般情况下为默认数值。

实例：使用 VR- 灯光制作柔和灯光

扫一扫，看视频

文件路径：Chapter 10 灯光→实例：使用VR-灯光制作柔和灯光

本例中使用 3 盏 VR- 灯光，模拟柔和灯光的效果，最终渲染效果如图 10-89 所示。

图10-89

步骤 01 打开本书场景文件，如图10-90所示。

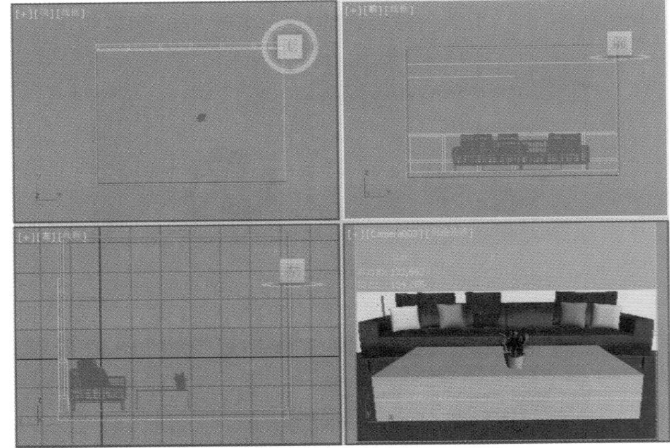

图10-90

步骤 02 在左视图中拖拽并创建1盏VR-灯光，如图10-91所示。设置类型为【平面】，设置【倍增】为5，调节【颜色】为黄色；在【大小】选项组下设置【1/2长】为2061.051mm，【1/2宽】为2000mm；在【选项】组下勾选【不可见】；在【采样】选项组下设置【细分】为15，如图10-92所示。

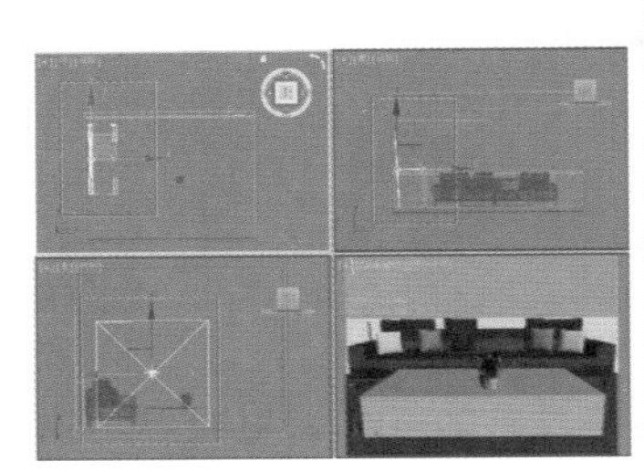

图10-91

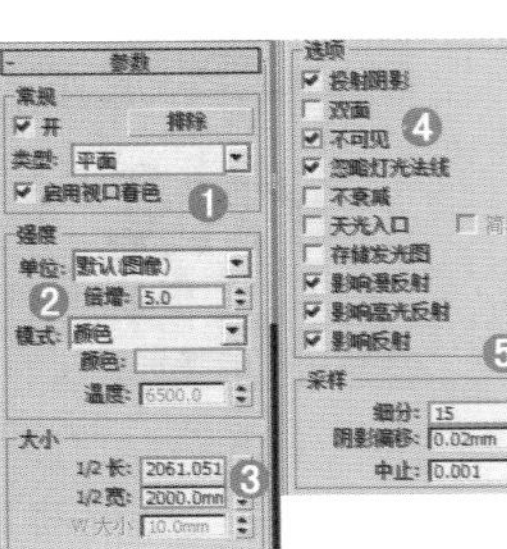

图10-92

步骤03 在前视图中拖拽并创建1盏VR灯光，如图10-93所示。设置类型为【平面】，在【强度】选项组下设置【倍增】为3，调节【颜色】为白色；在【大小】选项组下设置【1/2长】为2600mm，【1/2宽】为2000mm；在【选项】组下勾选【不可见】；在【采样】选项组下设置【细分】为15，如图10-94所示。

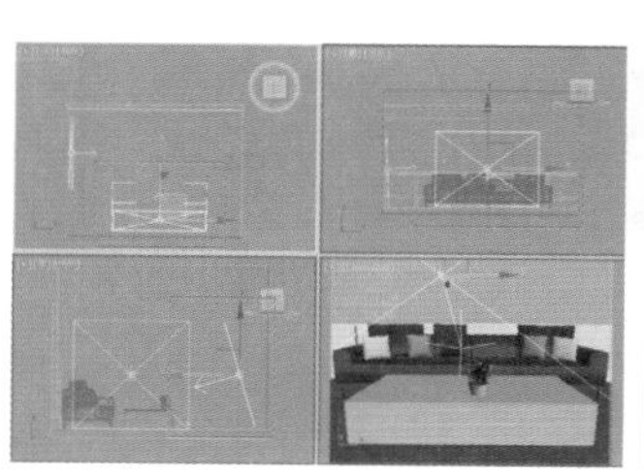

图10-93

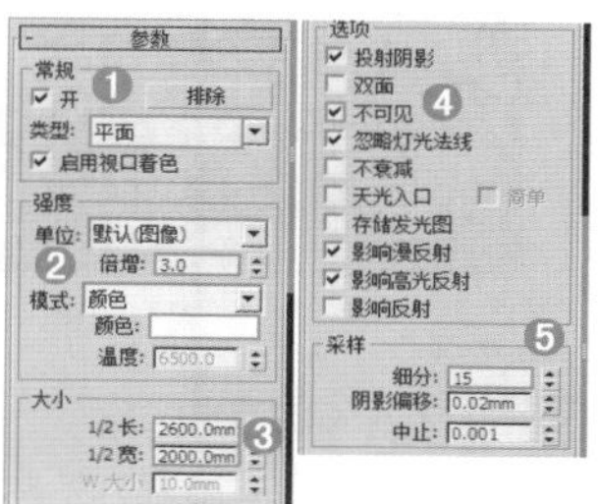

图10-94

步骤04 在左视图中拖拽并创建1盏VR灯光，如图10-95所示。设置类型为【平面】，设置【倍增】为12，调节【颜色】为蓝色；在【大小】选项组下设置【1/2长】为1030mm，【1/2宽】为1836mm；在【选项】组下勾选【不可见】；在【采样】选项组下设置【细分】为15，如图10-96所示。

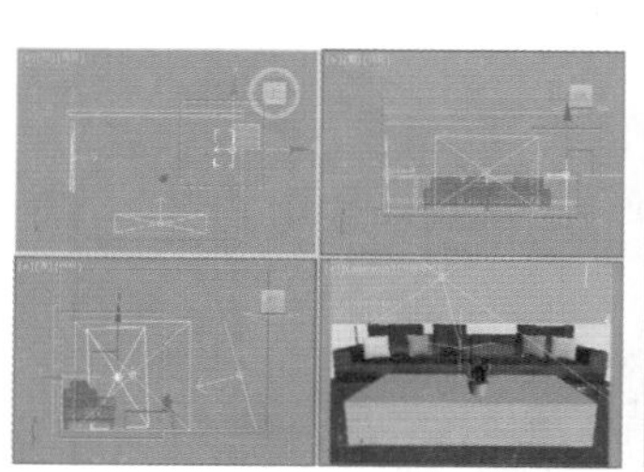

图10-95

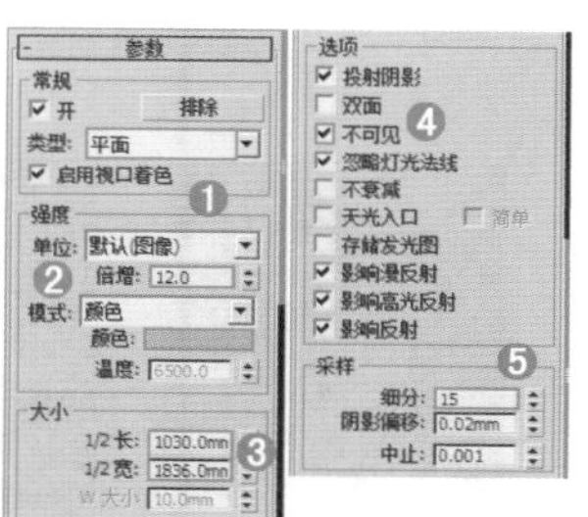

图10-96

步骤05 最终的渲染效果如图10-97所示。

图10-97

实例：使用VR灯光制作台灯

文件路径：Chapter 10 灯光→实例：使用VR灯光制作台灯

在这个场景中主要使用VR灯光制作台灯的效果，场景的最终渲染效果如图10-98所示。

图10-98

步骤01 打开本书场景文件，如图10-99所示。

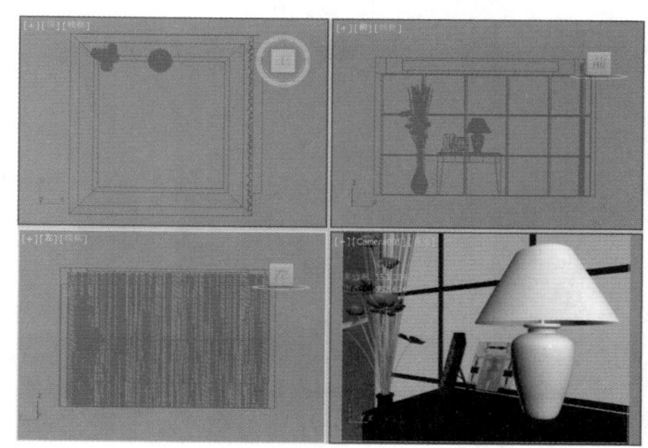

图10-99

步骤02 在前视图中拖拽并创建1盏VR灯光，如图10-100所示。设置类型为【球体】，设置【倍增】为50，调节【颜色】为黄色；在【大小】选项组下设置【半径】为100mm；在【选项】组下勾选【不可见】；在【采样】选项组下设置【细分】为20，如图10-101所示。

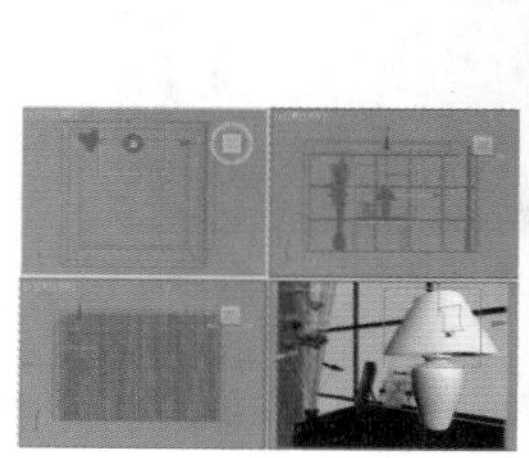

图10-100

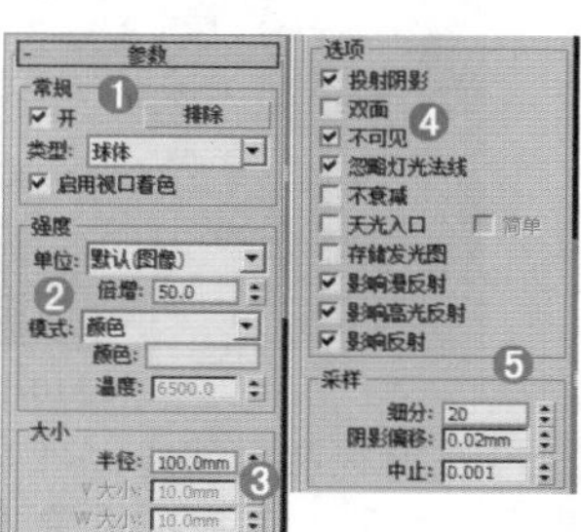

图10-101

步骤03 最终的渲染效果如图10-102所示。

图10-102

实例：使用 VR- 灯光制作灯带

扫一扫，看视频

文件路径：Chapter 10 灯光→实例：使用VR-灯光制作灯带

本例主要讲解 VR- 灯光制作灯带的方法，该效果在室内效果图中应用非常广泛。最终渲染效果如图 10-103 所示。

图10-103

Part 01 创建主光源

步骤 01 打开本书场景文件，如图10-104所示。

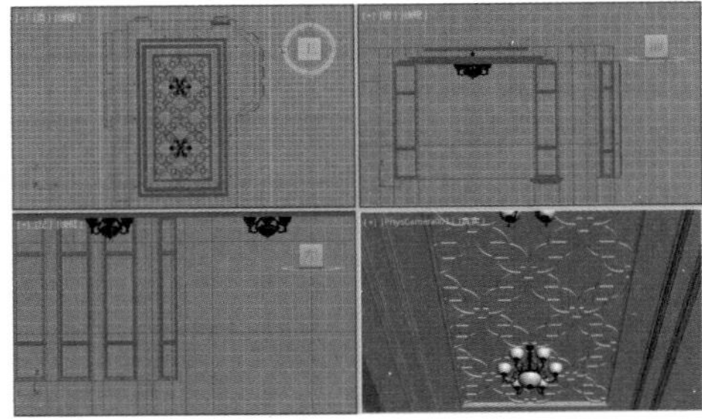

图10-104

步骤 02 在前视图中创建1盏VR-灯光，如图10-105所示。展开【参数】卷展栏，设置【类型】为平面，设置【倍增】为3，【颜色】为白色，【1/2长】为1900mm，【1/2宽】为1300mm，最后在【选项】组下勾选【不可见】，如图10-106所示。

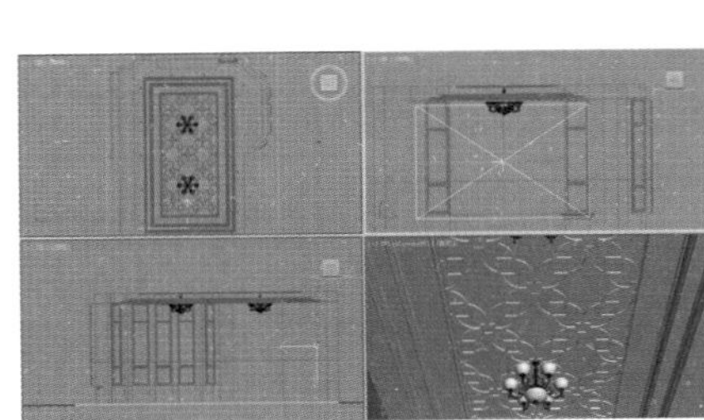

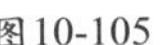

图10-105

图10-106

Part 02 创建灯带

步骤 01 在顶视图中创建2盏VR-灯光，如图10-107所示。展开【参数】卷展栏，设置【类型】为【平面】，【目标距离】为5080mm；在【强度】选项组下设置【倍增】为8，【颜色】为浅黄色；在【大小】选项组下设置【1/2长】为100mm，【1/2宽】为2900mm，最后在【选项】选项组下勾选【不可见】，如图10-108所示。

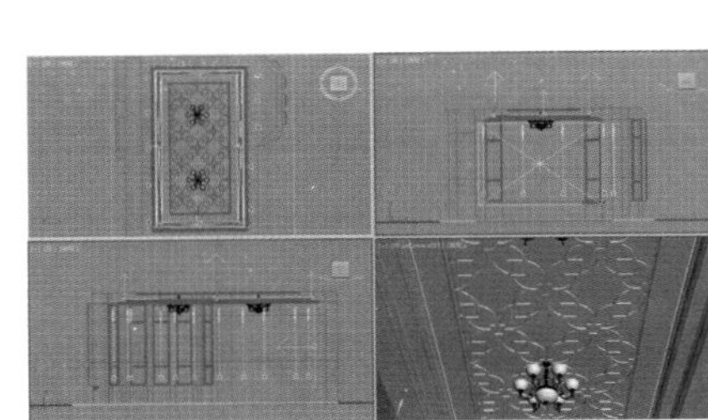

图10-107

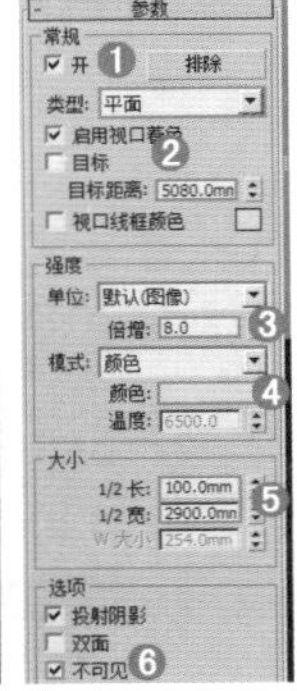

图10-108

步骤 02 再次在顶视图中创建2盏VR-灯光，如图10-109所示。展开【参数】卷展栏，设置【类型】为平面，【目标距离】为5080mm，【倍增】为8，【颜色】为浅黄色，【1/2长】为100mm，【1/2宽】为1600mm，勾选【不可见】，如图10-110所示。

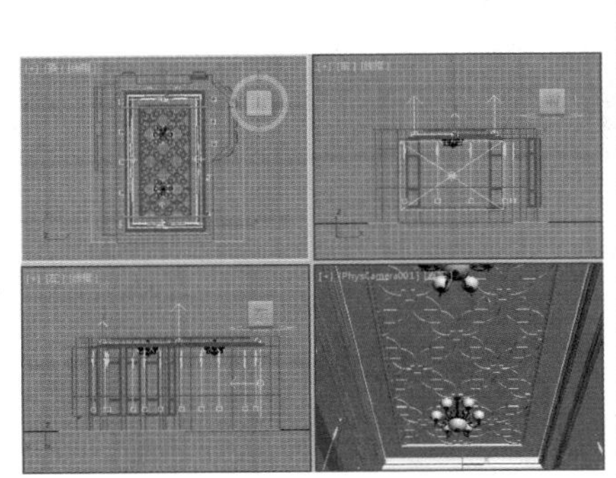

图10-109

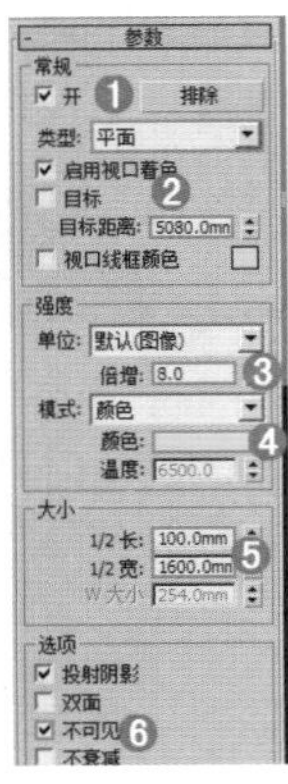

图10-110

Part 03 创建射灯

步骤 01 执行（创建）|（灯光）命令，设置【灯光类型】为【光度学】，最后单击 目标灯光 按钮，如图10-111所示。

步骤 02 在视图中创建12盏射灯，位置如图10-112所示。

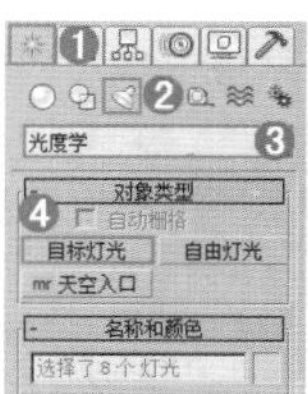

图10-111

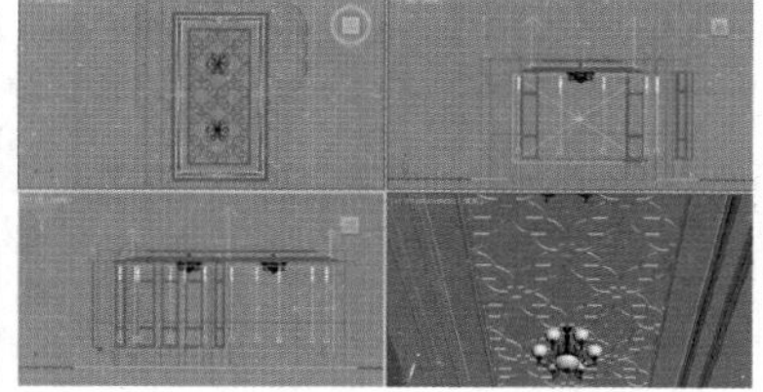

图10-112

步骤 03 勾选【启用】阴影，设置类型为【VR-阴影】，设置【灯光分布（类型）】为【光度学Web】。在【分布（光度学Web）】卷展栏中加载2.IES光域网文件。设置【过滤颜色】为浅黄色，选择cd，设置数值为60000。勾选【区域阴影】，选择【球体】，设置【U/V/W大小】分别为254mm，【细分】为20，如图10-113所示。

步骤 04 最终的渲染效果如图10-114所示。

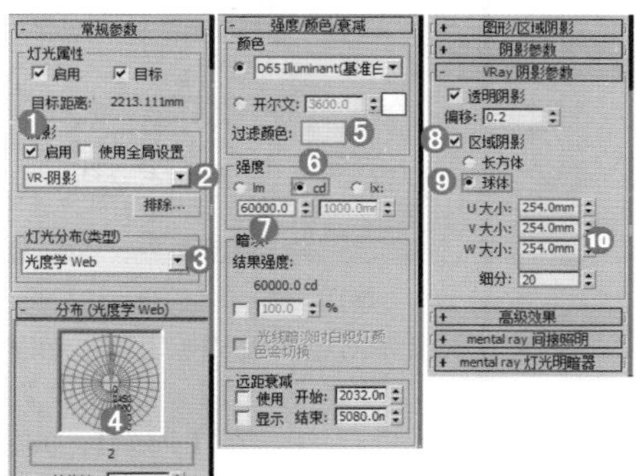

图10-113

图10-114

实例：使用 VR- 灯光制作烛光

文件路径：Chapter 10 灯光→实例：使用VR-灯光制作烛光

扫一扫，看视频

本例将使用 VR- 灯光（球体）制作烛光效果，使用 VR- 灯光（平面）制作四周灯光。最终渲染效果如图 10-115 所示。

图10-115

Part 01 创建主光源

步骤 01 打开本书场景文件，如图10-116所示。

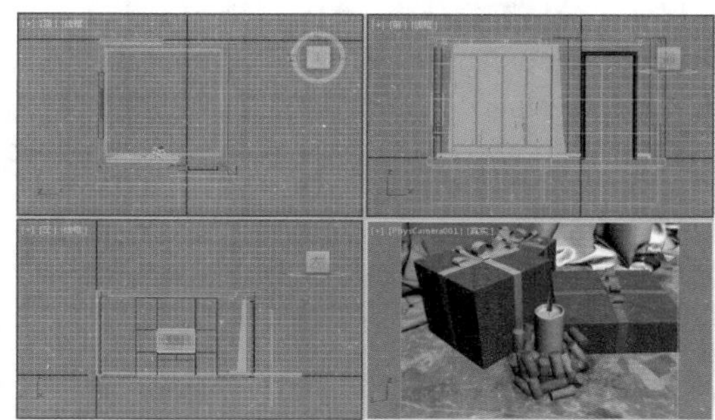

图10-116

步骤 02 在前视图中创建1盏VR-灯光，如图10-117所示。展开【参数】卷展栏，设置【类型】为【平面】，【倍增】为10，【颜色】为浅蓝色，【1/2长】为1000mm，【1/2宽】为1200mm，最后勾选【不可见】，如图10-118所示。

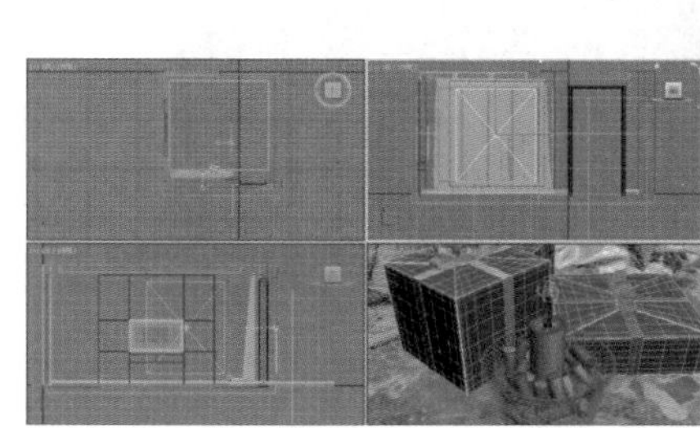

图10-117

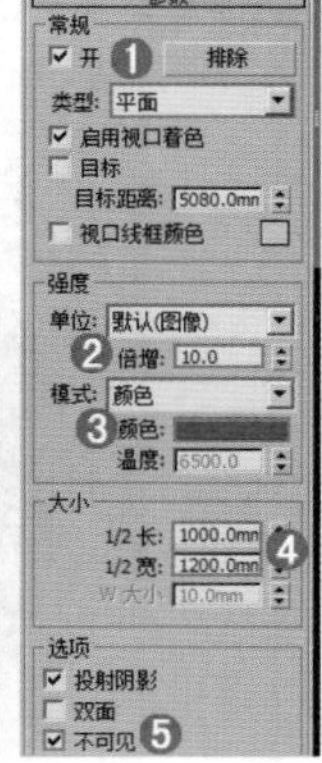

图10-118

步骤 03 在左视图中创建1盏VR-灯光，位置如图10-119所示。展开【参数】卷展栏，设置【类型】为【平面】，设置【倍增】为10，【颜色】为浅蓝色，【1/2长】为1000mm，【1/2宽】为1200mm，最后勾选【不可见】，如图10-120所示。

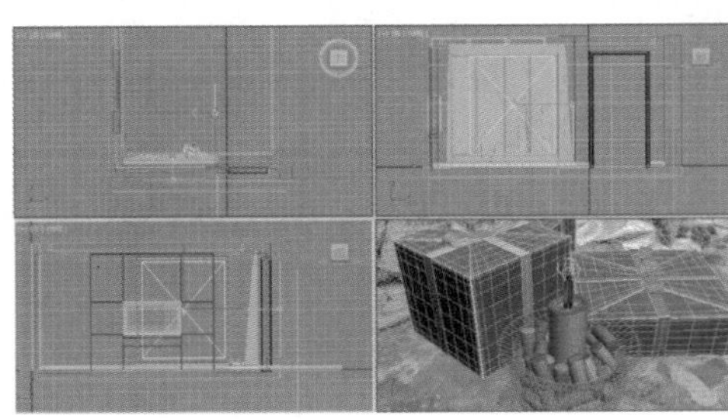

图10-119

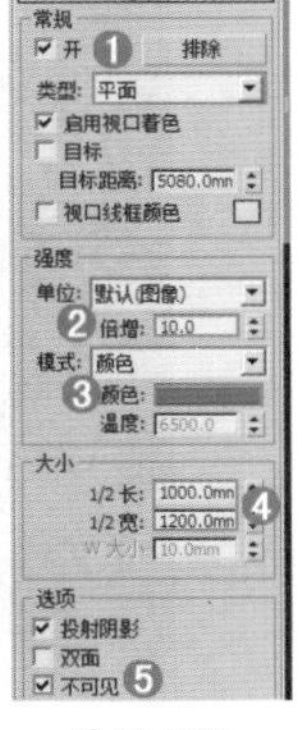

图10-120

Part 02 创建烛光

步骤 01 在前视图中拖拽并创建1盏【VR-灯光】，如图10-121所示。展开【参数】卷展栏，设置【类型】为【球体】，【目标距离】为5080mm，【倍增】为300，【颜色】为黄色，【半径】为20mm，勾选【不可见】，如图10-122所示。

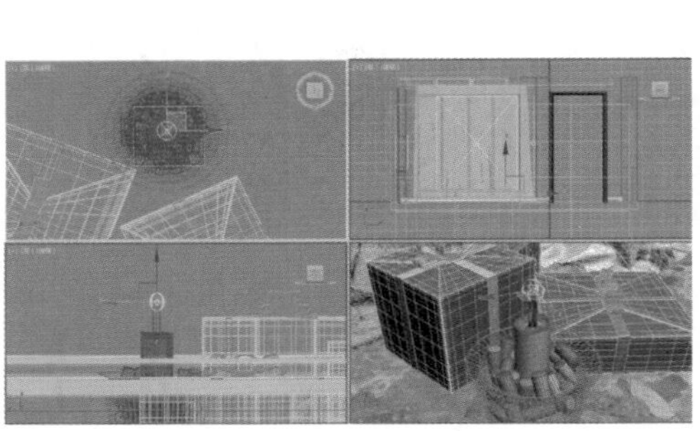

图10-121

图10-122

步骤 02 最终的渲染效果如图10-123所示。

图10-123

实例：使用 VR- 灯光制作吊灯

扫一扫，看视频

文件路径：Chapter 10 灯光→实例：使用VR-灯光制作吊灯

在这个场景中主要使用 VR- 灯光（球体）制作吊灯的效果，需要将每一个 VR- 灯光（球体）放到每个灯罩内部。最终渲染效果如图 10-124 所示。

图10-124

步骤 01 打开本书场景文件，如图10-125所示。

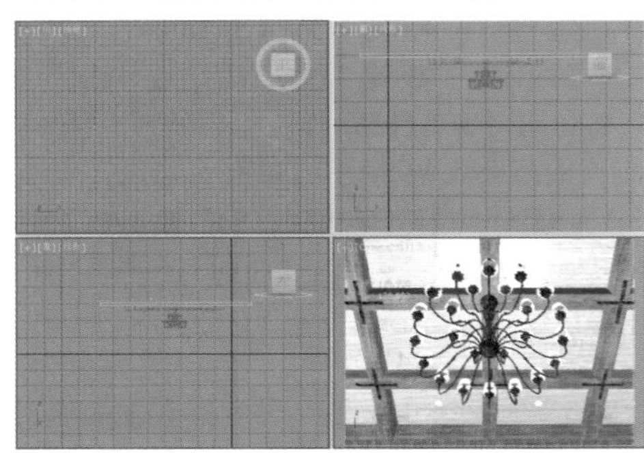

图10-125

步骤 02 在前视图中拖拽并创建24盏VR-灯光，如图10-126所示。在【常规】选项组下设置【类型】为【球体】，在【强度】选项组下设置【倍增】为80，在【大小】选项组下设置【半径】为30mm，如图10-127所示。

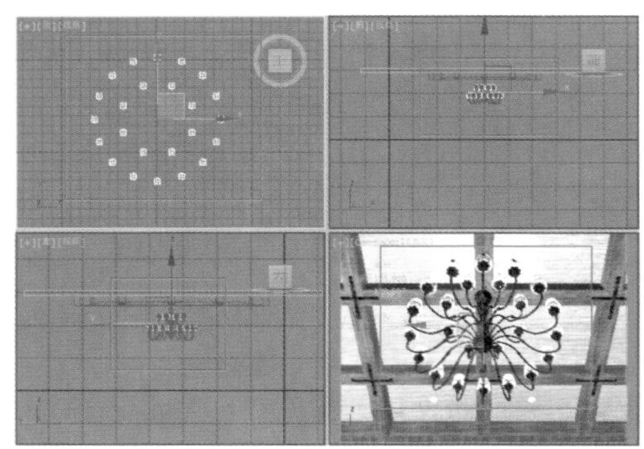

图10-126

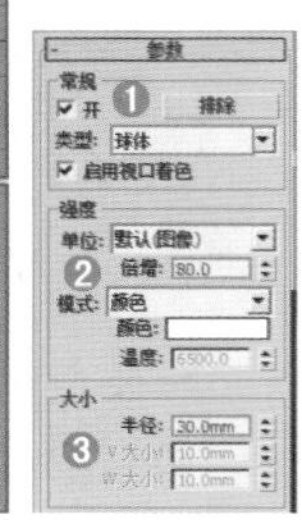

图10-127

步骤 03 在前视图中拖拽并创建1盏VR-灯光，如图10-128所示。展开【参数】卷展栏，设置【类型】为平面，【倍增】为20，调节【颜色】为蓝色；在【大小】选项组下设置【1/2长】为4775.031mm，【1/2宽】为2813.196mm；在【选项】组下勾选【不可见】；在【采样】选项组下设置【细分】为20，如图10-129所示。

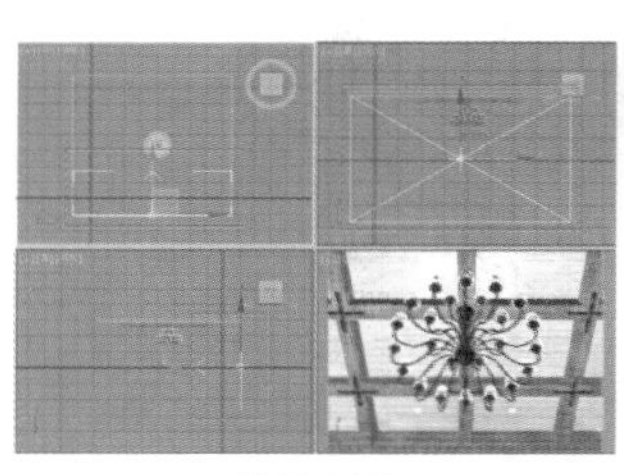

图10-128

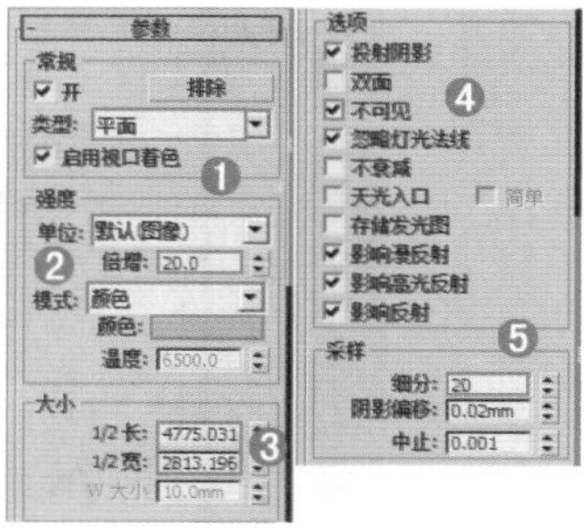

图10-129

步骤04 在前视图中拖拽并创建1盏VR灯光，如图10-130所示。在【常规】选项组下设置【类型】为平面；在【强度】选项组下设置【倍增】为30，调节【颜色】为黄色；在【大小】选项组下设置【1/2长】为4775.031mm，【1/2宽】为2813.196mm；在【选项】组下勾选【不可见】；在【采样】选项组下设置【细分】为20，如图10-131所示。

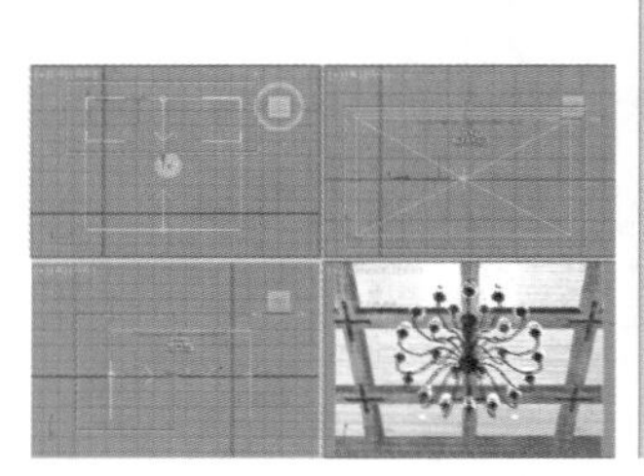

图10-130

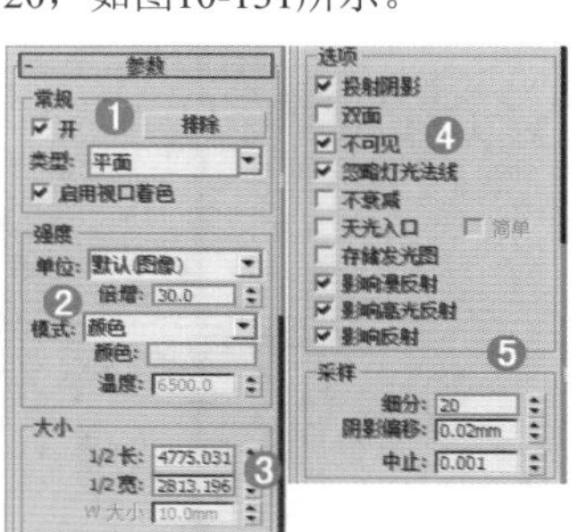

图10-131

步骤05 最终的渲染效果如图10-132所示。

图10-132

实例：使用VR-灯光制作壁灯

文件路径：Chapter 10 灯光→实例：使用VR-灯光制作壁灯

扫一扫，看视频

本例将使用VR-灯光制作壁灯，具体使用方法与创建吊灯类似。制作难点在于灯光的冷暖对比，夜色是冷的，而壁灯是暖的。最终渲染效果如图10-133所示。

图10-133

Part 01 创建夜晚灯光效果

步骤01 打开本书场景文件，如图10-134所示。

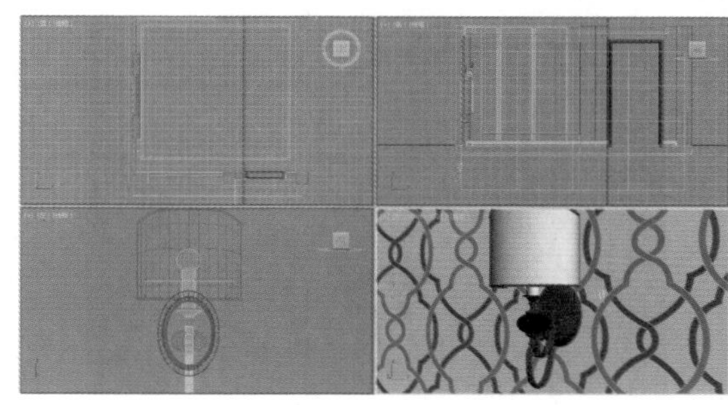

图10-134

步骤02 在前视图中创建1盏VR-灯光（目的是制作出夜晚的蓝色光照效果），位置如图10-135所示。设置【类型】为【平面】，【倍增】为5，【颜色】为浅蓝色，【1/2长】为1024.875mm，【1/2宽】为1186.967mm，最后勾选【不可见】，如图10-136所示。

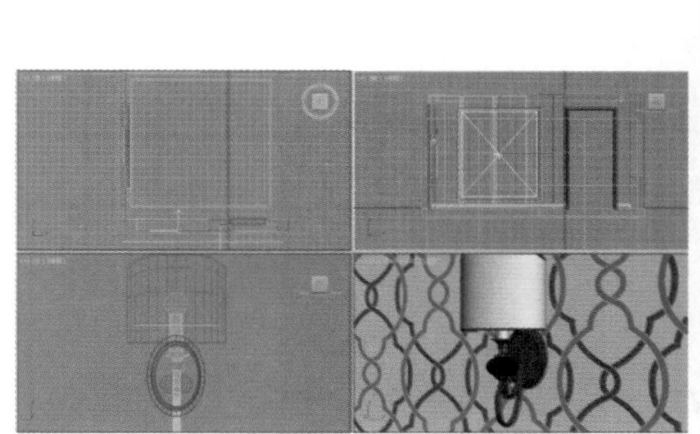

图10-135

图10-136

Part 02 创建壁灯

步骤01 在顶视图中创建1盏VR-灯光，如图10-137所示。设置【类型】为【球体】，【目标距离】为5080mm，【倍增】为100，【颜色】为浅黄色，【半径】为35mm，最后勾选【不可见】，如图10-138所示。

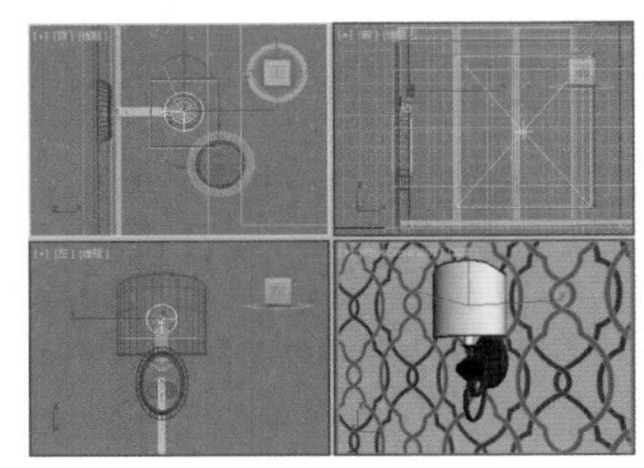
图10-137

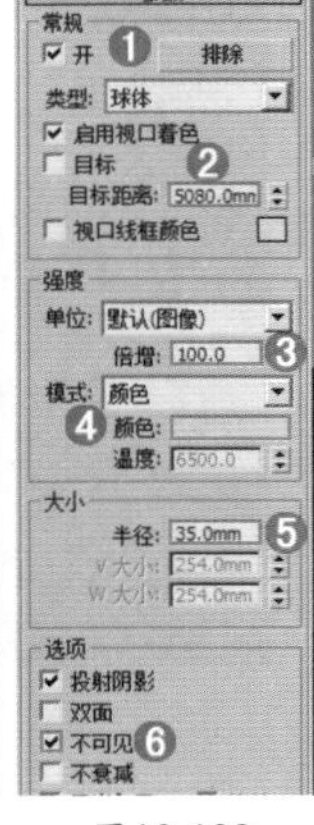

图10-138

步骤02 最终的渲染效果如图10-139所示。

图10-139

实例：使用VR-灯光制作工业产品灯光

扫一扫，看视频

文件路径：Chapter 10 灯光→实例：使用VR-灯光制作工业产品灯光

工业产品的渲染效果通常是背景非常干净的浅色，而产品表面的光照比较均匀，如图10-140所示。为了符合这些特点使用了4盏VR-灯光模拟：1盏作为主光源，1盏作为次光源，2盏作为辅助光源。

图10-140

Part 01 创建主光源

步骤01 打开本书场景文件，如图10-141所示。

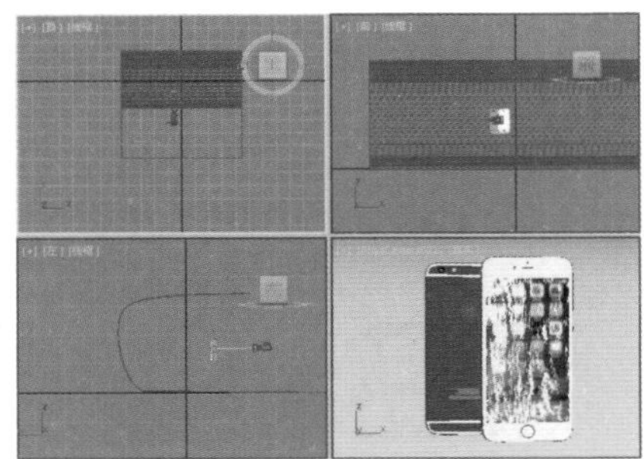
图10-141

步骤02 在左视图中创建1盏VR-灯光，如图10-142所示。单击【修改】按钮，展开【参数】卷展栏，设置【倍增】为8，【颜色】为白色，【1/2长】为5000mm，【1/2宽】为3500mm，勾选【不可见】，设置【细分】为20，如图10-143所示。

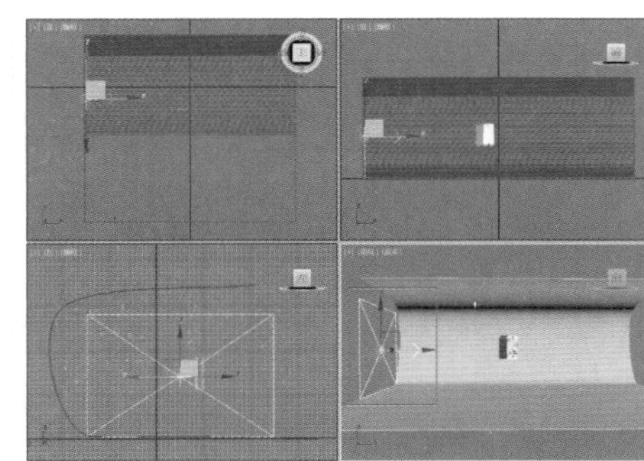
图10-142

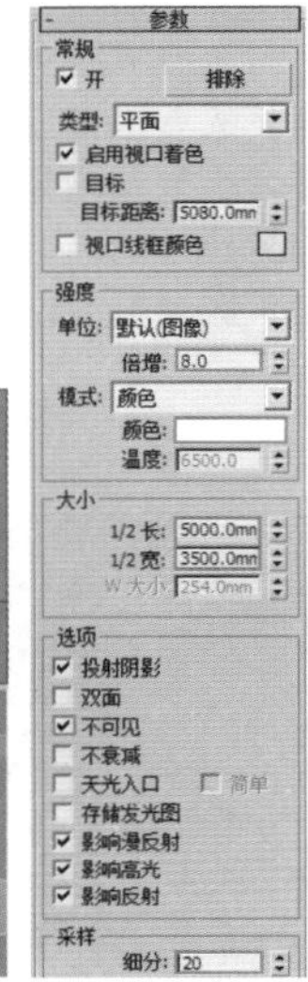

图10-143

Part 02 创建次光源

在视图中创建1盏VR-灯光，与刚才的主光源方向相对，如图10-144所示。单击【修改】按钮，设置【倍增】为4，【颜色】为白色，【1/2长】为5000mm，【1/2宽】为3500mm，勾选【不可见】，【细分】设置为20，如图10-145所示。

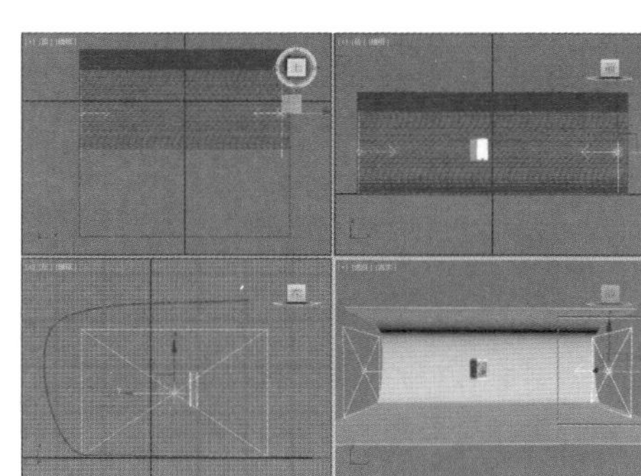
图10-144

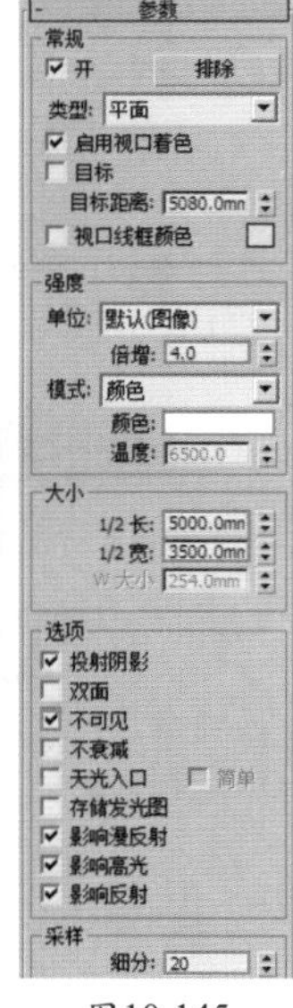

图10-145

Part 03 创建辅助光源

步骤 01 既然是辅助光源，那么灯光强度要很小，目的是照亮暗部区域。在前视图中创建 1 盏 VR- 灯光，如图 10-146 所示。单击【修改】按钮，设置【倍增】为 0.8，【颜色】为白色,【1/2 长】为 5000mm,【1/2 宽】为 3500mm，勾选【不可见】,【细分】设置为 20，如图 10-147 所示。

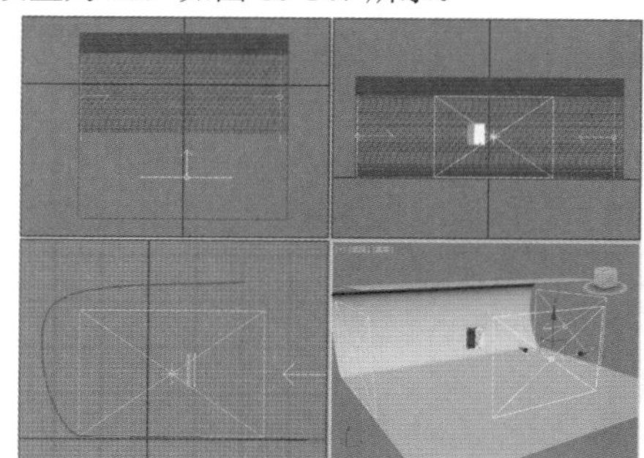

图 10-146

图 10-147

步骤 02 为了让产品的顶部也受到一些光线照射，除了可以在上方创建一个向下照射的灯光外，还可以在上方创建一个向上照射的光。由于向上照射光照，光会反弹到下方，从而整个场景的光线就会更均匀。而且因为是向上照射的，所以灯光的强度可以大一些，若是很小则不会产生明显变化，毕竟不是直射。在视图创建1盏VR-灯光，如图10-148所示。单击【修改】按钮，设置【倍增】为16，【颜色】为白色，【1/2长】为5000mm，【1/2宽】为3500mm，勾选【不可见】，【细分】设置为20，如图10-149所示。

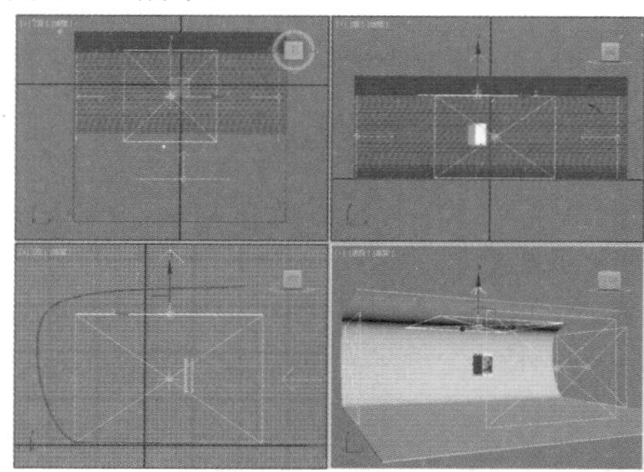

图 10-148

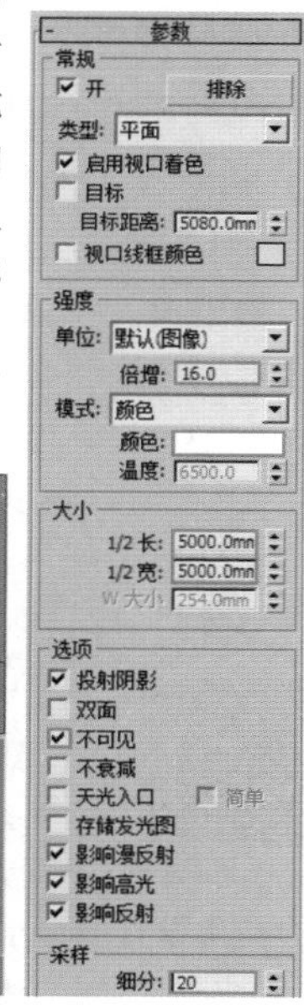

图 10-149

步骤 03 最终的渲染效果如图10-150所示。

图 10-150

重点 10.3.2 VR- 太阳

【VR- 太阳】是一种模拟真实太阳效果的灯光，不仅可以模拟正午阳光，还可以模拟黄昏和夜晚的效果，如图 10-151 所示。其光照原理如图 10-152 所示。

扫一扫，看视频

正午阳光

黄昏

夜晚

图 10-151

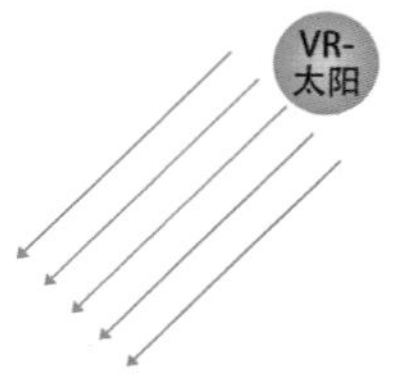

图 10-152

其参数面板如图 10-153 所示。

图 10-153

- 启用：控制是否开启该灯光。
- 不可见：控制灯光本身是否可以被渲染出来。
- 影响漫反射：控制是否影响漫反射。
- 影响高光：控制是否影响高光。
- 投射大气阴影：控制是否投射大气阴影效果。
- 浊度：控制空气中的清洁度，数值越大，灯光效果越暖（正午为 3 左右、黄昏为 10 左右），如图 10-154 所示。

设置【浊度】为3

设置【浊度】为10

图 10-154

- 臭氧：控制臭氧层的厚度，数值越大，颜色越浅。
- 强度倍增：控制灯光的强度，数值越大，灯光越亮。如图 10-155 所示为设置【强度倍增】为 0.02 和 0.05 时的对比效果。

设置【强度倍增】为0.02

设置【强度倍增】为0.05

图10-155

- 大小倍增：控制阴影的柔和度，数值越大产生的阴影越柔和。如图 10-156 所示为设置【大小倍增】为 2 和 20 时的对比效果。

设置【大小倍增】为2

设置【大小倍增】为20

图10-156

- 过滤颜色：控制灯光的颜色。
- 阴影细分：控制阴影的细腻程度，数值越大，阴影噪点越少，渲染越慢（一般测试渲染设置为 8，最终渲染设置为 20）。
- 阴影偏移：控制阴影的偏移位置。

重点 VR- 太阳与水平面夹角的重要性

【VR- 太阳】灯光之所以很真实，是因为该灯光模拟了现实中太阳的原理，即太阳的几种位置状态。例如，正午太阳高高在上；黄昏太阳即将落山；夜晚太阳早已落山。因此，【VR- 太阳】与水平面的夹角越接近于垂直那么越呈现正午效果。例如，场景为一个地面、茶壶及一盏【VR- 太阳】，如图 10-157 所示。

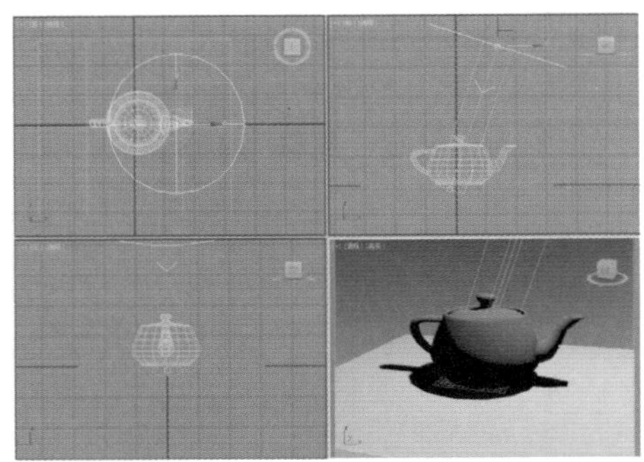
图10-157

当灯光与水平线的夹角接近 90° 时，渲染会得到正午阳光效果（光线强烈、阴影坚硬），如图 10-158 和图 10-159 所示。

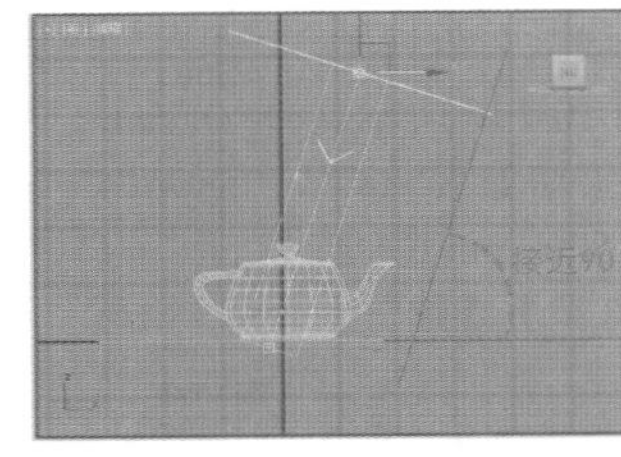
图10-158

正午

图10-159

当灯光与水平线的夹角接近 0° 时，渲染会得到黄昏阳光效果（光线更暖、阴影更长），如图 10-160 和图 10-161 所示。

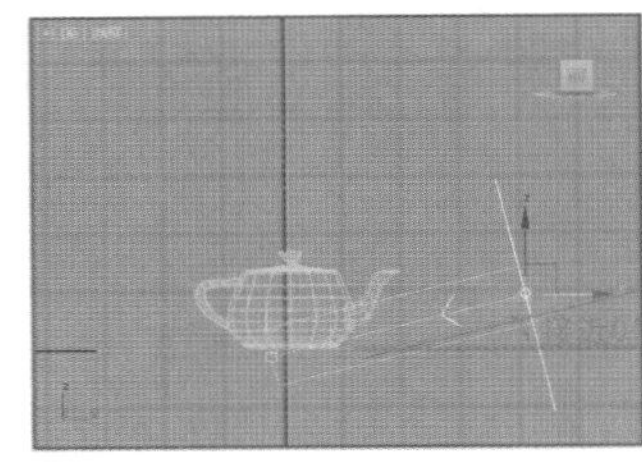
图10-160

黄昏

图10-161

当灯光与水平线的夹角在水平线以下时，渲染会得到夜晚夜光效果（光线更冷、灯光更暗），如图 10-162 和图 10-163 所示。

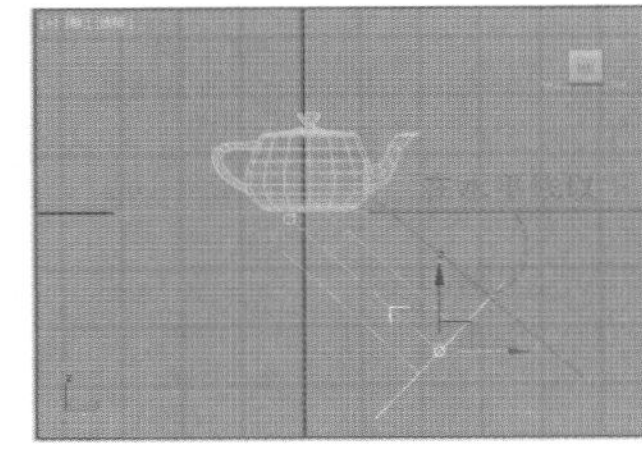
图10-162

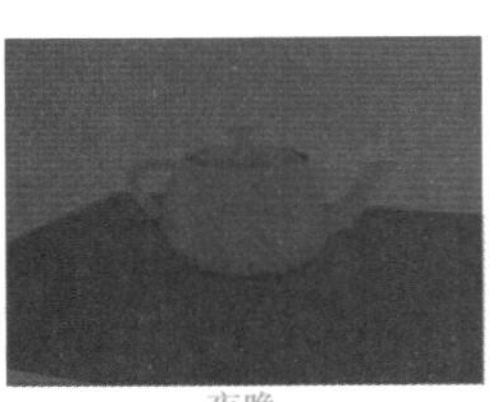
夜晚

图10-163

实例：使用 VR- 太阳制作黄昏灯光

扫一扫，看视频

文件路径：Chapter 10 灯光→实例：使用VR-太阳制作黄昏灯光

本例将使用 VR- 太阳模拟阳光效果，而为了产生黄昏特点，所以需要将该灯光与水平面的夹角设置得很小。最终渲染效果如图 10-164 所示。

图10-164

步骤 01 打开本书场景文件，如图10-165所示。

步骤 02 执行 （创建）| （灯光）命令，设置【灯光类型】为VRay，最后单击 VR太阳 按钮，如图10-166所示。

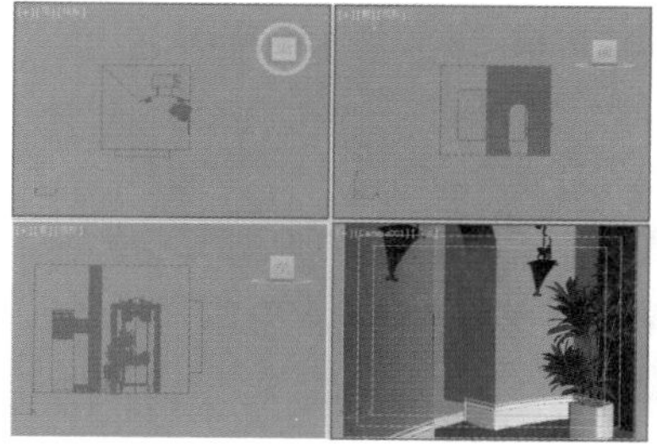

图10-165

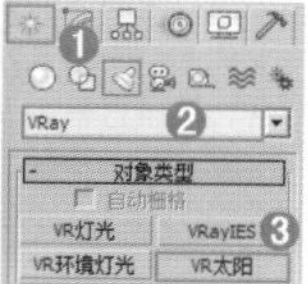

图10-166

步骤 03 在前视图中拖拽并创建1盏VR-太阳，并在各视图中调整灯光位置（VR太阳的原理类似于真实的太阳，此处需要设置灯光与水平面夹角小一些，从而制作出太阳要落山之前的黄昏效果），如图10-167所示。在弹出的【V-Ray太阳】对话框中单击【是】按钮，如图10-168所示。

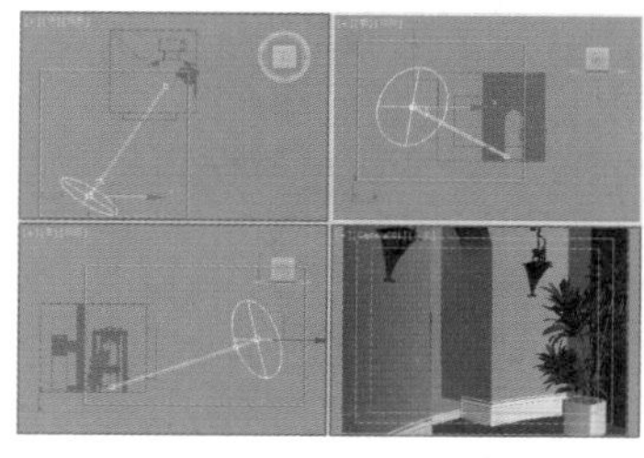

图10-167

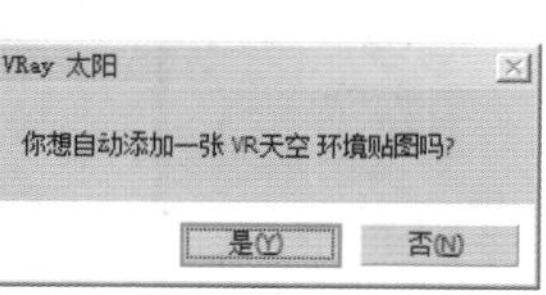

图10-168

步骤 04 选择上一步创建的VR-太阳，设置【强度倍增】为0.05，【大小倍增】为5，【阴影细分】为31，如图10-169所示。

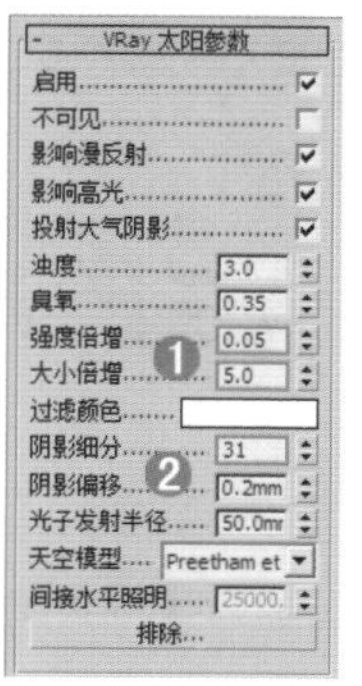

图10-169

步骤 05 在前视图中拖拽并创建 1 盏 VR- 灯光，如图 10-170 所示。设置【类型】为【平面】；设置【倍增】为 6；在【大小】选项组下设置【1/2 长】为 1642.806mm，【1/2 宽】为 1533.285mm；在【选项】组下勾选【不可见】；在【采样】选项组下设置【细分】为 20，如图 10-171 所示。

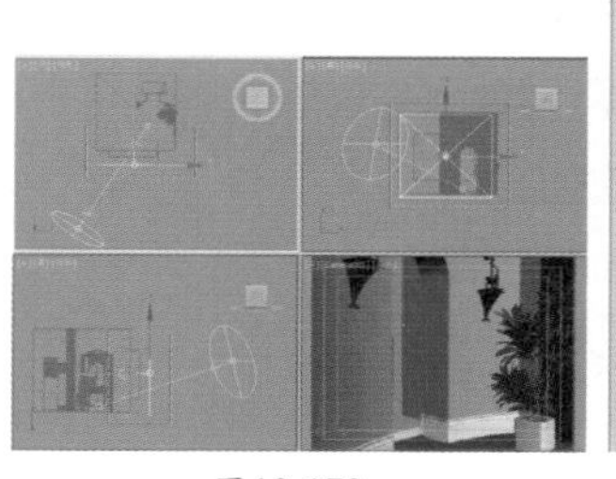

图10-170

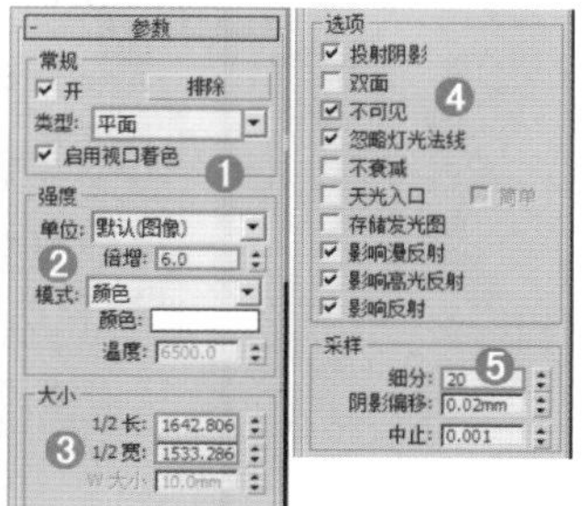

图10-171

步骤 06 最终的渲染效果如图10-172所示。

图10-172

10.3.3 VRayIES

VRayIES 是一种类似与目标灯光的灯光类型，其参数面板如图 10-173 所示。

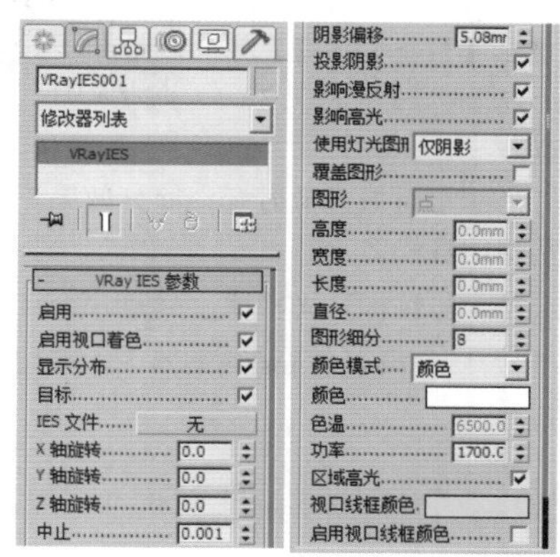

图10-173

- 启用：控制是否开启该灯光。
- 目标：控制是否使用目标点。
- IES 文件：单击可以加载 .ies 文件。
- 使用灯光图形：勾选此选项，在 IES 光指定的光的形状将被考虑在计算阴影中。
- 颜色模式：该选项可以控制颜色的模式，包括颜色和温度。
- 颜色：颜色模式设置为颜色这个参数决定了光的颜色。
- 色温：该参数决定了光的颜色温度。
- 功率：确定流明光的强度。

10.3.4 VR- 环境灯光

【VR- 环境灯光】主要用于模拟制作环境天光效果。其参数面板如图 10-174 所示。

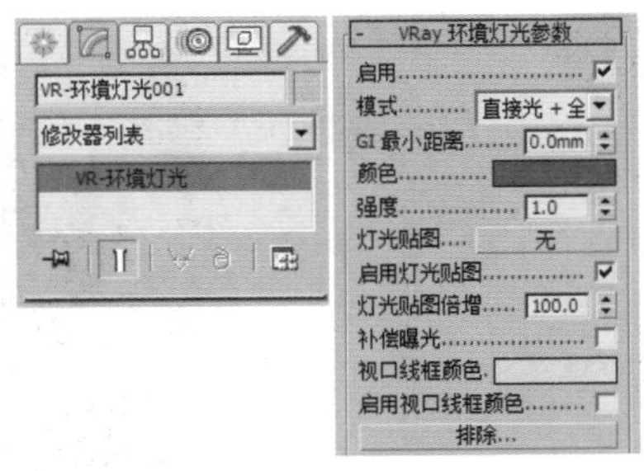

图10-174

- 启用：控制是否开启灯光。
- 模式：可设置 3 种模式，包括【直接光＋全局照明】【直接光】【全局照明（GI）】。
- GI 最小距离：控制全局照明的最小距离。
- 颜色：指定哪些射线是由该灯光影响。
- 强度：设置灯光的强度。
- 灯光贴图：设置灯光的贴图。
- 启用灯光贴图：控制是否使用灯光贴图选项。
- 补偿曝光：VR- 环境灯光在和 VR- 物理摄影机一同使用时，此选项生效。

重点 10.4 光度学灯光

光度学灯光可以允许我们导入照明制造商提供的特定光度学文件（.ies 文件），可以模拟出更真实的灯光效果，比如射灯等。光度学灯光包括【目标灯光】【自由灯光】【mr 天空入口】3 种类型，如图 10-175 所示。

图10-175

- 目标灯光：常用来模拟射灯、筒灯效果，是室内设计中最常用的灯光之一。
- 自由灯光：与目标灯光相比，只是缺少目标点。
- mr 天空入口：只有在 mr 渲染器下才可用，本书不做详细讲解。

重点 10.4.1 目标灯光

扫一扫，看视频

目标灯光由灯光和目标点组成，可以产生由灯光向外照射的弧形效果，通常用来模拟室内外效果图中的射灯、壁灯、地灯效果，如图 10-176 所示。其光照原理如图 10-177 所示。

图10-176

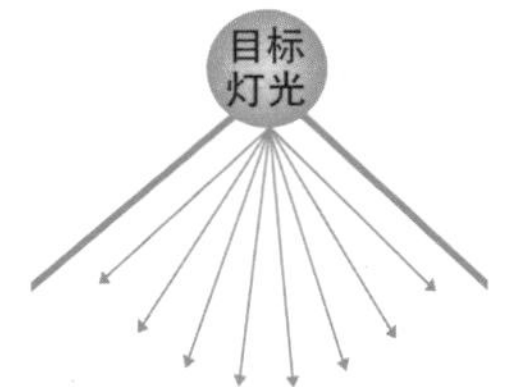

图10-177

其参数设置如图 10-178 所示。

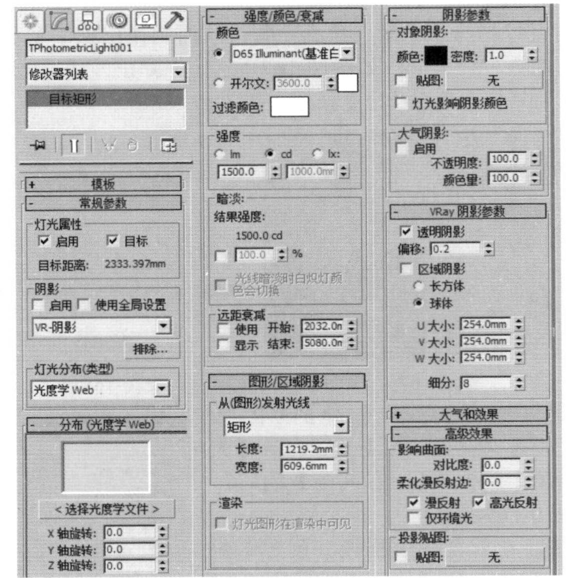

图10-178

1.常规参数

展开【常规参数】卷展栏，如图 10-179 所示。

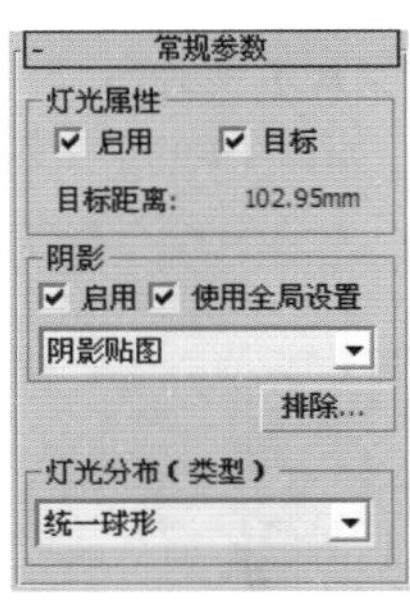

图10-179

（1）灯光属性

- 启用：控制是否开启灯光。
- 目标：控制是否应用目标点。

（2）阴影

- 启用：控制是否打开阴影效果。
- 使用全局设置：启用该选项，灯光产生的阴影将影响整个场景的阴影效果，默认勾选即可。
- 阴影类型：选择使用的阴影类型，通常使用【VR- 阴影】方式更真实。

（3）灯光分布（类型）

- 灯光分布（类型）：设置灯光的分布类型，包含【光度学 Web】【聚光灯】【统一漫反射】和【统一球形】4 种类型。通常选择【光度学 Web】方式，可以添加 .IES 文件，模拟真实射灯效果。

2.强度/颜色/衰减

展开【强度 / 颜色 / 衰减】卷展栏，如图 10-180 所示。

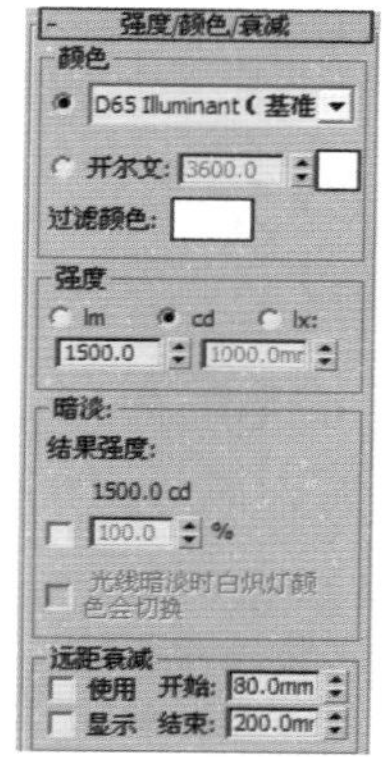

图10-180

- 类型：设置灯光光谱类型，如白炽灯、荧光等。
- 开尔文：热力学温标或称绝对温标，是国际单位制中的温度单位。
- 过滤颜色：控制灯光产生的颜色，如图 10-181 所示为设置【过滤颜色】为白色和橙色的对比效果。

图10-181

- 强度：控制灯光的强度，如图 10-182 所示为设置不同强度的渲染效果对比。

图10-182

- 使用：启用灯光的远距衰减。
- 显示：在视口中显示远距衰减的范围设置。
- 开始 / 结束：设置灯光开始淡出 / 灯光结束的距离。

3.图形/区域阴影

展开【图形 / 区域阴影】卷展栏，如图 10-183 所示。

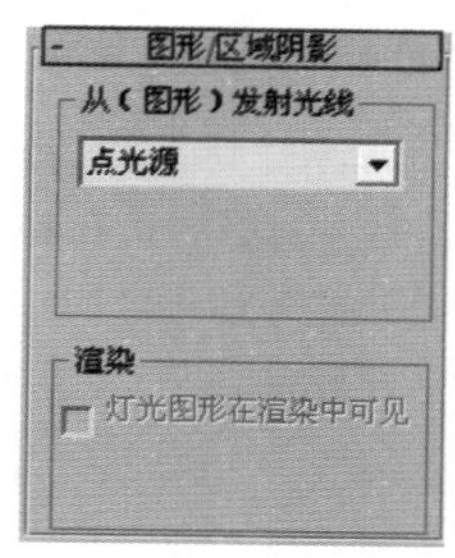

图10-183

4.阴影贴图参数

展开【阴影贴图参数】卷展栏，如图 10-184 所示。

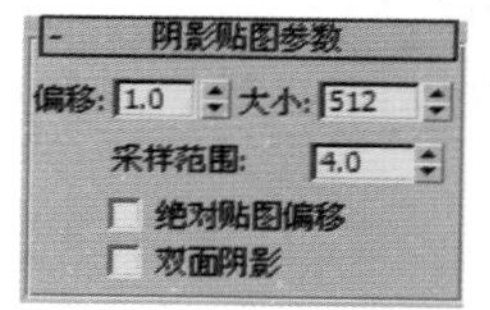

图10-184

- 偏移：设置阴影偏移的距离。
- 大小：设置计算灯光的阴影贴图的大小。
- 采样范围：设置阴影内平均有多少个区域。
- 双面阴影：控制是否产生双面阴影。

5.VRay阴影参数

展开【VRay 阴影参数】卷展栏，如图 10-185 所示。

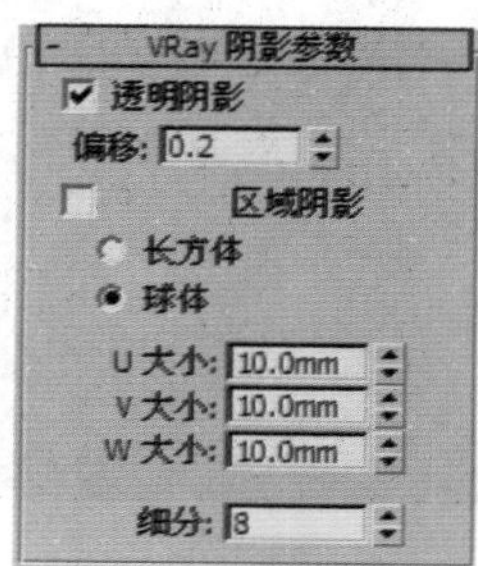

图10-185

- 透明阴影：控制透明物体的阴影，当应用 V-Ray 材质并选择材质中的【影响阴影】才能产生效果。
- 偏移：设置阴影偏移的距离。
- 区域阴影：勾选该选项则会产生更柔和的阴影效果，但是渲染速度会变慢，如图 10-186 所示。

取消【区域阴影】　　勾选【区域阴影】

图10-186

- 长方体 / 球体：用来控制阴影的方式，默认即可。
- U/V/W 大小：控制阴影的柔和程度，数值越大越柔和，如图 10-187 和图 10-188 所示。

【u/v/w大小】为200

图10-187

【u/v/w大小】为2000

图10-188

- 细分：数值越大噪点越少，渲染速度越慢。

提示：光域网和目标灯光有什么关系？

目标灯光在使用时，需要加载光域网文件（.IES 文件）。那么什么是光域网呢？

光域网是室内灯光设计的专业名词，是灯光的一种物理性质，确定光在空气中发散的方式，不同的灯在空气中的发散方式是不一样的，产生的光束形状是不同的。之所以每个光域网文件（.IES 文件）的灯光渲染形状效果不同，是因为每个灯在出厂时，厂家对每个灯都指定了不同的光域网，如图 10-189 所示为很多光域网渲染效果。

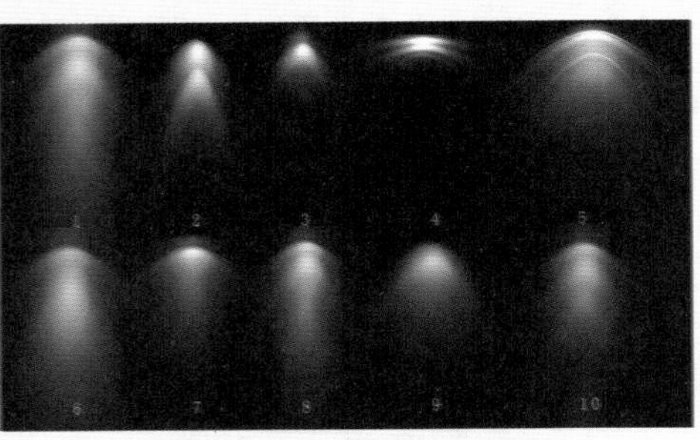

图10-189

轻松动手学：创建一盏目标灯光

文件路径：Chapter 10　灯光→轻松动手学：创建一盏目标灯光

创建【目标灯光】有固定的操作步骤，下面来学习一下。

步骤 01 创建一盏目标灯光，如图10-190所示。

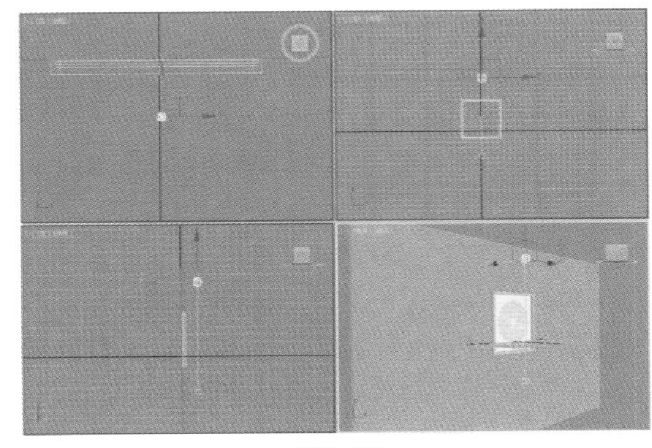

图10-190

步骤 02 单击【修改】按钮，勾选【阴影】选项组下的【启用】，设置方式为【VR- 阴影】，设置【灯光分布（类型）】为【光度学 Web】。

步骤 03 展开【分布（光度学Web）】卷展栏，并添加光域网文件01.ies。

步骤 04 设置【过滤颜色】为浅黄色，设置【强度】数值。

步骤 05 勾选【区域阴影】，设置【细分】为30，如图10-191和图10-192所示。

步骤 06 渲染效果如图10-193所示。

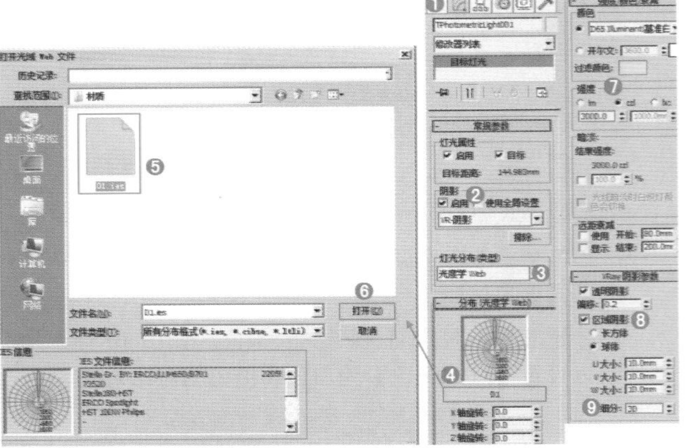

图10-191　　图10-192

图10-193

重点 目标灯光创建时的几个问题

注意1：目标灯光的位置

在创建目标灯光时，要注意位置不能与墙有穿插、离墙太远或离墙太近。只有离墙距离合适才会得到舒服的灯光效果。

错误 1：如图 10-194 和图 10-195 所示为目标灯光与墙穿插的渲染效果。

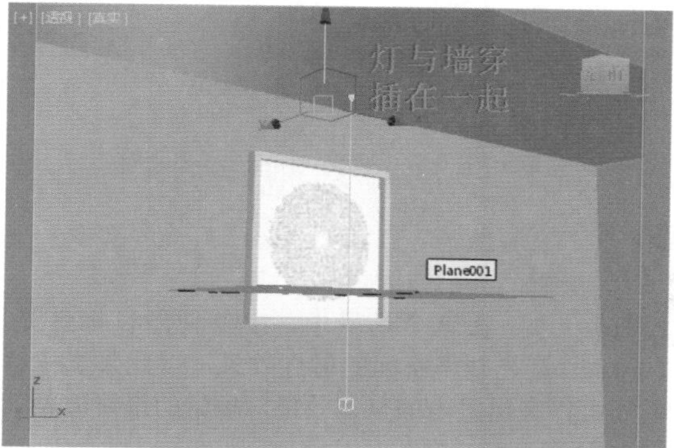

图10-194

图10-195

错误 2：如图 10-196 和图 10-197 所示为目标灯光离墙太近的渲染效果。

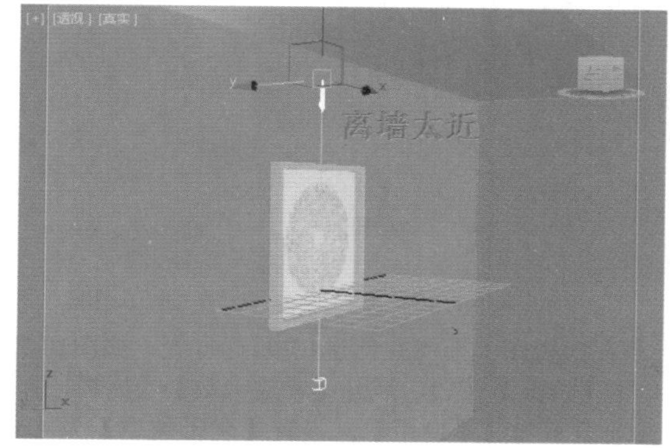

图10-196

图10-197

错误 3：如图 10-198 和图 10-199 所示为目标灯光离墙太远的渲染效果。

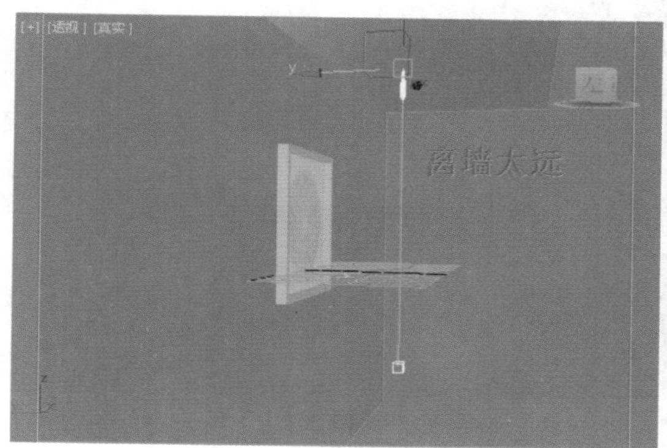

图10-198

图10-199

正确方法：当目标灯光既不与墙产生穿插，又离墙距离刚好合适时，会渲染出较正常的效果，如图 10-200 和图 10-201 所示。

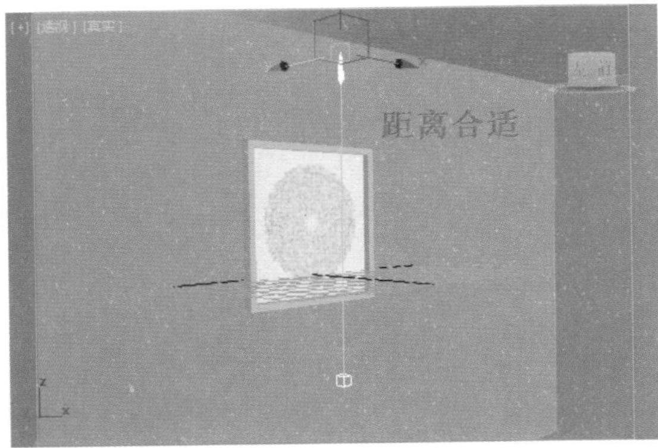

图10-200

图10-201

注意2：目标灯光的强度

（1）有时候为目标灯光添加了 .IES 文件后，渲染发现创建没有该灯光效果，如图 10-202 所示。

（2）而此时经过检查发现目标灯光没有任何位置错误，那么很有可能是因为目标灯光的强度太小，因为添加了 .ies 文件后，该文件会自动显示出一个强度数值，有可能是该数值太小，如图 10-203 所示。

图10-202

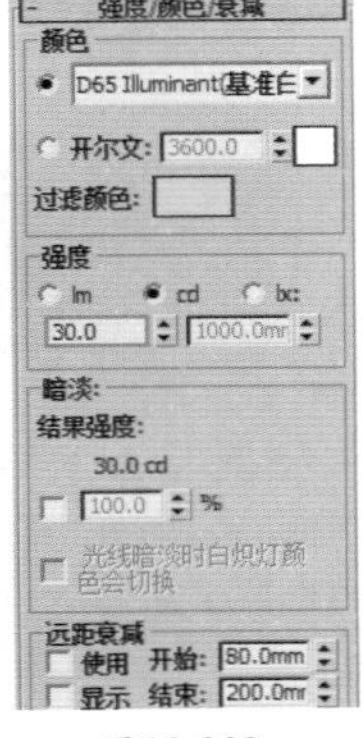

图10-203

（3）只需要把这个数值增大很多，如图 10-204 所示。再进行渲染，就能看到渲染出了该灯光效果，如图 10-205 所示。

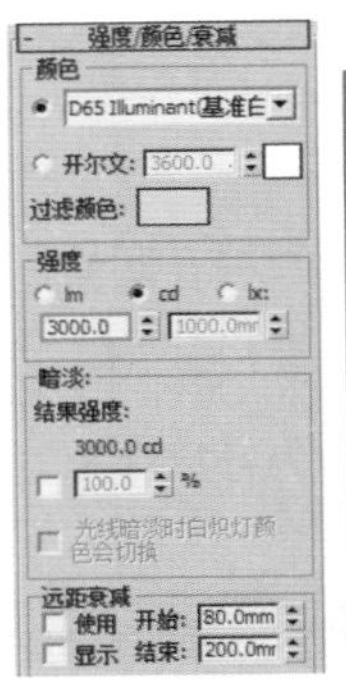

图10-204

图10-205

实例：使用目标灯光制作射灯

扫一扫，看视频

文件路径：Chapter 10　灯光→实例：使用目标灯光制作射灯

在这个场景中，主要使用目标灯光、VR灯光制作空间的射灯效果，以此来烘托室内的环境，还可以突出室内的整体效果，场景的最终渲染效果如图 10-206 所示。

图10-206

步骤 01 打开本书场景文件，如图10-207所示。

步骤 02 执行（创建）|（灯光）命令，设置【灯光类型】为【光度学】，最后单击 目标灯光 按钮，如图10-208所示。

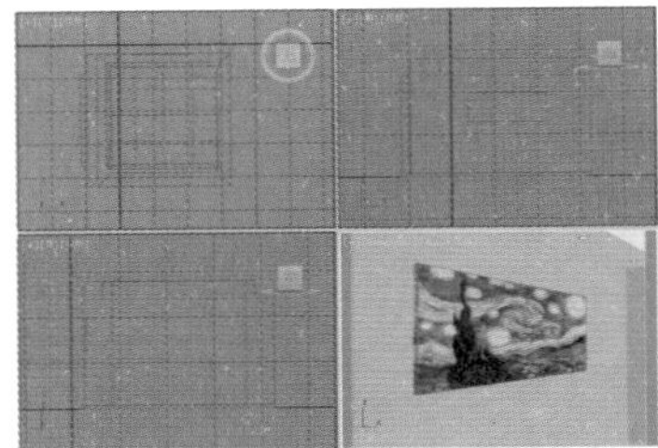
图10-207

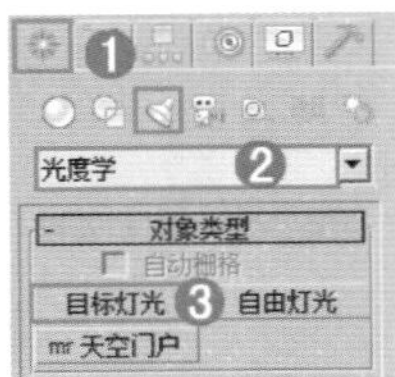

图10-208

步骤 03 在前视图中拖拽并创建4盏目标灯光，如图10-209所示。单击【修改】按钮，展开【常规参数】卷展栏，在【阴影】选项组下勾选【启用】，设置【阴影类型】为【VRay阴影】；在【灯光分布（类型）】选项组下设置类型为【光度学Web】；展开【分布（光度学Web）】卷展栏，在下面的通道上加载【射灯001.ies】光域网文件；展开【强度/颜色/衰减】卷展栏，设置【过滤颜色】为黄色，设置【强度】为7000；展开【VRay阴影参数】卷展栏，勾选【区域阴影】，设置【细分】为20，如图10-210所示。

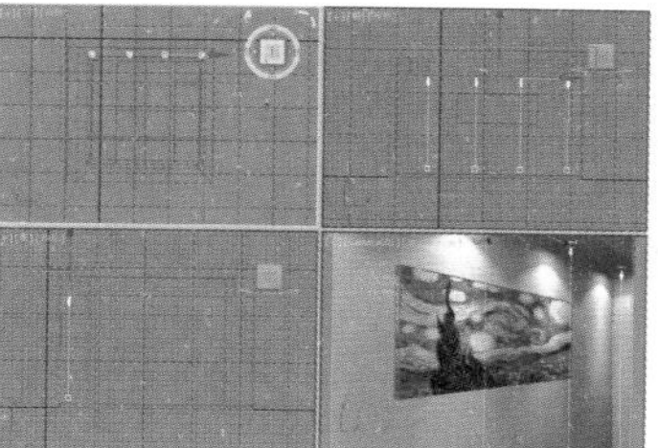

图10-209

步骤 04 执行（创建）|（灯光）命令，设置【灯光类型】为VRay，最后单击 VR灯光 按钮，如图10-211所示。

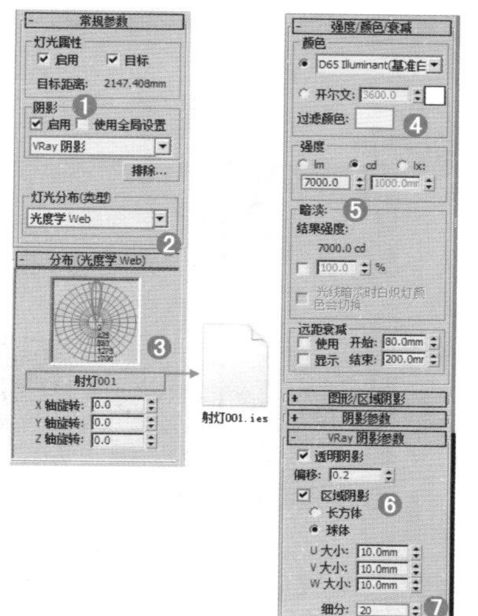

图10-210

步骤 05 在左视图中拖拽并创建1盏VR灯光，如图10-212所示。设置【类型】为【平面】；在【强度】选项组下设置【倍增】为1.6，调节【颜色】为蓝色；在【大小】选项组下设置【1/2长】为1700mm，【1/2宽】为1200mm；在【选项】组下勾选【不可见】；在【采样】选项组下设置【细分】为20，如图10-213所示。

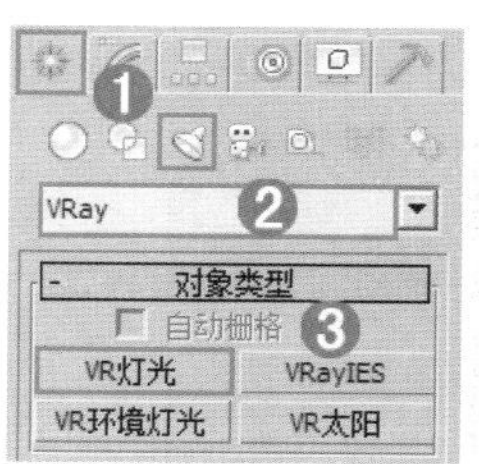

图10-211

图10-212

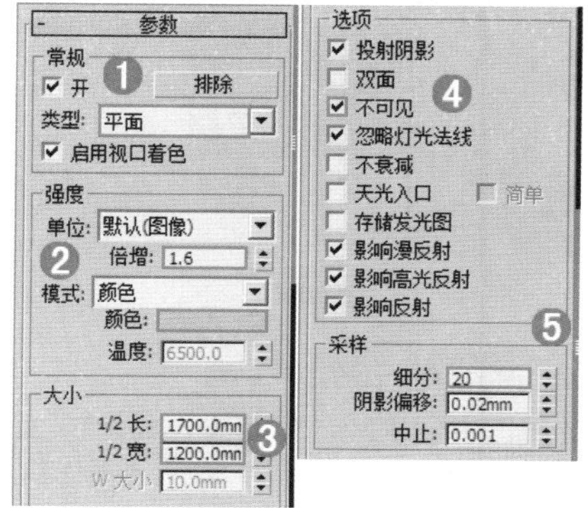

图10-213

步骤 06 最终的渲染效果如图10-214所示。

图10-214

提示：射灯的作用。

射灯是指从上而下照射出筒状的光束灯光，常用于增强装饰物在室内的重要性，还可以通过照射出强烈的光和影，从而增强三维体感。

综合实例：美式玄关场景灯光设计

文件路径：Chapter 10 灯光→综合实例：美式玄关场景灯光设计

扫一扫，看视频

本例是一个综合案例，将会使用VR-灯光和目标灯光模拟一个美式风格的玄关场景。最终渲染效果如图10-215所示。

图10-215

Part 01 创建主光源

步骤 01 打开本书场景文件，如图10-216所示。

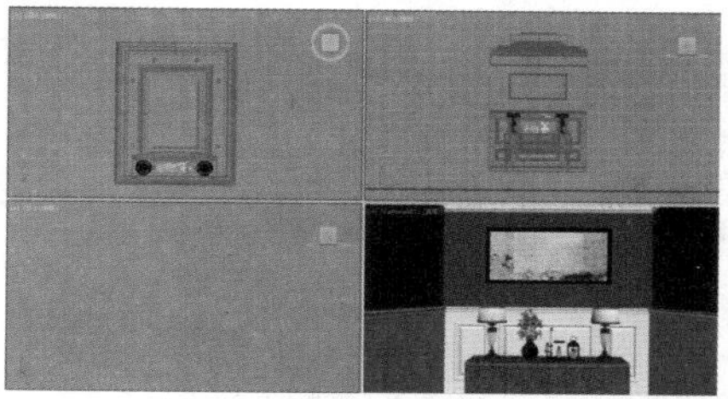

图10-216

步骤 02 在前视图中创建1盏VR-灯光，如图10-217所示。设置【类型】为平面，设置【倍增】为2，【颜色】为浅蓝色，【1/2长】为1100mm，【1/2宽】为1200mm，最后勾选【不可见】，如图10-218所示。

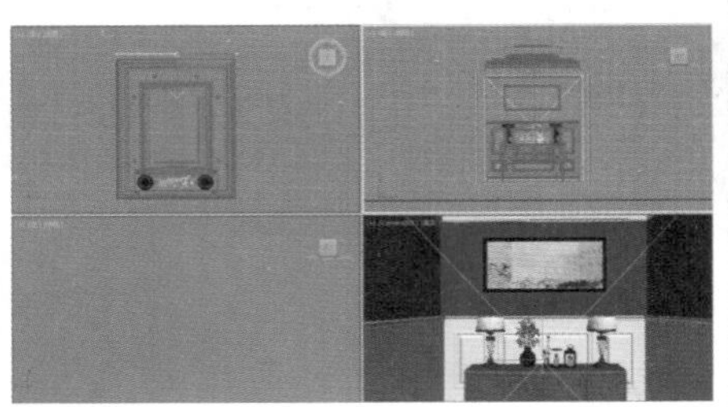
图10-217

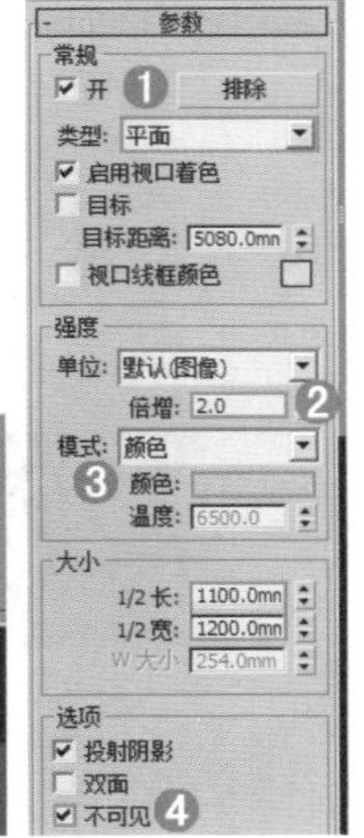
图10-218

Part 02 创建玄关灯带

步骤 01 在顶视图中创建2盏VR-灯光，如图10-219所示。设置【类型】为【平面】，设置【倍增】为8，【颜色】为浅黄色，【1/2长】为50mm，【1/2宽】为580mm，最后勾选【不可见】，如图10-220所示。

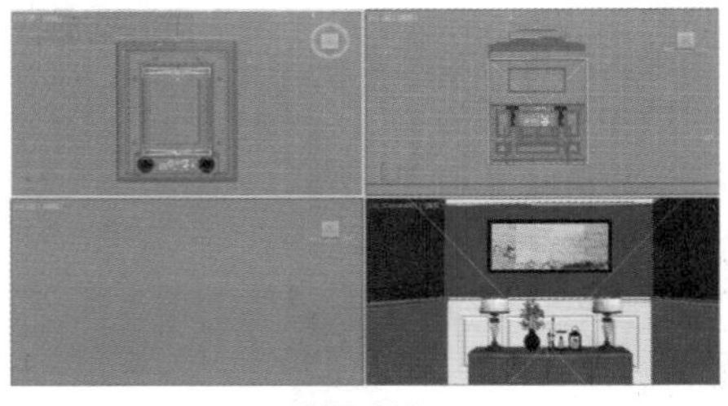
图10-219

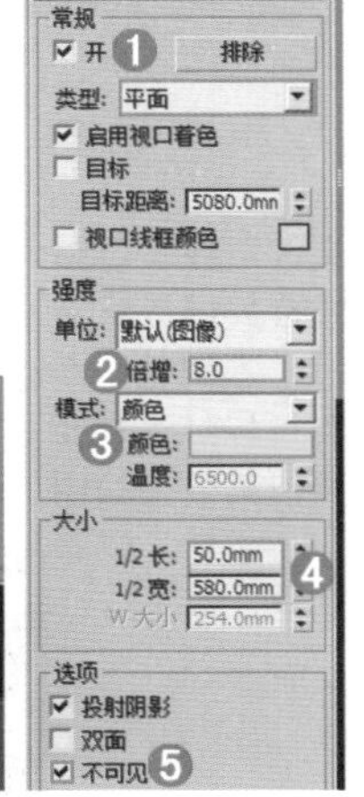
图10-220

步骤 02 在顶视图中创建2盏VR-灯光，如图10-221所示。设置【类型】为【平面】，设置【倍增】为8，【颜色】为浅黄色，【1/2长】为50mm，【1/2宽】为800mm，最后勾选【不可见】，如图10-222所示。

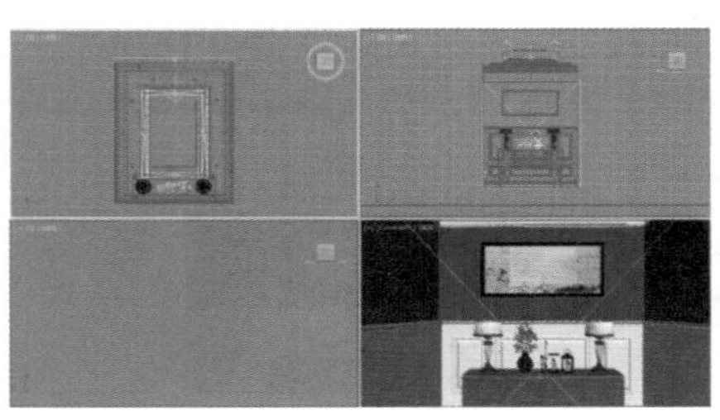
图10-221

图10-222

Part 03 创建玄关射灯

步骤 01 执行（创建）|（灯光）命令，设置【灯光类型】为【光度学】，最后单击 目标灯光 按钮，如图10-223所示。

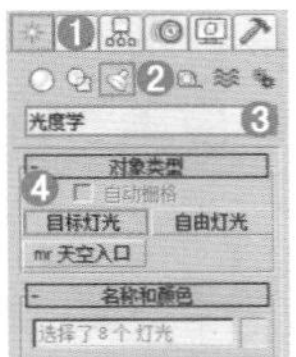
图10-223

步骤 02 在视图中创建8盏射灯，位置如图10-224所示。

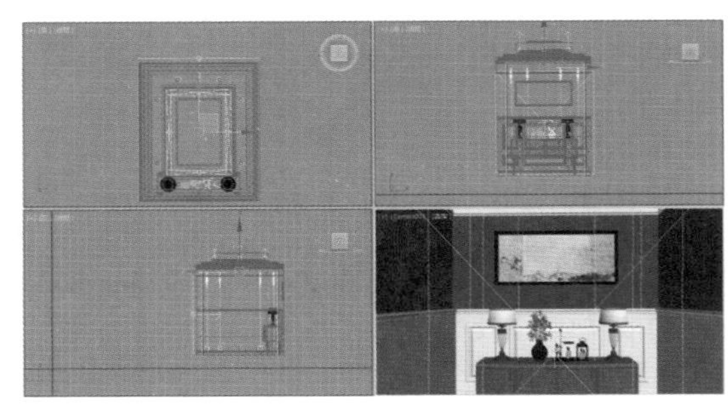
图10-224

步骤 03 在【阴影】选项组下勾选【启用】阴影，类型选择【VR-阴影】；选择【灯光分布（类型）】为【光度学 Web】。展开【分布（光度学 Web）】卷展栏，加载 2.IES 光域网文件。展开【强度 / 颜色 / 衰减】卷展栏，设置【过滤颜色】为浅黄色，选择 cd，设置数值为 50000。展开【VRay 阴影参数】卷展栏，勾选【区域阴影】，选择【球体】，设置【U/V/W 大小】分别为254mm,【细分】为 30，如图 10-225 所示。

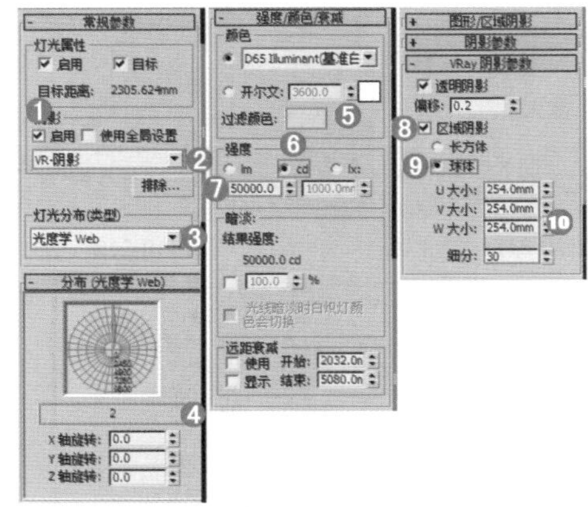
图10-225

Part 04 创建玄关台灯

步骤 01 在顶视图中创建2盏VR-灯光，如图10-226所示。设置【类型】为【球体】，【倍增】为8，【颜色】为浅黄色，【半径】为50mm，最后勾选【不可见】，如图10-227所示。

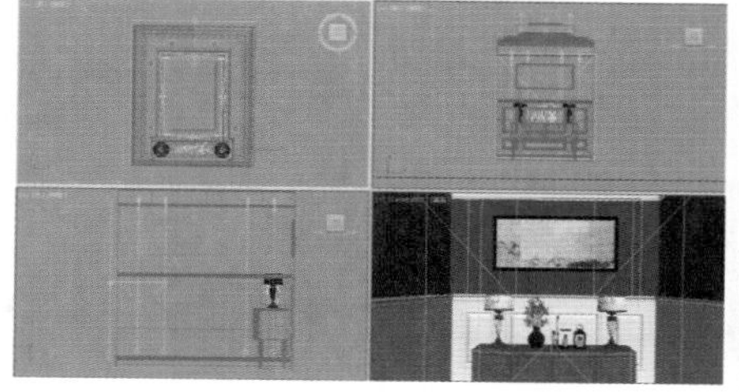

图10-226

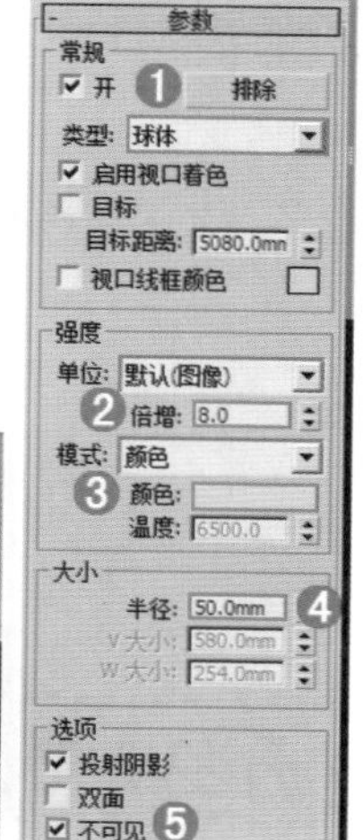

图10-227

步骤02 最终的渲染效果如图10-228所示。

图10-228

10.4.2 自由灯光

【自由灯光】和【目标灯光】的功能和使用方法是基本一致的，区别在于【自由灯光】没有目标点。建议大家熟练掌握【目标灯光】即可，【自由灯光】可以只做了解。如图10-229所示为自由灯光参数面板。

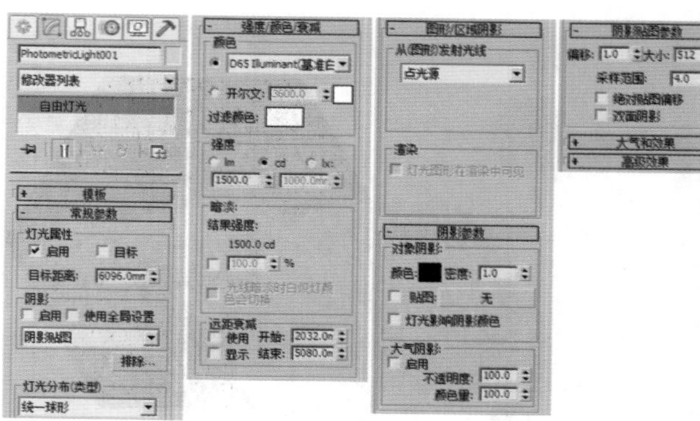

图10-229

重点 10.4.3 怎么确定该创建哪类灯光

在场景中创建灯光时，需要遵循一定的顺序。若是胡乱创建，则在渲染时灯光的效果有可能会缺少层次、缺少气氛等。那么怎么确定该创建哪种灯光呢？

方法1：按照真实灯光的形态

例如，在壁灯灯罩内创建一个灯光，根据灯泡的形状大致为圆形，可以使用【VR-灯光（球体）】和【泛光】。

方法2：按照真实灯光的照射情况

例如，需要在创建的吊顶内创建一个灯光，那么真实情况下吊灯内灯泡的灯光照射情况是由灯泡向外均匀发散光线。因此根据这个特点，符合的灯光类型只有【VR-灯光（球体）】和【泛光】。

例如，需要在水晶灯下方创建一个灯光，根据该灯光除了每个灯泡产生均匀发散光线外，还会产生向下照射餐桌的光照，那么就可以在水晶灯下方创建一个【目标聚光灯】或【VR-灯光】。

例如，需要在窗口位置创建灯光，根据方形的窗户、沿一个方向照射的特点，则选择VR灯光（平面），从室外向室内照射。

方法3：按照渲染情况而定

例如，在渲染一个场景时发现创建的背光处非常暗，细节看不清，那么可以在创建时创建一个强度很弱的VR-灯光作为辅助光源，用于照射创建的背光处。

读书笔记

Chapter 11

第11章

“质感神器”——材质

本章将学习3ds Max的材质和贴图应用技巧。材质和贴图在一幅作品的制作中有很重要的地位，质感如何变得更加真实、贴图如何设置得更加巧妙，都能在本章找到答案。本章章节安排合理，首先让你了解材质编辑器的参数，然后重点对VRayMtl材质讲解，最后是其他内容的介绍。

本章学习要点：

- 材质与贴图的概念；
- 材质与贴图的区别；
- 材质的常用技巧；
- 最常用的材质类型V-Ray材质的应用秘笈。

扫一扫，看视频

通过本章学习，我能做什么？

本章的章节安排、案例选择都是递进式的，先让你了解“原理”和“方法”，然后根据原理和方法教你做案例，接着“举一反三”，加深印象、加深理解。通过对本章的学习，希望大家能够养成举一反三的思维，这胜过做百个案例，即使书里没讲到的案例，也可以通过自己的发散思维创作出来。

（1）你可以学会材质的制作，例如玻璃、金属、大理石、汽车等。

（2）你还可以学会贴图的制作，如壁纸贴图、水波纹贴图、木纹贴图等。

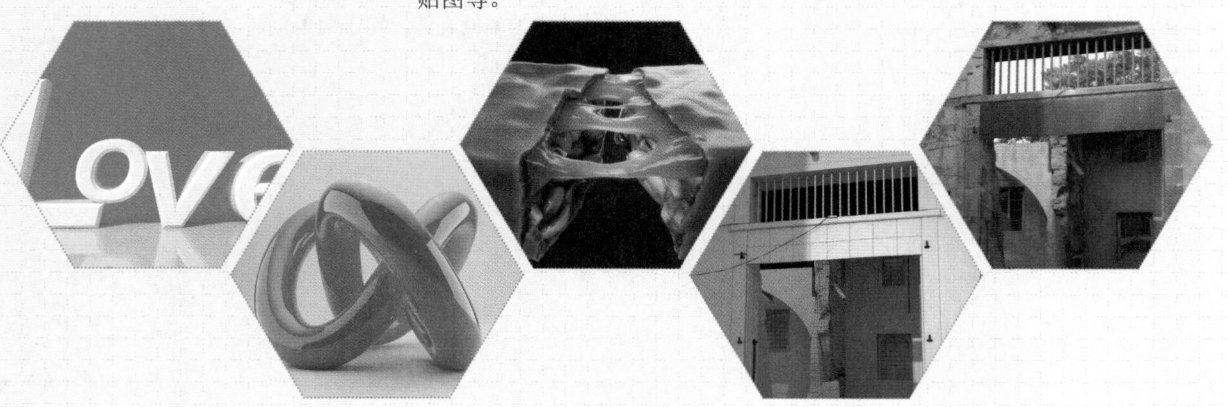

11.1 了解材质

本节将讲解材质的基本概念和材质与贴图的区域，为后面章节的材质设置内容做铺垫。优秀材质作品如图11-1~图11-4所示。

图11-1

图11-2

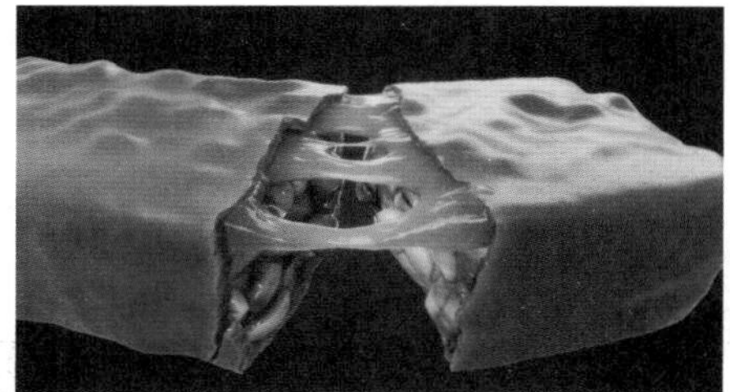

图11-3

图11-4

11.1.1 材质的概念

材质，就是一个物体看起来是什么样的质地。比如，杯子看起来是玻璃的还是金属的，这就是材质。漫反射、粗糙度、反射、折射、折射率、半透明、自发光等都是材质的基本属性。应用材质可以使模型看起来更具质感。制作材质时可以依据现实中物体的真实属性去设置，如图11-5所示为玻璃茶壶的材质属性。

图11-5

读书笔记

11.1.2 材质与贴图的区别

材质和贴图是不同的概念。贴图是指物体表面具有的贴图属性，例如金属锅表面有拉丝贴图质感、皮沙发表面有皮革凹凸质感、桌子表面有木纹贴图效果。

材质和贴图的制作流程不要混淆，通常要先确定好物体是什么材质，然后再确定是否需要添加贴图。例如一个茶壶，先确定好是光滑的材质，然后再考虑在这种质感的情况下是否有凹凸的纹理贴图。

如图11-6和图11-7所示为物体设置材质之前和设置光滑材质后的对比效果。

设置光滑材质之前

图11-6

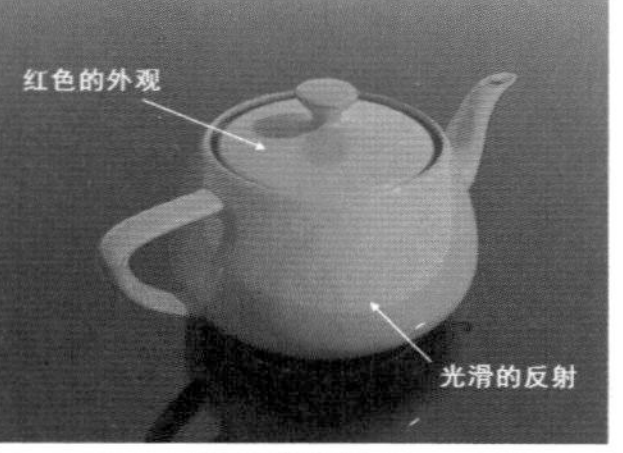

设置光滑材质之后

图11-7

如图11-8和图11-9所示为物体只设置光滑材质和同时设置凹凸贴图的对比效果。

图11-8　　图11-9

因此可以理解贴图就是纹理，它是附着在材质表面的。设置一个完整材质贴图的流程，应该是先确定好材质类型，最后添加贴图，如图11-10所示为材质制作流程。

1. 原始模型效果　2. 设置材质效果　3. 设置材质、设置贴图效果

图11-10

重点 11.1.3 轻松动手学：为物体设置一个材质

步骤 01 在3ds Max的主工具栏中单击（材质编辑器）按钮，即可打开【材质编辑器】。单击选中一个材质球，接着单击【Standard（标准）】按钮，在弹出的对话框中选择一个材质，最后单击【确定】按钮，如图11-11所示。

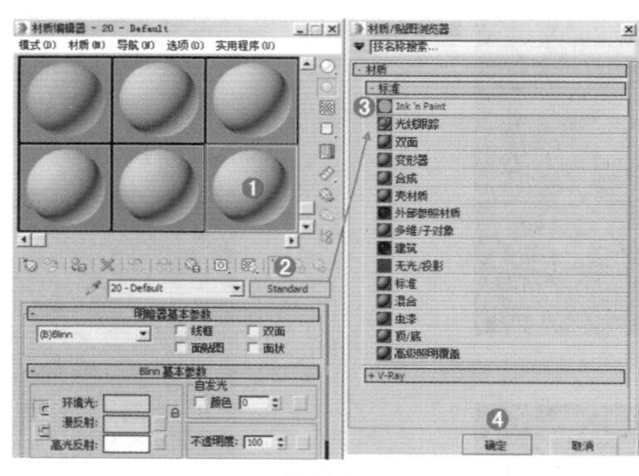
图11-11

步骤 02 此时材质球和材质类型都发生了变化，如图11-12所示。

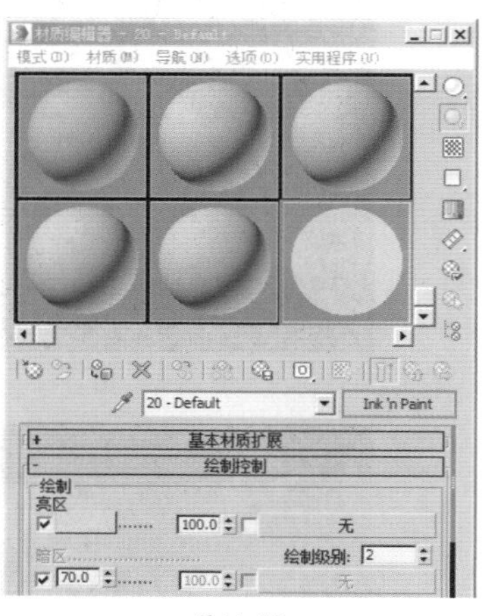
图11-12

步骤 03 最后选择一个物体，然后单击（将材质指定给选定对象）按钮。此时设置的材质就被赋予到了选中的物体上，如图11-13所示。一定要记得这个步骤，否则材质设置完成了却没单击该按钮，效果依然是不对的。

图11-13

步骤 04 视图中此时的物体也产生了变化，代表材质已经赋予成功，效果如图11-14所示。

图11-14

11.2 材质编辑器

本章的所有内容都将围绕材质编辑器展开讲解，本节将重点围绕其中的参数讲解。

11.2.1 了解材质编辑器

1. 什么是材质编辑器

3ds Max要想设置材质及贴图都需要在一个工具中完成，这个工具就是【材质编辑器】。在3ds Max的主工具栏中单击 （材质编辑器）按钮（快捷键为M），即可将其打开，如图11-15所示。

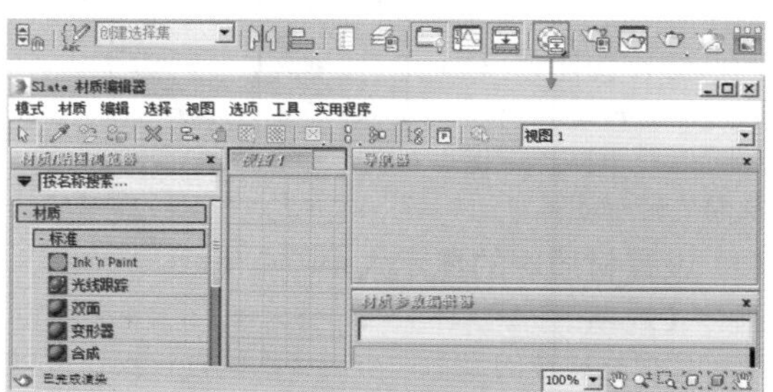

图11-15

2. 材质编辑器用来干什么

使用【材质编辑器】可以制作不同的材质贴图、快速找到物体的材质、保存和调用材质等。

11.2.2 材质编辑器的两种切换方式

第一次打开【材质编辑器】时，可以看到编辑器叫【Slate材质编辑器】。当然很多读者可能不习惯这种方式，那么还可以切换为另外一种，只需要执行【模式】|【精简材质编辑器】命令即可，如图11-16所示。切换之后的【精简材质编辑器】如图11-17所示。

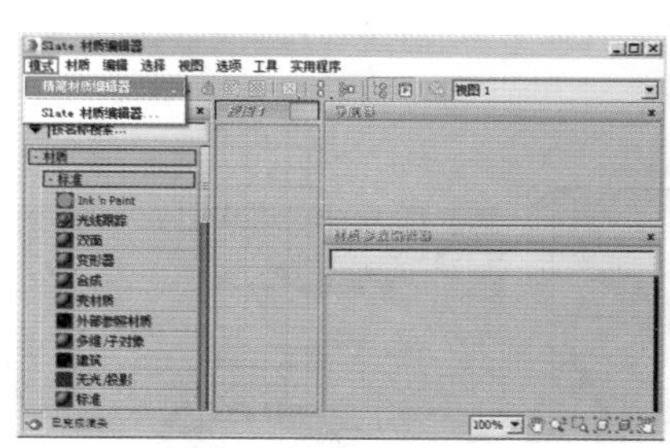

图11-16

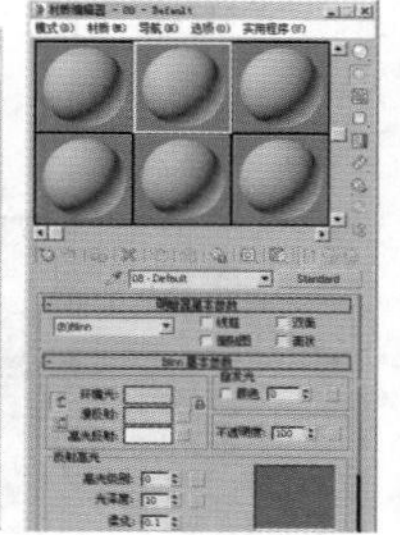

图11-17

重点 11.2.3 标准材质状态下的精简材质编辑器参数

扫一扫，看视频

3ds Max默认的材质类型就是【Standard（标准）】材质，标准材质功能不算太强大，适合制作一些相对简单的材质效果。

（1）标准材质都适合做什么效果呢？比如室内设计中常用的乳胶漆材质、壁纸材质等。

（2）反射折射等质感，标准材质不能做吗？这类材质标准材质可以做，但是效果不算真实，在后面我们会重点讲解使用 VRayMtl 材质制作逼真的材质质感。

【材质编辑器】主要划分为4部分，分别为【菜单栏】、【材质球】、【工具】和【参数】。其中菜单栏中的很多选项和工具中的按钮重复，推荐使用工具按钮更便捷，如图 11-18 所示。

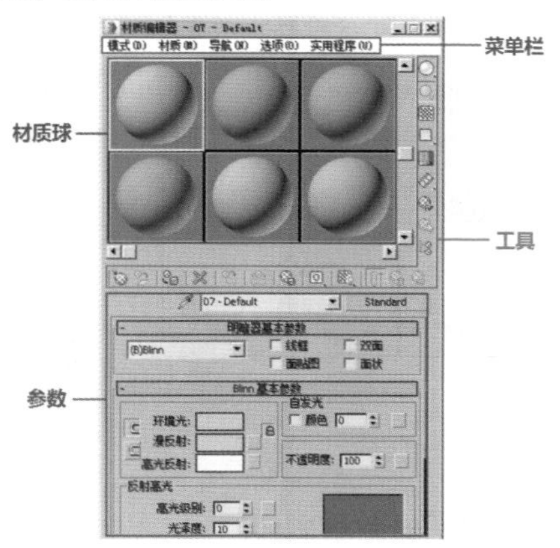

图11-18

1.菜单栏

菜单栏包括【模式】【材质】【导航】【选项】实用程序的相关参数，如图11-19~图11-23所示。菜单栏中有很多工具可以应用，比如获取材质、重置材质编辑器窗口、精简材质编辑器窗口等。菜单栏中大部分工具的具体参数会在下文讲解，此处不再赘述。

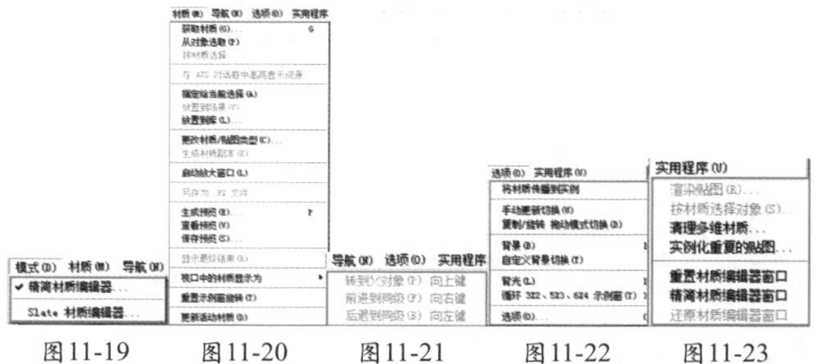

图11-19　图11-20　图11-21　图11-22　图11-23

提示：材质球不够用了，怎么办？

（1）当24个材质球都用过了（材质球的四周有角代表该材质已经使用过），那么只需要执行【实用程序】|【重置材质编辑器窗口】命令（如图 11-24 所示），即可快

速将24个材质球变成未使用过的，而且不会对场景中任何物体的材质造成影响，如图11-25所示。

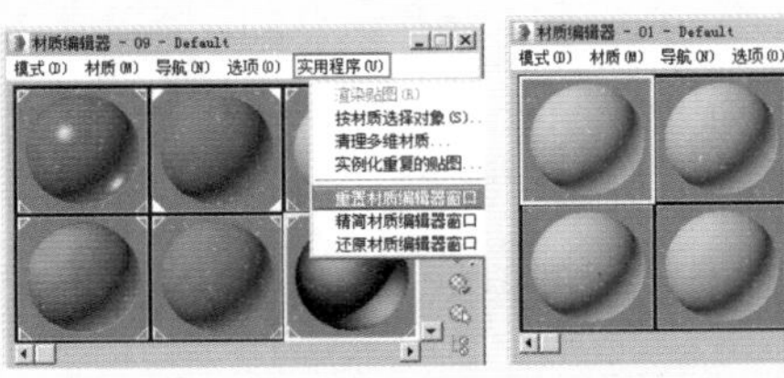

图11-24　　图11-25

（2）此时虽然材质球够用了，但是我之前设置的材质呢？会不会找不着呢？其实不会的。假如还想找回某个物体的材质，只需要选择一个材质球，然后单击（从对象拾取材质）按钮，如图11-26所示；接着在该物体上单击进行拾取，如图11-27所示；即可找到该材质，如图11-28所示。

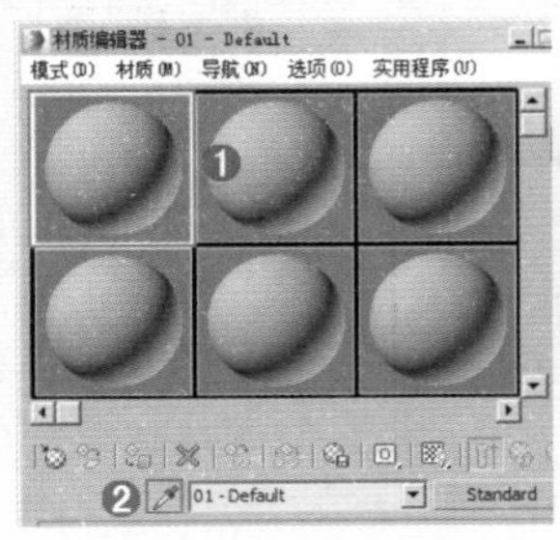

图11-26

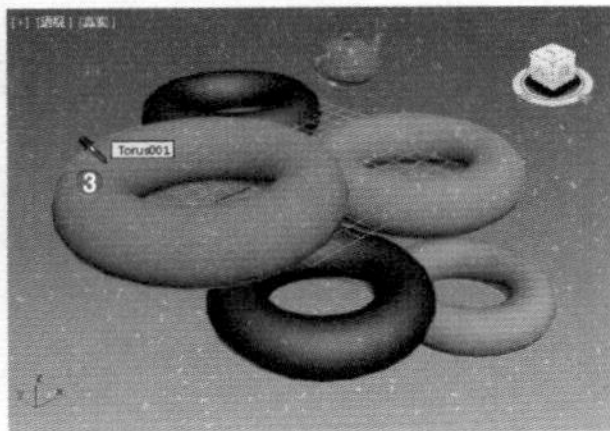

图11-27

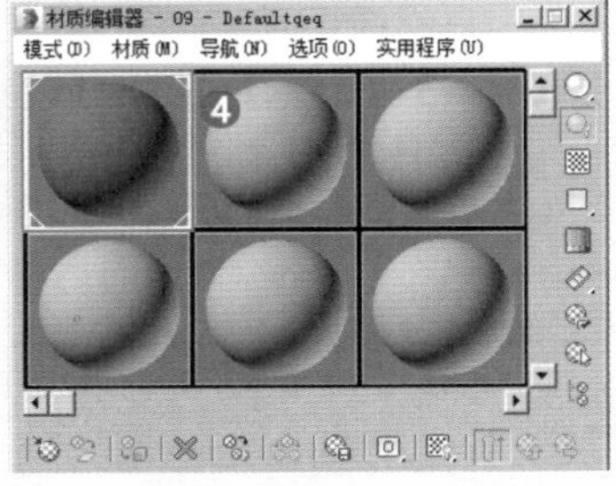

图11-28

提示：材质球太乱，如何快速整理？

在制作材质时，总会遇到材质球使用比较杂乱，有设置好了但是没用过的材质（材质球四周没有角），也有用过的材质球（材质球四周有角）。假如需要只保留用过的材质，那么只需要执行【实用程序】|【精简材质编辑器窗口】命令，如图11-29所示。此时可以看到没用过的材质被自动清理掉了，如图11-30所示。

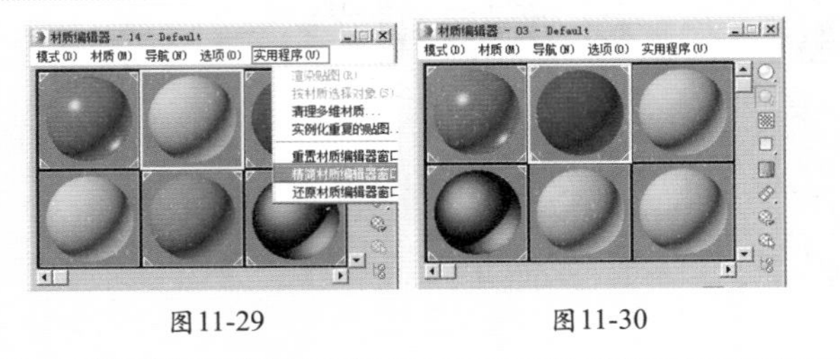

图11-29　　图11-30

2.材质球

材质球是用来显示材质效果的工具，它可以很直观地显示出材质的基本属性，如反光、自发光、凹凸等，如图11-31所示。可以单击选择材质球，还可以按下鼠标中键拖动从而旋转材质球。

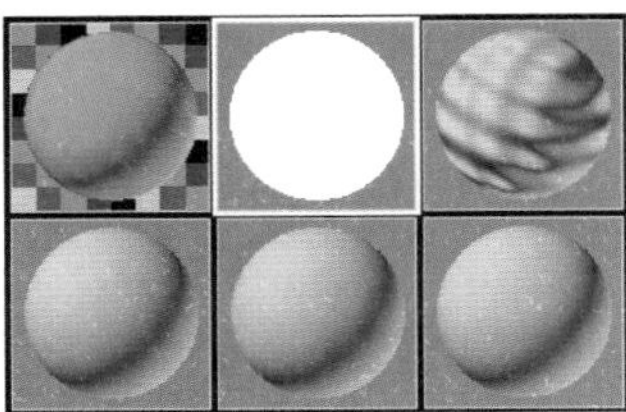

图11-31

（1）设置材质球的显示大小

执行【选项】|【循环3×2、5×3、6×4示例窗】命令，即可切换材质球的显示大小，多次执行该操作可以切换3×2、5×3、6×4三种模式。但是无论如何切换，材质编辑器中只能找到24个材质球，如图11-32所示。

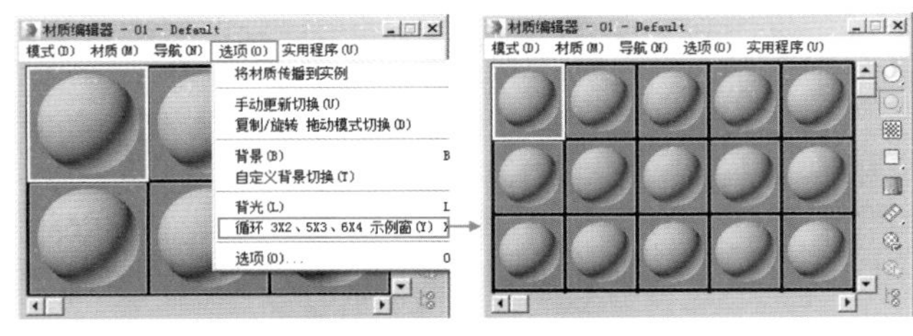

图11-32

（2）双击材质球

双击一个材质球（如图11-33所示），即可弹出材质球的对话框，此时可以更清晰地观察材质，如图11-34所示。

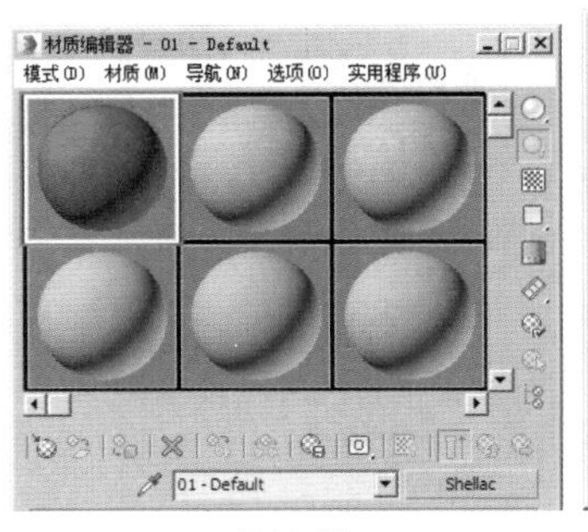

图11-33

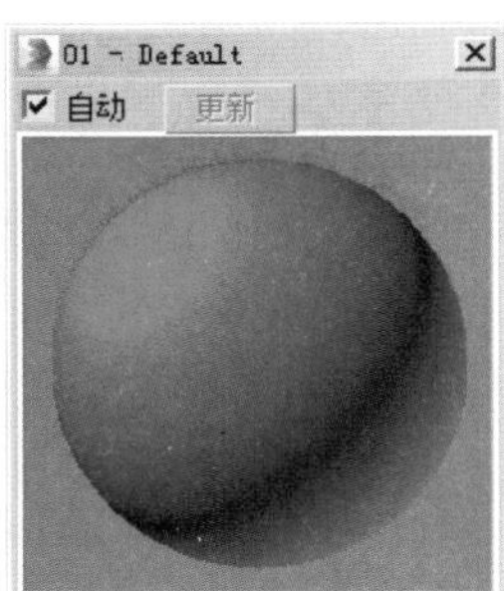

图11-34

（3）复制材质球

有时候场景中需要制作两种非常类似的材质效果，当制作完成其中一个材质后，可以使用复制材质球的方法制作另外一个，从而节省时间。

单击并拖动一个材质球到另外一个材质球上，即可完成材质的复制，如图11-35和图11-36所示。然后就可以对复制之后的材质进行参数的修改了。

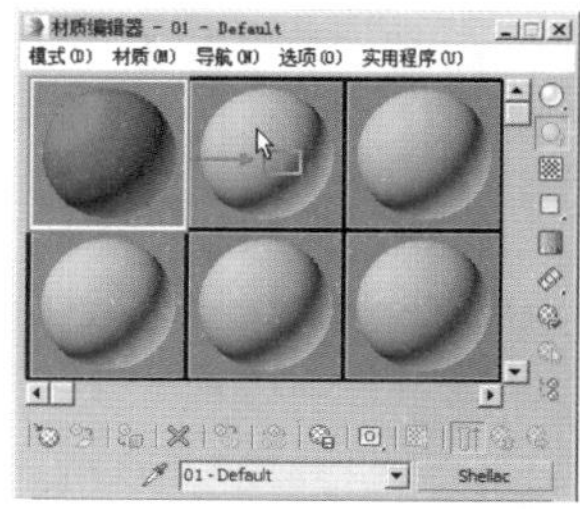
图11-35

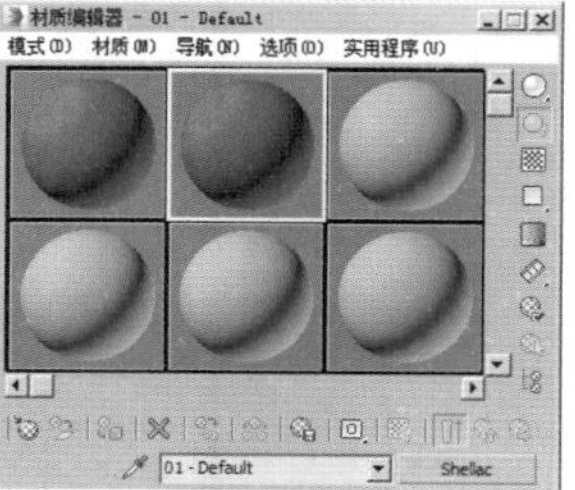
图11-36

3.工具

材质编辑器中包括21个工具按钮，应用这些按钮可以快速处理相应的效果，例如获取材质、将材质放入场景等。下面讲解【材质编辑器】对话框中的两排材质工具按钮，如图11-37所示。

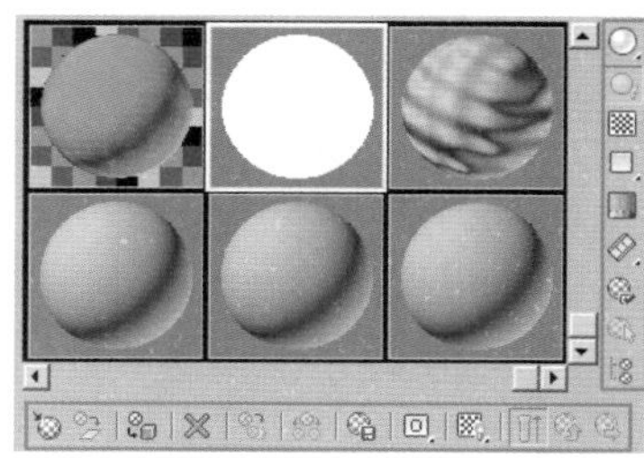
图11-37

- （获取材质）按钮：单击该按钮即可为选中的材质球更换材质类型。
- （将材质放入场景）按钮：在编辑好材质后，单击该按钮可更新已应用于对象的材质。
- （将材质指定给选定对象）按钮：材质设置完成后，选中模型然后单击该按钮，即可将材质赋予选定的模型，如图11-38所示。

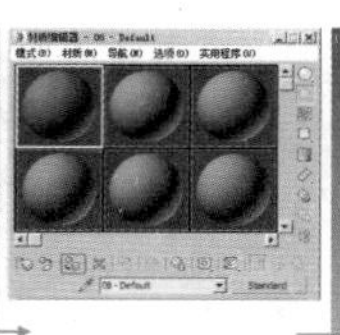

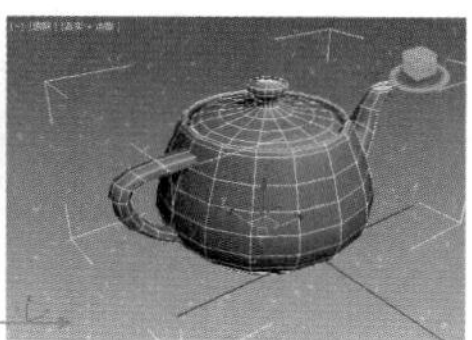

图11-38

- （重置贴图/材质为默认设置）按钮：单击该按钮，即可将材质属性恢复到默认。
- （生成材质副本）按钮：选中一个材质球，单击该按钮即可在该材质球位置复制一个同样的材质。
- （使唯一）按钮：将实例化的材质设置为独立的材质。
- （放入库）按钮：选中材质球，单击该按钮即可将当前材质放入临时库中。
- （材质ID通道）按钮：为不同的材质设置不同的ID，在多维/子对象材质中经常使用。
- （在视口中显示标准贴图）按钮：单击该按钮即可在模型上显示出贴图效果，如图11-39所示。

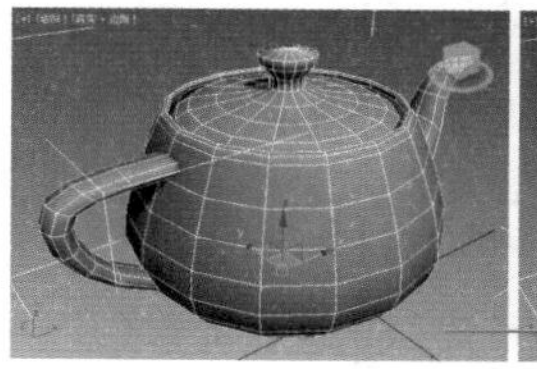

图11-39

- （显示最终结果）按钮：单击即可切换贴图的最终显示方式，如图11-40所示为激活和未激活该按钮的对比效果。

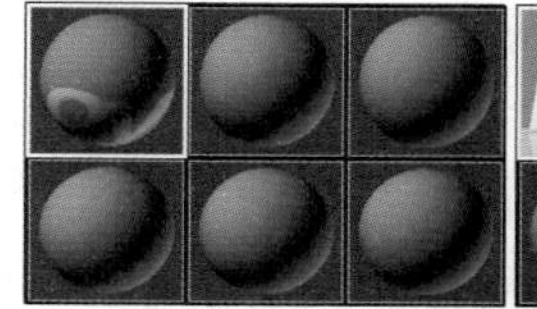

图11-40

- （转到父对象）按钮：将当前材质上移一级。
- （转到下一个同级项）按钮：选定同一层级的下一贴图或材质。
- （采样类型）按钮：控制示例窗显示的对象类型，默认为球体类型，还有圆柱体和立方体类型。
- （背光）按钮：打开或关闭选定示例窗中的背景灯光，如图11-41所示。

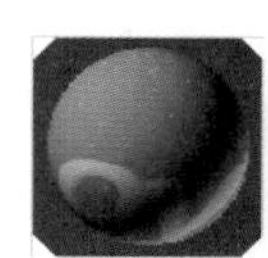

图11-41

- （背景）按钮：针对于透明类材质，开启该按钮质感可以显示得更清楚，如图11-42所示。

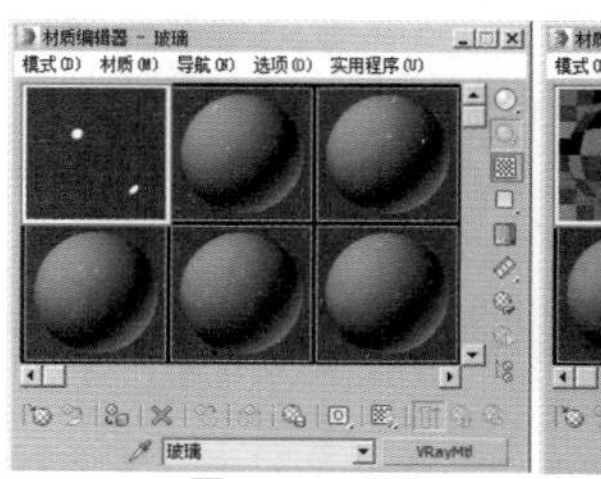

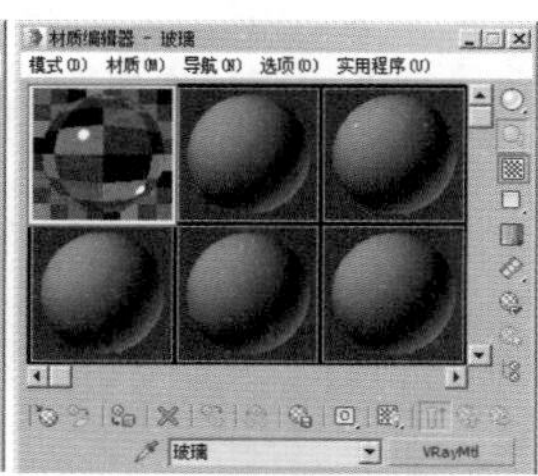

图11-42

- （采样UV平铺）按钮：为示例窗中的贴图设置UV平铺显示。
- （视频颜色检查）按钮：检查当前材质中NTSC和PAL制式不支持的颜色。
- （生成预览）按钮：用于产生、浏览和保存材质预览渲染。
- （选项）按钮：单击该按钮，其中包含抗锯齿、逐步优化等参数。
- （按材质选择）按钮：选定使用当前材质的所有对象。
- （材质/贴图导航器）按钮：单击该按钮可打开【材质/贴图导航器】对话框，可显示当前材质的所有层级。

4.参数

（1）明暗器基本参数

明暗器是一种材质的计算方法，用于控制材质对灯光做出响应的方式。展开【明暗器基本参数】卷展栏，共有8种明暗器类型可供选择，还可以设置【线框】【双面】【面贴图】和【面状】等参数，如图11-43所示。

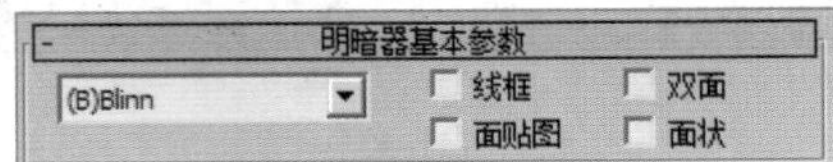

图11-43

- 明暗器列表：明暗器包含8种类型。
  - （A）各向异性：用于产生磨砂金属或头发的效果。
  - （B）Blinn：这种明暗器以光滑的方式渲染物体表面。
  - （M）金属：这种明暗器适用于金属表面，它能提供金属所需的强烈反光。
  - （ML）多层：（ML）多层可以控制两个高亮区，因此（ML）多层明暗器拥有对材质更多的控制。
  - （O）Oren-Nayar-Blinn：该明暗器适用于无光表面（如纤维或陶土）。
  - （P）Phong：该明暗器可以平滑面与面之间的边缘，适用于强度很高的表面和具有圆形高光的表面。
  - （S）Strauss：这种明暗器适用于金属和非金属表面，与【（M）金属】明暗器相似。
  - （T）半透明明暗器：能够设置半透明效果，使光线能够穿透这些半透明的物体。
- 线框：以线框模式渲染材质，用户可以在扩展参数上设置线框的大小。
- 双面：将材质应用到选定的面，使材质成为双面。
- 面贴图：将材质应用到几何体的各个面。
- 面状：使对象产生不光滑的明暗效果，例如钻石、宝石或任何带有硬边的材质。

（2）Blinn 基本参数

标准材质状态下，默认为Blinn方式。展开【Blinn基本参数】卷展栏，其中包括【环境光】【漫反射】【高光反射】【自发光】【不透明度】【高光级别】【光泽度】和【柔化】等参数，如图11-44所示。

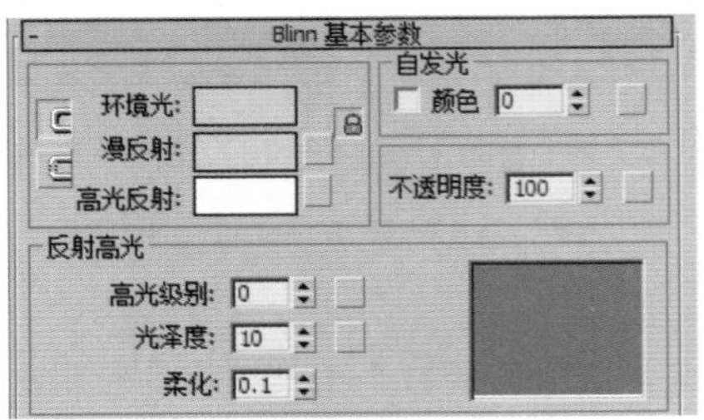

图11-44

- 环境光：用于模拟间接光，比如室外场景的大气光线，也可以用来模拟光能传递。
- 漫反射：固有色，就是物体给人第一感觉的颜色。
- 高光反射：物体发光表面高亮显示部分的颜色。
- 自发光：类似发光发亮的效果。
- 不透明度：控制材质的不透明度。
- 高光级别：控制反射高光的强度。数值越大，反射强度越高。
- 光泽度：控制高亮区域的大小，数值越大，反光区域越小。
- 柔化：影响反光区和不反光区衔接的柔和度。

（3）贴图

贴图是本书第12章的重点内容，任何的贴图效果都可以在【贴图】卷展栏中设置。可以在任意通道上 无 单击并添加贴图，可以产生相应的效果。参数面板如图11-45所示。

贴图

	数量	贴图类型
环境光颜色 ...	100	无
漫反射颜色 ...	100	无
高光颜色	100	无
高光级别	100	无
光泽度	100	无
自发光	100	无
不透明度	100	无
过滤色	100	无
凹凸	30	无
反射	100	无
折射	100	无
置换	100	无

图11-45

实例：使用标准材质制作乳胶漆墙面

文件路径：Chapter 11 “质感神器”——材质→实例：使用标准材质制作乳胶漆墙面

扫一扫，看视频

乳胶漆墙面是室内设计中最常见的效果，如白色、浅黄色、褐色、浅青色等。可以使用标准材质制作，也可使用VRayMtl材质制作。需要掌握标准材质中漫反射参数的应用。最终渲染效果如图11-46所示。

乳胶漆墙面的特点：颜色为青色；无反射、无折射。

图11-46

步骤01 打开本书场景文件，如图11-47所示。

图11-47

步骤02 单击（材质编辑器），此时默认的材质就是Standard（标准）。设置名称为【乳胶漆】，【漫反射】为青色，如图11-48所示。

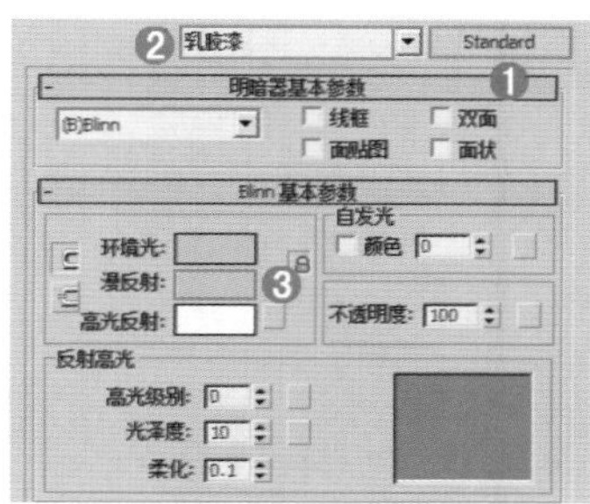

图11-48

步骤03 双击材质球，效果如图11-49所示。

步骤04 此时选择墙面模型，如图11-50所示。

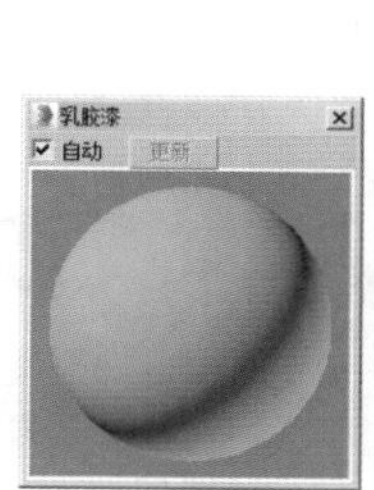

图11-49　　图11-50

步骤05 单击（将材质指定给选定对象）按钮，此时材质已经赋给了墙面模型，如图11-51所示。

步骤06 最后继续制作出剩余材质，如图11-52所示。

图11-51

图11-52

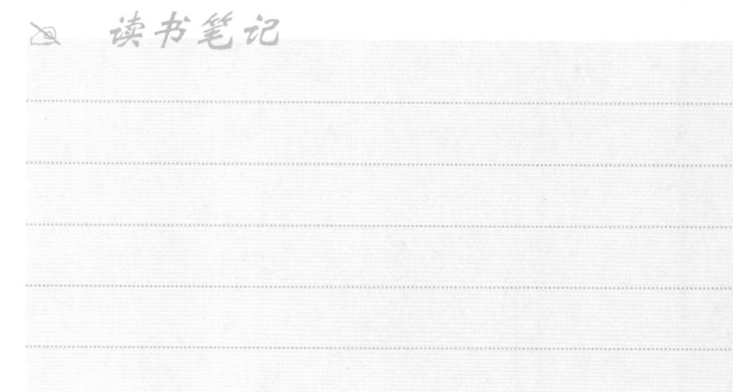

读书笔记

重点 11.3 VRayMtl材质

为什么将VRayMtl材质放到第一位来讲呢？因为VRayMtl材质是最重要的，根据多年创作经验，该材质可以模拟大概80%的质感，因此我们想快速学习材质，那么只学会该材质，其实也能制作出很绚丽、超真实的材质质感。除此之外，其他材质并不是不重要，只是使用的频率没那么高，可以在学习完VRayMtl材质之后再进行学习。如图11-53~图11-56所示为使用VRayMtl材质制作的优秀作品。

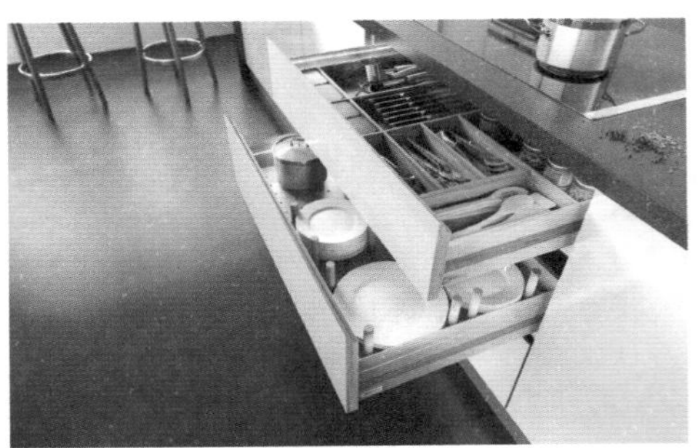

图11-53

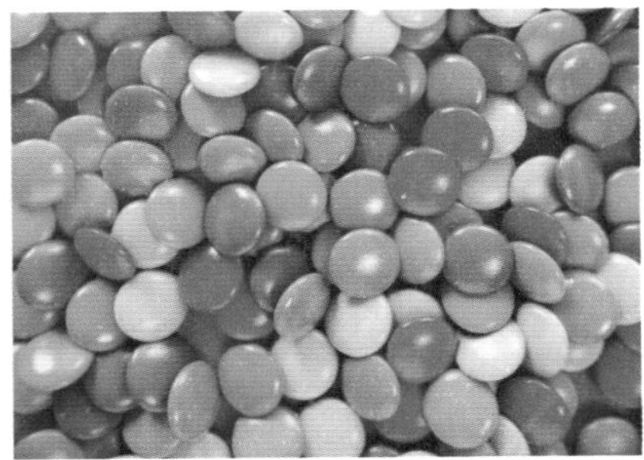

图11-54

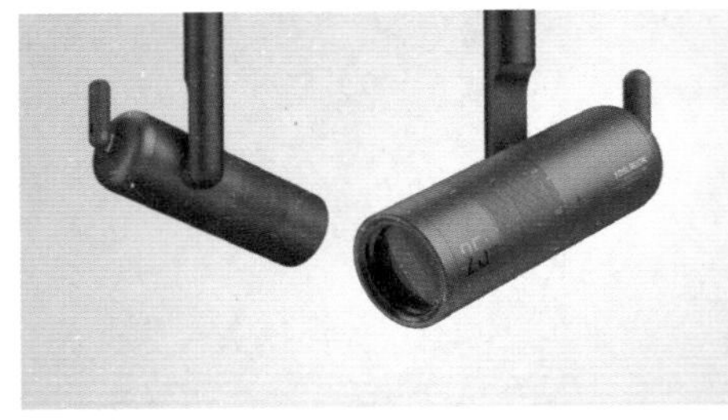

图11-55

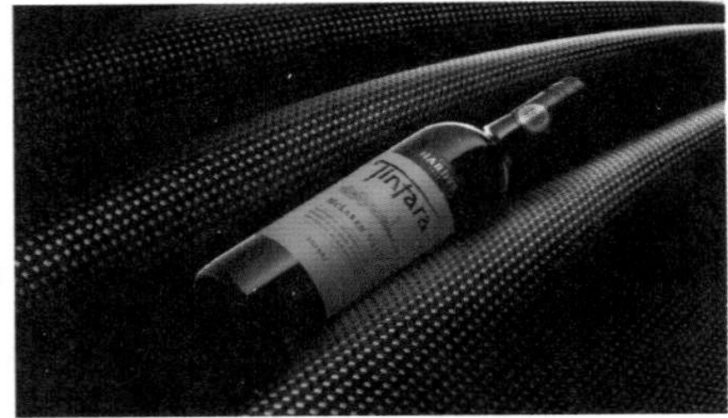

图11-56

11.3.1 VRayMtl材质适合制作什么质感

VRayMtl材质可以制作很多逼真的材质质感，尤其是在室内设计中应用最为广泛，其擅长表现具有反射、折射等属性的材质。想象一下具有反射和折射的物体是不是很多呢？可见该材质的重要性。如图11-57所示为未设置材质和设置了VRayMtl材质的渲染对比效果。

未设置材质

设置了VRayMtl材质

图11-57

读书笔记

重点 11.3.2 使用VRayMtl材质之前，一定要先设置渲染器

由于要应用的VRayMtl材质是V-Ray插件旗下的工具，因此不安装或不设置V-Ray渲染器都无法应用VRayMtl材质。

在确定已经安装好了V-Ray插件的情况下，单击主工具栏中的（渲染设置）按钮，在弹出的【渲染设置】对话框中选择【公用】选项卡，展开【指定渲染器】卷展栏，单击【产品级】后的...（选择渲染器）按钮，在弹出的【选择渲染器】对话框中选择V-Ray Adv 3.00.08，最后单击【确定】按钮，如图11-58所示。

11.3.3 熟悉VRayMtl材质三大属性——漫反射、反射、折射

扫一扫，看视频

把现实中或身边能想到的物体材质都想象一遍，归纳一下不难发现材质的属性太多，但是归纳起来主要有三大类属性，分别是漫反射、反射、折射。设置材质的过程其实就是分析材质真实属性的过程。

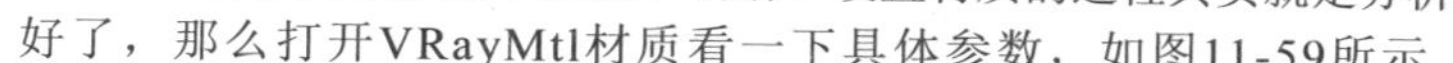
好了，那么打开VRayMtl材质看一下具体参数，如图11-59所示。

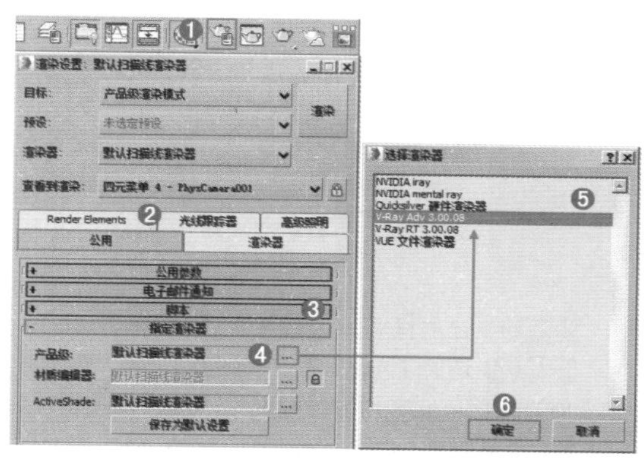

图11-58

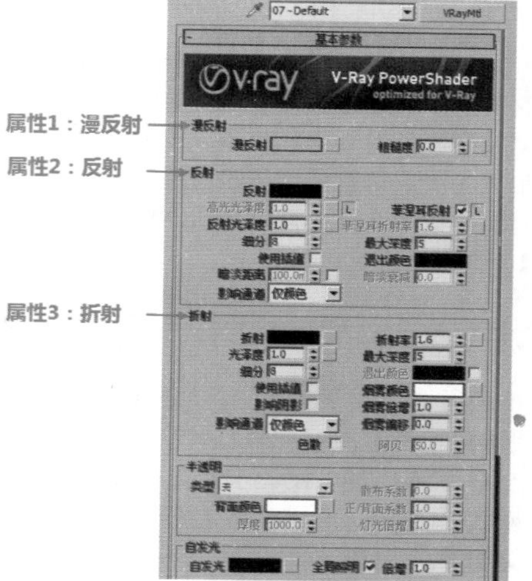

图11-59

重点 11.3.4 漫反射

漫反射就是固有色（模拟一般物体的真实颜色，物理上的漫反射即一般物体表面放大后，因为有凸凹不平造成光线从不同方向反射到人眼中形成的反射），可理解为这个材质是什么颜色的外观。参数如图11-60所示。

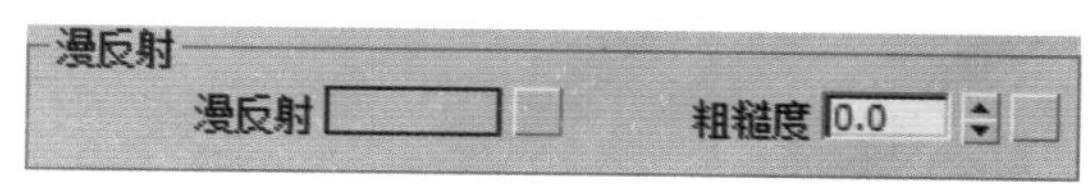

图11-60

- 漫反射：漫反射颜色控制固有色的颜色，比如颜色设置为黄色，那么材质就是黄色的外观，如图11-61和图11-62所示。

图11-61

读书笔记

图11-62

- 粗糙度：该参数越大，粗糙效果越明显。

普通质感材质，主要是无反射、无折射的材质，材质设置很简单，可以使用漫反射制作乳胶漆、白纸等材质。在下面将以表格的形式为大家讲解如何按照材质的真实特点，设置VRayMtl相应的参数（注意：通常VRayMtl材质需要取消【菲涅耳反射】选项）。

实例：使用VRayMtl材质制作石膏像

扫一扫，看视频

文件路径：Chapter 11 "质感神器"——材质→案例：使用VRayMtl材质制作石膏像

石膏像是室内设计中常见的装饰品，常见于欧式、美式、现代风格的空间中。最终渲染效果如图11-63所示。

石膏像材质的特点：没有反射。

石膏像材质特点	参数设置方法
颜色为浅灰色	设置漫反射为浅灰色

图11-63

步骤 01 打开本书场景文件，如图11-64所示。

步骤 02 单击（材质编辑器），选择一个材质球，设置材质类型为VRayMtl，接着将其命名为【石膏】，设置【漫反射】为浅灰色，如图11-65所示。

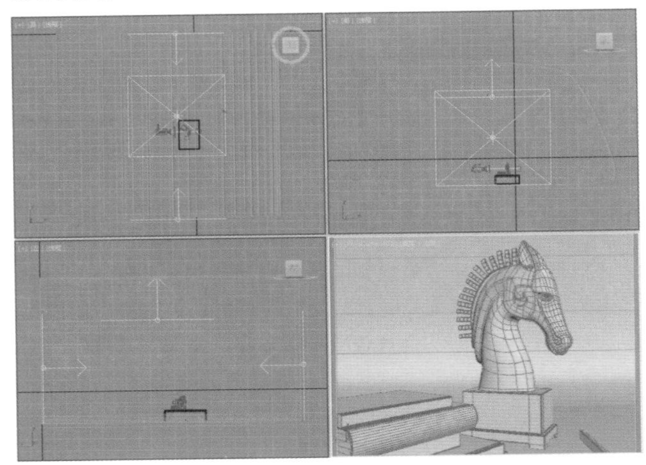
图11-64

图11-65

步骤 03 双击材质球，效果如图11-66所示。

步骤 04 选择石膏模型，然后单击（将材质指定给选定对象）按钮，此时材质已经赋给了石膏像模型，如图11-67所示。

步骤 05 最后继续制作出剩余材质，如图11-68所示。

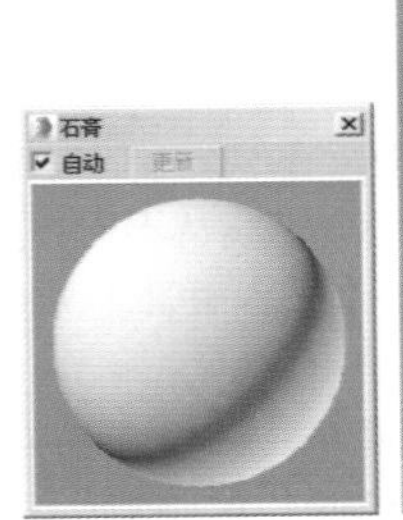

图11-66

图11-67

图11-68

重点 11.3.5 反射

通过设置【反射】属性，可以制作反光类材质，根据反射的强弱（即反射颜色的深浅）从而产生不同的质感。例如镜子反射最强、金属反射比较强、大理石反射一般、塑料反射较弱、壁纸几乎无反射。

在【反射】选项卡中可以设置材质的反射、反射光泽度等属性，使材质产生反射属性。参数如图11-69所示。

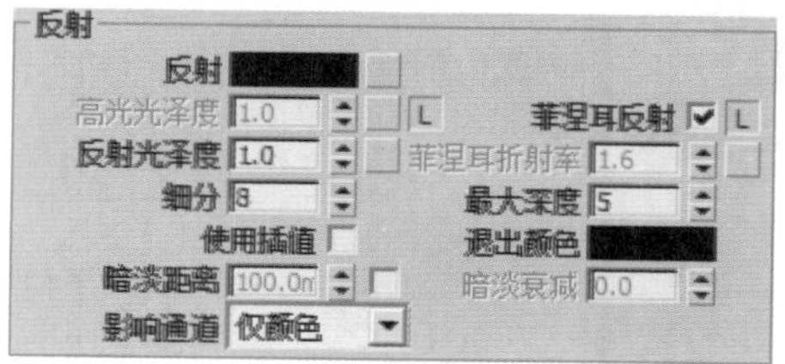

图11-69

- 反射：反射的颜色代表了反射的强度，默认为黑色，是没有反射的。颜色越浅，反射越强，如图11-70~图11-72所示为取消【菲涅耳发射】，并分别设置反射颜色为黑色、灰色、白色的对比效果。

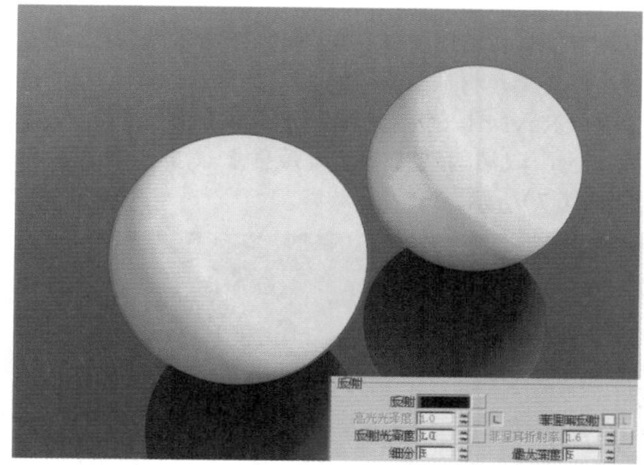

图11-70

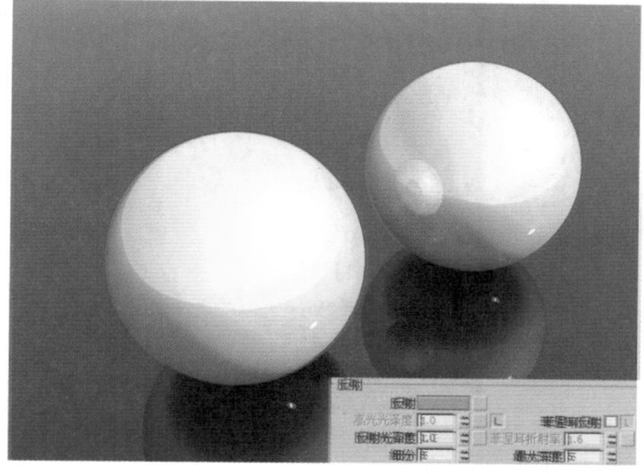

图11-71

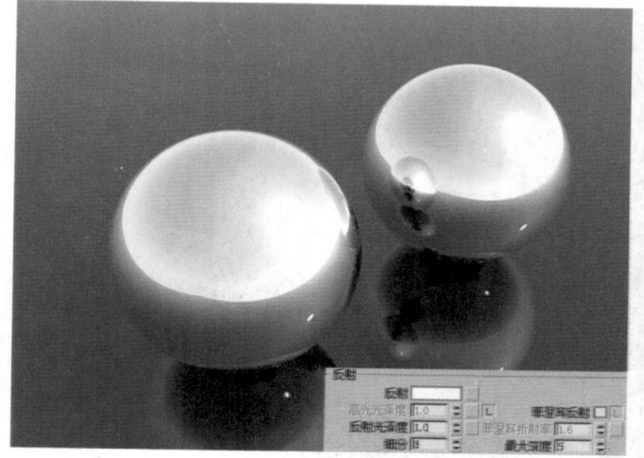

图11-72

- 高光光泽度：该参数控制高光区域的模糊度。如图11-73和图11-74所示为设置【高光光泽度】为1和0.3时的对比效果。不难发现，随着高光光泽度数值增大，高光产生了模糊效果，高光区域变得更大、更分散。

图11-73

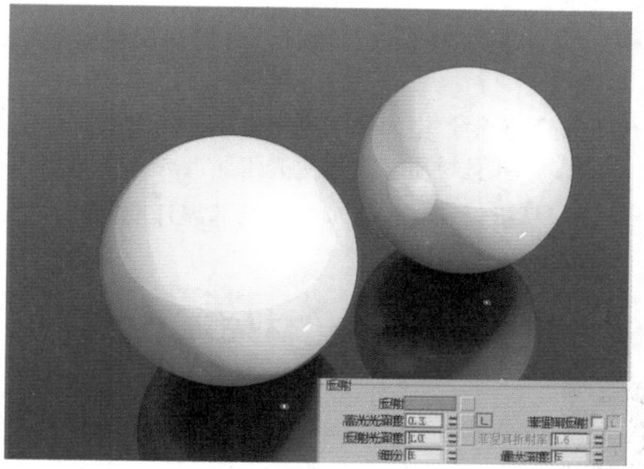

图11-74

- 反射光泽度：该参数控制反射区域的模糊度。如图11-75和图11-76所示为设置【反射光泽度】为1和0.6时的对比效果。通常通过修改该参数值来制作金属的磨砂质感，数值越小磨砂效果越强。

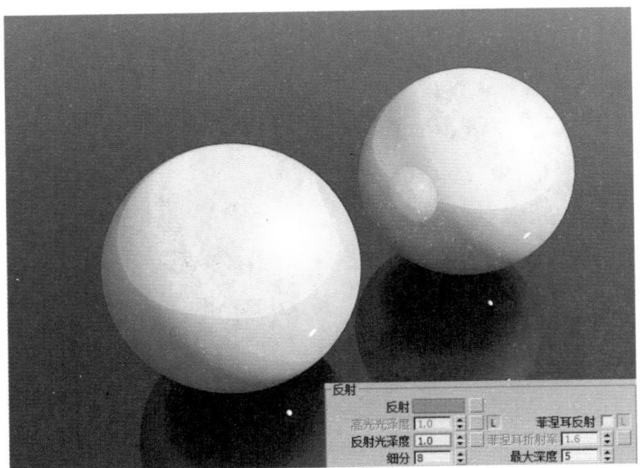

图11-75

图11-76

- 细分：控制反射的细致程度，数值越大噪点越少，渲染越慢。一般测试渲染设置为8，最终渲染设置为20。
- 使用插值：勾选该选项时，可加快反射模糊的计算速度。
- 菲涅耳反射：当勾选了这个选项后反射的强度会减弱很多，并且材质会变得更光滑。
- 菲涅耳折射率：该选项可控制菲涅耳现象的强弱衰减程度。

实例：使用VRayMtl材质制作镜子

扫一扫，看视频

文件路径：Chapter 11 "质感神器"——材质→实例：使用VRayMtl材质制作镜子

镜子是非常常见的物体，在室内设计中不仅可以起到装饰作用、梳妆使用，而且还可以在视觉上产生增大空间的效果。本例将使用VRayMtl材质模拟，重点在于根据真实材质属性调节材质参数。最终渲染效果如图11-77所示。

镜子材质的特点：最强的反射。

镜子材质特点	参数设置方法
1、颜色为灰色	设置漫反射为灰色
2、完全反射	设置反射为白色

图11-77

步骤01 打开本书场景文件，如图11-78所示。

步骤02 单击（材质编辑器），选择一个材质球，设置材质类型为VRayMtl，接着将其命名为【镜子】，设置【反射】为白色，取消勾选【菲涅耳反射】，将【细分】设置为20，如图11-79所示。

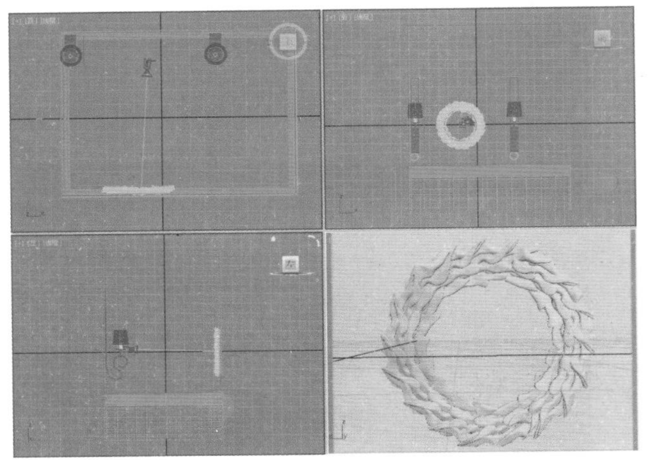

图11-78

图11-79

步骤 03 双击材质球，效果如图11-80所示。

步骤 04 选择镜子模型，然后单击 （将材质指定给选定对象）按钮，此时材质已经赋给了镜子模型，如图11-81所示。

步骤 05 最后继续制作出剩余材质，如图11-82所示。

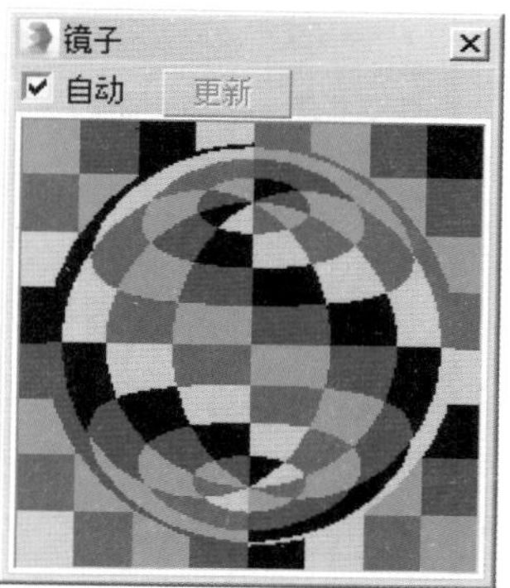

图11-80

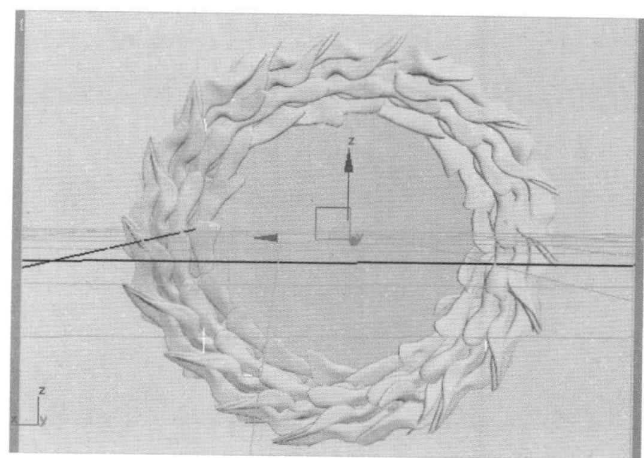

图11-81

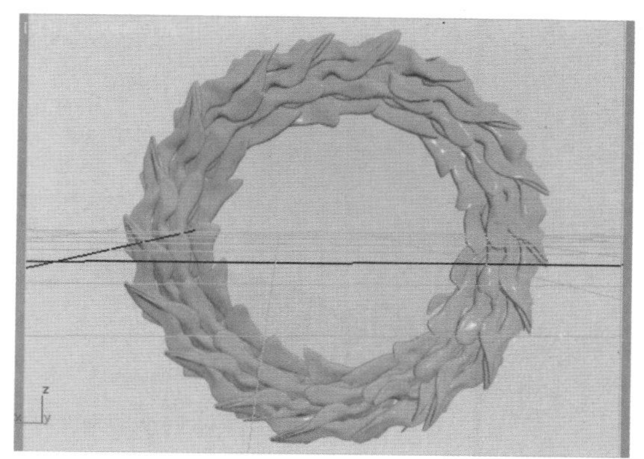

图11-82

举一反三：光滑塑料材质

文件路径：Chapter 11 “质感神器”——材质→举一反三：光滑塑料材质

已经学会了镜子材质的制作方法，考虑一下光滑塑料材质和镜子材质是不是有一些类似呢？两者的区别在于颜色不同、反射强度不同，其他都是相同的。

光滑塑料材质特点	参数设置方法
1、颜色为橙色	设置漫反射为橙色
2、反射相对微弱	设置反射为深灰色

步骤 01 设置材质类型为 VRayMtl，命名为【光滑塑料】。

步骤 02 设置【漫反射】为橙色，【反射】为深灰色（金属的反射比塑料要强，所以在金属材质的基础上，需要把反射颜色设置的更深一些），取消勾选【菲涅耳反射】，设置【细分】为20，如图11-83所示。渲染效果如图11-84所示。

图11-83

图11-84

实例：使用VRayMtl材质制作不锈钢金属吊灯

文件路径：Chapter 11 “质感神器”——材质→实例：使用VRayMtl材质制作不锈钢金属吊灯

不锈钢金属有较强的反射效果，颜色通常为灰色。最终渲染效果如图11-85所示。VRayMtl材质中反射颜色设置为灰色，产生较强的反射。

不锈钢金属材质的特点：最强的反射。

扫一扫，看视频

不锈钢金属吊灯材质特点	参数设置方法
1、颜色为灰色	设置漫反射为灰色
2、反射很强	设置反射为浅灰色

图11-85

步骤01 打开本书场景文件，如图11-86所示。

步骤02 单击（材质编辑器），选择一个材质球，设置材质类型为VRayMtl，接着将其命名为【不锈钢金属】，设置【漫反射】为深灰色，【反射】为灰色，取消勾选【菲涅耳反射】，设置【细分】为20，如图11-87所示。

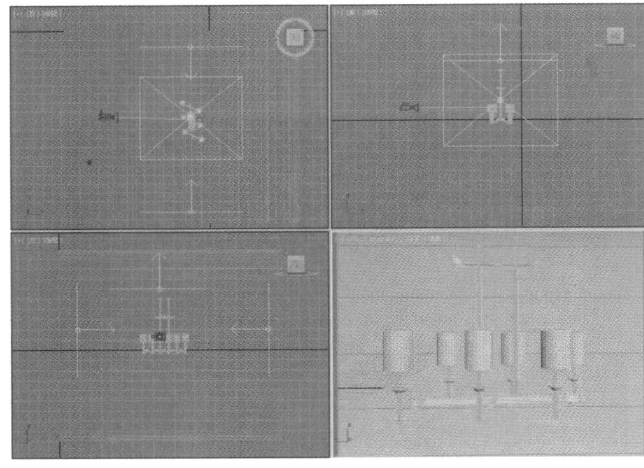

图11-86

图11-87

步骤03 双击材质球，效果如图11-88所示。

步骤04 选择灯筒模型，然后单击（将材质指定给选定对象）按钮，此时材质已经赋给了灯筒模型，如图11-89所示。

步骤05 最后继续制作出剩余材质，如图11-90所示。

图11-88

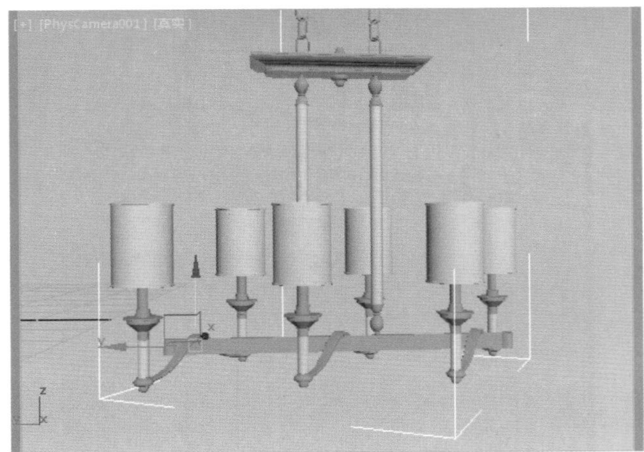

图11-89

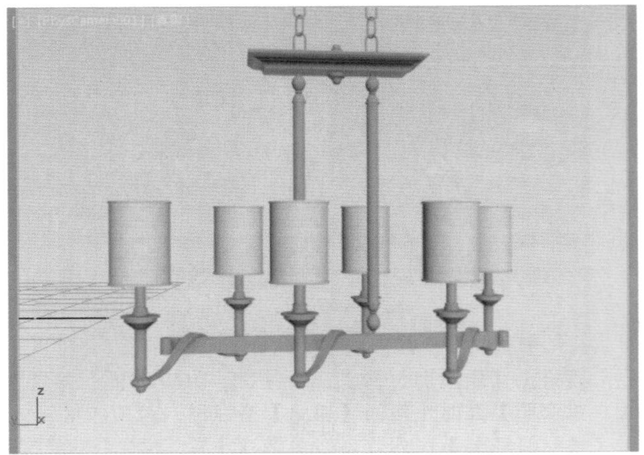

图11-90

本例的不锈钢金属材质与镜子材质的制作思路也很类似，主要的区别就是镜子反射最强，金属反射较强。因此镜子反射颜色应该设置为白色，而金属反射颜色应该设置为灰色。

举一反三：磨砂金属材质

文件路径：Chapter 11 "质感神器"——材质→举一反三：磨砂金属材质

材质特点	1.颜色为灰色	2.反射很强	3.有一些反射模糊
对应参数	漫反射为灰色	反射为浅灰色	需设置反射光泽度

步骤 01 按照刚才【不锈钢金属】材质的参数进行设置。

步骤 02 在【不锈钢金属】材质的参数设置基础上，只需要设置【反射光泽度】为0.8左右，如图11-91所示。渲染效果如图11-92所示。

图11-91

图11-92

举一反三：拉丝金属材质

文件路径：Chapter 11 "质感神器"——材质→举一反三：拉丝金属材质

拉丝金属材质特点	参数设置方法
1、颜色为灰色	设置漫反射为灰色
2、反射很强	设置反射为浅灰色
3、拉丝凹凸	在凹凸通道上添加贴图

步骤 01 按照刚才【不锈钢金属】材质的参数进行设置。

步骤 02 展开【贴图】卷展栏，设置【凹凸】为50，在后面的通道上单击加载【Noise（噪波）】程序贴图，然后设置【瓷砖】的Y为30，【大小】为6，如图11-93所示。渲染效果如图11-94所示。

图11-93

图11-94

提示：为什么要在通道上添加贴图？

需要注意，此处应用到了贴图知识，因此建议大家先看一下第12章的内容，再回来接着学习，可能会理解得更透彻。材质和贴图不是孤立存在的，很多时候设置完材质后，还需要在需要的通道上加载贴图，例如在凹凸通道上加载噪波程序贴图，则会产生凹凸纹理。并且设置【瓷砖】的Y为50，目的是让贴图产生纵向拉伸的效果，以便在渲染时产生拉丝凹凸质感。像此处应用贴图的情况在后面内容中还会出现。

实例：使用VRayMtl材质制作青花瓷

文件路径：Chapter 11 "质感神器"——材质→实例：使用VRayMtl材质制作青花瓷

扫一扫，看视频

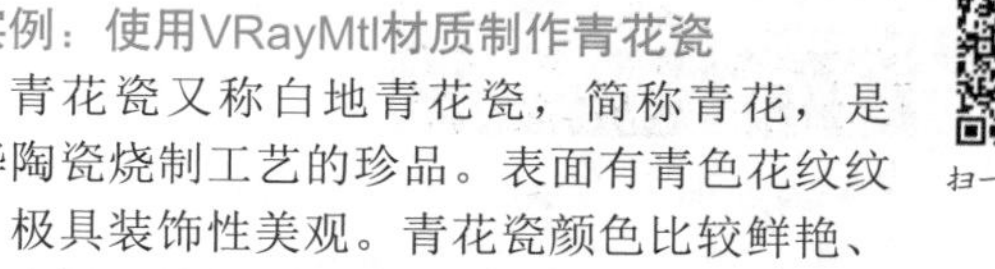

青花瓷又称白地青花瓷，简称青花，是中华陶瓷烧制工艺的珍品。表面有青色花纹纹饰，极具装饰性美观。青花瓷颜色比较鲜艳、非常光滑。最终渲染效果如图11-95所示。掌握菲涅耳反射制作光滑的青花瓷瓶质感。

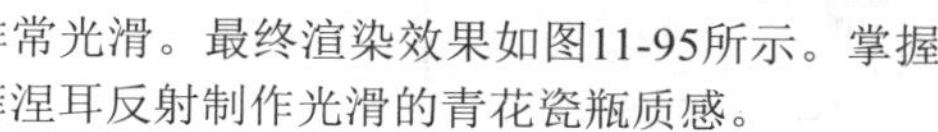

青花瓷材质的特点：反射一般。

青花瓷材质特点	参数设置方法
1、带有青花瓷花纹	在漫反射上加载贴图
2、反射一般	设置反射为白色
3、非常光滑	勾选菲涅耳反射

图11-95

步骤 01 打开本书场景文件，如图11-96所示。

步骤 02 单击（材质编辑器），选择一个材质球，设置材质类型为VRayMtl，接着将其命名为【青花瓷】，在【漫反射】通道上加载加载贴图文件【花纹.jpg】，设置【反射】为白色，勾选【菲涅耳反射】，【细分】设置为20，如图11-97所示。

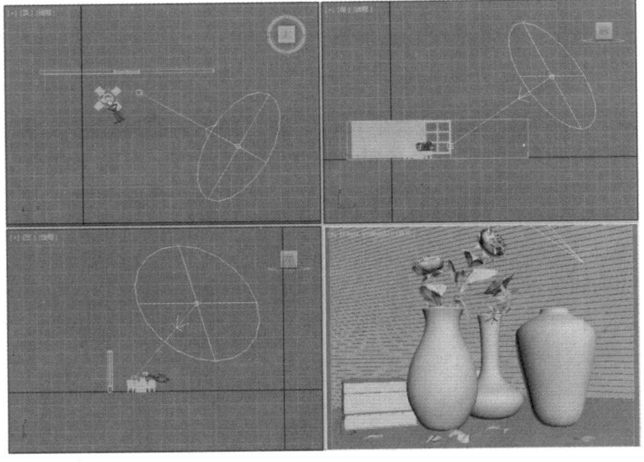

图11-96

图11-97

提示：什么时候需要勾选【菲涅耳反射】？

在3ds Max 2016中默认是勾选【菲涅耳反射】选项的，通常在制作反射较强的材质时需要取消该选项。

(1) 当勾选【菲涅耳反射】时，反射强度将大大减弱，即使设置【反射】为白色，仍然不会产生超强的反射效果，反而会产生类似陶瓷、烤漆光滑的反射质感。若【反射】设置为灰色或深灰色，则反射非常微弱。

(2) 当取消【菲涅耳反射】时，反射强度主要由【反射】颜色决定，假如【反射】为白色，则渲染出镜面反射效果，【反射】为灰色则反射比较强，【反射】为深灰色则反射比较弱。

因此可以得出结论，勾选【菲涅耳反射】，反射强度会减弱，质感更光滑。

步骤 03 双击材质球，效果如图11-98所示。

步骤 04 选择花瓶模型，然后单击（将材质指定给选定对象）按钮，接着单击（视口中显示明暗处理材质）按钮（单击该按钮即可在模型上显示应用的贴图效果），此时材质已经赋给了花瓶模型，但是发现贴图并没有显示正确的花纹效果，如图11-99所示。

图11-98

图11-99

步骤 05 选择花瓶模型，单击【修改】按钮为其添加【UVW贴图】修改器（该修改器专门用于矫正错误的贴图显示效果，在本书12.3.2节中有详细讲解），并设置【贴图】为【柱形】，勾选【封口】，设置【对齐】为X，单击【适配】按钮，如图11-100所示。

步骤 06 此时贴图显示得非常正确了，如图11-101所示。

图11-100

图11-101

步骤 07 最后继续制作出剩余材质，如图11-102所示。

图11-102

举一反三：钢琴烤漆材质

文件路径：Chapter 11 "质感神器"——材质→举一反三：钢琴烤漆材质

钢琴烤漆材质特点	参数设置方法
1、颜色为黑色	设置漫反射为黑色
2、反射很强	设置反射为白色
3、非常光滑	勾选菲涅耳反射

钢琴烤漆材质和青花瓷材质比较类似，区别在于钢琴烤漆材质没有贴图花纹，颜色是黑色，其他都是一样的。

步骤 01 设置材质类型为VRayMtl，将其命名为【钢琴烤漆】。

步骤 02 设置【漫反射】为黑色，设置【反射】为白色，勾选【菲涅耳反射】，如图11-103所示。渲染效果如图11-104所示。

图11-103

图11-104

实例：使用VRayMtl材质制作陶瓷

文件路径：Chapter 11 "质感神器"——材质→实例：使用VRayMtl材质制作陶瓷

扫一扫，看视频

本例将使用VRayMtl材质制作陶瓷，案例中有两种陶瓷，分别为白陶瓷和黑陶瓷。陶瓷的反射比较强烈，而且具有较好的反射衰减质感。最终渲染如图11-105所示。

图11-105

Part 01 VRayMtl材质制作白陶瓷

步骤 01 打开本书场景文件，如图11-106所示。

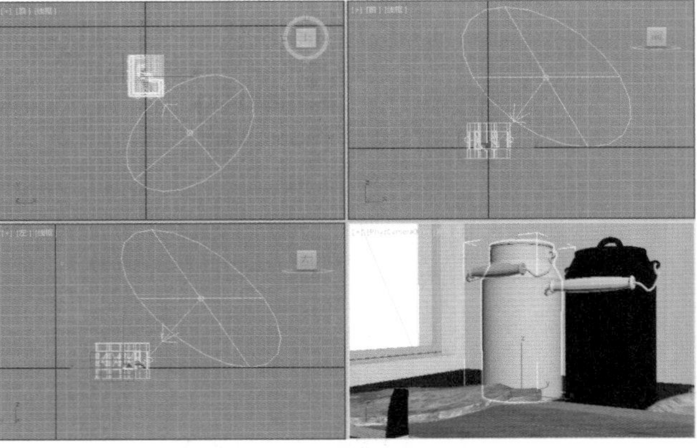

图11-106

步骤 02 单击（材质编辑器），选择一个材质球，设置材质类型为VRayMtl，接着将其命名为【白色陶瓷】；设置【漫反射】颜色为白色；在【反射】后面的通道加载【衰减】程序贴图，设置【衰减类型】为Fresnel；展开【混合曲线】卷展栏，适当调节曲线；取消【菲涅耳反射】，如图11-107所示。

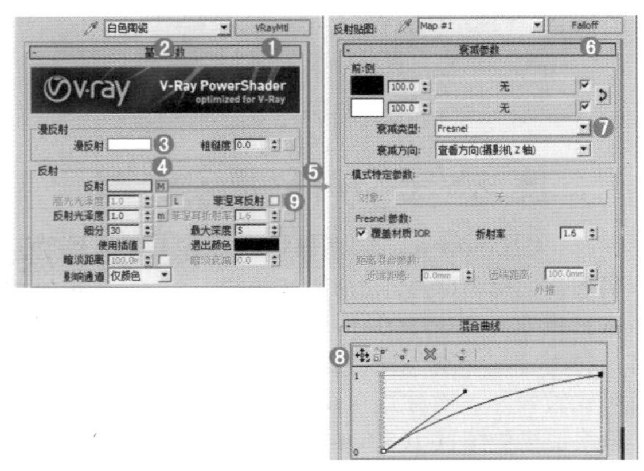

图11-107

步骤 03 在【反射光泽度】后面的通道上加载【衰减】程序贴图，设置【衰减类型】为Fresnel，【细分】设置为30，如图11-108所示。

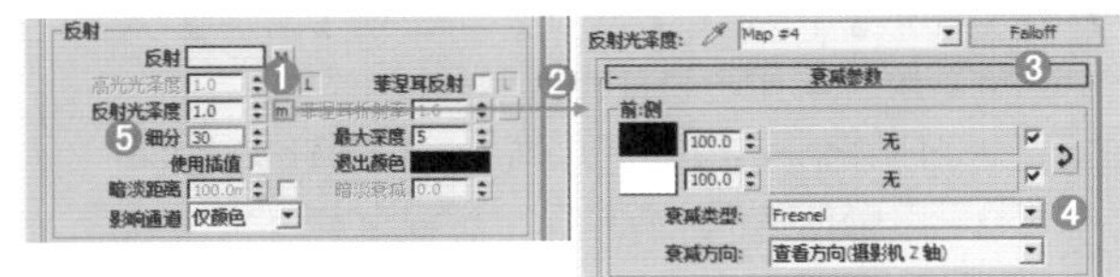

图11-108

步骤 04 双击材质球，如图11-109所示。

步骤 05 选择白陶瓷模型，然后单击（将材质指定给选定对象）按钮，此时材质已经赋给了白陶瓷模型，如图11-110所示。

图11-109

图11-110

Part 02 VRayMtl材质制作黑陶瓷

步骤 01 单击（材质编辑器），选择一个材质球，设置材质类型为VRayMtl，接着将其命名为【白色陶瓷】；设置【漫反射】颜色为白色；在【反射】后面的通道加载【衰减】程序贴图，设置【衰减类型】为Fresnel；展开【混合曲线】卷展栏，适当调节曲线；取消【菲涅耳反射】，如图11-111所示。

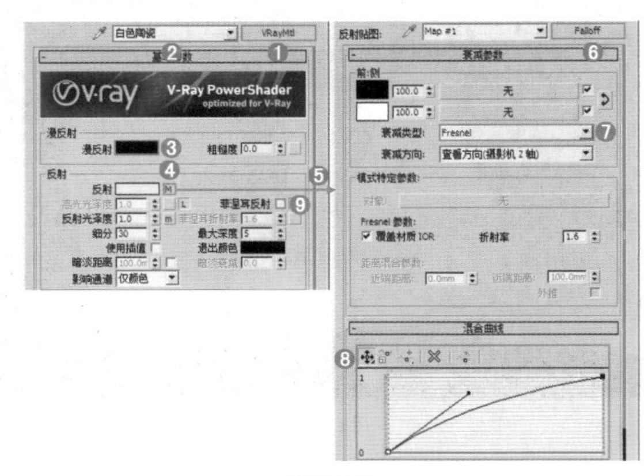

图11-111

步骤 02 在【反射光泽度】后面的通道上加载【衰减】程序贴图，设置【衰减类型】为Fresnel，【细分】设置为30，如图11-112所示。

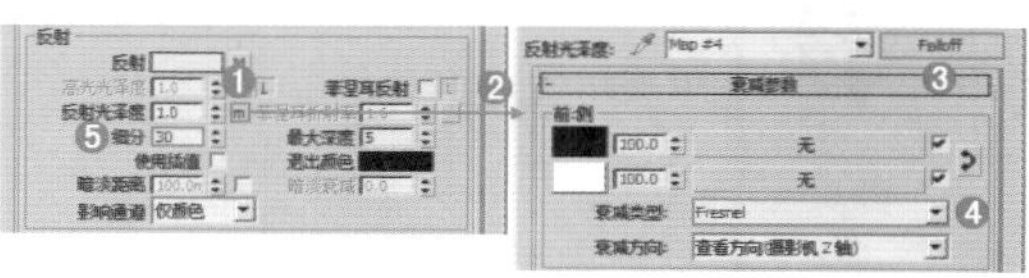

图11-112

步骤 03 双击材质球，如图11-113所示。

步骤 04 选择黑陶瓷模型，然后单击 （将材质指定给选定对象）按钮，此时材质已经赋给了黑陶瓷模型，并制作完成剩余材质，如图11-114所示。

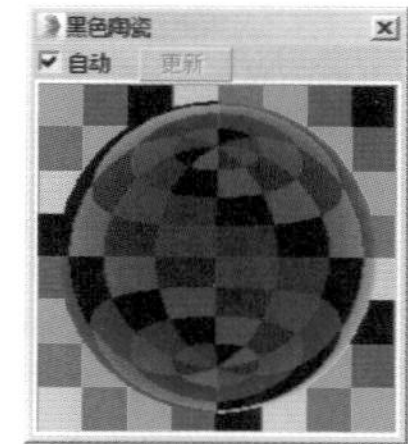

图11-113

图11-114

实例：使用VRayMtl材质制作大理石地砖

文件路径：Chapter 11 "质感神器"——材质→实例：使用VRayMtl材质制作大理石地砖

扫一扫，看视频

本例将讲解VRayMtl材质制作大理石地砖，需要模拟一个比较光滑的质感，因此要设置反射光泽度数值大一些。最终渲染如图11-115所示。

步骤 01 打开本书场景文件，如图11-116所示。

步骤 02 单击打开 （材质编辑器），选择一个材质球，设置材质类型为VRayMtl，接着将其命名为【大理石地砖】；在【漫反射】后面的通道上加载【平铺】程序贴图，并在【纹理】后面的通道上加载【大理石.jpg】贴图文件，设置【瓷砖】的U和V为10；设置【水平数】和【垂直数】为39，【砖缝设置】的颜色为深灰色，【水平间距】和【垂直间距】为0.005；最后设置【反射】颜色为深灰色，【反射光泽度】为0.98，【细分】为20，如图11-117所示。

图11-115

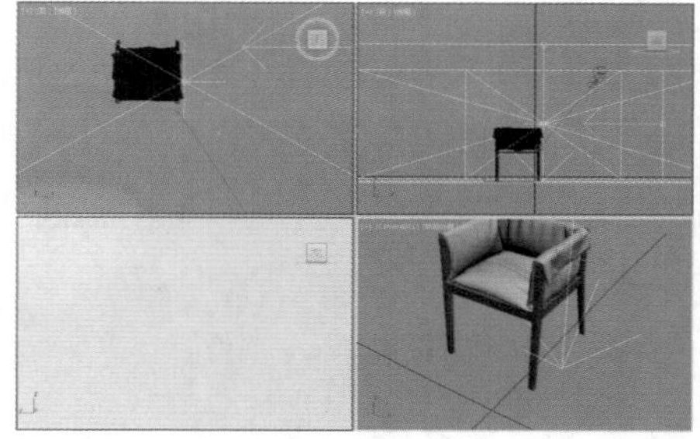

图11-116

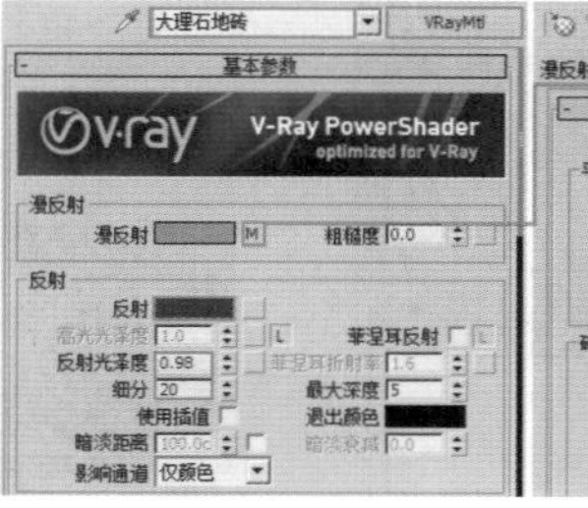

图11-117

步骤 03 双击材质球，如图11-118所示。

步骤 04 选择地面模型，然后单击 （将材质指定给选定对象）按钮，此时材质已经赋给了地面模型，并将剩余材质制作完成，如图11-119所示。

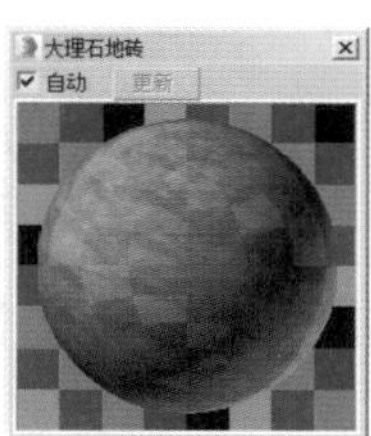

图11-118

图11-119

实例：使用VRayMtl材质制作金材质

扫一扫，看视频

文件路径：Chapter 11 "质感神器"——材质→实例：使用VRayMtl材质制作金材质

在这个场景中，主要讲解利用VRayMtl材质制作金材质。金属材质给人一种金光闪闪的感觉，具有一定的光泽度，这样在材质设置的时候我们要添加高光光泽度的效果。最终渲染效果如图11-120所示。

图11-120

步骤01 打开本书场景文件，如图11-121所示。

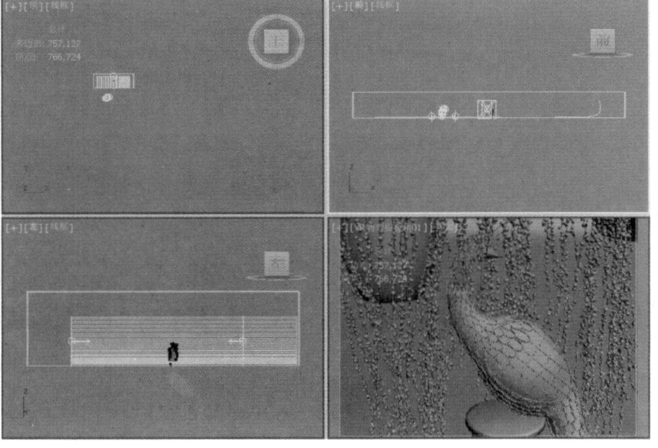

图11-121

步骤02 按M键打开【材质编辑器】对话框，选择第一个材质球，单击 Standard 按钮，在弹出的【材质/贴图浏览器】对话框中选择VRayMtl材质，如图11-122所示。

步骤03 将材质命名为【金材质】，设置【漫反射】颜色为褐色，设置【反射】颜色为灰色，设置【高光光泽度】为0.85，【反射光泽度】为0.8，【细分】为20，取消勾选【菲涅耳反射】，如图11-123所示。

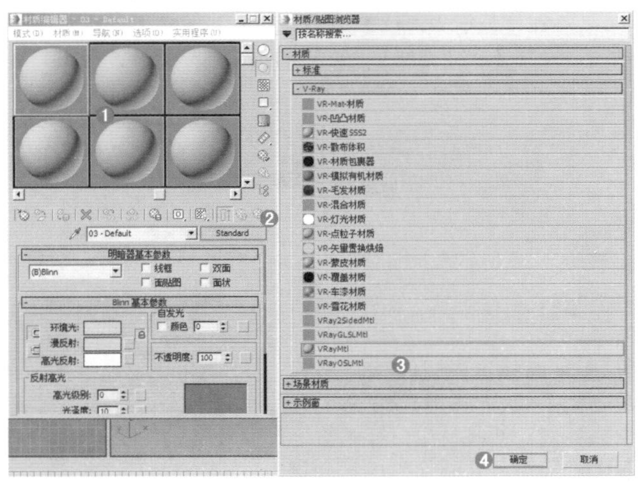

图11-122

图11-123

提示：细分的影响。

细分可以影响一个模型材质的【反射光泽度】的品质，较高的值可以取得较平滑的效果，较低的值可以使模糊的区域产生颗粒感。但是也要注意，细分值越大，渲染的时间就会相对加长。

步骤04 将制作完毕的金材质赋给场景之中的孔雀模型，如图11-124所示。

图11-124

步骤 05 将剩余的材质制作完成，并赋给相应的物体，如图11-125所示。

图11-125

步骤 06 最终渲染效果如图11-126所示。

图11-126

实例：使用VRayMtl材质制作汽车车漆

文件路径：Chapter 11 “质感神器”——材质→实例：使用VRayMtl材质制作汽车车漆

扫一扫，看视频

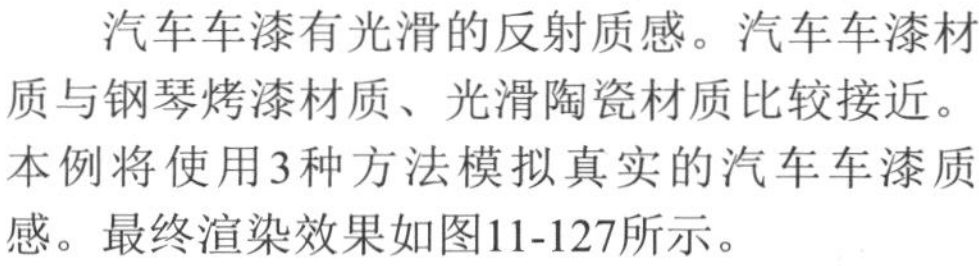

汽车车漆有光滑的反射质感。汽车车漆材质与钢琴烤漆材质、光滑陶瓷材质比较接近。本例将使用3种方法模拟真实的汽车车漆质感。最终渲染效果如图11-127所示。

汽车车漆的特点：颜色为红色；有一定的反射。

图11-127

步骤 01 打开本书场景文件，如图11-128所示。

图11-128

步骤 02 单击（材质编辑器），选择一个材质球，设置材质类型为VRayMtl，将其命名为【杯子】，设置【漫反射】为深灰色、【反射】为深灰色，勾选【菲涅耳反射】，设置【细分】为15，如图11-129所示。设置【折射】为白色，【细分】为15。

步骤 03 双击材质球，效果如图11-130所示。

图11-129

图11-130

步骤 04 此时选择汽车框架模型，然后单击（将材质指定给选定对象）按钮，此时材质已经赋给了汽车框架模型，如图11-131所示。

图11-131

步骤 05 最后继续制作出剩余材质，如图11-132所示。

图11-132

除此之外，还能怎么制作汽车车漆材质呢？

方法 2：

学习到了上面的方法 1，可以扩展思路，使用其他方法制作。由于车漆非常光滑，而且在前面讲到过【菲涅耳反射】的应用方法。因此可以在方法 1 的基础上，修改【反射】为灰色，勾选【菲涅耳反射】，如图 11-133 所示。渲染效果如图 11-134 所示。

图11-133

图11-134

方法 3：

另外，汽车车漆的反射也有较好的衰减质感。根据这一特点，可以在方法 1 的基础上，在【反射】通道上加载【衰减】程序贴图，并设置两个颜色为【黑色】和【灰色】，【衰减类型】为 Fresnel，如图 11-135 所示。渲染效果如图 11-136 所示。

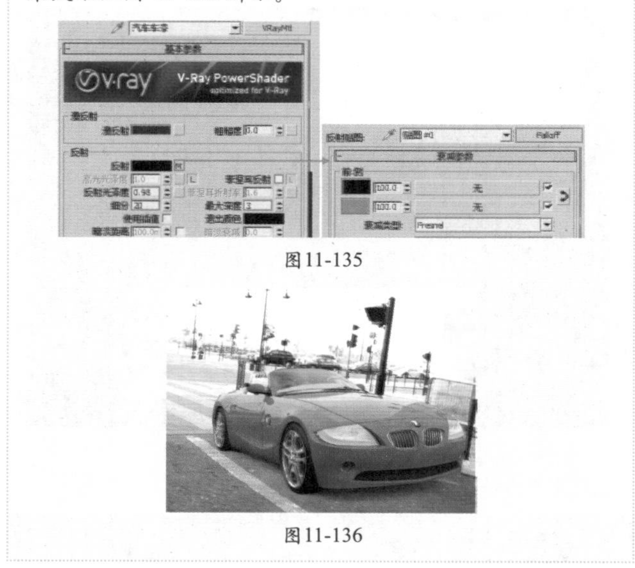

图11-135

图11-136

3种方法效果都很逼真，对比发现各有各的优点。方法2的车漆质感更光滑，方法1的车漆反光比较弱，方法3的车漆衰减的效果更好，如图11-137~图11-139所示。其不同质感的原因就是设置了不同的【反射】参数。

方法1 反光较弱

图11-137

方法2 反射更光滑

图11-138

方法3 反射衰减更好

图11-139

实例：使用VRayMtl材质制作沙发皮革

文件路径：Chapter 11 “质感神器”——材质→实例：使用VRayMtl材质制作沙发皮革

扫一扫，看视频

本例使用VRayMtl材质制作沙发皮革材质。除了制作真实的反射效果外，还需要模拟真实的皮革凹凸纹理。最终渲染效果如图11-140所示。

图11-140

步骤01 打开本书场景文件，如图11-141所示。

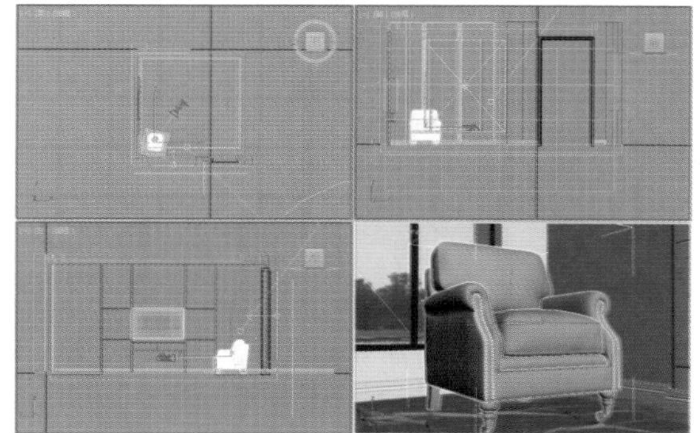
图11-141

步骤02 单击（材质编辑器），选择一个材质球，设置材质类型为VRayMtl，接着将其命名为【沙发皮革】，在【漫反射】后面的通道上加载11.jpg贴图文件，设置【瓷砖U/V】分别为0.7；设置【反射】颜色为浅灰色，勾选【菲涅耳反射】，设置【菲涅耳折射率】为1.5，如图11-142所示。

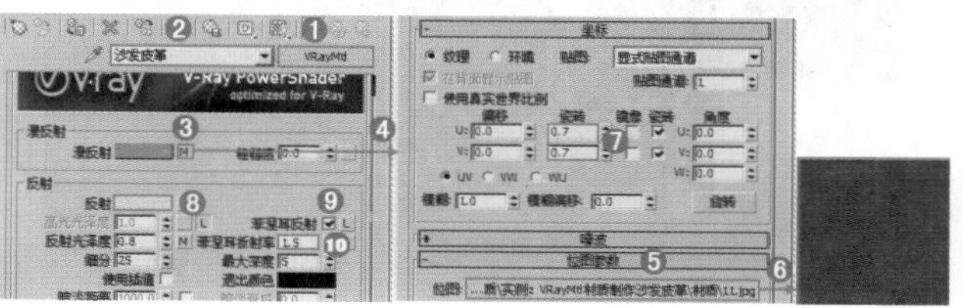
图11-142

步骤03 在【反射光泽度】后面的通道加载【混合】程序贴图，设置【颜色#1】为灰色，【颜色#2】为浅灰色，在【混合量】后面的通道上加载22.jpg贴图文件，最后设置【细分】为25，如图11-143所示。

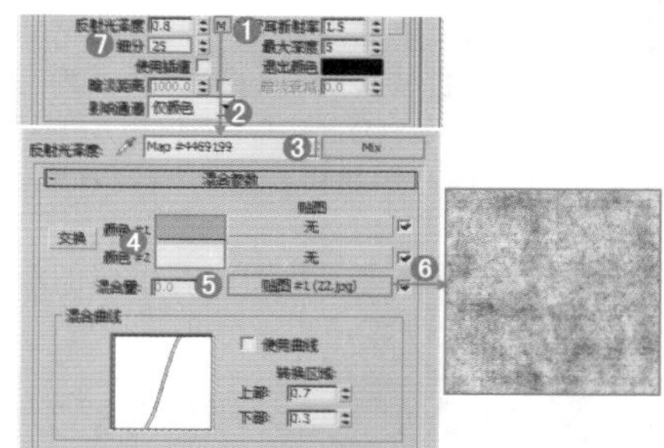
图11-143

步骤04 展开【贴图】卷展栏，在【凹凸】后面的通道上加载22.jpg贴图文件，设置【瓷砖U/V】分别为0.7，【模糊】为0.5，最后设置【凹凸】为30，如图11-144所示。

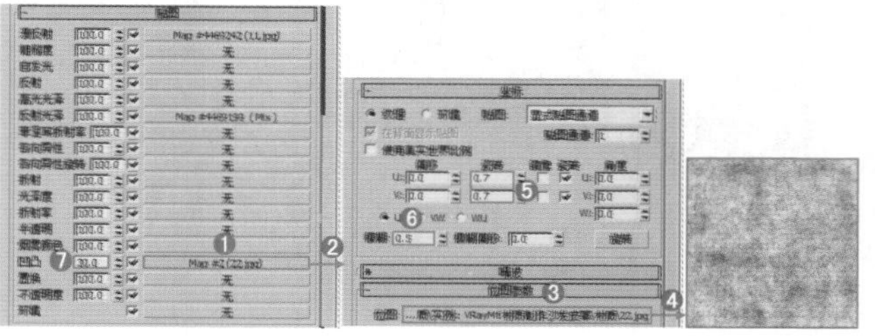
图11-144

步骤05 双击材质球，如图11-145所示。

步骤06 选择沙发模型，然后单击（将材质指定给选定对象）按钮，此时材质已经赋给了沙发模型，然后制作完成剩余材质，如图11-146所示。

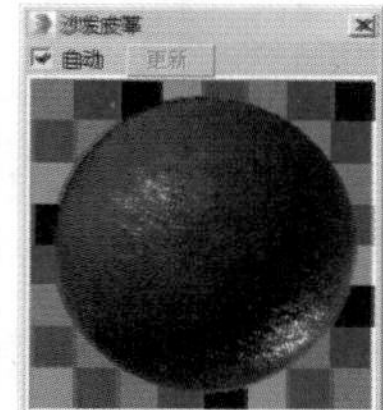

图11-145

图11-146

实例：使用VRayMtl材质制作木地板

扫一扫，看视频

文件路径：Chapter 11 "质感神器"——材质→实例：使用VRayMtl材质制作木地板

木地板是室内设计中常用的材料，效果图设计中常通过其反射的强弱区分为亮光木地板和哑光木地板。通过本案例的学习，还可以用同样的方法制作如木桌子、大理石地面等材质。最终渲染效果如图11-147所示。

木地板的特点：带有纹理贴图；有较弱的反射、无折射；有凹凸纹理。

图11-147

步骤01 打开本书场景文件，如图11-148所示。

步骤02 单击（材质编辑器），选择一个材质球，设置材质类型为VRayMtl，接着在【漫反射】通道上加载贴图文件parquet_oak_Versailles_dif_1.jpg，并设置【角度】的W为90，【模糊】为0.1，如图11-149所示。

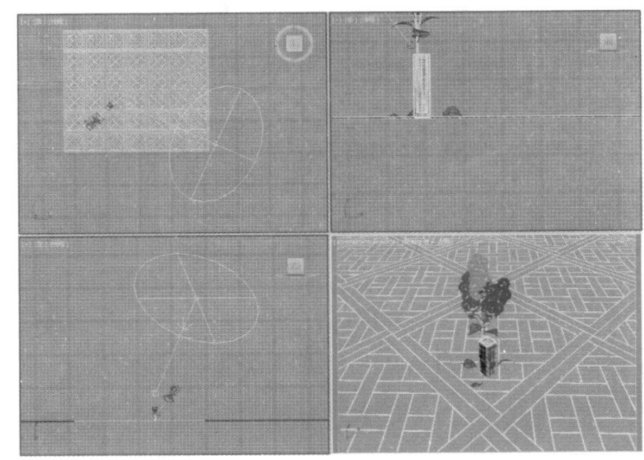

图11-148

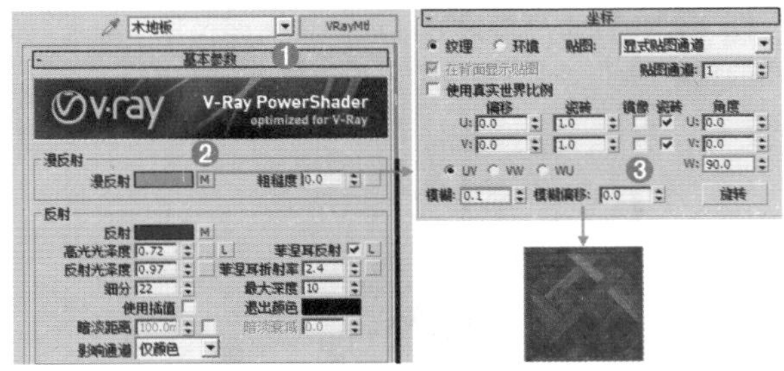

图11-149

步骤03 在【反射】通道上加载【颜色校正】程序贴图，并在【通道】上加载贴图文件parquet_oak_Versailles_ref_1.jpg，并设置【角度】的W为90，【模糊】为0.1；设置【亮度】为-10；接着勾选【菲涅耳反射】，设置【高光光泽度】为0.72，【反射光泽度】为0.97，【细分】为22，【菲涅耳折射率】为2.4，【最大深度】为10，如图11-150所示。

步骤04 设置【凹凸】为6，并在通道上加载贴图文件parquet_oak_Versailles_bump_1.jpg，并设置【角度】的W为90，【模糊】为0.4，如图11-151所示。

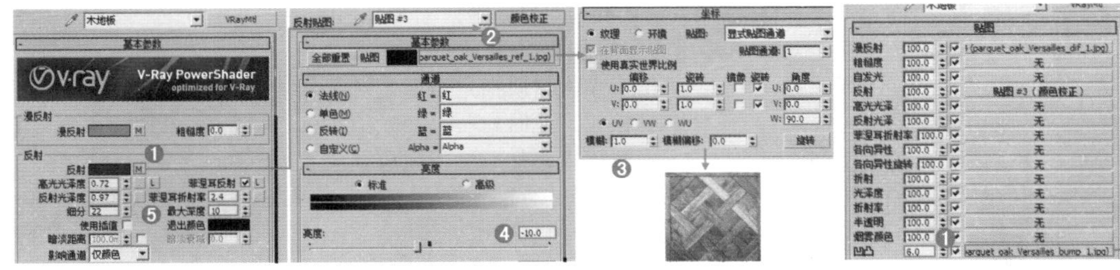

图11-150

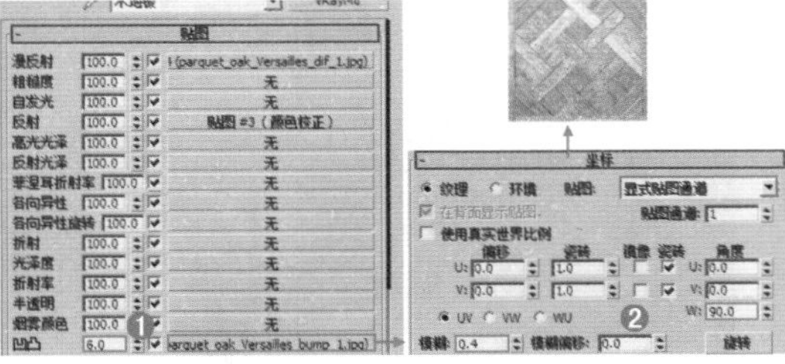

图11-151

步骤 05 双击材质球，效果如图11-152所示。

图11-152

步骤 06 此时选择地面模型，如图11-153所示。然后单击（将材质指定给选定对象）按钮，此时材质已经赋给了地面模型，如图11-154所示。

图11-153

图11-154

步骤 07 最后继续制作出剩余材质，如图11-155所示。

图11-155

上述方法制作的木地板效果更逼真。假如你认为这个方法比较复杂，那么还有简单好记的方法。

方法 2：

(1) 在【漫反射】通道上加载贴图，设置【反射】为深灰色，【反射光泽度】为 0.8，【细分】为 22，勾选【菲涅耳反射】，如图 11-156 所示。

(2) 设置【凹凸】强度，然后拖动【漫反射】通道到【凹凸】通道上，如图 11-157 所示。渲染效果如图 11-158 所示。

图11-156

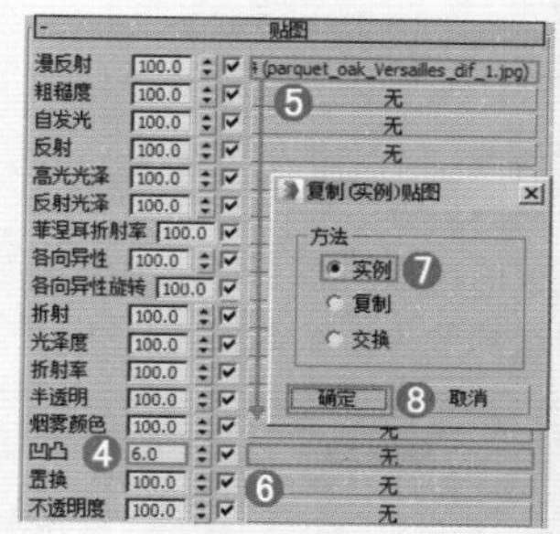

图11-157

图11-158

除此之外，还可以制作哪些材质呢？

学到这里，你是不是已经感受到VRayMtl材质的强大了，那么反射类的材质还有哪些呢？如图11-159所示是为大家整理的材质质感，都可以按照上面的思路进行发散思维，不妨自己动手尝试一下吧！

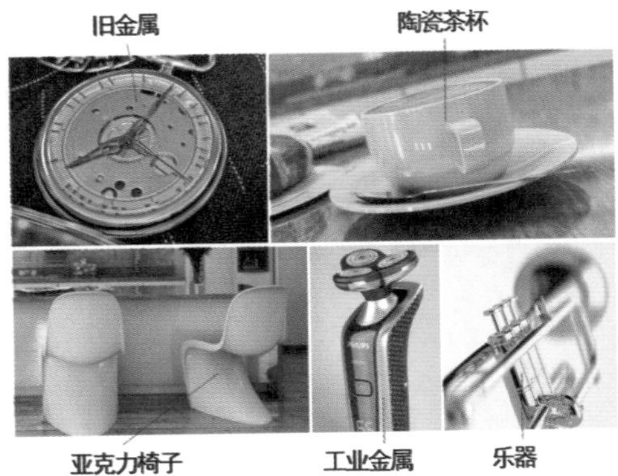

图11-159

重点 11.3.6 折射

透明类材质，根据折射的强弱（即折射颜色的浅深）从而产生不同的质感。例如水和玻璃的折射超强、塑料瓶的折射比较强、灯罩的折射一般、树叶的折射比较弱、地面无折射。

透明类材质需要特别注意一点，反射颜色要比折射颜色深，也就是说通常需要设置【反射】为深灰色，【折射】为白色或浅灰色，这样渲染才会出现玻璃质感。假如【反射】设置为白色或浅灰色，无论折射颜色是否设置为白色，渲染都会呈现类似镜子的效果。

折射的选项卡中可以设置折射、光泽度等属性，可以在这里设置材质的透明效果。参数如图11-160所示。

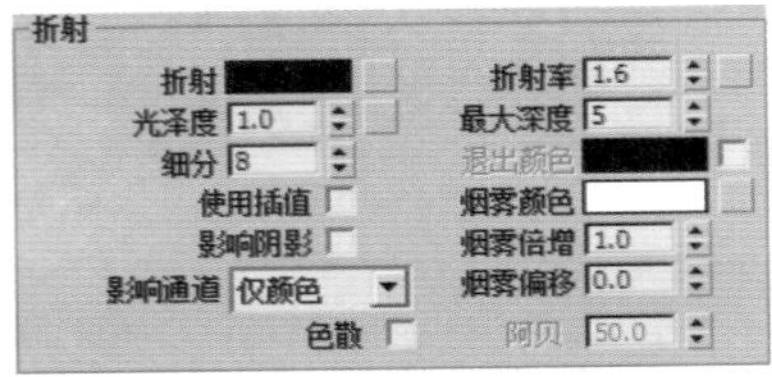

图11-160

- 折射：该颜色控制折射透光的程度，颜色越深越不透光，越浅越透光。如图11-161~图11-163所示为设置【折射】颜色为黑色、灰色、白色的对比效果。
- 光泽度：该数值控制折射的模糊程度，与反射模糊的作用类似。如图11-164和图11-165所示为将【光泽度】设置为1和0.5时的对比效果，也就是普通玻璃和磨砂玻璃的对比效果。
- 细分：控制折射的细致程度，数值越大，折射的噪点越少，渲染越慢。一般测试渲染设置为8，最终渲染设置为20。

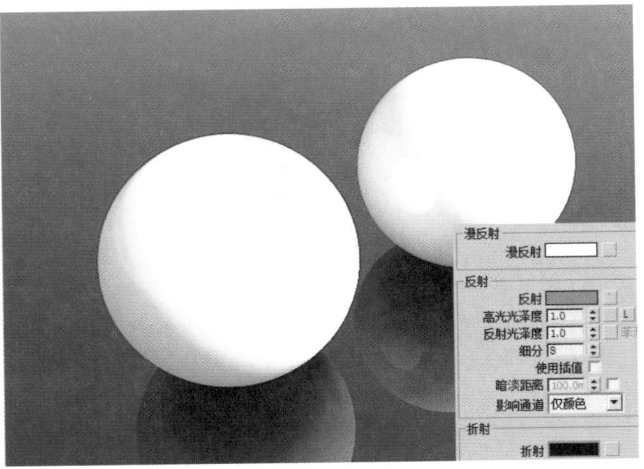

图11-161

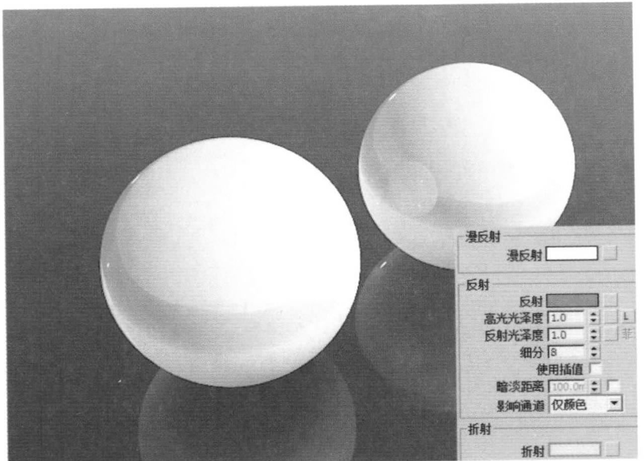

图11-162

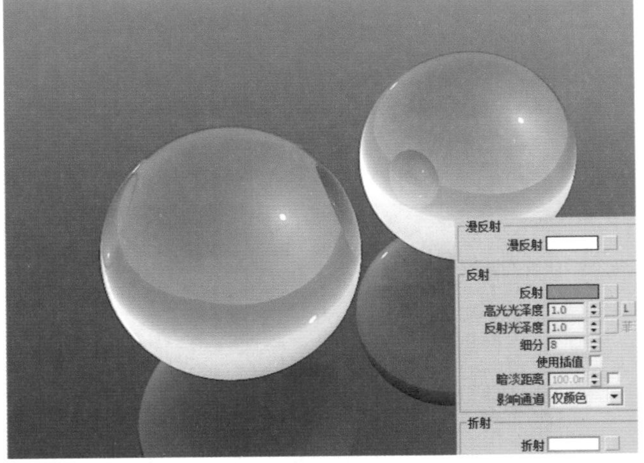

图11-163

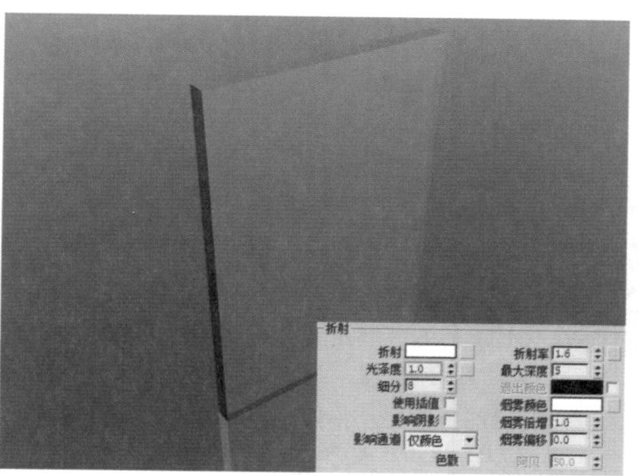

图11-164

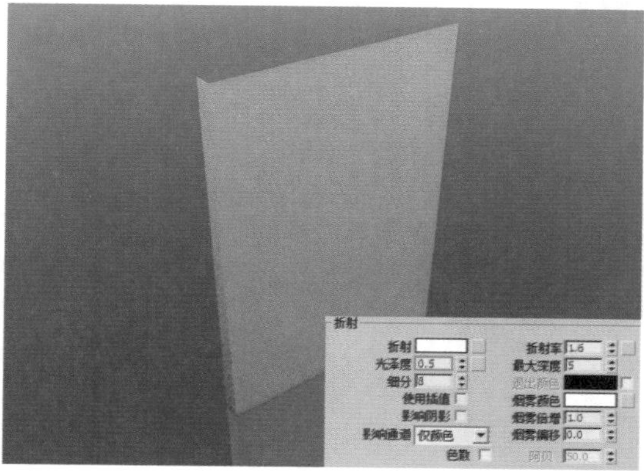

图11-165

- 折射率：材料的折射率越高，射入光线产生折射的能力越强。玻璃折射率1.5左右，钻石折射率2.417，如图11-166和图11-167所示。
- 最大深度：折射的次数，数值越大越真实，但是渲染速度越慢。

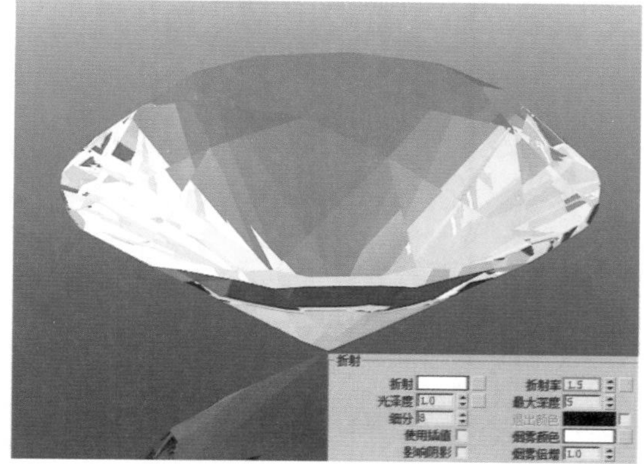

图11-166

图11-167

- 退出颜色：当物体的折射次数达到最大次数时会停止计算折射，这时由于折射次数不够造成的折射区域的颜色就会用退出颜色来代替。
- 烟雾颜色：设置该颜色可在渲染时产生带有颜色的透明效果，例如制作红酒、有色玻璃等。如图11-168和图11-169所示为将【烟雾颜色】设置为白色和浅粉色的对比效果。需要注意的是，该颜色通常设置得浅一些，若设置颜色很深渲染则可能会比较黑。

图11-168

图11-169

- 烟雾倍增：该数值控制烟雾颜色的浓度，数值越小，颜色越浅。如图11-170和图11-171所示为【烟雾倍增】设置为1和0.4的对比效果。

图11-170

图11-171

除此之外，还有其他属性，但是没那么重要，只需了解即可，如图11-172所示。

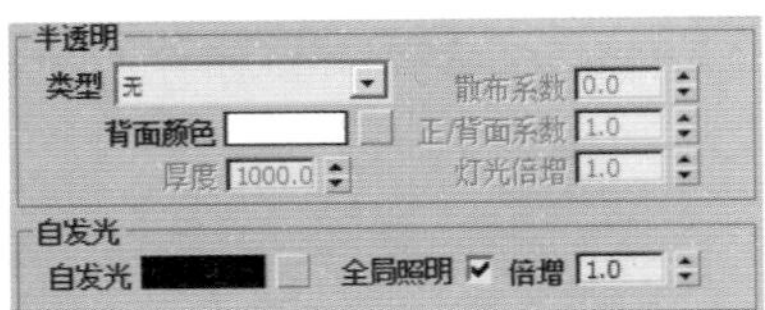

图11-172

- 类型：【硬（腊）模型】可制作比如蜡烛材质；【软（水）模型】可制作比如海水；还有一种是【混合模型】。
- 背面颜色：用来控制半透明效果的颜色。
- 厚度：控制光线的最大穿透能力。较大的值，会让整个物体都被光线穿透。
- 散布系数：物体内部的散射总量。0表示光线在所有方向被物体内部散射；1表示光线在一个方向被物体内部散射，而不考虑物体内部的曲面。
- 正/背面系数：控制光线在物体内的散射方向。0为光线沿灯光发射的方向向前散；1为光线沿灯光发射的方向向后散。
- 灯光倍增：设置光线穿透能力的倍增值。值越大，散射效果越强。

实例：使用VRayMtl材质制作普通玻璃

扫一扫，看视频

文件路径：Chapter 11 “质感神器”——材质→实例：使用VRayMtl材质制作普通玻璃

普通玻璃是无色透明的，非常漂亮。玻璃的折射属性最强，几乎是完全折射，而反射属性比较强，可以反射部分效果。最终渲染效果如图11-173所示。

普通玻璃材质特点：较强的反射；最强的折射。

图11-173

普通玻璃材质特点	参数设置方法
1、反射较弱	设置反射为深灰色
2、折射超强	折射为白色

步骤01 打开本书场景文件，如图11-174所示。

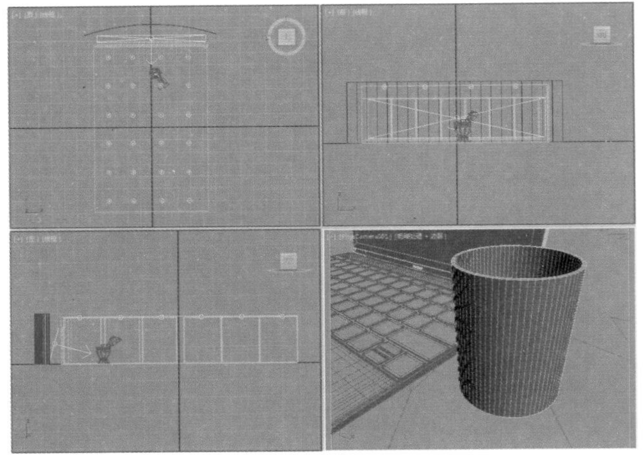

图11-174

步骤02 单击（材质编辑器），选择一个材质球，设置材质类型为VRayMtl，接着将其命名为【普通玻璃】；设置

【反射】为深灰色，取消【菲涅耳反射】，设置【细分】为20；设置【折射】为白色，【细分】为20，如图11-175所示。

步骤03 双击材质球，效果如图11-176所示。

图11-175

图11-176

步骤04 选择杯子模型，然后单击（将材质指定给选定对象）按钮，此时材质已经赋给了杯子模型，如图11-177所示。

步骤05 最后继续制作出剩余材质，如图11-178所示。

图11-177

图11-178

举一反三：磨砂玻璃

文件路径：Chapter 11 “质感神器”——材质→举一反三：磨砂玻璃

可以在刚才制作的【普通玻璃】材质的基础上，只更改【光泽度】参数即可模拟磨砂玻璃质感。

磨砂玻璃材质特点	参数设置方法
1、反射较弱	设置反射为深灰色
2、折射超强	折射为白色
3、玻璃磨砂质感明显	设置较小的折射光泽度

步骤01 先按照刚才【普通玻璃】材质的参数进行设置。

步骤02 在【普通玻璃】参数设置的基础上，只需要设置【折射】的【光泽度】为0.6，如图11-179所示。渲染效果如图11-180所示。

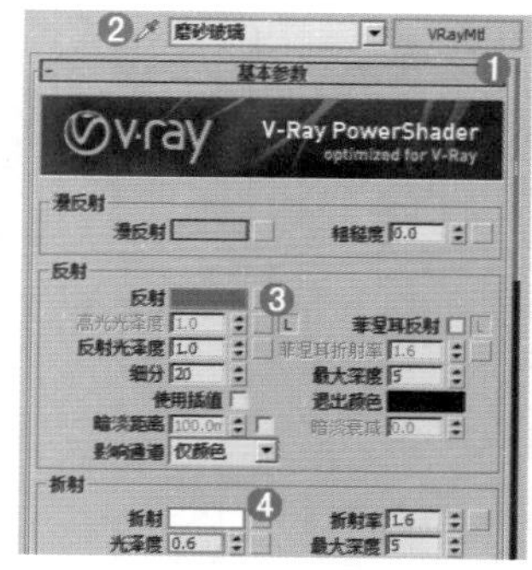

图11-179

图11-180

举一反三：有色玻璃

文件路径：Chapter 11 “质感神器”——材质→举一反三：有色玻璃

可以在刚才制作的【普通玻璃】材质的基础上，只更改【烟雾颜色】即可模拟有色玻璃质感。

钢琴烤漆材质特点	参数设置方法
1、反射较弱	设置反射为深灰色
2、折射超强	折射为白色
3、玻璃是红色	设置烟雾颜色为红色

步骤 01 先按照刚才【普通玻璃】材质的参数进行设置。

步骤 02 在【普通玻璃】的参数设置基础上，只需要设置【烟雾颜色】为浅红色，如图11-181所示。渲染效果如图11-182所示。

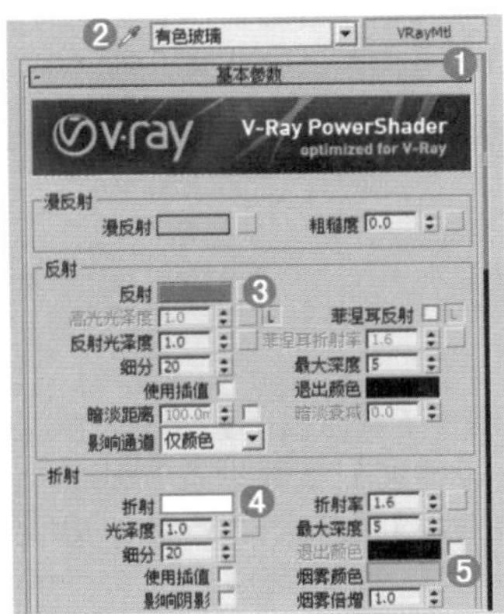

图11-181

图11-182

除此之外，还可以制作哪些材质呢？

想必现在已经充分明白折射的含义了。那么折射类的材质还有哪些呢？如图11-183所示是为大家整理的材质质感，都可以按照上面的思路进行发散思维，不妨自己动手尝试一下吧！

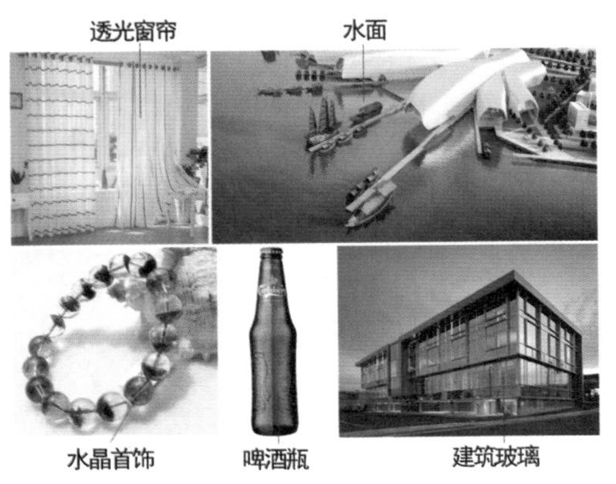

图11-183

实例：使用VRayMtl材质制作透明泡泡

扫一扫，看视频

文件路径：Chapter 11 “质感神器”——材质→实例：使用VRayMtl材质制作透明泡泡

透明泡泡是完全透明的，但是表面会反射出彩色的质感，赤橙黄绿青蓝紫，非常梦幻。本例的制作难点在于模拟泡泡丰富的反射质感。最终渲染效果如图11-184所示。掌握泡泡表面七彩反射质感的模拟。

透明泡泡的特点：反射呈现七种颜色；有超强的折射。

图11-184

步骤 01 打开本书场景文件，如图11-185所示。

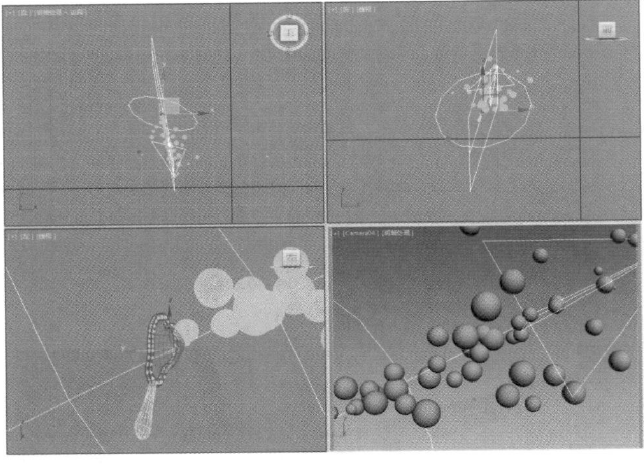

图11-185

步骤 02 单击（材质编辑器），选择一个材质球，设置材质类型为VRayMtl，将其命名为【透明泡泡】；设置【漫反射】为白色，然后在【反射】通道上加载【渐变坡度】程序贴图，并设置七彩颜色；接着取消【菲涅耳反射】，【细分】为25；设置【折射】为白色，【细分】为25，如图11-186所示。注意：仔细观察透明泡泡表面的反射是有七彩色的，因此需要在【反射】通道上添加【渐变坡度】程序贴图，并模拟七色。

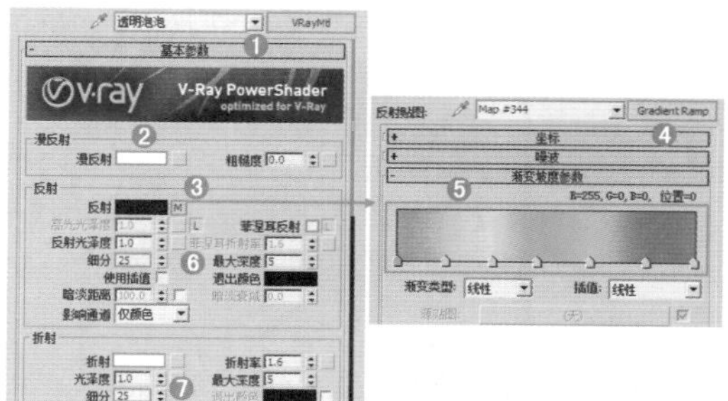

图11-186

步骤 03 双击材质球，效果如图11-187所示。

图11-187

步骤 04 此时选择泡泡模型，如图 11-188 所示，然后单击（将材质指定给选定对象）按钮，此时材质已经赋给了泡泡模型（效果请参考图 11-184）。

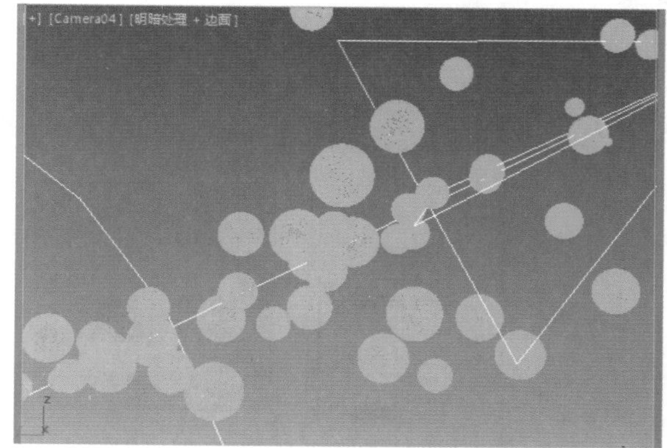

图11-188

实例：使用VRayMtl材质制作一杯胡萝卜汁

文件路径：Chapter 11 “质感神器”——材质→实例：使用VRayMtl材质制作一杯胡萝卜汁

扫一扫，看视频

本例要模拟一杯胡萝卜汁，制作材质包括杯子、胡萝卜汁两种。两种材质有共同的属性，都具有较强的透光效果。最终渲染效果如图11-189所示。注意：玻璃、液体之类的材质属性中，折射的质感要强于反射的质感，因此通常设置折射为白色或浅灰色，而反射则设置为深灰色或灰色。掌握无色透明材质及有色透明材质的模拟方法。

杯子的特点：微弱的反射；超强的折射；无色。

胡萝卜汁的特点：微弱的反射；较强的折射；颜色为橙色。

图11-189

1.杯子

步骤 01 打开本书场景文件，如图11-190所示。

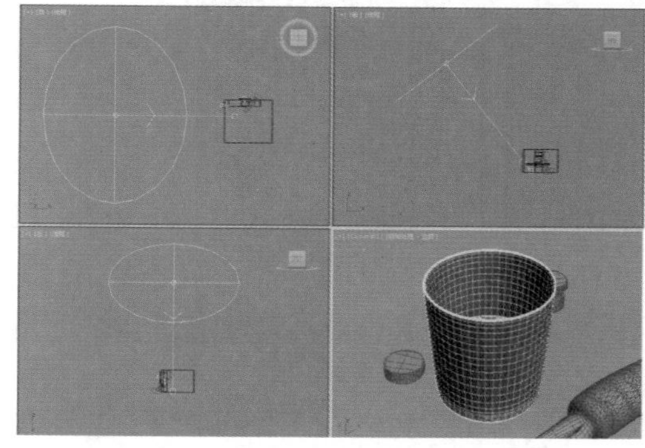

图11-190

步骤 02 单击（材质编辑器），选择一个材质球，设置材质类型为VRayMtl，如图11-191所示。

图11-191

步骤 03 将其命名为【杯子】；设置【漫反射】为深灰色；【反射】为深灰色，勾选【菲涅耳反射】，设置【细分】为15；设置【折射】为白色，【细分】为15，如图11-192所示。

步骤 04 双击材质球，效果如图11-193所示。

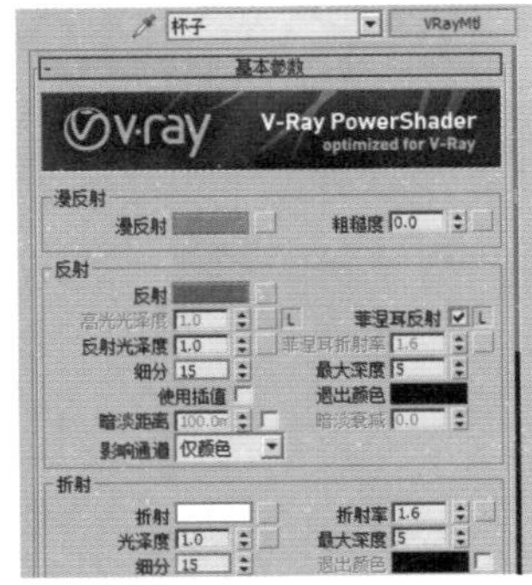

图11-192

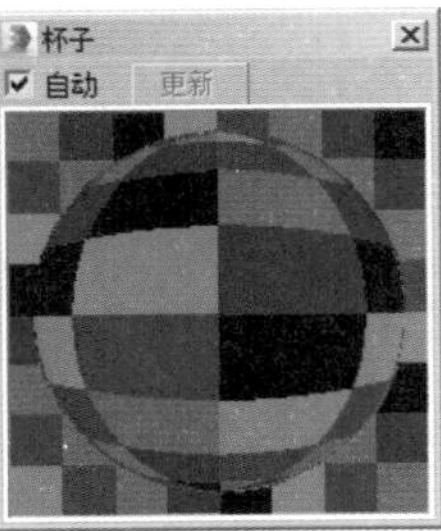

图11-193

步骤 05 此时选择杯子模型，如图11-194所示。

步骤 06 单击（将材质指定给选定对象）按钮，此时材质已经赋给了杯子模型，如图11-195所示。

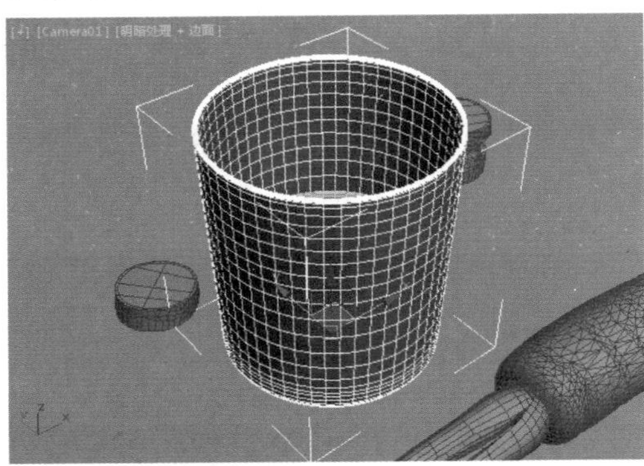

图11-194

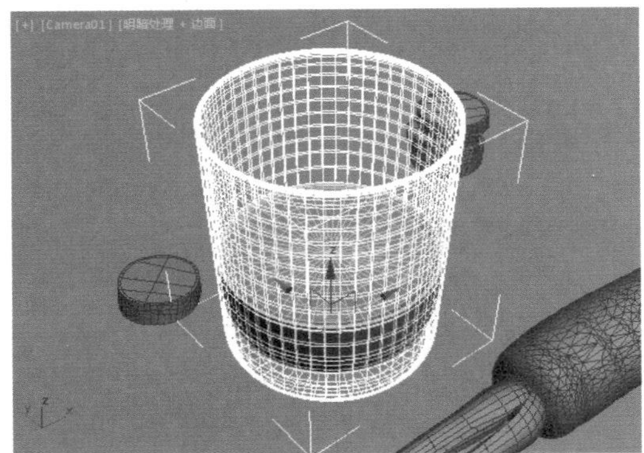

图11-195

2.胡萝卜汁

步骤 01 单击（材质编辑器），选择一个材质球，设置材质类型为VRayMtl，将其命名为【胡萝卜汁】；设置【漫反射】为橙色；设置【反射】为深灰色，勾选【菲涅耳反射】；设置【折射】为浅灰色，【烟雾颜色】为橙色，【烟雾倍增】为0.5，如图11-196所示。注意：由于胡萝卜汁略微浑浊，所以不要设置【折射】为白色，应该设置为浅灰色。

步骤 02 此时选择胡萝卜汁模型，如图11-197所示。

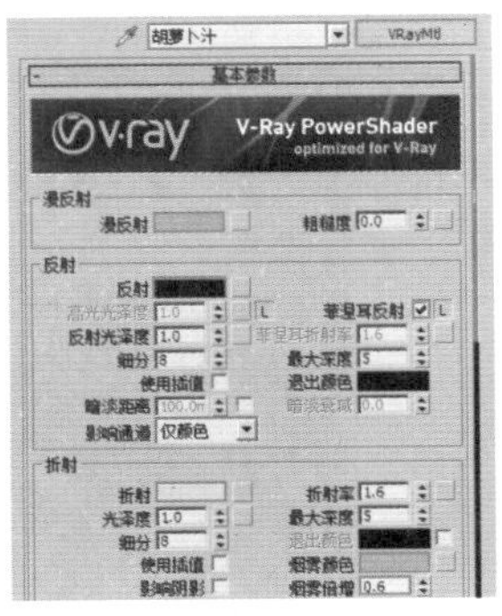

图11-196

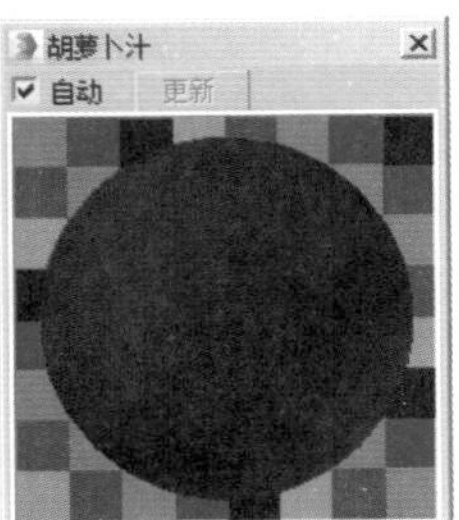

图11-197

步骤 03 单击（将材质指定给选定对象）按钮，此时材质已经赋给了胡萝卜汁模型，如图11-198和图11-199所示。

步骤 04 最后继续制作出剩余材质，如图11-200所示。

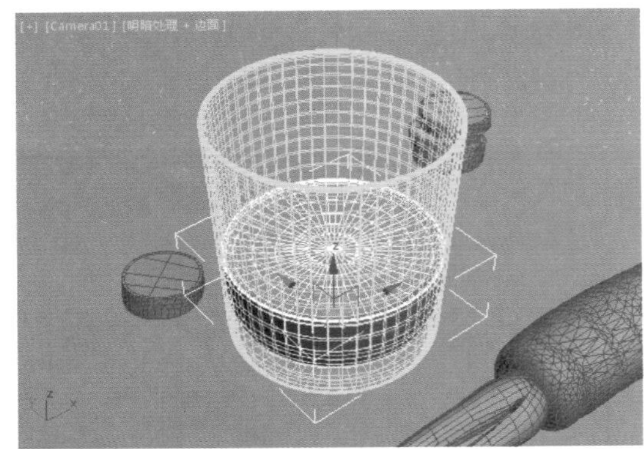

图11-198

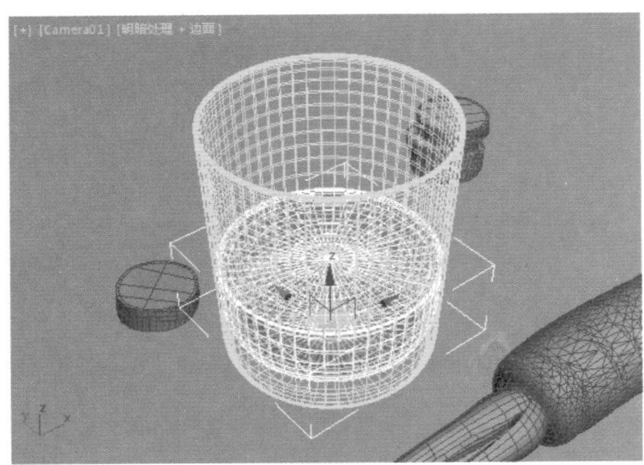

图11-199

图11-200

实例：使用VRayMtl材质制作酒瓶材质

文件路径：Chapter 11 “质感神器”——材质→实例：使用VRayMtl材质制作酒瓶材质

扫一扫，看视频

本例将使用VRayMtl材质制作带有颜色的酒瓶材质，重点在于颜色的模拟，需要修改烟雾颜色和烟雾倍增参数。最终渲染效果如图11-201所示。

图11-201

步骤01 打开本书场景文件，如图11-202所示。

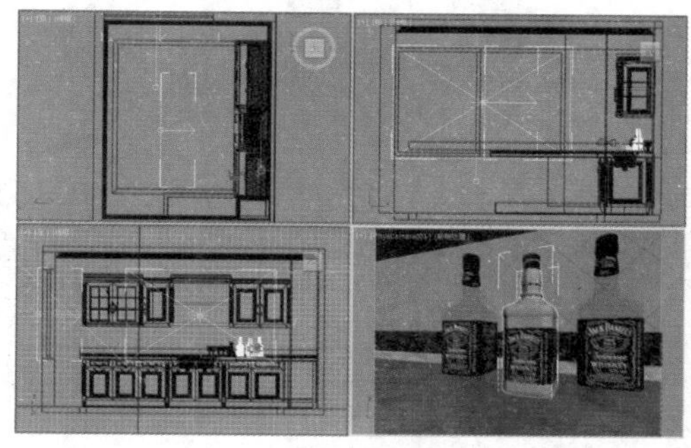

图11-202

步骤02 单击（材质编辑器），选择一个材质球，设置材质类型为VRayMtl，将其命名为【酒瓶材质】；设置【漫反射】颜色为深褐色；在【反射】后面的通道上加载【衰减】程序贴图，设置【颜色2】为浅灰色；设置【细分】为20，【最大深度】为10，如图11-203所示。

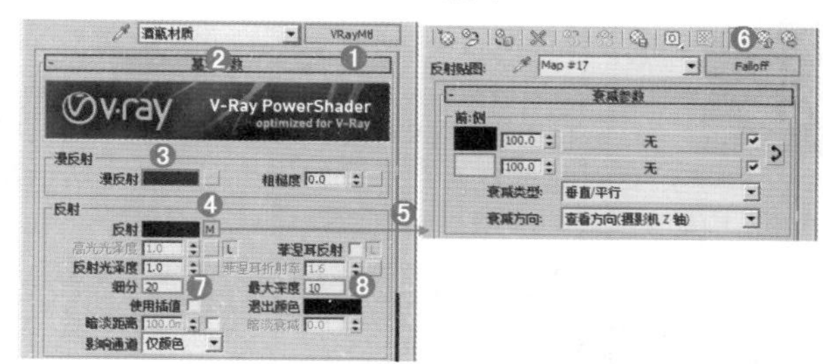

图11-203

步骤03 设置【折射】颜色为浅灰色，【折射率】为1.5，【最大深度】为10，【细分】为20，【烟雾颜色】为黄色，【烟雾倍增】为0.4，如图11-204所示。

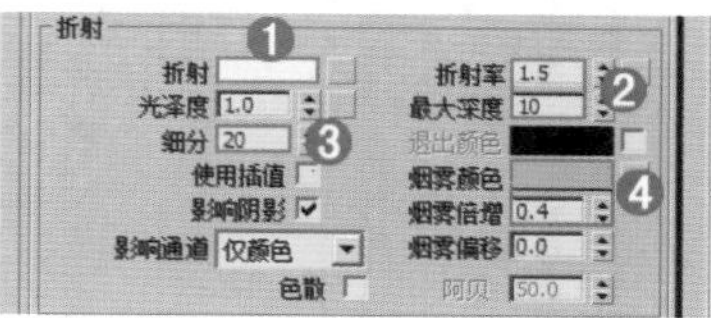

图11-204

步骤04 展开【贴图】卷展栏，在【凹凸】后面的通道上加载【酒瓶凹凸.jpg】贴图文件，设置【模糊】为0.5，设置U为0.632，W为0.159，V为0.81，H为0.085，勾选【应用】，单击【查看图像】按钮，如图11-205所示。

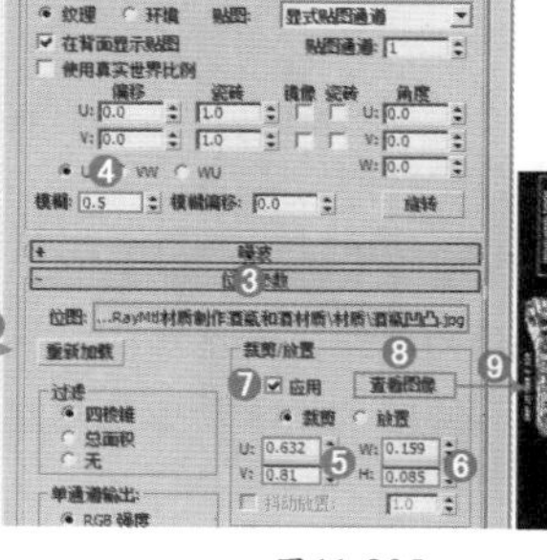

图11-205

步骤05 双击材质球，如图11-206所示。

步骤06 选择酒瓶模型，然后单击（将材质指定给选定对象）按钮，此时材质已经赋给了酒瓶模型，如图11-207所示。

图11-206

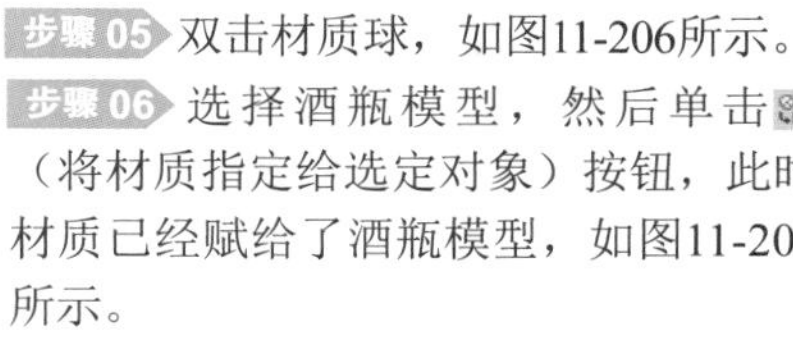

图11-207

读书笔记

11.4 其他常用材质类型

扫一扫，看视频

3ds Max包括很多材质，除了前面学到的VRayMtl材质外，还有几十种材质类型。虽然这些材质没有VRayMtl材质重要，但是还是需要对几种材质有所了解。如图11-208所示为3ds Max中的所有材质类型。

图11-208

- DirectX Shader：该材质可以保存为fx文件，并且在启用了Directx3D显示驱动程序后才可用。
- Ink'n Paint：通常用于制作卡通效果。
- VR-灯光材质：可以制作发光物体的材质效果。
- VR-快速SSS：可以制作半透明的SSS物体材质效果，如玉石。
- VR-快速SSS2：可以制作半透明的SSS物体材质效果，如皮肤。
- VR-矢量置换烘焙：可以制作矢量的材质效果。
- 变形器：配合【变形器】修改器一起使用，能产生材质融合的变形动画效果。
- 标准：3ds Max默认的材质。
- 虫漆：用来控制两种材质混合的数量比例。
- 顶/底：使物体产生顶端和底端不同的质感。
- 多维/子对象：多个子材质应用到单个对象的子对象。
- 高级照明覆盖：配合光能传递使用的一种材质，能很好地控制光能传递和物体之间的反射比。
- 光线跟踪：可以创建真实的反射和折射效果，并且支持雾、颜色浓度、半透明和荧光等效果。
- 合成：将多个不同的材质叠加在一起，通过添加排除和混合能够创造出复杂多样的物体材质，常用来制作动物和人体皮肤、生锈的金属以及复杂的岩石等物体。
- 混合：将两个不同的材质融合在一起，根据融合度的不同来控制两种材质的显示程度。
- 建筑：主要用于表现建筑外观的材质。
- 壳材质：配合【渲染到贴图】命令一起使用，其作用是将【渲染到贴图】命令产生的贴图再贴回物体造型中。
- 双面：可以为物体内外或正反表面分别指定两种不同的材质，如纸牌和杯子等。
- 外部参照材质：参考外部对象或参考场景相关运用资料。
- 无光/投影：物体被赋予该材质后，在渲染时该模型不会被渲染出来，但是可以产生投影。

- VR-模拟有机材质：该材质可以呈现出V-Ray程序的DarkTree着色器效果。
- VR-材质包裹器：该材质可以有效地避免色溢现象。
- VR-车漆材质：用来模拟金属汽车漆的材质。
- VR-覆盖材质：该可以让用户更广范地控制场景的色彩融合、反射、折射等。
- VR-混合材质：常用来制作两种材质混合在一起的效果，比如带有花纹的玻璃。
- VR-双面材质：可以模拟带有双面属性的材质效果。
- VRayGLSLMtl：该材质可以设置OpenGL着色语言材质。
- VR-毛发材质：该材质可以设置出毛发材质效果。
- VR-雪花材质：该材质可以设置出雪花材质效果。

重点 11.4.1 混合材质

混合材质比较复杂，简单来说该材质是一个材质包含了两个子材质，两个子材质通过一张贴图来控制每个子材质的分布情况。该材质可用于制作如欧式花纹窗帘、潮湿的地面、生锈的金属等复杂的材质质感。

例如要制作一个红色、黄色混合的材质，并根据一个黑白的花纹进行混合。下面为其原理图，通过设置材质1和材质2，并应用一张黑白的贴图，最终制作出混合的效果。并且很明显的是黑白贴图中，黑色显示的是材质1的效果，白色则是显示材质2的效果，如图11-209所示。其参数设置图如图11-210所示。

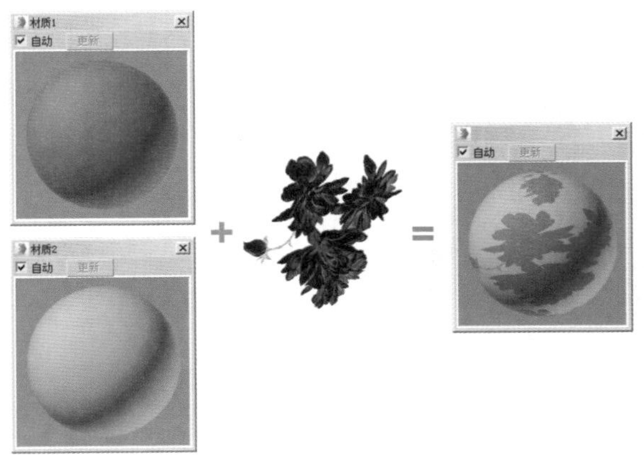

图11-209

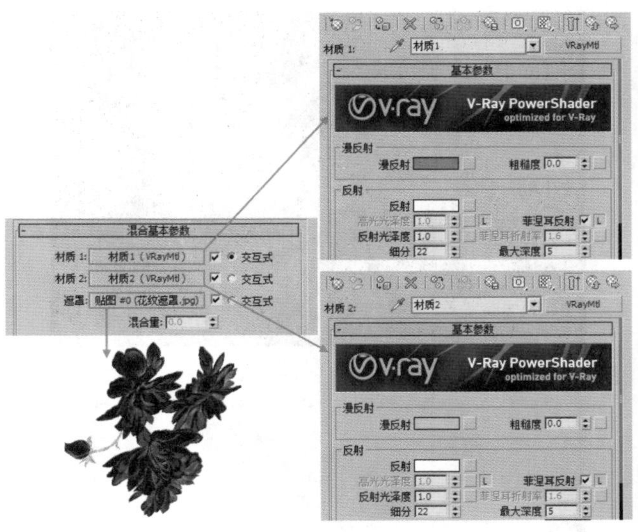

图11-210

如图11-211所示为【混合】材质的参数面板。

图11-211

- 材质1/材质2：可在后面的通道中设置材质。
- 遮罩：可以添加一张贴图作为遮罩，该贴图的黑白灰信息会控制材质1和材质2的混合。
- 混合量：设置两种材质的混合百分比。
- 混合曲线：对遮罩贴图中的黑白色过渡区进行调节。
- 使用曲线：设置是否使用【混合曲线】来调节混合效果。
- 上部/下部：设置【混合曲线】的上部/下部。

实例：使用混合材质制作丝绸

文件路径：Chapter 11 "质感神器"——材质→实例：使用混合材质制作丝绸

【丝绸】是一种纺织品，用蚕丝或合成纤维、人造纤维 、长丝织成；用蚕丝或人造丝纯织或交织而成的织品的总称；也特指桑蚕丝所织造的纺织品。如图 11-212 所示为分析并参考丝绸材质的效果。渲染效果如图 11-213 所示。

图11-212

图11-213

步骤01 打开本书场景文件，如图11-214所示。

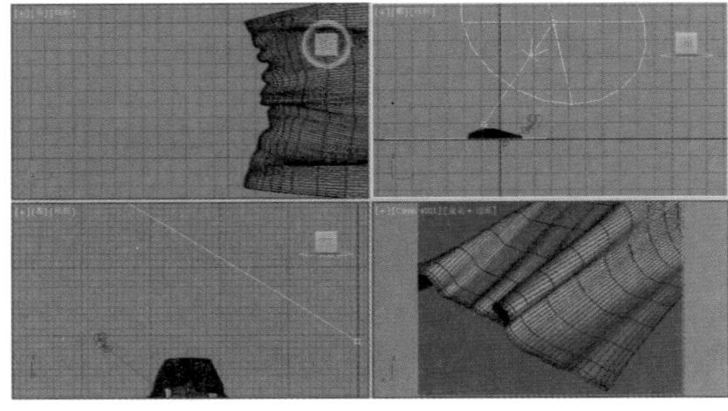

图11-214

步骤02 按快捷键M打开材质编辑器。单击一个材质球，并设置材质类型为Blend（混合）。在【混合参数】卷展栏中设置【材质1】为VRayMtl材质，【材质2】为VRayMtl材质，如图11-215所示。

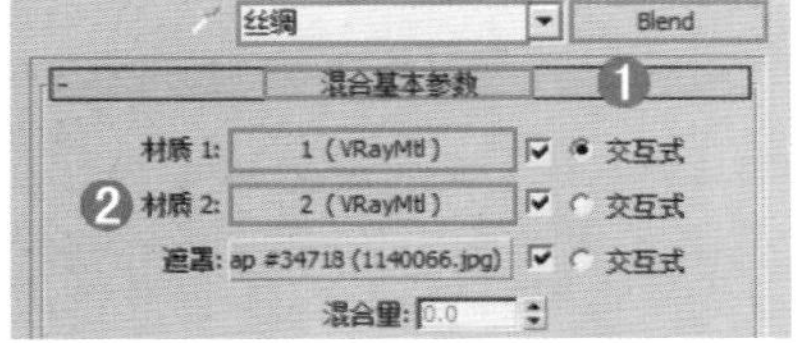

图11-215

提示：混合材质的运用。

【混合】材质是一个较为复杂的材质，包括【材质1】【材质2】【遮罩】3个部分，可以在该材质中使用两种材质，并使用一种贴图进行控制两种材质的分布情况。

步骤03 单击进入【材质1】后面的通道中，设置【漫反射】颜色为浅灰色，【反射】颜色为浅灰色，【高光光泽度】为0.6，【反射光泽度】为0.8，取消【菲涅耳反射】，如图11-216所示。

步骤04 单击进入【材质2】后面的通道中，然后在【漫反射】后面的通道上加载【衰减】程序贴图；展开【衰减参数】卷展栏，设置【颜色1/颜色2】颜色分别为白色，【衰减类型】为Fresnel，如图11-217所示。

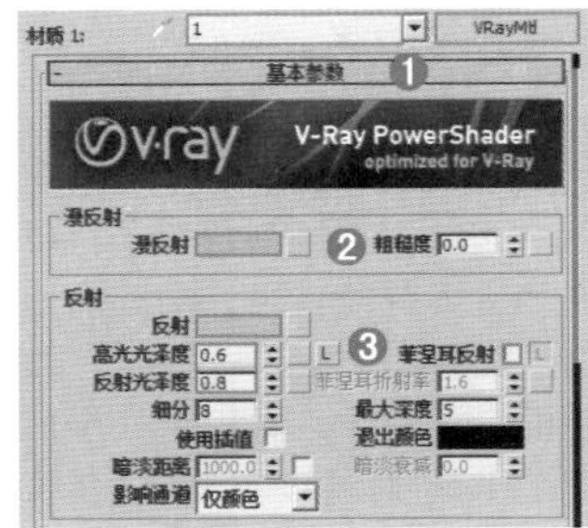

图11-216　　图11-217

步骤05 展开【贴图】卷展栏，在【不透明度】后面的通道上加载【混合】程序贴图；展开【混合参数】卷展栏，设置【颜色#1】颜色为白色，【颜色#2】颜色为灰色，在【混合量】后面的通道上加载【布纹1.jpg】贴图文件；设置【不透明度】为100，如图11-218所示。

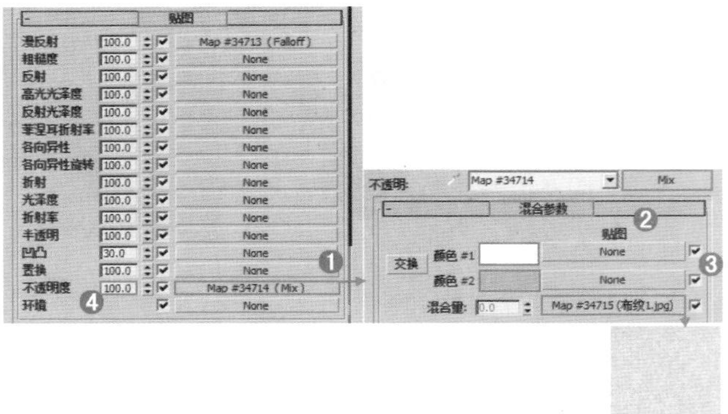

图11-218

步骤06 返回【混合基本参数】卷展栏，在【遮罩】后面的通道上加载1140066.jpg贴图文件，如图11-219所示。

图11-219

步骤07 将制作完成的丝绸材质赋给场景中的布料模型，并将其他材质制作完成，如图11-220所示。

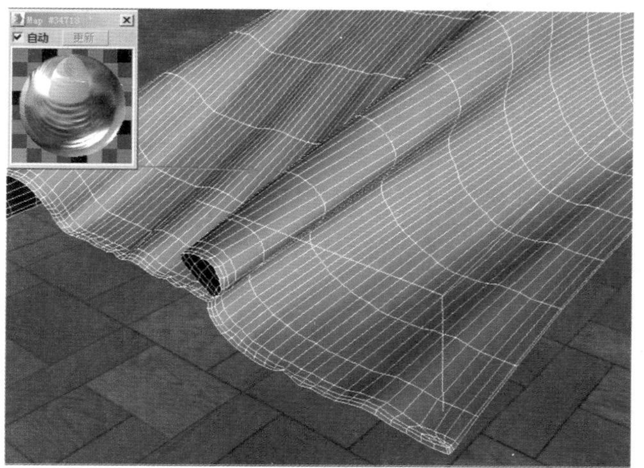

图11-220

步骤08 最终渲染效果如图11-221所示。

图11-221

重点 11.4.2 多维/子对象材质

【多维/子对象】材质主要应用于一个模型中包含多个材质的情况，例如汽车材质、楼房材质等。通过设置不同的ID，控制模型不同的ID部分产生不同的材质质感，如图11-222所示为其参数面板。

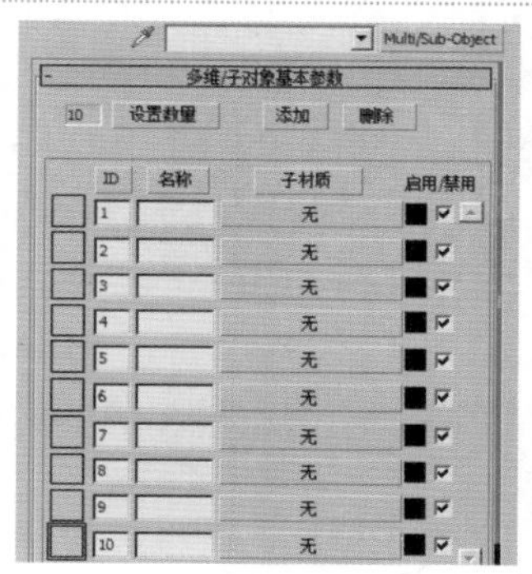

图11-222

轻松动手学：把茶壶模型设置为多维/子对象材质

文件路径：Chapter 11 "质感神器"——材质→轻松动手学：把茶壶模型设置为【多维/子对象】材质

以3ds Max中的茶壶模型为例，我们来试一下如何将其正确设置为【多维/子对象】材质。茶壶分为【壶体】【壶把】【壶嘴】【壶盖】4个部分，如图11-223所示。最终需要设置的效果如图11-224所示。

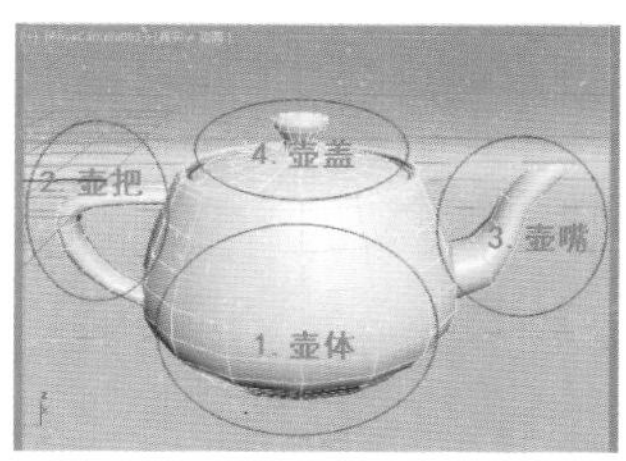

图11-223

图11-224

步骤01 设置材质为【多维/子对象】材质，并设置【材质数量】为4，如图11-225所示。

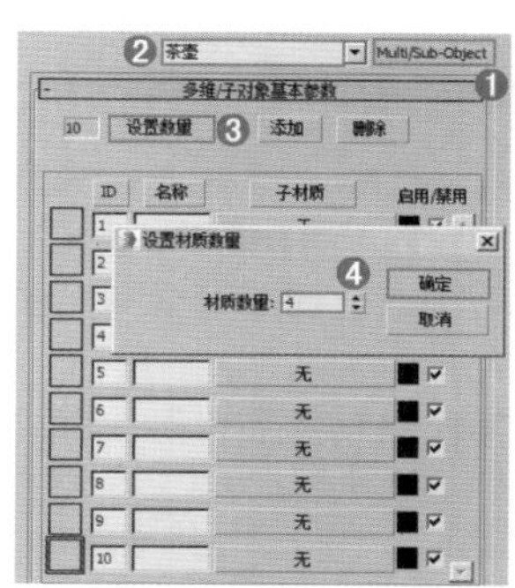

图11-225

步骤02 选择茶壶并右击，执行【转换为】/【转换为可编辑多边形】命令将其转换为可编辑多边形，如图11-226所示。

步骤03 单击（元素），并选择壶体，设置【设置ID】为1，如图11-227所示。

步骤04 单击（元素），并选择壶把，设置【设置ID】为2，如图11-228所示。

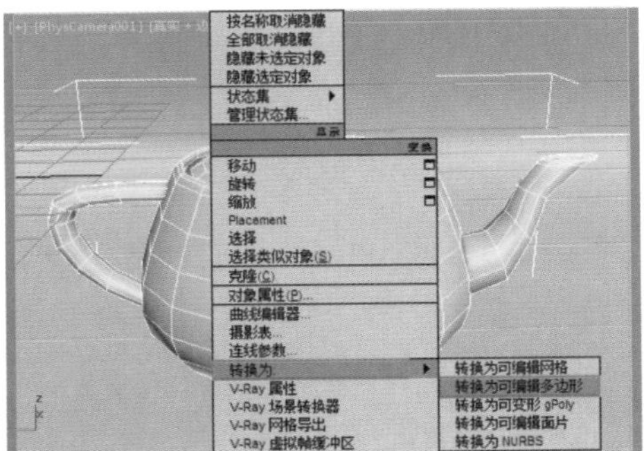

图11-226

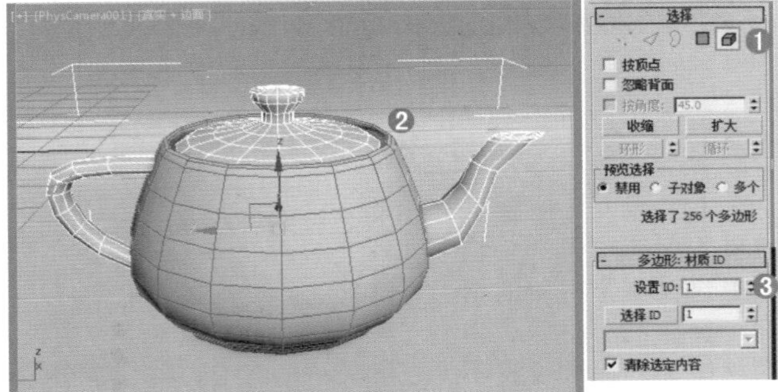

图11-227

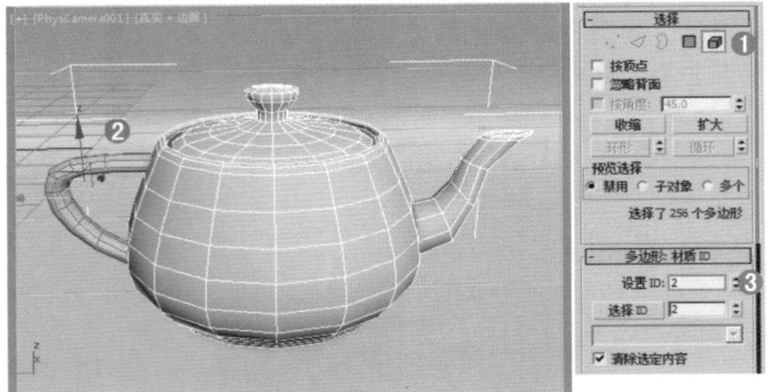

图11-228

步骤 05 单击（元素），并选择壶嘴，设置【设置ID】为3，如图11-229所示。

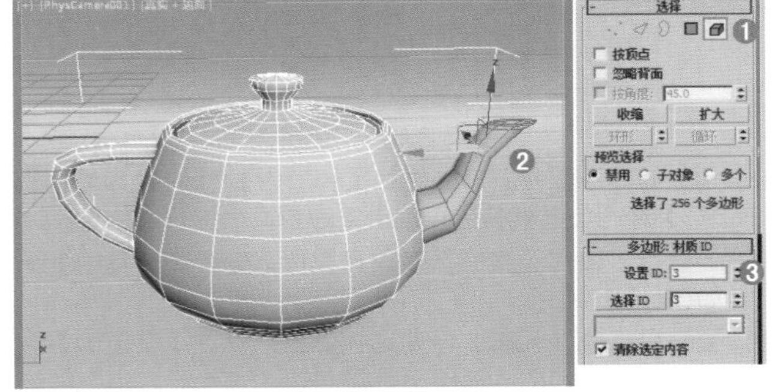

图11-229

步骤 06 单击（元素），并选择壶盖，设置【设置ID】为4，如图11-230所示。

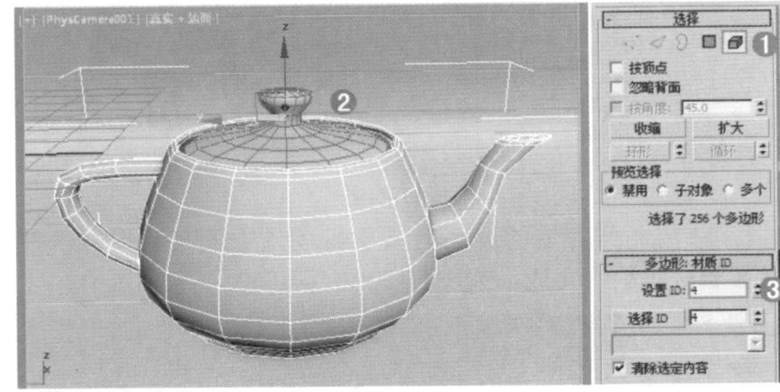

图11-230

步骤 07 此时分别设置ID1、ID2、ID3、ID4的材质，如图11-231所示。

图11-231

步骤 08 最后选中茶壶模型，并单击（将材质指定给选定对象），此时多维/子对象材质已经赋给了茶壶模型，且茶壶的4个部分都已经按照对应的ID设置了不同的质感，如图11-232所示。

图11-232

实例：使用多维/子对象材质制作卡通小岛

扫一扫，看视频

文件路径：Chapter 11 “质感神器”——材质→实例：使用多维/子对象材质制作卡通小岛

本例将使用多维/子对象材质制作卡通小岛材质，该材质专门应用于一个材质包含多个子材质。最终渲染效果如图11-233所示。

卡通小岛的特点：一个小岛包含多种材质质感。

图11-233

步骤 01 打开本书场景文件，如图11-234所示。

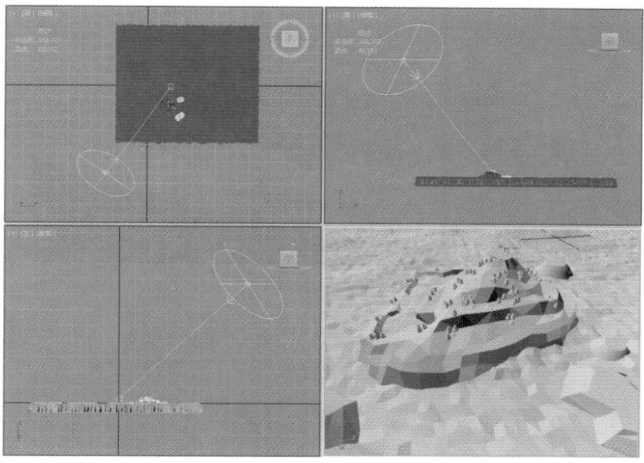

图11-234

步骤 02 选择小岛模型，单击 ■（多边形），并选择小岛顶部的多边形，设置【设置ID】为1，如图11-235所示。

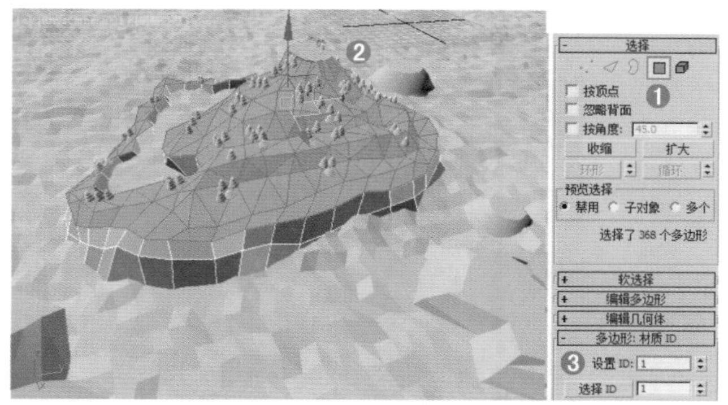

图11-235

步骤 03 单击 ■（多边形），并选择小岛中间的多边形，设置【设置ID】为2，如图11-236所示。

图11-236

步骤 04 单击 ■（多边形），并选择小岛底部的多边形，设置【设置ID】为3，如图11-237所示。

图11-237

步骤 05 单击（材质编辑器），选择一个材质球，设置材质为【多维/子对象】材质，设置【材质数量】为3，如图11-238所示。

步骤 06 此时分别设置ID1、ID2、ID3的材质，如图11-239所示。

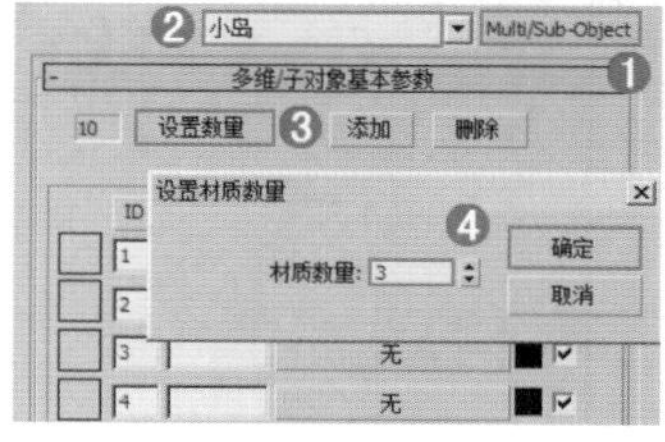

图11-238

图11-239

步骤 07 最后选中小岛模型，并单击（将材质指定给选定对象），此时多维/子对象材质已经赋给了小岛模型，并且小岛的3个部分都已经按照对应的ID设置了不同的质感，如图11-240所示。

步骤 08 最后继续制作出剩余材质，如图11-241所示。

图11-240

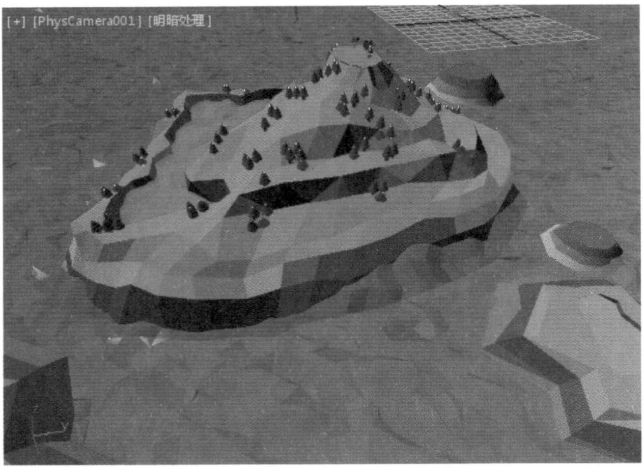

图11-241

11.4.3 顶/底材质

顶/底材质是由两个子材质组成的，包括顶材质和底材质。两个子材质分别控制材质顶部的质感和底部的质感，并且通过设置混合和位置的数值来控制两个子材质的过渡效果和分布比例。

通过【顶/底】材质，可以模拟上下质感不同的材质，例如大雪覆盖的树枝（顶材质是雪，底材质是枝干）、双层蛋糕（顶材质是奶油，底材质是巧克力），如图11-242和图11-243所示。

如图11-244所示为其参数面板。该材质原理如图11-245所示。

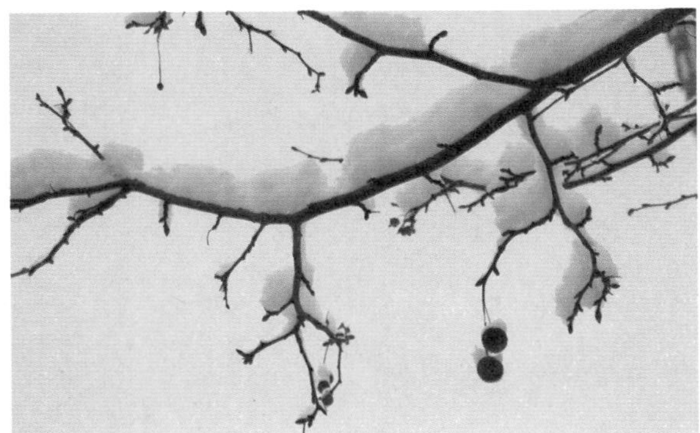

图11-242

图11-243

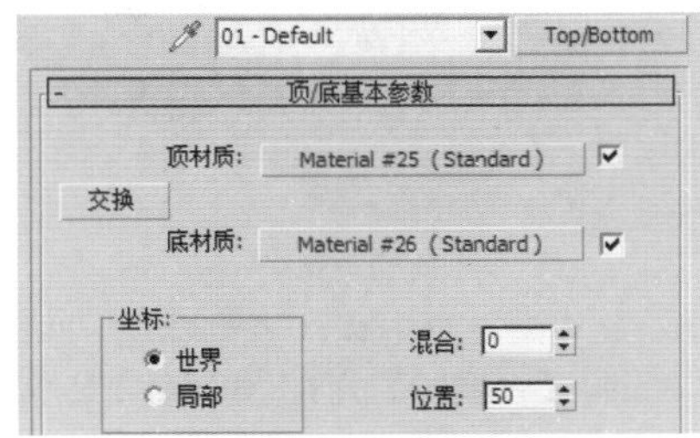

图11-244

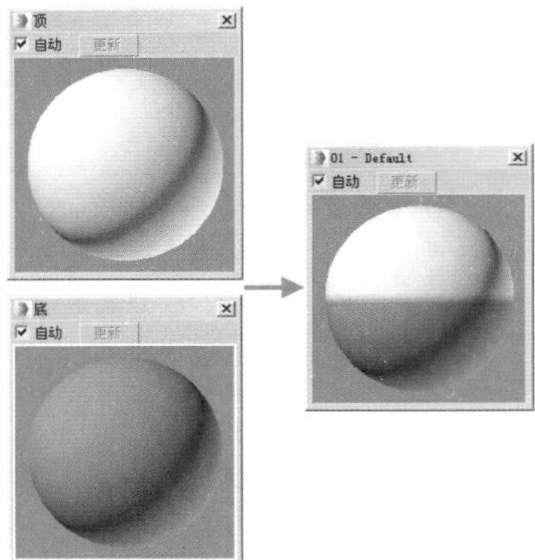

图11-245

- 顶材质/底材质：设置顶与底的材质。
- 交换：互换【顶材质】与【底材质】的位置。
- 混合：控制顶材质和底材质中间的混合效果。
- 位置：控制两种材质的分布位置。

实例：使用顶/底材质制作大雪覆盖大树

文件路径：Chapter 11 “质感神器”——材质→实例：使用顶/底材质制作大雪覆盖大树

扫一扫，看视频

本例使用顶/底材质制作大雪覆盖大树，由于大雪覆盖大树是分为上下两种质感的，上面是雪材质，下面是树皮材质，而应用顶/底材质刚好能解决这个问题。最终渲染效果如图11-246所示。

图11-246

步骤 01 打开本书场景文件，如图11-247所示。

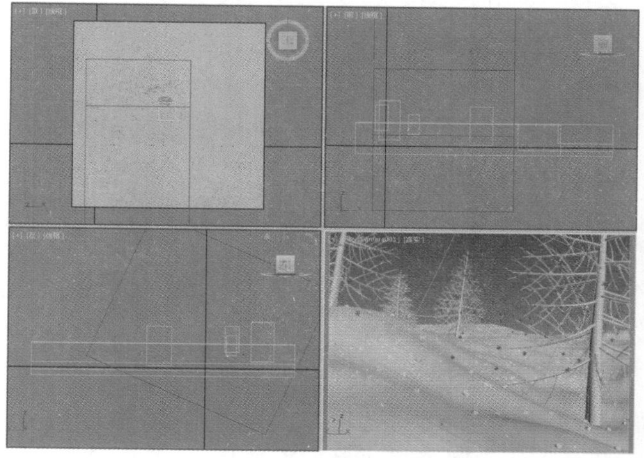
图11-247

步骤 02 单击（材质编辑器），选择一个材质球，设置材质类型为【顶/底】材质。将其命名为【大雪覆盖大树】，在【顶材质】后面的通道上加载Standard材质，并为其命名为【雪】，设置【环境光】和【漫反射】颜色均为浅灰色，如图11-248所示。

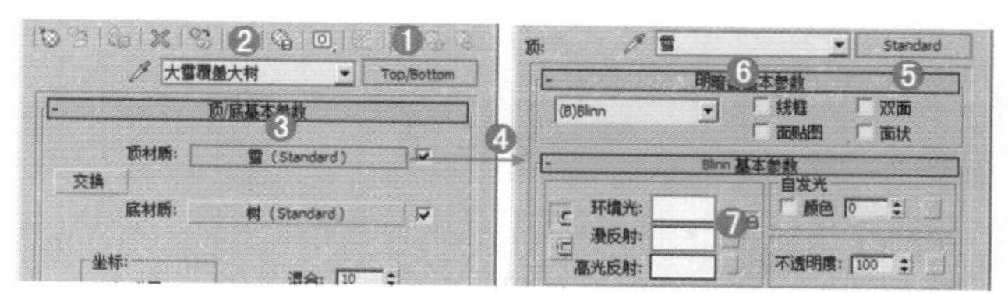
图11-248

步骤 03 在【底材质】后面的通道上加载Standard材质，并为其命名为【树】，设置【环境光】颜色均为褐色，在【漫反射】后面的通道上加载【木纹.jpg】贴图文件，设置【瓷砖U/V】为3和20，如图11-249所示。

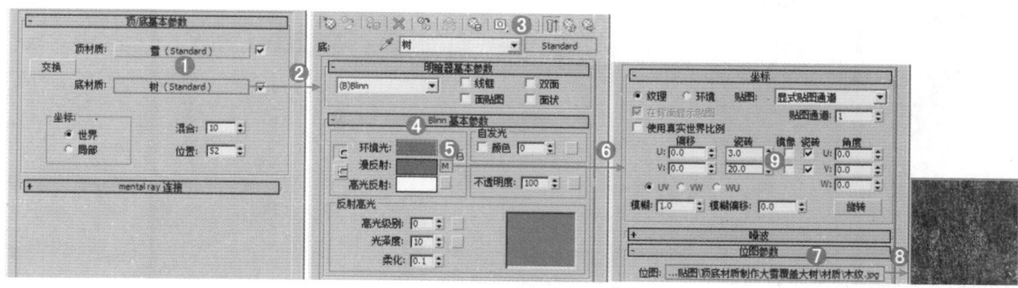
图11-249

步骤 04 展开【贴图】卷展栏，在【凹凸】后面的通道上加载【木纹.jpg】贴图文件，设置【瓷砖U/V】分别为3和20；并设置【凹凸】为30，如图11-250所示。

步骤 05 最后设置【混合】为10，【位置】为52，如图11-251所示。

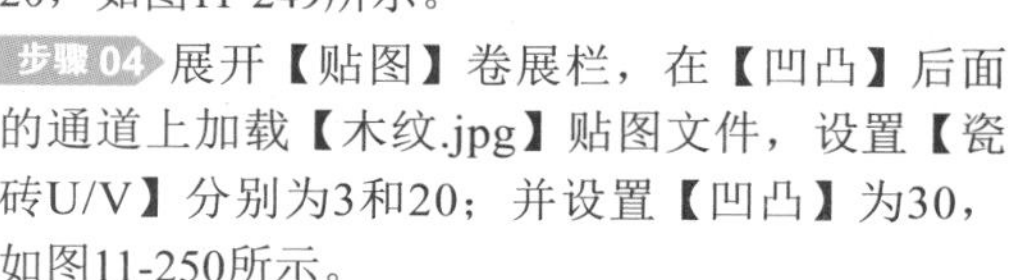

步骤 06 双击材质球，如图11-252所示。

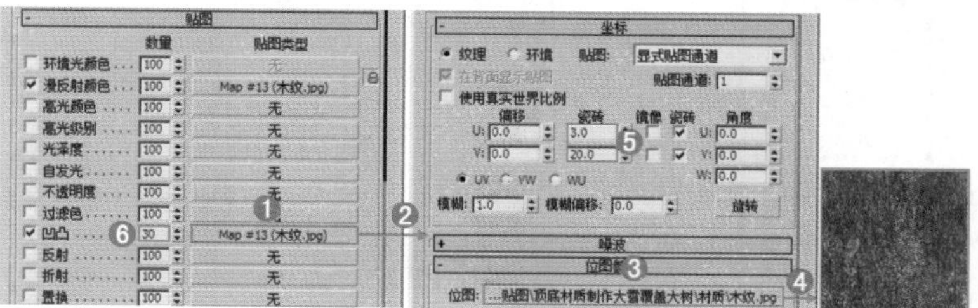
图11-250

第11章 “质感神器”——材质

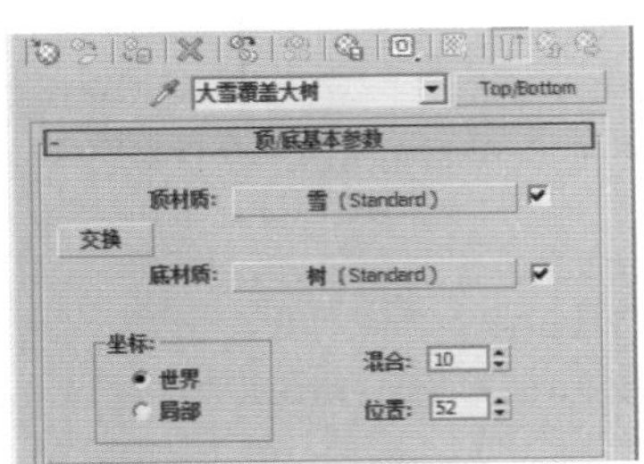

图11-251

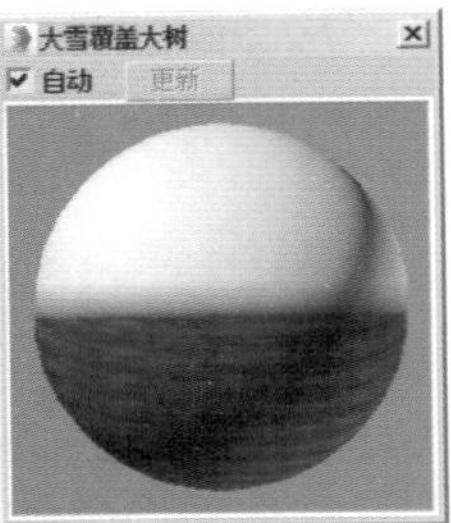

图11-252

步骤 07 选择树模型，然后单击（将材质指定给选定对象）按钮，此时材质已经赋给了树模型，如图11-253所示。

图11-253

11.4.4 Ink'n Paint材质

Ink'n Paint材质用来模拟卡通质感效果。如图11-254所示为一棵树的模型效果及设置Ink'n Paint材质后的对比效果，如图11-255所示为其参数面板。

模型效果

【Ink'n Paint】材质效果

图11-254

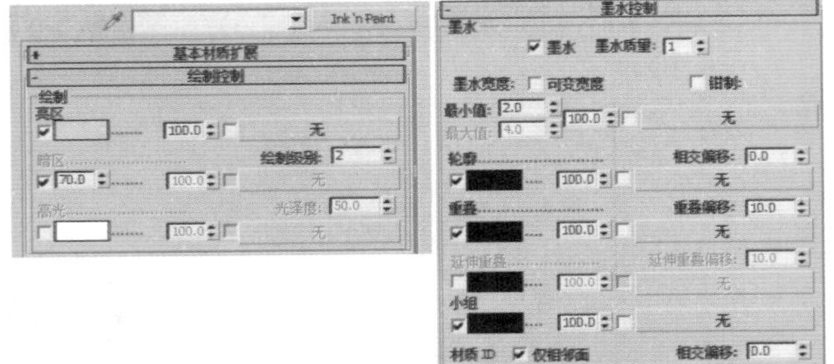

图11-255

- 亮区/暗区/高光：控制材质的亮部区域、暗部区域、高光区域的颜色，可以在后面的贴图通道中加载贴图。
- 绘制级别：控制颜色的层次。如图11-256所示为【绘制级别】设置为2和4时的对比效果。

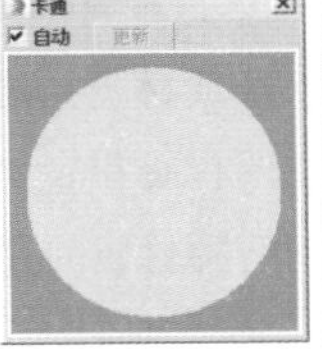

绘制级别为2

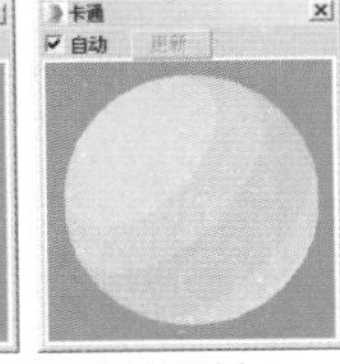

绘制级别为4

图11-256

- 墨水：设置是否启用描边效果。
- 墨水质量：设置边缘的形状。
- 墨水宽度：设置描边的宽度数值。
- 最小值/最大值：设置墨水宽度的最小/最大像素值。

实例：使用Ink'n Paint材质制作卡通效果

扫一扫，看视频

文件路径：Chapter 11 “质感神器”——材质→实例：使用Ink'n Paint材质制作卡通效果

本例使用Ink'n Paint材质制作卡通效果，Ink'n Paint材质可以模拟物体具有单色或描边的效果，类似于卡通质感。最终渲染效果如图11-257所示。

图11-257

步骤 01 打开本书场景文件，如图11-258所示。

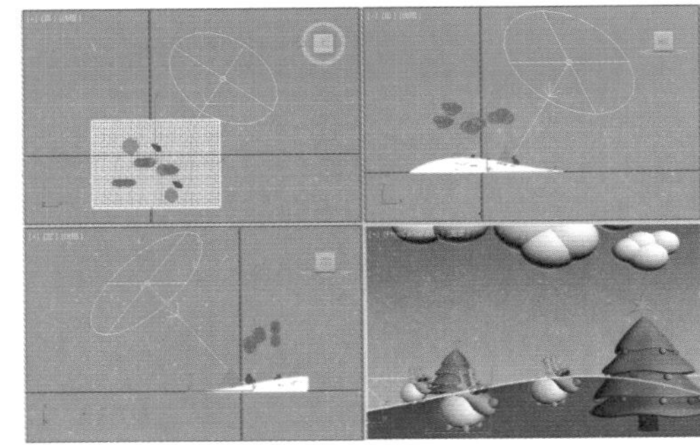

图11-258

步骤 02 单击（材质编辑器），选择一个材质球，设置材质类型为【Ink'nPaint】材质。将其命名为【卡通草地】，设置【亮区】颜色为绿色，如图11-259所示。

步骤 03 双击材质球，如图11-260所示。

步骤 04 选择草地模型，然后单击（将材质指定给选定对象）按钮，此时材质已经赋给了草地模型，如图 11-261 所示，然后将剩余的材质也制作完成（具体效果请参考图 11-257）。

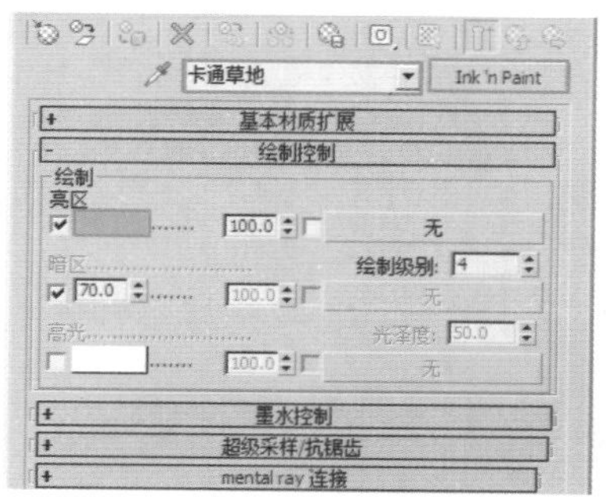

图11-259

图11-260

图11-261

11.4.5 VR-灯光材质

VR-灯光材质常用来制作发光物体，例如霓虹灯、灯带等，也可作为场景的背景材质使用，如图11-262所示为其参数面板。

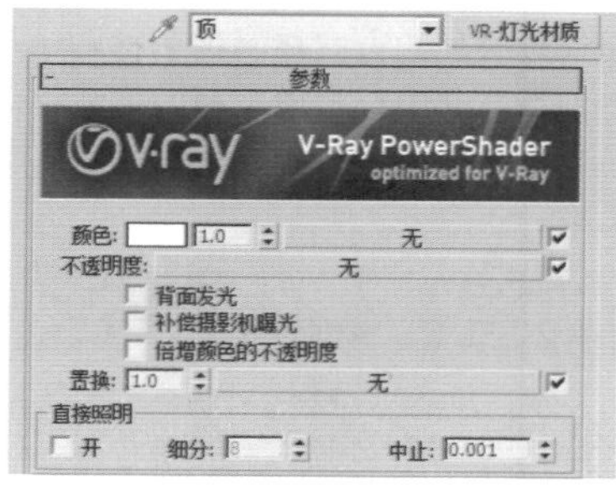

图11-262

- 颜色：设置自发光的颜色，后面的数值代表自发光强度。
- 不透明度：可以在后面的通道中加载贴图。
- 背面发光：启用该选项后，物体会双面发光。

实例：使用VR-灯光材质制作霓虹灯

文件路径：Chapter 11 "质感神器"——材质→实例：使用VR-灯光材质制作霓虹灯

扫一扫，看视频

本例使用VR-灯光材质制作霓虹灯材质效果。最终渲染效果如图11-263所示。

图11-263

步骤 01 打开本书场景文件，如图11-264所示。

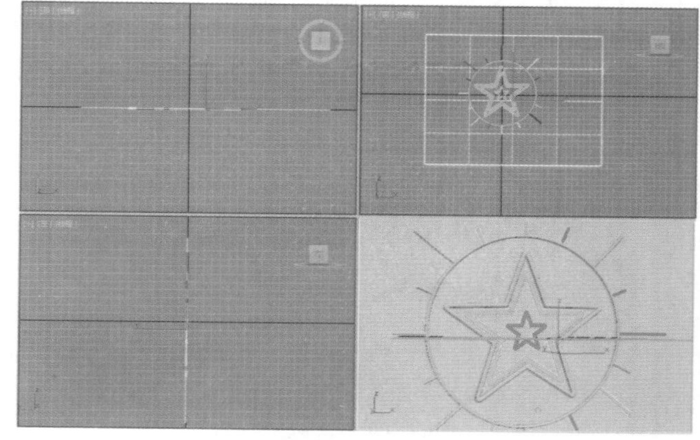

图11-264

步骤 02 单击（材质编辑器），选择一个材质球，设置材质类型为【VR-灯光材质】材质。将其命名为【霓虹灯-蓝】，设置【颜色】为蓝色，数值为30，如图11-265所示。

步骤 03 双击材质球，如图11-266所示。

步骤 04 选择霓虹灯模型，然后单击（将材质指定给选定对象）按钮，此时材质已经赋给了霓虹灯模型，如图11-267所示。

图11-265

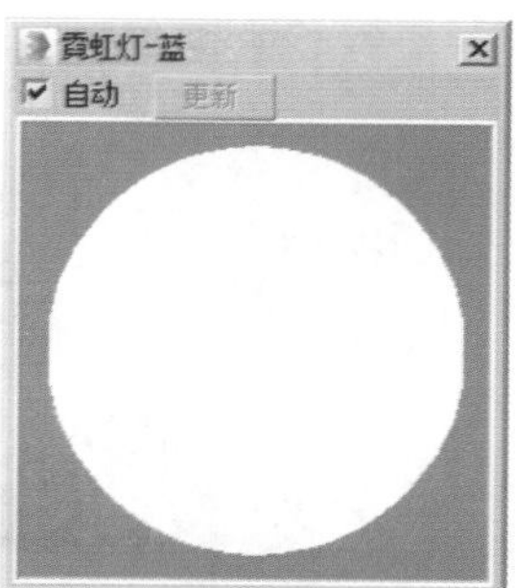

图11-266

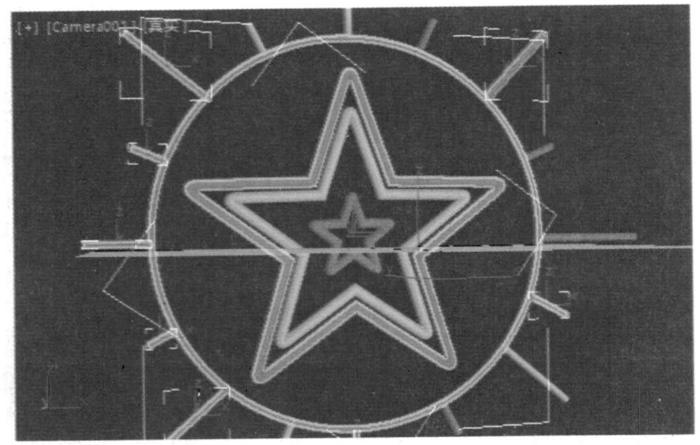

图11-267

11.4.6 无光/投影材质

当为一个模型赋予无光/投影材质后，该模型只会被渲染出产生投影的部分，其他部分不会显示。

比如，创建一个四棱锥模型、一个地面，如图11-268所示。正常渲染会得到如图11-269所示的效果，地面会被完全渲染出来；而为地面设置【无光/投影】材质后，看到只有在地面上产生阴影的区域会被渲染出来，如图11-270所示。

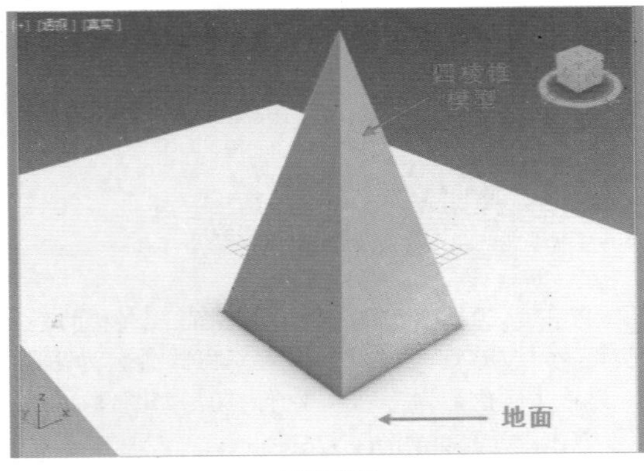

图11-268

图11-269

图11-270

如图11-271所示为其参数面板。

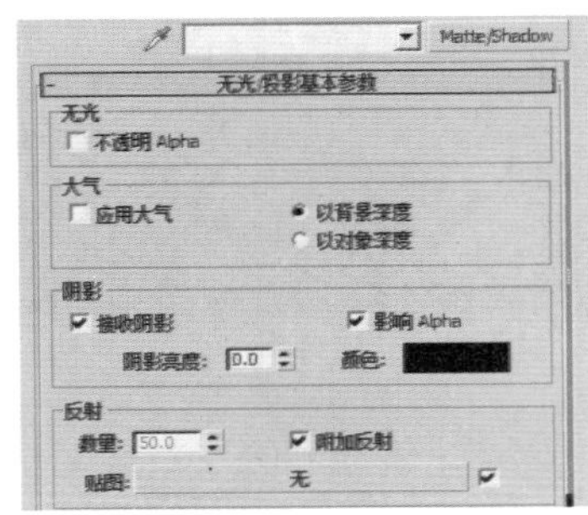

图11-271

11.4.7 虫漆材质

虫漆材质通过叠加的方式将两种子材质（基础材质和虫漆材质）进行混合。其中该材质下面的虫漆材质代表了一种颜色，该颜色可以混合到基础材质的颜色中。如图11-272所示为其参数面板。

图11-272

- 基础材质：单击可选择或编辑基础子材质。
- 虫漆材质：单击可选择或编辑虫漆材质。
- 虫漆颜色混合：控制颜色混合的量。

11.4.8 V-Ray2SidedMtl材质

V-Ray2SidedMtl材质可以制作出一个模型正面和背面不同质感的材质效果，例如扑克牌、树叶、花朵、杂志等。如图11-273所示为该材质的参数面板。

- 正面/背面材质：可以在后面的通道上设置正面/背面的材质效果。
- 半透明：控制产生半透明的效果。

图11-273

实例：使用V-Ray2SidedMtl材质制作花朵

文件路径：Chapter 11 “质感神器”——材质→实例：使用V-Ray2SidedMtl材质制作花朵

扫一扫，看视频

本例使用V-Ray2SidedMtl材质制作花朵，V-Ray2SidedMtl材质可以模拟正面材质和反面材质，常用于制作花朵、树叶、扑克等具有双面的物体。最终渲染效果如图11-274所示。

图11-274

步骤01 打开本书场景文件，如图11-275所示。

图11-275

步骤02 单击（材质编辑器），选择一个材质球，设置材质类型为V-Ray2SidedMtl材质。将其命名为【花朵】，在【正面材质】后面的通道上加载VRayMtl材质，如图11-276所示。

图11-276

步骤03 在【漫反射】后面的通道上加载orchid flower_01贴图文件；在【反射】后面的通道上加载【颜色校正】程序贴图；在【贴图】颜色后面的通道上加载orchid flower_01.jpg贴图文件；设置【饱和度】为-100，【亮度】为－52.159，【对比度】为36.877，如图11-277所示。

步骤04 勾选【菲涅耳反射】，在【反射光泽度】后面的通道加载【颜色校正】程序贴图；在【贴图】颜色后面的通道上加载【orchid flower_01.jpg】贴图文件；设置【饱和度】为-100，【亮度】为-52.159，【对比度】为36.877，如图11-278所示。

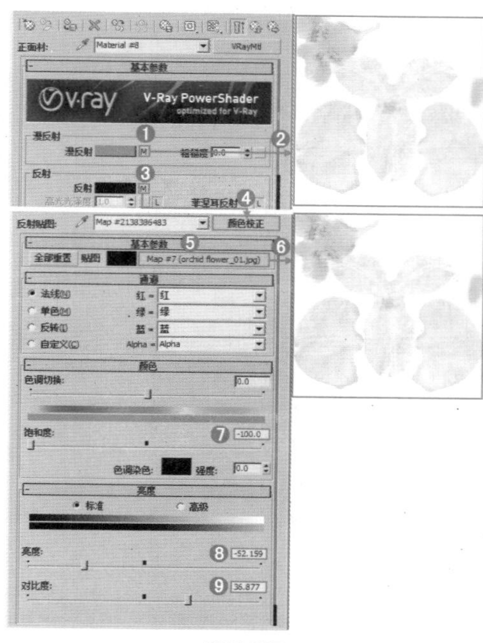

图11-277

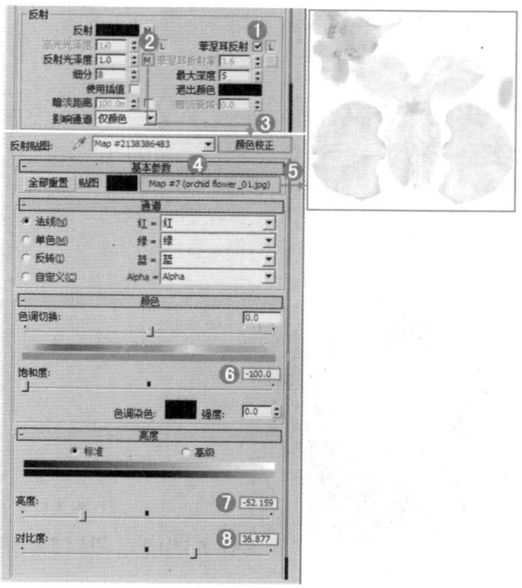

图11-278

第11章 “质感神器”——材质

步骤05 展开【贴图】卷展栏，在【凹凸】后面的通道上加载【颜色校正】程序贴图，在【贴图】颜色后面的通道上加载orchid flower_01.jpg贴图文件，设置【饱和度】为－100，【亮度】为－52.159，【对比度】为36.877；并设置【凹凸】为30，如图11-279所示。

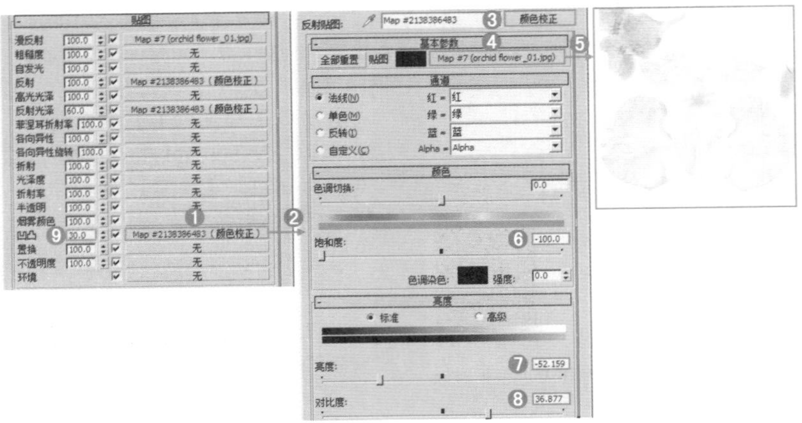

图11-279

步骤06 在【半透明】后面的通道上加载【颜色校正】程序贴图，在【贴图】颜色后面的通道上加载orchid flower_01.jpg贴图文件，设置【饱和度】为－100，【亮度】为－31.561，【对比度】为48.173，如图11-280所示。

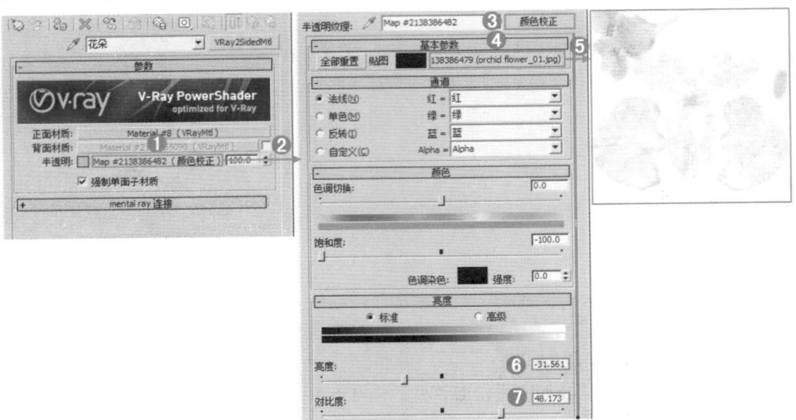

图11-280

步骤07 双击材质球，如图11-281所示。

步骤08 选择花朵模型，然后单击（将材质指定给选定对象）按钮，此时材质已经赋给了花朵模型，如图11-282所示，继续制作完剩余材质（具体效果请参考图11-274）。

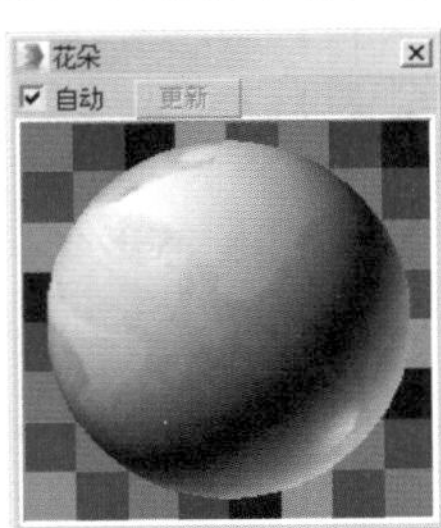

图11-281

图11-282

实例：使用VR-覆盖材质制作发光艺术灯

文件路径：Chapter 11 “质感神器”——材质→实例：使用VR-覆盖材质制作发光艺术灯

扫一扫，看视频

本例使用VR-覆盖材质制作发光艺术灯。最终渲染效果如图11-283所示。

图11-283

步骤01 打开本书场景文件，如图11-284所示。

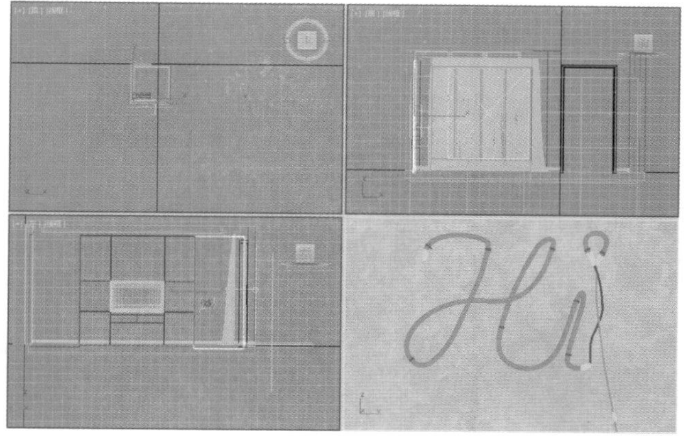

图11-284

步骤02 单击（材质编辑器），选择一个材质球，设置材质类型为【VR-覆盖材质】，将其命名为【发光艺术灯】，在【基本材质】后面的通道上加载【VR-灯光材质】，设置【颜色】为黄色，数值为10；在【全局照明（GI）材质】后面的通道上加载【VR-灯光材质】，设置【颜色】为浅黄色，数值为10，如图11-285所示。

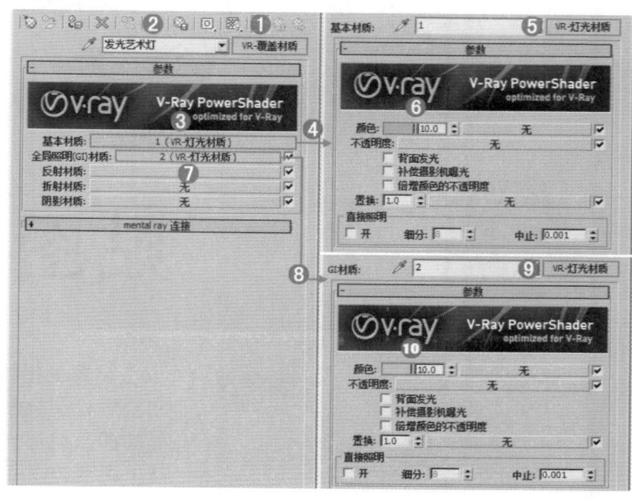

图11-285

步骤03 双击材质球，如图11-286所示。

步骤04 选择艺术灯模型，然后单击（将材质指定给选定对象）按钮，此时材质已经赋给了模型，如图11-287所示。

图11-286

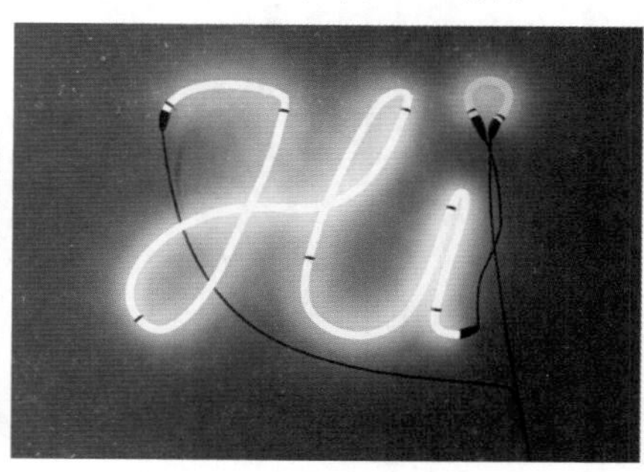

图11-287

读书笔记

第11章 “质感神器”——材质

Chapter 12

第12章

贴图

贴图是指材质表面的纹理样式，在不同属性上（如漫反射、反射、折射、凹凸等）加载贴图会产生不同的质感，如墙面上的壁纸纹理样式、波涛汹涌水面的凹凸纹理样式、破旧金属的不规则反射样式。贴图是与材质紧密联系的功能，通常会在设置对象材质的某个属性时为其添加贴图。

本章学习要点：

- 熟练掌握位图贴图的使用方法；
- 掌握贴图通道的原理；
- 熟练掌握在不同通道上添加贴图制作各种质感的方法。

扫一扫，看视频

通过本章学习，我能做什么？

通过对本章学习，我们将会学会位图、渐变、平铺等多种贴图的应用，并且学会使用各种通道添加贴图的应用效果。利用贴图功能可以制作对象表面的贴图纹理、凹凸纹理，例如木桌表面的木纹贴图、凹凸感和微弱的反射效果等。

12.1 了解贴图

本节将讲解贴图的基本知识，包括贴图概念、为什么要使用贴图、如何添加贴图等。如图12-1~图12-4所示为两组场景设置贴图之前和之后的对比渲染效果。

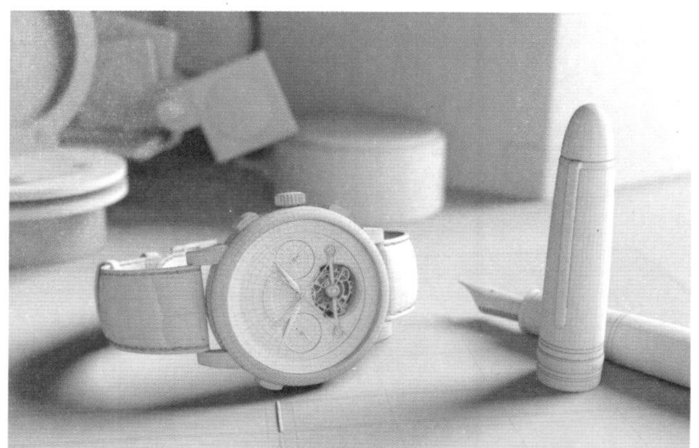

图12-1

图12-2

图12-3

图12-4

重点 12.1.1 什么是贴图

贴图是指材质表面的纹理样式，在不同属性上（如漫反射、反射、折射、凹凸等）加载贴图会产生不同的质感，如墙面上的壁纸纹理样式、波涛汹涌水面的凹凸纹理样式、破旧金属的不规则反射样式，如图12-5所示。

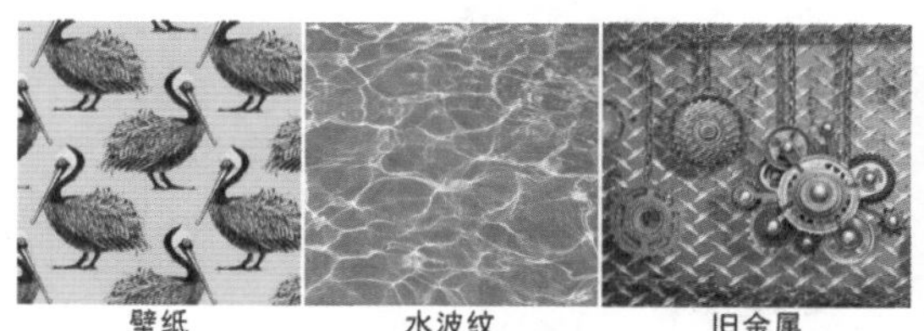

图12-5

在通道上单击，即可弹出【材质/贴图浏览器】对话框，在这里就可以选择需要的贴图类型，如图12-6所示。贴图包括【位图】贴图和【程序】贴图两种类型，如图12-7所示。

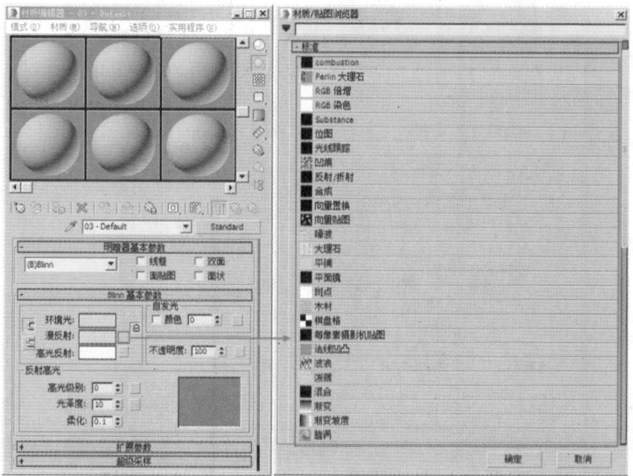

图12-6

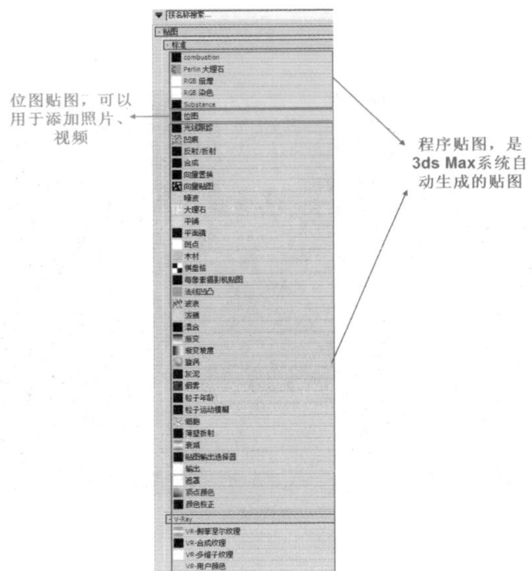

图12-7

1.位图贴图

在位图贴图中不仅可以添加照片素材，而且还可以添加用于动画制作的视频素材。

步骤 01 添加照片。如图12-8所示为在【位图】贴图中添加图片素材。

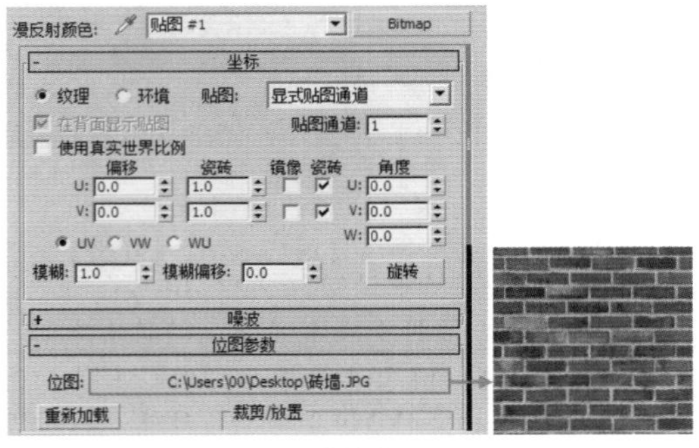

图12-8

步骤 02 添加视频。

（1）如图12-9所示为在【位图】贴图中添加视频素材。

图12-9

（2）拖动3ds Max界面下方的时间线 0 / 100 ，可看到为模型设置的视频素材可以实时预览，如图12-10~图12-12所示。

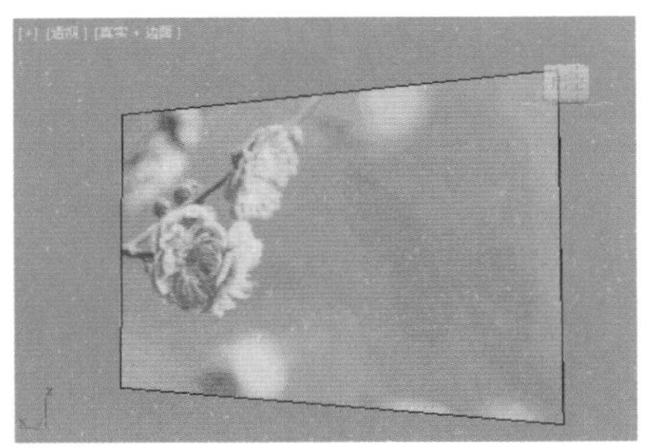

图12-10

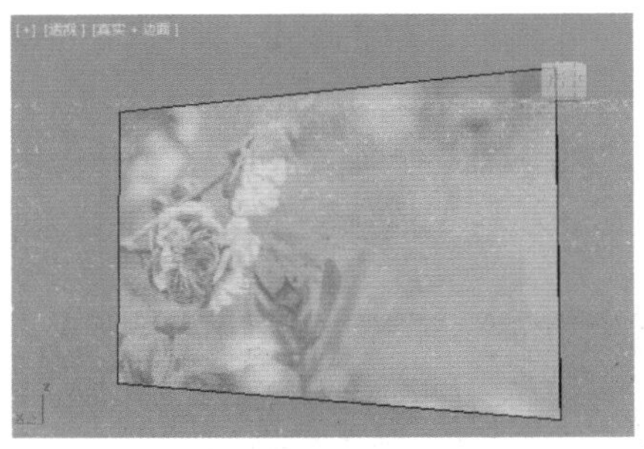

图12-11

图12-12

2.程序贴图

程序贴图是指在3ds Max中通过设置贴图的参数，由数学算法生成的贴图效果。如图12-13所示为3种不同的程序贴图制作的多种效果。

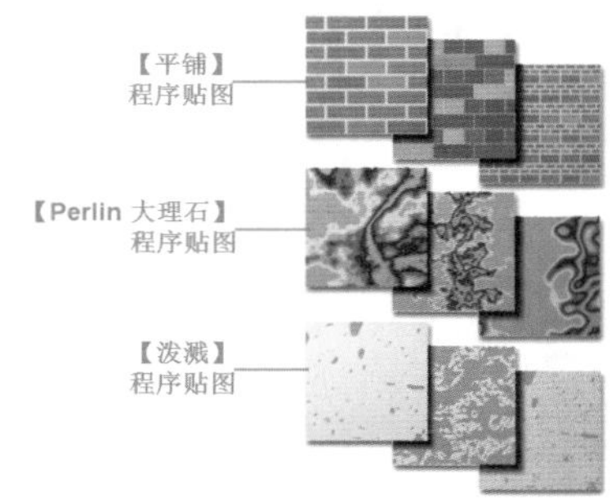

图12-13

比如在【漫反射】通道中添加【烟雾】程序贴图，并设置相关参数（如图12-14所示），即可制作类似蓝天白云的贴图效果，如图12-15所示。

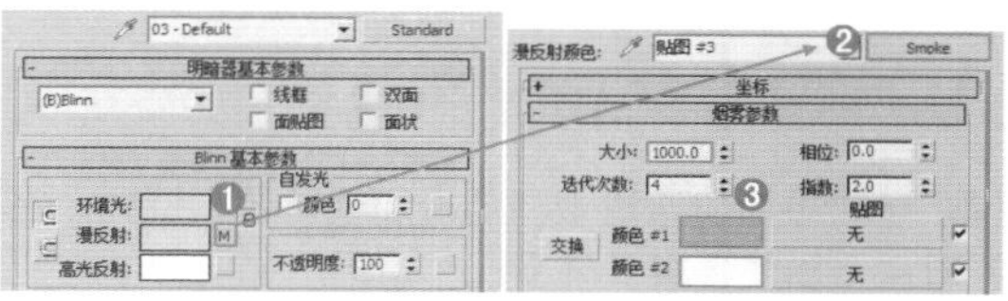

图12-14

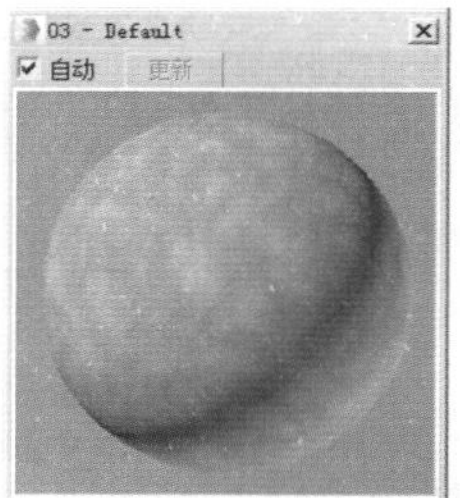

图12-15

比如在【漫反射】通道中添加【烟雾】程序贴图，并设置相关参数（如图12-16所示），即可制作类似烟雾的贴图效果，如图12-17所示。

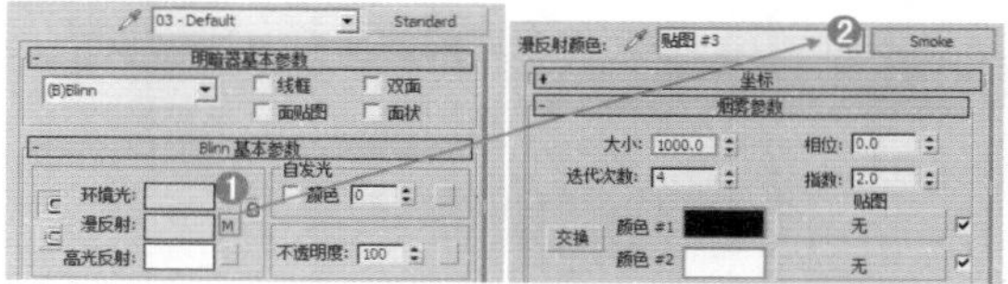

图12-16

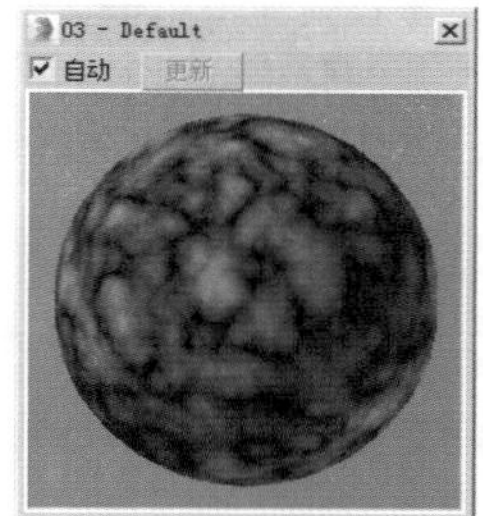

图12-17

重点 12.1.2 轻松动手学：为材质添加贴图

文件路径：Chapter 12 贴图→轻松动手学：为材质添加贴图

步骤 01 单击一个空白材质球，修改材质名称，然后单击Standard按钮，在弹出的【材质/贴图浏览器】对话框中选择VRayMtl材质，单击【确定】按钮，如图12-18所示。

步骤 02 单击【漫反射】后面的【通道】按钮，在弹出的【材质/贴图浏览器】对话框中选择【位图】，单击【确定】按钮，如图12-19所示。

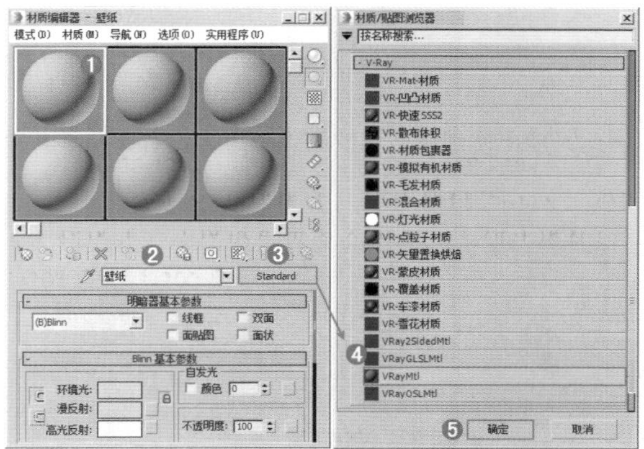

图12-18

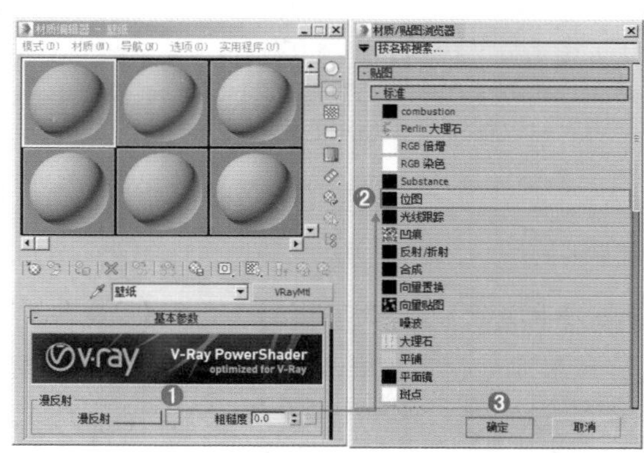

图12-19

步骤 03 在弹出的对话框中选择需要使用的贴图，并单击【打开】按钮，如图12-20所示。

步骤 04 此时贴图添加完成，双击材质球，效果如图12-21所示。

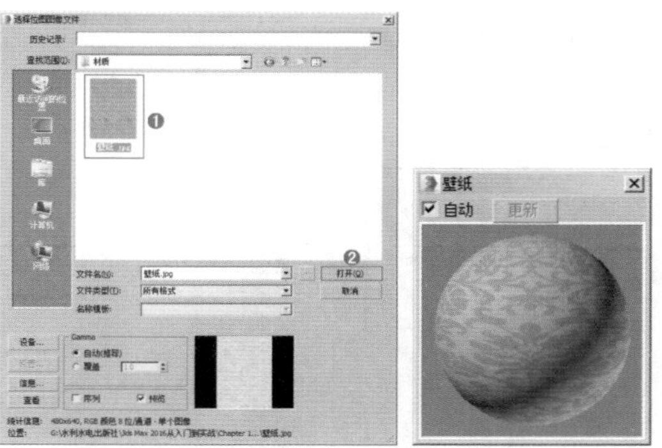

图12-20　　图12-21

重点 12.2 认识贴图通道

贴图通道是指可以单击并添加贴图的位置。通常有两种方式可以添加贴图，可在参数后面的通道上加载贴图，也可在贴图卷展栏中添加贴图。

12.2.1 什么是贴图通道

3ds Max有很多贴图通道，每一种通道用于控制不同的材质属性效果。例如，漫反射通道用于显示贴图颜色或图案，反射通道用于设置反射的强度或反射的区域，高光通道用于控制高光效果，凹凸通道用于控制产生凹凸起伏质感等。

12.2.2 为什么使用贴图通道

不同的通道上添加贴图会产生不同的作用。例如，在漫反射通道上添加贴图会产生固有色的变化，在反射通道上添加贴图会出现反射根据贴图产生变化，在凹凸通道上添加贴图会出现凹凸纹理的变化。因此需要先设置材质，后设置贴图。有很多材质属性很复杂，包括纹理、反射、凹凸等，因此就需要在相应的通道上设置贴图。

12.2.3 在参数后面的通道上添加贴图

可在参数后面的通道上单击加载贴图。例如，在【漫反射】通道上加载【棋盘格】程序贴图，如图12-22所示。

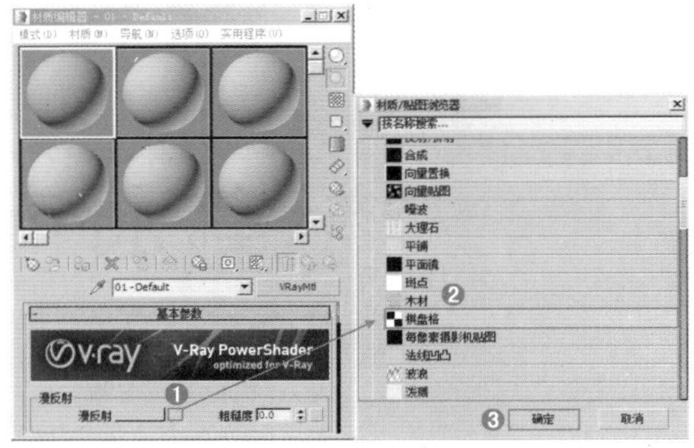

图12-22

12.2.4 在【贴图】卷展栏中的通道上添加贴图

还可在【贴图】卷展栏的相应通道上加载贴图。例如，在【漫反射】通道上加载棋盘格程序贴图，如图12-23所示。

其实，该方法与“在参数后面的通道上添加贴图”的方法都可以正确地添加贴图，但是在贴图卷展栏中的通道类型更全一些，所以建议使用“在贴图卷展栏中的通道上添加贴图”的方法。

重点 12.2.5 【漫反射】和【凹凸通道】添加贴图有何区别

比如要制作一个砖墙材质，尝试制作3种效果，分别是没有凹凸的红色砖墙、带有凹凸的白色砖墙、带有凹凸的红色砖墙。

1.制作没有凹凸的红色砖墙

步骤 01 设置材质类型为VRayMtl材质，然后在【漫反射】通道上添加一张砖墙贴图，如图12-24所示。

步骤 02 双击材质球，如图12-25所示。

步骤 03 渲染效果，可以看到由于只在【漫反射】通道加载了贴图，因此只能出现红色砖墙的纹理效果，没有凹凸等其他特点，如图12-26所示。

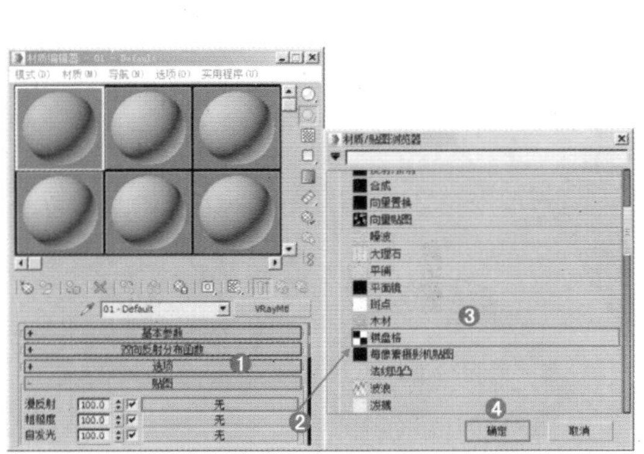

图12-23

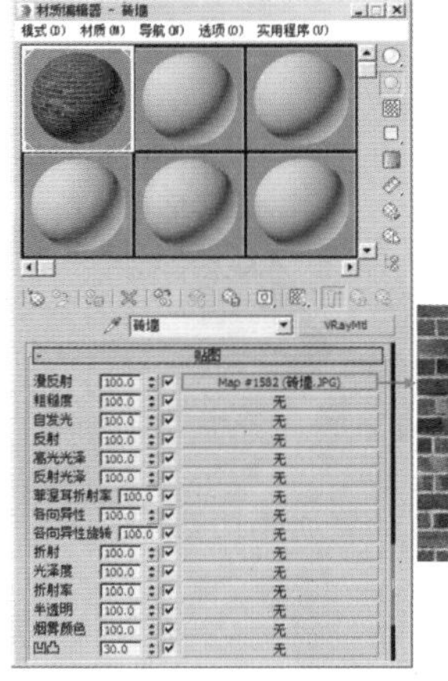

图12-24

图12-25

图12-26

2.制作带有凹凸的白色砖墙

步骤01 设置材质类型为VRayMtl材质，然后设置【漫反射】为白色，如图12-27所示。

步骤02 设置【凹凸】为-150，并在其通道上添加一张砖墙贴，如图12-28所示。

图12-27

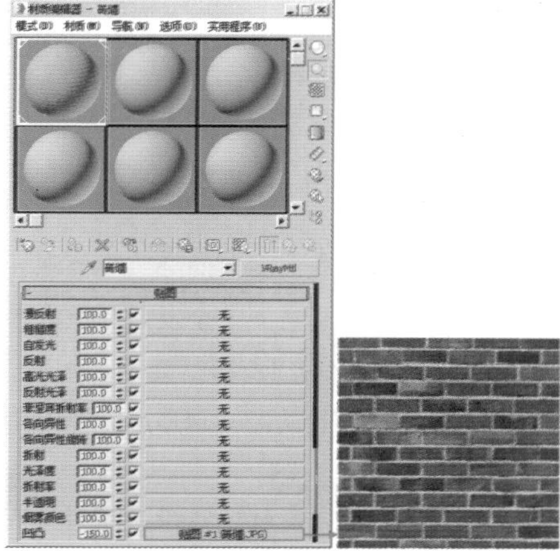

图12-28

步骤03 双击材质球，如图12-29所示。

步骤04 渲染效果，可以看到由于设置【漫反射】为白色，因此外观为白色。由于在【凹凸】通道上加载了砖的贴图，因此会产生凹凸起伏感，如图12-30所示。

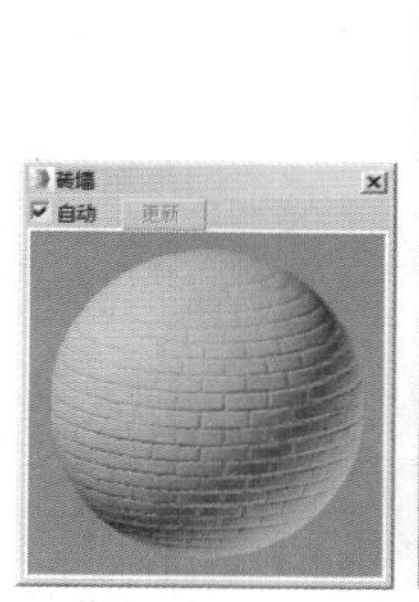

图12-29

图12-30

3.制作带有凹凸的红色砖墙

步骤01 设置材质类型为VRayMtl材质，在【漫反射】通道上添加一张砖墙贴图，然后单击并拖动该通道到【凹凸】通道上，设置【方法】为【实例】，最后设置【凹凸】为-150，如图12-31所示。

步骤02 双击材质球，如图12-32所示。

步骤03 渲染效果，可以看到由于在【漫反射】和【凹凸】通道加载了贴图，因此不仅能出现红色砖墙的纹理效果，而且具有凹凸起伏感，如图12-33所示。

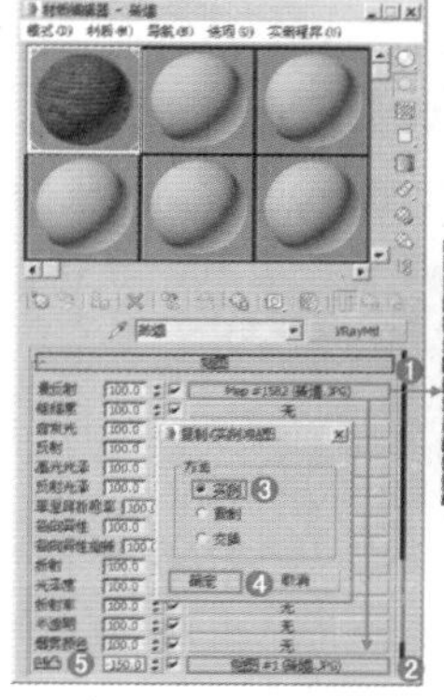

图12-31

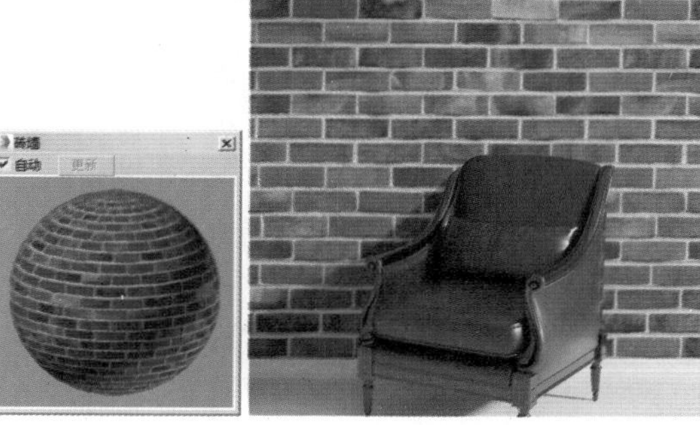

图12-32　　图12-33

因此在不同通道上添加贴图，会产生不同的效果。

第12章　贴图

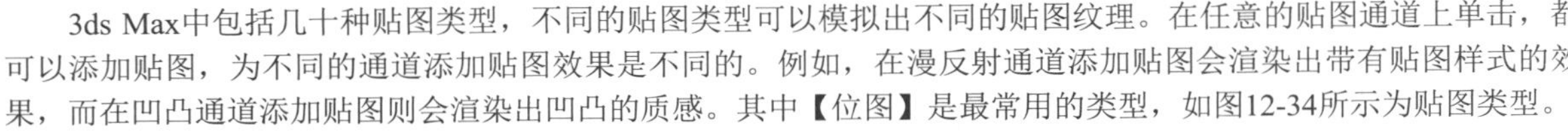

12.3 常用贴图类型

扫一扫，看视频

3ds Max中包括几十种贴图类型，不同的贴图类型可以模拟出不同的贴图纹理。在任意的贴图通道上单击，都可以添加贴图，为不同的通道添加贴图效果是不同的。例如，在漫反射通道添加贴图会渲染出带有贴图样式的效果，而在凹凸通道添加贴图则会渲染出凹凸的质感。其中【位图】是最常用的类型，如图12-34所示为贴图类型。

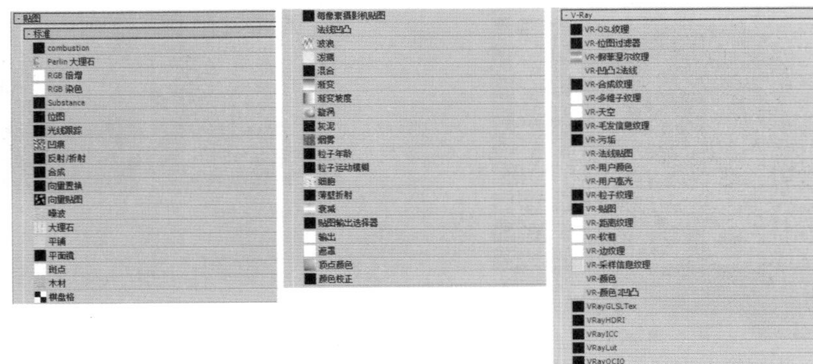

图12-34

- 位图：位图贴图可以添加图片素材，是最常用的贴图之一。
- 渐变：使用3种颜色创建渐变图像。
- 渐变坡度：可以产生多色渐变效果。
- 衰减：产生两色过渡效果。
- 棋盘格：产生黑白交错的棋盘格图案。
- 噪波：产生黑白波动的效果，常加载到【凹凸】通道中制作凹凸。
- 合成：将多个贴图组合在一起。
- 大理石：制作大理石贴图效果。
- 细胞：可以模拟细胞形状的图案。
- 烟雾：产生丝状、雾状或絮状等无序的纹理效果。
- 漩涡：可以创建两种颜色的漩涡图案。
- 合成：可以将两个或两个以上的子材质叠加在一起。
- 凹痕：可以作为凹凸贴图，产生一种风化和腐蚀的效果。
- 粒子年龄：专用于粒子系统，通常用来制作彩色粒子流动的效果。
- 粒子运动模糊：根据粒子速度产生模糊效果。
- Prelim大理石：通过两种颜色混合，产生类似于珍珠岩纹理的效果。
- 行星：用于制作类似于地球的效果。
- 斑点：用于制作两色杂斑纹理效果。
- 泼溅：类似于油彩飞溅的效果。
- 灰泥：用于制作腐蚀生锈的金属和物体破败的效果。
- 波浪：可创建波状的，类似于水纹的贴图效果。
- 木材：用于制作木纹贴图效果。
- 遮罩：使用一张贴图作为遮罩。
- 混合：将两种贴图按照一定的方式进行混合。
- RGB相乘：允许将两种颜色或贴图的颜色进行相乘处理，从而增加图像的对比度。
- 输出：专门用来弥补某些无输出设置的贴图类型。
- 颜色修正：可以调节材质的色调、饱和度、亮度和对比度。
- RGB染色：通过3个颜色通道来调整贴图的色调。
- 顶点颜色：根据材质或原始顶点颜色来调整RGB或RGBA纹理。
- 每像素的摄影机贴图：将渲染后的图像作为物体的纹理贴图，以当前摄影机的方向贴在物体上，可以进行快速渲染。
- 平面镜：使共平面的表面产生类似于镜面反射的效果。
- 法线凹凸：可以改变曲面上的细节和外观。
- 光线跟踪：可模拟真实的完全反射与折射效果。
- 反射/折射：可产生反射与折射效果。
- 薄壁折射：配合折射贴图一起使用，能产生透镜变形的折射效果。
- VRayHDRI：用于设置环境背景，模拟真实的背景环境，真实的反射、折射属性。
- VR边纹理：可以渲染出模型具有边线的效果。
- VR合成纹理：可以通过两个通道中贴图色度、灰度的不同来进行减、乘、除等操作。

- VR天空：可以调节出场景背景环境天空的贴图效果。
- VR位图过滤器：是一个非常简单的程序贴图，它可以编辑贴图纹理的X、Y轴向。
- VR污垢：贴图可以用来模拟真实物理世界中的物体上的污垢效果。
- VR颜色：可以用来设定任何颜色。
- VR贴图：在使用3ds Max标准材质时的反射和折射就用【VR贴图】来代替。

重点 12.3.1 【位图】贴图

【位图】贴图是最常用的贴图之一，可以使用相机拍摄照片作为位图贴图使用，也可以从网络上下载图片作为位图使用。如图12-35所示为【位图】贴图参数。

扫一扫，看视频

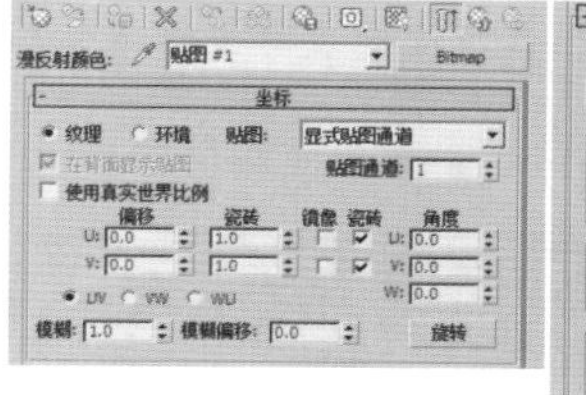

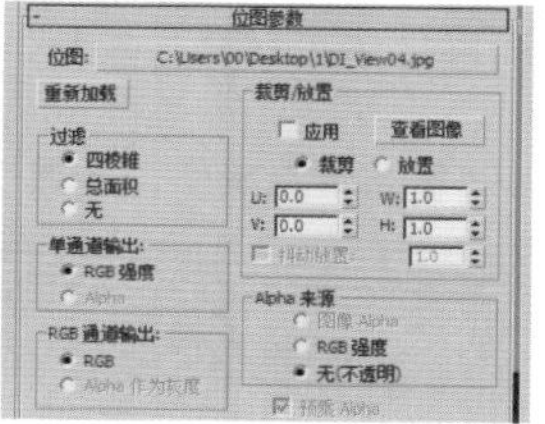

图12-35

- 偏移：设置贴图的位置偏移效果。如图12-36和图12-37所示为设置【偏移】的U为0和0.5时的对比效果。

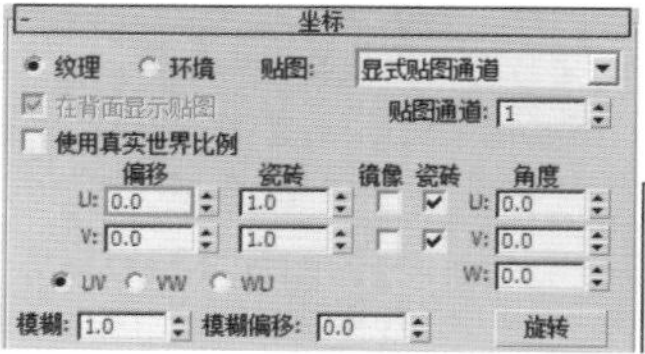

图12-36

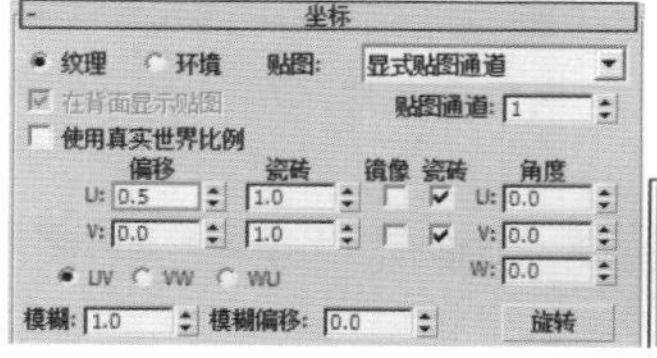

图13-37

- 瓷砖：设置贴图的在X和Y轴平铺重复的程度。如图12-38和图12-39所示为设置【瓷砖】的U为1和5时的对比效果。

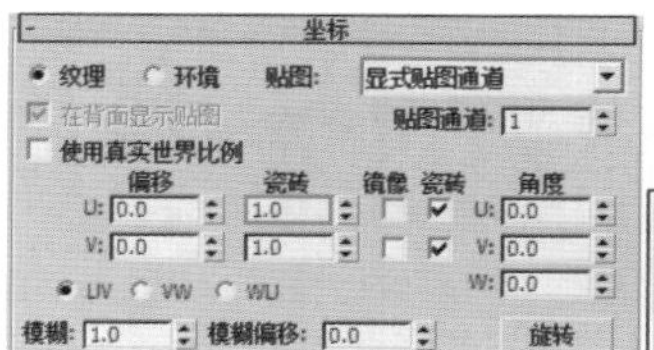

图12-38

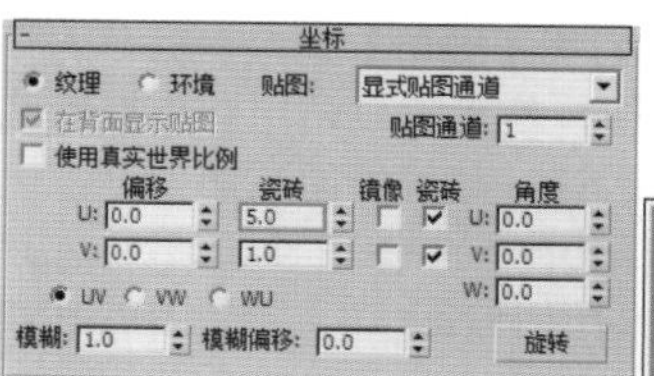

图12-39

- 角度：设置贴图在X、Y、Z轴的旋转角度。如图12-40和图12-41所示为设置【角度】的W为0和45时的对比效果。

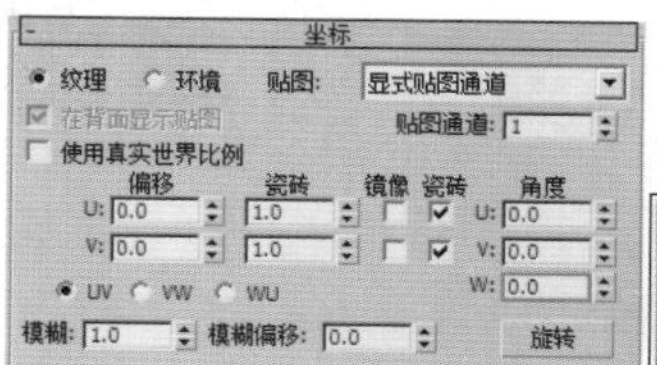

图12-40

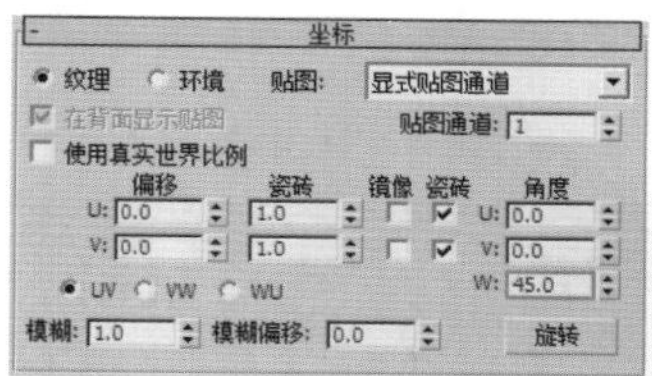

图12-41

- 模糊：设置贴图的清晰度，数值越小越清晰，渲染越慢。如图12-42和图12-43所示为设置【模糊】为5和0.01时的对比效果。

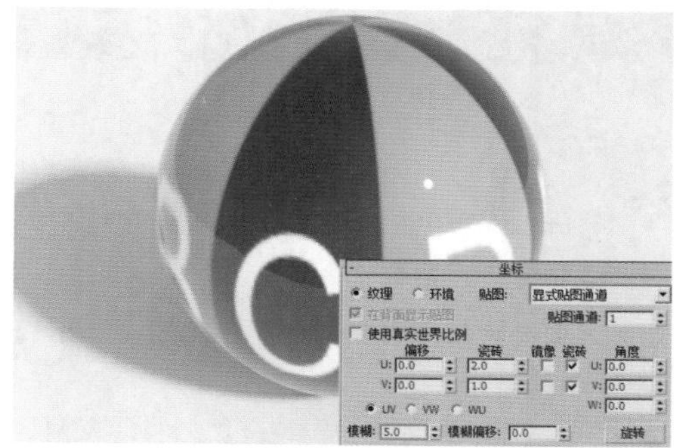

图12-42

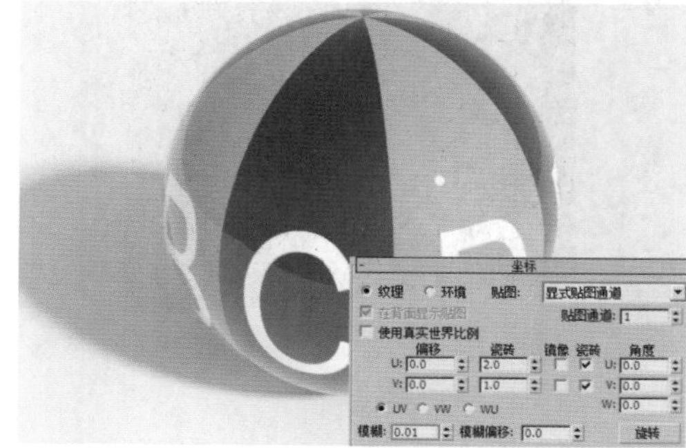

图12-43

- 剪裁/放置：勾选【应用】选项，并单击后面的【查看图像】按钮，然后可以使用红色框框选一部分区域，这部分区域就是应用的贴图部分，区域外的部分不会被渲染出来，如图12-44和图12-45所示（此方法可以去除贴图的瑕疵，如贴图上的LOGO等）。

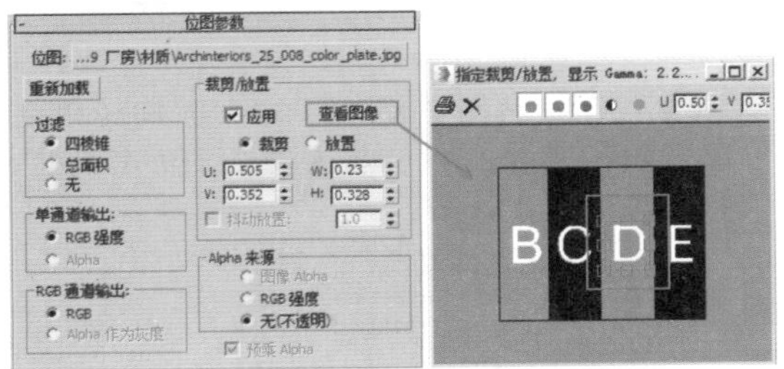

图12-44

图12-45

提示：模型上的贴图怎么不显示呢？

选中模型，如图 12-46 所示。单击材质编辑器中的（将材质指定给选定对象）按钮，发现模型没有显示出贴图效果，如图 12-47 所示。

此时只需要单击（视口中显示明暗处理材质）按钮，即可看到贴图显示正确了，如图 12-48 所示。

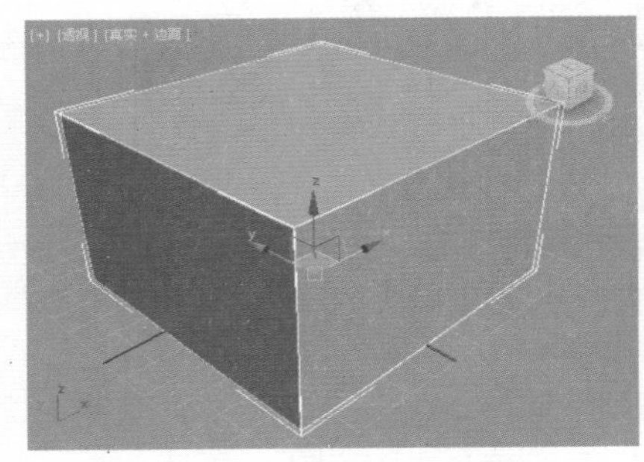

图12-46

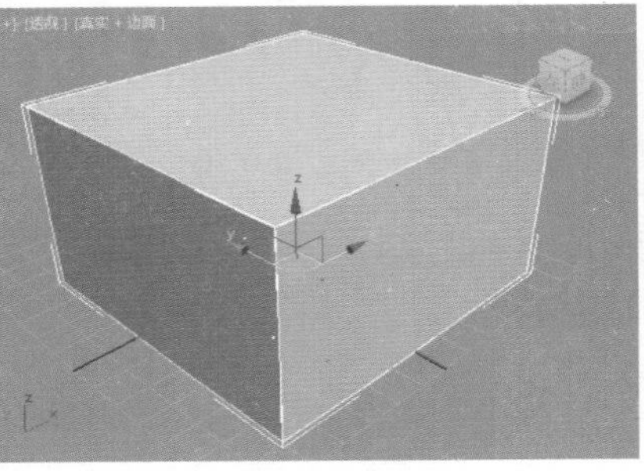

图12-47

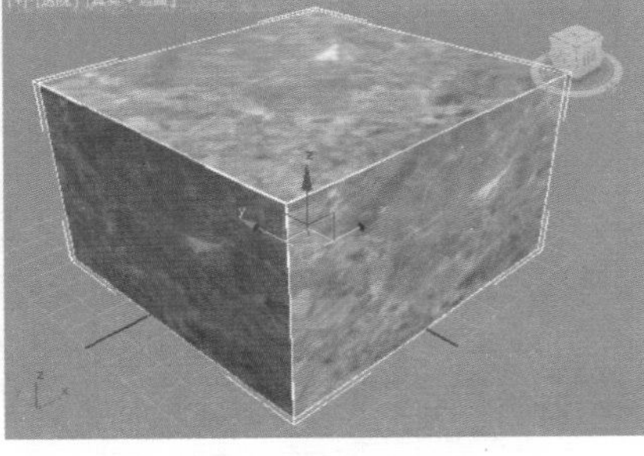

图12-48

提示：有时候平面物体上的贴图怎么显示为黑色？

有时在为平面类模型设置材质时，发现平面在视图中出现了黑色效果，如图 12-49 所示。

此时只需要为模型添加【壳】修改器（如图 12-50 所示），使平面模型产生厚度，模型上就能正确显示出贴图效果了，如图 12-51 所示。

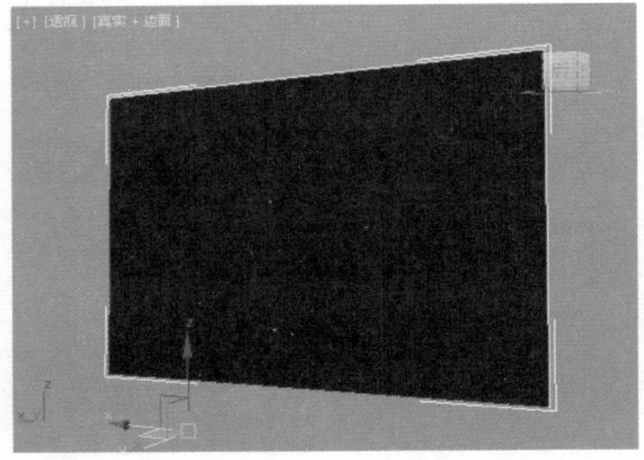

图12-49

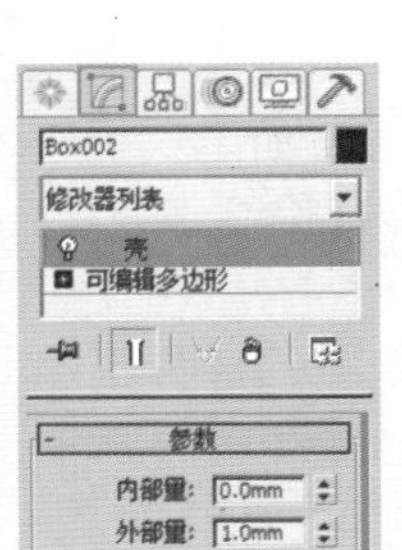

图12-50

图12-51

轻松动手学：使用Photoshop制作一张无缝贴图

文件路径：Chapter 12 贴图→轻松动手学：使用Photoshop制作一张无缝贴图

无缝贴图是指无论上下或左右复制几次都没有明显缝隙的贴图。在3ds Max中无缝贴图经常使用，我们可以自己在Photoshop中进行制作。

步骤 01 启动 Photoshop，执行【文件】|【打开】命令，打开贴图素材 1.jpg，如图 12-52 所示。执行【滤镜】|【其他】|【位移】命令，在弹出的【位移】对话框中设置【水平】【垂直】数值均为 1500，单击【确定】按钮，如图 12-53 所示。

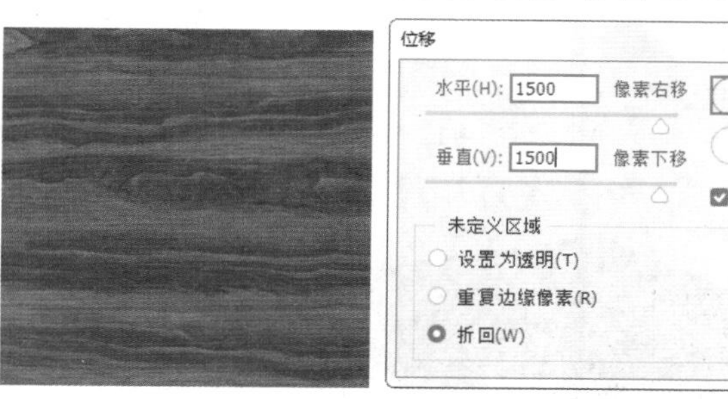

图12-52　图12-53

步骤 02 此时图片产生了位移，而原本图片的边界区域出现在画面中间，如图12-54所示。接下来对分界线进行修补，单击工具箱中的【仿制图章工具】，首先修复纵向的分界线，按住Alt键单击分界线左侧的区域进行取样，如图12-55所示。

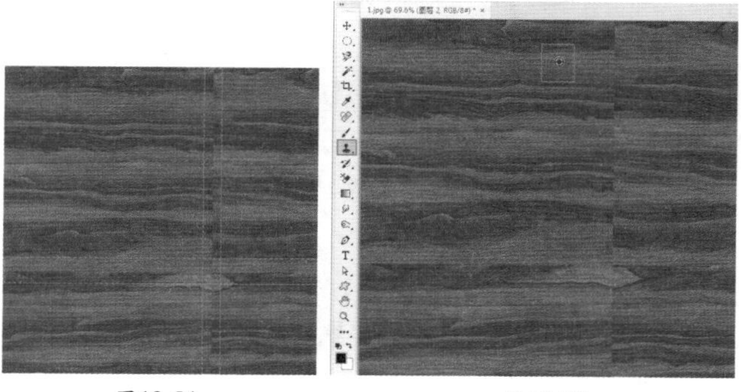

图12-54　图12-55

步骤 03 将光标移动到分界线上，按住鼠标左键并拖动，这部分区域被修复，如图12-56所示。继续修复横向的分界线，在横向分界线上方按住Alt键单击进行取样，如图12-57所示。

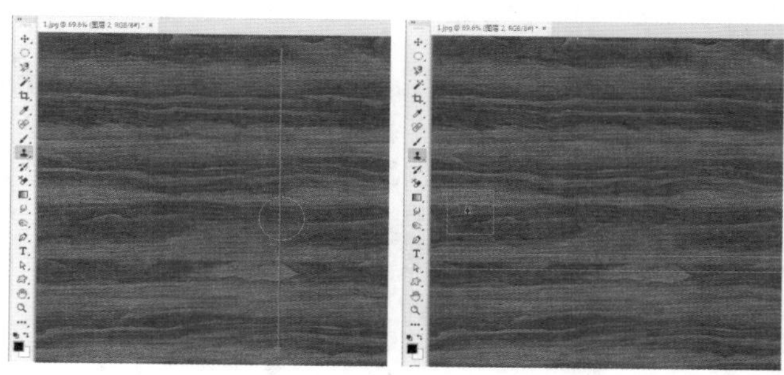

图12-56　图12-57

步骤 04 继续将光标移动到横向分割线上，按住鼠标左键并拖动，修复横向分界线，最终效果如图12-58所示。此时该贴图无论左右复制还是上下复制都是无缝隙的，如图12-59所示。

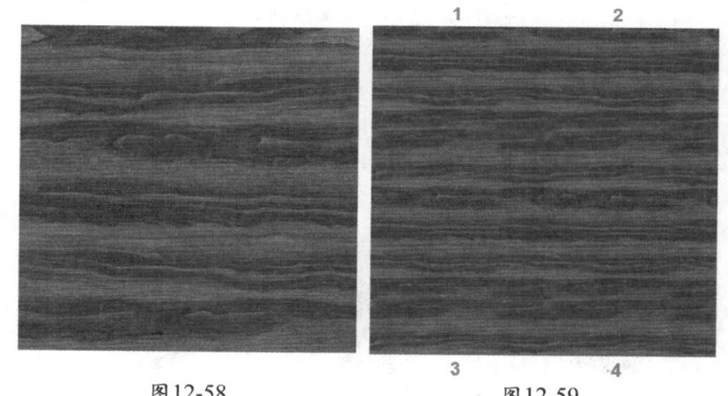

图12-58　图12-59

读书笔记

【重点】12.3.2 UVW贴图

在为模型设置好位图贴图之后，单击▣（视口中显示明暗处理材质）按钮，即可在模型上显示贴图效果。有时候会发现贴图显示正确，有时候模型会出现拉伸等错误现象，如图12-60~图12-63所示。

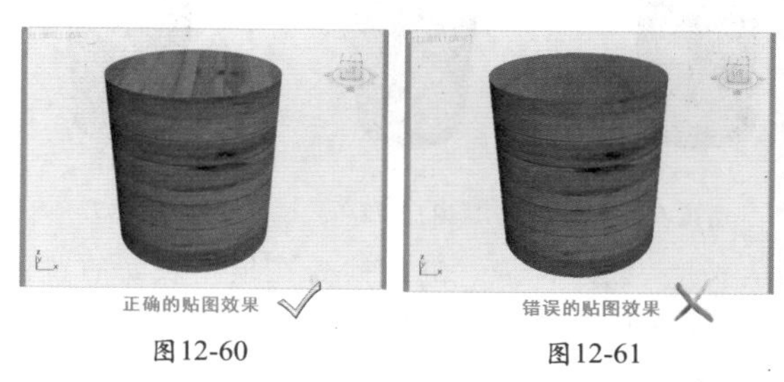

图12-60　图12-61

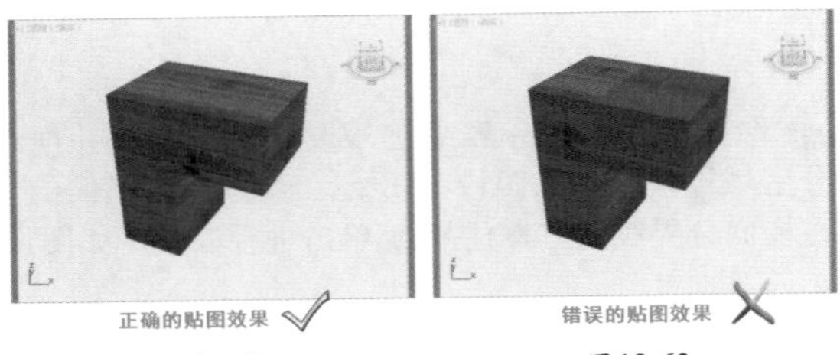

图12-62　　图12-63

一旦模型出现了类似图12-61和图12-63中的错误效果，那么要第一时间想到为模型添加【UVW贴图】修改器。可以选择模型，为其添加【UVW贴图】修改器，如图12-64所示。

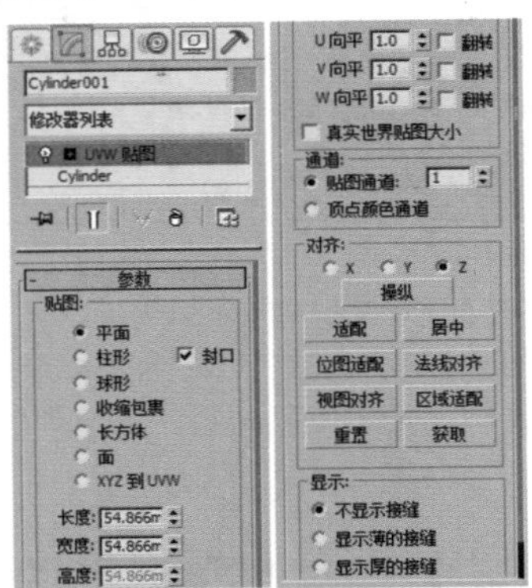

图12-64

- 贴图类型：确定所使用的贴图坐标的类型，不同的类型设置会产生不同的贴图显示效果，如图12-65~图12-73所示。

图12-65　　图12-66　　图12-67

图12-68　　图12-69　　图12-70

图12-71　　图12-72　　图12-73

- 长度/宽度/高度：通过附着在模型表面的黄色框（gizmo）大小控制贴图的显示，如图12-74和图12-75所示。

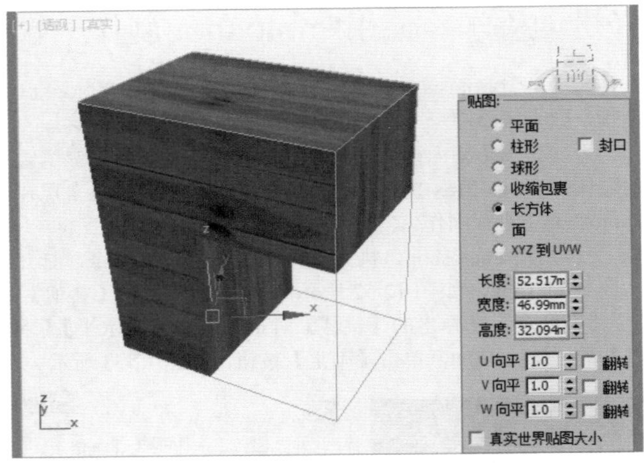

图12-74

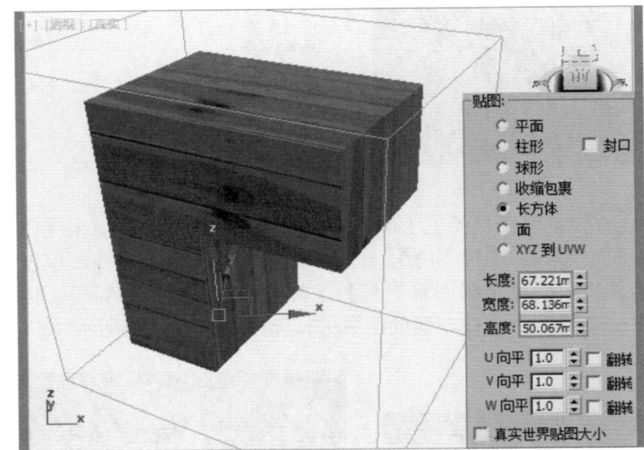

图12-75

- U/V/W向平：设置 U/V/W 轴向贴图的平铺次数。
- 翻转：反转图像。
- 对齐X/Y/Z：设置贴图显示的轴向。
- 操作：启用时，gizmo 出现在可以改变视口中的参数的对象上。
- 适配：单击该按钮，gizmo自动变为与模型等大的效果。

轻松动手学：设置模型正确的贴图效果

文件路径：Chapter 12　贴图→轻松动手学：设置模型正确的贴图效果

可以为模型添加【UVW贴图】修改器，以校正错误的贴图显示效果，但是如何快速地判断怎么设置需要更改的参数呢？

诀窍1：根据模型的形状，设置参数

步骤 01 创建一个圆柱体、一个茶壶模型，如图12-76所示。

图12-76

步骤02 将制作好的木地板贴图赋给两个模型，并单击（视口中显示明暗处理材质）按钮，可以看到贴图显示在模型上有一定问题，如图12-77和图12-78所示。

图12-77

图12-78

步骤03 根据这两个模型的大致形态，可以认为左侧的接近柱形外观、右侧的大致接近长方体外观。因此依次为两个模型添加【UVW贴图】修改器，然后设置圆柱体的贴图方式为【柱形】，并勾选【封口】，如图12-79所示。效果如图12-80所示。

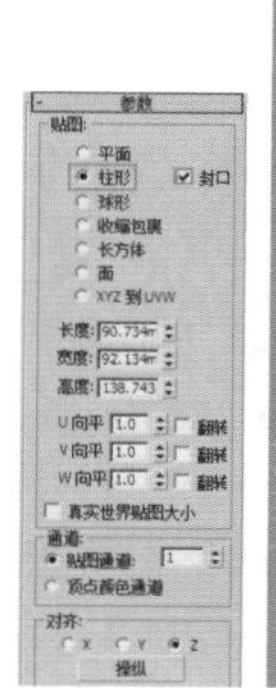

图12-79

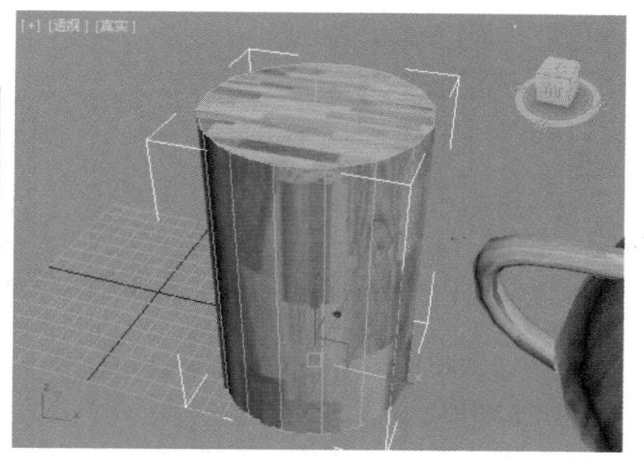

图12-80

步骤04 设置圆柱体的贴图方式为【长方形】，并勾选【封口】，如图12-81所示。效果如图12-82所示。

图12-81

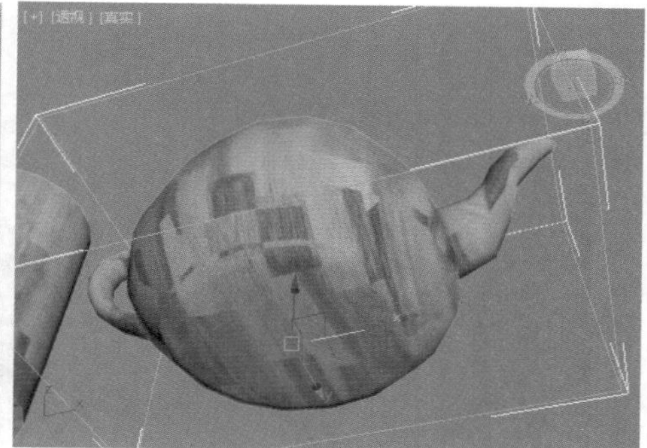

图12-82

诀窍2：快速适配大小

步骤01 可以设置不同的【对齐】方式，如图12-83所示。此时模型外面的框可能比模型本身要大，因此贴图显示可能不是很准确，如图12-84所示。

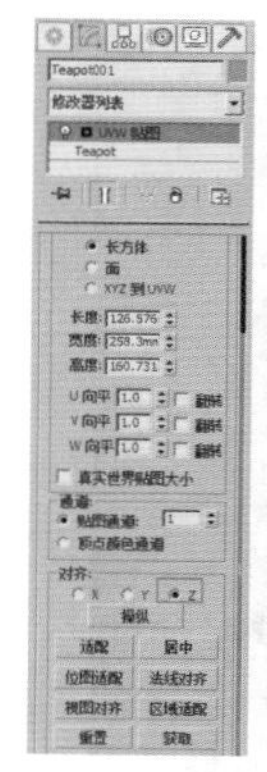

图12-83

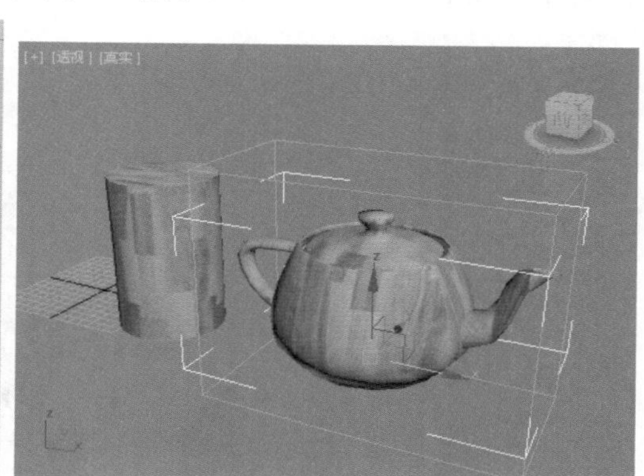

图12-84

步骤02 单击【适配】按钮，如图12-85所示。

步骤03 此时自动匹配了最适合的效果，如图12-86所示。

图12-85　　图12-86

实例：使用【位图】贴图制作猕猴桃

文件路径：Chapter 12 贴图→实例：使用【位图】贴图制作猕猴桃

在这个场景中，主要讲解利用位图贴图制作猕猴桃材质，通过模糊和凹凸制作出猕猴桃的质感。最终渲染效果如图12-87所示。

扫一扫，看视频

图12-87

步骤 01 打开本书场景文件，此时场景效果如图12-88所示。

步骤 02 按M键打开【材质编辑器】对话框，选择第一个材质球，单击 Standard 按钮，在弹出的【材质/贴图浏览器】对话框中选择VRayMtl材质，单击【确定】按钮如图12-89所示。

图12-88

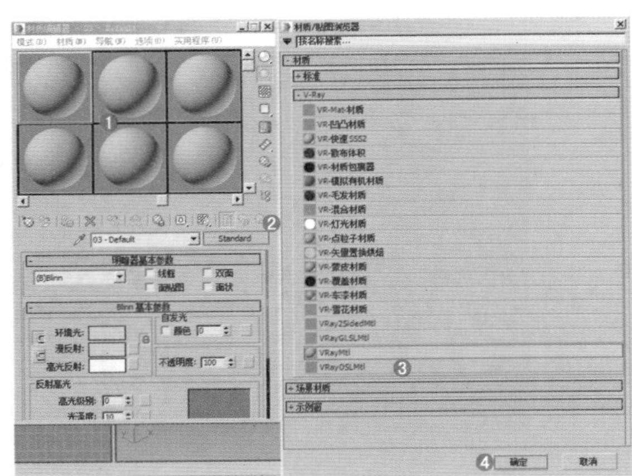
图12-89

步骤 03 将材质命名为【猕猴桃】，在【漫反射】后面的通道加载【猕猴1.jpg】贴图文件，设置【模糊】为0.5，如图12-90所示。

步骤 04 在【反射】后面的通道加载【猕猴2.jpg】贴图文件，勾选【菲涅耳反射】，设置【菲涅耳折射率】为8，【反射光泽度】为0.6，【细分】为30，【模糊】为0.5，如图12-91所示。

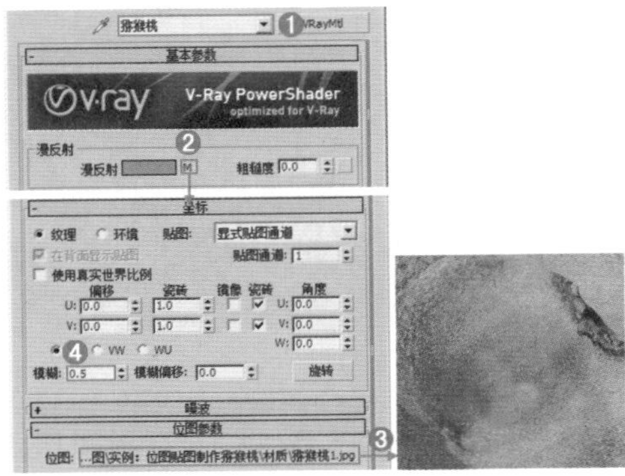
图12-90

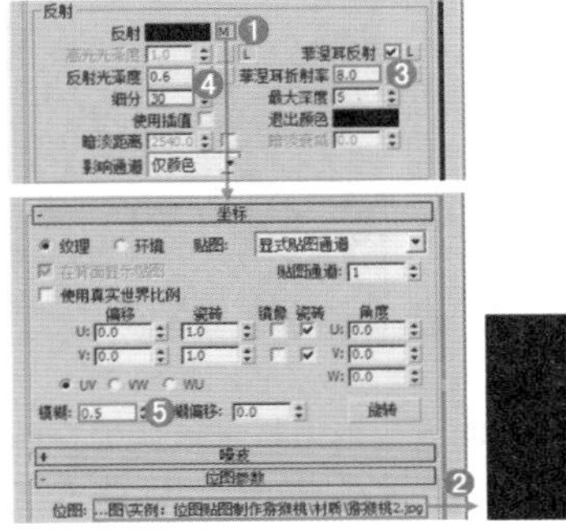
图12-91

步骤 05 展开【贴图】卷展栏，在【凹凸】后面的通道加载【猕猴桃3.jpg】贴图文件，设置【模糊】为0.5，【凹凸】为100，如图12-92所示。

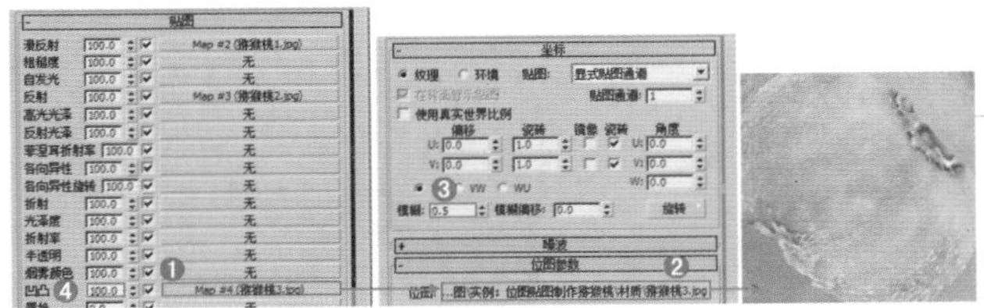
图12-92

步骤 06 将制作完毕的猕猴桃材质赋给场景中的猕猴桃模型，如图12-93所示。

图12-93

步骤07 最终渲染效果如图12-94所示。

图12-94

重点 12.3.3 【衰减】贴图

【衰减】贴图是指两种颜色混合产生的衰减过渡效果。在漫反射通道上加载衰减贴图可以模拟绒布等质感（如绒布沙发），在反射通道上加载衰减贴图可以模拟柔和的反射过渡（如汽车车漆反射、珍珠反射），如图12-95所示。

图12-95

其参数面板如图12-96所示。

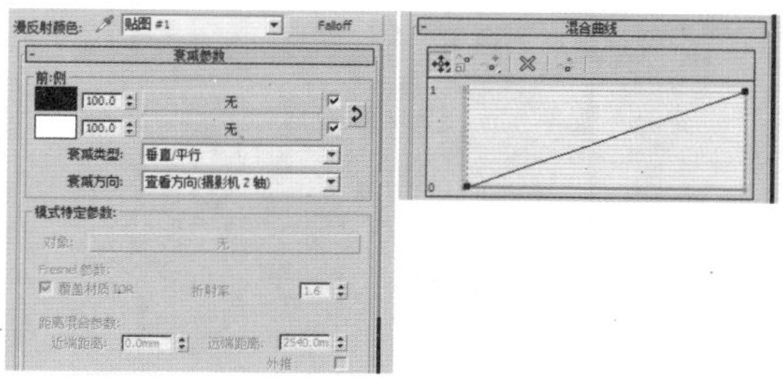

图12-96

- 前:侧：设置【衰减】贴图的【前】通道和【侧】通道的参数。
- 衰减类型：设置衰减的方式，其中【垂直/平行】方式过渡较强烈，Fresnel方式过渡较柔和。
- 衰减方向：设置衰减的方向。

如图12-97所示设置绿色和黄色两种颜色，则会产生如图12-98所示的衰减效果。

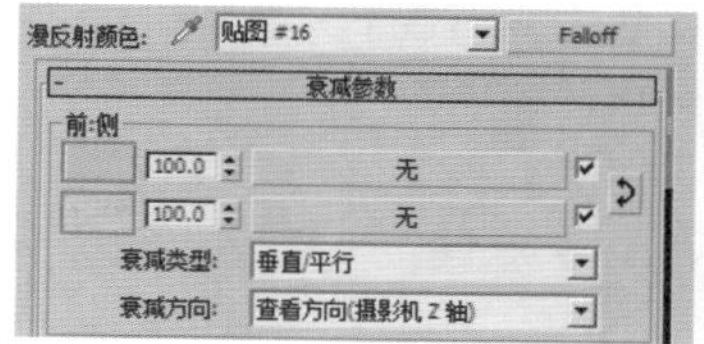

图12-97

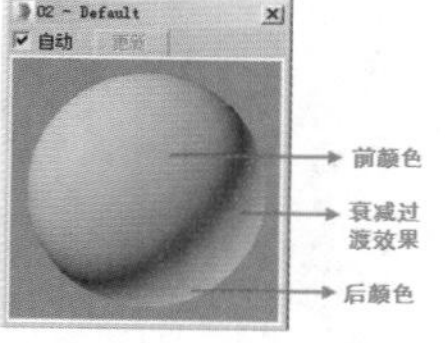

图12-98

实例：使用【衰减】贴图制作沙发

文件路径：Chapter 12 贴图→实例：使用【衰减】贴图制作沙发

扫一扫，看视频

衰减贴图可以制作两个颜色或贴图之间产生衰减变化，因此适合用于制作沙发效果。渲染效果如图12-99所示。

图12-99

步骤01 打开本书场景文件，如图12-100所示。

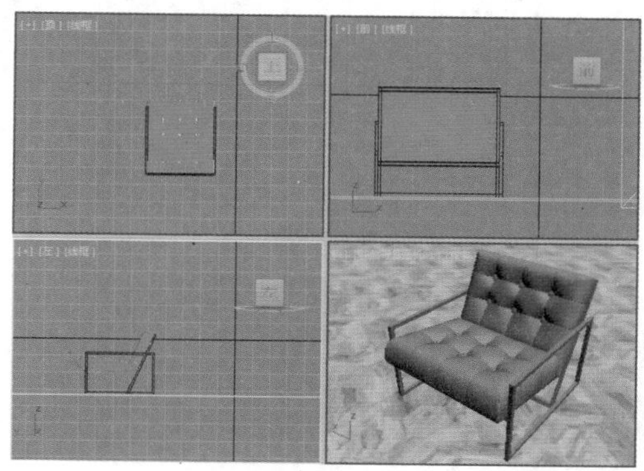

图12-100

步骤02 按M键打开【材质编辑器】对话框，选择一个材质球。将材质命名为【沙发】，设置【明暗器基本参数】卷展栏中的方式为（O）Oren-Nayar-Blinn（该方式适用于制作布质感），在【漫反射】后面的通道加载【衰减】贴图，在第一个颜色后面通道上加载3.jpg贴图，设置第二个颜色为浅蓝色，【衰减类型】为Fresnel，【光泽度】为25，如图12-101所示。

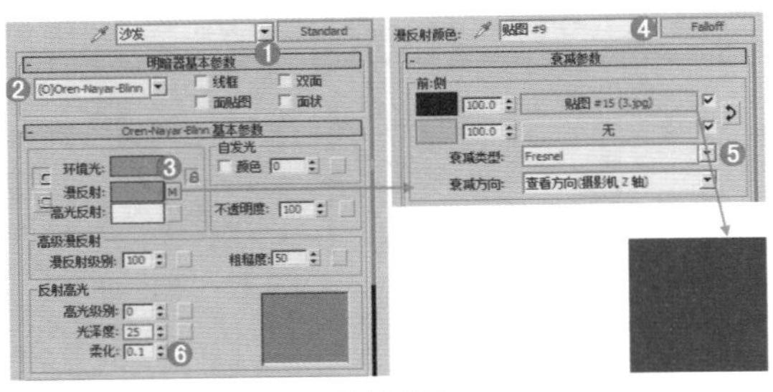

图12-101

提示：什么是衰减贴图？

【衰减】贴图基于几何体曲面上面法线的角度衰减来生成从白到黑的值，用于指定角度衰减的方向会随着所选的方法而改变。根据默认设置，贴图会在法线从当前视图指向外部的面上生成白色，而在法线与当前视图相平行的面上生成黑色。

步骤 03 展开【贴图】卷展栏，在【凹凸】后面的通道上加载3.jpg贴图文件，设置【凹凸】为30，如图12-102所示。

步骤 04 将制作完毕的沙发材质赋给场景中的沙发模型，如图12-103所示。

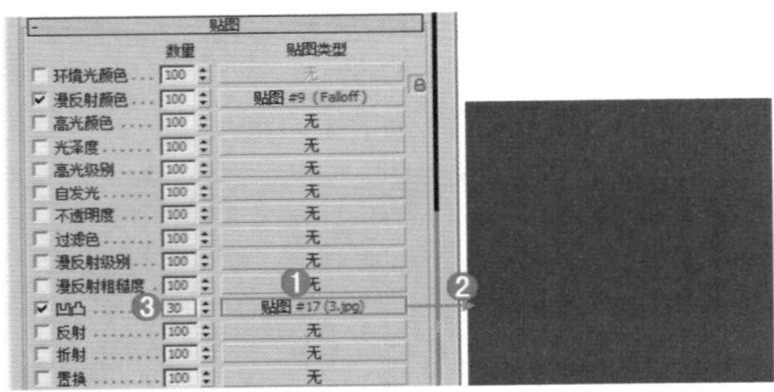

图12-102

图12-103

步骤 05 最终渲染效果如图12-104所示。

图12-104

重点 12.3.4 【噪波】贴图

【噪波】贴图是一种由两种颜色组成的随机波纹效果，常用来模拟具有凹凸质感的物体，比如草地、水波纹、毛巾等，如图12-105所示。

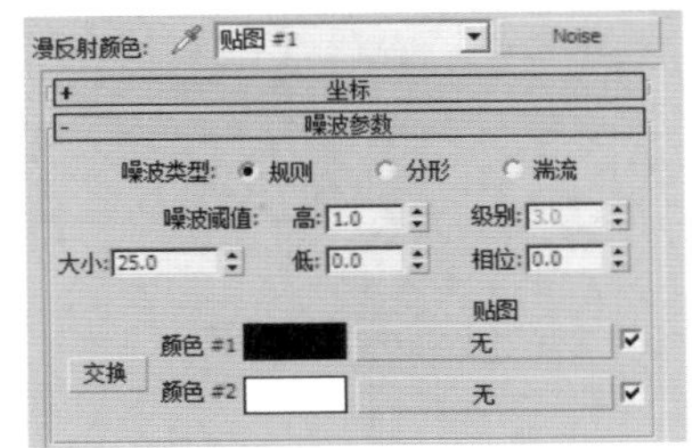

图12-105

其参数面板如图12-106所示。

图12-106

- 噪波类型：包括【规则】【分形】和【湍流】3种类型。
- 大小：设置噪波波长的距离。
- 噪波阈值：控制噪波中黑色和白色的显示效果，如图12-107和图12-108所示为分别设置【高】为1和0.5对比效果。

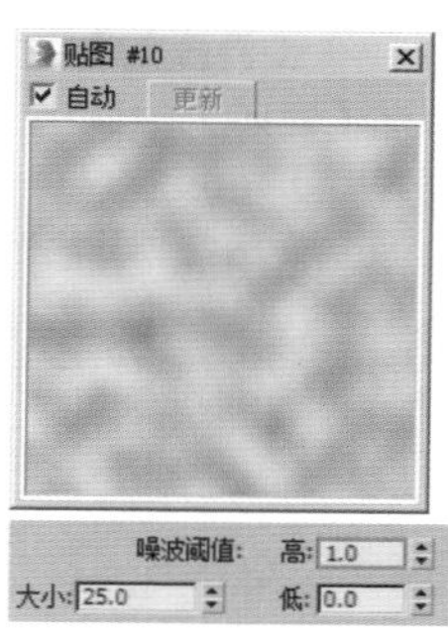

图12-107

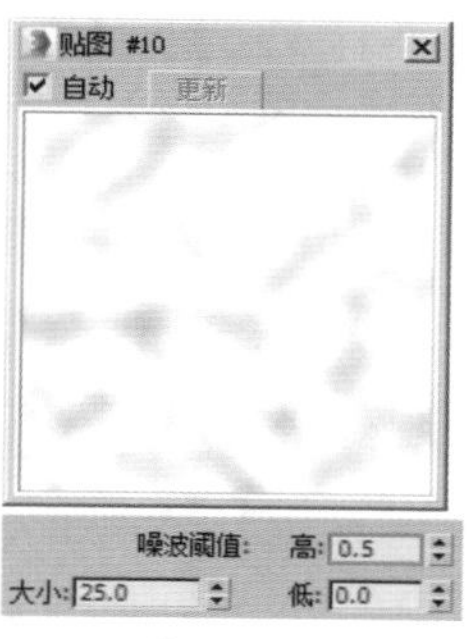

图12-108

- 级别：设置【分形】和【湍流】方式时产生噪波的量。
- 相位：设置噪波的动画速度。
- 交换：互换两个颜色的位置。
- 颜色#1/颜色#2：可以设置两个颜色作为噪波的颜色，也可在后面通道上添加贴图。

重点 12.3.5 【渐变】和【渐变坡度】贴图

【渐变】贴图可以模拟由3种颜色组成的渐变效果。常用来模拟具有渐变颜色的物体，比如花瓣、美甲、天空，如图12-109所示。

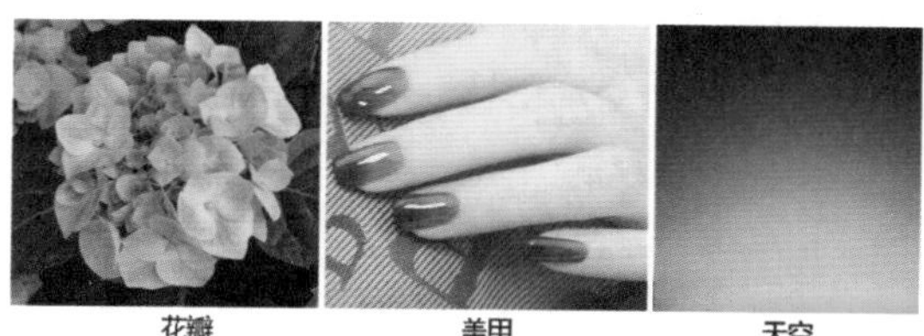

图12-109

其参数面板如图12-110所示。

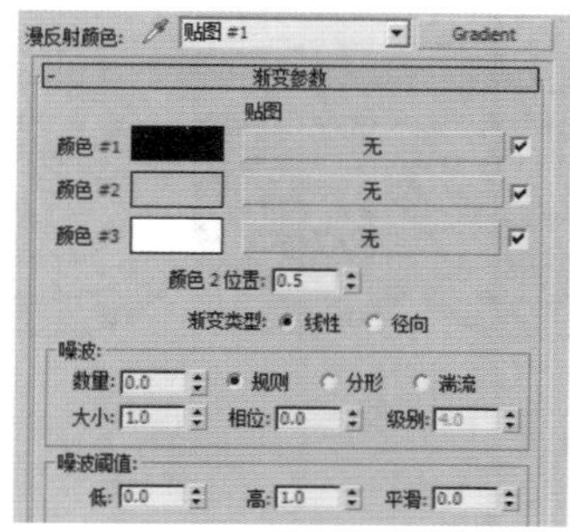

图12-110

- 颜色#1/颜色#2/颜色#3：设置渐变的3个颜色。
- 颜色2位置：通过设置颜色2的位置，从而可以控制3个颜色的位置分布。
- 渐变类型：可以选择线性或径向的渐变方式。
- 高：设置高阈值。
- 低：设置低阈值。
- 平滑：用以生成从阈值到噪波值较为平滑的变换。数值越大，平滑效果越好。

【渐变坡度】贴图可以模拟由多种颜色组成的渐变效果。常用来模拟具有渐变颜色的物体，比如多色玻璃球、雨伞、窑变釉瓶，如图12-111所示。

图12-111

其参数面板如图12-112所示。

图12-112

- 渐变栏：在该栏中编辑颜色。双击滑块即可更换颜色，如图12-113所示。单击空白区域即可添加一个颜色，单击拖动滑块即可移动颜色位置，如图12-114所示。
- 渐变类型：选择渐变的类型。
- 插值：选择插值的类型。

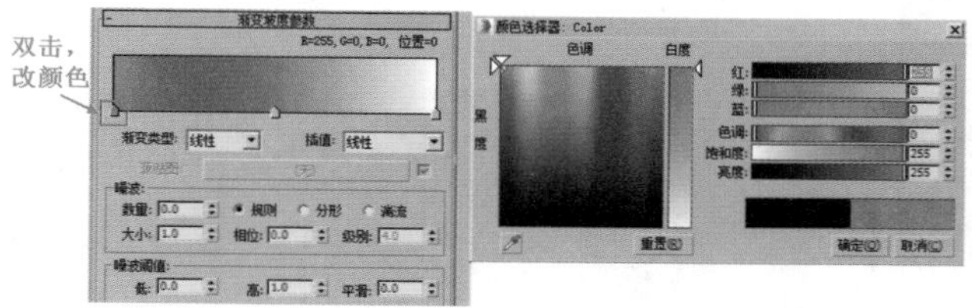

图12-113

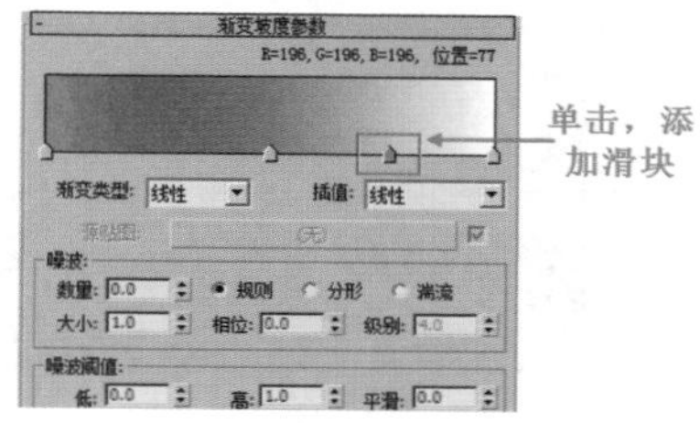

图12-114

实例：使用【渐变坡度】贴图制作棒棒糖

扫一扫，看视频

文件路径：Chapter 12 贴图→实例：使用【渐变坡度】贴图制作棒棒糖

本例使用渐变坡度贴图制作棒棒糖，难点在于模拟几种颜色的渐变方式，以达到更真实的效果。最终渲染效果如图12-115所示。

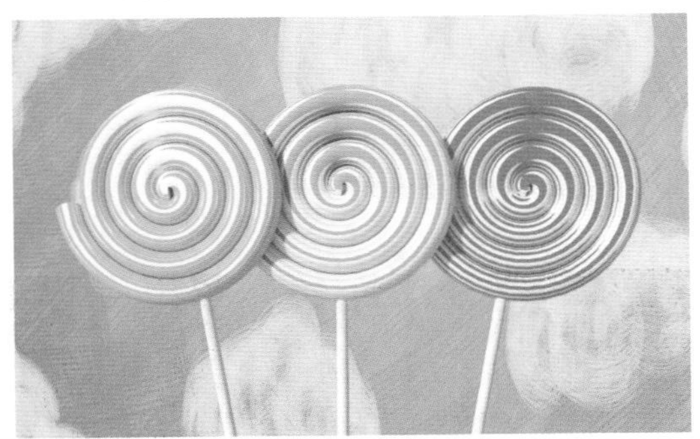

图12-115

步骤01 打开场景文件，如图12-116所示。

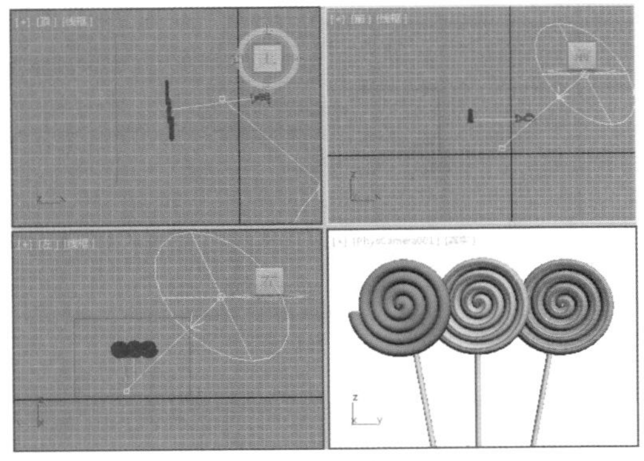

图12-116

步骤02 按M键打开【材质编辑器】对话框，选择第一个材质球，单击 Standard 按钮，在弹出的【材质/贴图浏览器】对话框中选择VRayMtl材质，单击【确定】按钮如图12-117所示。

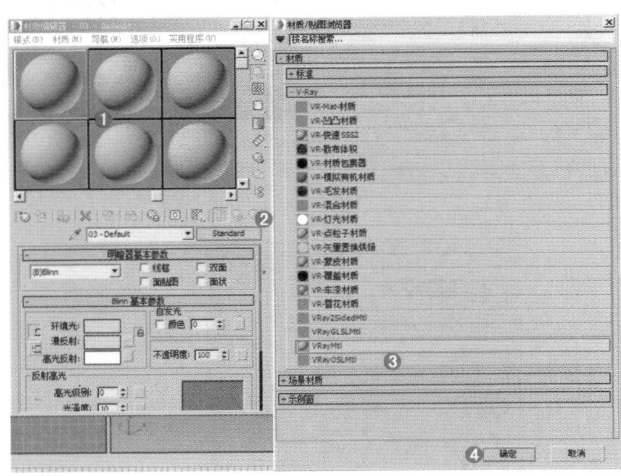

图12-117

步骤03 将材质命名为【棒棒糖】，在【漫反射】后面的通道上加载【渐变坡度】贴图，设置【瓷砖】的U为7，【角度】的W为90。展开【渐变坡度参数】卷展栏，并设置如图12-118所示的8种颜色效果，设置【渐变类型】为径向。

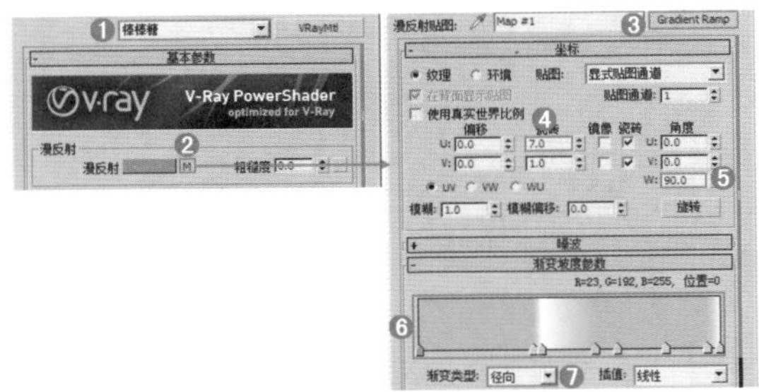

图12-118

步骤04 设置【反射】为浅灰色，勾选【菲涅耳反射】，设置【细分】为20，如图12-119所示。

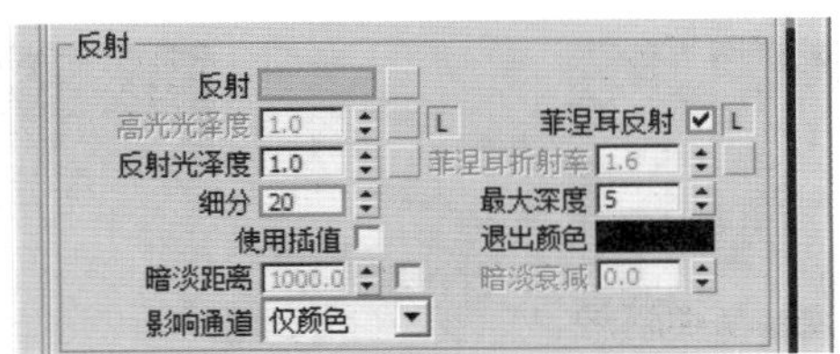

图12-119

步骤05 将制作完毕的棒棒糖材质赋给场景中的棒棒糖模型，如图12-120所示。

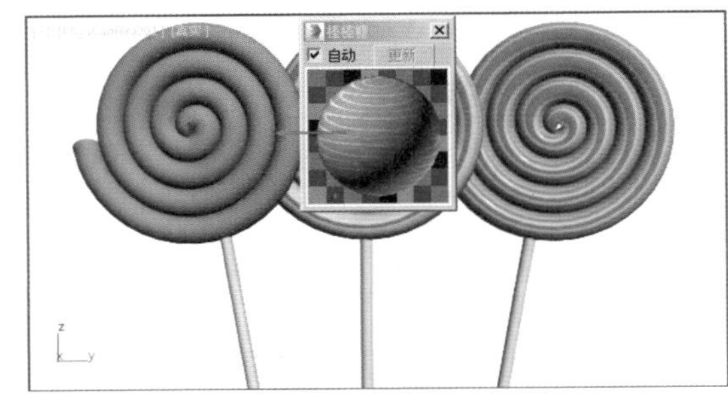

图12-120

步骤06 最终渲染效果如图12-121所示。

图12-121

12.3.6 【棋盘格】贴图

【棋盘格】贴图是由两种颜色交叉出现产生的类似棋盘效果。常用该贴图制作棋盘、黑白地砖、马赛克等，如图12-122所示。

图12-122

其参数面板如图12-123所示。

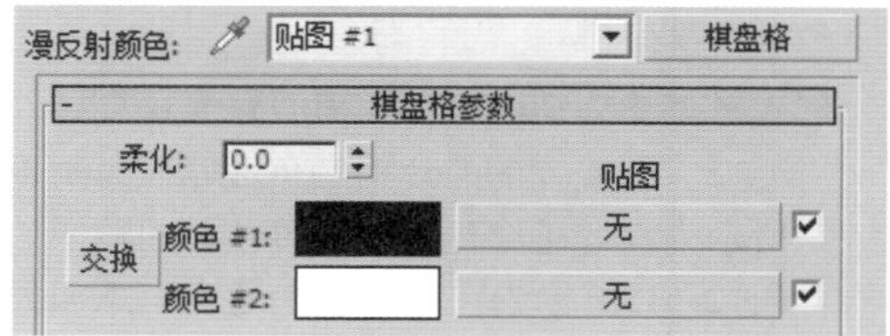

图12-123

- 柔化：设置两个颜色的柔和效果。

实例：使用【棋盘格】贴图制作黑白地面

文件路径：Chapter 12 贴图→实例：使用【棋盘格】贴图制作黑白地面

扫一扫，看视频

在这个场景中主要讲解利用棋盘格贴图制作黑白地面。黑白色棋盘格地面在室内效果图设计中经常会用到，可以突出强烈的视觉冲击力，具有时尚、前卫、现代的感觉。最终渲染效果如图12-124所示。

图12-124

步骤 01 打开本书场景文件，如图12-125所示。

步骤 02 按M键打开【材质编辑器】对话框，选择一个材质球，单击 Standard 按钮，在弹出的【材质/贴图浏览器】对话框中选择VRayMtl材质，单击【确定】按钮，如图12-126所示。

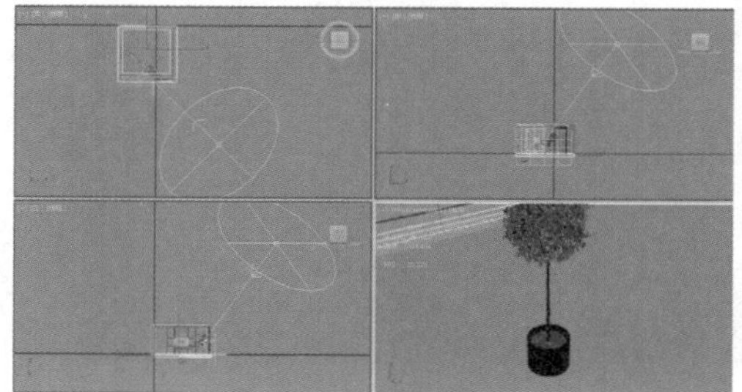

图12-125

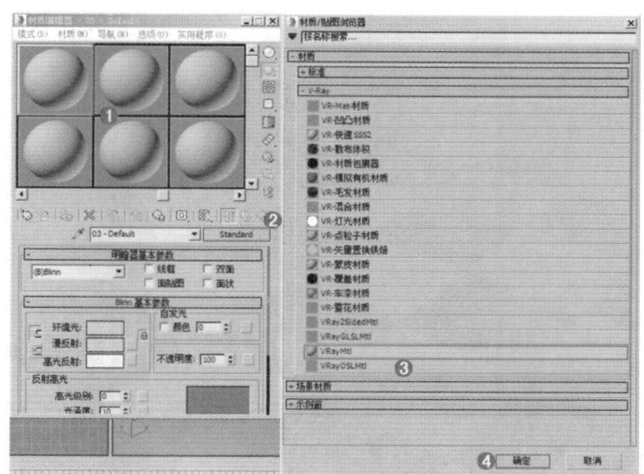

图12-126

步骤 03 将材质命名为【黑白地面】，在【漫反射】后面的通道上加载【棋盘格】贴图，如图12-127所示。

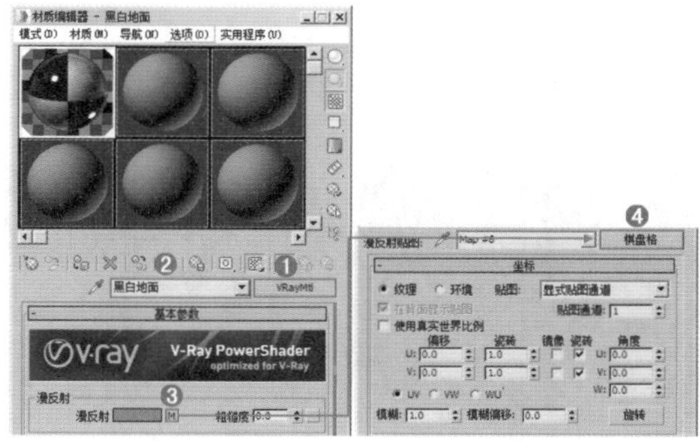

图12-127

步骤 04 在【反射】后面的通道上加载【衰减】贴图，设置颜色2为灰色，【衰减类型】为【垂直/平行】，【高光光泽度】为0.85，【反射光泽度】为0.98，【细分】为20，【最大深度】为3，如图12-128所示。

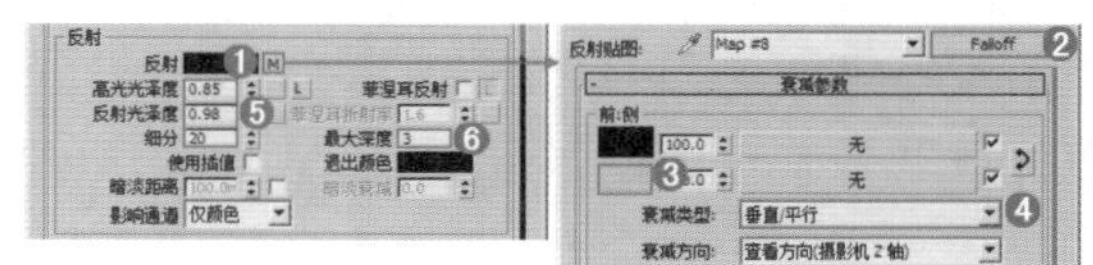

图12-128

步骤 05 将制作完毕的瓷砖材质赋给场景中的地面模型，如图12-129所示。

图12-129

步骤 06 最终渲染效果如图12-130所示。

图12-130

12.3.7 【平铺】贴图

【平铺】贴图可以创建砖、彩色瓷砖或材质贴图，而且可以模拟真实的砖缝效果。常用该贴图制作木地板、地砖等，如图12-131所示。

木地板　地砖

图12-131

其参数面板如图12-132所示。

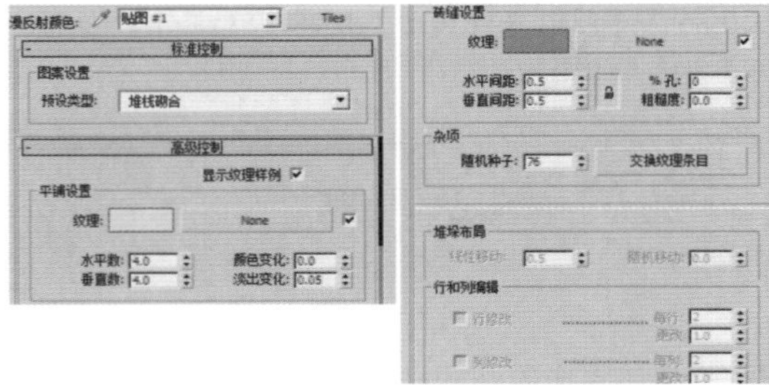

图12-132

- 预设类型：可以选择不同的平铺图案，如图12-133所示为其中的【堆栈砌合】【连续砌合】和【英式砌合】3种方式。

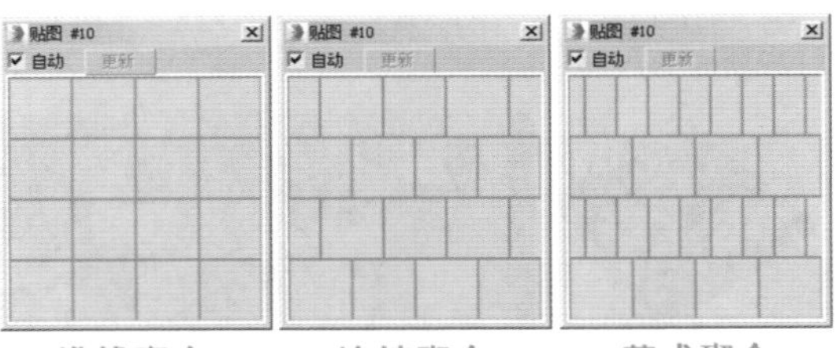

堆栈砌合　连续砌合　英式砌合

图12-133

- 显示纹理样例：更新并显示贴图指定给【瓷砖】或【砖缝】的纹理。
- 平铺设置：该选项组控制平铺的参数设置。
  * 纹理：设置瓷砖的纹理颜色或贴图，如图12-134所示为设置【纹理】为浅黄色时的贴图效果，如图12-135所示为在【纹理】通道上添加大理石贴图时的贴图效果。

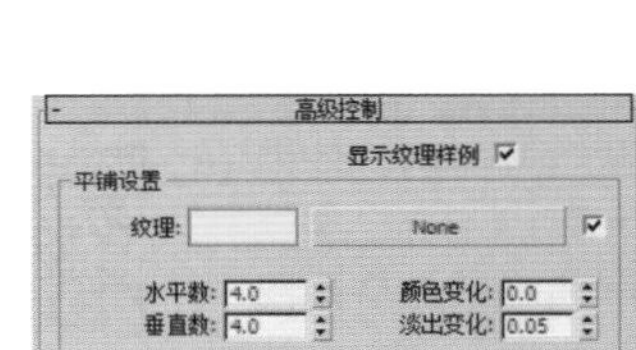

设置颜色为浅黄色　贴图效果

图12-134

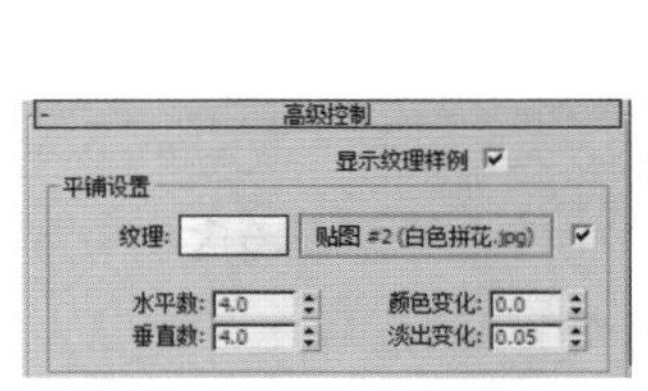

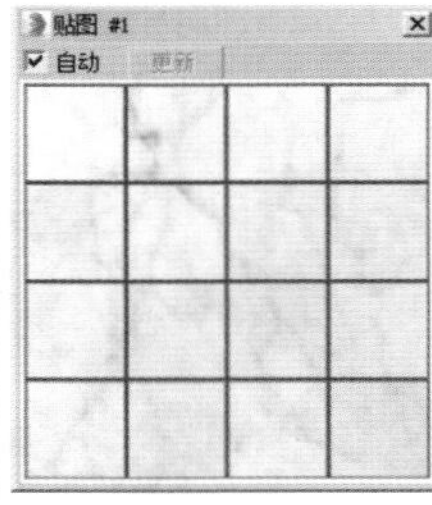

在通道上加载贴图　贴图效果

图12-135

  * 水平数/垂直数：控制瓷砖在水平方向/垂直方向的重复次数（例如地面上有多少块瓷砖），如图12-136所示。
  * 颜色变化：设置瓷砖的颜色变化效果，若设置大于0的数值则瓷砖将会产生微妙的颜色区别。
  * 淡出变化：控制瓷砖的淡出变化。
- 砖缝设置：该选项组控制砖缝的参数设置。
  * 纹理：设置瓷砖缝隙的颜色或贴图（例如瓷砖缝

隙的颜色）。

* 水平间距/垂直间距：设置瓷砖缝隙的长宽数值，如图12-137所示。

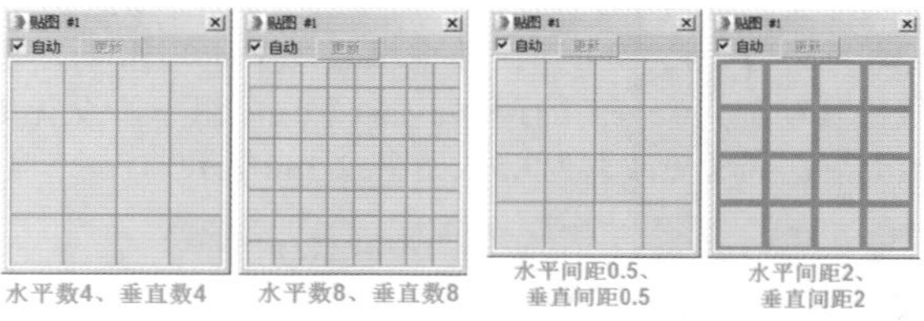

图12-136　　图12-137

* %孔：设置由丢失的瓷砖所形成的孔占瓷砖表面的百分比。
* 粗糙度：控制砖缝边缘的粗糙度。

- 杂项：该选项组控制随机种子和交换纹理条目的参数。
  * 随机种子：对瓷砖应用颜色变化的随机图案。不用进行其他设置就能创建完全不同的图案。
  * 交换纹理条目：在瓷砖间和砖缝间交换纹理贴图或颜色。
- 堆垛布局：该选项控制线性移动和随机移动的参数。
  * 线性移动：每隔两行将瓷砖移动一个单位。
  * 随机移动：将瓷砖的所有行随机移动一个单位。
- 行和列编辑：启用此选项后，将根据每行/列的值和改变值，为行创建一个自定义的图案。

轻松动手学：设置一个瓷砖贴图

文件路径：Chapter 12 贴图→轻松动手学：设置一个瓷砖贴图

步骤01 创建一个平面模型和一个环形结模型，如图12-138所示。

图12-138

步骤02 为平面设置瓷砖材质效果，打开材质编辑器，单击一个材质球，设置材质类型为VRayMtl，并在【漫反射】通道上加载【平铺】贴图，设置【图案设置】的【预设类型】为【堆栈砌合】，【平铺设置】的【纹理】为米色、【水平数】和【垂直数】为4，【砖缝设置】的【纹理】为咖啡色、【水平间距】和【垂直间距】为0.1，如图12-139所示。

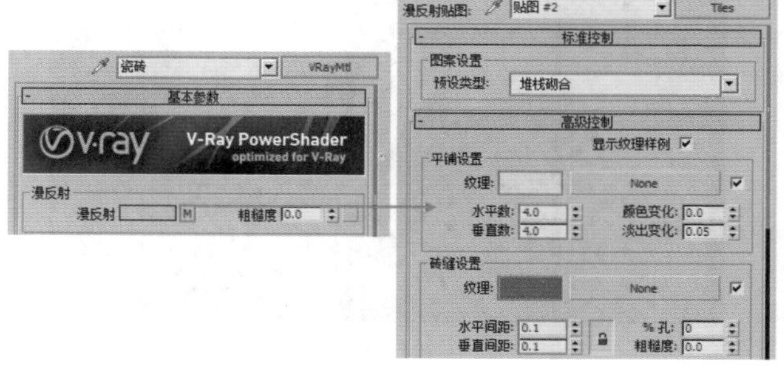

图12-139

步骤03 设置【反射】为深灰色，【反射光泽度】为0.9，【细分】为20，如图12-140所示。

步骤04 材质制作完成，材质球效果如图12-141所示。

步骤05 渲染效果如图12-142所示。

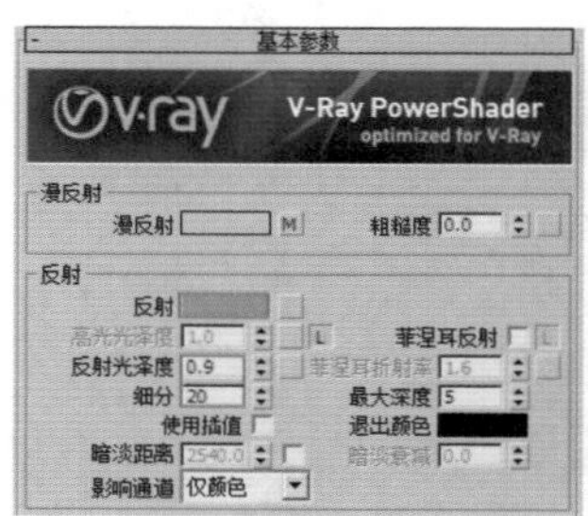

图12-140　　图12-141

图12-142

实例：使用【平铺】贴图制作瓷砖

文件路径：Chapter 12 贴图→实例：使用【平铺】贴图制作瓷砖

本例主要讲解利用平铺贴图制作瓷砖材质。可以通过设置预设类型、平铺的行和列及砖缝间距的大小，从而制作需要的地砖效果。最终渲染效果如图12-143所示。

扫一扫，看视频

图12-143

步骤01 打开本书场景文件，如图12-144所示。

步骤02 按M键打开【材质编辑器】对话框，选择第一个材质球，单击 Standard 按钮，在弹出的【材质/贴图浏览器】对话框中选择VRayMtl材质，单击【确定】按钮，如图12-145所示。

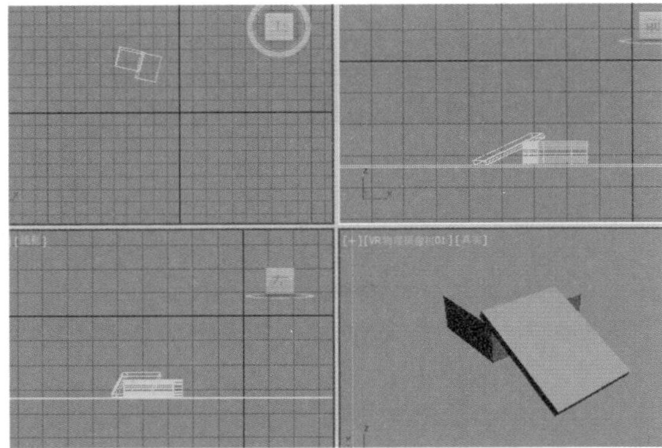

图12-144

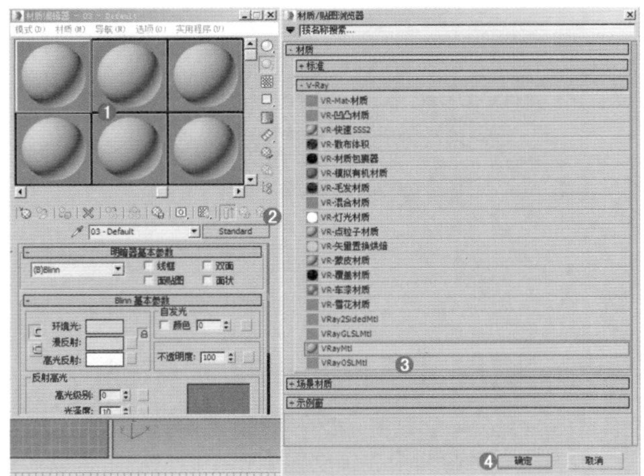

图12-145

步骤03 将材质命名为【地面】，在【漫反射】后面的通道上加载【平铺】贴图。展开【标准控制】卷展栏，设置【预设类型】为【自定义平铺】。展开【高级控制】卷展栏，在【平铺设置】选项组下，在【纹理】后面的通道上加载【地面.jpg】贴图文件，设置【水平数】为40，【垂直数】为40，【颜色变化】为0.1，【淡出变化】为0.1。在【砖缝设置】选项组下，设置【纹理】颜色为白色，【水平间距】为0.02，【垂直间距】为0.02。在【杂项】选项组下，设置【随机种子】为25300。在【堆垛布局】选项组下，设置【线性移动】为0。在【行和列编辑】选项组下，设置【行修改】后面的【更改】为0.5，如图12-146所示。

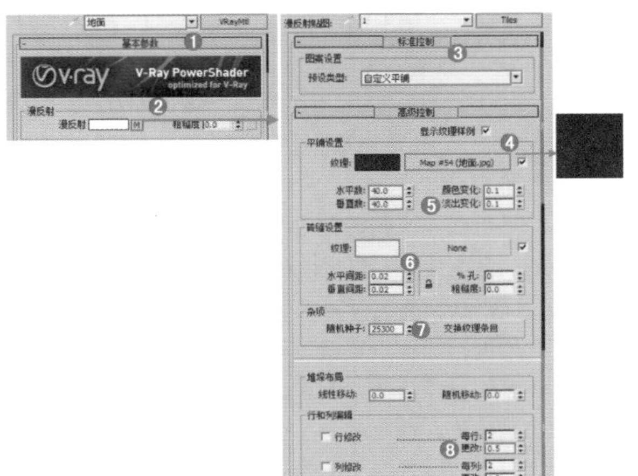

图12-146

提示：【水平数】和【垂直数】的设置。

【水平数】和【垂直数】与加载【UVW贴图】修改器的效果是有相同之处的，通过对【水平数】和【垂直数】的设置，可以设置相应的数量来更改贴图的分布情况。

步骤04 在【反射】后面的通道上加载【衰减】程序贴图，展开【衰减参数】卷展栏，设置颜色1为深灰色，颜色2为灰色，【衰减类型】为Fresnel，【反射光泽度】为0.85，【细分】为20，【最大深度】为2，如图12-147所示。

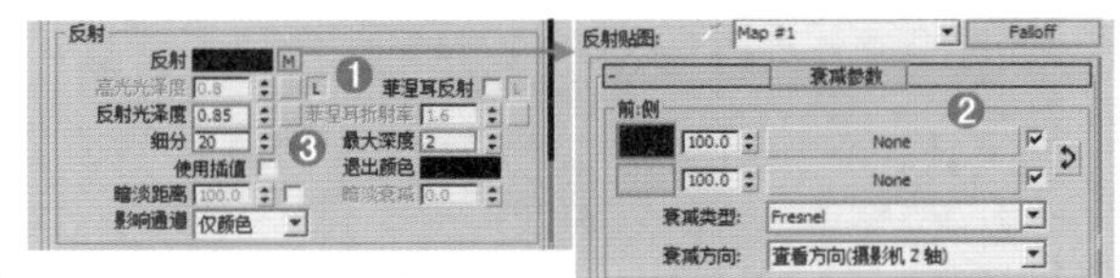

图12-147

步骤05 展开【贴图】卷展栏，在【凹凸】后面的通道上加载【平铺】程序贴图。展开【标准控制】卷展栏，设置【预设类型】为【自定义平铺】。展开【高级控制】卷展栏，在【平铺设置】选项组下，在【纹理】后面的通道上加载【地面.jpg】贴图文件，设置【水平数】为40，【垂直数】为40，【颜色变化】为0.1，【淡出变化】为0.1。在【砖缝设置】选项组下，设置【纹理】颜色为浅灰色，设置【水平间距】为0.02，【垂直间距】为0.02。在【杂项】选项组下，设置【随机种子】为25300。在【堆垛布局】选项组下，设置【线性移动】为0。在【行和列编辑】选项组下，设置【行修改】后面的【更改】为0.5，最后设置【凹凸】为5，如图12-148所示。

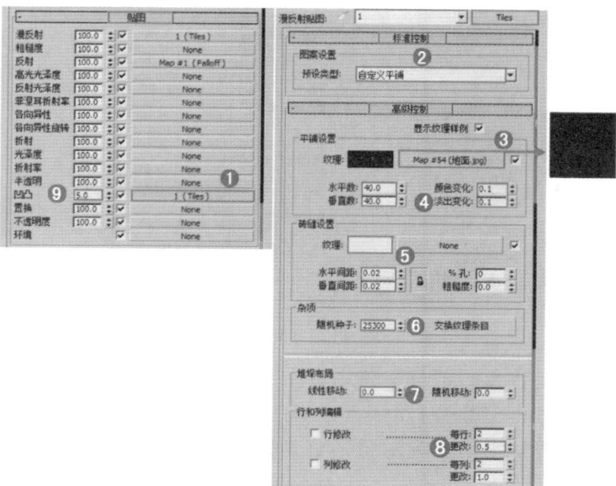

图12-148

步骤 06 将制作完毕的瓷砖材质赋给场景中的地面模型，如图12-149所示。

图12-149

步骤 07 将剩余的材质制作完成，并赋给相应的物体，如图12-150所示。

图12-150

步骤 08 最终渲染效果如图12-151所示。

图12-151

12.3.8 【混合】贴图

【混合】贴图是指两种颜色或贴图通过一张贴图控制其分布比例，从而产生混合的效果。常用该贴图制作花纹床品、墙绘、花纹杯子等，如图 12-152 所示。

图12-152

例如，要制作一个红黄花纹的效果，需要设置红、黄两个颜色，并在【混合量】通道上添加一张黑白贴图（黑色区域显示颜色#1、白色区域显示颜色#2），如图12-153所示。双击材质球，如图12-154所示。

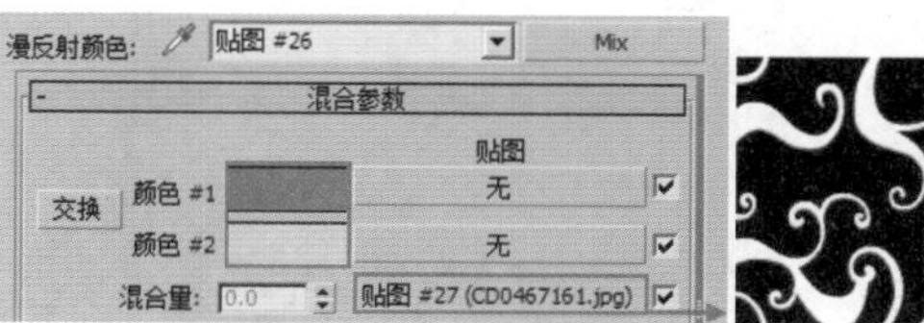

图12-153

图12-154

其参数面板如图12-155所示。

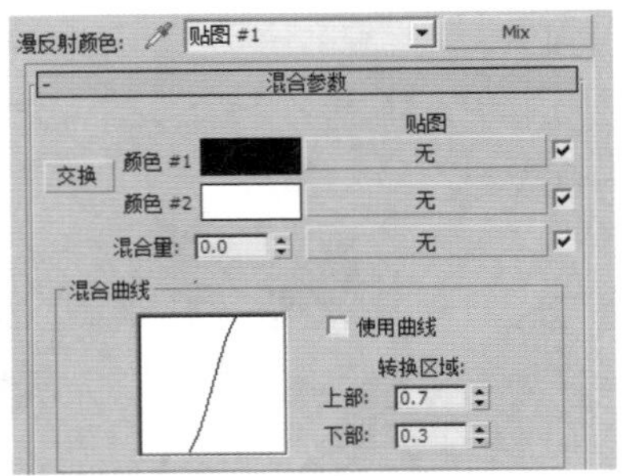

图12-155

- 颜色#1/颜色#2：设置混合的两种颜色或贴图。
- 交换：互换两种颜色或贴图的位置。
- 混合量：设置颜色#1和颜色#2的混合比例。
- 混合曲线：可以通过设置曲线控制混合的效果。

重点 12.3.9 【VR-天空】贴图

【VR-天空】贴图是模拟真实天空颜色的贴图效果，通常添加于【环境和效果】对话框中，以模拟真实的环境背景。【VR-天空】贴图经常与【VR-太阳】灯光搭配使用。【VR-天空】贴图参数如图12-156所示。

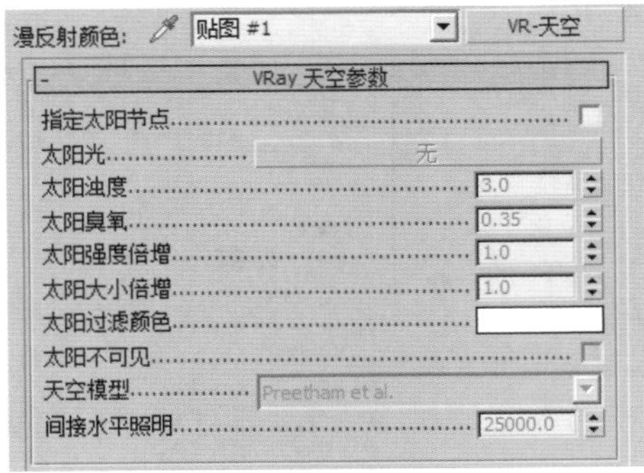

图12-156

- 指定太阳节点：若场景中有VR-太阳，那么取消该选项则参数会自动与V-太阳相关，若勾选该选项则可不受V-太阳影响，而只受该参数数值影响。
- 太阳光：单击后面的按钮可以选择太阳光源或其他光源。

轻松动手学：为背景设置VR-天空贴图

文件路径：Chapter 12 贴图→轻松动手学：为背景设置【VR-天空】贴图

步骤 01 在场景中创建一盏【VR-太阳】灯光，如图12-157所示。并在弹出的对话框中单击【是】按钮，如图12-158所示。

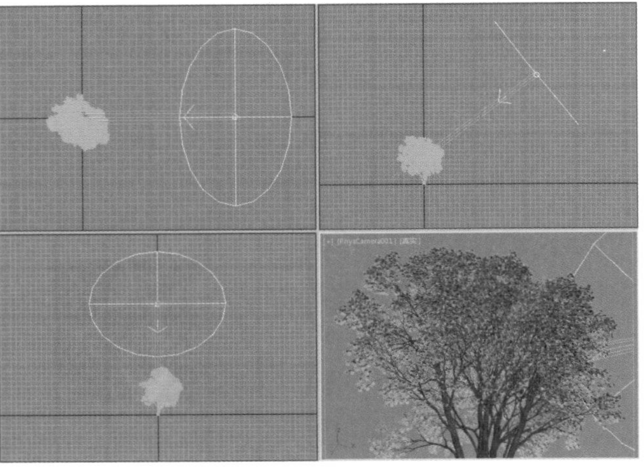

图12-157

图12-158

步骤 02 单击【修改】按钮，设置灯光参数，如图12-159所示。

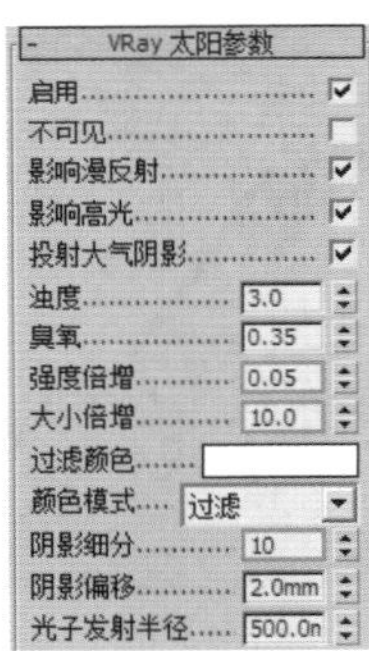

图12-159

步骤 03 按快捷键8打开【环境和效果】对话框，会看到已经在【环境贴图】通道中自动添加了【VR-天空】，如图12-160所示。

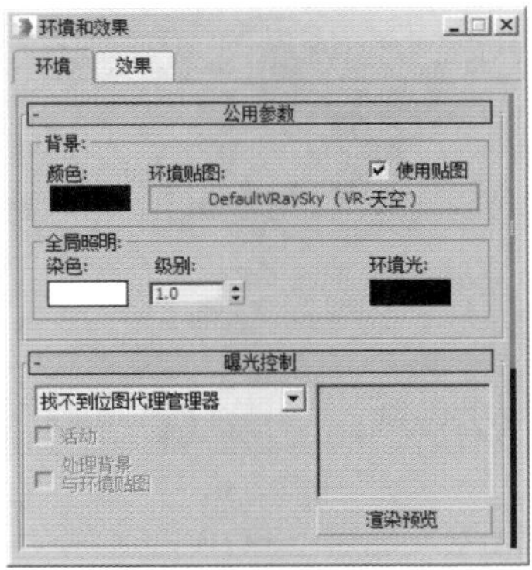

图12-160

步骤04 此时渲染效果如图12-161所示，可以看到产生了浅蓝色的天空背景。

图12-161

步骤05 如果创建【VR-太阳】灯光时，在弹出的对话框中单击【否】按钮，如图12-162所示。此时按快捷键8打开【环境和效果】对话框，会看【环境贴图】通道中未被添加贴图，如图12-163所示。

步骤06 此时渲染效果如图12-164所示，可以看到背景是黑色的。

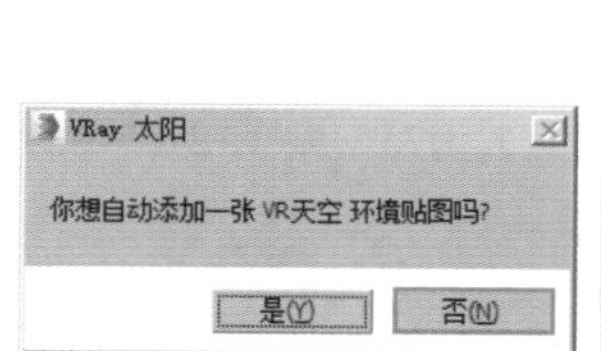

图12-162

图12-163

图12-164

步骤07 因此在使用【VR-太阳】灯光时，通常建议在弹出的对话框中单击【是】按钮。当然，在场景中没有使用【VR-太阳】灯光时，如果需要让背景更接近蓝天、黄昏、夜晚效果，那么也可以使用【VR-天空】贴图。按快捷键8打开【环境和效果】对话框，在【环境】选项卡中单击【环境贴图】下面的贴图，并加载【VR-天空】，如图12-165所示。

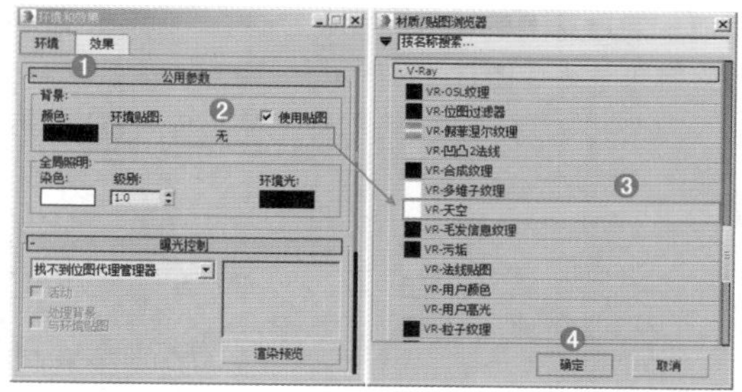

图12-165

步骤08 加载完成后，同时打开材质编辑器，然后单击并将【环境贴图】通道中的【VR-天空】拖动到空白材质球上，最后选择【实例】，单击【确定】按钮，如图12-166所示（这一步骤的目的是，可以在材质编辑器中重新设置该贴图的参数）。

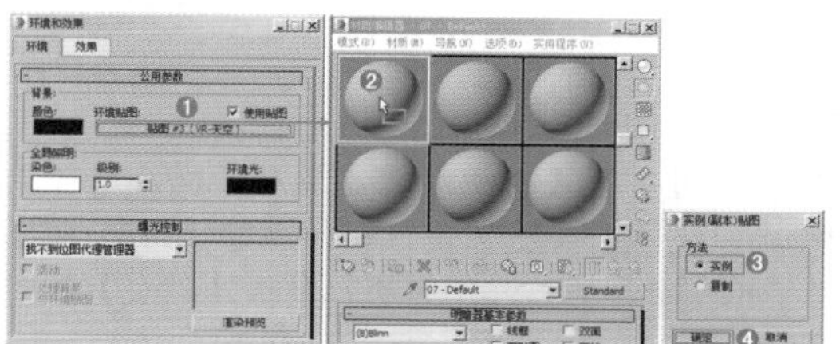

图12-166

步骤09 勾选【指定太阳节点】，设置【太阳强度倍增】数值（该数值控制天空的亮点，值越大越亮、越小越暗），如图12-167所示。

步骤10 如图12-168和图12-169所示为【太阳强度倍增】为0.05（白天天空效果）和0.01（夜晚天空效果）的对比效果。

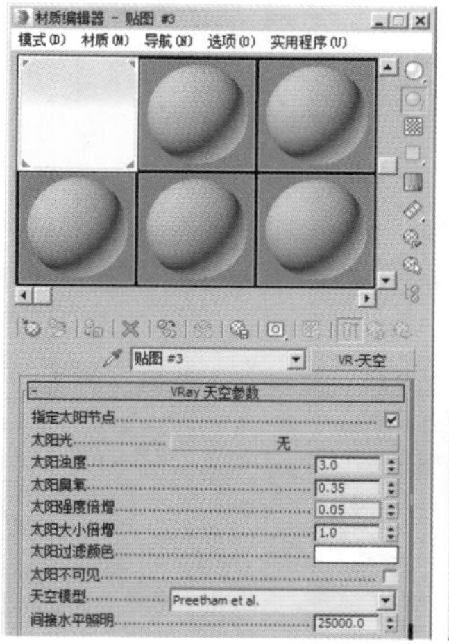

图12-167

图12-168

图12-169

实例：使用【泼溅】贴图制作陶瓷花瓶

文件路径：Chapter 12 贴图→实例：使用【泼溅】贴图制作陶瓷花瓶

扫一扫，看视频

在这个场景中主要讲解利用泼溅贴图制作

瓷砖材质。通过对数值和迭代次数的调节，制作出泼墨的效果。最终渲染效果如图12-170所示。

图12-170

步骤 01 打开本书场景文件，如图12-171所示。

步骤 02 按M键打开【材质编辑器】对话框，选择第一个材质球，单击 Standard 按钮，在弹出的【材质/贴图浏览器】对话框中选择VRayMtl材质，单击【确定】按钮，如图12-172所示。

图12-171

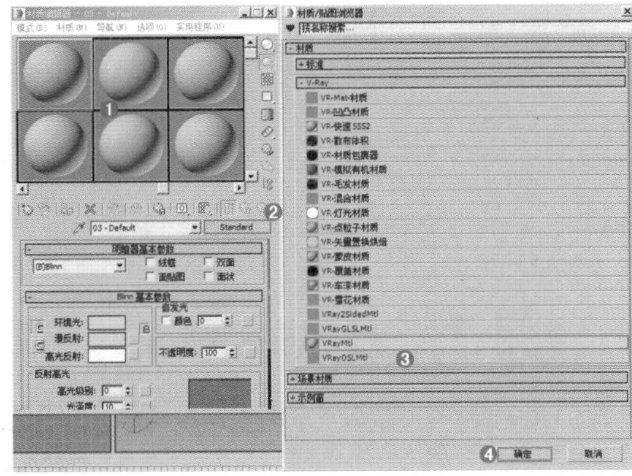

图12-172

步骤 03 将材质命名为【泼溅贴图制作陶瓷花瓶】，在【漫反射】后面的通道上加载【泼溅】程序贴图，设置【瓷砖】的X/Y分别为0.6、0.5；展开【泼溅参数】卷展栏，设置【大小】为100，【迭代次数】为8，【颜色#1】为黄色，【颜色#2】为白色，如图12-173所示。

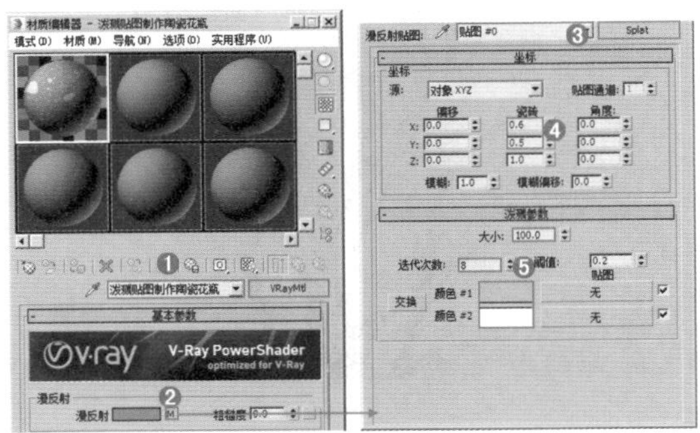

图12-173

提示：什么是【泼溅】贴图？

泼溅是一个3D贴图，它生成分形表面图案，该图案对于漫反射颜色贴图创建类似于泼溅的图案非常有用。

步骤 04 在【反射】后面的通道上加载【衰减】程序贴图，设置颜色1为灰色，颜色2为白色，【衰减类型】为【垂直/平行】，勾选【菲涅耳反射】，设置【菲涅耳折射率】为1.6，【最大深度】为4，【细分】为25，如图12-174所示。

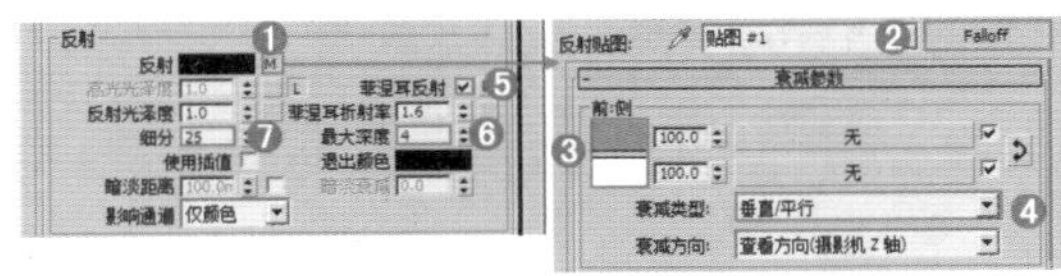

图12-174

步骤 05 将制作完毕的瓷砖材质赋给场景中的地面模型，如图12-175所示。

图12-175

步骤 06 最终渲染效果如图12-176所示。

图12-176

重点 12.3.10 【不透明度】贴图

在【不透明度】通道上添加一张黑白贴图，可以遵循“黑色透明、白色不透明、灰色半透明”的原理，从而模型产生透明的效果。通常使用该方法制作树叶、花瓣、草等效果。例如，一片树叶贴图（背景为白色）添加到漫反射通道上，一片树叶黑白贴图（内部为白色、外部为黑色），最终能得到一个背景为透明的树叶效果，因此可以把该材质赋给一个平面模型上，如图12-177所示。

图12-177

实例：使用【不透明度】贴图制作树叶

文件路径：Chapter 12 贴图→实例：使用【不透明度】贴图制作树叶

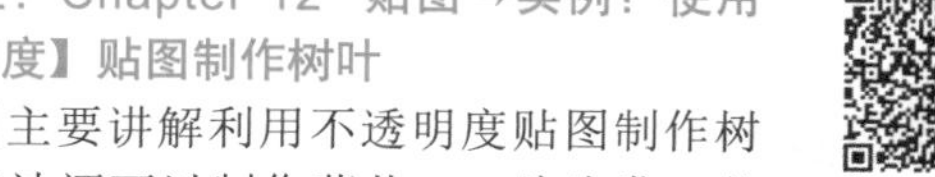

扫一扫，看视频

本例主要讲解利用不透明度贴图制作树叶，该方法还可以制作草丛、一片头发、花瓣等，需要在不透明度通道后面加载贴图。最终渲染效果如图12-178所示。

图12-178

步骤01 打开场景文件，如图12-179所示。

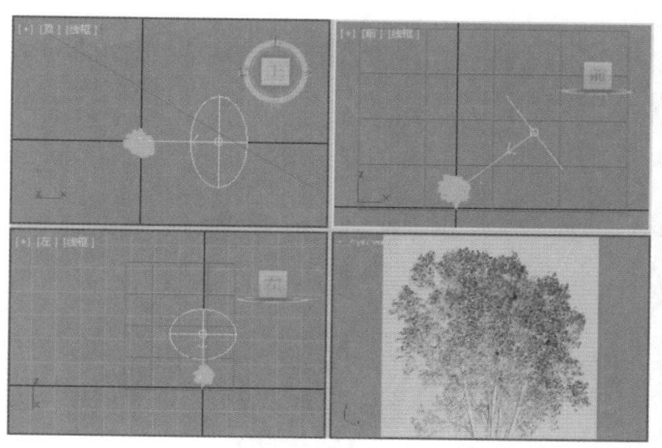

图12-179

步骤02 按M键打开【材质编辑器】对话框，选择一个材质球。将材质命名为【树叶】，在【漫反射】后面的通道加载【叶子.jpg】贴图文件，如图12-180所示。

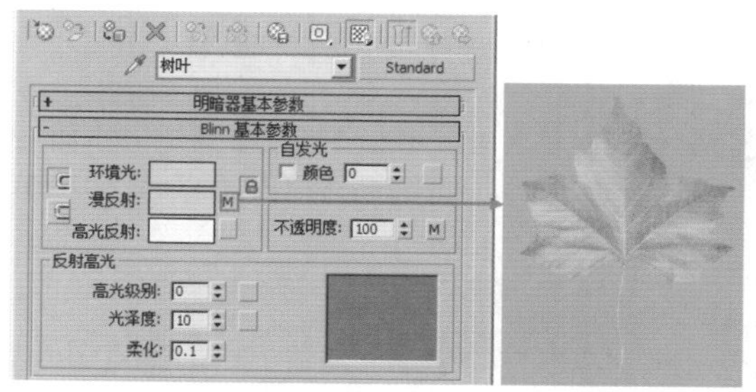

图12-180

步骤03 展开【贴图】卷展栏，在【不透明度】后面的通道上加载【黑白.jpg】贴图文件，如图12-181所示。

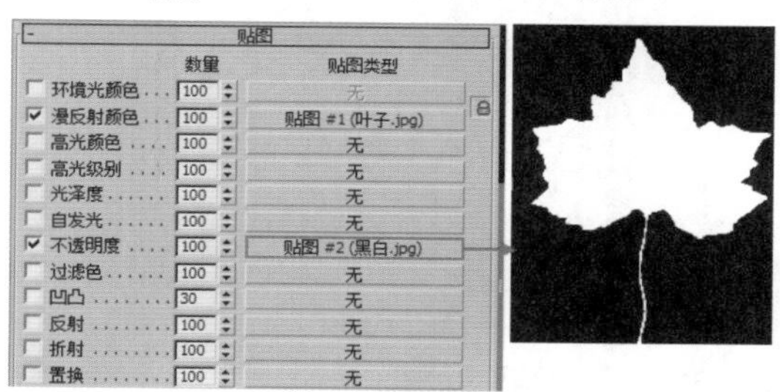

图12-181

步骤04 将制作完毕的树叶材质赋给场景中的树叶模型，如图12-182所示。

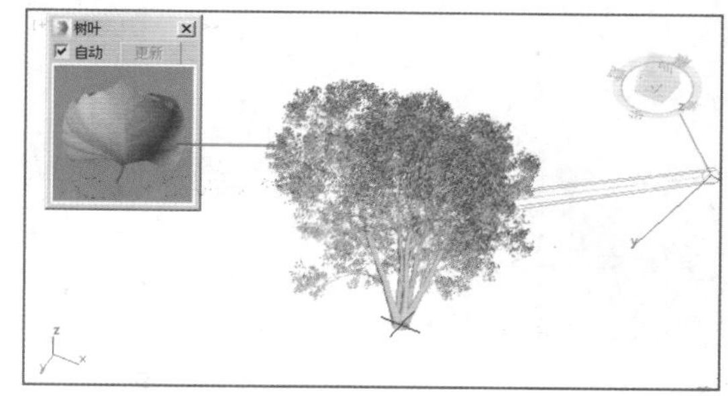

图12-182

步骤05 最终渲染效果如图12-183所示。

图12-183

重点 12.3.11 【凹凸】贴图

在【凹凸】通道上加载贴图可以使模型产生凹凸的起伏质感。

步骤 01 制作地面材质时，不在【凹凸】通道上添加任何贴图时，如图12-184所示。渲染效果看不到有凹凸，如图12-185所示。

地面　VRayMtl

贴图

通道	数量	启用	贴图
漫反射	100.0	✓	1 (Tiles)
粗糙度	100.0	✓	无
自发光	100.0	✓	无
反射	100.0	✓	Map #1 (Falloff)
高光光泽	100.0	✓	无
反射光泽	100.0	✓	无
菲涅耳折射率	100.0	✓	无
各向异性	100.0	✓	无
各向异性旋转	100.0	✓	无
折射	100.0	✓	无
光泽度	100.0	✓	无
折射率	100.0	✓	无
半透明	100.0	✓	无
烟雾颜色	100.0	✓	无
凹凸	30.0	✓	无
置换	100.0	✓	无
不透明度	100.0	✓	无
环境		✓	无

图12-184

图12-185

步骤 02 若在【凹凸】通道上加载贴图，如图12-186所示。在渲染时，会看到产生了凹凸起伏，如图12-187所示。

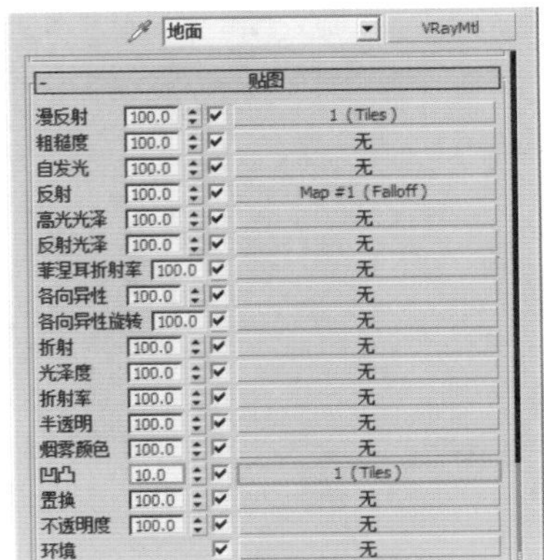

图12-186

图12-187

实例：使用【凹凸】贴图制作墙体

扫一扫，看视频

文件路径：Chapter 12 贴图→实例：使用【凹凸】贴图制作墙体

本例主要是采用凹凸贴图制作墙体材质，最终渲染效果如图12-188所示。

图12-188

步骤 01 打开本书场景文件，如图12-189所示。

步骤 02 按M键打开【材质编辑器】对话框，选择第一个材质球，单击 Standard （标准）按钮，在弹出的【材质/贴图浏览器】对话框中选择VRayMtl材质，单击【确定】按钮，如图12-190所示。

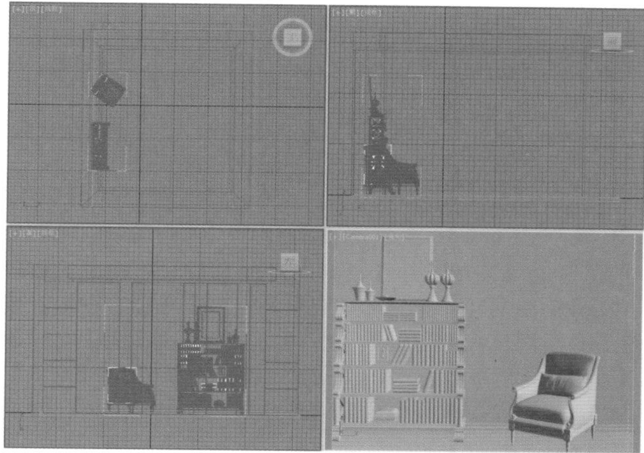

图12-189

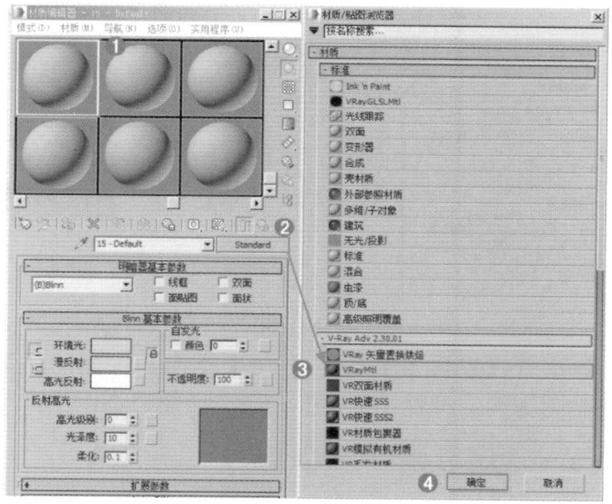

图12-190

步骤 03 将材质命名为【墙】，在【漫反射】后面的通道上加载【墙.jpg】贴图文件，展开【坐标】卷展栏，设置【瓷砖】的U、V分别为4、4，如图12-191所示。

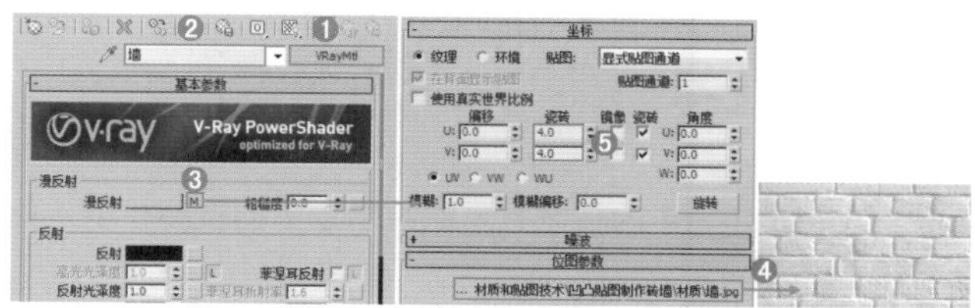

图12-191

步骤 04 展开【贴图】卷展栏，并在【凹凸】后面的通道上加载【墙-黑白.jpg】贴图文件。展开【坐标】卷展栏，设置【瓷砖】的U、V分别为4、4，【模糊】为0.8，【凹凸数量】为80，如图12-192所示。

步骤 05 将制作完毕的墙材质赋给场景中的墙模型，如图12-193所示。

步骤 06 将剩余的材质制作完成，并赋给相应的物体，如图12-194所示。

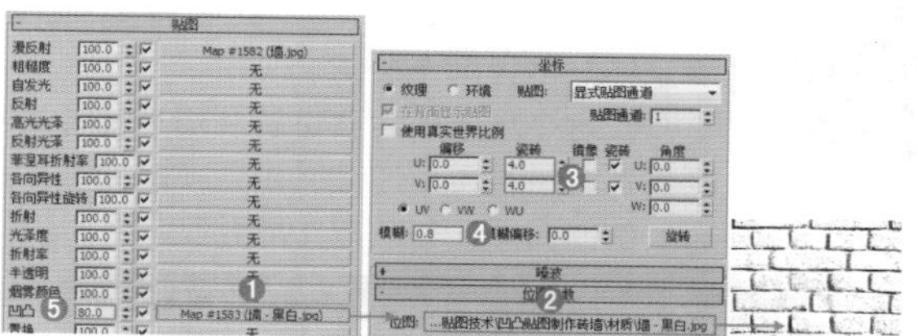

图12-192

图12-193

图12-194

步骤 07 最终渲染效果如图12-195所示。

图12-195

第12章 贴图

实例：使用【置换】贴图制作披萨

扫一扫，看视频

文件路径：Chapter 12 贴图→实例：使用【置换】贴图制作披萨

在这个场景中主要讲解利用平铺置换贴图制作披萨饼材质。通过采用置换贴图制作出更真实的凹凸感，如图12-196所示。

图12-196

步骤01 打开本书场景文件，如图12-197所示。

步骤02 按M键打开【材质编辑器】对话框，选择第一个材质球，单击 Standard 按钮，在弹出的【材质/贴图浏览器】对话框中选择VRayMtl材质，单击【确定】按钮，如图12-198所示。

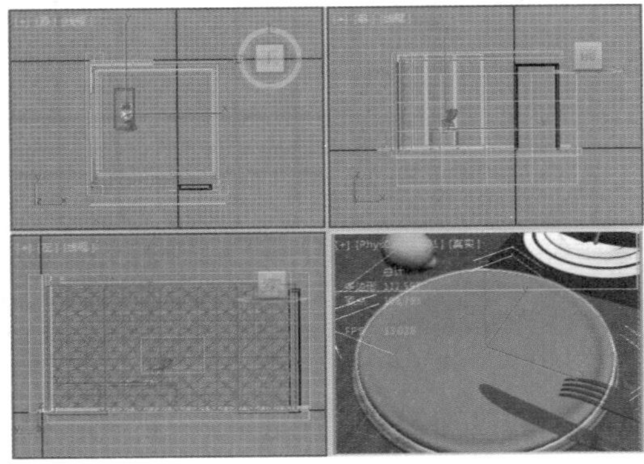

图12-197

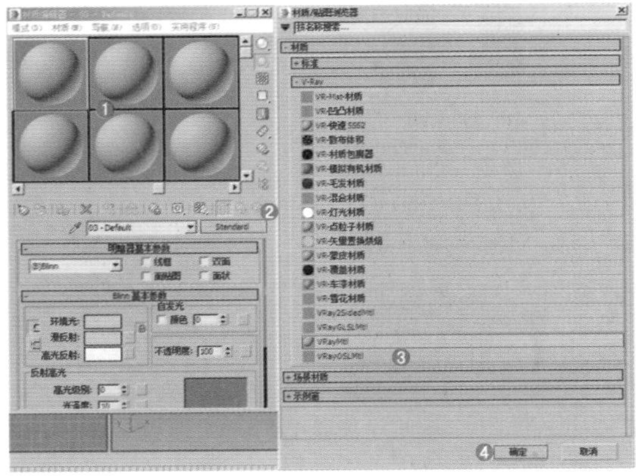

图12-198

步骤03 将材质命名为【披萨饼】，在【漫反射】后面的通道上加载A1.jpg贴图文件，并勾选【应用】，单击【查看图像】按钮，最后框选中间的区域，如图12-199所示。

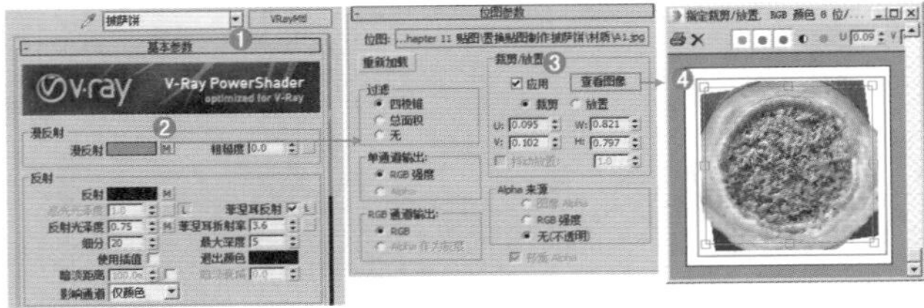

图12-199

步骤04 在【反射】和【反射光泽度】后面的通道上加载A2.jpg贴图文件，并勾选【应用】，单击【查看图像】按钮，最后框选中间的区域。然后勾选【菲涅耳反射】，设置【菲涅耳折射率】为3.6，【反射光泽度】为0.75，【细分】为20，如图12-200所示。

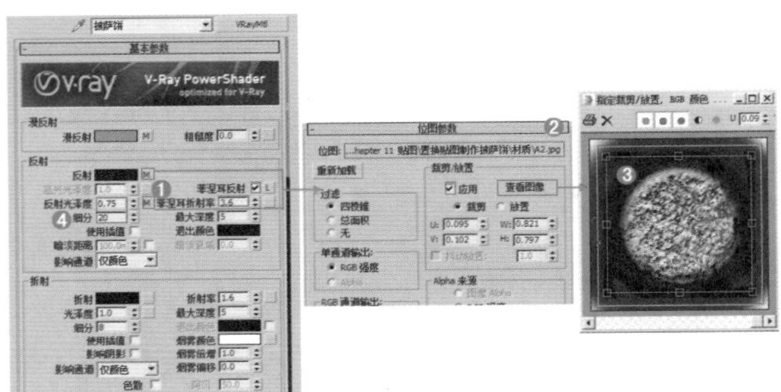

图12-200

步骤05 展开【贴图】卷展栏，在【置换】后面的通道加载A7.jpg贴图文件，设置【置换】为13，如图12-201所示。

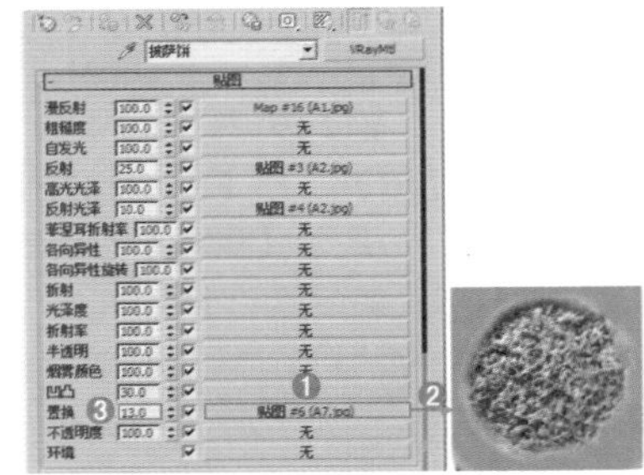

图12-201

步骤06 将制作完毕的披萨材质赋给场景中的披萨模型，如图12-202所示。

图12-202

提示：为什么要使用置换贴图?

采用置换贴图能够产生高分辨率的场景，而只占用少量存储空间。置换贴图可以使材质实现很强的凹凸感。

步骤 07 最终渲染效果如图12-203所示。

图12-203

摄影机

本章将学到摄影机技巧，了解摄影机在3ds Max中可以固定画面视角，还可以设置特效、控制渲染效果等。合理的摄影机视角会对作品的效果起到积极的作用。本章主要内容包括摄影机知识、标准摄影机、V-Ray摄影机。

本章学习要点：

- 认识摄影机；
- 熟练掌握创建V-Ray物理摄影机的方法。

扫一扫，看视频

通过本章学习，我能做什么？

通过本章的学习，可以为布置好的3D场景创建摄影机，以确定渲染的视角，而且可以创建多个摄影机，以不同角度渲染更好的展示设计方案。除此之外，还可以借助摄影机参数设置，制作出景深效果、运动模糊效果、散景效果等特殊的画面效果。

13.1 认识摄影机

本节将学习摄影机的概念、为什么使用摄影机、如何创建摄影机等。

13.1.1 什么是摄影机

在创建完摄影机后，可以按快捷键C切换至【摄影机】视图。在【摄影机】视图中可以调整摄影机，就好像正在通过其镜头进行观看一样。【摄影机】视图对于编辑几何体和设置渲染的场景非常有用。多个摄影机可以提供相同场景的不同视图，只需按C键即可切换。如图13-1~图13-4所示为微距摄影机效果、运动模糊摄影机效果、建筑透视摄影机效果、景深摄影机效果。

图13-1 图13-2

图13-3 图13-4

13.1.2 为什么要使用摄影机

3ds Max中的摄影机功能很多，具体介绍如下。

（1）固定作品角度，每次可以快速切换回来，如图13-5所示为在透视图中创建一个摄影机，然后按快捷键C即可切换至固定的视角，并渲染的效果。

（2）增大空间感。摄影机视图中可以增强透视感，使其产生更大的空间感受，如图13-6所示。

（3）添加摄影机特效或影响渲染效果，如图13-7所示为运动模糊效果。

图13-5

图13-6

图13-7

读书笔记

13.1.3 轻松动手学：手动创建和自动创建一台摄影机

文件路径：Chapter 13 摄影机→轻松动手学：手动创建和自动创建一台摄影机

在3ds Max中可以自动创建【物理摄影机】，也可以手动创建任意一种摄影机。

1.自动创建一台摄影机

在透视图（如图13-8所示）中，按快捷键Ctrl+C，即可将当前视角变为摄影机视图视角，如图13-9所示。

图13-8

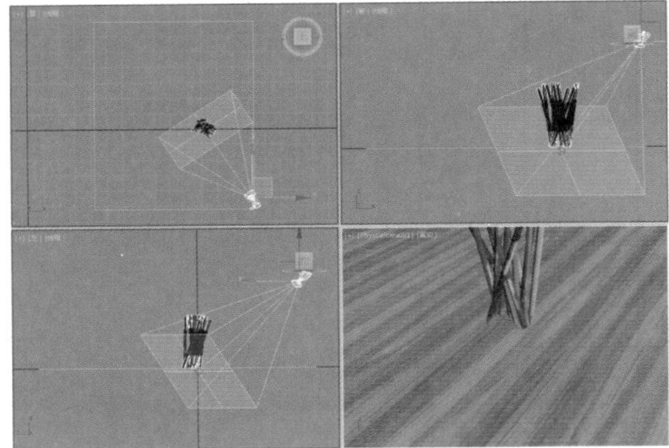

图13-9

2.手动创建一台摄影机

步骤01 执行（创建）|（摄影机）| 标准 | 目标 命令，如图13-10所示；然后在视图中拖动，即可创建一个目标摄影机，如图13-11所示。

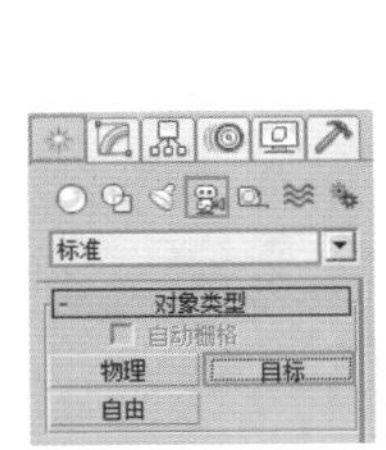

图13-10

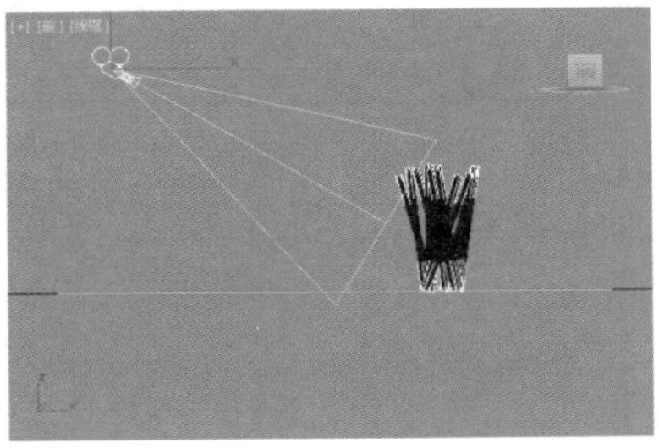

图13-11

步骤02 按快捷键C切换到摄影机视图，如图13-12所示。

图13-12

13.1.4 切换摄影机视图和透视图

在透视图中创建完摄影机后，可以按快捷键C切换到摄影机视图，如图13-13所示。

图13-13

在摄影机视图中，可以按快捷键P切换到透视图，如图13-14所示。

图13-14

13.2 标准摄影机

【标准】摄影机包括3种类型，分别为物理摄影机、目标摄影机、自由摄影机，如图13-15所示。

图13-15

13.2.1 目标摄影机

扫一扫，看视频

【目标】摄影机是3ds Max中最常用的摄影机类型之一，它包括摄影机和目标点两个部分，如图13-16所示。其参数面板如图13-17所示。

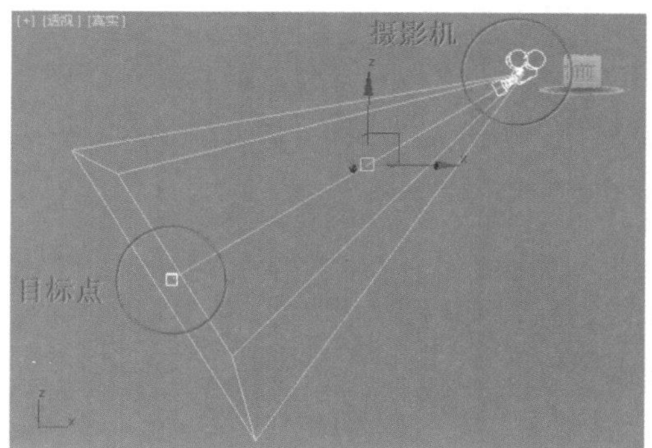

图13-16

图13-17

1.参数

【参数】卷展栏主要用来设置镜头、焦距、环境范围等。

* 镜头：以mm为单位来设置摄影机的焦距，如图13-18所示为设置镜头为35和43时的对比效果。

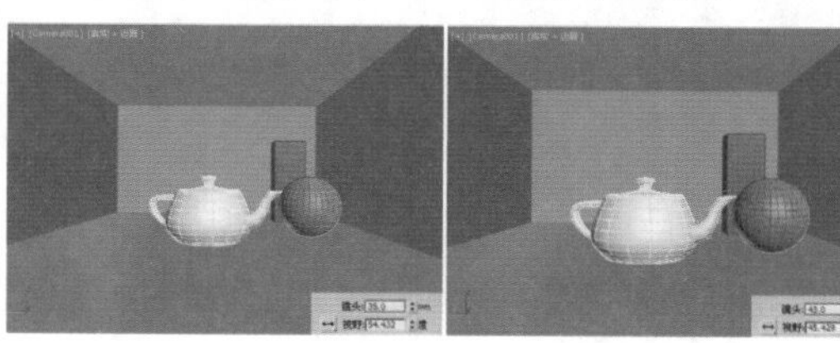

图13-18

* 视野：设置摄影机查看区域的宽度视野，如图13-19所示为设置视野为45和30时的对比效果。

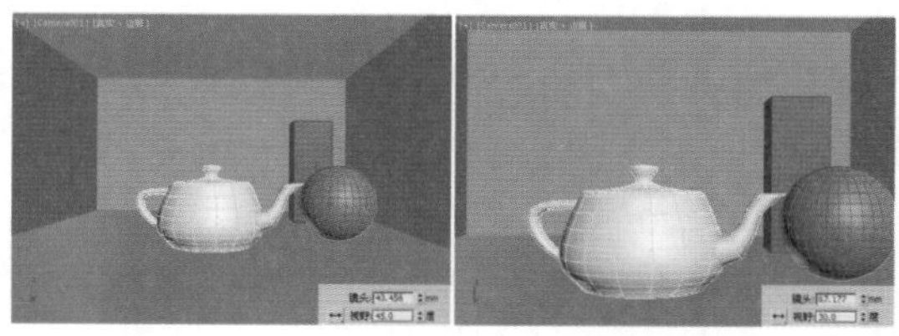

图13-19

* 正交投影：勾选该选项后，摄影机视图为用户视图；取消勾选该选项，摄影机视图为标准的透视图，如图13-20所示。

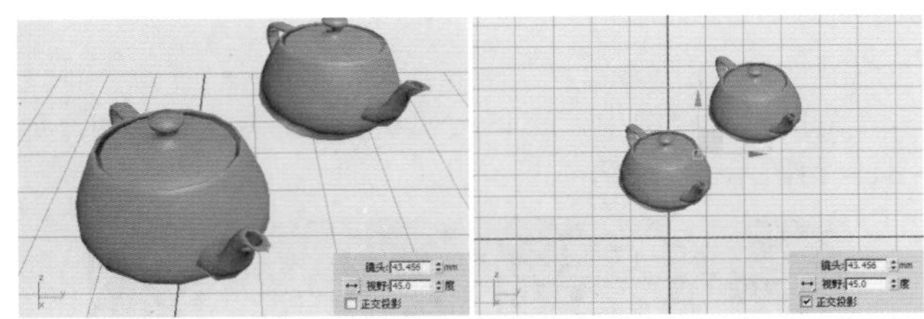

图13-20

- 备用镜头：预置了15mm、20mm、24mm等9种镜头参数，可以单击选择需要的参数。
- 类型：可以设置【目标】摄影机和【自由】摄影机两种类型。
- 显示圆锥体：控制是否显示圆锥体。
- 显示地平线：控制是否显示地平线。
- 显示：显示摄影机锥形光线内的矩形，通常在使用环境和效果时使用，比如模拟大雾效果。
- 近距/远距范围：设置大气效果的近距范围和远距范围。
- 手动剪切：勾选该选项，才可以设置近距剪切和远距剪切参数。
- 近距/远距剪切：设置近距剪切和远距剪切的距离，两个参数之前的区域是可以显示的区域。
- 多过程效果：该选项组中的参数主要用来设置摄影机的景深和运动模糊效果。
  - 启用：勾选后，可以预览渲染效果。
  - 多过程效果类型：包括【景深（mental ray）】【景深】和【运动模糊】3个选项。
  - 渲染每过程效果：勾选后，会将渲染效果应用于多重过滤效果的每个过程（景深或运动模糊）。
- 目标距离：设置摄影机与其目标之间的距离。

轻松动手学：剪切平面的应用

文件路径：Chapter 13 摄影机→轻松动手学：剪切平面的应用

步骤01 有时候场景空间很小，而且创建的摄影机在模型以外，如图13-21所示。

步骤02 这个时候想在摄影机角度看到室内效果是不可能的。可以按快捷键C切换到摄影机视图，如图13-22所示。

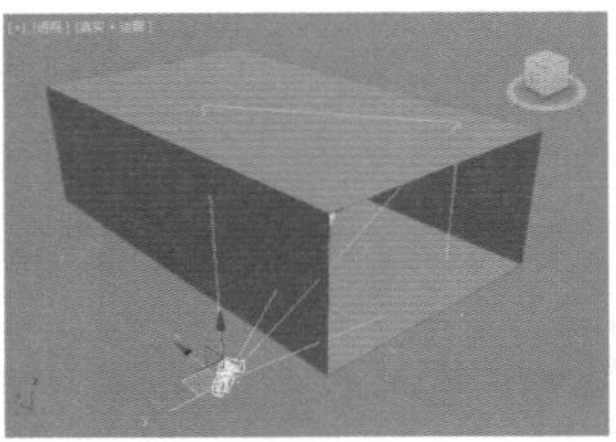

图13-21

图13-22

步骤03 但是借助剪切平面就可以解决这个问题，如图13-23所示为勾选【手动剪切】，并设置【近距剪切】为2200、【远距剪切】为10000的效果。

步骤04 如图13-24所示为勾选【手动剪切】，并设置【近距剪切】为3000、【远距剪切】为10000的效果。

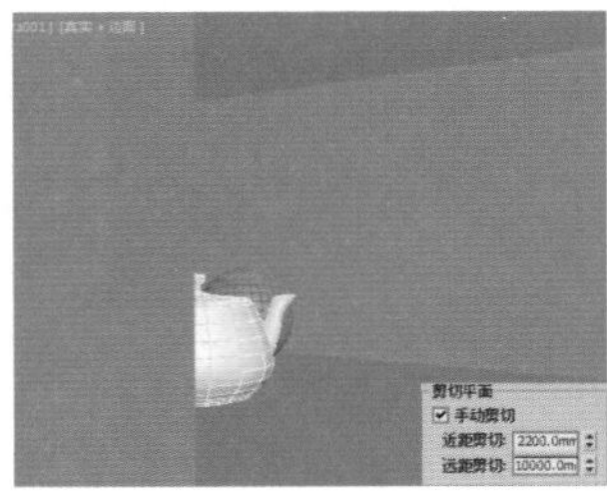

图13-23

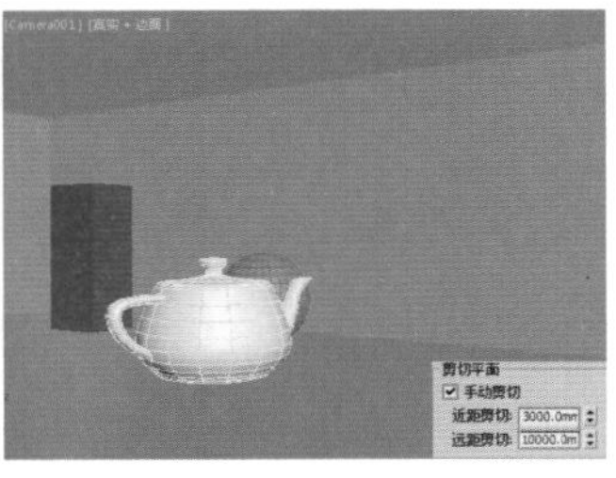

图13-24

步骤05 最后看一下近距剪切和远距剪切的位置。远距剪切都在模型以外，则场景最远处都可以看得见。而近距剪切和墙面有一半交集时，只能看到一部分近处的场景，令一半被墙体遮挡，如图13-25所示。而近距剪切完全在墙面内时，则完全能看到近处的场景，如图13-26所示。

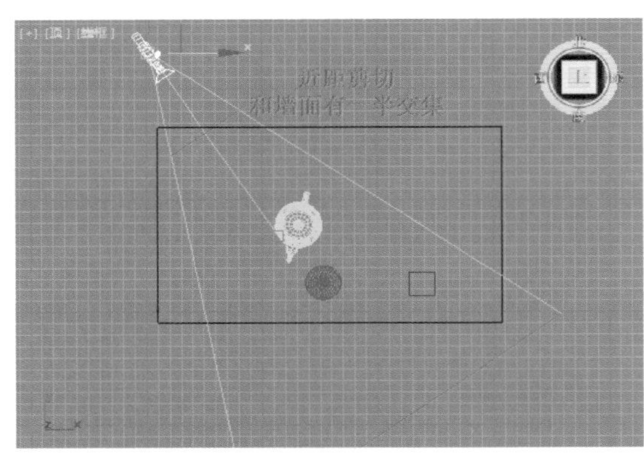

图13-25

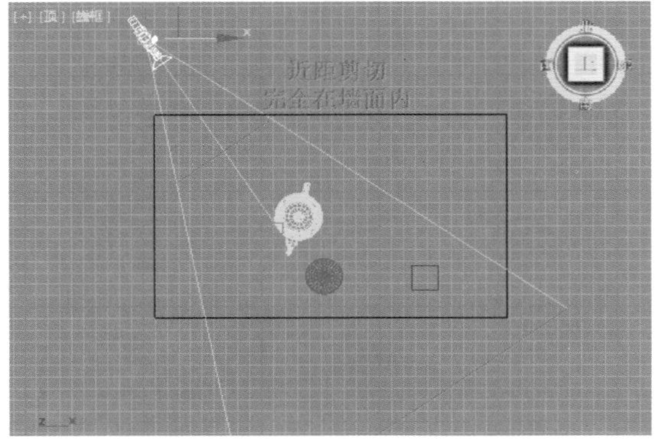

图13-26

实例：创建一个合适的摄影机角度

文件路径：Chapter 13 摄影机→实例：创建一个合适的摄影机角度

本例将为场景创建一台摄影机，为了创建时更直观，可以在透视图中调整好角度，然后按快捷键Ctrl+C进行创建。如图13-27所示为最终渲染效果。

扫一扫，看视频

图13-27

步骤01 打开本书场景文件，如图13-28所示。

图13-28

步骤02 在透视图中，按住Alt键并按住鼠标中键拖动鼠标，即可旋转视图；按住鼠标中键拖动鼠标，即可平移视图。在适合的角度按快捷键Ctrl+C，即可创建【物理】摄影机，如图13-29所示。

图13-29

步骤03 按快捷键Shift+F，打开安全框。如图13-30所示。

步骤04 单击 （渲染产品）按钮，即可完成渲染，如图13-31所示。

图13-30

图13-31

2.景深参数

【景深参数】卷展栏主要用来模拟制作景深效果。只有当设置【多过程效果】类型为【景深】方式时，才会显示【景深参数】卷展栏，如图13-32所示。

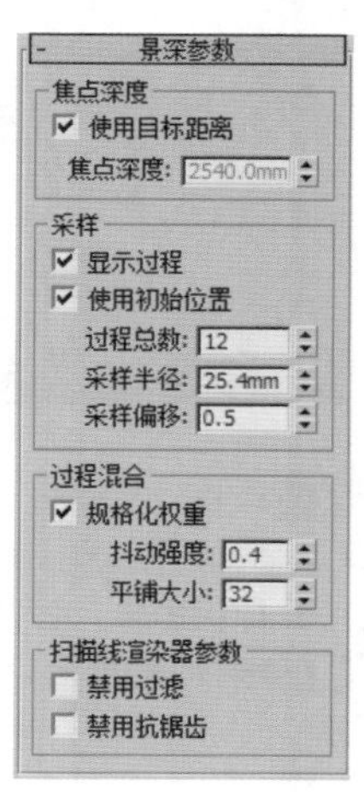

图13-32

- 使用目标距离：勾选后，景深模糊效果会按照目标点的距离产生不同的效果。
- 显示过程：勾选后，【渲染帧】对话框中将显示多个渲染通道。
- 使用初始位置：启用该选项后，第1个渲染过程将位于摄影机的初始位置。

- 过程总数：设置生成景深效果的过程数。增大该值可以提高效果的真实度，但是会增加渲染时间。
- 采样半径：设置场景生成的模糊半径。数值越大，模糊效果越明显。
- 采样偏移：设置模糊靠近或远离【采样半径】的权重。增加该值将得到更均匀的景深效果。
- 规格化权重：启用该选项后可以将权重规格化，可以产生更平滑的结果。
- 抖动强度：设置应用于渲染通道的抖动程度。增大该值会增加抖动量，生成颗粒状效果。

实例：使用目标摄影机制作景深效果

文件路径：Chapter 13 摄影机→实例：使用目标摄影机制作景深效果

扫一扫，看视频

本例将讲解目标摄影机制作景深效果（需要注意摄影机的目标点位置很关键），如图13-33所示为最终渲染效果。

图13-33

步骤 01 打开本书场景文件，如图13-34所示。

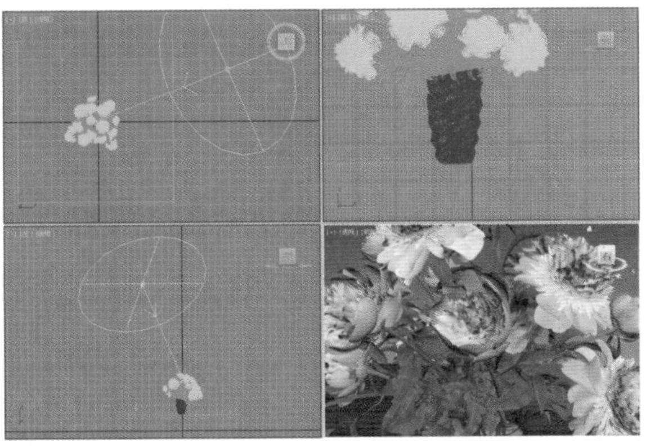

图13-34

步骤 02 执行（创建）|（摄影机）| 标准 | 目标 命令，并在视图中拖动创建一个目标摄影机，如图13-35所示。

步骤 03 将摄影机的目标点位置设置在花朵位置，如图13-36所示。

步骤 04 在透视图中按快捷键C，切换到摄影机视图，如图13-37所示。

步骤 05 按快捷键Shift+F，即可开启安全框，如图13-38所示。

图13-35

图13-36

图13-37

图13-38

步骤06 单击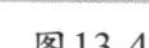（渲染设置）按钮，在弹出的【渲染设置】对话框中选择V-Ray选项卡，展开【摄影机】卷展栏，然后勾选【景深】、【从摄影机获得焦点距离】，并设置【光圈】为12mm，如图13-39所示。

步骤07 为了在渲染时噪点更少、精度更高，设置【景深/运动模糊细分】为20，如图13-40所示。

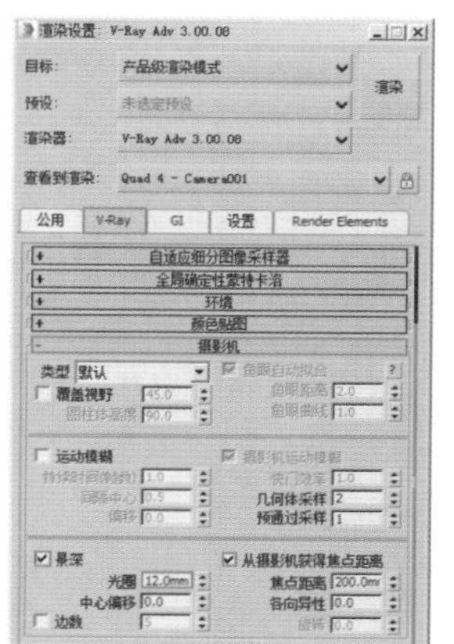

图13-39

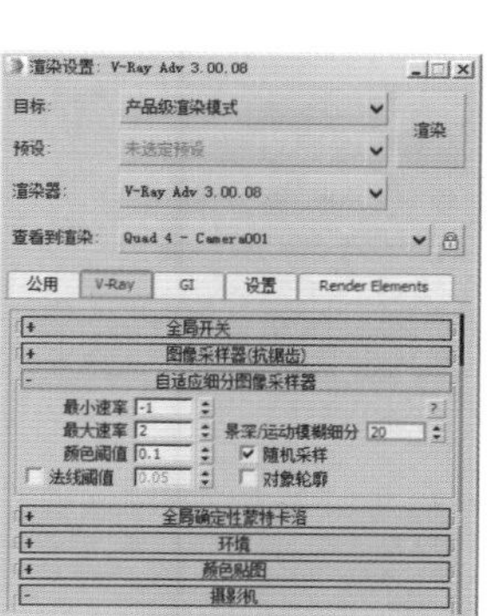

图13-40

步骤08 单击（渲染产品）按钮，即可完成渲染，如图13-41所示。

图13-41

3.运动模糊参数

【运动模糊参数】卷展栏主要用来模拟模型的运动模糊效果。只有当设置【多过程效果】类型为【运动模糊】方式时，才会显示【运动模糊参数】卷展栏，如图13-42所示。

- 持续时间（帧）：设置应用运动模糊的帧数。
- 偏移：设置模糊的偏移距离。

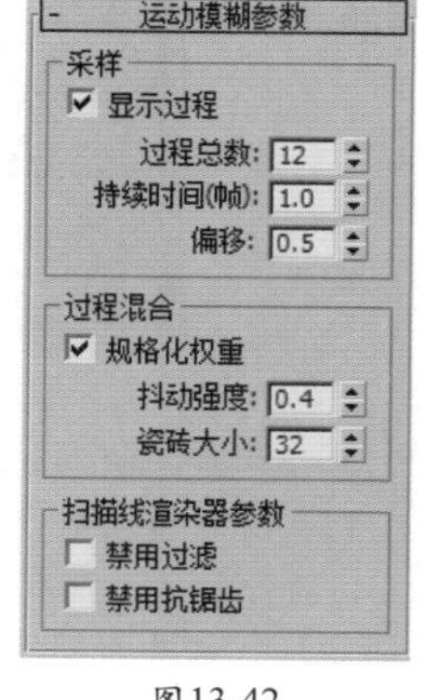

图13-42

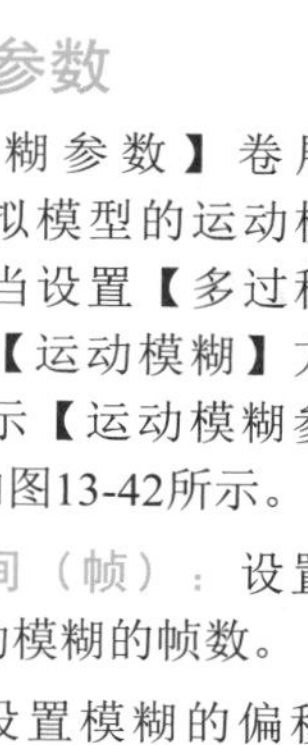

提示：目标摄影机的3个常见技巧。

1. 隐藏/显示摄影机

场景中对象较多时，可以快速隐藏全部摄影机，使场景看起来更简洁。只需要按快捷键 Shift+C 即可在隐藏和显示全部摄影机之间进行切换，如图13-43和图13-44所示。

图13-43

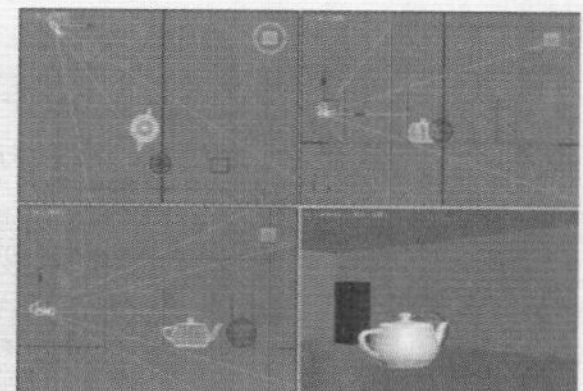

图13-44

2. 打开安全框

不仅在 3ds Max 中存在安全框，在 After Effects、Premiere 等软件中也普遍存在。安全框是为制作人员设计字幕或特技位置提供参照，避免因过扫描的存在而使观众看到的电视画面不完整。

（1）3ds Max 默认是不显示安全框的，如图13-45所示是宽度为800、高度为480的渲染比例。

（2）在摄影机视图中，按快捷键 Shift+F，即可打开安全框，如图13-46所示。

图13-45

图13-46

（3）通过渲染可以看到，只渲染出了安全框以内的区域。因此可以得出结论，安全框以内的部分是最终可渲染的部分，如图13-47所示。

图13-47

3. 快速校正摄影机角度

(1) 有时候在制作效果图时，创建的摄影机角度会有略微的倾斜角度，作品显得有些瑕疵，如图13-48所示。

(2) 只需要选择摄影机，然后右击，在弹出的快捷菜单中选择【应用摄影机校正修改器】命令，如图13-49所示。

图13-48

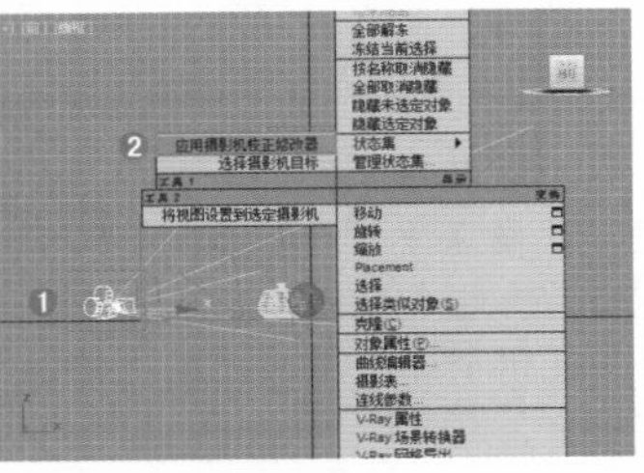
图13-49

(3) 此时可以看到，摄影机角度变得非常舒服，非常笔直、水平，如图13-50所示。

图13-50

13.2.2 自由摄影机

【自由】摄影机和【目标】摄影机的区别在于【自由】摄影机缺少目标点，这与【目标聚光灯】和【自由聚光灯】的区别一样，因此【自由】摄影机这里就不做过多讲解了。这两种摄影机相比建议使用【目标】摄影机，因为【目标】摄影机调节位置更方便一些。如图13-51和图13-52所示为创建一台【自由】摄影机。

图13-51

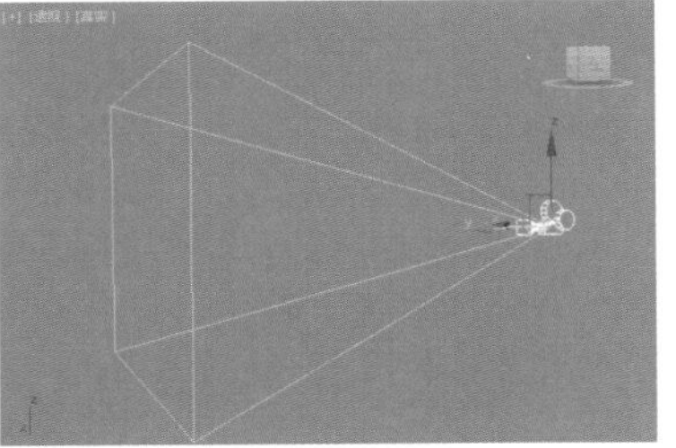
图13-52

13.2.3 物理摄影机

【物理】摄影机是一种比较新的摄影机，功能更强大一些。它与真实的摄影机原理有些类似，可以设置快门、曝光等效果。如图13-53所示为创建一台物理摄影机，其参数面板如图13-54所示。

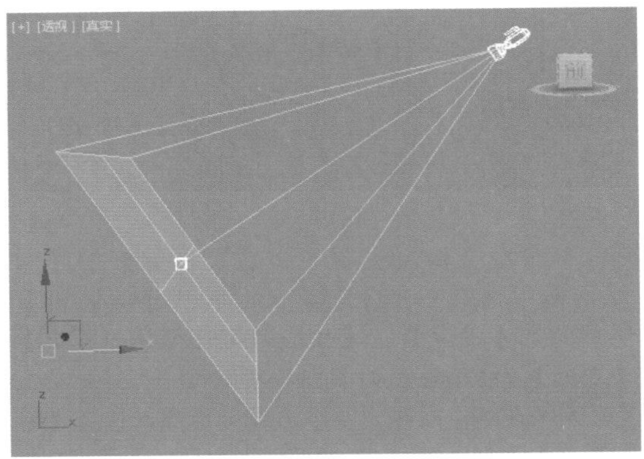
图13-53

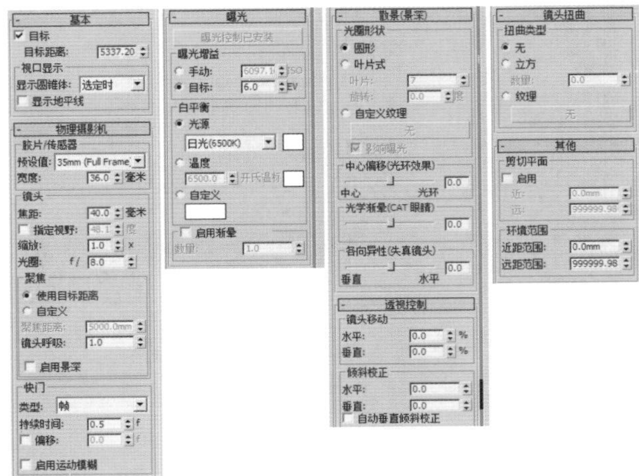
图13-54

提示：增大空间感的操作步骤。

在摄影机视图中，单击3ds Max界面右下角的▷（视野）按钮，然后向后拖动鼠标，可使空间看起来更大一些。这个技巧在室内外效果图制作中经常使用，如图13-55所示。

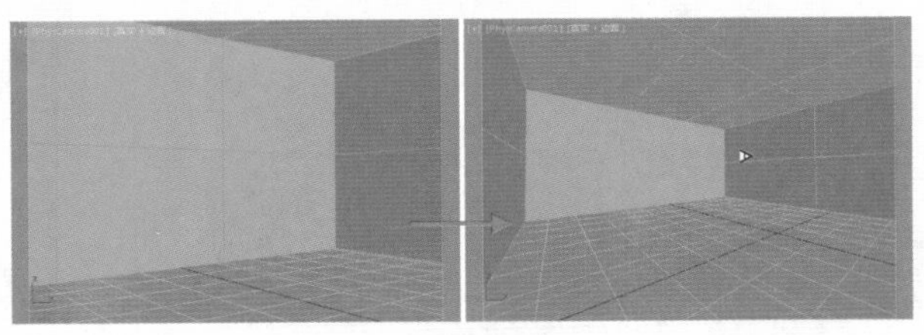
图13-55

实例：使用物理摄影机制作运动模糊

文件路径：Chapter 13 摄影机→实例：使用物理摄影机制作运动模糊

扫一扫，看视频

运动模糊的制作方法与本章中景深效果的制作方法很类似，都需要设置渲染器的参数，如图13-56~图13-59所示为最终渲染效果。

图13-56

图13-57

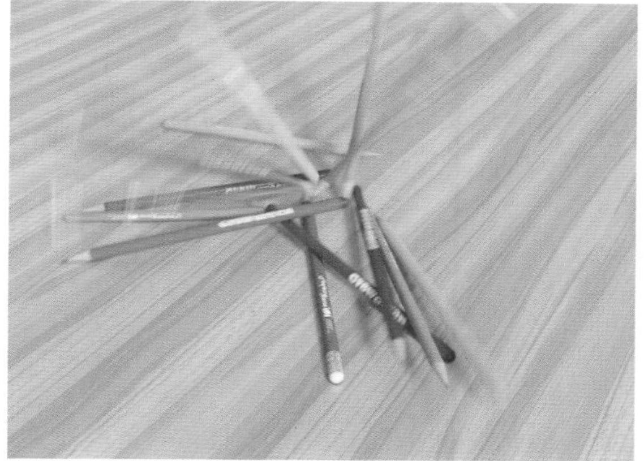
图13-58

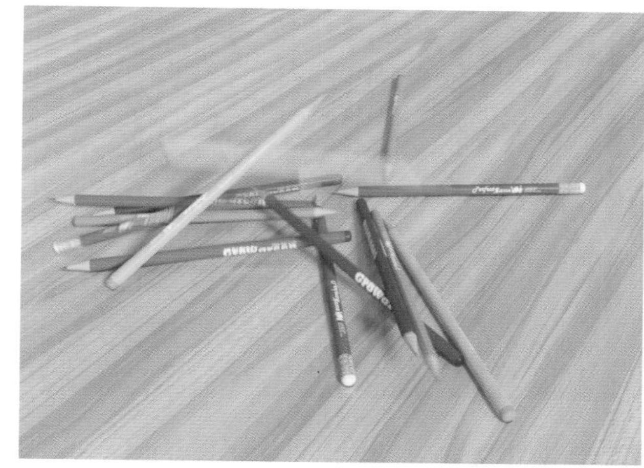
图13-59

步骤01 打开本书场景文件，如图13-60所示。

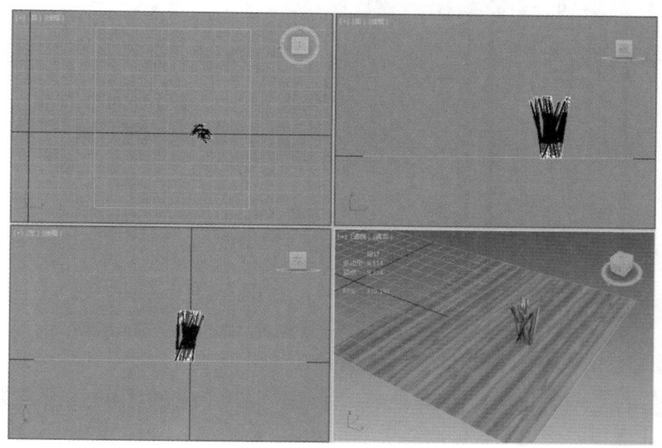
图13-60

步骤02 执行（创建）|（摄影机）|标准|物理命令，然后在视图中拖动，创建一个物理摄影机，如图13-61所示。

步骤03 在透视图中按快捷键C，切换到摄影机视图，如图13-62所示。

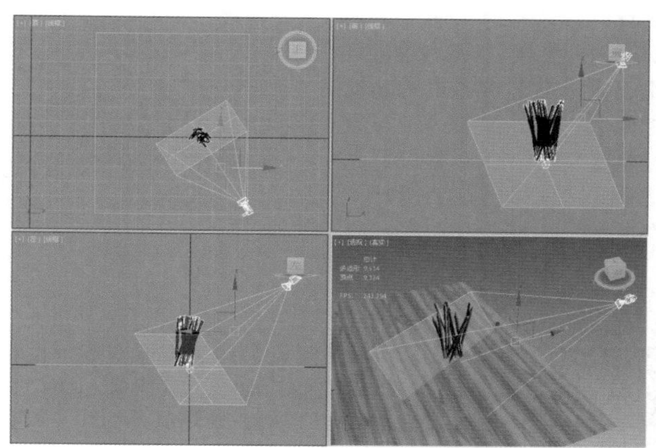
图13-61

图13-62

步骤04 按快捷键Shift+F，即可开启安全框，如图13-63所示。

图13-63

步骤05 单击（渲染设置）按钮，在弹出的【渲染设置】对话框中选择VRay选项卡，设置【景深/运动模糊细分】为20。展开【摄影机】卷展栏，然后勾选【运动模糊】和【摄影机运动模糊】，并设置【持续时间（帧数）】为2，如图13-64所示。

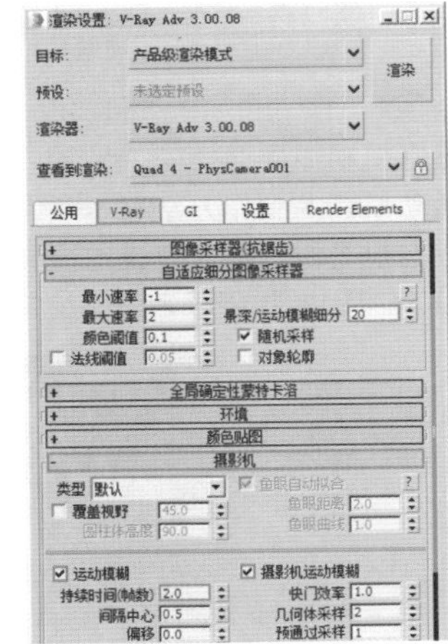

图13-64

步骤06 拖动时间线上的滑块，在4个不同的时刻进行渲染，可以看到产生了运动模糊效果，如图13-65~图13-68所示。

图13-65

图13-66

图13-67

图13-68

13.3 V-Ray摄影机

V-Ray摄影机是在安装V-Ray渲染器之后，才会出现的摄影机类型。V-Ray摄影机比起【标准】摄影机的功能更强大一些。V-Ray摄影机包括【VR-物理摄影机】和【VR-穹顶摄影机】两种类型，如图13-69所示。

图13-69

13.3.1 VR-物理摄影机

扫一扫，看视频

【VR-物理摄影机】的工作原理与单反相机类似，可以对光圈、曝光、白平衡、快门速度等参数进行设置。如图13-70所示为创建一台VR-物理摄影机，其参数面板如图13-71所示。

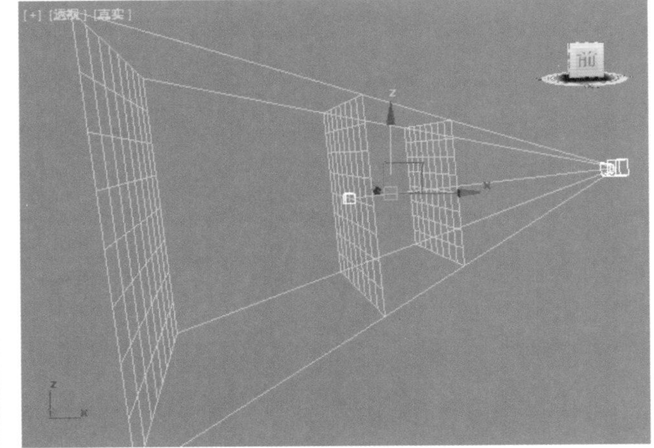

图13-70

1.基本参数

【基本参数】卷展栏包括该摄影机的基本参数，如类型、光圈数、曝光、光晕等。

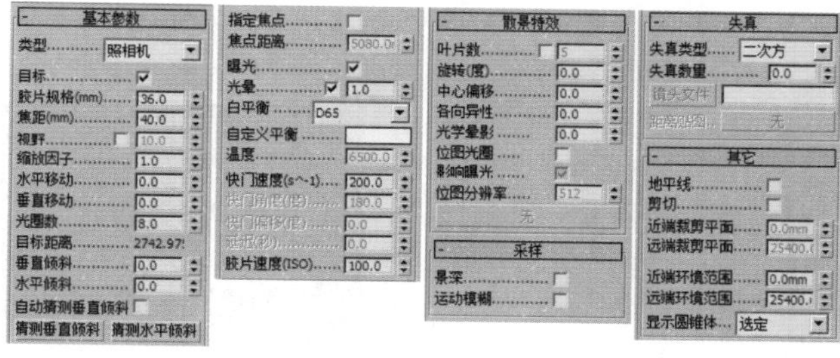

图13-71

- 类型：包括照相机、摄影机、摄像机3种类型。
- 目标：勾选该选项，可以手动调整目标点。取消该选项，则需要通过设置目标距离参数进行设置。
- 胶片规格（mm）：设置摄影机所看到的景色范围。值越大，看到的景越多。
- 焦距（mm）：设置摄影机的焦长数值。
- 视野：该参数控制视野的数值。
- 缩放因子：设置摄影机视图的缩放。数值越大，摄影机视图拉得越近，如图13-72所示为设置【缩放因子】为1和2.5时的对比效果。
- 水平/垂直移动：该选项控制摄影机产生横向/纵向的偏移效果。
- 光圈数：设置摄影机的光圈大小，主要用来控制最终渲染的亮度。数值越大，图像越暗。如图13-73所示为设置【光圈数】为8和0.8时的对比效果。
- 目标距离：取消摄影机的【目标】选项时，可以使用【目标距离】来控制摄影机的目标点的距离。
- 自动猜测垂直倾斜：猜测垂直倾斜/猜测水平倾斜：控制摄影机的扭曲变形系数。
- 指定焦点：开启这个选项后，可以手动控制焦点。
- 焦点距离：控制焦距的大小。
- 曝光：勾选该选项，利用【光圈数】【快门速度】和【胶片速度】设置才会起作用。
- 光晕：勾选该选项，在渲染时图形四周产生深色的黑晕。如图13-74所示为取消【光晕】和勾选【光晕】并设置数值为5时的对比效果。
- 白平衡：控制图像的色偏。
- 自定义平衡：该选项控制自定义摄影机的白平衡颜色。
- 温度：该选项只有在设置白平衡为温度方式时才可以使用，控制温度的数值。
- 快门速度（s~1）：设置进光的时间，数值越小图像越亮。如图13-75所示为设置【快门速度】为200和80时的对比效果。

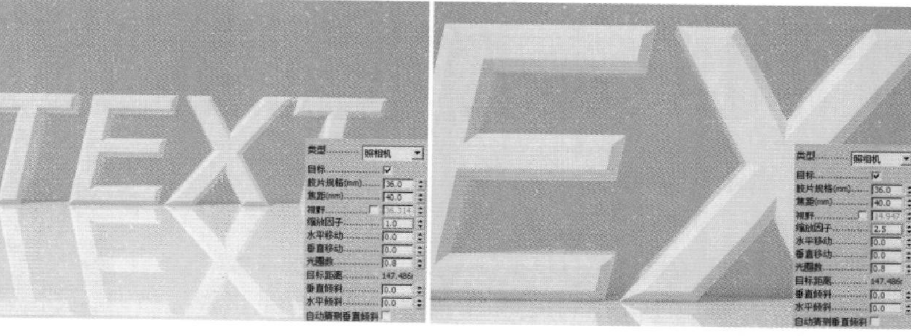

图13-72

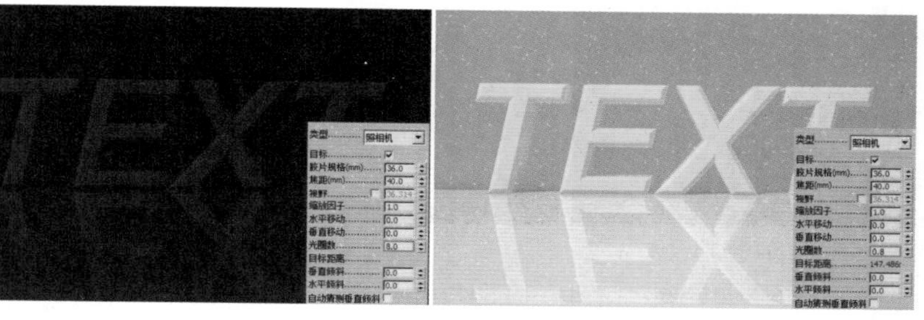

图13-73

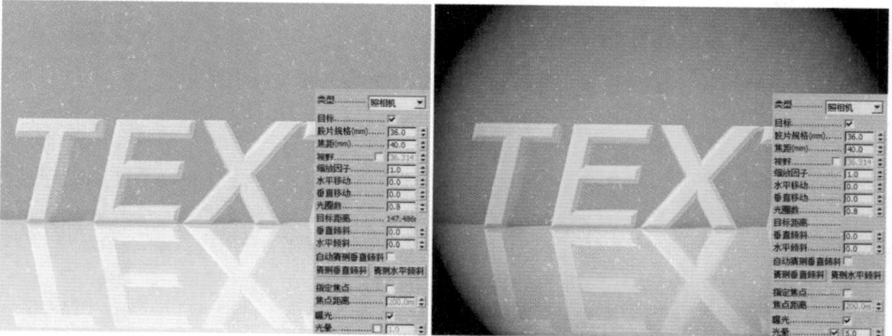

图13-74

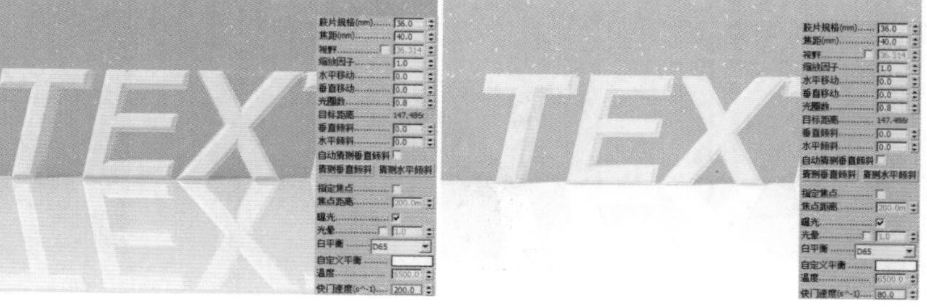

图13-75

- 快门角度（度）：当摄影机选择【摄影机（电影）】时，该选项可用，用来控制图像的亮暗。
- 快门偏移（度）：当摄影机选择【摄影机（电影）】时，该选项可用，用来控制快门角度的偏移。
- 延迟（秒）：当摄影机选择【摄像机（DV）】时，该选项可用，用来控制图像亮暗，数值越大越亮。
- 胶片速度（ISO）：该选项控制摄影机ISO感光度的数值，数值越大越亮。如图13-76所示为设置【胶片速度】为10和100时的对比效果。

图13-76

2.散景特效

【散景特效】卷展栏可以模拟景深较浅的摄影成像中落在景深以外的画面，有逐渐产生松散模糊的效果。散景作品能突出浪漫、唯美的感觉，如图13-77和图13-78所示。

图13-77

图13-78

- 叶片数：控制散景产生的圆圈的边。
- 旋转（度）：散景圆圈的旋转角度。
- 中心偏移：散景偏移源物体的距离。
- 各向异性：数值越大，散景的小圆圈拉得越长，越接近椭圆。

实例：使用VR-物理摄影机制作散景效果

扫一扫，看视频

文件路径：Chapter 13 摄影机→实例：使用VR-物理摄影机制作散景效果

散景通常用于模拟夜晚的梦幻的、迷离的光斑背景效果。需要注意摄影机目标点的位置，并且需要修改摄影机的参数来制作散景。如图13-79所示为最终渲染效果。

图13-79

步骤 01 打开本书场景文件，如图13-80所示。

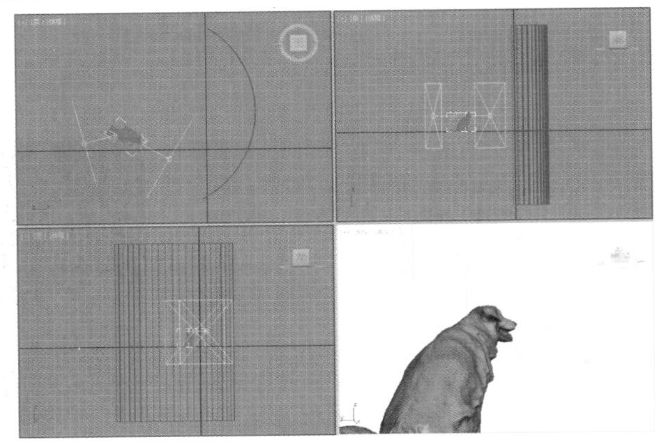

图13-80

步骤 02 执行（创建）|（摄影机）| VRay | VR-物理摄影机 命令，然后在视图中拖动创建一个VR-物理摄影机，如图13-81所示。

步骤 03 调整该摄影机的目标点位置到狗的头部位置，如图13-82所示。

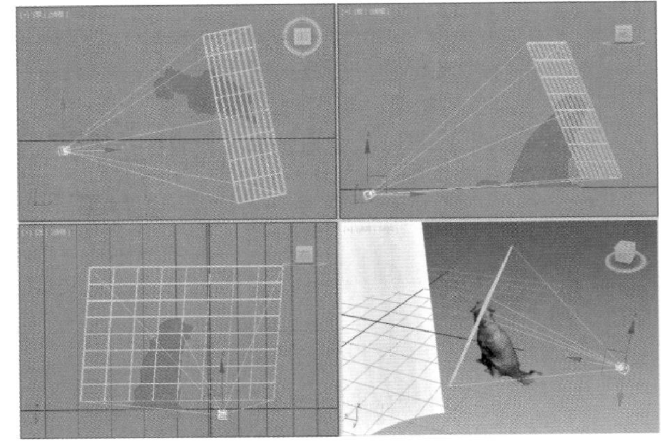

图13-81

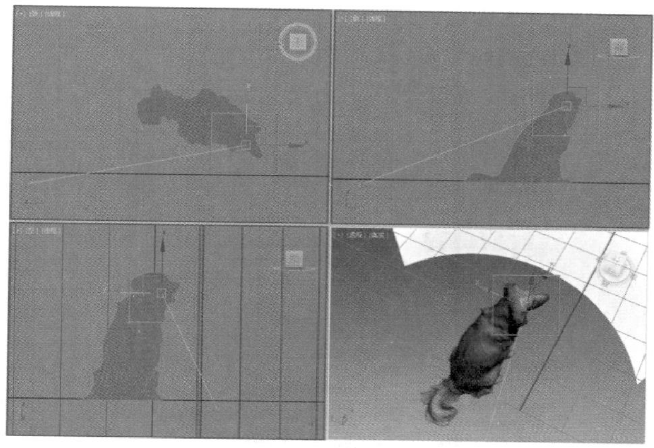

图13-82

步骤 04 在透视图中按快捷键C，切换到摄影机视图，如图13-83所示。

步骤 05 按快捷键Shift+F，即可开启安全框，如图13-84所示。

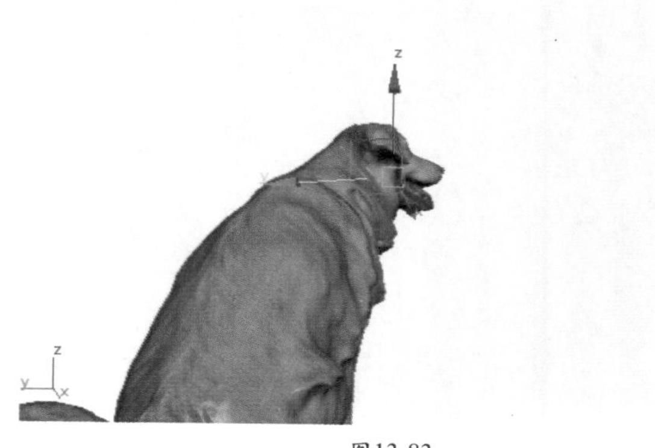

图13-83

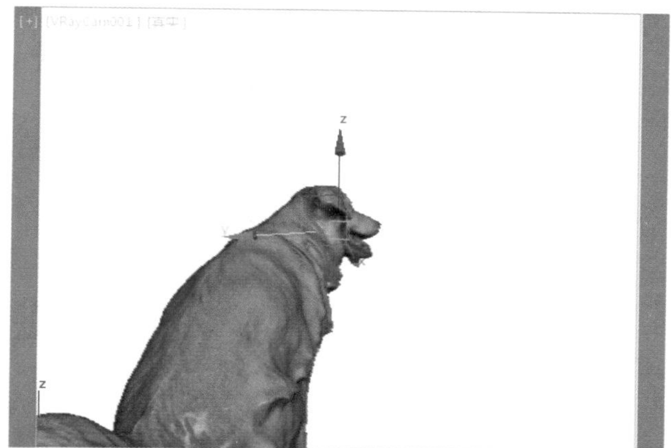

图13-84

步骤 06 选择该摄影机，然后单击【修改】按钮，设置【光圈数】为0.2，勾选【叶片数】，设置【中心偏移】为50，勾选【景深】，如图13-85所示。

步骤 07 单击（渲染产品）按钮，即可完成渲染，如图13-86所示。

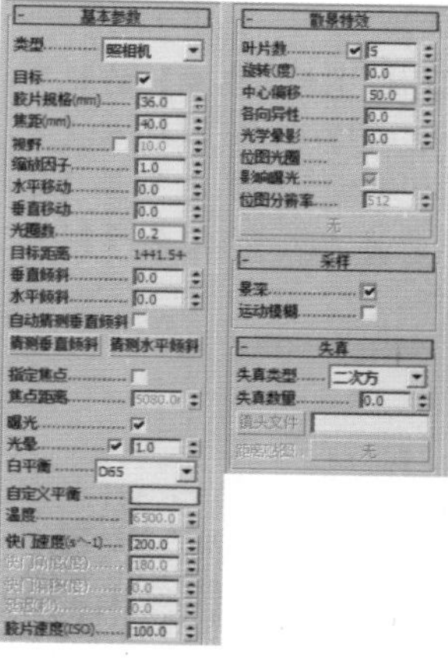

图13-85

图13-86

3.采样

【采样】卷展栏可以控制是否开启景深或运动模糊效果。

- 景深：控制是否产生景深。
- 运动模糊：控制是否产生运动模糊。

4.失真

【失真】卷展栏可以设置摄影机产生失真的效果。

- 失真类型：设置失真的类型，包括二次方、三次方、镜头文件、纹理。
- 失真数量：设置摄影机失真的强度。

5.其他

【其他】卷展栏可以设置裁剪平面等效果，与目标摄影机的剪切平面功能类似。

13.3.2 VR-穹顶摄影机

【VR-穹顶摄影机】可以控制翻转、镜头的最大视角，该摄影机不是很常用。其参数面板如图13-87所示。

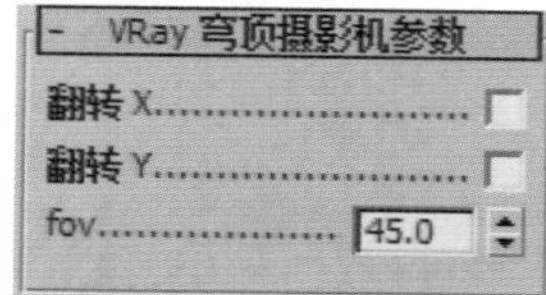

图13-87

- 翻转 X：使得渲染的图像在X轴上反转。
- 翻转 Y：使得渲染的图像在Y轴上反转。
- fov：设置镜头的最大视角。

提示：在哪里可以设置【景深】和【运动模糊】的细分参数？

默认情况下，渲染【景深】和【运动模糊】的效果会出现很多噪点。为了提高渲染的精度，可以进入【渲染设置】对话框，选择V-Ray选项卡，然后展开【自适应细分图像采样器】卷展栏，将【景深/运动模糊细分】提高至20，如图13-88所示。

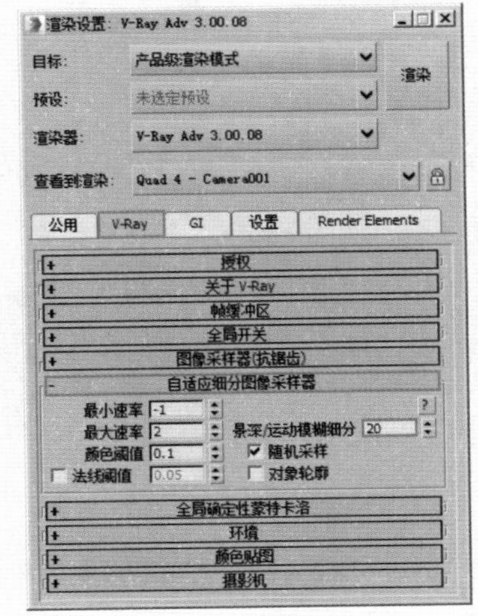

图13-88

读书笔记

环境和效果

在3ds Max中，环境是指在3ds Max中应用于场景的背景设置、曝光控制设置、大气设置；效果是指为3ds Max中的对象或整体添加的特殊效果。环境和效果的应用常用于使画面更“逼真”，或者模拟某些特殊效果。本章将会学到环境和效果的使用技巧。

本章学习要点：

- 熟练掌握环境的设置；
- 掌握效果的使用方法。

扫一扫，看视频

通过本章学习，我能做什么？

通过对本章的学习，可以学会修改场景背景颜色、为背景添加贴图、为环境添加大气、添加特殊效果。通过这些功能可以为效果图窗外添加风景素材，可以为户外效果图或者动画场景制作雨、雪、雾等不同天气效果，还可以对效果图的明暗和色彩进行调整。

14.1 认识环境和效果

本节将了解环境和效果的基本概念、添加背景的方法等。

14.1.1 什么是环境和效果

环境是指在3ds Max中应用于场景的背景设置、曝光控制设置、大气设置。

效果是指为3ds Max中的对象或整体添加的特殊效果。

如图14-1~图14-4所示为使用环境和效果制作的优秀作品，有模糊效果、别墅背景环境、场景烟雾、背景薄雾。

图14-1

图14-2

图14-3

图14-4

14.1.2 为什么要使用环境和效果

一幅作品，没有背景是不完整的。一幅绚丽的作品，是不能缺少效果的。由此可见环境和效果对于作品的重要性。如图14-5所示为未设置背景和添加环境背景的对比效果，背景为黑色时效果比较“假”，背景合理时效果更逼真。如图14-6所示为未添加效果和添加效果的对比效果。

未设置背景　设置合适的背景

图14-5

未设置效果

设置了镜头效果

图14-6

14.1.3 轻松动手学：为场景添加一个环境背景

文件路径：Chapter 14 环境和效果→轻松动手学：为场景添加一个环境背景

步骤 01 在菜单栏中执行【渲染】|【环境】（快捷键为8）命令，如图14-7所示。

步骤 02 打开【环境和效果】对话框，如图14-8所示。

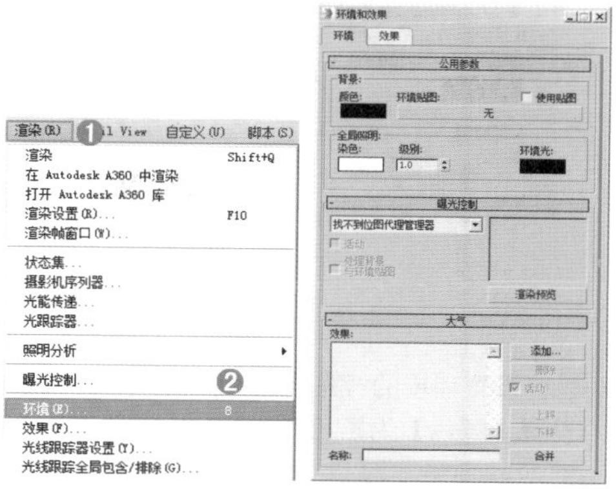

图14-7　　图14-8

步骤 03 单击【环境贴图】下的按钮，并添加一张贴图，如图14-9所示。

步骤 04 单击【渲染产品】按钮，渲染效果如图14-10所示。

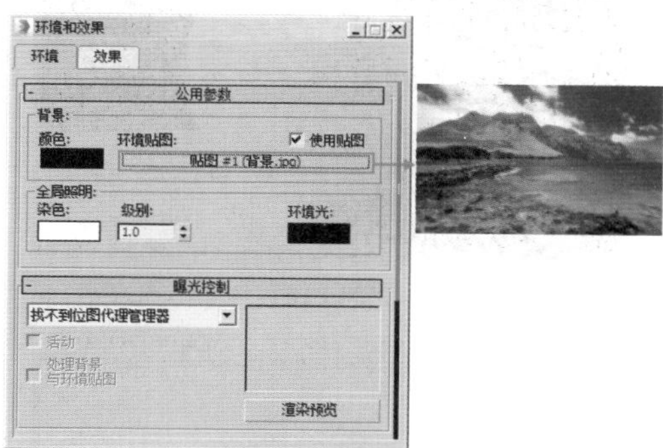

图14-9

图14-10

提示：背景贴图后，渲染效果不正确。

若是渲染时看到贴图显示不完整，如图14-11所示。

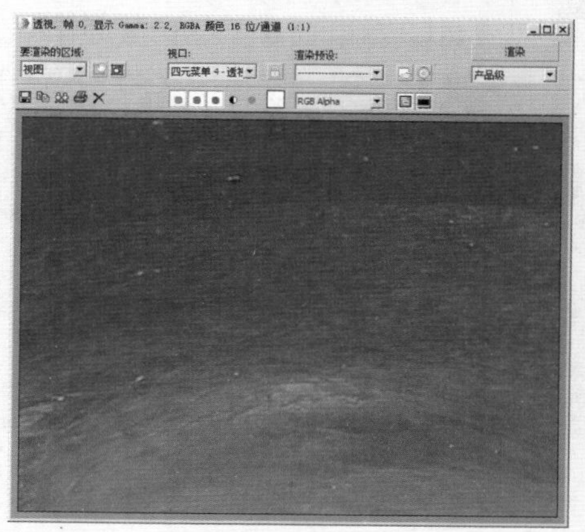

图14-11

此时可以打开【环境和效果】对话框，将【环境贴图】通道拖动到材质编辑器中的一个材质球上，设置【方法】为【实例】，最后设置【贴图】为【屏幕】即可，如图14-12所示。

再次渲染，可以看到已经正确了，如图14-13所示。

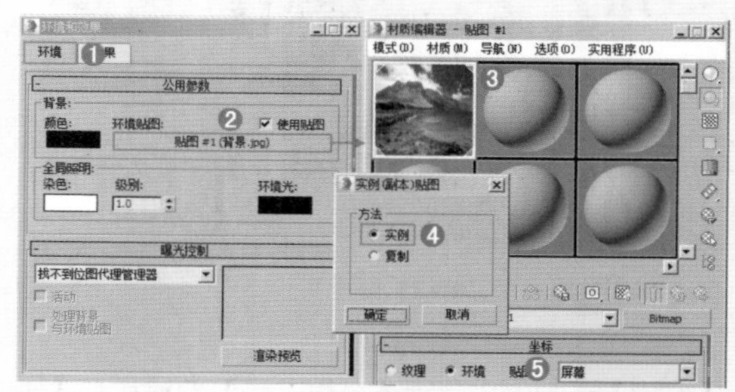

图14-12

图14-13

14.2 环境

扫一扫，看视频

在【环境】选项卡中可以添加和修改环境，例如为场景添加背景效果、为环境添加大气效果、设置曝光控制等，如图14-14和图14-15所示为使用环境制作的蓝色天空和窗外背景效果。

图14-14

图14-15

【环境】选项卡中包括【公用参数】卷展栏、【曝光控制】卷展栏、【大气】卷展栏，如图14-16所示。

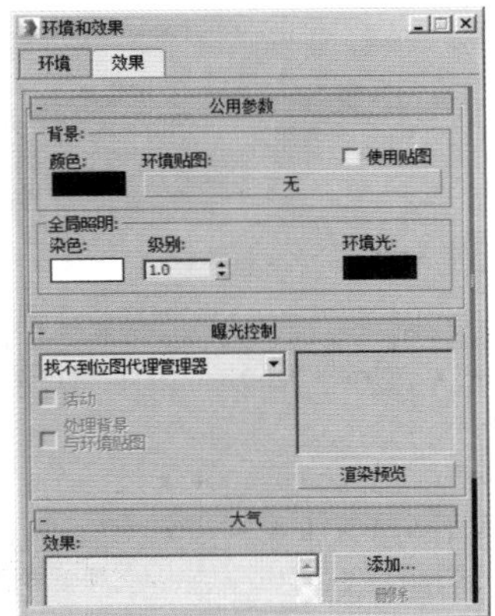

图14-16

14.2.1 公用参数

在【公用参数】卷展栏中可以为背景修改颜色、为背景添加贴图、设置染色等，如图14-17所示。

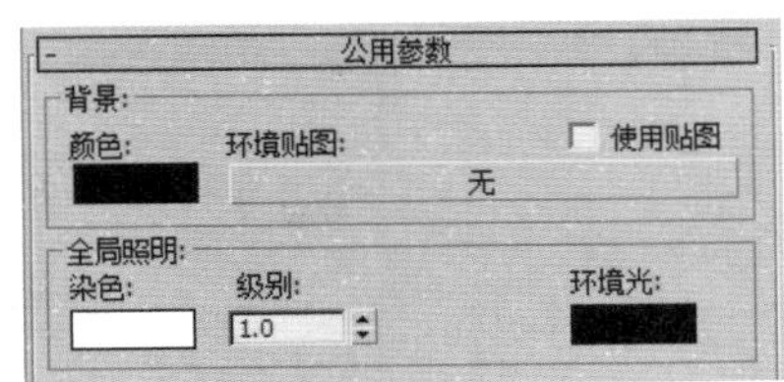

图14-17

1.背景

- 颜色：设置环境的背景颜色。如图14-18和图14-19所示为设置【颜色】为黑色和浅蓝色的渲染对比效果。

图14-18

图14-19

- 环境贴图：单击可以添加贴图作为背景。如图14-20和图14-21所示为设置【颜色】为浅蓝色和在【环境贴图】通道上添加贴图的渲染对比效果。

图14-20

图14-21

提示：在环境和效果中添加背景与在模型上添加背景有何区别？

在制作作品时，可以使用两种方法为场景设置背景。

方法 1：在环境和效果中添加背景

(1) 按快捷键 8 打开【环境和效果】对话框，然后在【环境贴图】通道上添加背景贴图，如图 14-22 所示。

(2) 渲染后可以看到模型上也产生了微弱的半透明效果，显得不够真实，如图 14-23 所示。

图14-22

图14-23

方法 2：在模型上添加背景

(1) 打开材质编辑器，单击一个材质球，将其设置为【VR- 灯光材质】。设置强度数值，并在通道上添加背景贴图，如图 14-24 所示。

(2) 创建一个平面模型，放到视角的远处作为背景模型，并将制作完成的材质赋给平面，如图 14-25 所示。

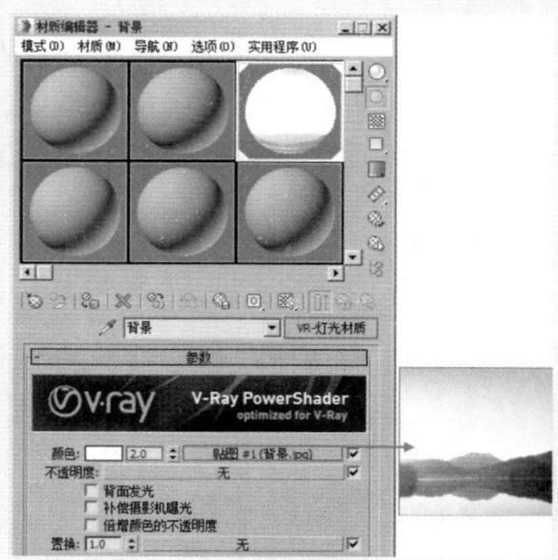

图14-24

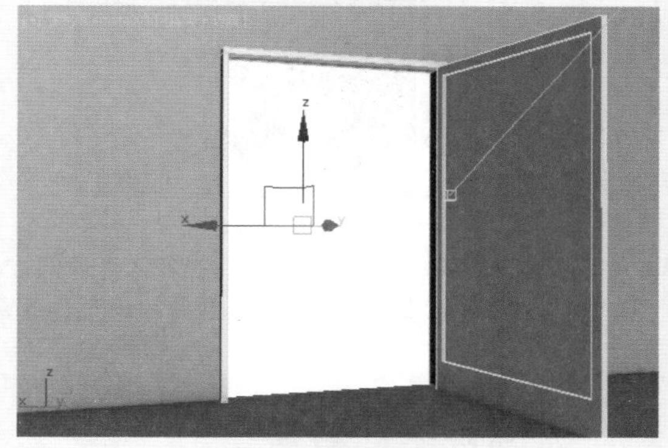
图14-25

(3) 渲染后可以看到产生了真实的背景效果，如图 14-26 所示。

图14-26

(4) 通过修改刚才材质中的强度数值，还可以设置更亮或更暗的背景效果。如图14-27和图14-28所示为设置强度为5和0.1时的对比效果。

图14-27

图14-28

通过两种方法的对比效果来看，推荐大家使用方法2，即【平面模型】+【VR-灯光材质】的方法制作背景，更真实。

实例：为场景添加背景

文件路径：Chapter 14 环境和效果→实例：为场景添加背景

扫一扫，看视频

本例为环境添加背景可以让环境效果更加真实，让环境更有通透感。最终渲染效果，如图14-29所示。

图14-29

步骤01 打开本书场景文件，如图14-30所示。

步骤02 按快捷键8，打开【环境和效果】对话框，单击【环境贴图】下的【无】按钮，接着在打开的【材质/贴图浏览器】对话框中单击【位图】，最后单击【确定】按钮，如图14-31所示。

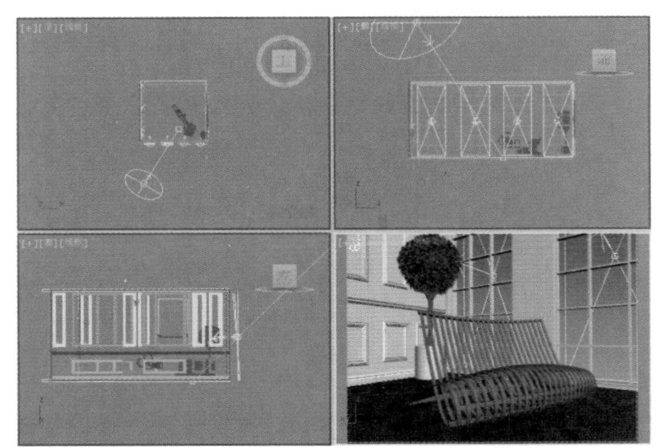

图14-30

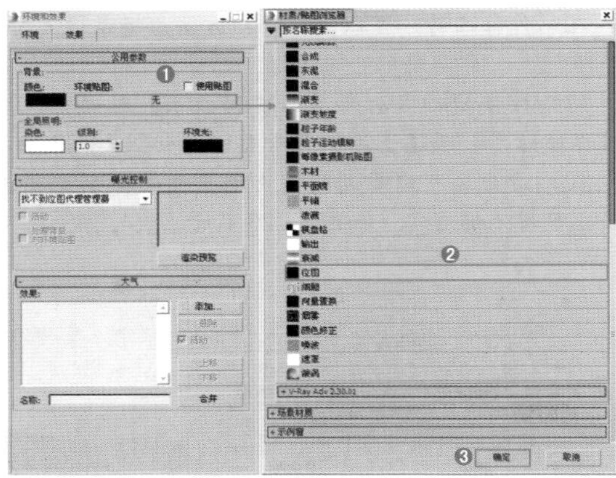

图14-31

步骤03 在弹出的【选择位图图像文件】对话框中选择加载本例的贴图文件【背景.jpg】，然后单击【打开】按钮，如图14-32所示。此时【环境和效果】对话框中【环境贴图】通道上显示了加载的图像名称，如图14-33所示。

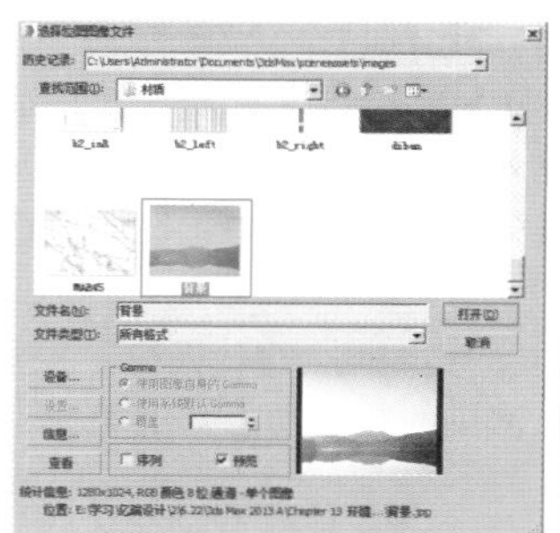

图14-32

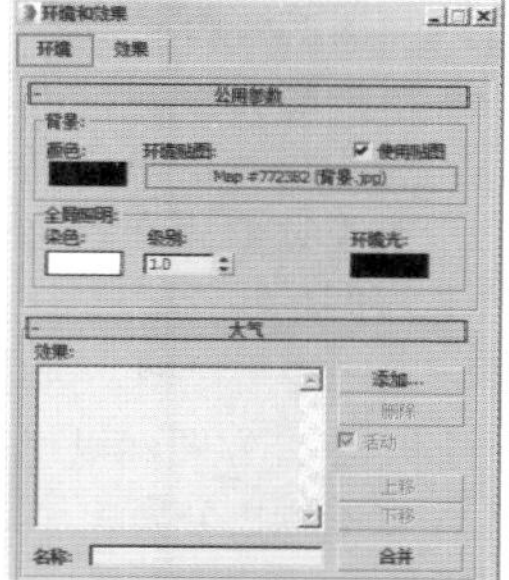

图14-33

步骤 04 按F9键渲染当前场景，渲染效果如图14-34所示。

图14-34

提示：场景中已经删除过 VR- 太阳，渲染场景还是特别亮？

若场景中使用过 VR- 太阳，后来将其删除了。此时即使场景中已经不存在 VR- 太阳了，而在【环境和效果】对话框中的【环境贴图】下的【VR- 天空】依然存在，在渲染时场景也可能非常亮。

如果当场景中已经删除过 VR- 太阳，渲染场景还是特别亮，那么可以在【环境和效果】对话框中的【环境贴图】上右击，在弹出的快捷菜单中选择【清除】命令，如图 14-35 所示。

图14-35

2.全局照明

【全局照明】中可以设置【染色】【级别】【环境光】参数。

- 染色：默认为白色，代表不影响场景中的灯光颜色。若设置为非白色的颜色，则为场景中的所有灯光（环境光除外）染色。

（1）例如，在场景中创建一盏目标聚光灯，默认设置颜色为白色，如图14-36所示。

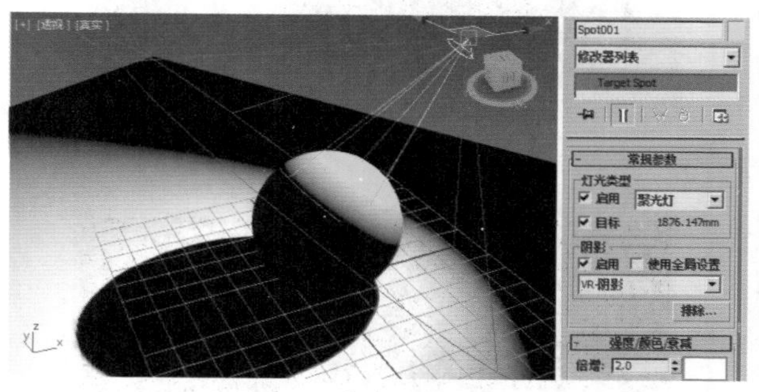

图14-36

（2）当设置【染色】为白色时，渲染会发现灯光为白色，如图14-37和图14-38所示。

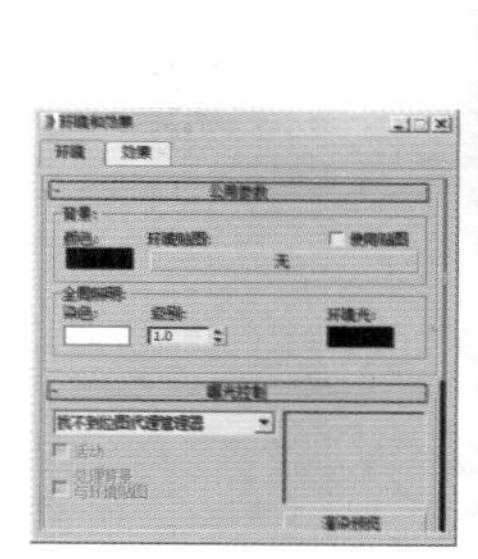

图14-37

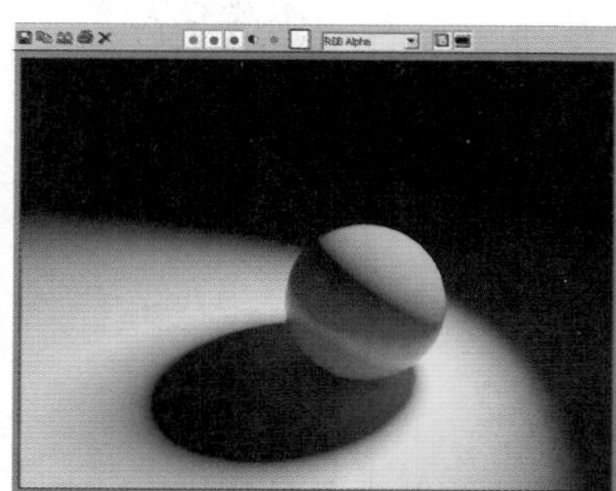

图14-38

（3）当设置【染色】为青色时，虽然目标聚光灯为白色，但是渲染会发现灯光为青色，如图14-39和图14-40所示。

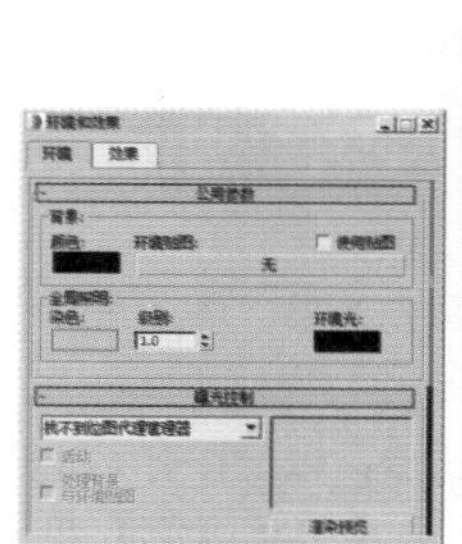

图14-39

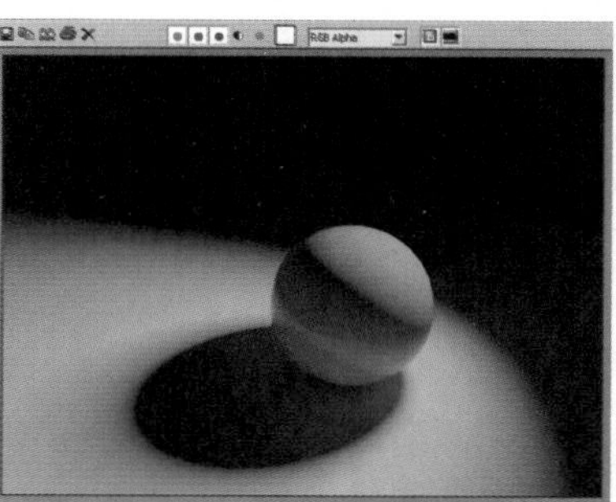

图14-40

- 级别：该数值会改变场景中所有灯光的亮度，数值越大越亮。如图14-41和图14-42所示为设置【级别】为0.5和2时的对比效果。

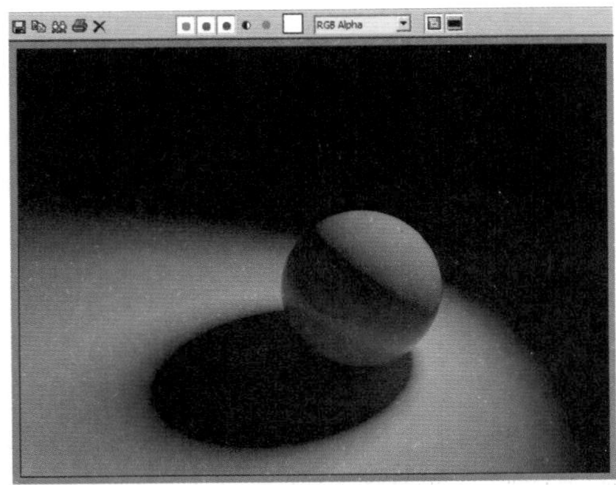

图14-41

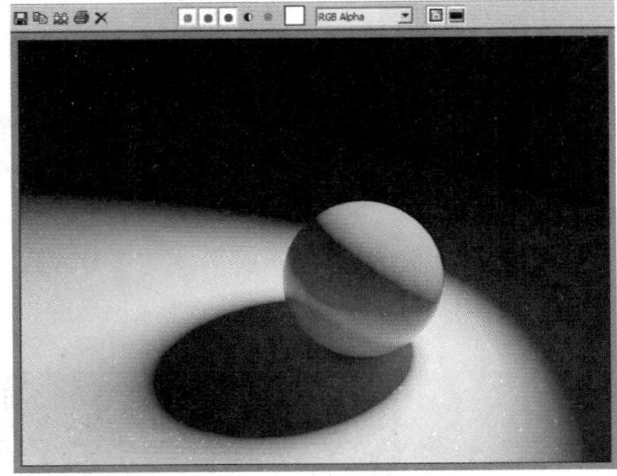

图14-42

- 环境光：设置环境光的颜色。

14.2.2 曝光控制

曝光控制会影响最终渲染图像亮度和对比度效果。通常情况下，保持默认设置为【找不到位图代理管理器】即可。【曝光控制】的类型如图14-43所示。

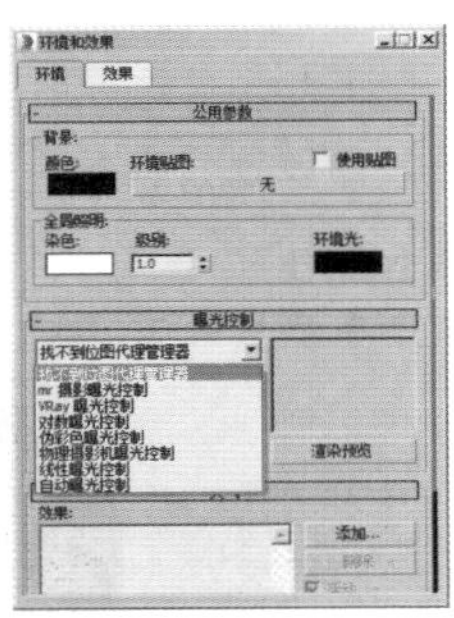
图14-43

- VRay曝光控制：控制V-Ray的曝光效果，可调节曝光值、快门速度、光圈等数值。
- 对数曝光控制：用于亮度、对比度，以及在有天光照明的室外场景中。该类型适用于【动态阈值】非常高的场景，例如明亮的房间。
- 伪彩色曝光控制：是照明分析工具，可将亮度映射为显示转换的值的亮度的伪彩色。
- 物理摄影机曝光控制：主要针对物理摄影机，可以设置曝光、图像控制、物理比例。
- 线性曝光控制：可以从渲染中进行采样，并且可以使用场景的平均亮度来将物理值映射为RGB值。该类型适合用在动态范围很低的场景中，例如黑色的房间。
- 自动曝光控制：可以从渲染图像中进行采样，并生成一个直方图，以便在渲染的整个动态范围中提供良好的颜色分离。

1.V-Ray曝光控制

【V-Ray曝光控制】可以用来设置V-Ray的曝光控制效果。其参数面板如图14-44所示。

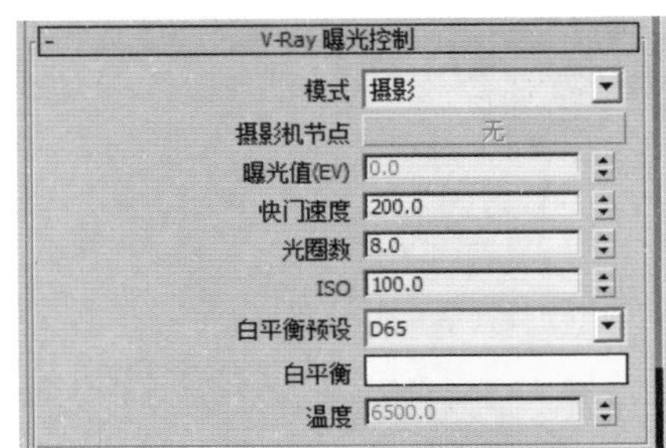

图14-44

- 模式：控制V-Ray曝光控制的模式，包括从V-Ray摄影机、从曝光值参数、摄影。
- 摄影机节点：单击该按钮即可拾取摄影机节点。
- 曝光值（EV）：控制曝光的数值大小。
- 快门速度：控制快门的速度大小。
- 光圈数：控制光圈的数值。
- ISO：控制数码相机感光度量化规定数值。
- 白平衡预设：控制白平衡方式。
- 白平衡：控制白平衡的颜色。
- 温度：控制温度参数的强度。

2.对数曝光控制

【对数曝光控制】是动画最适合的曝光控制类型。在【曝光控制】卷展栏下设置曝光控制类型为【对数曝光控制】，其参数面板如图14-45所示。

图14-45

- 亮度：设置转换的颜色的亮度。
- 对比度：设置转换的颜色的对比度。

- 中间色调：调整转换的颜色的中间色调值。
- 物理比例：设置曝光控制的物理比例。
- 颜色修正：勾选该选项，颜色修正会改变所有颜色。
- 降低暗区饱和度级别：会模拟眼睛对暗淡照明的反应。在暗淡的照明下，眼睛不会感知颜色，而是看到灰色色调。

3.伪彩色曝光控制

【伪彩色曝光控制】可将亮度或照度值映射为显示转换的值的亮度的伪彩色。从最暗到最亮，渲染依次显示蓝色、青色、绿色、黄色、橙色和红色。如图14-46和图14-47所示为一个场景及设置曝光为该方式的渲染效果。

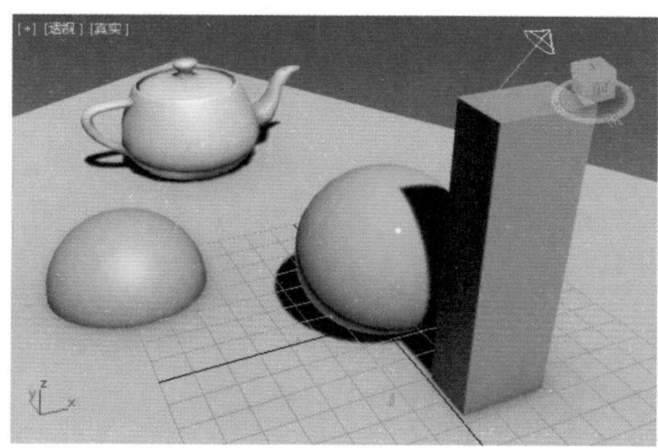

图14-46

图14-47

在【曝光控制】卷展栏下设置【曝光控制】类型为【伪彩色曝光控制】，其参数面板如图14-48所示。

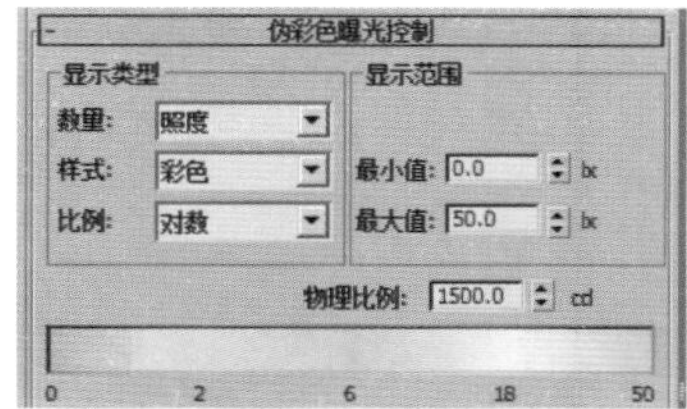

图14-48

- 数量：设置所测量的值。
- 样式：选择显示值的方式。
- 比例：选择用于映射值的方法。
- 最小值：设置在渲染中要测量和表示的最小值。
- 最大值：设置在渲染中要测量和表示的最大值。
- 光谱条：显示光谱与强度的映射关系。

4.物理摄影机曝光控制

在【曝光控制】卷展栏下设置【曝光控制】类型为【物理摄影机曝光控制】，其参数面板如图14-49所示。

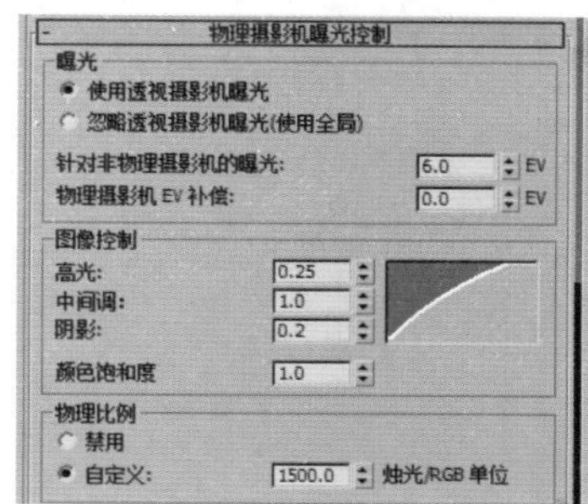

图14-49

5.线性曝光控制

【线性曝光控制】从渲染图像中采样，使用场景的平均亮度将物理值映射为RGB值。【线性曝光控制】最适合用于动态范围很低的场景（例如较暗的场景，可以设置该方式，使亮部和暗部对比更明显，层次更多）。其参数面板如图14-50所示。

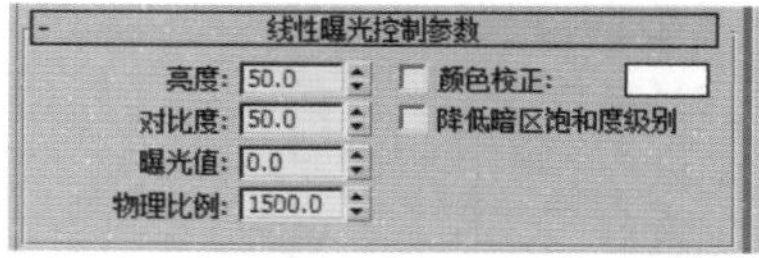

图14-50

- 曝光值：调整渲染的总体亮度。负值使图像更暗，正值使图像更亮。

6.自动曝光控制

【自动曝光控制】可以增强某些照明效果，否则，这些照明效果会过于暗淡而看不清。在【曝光控制】卷展栏下设置【曝光控制】类型为【自动曝光控制】，其参数面板如图14-51所示。

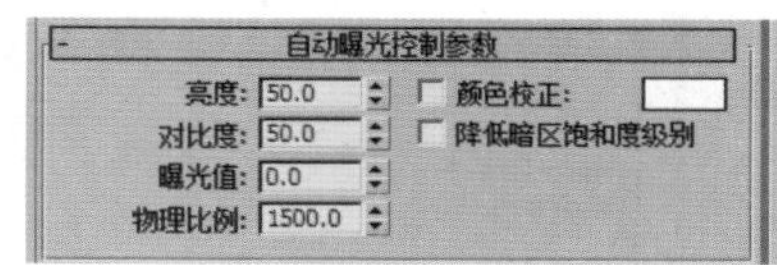

图14-51

轻松动手学：为场景设置不同的曝光方式

文件路径：Chapter 14 环境和效果→轻松动手学：为场景设置不同的曝光方式

步骤 01 创建一个场景。按快捷键8，打开【环境和效果】对话框，默认设置【曝光控制】为【找不到位图代理管理器】，如图14-52所示。渲染效果如图14-53所示。

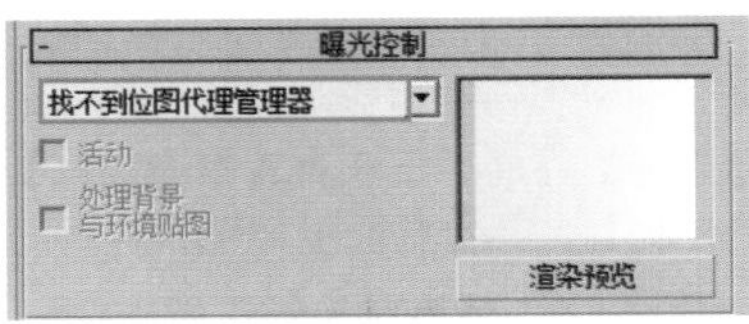

图14-52

图14-53

步骤 02 设置【曝光控制】为【VRay曝光控制】，如图14-54所示。渲染效果如图14-55所示。

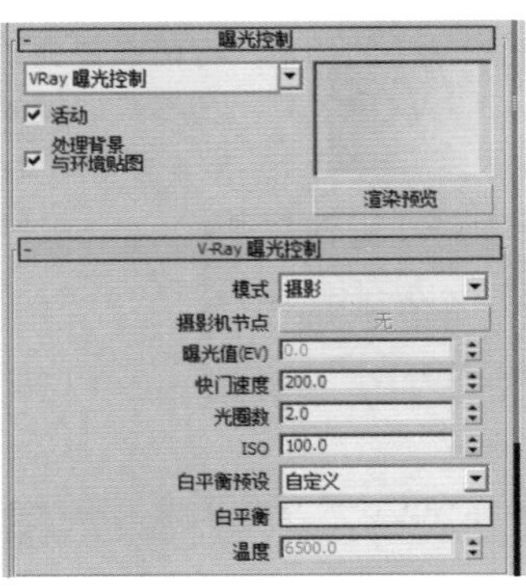

图14-54　　图14-55

步骤 03 设置【曝光控制】为【对数曝光控制】，如图14-56所示。渲染效果如图14-57所示。

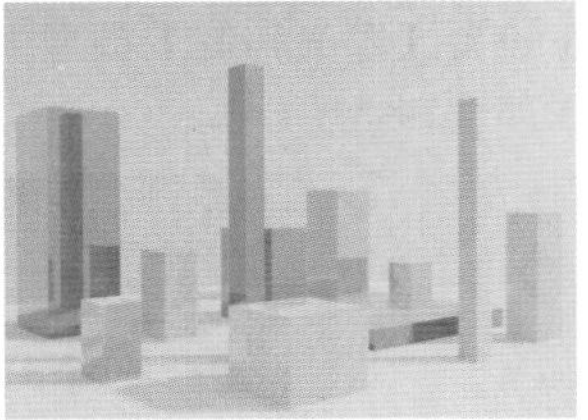

图14-56　　图14-57

步骤 04 设置【曝光控制】为【伪彩色曝光控制】，如图14-58所示。渲染效果如图14-59所示。

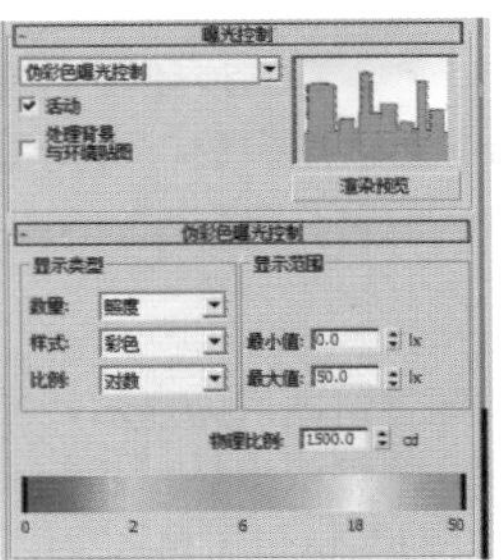

图14-58　　图14-59

步骤 05 设置【曝光控制】为【物理摄影机曝光控制】，如图14-60所示。渲染效果如图14-61所示。

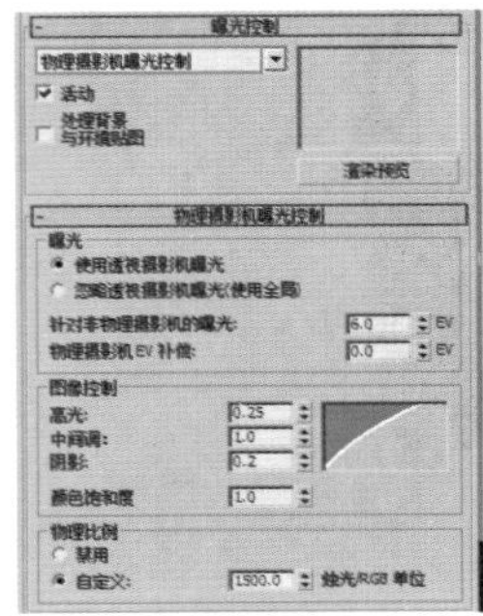

图14-60　　图14-61

步骤 06 设置【曝光控制】为【线性曝光控制】，如图14-62所示。渲染效果如图14-63所示。

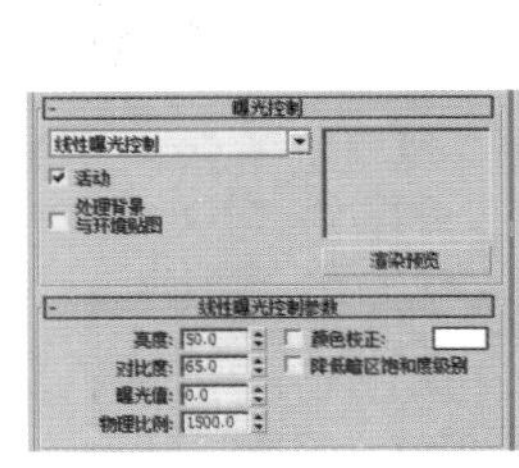

图14-62　　图14-63

步骤 07 设置【曝光控制】为【自动曝光控制】，如图14-64所示。渲染效果如图14-65所示。

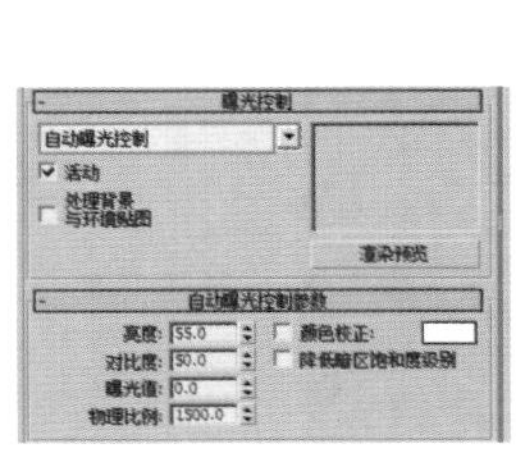

图14-64　　图14-65

因此可以理解【曝光控制】可以影响最终渲染效果，使图像呈现不同的曝光效果，如更亮、更暗、更灰、对比度更强等。通常情况下，可以保持默认设置【找不到位图代理管理器】方式即可。

14.2.3 大气

在【大气】卷展栏中可以添加、删除大气效果，如图14-66所示。

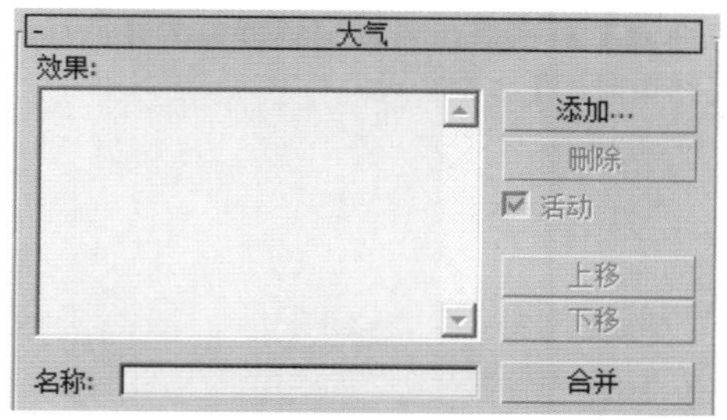

图14-66

- 效果列表：显示已添加的效果队列。
- 名称字段：为列表中的效果自定义名称。
- 添加：显示【添加大气效果】对话框（所有当前安装的大气效果）。
- 删除：将所选大气效果从列表中删除。
- 活动：为列表中的各个效果设置启用/禁用状态。
- 上移/下移：将所选项在列表中上移或下移，更改大气效果的应用顺序。
- 合并：合并其他 3ds Max 场景文件中的效果。

单击【添加】按钮，可以看到有7种类型可供选择，如图14-67所示。

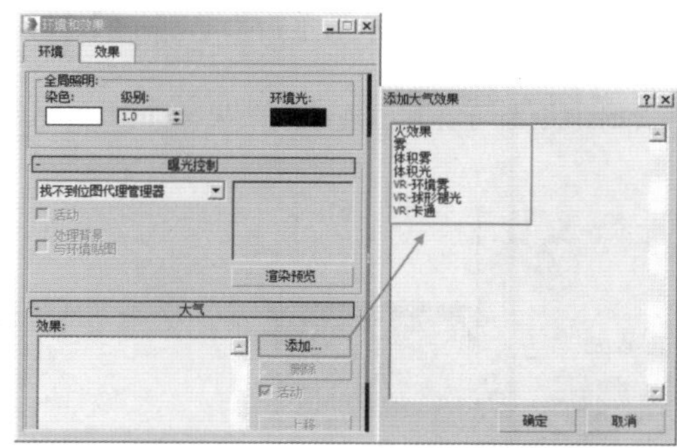

图14-67

- 火效果：可以制作火效果。
- 雾：可以制作远近浓度不一样的雾效果，常用来模拟场景中的雾。
- 体积雾：可以制作一个体积内产生浓雾，常用来模拟高山云雾缭绕。
- 体积光：可以制作体积光线照射效果，常用来模拟逆光光线、射线等。
- VR-环境雾：可以制作环境雾效果。
- VR-球形褪光：可以制作球形形状的褪光效果。
- VR-卡通：可以制作卡通的效果。

1.火效果

【火效果】可以制作火焰燃烧效果，但是需要配合使用【大气装置】。常用【体积雾】制作火焰特效、燃烧火焰等，如图 14-68 和图 14-69 所示。其参数设置面板如图 14-70 所示。

图14-68

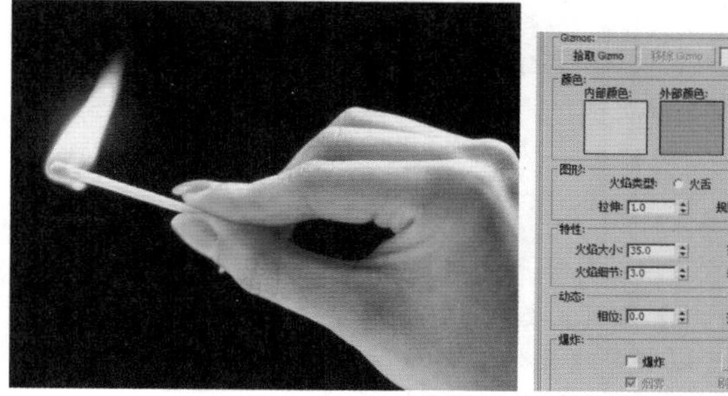

图14-69　　图14-70

- 拾取 Gizmo 按钮：单击该按钮可以拾取场景中要产生火效果的Gizmo对象。
- 移除 Gizmo 按钮：单击该按钮可以移除列表中所选的Gizmo。
- 内部颜色：设置火焰中最密集部分的颜色。
- 外部颜色：设置火焰中最稀薄部分的颜色。
- 烟雾颜色：当勾选【爆炸】选项时，该选项才可用，主要用来设置爆炸的烟雾颜色。
- 火焰类型：有【火舌】和【火球】两种类型。【火舌】是沿着中心使用纹理创建带方向的火焰，这种火焰类似于篝火，其方向沿着火焰装置的局部Z轴；【火球】是创建圆形的爆炸火焰。

- 拉伸：将火焰沿着装置的Z轴进行缩放，该选项最适合创建【火舌】火焰。
- 规则性：修改火焰填充装置的方式。
- 火焰大小：设置装置中各个火焰的大小。
- 火焰细节：控制每个火焰中显示的颜色更改量和边缘的尖锐程度。
- 密度：设置火焰效果的不透明度和亮度。
- 采样数：设置火焰效果的采样率。值越高，生成的火焰效果越细腻，但是会增加渲染时间。
- 相位：控制火焰效果的速率。
- 漂移：设置火焰沿着火焰装置的Z轴的渲染方式。
- 爆炸：勾选该选项后，火焰将产生爆炸效果。
- 烟雾：控制爆炸是否产生烟雾。
- 剧烈度：改变【相位】参数的涡流效果。
- 设置爆炸... 按钮：单击该按钮可打开【设置爆炸相位曲线】对话框，可以调整爆炸的【开始时间】和【结束时间】。

轻松动手学：创建火效果

文件路径：Chapter 14 环境和效果→轻松动手学：创建火效果

步骤01 执行（创建）|（辅助对象）|大气装置命令，如图14-71所示。

步骤02 有三种类型，从中选择一种，如在球状Gizmo场景中创建一个【球体Gizmo】，如图14-72所示。

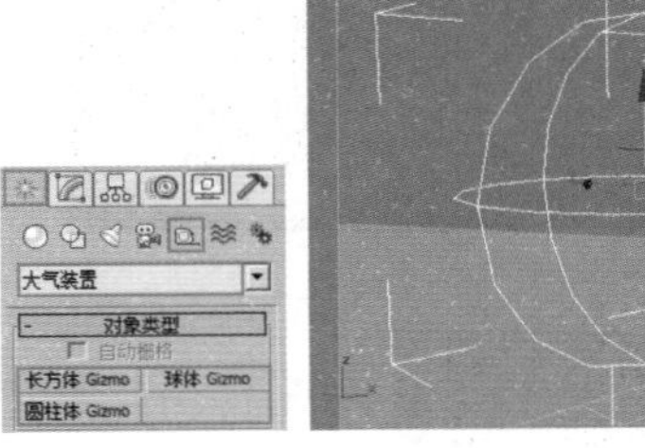

图14-71　　图14-72

提示：还可以制作半球火焰。

除了可以制作球形的火焰外，还可以制作半球火焰。勾选【半球】即可，如图14-73所示。

还可以将半球火焰沿Z轴缩放，使其变得更长，这样火焰也会更长，如图14-74所示。

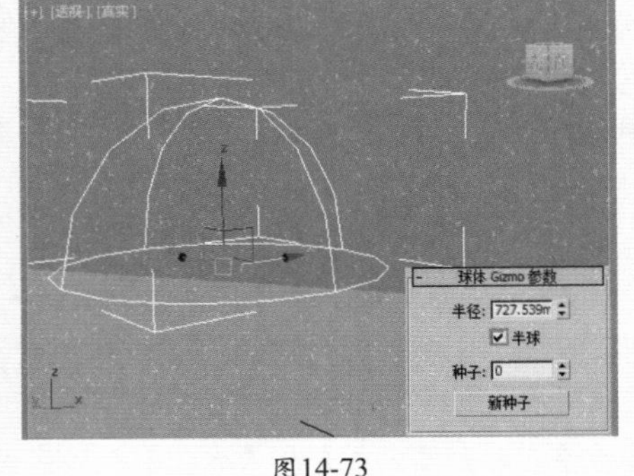

图14-73

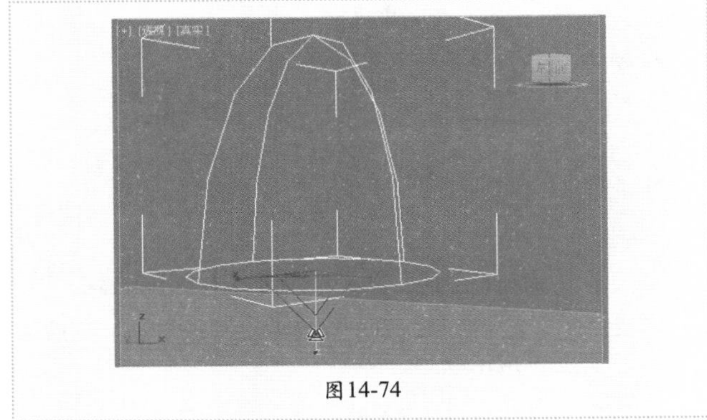

图14-74

步骤03 按快捷键8打开【环境和效果】对话框，进入【环境】选项卡。单击【添加】按钮，添加【火效果】，然后单击【拾取Gizmo】按钮，最后单击拾取刚才创建的【球体Gizmo】，如图14-75所示。

步骤04 此时渲染即可看到出现了火效果，如图14-76所示。

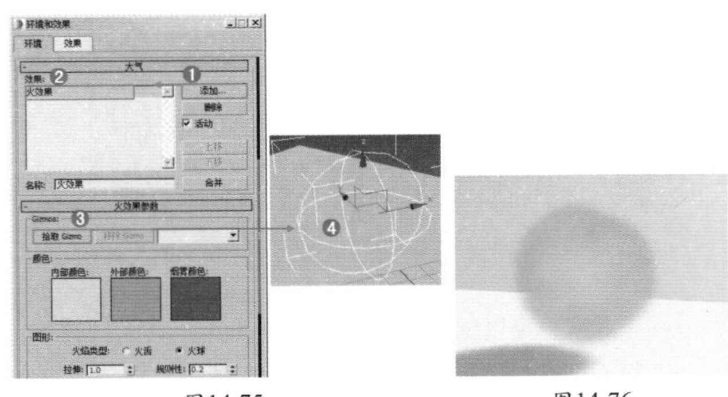

图14-75　　图14-76

2.雾

【雾】效果使物体根据与摄影机的距离，产生不同的雾效果。通常需要配合摄影机中的【环境范围】参数使用。【雾】的类型分为【标准】和【分层】两种，其参数面板如图14-77所示。

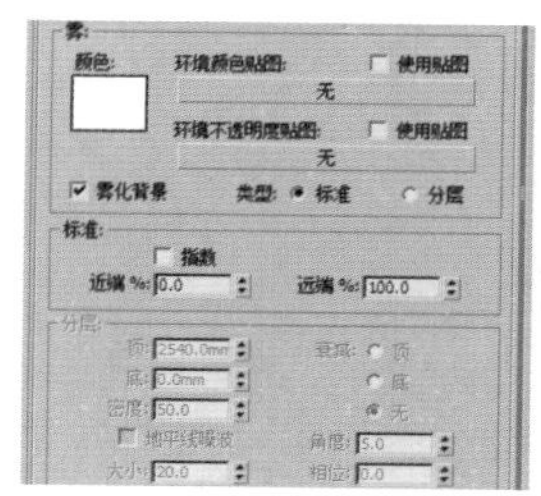

图14-77

- 颜色：控制雾的颜色，默认为白色。
- 环境颜色贴图：可以从贴图中导出雾的颜色。
- 使用贴图：可以使用贴图产生雾的效果。
- 环境不透明度贴图：使用贴图修改雾的密度。
- 雾化背景：将雾应用在场景的背景。
- 标准/分层：使用标准雾/分层雾。
- 指数：随距离按指数增大密度。
- 近端%/远端%：设置雾在近/远距范围的密度。
- 顶：设置雾层的上限（使用世界单位）。
- 底：设置雾层的下限（使用世界单位）。
- 密度：设置雾的密度。
- 衰减：设置指数衰减效果。
- 地平线噪波：启用【地平线噪波】系统，用来增强雾的真实感。
- 大小：应用于噪波的缩放系数。
- 角度：确定受影响的雾与地平线的角度。
- 相位：用来设置噪波动画。

轻松动手学：创建雾效果

文件路径：Chapter 14 环境和效果→轻松动手学：创建雾效果

步骤 01 创建一个场景，如图14-78所示。

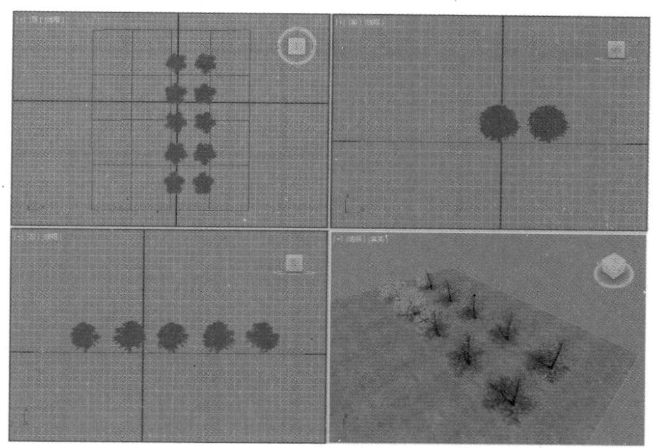

图14-78

步骤 02 创建一台目标摄影机，如图14-79所示。

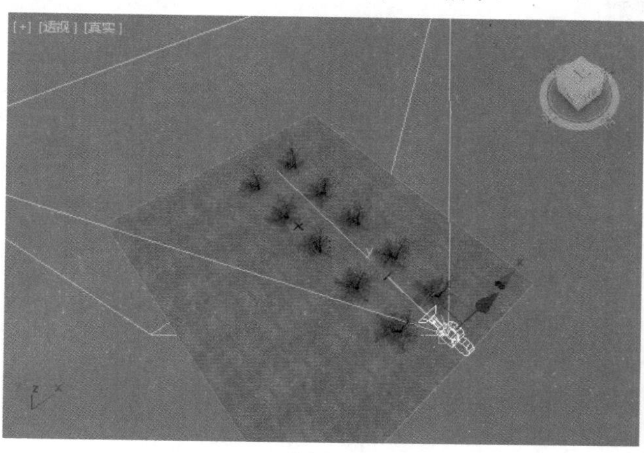

图14-79

步骤 03 此时渲染效果如图14-80所示。

步骤 04 单击【修改】按钮，勾选【环境范围】下的【显示】，设置【近距范围】和【远距范围】的数值，如图14-81所示（注意：两个数值是雾产生的范围，近距范围数值是雾开始产生的位置，远距衰减数值是雾浓度最大的位置）。

图14-80　图14-81

步骤 05 此时的摄影机如图14-82所示。

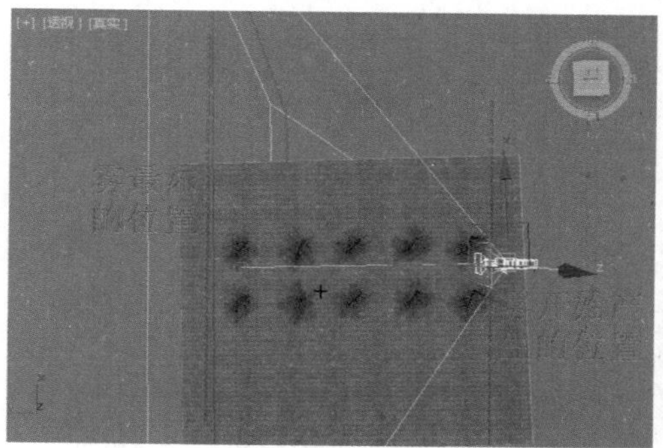

图14-82

步骤 06 在【环境】选项卡中单击【添加】按钮，并添加【雾】，如图14-83所示。

步骤 07 按快捷键C切换到摄影机视图，并单击【渲染产品】，最终效果如图14-84所示。

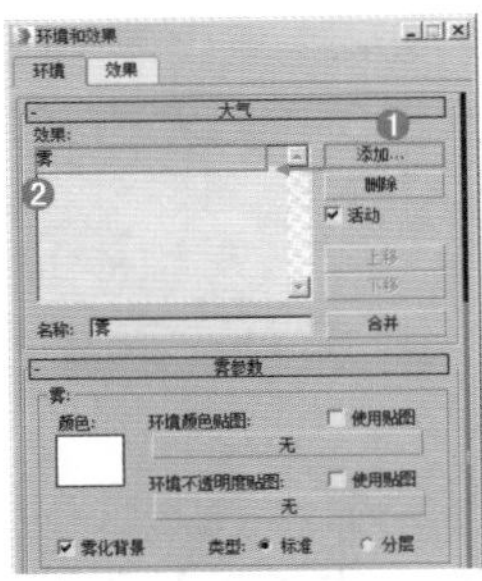

图14-83

图14-84

实例：利用【雾】制作高山仙境

文件路径：Chapter 14 环境和效果→实例：利用【雾】制作高山仙境

扫一扫，看视频

本例创建雾效果。很多室外效果都需要制作薄雾效果，能够得到更真实的背景。需要创建目标摄影机，并设置环境范围数值。原始效果与最终渲染效果如图14-85和图14-86所示。

图14-85

图14-86

步骤 01 打开本书场景文件，如图14-87所示。

步骤 02 在视图中创建一台目标摄影机，位置如图14-88所示。

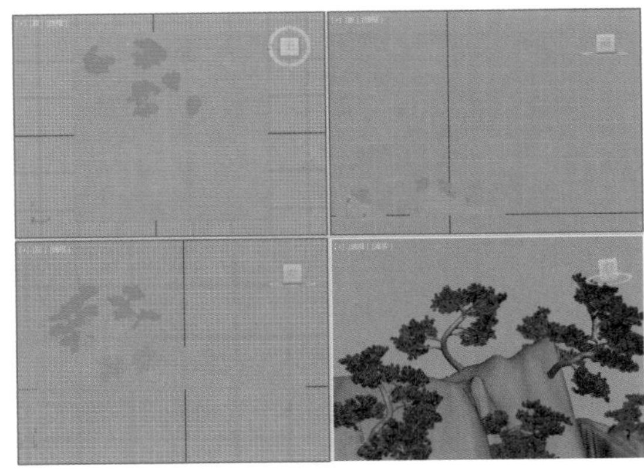

图14-87

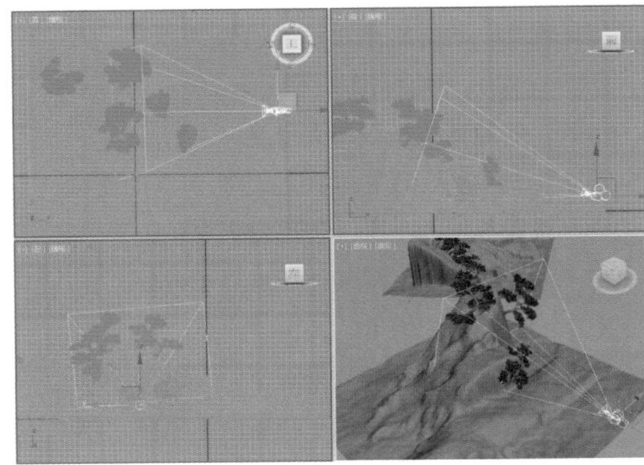

图14-88

步骤 03 选择该摄影机，单击【修改】按钮，设置【镜头】为43.456、【视野】为45。勾选【环境范围】选项组下的【显示】，并设置【近距范围】为3000mm，【远距范围】为28000mm，如图14-89所示。

步骤 04 此时可以看到该摄影机的近距范围和远距范围在场景中的位置。这两个数值之间的范围表示【雾】存在的区域，远距范围以外的部分将是最浓的大雾，如图14-90所示。

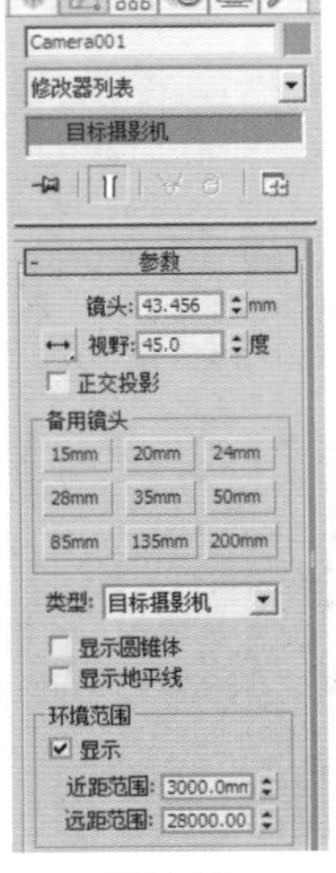

图14-89

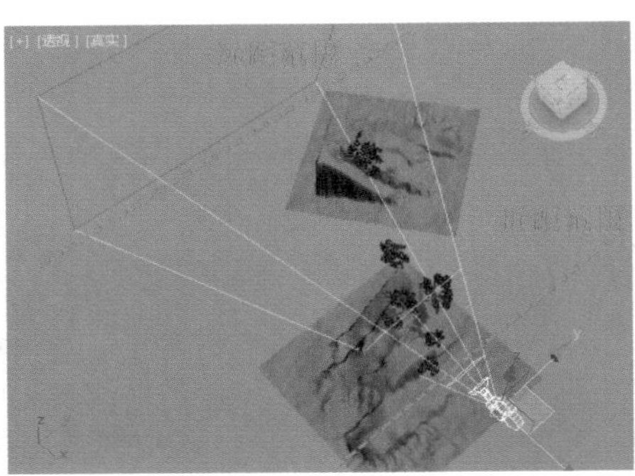

图14-90

步骤 05 按快捷键8打开【环境和效果】对话框，进入【环境】选项卡，单击【添加】按钮，添加【雾】，然后勾选【指数】，设置【近端】为0，【远端】为80，如图14-91所示。

步骤 06 最终渲染效果如图14-92所示。

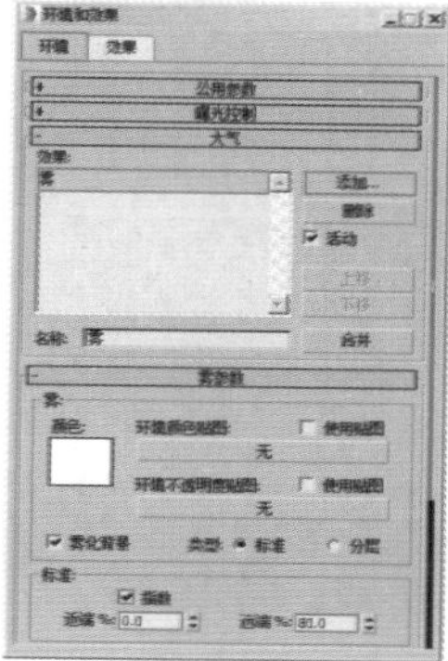

图14-91

图14-92

3.体积雾

【体积雾】可以制作一定的体积内产生的雾效果，而【雾】则无法制作体积内的雾效果。【体积雾】与【火效果】在使用时，都需要创建【大气装置】。常用【体积雾】制作烟雾缭绕效果、电影特效等，如图14-93和图14-94所示，其参数面板如图14-95所示。

图14-93

图14-94

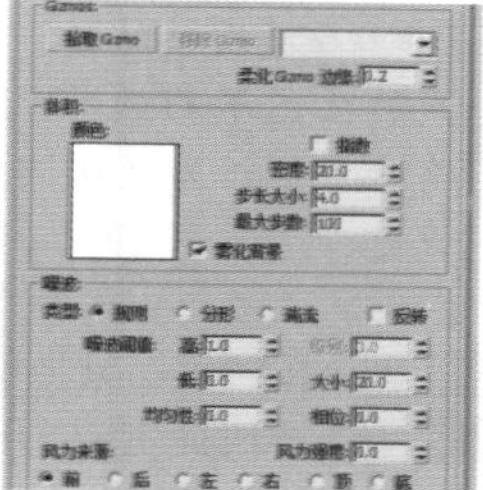

图14-95

- 拾取 Gizmo 按钮：单击该按钮可以拾取场景中要产生体积雾效果的Gizmo对象。
- 移除 Gizmo 按钮：单击该按钮可以移除列表中所选的Gizmo。
- 柔化Gizmo边缘：模糊体积雾效果的边缘位置。值越大，边缘越柔滑。
- 颜色：设置雾的颜色。
- 指数：随距离按指数增大密度。
- 密度：控制雾的密度，范围为0~20。
- 步长大小：确定雾采样的粒度，即雾的【细度】。
- 最大步数：限制采样量，以便雾的计算不会永远执行。适合于雾密度较小的场景。
- 雾化背景：将体积雾应用于场景的背景。
- 类型：有【规则】【分形】【湍流】和【反转】4 种类型可供选择。
- 噪波阈值：限制噪波效果，范围从0~1。
  - 级别：设置噪波迭代应用的次数，范围从1~6。
  - 大小：设置烟卷或雾卷的大小。值越小，卷越小。
  - 相位：控制风的种子。如果【风力强度】大于0，雾体积会根据风向来产生动画。
- 风力强度：控制烟雾远离风向（相对于相位）的速度。
- 风力来源：定义风来自于哪个方向。

4.体积光

【体积光】是可以呈现一种灯光洒过某种介质后在物体周围所形成的一种光泽的效果。【体积光】需要拾取场景中的灯光才可使用。常用来制作体积阳光、舞台灯光等，如图14-96和图14-97所示。其参数面板如图14-98所示。

图14-96

图14-97

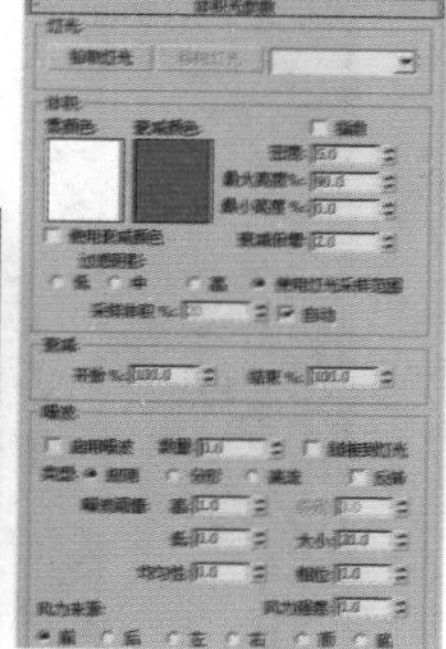

图14-98

- 拾取灯光 按钮：单击该按钮即可拾取作为产生体积光的灯光光源。

- 移除灯光按钮：单击即可将灯光从列表中移除。
- 雾颜色：设置体积光产生的雾的颜色。
- 衰减颜色：设置体积光随距离而衰减。
- 使用衰减颜色：控制是否使用【衰减颜色】功能。
- 指数：随距离按指数增大密度。
- 密度：设置雾的密度数值。
- 最大/最小亮度%：设置最大和最小的光晕效果。
- 衰减倍增：设置【衰减颜色】的强度。
- 过滤阴影：通过提高采样率来获得更高质量的体积光效果，包括低、中、高3个级别。
- 使用灯光采样范围：根据灯光阴影参数中的【采样范围】值来使体积光中投射的阴影变模糊。
- 采样体积%：控制体积的采样率。
- 自动：自动控制【采样体积%】的参数。
- 开始%/结束%：设置灯光效果开始和结束衰减的百分比。
- 启用噪波：控制是否启用噪波效果。
- 数量：应用于雾的噪波的百分比。
- 链接到灯光：将噪波效果链接到灯光对象。

实例：添加体积光

扫一扫，看视频

文件路径：Chapter 14 环境和效果→实例：添加体积光

本例是一个田野场景，主要讲解环境和效果下的体积光效果，在渲染时可呈现一束束光线照射的效果，非常美丽，如图14-99所示。

图14-99

步骤01 打开本书场景文件，如图14-100所示。

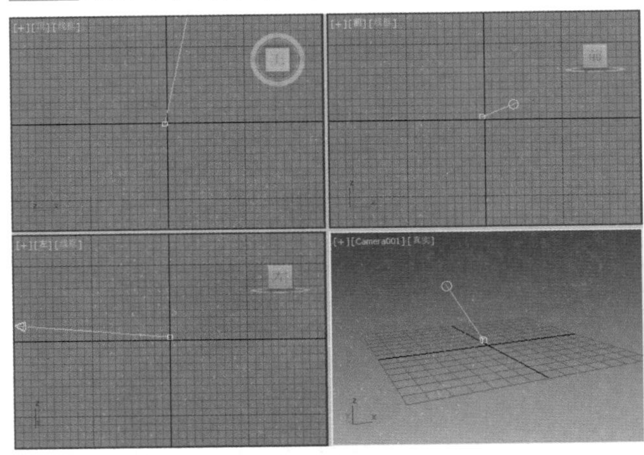

图14-100

步骤02 使用【目标聚光灯】工具，在视图中拖拽并创建1盏目标聚光灯，如图14-101所示。展开【聚光灯参数】卷展栏，设置【聚光区/光束】为30，【衰减区/区域】为50。展开【高级效果】卷展栏，在【贴图】后面的通道上加载【黑白.jpg】贴图文件，如图14-102所示。

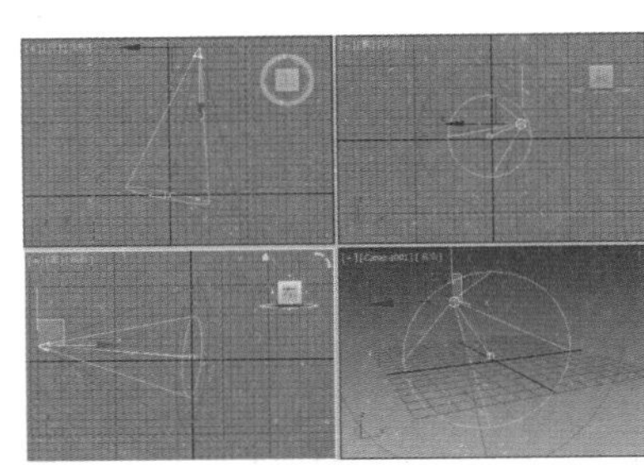

图14-101

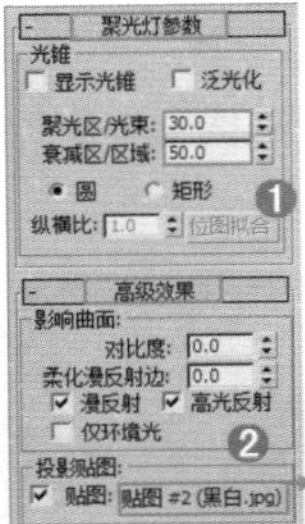

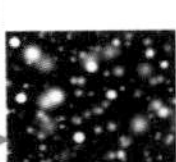

图14-102

提示：体积光的原理。

在【投影贴图】通道上加载黑白贴图的目的是使灯光产生遮罩的效果，类似于灯光照射一个纸板，纸板上有很多洞，光线从洞中照射出来，从而呈现出的是一束束光。

步骤03 按F9键渲染当前场景，渲染效果如图14-103所示。

步骤04 按快捷键8打开【环境和效果】对话框，然后展开【大气】卷展栏，接着单击【添加】按钮，最后在弹出的【添加大气效果】对话框中选择【体积光】选项，如图14-104所示。

图14-103　　图14-104

步骤 05 在【体积光参数】卷展栏下单击 拾取灯光 按钮，并在场景中拾取刚才创建的目标聚光灯，接着取消勾选【指数】，如图14-105所示。

步骤 06 按F9键渲染当前场景，最终效果如图14-106所示。

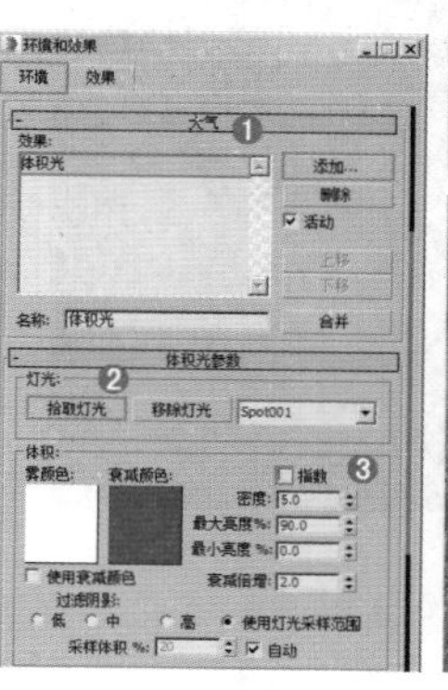

图14-105

图14-106

14.3 效果

扫一扫，看视频

在【效果】选项卡中可以添加很多特殊效果，如镜头效果、模糊、色彩平衡等，如图14-107所示。

选择【效果】选项卡，单击【添加】按钮，可以在弹出的对话框中选择需要的效果类型，如图14-108所示。

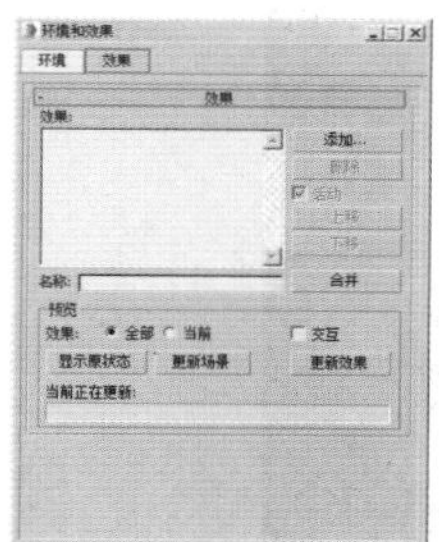

图14-107

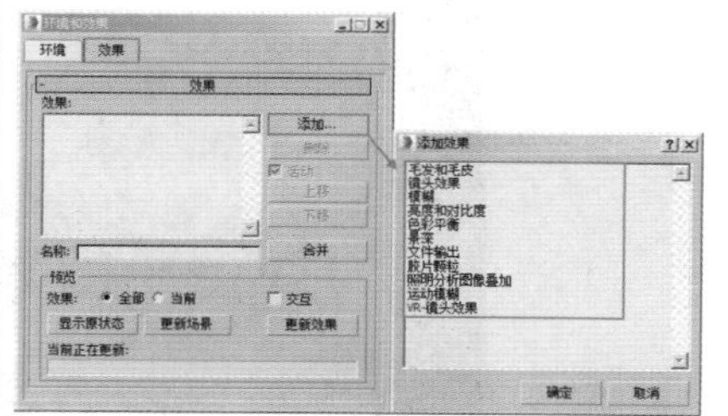

图14-108

- 毛发和毛皮：制作毛发效果，添加毛发修改器后会自动添加该特效。
- 镜头效果：用于制作镜头效果，如光晕、光环、射线、光斑等。
- 模糊：用于模糊图像或模糊其中某个材质。
- 亮度和对比度：用于调整最终渲染图像的亮度和对比度。
- 色彩平衡：用于调整最终渲染图像的色彩平衡。
- 景深：用于模拟景深的效果。
- 文件输出：该功能和直接渲染出的文件输出功能是一样。
- 胶片颗粒：模拟胶片电影的颗粒感觉，风格比较复古。
- 照明分析图像叠加：它是一种渲染效果，用于在渲染时计算和显示照明级别，其度量值会叠加显示在渲染图上。
- 运动模糊：制作运动模糊的画面效果。
- VR-镜头效果：制作镜头效果。

14.3.1 镜头效果

【镜头效果】可创建通常与摄影机相关的真实效果。例如可以模拟阳光光晕、特效光斑，如图14-109和图14-110所示。

图14-109

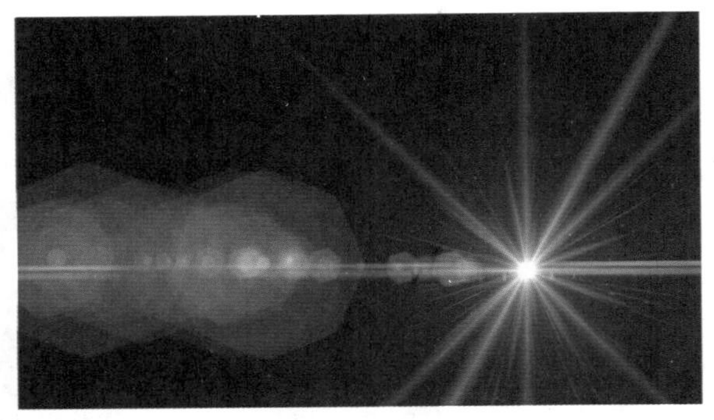

图14-110

镜头效果包括【光晕】【光环】【射线】【自动二级光斑】【手动二级光斑】【星形】和【条纹】。参数面板如图14-111所示。

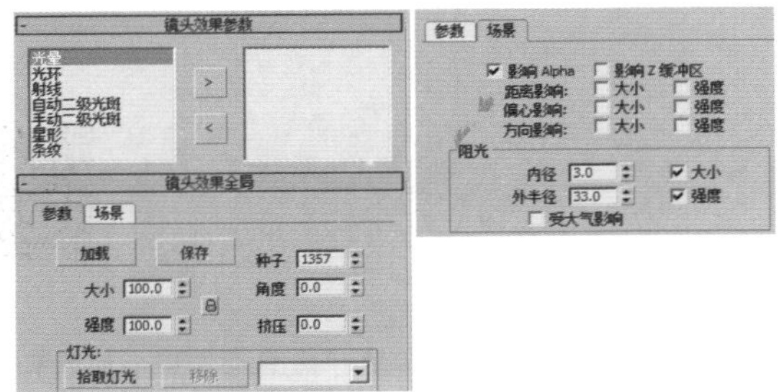

图14-111

- 加载按钮：单击可在该对话框中可选择要加载的LZV文件。
- 保存按钮：单击可在该对话框中可以保存LZV文件。
- 大小：设置镜头效果的总体大小。
- 强度：设置镜头效果的总体亮度和不透明度。值越大，效果越亮越不透明。
- 种子：创建不同样式的镜头效果。
- 角度：影响在效果与摄影机相对位置的改变时，镜头效果从默认位置旋转的量。
- 挤压：在水平方向或垂直方向挤压镜头效果的总体大小。
- 拾取灯光按钮：单击该按钮可以在场景中拾取灯光。
- 移除按钮：单击该按钮可以移除所选择的灯光。
- 影响Alpha：指定如果图像以 32 位文件格式渲染，镜头效果是否影响图像的 Alpha 通道。
- 影响z缓冲区：存储对象与摄影机的距离。z缓冲区用于光学效果。
- 距离影响：允许与摄影机或视口的距离影响效果的大小和/或强度。
- 偏心影响：产生摄影机或视口偏心的效果，影响其大小和/或强度。
- 方向影响：允许聚光灯相对于摄影机的方向影响效果的大小和/或强度。
- 内径：设置效果周围的内径，另一个场景对象必须与内径相交才能完全阻挡效果。
- 外半径：设置效果周围的外径，另一个场景对象必须与外径相交才能开始阻挡效果。
- 大小：减小所阻挡的效果的大小。
- 强度：减小所阻挡的效果的强度。
- 受大气影响：允许大气效果阻挡镜头效果。

实例：利用【镜头效果】制作圣诞光晕

扫一扫，看视频

文件路径：Chapter 14 环境和效果→实例：利用【镜头效果】制作圣诞光晕

本例是一个圣诞场景，主要讲解镜头效果下的光晕。镜头效果可以将要制作的环境效果模拟出摄像机镜头下的景象，可以让效果更加生动。最终渲染效果如图14-112所示。

图14-112

步骤 01 打开本书场景文件，如图14-113所示。

步骤 02 按快捷键8，打开【环境和效果】对话框，在【效果】选项卡下单击【添加】按钮，并添加【镜头效果】，如图14-114所示。

读书笔记

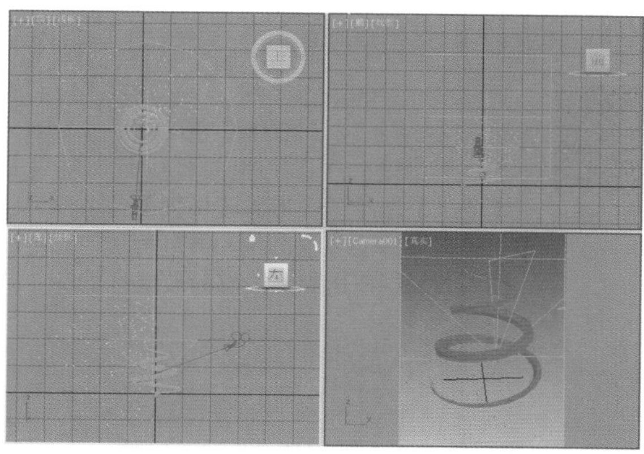

图14-113

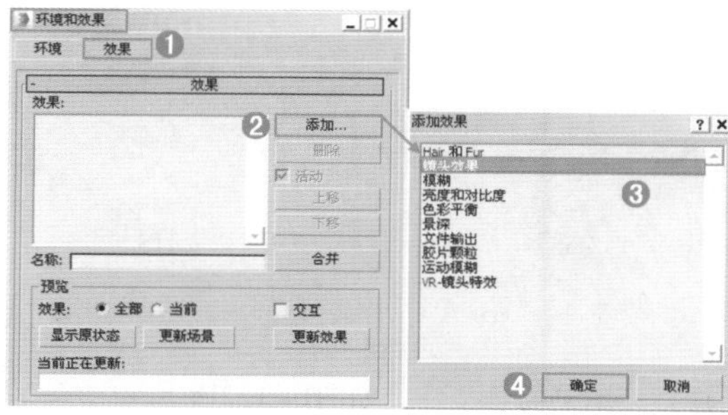

图14-114

步骤 03 单击【效果】选项卡下的【镜头效果】，然后在【镜头效果参数】卷展栏下单击【光晕】，接着单击【向右】按钮 > ，右侧就会出现 Glow，如图 14-115 所示。此时进入【参数】选项卡，设置【大小】为 0.5，设置【强度】为 74，【使用源色】为 30，调节【径向颜色】为粉色，如图 14-116 所示。最后进入【选项】选项卡，勾选【材质 ID】，并设置数值为 1。

步骤 04 打开材质编辑器，选择该材质球，设置【材质ID通道】为1。

步骤 05 按F9键渲染当前场景，渲染效果如图14-117所示。

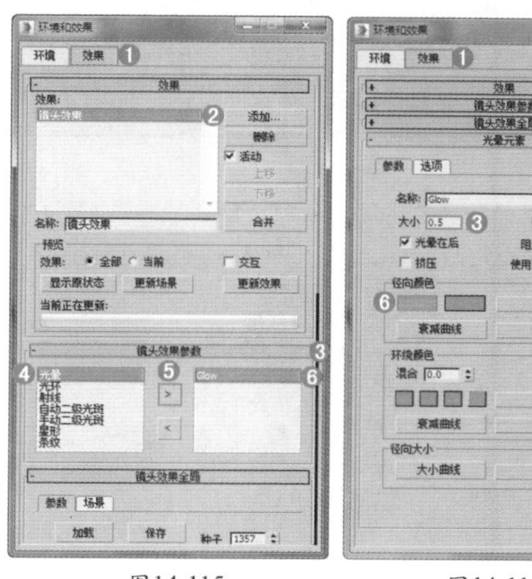

图14-115　　图14-116

图14-117

14.3.2 模糊

模糊可以对某个材质、某个对象、整个图像设置模糊效果。常用来制作模糊烛光、电影模糊特效等，如图14-118和图14-119所示。

图14-118

图14-119

读书笔记

其参数面板如图14-120所示。

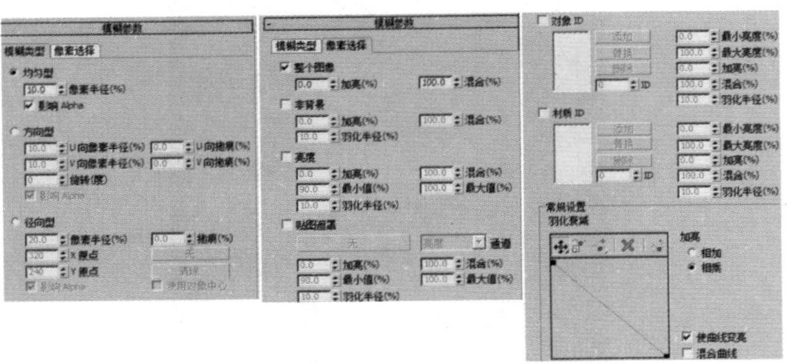

图14-120

1.模糊类型

- 均匀型：将模糊效果均匀应用在整个渲染图像。
- 像素半径：确定模糊效果的强度，数值越大越模糊。
- 影响Alpha：启用时，将均匀型模糊效果应用于Alpha通道。
- 方向型：按照【方向型】参数指定的任意方向应用模糊效果。
- 径向型：以径向的方式应用模糊效果。

2.像素选择

- 整个图像：启用该选项后，模糊效果将影响整个渲染图像。
- 加亮（%）：加亮整个图像。
- 混合（%）：将模糊效果和【整个图像】参数与原始的渲染图像进行混合。
- 非背景：启用该选项后，模糊效果将影响除背景图像或动画以外的所有元素。
- 羽化半径（%）：设置应用于场景的非背景元素的羽化模糊效果的百分比。
- 亮度：影响亮度值介于【最小值（%）】和【最大值（%）】微调器之间的所有像素。
- 最小/大值（%）：设置每个像素要应用模糊效果所需的最小和最大亮度值。
- 贴图遮罩：通过在【材质/贴图浏览器】对话框选择的通道和应用的遮罩来应用模糊效果。
- 对象ID：如果对象匹配过滤器设置，会将模糊效果应用于对象或对象中具有特定对象ID的部分（在G缓冲区中）。
- 材质ID：如果材质匹配过滤器设置，会将模糊效果应用于该材质或材质中具有特定材质效果通道的部分。
- 常规设置羽化衰减：使用【羽化衰减】曲线来确定基于图形的模糊效果的羽化衰减区域。

实例：利用【模糊效果】制作手心里的爱

扫一扫，看视频

文件路径：Chapter 14 环境和效果→实例：利用【模糊效果】制作手心里的爱

本例是一个手心里的爱场景，主要是在【效果】选项卡中增添【模糊】营造一种朦胧美感，最终的效果如图14-121所示。还可以用模糊效果制作出朦胧美感的玻璃材质。

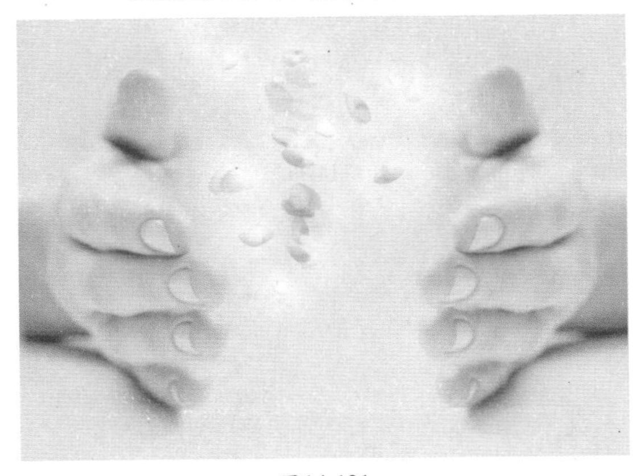

图14-121

步骤01 打开本书场景文件，如图14-122所示。

步骤02 按快捷键8，弹出【环境和效果】对话框。选择【效果】选项卡，然后单击【添加】按钮，再单击【模糊】，最后单击【确定】按钮，如图14-123所示。

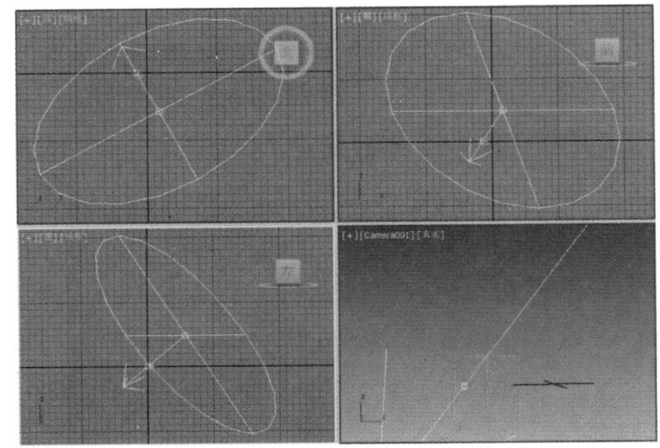

图14-122

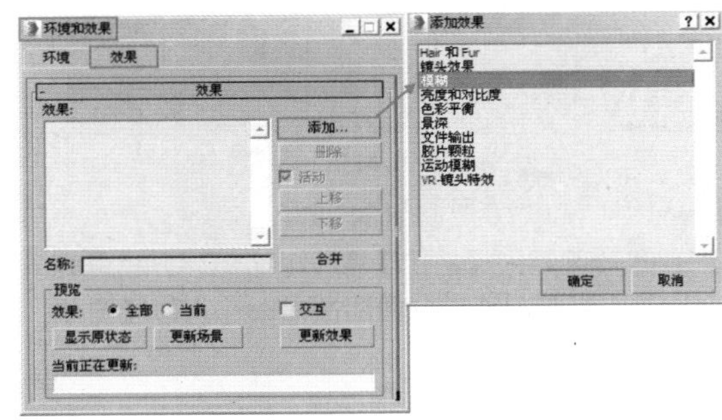

图14-123

步骤 03 进入【像素选择】选项卡，取消勾选【整个图像】。勾选【材质ID】选项，在ID中输入8，并单击 添加 按钮，添加成功后设置【加亮】为12，【混合】为70。最后打开材质编辑器，选择该材质球，设置【材质ID通道】为8，如图14-124所示。

步骤 04 按F9键渲染当前场景，渲染效果如图14-125所示。

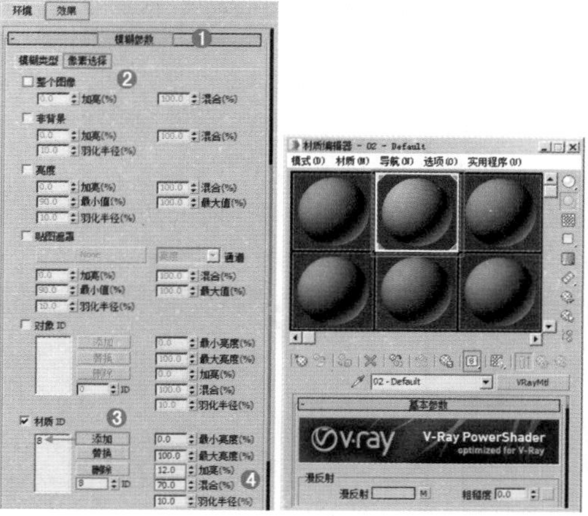

图14-124

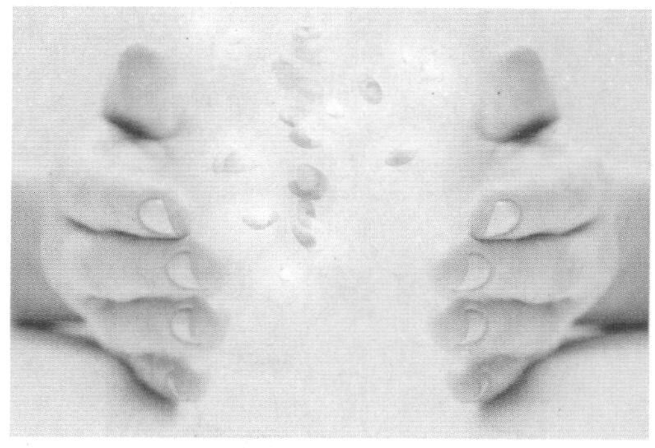

图14-125

14.3.3 亮度和对比度

亮度和对比度可以调整图像的对比度和亮度，与Photoshop中的功能相似。参数如图14-126所示。

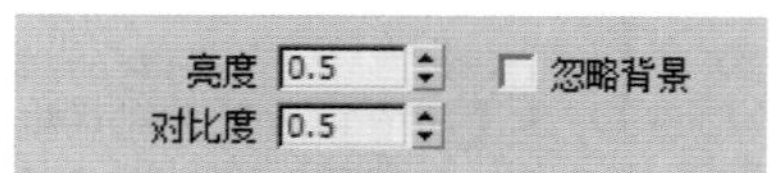

图14-126

- 亮度：增加或减少所有色元（红色、绿色和蓝色）的亮度，其取值范围从0~1。
- 对比度：压缩或扩展最大黑色和最大白色之间的范围，其取值范围从0~1。
- 忽略背景：是否将效果应用于除背景以外的所有元素。

实例：通过亮度/对比度增强渲染效果

文件路径：Chapter 14 环境和效果→实例：通过亮度/对比度增强渲染效果

扫一扫，看视频

本例将会讲解为【效果】添加【亮度和对比度】效果，制作亮度更暗、对比度更强的画面效果。原始效果与最终渲染效果如图14-127和图14-128所示。

图14-127

图14-128

步骤 01 打开本书文件，如图14-129所示。

步骤 02 渲染效果如图14-130所示。

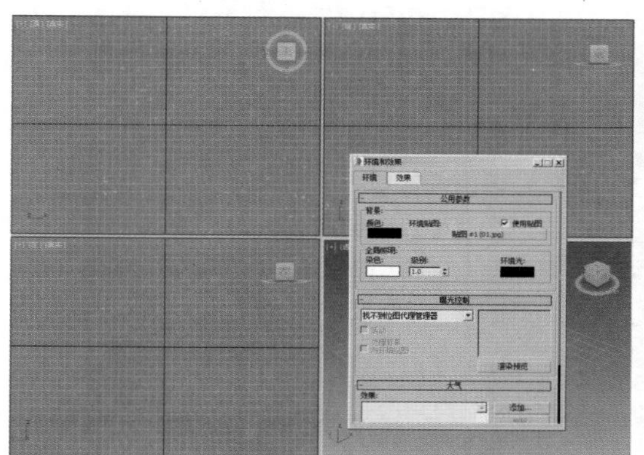

图14-129

图14-130

步骤 03 按快捷键8打开【环境和效果】对话框，选择【效果】选项卡，单击【添加】按钮，添加【亮度和对比度】。设置【亮度】为0.4，【对比度】为0.6，如图14-131所示。

步骤 04 渲染效果如图14-132所示。

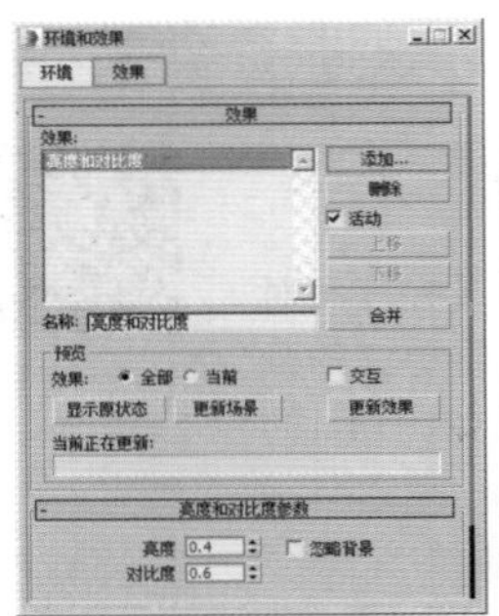

图14-131

图14-132

14.3.4 色彩平衡

色彩平衡可以通过独立控制 RGB 通道操纵相加/相减颜色，与Photoshop中的功能相似。参数如图14-133所示。

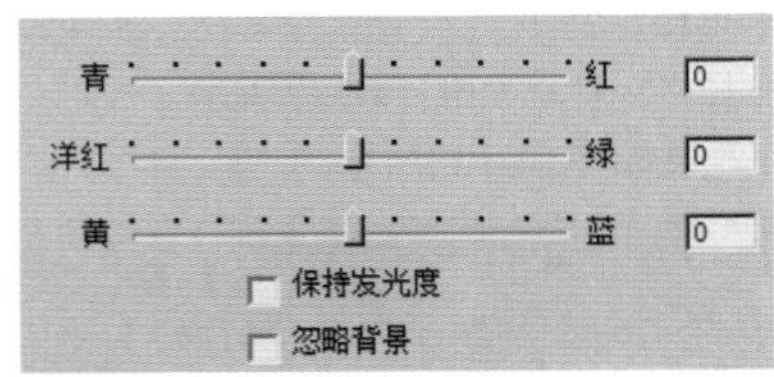

图14-133

- 青/红：调整红色通道。
- 洋红/绿：调整绿色通道。
- 黄/蓝：调整蓝色通道。
- 保持发光度：启用此选项后，在修正颜色的同时保留图像的发光度。
- 忽略背景：启用改选项后，可以在修正图像时不影响背景。

实例：通过色彩平衡改变颜色

扫一扫，看视频

文件路径：Chapter 14 环境和效果→实例：通过色彩平衡改变颜色

本例是一个卫浴场景，主要讲解使用色彩平衡效果模拟各种色调的场景感觉。最终效果如图14-134和图14-135所示。

图14-134

图14-135

步骤 01 打开本书场景文件，如图14-136所示。

步骤 02 按F9键，渲染效果如图14-137所示。

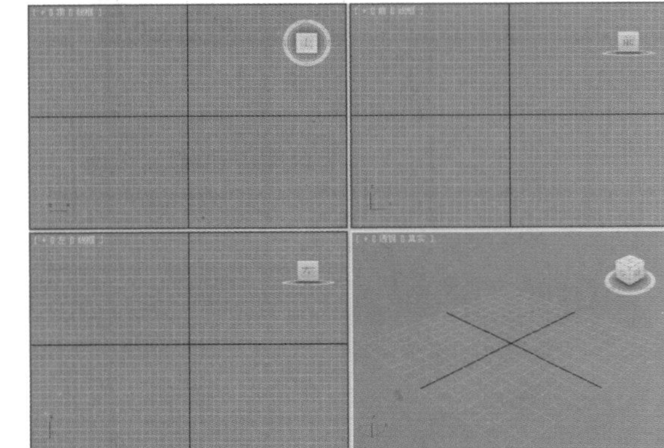

图14-136

图14-137

步骤 03 按快捷键8打开【环境和效果】对话框，选择【效果】选项卡，单击【添加】按钮，在弹出的【添加效果】对话框中单击【色彩平衡】，最后单击【确定】按钮，如图14-138所示。

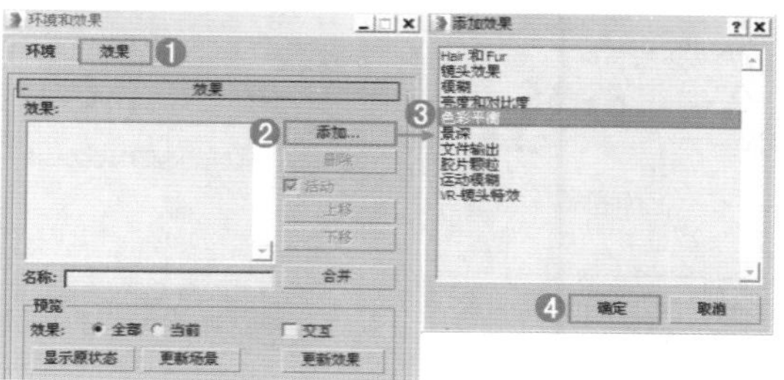

图14-138

步骤04 设置【色彩平衡参数】卷展栏下的【洋红】为-20，【黄】为30，如图14-139所示。单击【渲染产品】按钮查看此时的效果，如图14-140所示。

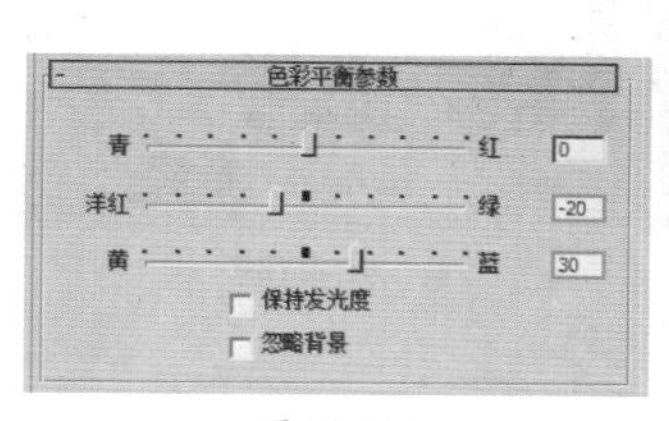

图14-139

图14-140

步骤05 设置【色彩平衡参数】卷展栏下的【洋红】为30，【黄】为-30，如图14-141所示。单击【渲染产品】按钮查看此时的效果，如图14-142所示。

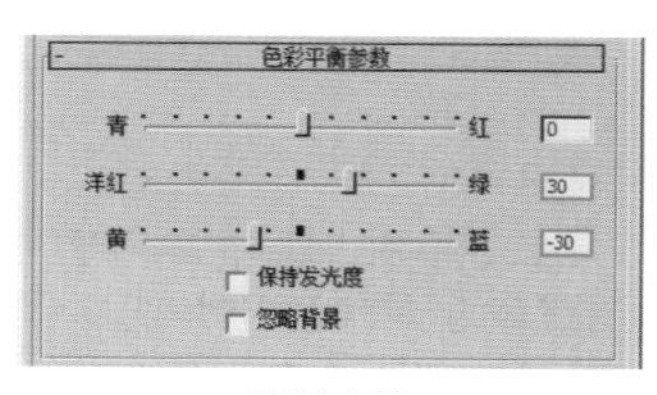

图14-141

图14-142

14.3.5 胶片颗粒

【胶片颗粒】用于在渲染场景中重新创建胶片颗粒的效果。参数如图14-143所示。

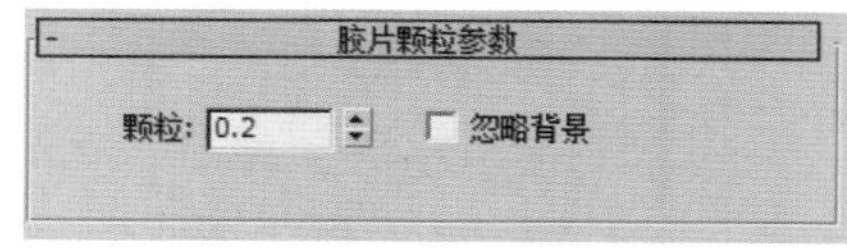

图14-143

- 颗粒：设置添加到图像中的颗粒数。
- 忽略背景：屏蔽背景，使颗粒仅应用于场景中的几何体对象。

实例：利用【胶片颗粒】模拟复古效果

文件路径：Chapter 14 环境和效果→实例：利用【胶片颗粒】模拟复古效果

扫一扫，看视频

本例是一个室内场景，讲解使用胶片颗粒效果制作复古感觉。最终效果如图14-144所示。

图14-144

步骤01 打开本书场景文件，如图14-145所示。

步骤02 单击【渲染产品】查看此时的效果，如图14-146所示。

步骤03 按快捷键8打开【环境和效果】对话框，选择【效果】选项卡，单击【添加】钮，在弹出的对话框中单击【胶片颗粒】，最后单击【确定】按钮，如图14-147所示。

步骤04 设置【颗粒】为0.2，单击【渲染产品】按钮查看此时的效果，如图14-148所示。

步骤05 设置【颗粒】为1，单击【渲染产品】按钮查看此时的效果，如图14-149所示。

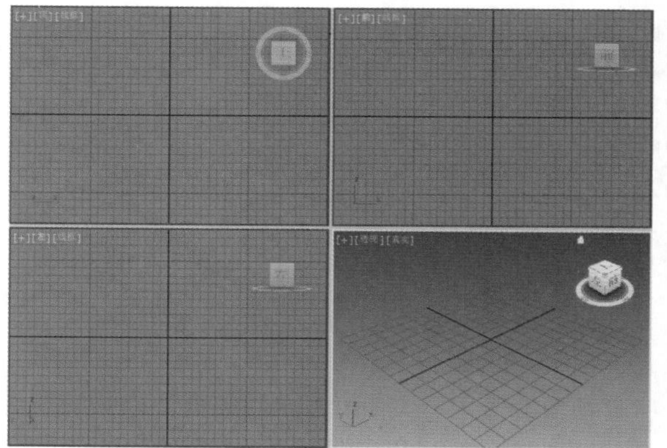

图14-145

图14-146

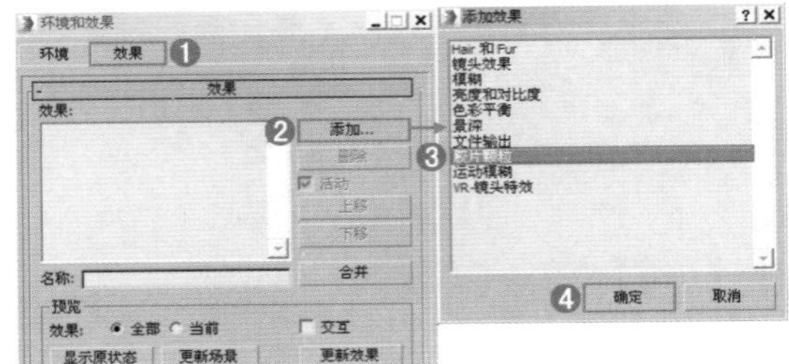

图14-147

图14-148

图14-149

读书笔记

动力学

本章将学习动力学技巧。动力学是3ds Max比较有特色的功能，可以为物体添加不同的动力学方式，从而模拟真实的自然作用，如物体下落动画、玻璃破碎动画、建筑倒塌动画、窗帘布料动画等。动力学是用于模拟真实自然动画的工具，比传统的关键帧动画要真实很多，但是效果是不可控的，需要反复的测试才能得到适合的动画效果。

本章学习要点：

- 认识动力学并熟悉动力学使用流程；
- 掌握动力学刚体、运动学刚体、静态刚体制作动画；
- 掌握mCloth布料动画的制作。

扫一扫，看视频

通过本章学习，我能做什么？

通过本章的学习，我们将学会使用动力学制作物体之间的碰撞、自由落体、带有动画的物体的真实运动、布料运算等，并且这些效果可以综合使用。

15.1 认识MassFX（动力学）

本节将讲解MassFX（动力学）的基本知识，包括动力学概念、使用方法等。

15.1.1 什么是MassFX（动力学）

MassFX（动力学）是3ds Max比较有特色的功能，可以为物体添加不同的动力学方式，从而模拟真实的自然作用，如蔬菜落下动画、玻璃破碎动画、建筑倒塌动画、窗帘布料动画等，如图15-1~图15-4所示。

图15-1

图15-2

图15-3

图15-4

15.1.2 MassFX（动力学）可以做什么

3ds Max 中的 MassFX（动力学）可以为项目添加真实的物理模拟效果，可以制作比关键帧动画更为真实、自然的动画效果。常用来制作刚体与刚体之间的碰撞、重力下落、抛出动画、布料动画、破碎动画等，多应用于电视栏目包装动画设计、LOGO演绎动画、影视特效设计等。

重点 15.1.3 调出MassFX（动力学）工具栏

在主工具栏的空白处右击，在弹出的快捷菜单中选择【MassFX 工具栏】命令，弹出MassFX工具栏，如图15-5所示。

图15-5

- MassFX 工具：该选项下面包括很多参数，如【世界】【工具】【编辑】【显示】。
- 刚体：在创建完成物体后，可以为物体添加刚体，在这里分为3种，分别是动力学、运动学、静态。
- mCloth：可以模拟真实的布料效果，是新增的一个重要的功能。
- 约束：可以创建约束对象，包括6种，分别是刚性、滑块、转轴、扭曲、通用、球和套管约束。
- 碎布玩偶：可以模拟碎布玩偶的动画效果。
- 将模拟实体重置为其原始状态：单击该按钮可以将之前的模拟重置，回到最初状态。
- 模拟：单击该按钮可以开始进行模拟。
- 将模拟前进一帧：单击或多次单击该按钮可以，按照步阶进行模拟，方便查看每时每刻的状态。

重点 15.1.4 MassFX（动力学）的使用流程

步骤 01 选择模型，如图15-6所示。

步骤 02 设置合适的动力学方式。例如，运动的物体应该设置为运动学刚体、静止的物体应该设置为静态刚体、参与物理作用碰撞的物体应该设置为动力学刚体。例如，设置该模型为动力学刚体，如图15-7所示。

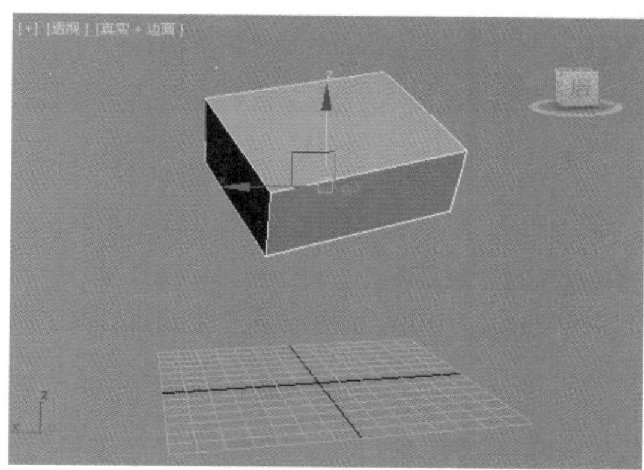

图15-6

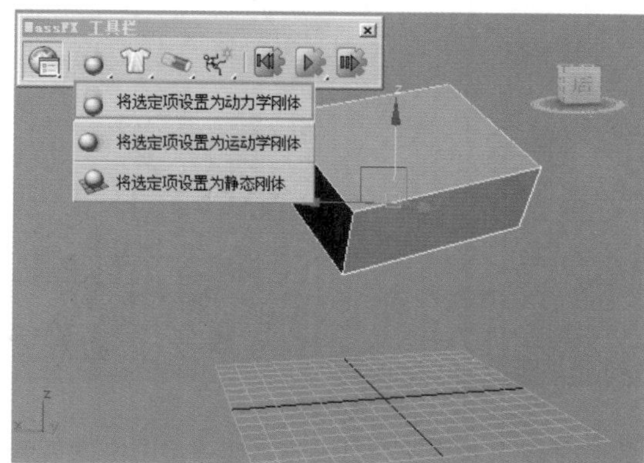

图15-7

步骤 03 开始模拟。单击【模拟】按钮，此时可以看到出现动画了，如图15-8所示。

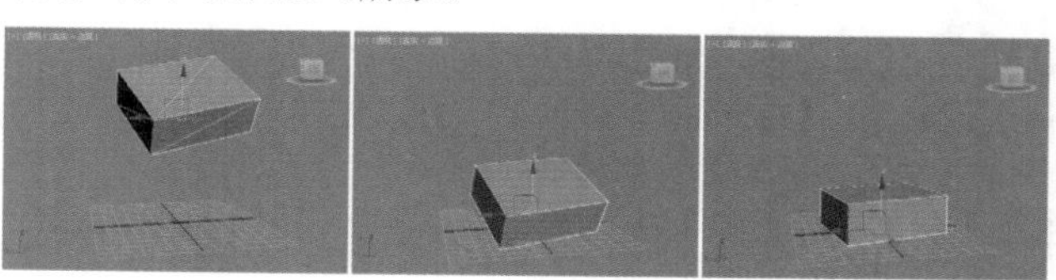

图15-8

步骤 04 生成动画。单击（MassFX工具）按钮，然后单击（模拟工具）按钮，再单击 烘焙所有 按钮，如图15-9所示。

步骤 05 制作完成，拖动时间线可以看到动画效果，如图15-10和图15-11所示。

图15-9

图15-10　　图15-11

15.2 MassFX（动力学）工具栏参数

扫一扫，看视频

在MassFX工具栏中可以模拟动力学刚体、运动学刚体、静态刚体、布料、约束、碎布玩偶等，如图15-12所示。

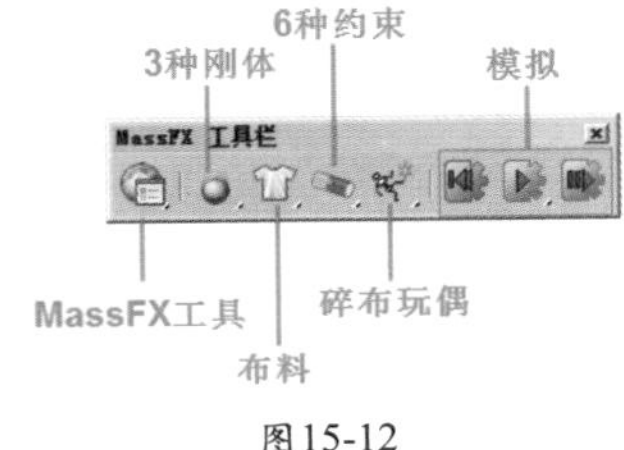

图15-12

重点 15.2.1 轻松动手学：将选定项设置为动力学刚体

扫一扫，看视频

文件路径：Chapter 15 动力学→轻松动手学：将选定项设置为动力学刚体

【将选定项设置为动力学刚体】可以模拟物体和物体之间的真实碰撞、自由下落等自然效果。

步骤 01 选择物体，如图15-13所示。

步骤 02 调出【MassFX工具栏】，并设置方式为【将选定项设置为动力学刚体】，如图15-14所示。

步骤 03 单击【模拟】按钮，可以看到模型下落动画已经出现了，如图15-15所示。

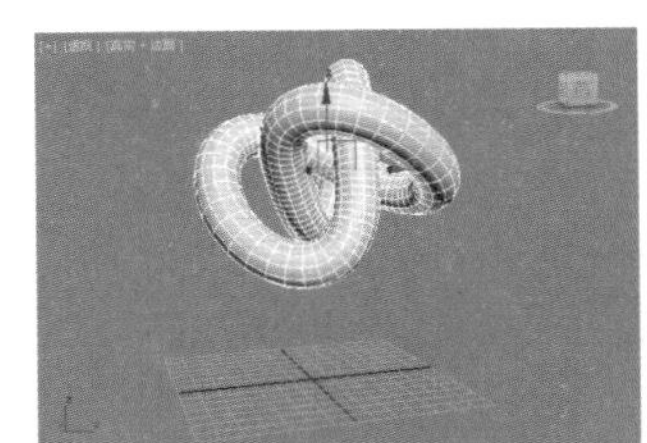

图15-13

图15-14

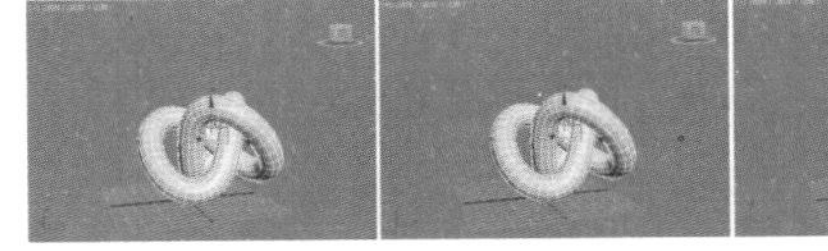

图15-15

实例：利用动力学刚体制作多米诺骨牌动画

扫一扫，看视频

文件路径：Chapter 15 动力学→实例：利用动力学刚体制作多米诺骨牌动画

可以为模型设置动力学刚体，使得模型受到第一个倾斜模型的重力作用，倒塌碰撞产生连锁动画反应。最终渲染效果如图15-16~图15-19所示。

图15-16

图15-17

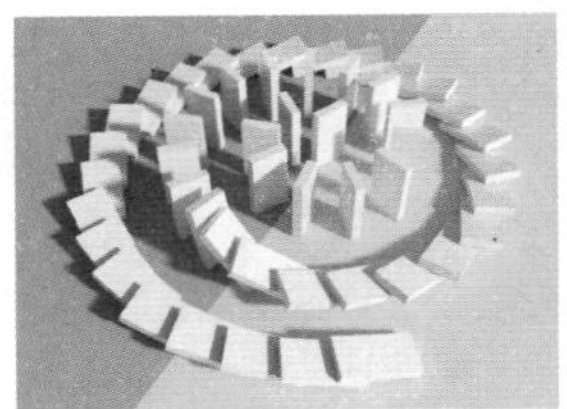

图15-18

图15-19

步骤 01 打开本书场景文件，如图15-20所示。

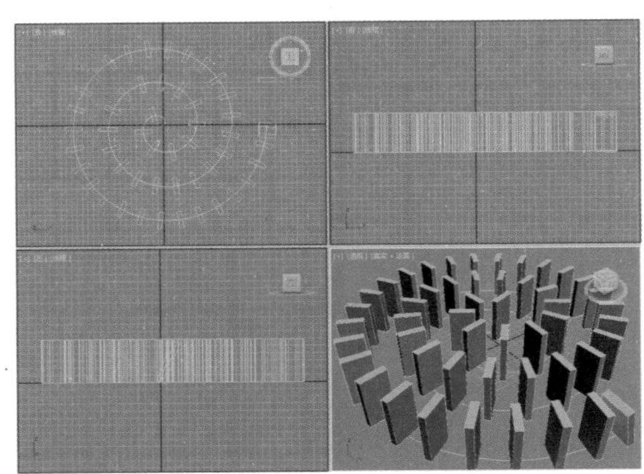

图15-20

步骤 02 在主工具栏的空白处右击，在弹出的快捷菜单中选择【MassFX 工具栏】命令，如图15-21所示。此时即可打开MassFX工具栏，如图15-22所示。

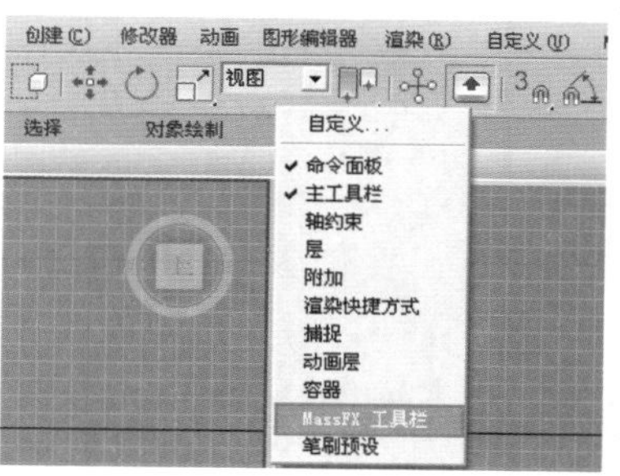
图15-21

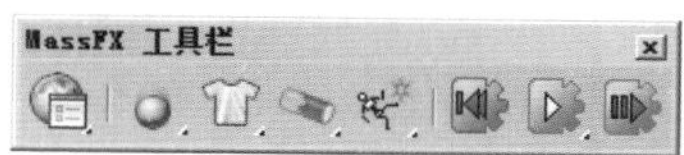
图15-22

步骤 03 选择所有的长方体模型，单击【将选定项设置为动力学刚体】按钮，如图15-23所示。

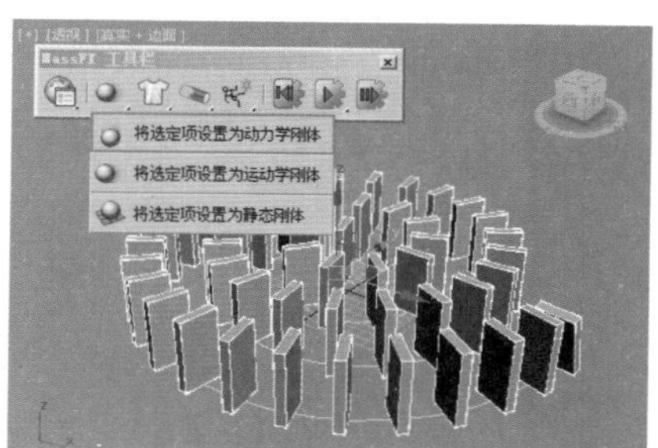
图15-23

步骤 04 单击【开始模拟】按钮，观察动画的效果，如图15-24~图15-27所示。

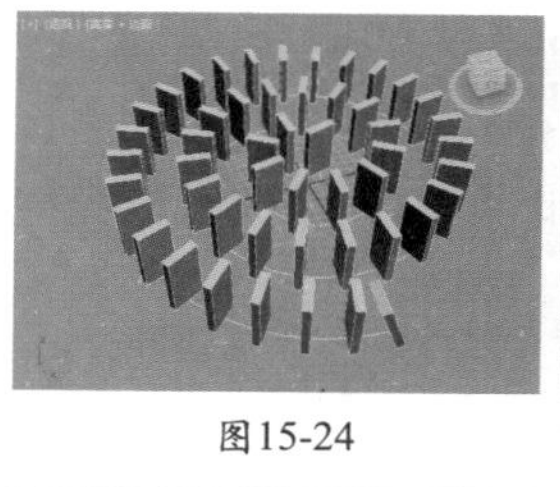
图15-24

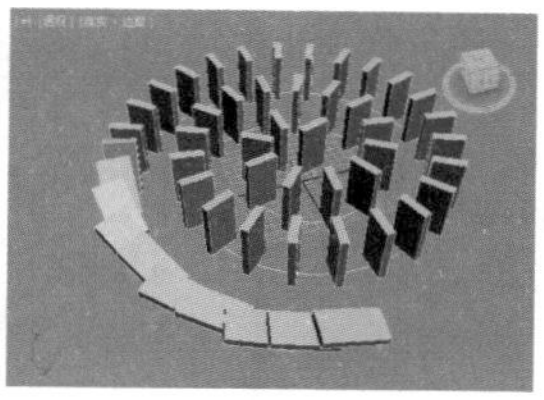

图15-25

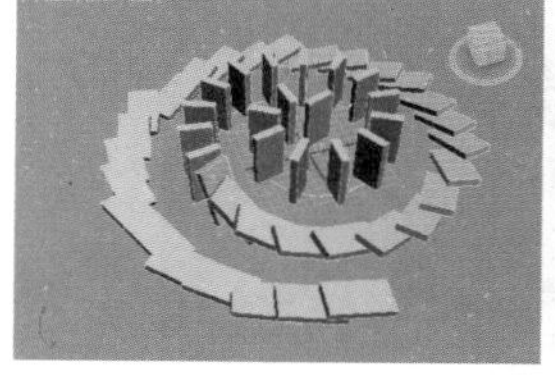
图15-26

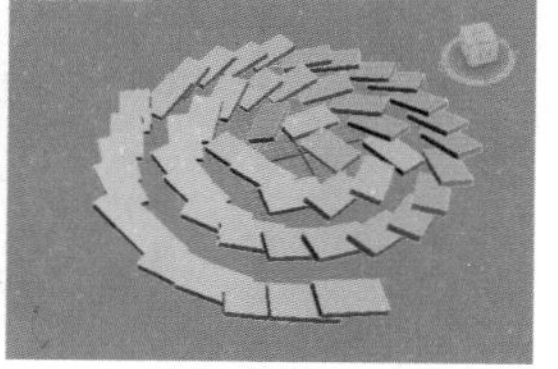
图15-27

步骤 05 单击3ds Max界面右下角的（时间配置）按钮，在弹出的【时间配置】对话框中设置【帧速率】为PAL，【结束时间】为500，单击【确定】按钮，如图15-28所示。

步骤 06 单击MassFX工具栏中的【MassFX工具】按钮，然后单击【模拟工具】按钮，接着单击【模拟烘焙】下的烘焙所有按钮，如图15-29所示。

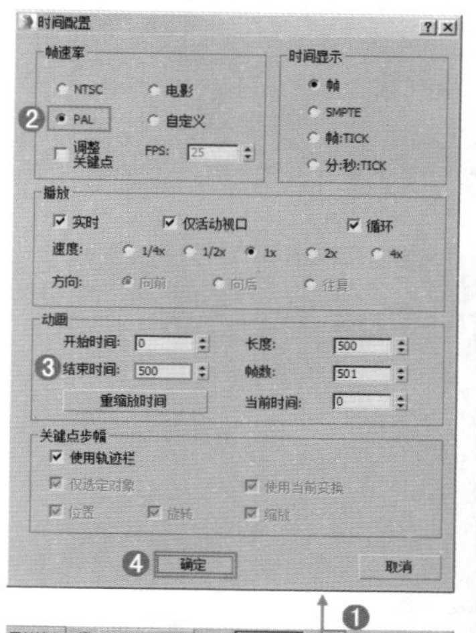
图15-28

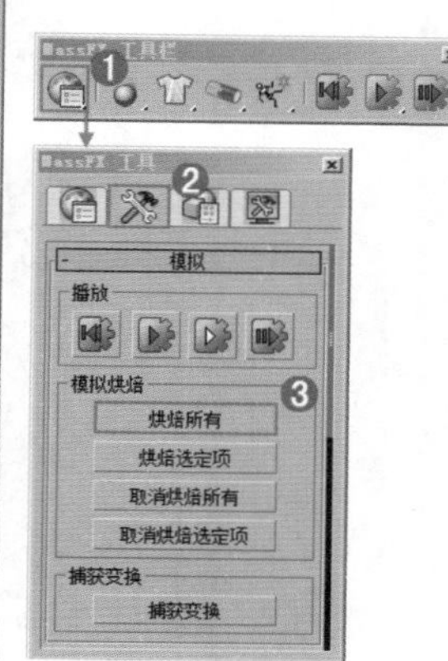
图15-29

步骤 07 等待一段时间，动画就烘焙到了时间线上，拖动时间线滑块可以看到动画的整个过程。最终效果如图15-30~图15-33所示。

图15-30

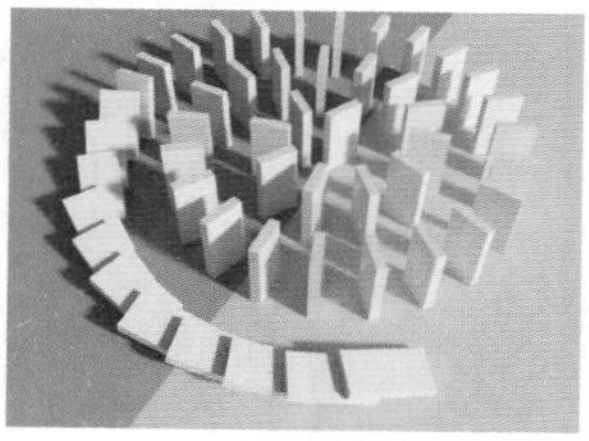

图15-31

图15-32

图15-33

实例：利用动力学刚体制作电视台LOGO动画

文件路径：Chapter 15 动力学→实例：利用动力学刚体制作电视台LOGO动画

动力学常用于电视栏目包装、LOGO演绎动画中，可以制作出动画后在后期软件中倒放，使其产生有趣的动画。最终渲染效果如图15-34~图15-37所示。

扫一扫，看视频

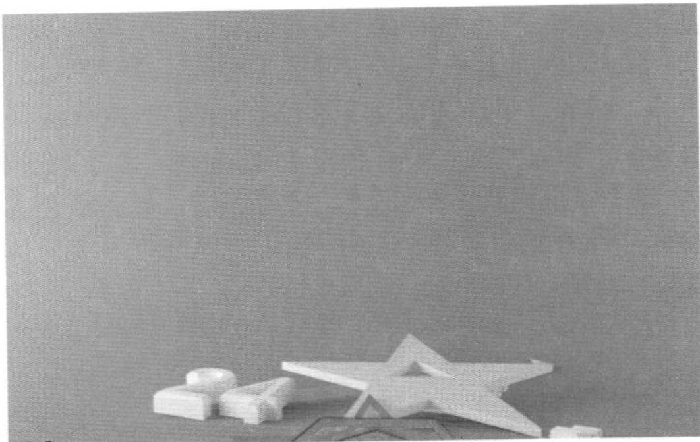

图15-34

图15-35

图15-36

图15-37

步骤 01 打开本书场景文件，如图15-38所示。

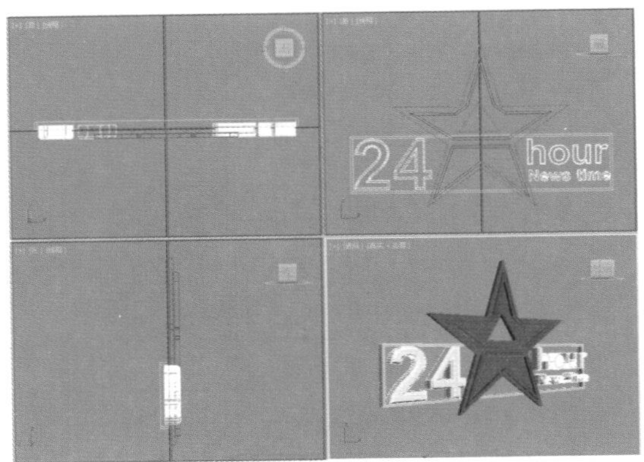

图15-38

步骤 02 在主工具栏的空白处右击，在弹出的快捷菜单中选择【MassFX 工具栏】命令，如图15-39所示。此时即可打开MassFX工具栏，如图15-40所示。

图15-39

图15-40

步骤 03 选择所有的模型，单击【将选定项设置为动力学刚体】按钮，如图15-41所示。

图15-41

步骤 04 单击【开始模拟】按钮，观察动画的效果，如图15-42~图15-45所示。

图15-42

图15-43

图15-44

图15-45

步骤 05 单击MassFX工具栏中的【MassFX工具】按钮，然后单击【模拟工具】按钮，接着单击【模拟烘焙】下的 烘焙所有 按钮，如图15-46所示。

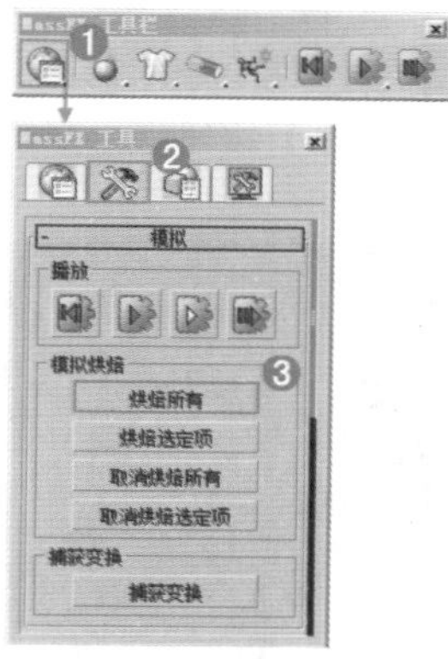

图15-46

步骤 06 等待一段时间，动画就烘焙到了时间线上，拖动时间线滑块可以看到动画的整个过程。最终效果如图15-47~图15-50所示（可以在后期软件中将动画倒放，就会产生标志从碎落一地到上升组合为完整LOGO的效果）。

图15-47

图15-48

图15-49

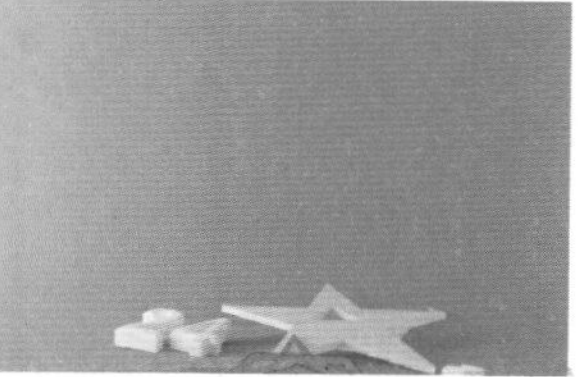

图15-50

实例：利用动力学刚体制作桔子落地动画

文件路径：Chapter 15 动力学→实例：利用动力学刚体制作桔子落地动画

扫一扫，看视频

动力学可以模拟真实的物体重力下落，因此可以模拟本例中桔子从树上掉落的动画。最终渲染效果如图15-51~图15-54所示。

图15-51

图15-52

图15-53

图15-54

步骤01 打开本书场景文件，如图15-55所示。

图15-55

步骤02 在主工具栏的空白处右击，在弹出的快捷菜单中选择【MassFX 工具栏】命令（如图15-56所示），弹出MassFX工具栏，如图15-57所示。

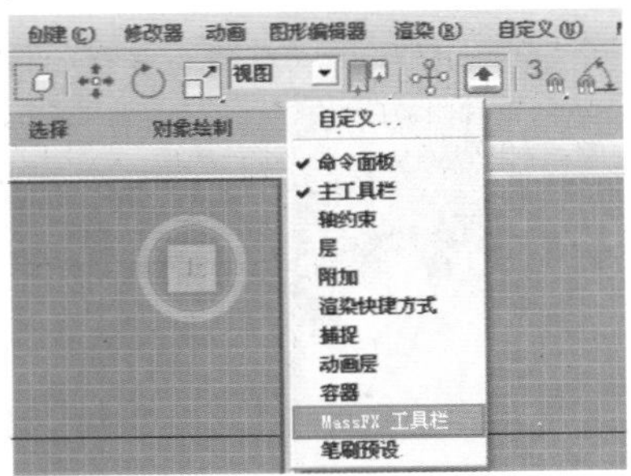

图15-56

图15-57

步骤03 选择7个桔子模型，如图15-58所示。单击【将选定项设置为动力学刚体】按钮，如图15-59所示。

图15-58

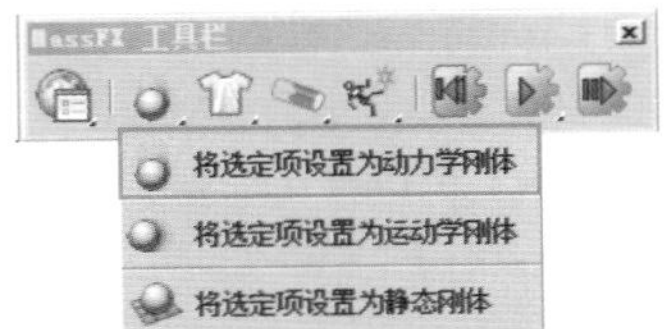

图15-59

步骤04 单击【开始模拟】按钮，观察动画的效果，如图15-60~图15-63所示。

图15-60

图15-61

图15-62

图15-63

步骤 05 单击MassFX工具栏中的【MassFX工具】按钮，然后单击【模拟工具】按钮，接着单击【模拟烘焙】下的 烘焙所有 按钮，如图15-64所示。

图15-64

步骤 06 等待一段时间，动画就烘焙到了时间线上，拖动时间线滑块可以看到动画的整个过程。最终渲染效果如图15-65~图15-68所示。

图15-65

图15-66

图15-67

图15-68

重点 15.2.2 轻松动手学：将选定项设置为运动学刚体

文件路径：Chapter 15 动力学→轻松动手学：将选定项设置为运动学刚体

【将选定项设置为运动学刚体】可以将带有动画的模型加入到动力学运算中。

步骤01 选择物体，如图15-69所示。

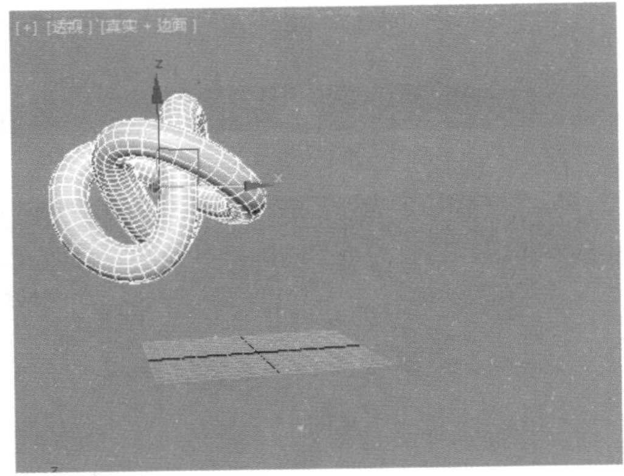

图15-69

步骤02 单击自动关键点按钮，并将时间线拖动到第20帧，然后将模型移动到右侧，如图15-70所示（注意：具体设置动画方法可以学习第18章）。

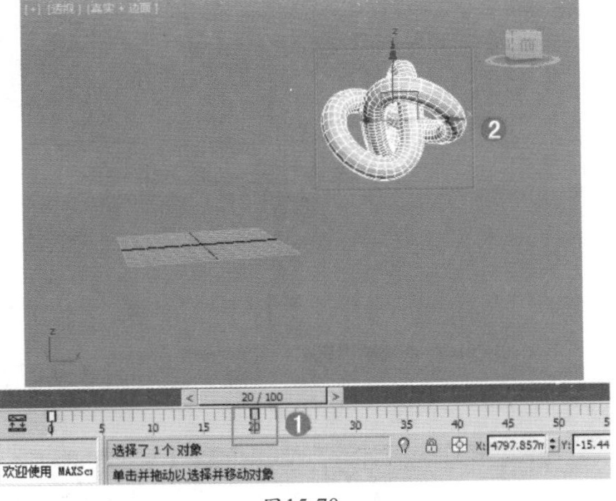

图15-70

步骤03 再次单击自动关键点按钮，此时动画已经制作完成，效果如图15-71所示。

图15-71

步骤04 调出MassFX工具栏，并设置方式为【将选定项设置为运动学刚体】，如图15-72所示。

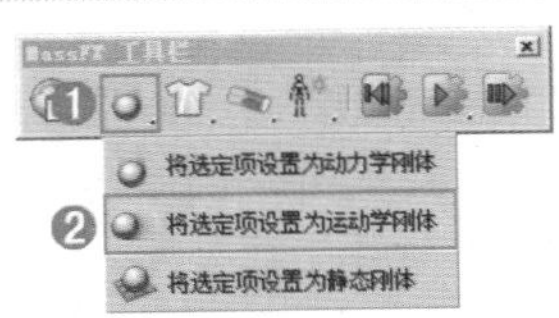

图15-72

步骤05 单击【模拟】按钮，可以看到模型的动画已经参与到了模拟的动力学中，但是没有自由落体，如图15-73所示。

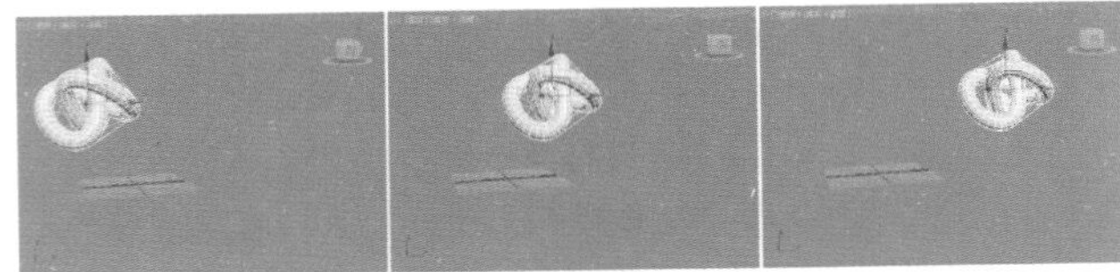

图15-73

步骤06 选择此时的模型，单击【修改】按钮，勾选【直到帧】并设置为15，如图15-74所示。

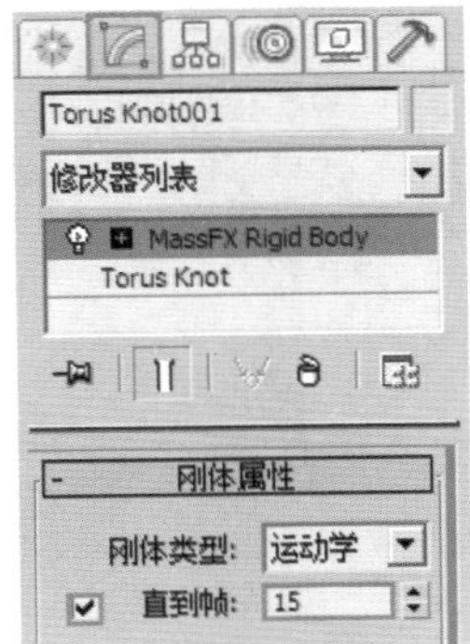

图15-74

步骤07 此时再次单击【模拟】按钮，可以看到物体向右移动，并进行了自由落体运动，如图15-75所示。

图15-75

提示：直到帧的重要性。

在为物体设置为运动学刚体时，需要将该物体勾选【直到帧】，并设置数值（该数值应该比该物体的动画末尾帧数值小，这样才会在物体停止之前就产生自由落体运动，更为真实）。若不勾选该选项，则物体在运动到动画末尾帧时就停止了，效果非常假。

实例：利用动力学刚体、运动学刚体制作巧克力球碰碎动画

文件路径：Chapter 15 动力学→实例：利用动力学刚体、运动学刚体制作巧克力球碰碎动画

扫一扫，看视频

动力学刚体和运动学刚体可以综合结合运用，从而制作运动的物体碰撞静止的物体，产生真实的碰撞动画。为了模拟碰碎的效果，需要提前把模型制作出碎裂的感觉。最终渲染效果如图15-76~图15-79所示。

图15-76

图15-77

图15-78

图15-79

步骤 01 打开本书场景文件，如图15-80所示。

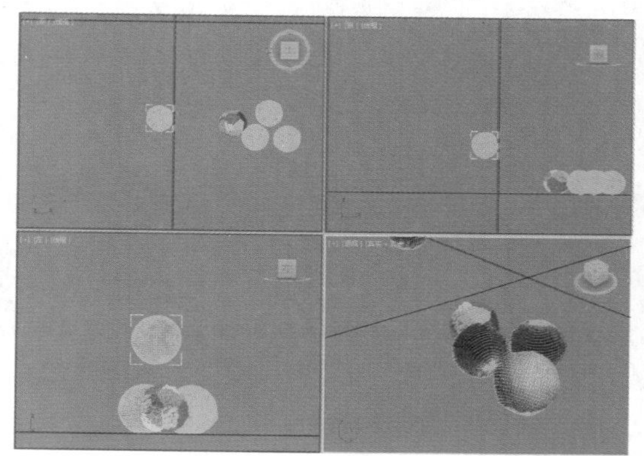

图15-80

步骤 02 在主工具栏的空白处右击，在弹出的快捷菜单中选择【MassFX 工具栏】命令（如图15-81所示），弹出MassFX工具栏，如图15-82所示。

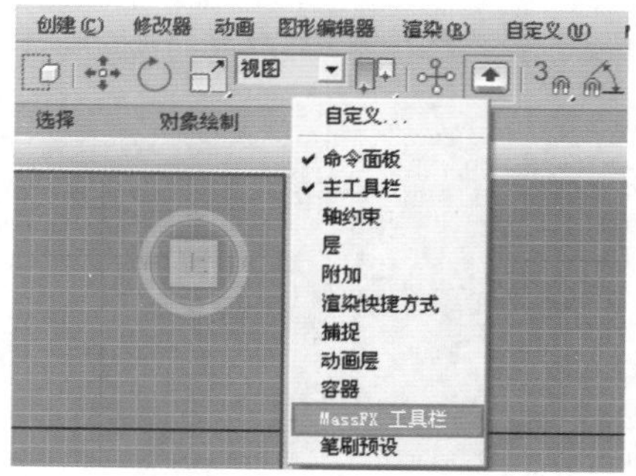

图15-81

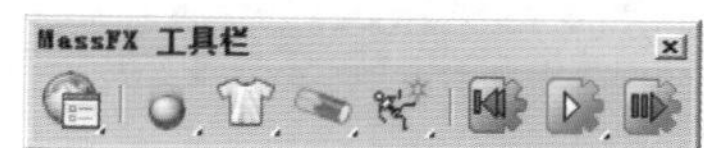

图15-82

步骤 03 选择上方的一个巧克力球，单击【将选定项设置为运动学刚体】按钮，如图15-83所示。

图15-83

步骤 04 开始制作动画。选择上方的一个巧克力球，将时间线拖动到第0帧，然后单击自动关键点按钮，如图15-84所示。

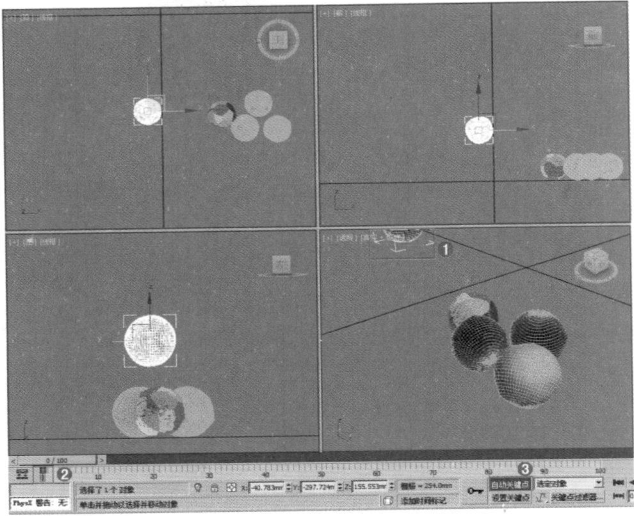

图15-84

步骤 05 将时间线拖动到第20帧，然后移动该巧克力球的位置，使其与另外一个巧克力球位置重合，如图15-85所示。

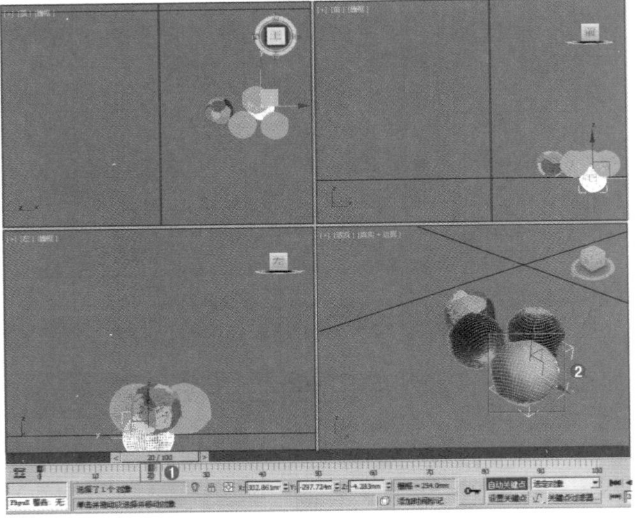

图15-85

步骤 06 再次单击自动关键点按钮，此时动画制作完成。选择一个巧克力球，单击MassFX工具栏中的【MassFX工具】按钮，然后单击【多对象编辑器】按钮，勾选【直到帧】并设置为12，如图15-86所示。

图15-86

步骤 07 接着选择下方其他的巧克力球，单击【将选定项设置为动力学刚体】按钮，如图15-87所示。单击MassFX工具栏中的【MassFX工具】按钮，然后单击【多对象编辑器】按钮，勾选【在睡眠模式中启动】，如图15-88所示。

图15-87

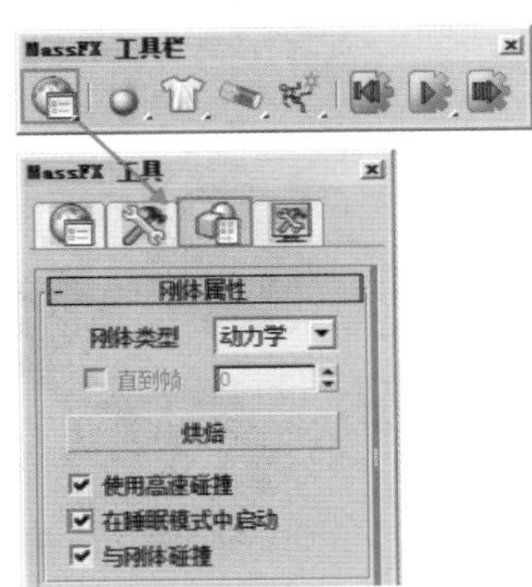

图15-88

步骤 08 单击【开始模拟】按钮，观察动画的效果，如图15-89~图15-92所示。

图15-89　　图15-90

图15-91

图15-92

步骤 09 单击MassFX工具栏中的【MassFX工具】按钮，然后单击【模拟工具】按钮，接着单击【模拟烘焙】下的 烘焙所有 按钮，如图15-93所示。

图15-93

步骤 10 等待一段时间，动画就烘焙到了时间线上，拖动时间线滑块可以看到动画的整个过程。最终效果如图15-94~图15-97所示。

图15-94

图15-95

图15-96

图15-97

读书笔记

实例：利用运动学刚体、静态刚体制作苹果动画

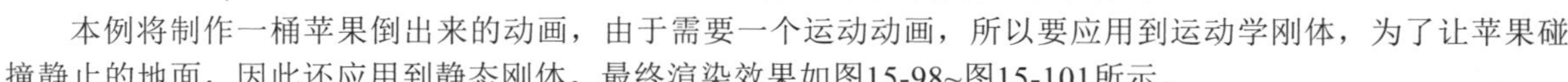

文件路径：Chapter 15 动力学→实例：利用运动学刚体、静态刚体制作苹果动画

扫一扫，看视频

本例将制作一桶苹果倒出来的动画，由于需要一个运动动画，所以要应用到运动学刚体，为了让苹果碰撞静止的地面，因此还应用到静态刚体。最终渲染效果如图15-98~图15-101所示。

图15-98

图15-99

图15-100

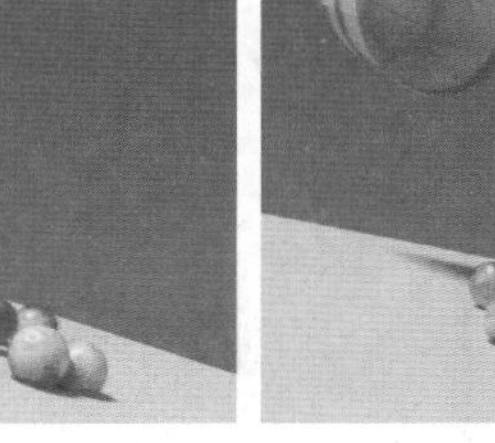

图15-101

步骤 01 打开本书场景文件，如图15-102所示。

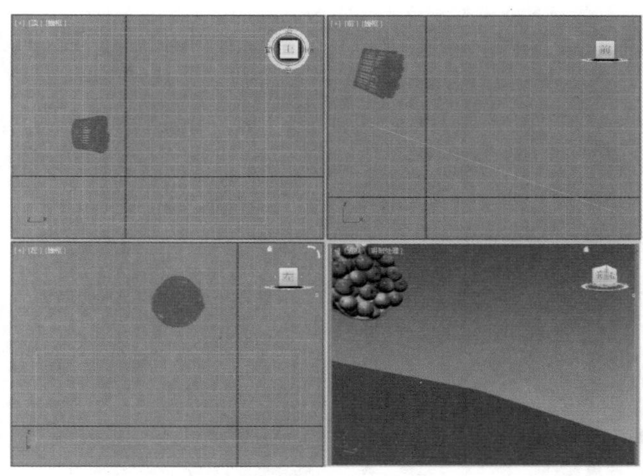

图15-102

步骤 02 在主工具栏的空白处右击，在弹出的快捷菜单中选择【MassFX 工具栏】命令（如图15-103所示），弹出MassFX工具栏，如图15-104所示。

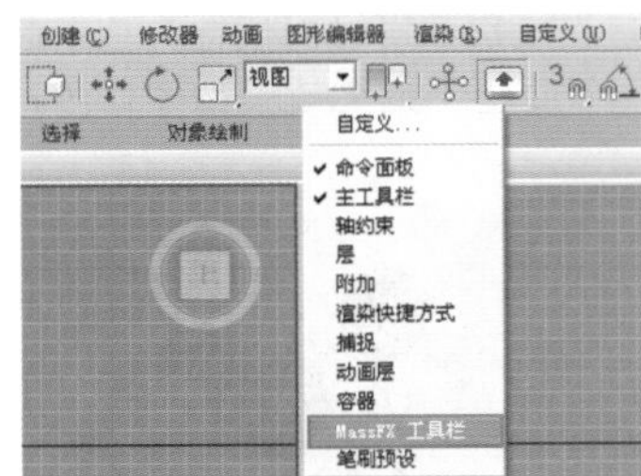

图15-103

图15-104

步骤 03 选择地面模型，单击【将选定项设置为静态刚体】按钮，如图15-105所示。

图15-105

步骤 04 开始制作动画。选择苹果模型和木桶模型，将时间线拖动到第0帧，然后单击自动关键点按钮，如图15-106所示。

步骤 05 将时间线拖动到第10帧，然后移动苹果模型和木桶模型的位置，如图15-107所示。

步骤 06 再次单击自动关键点按钮，此时动画制作完成。选择苹果模型和木桶模型，单击【将选定项设置为运动学刚体】按钮，如图15-108所示。

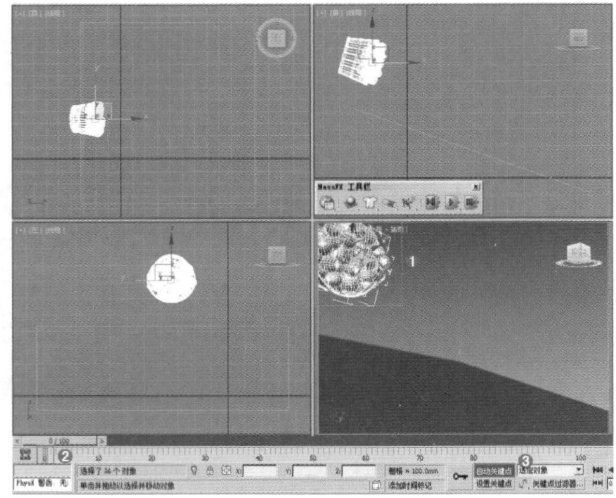

图15-106

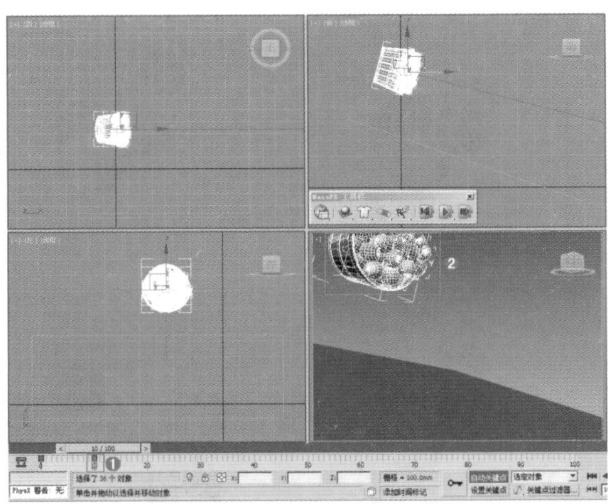

图15-107

图15-108

步骤 07 此时只选择所有的苹果模型，如图15-109所示。

步骤 08 单击MassFX工具栏中的【MassFX工具】按钮，然后单击【多对象编辑器】按钮，接着勾选【直到帧】并设置为10，如图15-110所示。

步骤 09 单击【开始模拟】按钮，观察动画的效果，如图15-111~图15-114所示。

图15-109

图15-110

图15-111

图15-112

图15-113

图15-114

步骤 10 单击MassFX工具栏中的【MassFX工具】按钮，然后单击【模拟工具】按钮，接着单击【模拟烘焙】下的 烘焙所有 按钮，如图15-115所示。

图15-115

步骤 11 等待一段时间，动画就烘焙到了时间线上，拖动时间线滑块可以看到动画的整个过程。最终效果如图15-116~图15-119所示。

图15-116　图15-117

图15-118

图15-119

重点 15.2.3 轻松动手学：将选定项设置为静态刚体

文件路径：Chapter 15 动力学→轻松动手学：将选定项设置为静态刚体

【将选定项设置为静态刚体】可以模拟物体的静止。

步骤 01 选择长方体，如图15-120所示。

步骤 02 调出MassFX工具栏，并设置方式为【将选定项设置为动力学刚体】，如图15-121所示。

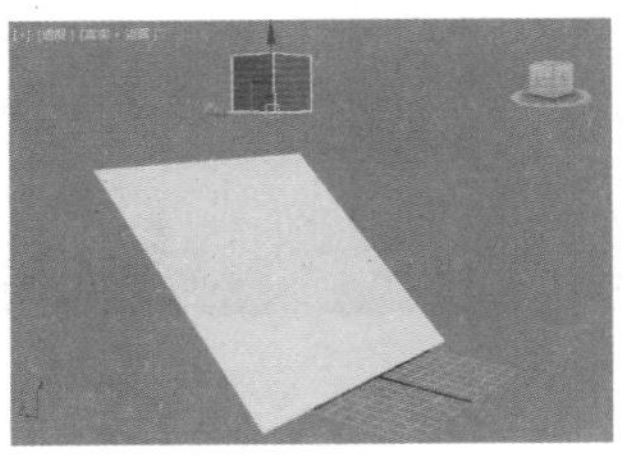

图15-120

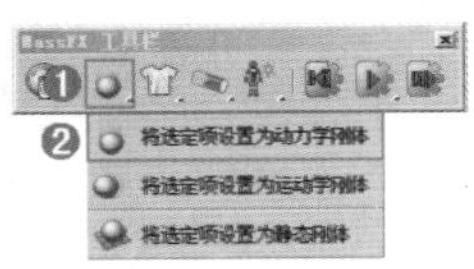

图15-121

步骤 03 选择平面，如图15-122所示。

步骤 04 调出MassFX工具栏，并设置方式为【将选定项设置为静态刚体】，如图15-123所示。

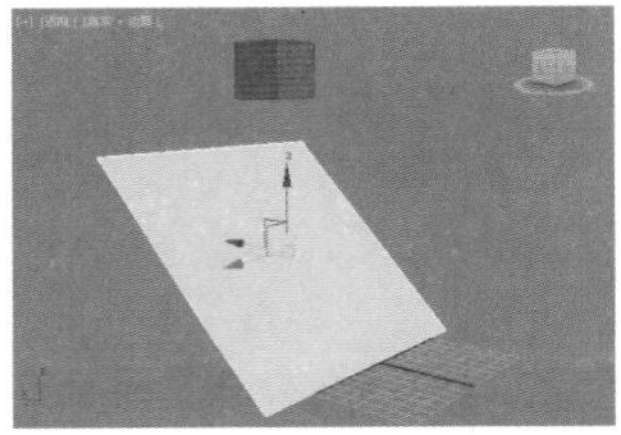

图15-122

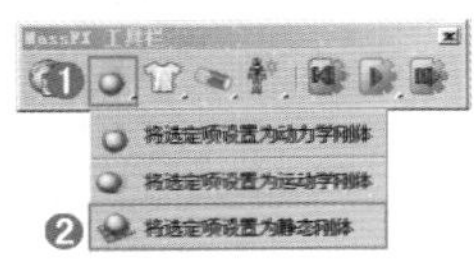

图15-123

步骤 05 单击【模拟】按钮，可以看到长方体已经下落，而平面则静止不动，效果如图15-124所示。

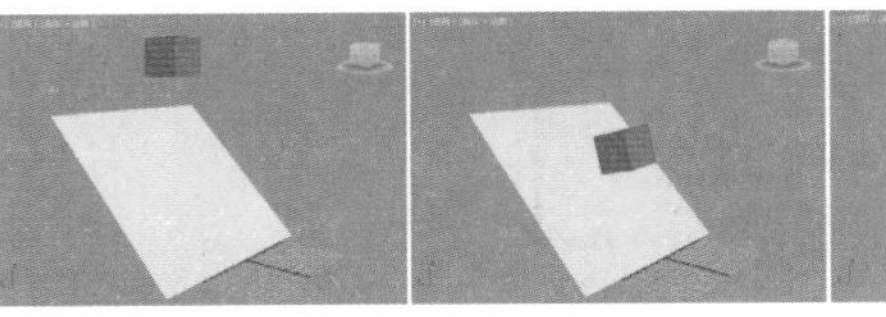

图15-124

提示：动力学中场景的栅格就是"地面"。

如果在刚才没有创建平面模型，那么长方体模型会直接落到场景的栅格上，如图 15-125 所示。并且即使在刚才创建了倾斜的平面模型，最终长方体也滑落到了场景的栅格上。因此可以理解为动力学中场景的栅格就是"地面"。

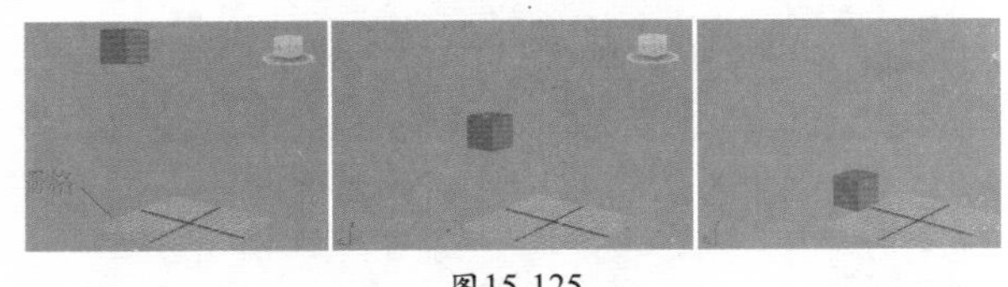

图15-125

实例：利用动力学刚体、静态刚体制作滑梯动画

扫一扫，看视频

文件路径：Chapter 15 动力学→实例：利用动力学刚体、静态刚体制作滑梯动画

本例讲解球体沿滑梯运动，需要特别注意的是为了让小球能够在轨道中运动，所以要将滑梯模型，设置【图形类型】为【原始的】，否则小球将无法进入轨道。最终渲染效果如图15-126~图15-129所示。

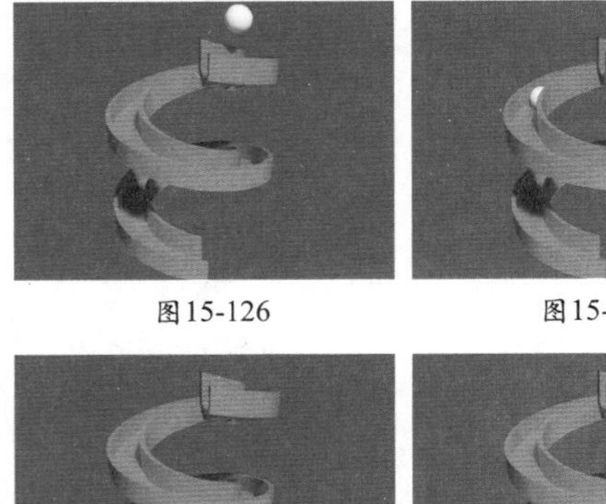

图15-126　图15-127

图15-128　图15-129

步骤 01 打开本书场景文件，如图15-130所示。

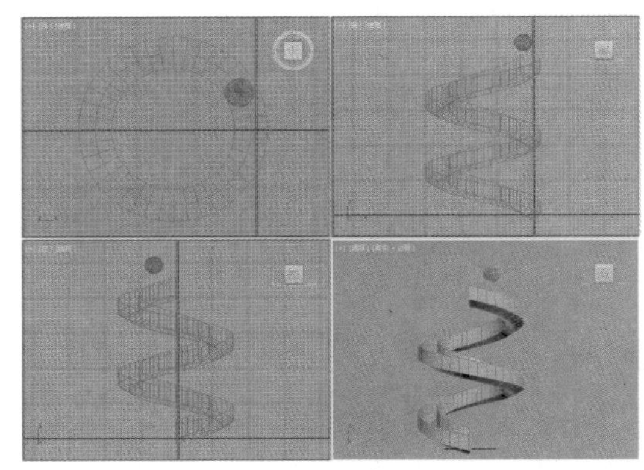

图15-130

步骤 02 在主工具栏的空白处右击，在弹出的快捷菜单中选择【MassFX 工具栏】命令（如图15-131所示），弹出MassFX工具栏，如图15-132所示。

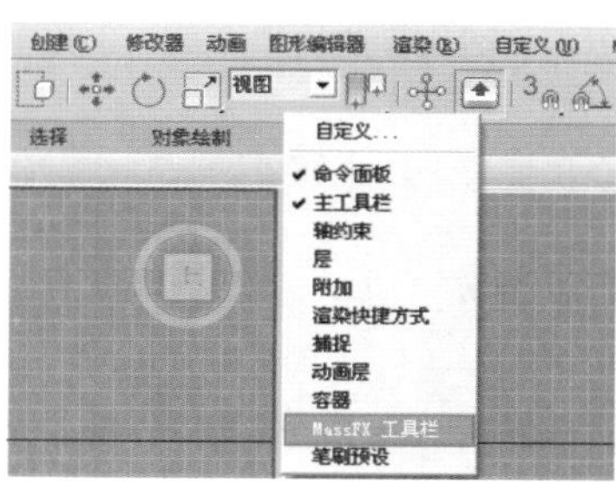

图15-131

图15-132

步骤 03 选择球体模型，单击【将选定项设置为动力学刚体】按钮，如图15-133所示。

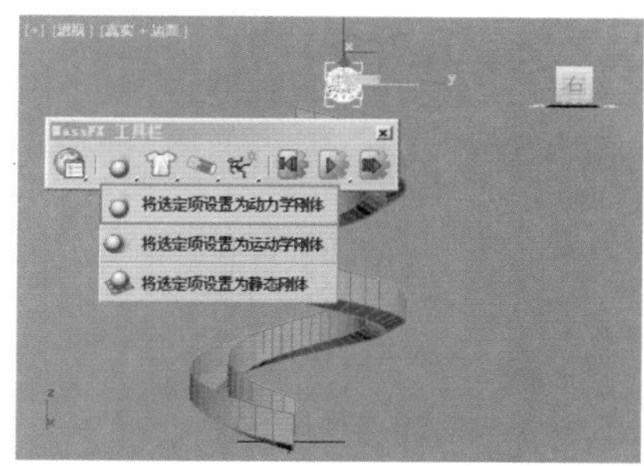

图15-133

步骤 04 选择滑梯模型，单击【将选定项设置为静态刚体】按钮，如图15-134所示。

步骤 05 选择滑梯模型，单击【修改】按钮，设置【图形类型】为【原始的】，如图 15-135 所示。

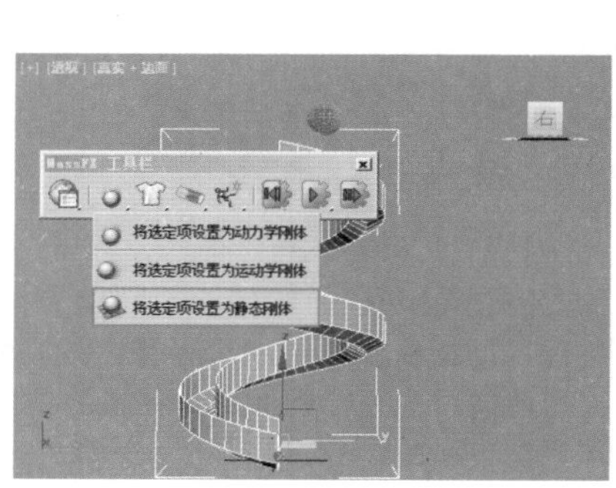

图15-134

图15-135

步骤 06 单击【开始模拟】按钮，观察动画的效果，如图15-136~图15-139所示。

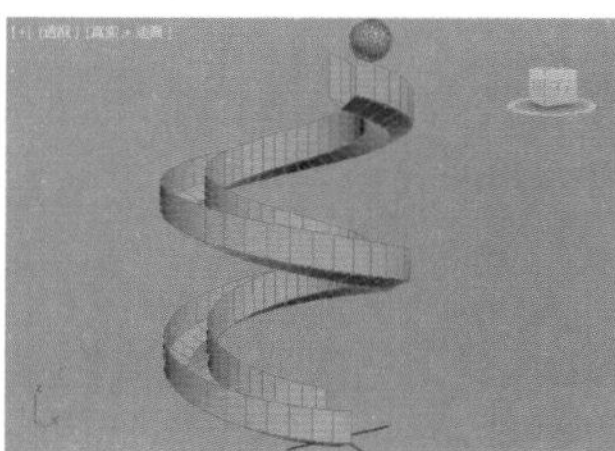

图15-136

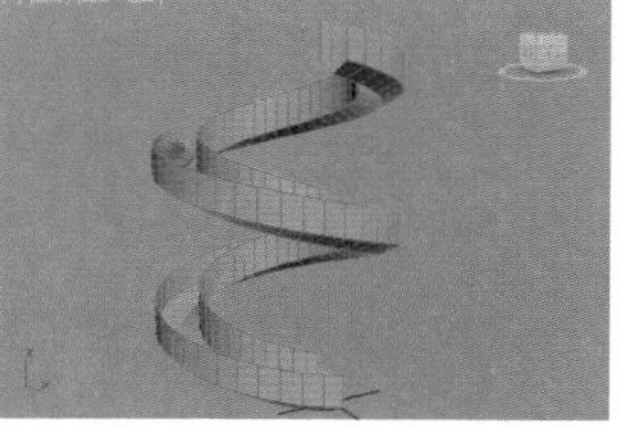

图15-137

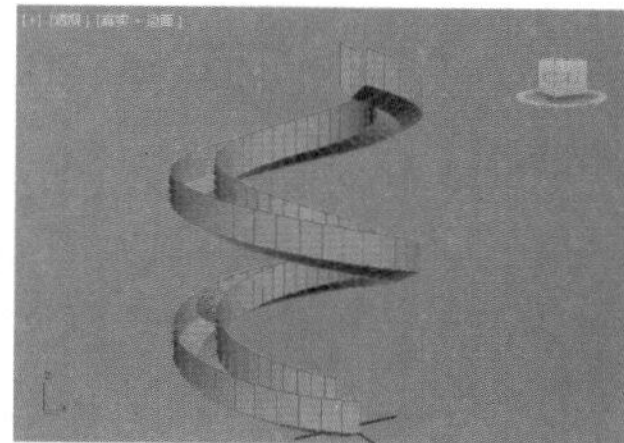

图15-138

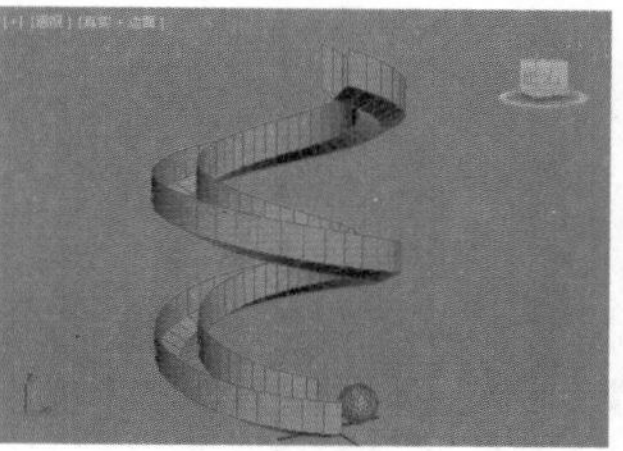

图15-139

步骤 07 单击 MassFX 工具栏中的【MassFX 工具】按钮，然后单击【模拟工具】按钮，接着单击【模拟烘焙】下的 烘焙所有 按钮，如图 15-140 所示。

步骤 08 等待一段时间，动画就烘焙到了时间线上，拖动时间线滑块可以看到动画的整个过程。最终效果如图15-141~图15-144所示。

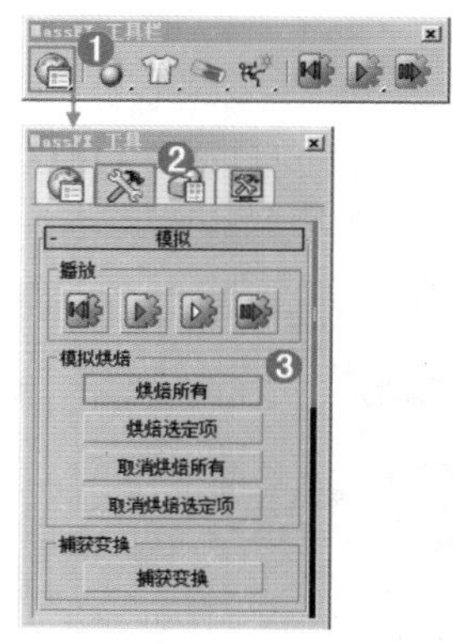

图15-140

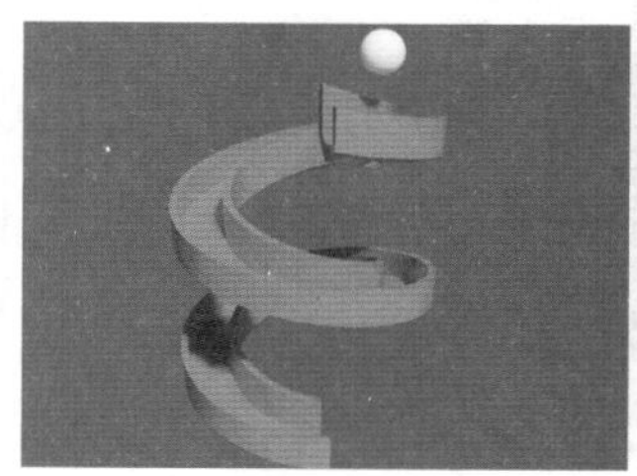

图15-141

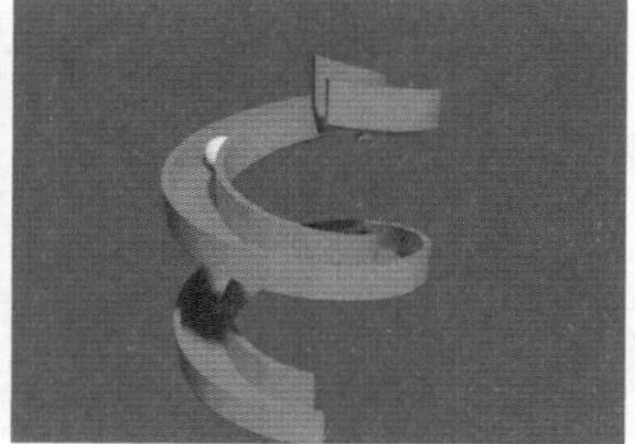

图15-142

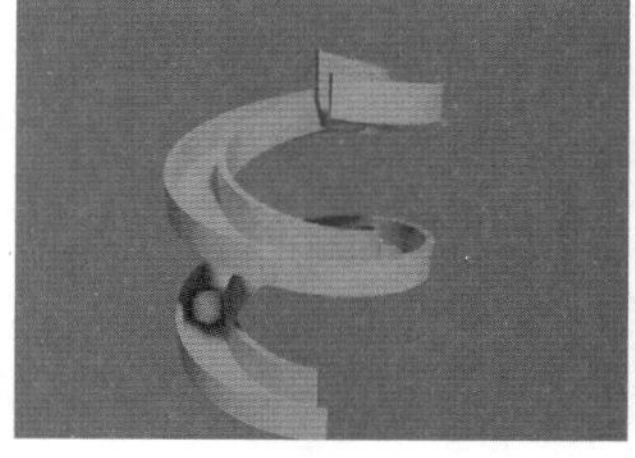

图15-143

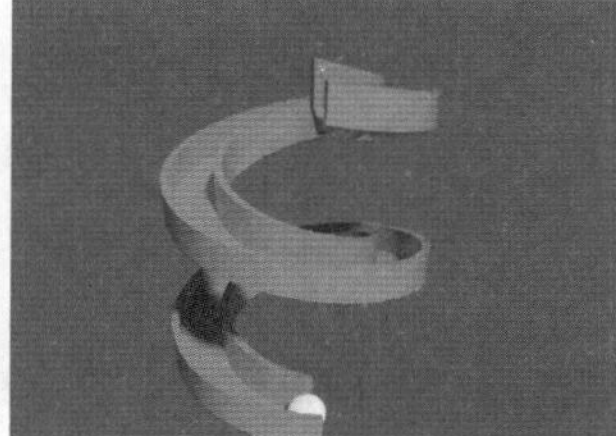

图15-144

15.2.4 MassFX 工具

单击【MassFX 工具】按钮，调出其参数面板，如图15-145所示。

第15章 动力学

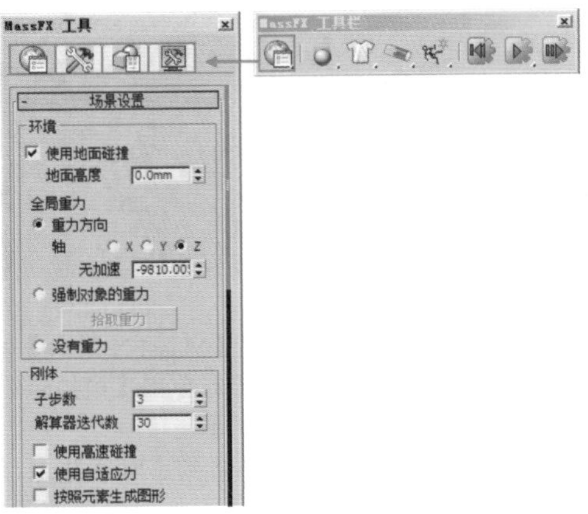

图15-145

1.世界参数

【世界参数】面板包含 3 个卷展栏，分别是【场景设置】【高级设置】和【引擎】，可以设置【环境】【刚体】【睡眠设置】【选项】等参数，如图 15-146 所示。

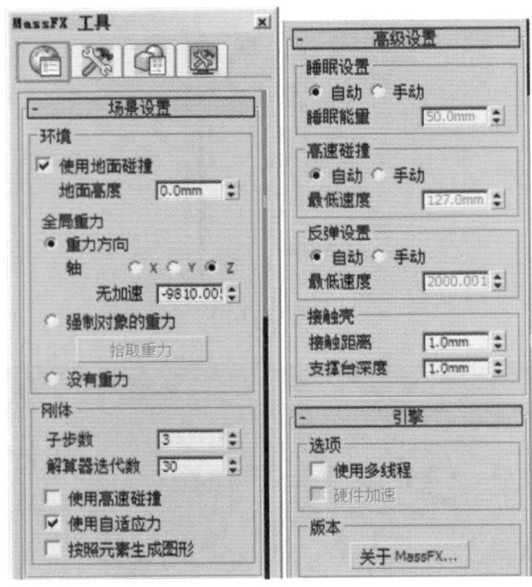

图15-146

（1）场景设置

- 使用地平面碰撞：启用此选项，MassFX 将使用（不可见）无限静态刚体（即 Z=0）。
- 地面高度：启用【使用地面碰撞】时地面刚体的高度。
- 全局重力：应用 MassFX 中的内置重力。
- 轴：应用重力的全局轴。对于标准上/下重力，将【方向】设置为 Z；这是默认设置。
- 无加速：以单位/平方秒为单位指定的重力。
- 强制对象的重力：可以使用重力空间扭曲将重力应用于刚体。
- 拾取重力：使用【拾取重力】按钮将其指定为在模拟中使用。
- 没有重力：选择时，重力不会影响模拟。
- 子步数：每个图形更新之间执行的模拟步数，由以下公式确定：(子步数 + 1) × 帧速率。
- 解算器迭代次数：全局设置，约束解算器强制执行碰撞和约束的次数。
- 使用高速碰撞：全局设置，用于切换连续的碰撞检测。
- 使用自适应力：该选项默认情况下是勾选的，控制是否使用自适应力。
- 按照元素生成图形：该选项控制是否按照元素生成图形。

（2）高级设置

- 睡眠设置：在模拟中移动速度低于某个速率的刚体将自动进入【睡眠】模式，从而使 MassFX 关注其他活动对象，提高了性能。
  - 睡眠能量：【睡眠】机制测量对象的移动量，并在其运动低于【睡眠能量】阈值时将对象置于睡眠模式。
- 高速碰撞：当启用【使用高速碰撞】时，这些设置确定了MassFX计算此类碰撞的方法。
  - 最低速度：当选择【手动】时，在模拟中移动速度低于此速度的刚体将自动进入【睡眠】模式。
- 反弹设置：选择用于确定刚体何时相互反弹的方法。
  - 最低速度：模拟中移动速度高于此速度的刚体将相互反弹，这是碰撞的一部分。
- 接触壳：使用这些设置确定周围的体积，其中 MassFX 在模拟的实体之间检测到碰撞。
  - 接触距离：允许移动刚体重叠的距离。
  - 支撑台深度：允许支撑体重叠的距离。

（3）引擎

- 使用多线程：启用时，如果CPU具有多个内核，CPU 可以执行多线程，以加快模拟的计算速度。在某些条件下可以提高性能；但是，连续进行模拟的结果可能会不同。
- 硬件加速：启用时，如果您的系统配备了Nvidia GPU，即可使用硬件加速来执行某些计算。在某些条件下可以提高性能；但是，连续进行模拟的结果可能会不同。
- 关于 MassFX：将打开一个小对话框，其中显示 MassFX 的基本信息，包括 PhysX 版本。

2.模拟工具

【模拟工具】面板包含 3 个卷展栏，分别是【模拟】【模拟设置】【实用程序】，可以在此将动画烘焙到时间线上，如图 15-147 所示。

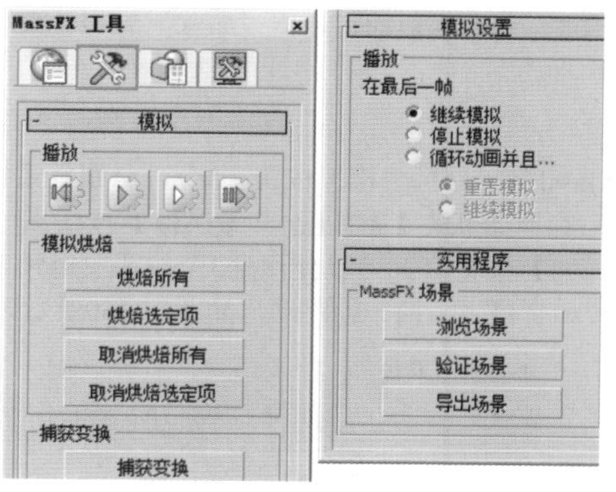

图15-147

(1) 模拟

- (重置模拟):停止模拟,将时间滑块移动到第一帧,并将任意动力学刚体设置为其初始变换。
- (开始模拟):从当前帧运行模拟。时间滑块为每个模拟步长前进一帧,从而导致运动学刚体作为模拟的一部分进行移动。如果模拟正在运行(如高亮显示的按钮所示),单击【播放】可以暂停模拟。
- (开始无动画的模拟):与【开始模拟】类似(前面所述),只是模拟运行时时间滑块不会前进。
- (步长模拟):运行一个帧的模拟并使时间滑块前进相同量。
- 烘焙所有:将所有动力学刚体的变换存储为动画关键帧时重置模拟,然后运行它。
- 烘焙选定项:与【烘焙所有】类似,只是烘焙仅应用于选定的动力学刚体。
- 取消烘焙所有:删除烘焙时设置为运动学的所有刚体的关键帧,从而将这些刚体恢复为动力学刚体。
- 取消烘焙选定项:与【取消烘焙所有】类似,只是取消烘焙仅应用于选定的适用刚体。
- 捕获变换:将每个选定的动力学刚体的初始变换设置为其变换。

(2) 模拟设置

- 在最后一帧:选择当动画进行到最后一帧时,是否继续进行模拟,如果继续,如何进行模拟。
  - 继续模拟:即使时间滑块达到最后一帧,也继续运行模拟。
  - 停止模拟:当时间滑块达到最后一帧时,停止模拟。
  - 循环动画并且...:选择此选项,将在时间滑块达到最后一帧时重复播放动画。

(3) 实用程序

- 浏览场景:打开【MassFX 资源管理器】对话框。
- 验证场景:确保各种场景元素不违反模拟要求。
- 导出场景:使模拟可用于其他程序。

3.多对象编辑器

【多对象编辑器】面板包含 7 个卷展栏,分别是【刚体属性】【物理材质】【物理材质属性】【物理网格】【物理网格参数】【力】【高级】,可以设置【密度】【质量】等参数,如图 15-148 所示。

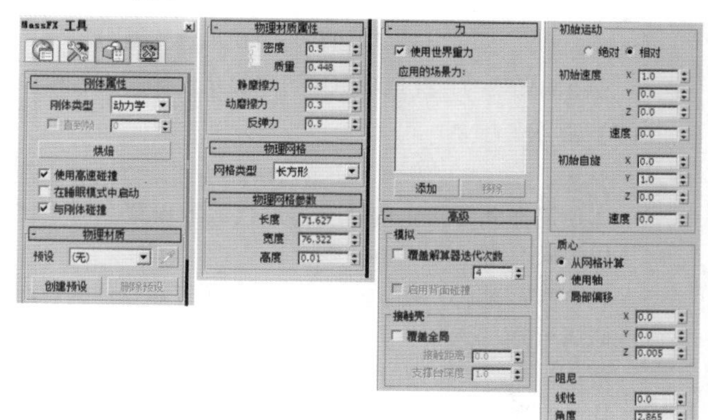

图15-148

(1) 刚体属性

- 刚体类型:所有选定刚体的模拟类型。可用的选择有动力学、运动学和静态。
- 直到帧:如果启用此选项,MassFX会在指定帧处将选定的运动学刚体转换为动态刚体。
- 烘焙:将未烘焙的选定刚体的模拟运动转换为标准动画关键帧。
- 使用高速碰撞:如果启用此选项,【高速碰撞】设置将应用于选定刚体。
- 在睡眠模式中启动:如果启用此选项,选定刚体将使用全局睡眠设置以睡眠模式开始模拟。
- 与刚体碰撞:如果启用(默认设置)此选项,选定的刚体将与场景中的其他刚体发生碰撞。

(2) 物理材质

- 预设:从列表中选择预设材质类型。
- 创建预设:基于当前值创建新的物理材质预设。
- 删除预设:从列表中移除当前预设并将列表设置为【(无)】。

(3) 物理材质属性

- 密度/质量:刚体的密度/质量。
- 静摩擦力/动摩擦力:两个刚体开始互相滑动的静摩擦力/动摩擦力。
- 反弹力:对象撞击到其他刚体时反弹的轻松程度和高度。

（4）物理网格

- 网格类型：选择刚体物理网格的类型。可用类型有【球体】【长方形】【胶囊】【凸面】【合成】和【自定义】。

（5）物理网格参数

- 长度/宽度/高度：控制物理网格的长度/宽度/高度。

（6）力

- 使用世界重力：该选项控制是否使用世界重力。
- 应用的场景力：此选项框中可以显示添加的力名称。

（7）高级

- 覆盖解算器迭代次数：如果启用此选项，将为选定刚体使用在此处指定的解算器迭代次数设置，而不使用全局设置。
- 启用背面碰撞：该选项用来控制是否开启物体的背面碰撞运算。
- 覆盖全局：该选项用来控制是否覆盖全局效果，包括接触距离、支撑台深度。
- 绝对/相对：此设置只适用于刚开始时为运动学类型之后在指定帧处切换为动态类型的刚体。
- 初始速度/自旋：刚体在变为动态类型时的速度/自旋。
- 线性/角度：为减慢移动/旋转对象的速度所施加的力大小。

4.显示选项

【显示选项】面板包含两个卷展栏，分别是【刚体】和【MassFX可视化工具】，可以设置是否显示网格、局部轴等效果，如图15-149所示。

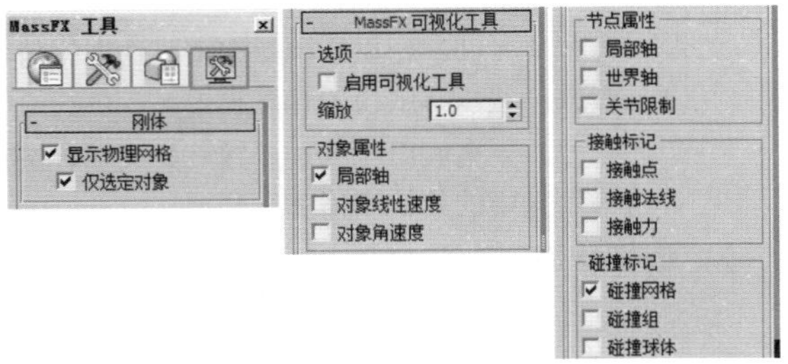

图15-149

（1）刚体

- 显示物理网格：启用时，物理网格显示在视口中，可以使用【仅选定对象】开关。
- 仅选定对象：启用时，仅选定对象的物理网格显示在视口中。

（2）MassFX可视化工具

- 启用可视化工具：启用时，此卷展栏上的其余设置生效。
- 缩放：基于视口的指示器（如轴）的相对大小。

15.2.5 模拟

在MassFX工具栏中模拟按钮有3个，分别是【将模拟实体重置为其原始状态】按钮、【模拟】按钮、【将模拟前进一帧】按钮。可以使用这3个按钮快速跳转到第一帧、播放和暂停、一帧一帧跳动，如图15-150所示。

图15-150

步骤 01 在为模型设置相应的刚体类型之后，可以进行模拟。单击【模拟】按钮，可以看到出现了物体的完整动画效果，如图15-151所示。

图15-151

步骤 02 单击【将模拟实体重置为其原始状态】按钮，此时自动跳转到了最初状态，如图15-152所示。

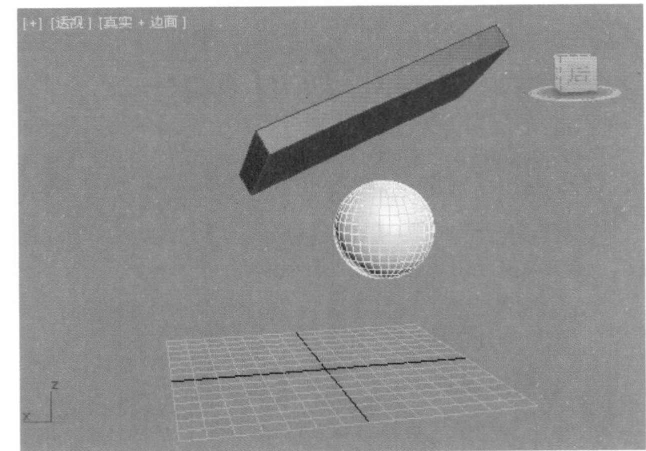

图15-152

步骤 03 多次单击【将模拟前进一帧】按钮，会一帧一帧地向后跳转，如图15-153所示。

图15-153

重点 15.2.6 轻松动手学：将选定对象设置为mCloth对象

文件路径：Chapter 15 动力学→轻松动手学：将选定对象设置为mCloth对象

mCloth 是3ds Max中的布料动力学，可以使用该功能让布料与模型之间产生真实的作用。例如，布料盖到物体上、布料悬挂、布料随风飘动等。

可将模型设置为mCloth对象，如图15-154所示。参数面板如图15-155所示。

图15-154

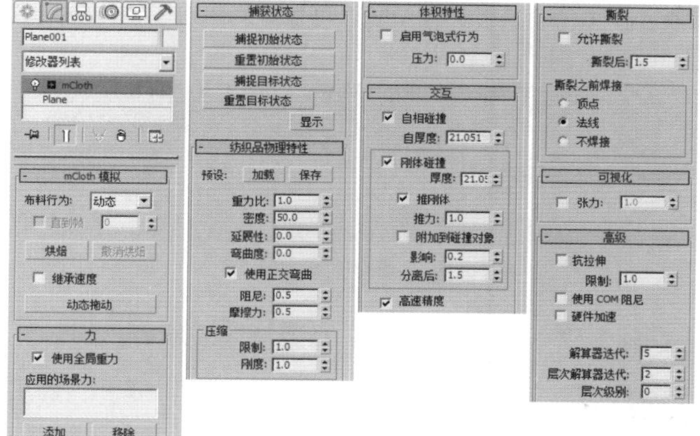

图15-155

- 布料行为：选择 mCloth 对象如何参与模拟。
- 直到帧：启用后，MassFX 会在指定帧处将选定的运动学 Cloth 转换为动力学 Cloth。
- 烘焙/撤销烘焙：烘焙可以将 mCloth 对象的模拟运动转换为标准动画关键帧以进行渲染。
- 继承速度：启用后，mCloth 对象可通过使用动画从堆栈中的 mCloth 对象下面开始模拟。
- 动态拖动：不使用动画即可模拟，且允许拖动 Cloth 以设置其姿势或测试行为。
- 使用全局重力：启用后，mCloth 对象将使用 MassFX 全局重力设置。
- 应用的场景力：列出场景中影响模拟中此对象的力空间扭曲。使用【添加】将空间扭曲应用于对象。
- 添加/移除：添加/移除场景中的力和空间扭曲。
- 捕捉初始状态：将所选 mCloth 对象缓存的第一帧更新到当前位置。
- 重置初始状态：将所选 mCloth 对象的状态还原为应用修改器堆栈中的 mCloth 之前的状态。
- 捕捉目标状态：抓取 mCloth 对象的当前变形，并使用该网格来定义三角形之间的目标弯曲角度。
- 重置目标状态：将默认弯曲角度重置为堆栈中 mCloth 下面的网格。
- 加载：单击可以加载布料预设。
- 保存：单击可以保存材质预设。
- 重力比：使用全局重力处于启用状态时重力的倍增。
- 密度：Cloth 的权重，以克每平方厘米为单位。
- 延展性/弯曲度：拉伸/弯曲 Cloth 的难易程度。
- 使用正交弯曲：计算弯曲角度，而不是弹力。
- 阻尼：设置Cloth 的弹性。
- 摩擦力：3种Cloth 在碰撞时抵制滑动的程度。
- 限制：设置Cloth 边可以压缩或折皱的程度。
- 刚度：设置Cloth 边抵制压缩或折皱的程度。
- 启用气泡式行为：模拟封闭体积，如轮胎或垫子。
- 压力：该参数控制 Cloth 的充气效果。
- 自相碰撞：启用后，mCloth 对象将尝试阻止自相交。
- 自厚度：用于自碰撞的 mCloth 对象的厚度。如果 Cloth 自相交，则尝试增加该值。
- 刚体碰撞：启用后，mCloth 对象可以与模拟中的刚体碰撞。
- 厚度：用于与模拟中的刚体碰撞的mCloth 对象的厚度。
- 推刚体：启用后，mCloth 对象可以影响与其碰撞的刚体的运动。
- 推力：mCloth 对象对与其碰撞的刚体施加的推力的强度。
- 附加到碰撞对象：启用后，mCloth 对象会粘附到与其碰撞的对象。
- 影响：mCloth 对象对其附加到的对象的影响。
- 分离后：与碰撞对象分离前 Cloth 的拉伸量。
- 高速精度：启用后，mCloth 对象将使用更准确的碰撞检测方法。
- 允许撕裂：启用后，Cloth 中的预定义分割将在受到充足力的作用时撕裂。
- 撕裂后：Cloth 边在撕裂前可以拉伸的量。
- 撕裂之前焊接：选择在出现撕裂之前 MassFX 如何处理预定义撕裂。
- 张力：启用后，通过顶点着色的方法显示纺织品中的压缩和张力。

- 抗拉伸：启用后，帮助防止低解算器迭代次数值的过度拉伸。
- 限制：允许的过度拉伸的范围。
- 使用 COM 阻尼：影响阻尼，但使用质心，从而获得更硬的 Cloth。
- 硬件加速：启用后，模拟将使用 GPU。
- 解算器迭代：每个循环周期内解算器执行的迭代次数。使用较高值可以提高 Cloth 稳定性。
- 层次解算器迭代：层次解算器的迭代次数。
- 层次级别：力从一个顶点传播到相邻顶点的速度。增加该值可增加力在 Cloth 上扩散的速度。

步骤 01 在场景中创建一个平面模型、一个环形结模型，如图15-156所示。

步骤 02 选择平面模型，单击（将选定对象设置为mCloth对象）按钮，如图15-157所示。

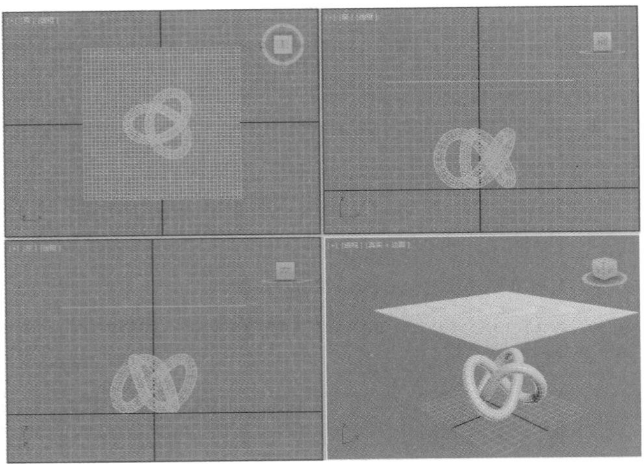

图15-156

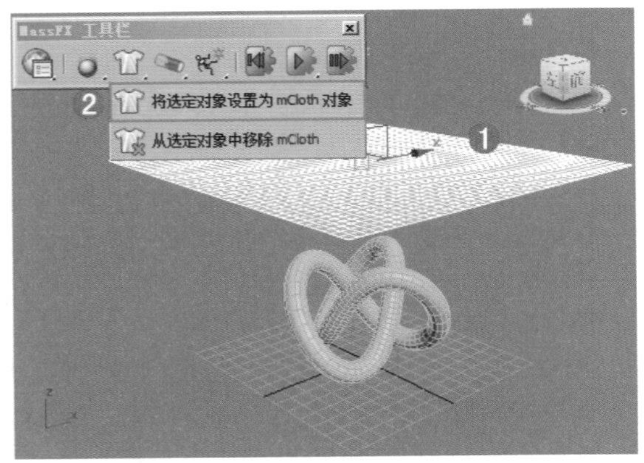

图15-157

步骤 03 选择环形结模型，单击（将选定项设置为静态刚体）按钮，如图15-158所示。

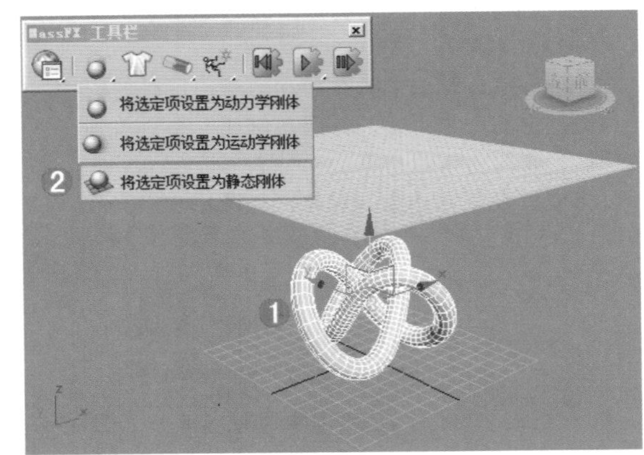

图15-158

步骤 04 单击【模拟】按钮，可以看到出现了物体的完整动画效果，如图15-159所示。

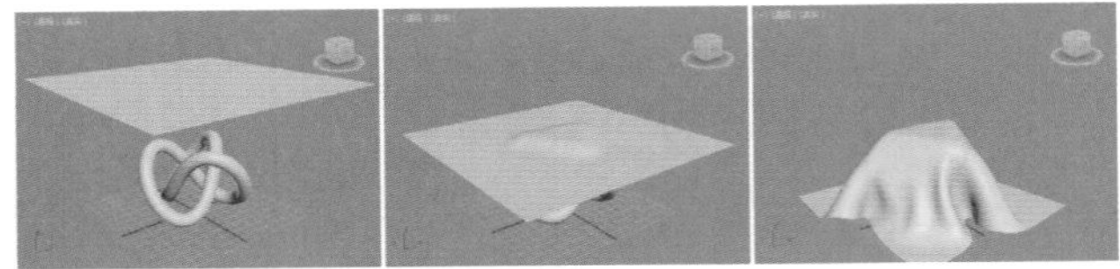

图15-159

实例：利用mCloth制作玩具漏气

扫一扫，看视频

文件路径：Chapter 15 动力学→实例：利用mCloth制作玩具漏气

mCloth不仅可以制作布料动画，而且还可以制作具有充气的模型，如球体、玩具等。最终渲染效果如图15-160~图15-163所示。

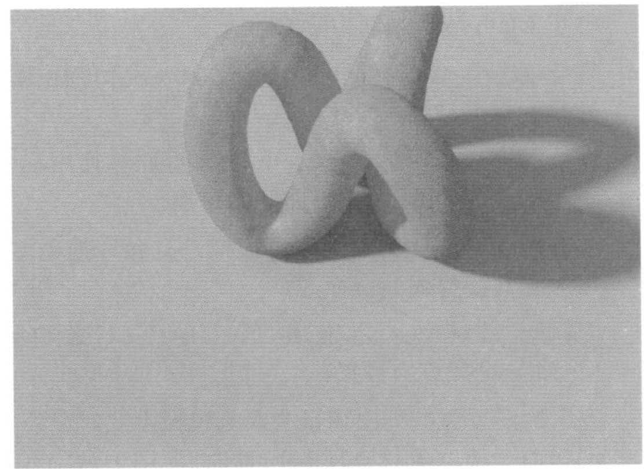

图15-160

图15-161

图15-162

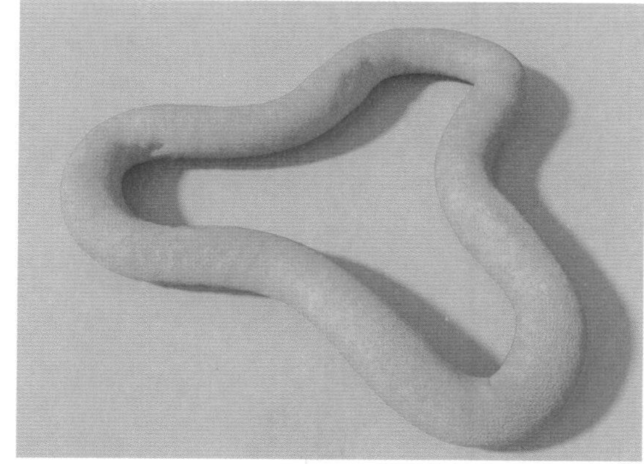

图15-163

步骤01 打开本书场景文件，如图15-164所示。

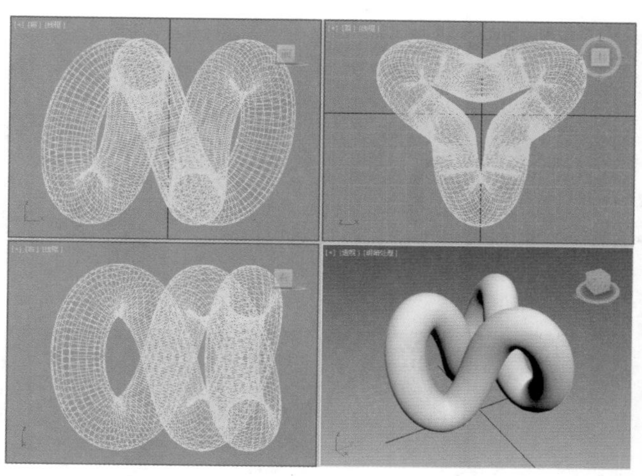

图15-164

步骤02 在主工具栏的空白处右击，在弹出的快捷菜单中选择【MassFX 工具栏】命令（如图15-165所示），弹出MassFX工具栏，如图15-166所示。

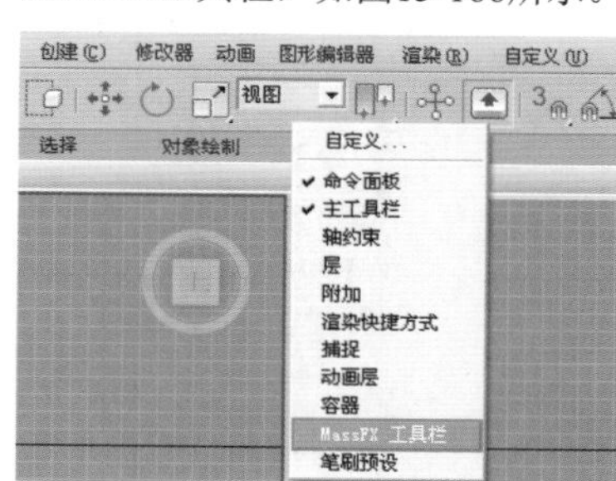

图15-165

MassFX 工具栏

图15-166

步骤03 选择场景中的玩具模型，单击【将选定对象设置为mCloth对象】按钮，如图15-167所示。

步骤04 单击【修改】按钮，勾选【启用气泡式行为】，设置【压力】为6，【自厚度】为3.333，【厚度】为3.333，如图15-168所示。

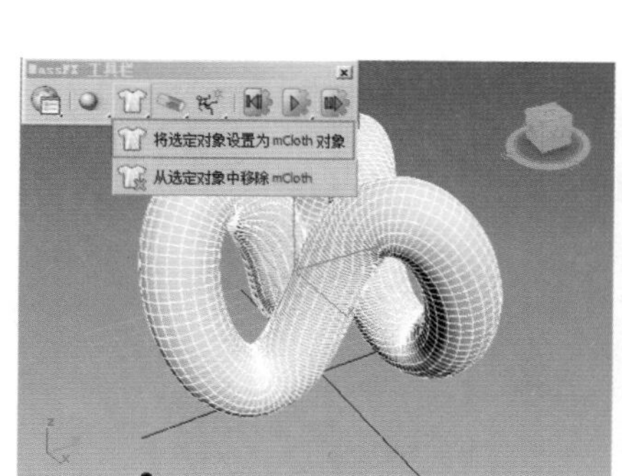

图15-167

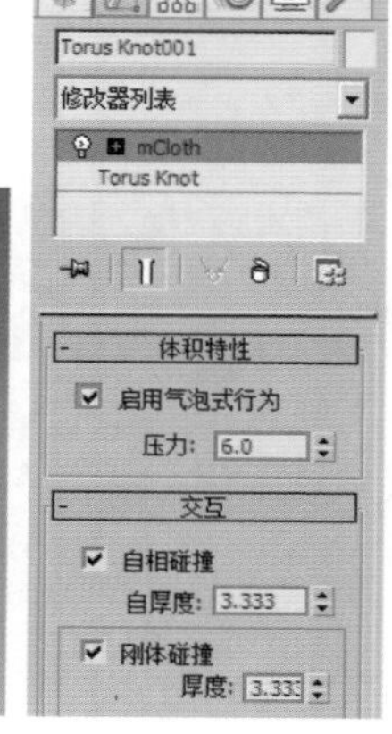

图15-168

步骤05 单击【开始模拟】按钮，观察动画的效果，如

第15章 动力学

图15-169~图15-172所示。

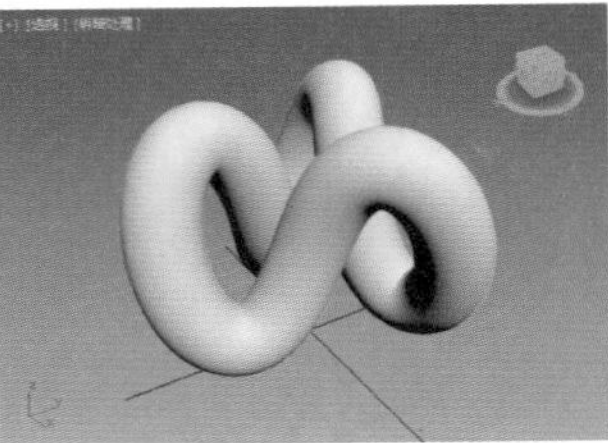

图15-169

图15-170

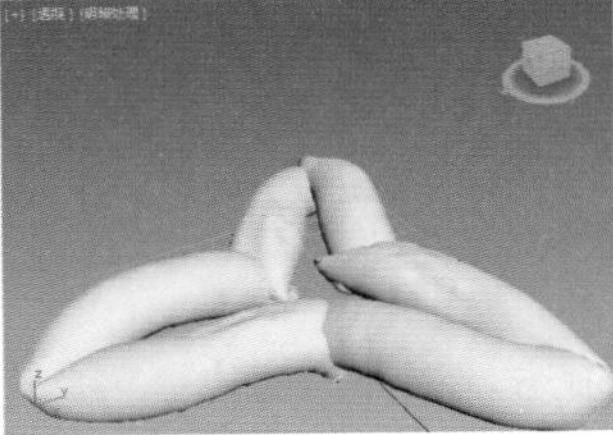

图15-171

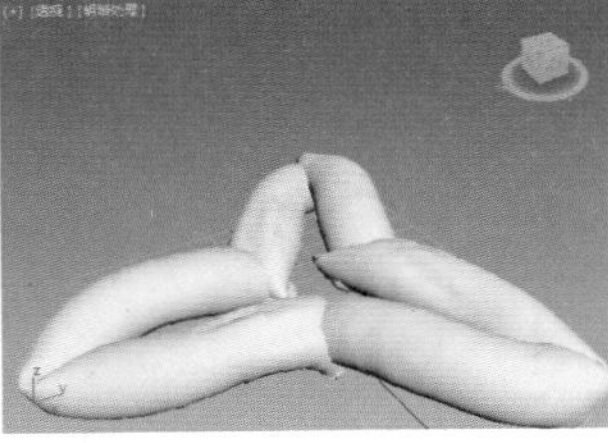

图15-172

步骤 06 单击MassFX工具栏中的【MassFX工具】按钮，然后单击【模拟工具】按钮，接着单击【模拟烘焙】下的 烘焙所有 按钮，如图15-173所示。

图15-173

步骤 07 等待一段时间，动画就烘焙到了时间线上，拖动时间线滑块可以看到动画的整个过程。最终效果如图15-174~图15-177所示。

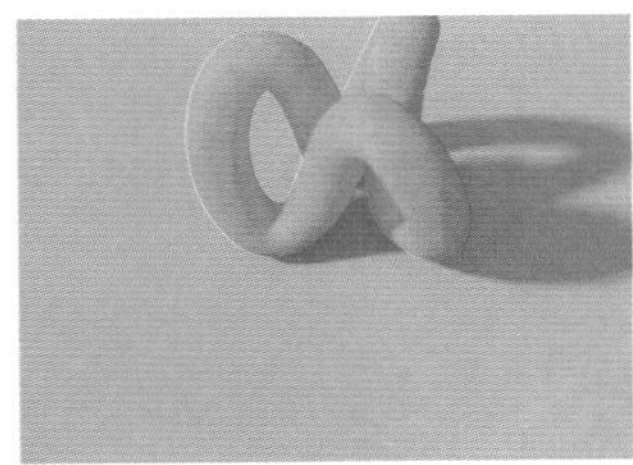

图15-174

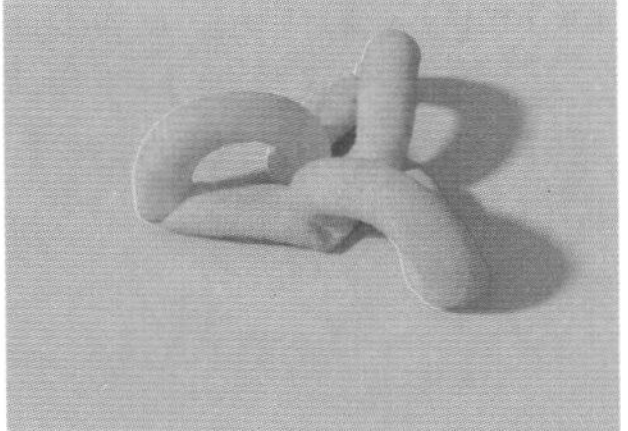

图15-175

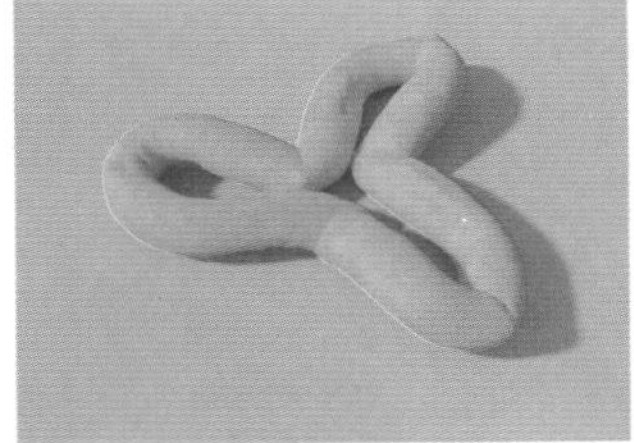

图15-176

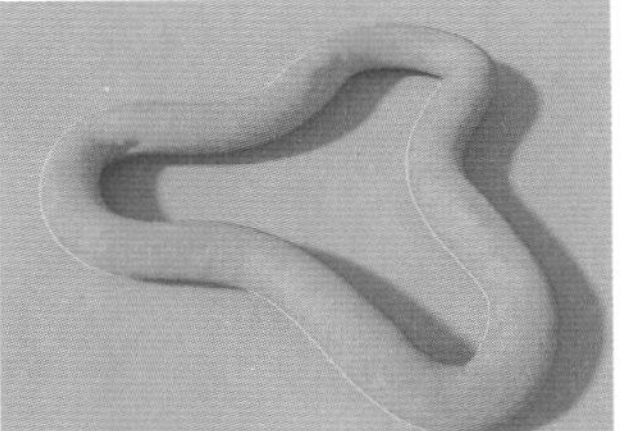

图15-177

实例：利用mCloth制作风吹布料

扫一扫，看视频

文件路径：Chapter 15 动力学→实例：利用mCloth制作风吹布料

本例将讲解mCloth制作风吹布料，难点在于不仅固定几个顶点，而且风还要参与到布料运算中。最终渲染效果如图15-178~图15-181所示。

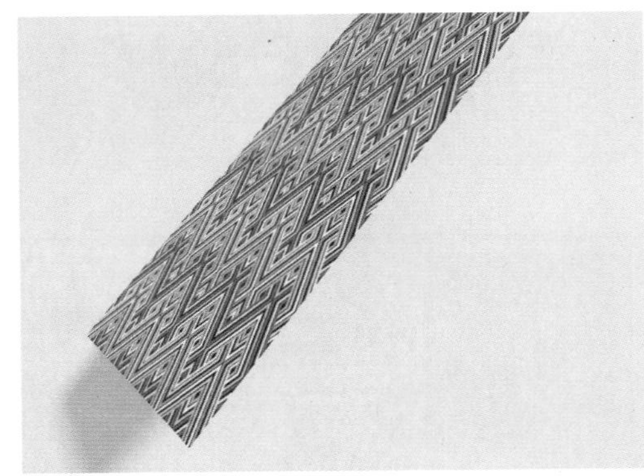

图15-178

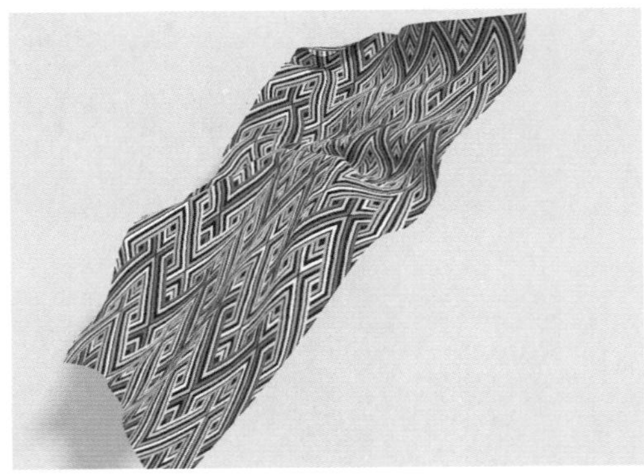

图15-179

图15-180

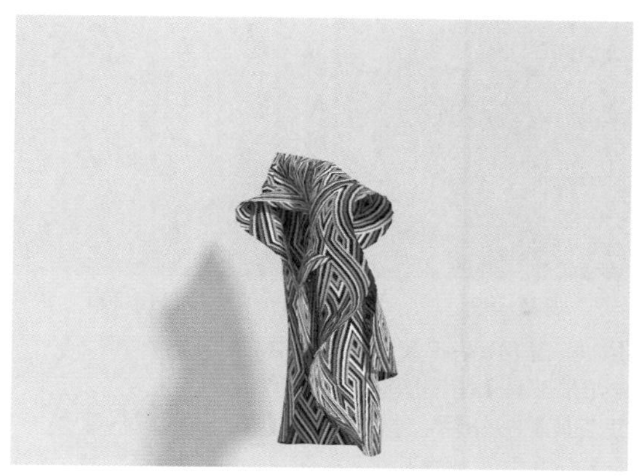

图15-181

步骤 01 打开本书场景文件，如图15-182所示。

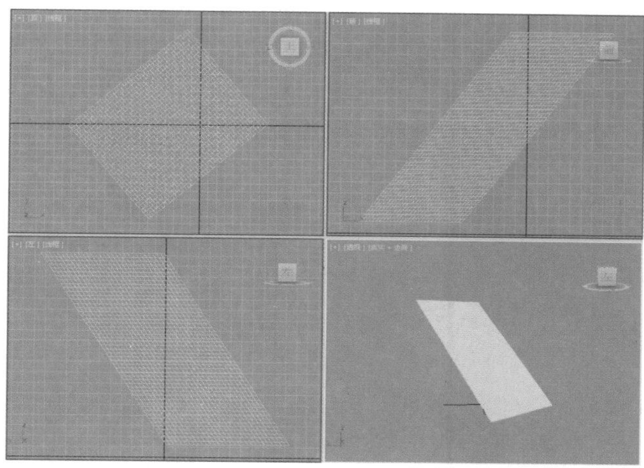

图15-182

步骤 02 在主工具栏的空白处右击，在弹出的快捷菜单中选择【MassFX 工具栏】命令（如图15-183所示），弹出MassFX工具栏，如图15-184所示。

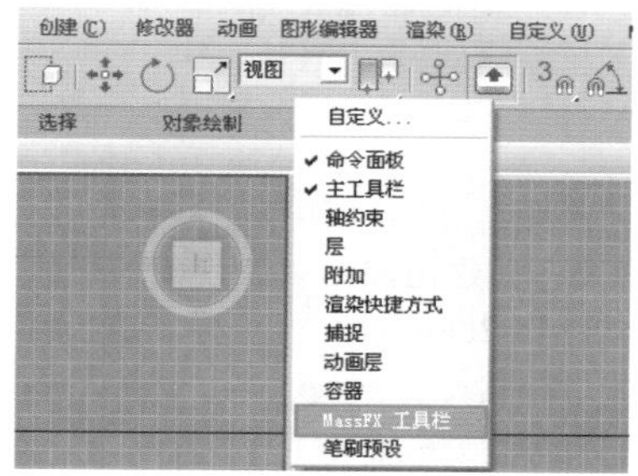

图15-183　图15-184

步骤 03 选择场景中的平面模型，单击【将选定对象设置为mCloth对象】按钮，如图15-185所示。

步骤 04 单击【修改】按钮，选择mCloth中的【顶点】，如图15-186所示。选择平面模型中间的几个顶点，如图15-187所示。

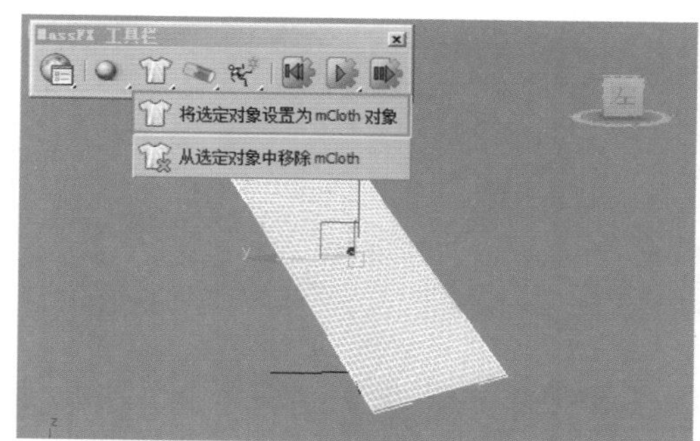

图15-185

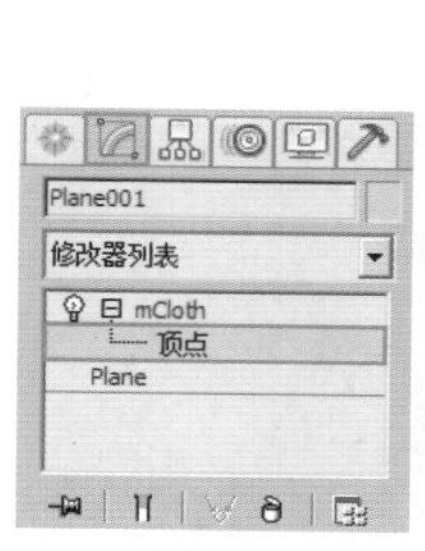

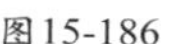

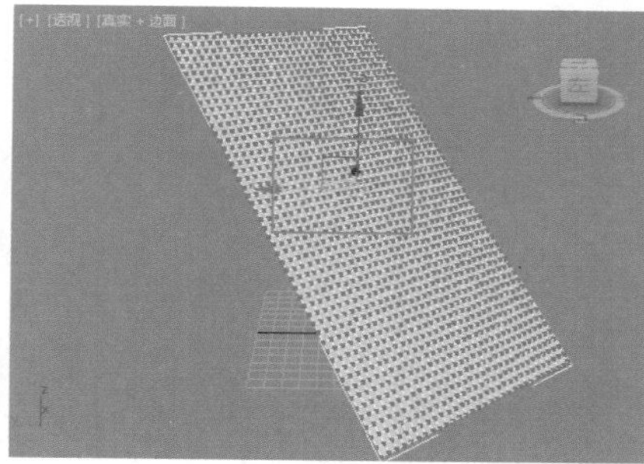

图15-186　图15-187

步骤 05 关闭【软选择】卷展栏，然后在【组】卷展栏中单击【设定组】按钮，在弹出的【设定组】对话框中设置【组名称】，如图15-188所示。

步骤 06 单击【枢轴】按钮，如图15-189所示。

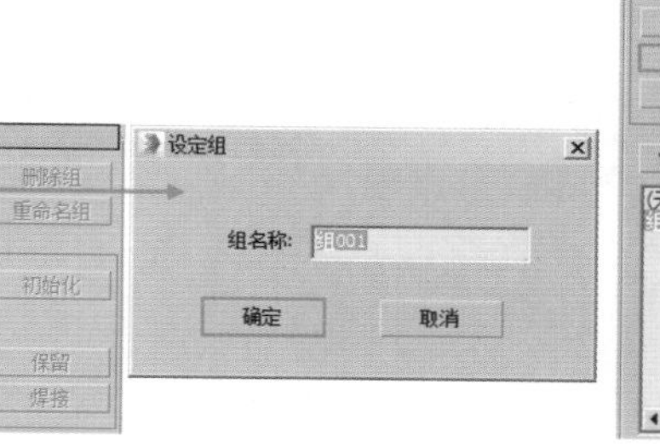

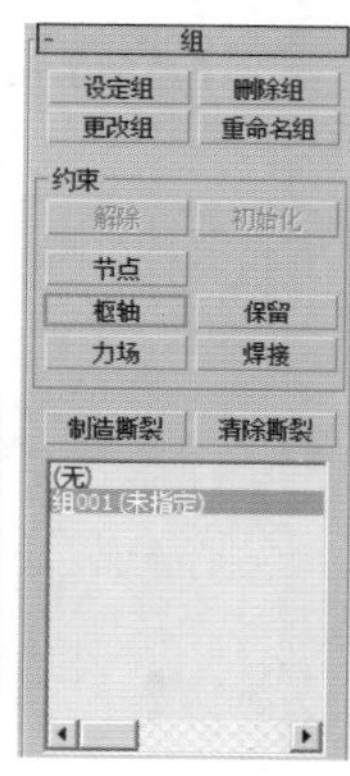

图15-188　图15-189

步骤 07 再次单击mCloth中的【顶点】，接着单击【开始模拟】按钮，观察动画的效果，可以看到平面产生了自由下垂的动画效果，如图15-190~图15-192所示。

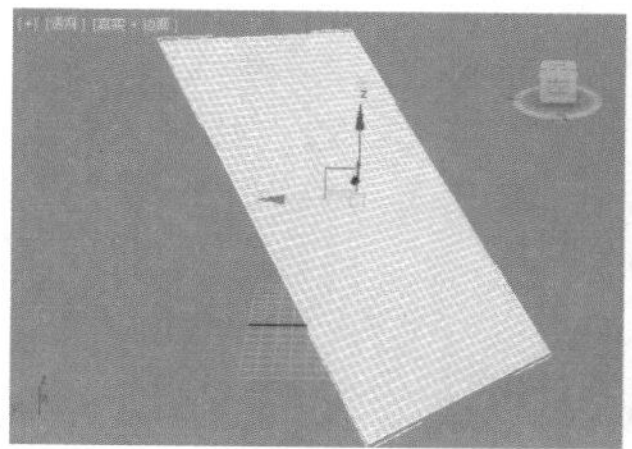

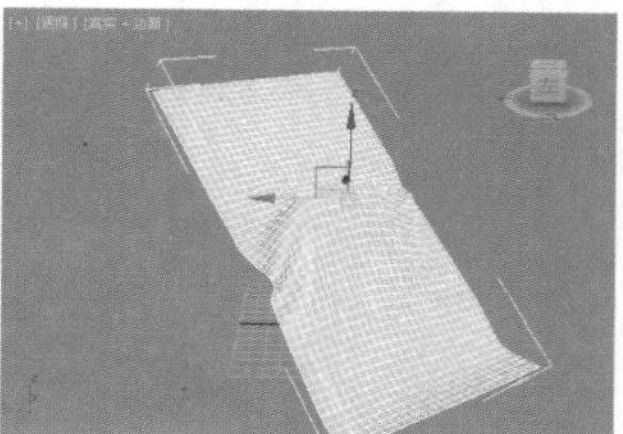

图15-190　图15-191

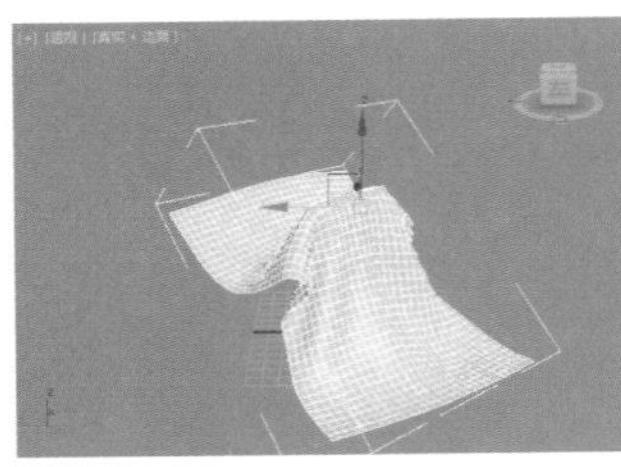
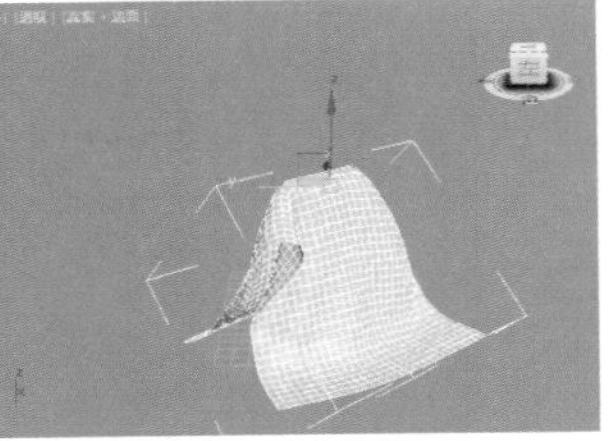

图15-192

步骤08 执行 （创建）|（空间扭曲）| 力 | 风 命令，如图15-193所示。

步骤09 在场景中拖动创建一个风，如图15-194所示。

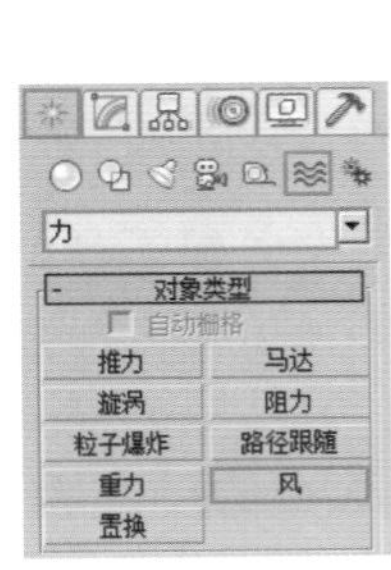

图15-193

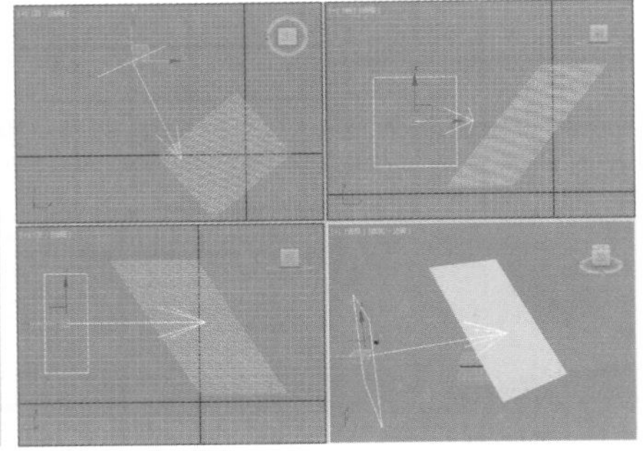

图15-194

步骤10 单击【修改】按钮，设置【强度】为80，【风力】的【湍流】为30、【频率】为30，【图标大小】为1700mm，如图15-195所示。

步骤11 单击选择刚才的平面模型，单击【修改】按钮，接着单击【添加】按钮，然后在场景中单击拾取风，如图15-196所示。

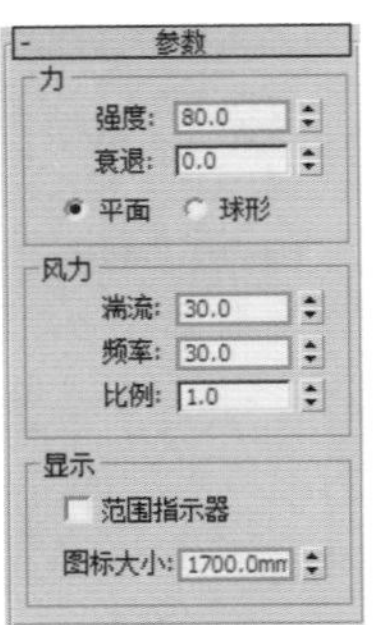

图15-195

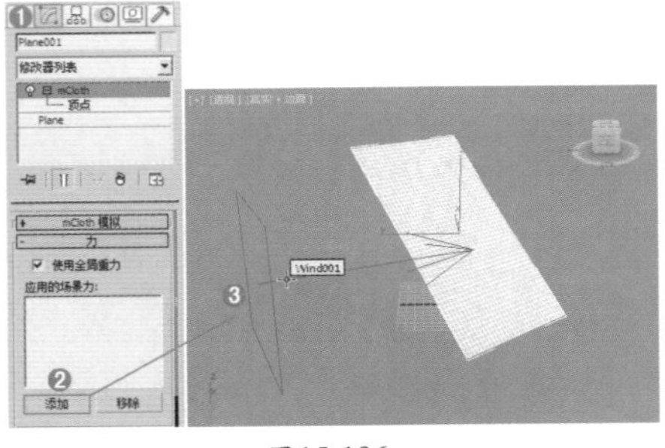

图15-196

步骤12 单击【开始模拟】按钮，观察动画的效果，可以看到平面产生了被风吹动的效果，如图15-197~图15-200所示。

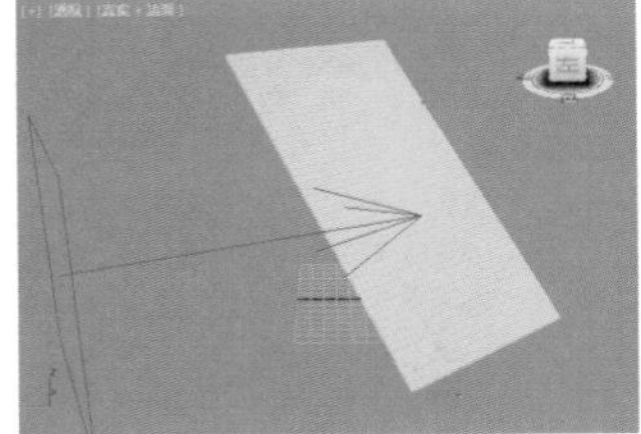

图15-197

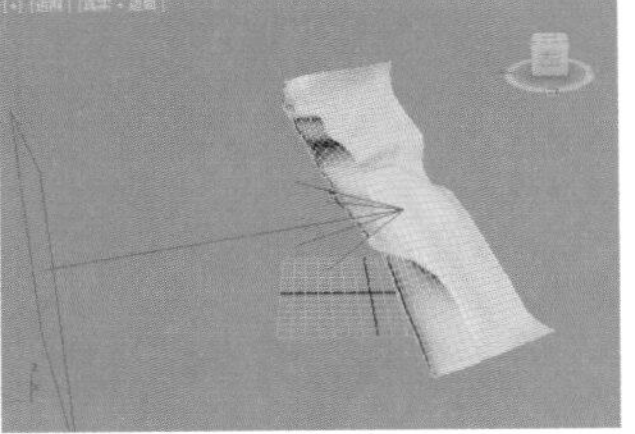

图15-198

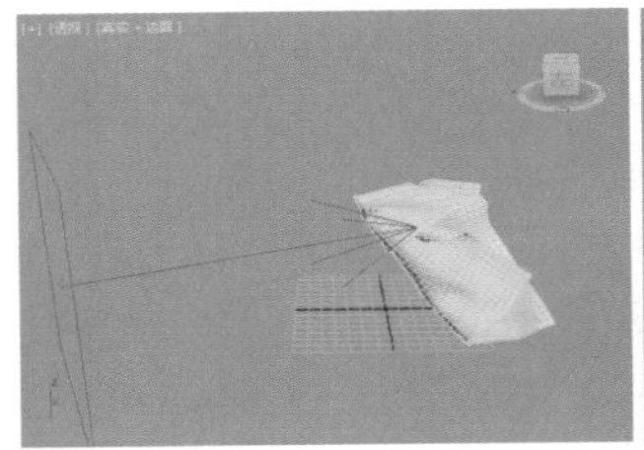

图15-199

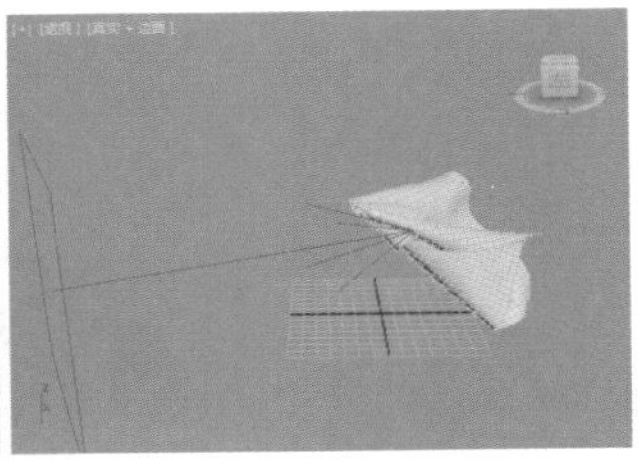

图15-200

步骤13 单击MassFX工具栏中的【MassFX工具】按钮，然后单击【模拟工具】按钮，接着单击【模拟烘焙】下的 烘焙所有 按钮，如图15-201所示。

图15-201

步骤14 等待一段时间，动画就烘焙到了时间线上，拖动时间线滑块可以看到动画的整个过程。最终渲染效果如图15-202~图15-205所示。

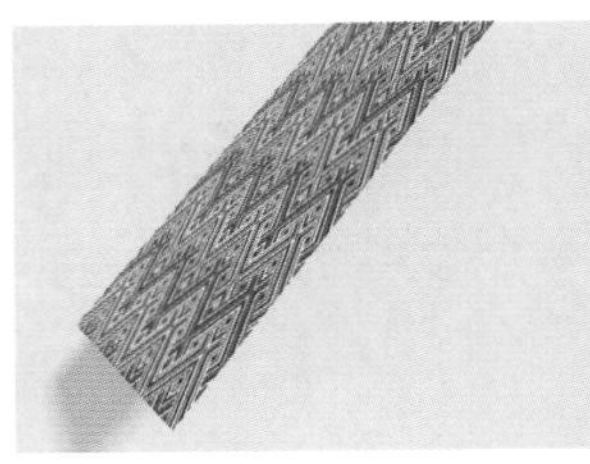

图15-202

图15-203

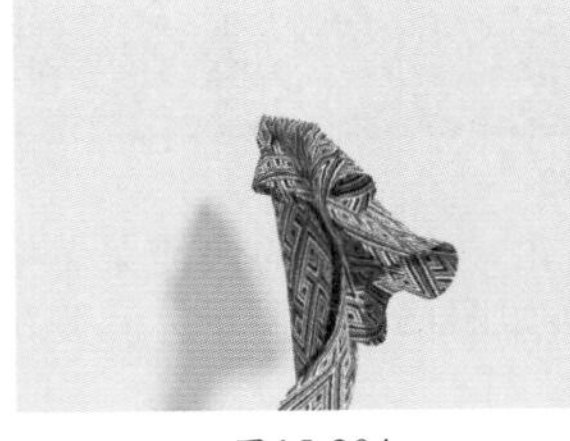

图15-204

图15-205

15.2.7 约束

MassFX的约束包括6种类型，分别为创建刚体约束、创建滑块约束、创建转枢约束、创建扭曲约束、创建通用约束、建立球和套管约束，如图15-206所示。

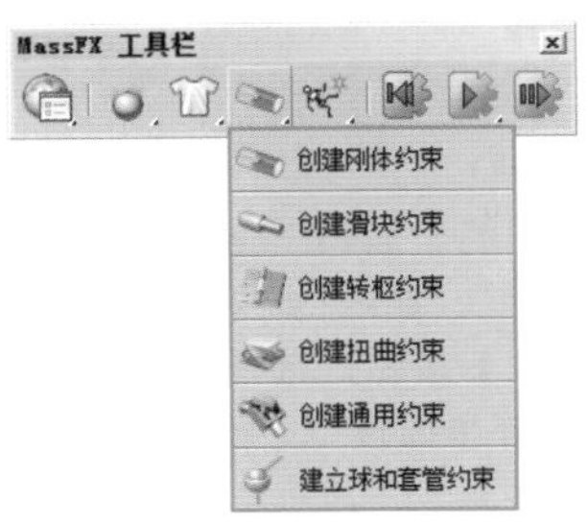

图15-206

- 创建刚体约束：将新 MassFX 约束辅助对象添加到带有适合于刚体约束的设置的项目中。
- 创建滑块约束：将新 MassFX 约束辅助对象添加到带有适合于滑动约束的设置的项目中。
- 创建转枢约束：将新 MassFX 约束辅助对象添加到带有适合于转枢约束的设置的项目中。
- 创建扭曲约束：将新 MassFX 约束辅助对象添加到带有适合于扭曲约束的设置的项目中。
- 创建通用约束：将新 MassFX 约束辅助对象添加到带有适合于通用约束的设置的项目中。
- 建立球和套管约束：将新 MassFX 约束辅助对象添加到带有适合于球和套管约束的设置的项目中。

15.2.8 创建碎布玩偶

动力学碎布玩偶是专门用于骨骼系统或 Character Studio Biped进行动力学模拟的。选择角色中的任一骨骼或关联的蒙皮网格，然后执行相应的碎布玩偶命令即可（它会影响整个系统），如图15-207所示。参数面板如图15-208所示。

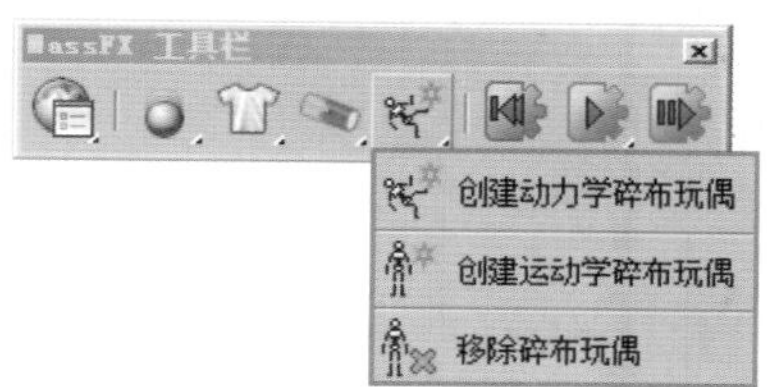

图15-207

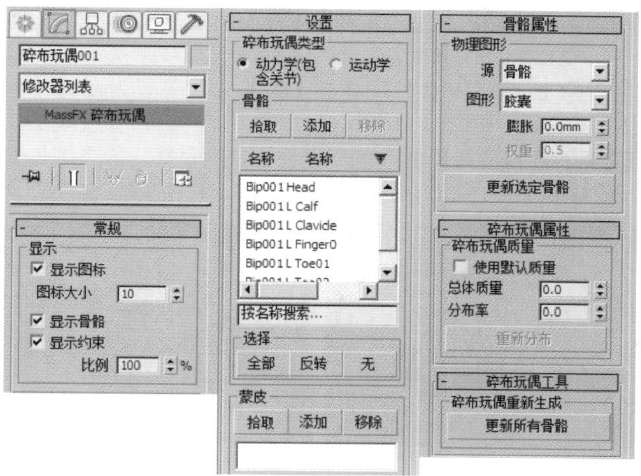

图15-208

- 显示图标：切换碎布玩偶对象的显示图标。
- 图标大小：碎布玩偶辅助对象图标的显示大小。
- 显示骨骼：切换骨骼物理图形的显示。
- 显示约束：切换连接刚体的约束的显示。
- 比例：约束的显示大小。增加此值可以更容易地在视口中选择约束。
- 碎布玩偶类型：确定碎布玩偶如何参与模拟的步骤。
- 拾取：将角色的骨骼与碎布玩偶关联。单击此按钮后，单击角色中尚未与碎布玩偶关联的骨骼。
- 添加：将角色的骨骼与碎布玩偶关联。
- 移除：取消骨骼列表中高亮显示的骨骼与碎布玩偶的关联。
- 名称：列出碎布玩偶中的所有骨骼。高亮显示列表中的骨骼，以删除或成组骨骼，或者批量更改刚体设置。
- 【按名称搜索】字段：输入搜索文本可按字母顺序升序高亮显示第一个匹配的项目。
- 全部：单击可高亮显示所有列表条目。
- 反转：单击可高亮显示所有未高亮显示的列表条目，并从高亮显示的列表条目中删除高亮显示。
- 无：单击可从所有列表条目中删除高亮显示。
- 【蒙皮】列表：列出与碎布玩偶角色关联的蒙皮网格。
- 源：确定图形的大小。
- 图形：指定用于高亮显示的骨骼的物理图形类型。
- 膨胀：展开物理图形使其超出顶点或骨骼的云的程度。
- 权重：与【蒙皮】修改器中的权重类似。
- 更新选定骨骼：为列表中高亮显示的骨骼应用所有更改后的设置，然后重新生成其物理图形。
- 使用默认质量：启用后，碎布玩偶中每个骨骼的质量为刚体中定义的质量。
- 总体质量：整个碎布玩偶集合的模拟质量，计算结果为碎布玩偶中所有刚体的质量之和。
- 分布率：使用“重新分布”时，此值将决定相邻刚体之间的最大质量分布率。

实例：综合三种动力学制作小实验

文件路径：Chapter 15 动力学→实例：综合三种动力学制作小实验

扫一扫，看视频

本例将综合使用动力学刚体、静态刚体、mCloth三种类型制作小实验，使小球落到滑道上自由滚动，然后最终落到布料上。最终渲染效果如图15-209~图15-212所示。

图15-209

图15-210

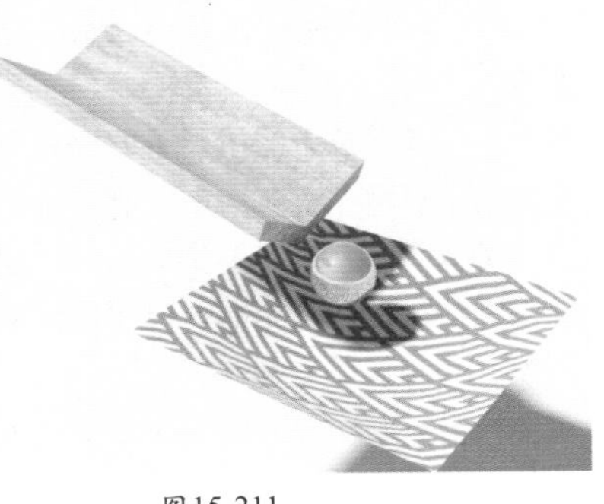
图15-211

图15-212

步骤01 打开本书场景文件，如图15-213所示。

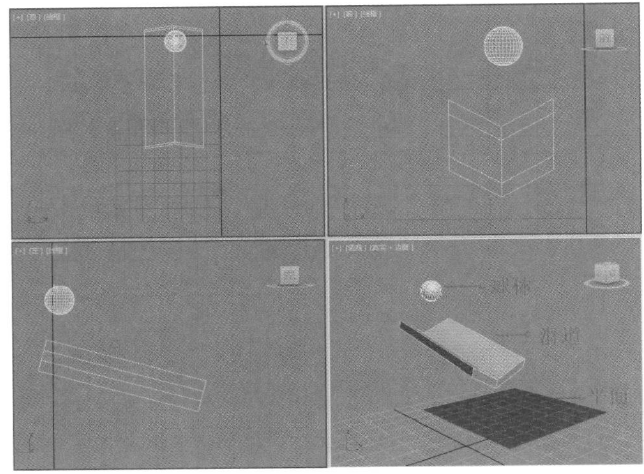

图15-213

步骤02 在主工具栏的空白处右击，在弹出的快捷菜单中选择【MassFX 工具栏】命令（如图15-214所示），弹出MassFX工具栏，如图15-215所示。

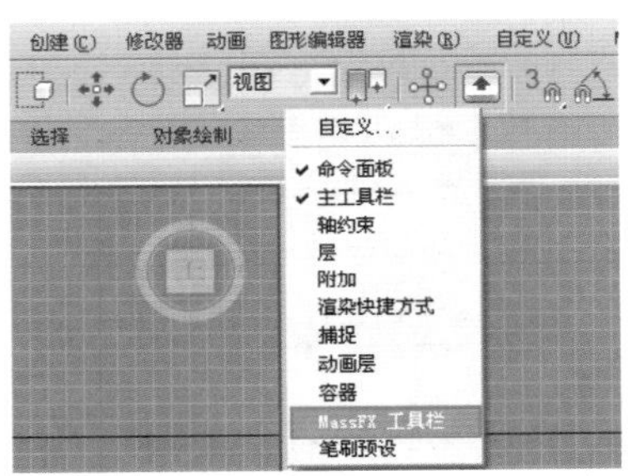

图15-214

图15-215

步骤03 选择球体模型，单击【将选定项设置为动力学刚体】按钮，如图15-216所示。

步骤04 选择滑道模型，单击【将选定项设置为静态刚体】按钮，如图15-217所示。

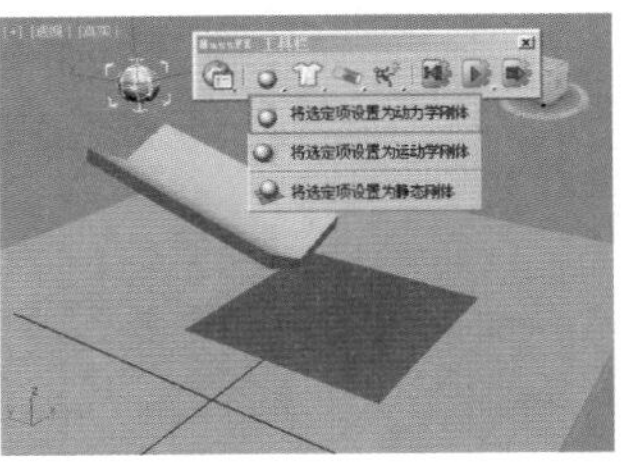
图15-216

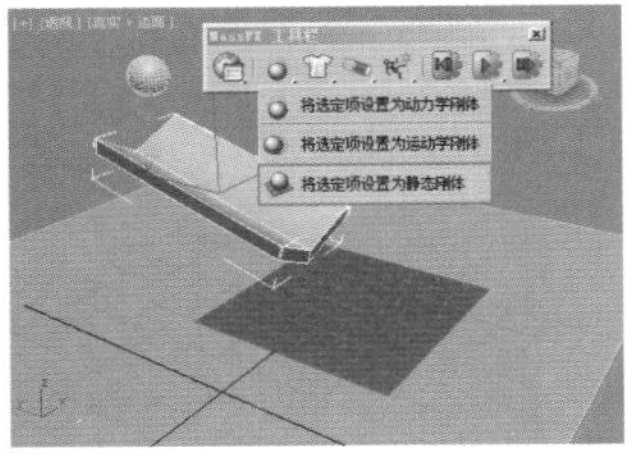
图15-217

步骤05 选择刚才的滑道模型，单击【修改】按钮，设置【图形类型】为【原始的】，如图15-218所示。

步骤06 选择场景中的平面模型，单击【将选定对象设置为mCloth对象】按钮，如图15-219所示。

步骤07 选择平面模型，单击【修改】按钮，设置【密度】为3000，如图15-220所示。

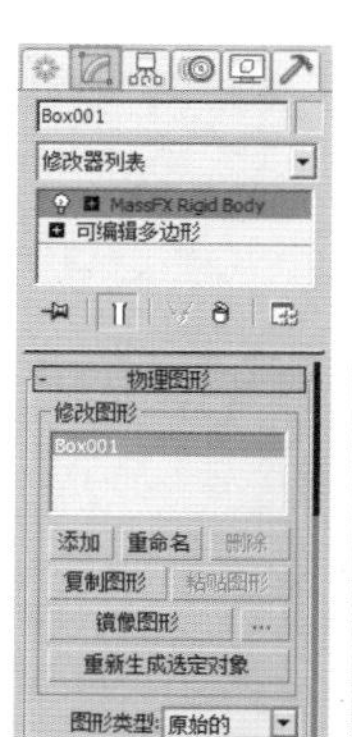

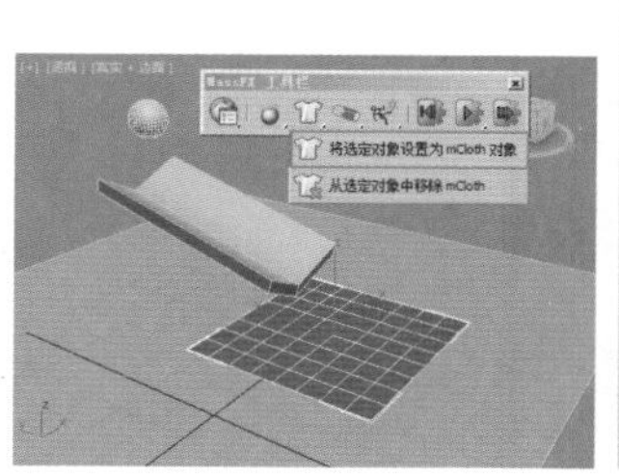

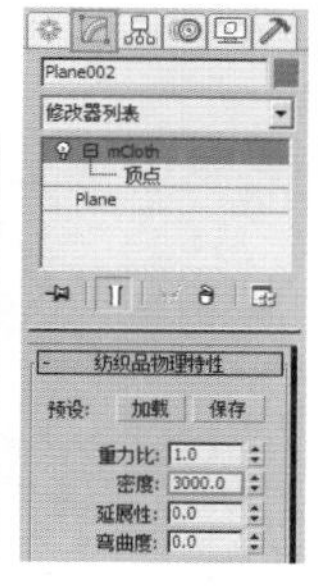

图15-218　图15-219　图15-220

步骤08 单击【修改】按钮，选择mCloth中的【顶点】，如图15-221所示。选择平面模型四周的顶点，如图15-222所示。

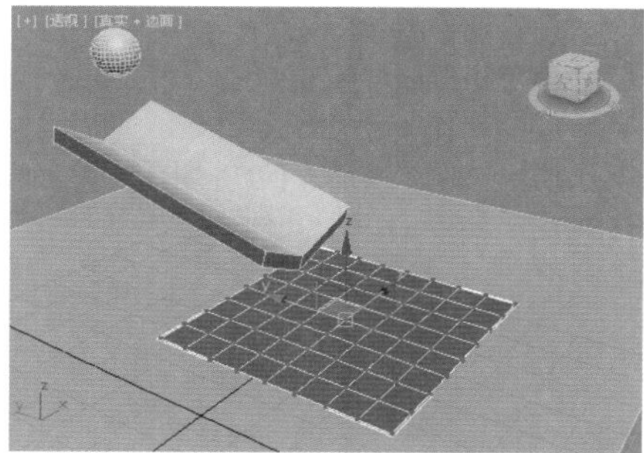

图15-221　图15-222

步骤09 关闭【软选择】卷展栏，然后在【组】卷展栏中单击【设定组】按钮，在弹出的【设定组】对话框中设置【组名称】，如图15-223所示。

步骤10 单击【枢轴】按钮，如图15-224所示。

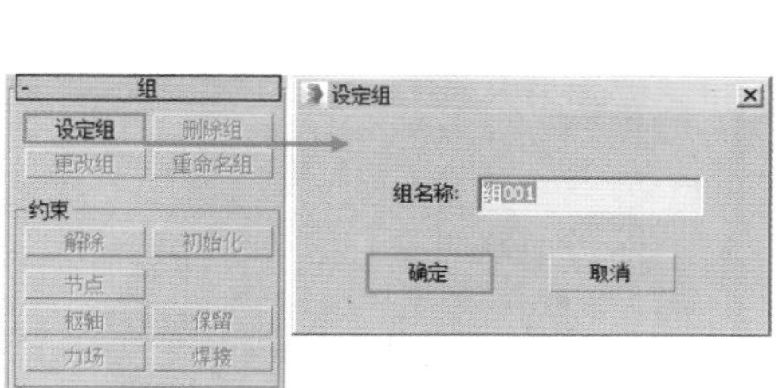

图15-223　图15-224

步骤11 此时再次单击mCloth中的【顶点】级别，接着单击【开始模拟】按钮，观察动画的效果，如图15-225~图15-228所示。

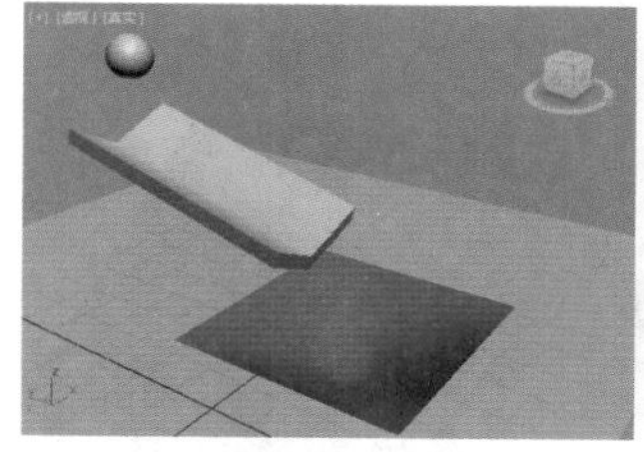

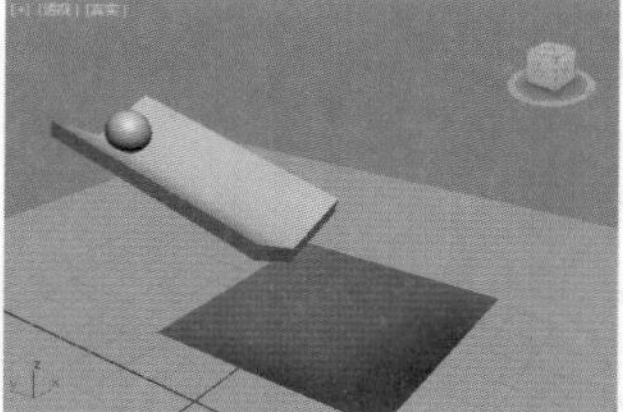

图15-225　图15-226

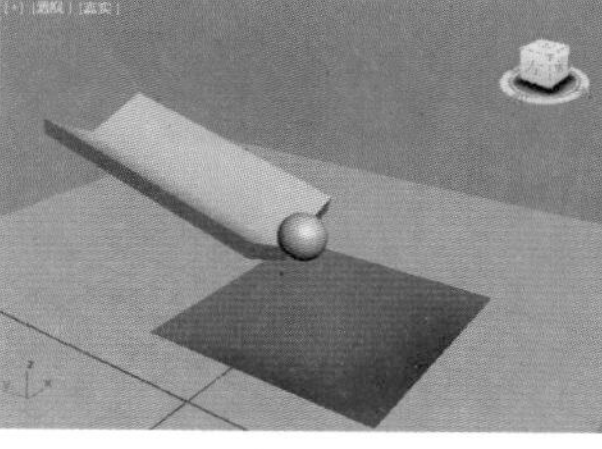

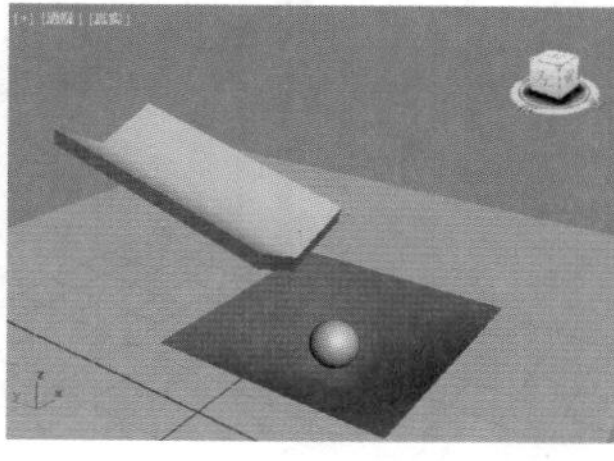

图15-227　图15-228

步骤12 单击MassFX工具栏中的【MassFX工具】按钮，然后单击【模拟工具】按钮，接着单击【模拟烘焙】下的 烘焙所有 按钮，如图15-229所示。

图15-229

步骤13 等待一段时间，动画就烘焙到了时间线上，拖动时间线滑块可以看到动画的整个过程。最终渲染效果如图15-230~图15-233所示。

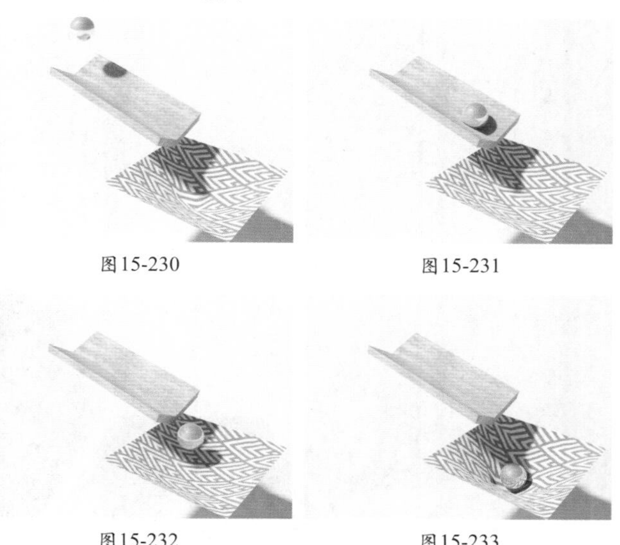

图15-230　图15-231

图15-232　图15-233

粒子系统与空间扭曲

本章将学习粒子系统和空间扭曲知识。粒子系统是3ds Max中用于制作特殊效果的工具，功能强大，可以制作处于运动状态的、数量众多并且随机分布的颗粒状效果，也可以制作抽象粒子、粒子轨迹等用于影视特效或电视栏目包装的碎片化效果。空间扭曲是一种可应用于其他物体上的“作用力”，空间扭曲常配合粒子系统使用。

本章学习要点：

- 熟练掌握超级喷射、粒子流源等粒子系统的使用；
- 熟练掌握力、导向器等空间扭曲的使用。

扫一扫，看视频

通过本章学习，我能做什么？

通过本章的学习，可以配合空间扭曲与粒子系统制作效果逼真的自然界中常见的效果，如烟雾、水流、落叶、雨、雪、尘等；还可制作一些影视包装中常见的粒子运动效果，如纷飞的文字或者碎片、物体爆炸、液体流动等。

16.1 认识粒子系统和空间扭曲

粒子系统和空间扭曲是密不可分的两种工具。本节来了解一下粒子系统和空间扭曲的概念。

16.1.1 什么是粒子系统

粒子系统是3ds Max中用于制作特殊效果的工具，功能强大，可以制作处于运动状态的、数量众多并且随机分布的颗粒状效果。

16.1.2 粒子系统可以做什么

3ds Max粒子系统可以模拟粒子碎片化动画，不仅可以设置粒子的发射方式，还可以设置发射的对象类型。常用粒子系统制作自然效果，包括烟雾、水流、落叶、雨、雪、尘等；也可以用来制作抽象化效果，如抽象粒子、粒子轨迹等被用来制作影视特效或电视栏目包装的碎片化效果。如图16-1为粒子星空效果，如图16-2所示为羽毛粒子效果。

图16-1

图16-2

16.1.3 什么是空间扭曲

空间扭曲通常不是单独存在的，一般会与粒子系统或模型配合使用。需要将空间扭曲和对象进行绑定，使得粒子对象或模型对象产生空间扭曲的作用效果。例如粒子受到风力吹动、模型受到爆炸影响产生爆炸碎片。

16.1.4 空间扭曲可以做什么

（1）粒子 + 空间扭曲的【力】= 粒子变化

例如，让超级喷射粒子受到重力影响，如图 16-3 所示。

【超级喷射】效果　【超级喷射】+【重力】效果

图 16-3

（2）粒子 + 空间扭曲的【导向器】= 粒子反弹

例如，让粒子流源碰撞导向板，产生粒子反弹，如图 16-4 所示。

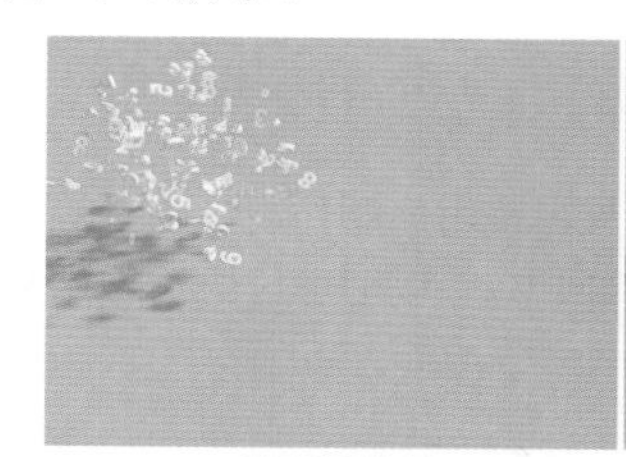

粒子流源效果　粒子流源+导向板

图 16-4

（3）模型 + 空间扭曲的【几何 / 可变形】= 模型变形

例如，让模型与空间扭曲中的涟漪进行绑定，产生模型变形效果，如图 16-5 所示。

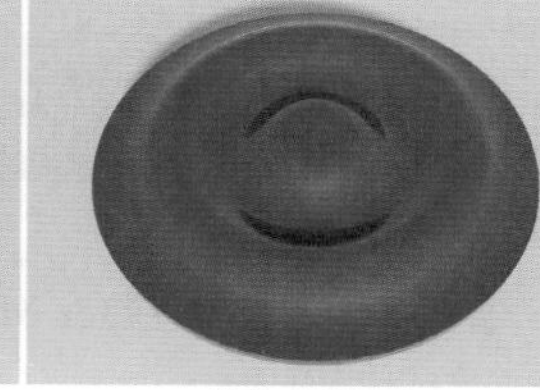

模型效果　模型+涟漪效果

图16-5

16.1.5 粒子系统和空间扭曲的关系

粒子系统和空间扭曲在创建完成后是分别独立的，暂时没有任何关系，需要借助（绑定到空间扭曲）按钮，将两者绑定在一起。这样空间扭曲就会对粒子系统产生作用，例如风吹粒子、路径跟随粒子等。

16.1.6 绑定粒子系统和空间扭曲

步骤 01 创建粒子系统，如图16-6所示。

步骤 02 创建空间扭曲，如图16-7所示。

步骤 03 两者绑定。单击主工具栏中的（绑定到空间扭曲）按钮，然后单击【风】并拖动到【超级喷射】上，如图16-8所示。此时绑定成功，如图16-9所示。

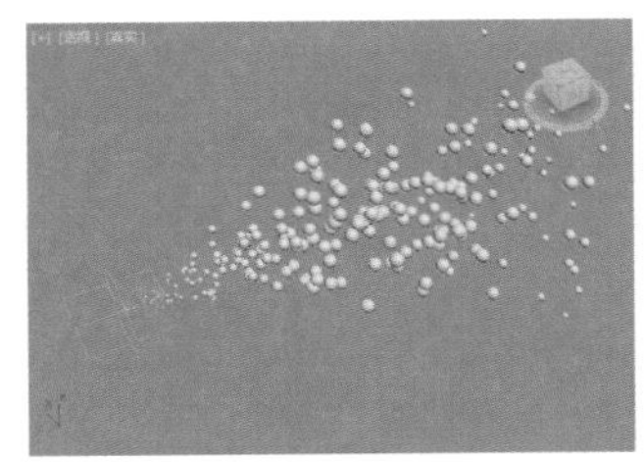

图16-6

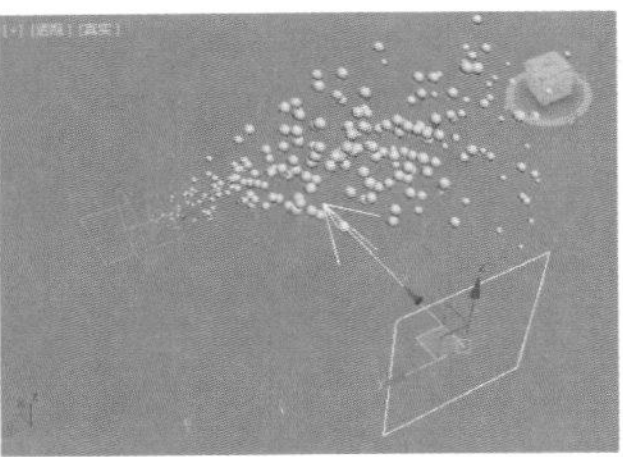

图16-7

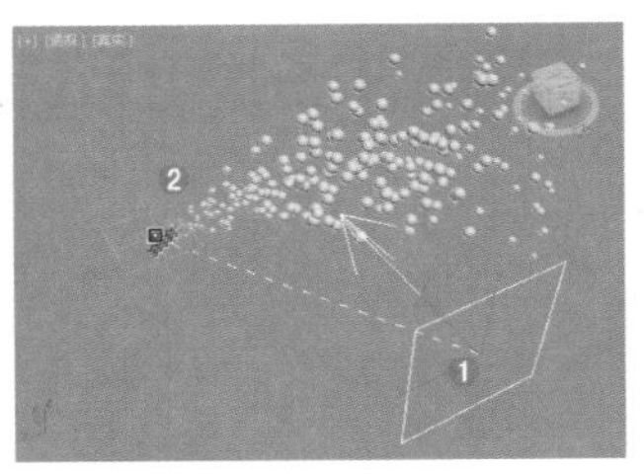

图16-8

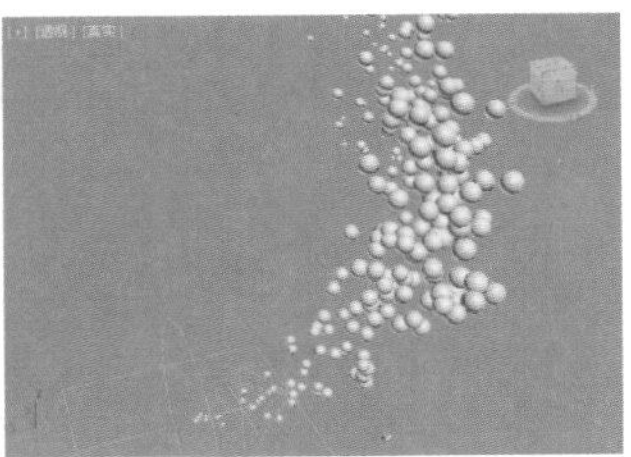

图16-9

16.2 七大类粒子系统

扫一扫，看视频

3ds Max中的粒子系统包括7种类型，分别是粒子流源、喷射、雪、超级喷射、暴风雪、粒子阵列、粒子云，如图16-10所示。使用这些粒子类型可以创建很多震撼的粒子效果，如下雪、下雨、爆炸、喷泉等。

图16-10

16.2.1 喷射

喷射可以模拟粒子喷射效果，常用来制作雨、喷泉等水滴效果，如图16-11所示为参数面板，如图16-12所示为创建一个喷射。

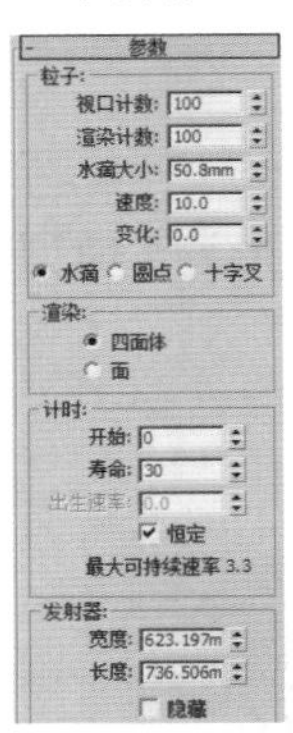

图16-11

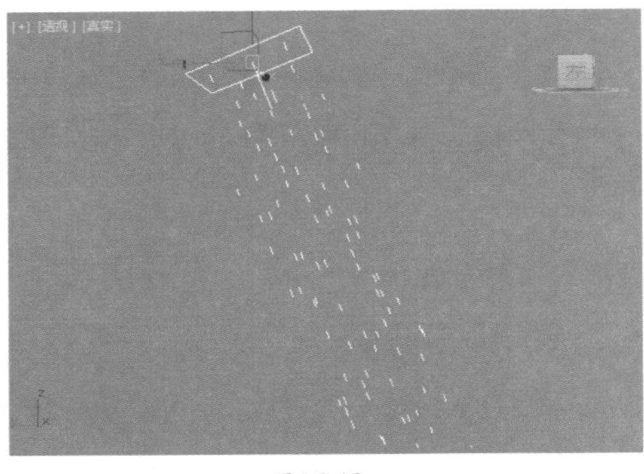

图16-12

- 视口计数：控制在3ds Max视图中显示的粒子数量。
- 渲染计数：控制在最终渲染时的粒子数量。
- 水滴大小：控制粒子的大小尺寸。
- 速度：控制粒子的运动速度。
- 变化：控制粒子的速度和方向的变化效果，数值越大水滴越分散。
- 水滴/圆点/十字叉：设置粒子在视图中的显示方式，不会影响渲染。
- 四面体/面：控制粒子的渲染形状为四面体/面。
- 开始：设置粒子产生的时间。例如设置数值为10，则表示从第10帧开始产生粒子。
- 寿命：设置每个粒子的存在的时间。
- 出生速率：设置每一帧产生的新粒子数。
- 宽度/长度：设置发射器的长度和宽度。
- 隐藏：若勾选该选项，发射器择不会被渲染出来。

实例：使用【喷射】制作雨滴飘落

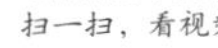

扫一扫，看视频

文件路径：Chapter 16 粒子系统与空间扭曲→实例：使用【喷射】制作雨滴飘落

本案例使用喷射粒子制作雨滴飘落效果，为了让雨滴更真实所以旋转了粒子的角度。最终渲染效果如图16-13所示。

图16-13

步骤 01 执行 （创建）|（几何体）| 粒子系统 | 喷射 命令，如图16-14所示。在视图中拖动创建一个喷射，如图16-15所示。

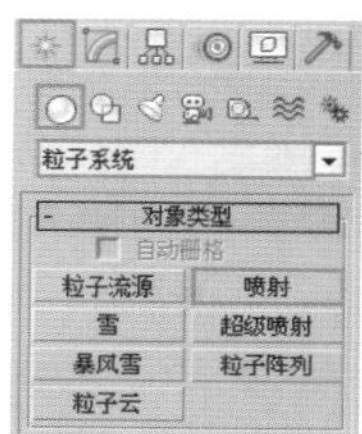

图16-14

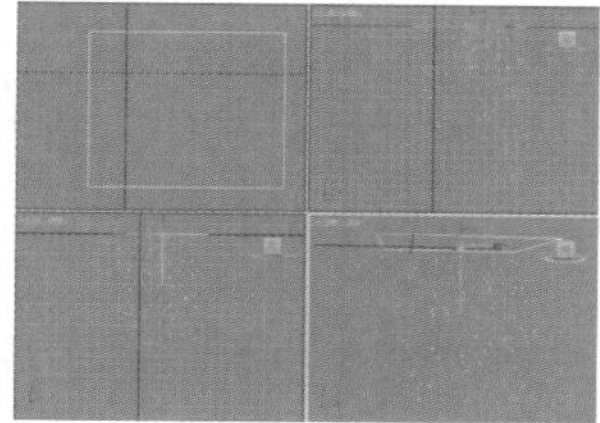

图16-15

步骤 02 单击【修改】按钮，并设置【视口计数】为1000，【渲染计数】为2000，【水滴大小】为6，【速度】为6，【变化】为0.56，【开始】为-50，【寿命】为60，如图16-16所示。场景效果如图16-17所示。

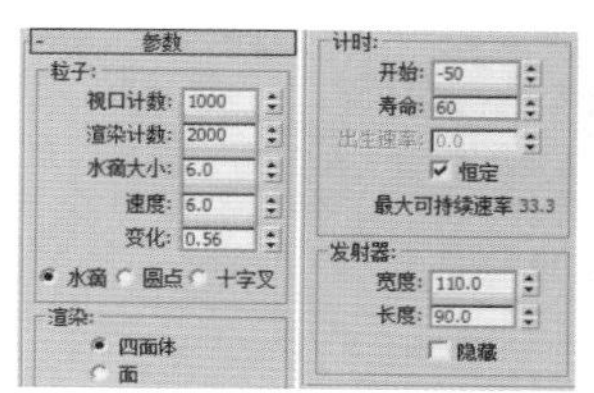

图16-16

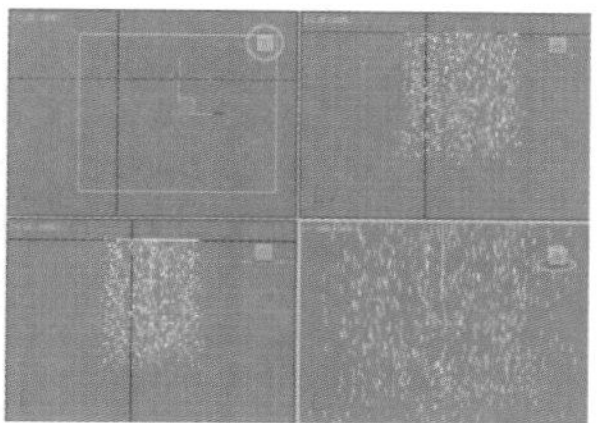

图16-17

步骤 03 单击【选择并旋转】工具，并沿Y轴旋转7.6度左右，此时会产生大雨斜向左侧倾盆而下的感觉，如图16-18所示。

步骤 04 按8键打开【环境和效果】对话框，在通道上加载贴图文件【背景.jpg】，如图16-19所示。

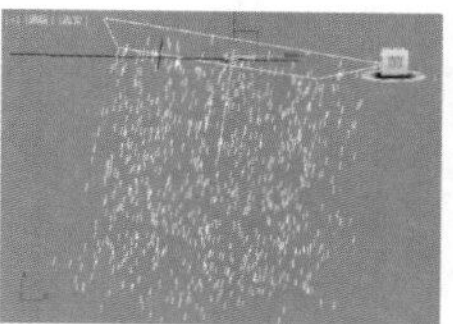

图16-18

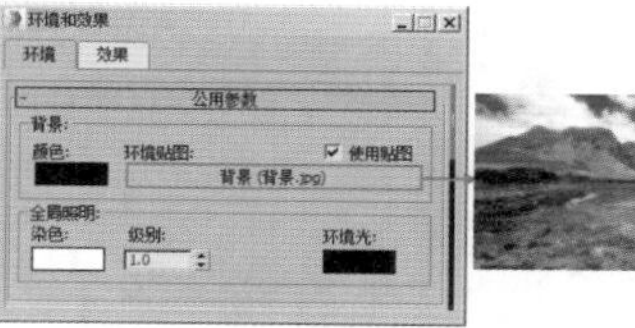

图16-19

步骤 05 最终效果如图16-20所示。

图16-20

提示：视口计数和渲染计数。

建议读者可将【视口计数】的数量设置为少于【渲染计数】的数量，这样可以节省计算机内存使用，使得在视口中操作会比较流畅，而且不会影响最终渲染的效果。

16.2.2 雪

雪可以用于制作下雪或飘落纸屑效果。它与喷射类似，但是雪可以设置翻滚效果。如图16-21所示为参数面板，如图16-22所示为的雪效果。

- 雪花大小：设置粒子的大小。
- 翻滚：设置雪花粒子的随机旋转量。
- 翻滚速率：设置雪花的旋转速度。
- 雪花/圆点/十字叉：设置粒子在视图中的显示方式。
- 六角形/三角形/面：将粒子渲染为六角形/三角形/面。

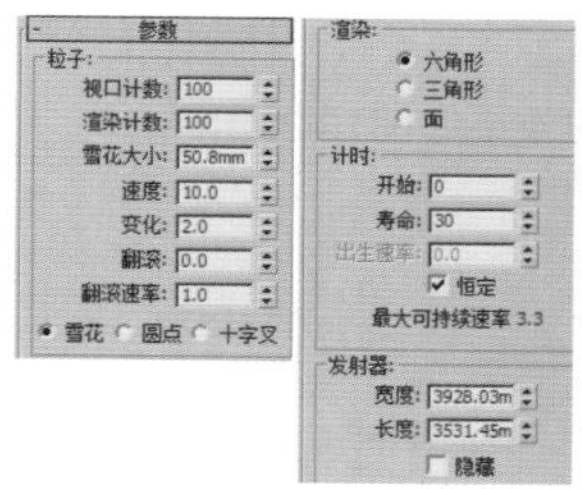

图16-21

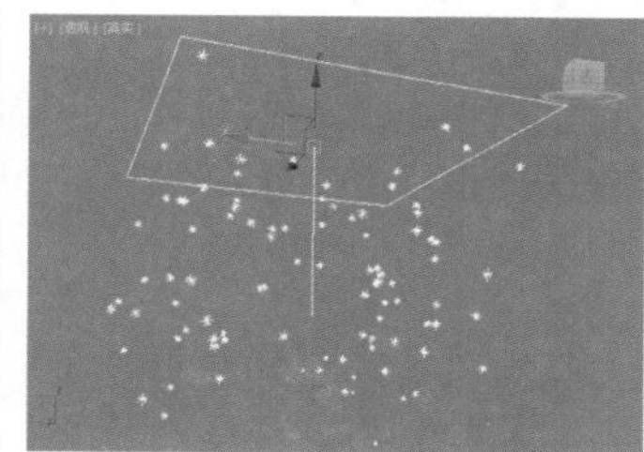

图16-22

实例：使用【雪】制作雪花飞舞

文件路径：Chapter 16 粒子系统与空间扭曲→实例：使用【雪】制作雪花飞舞

扫一扫，看视频

本例使用雪粒子制作雪花飞舞效果。最终渲染效果如图16-23所示。

图16-23

步骤01 打开本书场景文件，如图16-24所示。

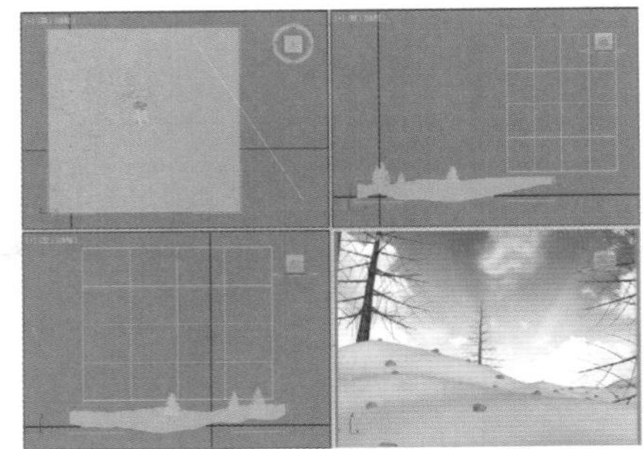

图16-24

步骤02 执行 （创建）|（几何体）| 粒子系统 | 雪 命令，如图16-25所示。在视图中拖拽创建一个雪粒子，如图16-26所示。

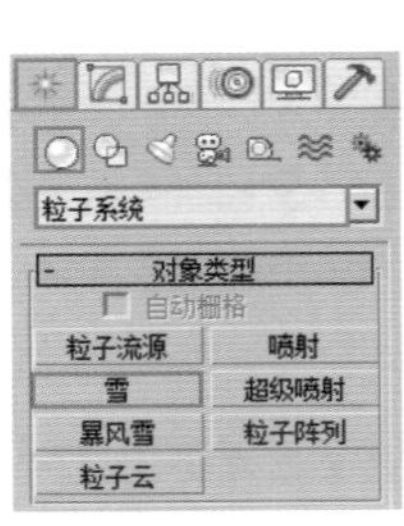

图16-25

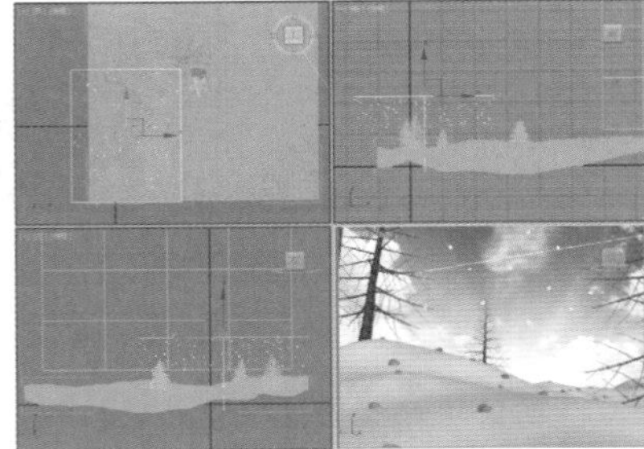

图16-26

步骤03 单击【修改】按钮，设置【视口计数】为5000,【渲染计数】为5000,【雪花大小】为1。【寿命】为66,【宽度】为460.002,【长度】为587.75，如图16-27所示。

步骤04 单击【选择并旋转】工具，沿Z轴旋转24度左右，如图16-28所示。

步骤05 拖动时间线滑块，得到的效果如图16-29所示。

步骤06 最终渲染效果如图16-30所示。

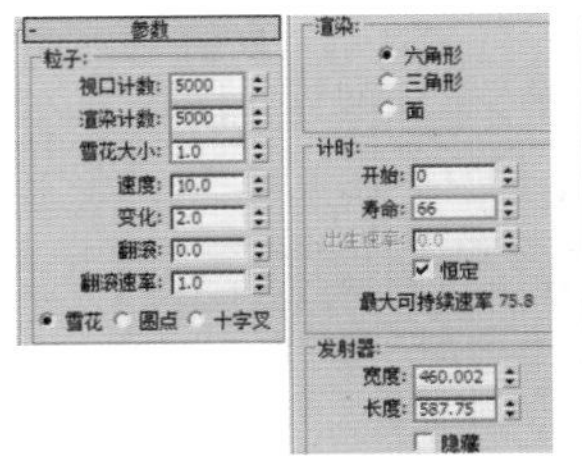

图16-27

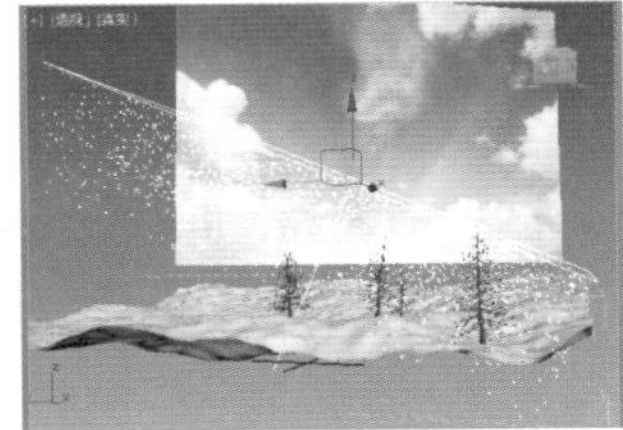

图16-28

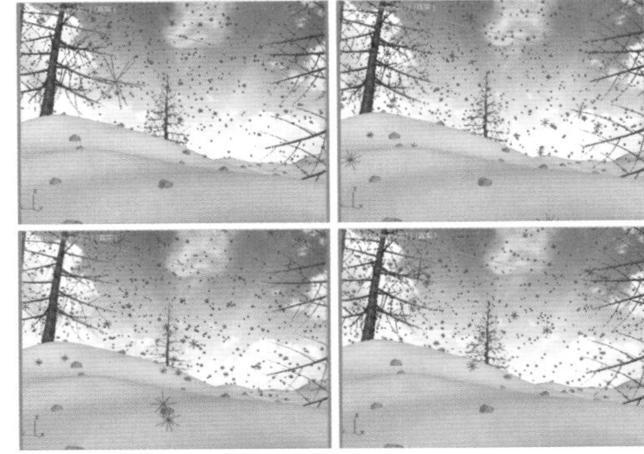

图16-29

图16-30

16.2.3 超级喷射

超级喷射可以使粒子由一个点向外发射粒子，常用于制作影视栏目包装动画、烟花、喷泉等效果。超级喷射是较为常用的粒子类型。如图16-31所示为参数面板，如图16-32所示为创建的超级喷射效果。

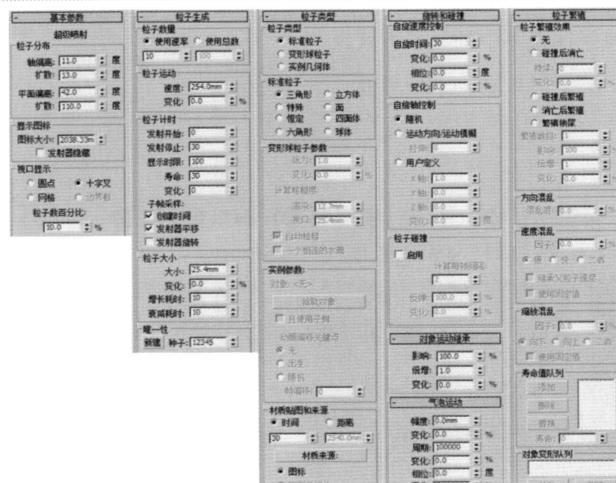

图16-31

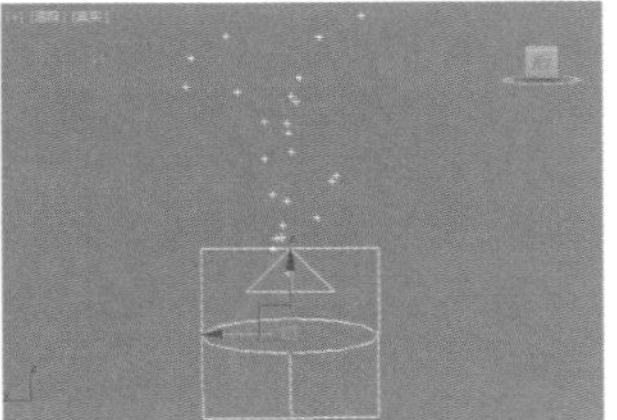

图16-32

1.基本参数

- 轴偏离/扩散/平面偏离/扩散：设置粒子产生的偏离和发散效果。如图16-33所示为4个参数设置前后的对比效果。

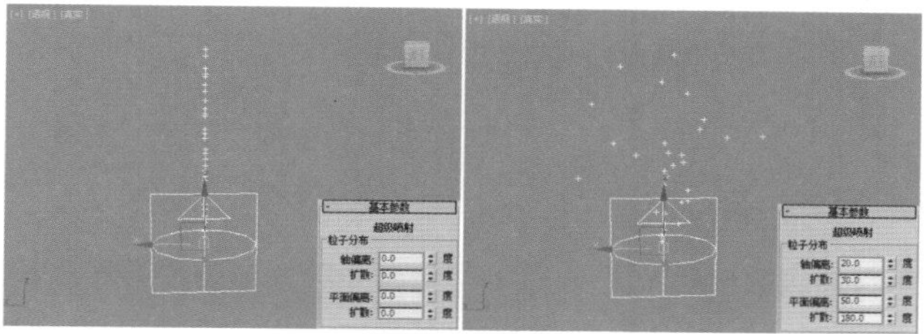

图16-33

- 图标大小：控制粒子图标大小。
- 视口显示：包括圆点、十字叉、网格、边界框4种显示效果（只是显示效果，与渲染无关）。
- 粒子数百分比：设置粒子在视图中显示的百分比。例如，设置为10%，则代表视图中看到的粒子数量是最终渲染的10%。如图16-34所示为设置该参数为10和100的对比效果。

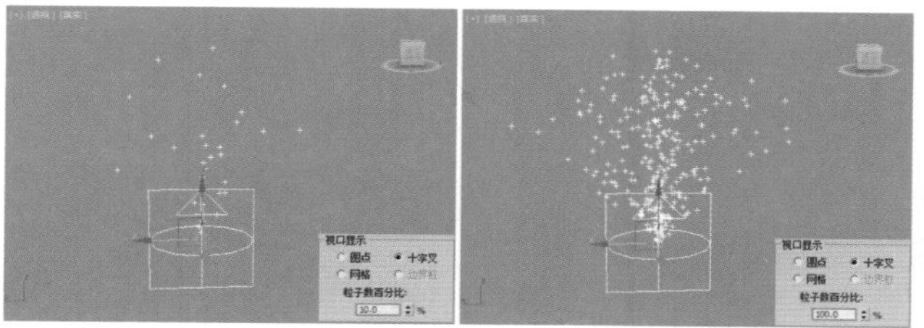

图16-34

2.粒子生成

- 使用速率：每一帧发射的固定粒子数，数值越大粒子数量越多。如图16-35所示为设置该参数为2和20的对比效果。

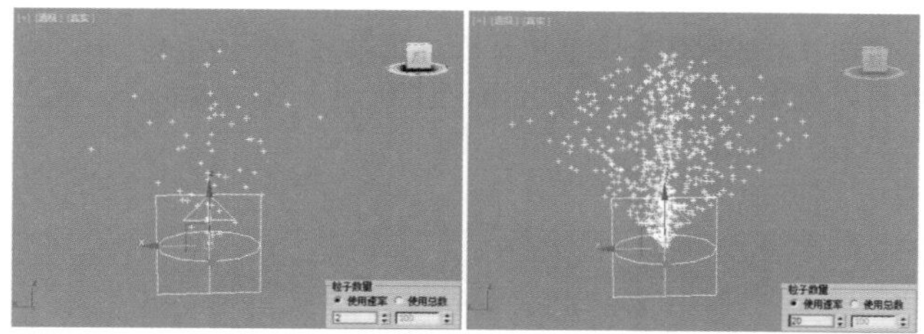

图16-35

- 使用总数：寿命范围内产生的总粒子数。
- 速度：设置粒子的发射速度。
- 变化：设置粒子的速度变化。
- 发射开始：设置粒子发射开始的时间。例如，第0帧时，设置【发射开始】为0和-30的对比效果如图16-36所示。所以要想在第0帧时就产生很多粒子，那么需要设置发射开始为负值。

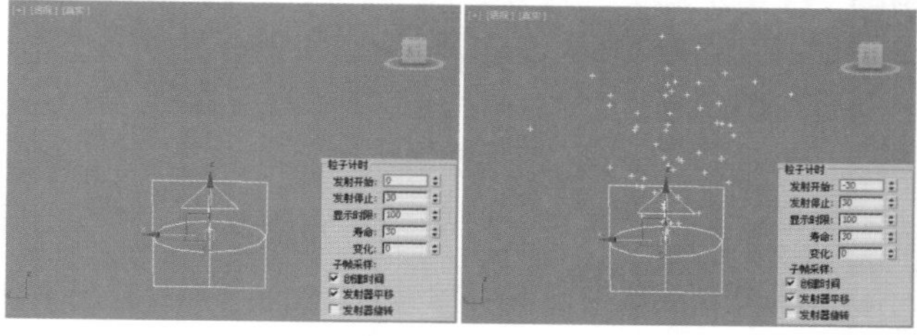

图16-36

- 发射停止：设置粒子发射停止的时刻。例如设置该数值为20，则代表最后一个粒子会在第20帧产生。
- 显示时限：设置所有粒子将要消失的帧。
- 大小：设置粒子的大小（当设置【视口显示】为【网格】时，设置【大小】参数才会看到变化）。如图16-37所示为设置【大小】为100和800的对比效果。

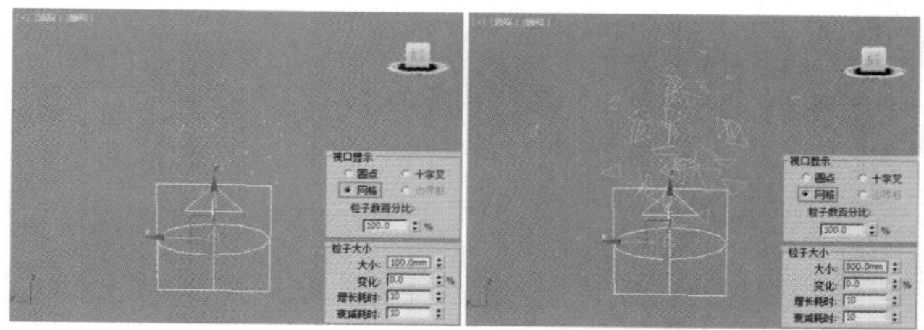

图16-37

- 变化：设置粒子的大小变化。

3.粒子类型

- 粒子类型：包括标准粒子、变形球粒子、实例几何体3种类型。例如，设置为【标准粒子】和【变形球粒子】时的对比效果如图16-38所示。

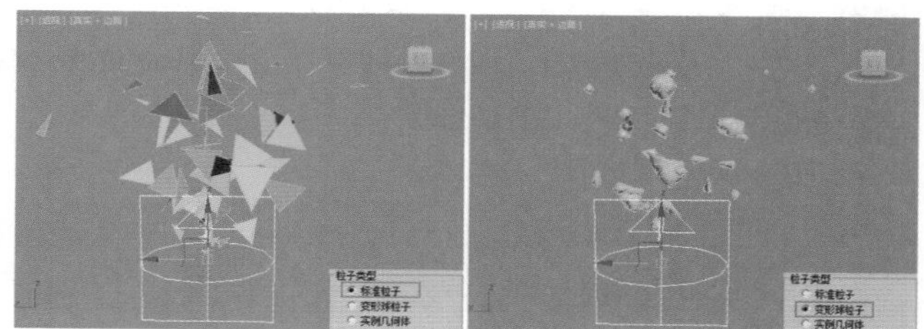

图16-38

- 标准粒子：包括三角形、立方体、特殊、面、恒定、四面体、六角形、球体8种形式。例如，设置为【立方体】和【球体】时的对比效果如图16-39所示。

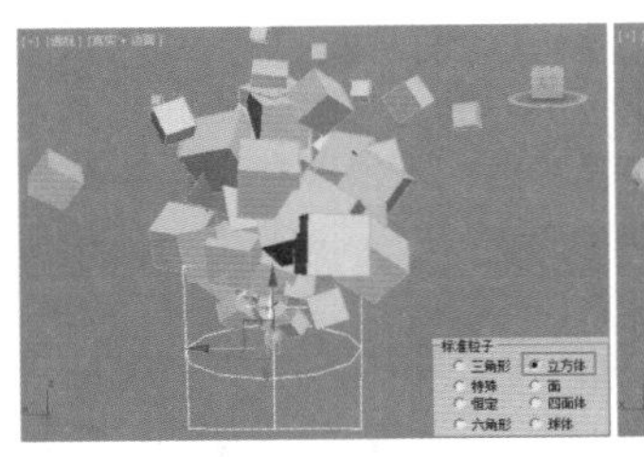

图16-39

- 张力：设置粒子之间的紧密度（当设置【粒子类型】为【变形球粒子】时，该参数有效）。
- 变化：设置张力变化的百分比。
- 拾取对象 按钮：单击该按钮可以在场景中选择要作为粒子使用的对象（当设置【粒子类型】为【实例几何体】时，该参数有效）。

轻松动手学：使用【超级喷射】“发射”大量茶壶

文件路径：Chapter 16 粒子系统与空间扭曲→轻松动手学：使用【超级喷射】“发射”大量茶壶

步骤 01 创建一个【超级喷射】和一个茶壶模型，如图16-40所示。

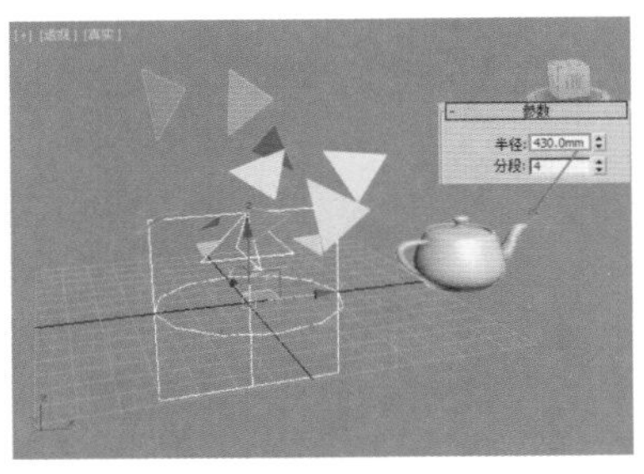

图16-40

步骤 02 选择【超级喷射】，单击【修改】按钮设置【轴偏离】【扩散】【平面偏离】【扩散】数值，并设置【视口显示】为【网格】，【粒子数百分比】为100，【粒子数量】为2，【粒子大小】为800。最后设置【粒子类型】为【实例几何体】，单击【拾取对象】按钮，并单击选择场景中的茶壶模型，如图16-41所示。

步骤 03 此时粒子已经发散出了茶壶模型效果，但是茶壶太大，如图16-42所示。

步骤 04 重新修改【粒子大小】为20，如图16-43所示。

步骤 05 最终效果如图16-44所示。

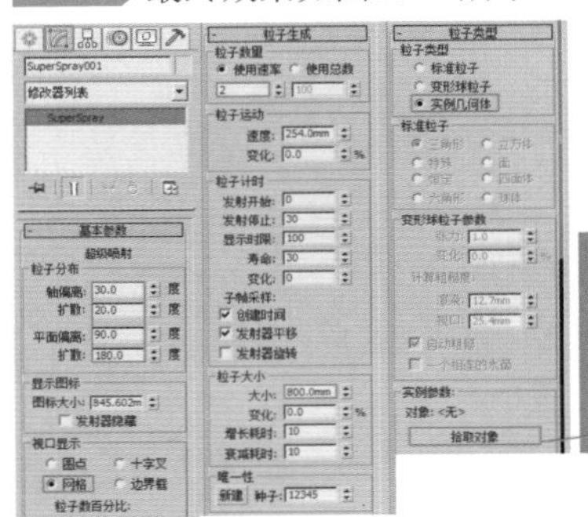

图16-41

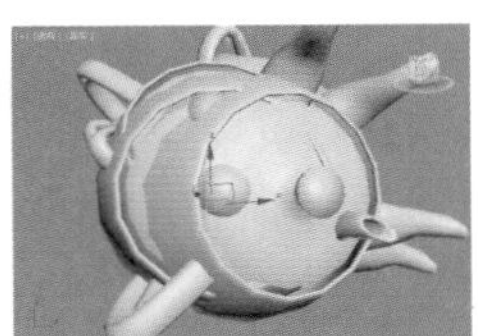

图16-42

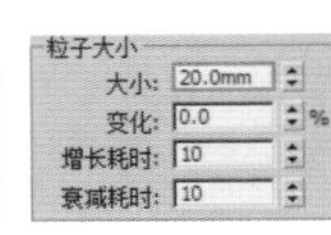

图16-43

图16-44

重点 实例：使用【超级喷射】制作电视栏目包装

扫一扫，看视频

文件路径：Chapter 16 粒子系统与空间扭曲→实例：使用【超级喷射】制作电视栏目包装

本例将使用超级喷射制作电视栏目包装，将超级喷射与重力进行绑定，使其产生粒子下落动画效果。最终渲染效果如图16-45所示。

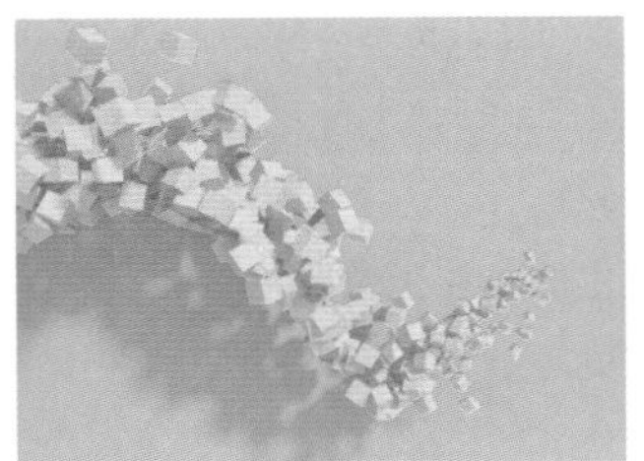

图16-45

步骤 01 执行（创建）|（几何体）| 粒子系统 | 超级喷射 命令，如图16-46所示。在视图中拖拽进行创建一个超级喷射粒子，如图16-47所示。

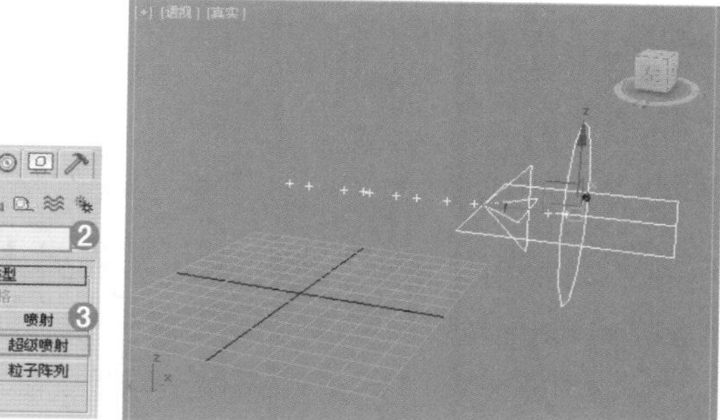

图16-46　　图16-47

步骤 02 单击【修改】按钮，设置【轴偏离】为10，【扩散】为20，【平面偏离】为40，【扩散】为90，【图标大小】为933.291mm，【视口显示】为【网格】，【粒子数百分比】为100，【粒子数量】为20，【粒子大小】为200mm，【标准粒子】为【立方体】，如图16-48所示。

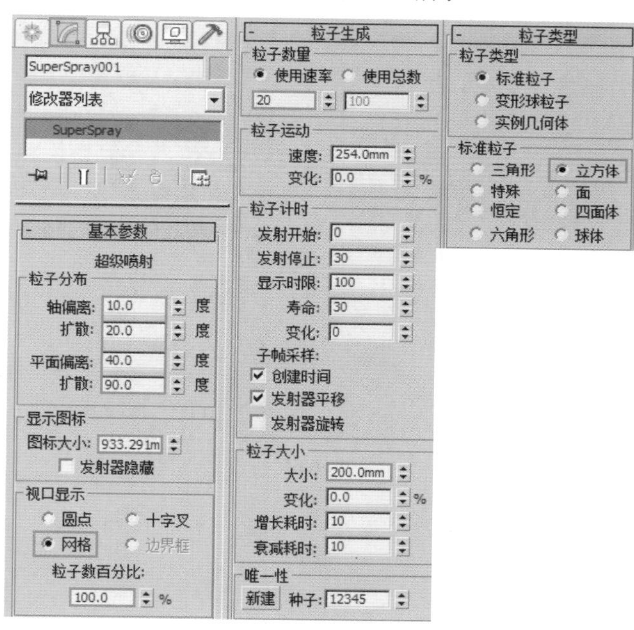

图16-48

步骤 03 拖动时间线滑块，得到的效果如图16-49和图16-50所示。

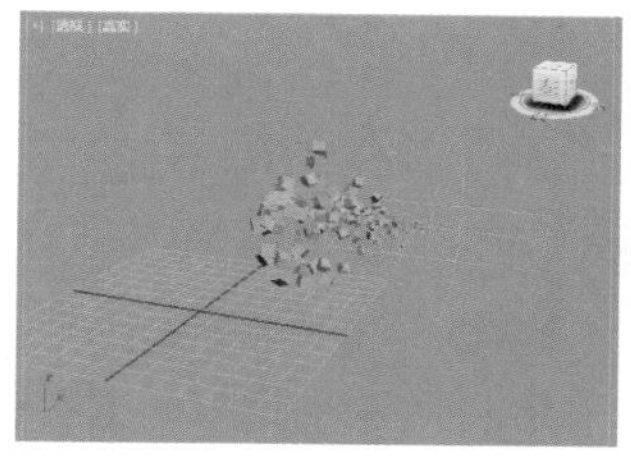

图16-49

图16-50

步骤 04 执行（创建）|（空间扭曲）|力 | 重力 命令，如图16-51所示。

步骤 05 在场景中拖动创建一个重力，如图16-52所示。

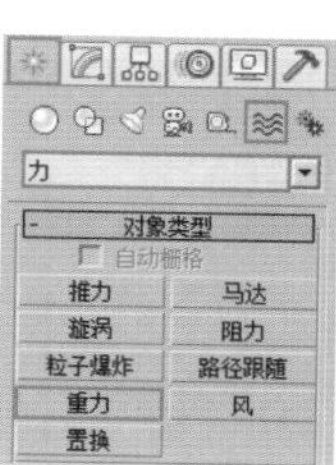

图16-51

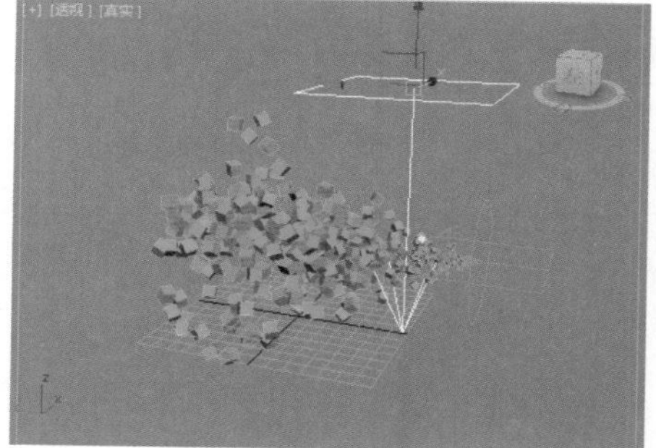

图16-52

步骤 06 单击【修改】按钮，设置【强度】为1，如图16-53所示。

步骤 07 单击主工具栏中的（绑定到空间扭曲）按钮，接着鼠标左键一直按下选中场景中的【重力】，并将其拖动到【超级喷射】上，然后松开鼠标左键，此时两者绑定成功，如图16-54所示。

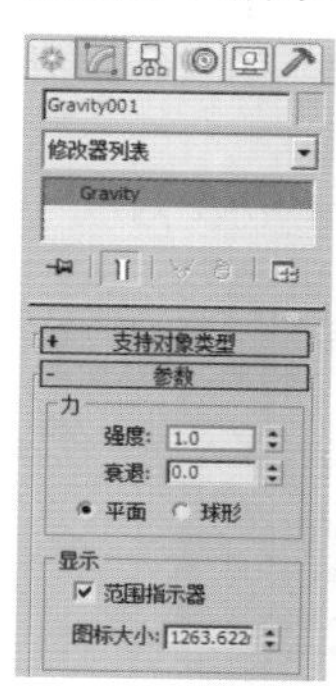

图16-53

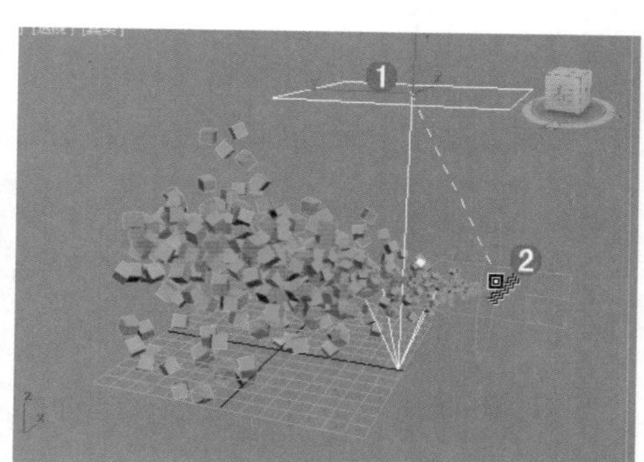

图16-54

提示：绑定到空间扭曲。

空间扭曲需要与粒子系统进行绑定才能使粒子系统产生作用力效果，否则两种将没有任何关系。

步骤 08 拖动时间线滑块，得到的效果如图16-55所示。

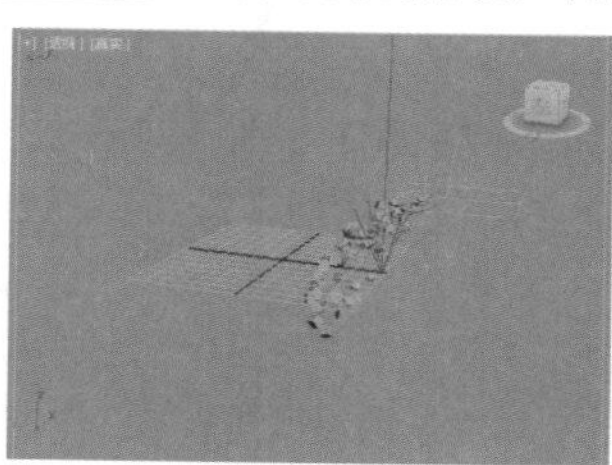

图16-55

步骤 09 执行（创建）（空间扭曲）| 导向器 | 导向板 命令，如图16-56所示。

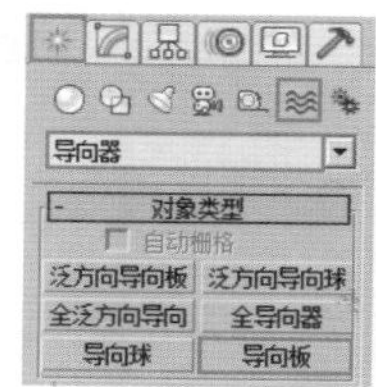

图16-56

步骤 10 在场景中拖动创建一个导向板，如图16-57所示。

步骤 11 单击【修改】按钮，设置【反弹】为1.3，如图16-58所示。

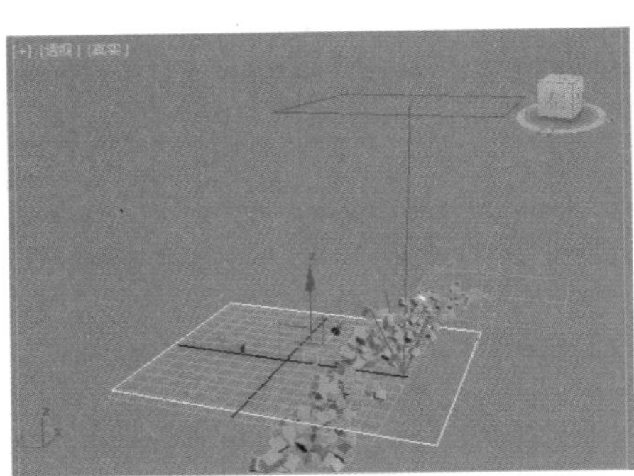

图16-57

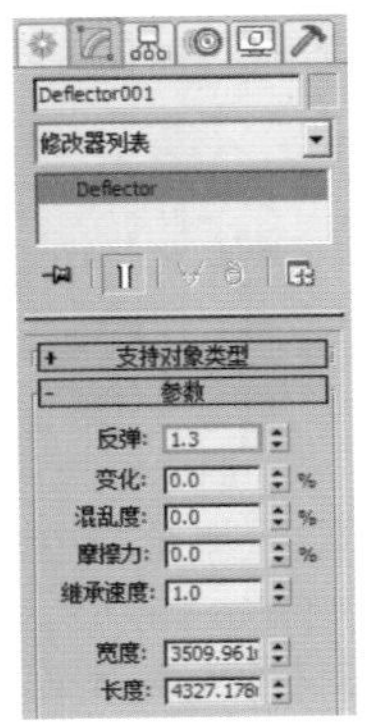

图16-58

步骤 12 单击主工具栏中的（绑定到空间扭曲）按钮，接着鼠标左键一直按下选中场景中的【超级喷射】，并将其拖动到【导向板】上，然后松开鼠标左键，此时两者绑定成功，如图16-59所示。

步骤 13 拖动时间线滑块，得到的效果如图16-60所示。

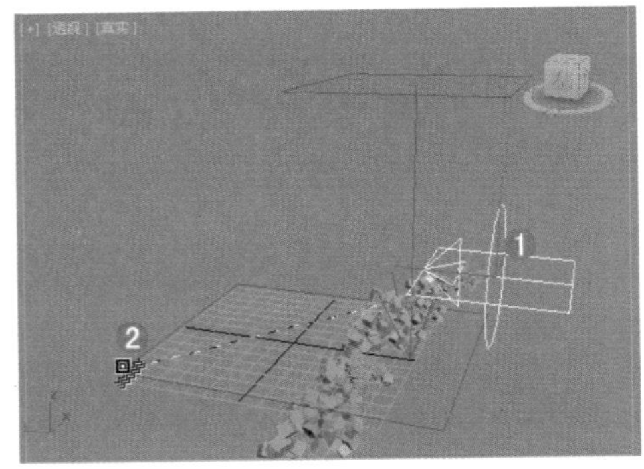

图16-59

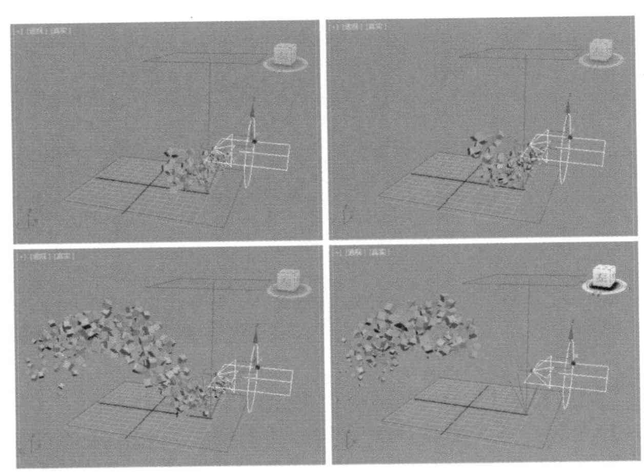

图16-60

步骤 14 最终渲染效果如图16-61所示。

图16-61

实例：使用【超级喷射】制作超酷液体流动

扫一扫，看视频

文件路径：Chapter 16 粒子系统与空间扭曲→实例：使用【超级喷射】制作超酷液体流动

本例将使用超级喷射制作超酷液体流动动画，使超级喷射粒子与三维文字产生碰撞（需要借助全导向器），从而制作真实的液体动画。最终渲染效果如图16-62所示。

图16-62

步骤 01 打开本书场景文件，如图16-63所示。

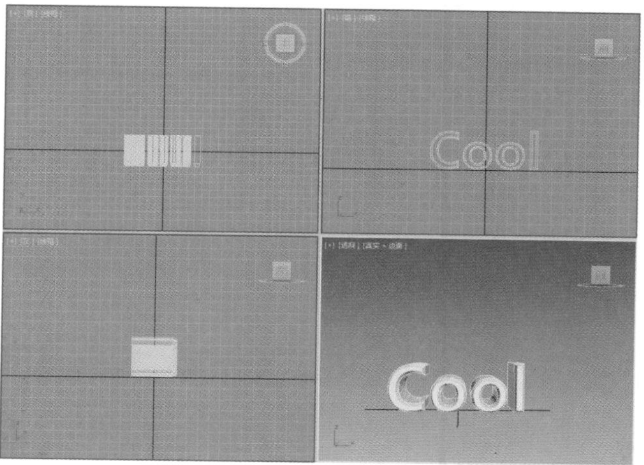

图16-63

步骤 02 执行（创建）|（几何体）|粒子系统|超级喷射命令，如图16-64所示。在视图中拖拽进行创建一个超级喷射粒子，如图16-65所示。

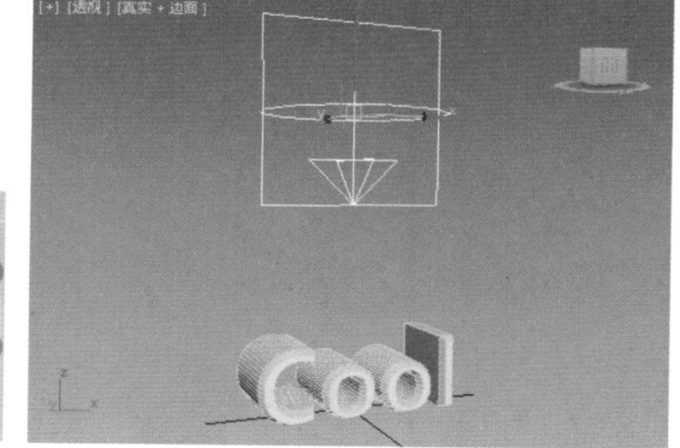

图16-64　图16-65

步骤 03 单击【修改】按钮，设置【轴偏离】为4，【扩散】为15，【平面偏离】为50，【扩散】为180。设置【图标大小】为1156.957mm，【视口显示】为【网格】，【粒子数百分比】为100。设置【发射停止】为50，【寿命】为50。设置【粒子大小】为500mm，【变化】为10。设置【粒子类型】为【变形球粒子】，如图16-66所示。

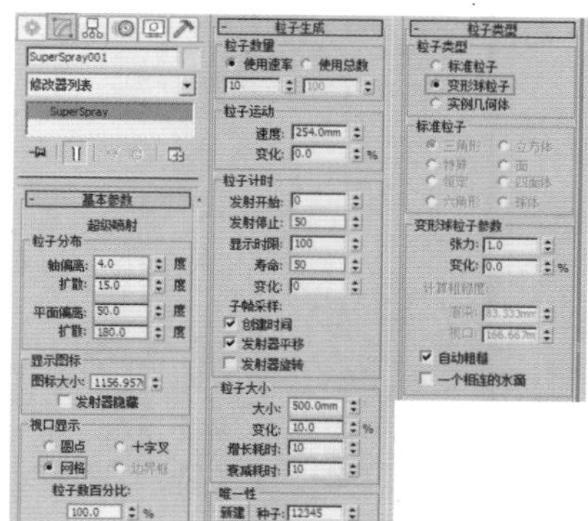

图16-66

步骤 04 拖动时间线滑块，得到的效果如图16-67和图16-68所示。

图16-67

图16-68

步骤 05 执行（创建）|（空间扭曲）|导向器|导向板命令，如图16-69所示。

步骤 06 在场景中拖动创建一个导向板，如图16-70所示。

步骤 07 单击【修改】按钮，设置【反弹】为0.01，【宽度】为6000mm，【长度】为6000mm，如图16-71所示。

图16-69

图16-70

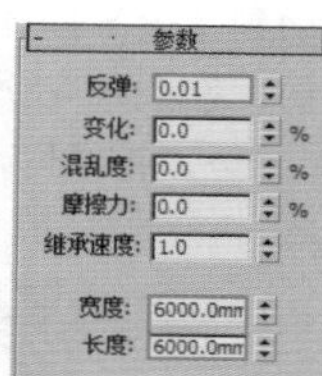

图16-71

提示：导向板的作用。

本例中导向板将起到碰撞的作用，粒子碰撞到导向板将产生碰撞或反弹或静止，从而可以模拟弹起的小球、水流溅起等效果。

步骤 08 单击主工具栏中的（绑定到空间扭曲）按钮，接着鼠标左键一直按下选中场景中的【超级喷射】，并将其拖动到【导向板】上，然后松开鼠标左键，此时两者绑定成功，如图16-72所示。

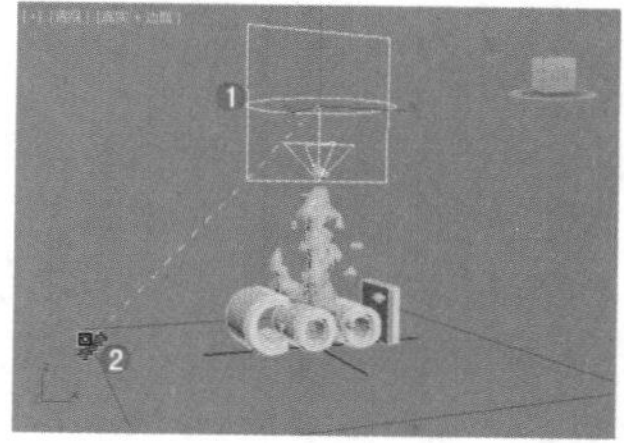

图16-72

步骤 09 拖动时间线滑块，得到的效果如图16-73和图16-74所示。

图16-73

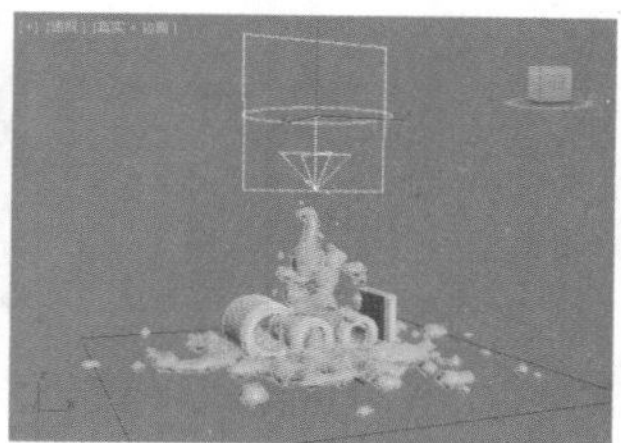

图16-74

步骤 10 执行（创建）|（空间扭曲）|导向器|全导向器命令，如图16-75所示。

步骤 11 在场景中拖动创建一个全导向器，如图16-76所示。

图16-75

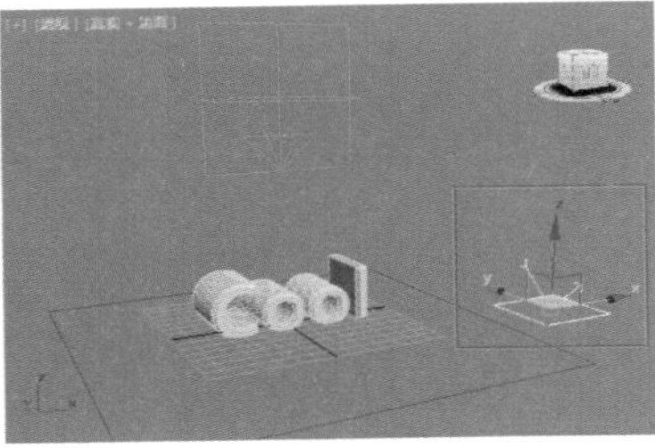

图16-76

步骤 12 单击【修改】按钮，单击 拾取对象 按钮，并单击拾取场景中的文字模型，接着设置【反弹】为0.02，如图16-77所示。

步骤 13 单击主工具栏中的（绑定到空间扭曲）按钮，接着鼠标左键一直按下选中场景中的【超级喷射】，并将其拖动到【全导向器】上，然后松开鼠标左键，此时两者绑定成功，如图16-78所示。

步骤 14 拖动时间线滑块，得到的效果如图16-79所示。

步骤 15 最终渲染效果如图16-80所示。

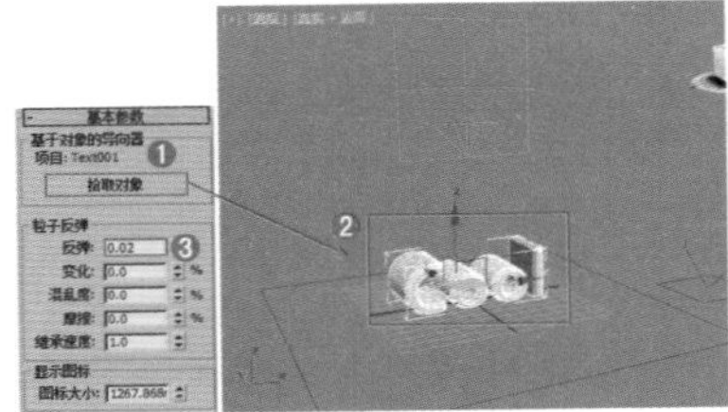

图16-77

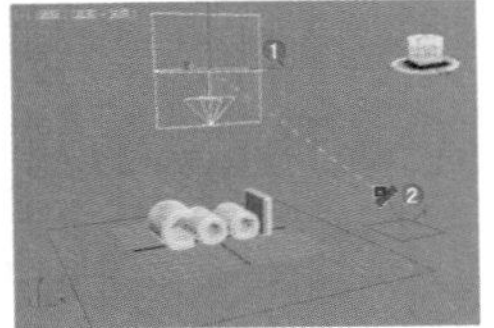

图16-78

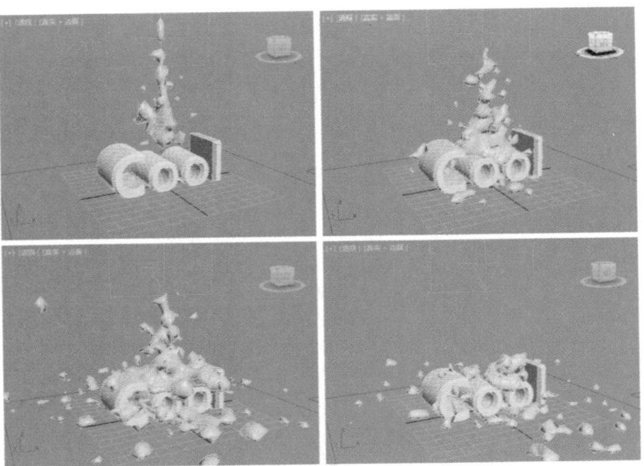

图16-79

图16-80

16.2.4 粒子流源

粒子流源通过设置不同的事件，使粒子产生更丰富的效果。粒子流源功能非常强大，但是相对较难。通常使用粒子流源制作影视栏目包装动画、影视动画等。如图16-81所示为参数面板，如图16-82所示为创建的粒子流源效果。

图16-81

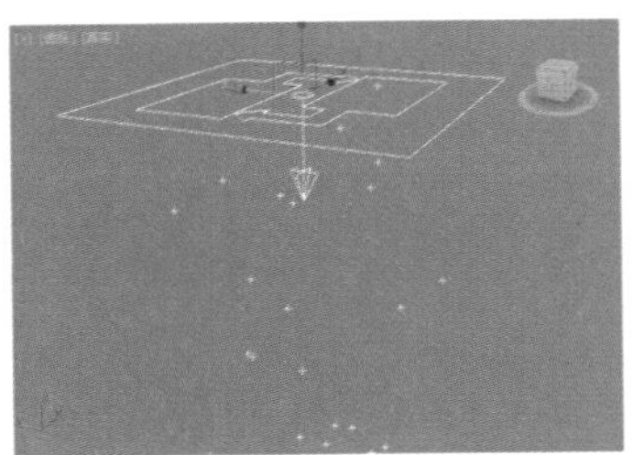

图16-82

1.设置

【设置】卷展栏中可以单击【粒子视图】，粒子流源中几乎所有的操作都在这里完成。

- 启用粒子发射：控制是否开启粒子系统。
- 粒子视图 按钮：单击该按钮可以打开【粒子视图】窗口，粒子流源的设置都在该窗口中进行，如图16-83所示。

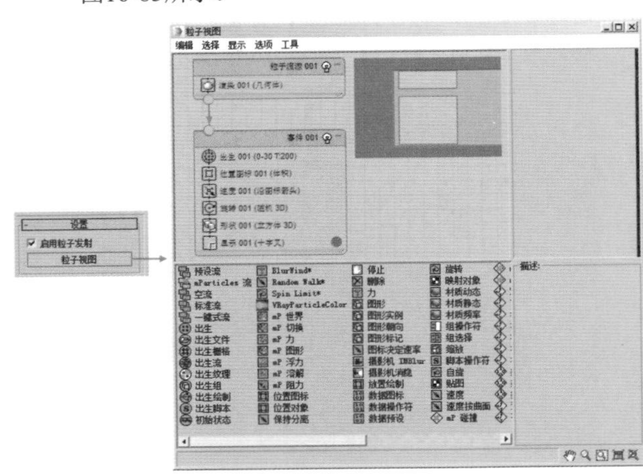

图16-83

2.发射

【发射】卷展栏用来设置粒子流源的基本操作，如徽标大小、长度、宽度等。

- 徽标大小：用来设置粒子流中心徽标的尺寸，其大小对粒子的发射没有任何影响。
- 图标类型：控制粒子的徽标形状，包括【长方形】【长方体】【圆形】和【球体】4种方式。
- 长度/宽度/高度：控制发射器的长度/宽度/高度数值。
- 显示：控制是否显示徽标和图标。
- 视口%/渲染%：设置视图显示/最终渲染的粒子数量。

实例：使用【粒子流源】制作字母满天飞

文件路径：Chapter 16 粒子系统与空间扭曲→实例：使用【粒子流源】制作字母满天飞

扫一扫，看视频

本例讲解了使用粒子流源制作字母满天飞。粒子流源是比较难的粒子类型，本例将通过修改参数设置出一个有趣的动画。最终渲染效果如图16-84所示。

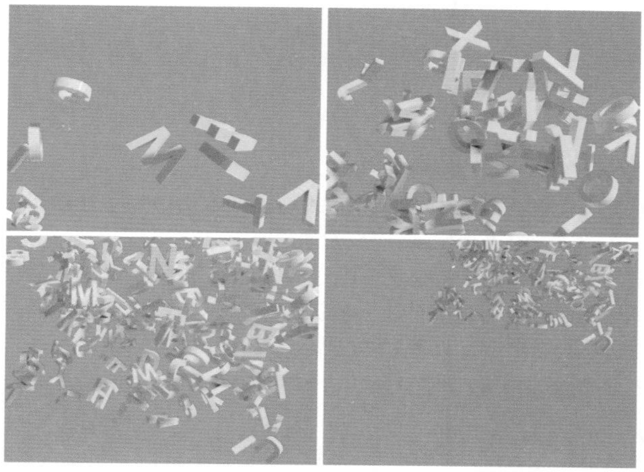

图16-84

步骤 01 执行（创建）|（几何体）|粒子系统|粒子流源命令。在视图中拖动创建一个【粒子流源】，如图 16-85 所示。

步骤 02 单击【修改】按钮，设置【徽标大小】为 1800mm，【长度】为 2000mm，【宽度】为 3000mm，如图 16-86 所示。

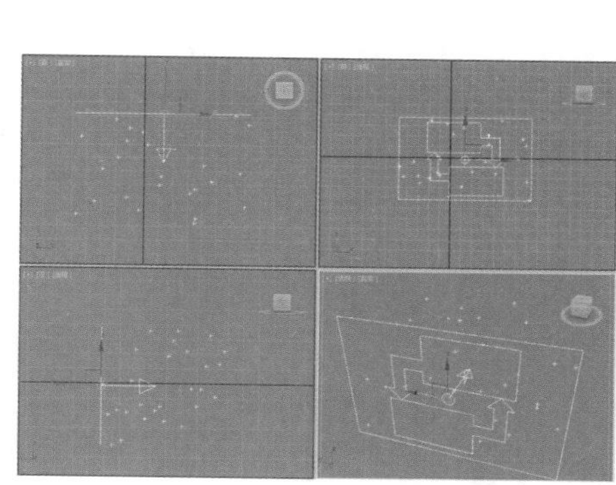

图16-85

图16-86

步骤 03 单击【速度 001】，设置【速度】为 2000mm，如图 16-87 所示。

步骤 04 单击【形状 001】，设置 3D 方式为【字母 Arial】，如图 16-88 所示。

步骤 05 单击【显示001】，设置【类型】为【几何体】，如图16-89所示。

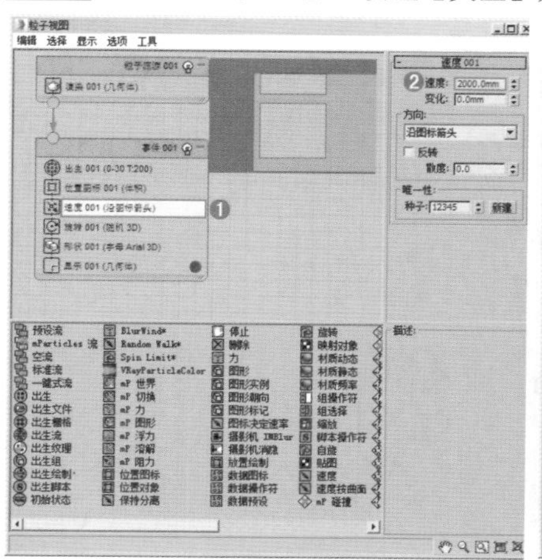

图16-87

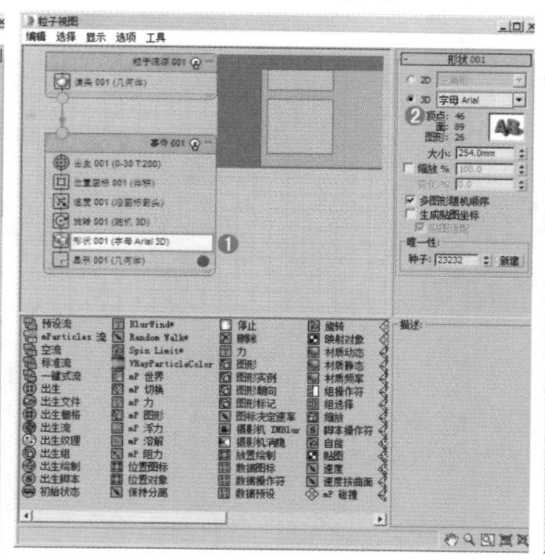

图16-88

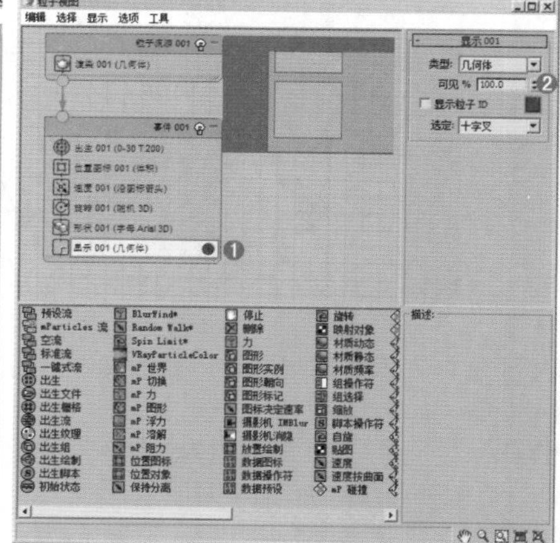

图16-89

步骤 06 拖动时间线滑块，得到的效果如图16-90所示。

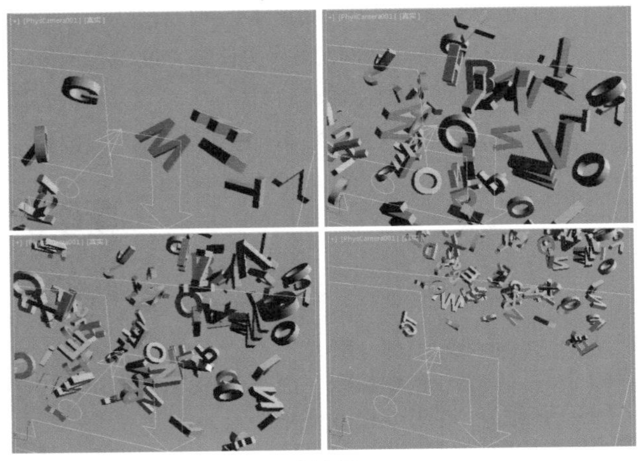

图16-90

步骤 07 最终渲染效果如图16-91所示。

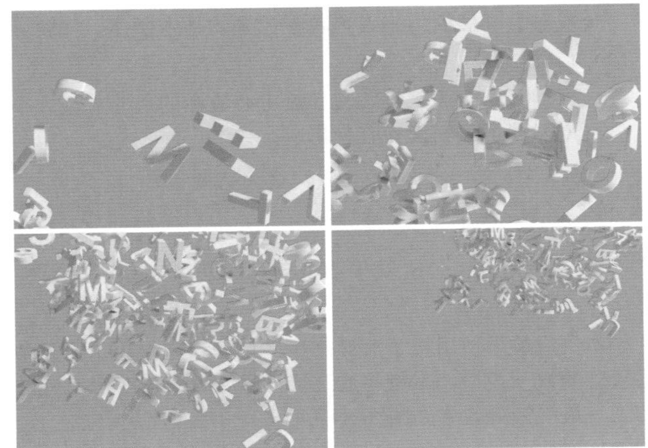

图16-91

实例：使用【粒子流源】制作糖果广告

扫一扫，看视频

文件路径：Chapter 16 粒子系统与空间扭曲→实例：使用【粒子流源】制作糖果广告

粒子流源不仅可以用于电视栏目包装，还经常应用于广告设计以模拟大量产品的动画。本例中为了让粒子产生下落效果、碰撞地面效果，因此也使用了重力、导向板。最终渲染效果如图16-92所示。

图16-92

步骤 01 打开本书场景文件，如图16-93所示。

步骤 02 执行 （创建）|（几何体）| 粒子系统 | 粒子流源 命令。在产品包装袋内部创建一个粒子流源，如图16-94所示。

步骤 03 单击【修改】按钮，设置【徽标大小】为800mm，【长度】为4000mm，【宽度】为500mm，如图16-95所示。

步骤 04 单击【修改】按钮，在【修改】面板中单击 粒子视图 按钮，在弹出的对话框中右击【形状001】，在弹出的快捷菜单中选择【删除】命令（由于后面需要设置类型为几何体，并修改发射粒子为糖果模型，所以要删除此选项），如图16-96所示。

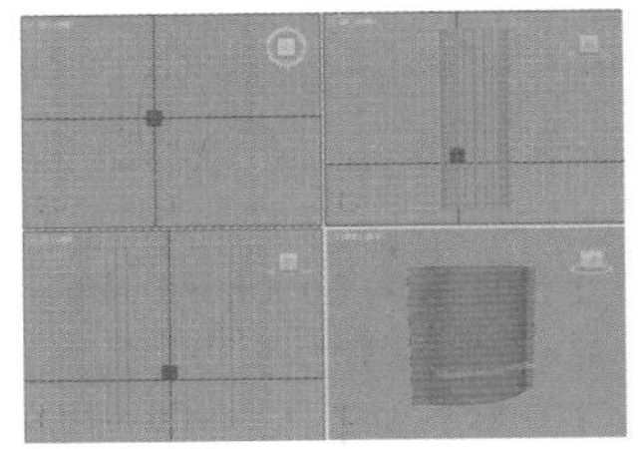

图16-93　　图16-94

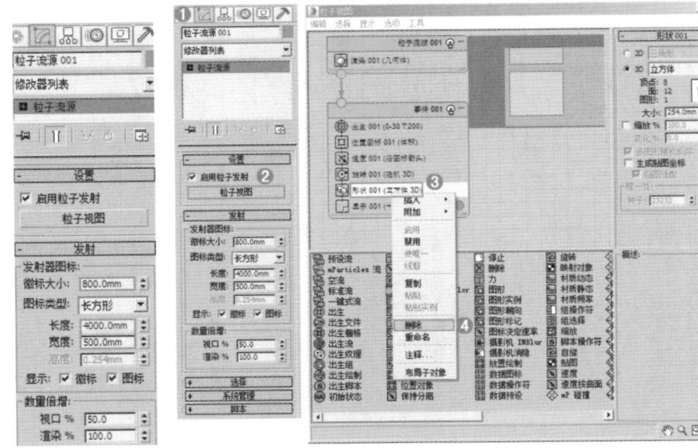

图16-95　　图16-96

步骤 05 单击【出生 001】，并设置【数量】为 160，如图 16-97所示。

步骤06 单击【显示001】，并设置【类型】为【几何体】，如图16-98所示。

步骤07 在下方的列表中选择【图形实例】，并将其拖动到事件001的最下方，如图16-99所示。

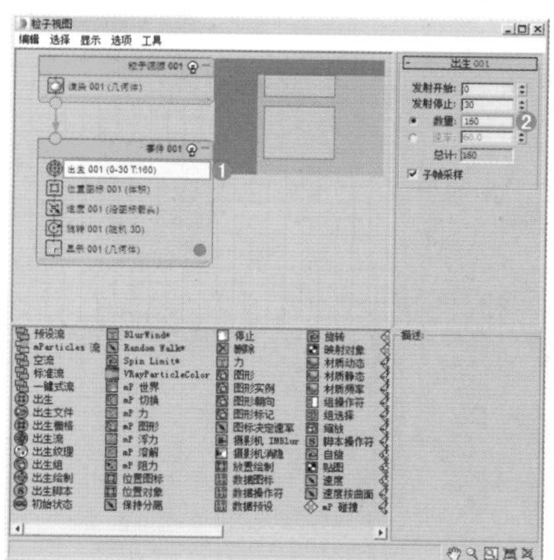

图16-97

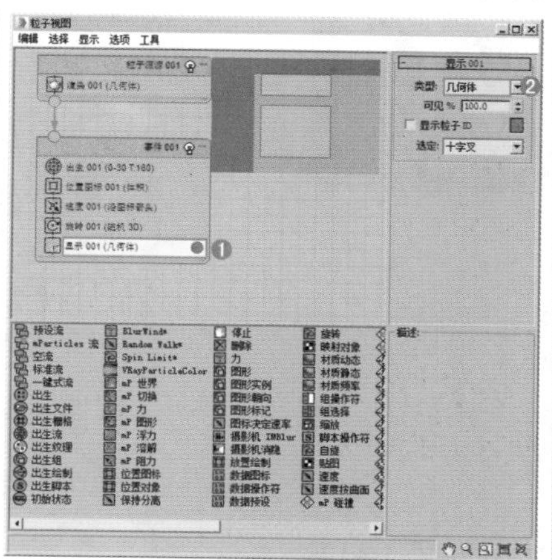

图16-98

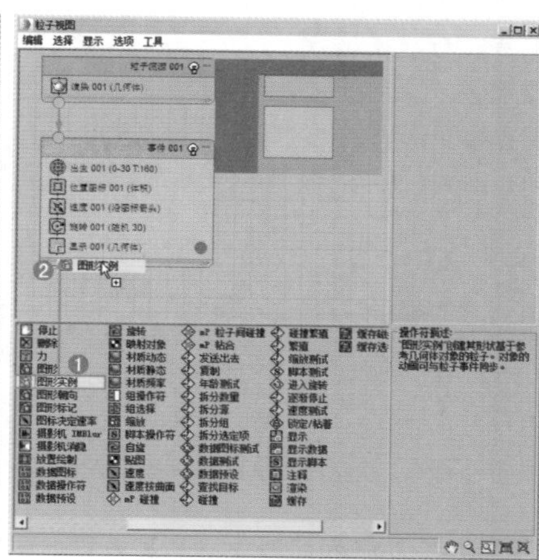

图16-99

步骤08 选择事件001中的【图形实例001】，单击【粒子几何体对象】下的按钮，然后单击拾取场景中的方形糖果模型，如图16-100所示。

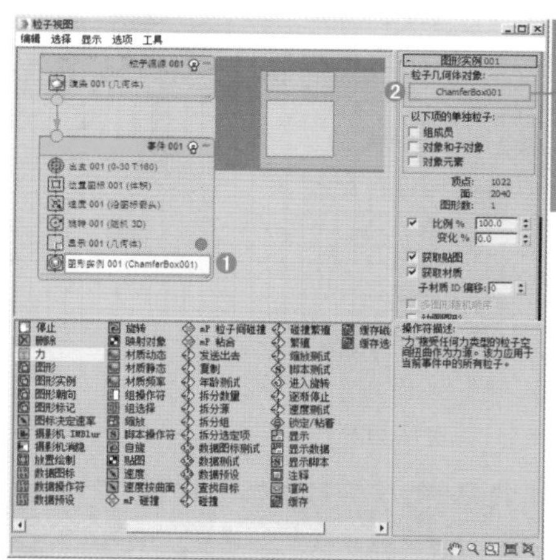

图16-100

步骤09 拖动时间线滑块，此时动画效果如图16-101和图16-102所示。

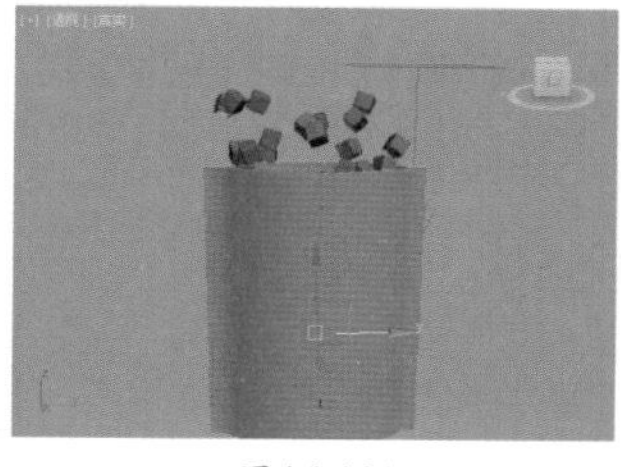

图16-101

图16-102

步骤10 执行（创建）|（空间扭曲）|力|重力命令，如图16-103所示。

步骤11 在场景中拖动创建一个重力，如图16-104所示。

步骤12 单击【修改】按钮，设置【强度】为0.15，【图标大小】为1576.74，如图16-105所示。

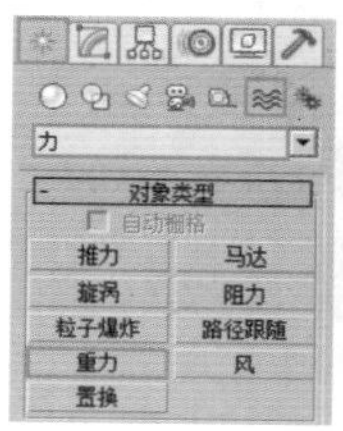

图16-103

图16-104

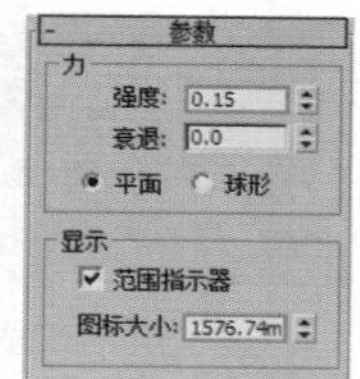

图16-105

步骤13 继续进入【粒子流源】中的【粒子视图】，在下方的列表中选择【力】，并将其拖动到事件001的最下方，如图16-106所示。

步骤14 选择事件001中的【力001】，单击【添加】按钮，然后单击拾取场景中的【重力】，如图16-107所示。

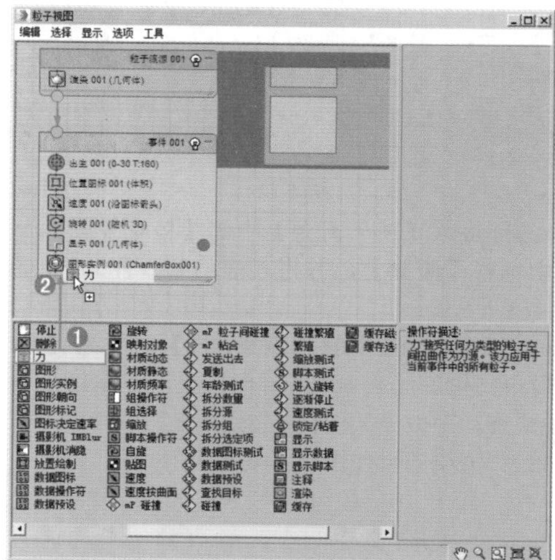

图16-106

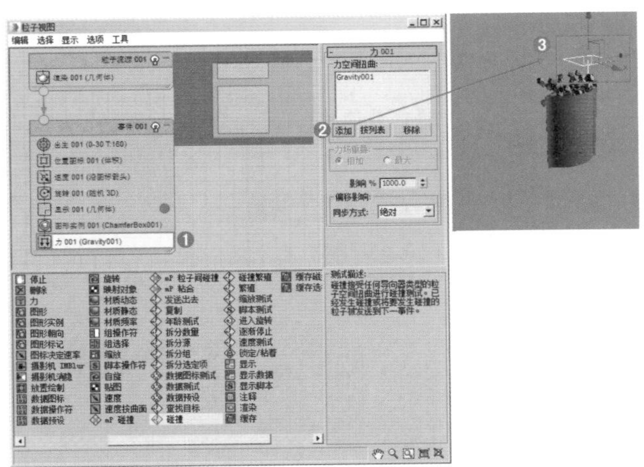

图16-107

步骤 15 拖动时间线滑块，动画效果如图16-108和图16-109所示。

图16-108

图16-109

步骤 16 执行（创建）|（空间扭曲）|导向器 | 导向板 命令，如图16-110所示。

步骤 17 在场景中拖动创建一个导向板，如图16-111所示。

步骤 18 单击【修改】按钮，设置【反弹】为0.1，【宽度】为15000，【长度】为15000，如图16-112所示。

图16-110

图16-111

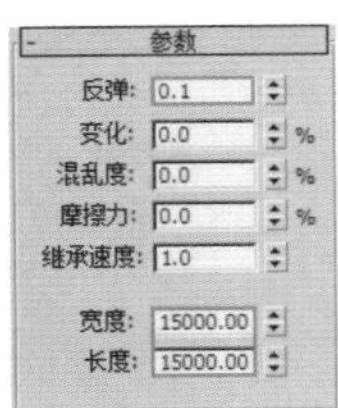

图16-112

步骤 19 继续进入【粒子流源】中的【粒子视图】，在下方的列表中选择【碰撞】，并将其拖动到事件001的最下方，如图16-113所示。

步骤 20 选择事件001中的【碰撞001】，单击【添加】按钮，然后单击拾取场景中的【导向板】，如图16-114所示。

步骤 21 最终动画效果如图16-115所示。

步骤 22 最终渲染效果如图16-116所示。

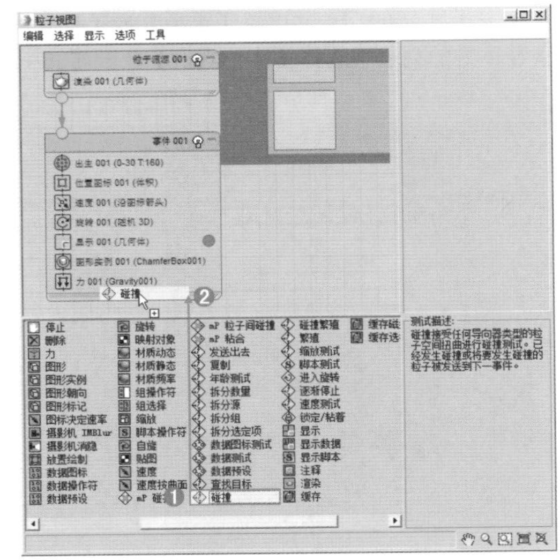

图16-113

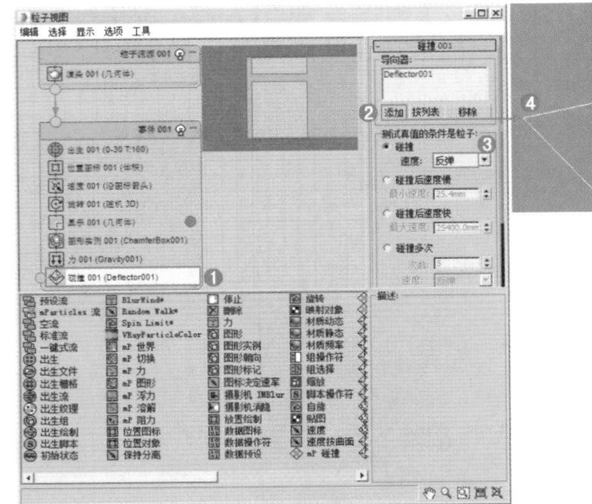

图16-114

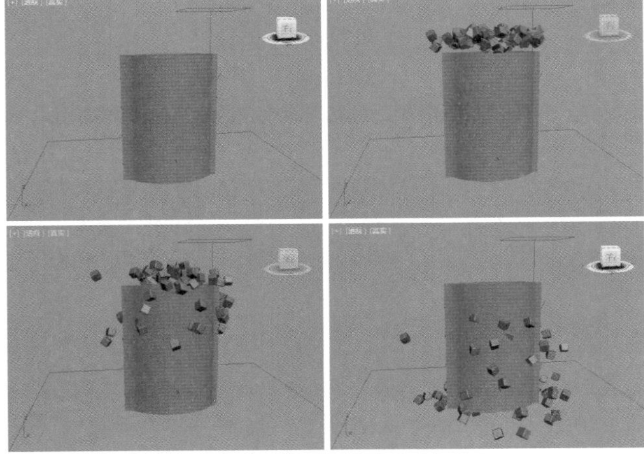

图16-115

图16-116

实例：使用【粒子流源】制作绚烂烟火

扫一扫，看视频

文件路径：Chapter 16 粒子系统与空间扭曲→实例：使用【粒子流源】制作绚烂烟火

本例将使用粒子流源制作绚烂烟花，制作难点比较大，主要应用了关键帧动画、粒子流源、导向板等技术。最终渲染效果如图16-117所示。

图16-117

步骤01 打开本书场景文件，如图16-118所示。

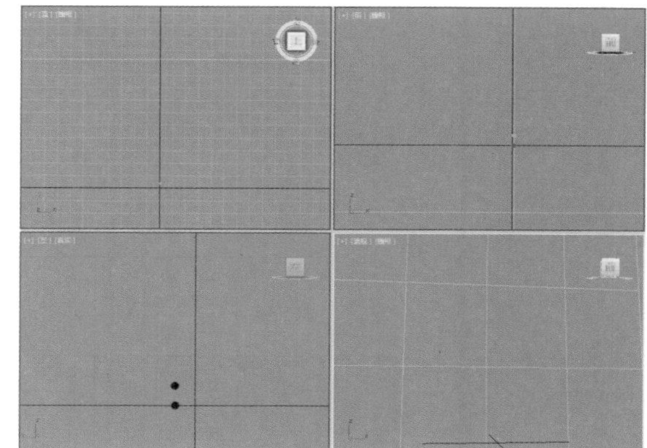

图16-118

步骤02 拖动时间线，可以看到两个小球出现了上升的动画，如图16-119和图16-120所示。

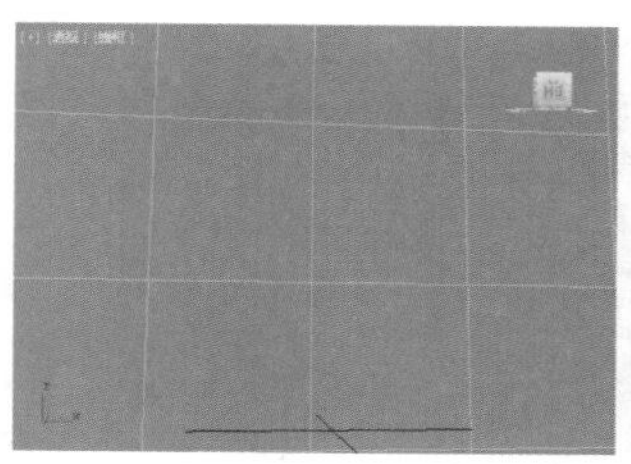

图16-119

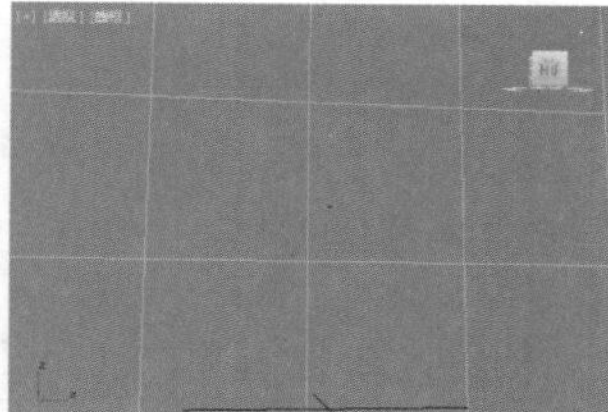

图16-120

步骤03 执行（创建）|（几何体）|粒子系统|粒子流源命令，在场景中创建一个粒子流源，如图16-121所示。

步骤04 单击【修改】按钮，设置【徽标大小】为1925.801mm，【长度】为2356.45mm，【宽度】为2135.932mm，如图16-122所示。

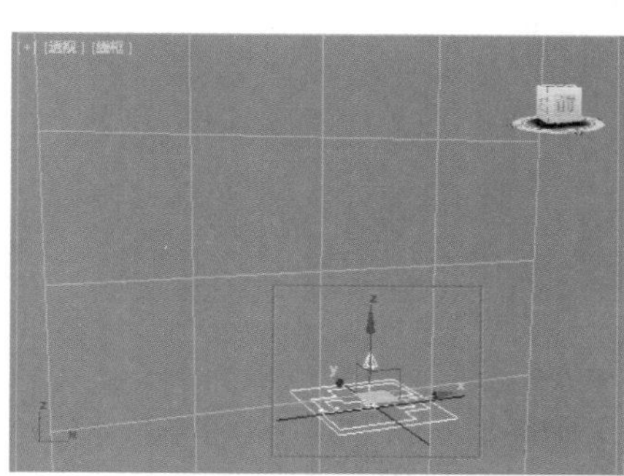

图16-121

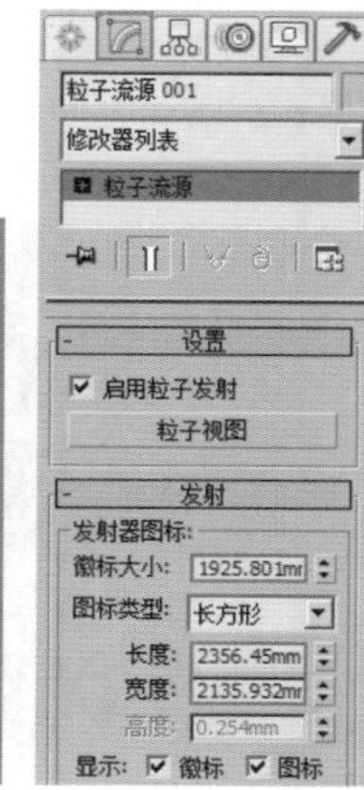

图16-122

步骤05 单击【修改】按钮，在【修改】面板中单击粒子视图按钮，在弹出的对话框中单击【出生001】，设置【发射停止】为0，【数量】为10000，如图16-123所示。

步骤06 单击【形状001】，设置3D方式为【80面球体】，【大小】为20mm，如图16-124所示。

步骤07 单击【显示001】，设置【类型】为【几何体】，如图16-125所示。

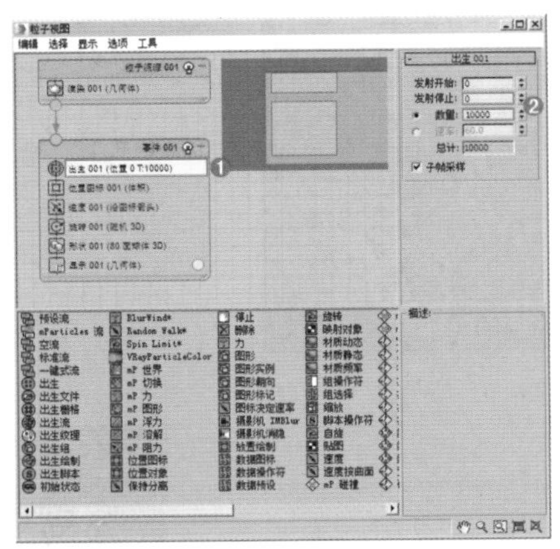

图16-123

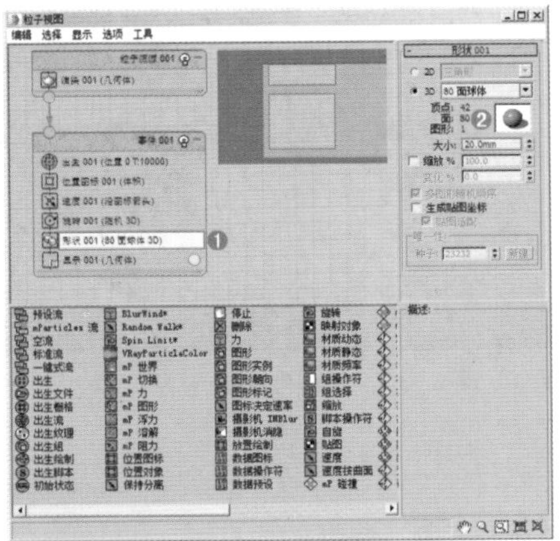

图16-124

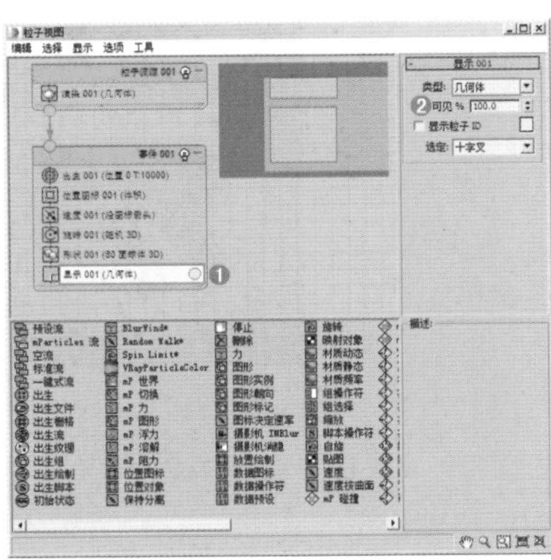

图16-125

步骤 08 继续进入【粒子流源】中的【粒子视图】，在下方的列表中选择【位置对象】，并将其拖动到事件001的最下方，如图16-126所示。

步骤 09 选择事件001中的【位置对象001】，单击【添加】按钮，然后单击拾取场景中的黄色小球Sphere001，如图16-127所示。

图16-126

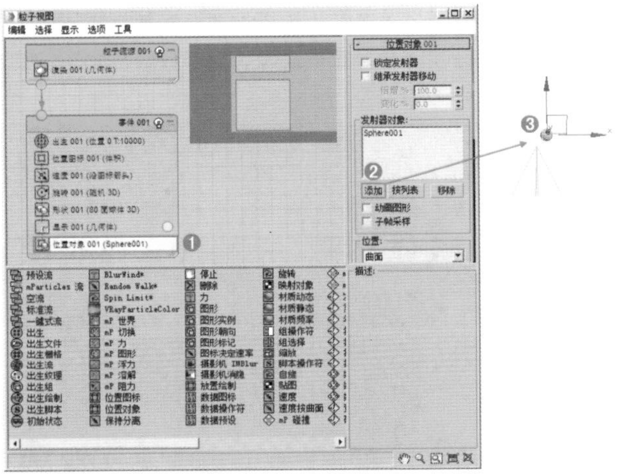

图16-127

步骤 10 拖动时间线可以看到许多粒子以球体的形态出现了上升的动画，如图16-128和图16-129所示。

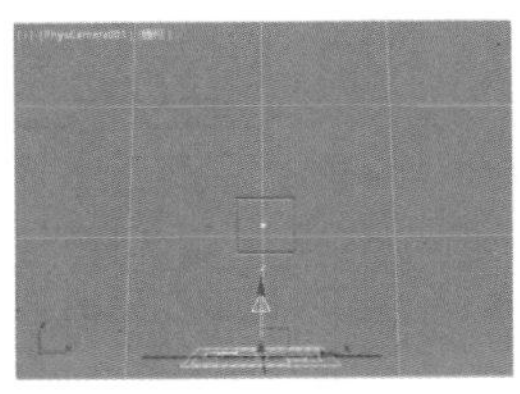

图16-128 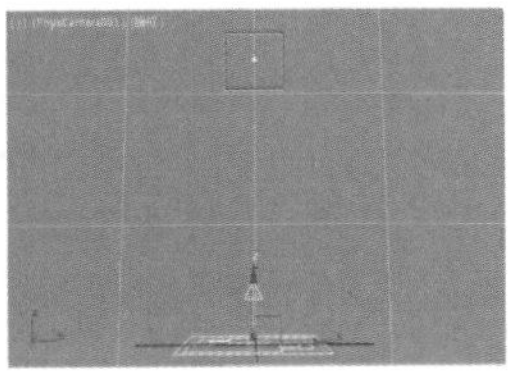　图16-129

步骤 11 执行（创建）|（空间扭曲）|导向器|导向板命令，如图16-130所示。

步骤 12 在场景的上方创建一个【导向板】，如图16-131所示。

步骤 13 单击【修改】按钮，设置【反弹】为1，【宽度】为4821.695mm，【长度】为4592.09mm，如图16-132所示。

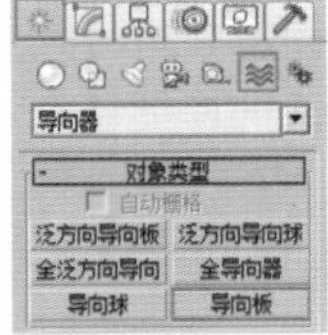

图16-130

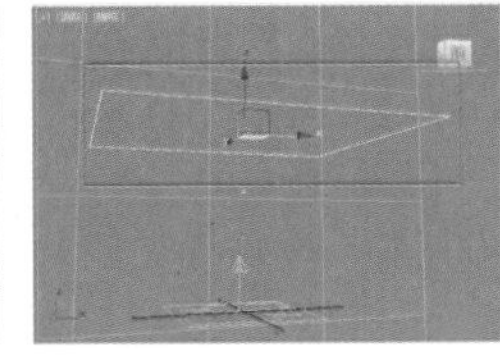

图16-131

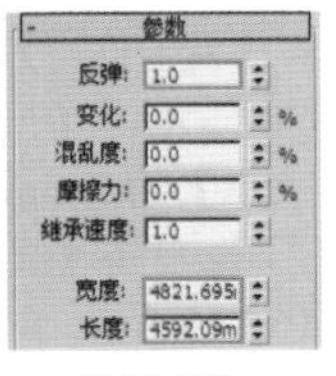

图16-132

步骤 14 继续进入【粒子流源】中的【粒子视图】，在下方的列表中选择【碰撞】，并将其拖动到事件001的最下方，如图16-133所示。

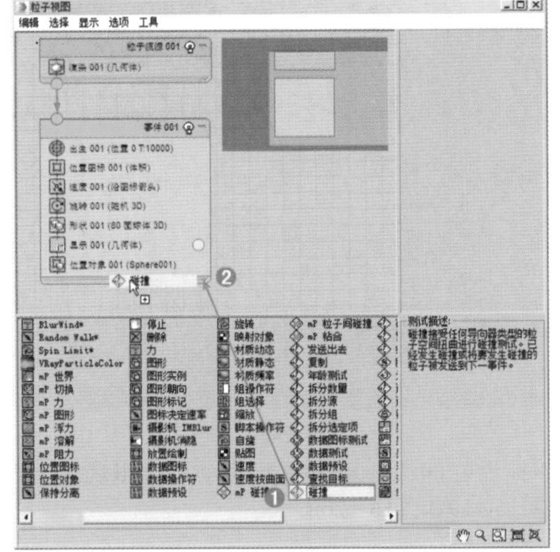

图16-133

步骤 15 选择事件 001 中的【碰撞 001】，单击【添加】按钮，单击拾取场景中的【导向板】，最后设置【速度】为【随机】，如图 16-134 所示。

步骤 16 拖动时间线滑块，得到的效果如图16-135和图16-136所示。

步骤 17 继续使用同样的方法制作另外一个烟花爆竹效果，如图16-137和图16-138所示。

步骤 18 拖动时间线滑块，得到的效果如图16-139所示。

图16-134

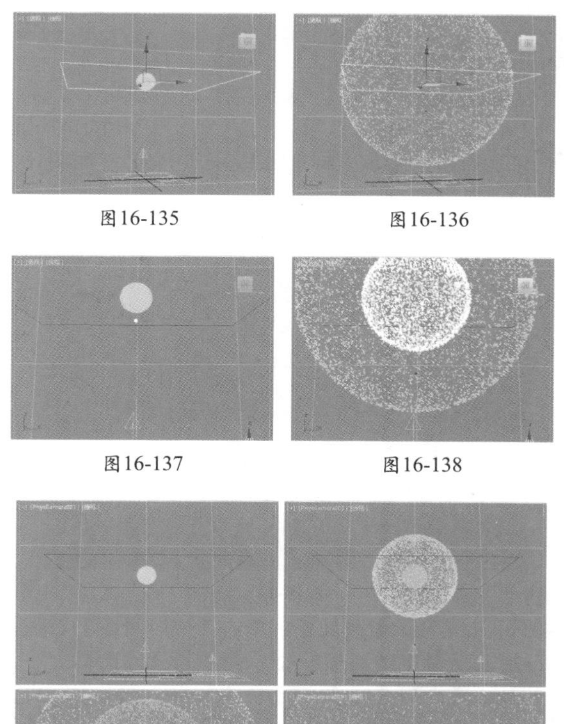

图16-135

图16-136

图16-137

图16-138

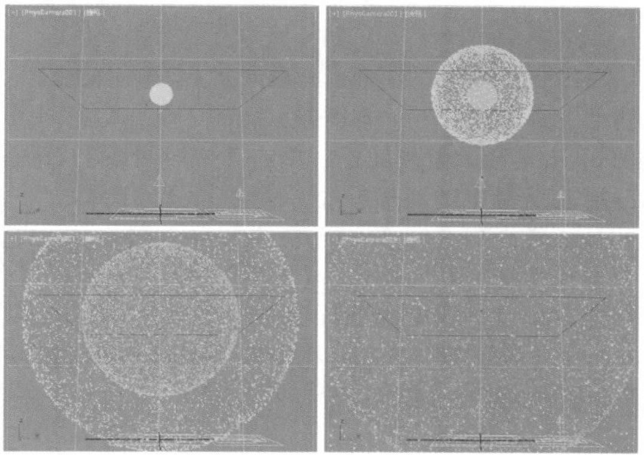

图16-139

步骤 19 最终渲染效果如图16-140所示。

图16-140

16.2.5 暴风雪

【暴风雪】是【雪】粒子的高级版。暴风雪参数与超级喷射基本一致，因此不详细讲解。如图16-141所示为参数面板，如图16-142所示为创建的暴风雪效果。

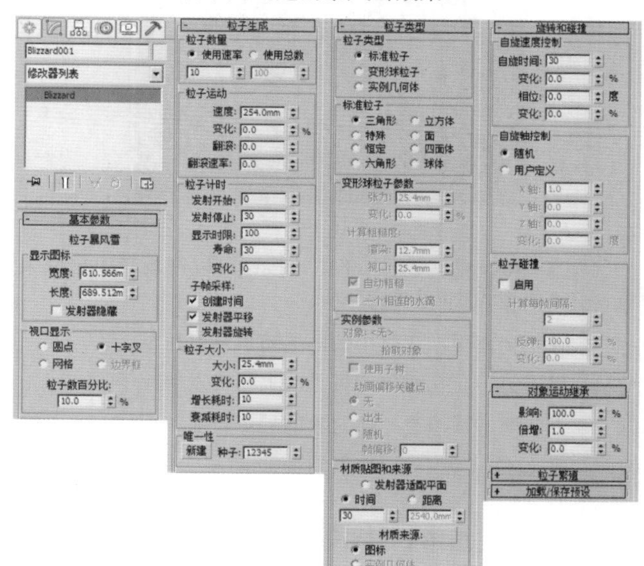

图16-141

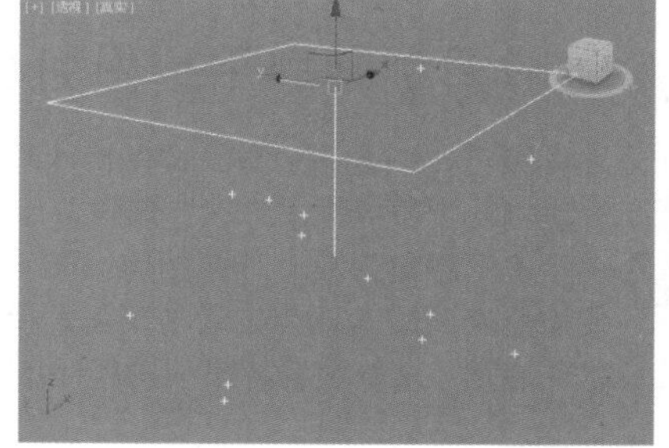

图16-142

16.2.6 粒子阵列

粒子阵列可将粒子分布在几何体对象上，也可用于创建复杂的对象爆炸效果。常用来制作爆炸、水滴等效果。如图16-143所示为参数面板，如图16-144所示为创建的粒子阵列效果。

图16-143

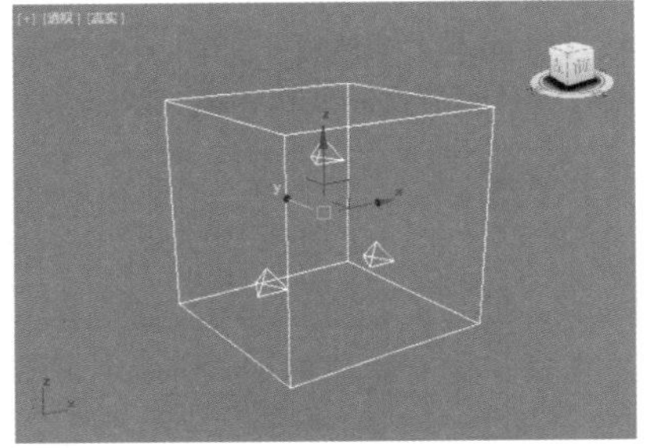

图16-144

- 拾取对象 按钮：单击该按钮可以在场景中拾取某个对象作为发射器。
- 在整个曲面：在整个曲面上随机发射粒子。
- 沿可见边：从对象的可见边上随机发射粒子。
- 在所有的顶点上：从对象的顶点发射粒子。
- 在特殊点上：在对象曲面上随机分布的点上发射粒子。
- 总数：当选择【在特殊点上】选项时才可用，主要用来设置使用的发射器的点数。
- 在面的中心：从每个三角面的中心发射粒子。

实例：使用【粒子阵列】制作酒瓶水珠

扫一扫，看视频

文件路径：Chapter 16 粒子系统与空间扭曲→实例：使用【粒子阵列】制作酒瓶水珠

本例将使用粒子阵列制作酒瓶水珠效果，使酒瓶表面的水珠产生运动变化，模拟真实的水珠感觉。最终渲染效果如图16-145所示。

图16-145

步骤 01 打开本书场景文件，如图16-146所示。

步骤 02 执行 （创建）|（几何体）| 粒子系统 | 粒子阵列 ，如图16-147所示。

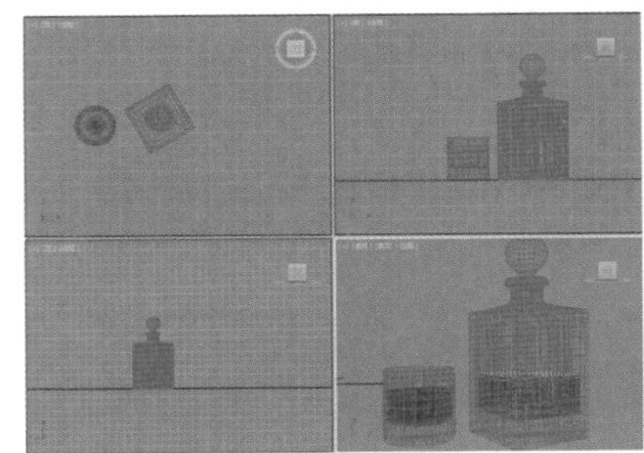

图16-146

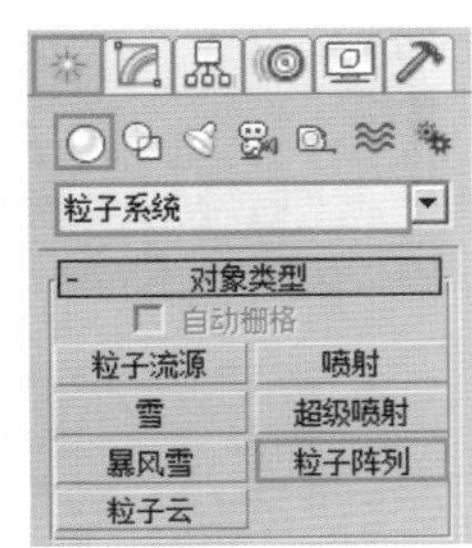

图16-147

步骤 03 在视图中拖动创建一个【粒子阵列】，如图16-148所示。

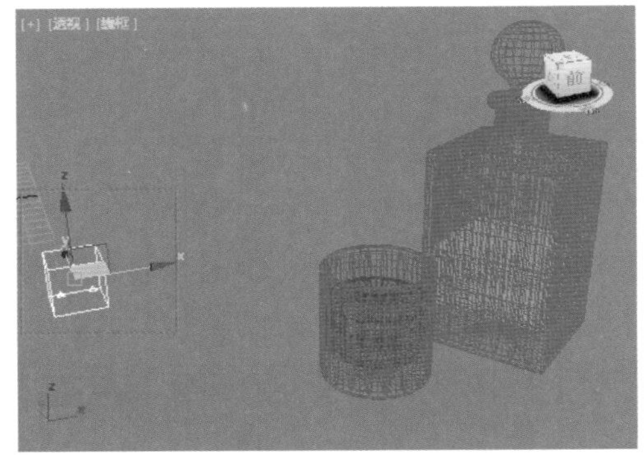

图16-148

步骤 04 单击【修改】按钮，单击【拾取对象】按钮，然后单击拾取场景中的酒瓶模型，接着设置【图标大小】为486.898mm，【视口显示】为【网格】；在【粒子生成】卷展栏中设置【速度】为0mm，【发射开始】为-100，【显示时限】为200，【寿命】为200，【粒子大小】的【大小】为100mm；在【粒子类型】卷展栏中设置【粒子类型】为【变形球粒子】，如图 16-149 所示。

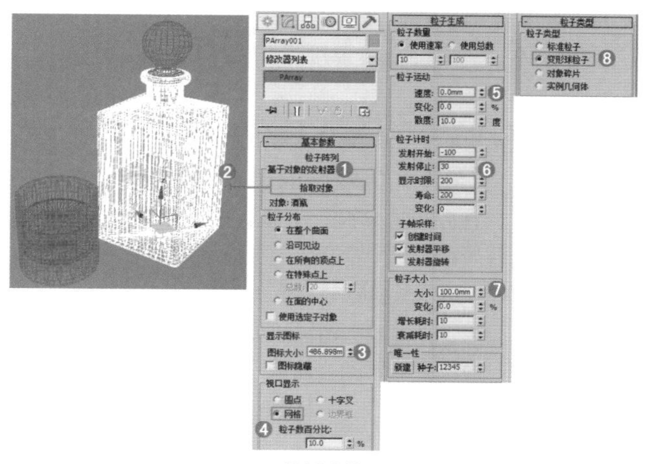

图16-149

图16-150

图16-151

步骤 05 拖动时间线滑块，得到的效果如图16-150和图16-151所示。

步骤 06 最终渲染效果如图16-152所示。

图16-152

16.2.7 粒子云

粒子云可以填充特定的体积。使用粒子云可以创建一群鸟、星空或在地面行走的人群。如图16-153所示为参数面板，如图16-154所示为创建的粒子云效果。

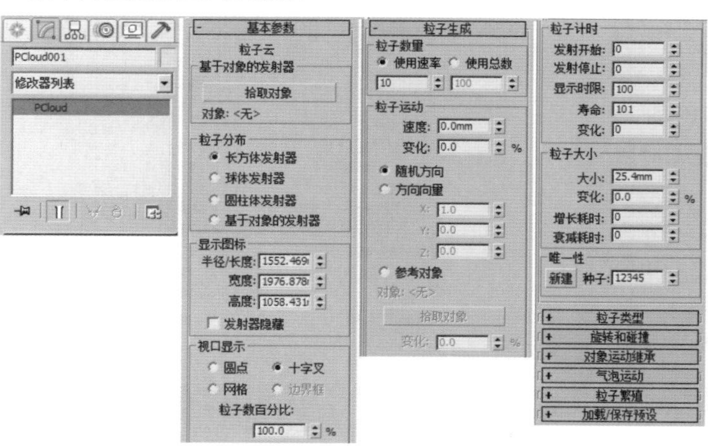

图16-153

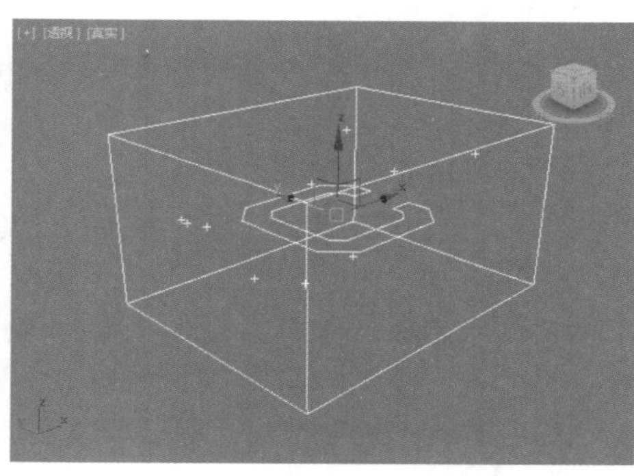

图16-154

16.3 五大类空间扭曲

空间扭曲可以理解为作用力。比如下雨时，适逢一阵风吹过，雨滴会沿风吹的方向偏移。而这个“风”就可以利用【空间扭曲】中的一部分功能进行制作。【空间扭曲】是应用于其他对象，需要依附于其他对象存在的，例如应用于物体的或应用于粒子上。3ds Max 中包括 5 大类空间扭曲，分别为【力】【导向器】【几何 / 可变形】【基于修改器】【粒子和动力学】，如图 16-155 所示。

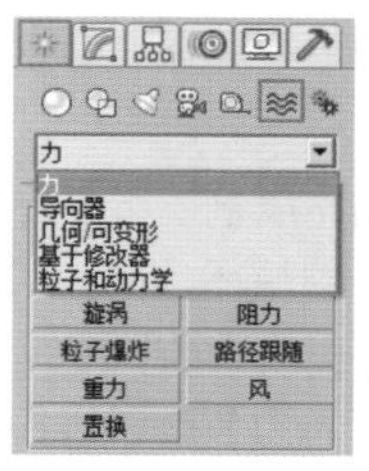

图16-155

扫一扫，看视频

16.3.1 力

【力】是专门用于使粒子系统产生作用力的工具，其中包括【推力】【马达】【漩涡】【阻力】【粒子爆炸】【路径跟随】【重力】【风】【置换】，如图16-156所示。

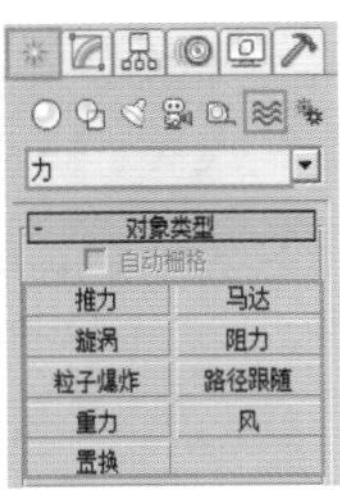

图16-156

1.推力

【推力】将均匀的单向力施加于粒子系统，在视图中拖动可以创建，如图16-157所示。其参数如图16-158所示。

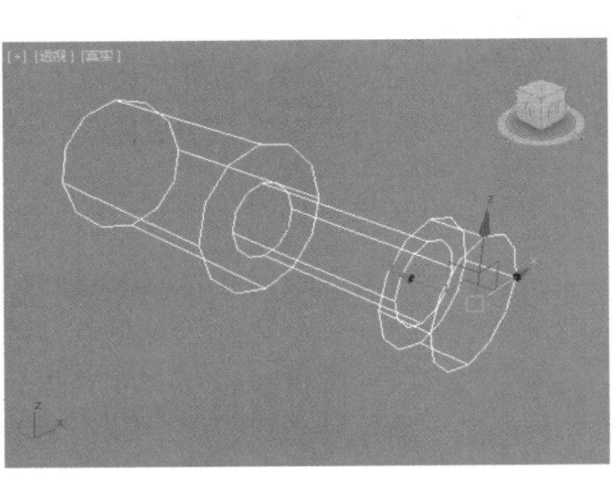
图16-157

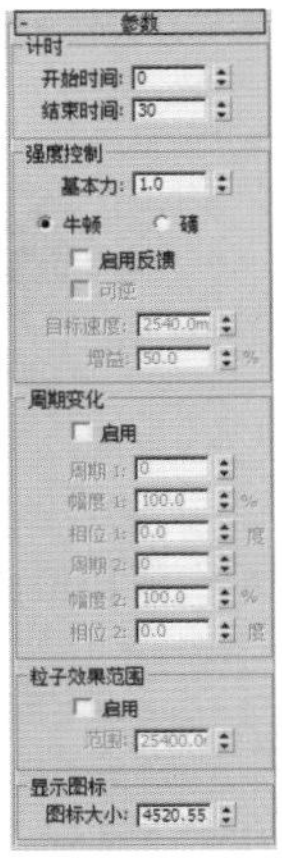

图16-158

- 开始时间/结束时间：空间扭曲效果开始和结束时所在的帧编号。
- 基本力：空间扭曲施加的力的量。
- 牛顿/磅：该选项用来指定【基本力】微调器使用的力的单位。
- 启用反馈：选择该选项时，力会根据受影响粒子相对于指定【目标速度】的速度而变化。
- 可逆：选择该选项时，如果粒子的速度超出了【目标速度】设置，力会发生逆转。仅在选择【启用反馈】选项时可用。
- 目标速度：以每帧的单位数指定【反馈】生效前的最大速度。仅在选择【启用反馈】选项时可用。
- 增益：指定以何种速度调整力以达到目标速度。
- 启用：启用变化。
- 周期 1：噪波变化完成整个循环所需的时间。例如，设置 20 表示每 20 帧循环一次。
- 幅度 1：（用百分比表示的）变化强度。该选项使用的单位类型和【基本力】微调器相同。
- 相位 1：偏移变化模式。
- 周期 2：提供额外的变化模式（二阶波）来增加噪波。
- 幅度 2：（用百分比表示的）二阶波的变化强度。该选项使用的单位类型和【基本力】微调器相同。
- 相位 2：偏移二阶波的变化模式。
- 启用：打开该选项时，会将效果范围限制为一个球体，其显示为一个带有 3 个环箍的球体。
- 范围：以单位数指定效果范围的半径。
- 图标大小：设置推力图标的大小。该设置仅用于显示目的，而不会改变推力效果。

轻松动手学：粒子+推力产生的效果

文件路径：Chapter 16 粒子系统与空间扭曲→轻松动手学：粒子+推力产生的效果

步骤 01 创建一个【超级喷射】，设置参数如图16-159所示。

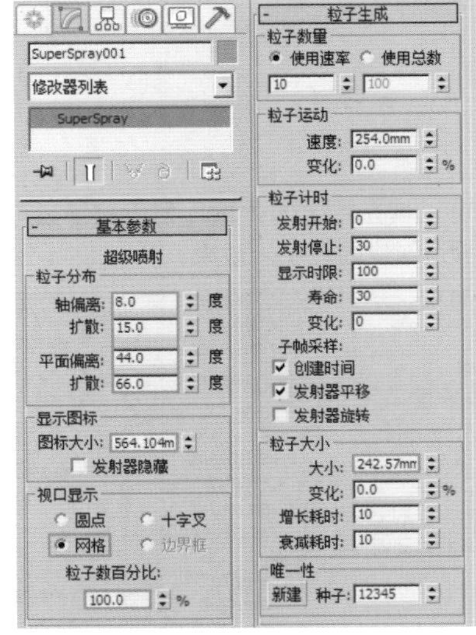

图16-159

步骤 02 拖动时间线，动画效果如图16-160所示。

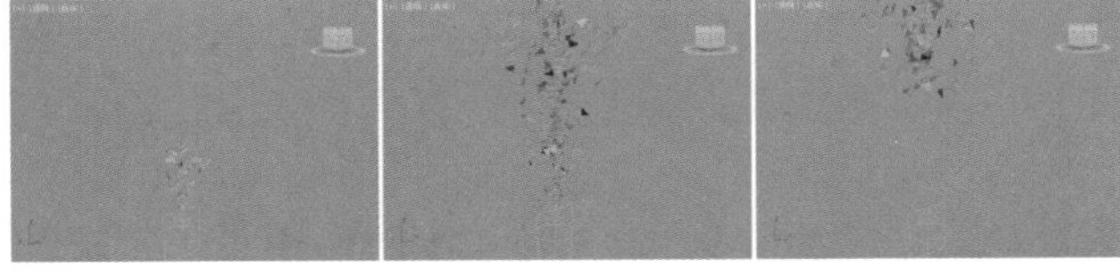
图16-160

步骤 03 创建一个【推力】，如图 16-161 所示。

步骤 04 选择【推力】，单击主工具栏中的（绑定到空间扭曲）按钮，然后单击【推力】并拖动到【超级喷射】上，效果如图 16-162 所示。

步骤 05 选择【推力】，单击【修改】按钮设置其参数如图 16-163 所示。

步骤 06 此时出现了粒子被推动的效果，如图16-164所示。

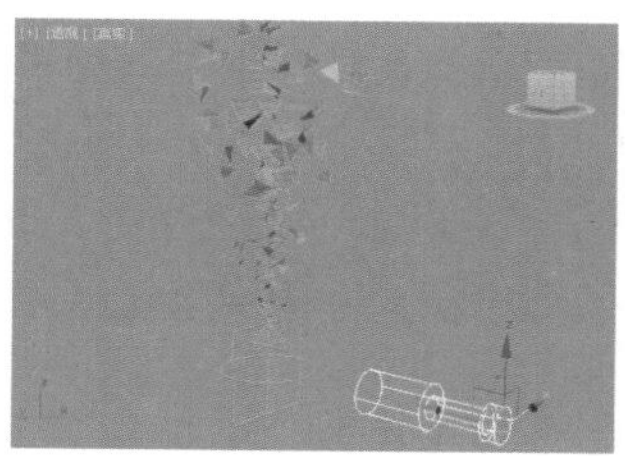

图16-161

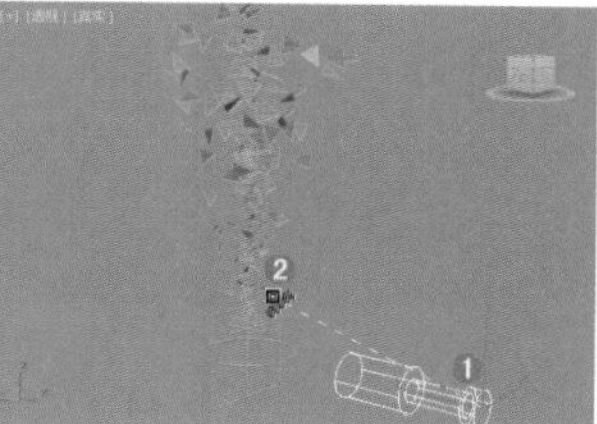

图16-162

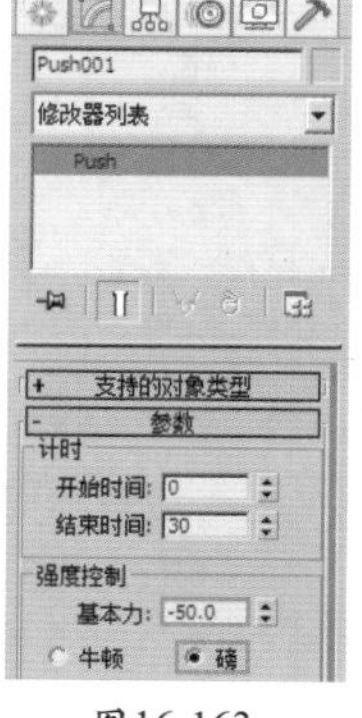

图16-163

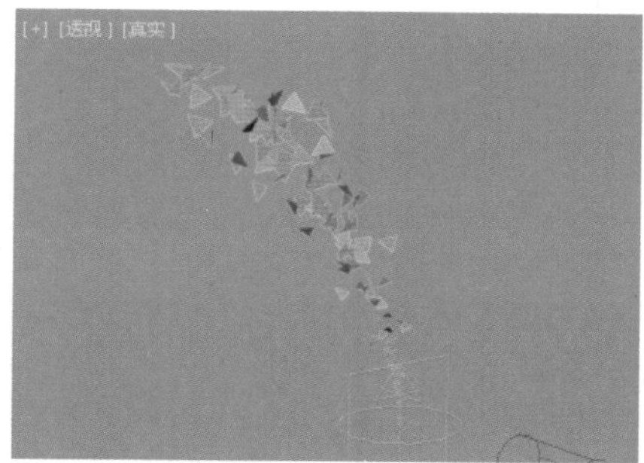

图16-164

2.重力

【重力】可以绑定到粒子上，使粒子产生重力下落的效果。在视图中拖动可以创建，如图16-165所示。其参数如图16-166所示。

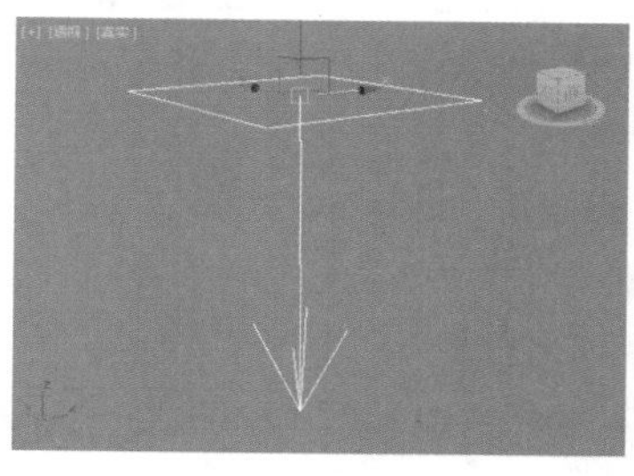

图16-165

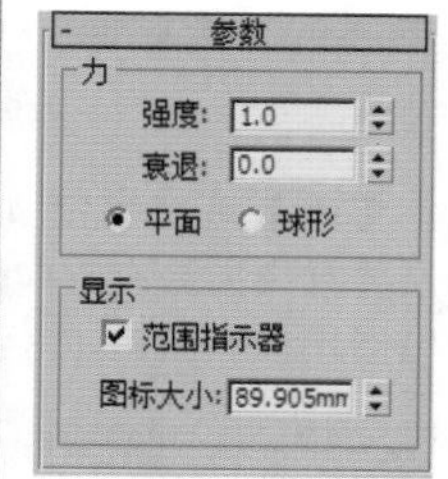

图16-166

- 强度：控制重力的程度，数值越大粒子下落效果越明显。
- 衰退：增加【衰退】值会导致重力强度从重力扭曲对象的所在位置开始随距离的增加而减弱。

轻松动手学：粒子+重力产生的效果

文件路径：Chapter 16 粒子系统与空间扭曲→轻松动手学：粒子+重力产生的效果

步骤 01 创建一个【超级喷射】，设置参数如图16-167所示。

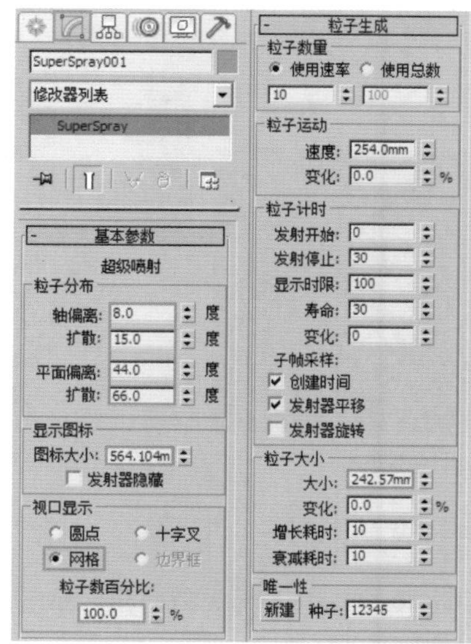

图16-167

步骤 02 拖动时间线，动画效果如图16-168所示。

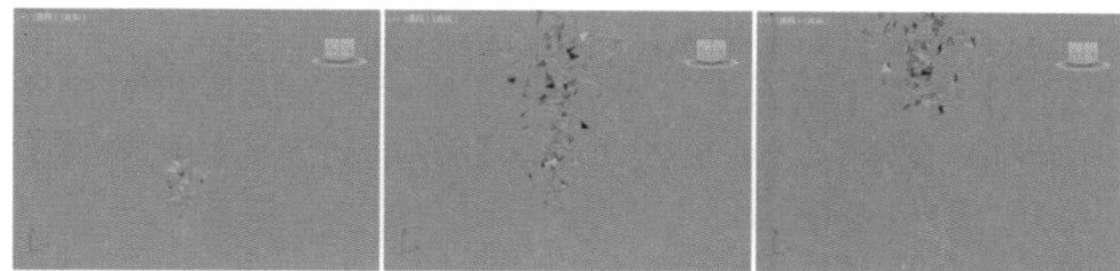

图16-168

步骤 03 创建一个【重力】，如图16-169所示。

步骤 04 选择【重力】，单击主工具栏中的 （绑定到空间扭曲）按钮，然后单击【重力】并拖动到【超级喷射】上，效果如图16-170所示。

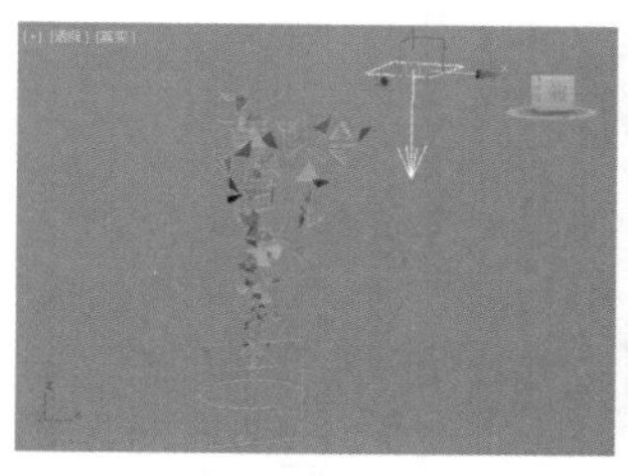

图16-169

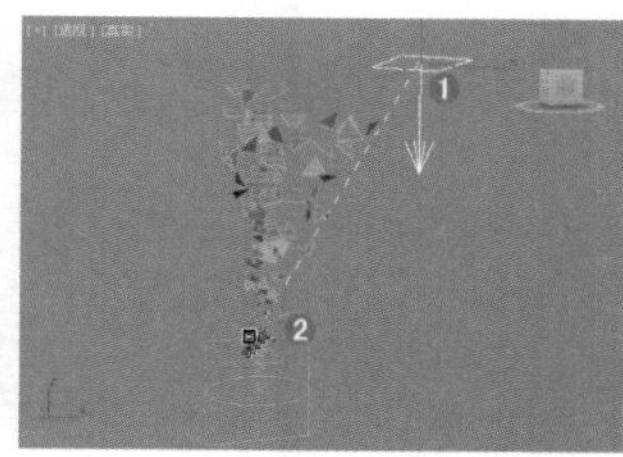

图16-170

步骤 05 选择【重力】，单击【修改】按钮，设置其参数如图 16-171 所示。

步骤 06 此时出现了粒子重力下落的效果，如图16-172所示。

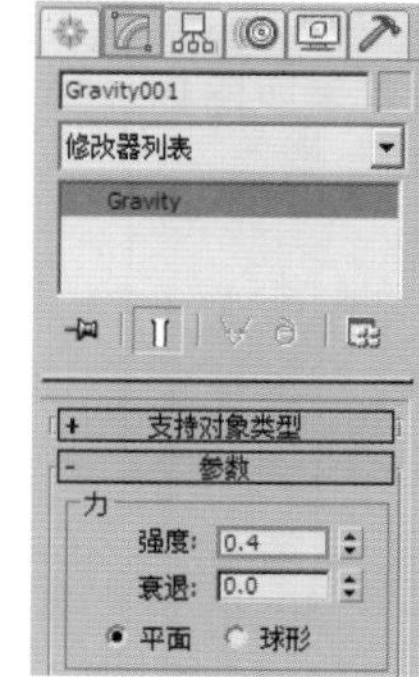

图16-171

图16-172

3.风

【风】可以绑定到粒子上，使粒子产生风吹粒子的效果，并且风力具有方向性会沿箭头方向吹动。在视图中拖动可以创建，如图16-173所示。其参数如图16-174所示。

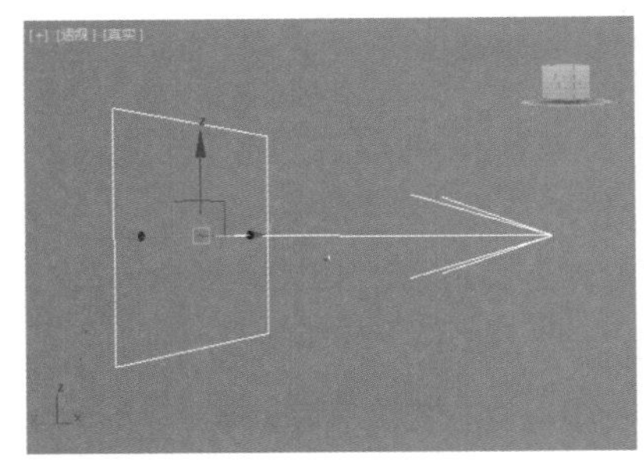

图16-173

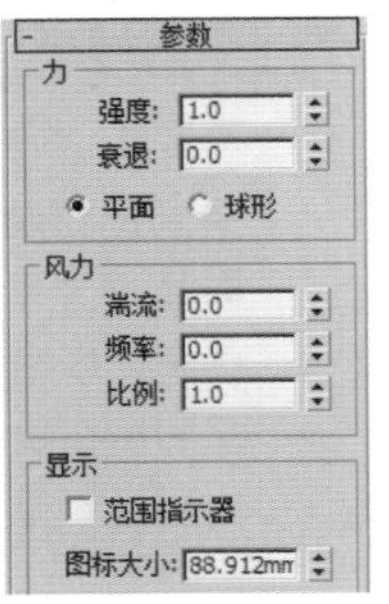

图16-174

- 湍流：使粒子在被风吹动时随机改变路线。数值越大，湍流效果越明显。
- 频率：当其设置大于 0时，会使湍流效果随时间呈周期变化。
- 比例：缩放湍流效果。数值较小时，湍流效果会更平滑、更规则。

轻松动手学：粒子+风产生的效果

文件路径：Chapter 16　粒子系统与空间扭曲→轻松动手学：粒子+风产生的效果

步骤 01 创建一个【超级喷射】，设置参数如图16-175所示。

步骤 02 拖动时间线，动画效果如图16-176所示。

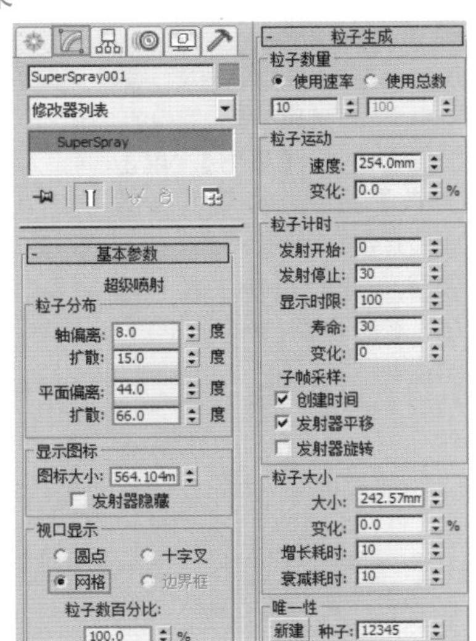

图16-175

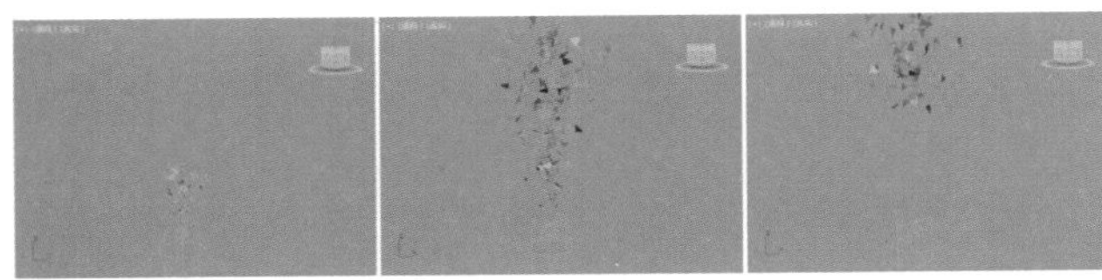

图16-176

步骤 03 创建一个【风】，然后选择【风】，单击主工具栏中的（绑定到空间扭曲）按钮，接着单击【风】并拖动到【超级喷射】上，如图16-177所示。

步骤 04 此时动画效果如图16-178所示。

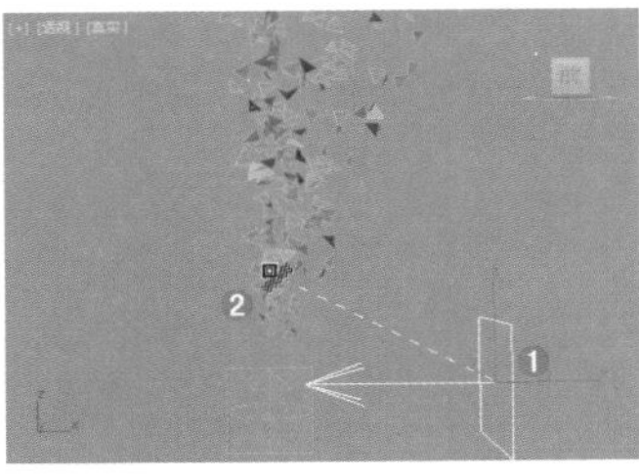

图16-177

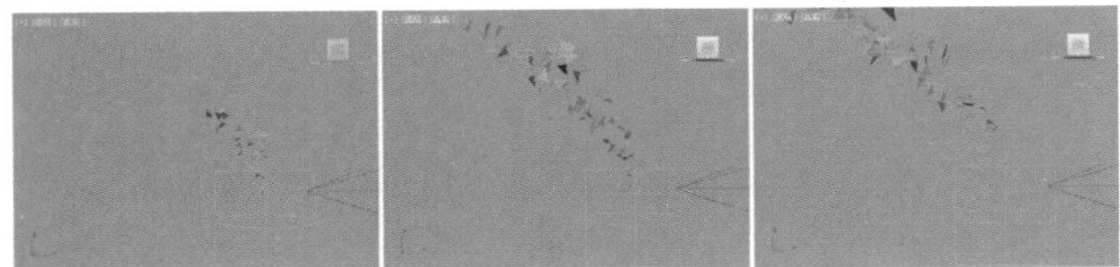

图16-178

4.旋涡

【旋涡】可以绑定到粒子上，使粒子产生螺旋发射的效果。在视图中拖动可以创建，如图16-179所示。其参数如图16-180所示。

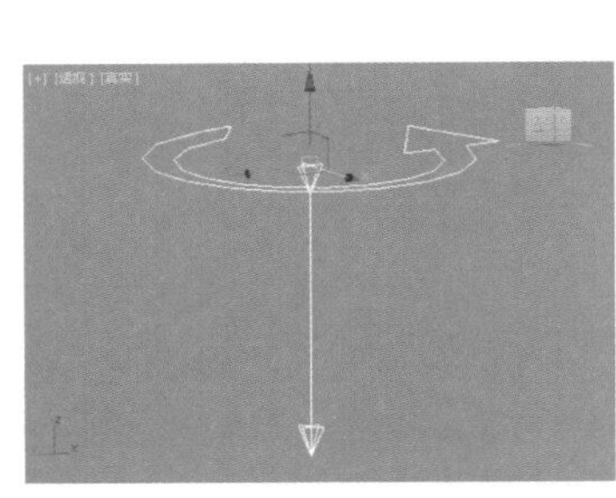

图16-179

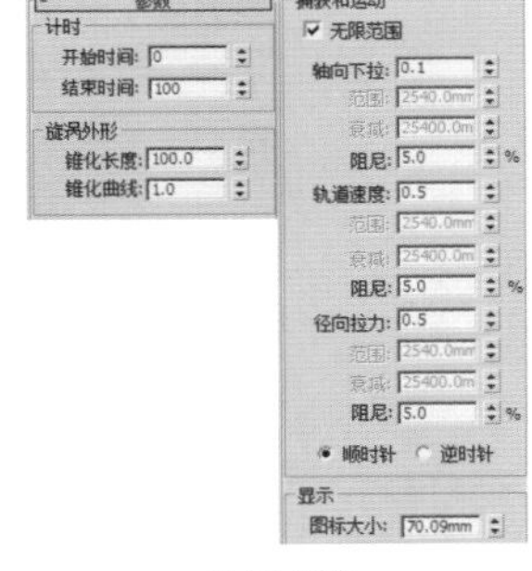

图16-180

轻松动手学：粒子+旋涡产生的效果

文件路径：Chapter 16　粒子系统与空间扭曲→轻松动手学：粒子+旋涡产生的效果

步骤 01 创建一个【超级喷射】，设置参数如图16-181所示。

步骤 02 拖动时间线，动画效果如图16-182所示。

步骤 03 创建一个【旋涡】，如图16-183所示。

步骤 04 选择【旋涡】，单击主工具栏中的（绑定到空间扭曲）按钮，然后单击【旋涡】并拖动到【超级喷射】上，如图16-184所示。

步骤 05 此时动画效果如图16-185所示。

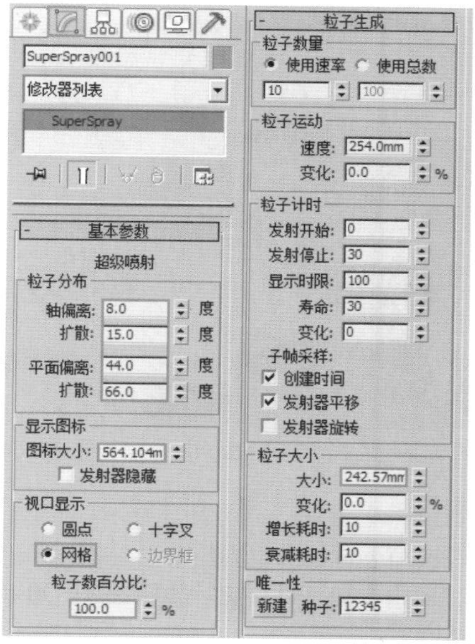

图16-181

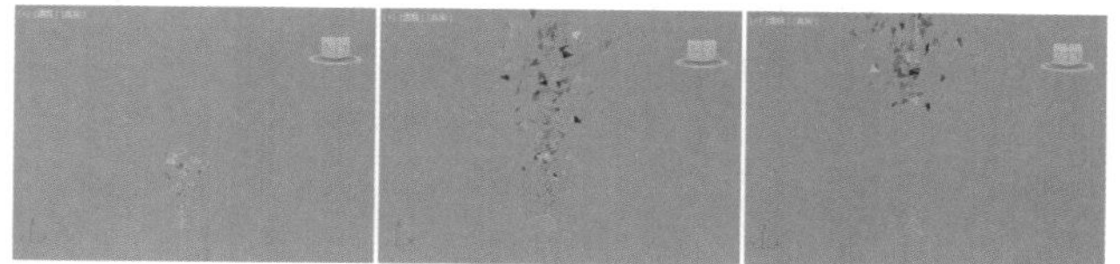

图16-182

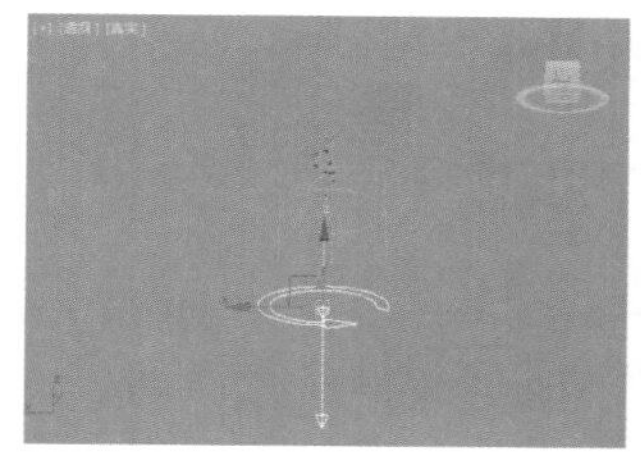

图16-183

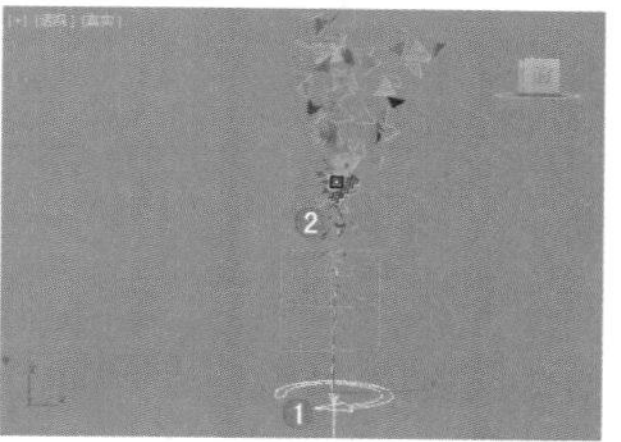

图16-184

图16-185

实例：使用【漩涡】制作龙卷风

文件路径：Chapter 16 粒子系统与空间扭曲→实例：使用【漩涡】制作龙卷风

扫一扫，看视频

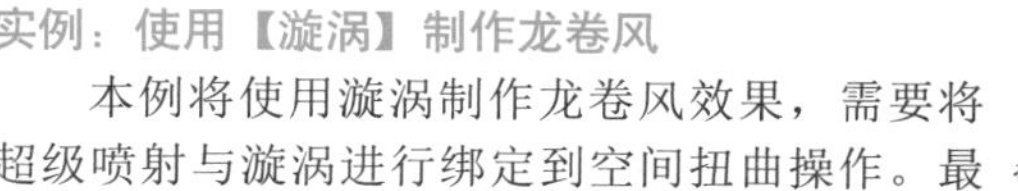

本例将使用漩涡制作龙卷风效果，需要将超级喷射与漩涡进行绑定到空间扭曲操作。最终渲染效果如图16-186所示。

图16-186

步骤01 执行（创建）|（几何体）|粒子系统|超级喷射命令，如图16-187所示。在视图中拖拽创建一个超级喷射粒子，如图16-188所示。

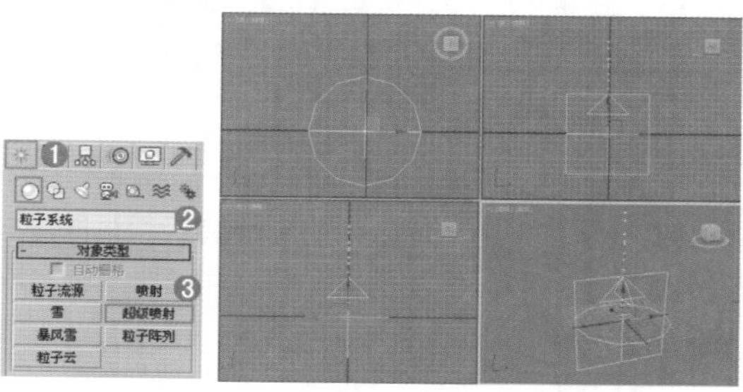

图16-187　图16-188

步骤02 单击【修改】按钮，设置【轴偏离】为13，【扩散】为12，【平面偏离】为38，【扩散】为36，【图标大小】为1643.969mm，【视口显示】为【网格】，【粒子数百分比】为100，【粒子数量】为300，【标准粒子】为【立方体】，如图16-189所示。

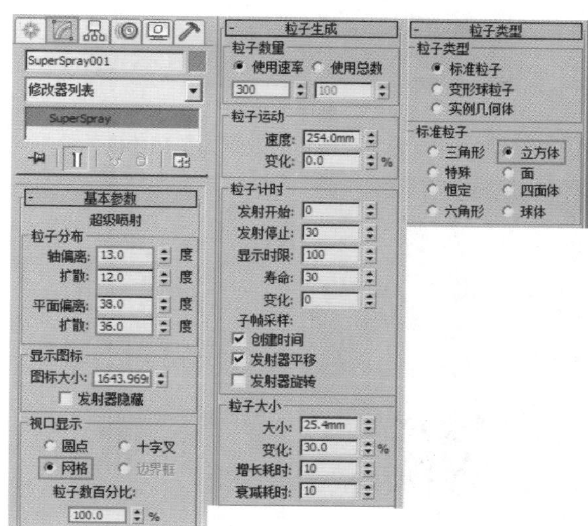

图16-189

步骤03 拖动时间线滑块，得到的效果如图16-190和图16-191所示。

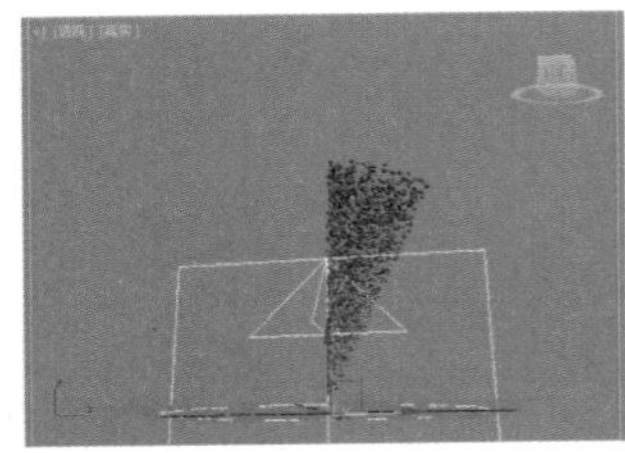

图16-190

图16-191

步骤 04 执行 ☀ （创建）| ≋ （空间扭曲）| 力 | 旋涡 命令，如图16-192所示。在视图中拖拽创建一个漩涡，如图16-193所示。

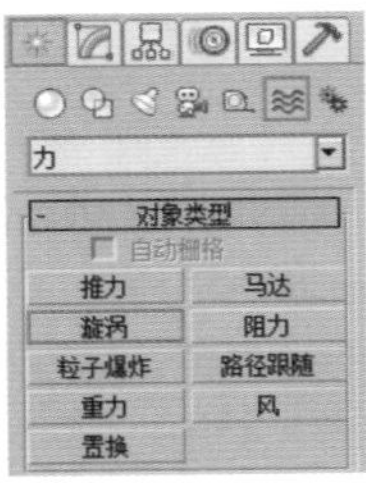

图16-192

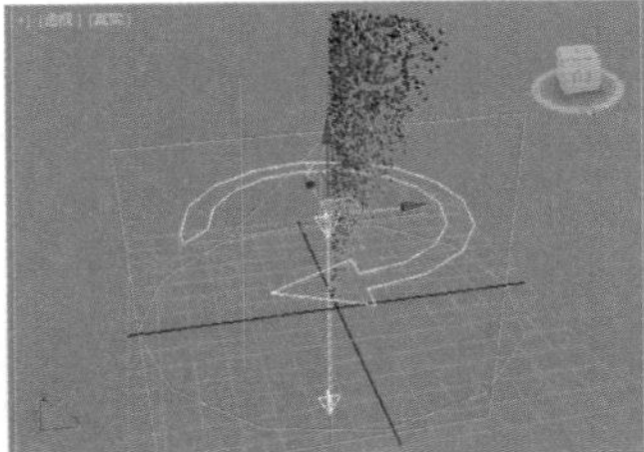

图16-193

步骤 05 单击主工具栏中的 ≋ （绑定到空间扭曲）按钮，接着鼠标左键一直按下选中场景中的【漩涡】，并将其拖动到【超级喷射】上，然后松开鼠标左键，此时两者绑定成功，如图16-194所示。

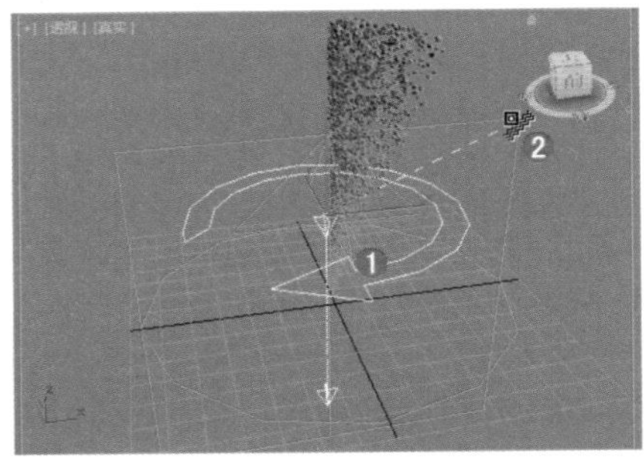

图16-194

步骤 06 拖动时间线滑块，得到的效果如图16-195所示。

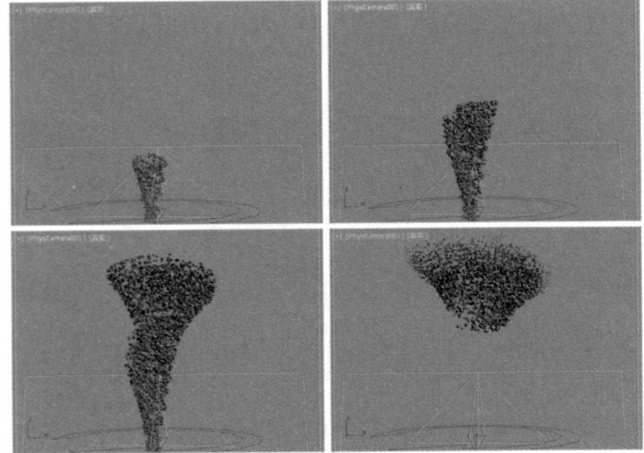

图16-195

步骤 07 最终渲染效果如图16-196所示。

图16-196

5.路径跟随

【路径跟随】可以绑定到粒子上，使粒子沿路径进行运动。在视图中拖动可以创建，如图16-197所示。其参数如图16-198所示。

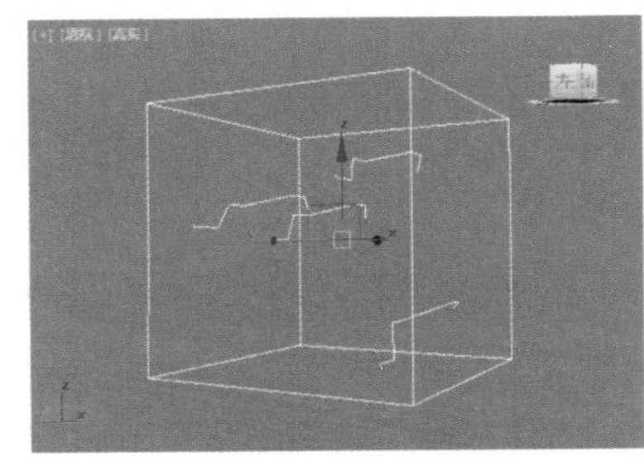

图16-197

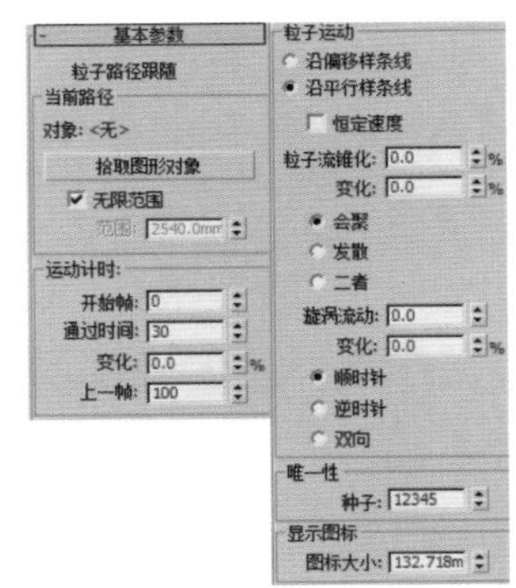

图16-198

- 拾取图形对象：单击该按钮，然后单击场景中的图形即可将其选为路径。
- 无限范围：关闭该选项时，会将空间扭曲的影响范围限制为【范围】微调器中设置的值。
- 【运动计时】选项组：这些控件会影响粒子受路径跟随影响的时间长短。
- 【粒子运动】选项组：该区域中的控件决定粒子的运动。

实例：使用【路径跟随】和【超级喷射】制作浪漫花朵

文件路径：Chapter 16 粒子系统与空间扭曲→实例：使用【路径跟随】和【超级喷射】制作浪漫花朵

扫一扫，看视频

本例将使用超级喷射制作浪漫花朵。本例比较复杂，主要分为两部分：第一部分是花朵动画，需要应用超级喷射、路径跟随；第二部分是树叶动画，需要应用超级喷射。搭配在一起就形成了一个非常浪漫、明媚的Logo动画，这个动画制作思路也可应用于影视栏目包装、广告片头设计中。最终渲染效果如图16-199所示。

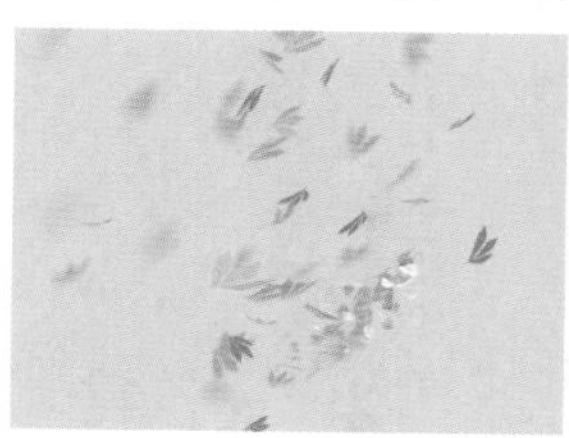

图16-199

Part 01 制作花朵动画

步骤 01 打开本书场景文件，如图16-200所示。

图16-200

步骤 02 执行（创建）|（几何体）|粒子系统|超级喷射命令，如图16-201所示。在视图中拖拽创建一个超级喷射粒子，如图16-202所示。

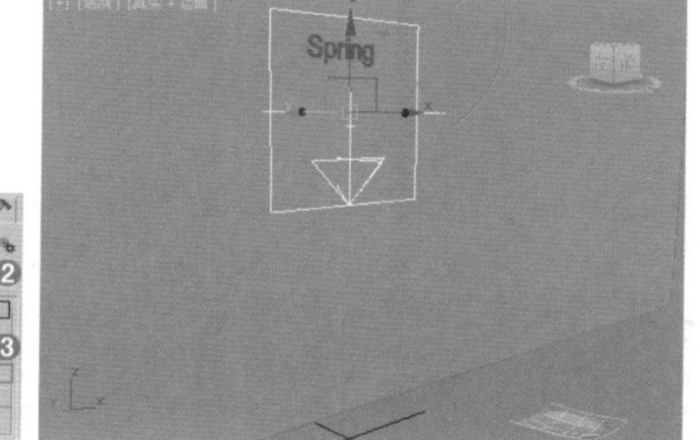

图16-201 图16-202

步骤 03 单击【修改】按钮，设置【轴偏离】为85，【扩散】为140，【平面偏离】为180，【扩散】为70，【图标大小】为1425.815mm，【视口显示】为【网格】，【粒子数百分比】为100，【寿命】为50，【粒子大小】为5mm，【粒子类型】为【实例几何体】，然后单击【拾取对象】按钮，最后单击拾取场景中的花瓣平面模型，如图16-203所示。

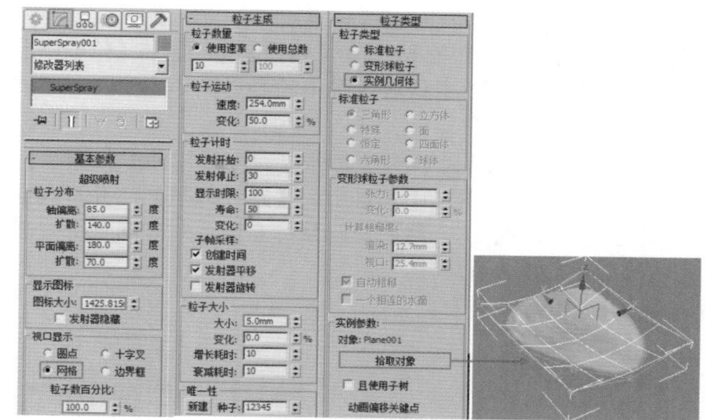

图16-203

步骤 04 拖动时间线滑块，得到的效果如图16-204和图16-205所示。

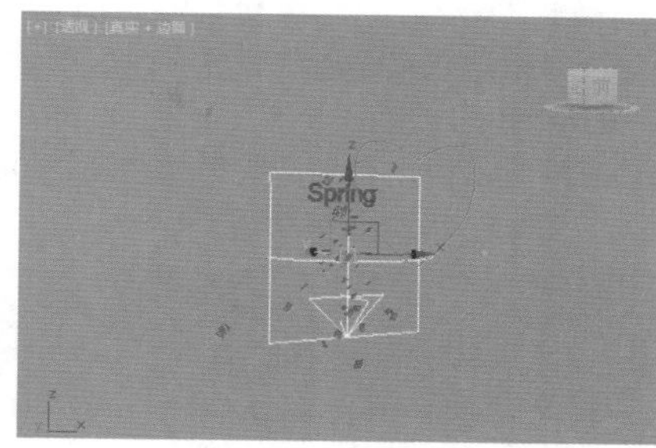

图16-204

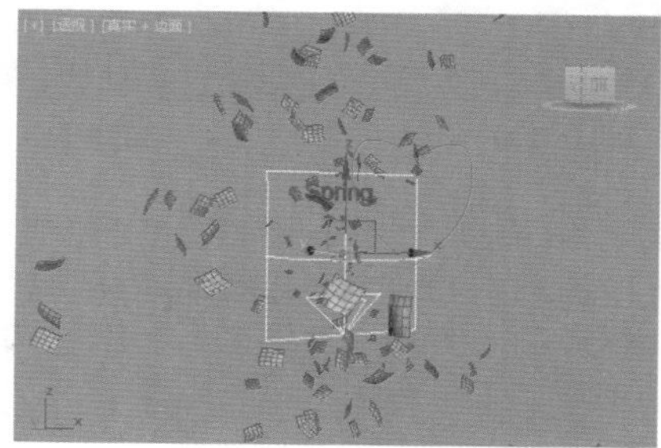

图16-205

步骤 05 执行（创建）|（空间扭曲）| 力 | 路径跟随 命令，如图16-206所示。

步骤 06 在场景中拖动创建一个【路径跟随】，如图16-207所示。

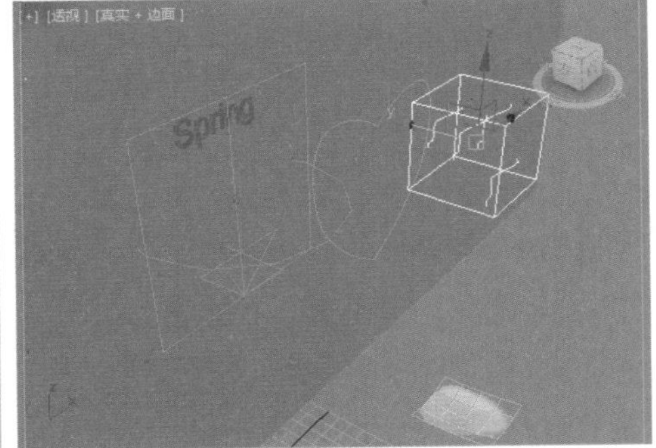

图16-206　　图16-207

步骤 07 选择【路径跟随】，单击【修改】按钮和【拾取图形对象】按钮，最后单击拾取场景中的心形图形，如图 16-208所示。

步骤 08 单击主工具栏中的（绑定到空间扭曲）按钮，接着鼠标左键一直按下选中场景中的【路径跟随】，并将其拖动到【超级喷射】上，然后松开鼠标左键，此时两者绑定成功，如图16-209所示。

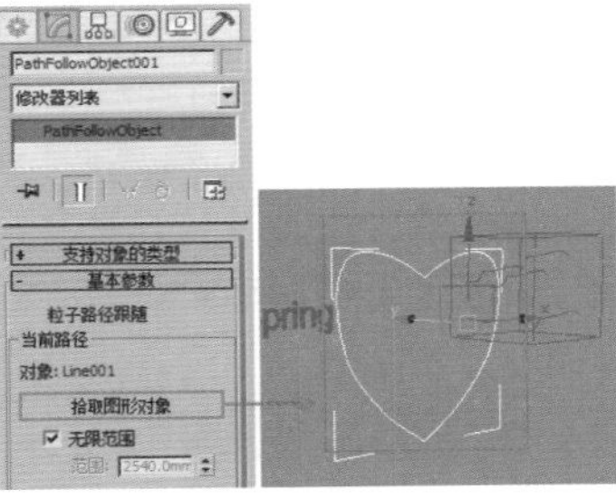

图16-208　　图16-209

步骤 09 拖动时间线滑块，得到的效果如图16-210和图16-211所示。

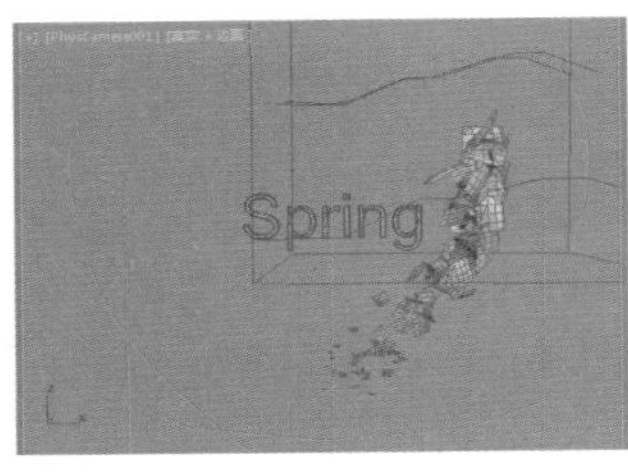

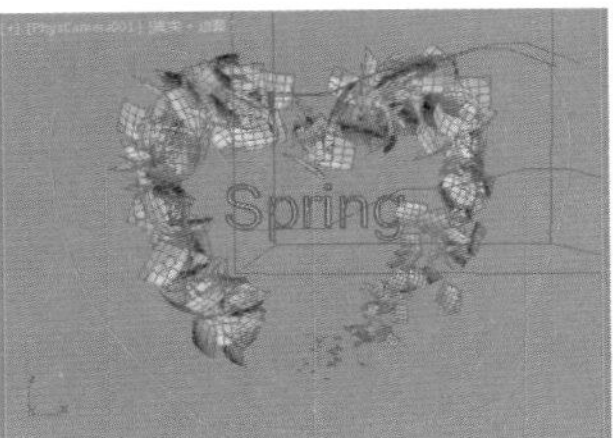

图16-210　　图16-211

Part 02 制作树叶飘落

步骤 01 执行（创建）|（几何体）| 粒子系统 | 超级喷射 命令，在视图中拖拽创建一个超级喷射粒子，如图16-212所示。

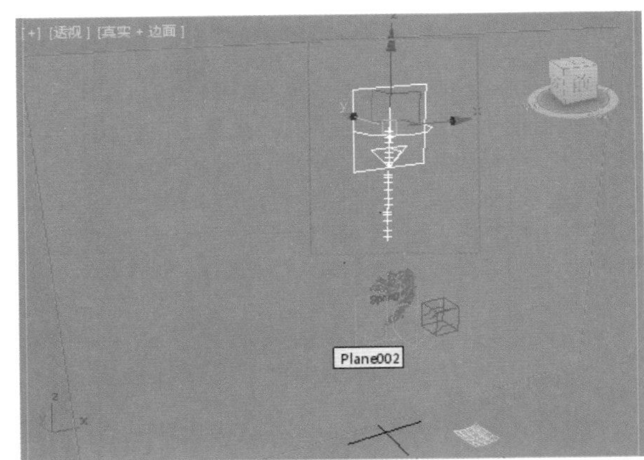

图16-212

步骤 02 单击【修改】按钮，设置【轴偏离】为11，【扩散】为21，【平面偏离】为103，【扩散】为180，【图标大小】为1425.815mm，【视口显示】为【网格】，【粒子数百分比】为100，【粒子数量】为4，【发射开始】为-50，【寿命】为40，【粒子大小】为6mm，【粒子类型】为【实例几何体】，然后单击【拾取对象】按钮，最后单击拾取场景中的花瓣平面模型（在此处同样拾取花瓣模型，只需要在之后把该超级喷射重新设置一个树叶材质，即可将两者区分开），如图16-213所示。

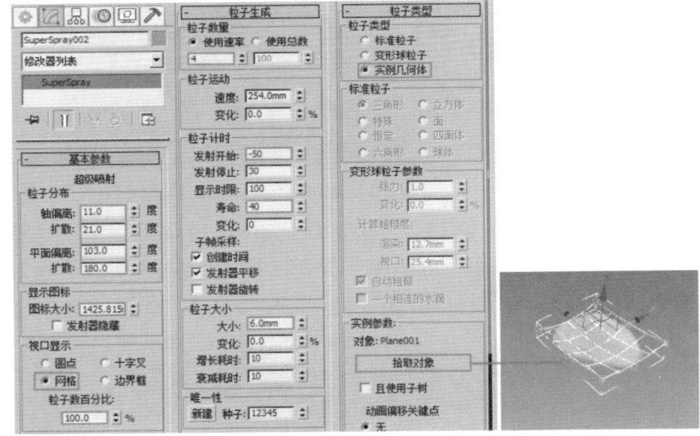

图16-213

步骤 03 拖动时间线滑块，得到的效果如图16-214和图16-215所示。

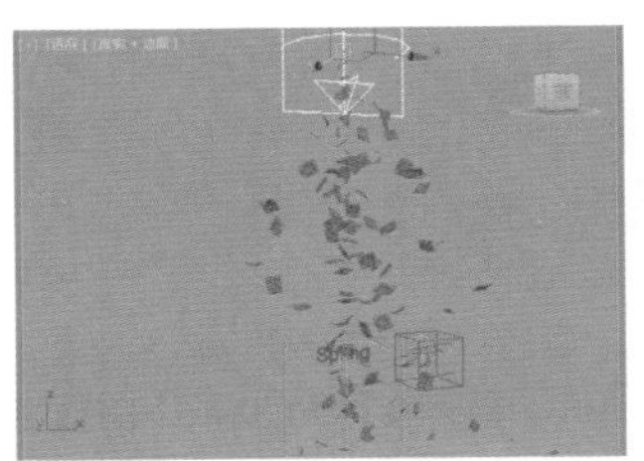

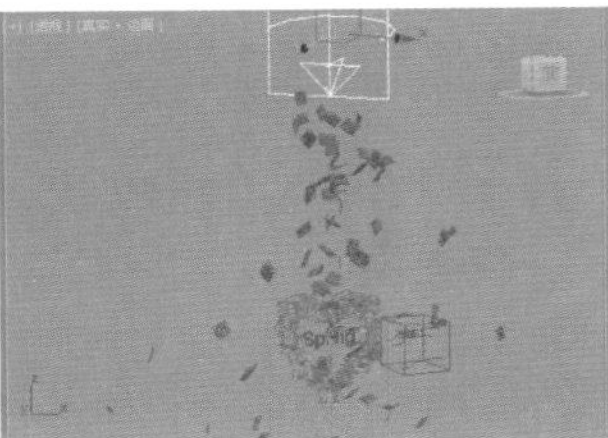

图16-214　　图16-215

步骤 04 最终效果如图16-216所示。

图16-216

步骤 05 最终渲染效果如图16-217所示。

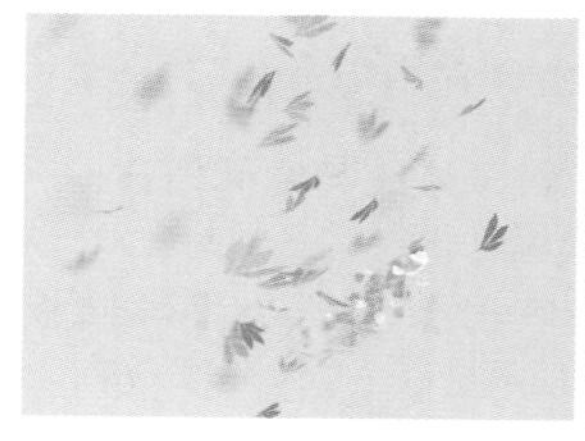

图16-217

6.马达

【马达】空间扭曲的工作方式类似于【推力】，但前者对受影响的粒子或对象应用的是转动扭矩而不是定向力。其参数设置面板如图16-218所示。

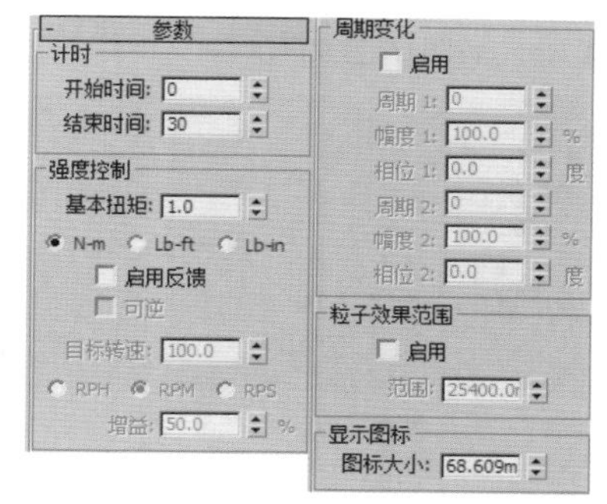

图16-218

- 开始/结束时间：设置空间扭曲开始和结束时所在的帧编号。
- 基本扭矩：设置空间扭曲对物体施加的力的量。
- N-m/Lb-ft/Lb-in（牛顿-米/磅力-英尺/磅力-英寸）：指定【基本扭矩】的度量单位。
- 启用反馈：启用该选项后，力会根据受影响粒子相对于指定的【目标转速】而发生变化。
- 可逆：启用该选项后，如果对象的速度超出了【目标转速】，那么力会发生逆转。
- 目标转速：指定反馈生效前的最大转数。
- RPH/RPM/RPS（每小时/每分钟/每秒）：以每小时、每分钟或每秒的转数来指定【目标转速】的度量单位。
- 增益：指定以何种速度来调整力，以达到【目标转速】。
- 周期1：设置噪波变化完成整个循环所需的时间。例如20表示每20帧循环一次。
- 幅度1：设置噪波变化的强度。
- 相位1：设置偏移变化的量。
- 范围：以单位数来指定效果范围的半径。
- 图标大小：设置马达图标的大小。

7.阻力

【阻力】空间扭曲是一种在指定范围内按照指定量来降低粒子速率的粒子运动阻尼器。在视图中拖动可以创建，如图16-219所示。其参数如图16-220所示。

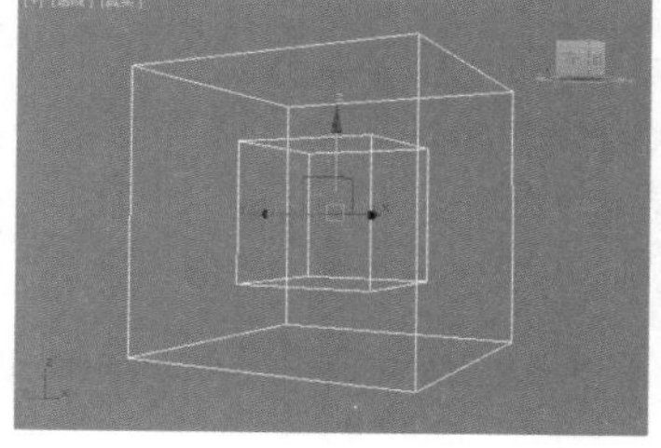

图16-219

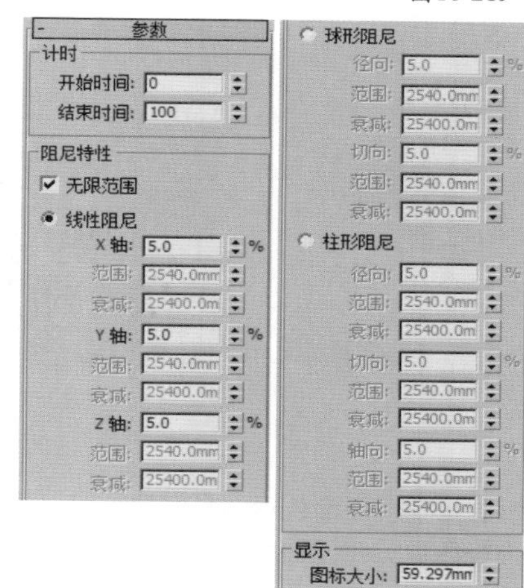

图16-220

8.粒子爆炸

【粒子爆炸】空间扭曲能创建一种使粒子系统爆炸的冲击波。在视图中拖动可以创建，如图16-221所示。其参数如图16-222所示。

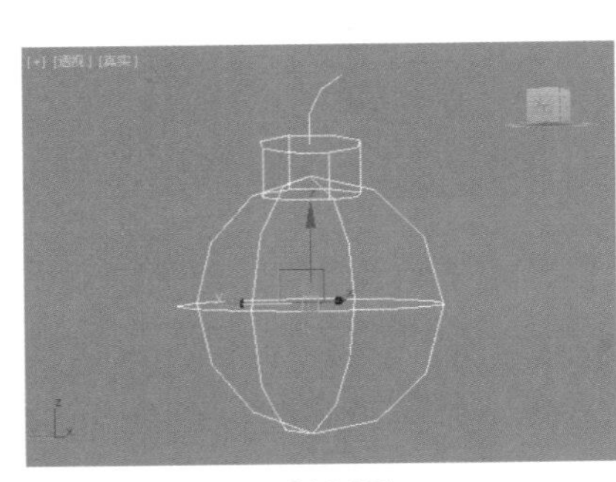

图16-221

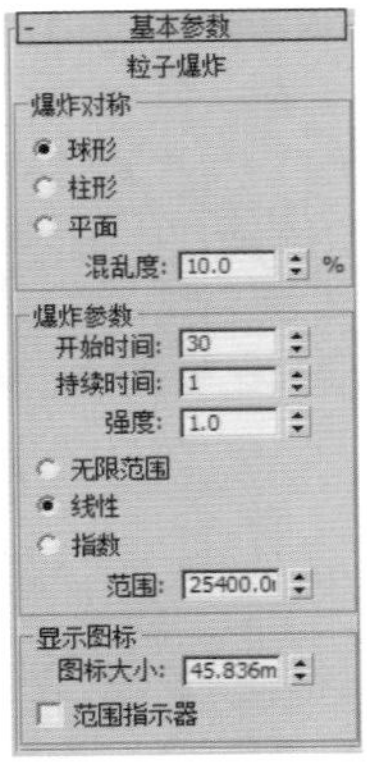

基本参数
粒子爆炸
爆炸对称
球形
柱形
平面
混乱度：10.0 %
爆炸参数
开始时间：30
持续时间：1
强度：1.0
无限范围
线性
指数
范围：25400.0
显示图标
图标大小：45.836m
范围指示器

图16-222

9.置换

【置换】空间扭曲以力场的形式推动和重塑对象的几何外形。在视图中拖动可以创建，如图16-223所示。其参数如图16-224所示。

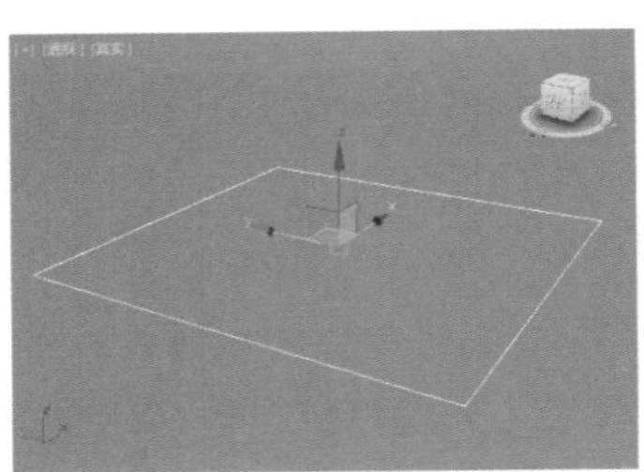

图16-223

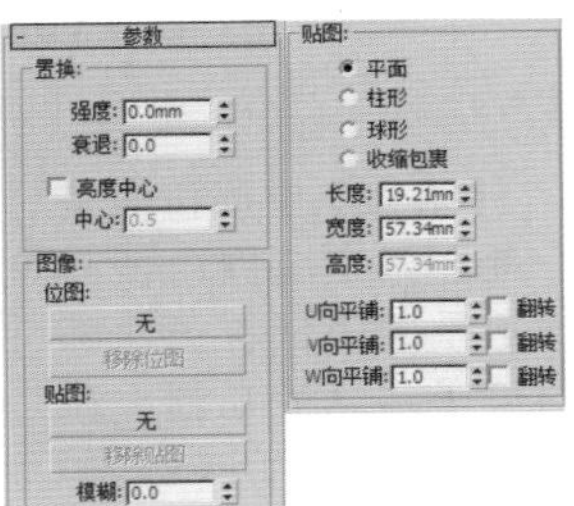

图16-224

16.3.2 导向器

导向器可以与粒子产生碰撞的作用，使得粒子产生反弹效果。其中包括6种类型，如图16-225所示。

下面将介绍常用的3种类型。

图16-225

1.导向板

【导向板】是一个平面外形的导向器，可以设置尺寸、反弹、摩擦力等参数。在视图中拖动可以创建，如图16-226所示。其参数如图16-227所示。

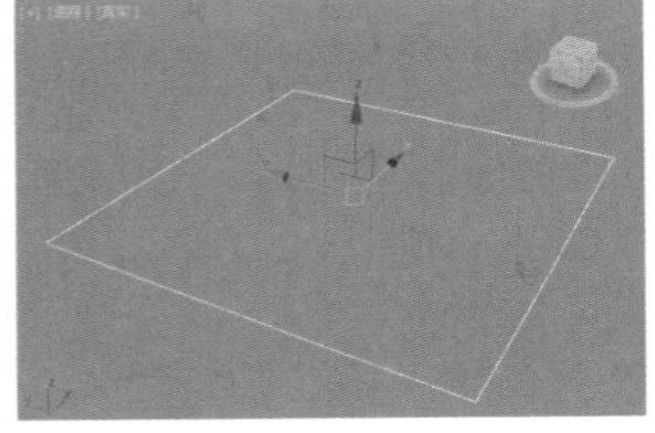

图16-226

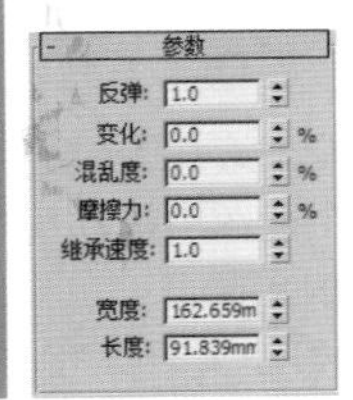

图16-227

- 反弹：控制粒子从导向器反弹的速度。
- 变化：每个粒子所能偏离【反弹】设置的量。
- 混乱度：偏离完全反射角度（当【混乱度】设置为0.0时的角度）的变化量。
- 摩擦力：粒子沿导向器表面移动时减慢的量。
- 继承速度：该值大于0时，导向器的运动会和其他设置一样对粒子产生影响。

轻松动手学：粒子+导向板产生的效果

文件路径：Chapter 16 粒子系统与空间扭曲→轻松动手学：粒子+导向板产生的效果

步骤01 创建一个【超级喷射】和一个【导向板】，如图16-228所示。

步骤02 选择【超级喷射】，单击主工具栏中的（绑定到空间扭曲）按钮，然后单击【超级喷射】并拖动到【导向板】上，如图16-229所示。

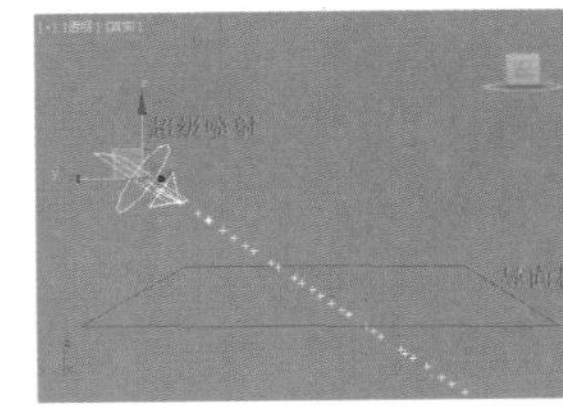

图16-228

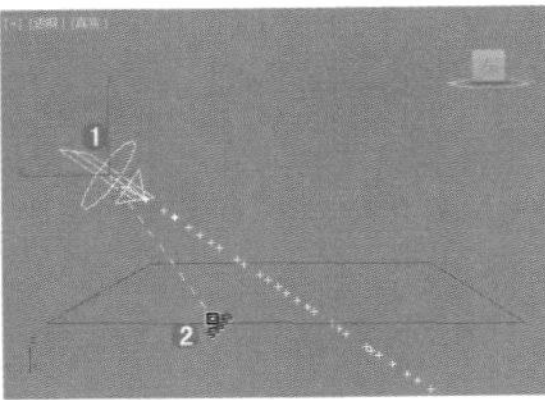

图16-229

步骤03 此时动画效果如图16-230所示。

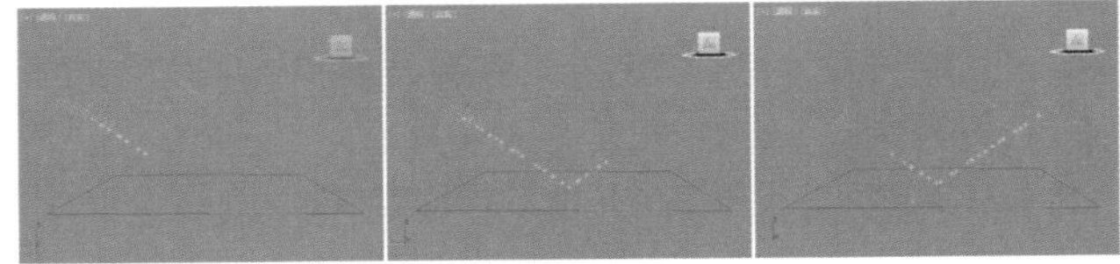

图16-230

2.导向球

【导向球】是一个球形的导向器，可以设置直径、反弹、摩擦力等参数。在视图中拖动可以创建，如图16-231所示。其参数如图16-232所示。

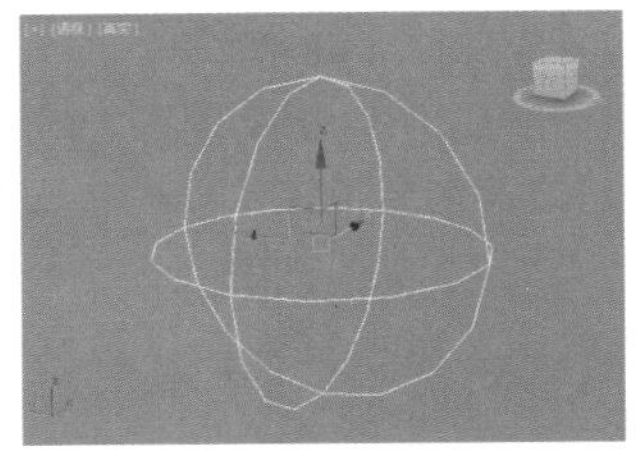

图16-231

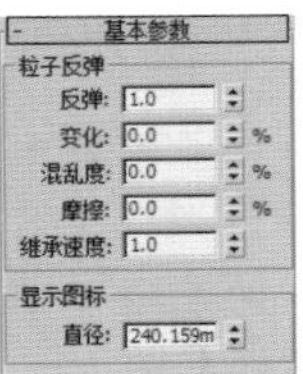

图16-232

3.全导向器

【全导向器】可以通过拾取场景中的任意对象作为导向器形状。粒子与该对象碰撞时会产生反弹效果。在视图中拖动可以创建，如图16-233所示。其参数如图16-234所示。

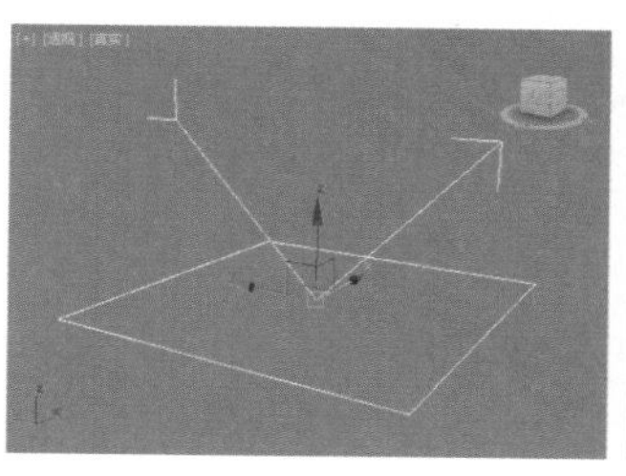

图16-233

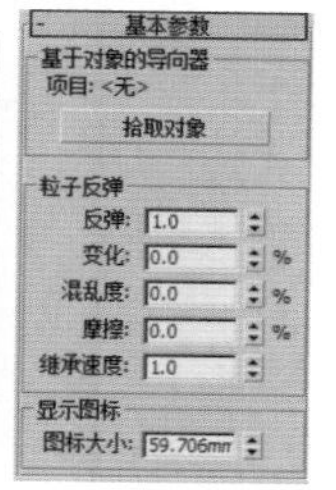

图16-234

16.3.3 几何/可变形

几何/可变形中的空间扭曲类型用于使几何体变形，其中包括7种类型，如图16-235所示。

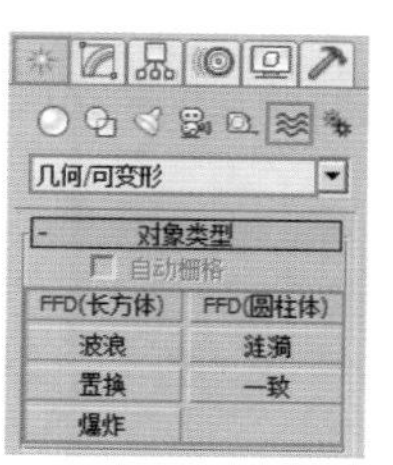

图16-235

1.FFD（长方体）

自由形式变形（FFD）提供了一种通过调整晶格的控制点使对象发生变形的方法。需要单击主工具栏中的 （绑定到空间扭曲）按钮，然后单击模型并拖动到【FFD（长方体）】上，如图16-236所示。其参数面板如图16-237所示。

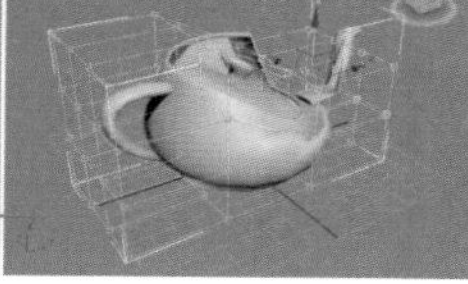

图16-236

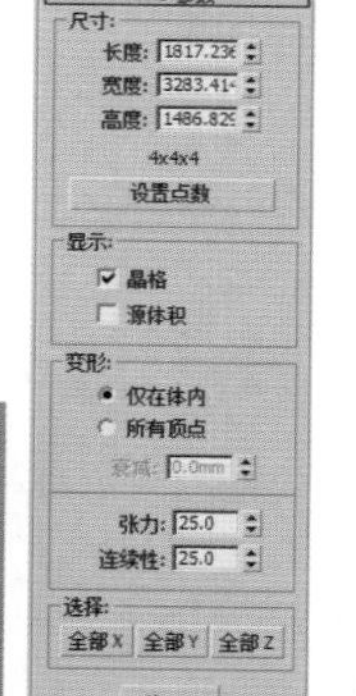

图16-237

2.FFD（圆柱体）

自由形式变形（FFD）提供了一种通过调整晶格的控制点使对象发生变形的方法，如图16-238所示。其参数面板如图16-239所示。

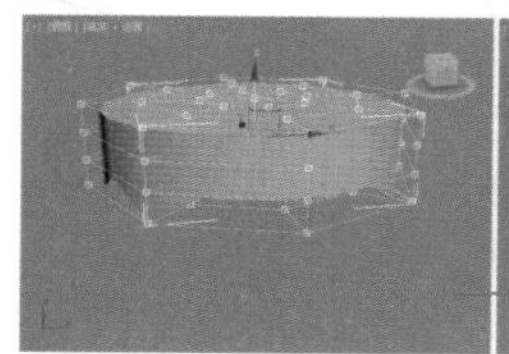

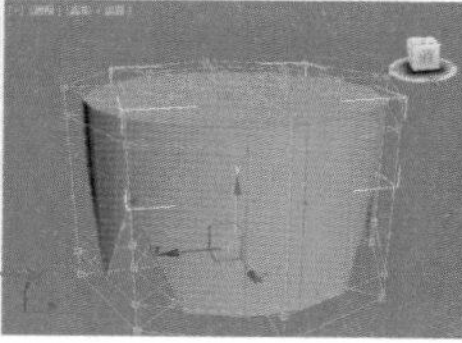

图16-238

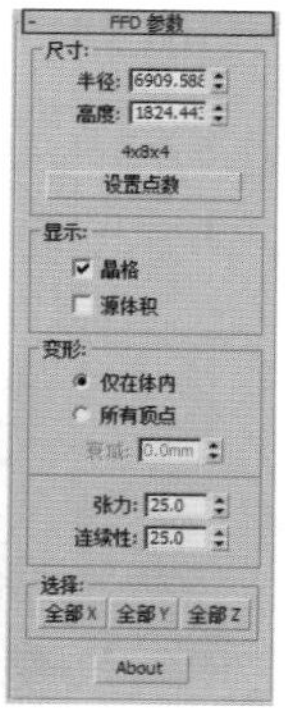

图16-239

3.波浪

使用【波浪】空间扭曲可以使模型产生波浪效果，如图16-240所示。其参数面板如图16-241所示。

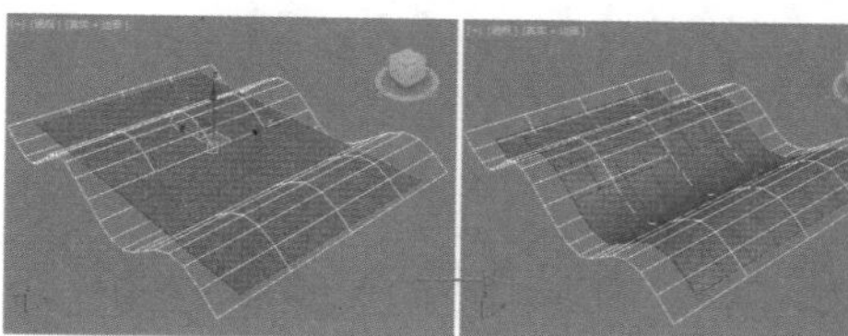

图16-240

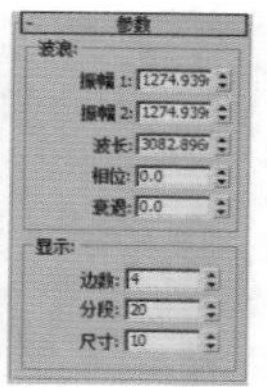

图16-241

4.涟漪

使用【涟漪】空间扭曲可以使模型产生涟漪波纹效果，如图16-242所示。其参数面板如图16-243所示。

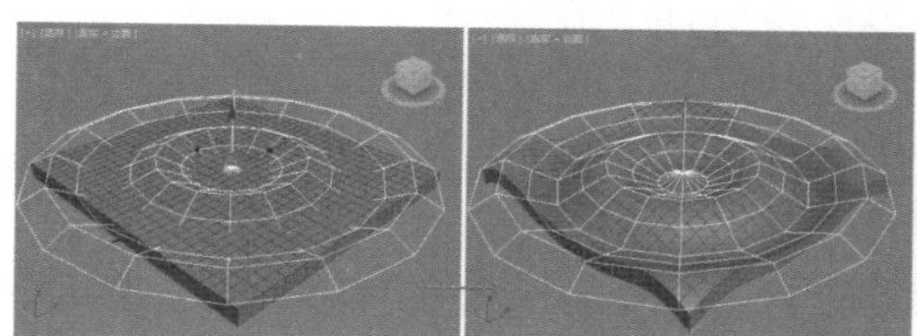

图16-242

图16-243

5.置换

使用【置换】空间扭曲可以制作置换效果，其参数面板如图16-244所示。

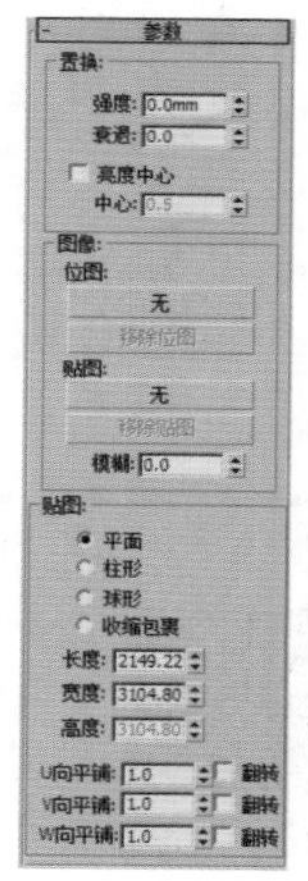

图16-244

6.一致

【一致】空间扭曲修改绑定对象的方法是按照空间扭曲图标所指示的方向推动其顶点，直至这些顶点碰到指定目标对象，或从原始位置移动到指定距离。其参数面板如图 16-245 所示。

7.爆炸

【爆炸】空间扭曲能把对象炸成许多单独的面。其参数面板如图 16-246 所示。

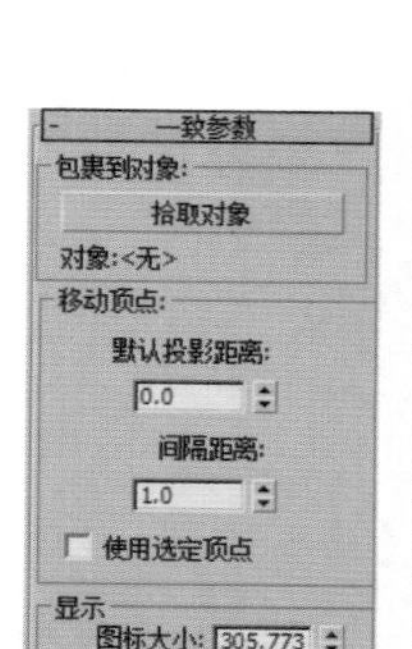

图16-245

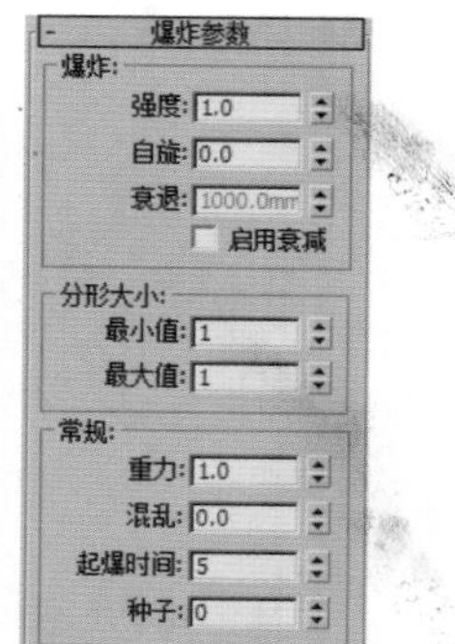

图16-246

步骤 01 创建一个【茶壶】和一个【爆炸】，如图 16-247 所示。

步骤 02 需要单击主工具栏中的 （绑定到空间扭曲）按钮，然后单击【爆炸】并拖动到【茶壶】上，如图16-248所示。

图16-247

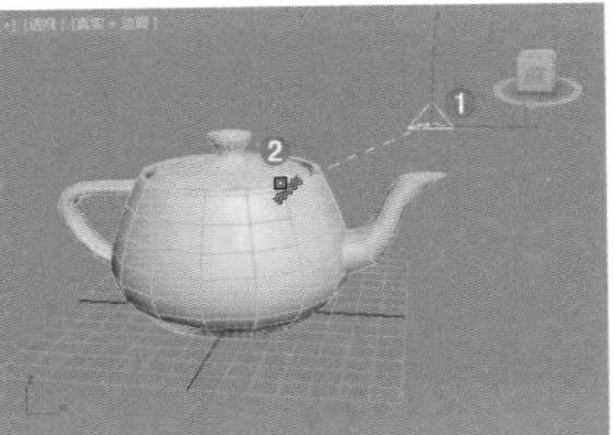
图16-248

步骤 03 拖动时间线，可以看到已经产生爆炸效果，如图16-249所示。

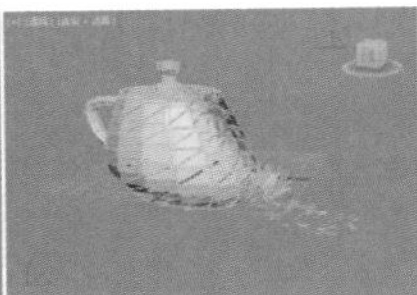
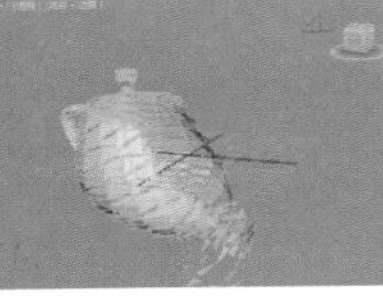
图16-249

步骤 04 在移动【爆炸】位置时，离模型越近，爆炸效果越明显，如图16-250所示。

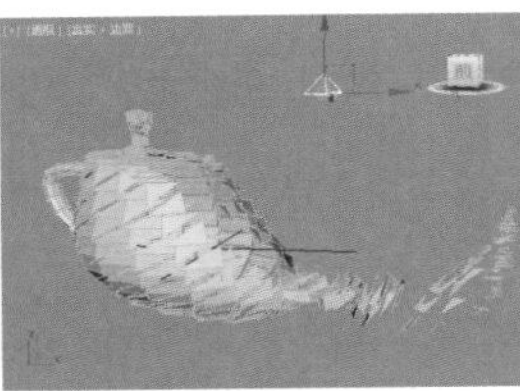
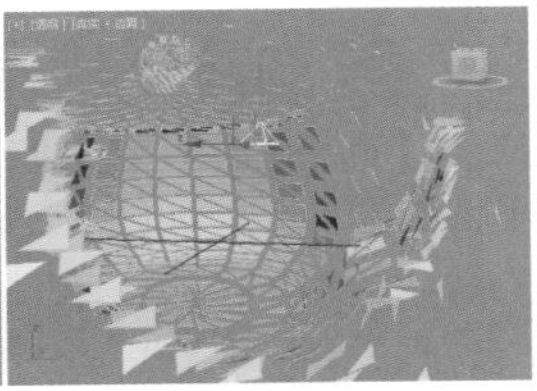
图16-250

实例：使用【爆炸】制作文字动画

扫一扫，看视频

文件路径：Chapter 16 粒子系统与空间扭曲→实例：使用【爆炸】制作文字动画

本例将使用【爆炸】制作文字动画效果。本例特别注意要为爆炸制作关键帧动画，才可出现爆炸动画，只绑定模型与爆炸是出现不了动画的。最终渲染效果如图16-251所示。

图16-251

步骤 01 打开本书场景文件，如图16-252所示。

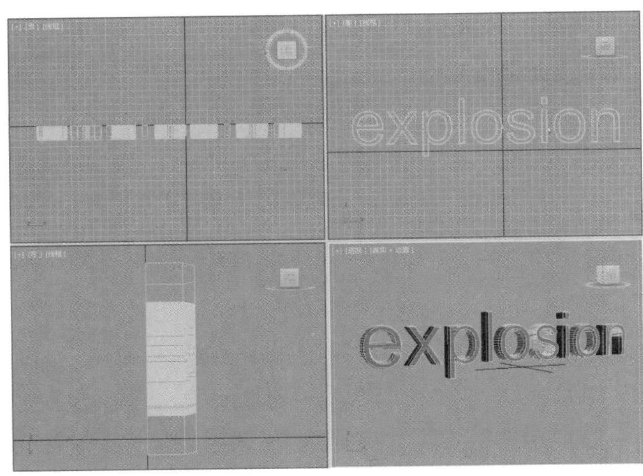
图16-252

步骤 02 执行（创建）|（空间扭曲）| 几何/可变形 | 爆炸 命令，如图16-253所示。在视图中拖拽创建一个【爆炸】，如图16-254所示。

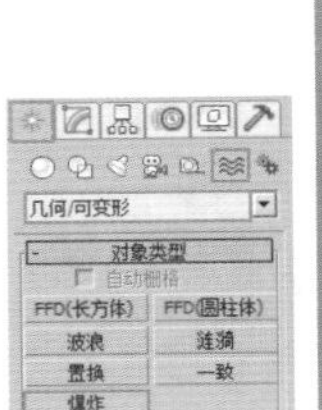

图16-253

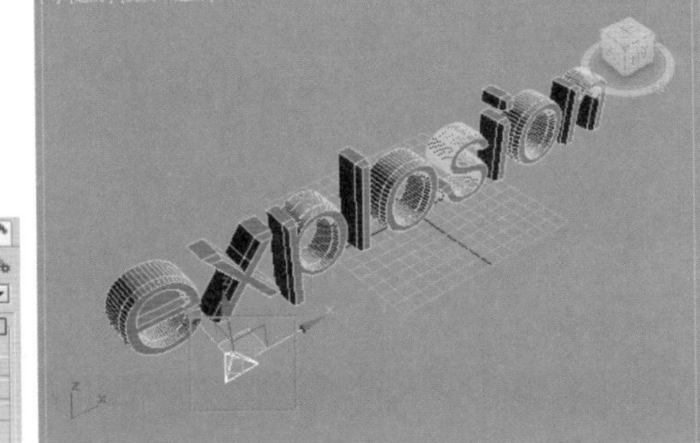
图16-254

步骤 03 开始制作动画。选择场景中的【爆炸】，将时间线拖动到第 0 帧，然后单击 自动关键点 按钮，最后设置【强度】为 1、【自旋】为 0.2、【混乱度】为 0.1，如图 16-255 所示。

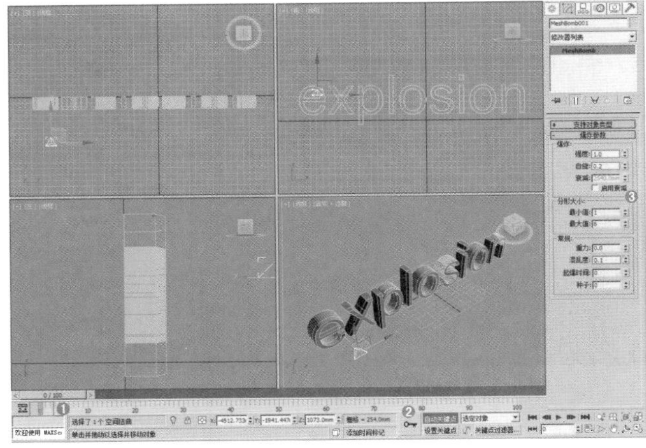
图16-255

步骤 04 将时间线拖动到第 5 帧，设置【强度】为 40、【自旋】

为 1、【混乱度】为 2，如图 16-256 所示。

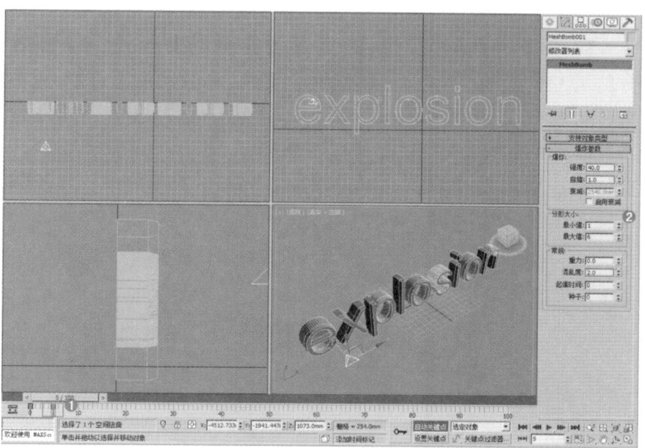

图16-256

步骤 05 将时间线拖动到第 30 帧，设置【强度】为 0、【自旋】为 0、【混乱度】为 0，如图 16-257 所示。

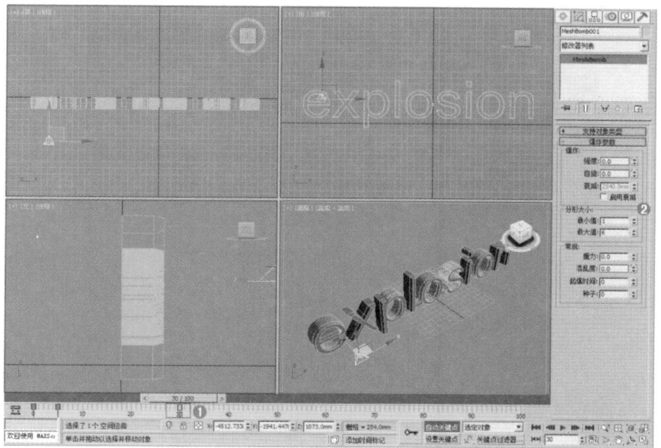

图16-257

步骤 06 再次单击自动关键点按钮，此时动画制作完成。单击主工具栏中的（绑定到空间扭曲）按钮，接着鼠标左键一直按下选中场景中的【爆炸】，并将其拖动到三维文字模型上，然后松开鼠标左键，此时两者绑定成功，如图16-258所示。

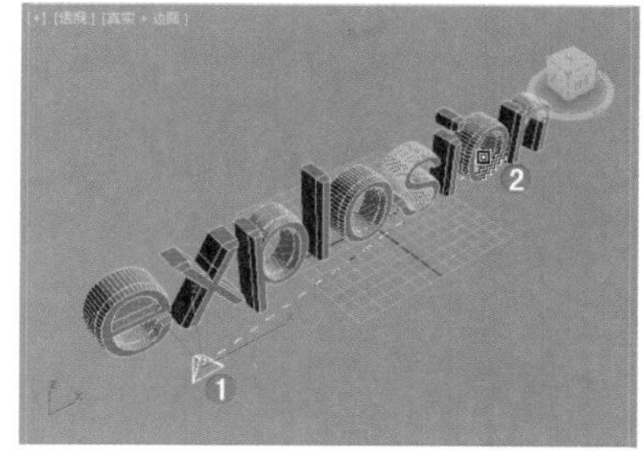

图16-258

步骤 07 此时拖动时间线，会看到动画的顺序有些混乱，开始前5帧应该去除掉，如图16-259所示。

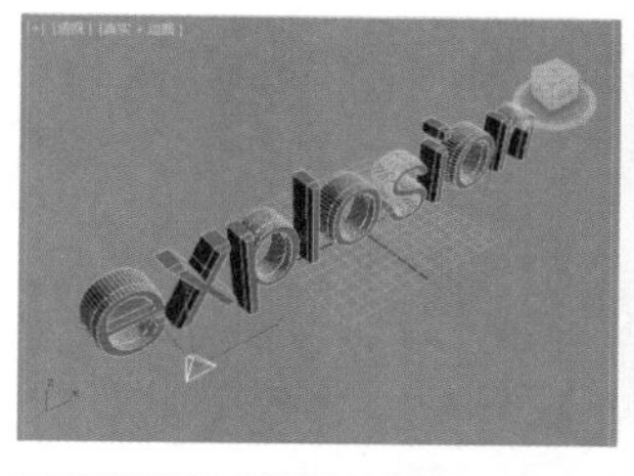

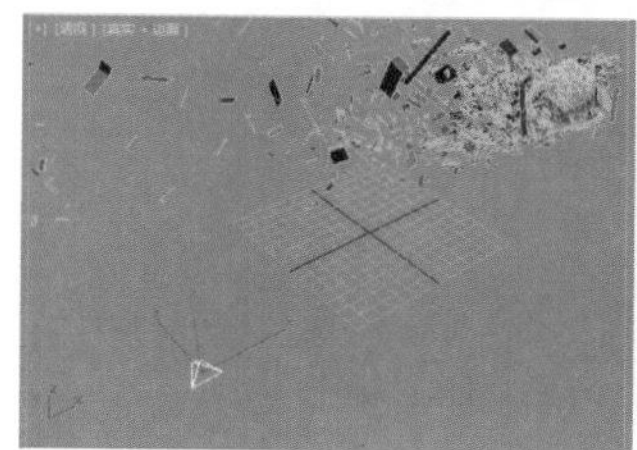

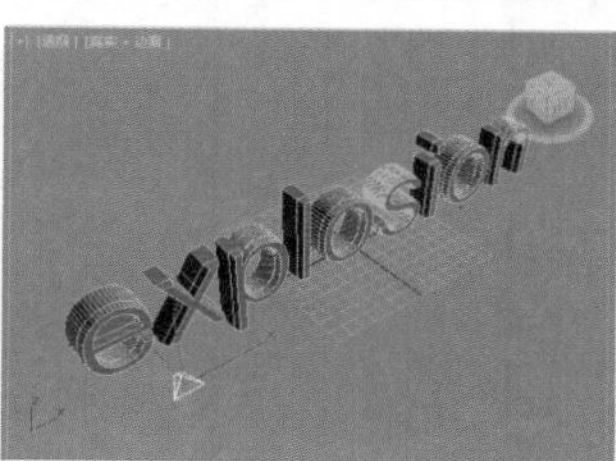

图16-259

步骤 08 单击（时间配置）按钮，在弹出的【时间配置】窗口中设置【开始时间】为5（在该窗口中可以设置时间线的初始时间和末尾时间），如图16-260所示。

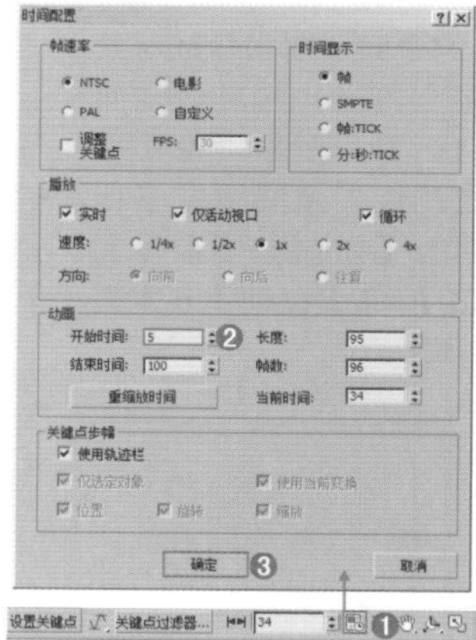

图16-260

步骤 09 拖动时间线滑块，得到的效果如图16-261所示。

图16-261

步骤 10 最终渲染效果如图16-262所示。

图16-262

16.3.4 基于修改器

基于修改器的空间扭曲和标准对象修改器的效果完全相同。和其他空间扭曲一样，它们必须和对象绑定在一起，并且它们是在世界空间中发生作用，包括【弯曲】【扭曲】【锥化】【倾斜】【噪波】和【拉伸】6种类型，如图16-263所示。

图16-263

16.3.5 粒子和动力学

粒子和动力学空间扭曲只有【向量场】一种。【向量场】是一种特殊类型的空间扭曲，群组成员使用它来围绕不规则对象（如曲面和凹面）移动。【向量场】这个小插件是个方框形的格子，其位置和尺寸可以改变，以便围绕要避开的对象，通过格子交叉生成向量，如图16-264所示。其参数面板如图16-265所示。

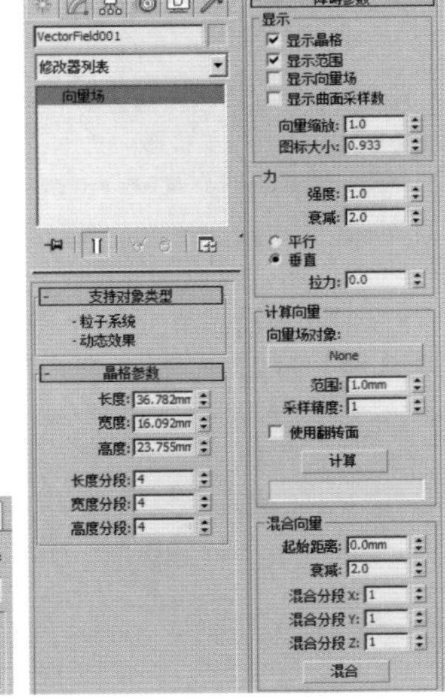

图16-264　　图16-265

读书笔记

毛发系统

本章将学习毛发技术，包括Hair和Fur（WSM）修改器和VR-毛皮两种毛发的创建技巧。毛发技术常应用于角色设计、室内设计中，例如制作卡通角色的头发或长毛地毯等。

本章学习要点：

- 熟练掌握毛发的创建方式；
- 熟练掌握编辑毛发效果的方式。

扫一扫，看视频

通过本章学习，我能做什么？

通过对本章的学习，可以在模型表面制作出不同感觉的毛发，如弯曲的、纤细的、尖锐的、卷发的、束状的毛发效果。通过毛发系统，可以为卡通角色制作头发、为动物制作长毛、制作毛茸玩具、制作地毯等。

17.1 认识毛发

毛发在室内设计、三维动画设计中应用较多。使用毛发工具可以在模型上快速生长毛发，而且可以对毛发的很多属性进行设置，如长度、弯曲度、锥度、颜色等。

17.1.1 什么是毛发

毛发是指具有毛状的物体，在3ds Max中毛发工具虽然参数比较简单，但是要模拟非常真实的毛发效果，则需要反复的调试。常见的毛发类型有人类头发、动物皮毛、植物杂草、软装饰地毯等，如图17-1和17-2所示。

图17-1

图17-2

17.1.2 毛发的创建方法

毛发的制作方法很多，可以使用【模型+修改器】【模型+VR-毛皮】【模型+材质贴图】等方法制作，还可以借助第三方毛发插件制作。本章将重点对Hair和Fur（WSM）修改器、VR-毛皮这两种常用方法进行讲解。

1.模型+修改器

创建模型，然后单击【修改】按钮为其，添加【Hair和Fur（WSM）修改器】，如图17-3所示。此时模型产生了毛发效果，如图17-4所示。

图17-3

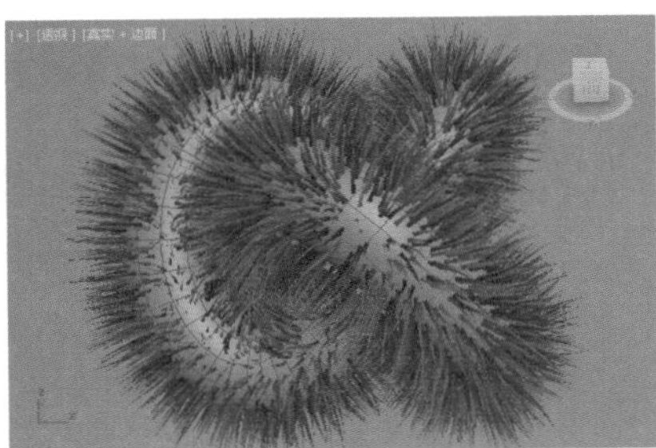

图17-4

2.模型+VR-毛皮

创建并选择模型，然后执行（创建）|（几何体）| VRay | VR-毛皮 命令，如图17-5所示。此时模型产生了毛发效果，如图17-6所示。

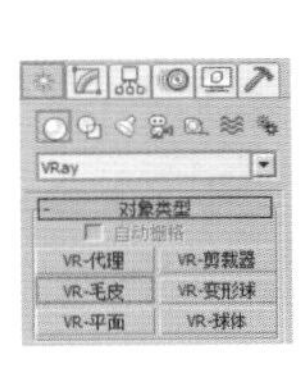

图17-5

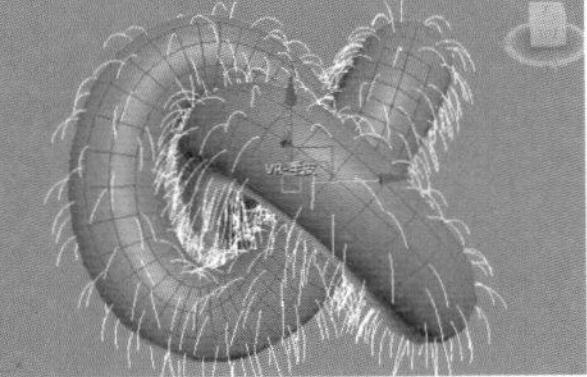

图17-6

3.不透明度贴图

在不透明度通道上添加黑白贴图，可以产生透明的效果。其原理是黑色透明、白色不透明，因此可以制作出真实毛发效果。

步骤 01 创建一个平面模型，如图17-7所示。

步骤 02 打开材质编辑器，单击一个材质球。进入【贴图】卷展栏中，在【漫反射颜色】通道上加载一张头发的贴图，然后在【不透明度】通道上加载一张黑白的毛发贴图，如图17-8所示。

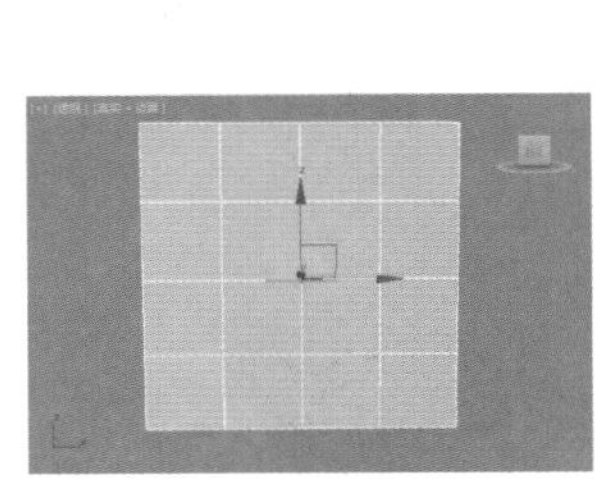

图17-7

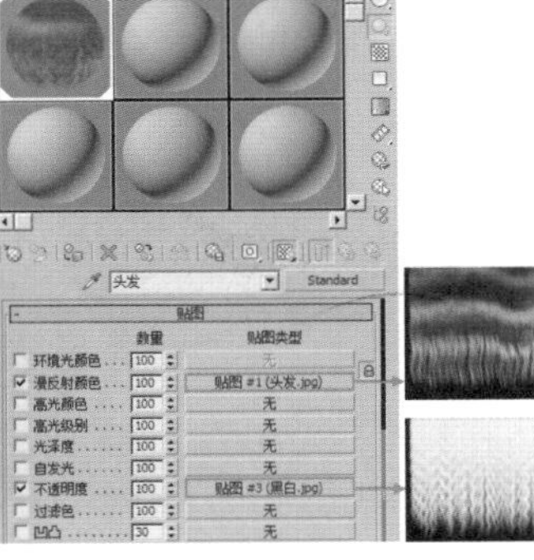

图17-8

步骤03 选择平面模型，并单击 （将材质指定给选定对象）按钮。此时材质制作完成，最后单击 （视口中显示明暗处理材质）按钮，使贴图显示出来，如图17-9所示。

步骤04 为了让毛发弧度更好，可以为模型添加FFD3×3×3修改器，并设置控制点位置，如图17-10所示。

步骤05 最终渲染效果如图17-11所示。

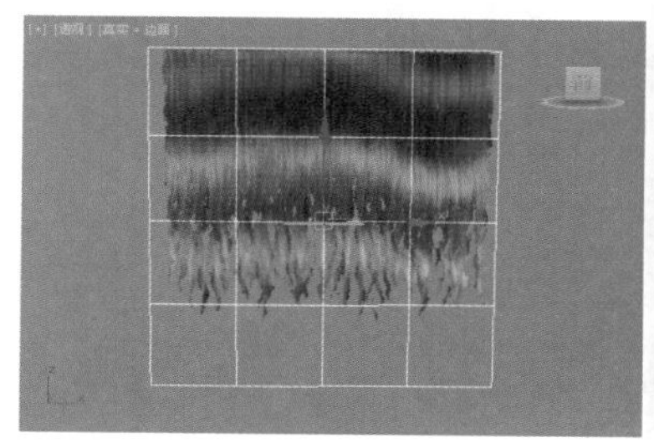
图17-9

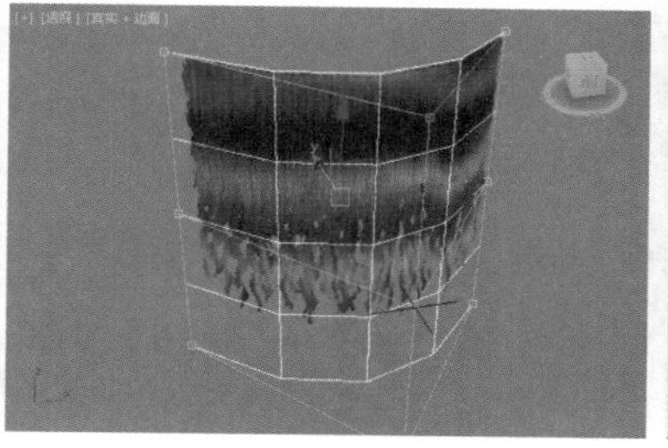
图17-10

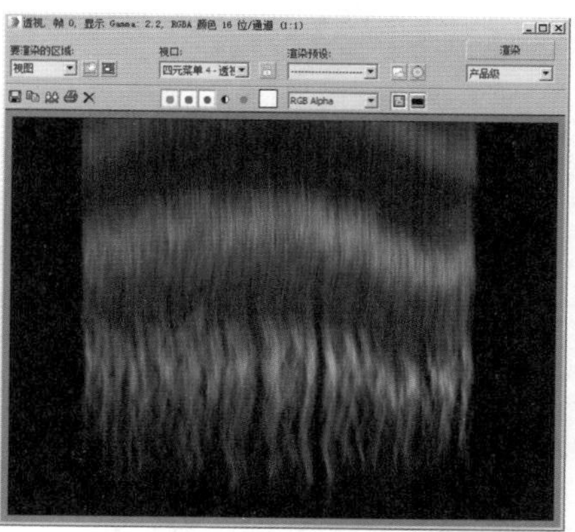
图17-11

提示：该使用哪种毛发方法制作毛发？

每一种毛发制作方法都有利弊。通常来说，Hair和Fur（WSM）修改器更适合制作动物毛发，因此常用于角色动画设计中。而VR-毛皮更适合制作地毯等效果，因此常用于室内设计中，这两种方法呈现出的毛发三维感觉都比较逼真，但是渲染速度都非常慢。

而使用不透明度贴图的方法制作毛发，也常用于角色设计、游戏设计中。此方法渲染速度最快，但是近距离观看毛发的三维感觉比较假，由于是加载了真实的毛发贴图，所以如果不需要近距离特写毛发镜头的话，此方法还是非常逼真的。

17.2 利用【Hair和Fur（WSM）】修改器制作毛发

选择模型，单击【修改】按钮 为模型添加【Hair和Fur（WSM）】修改器，可以快速在模型上创建出毛发。不仅可以设置毛发的长度、颜色等基本属性，还可以像发型师一样对毛发进行发型梳理，功能非常强大。

扫一扫，看视频

17.2.1 【选择】卷展栏

在【选择】卷展栏中可以选择不同的对象层级，如图17-12所示。

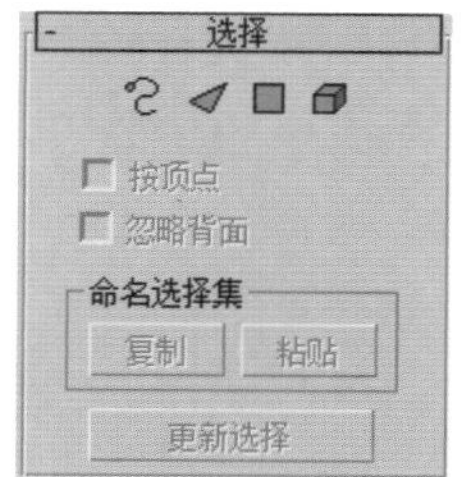

图17-12

- （导向）按钮：单击该按钮后，【设计】卷展栏中的 设计发型 按钮将自动启用。
- （面）按钮：单击该按钮，然后单击模型选择面。
- （多边形）按钮：单击该按钮，然后单击模型选择多边形。
- （元素）按钮：单击该按钮，然后单击模型选择选择元素。
- 按顶点：勾选该选项，只需要选择子对象的顶点就可以选中子对象。
- 忽略背面：勾选该选项，选择子对象时不会选择到背面部分。

轻松动手学：让模型中的一部分产生毛发

文件路径：Chapter 17　毛发→轻松动手学：让模型中的一部分产生毛发

步骤 01 创建球体模型，如图17-13所示。

步骤 02 单击【修改】按钮，为球体添加Hair和Fur（WSM）修改器，如图17-14所示。

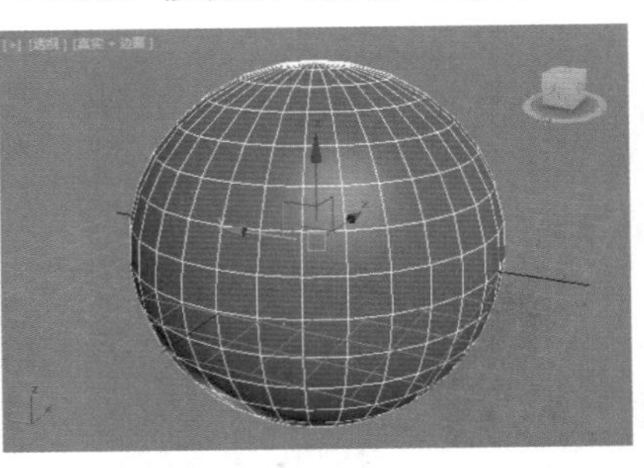

图17-13

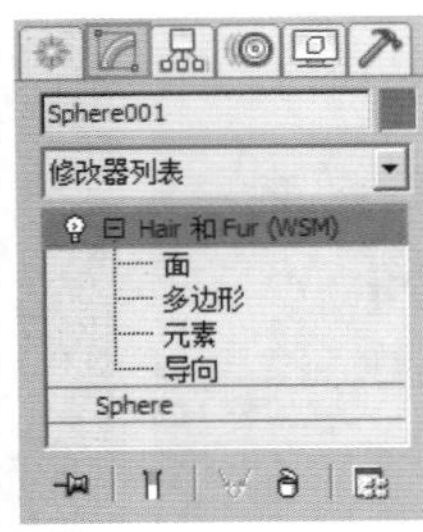

图17-14

步骤 03 此时整个球体产生了毛发效果，如图17-15所示。

步骤 04 单击【修改】按钮，单击【多边形】按钮，如图17-16所示。

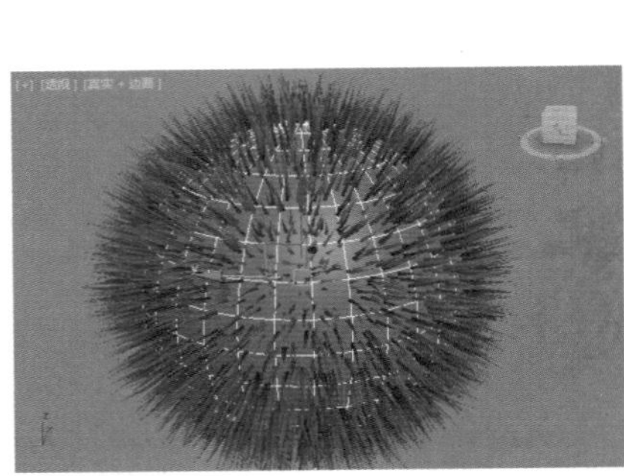

图17-15

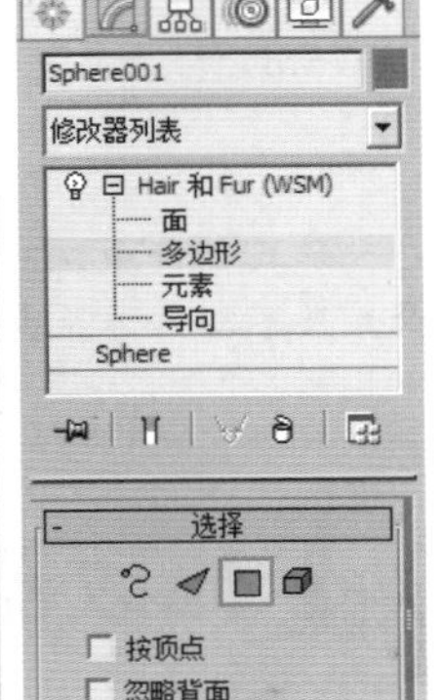

图17-16

步骤 05 此时选择球体顶部的一部分多边形，如图17-17所示。

步骤 06 再次单击【多边形】按钮，此时可以取消选择，球体顶部产生了毛发，如图17-18所示。

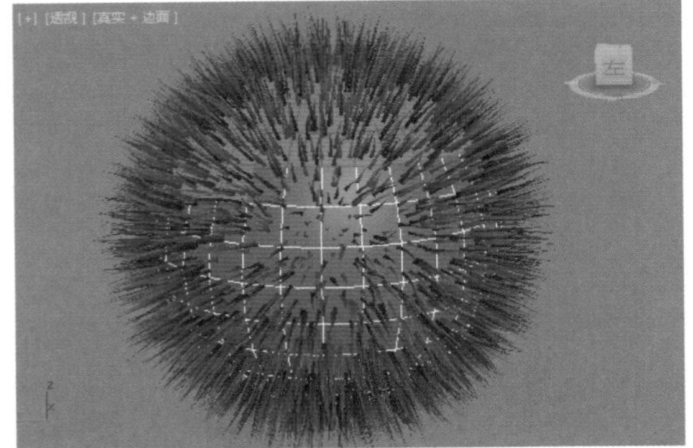

图17-17

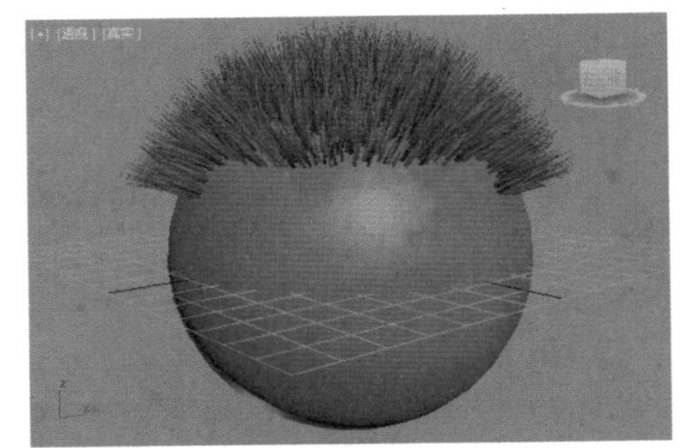

图17-18

17.2.2　【工具】卷展栏

在【工具】卷展栏中可以让毛发按照样条线的方式生长，还可以添加发型预设等，如图17-19所示。

图17-19

- 从样条线重梳按钮：单击可以使毛发的走向与样条线匹配。
- 样条线变形：可以用样条线控制发型与动态效果。
- 重置其余按钮：在曲面上重新分布头发的数量，以得到较为均匀的结果。
- 重生头发按钮：忽略全部样式信息，将头发复位到默认状态。

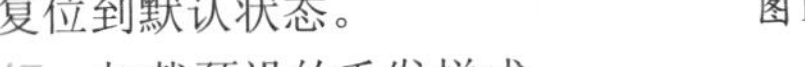

- 加载按钮：加载预设的毛发样式。
- 保存按钮：保存预设的毛发样式。
- 复制按钮：将所有毛发设置和样式信息复制到粘贴缓冲区。
- 粘贴按钮：将所有毛发设置和样式信息粘贴到当前的【头发】修改对象中。
- 导向 -> 样条线按钮：将所有导向复制为新的单一样条线对象。
- 头发 -> 样条线按钮：将所有毛发复制为新的单一样条线对象。
- 头发 -> 网格按钮：将所有毛发复制为新的单一网格对象。

轻松动手学：让毛发沿一条样条线生长

文件路径：Chapter 17 毛发→轻松动手学：让毛发沿一条样条线生长

步骤 01 创建一个球体模型，设置参数如图17-20所示。

步骤 02 单击【修改】按钮，为其添加【编辑多边形】修改器，然后单击（多边形）按钮，如图17-21所示。

步骤 03 选择球体顶部的多边形，如图17-22所示。

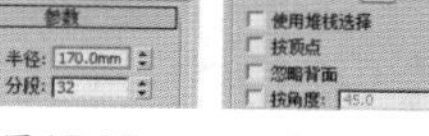

图17-20　图17-21

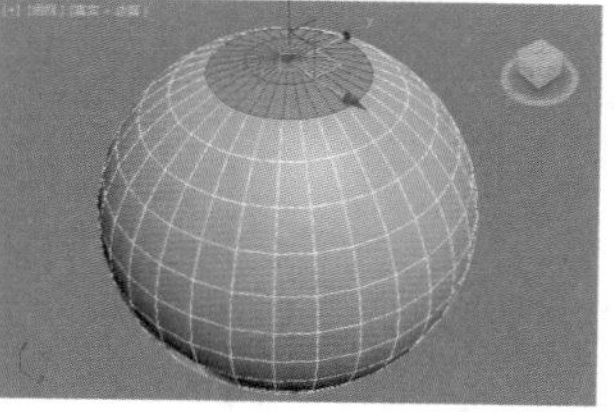

图17-22

步骤 04 单击【分离】后的【设置】按钮，在弹出的对话框中勾选【分离为克隆】，如图17-23所示。

步骤 05 此时模型顶部产生了刚才分类出来的模型【对象001】，然后使用【线】工具在前视图中绘制一条线，如图17-24所示。

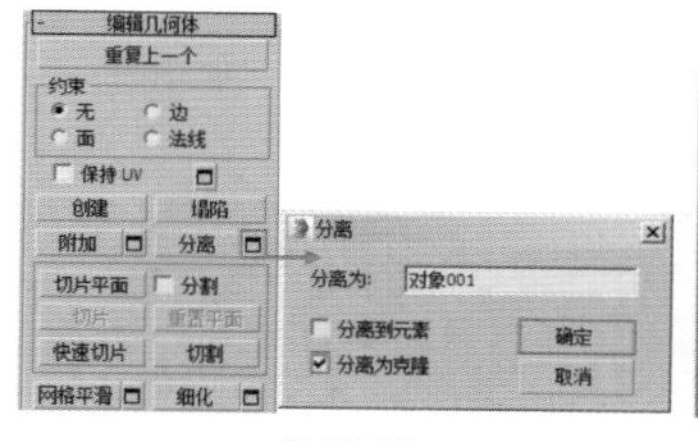

图17-23

图17-24

步骤 06 选择模型【对象001】，单击【修改】按钮，为其添加【Hair和Fur（WSM）修改器】，如图17-25所示。

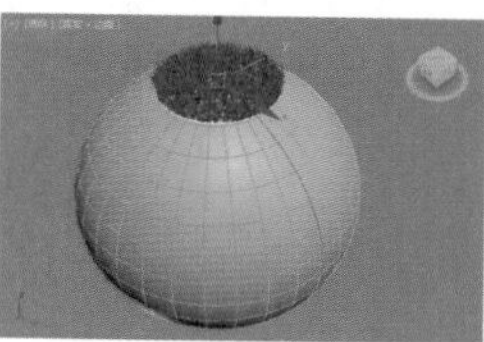

图17-25

步骤 07 单击【修改】按钮，单击【从样条线重梳】按钮，接着单击场景中的线，如图17-26所示。

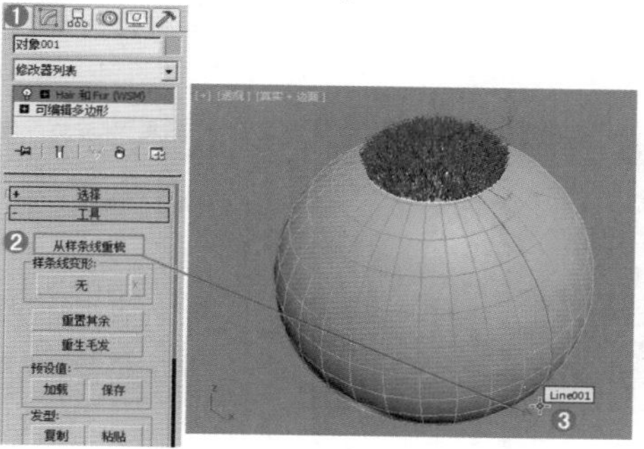

图17-26

步骤 08 此时毛发沿线生长的效果制作完成，如图17-27所示。

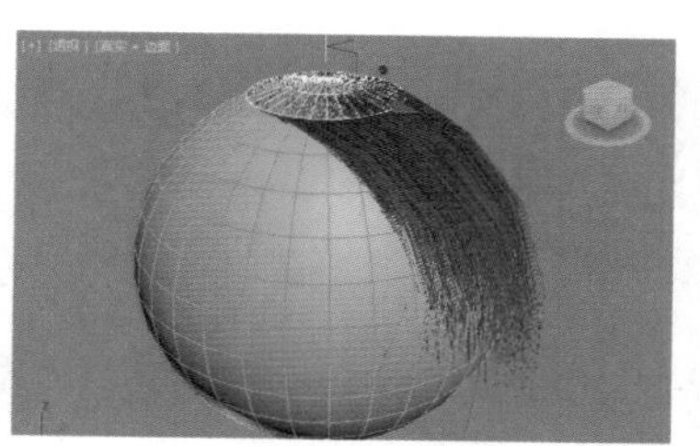

图17-27

17.2.3 【设计】卷展栏

在【设计】卷展栏中可以对发型进行细致的造型，如为毛发梳理发型、让毛发变短、让毛发自然下垂等。只有激活【设计发型】按钮后，才可以对其参数进行修改，如图17-28所示。

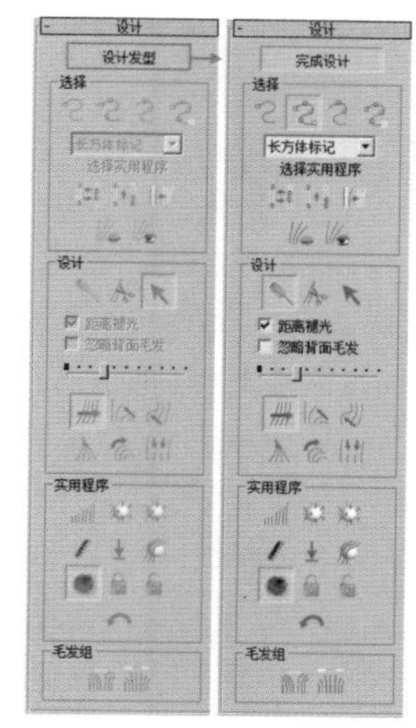

图17-28

- 设计发型/完成设计按钮：单击设计发型按钮，可以设计毛发的发型；此时该按钮会变成凹陷的完成设计按钮，单击完成设计按钮可以返回到【设计发型】状态。如图17-29所示为拖动鼠标产生的发型变化。

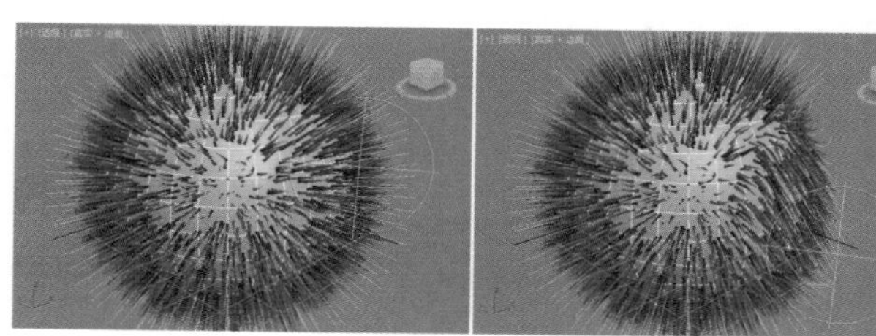

图17-29

- （由发梢选择毛发/选择全部顶点/选择导向顶点/由根选择导向）按钮：选择毛发的几种方式，用户可以根据实际需求来选择采用何种方式。

- 长方体标记 （顶点显示）下拉列表：指定顶点在视图中的显示方式。
- （反选/轮流选/展开选择）按钮：指定选择对象的方式。
- （隐藏选定对象/显示隐藏对象）按钮：隐藏或显示选定的导向毛发。
- （发梳）按钮：在该模式下可以通过拖拽光标来梳理毛发。
- （剪毛发）按钮：在该模式下可以修剪导向毛发，如图17-30所示。

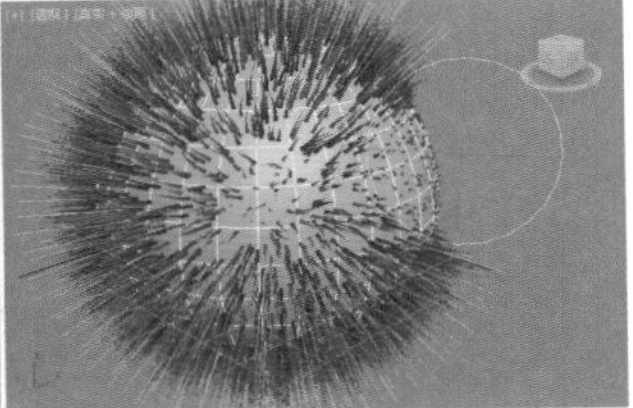

图17-30

- （选择）按钮：单击该按钮可以选择部分区域，例如可以单击（衰减）按钮，将毛发变短，如图17-31所示。

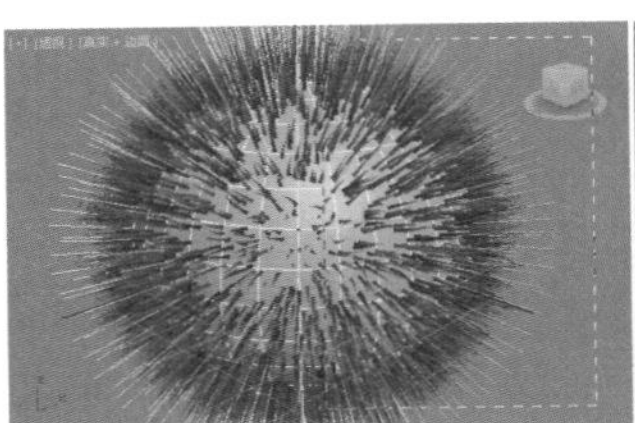
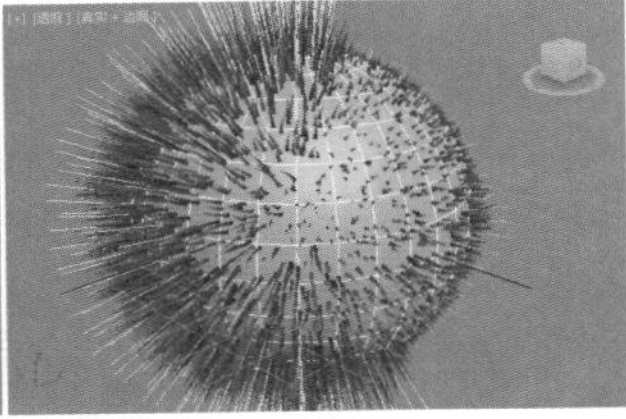

图17-31

- 距离褪光：启用该选项时，刷动效果将朝着画刷的边缘产生褪光现象，从而产生柔和的边缘效果。
- 忽略背面毛发：启用该选项时，背面的毛发将不受画刷的影响。
- 画刷大小滑块：通过拖动滑块更改笔刷的大小。
- （平移）按钮：按照光标的移动方向来移动选定的顶点。
- （站立）按钮：在曲面的垂直方向制作站立效果。
- （蓬松发根）按钮：在曲面的垂直方向制作蓬松效果。
- （丛）按钮：强制选定的导向之间相互更加靠近（向左拖拽光标）或更加分散（向右拖拽光标）。
- （旋转）按钮：可以使毛发产生旋转扭曲的效果，如图17-32所示。

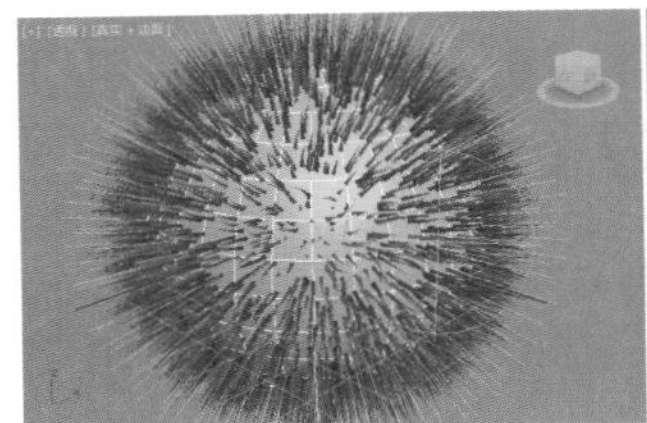
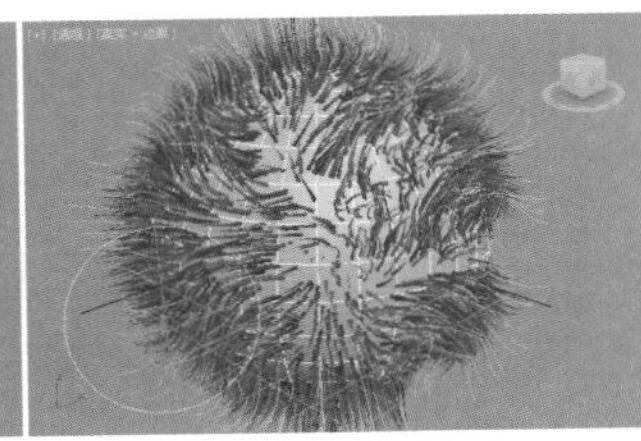

图17-32

- （比例）按钮：执行放大或缩小操作。
- （衰减）按钮：单击可将毛发长度变短，如图17-33所示。

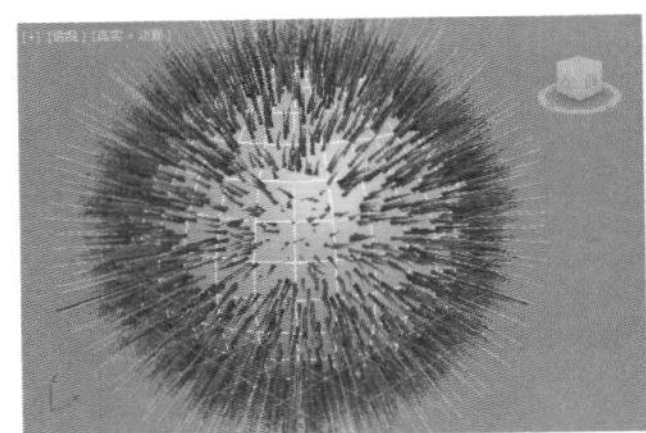
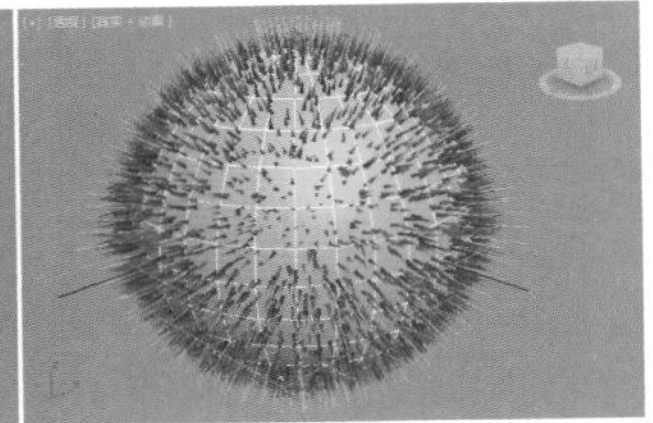

图17-33

- （选定弹出）按钮：沿曲面的法线方向弹出选定的头发。
- （弹出大小为零）按钮：与【选定弹出】类似，但只能对长度为0的头发进行编辑。
- （重疏）按钮：单击该按钮可使毛发下垂，如图17-34所示。

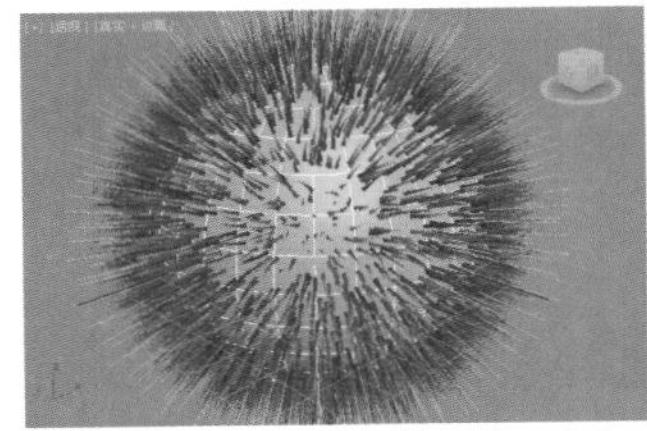
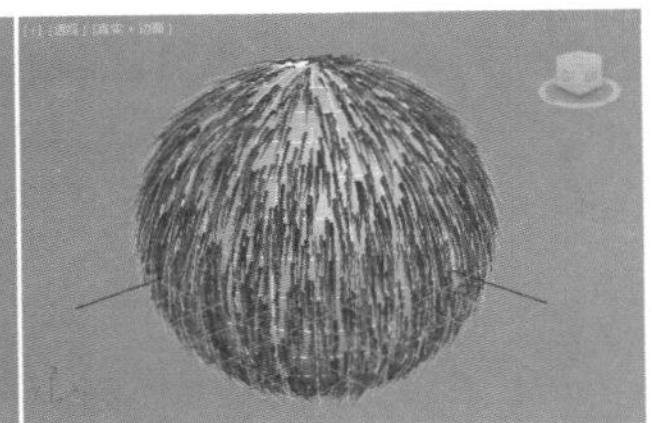

图17-34

- （重置其余）按钮：在曲面上重新分布毛发的数量，以得到较为均匀的结果。
- （切换碰撞）按钮：如果激活该按钮，设计发型时将考虑头发的碰撞。
- （切换毛发）按钮：切换毛发在视图中显示方式，但是不会影响毛发导向的显示。
- （锁定/解除锁定）按钮：锁定或解除锁定导向头发。
- （撤销）按钮：撤销最近的操作。
- （拆分选定头发组/合并选定头发组）按钮：将毛发组进行拆分或合并。

17.2.4 【常规参数】卷展栏

在【常规参数】卷展栏中可以设置毛发的基本属性参数，如毛发数量、毛发密度等，如图17-35所示。

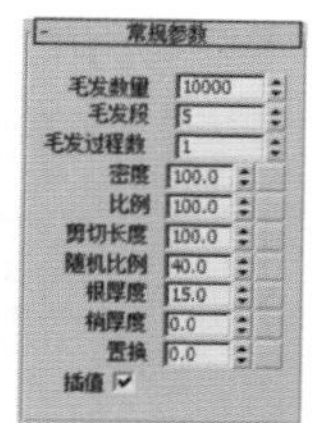

图17-35

- 毛发数量：设置生成的毛发总数。如图17-36所示为设置该参数为30000和3000时的对比效果。

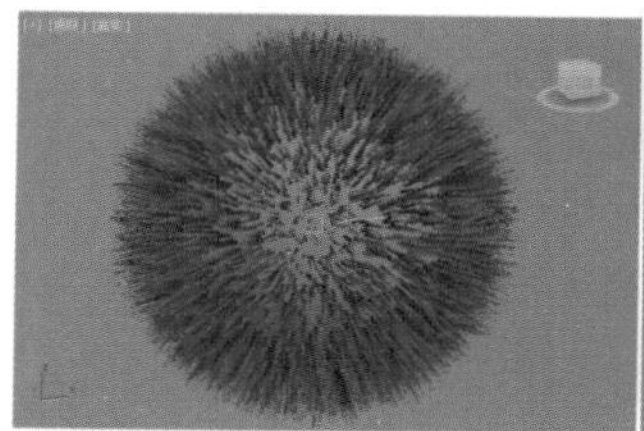
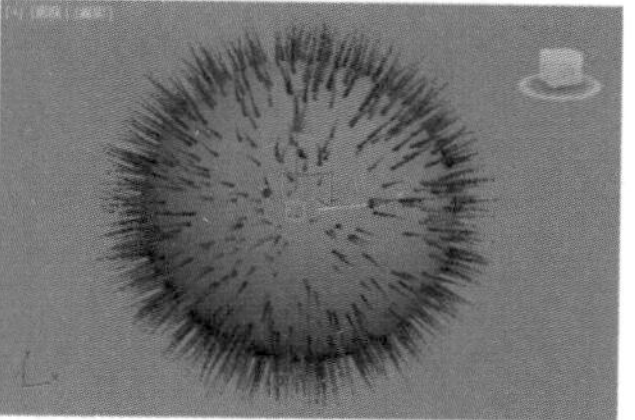
图17-36

- 毛发段：设置每根毛发的段数。段数越多，毛发越圆滑。如图17-37所示为设置该参数为3和15时的对比效果。

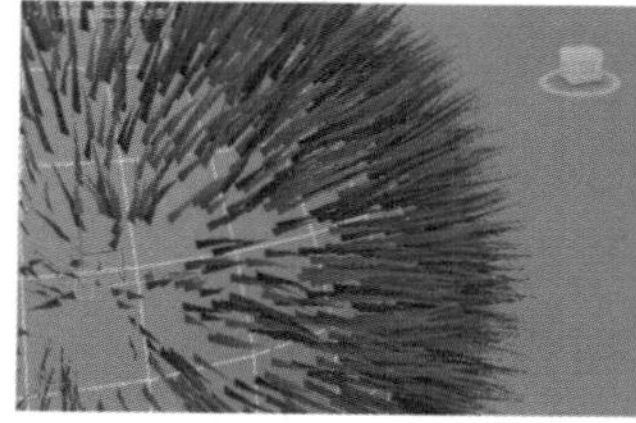

图17-37

- 毛发过程数：设置毛发过程数。
- 密度：设置毛发的整体密度。如图17-38所示为设置该参数为100和20时的对比效果。

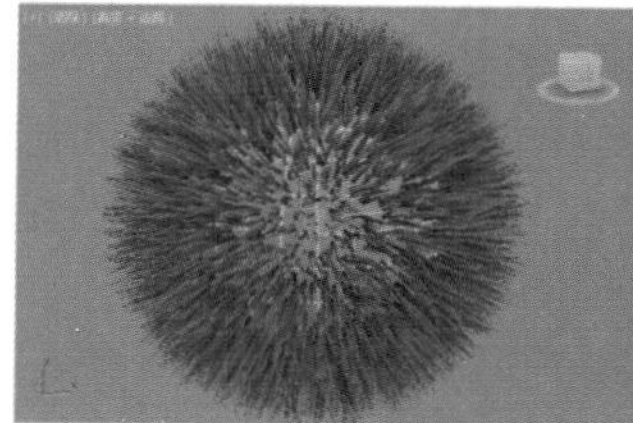
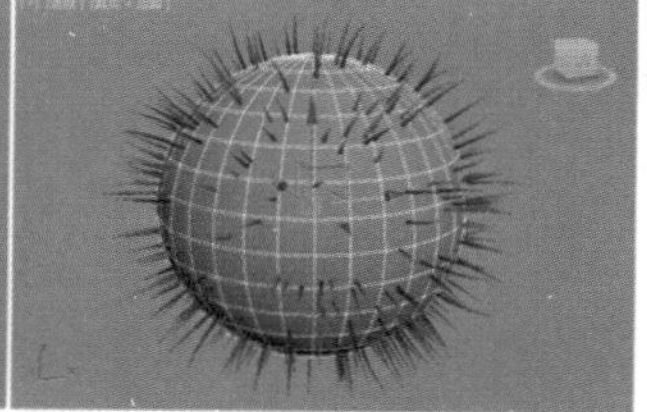
图17-38

- 比例：设置毛发的整体缩放比例。如图17-39所示为设置该参数为100和20时的对比效果。

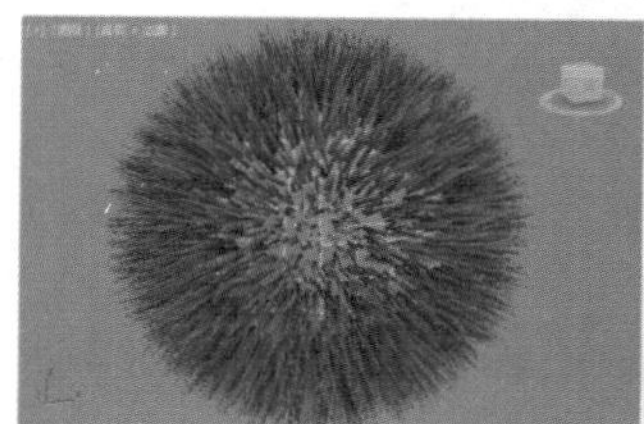

图17-39

- 剪切长度：设置将整体的毛发长度进行缩放的比例。如图17-40所示为设置该参数为100和30时的对比效果。

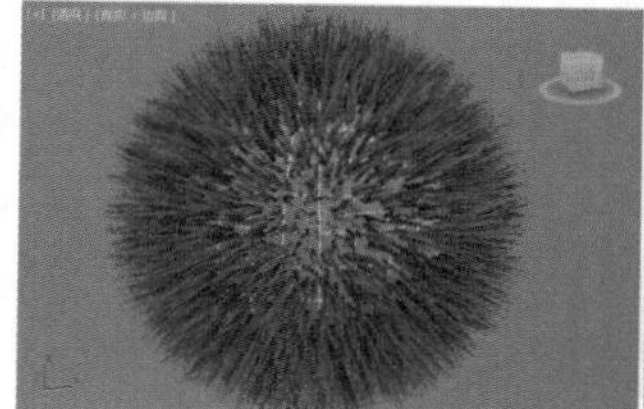

图17-40

- 随机比例：设置在渲染毛发时的随机比例。
- 根厚度：设置发根的厚度。
- 梢厚度：设置发梢的厚度。如图17-41所示为设置【根厚度】为15、【梢厚度】为15与设置【根厚度】为15、【梢厚度】为0时的对比效果。

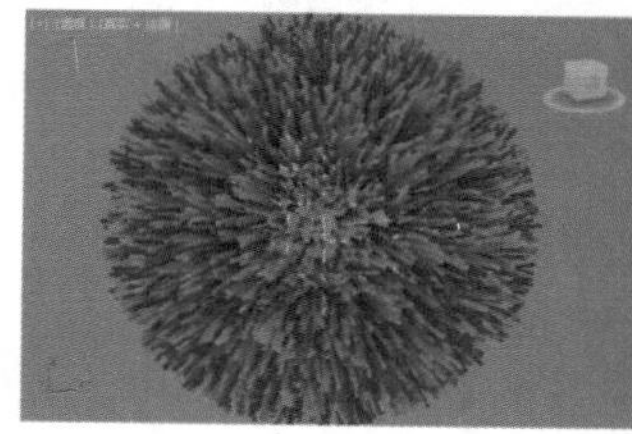
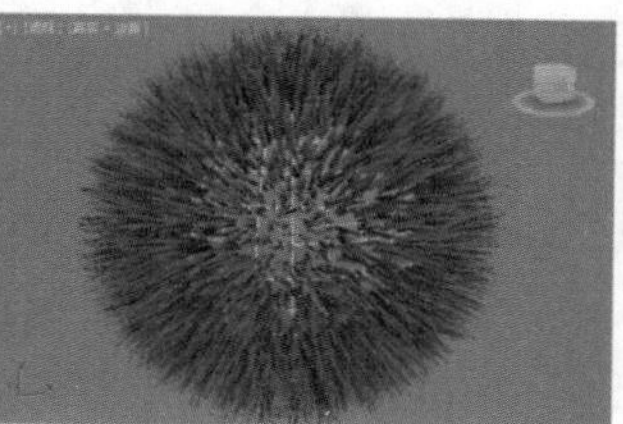
图17-41

- 置换：设置毛发从根到生长对象曲面的置换量。
- 插值：勾选该选项后，毛发生长将插入到导向毛发之间。

17.2.5 【材质参数】卷展栏

在【材质参数】卷展栏中可以设置毛发的材质质感，如梢颜色、根颜色、高光等，如图17-42所示。

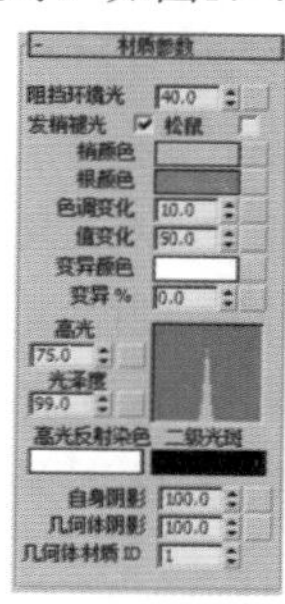

图17-42

- 阻挡环境光：在照明模型时，控制环境或漫反射对模型影响的偏差。
- 发梢褪光：勾选该选项后，毛发将朝向梢部而产生淡出到透明的效果。
- 梢/根颜色：设置毛发的发梢/发根位置的颜色。如图17-43所示为设置【梢颜色】为浅黄色、【根颜色】为蓝色的效果。

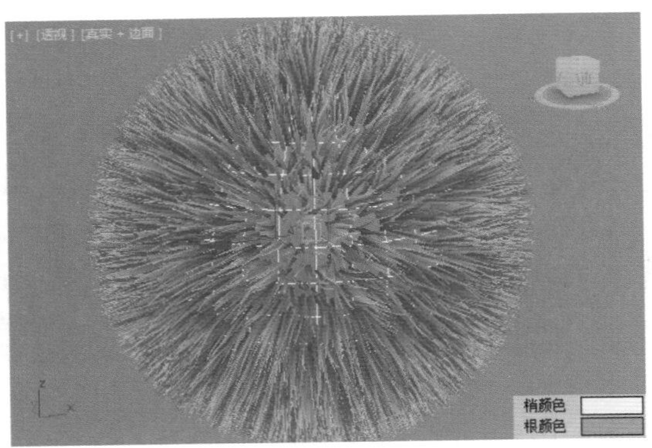

图17-43

- 色调变化：设置毛发颜色的变化量。如图17-44所示为设置色调为0和80时的对比效果。

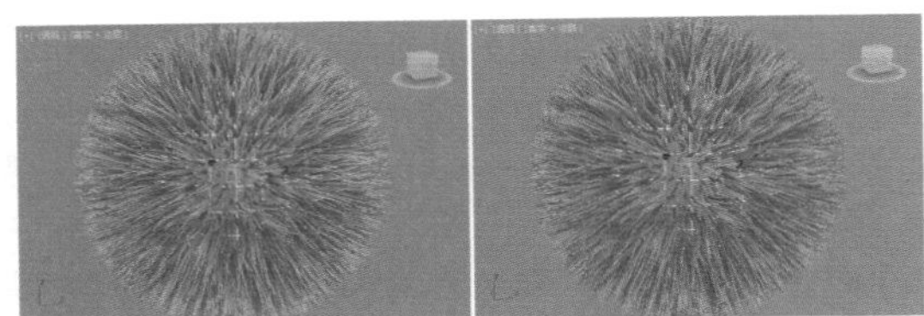

图17-44

- 值变化：设置毛发亮度的变化量。如图17-45所示为设置值变化为0和80时的对比效果。

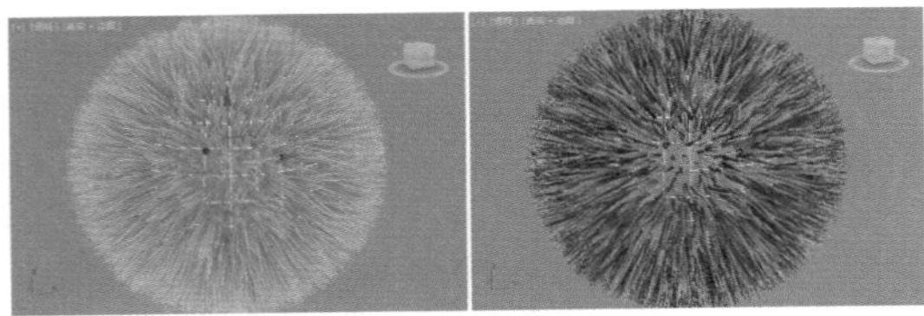

图17-45

- 变异颜色：设置变异毛发的颜色。
- 变异%：设置接受【变异颜色】的毛发的百分比。
- 高光：设置在毛发上高亮显示的亮度。
- 光泽度：设置在毛发上高亮显示的相对大小。
- 高光反射染色：设置反射高光的颜色。
- 自身阴影：设置自身阴影的大小。
- 几何体阴影：设置毛发从场景中的几何体接收到的阴影的量。
- 几何体材质ID：在渲染几何体时设置头发的材质ID。

17.2.6 【海市蜃楼参数】卷展栏

在【海市蜃楼参数】卷展栏可以生成从其余部分伸出的海市蜃楼或"偏离"毛发，如图17-46所示。

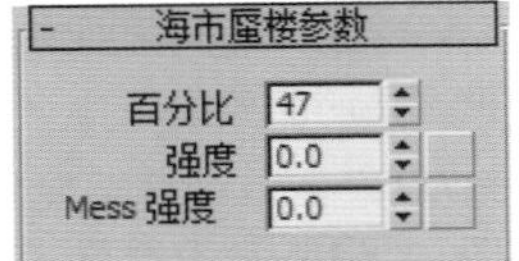

图17-46

- 百分比：设置要对其应用【强度】和【Mess 强度】值的毛发百分比。如图17-47所示为设置【百分比】为0和100时的对比效果。

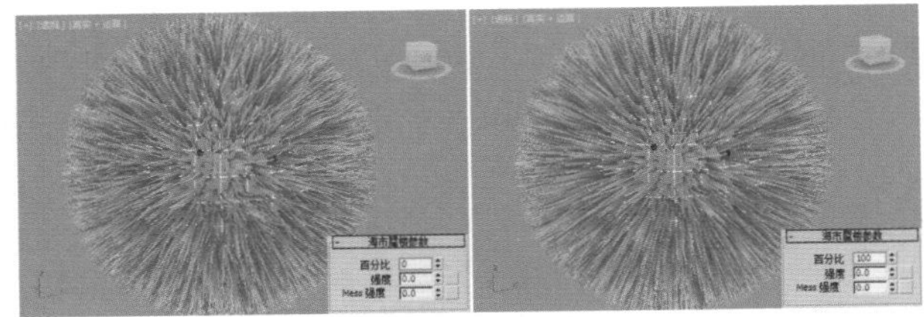

图17-47

- 强度：强度指定海市蜃楼毛发伸出的长度。如图17-48所示为设置【强度】为0和0.2时的对比效果。

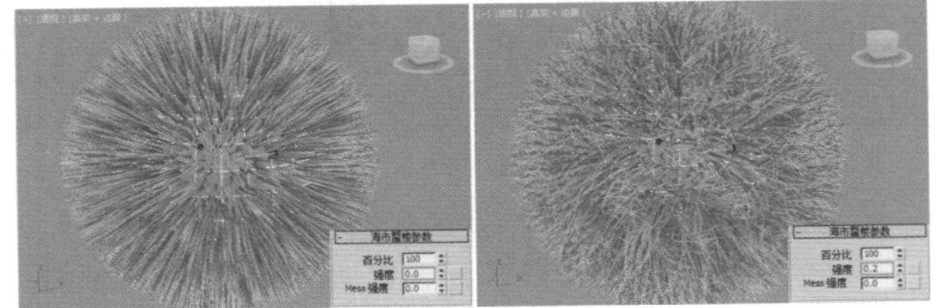

图17-48

- Mess强度：Mess 强度将卷毛应用于海市蜃楼毛发。

17.2.7 【成束参数】卷展栏

在【成束参数】卷展栏中可以设置几束毛发效果，如图17-49所示。

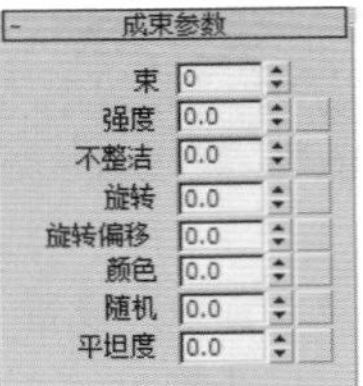

图17-49

- 束：设置毛发束的数量。在设置该参数的同时，应该配合设置【强度】数值才会看到变化。
- 强度：值越大，束中各发梢彼此之间的吸引越强。如图17-50所示为设置【束】为0、【强度】为0和设置【束】为6、【强度】为0.8时的对比效果。

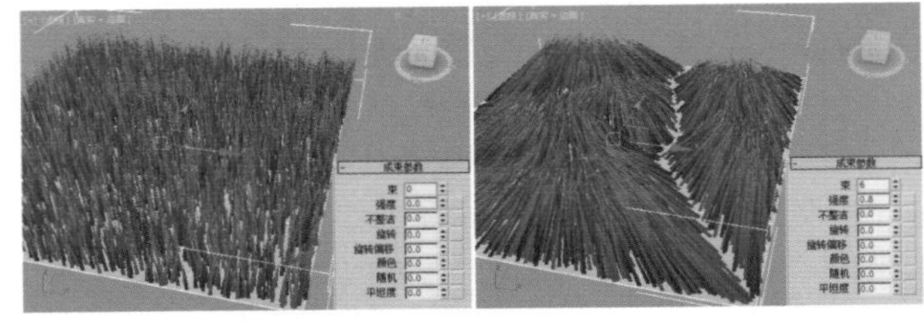

图17-50

- 不整洁：值越大，越不整洁地向内弯曲束，每个束的方向是随机的。
- 旋转：使每个束产生扭曲旋转。如图17-51所示为设置【旋转】为0和1时的对比效果。

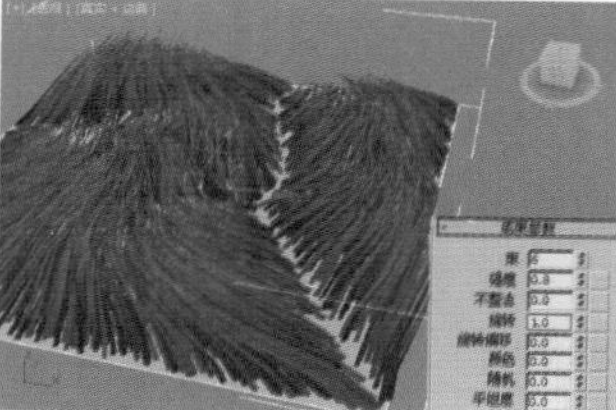

图17-51

- 旋转偏移：从根部偏移束的梢。较高的【旋转】和【旋转偏移】值使束更卷曲。
- 颜色：非零值可改变束中的颜色。
- 随机：控制随机效果。
- 平坦度：在垂直于梳理方向的方向上挤压每个束。

17.2.8 【卷发参数】卷展栏

在【卷发参数】卷展栏中可以设置发根和发梢的卷发效果，如图17-52所示。

- 卷发根：设置毛发在其根部的置换量。
- 卷发梢：设置毛发在其梢部的置换量，如图17-53所示。

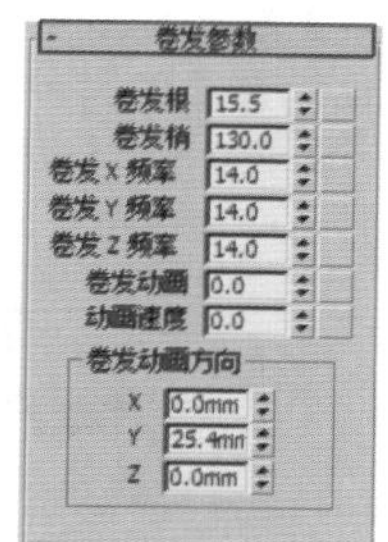

图17-52

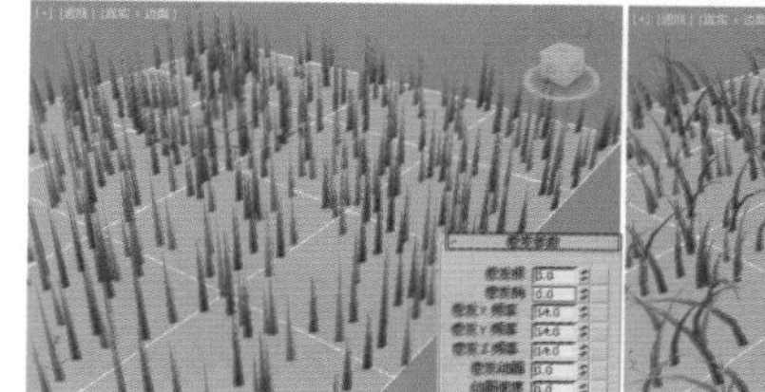

图17-53

- 卷发X/Y/Z频率：控制在3个轴中的卷发频率。
- 卷发动画：设置波浪运动的幅度。
- 动画速度：设置动画噪波场通过空间时的速度。
- 卷发动画方向：设置卷发动画的方向向量。

17.2.9 【纽结参数】卷展栏

在【纽结参数】卷展栏中可以设置纽结效果。参数如图17-54所示。

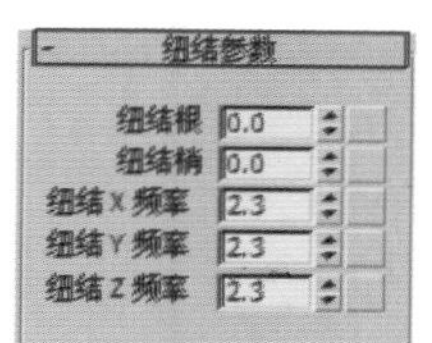

图17-54

- 纽结根/梢：设置毛发在其根部/梢部的纽结置换量，如图17-55所示。

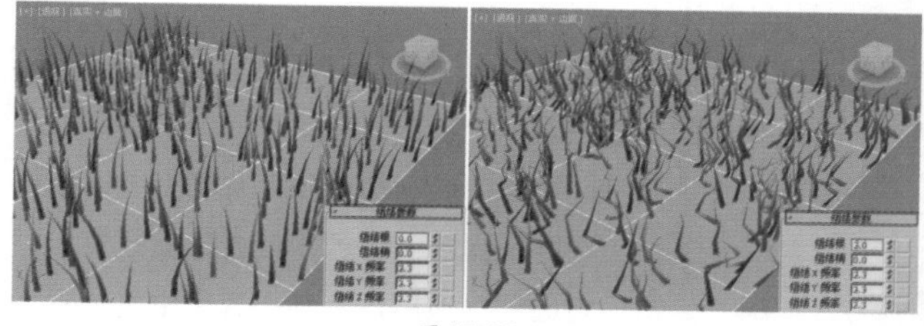

图17-55

- 纽结X/Y/Z频率：设置在3个轴中的纽结频率。

17.2.10 【多股参数】卷展栏

在【多股参数】卷展栏中可以制作由根或梢向外生长的一簇毛发效果，可以制作牙刷、杂草、笤帚等。参数如图17-56所示。

图17-56

- 数量：设置每个聚集块的毛发数量。
- 根展开：设置为根部聚集块中的每根毛发提供的随机补偿量。
- 梢展开：设置为梢部聚集块中的每根毛发提供的随机补偿量，如图17-57所示。

图17-57

- 随机：设置随机处理聚集块中的每根毛发的长度。

17.2.11 【显示】卷展栏

在【显示】卷展栏中可以显示隐藏导向、毛发等效果，如图17-58所示。

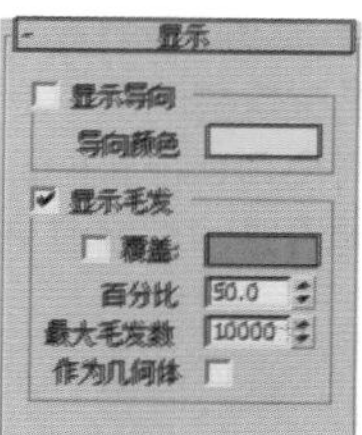

图17-58

- 显示导向：勾选该选项后，毛发在视图中会使用颜色样本中的颜色来显示导向。

- 导向颜色：设置导向所采用的颜色。
- 显示毛发：勾选该选项后，生长毛发的物体在视图中会显示出毛发。
- 覆盖：取消勾选该选项后，3ds Max会使用与渲染颜色相近的颜色来显示毛发。
- 百分比：设置在视图中显示的全部毛发的百分比。
- 最大毛发数：设置在视图中显示的最大毛发数量。
- 作为几何体：勾选该选项后，毛发在视图中将显示为要渲染的实际几何体，而不是默认的线条。

17.2.12 【随机化参数】卷展栏

在【随机化参数】卷展栏中可以对毛发的样式及分布设置随机化效果，如图17-59所示。

种子：设置任意的数值，将产生不同的毛发样式变化效果。

图17-59

实例：利用【Hair和Fur（WSM）】修改器制作草丛

扫一扫，看视频

文件路径：Chapter 17 毛发→实例：利用【Hair和Fur（WSM）】修改器制作草丛

本例将使用【Hair和Fur（WSM）】修改器制作草丛效果，并且设置毛发的数量、颜色、多股等效果。最终渲染效果如图17-60所示。

图17-60

步骤 01 打开本书场景文件，如图17-61所示。

步骤 02 选择地面模型，如图17-62所示。

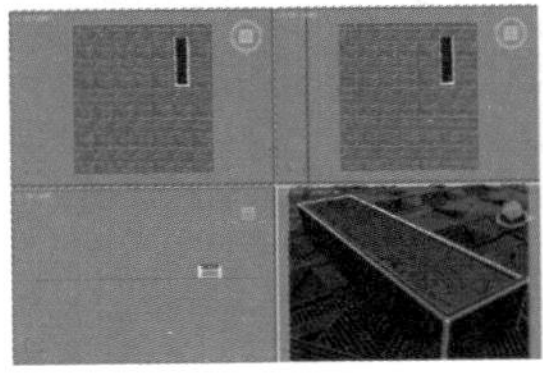

图17-61

图17-62

步骤 03 单击【修改】按钮，为其添加【Hair和Fur（WSM）】修改器，并设置【毛发数量】为500，【毛发段】为8，【随机比例】为50，【根厚度】为12在【材质参数】卷展栏中设置【梢颜色】为浅绿色，【根颜色】为绿色；在【多股参数】卷展栏中设置【数量】为4，【梢展开】为0.5，【扭曲】为1.5（多股参数可以设置类似草丛那种从一个点向外长出几棵分散草的效果），如图17-63所示。

图17-63

步骤 04 此时草地上已经生长出了毛发，如图17-64所示。

图17-64

实例：利用【Hair和Fur（WSM）】修改器制作毛绒玩具

扫一扫，看视频

文件路径：Chapter 17 毛发→实例：利用【Hair和Fur（WSM）】修改器制作毛绒玩具

本例使用Hair和Fur（WSM）修改器制作毛绒玩具，使玩具产生很短的毛发质感。最终渲染效果如图17-65所示。

图17-65

步骤 01 打开本书场景文件，如图17-66所示。

步骤 02 选择玩具模型，如图17-67所示。

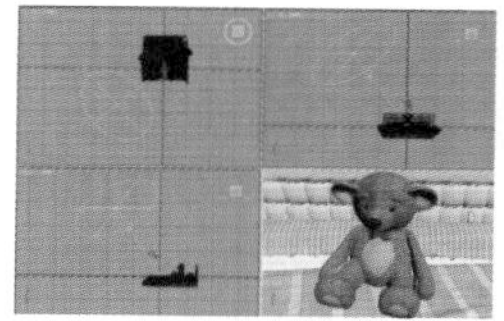

图17-66

图17-67

步骤 03 单击【修改】按钮，为其添加【Hair和Fur（WSM）】修改器，并设置【毛发数量】为200000，【毛发段】为4，【比例】为11，【根厚度】为4，【梢厚度】为0.3；在【材质参数】卷展栏中设置【梢颜色】为土黄色，【根颜色】为褐色，【值变化】为16.667，【高光】为60，【光泽度】为80，【高光反射染色】为土黄色；在【卷发参数】卷展栏中设置【卷发根】为17，【卷发梢】为140，如图17-68所示。

步骤 04 此时玩具上已经生长出了毛发，如图17-69所示。

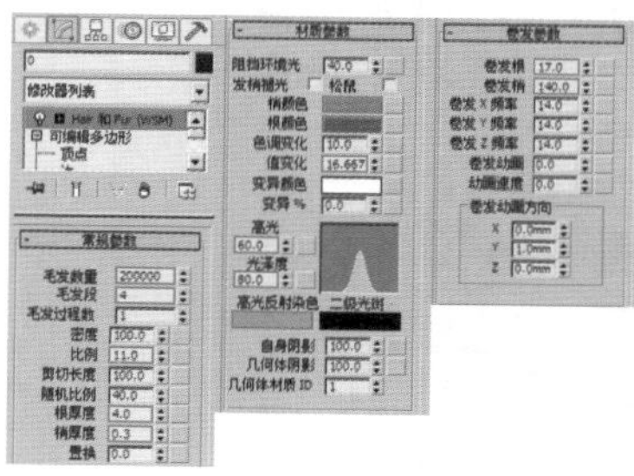

图17-68

图17-69

17.3 利用【VR-毛皮】制作毛发

扫一扫，看视频

VR-毛皮常用于制作具有毛发特点的模型效果，如效果图制作中的地毯、毛毯等，如图17-70和图17-71所示。

图17-70

图17-71

创建并选择模型，如图17-72所示。执行（创建）|（几何体）| VRay | VR-毛皮 命令，如图17-73所示。此时模型产生了毛发效果，如图17-74所示。

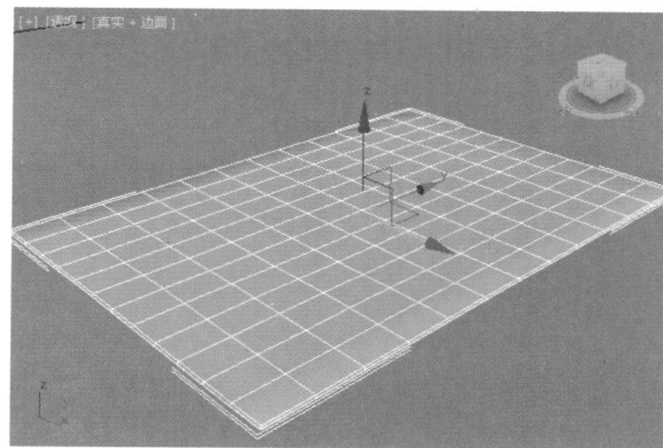

图17-72

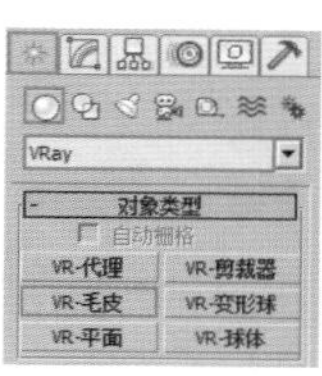

图17-73

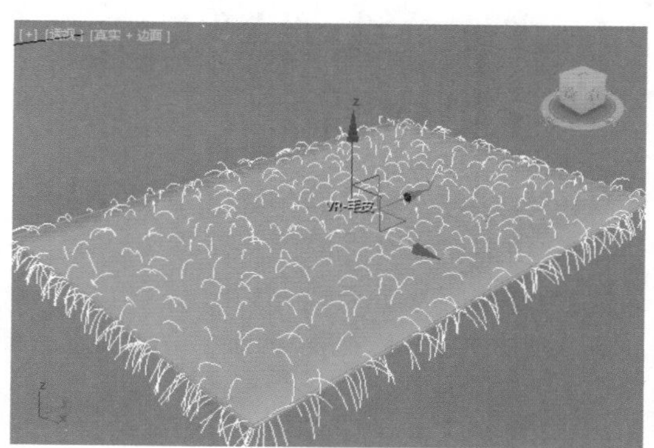

图17-74

17.3.1 【参数】卷展栏

展开【参数】卷展栏，如图17-75所示。

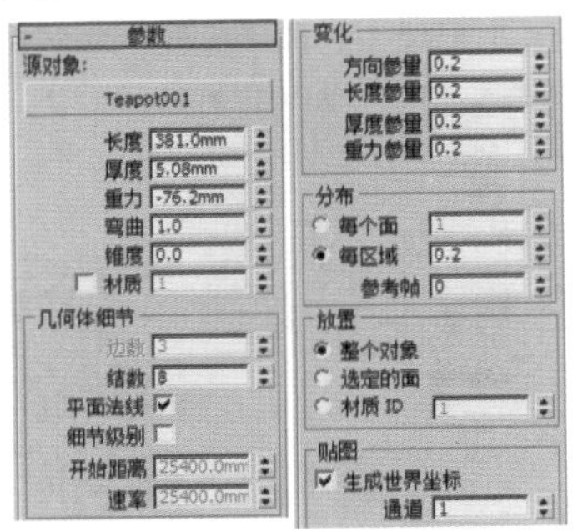

图17-75

- 源对象：指定需要添加毛发的物体。
- 长度：设置毛发的长度。如图17-76所示为设置【长度】为500和200时的对比效果。

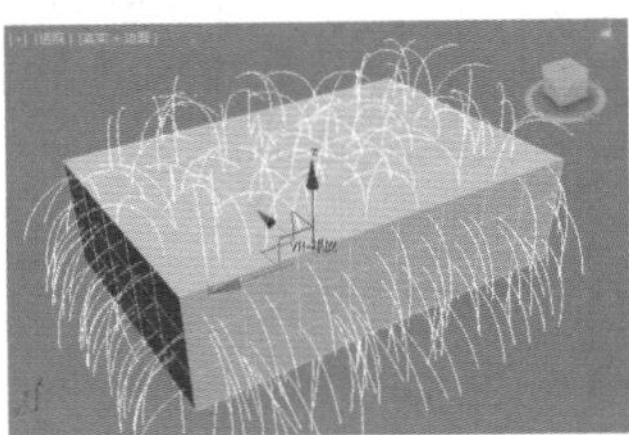
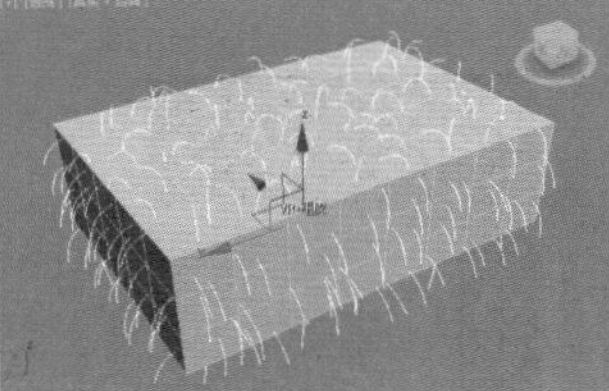

图17-76

- 厚度：设置毛发的厚度。但是该选项只有在渲染时才会看到变化。
- 重力：控制毛发在Z轴方向被下拉的力度，数值越小越下垂、数值越大越直立。如图17-77所示为设置【重力】为100和-100时的对比效果。

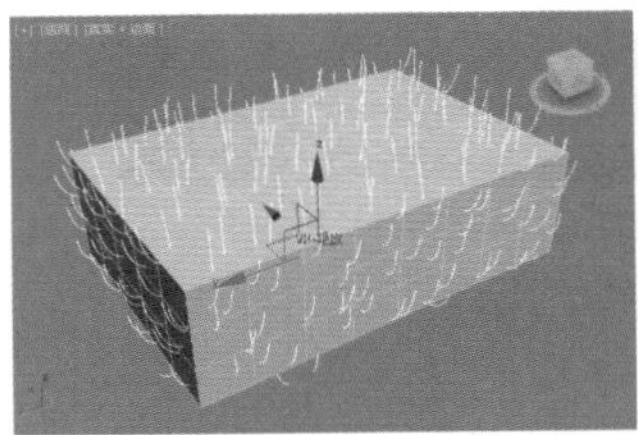

图17-77

- 弯曲：设置毛发的弯曲程度。
- 锥度：用来控制毛发锥化的程度。
- 边数：当前这个参数还不可用，在以后的版本中将开发多边形的毛发。
- 结数：控制毛发弯曲时的光滑度。值越大，段数越多，弯曲的毛发越光滑。如图17-78所示为设置【结数】为3和10时的对比效果。

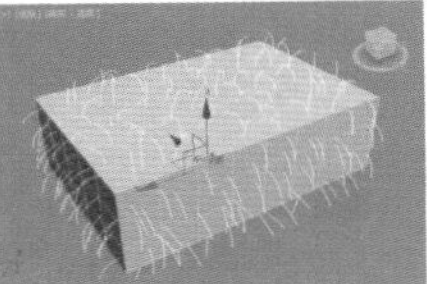

图17-78

- 平面法线：这个选项用来控制毛发的呈现方式。
- 方向参量：控制毛发在方向上的随机变化。值越大，表示变化越强烈；0表示不变化。
- 长度参量：控制毛发长度的随机变化。1表示变化越强烈；0表示不变化。
- 厚度参量：控制毛发粗细的随机变化。1表示变化越强烈；0表示不变化。
- 重力参量：控制毛发受重力影响的随机变化。设置为1表示变化越强烈，0表示不变化，如图17-79所示。

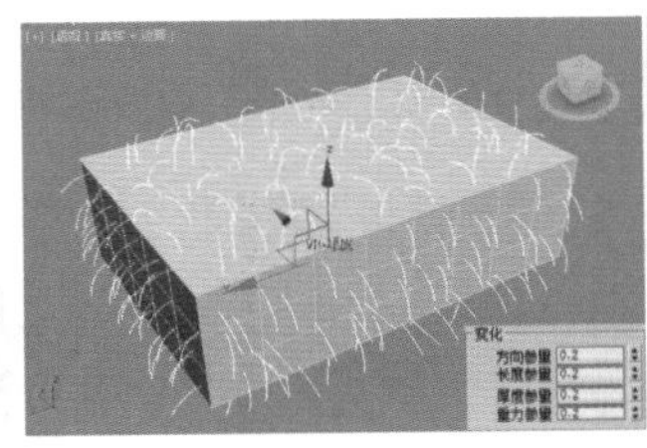
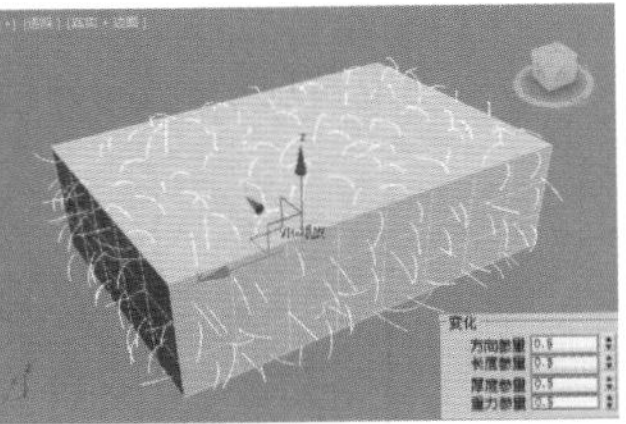

图17-79

- 每个面：用来控制每个面产生的毛发数量，因为物体的每个面不都是均匀的，所以渲染出来的毛发也不均匀。
- 每区域：用来控制每单位面积中的毛发数量。数值越大，毛发的数量越多。
- 参考帧：指定源物体获取到计算面大小的帧，获取的数据将贯穿整个动画过程。
- 整个对象：勾选该选项后，全部的面都将产生毛发。
- 选定的面：勾选该选项后，只有被选择的面才能产生毛发。

17.3.2 【贴图】卷展栏

展开【贴图】卷展栏，如图17-80所示。

图17-80

- 基础贴图通道：选择贴图的通道。
- 弯曲方向贴图（RGB）：用彩色贴图来控制毛发的弯曲方向。
- 初始方向贴图（RGB）：用彩色贴图来控制毛发根部的生长方向。
- 长度贴图（单色）：用灰度贴图来控制毛发的长度。
- 厚度贴图（单色）：用灰度贴图来控制毛发的粗细。
- 重力贴图（单色）：用灰度贴图来控制毛发受重力的影响。
- 弯曲贴图（单色）：用灰度贴图来控制毛发的弯曲程度。
- 密度贴图（单色）：用灰度贴图来控制毛发的生长密度。

17.3.3 【视口显示】卷展栏

在【视口显示】卷展栏中可以对毛发进行预览显示、更新等操作，如图17-81所示。

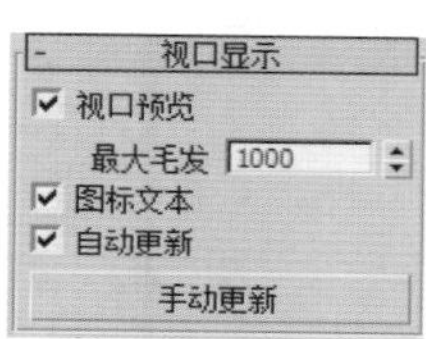

图17-81

- 视口预览：当勾选该选项时，可以在视图中预览毛发的大致情况。
- 自动更新：当勾选该选项时，改变毛发参数的时候，系统会在视图中自动更新毛发的显示情况。
- 

按钮：单击该按钮可以手动更新毛发在视图中的显示情况。

实例：利用【VR-毛皮】制作地毯

文件路径：Chapter 17　毛发→实例：利用【VR-毛皮】制作地毯

本例使用VR-毛皮制作地毯。注意要先选择地毯模型，再单击【VR-毛皮】工具。最终渲染效果如图17-82所示。

扫一扫，看视频

图17-82

步骤 01 打开本书场景文件，如图17-83所示。

步骤 02 选择地毯模型，如图17-84所示。

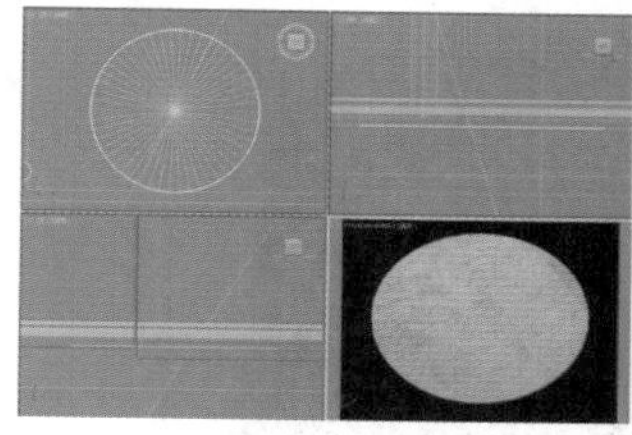
图17-83

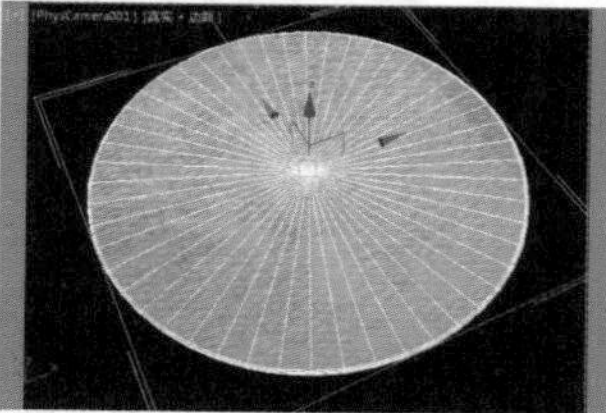
图17-84

步骤 03 执行（创建）|（几何体）|VRay|VR-毛皮命令，如图17-85所示。

步骤 04 此时地毯上已经生长出毛发了，如图17-86所示。

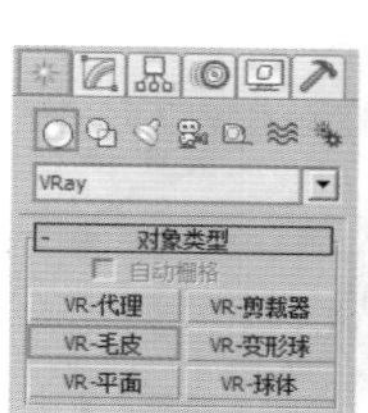

图17-85

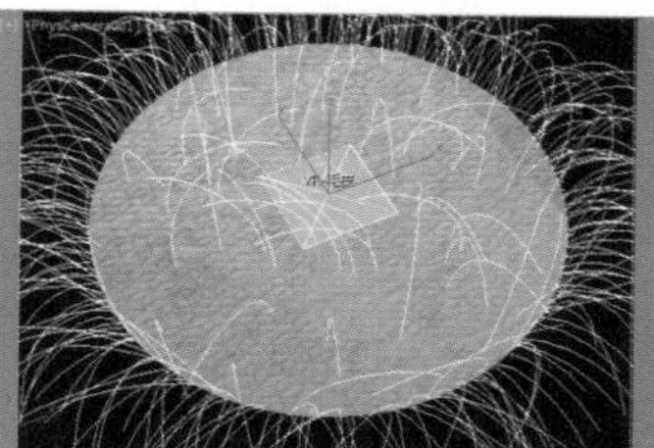
图17-86

步骤 05 选择地毯模型，单击【修改】按钮，设置【长度】为36mm，【厚度】为2mm，【重力】为-80mm，【弯曲】为0.8，【锥度】为0.2，【结数】为6，【方向参量】为0.5，【长度参量】为0.3，【厚度参量】为0.3，【重力参量】为0.3，【每区域】为50（每区域数值越大毛发越多），如图17-87所示。

步骤 06 最终地毯效果如图17-88所示。

图17-87

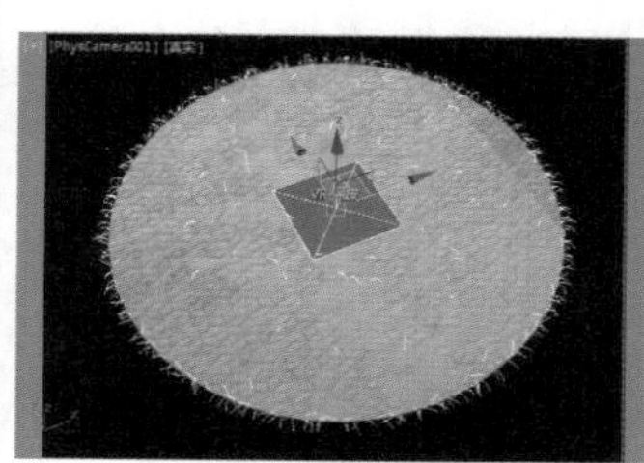
图17-88

实例：利用【VR-毛皮】制作毛毯

文件路径：Chapter 17　毛发→实例：利用【VR-毛皮】制作毛毯

本例使用VR-毛皮制作毛毯，需要模型有一自然下垂感觉的毛发效果。最终渲染效果如图17-89所示。

扫一扫，看视频

图17-89

步骤01 打开本书场景文件，如图17-90所示。

步骤02 选择毛毯模型，如图17-91所示。

图17-90

图17-91

步骤03 执行（创建）|（几何体）| VRay | VR-毛皮命令，如图17-92所示。

步骤04 此时毛毯上已经生长出毛发了，如图17-93所示。

步骤05 选择地毯模型，单击【修改】按钮，设置【长度】为 70mm，【厚度】为 2mm，【重力】为 -50mm，【弯曲】为 1.2，【锥度】为 0.3，【结数】为 7，【方向参量】为 0.3，【长度参量】为 0.3，【厚度参量】为 0.3，【重力参量】为 0.3，【每区域】为 0.2，如图 17-94 所示。

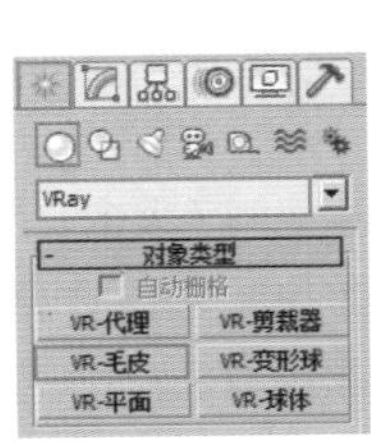

图17-92

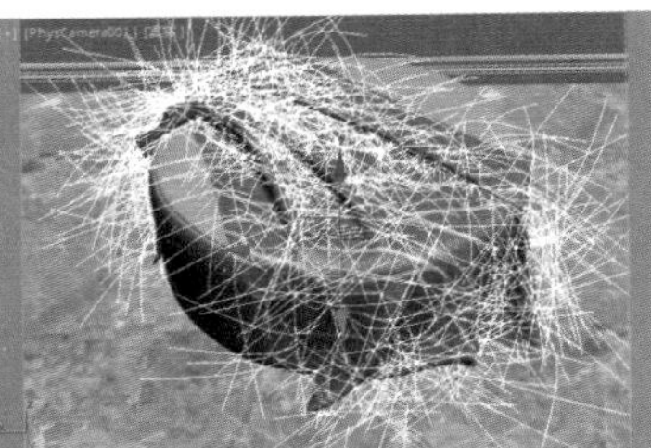

图17-93

步骤06 最终地毯效果如图17-95所示。

图17-94

图17-95

读书笔记

Chapter 18

第18章

关键帧动画

本章将学习关键帧动画技术。通过本章学习，我们应该学会使用自动关键帧、设置关键点设置关键帧动画，而且能够使用曲线编辑器调节动画节奏。关键帧动画技术常应用于影视栏目包装、广告动画、产品动画、建筑动画等行业。

本章学习要点：

- 熟练掌握关键帧动画的制作；
- 熟练掌握约束动画的制作。

扫一扫，看视频

通过本章学习，我能做什么？

通过本章的学习，我们可以使用关键帧动画制作一些简单的动画效果，如位移动画、旋转动画、缩放动画等。利用约束动画功能可以制作眼神注视动画、按一定轨道形势的汽车的动画等、按特定路径飞翔动画等。

18.1 认识动画

本节将学习动画的基本概念、关键帧动画的基本概念、基本流程等。

18.1.1 什么是动画

动画，英文为Animation，意思为“灵魂”，动词animate是“赋予生命”的意思。因此动画是指某物活动起来，是一种创造生命运动的艺术。动画是一门综合艺术，它集合了绘画、影视、音乐、文学等多种艺术门类。3ds Max的动画功能比较强大，广泛应用于多个行业领域，如影视动画、广告动画、电视栏目包装、实验动画、游戏等。如图18-1~图18-4所示为优秀动画作品。

图18-1

图18-2

图18-3

图18-4

18.1.2 动画的名称解释

- 帧：动画中最小的单位，通常一秒为 24 帧，相当于一秒有 24 张连续播放的照片。
- 镜头语言：使用镜头表达作品情感。
- 景别与角度：不同景别与角度的切换在影视作品中带来不同的视觉感受及心理感受。
- 声画关系：声音和画面的配合。
- 蒙太奇：包括画面剪辑和画面合成两方面。画面剪辑，由许多画面或图样并列或叠化而成的一个统一图画作品。画面合成，制作这种组合方式的艺术或过程。电影将一系列在不同地点，从不同距离和角度，以不同方法拍摄的镜头排列组合起来，叙述情节，刻画人物。
- 视听分析实例：在优秀的影视作品中学习探索，有利于提高学生对影视作品的认知。
- 动画节奏：动画制作时需注意动画的韵律、节奏。

18.1.3 什么是关键帧动画

关键帧动画是动画的一种，是指在一定的时间内，对象的状态发生变化，这个过程就是关键帧动画。关键帧动画是动画技术中最简单的类型，其工作原理与很多非线性后期软件，如Premiere、After Effects类似，如图18-5所示为关键帧动画在三维动画电影中的应用。

图18-5

18.1.4 关键帧3ds Max的动画制作流程

步骤 01 打开自动关键点，如图18-6所示。

步骤 02 选择对象，移动时间线位置，如图18-7所示。

图18-6

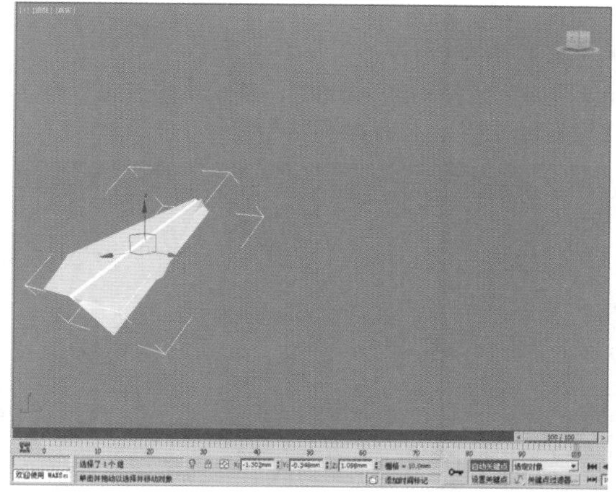

图18-7

步骤 03 调整对象属性，如位置、参数等，如图18-8所示。

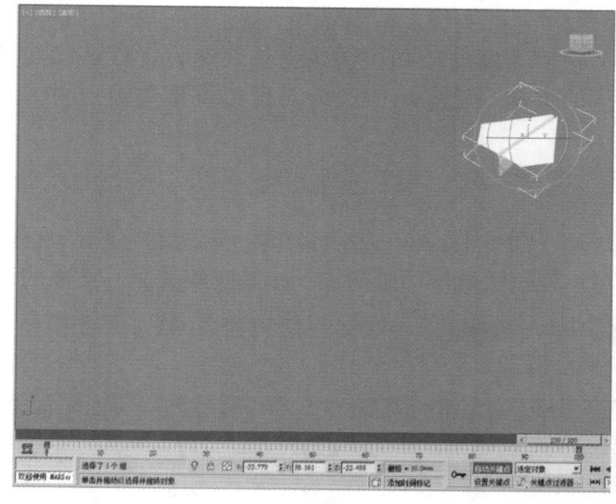

图18-8

步骤 04 动画制作完成，效果如图18-9所示。

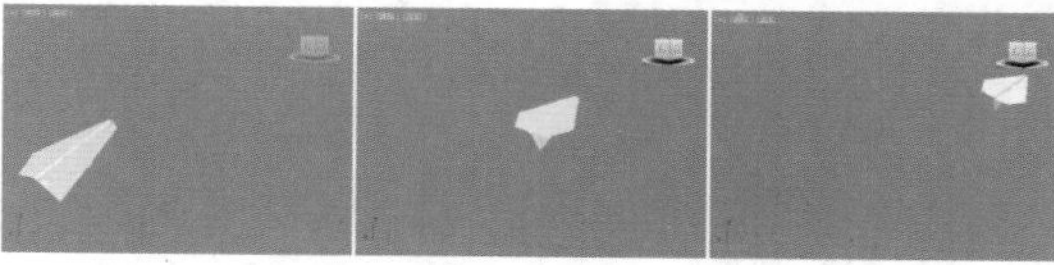

图18-9

18.2 关键帧动画

关键帧动画是3ds Max中最基础的动画内容。帧是指一幅画面，通常一秒钟为24帧，可以理解为1秒钟有24张照片播放，这个连贯的动画过程就是1秒的视频画面。而3ds Max中的关键帧动画是指在不同的时间对对象设置不同的状态，从而产生动画效果。

扫一扫，看视频

18.2.1 3ds Max动画工具

3ds Max中包含了很多动画工具，包括关键帧按钮、动画播放按钮、时间控件和时间配置按钮。

1.关键帧按钮

启动3ds Max 2016后，在界面的右下角可以观察到一些设置动画关键帧的相关工具，如图18-10所示。

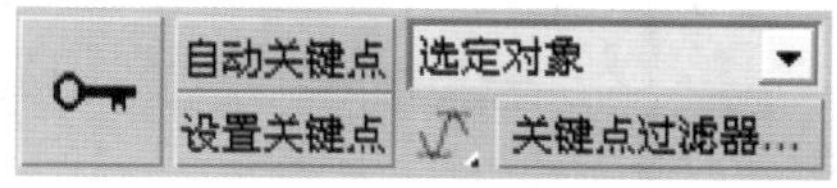

图18-10

- 自动关键点按钮：单击该按钮，窗口变为红色，表示此时可以记录关键帧。在该状态下，在不同时刻对模型、材质、灯光、摄影机等设置动画都可以被记录，如图 18-11 所示。
- 设置关键点按钮：激活该按钮后，可以对关键点设置动画。
- （设置关键点）按钮：如果对当前的效果比较满意，可以单击该按钮（快捷键为 K 键）设置关键点。

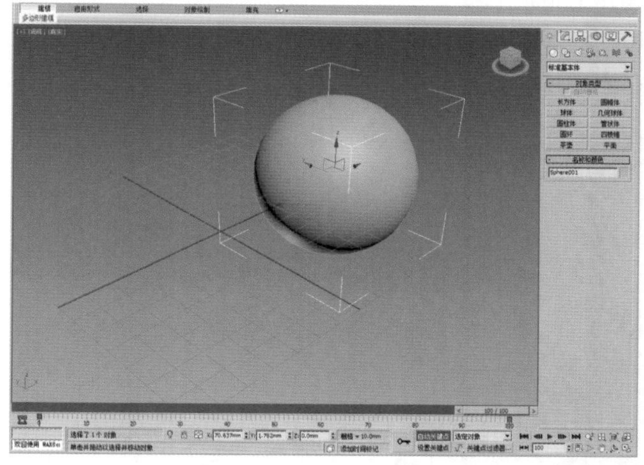

图18-11

- 选定对象下拉列表：使用【设置关键点】动画模式时，可快速访问命名选择集和轨迹集。使用此可在不同的选择集和轨迹集之间快速切换。

- （新建关键点的默认内/外切线）按钮：该弹出按钮可为新的动画关键点提供快速设置默认切线类型的方法，这些新的关键点是用设置关键点模式或者自动关键点模式创建的。
- 关键点过滤器...按钮：打开【设置关键点过滤器】对话框，在其中可以指定使用【设置关键点】时创建关键点所在的轨迹。

轻松动手学：设置位移和旋转的关键帧动画

文件路径：Chapter 18 关键帧动画→轻松动手学：设置位移和旋转的关键帧动画

可以使用关键帧动画制作一个趣味的动画，动画的过程是一个茶壶模型紧急刹车，最后停止的过程。

步骤 01 单击自动关键点，将时间线拖动到第0帧，茶壶模型位置如图18-12所示。

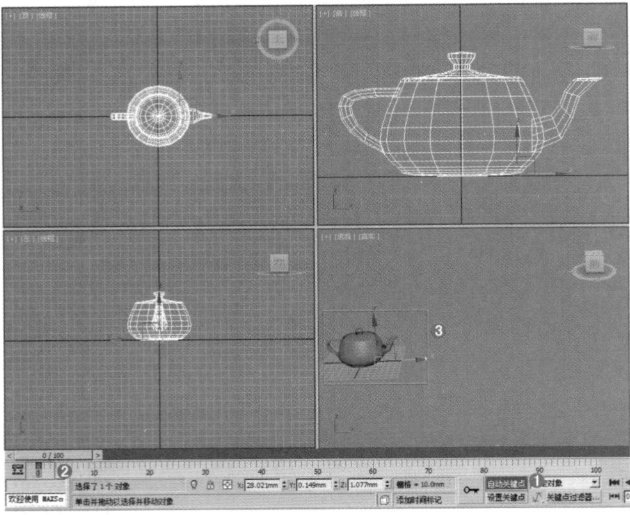

图18-12

步骤 02 将时间线拖动到第70帧，将茶壶向右侧移动，并且打开（角度捕捉切换）按钮，并沿Z轴旋转25度，位置如图18-13所示。

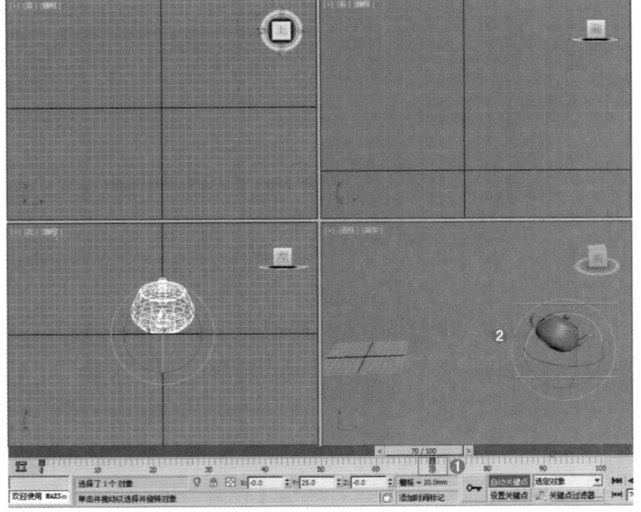

图18-13

步骤 03 将时间线拖动到第100帧，继续将茶壶向右侧移动，并沿Z轴旋转-25度，位置如图18-14所示。

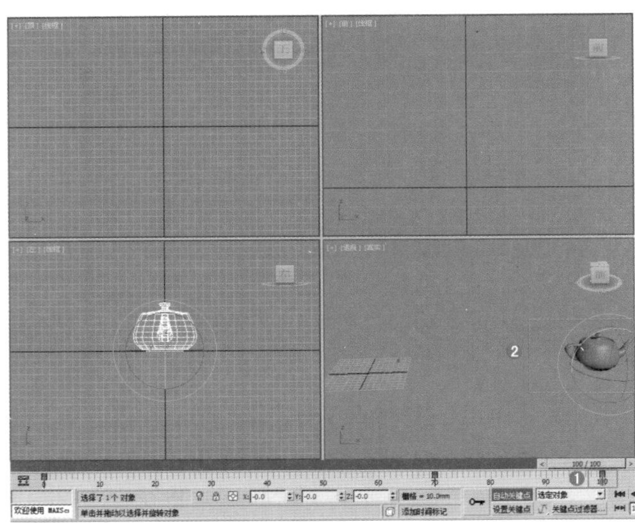

图18-14

步骤 04 再次单击自动关键点按钮，完成动画制作，效果如图18-15所示。

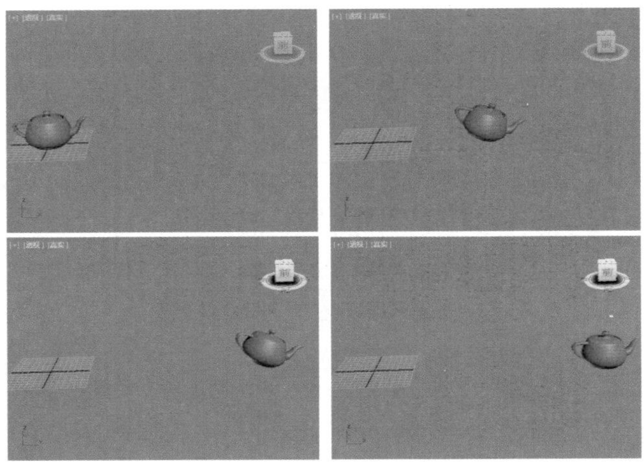

图18-15

轻松动手学：使用【设置关键点】设置动画

文件路径：Chapter 18 关键帧动画→轻松动手学：使用【设置关键点】设置动画

除了可以使用【自动关键点】设置关键帧动画，还可以使用【设置关键点】工具。使用设置关键点时，要在需要添加关键点的时候单击按钮。

步骤01 单击关键点过滤器...按钮，只勾选【旋转】，其他选项取消，如图18-16所示。

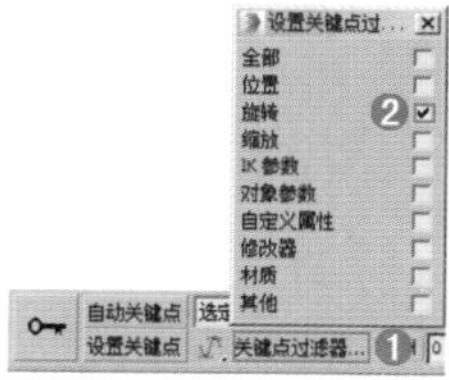

图18-16

步骤02 将时间线拖动到第0帧，单击设置关键点按钮，然后单击按钮，如图18-17所示。

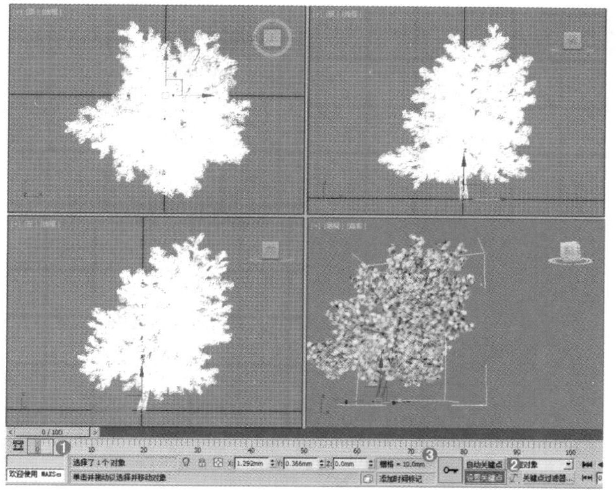

图18-17

步骤03 将时间线拖动到第50帧，并且打开（角度捕捉切换）按钮，并沿X轴旋转45度，如图18-18所示。

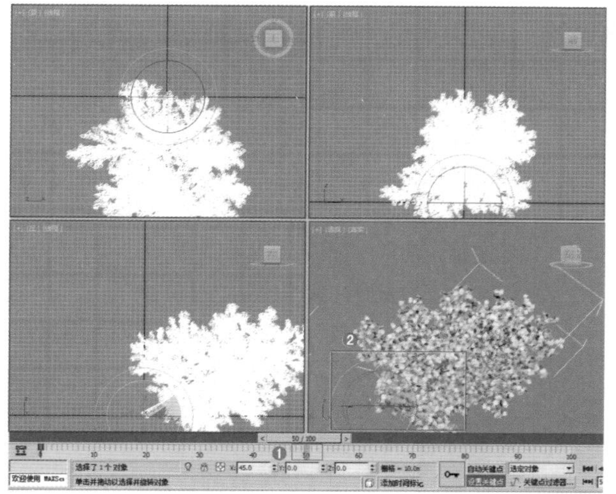

图18-18

步骤04 最后单击设置关键点按钮，此时动画制作完成，拖动时间线动画效果如图18-19所示。

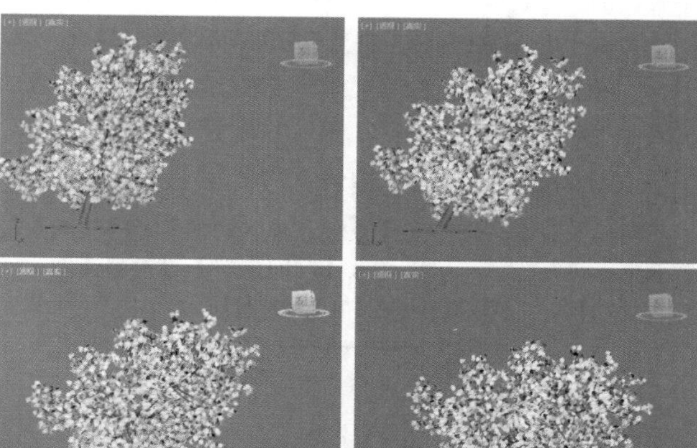

图18-19

提示：设置关键点和自动关键点模式的区别。

【设置关键点】和【自动关键点】的区别如下。

自动关键点：在【自动关键点】模式中，工作流程是启用【自动关键点】，移动时间线滑块位置，然后变换对象或者更改它们的参数。所有的更改属性都被设置了关键帧。当关闭【自动关键点】模式时，不能再创建关键点。当【自动关键点】模式关闭时，动画创建完成。

设置关键点：在【设置关键点】模式中，工作流程是相似的，但在行为上有着根本的区别。启用【设置关键点】模式，然后移动时间线滑块位置。可设置【关键点过滤器】中的选项，只勾选需要设置动画的属性，当对所看到的满意时，单击大【设置关键点】按钮或者按键盘上的K设置关键点。如果不执行该操作，则不设置关键点。

2.动画播放按钮

在3ds Max界面右下方有几个用于动画播放的按钮，可以对动画进行转至开头、跳转到上一帧、转至结尾等，如图18-20所示。

图18-20

- （转至开头）按钮：单击该按钮可以将时间线滑块跳转到第0帧。
- （上一帧）按钮：将当前时间线滑块向前移动一帧。

- （播放动画）按钮 / （播放选定对象）按钮：单击【播放动画】按钮可以播放整个场景中的所有动画；单击【播放选定对象】按钮可以播放选定对象的动画，而未选定的对象将静止不动。
- （下一帧）按钮：将当前时间线滑块向后移动一帧。
- （转至结尾）按钮：如果当前时间线滑块没有处于结束帧位置，那么单击该按钮可以跳转到最后一帧。

3.时间控件和时间配置按钮

可以在时间控件中对【关键点模式切换】和【时间跳转输入框】进行操作，可以通过【时间配置】设置帧速率、速度、开始时间、结束时间等，如图18-21所示。

图18-21

- （关键点模式切换）按钮：单击该按钮可以切换到关键点设置模式，可以跳转上一帧、下一帧、上一关键点、下一关键点。
- （时间跳转输入框）：在这里可以输入数字来跳转时间线滑块，比如输入 10，按 Enter 键就可以将时间线滑块跳转到第 10 帧。
- （时间配置）按钮：单击该按钮可以打开【时间配置】对话框，在这里可以对时间进行设置，如图 18-22 所示。

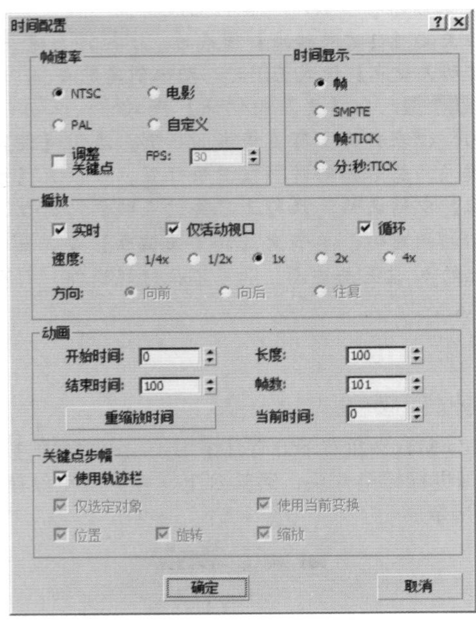

图18-22

- 帧速率：共有 NTSC（30 帧 / 秒）、PAL（25 帧 / 秒）、Film（电影 24 帧 / 秒）和 Custom（自定义）4 种方式可供选择，但一般情况都采用 PAL（25 帧 / 秒）方式。
- 时间显示：共有【帧】、SMPTE、【帧 :TICK】和【分 : 秒 :TICK】4 种方式可供选择。
- 实时：使视图中播放的动画与当前【帧速率】的设置保持一致。
- 仅活动视口：使播放操作只在活动视口中进行。
- 循环：控制动画只播放一次或者循环播放。
- 速度：控制动画的播放速度，4× 方式速度最快。
- 方向：指定动画的播放方向。
- 开始时间 / 结束时间：可以在时间线滑块中显示活动时间段，默认为 0~100 帧，如图 18-23 所示。当设置【结束时间】为 60 时，如图 18-24 所示，此时时间线上为 0~60 帧，如图 18-25 所示。

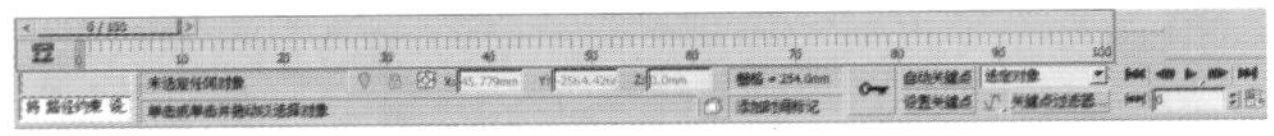

图18-23

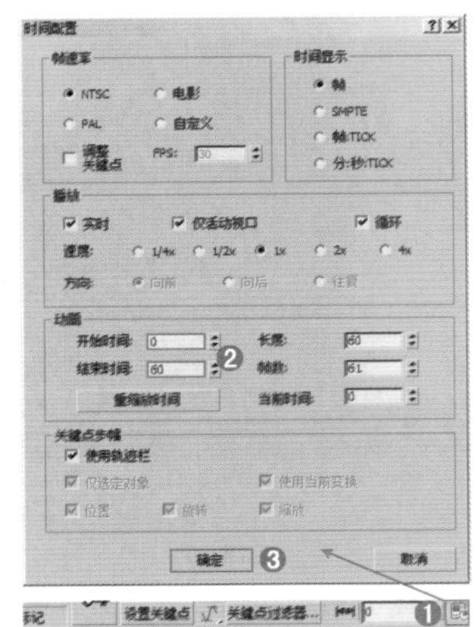

图18-24

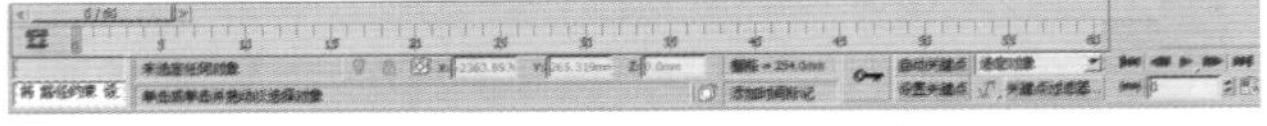

图18-25

- 长度：设置显示活动时间段的帧数。
- 帧数：设置要渲染的帧数。
- 重缩放时间 按钮：拉伸或收缩活动时间段内的动画，以匹配指定的新时间段。
- 当前时间：指定时间线滑块的当前帧。
- 使用轨迹栏：勾选该选项后，可以使关键点模式遵循轨迹栏中的所有关键点。
- 仅选定对象：在使用【关键点步幅】模式时，该选项仅考虑选定对象的变换。
- 使用当前变换：禁用【位置】【旋转】【缩放】选项时，

该选项可以在关键点模式中使用当前变换。

- 位置/旋转/缩放：指定关键点模式所使用的变换模式。

实例：使用关键帧动画制作旋转的风车

文件路径：Chapter 18 关键帧动画→实例：使用关键帧动画制作旋转的风车

扫一扫，看视频

本例将使用关键帧动画制作旋转的风车。最终渲染效果如图18-26所示。

图18-26

步骤01 打开本书场景文件，如图18-27所示。

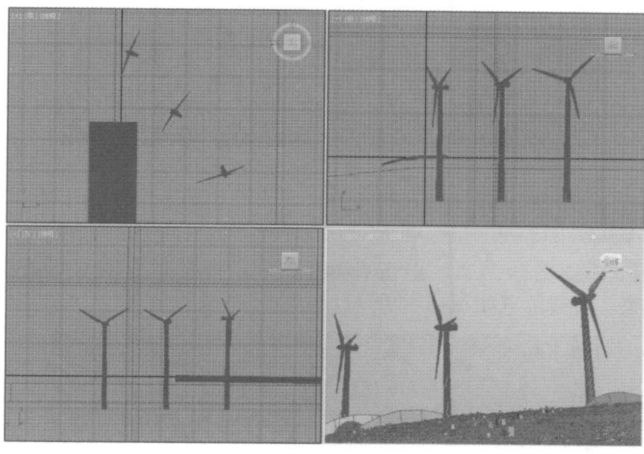

图18-27

步骤02 选择右侧风车模型，单击自动关键点按钮，将时间线拖动到第0帧，风车模型位置如图18-28所示。

步骤03 将时间线拖动到第100帧，选择右侧风车模型，并沿Y轴旋转360度，如图18-29所示。

步骤04 再次单击自动关键点按钮。此时动画制作完成，拖动时间线可以看到右侧风车的动画，如图18-30所示。

图18-28

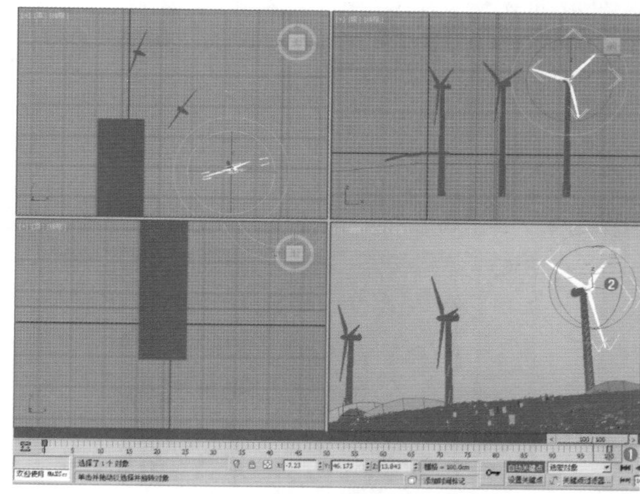

图18-29

图18-30

步骤05 用同样的方法制作出另外两个风车的旋转动画，如图18-31所示。

图18-31

第18章 关键帧动画

实例：使用关键帧动画制作三维标志变化

扫一扫，看视频

文件路径：Chapter 18 关键帧动画→实例：使用关键帧动画制作三维标志变化

本例将使用关键帧动画制作三维标志变化。本例分为两部分，是两种不同的复制动画效果。最终渲染效果如图18-32所示。

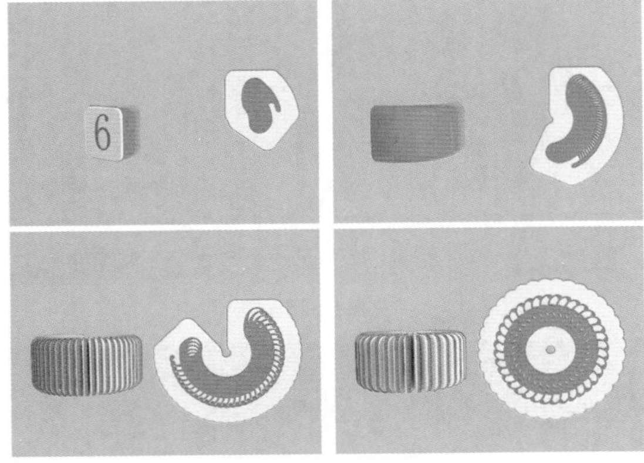
图18-32

Part 01 旋转复制动画效果1

步骤01 打开本书场景文件，如图18-33所示。

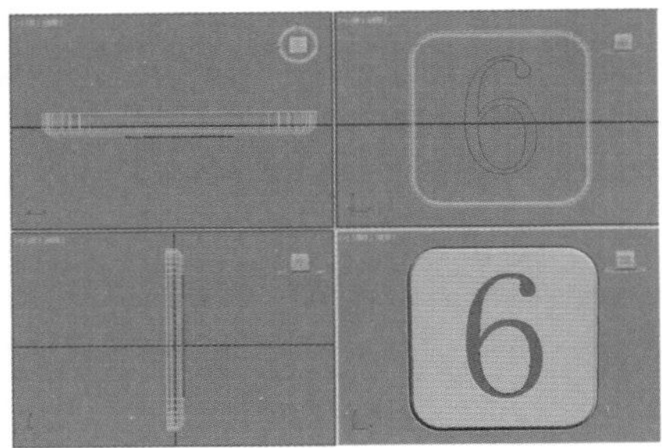
图18-33

步骤02 选择模型，单击自动关键点按钮，将时间线拖动到第0帧，模型位置如图18-34所示。

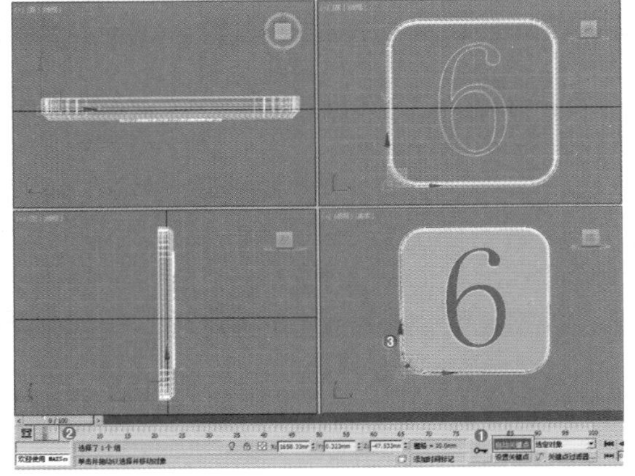
图18-34

步骤03 将时间线拖动到第100帧，选择模型，单击（角度捕捉切换）工具，按下Shift键，使用（选择并旋转）工具，将模型旋转复制（沿Y轴、度数为10度、复制35个），如图18-35所示。

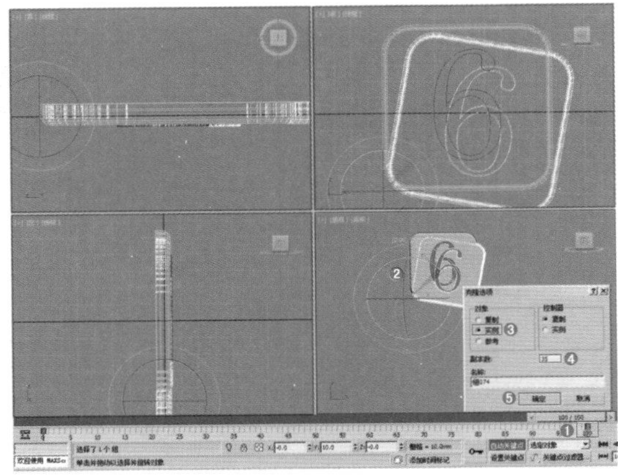
图18-35

步骤04 拖动时间线，此时动画效果如图18-36所示。

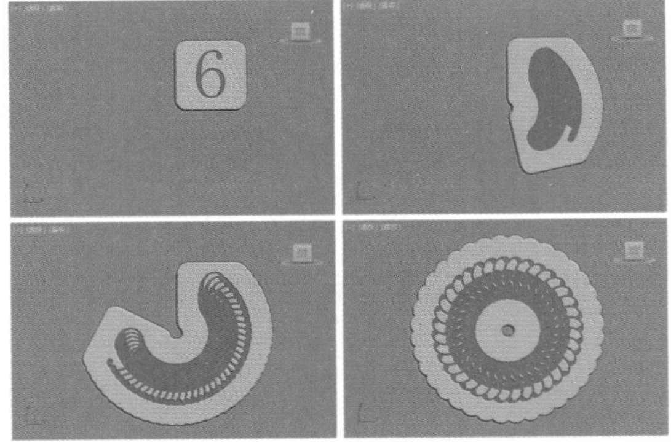
图18-36

Part 02 旋转复制动画效果2

步骤01 选择模型，单击自动关键点按钮，将时间线拖动到第0帧，模型位置如图18-37所示。

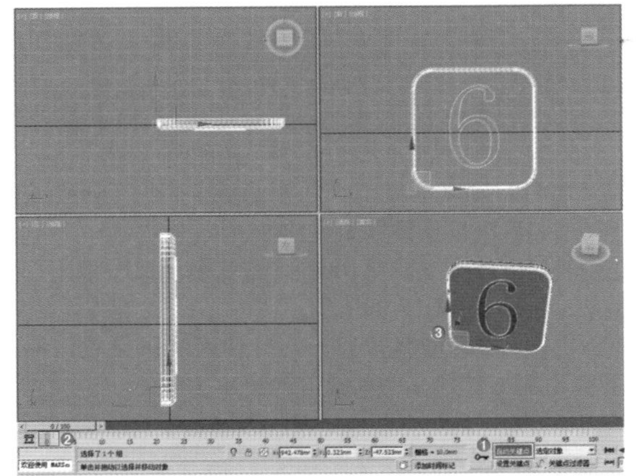
图18-37

步骤 02 将时间线拖动到第50帧，选择模型，单击 （角度捕捉切换）工具，按下Shift键，使用 （选择并旋转）工具，将模型旋转复制（沿Z轴、度数为-10度、复制35个），如图18-38所示。

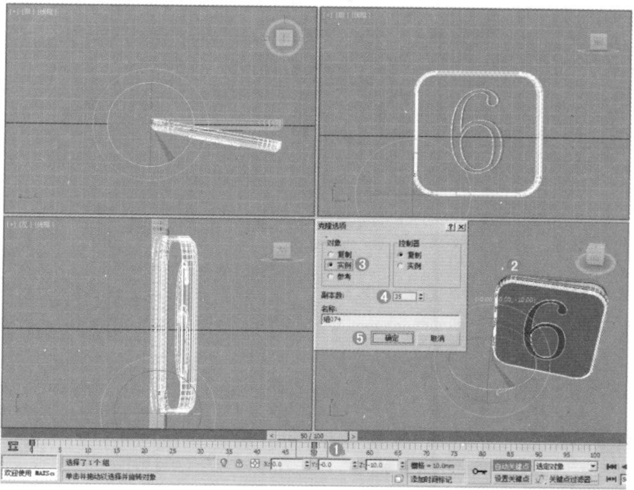

图18-38

步骤 03 拖动时间线，此时动画效果如图18-39所示。

图18-39

实例：路径变形LOGO演绎动画

文件路径：Chapter 18 关键帧动画→实例：路径变形LOGO演绎动画

扫一扫，看视频

本例将为模型添加路径变形修改器，然后为其参数设置动画，使其产生模型沿路径运动的效果。该技术常用于LOGO演绎的制作中。最终渲染效果如图18-40所示。

步骤 01 打开本书场景文件，如图18-41所示。

步骤 02 为场景中的三维模型加载【路径变形】修改器，并单击【拾取路径】按钮，最后单击场景中的图形，如图18-42所示。

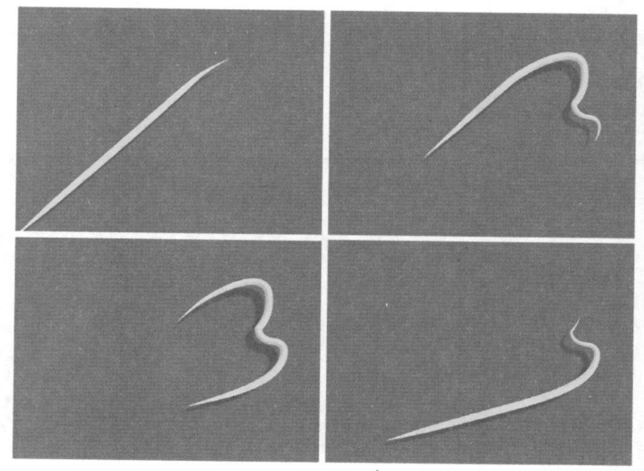

图18-40

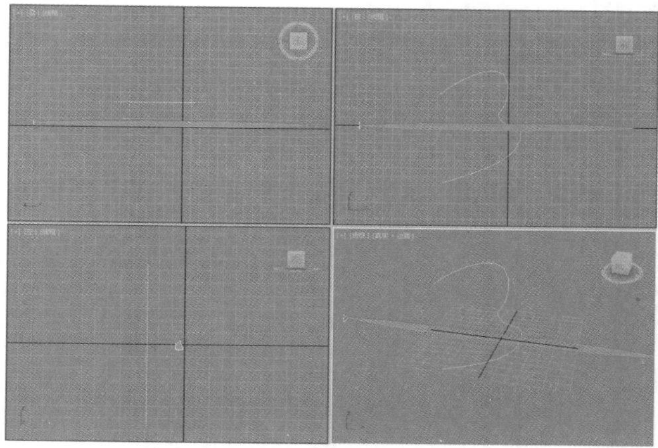

图18-41

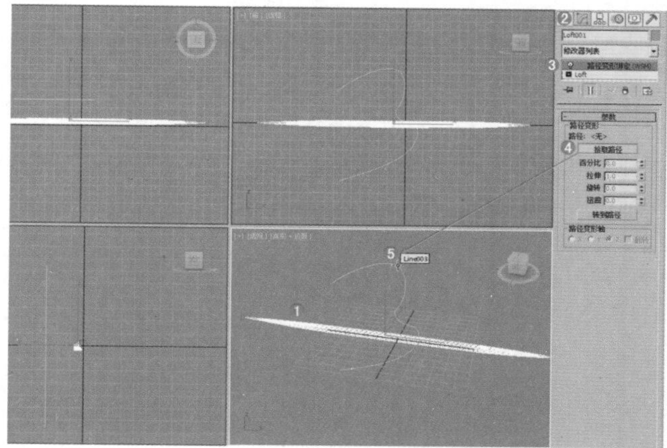

图18-42

步骤 03 单击【修改】按钮 ，设置【路径变形轴】为X，如图18-43所示。

步骤 04 此时模型根据路径产生了模型形态变化，如图18-44所示。

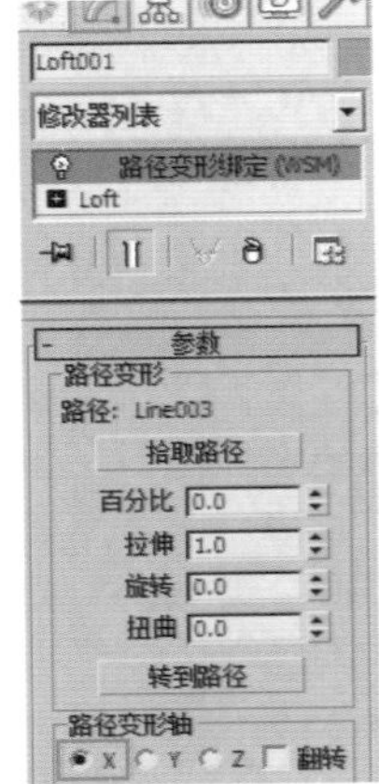

图18-43

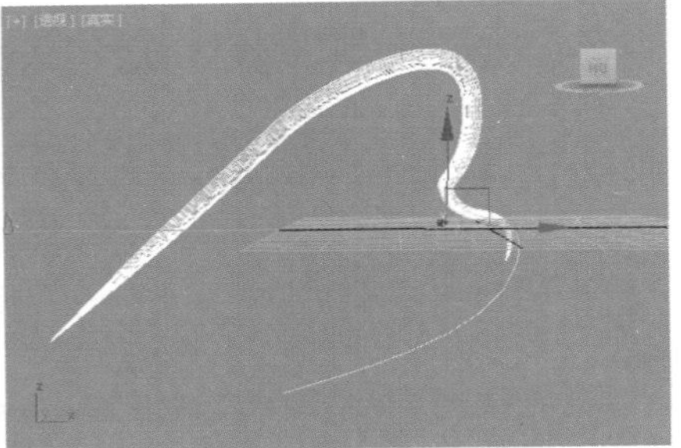

图18-44

步骤 05 选择模型，单击 自动关键点 按钮，将时间线拖动到第0帧，单击【修改】按钮，设置【百分比】为-50，如图18-45所示。

步骤 06 将时间线拖动到第100帧，单击【修改】按钮，设置【百分比】为95，如图18-46所示。

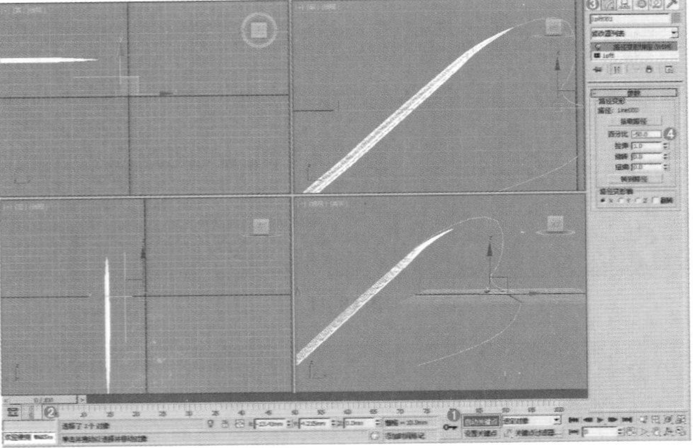

图18-45

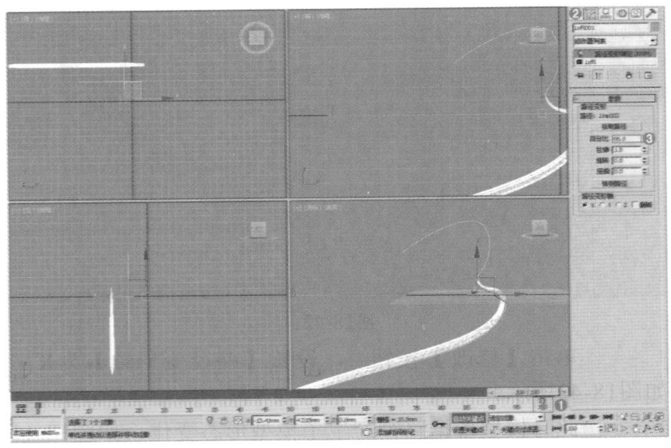

图18-46

步骤 07 拖动时间线，此时动画效果如图18-47所示。

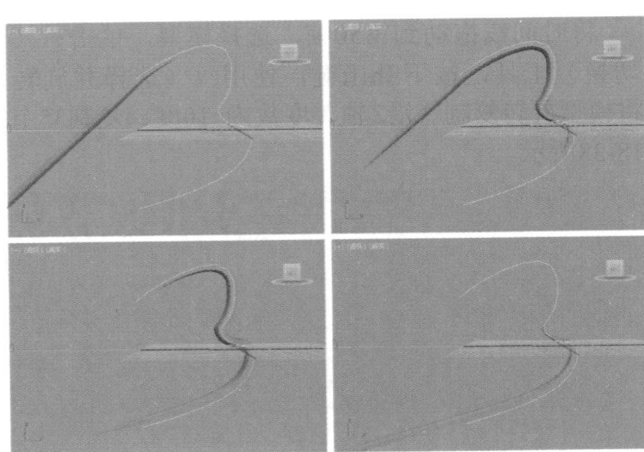

图18-47

实例：使用关键帧动画制作旋转的木马

扫一扫，看视频

文件路径：Chapter 18 关键帧动画→实例：使用关键帧动画制作旋转的木马

本例将使用关键帧动画制作旋转的木马，制作的重点在于先将模型进行【组】操作，并设置关键帧动画，然后再将组打开，然后单独为某一些模型设置局部动画。最终渲染效果如图18-48所示。

图18-48

步骤 01 打开本书场景文件，如图18-49所示。

图18-49

步骤02 选择木马和竖线的【组002】模型，如图18-50所示。

图18-50

步骤03 单击自动关键点按钮，将时间线拖动到第0帧，【组002】模型位置如图18-51所示。

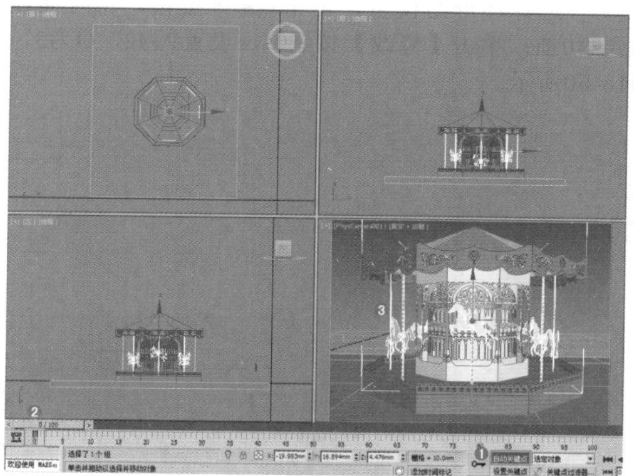

图18-51

步骤04 将时间线拖动到第100帧，选择【组002】模型，并且单击（角度捕捉切换）按钮，并沿Z轴旋转-180度，如图18-52所示。

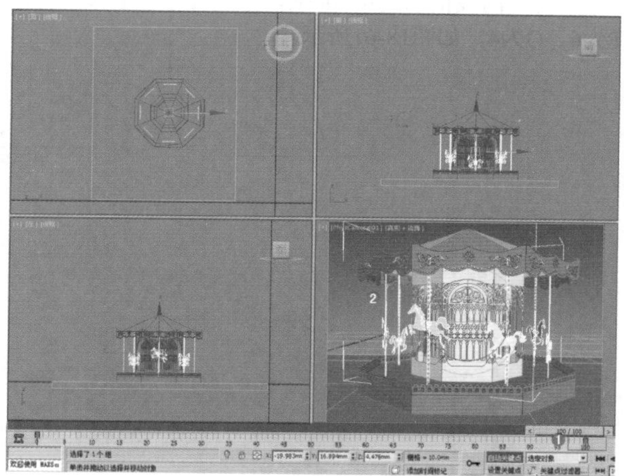

图18-52

步骤05 再次单击自动关键点按钮。此时动画制作完成，拖动时间线可以看到木马产生了旋转但是没有上下起伏动画，如图18-53所示。

图18-53

步骤06 选择【组002】模型，在菜单栏中执行【组】|【打开】命令，然后选择一个木马，单击自动关键点按钮，将时间线拖动到第0帧，木马位置如图18-54所示。

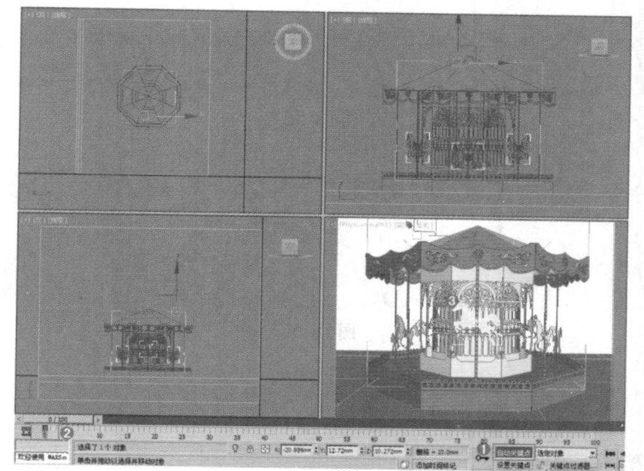

图18-54

步骤07 将时间线拖动到第50帧，将该木马向上移动，如图18-55所示。

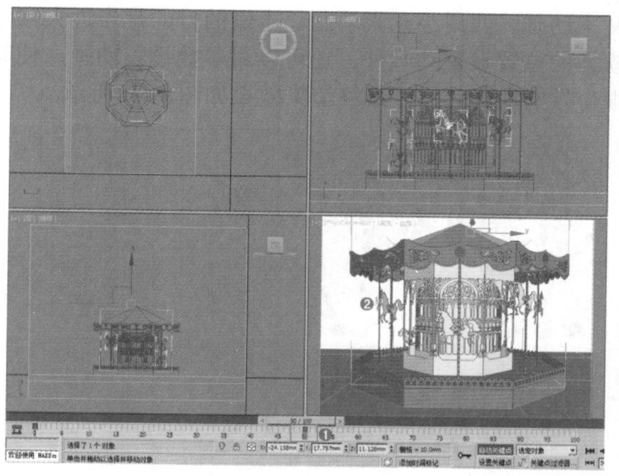

图18-55

步骤08 继续将时间线拖动到第100帧，将该木马向下移动，如图18-56所示。

步骤09 用同样的方法将其他木马也制作出动画效果。最终动画效果如图18-57所示。

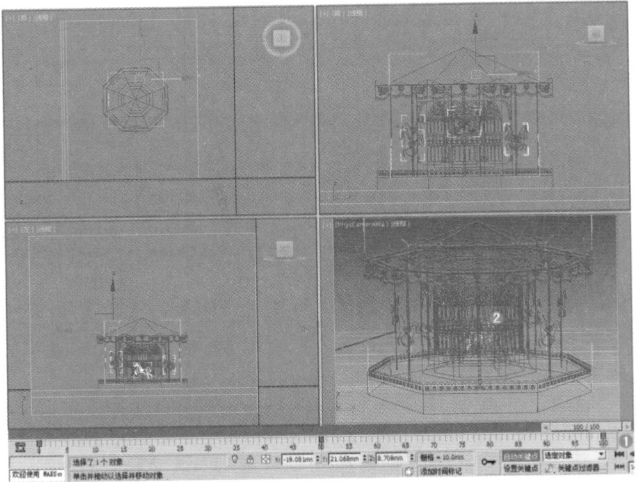

图18-56

图18-57

实例：使用关键帧动画制作异形环绕动画

扫一扫，看视频

文件路径：Chapter 18 关键帧动画→实例：使用关键帧动画制作异形环绕动画

本例将使用关键帧动画制作异形环绕动画，主要分为3部分，分别是环形结动画、三维文字动画、四周小元素动画。本例的目的是告诉大家除了对模型的位置设置动画外，还可以对参数设置动画，使其产生很奇妙的动画效果。最终渲染效果如图18-58所示。

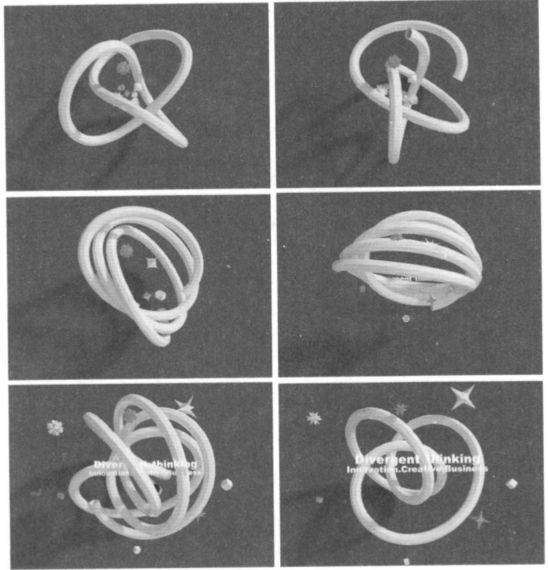

图18-58

Part 01 环形结动画

步骤 01 打开本书场景文件，如图18-59所示。

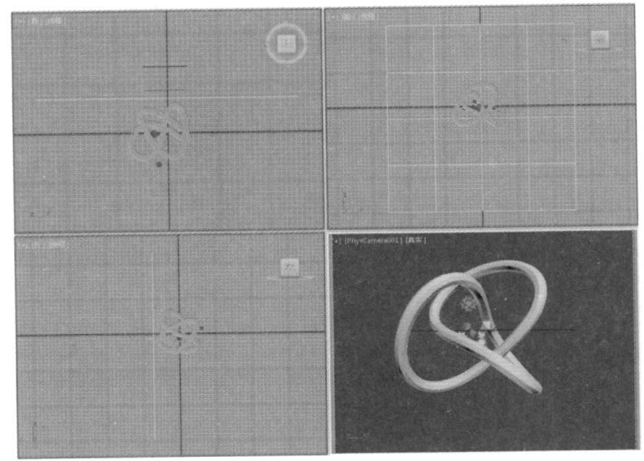

图18-59

步骤 02 选择环形结模型，单击自动关键点按钮，将时间线拖动到第0帧；单击【修改】按钮，设置P为2、Q为3，如图18-60所示。

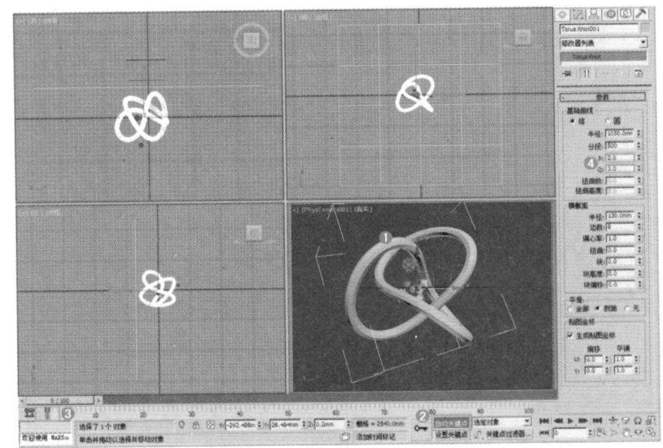

图18-60

步骤 03 将时间线拖动到第100帧，单击【修改】按钮，设置P为6、Q为4，如图18-61所示。

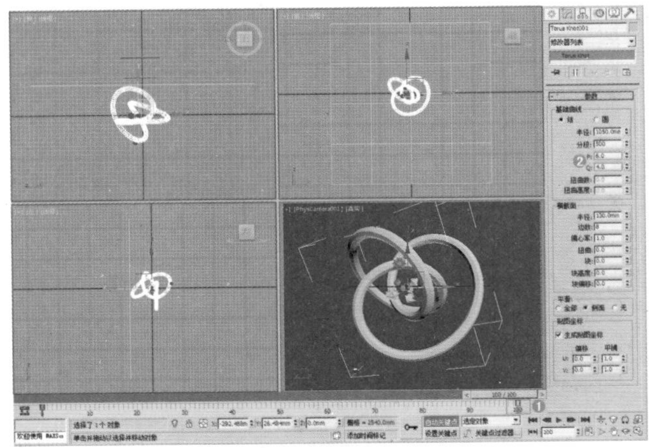

图18-61

步骤 04 再次单击自动关键点按钮，此时环形结动画制作完成，效果如图18-62所示。

图18-62

Part 02 三维文字动画

步骤 01 选择平面模型后方的一组文字，单击设置关键点按钮，将时间线拖动到第20帧，然后单击⊶（设置关键点）按钮，如图18-63所示。

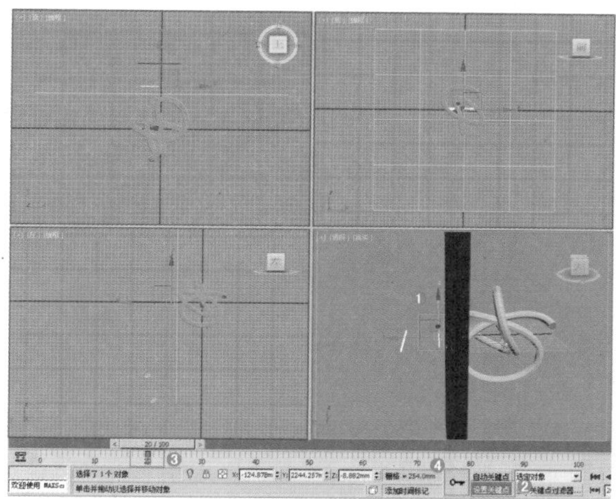

图18-63

步骤 02 将时间线拖动到第100帧，将模型沿Y轴移动，并单击⊶（设置关键点）按钮，如图18-64所示。

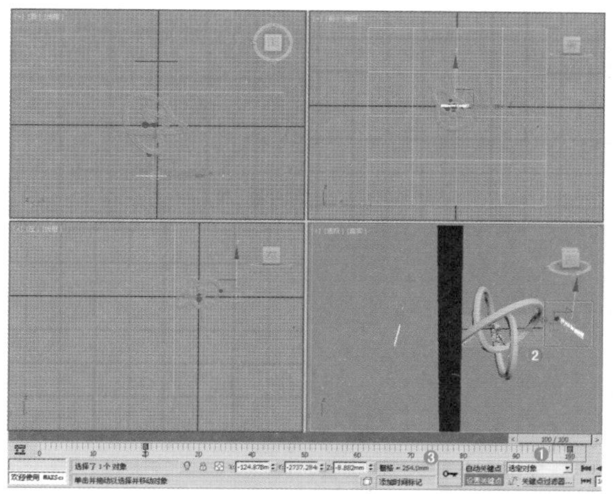

图18-64

步骤 03 制作完成后，再次单击设置关键点按钮。用同样的方法制作出另外一个文字的动画，如图18-65所示。

图18-65

Part 03 四周小元素动画

步骤 01 根据上面步骤的学习，我们可以为参数、模型位置设置动画。同样为了丰富画面的细节，我们需要为小元素设置参数动画、位移动画、旋转动画，使其参数旋转移动变化的动画效果，如图18-66所示。

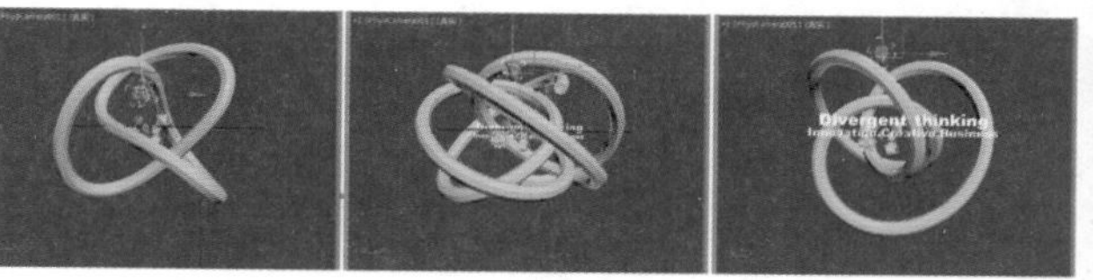

图18-66

步骤 02 继续制作出剩余元素的动画，如图18-67所示。

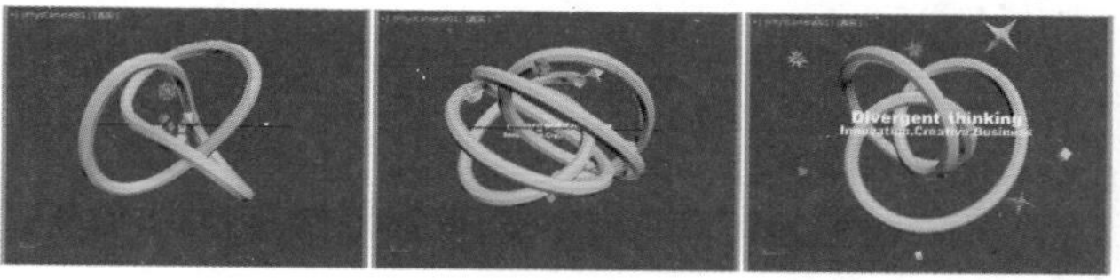

图18-67

18.2.2 曲线编辑器

【曲线编辑器】可以通过调节曲线的形状设置过渡更平缓的动画效果。单击主工具栏中的图【曲线编辑器（打开）】按钮，打开【轨迹视图 - 曲线编辑器】对话框，如图 18-68 所示。

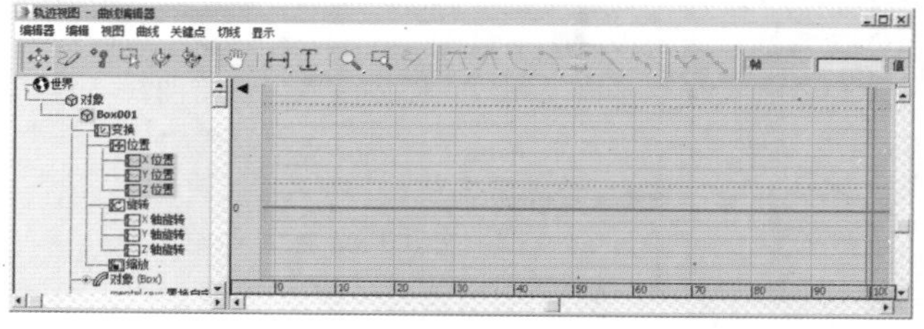

图18-68

为对象设置动画之后，打开【曲线编辑器】，可在左侧对位置、旋转、缩放、对象参数、材质等属性调节曲线，如图18-69所示。

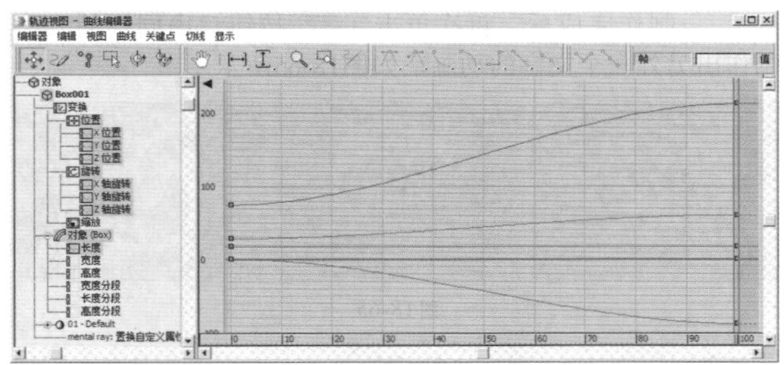

图18-69

1.关键点控制工具

【关键点控制:轨迹视图】工具栏中的工具主要用来调整曲线基本形状，同时也可以调整关键帧和添加关键点，如图18-70所示。

图18-70

- （移动关键点）/（水平移动关键点）/（垂直移动关键点）按钮：在函数曲线图上任意、水平或垂直移动关键点。
- （绘制曲线）按钮：可使用该选项绘制新曲线，或直接在函数曲线图上绘制草图来修改已有曲线。
- （添加关键点）按钮：在现有曲线上创建关键点。
- （区域工具）按钮：使用此工具可以在矩形区域中移动和缩放关键点。
- （调整时间工具）按钮：使用该工具可以进行时间的调节。
- （对全部对象从定时工具）按钮：使用该工具可以对全部对象进行从定时间。

2.导航工具

【导航：轨迹视图】工具可以控制平移、水平方向最大化显示、最大化显示值、缩放、缩放区域、孤立曲线工具，如图18-71所示。

图18-71

- （平移）按钮：该选项可以控制平移轨迹视图。
- （框显水平范围）按钮：该选项用来控制水平方向的最大化显示效果。
- （框显值范围) 按钮：该选项用来控制最大化显示数值。
- （缩放）按钮：该选项用来控制轨迹视图的缩放效果。
- （缩放区域）按钮：该选项可以通过拖动鼠标左键的区域进行缩放。
- （孤立曲线）按钮：该选项用来控制孤立的曲线。

3.关键点切线工具

【关键点切线:轨迹视图】工具栏中的工具主要用来调整曲线的切线，如图18-72所示。

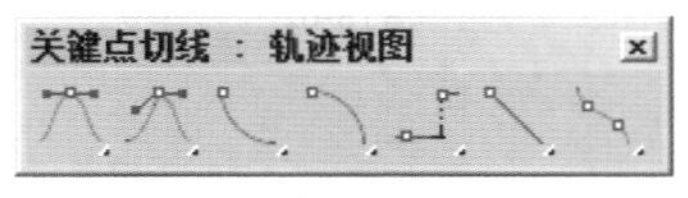

图18-72

- （将切线设置为自动）按钮：选择关键点后，单击该按钮可以切换为自动切线。
- （将切线设置为自定义）按钮：将关键点设置为自定义切线。
- （将切线设置为快速）按钮：将关键点切线设置为快速内切线或快速外切线，也可以设置为快速内切线兼快速外切线。
- （将切线设置为慢速）按钮：将关键点切线设置为慢速内切线或慢速外切线，也可以设置为慢速内切线兼慢速外切线。
- （将切线设置为阶跃）按钮：将关键点切线设置为阶跃内切线或阶跃外切线，也可以设置为阶跃内切线兼阶跃外切线。
- （将切线设置为线性）按钮：将关键点切线设置为线性内切线或线性外切线，也可以设置为线性内切线兼线性外切线。
- （将切线设置为平滑）按钮：将关键点切线设置为平滑切线。

4.切线动作工具

【切线动作：轨迹视图】工具栏上提供的工具可用于统一和断开动画关键点切线，如图18-73所示。

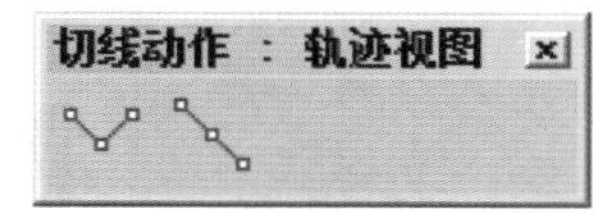

图18-73

- （断开切线）按钮：允许将两条切线（控制柄）连接到一个关键点，使其能够独立移动，以便不同的运动能够进出关键点。选择一个或多个带有统一切线的关键点，然后单击【断开切线】。
- （统一切线）按钮：如果切线是统一的，按任意方向移动控制柄，从而控制柄之间保持最小角度。选择一个或多个带有断开切线的关键点，然后单击【统一切线】。

5.关键点输入工具

【关键点输入：轨迹视图】工具栏中包含用于从键盘编辑单个关键点的字段，如图18-74所示。

图18-74

- 帧：显示选定关键点的帧编号。可以输入新的帧数或输入一个表达式，以将关键点移至其他帧。
- 值：显示高亮显示的关键点的值。

轻松动手学：使用曲线编辑器调整纸飞机动画

文件路径：Chapter 18 关键帧动画→轻松动手学：使用曲线编辑器调整纸飞机动画

在制作位移、旋转动画时，由于手动添加的关键帧，有可能会出现动画不够流畅、有卡顿现象，那么可以使用曲线编辑器调整过来。

步骤 01 单击自动关键点按钮，将时间线拖动到第0帧，纸飞机模型位置如图18-75所示。

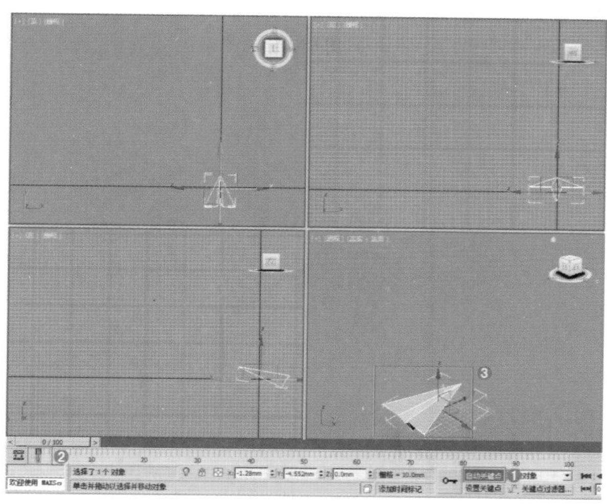

图18-75

步骤 02 将时间线拖动到第50帧，将纸飞机向右上方移动，打开（角度捕捉切换）按钮，并沿Z轴旋转45度，位置如图18-76所示。

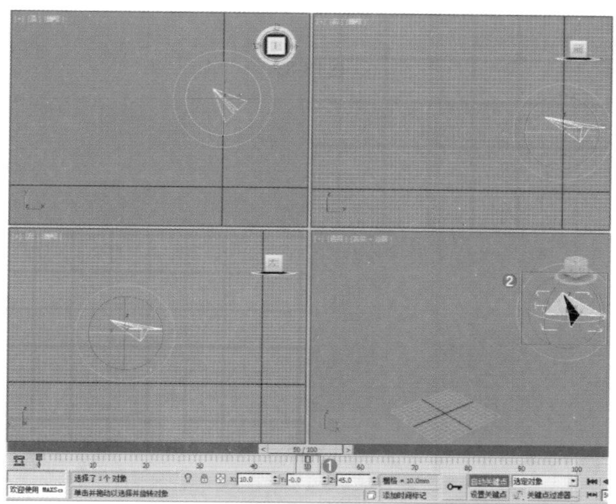

图18-76

步骤 03 将时间线拖动到第100帧，继续将纸飞机向远处移动，并沿Z轴旋转45度，位置如图18-77所示。

步骤 04 再次单击自动关键点按钮，此时动画制作完成。单击主工具栏中的【曲线编辑器】按钮，可以看到设置过的关键帧动画都出现在曲线上，如图18-78所示。

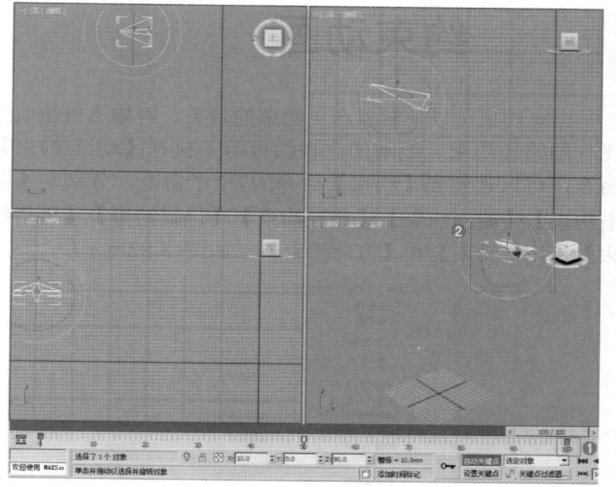

图18-77

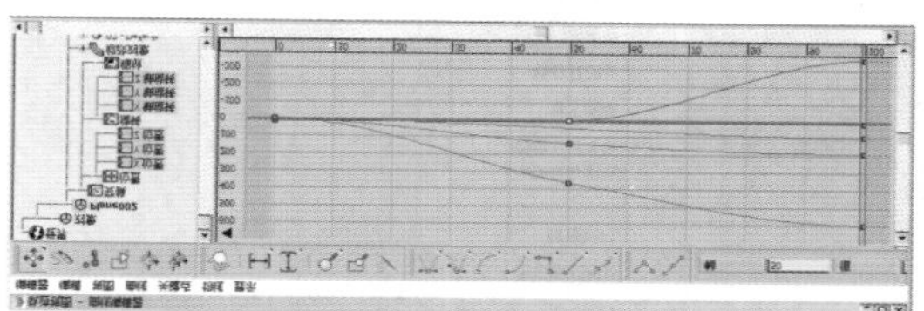

图18-78

步骤 05 不难发现动画X位置的曲线，过渡效果不是特别平滑，如图18-79所示。

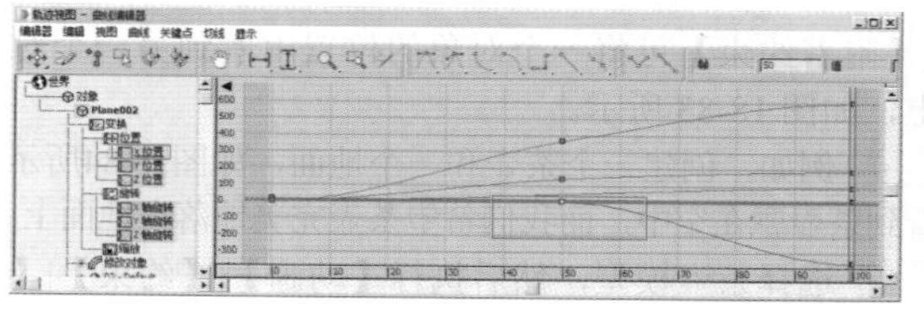

图18-79

步骤 06 单击左侧的【X位置】，然后单击选中曲线上50帧的关键帧，并拖动滑杆，将曲线设置得更光滑，如图18-80所示。

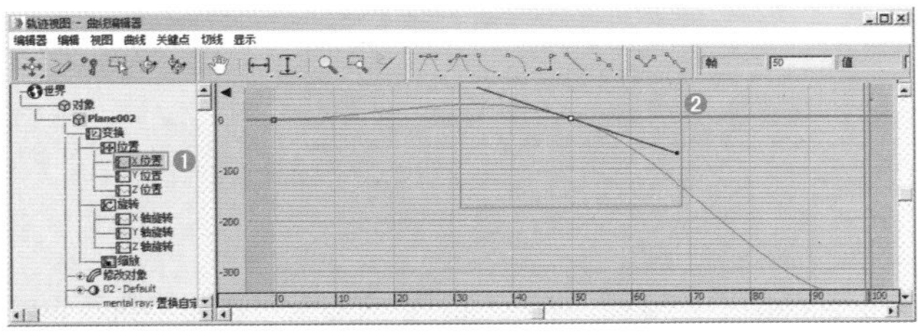

图18-80

步骤 07 此时动画制作完成，拖动时间线可以看到动画过渡非常舒适，如图18-81所示。

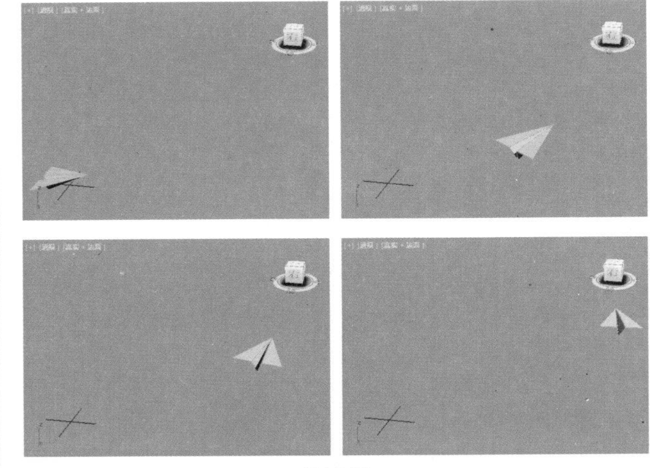

图18-81

18.3 约束动画

动画约束可以使对象产生约束的效果，例如飞机按航线飞行的路径约束、眼睛的注视约束等。执行【动画/约束】命令，可以观察到【约束】命令的7个子命令，分别是【附着约束】【曲面约束】【路径约束】【位置约束】【链接约束】【注视约束】和【方向约束】，如图18-82所示。

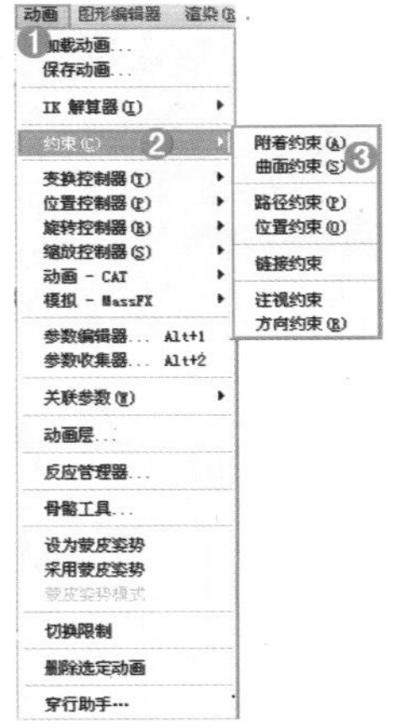

图18-82

18.3.1 附着约束

【附着约束】可将一个对象的位置附着到另一个对象的面上，如图 18-83 所示。

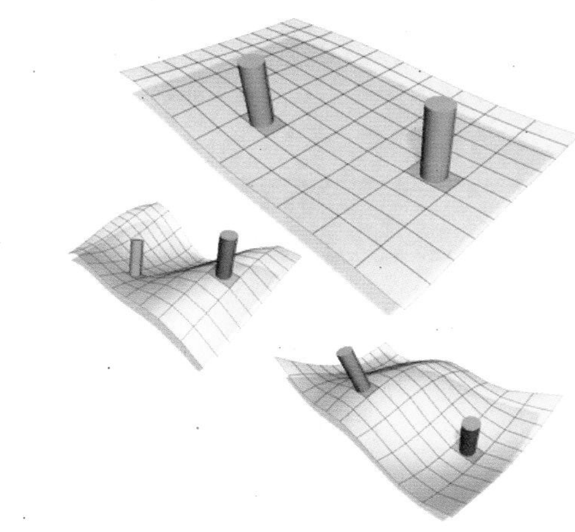

图18-83

步骤 01 例如，创建一个茶壶和一个地面，如图18-84所示。可以看到茶壶飘在空中，而我们希望茶壶完美地落在地面上。

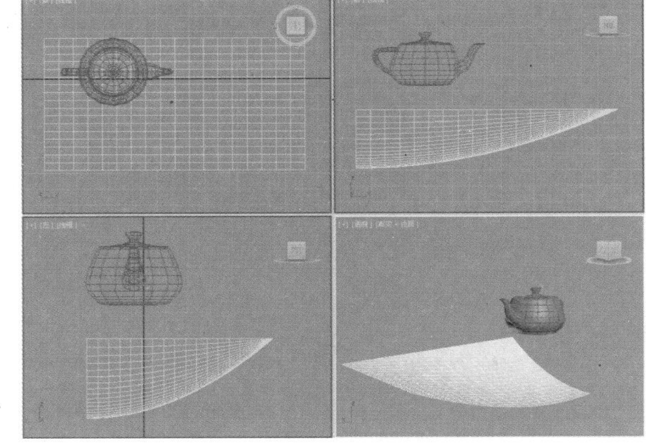

图18-84

步骤 02 选择茶壶模型，然后执行【动画】|【约束】|【附着约束】命令，如图 18-85 所示。

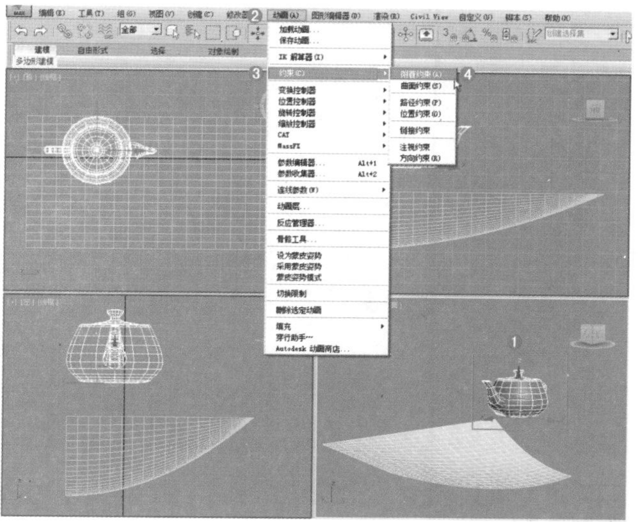

图18-85

步骤 03 此时出现一条曲线，然后单击场景中的地面模型，如图18-86所示。

步骤 04 此时茶壶附着到了平面表面，如图18-87所示。

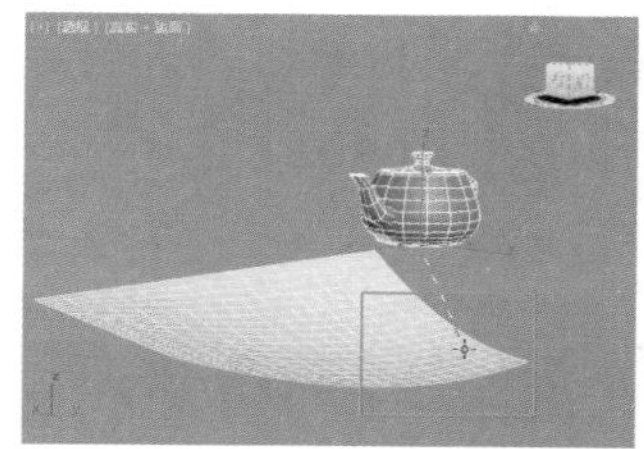

图18-86

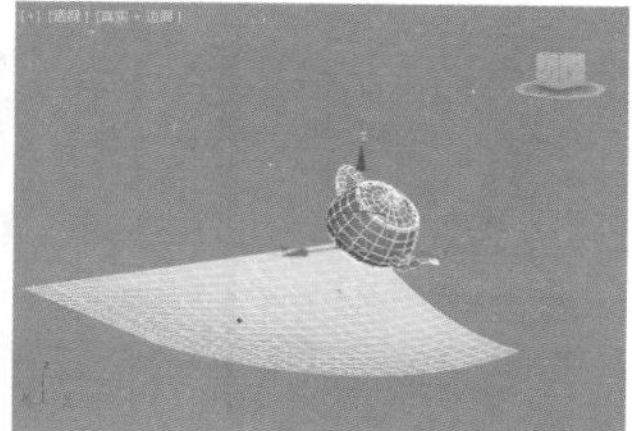

图18-87

步骤 05 要想更改茶壶在平面上的位置，需要进入【运动】面板 设置【面】的参数即可，如图18-88所示。

步骤 06 此时可以看到茶壶的位置产生了变化如图18-89所示。

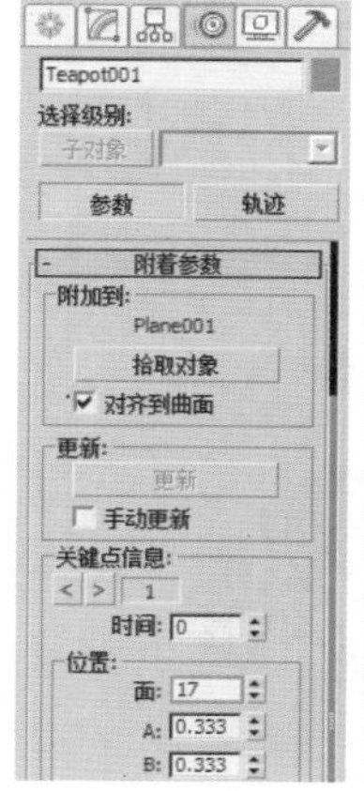

图18-88

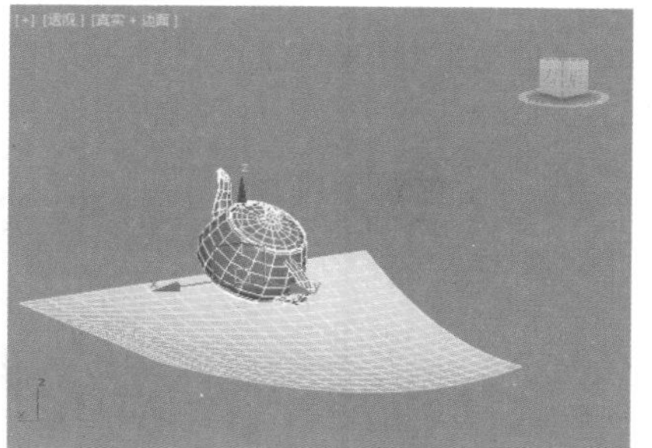

图18-89

18.3.2 链接约束

【链接约束】可以使对象继承目标对象的位置、旋转度以及比例。实际上，这个约束允许设置层次关系的动画，这样场景中的不同对象便可以在整个动画中控制应用了【链接约束】的对象的运动了，如图18-90所示。

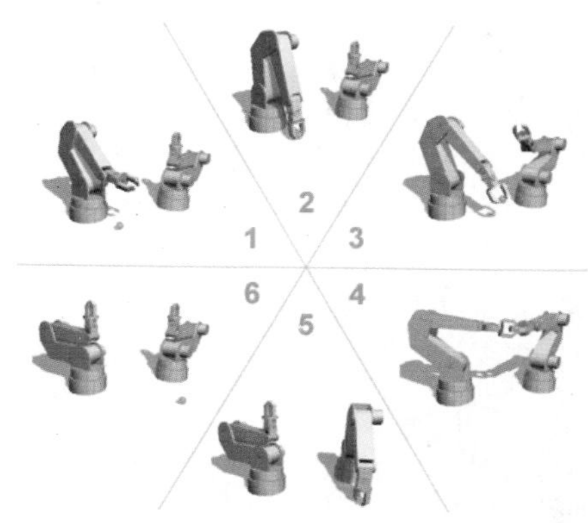

图18-90

18.3.3 注视约束

设置一个辅助对象【点】，并选择模型使用【注视约束】，使得模型跟随【点】产生注视的效果。通常使用该方法制作眼神注视动画效果、卫星效果等，如图18-91所示。

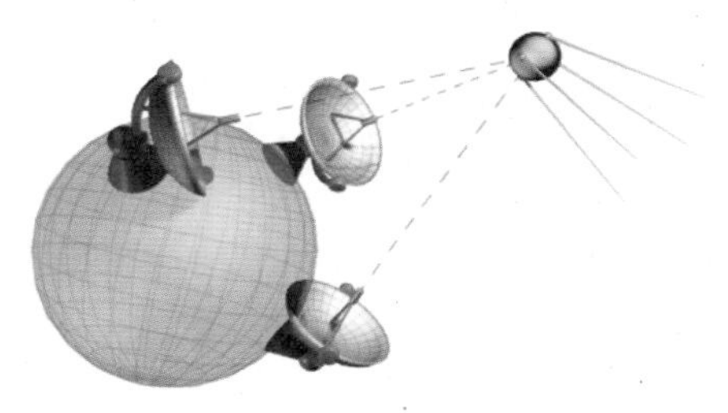

图18-91

轻松动手学：眼神动画

文件路径：Chapter 18 关键帧动画→轻松动手学：眼神动画

步骤 01 创建两个球体作为眼睛，创建一个切角长方体作为脑袋，卡通效果如图18-92所示。

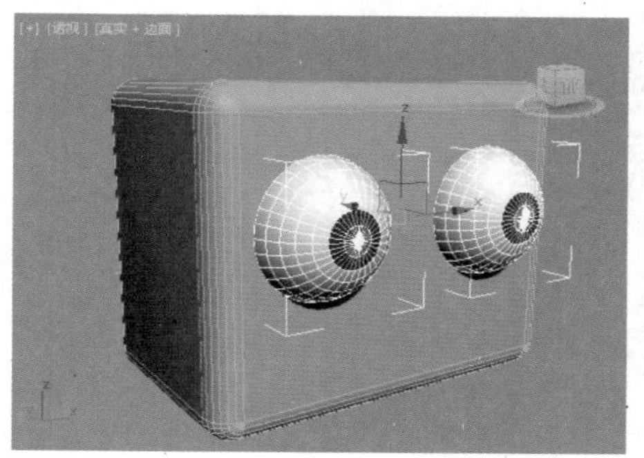

图18-92

步骤02 执行（创建）|（辅助对象）| 标准 | 点 命令，如图18-93所示。

步骤03 在两个眼睛的正前方创建一个辅助对象【点】，如图18-94所示。

步骤04 单击【修改】按钮，勾选【交叉】和【长方体】，设置【大小】为2000，如图18-95所示。

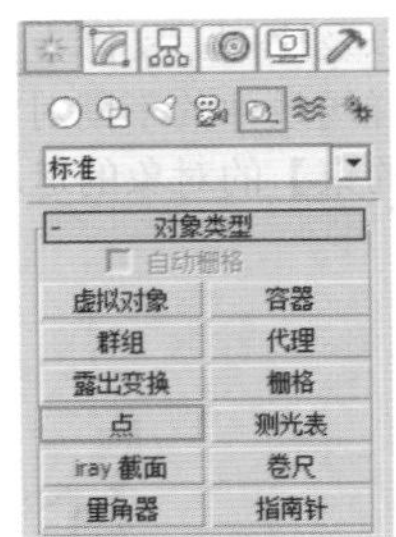

图18-93

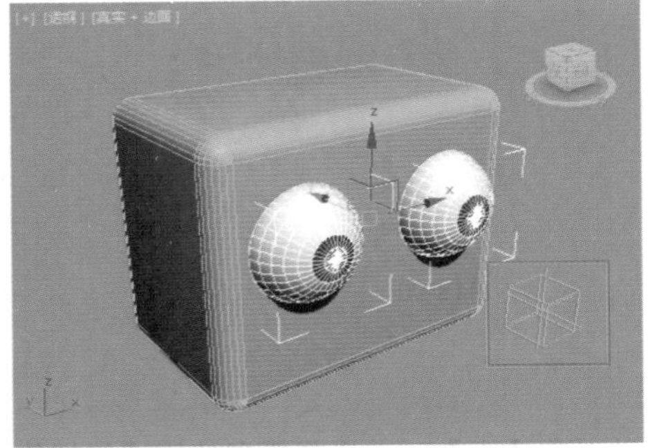

图18-94

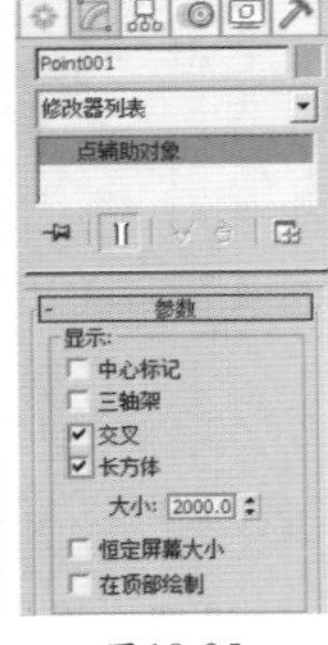

图18-95

步骤05 同时选择两个眼睛模型，在菜单栏中执行【动画】|【约束】|【注视约束】命令，如图18-96 所示。

步骤06 此时出现一条虚线，单击刚才创建的辅助对象【点】，如图18-97所示。

步骤07 依次选择两个眼睛，分别单击（运动）按钮，在【运动】面板中设置【选择注视轴】为Z，如图18-98所示。

图18-96

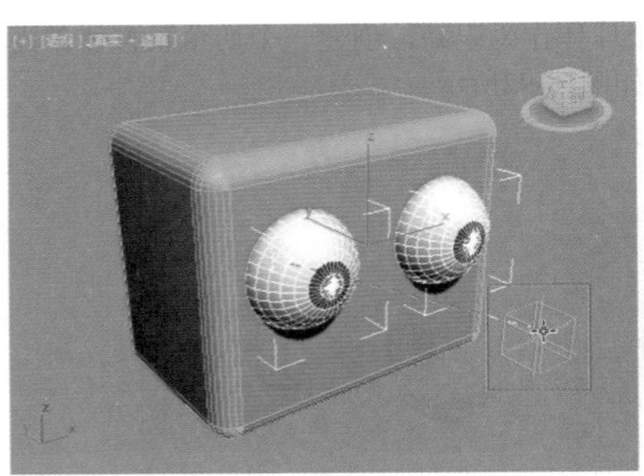

图18-97

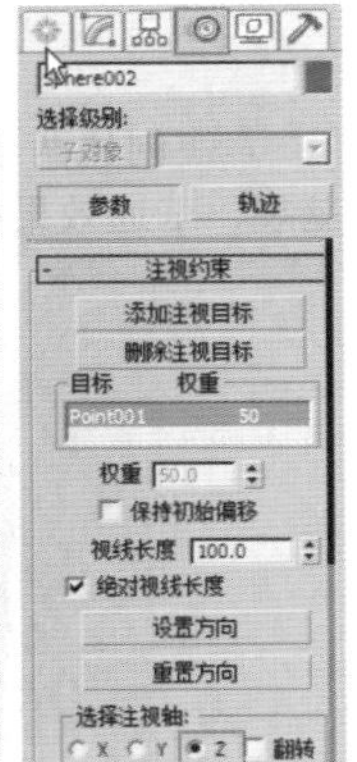

图18-98

步骤08 此时眼睛的瞳孔部分盯住了前方的【点】，非常有趣，如图18-99所示。

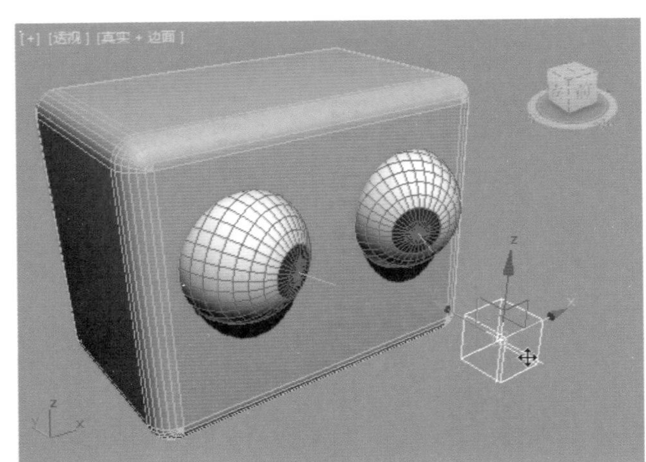

图18-99

步骤09 最后通过移动辅助对象【点】的位置，就可以看到眼睛跟随它转动了。因此可以为其设置关键帧动画，从而制作眼神的动画效果，如图18-100所示。

图18-100

18.3.4 方向约束

【方向约束】会使某个对象的方向沿着目标对象的方向或若干目标对象的平均方向，如图18-101所示。

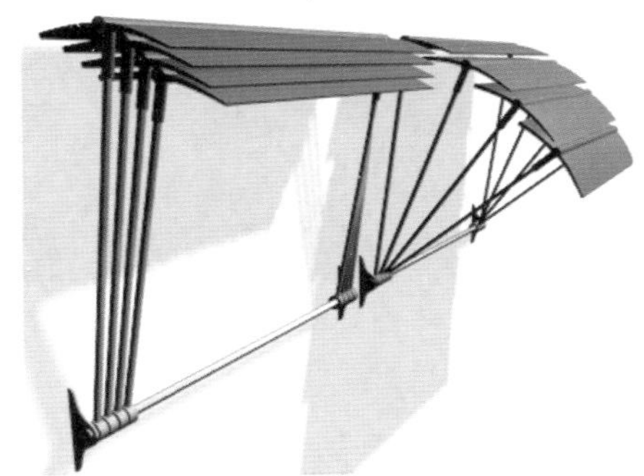

图18-101

18.3.5 路径约束

使用【路径约束】可以将模型沿图形进行移动，常用来制作汽车沿线移动、火车沿线移动、飞机沿线飞行、货车沿线运动等，如图18-102所示。

读书笔记

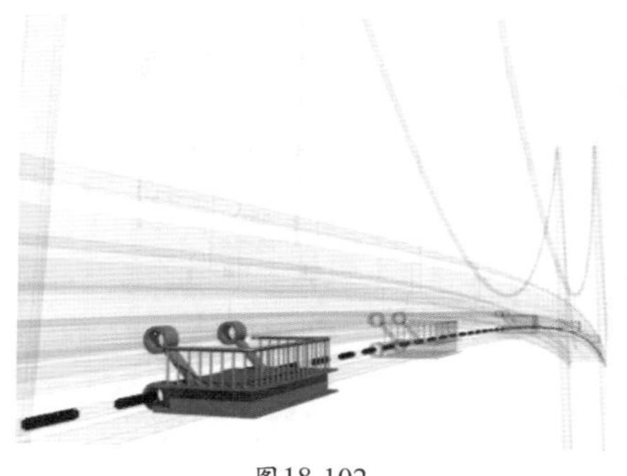

图18-102

轻松动手学：使用路径约束制作卡通火车轨道动画

文件路径：Chapter 18 关键帧动画→轻松动手学：使用路径约束制作卡通火车轨道动画

可以使用【路径约束】制作火车沿路径移动。

步骤 01 场景中创建一辆火车、一条线、一条轨道，如图18-103所示。

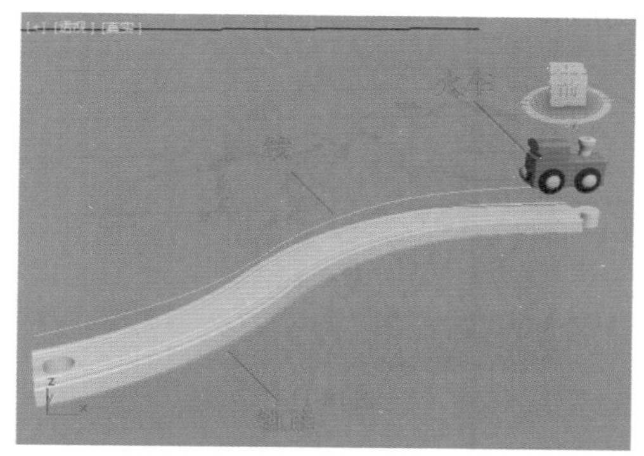

图18-103

步骤 02 选择火车模型，然后在菜单栏中执行【动画】|【约束】|【路径约束】命令，如图18-104所示。

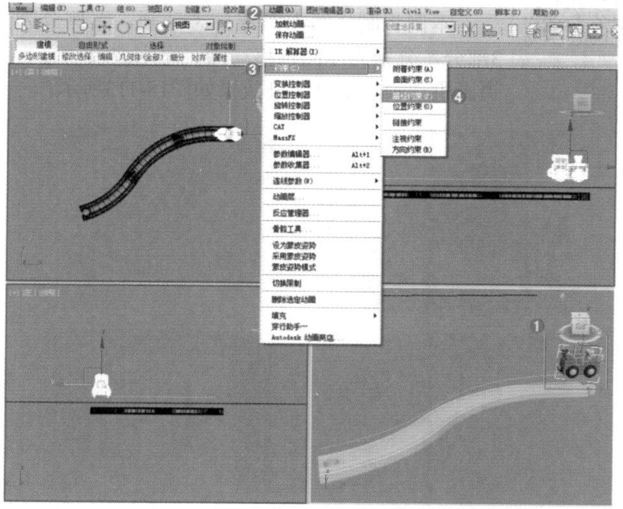

图18-104

步骤 03 此时出现一条虚线，单击场景中的线，如图18-105所示。

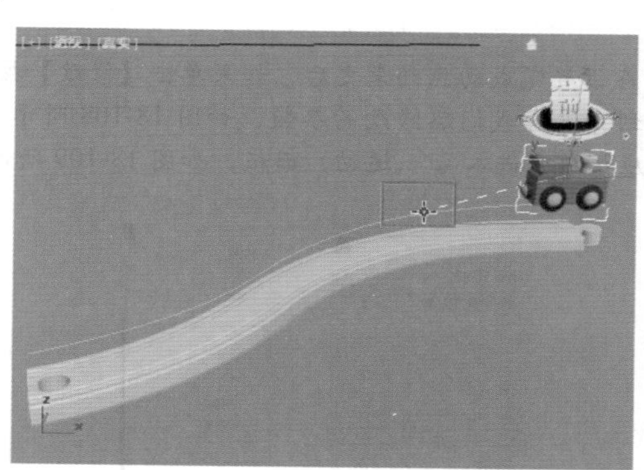

图18-105

步骤 04 此时火车已经约束到了线上，拖动时间线可以看到动画，但是火车的角度始终不会变化，看起来不够真实，如图18-106所示。

图18-106

步骤 05 选择火车模型，单击进入（运动）面板，勾选【跟随】，如图18-107所示。

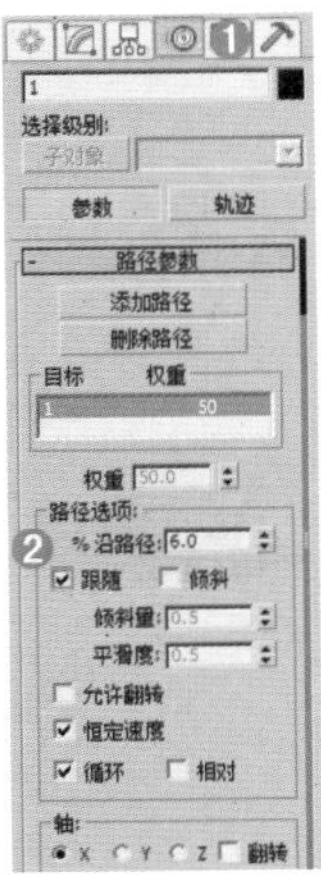

图18-107

提示：设置完成路径约束后，要进入运动面板修改参数。

在设置完成动画约束之后，如果单击【修改】按钮，会看到并没有我们想修改的参数，如图 18-108 所示。此时，应该单击进入 （运动）面板，如图 18-109 所示。

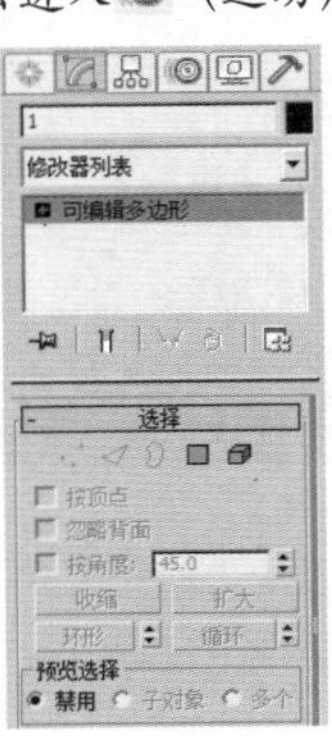

图18-108　　图18-109

除了路径约束之外，第 19 章中的 Biped 工具、CAT 工具等都需要进入（运动）面板进行参数修改。

步骤 06 动画制作完成，拖动时间线效果如图18-110所示。

图18-110

18.3.6　位置约束

【位置约束】可以根据目标对象的位置或若干对象的加权平均位置对某一对象进行定位，如图18-111所示。

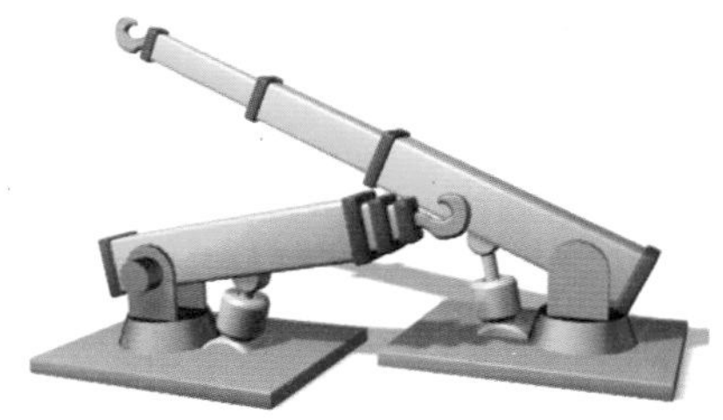

图18-111

18.3.7　曲面约束

【曲面约束】能将对象限制在另一对象的表面上，其控件包括【U 向位置】和【V 向位置】设置以及对齐选项，如图18-112所示。

图18-112

综合实例：海上漂浮标志动画

扫一扫，看视频

文件路径：Chapter 18　关键帧动画→综合实例：海上漂浮标志动画

本例将制作海上漂浮标志动画，案例分为3部分，分别为冰面位移动画、海水波纹动画、摄影机动画。最终渲染效果如图18-113所示。

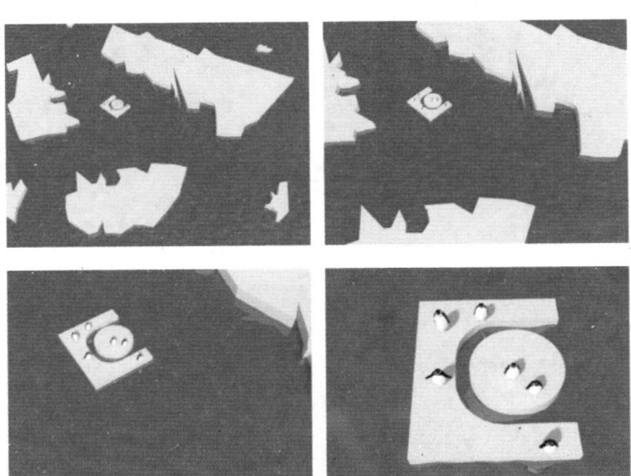

图18-113

Part 01 冰面位移动画

步骤 01 打开本书场景文件，如图18-114所示。

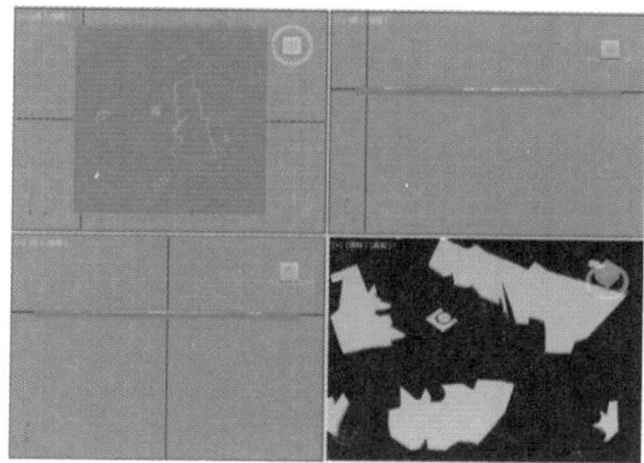

图18-114

步骤 02 单击3ds Max界面右下方的（时间配置）按钮，在弹出的【时间配置】窗口中设置【帧速率】为PAL，设置【结束时间】为150，单击【确定】按钮如图18-115所示（此处的目的是更改时间线的时长，使其变得更长，因为默认只有100帧）。

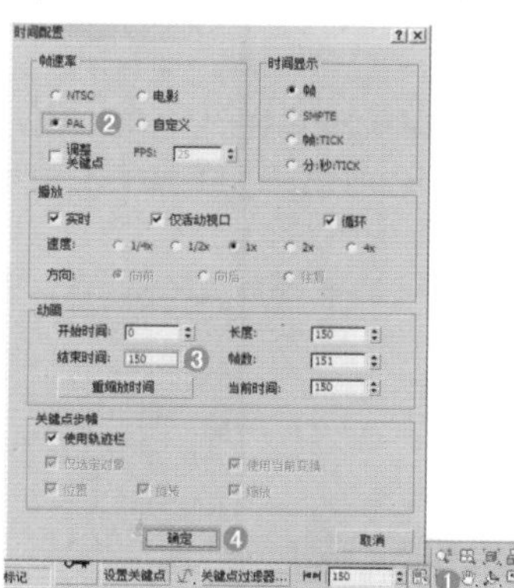

图18-115

步骤 03 单击自动关键点按钮，将时间线拖动到第0帧，7块冰面模型位置如图18-116所示。

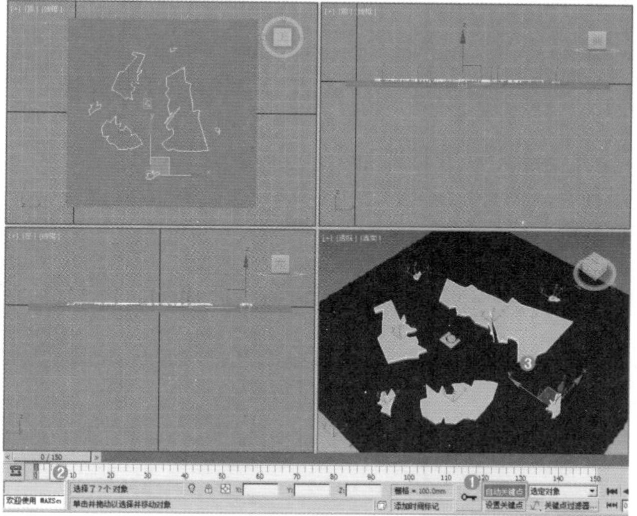

图18-116

步骤 04 将时间线拖动到第80帧，沿X轴和Y轴向右移动冰块，如图18-117所示。

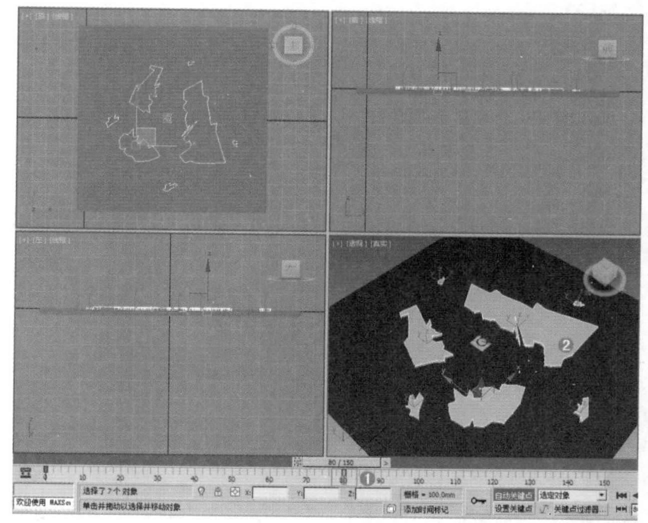

图18-117

步骤 05 选择中间的1个冰块模型，将时间线拖动到第0帧，如图18-118所示。

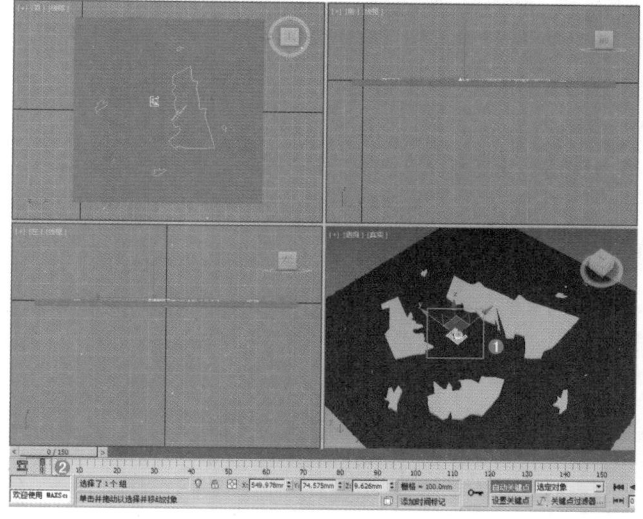

图18-118

步骤 06 将时间线拖动到第100帧，沿X轴和Y轴向右移动该冰块，如图18-119所示。

步骤 07 再次单击自动关键点按钮，此时冰面动画制作完成，如图18-120所示。

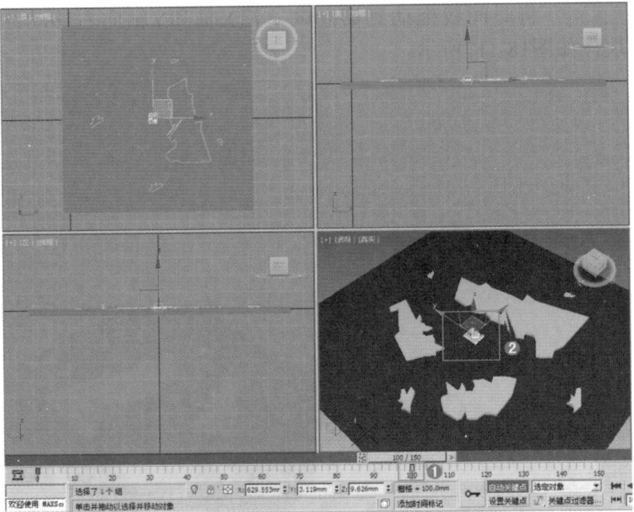

图18-119

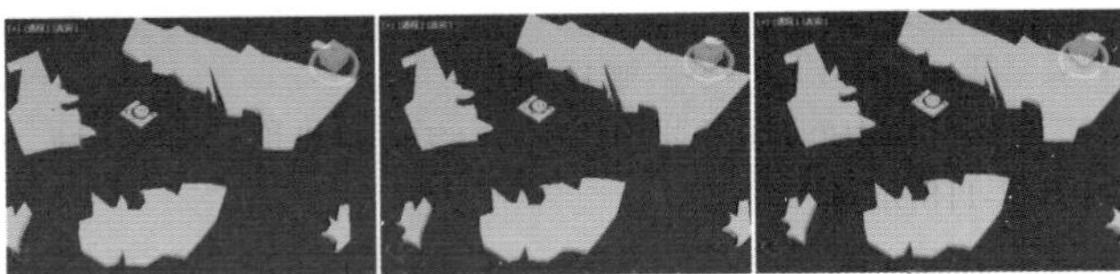

图18-120

Part 02 海水波纹动画

步骤 01 选择海水模型，单击【修改】按钮，可以看到已经为其添加了【Noise（噪波）】修改器，如图 18-121 所示。

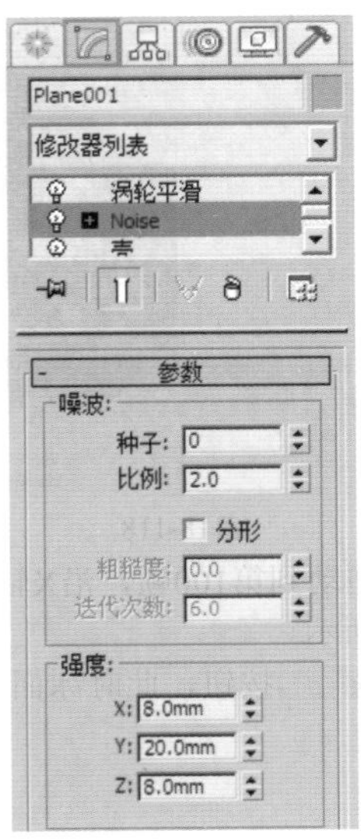

图18-121

步骤 02 选择海水模型，单击自动关键点按钮，将时间线拖动到第0帧，单击【修改】按钮，设置X为8mm、Y为20mm、Z为8mm、【相位】为0，如图18-122所示。

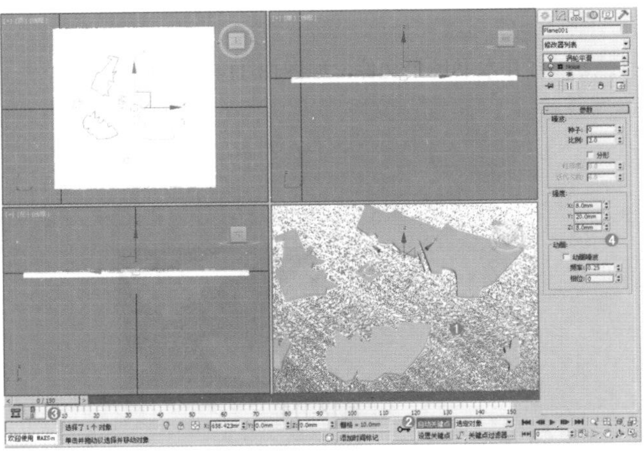

图18-122

步骤 03 将时间线拖动到第150帧，单击【修改】按钮，设置X为-8mm、Y为-20mm、Z为-8mm、【相位】为150，如图18-123所示。

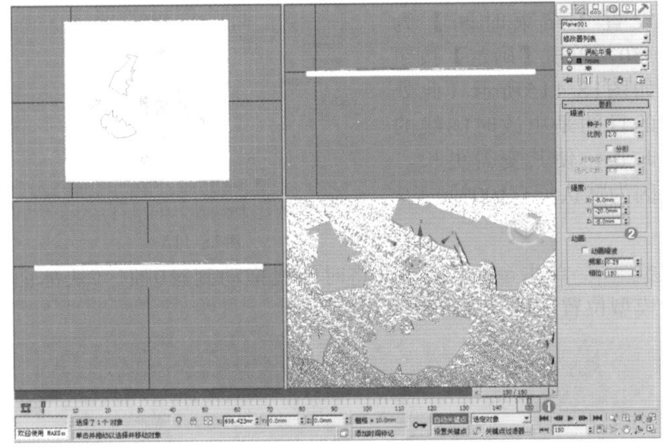

图18-123

步骤 04 再次单击自动关键点按钮，此时海水出现上下起伏的动画效果，如图18-124所示。

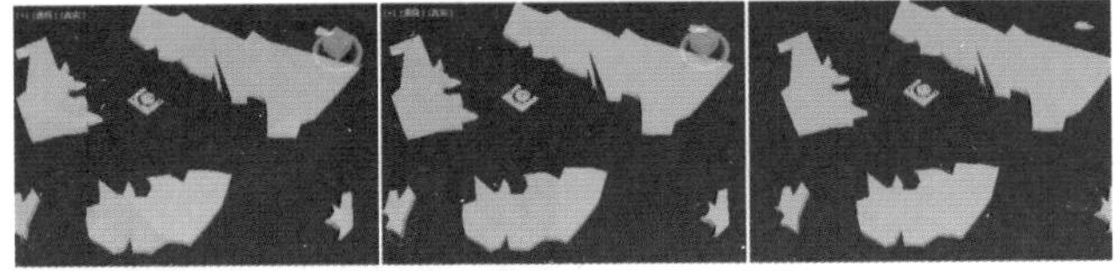

图18-124

Part 03 摄影机动画

步骤 01 创建一个【目标摄影机】，如图18-125所示。

步骤 02 依次选择摄影机和目标点，单击自动关键点按钮，将时间线拖动到第0帧，设置其位置，如图18-126所示。

步骤 03 将时间线拖动到第67帧，设置摄影机和目标点的位置，如图18-127所示。

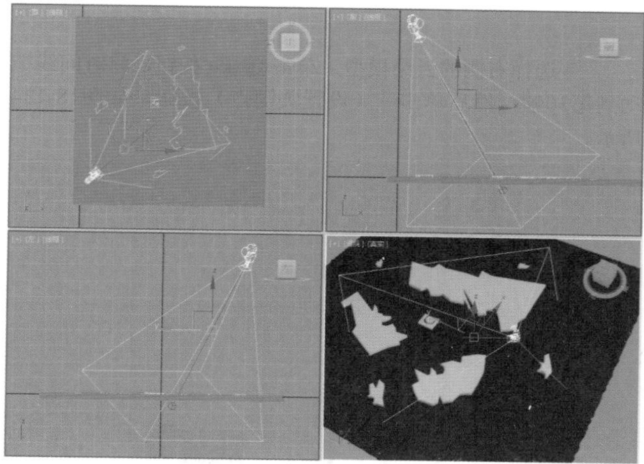

图18-125

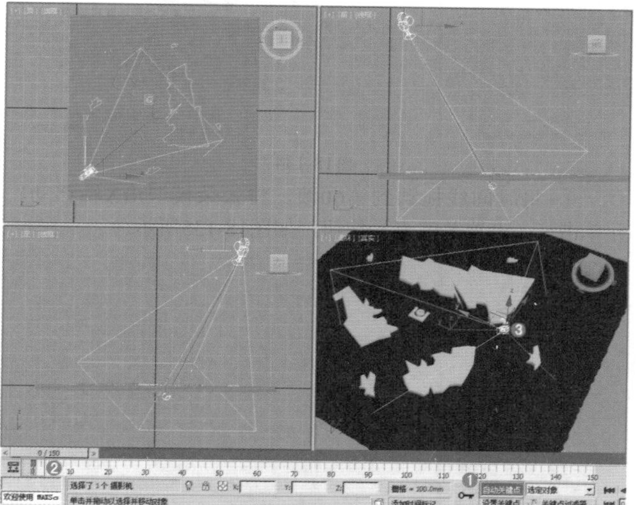

图18-126

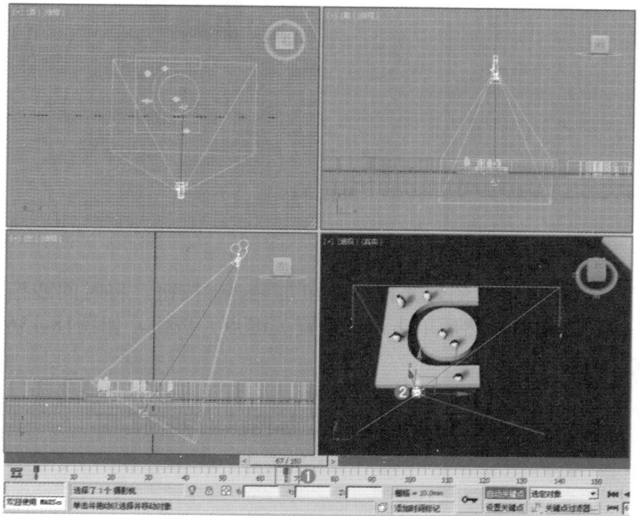

图18-127

步骤 04 将时间线拖动到第80帧，设置摄影机和目标点的位置，如图18-128所示（此处的目的是使得摄影机对准LOGO时有一段缓慢的动画）。

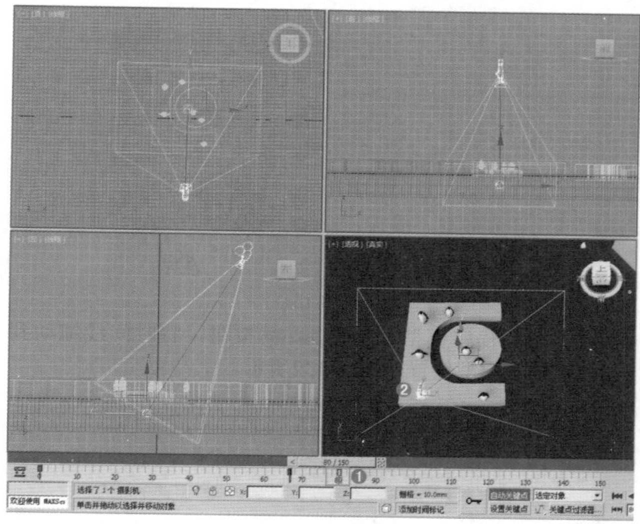

图18-128

步骤 05 再次单击 自动关键点 按钮，动画制作完成。进入透视图中，按快捷键C切换为摄影机视图。拖动时间线，最终动画如图18-129所示。

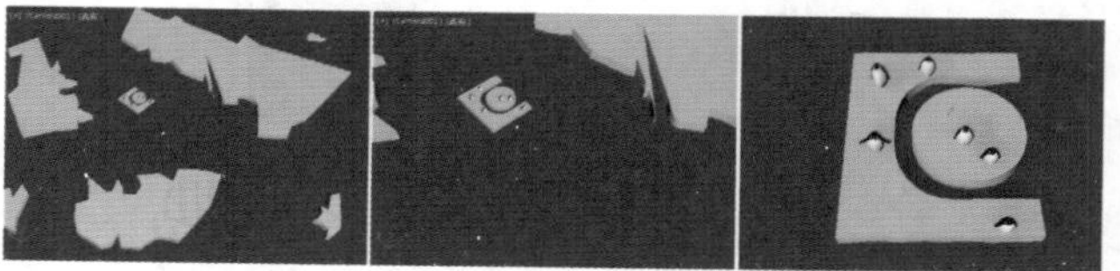

图18-129

综合实例：使用关键帧动画制作春节动画

文件路径：Chapter 18 关键帧动画→综合实例：使用关键帧动画制作春节动画

扫一扫，看视频

本例将使用关键帧动画制作春节动画，使用关键帧模拟福字、云朵、灯笼的位置动画，使用超级喷射粒子制作三角形红色碎片动画。最终渲染效果如图18-130所示。

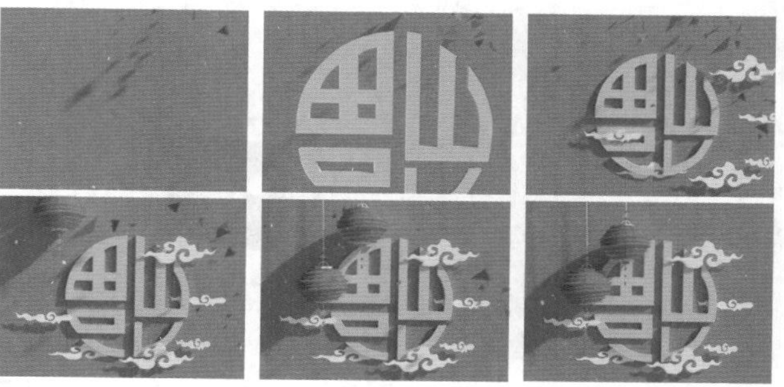

图18-130

Part 01 福字位移动画

步骤01 打开本书场景文件，如图18-131所示。

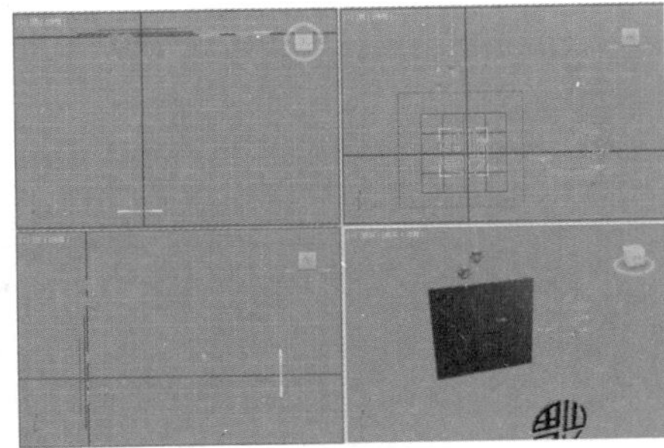

图18-131

步骤02 选择福字模型，单击自动关键点按钮，将时间线拖动到第0帧，福字模型位置如图18-132所示。

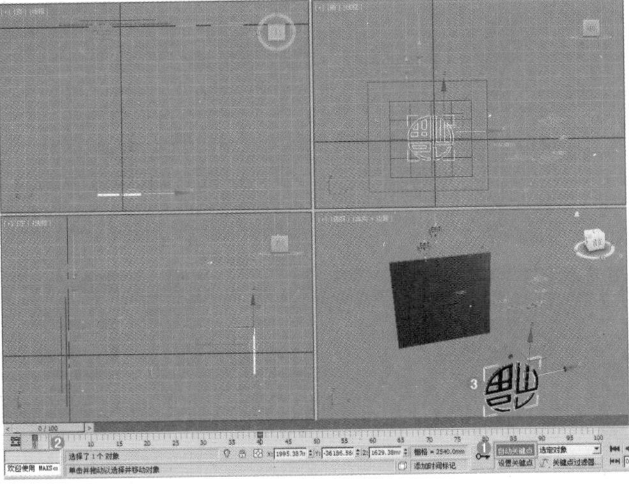

图18-132

步骤03 将时间线拖动到第40帧，选择福字模型，并沿Y轴移动，如图18-133所示。

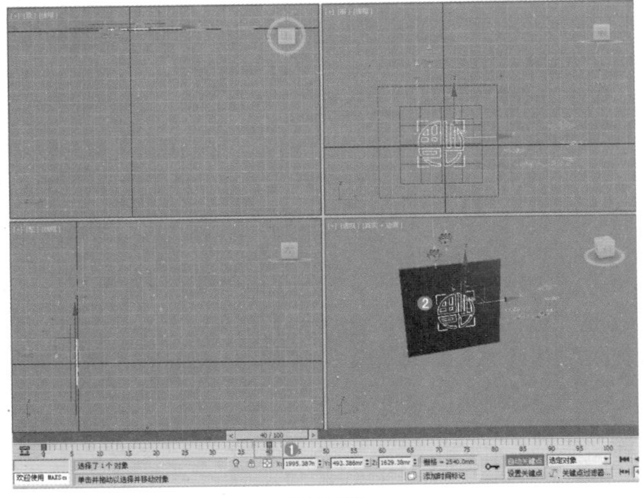

图18-133

Part 02 云朵位移动画

步骤01 选择右侧的云朵模型，单击设置关键点按钮，将时间线拖动到第30帧，然后单击⊶（设置关键点）按钮，如图18-134所示。

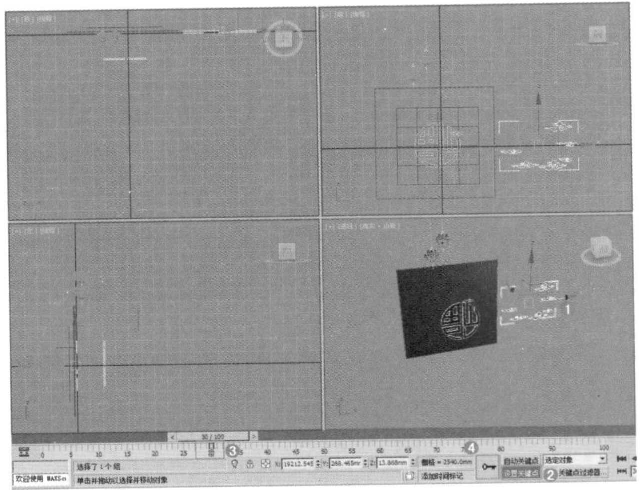

图18-134

步骤02 将时间线拖动到第60帧，将云朵模型沿X轴移动，并单击⊶（设置关键点）按钮，如图18-135所示。

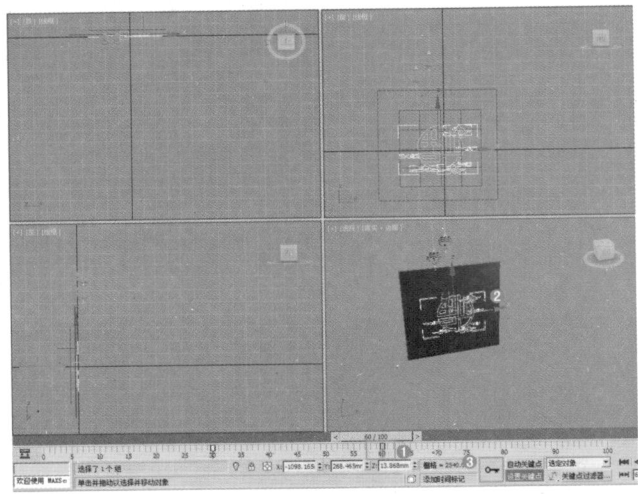

图18-135

Part 03 灯笼位移动画

步骤01 选择左侧灯笼模型，单击设置关键点按钮，将时间线拖动到第50帧，然后单击⊶（设置关键点）按钮，如图18-136所示。

步骤02 将时间线拖动到第75帧，将灯笼模型沿Z轴移动，并单击⊶（设置关键点）按钮，如图18-137所示。

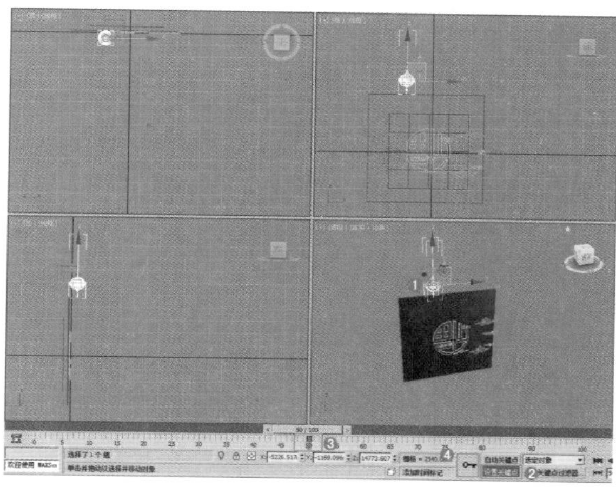

图18-136

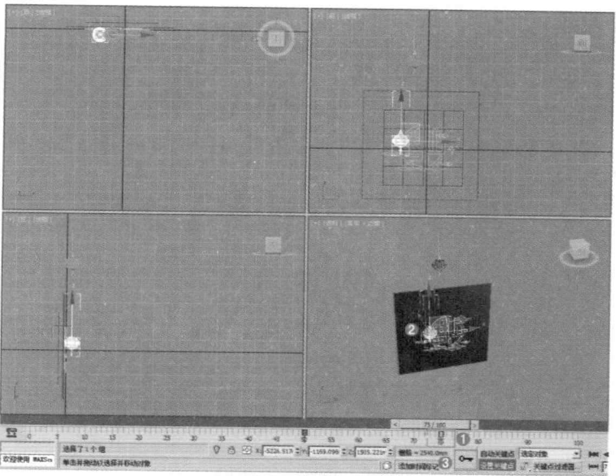

图18-137

步骤 03 选择右侧灯笼模型，单击设置关键点按钮，将时间线拖动到第50帧，然后单击（设置关键点）按钮，如图18-138所示。

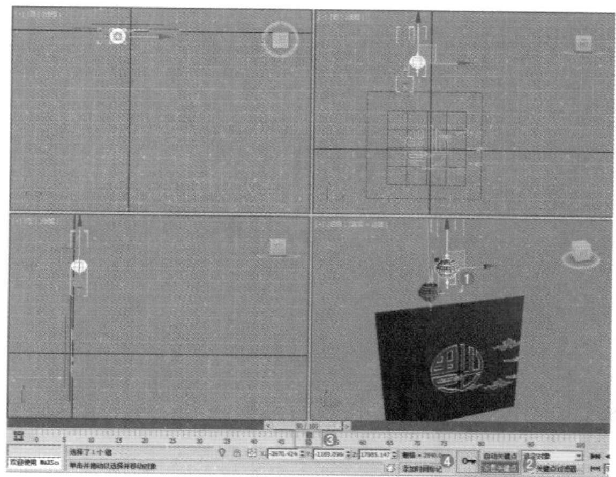

图18-138

步骤 04 将时间线拖动到第80帧，将灯笼模型沿Z轴移动，并单击（设置关键点）按钮，如图18-139所示。

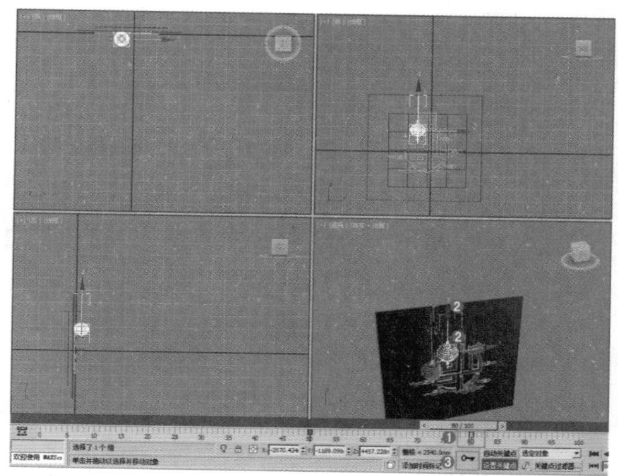

图18-139

步骤 05 制作完成后，再次单击设置关键点按钮。此时拖动时间线，动画如图18-140所示。

图18-140

Part 04 粒子动画

步骤 01 在视图中创建一个超级喷射粒子，如图18-141所示。

步骤 02 单击【修改】按钮，设置【轴偏离】为46，【扩散】为9，【平面偏离】为96，【扩散】为177，【图标大小】为4094.264，【视口显示】为【网格】。设置【粒子数量】为2，【发射停止】为50，【显示时限】为80，【寿命】为50，【大小】为600mm，【变化】为50。设置【标准粒子】为【三角形】，如图18-142所示。

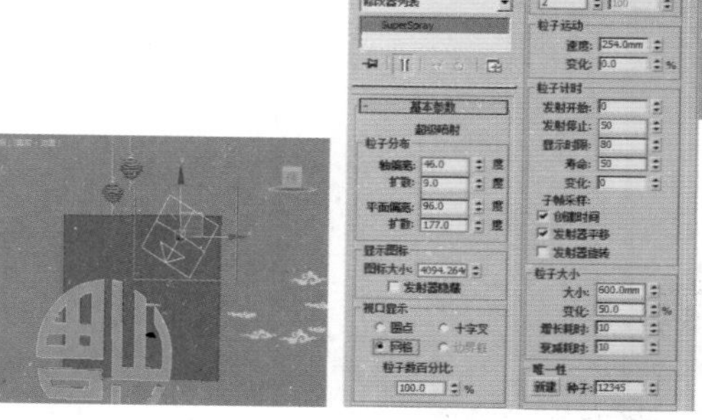

图18-141　　图18-142

步骤 03 最终动画效果如图18-143所示。

图18-143

高级动画

本章将学习高级动画知识，高级动画是主要应用于角色设计的动画技术，比关键帧动画要难一些。本章将重点对几种骨骼系统讲解，包括骨骼、Biped骨骼、CAT对象及蒙皮修改器的应用。

本章学习要点：

- 认识高级动画；
- 熟练掌握骨骼、Biped骨骼动画、蒙皮修改器、CAT对象等工具的使用。

扫一扫，看视频

通过本章学习，我能做什么？

通过对本章的学习，我们可以为角色模型创建相应的骨骼系统，并且将模型与骨骼通过蒙皮修改器关联在一起，使得在骨骼产生位置变化时模型也随之变化。通过一系列复杂的操作，我们可以制作人物行走、奔跑、跳跃等动画；还可以动物走路、奔跑、飞行等动画；也可以制作CG角色动画等。

19.1 认识高级动画

在第18章学习了关键帧动画的使用方法，已经可以制作一些简单的动画，例如对象的位移旋转缩放动画、参数变化动画等。而本章将学习难度更大的高级动画知识，高级动画主要用于角色动画设计。

19.1.1 高级动画的应用领域

高级动画的应用领域非常广泛，常应用于游戏设计、广告设计、影视动画设计等行业，如图19-1~图19-4所示。

图19-1

图19-2

图19-3

图19-4

19.1.2 高级动画的使用流程

步骤01 创建完成模型，并调整模型的标准姿态，为创建骨骼做准备。

步骤02 使用合适的骨骼工具在模型内创建骨骼。

步骤03 进行蒙皮操作。

步骤04 设置骨骼动画，完成动画制作，如图19-5所示。

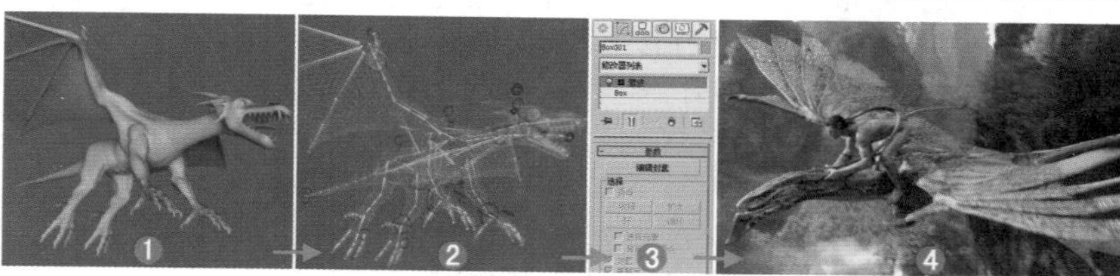

图19-5

19.2 骨骼

【骨骼】工具可以创建具有链接特点的骨骼系统，例如创建手臂骨骼。通常的制作思路是：创建模型→创建骨骼→蒙皮→制作动画。

步骤01 执行（创建）|（系统）|标准|骨骼命令，如图19-6所示。

步骤02 单击2次，右击1次，即可完成如图19-7所示的创建。

步骤03 选择骨骼，单击【修改】按钮可以更改基本属性。参数如图19-8所示。

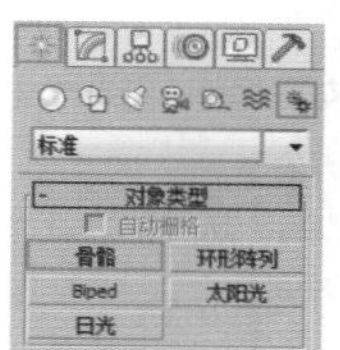

图19-6

扫一扫，看视频

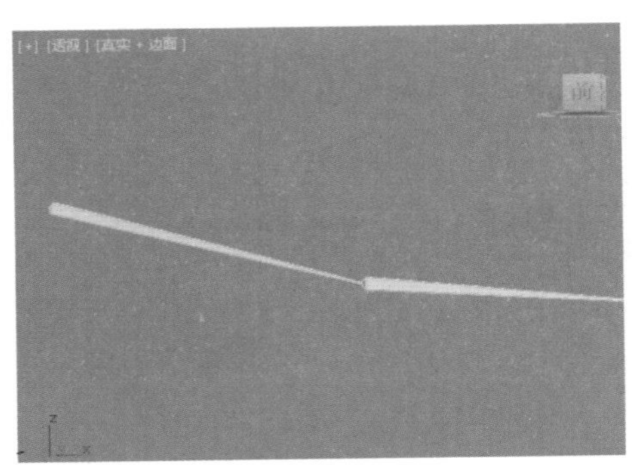

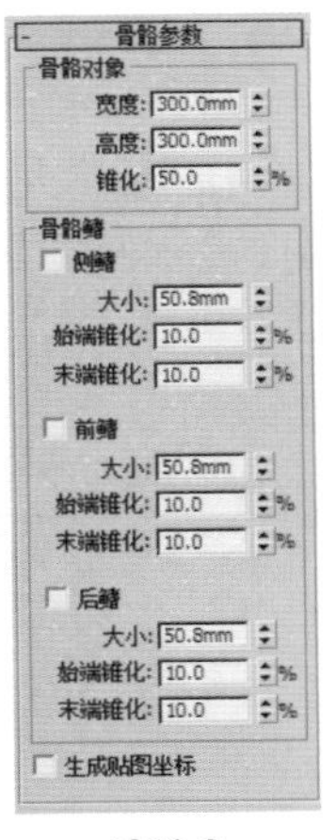

图19-7　　图19-8

- 宽度：设置骨骼的宽度。
- 高度：设置骨骼的高度，如图19-9所示为设置【宽度】为4、【高度】为4与设置【宽度】为12、【高度】为12的对比效果。

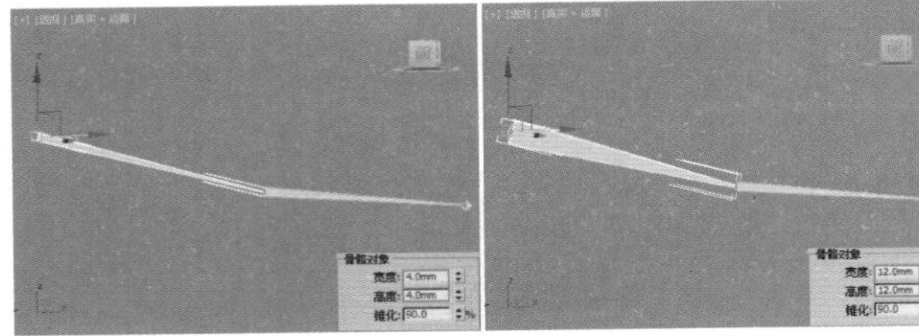

图19-9

- 锥化：调整骨骼形状的锥化。值为 0 的锥化可以生成长方体形状的骨骼，如图 19-10 所示。

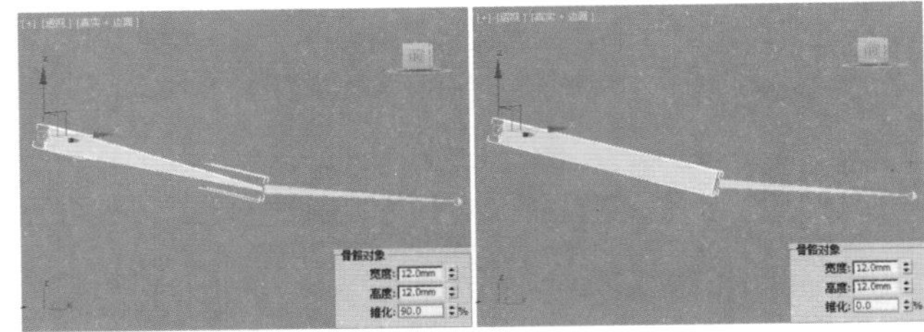

图19-10

- 侧鳍：向选定骨骼添加侧鳍。如图 19-11 所示为不开启和开启【侧鳍】的对比效果。

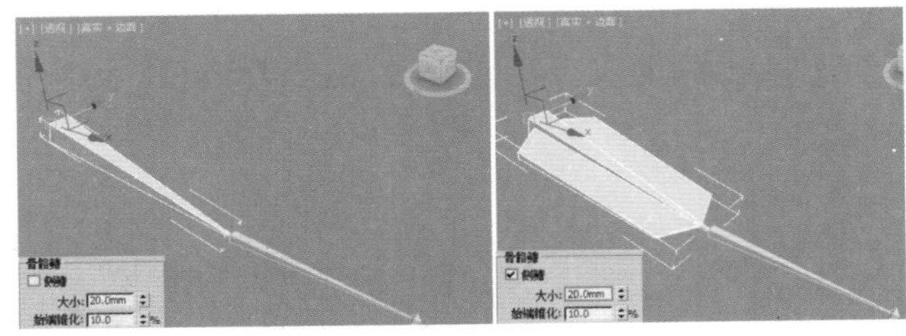

图19-11

  * 大小：控制鳍的大小。
  * 始端锥化：控制鳍的始端锥化。
  * 末端锥化：控制鳍的末端锥化。
- 前鳍：向选定骨骼添加前鳍。
- 后鳍：向选定骨骼的后面添加鳍。

轻松动手学：手臂骨骼的移动和旋转操作

文件路径：Chapter 19 高级动画→轻松动手学：手臂骨骼的移动和旋转操作

单击 2 次，右击 1 次，即可完成手臂骨骼创建。创建完成骨骼之后，可以对骨骼进行移动、旋转操作。

（1）比如，选择末端的骨骼，沿 Z 轴向上移动，如图 19-12 所示。

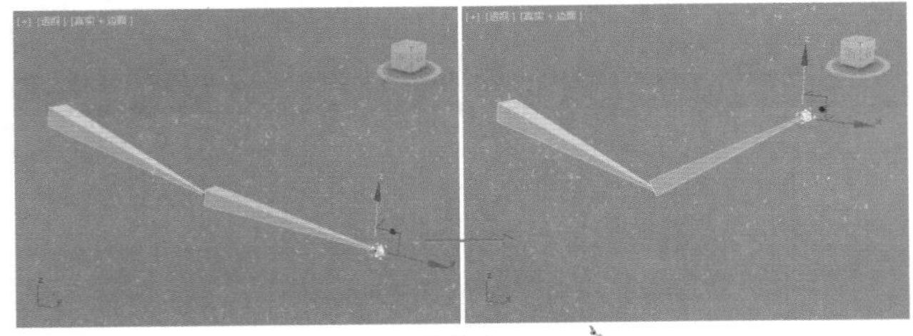

图19-12

（2）比如，选择第 2 段的骨骼，沿 Z 轴向上移动，如图 19-13 所示。

（3）比如，选择第 1 段的骨骼，沿 Z 轴向上移动，如图 19-14 所示。

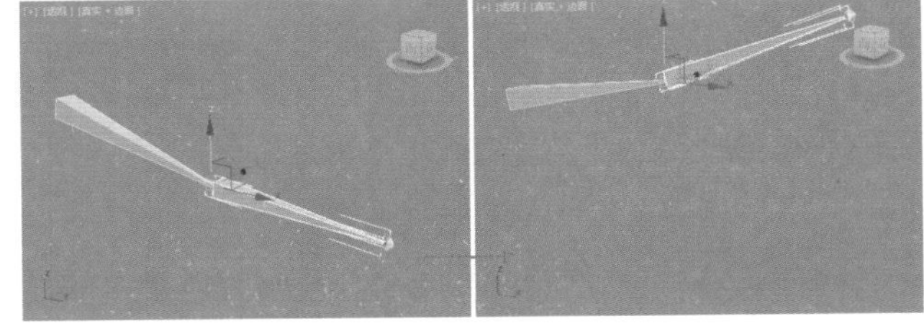

图19-13

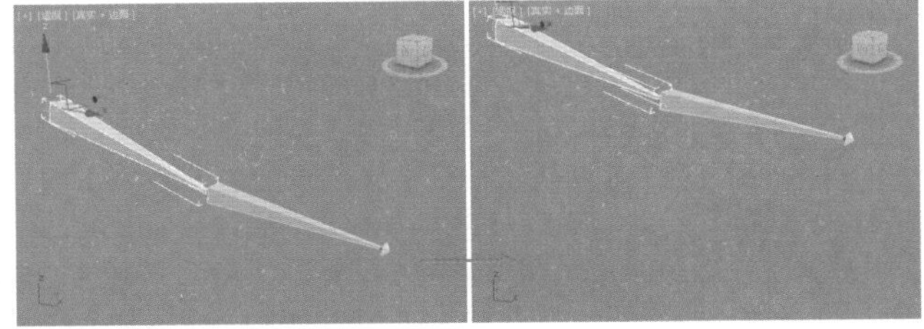

图19-14

轻松动手学：为手臂骨骼设置IK解算器

文件路径：Chapter 19 高级动画→轻松动手学：为手臂骨骼设置 IK 解算器

步骤 01 选择手臂骨骼中末尾段的骨骼，如图 19-15 所示。

步骤 02 在菜单栏中执行【动画】|【IK 解算器】|【IK 肢体解算器】命令，如图 19-16 所示。

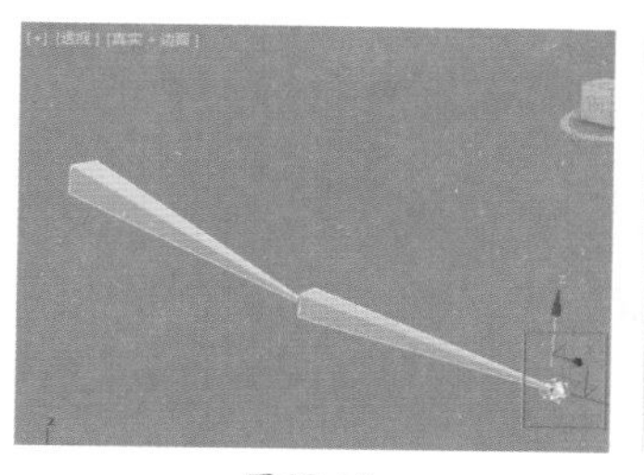

图19-15

图19-16

步骤 03 此时出现一条虚线，然后单击第一段骨骼，如图 19-17 所示。

步骤 04 此时在末端骨骼与第二段骨骼之间产生了一个十字交叉的图标，并且出现一条白色的直线将末尾骨骼和第 1 段骨骼连接。此时代表两个骨骼成功连接，如图 19-18 所示。

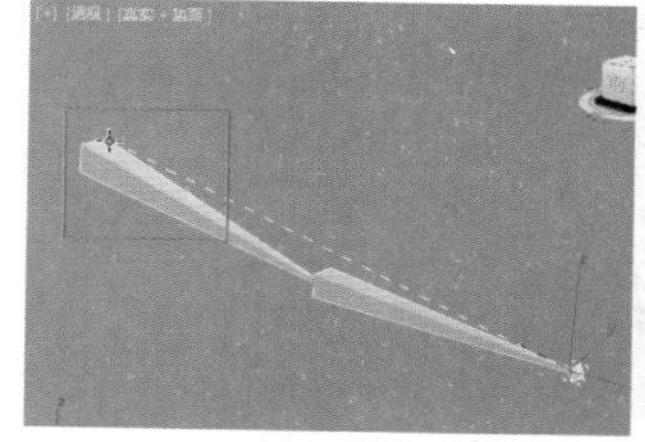

图19-17

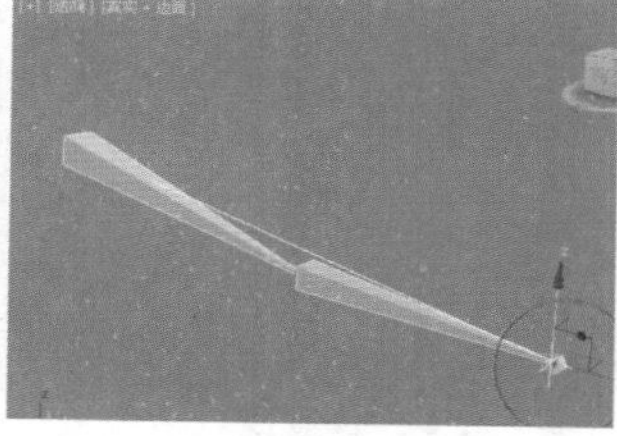

图19-18

步骤 05 此时只需要选择这个十字图标，移动位置即可产生手臂的真实运动效果，如图 19-19 所示。

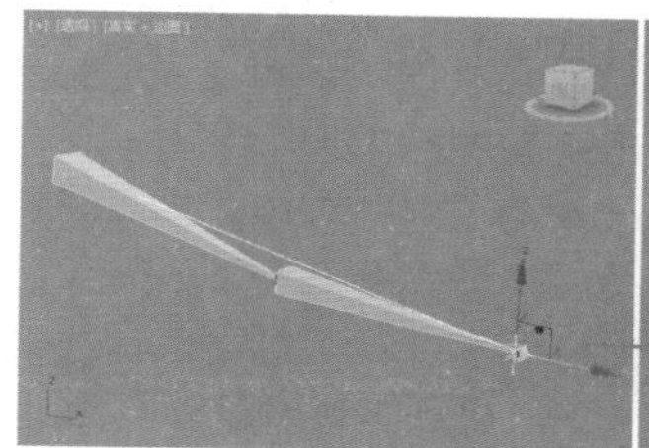

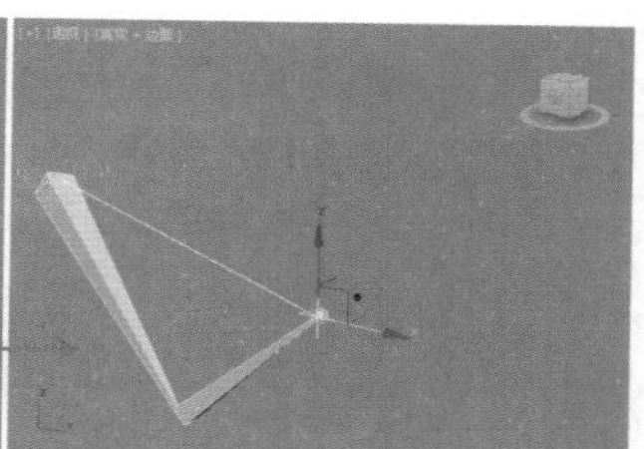

图19-19

实例：为老鹰创建骨骼

扫一扫，看视频

文件路径：Chapter 19 高级动画→实例：为老鹰创建骨骼

本例将为老鹰模型创建合适的骨骼系统，并设置 IK 解算器。渲染效果如图 19-20 所示。

图19-20

步骤 01 打开本书场景文件，然后执行（创建）|（系统）| 标准 | 骨骼 命令，如图 19-21 所示。在老鹰左侧翅膀位置创建骨骼，如图 19-22 所示。

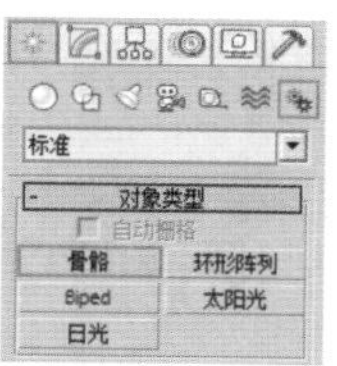

图 19-21

图19-22

步骤 02 选择第一个骨骼，如图 19-23 所示。单击【修改】按钮，设置【宽度】为 8、【高度】为 12、【锥化】为 0；勾选【前鳍】，设置【大小】为 5；勾选【后鳍】，设置【大小】为 5，如图 19-24 所示。

步骤 03 选择第二个骨骼，如图 19-25 所示。单击【修改】按钮，设置【宽度】为 8、【高度】为 12、【锥化】为 0；勾选【前鳍】，设置【大小】为 5；勾选【后鳍】，设置【大小】为 5，如图 19-26 所示。

步骤 04 用同样的方法在右侧翅膀位置也创建骨骼，如图 19-27 所示。

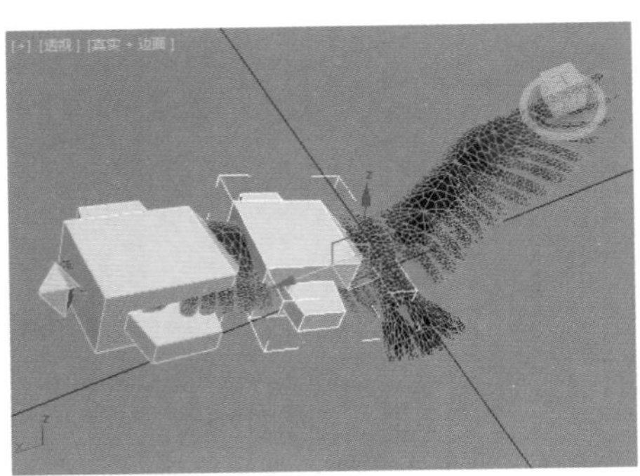
图19-23

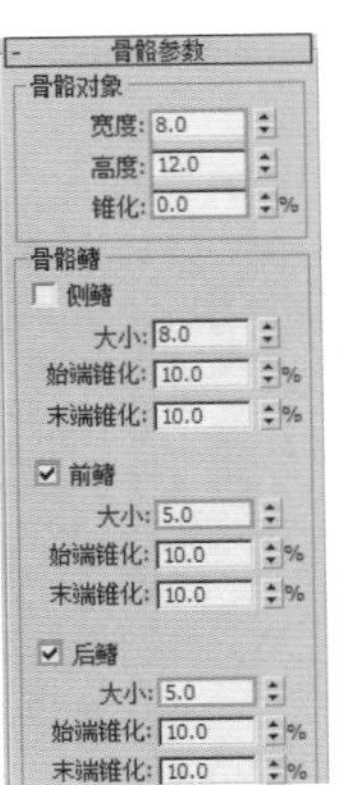

图19-24

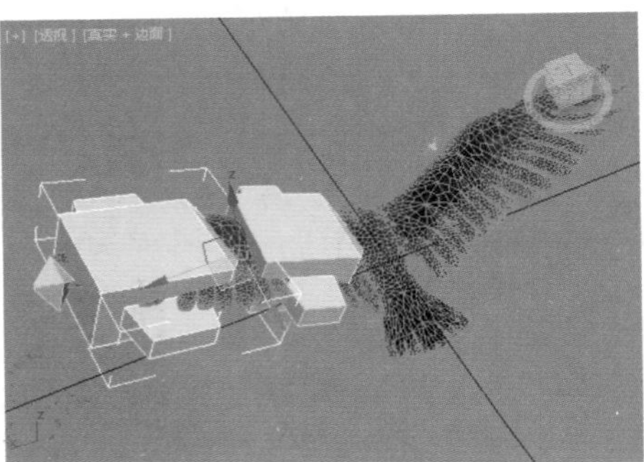
图19-25

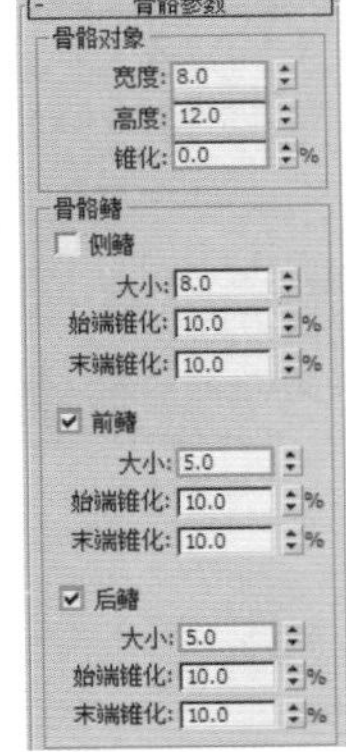

图19-26

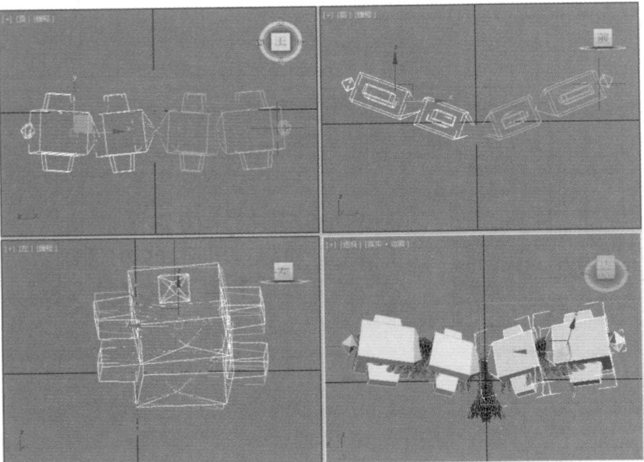
图19-27

步骤 05 在老鹰身体处创建骨骼，如图 19-28 所示。

步骤 06 选择第一个骨骼，如图 19-29 所示。单击【修改】按钮，设置【宽度】为 8、【高度】为 8、【锥化】为 - 20，如图 19-30 所示。

步骤 07 选择第二个骨骼，如图 19-31 所示。单击【修改】按钮，设置【宽度】为 10、【高度】为 10、【锥化】为 - 20，如图 19-32 所示。

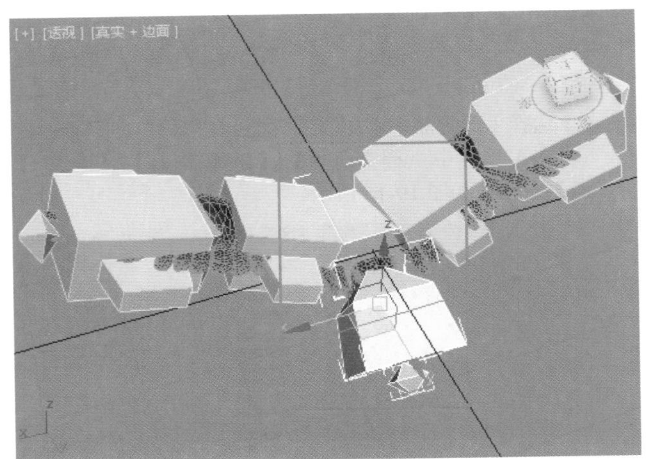

图19-28

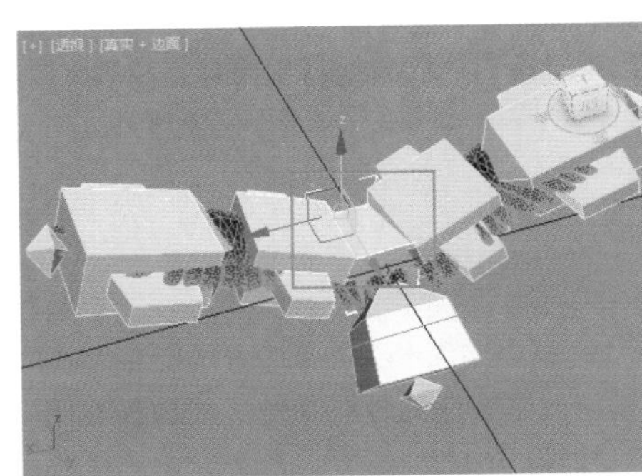
图19-29

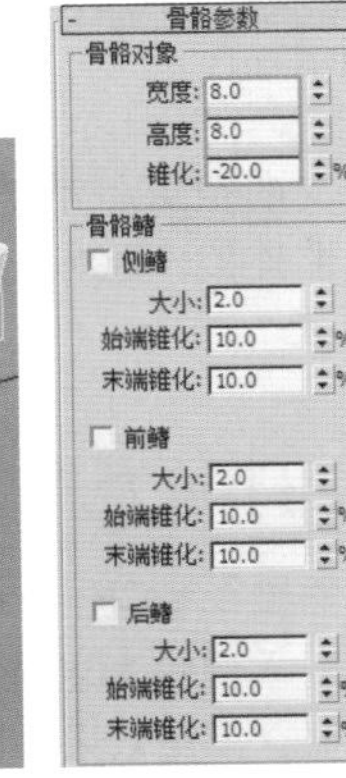

图19-30

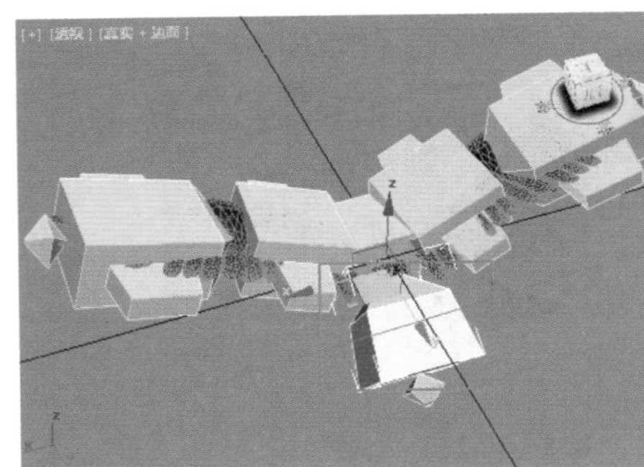
图19-31

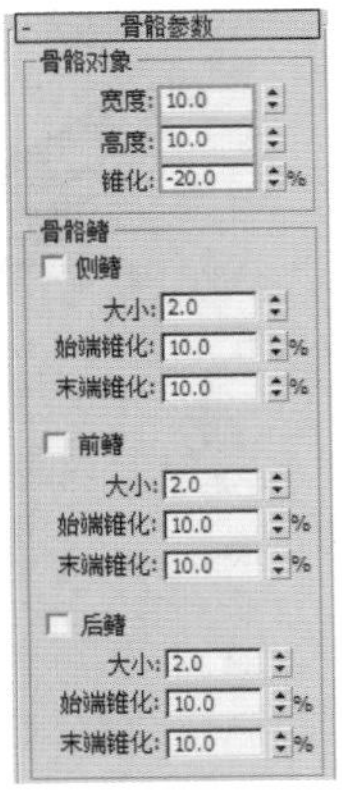

图19-32

步骤 08 为骨骼设置【IK解算器】。选择如图19-33所示的末尾骨骼，在菜单栏中执行【动画】|【IK解算器】|【IK肢体解算器】命令。此时出现一条虚线，然后单击左侧翅膀处第一段骨骼，如图19-34所示。

步骤 09 选择如图19-35所示的末尾骨骼，在菜单栏中执行【动画】|【IK解算器】|【IK肢体解算器】命令。此时出现一条虚线，然后单击右侧翅膀处第一段骨骼，如图19-36所示。

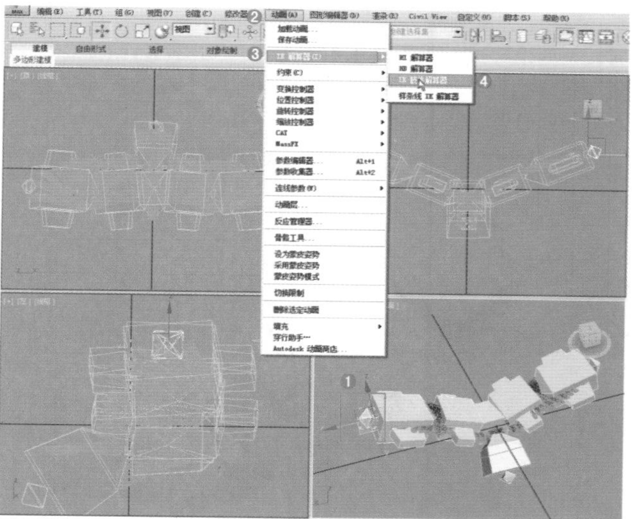

图19-33

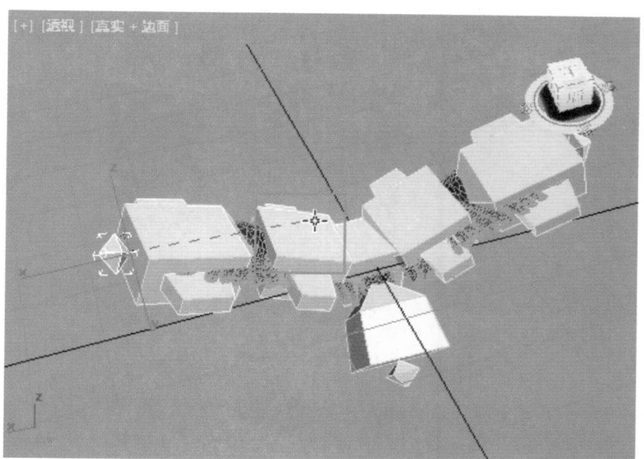

图19-34

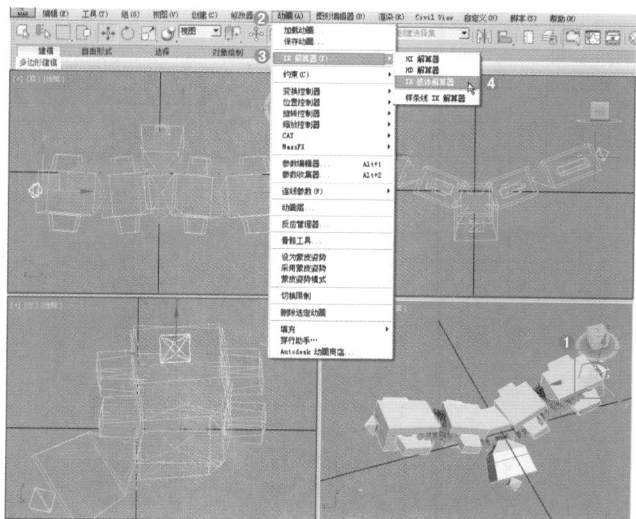

图19-35

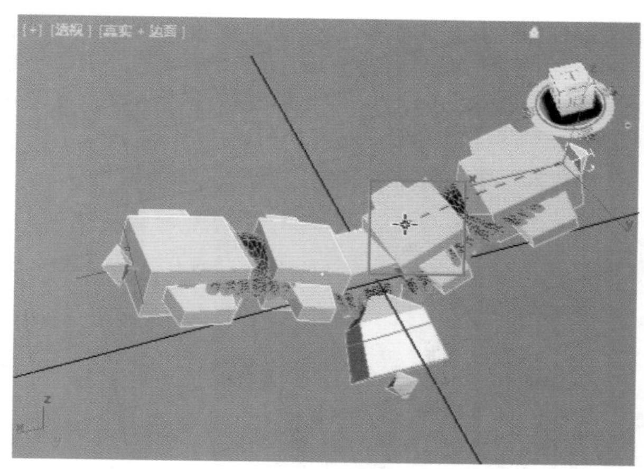

图19-36

步骤 10 选择如图19-37所示的末尾骨骼，在菜单栏中执行【动画】|【IK解算器】|【IK肢体解算器】命令。此时出现一条虚线，然后单击老鹰身体处第一段骨骼，如图19-38所示。

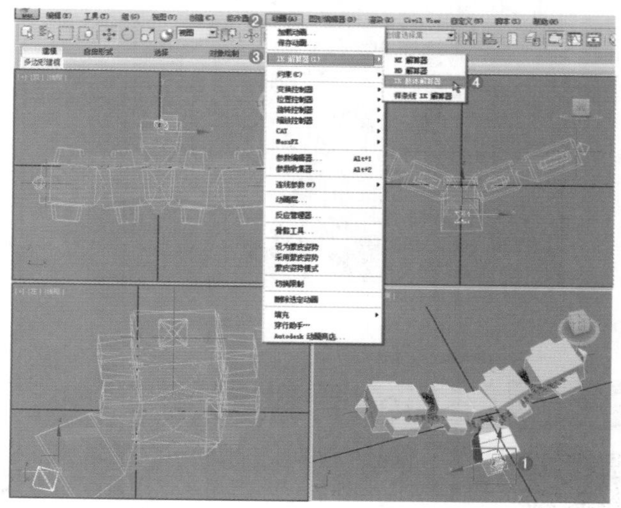

图19-37

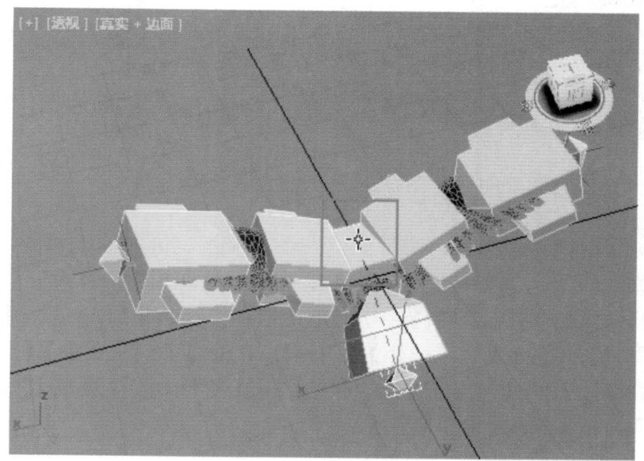

图19-38

步骤 11 选择左右翅膀的第一段骨骼，如图19-39所示。单击主工具栏中的（选择并链接）工具，然后单击左右翅膀的第一段骨骼并拖动，此时出现一条虚线，鼠标移动到老鹰身体处第一段骨骼位置松开鼠标，如图19-40所示。

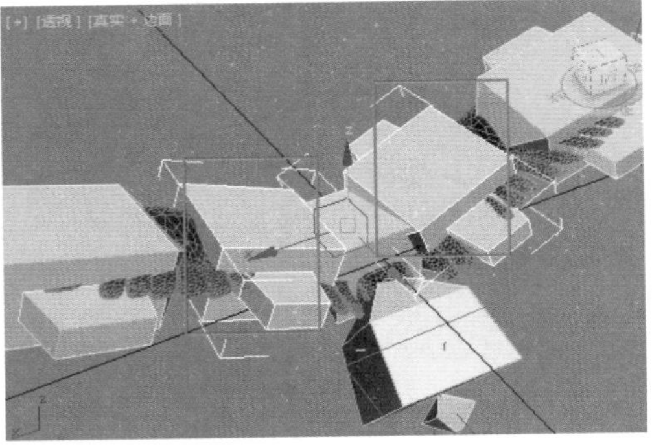

图19-39

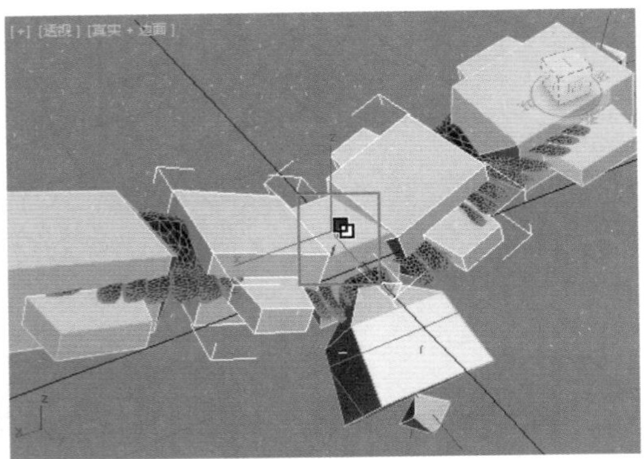

图19-40

步骤 12 此时左翅膀、右翅膀、尾部都出现了十字交叉的图标，说明已经成功设置【IK解算器】，如图19-41所示。

步骤 13 选择刚才出现的图标，沿Z轴向上移动，即可看到右侧翅膀骨骼产生了变化，如图19-42所示。

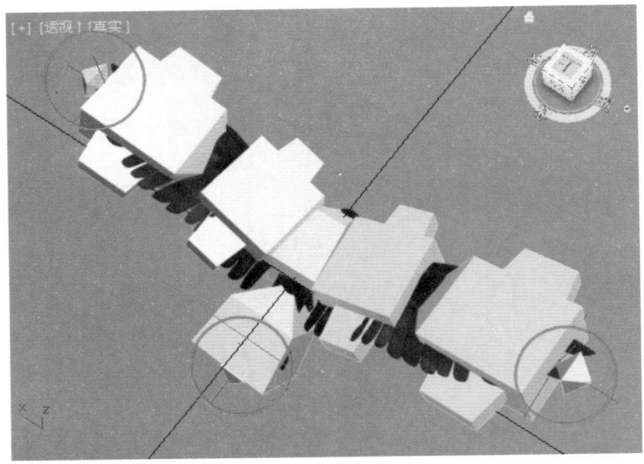

图19-41

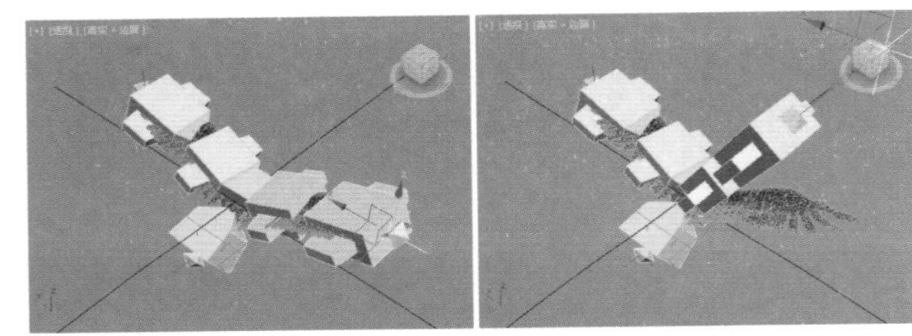

图19-42

19.3 Biped骨骼动画

扫一扫，看视频

Biped是专门用于制作两足动物的骨骼系统，不仅可以设置Biped的基本结构，而且可以为其设置姿态动画。可以执行（创建）|（系统）|标准|Biped命令，如图19-43所示。

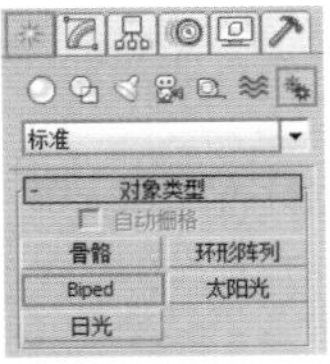

图19-43

19.3.1 创建Biped对象

在视图中拖拽，即可创建一个 Biped，如图 19-44 所示。单击（运动）按钮，打开【运动】面板，如图 19-45 所示，其中包括 13 个卷展栏，分别是【指定控制器】【Biped 应用程序】、Biped、【轨迹选择】【四元数 /Euler】【扭曲姿势】【弯曲链接】【关键点信息】【关键帧工具】【复制 / 粘贴】【层】【运动捕捉】【动力学和调整】。

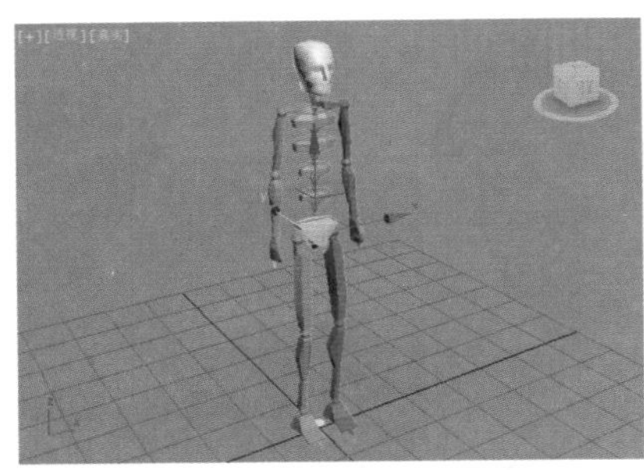

图19-44

图19-45

19.3.2 修改Biped对象

单击◎（运动）按钮，在打开的【运动】面板中单击🚶（体型模式）按钮，可以切换并看到结构的参数，此时即可调整骨骼的基本参数，如图 19-46 所示。

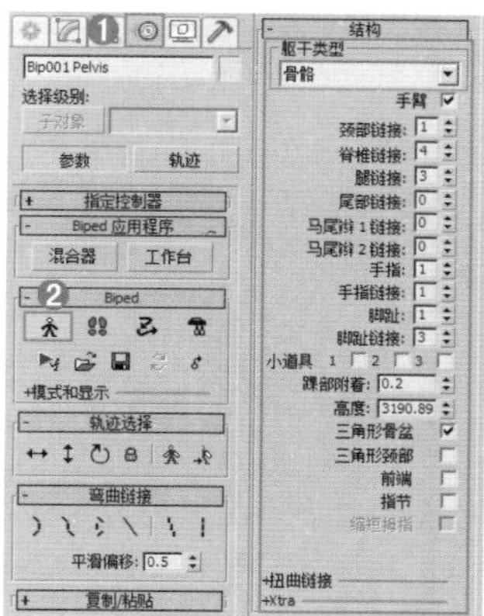

图 19-46

- 手臂：手臂和肩部是否包含在 Biped 中。
- 颈部链接：Biped 颈部的链接数，如图 19-47 所示为设置 1 和 4 的对比效果。

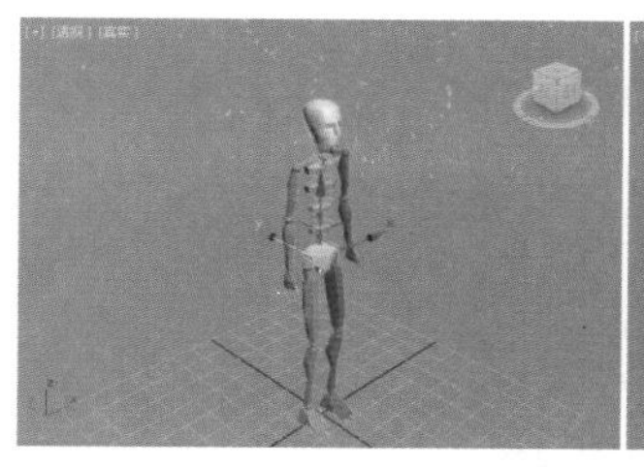
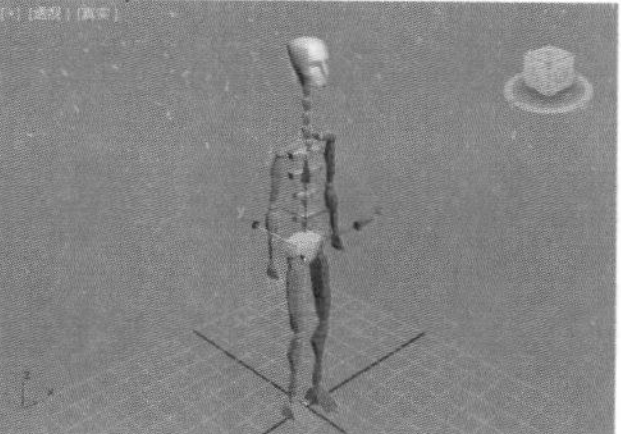

图 19-47

- 脊椎链接：Biped 脊椎上的链接数。默认设置为 4。范围为 1～10。
- 腿链接：Biped 腿部的链接数。默认设置为 3。范围为 3～4。
- 使用四个腿链接创建脚架链接：附加的小腿骨骼，适合设置带有动物腿的四足动物或类人动画。
- 尾部链接：Biped 尾部的链接数，如图 19-48 所示为设置 0 和 8 的对比效果。

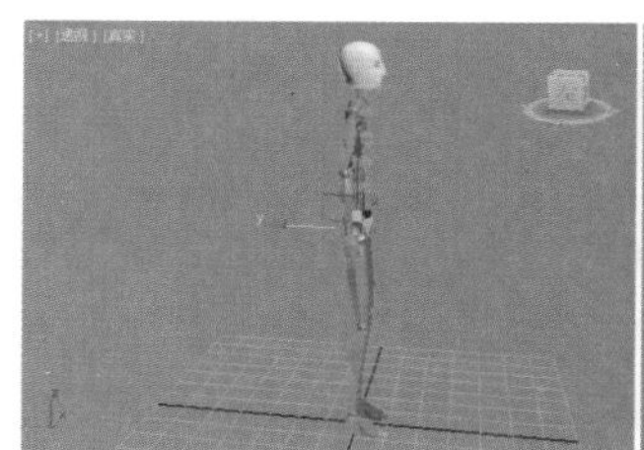
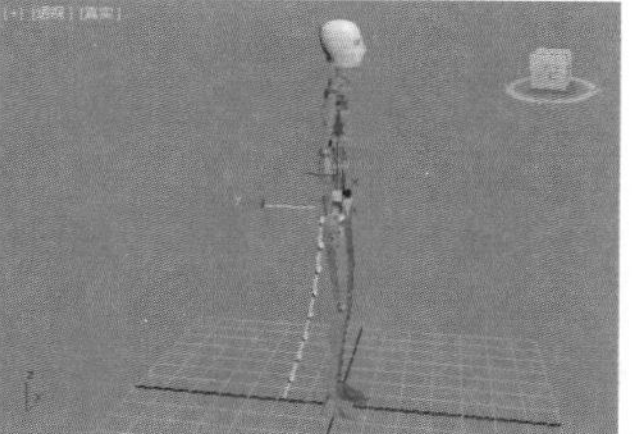

图 19-48

- 马尾辫 1/2 链接：马尾辫链接的数目，如图 19-49 所示为设置 0 和 9 的对比效果。

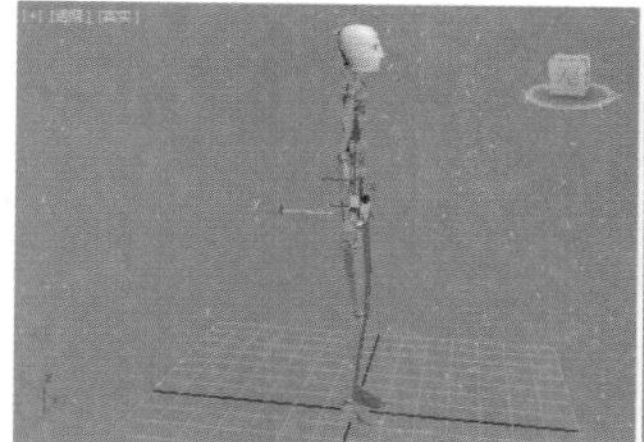
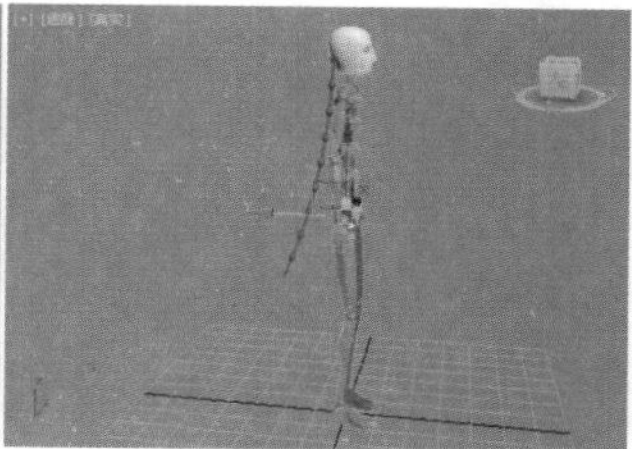

图 19-49

- 手指：Biped 手指的数目，如图 19-50 所示为设置 2 和 5 的对比效果。

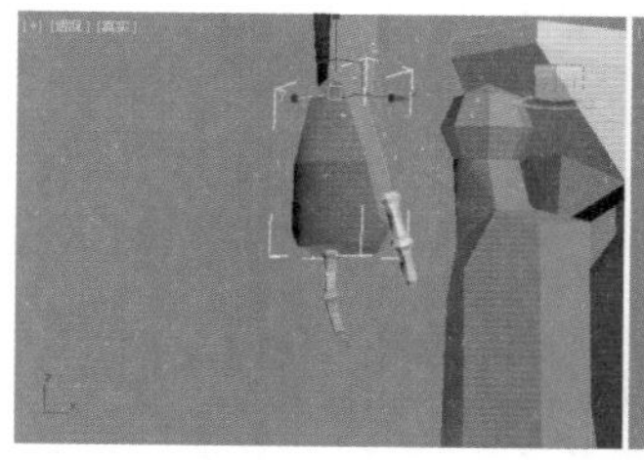
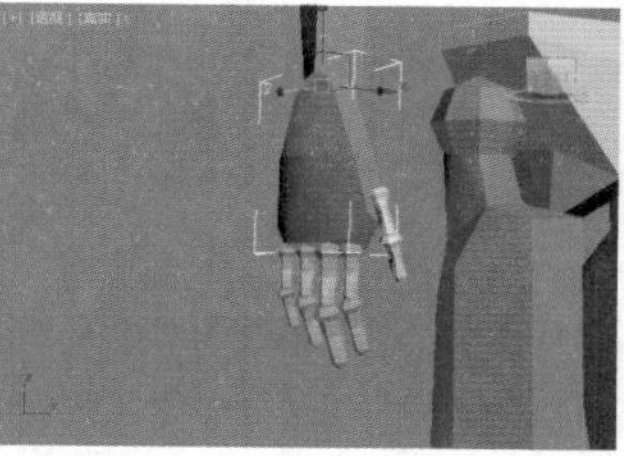

图 19-50

- 手指链接：每个手指链接的数目，如图 19-51 所示为设置 1 和 2 的对比效果。

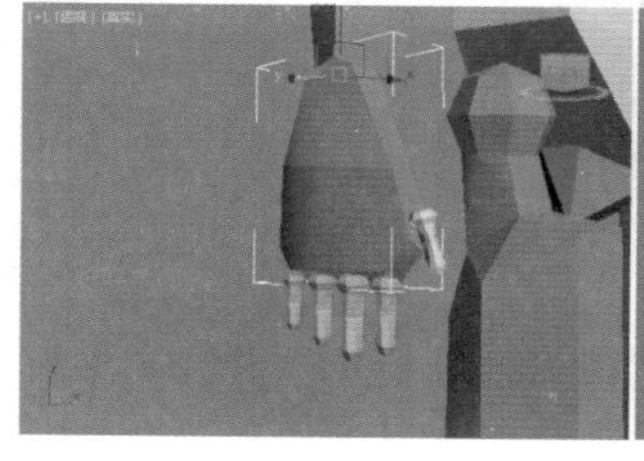
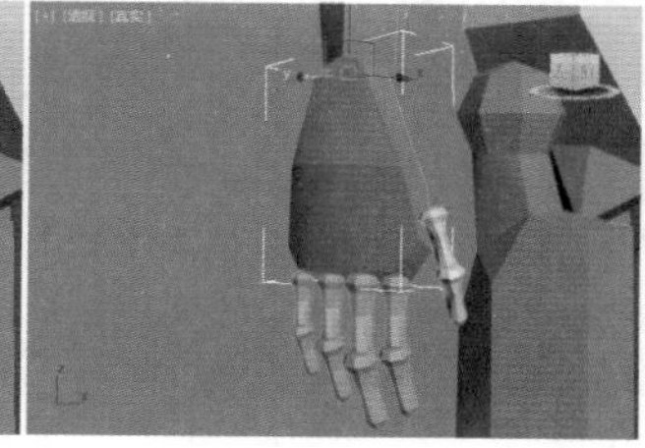

图 19-51

- 脚趾：Biped 脚趾的数目。
- 脚趾链接：每个脚趾链接的数目。
- 小道具 1/2/3：至多可以打开 3 个小道具，这些道具可以用来表示附加到 Biped 的工具或武器。
- 踝部附着：踝部沿着相应足部块的附着点。
- 高度：当前 Biped 的高度，如图 19-52 所示为设置 1500mm 和 1800mm 的对比效果。

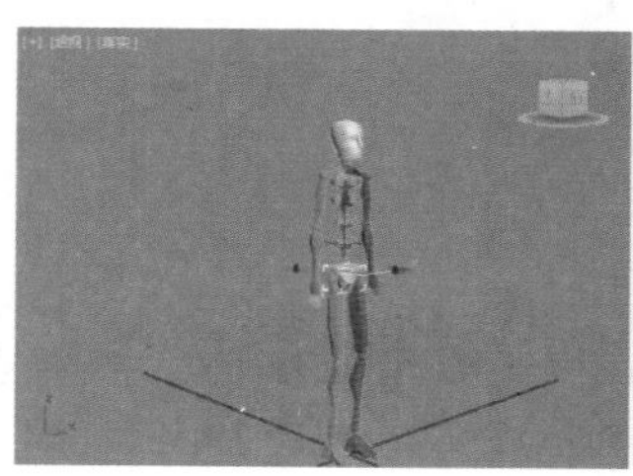
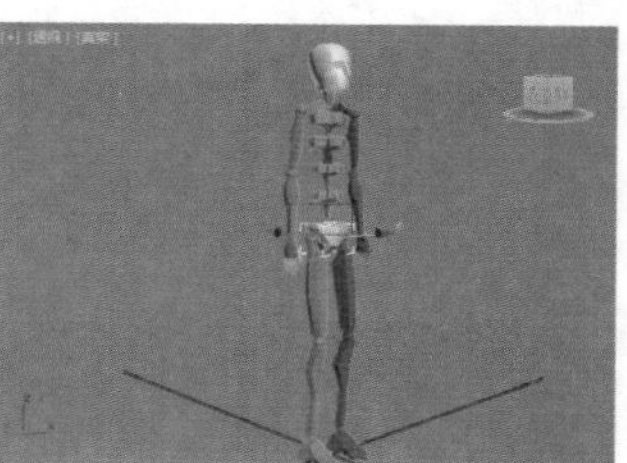

图 19-52

- 三角形骨盆：附加“Physique”后，启用该选项可以创建从大腿到 Biped 最下面一个脊椎对象的链接。
- 三角形颈部：启用此选项后，将锁骨链接到顶部脊椎链接，而不链接到颈部。
- 前端：控制手指产生简单的长方体效果。
- 指节：控制产生指关节。

19.3.3 轻松动手学：调整Biped姿态

文件路径：Chapter 19 高级动画→轻松动手学：调整 Biped 姿态

设置完成 Biped 的基本参数后，还可以调整 Biped 的姿态。同样需要单击 （体型模式）按钮，此时就可以对部分骨骼对象进行移动、旋转、缩放等操作。

步骤 01 执行 （创建）| （系统）| Biped 命令，并在透视图中拖动创建一个 Biped 骨骼，如图 19-53 所示。

步骤 02 单击 （运动）按钮，打开【运动】面板，再单击 （体型模式）按钮，设置【高度】为 1800mm，如图 19-54 所示。

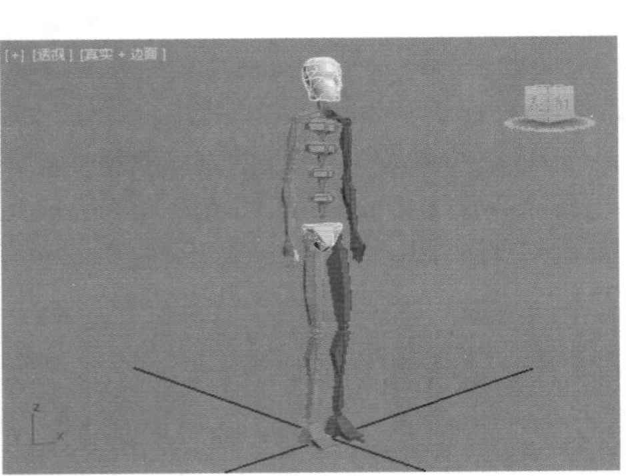

图19-53

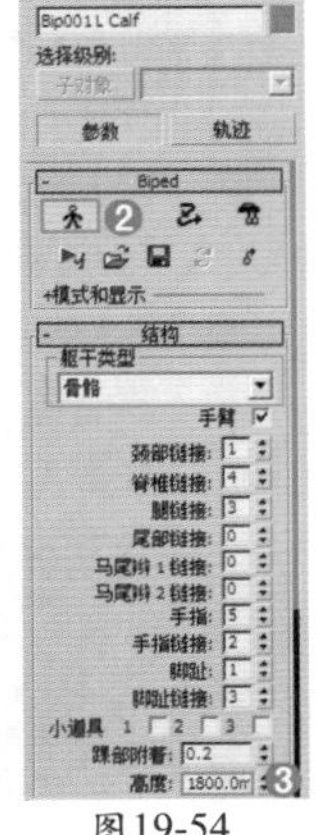

图19-54

步骤 03 选择左侧小腿骨骼，沿 Z 轴向上移动，并沿 Y 轴向外移动，如图 19-55 所示。

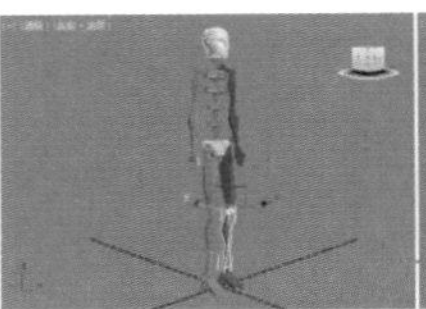
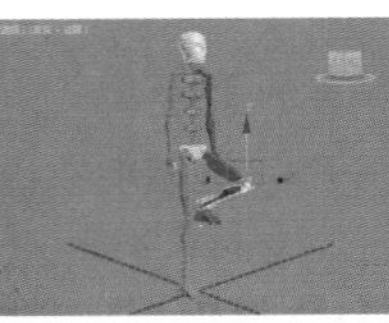
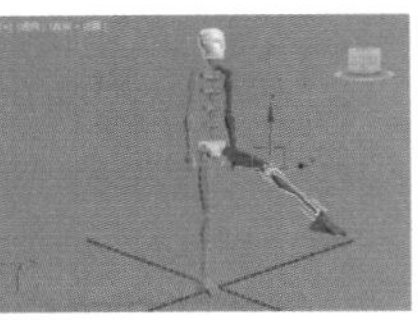

图19-55

步骤 04 选择右脚骨骼，沿 Z 轴向上移动，并沿 Y 轴向后移动，如图 19-56 所示。

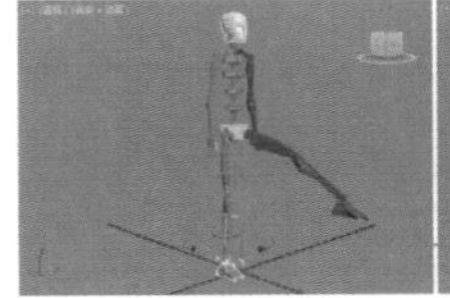
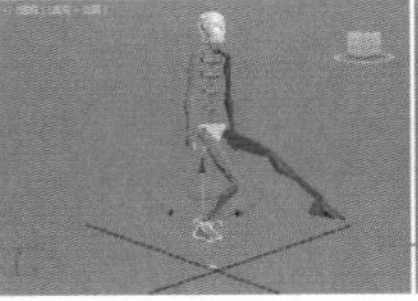
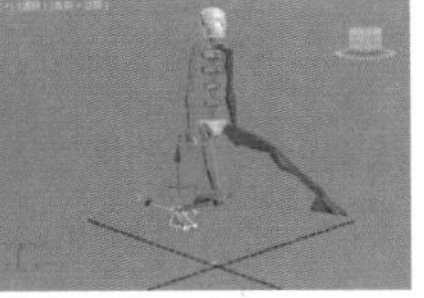

图19-56

步骤 05 选择右小臂骨骼，沿 X 轴向外移动，如图 19-57 所示。

步骤 06 选择左小臂骨骼，沿 X 轴向外移动，如图 19-58 所示。

步骤 07 选择头部骨骼，沿 Z 轴向下旋转 30 度，使其产生低头效果，如图 19-59 所示。

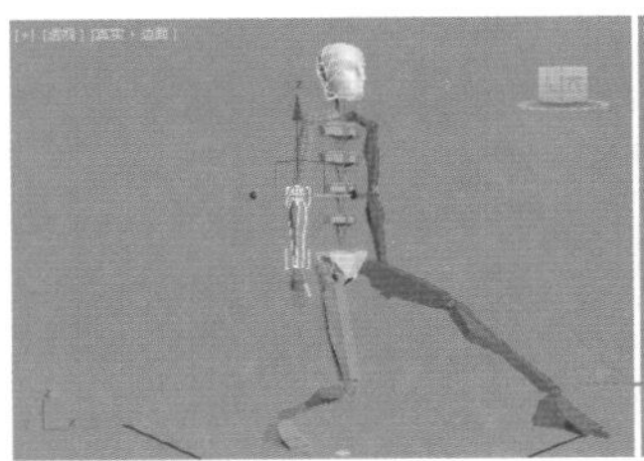
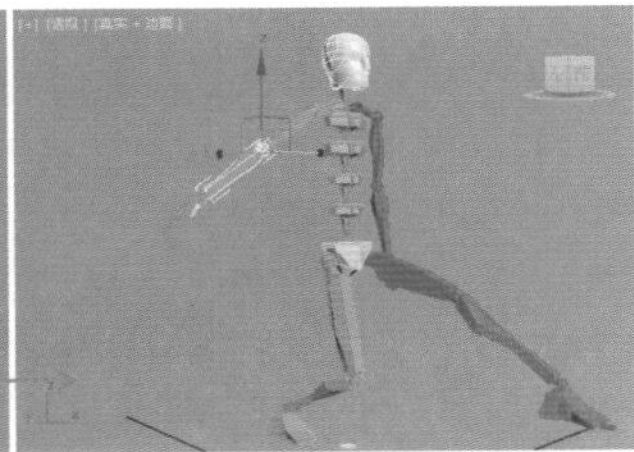

图19-57

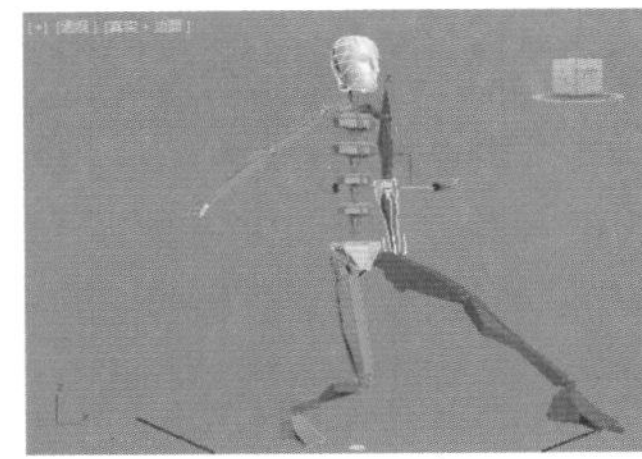
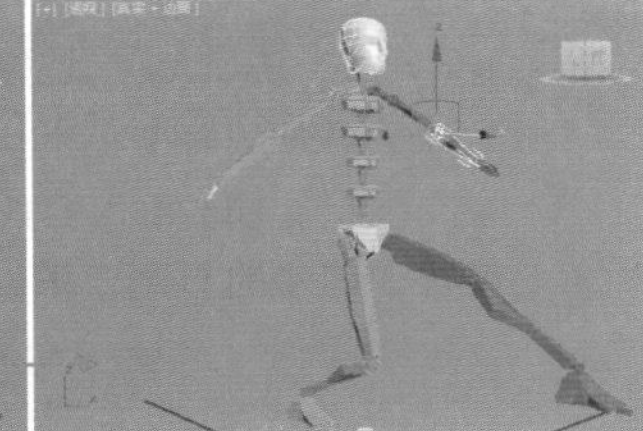

图19-58

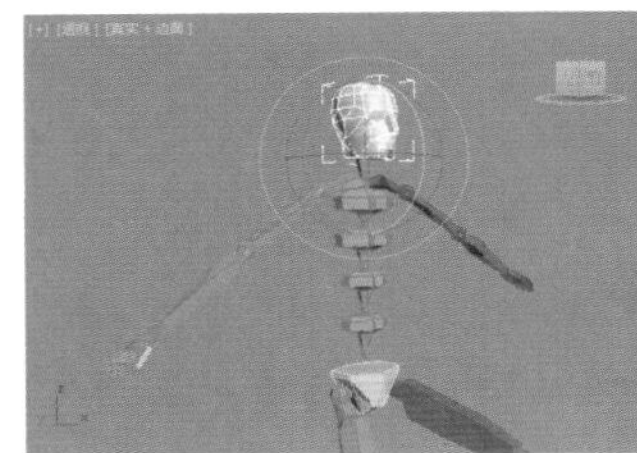
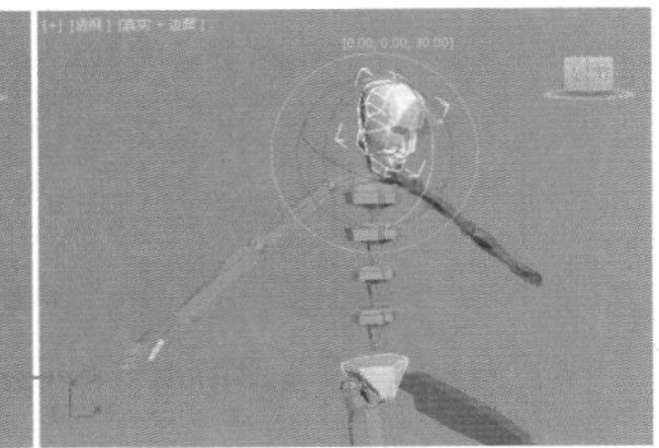

图19-59

步骤 08 最终骨骼姿态效果如图 19-60 所示。

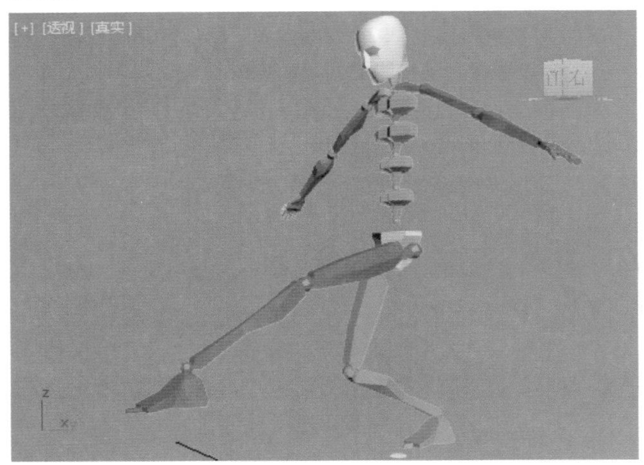

图19-60

19.3.4 足迹模式

单击（足迹模式）按钮，即可切换参数，如图19-61所示。

图19-61

- 创建足迹（附加）：启用【创建足迹】模式。通过在任意视口上单击手动创建足迹。
- 创建足迹（在当前帧上）：在当前帧创建足迹。
- 创建多个足迹：自动创建行走、跑动或跳跃的足迹图案。在使用【创建多个足迹】之前选择步态类型。
- 行走：将Biped的步态设置为行走。添加的任何足迹都含有行走特征，直到更改为其他模式（跑动或跳跃）。
- 跑动：将Biped的步态设为跑动。添加的任何足迹都含有跑动特征，直到更改为其他模式（行走或跳跃）。
- 跳跃：将Biped的步态设为跳跃。添加的任何足迹都含有跳跃特征，直到更改为其他模式（行走或跑动）。
- 行走足迹（仅用于行走）：指定在行走期间新足迹着地的帧数。
- 双脚支撑（仅用于行走）：指定在行走期间双脚都着地的帧数。

19.3.5 轻松动手学：创建步行动画

文件路径：Chapter 19 高级动画→轻松动手学：创建步行动画

步骤01 执行（创建）|（系统）| Biped 命令，并在透视图中拖动创建一个Biped骨骼。单击（运动）按钮，打开【运动】面板，再单击（足迹模式）按钮，然后单击【创建足迹（在当前帧上）】按钮，如图19-62所示。

步骤02 切换到顶视图，此时会出现一个脚部的图标，说明可以进行创建脚部了，如图19-63所示。

图19-62

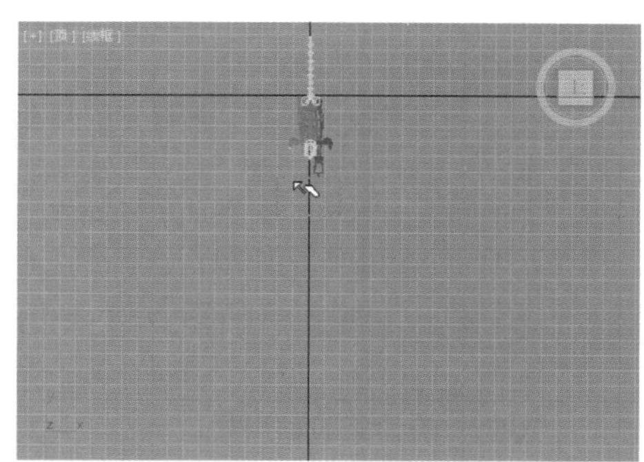

图19-63

步骤03 单击即可创建一个脚印，再次在右侧单击创建一个脚印，在左侧单击创建一个脚印，如图19-64所示。

图19-64

步骤04 由于人们走路的特点是左右脚交替向前迈，因此在创建脚印时，需要左右交替创建，不然人物的走路姿势就很奇怪了，如图19-65所示。

步骤05 最后单击（为非活动足迹创建关键点）按钮，如图19-66所示。

步骤06 此时Biped对象的前方已经出现了脚部，并且Biped对象的姿态是准备走路的效果，如图19-67所示。

图19-65

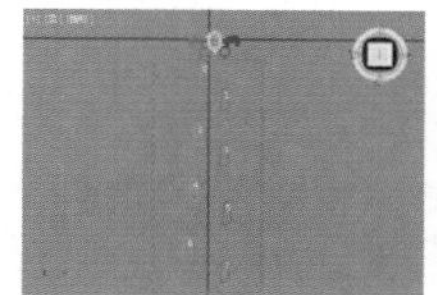

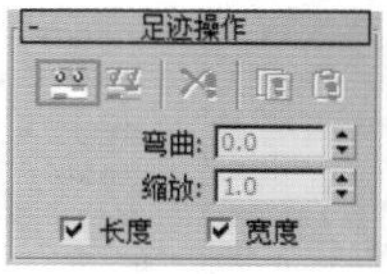

图19-66

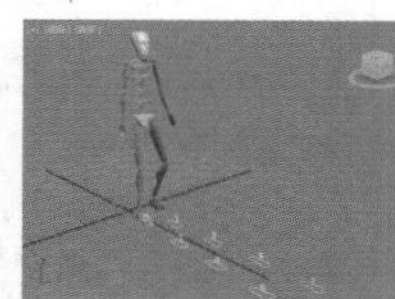

图19-67

步骤07 拖动时间线即可观看人物行走的动画，如图19-68所示。

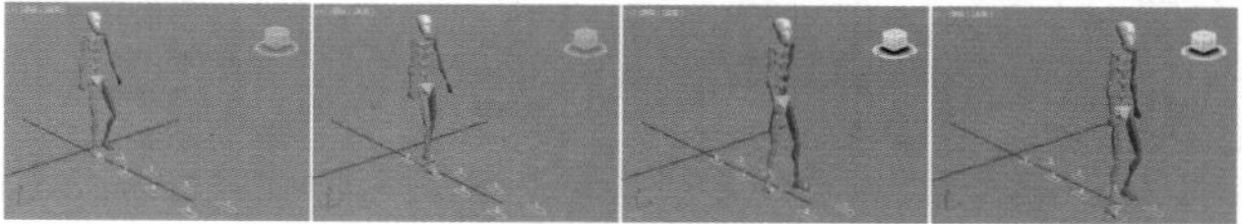

图19-68

步骤08 如果刚才制作出的走路动画发现步幅太小，还可以继续调整。只需要选择脚印，移动其位置即可，如图19-69所示。

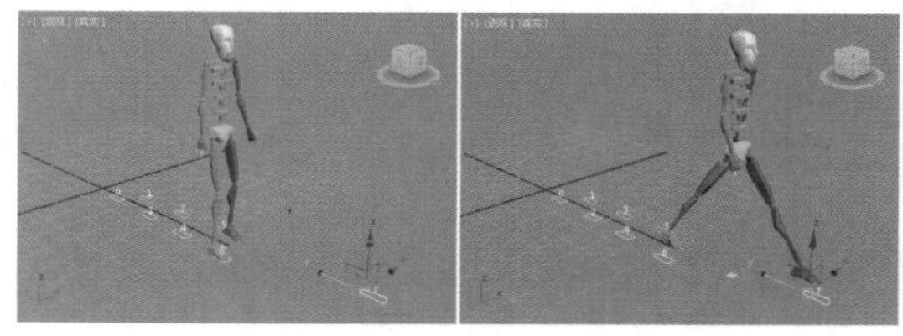

图19-69

19.3.6 轻松动手学：加载BIP动画

文件路径：Chapter 19 高级动画→轻松动手学：加载 BIP 动画

步骤 01 执行（创建）|（系统）| Biped 命令，并在透视图中拖动创建一个 Biped 骨骼，如图 19-70 所示。

步骤 02 选择任意的骨骼，单击（运动）按钮，打开【运动】面板，单击（加载文件）按钮，然后加载 .bip 文件，如图 19-71 所示。

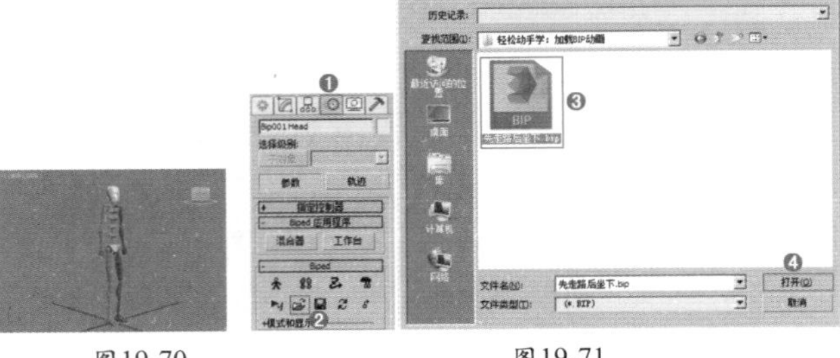

图19-70　　图19-71

步骤 03 加载完成后，拖动时间线可以看到人物产生了加载的动画效果，如图 19-72 所示。

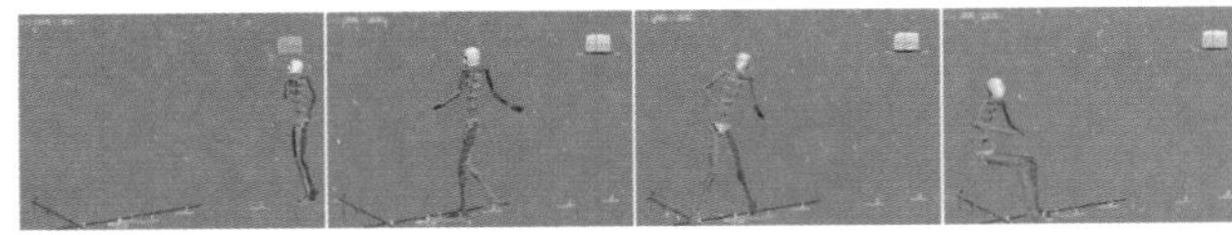

图19-72

步骤 04 最后配合 Biped 的动作，在左侧创建一个长方体。最终动画效果，如图 19-73 所示。

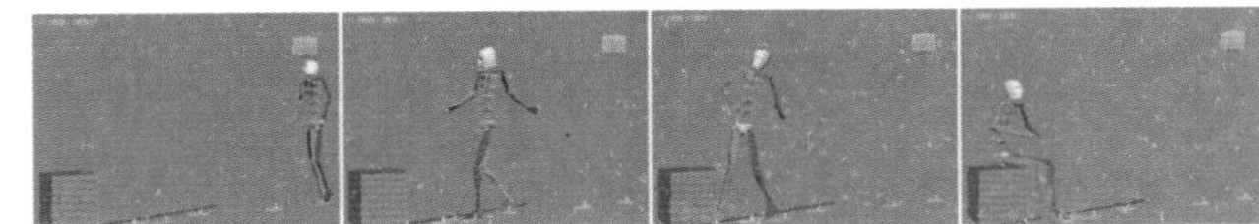

图19-73

19.4 蒙皮修改器

在创建完角色模型，并完成骨骼的创建后，需要将模型与骨骼连接在一起，此时就要用到【蒙皮】修改器。为模型添加了【蒙皮】修改器，即可单击【添加】按钮添加骨骼，如图 19-74 所示。

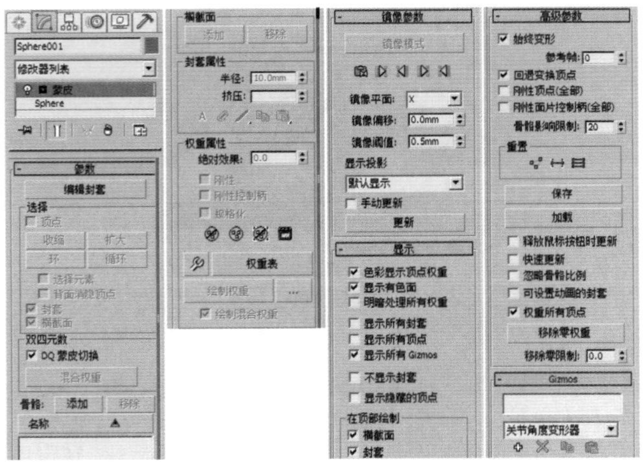

图19-74

- 编辑封套 按钮：激活该按钮可以进入子对象层级，进入子对象层级后可以编辑封套和顶点的权重。
- 顶点：启用该选项后可以选择顶点，并且可以使用 收缩 工具、扩大 工具、环 工具和 循环 工具来选择顶点。
- 添加 按钮 / 移除 按钮：使用 添加 工具可以添加一个或多个骨骼；使用 移除 工具可以移除选中的骨骼。
- 半径：设置封套横截面的半径大小。
- 挤压：设置所拉伸骨骼的挤压倍增量。
- A / R（绝对 / 相对）按钮：用来切换计算内外封套之间的顶点权重的方式。
- （封套可见性）按钮：用来控制未选定的封套是否可见。
- （缓慢衰减）按钮：为选定的封套选择衰减曲线。
- （复制）按钮 / （粘贴）按钮：使用（复制）工具可以复制选定封套的大小和图形；使用（粘贴）工具可以将复制的对象粘贴到所选定的封套上。
- 绝对效果：设置选定骨骼相对于选定顶点的绝对权重。
- 刚性：启用该选项后，可以使选定顶点仅受一个最具影响力的骨骼的影响。
- 刚性控制柄：启用该选项后，可以使选定面片顶点的控制柄仅受一个最具影响力的骨骼的影响。
- 规格化：启用该选项后，可以强制每个选定顶点的总权重合计为 1。
- （排除 / 包含选定的顶点）按钮：将当前选定的顶点排除 / 添加到当前骨骼的排除列表中。
- （选定排除的顶点）按钮：选择所有从当前骨骼排除的顶点。
- （烘焙选定顶点）按钮：单击该按钮可以烘焙当前的顶点权重。

- （权重工具）按钮：单击该按钮可以打开【权重工具】对话框，如图 19-75 所示。
- 权重表 按钮：单击该按钮可以打开【蒙皮权重表】对话框，在该对话框中可以查看和更改骨架结构中所有骨骼的权重。
- 绘制权重 按钮：使用该工具可以绘制选定骨骼的权重。
- ...（绘制选项）按钮：单击该按钮可以打开【绘制选项】对话框，在该对话框中可以设置绘制权重的参数。

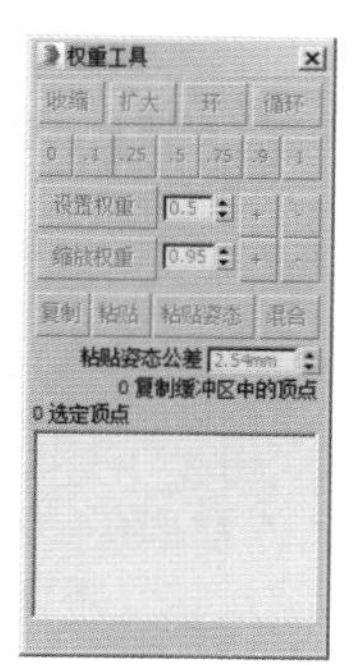

图19-75

- 绘制混合权重：启用该选项后，通过均分相邻顶点的权重，然后可以基于笔刷强度来应用平均权重，这样可以缓和绘制的值。
- 镜像模式 按钮：将封套和顶点从网格的一个侧面镜像到另一个侧面。
- （镜像粘贴）按钮：将选定封套和顶点粘贴到物体的另一侧。
- （将绿色粘贴到蓝色骨骼）按钮：将封套设置从绿色骨骼粘贴到蓝色骨骼上。
- （将蓝色粘贴到绿色骨骼）按钮：将封套设置从蓝色骨骼粘贴到绿色骨骼上。
- （将绿色粘贴到蓝色顶点）按钮：将各个顶点从所有绿色顶点粘贴到对应的蓝色顶点上。
- （将蓝色粘贴到绿色顶点）按钮：将各个顶点从所有蓝色顶点粘贴到对应的绿色顶点上。
- 镜像平面：用来选择镜像的平面是左侧平面还是右侧平面。
- 镜像偏移：设置沿【镜像平面】轴移动镜像平面的偏移量。
- 镜像阈值：在将顶点设置为左侧或右侧顶点时，使用该选项可以设置镜像工具能观察到的相对距离。

实例：为老鹰模型蒙皮

扫一扫，看视频

文件路径：Chapter 19 高级动画→实例：为老鹰模型蒙皮

本例将借助蒙皮修改器工具为老鹰模型进行蒙皮，并且通过调节骨骼的位置，使得老鹰产生展翅的效果。最终渲染效果如图 19-76 所示。

图19-76

在本章我们已经学到了为老鹰创建骨骼的方法，下面将会学到如何将老鹰模型与老鹰骨骼结合在一起，借助蒙皮修改器进行制作。

步骤 01 选择老鹰模型，为其添加【蒙皮】修改器。单击【添加】按钮，在弹出的窗口中选择所有的骨骼，并单击【选择】按钮，如图19-77所示。

步骤 02 单击【编辑封套】按钮，如图19-78所示。

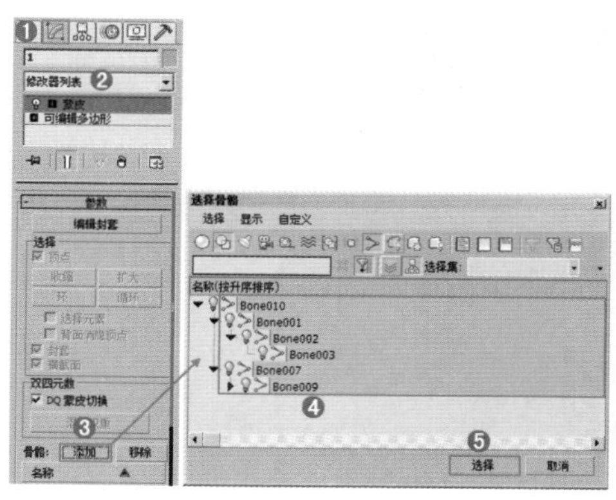

图19-77

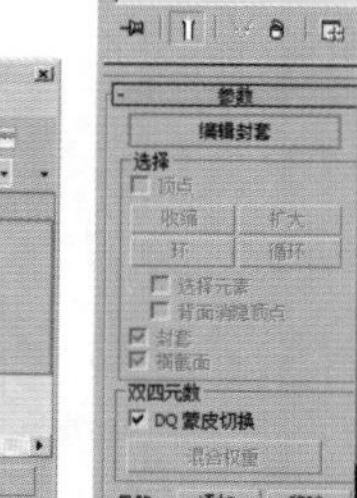

图19-78

步骤 03 此时选择列表中的任意骨骼名称，都会在模型上产生彩色颜色变化的效果（红色表示受影响最大，蓝色受影响较小，白色不受影响）。如图 19-79 所示为选择 Bone001 的效果图。

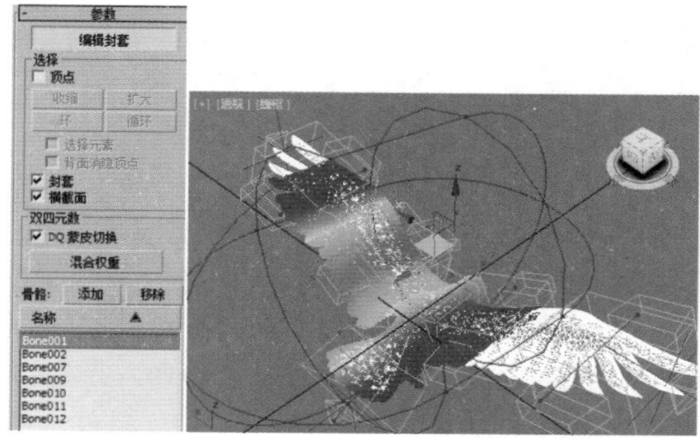

图19-79

步骤 04 骨骼Bone001应该只能影响左侧翅膀的一部分区域，而通过颜色来看，似乎已经影响到了老鹰身体甚至右侧的翅膀，所以需要对其封套大小进行调整，如图19-80所示。

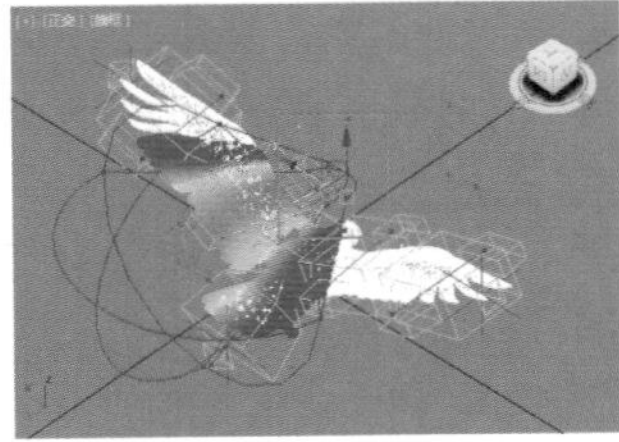
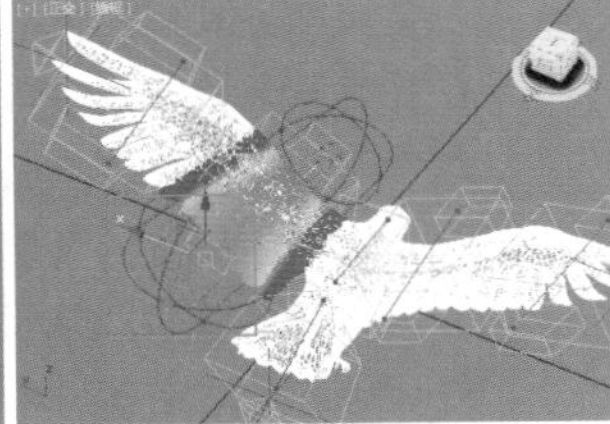

图19-80

步骤 05 继续选择列表中的Bone002，如图19-81所示。

步骤 06 对 Bone002 的封套大小和位置进行调整，如图 19-82 所示。

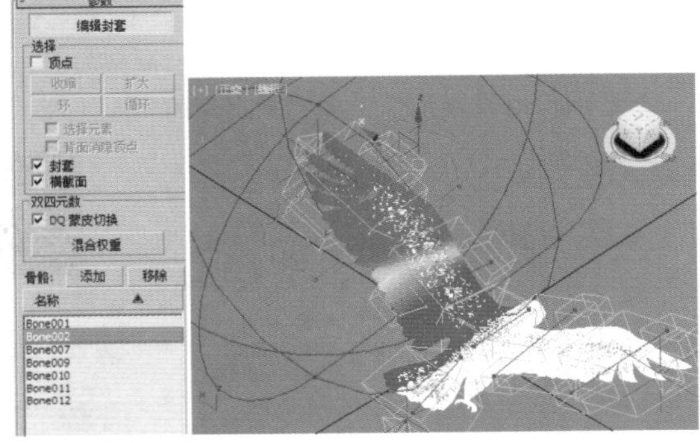

图19-81

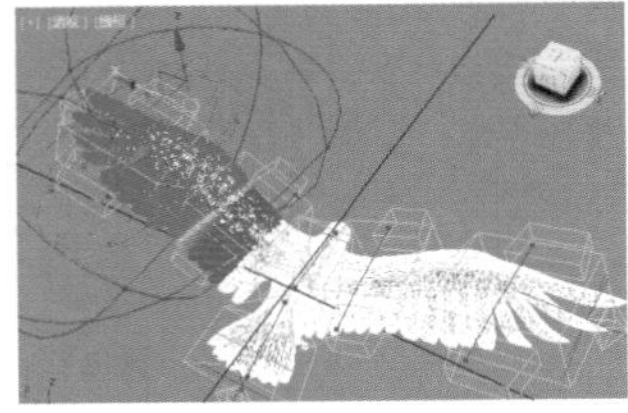

图19-82

步骤 07 用同样的方法选择列表中的Bone007，并对Bone007的封套大小和位置进行调整，如图19-83所示。

步骤 08 用同样的方法选择列表中的Bone009，并对Bone009的封套大小和位置进行调整，如图19-84所示。

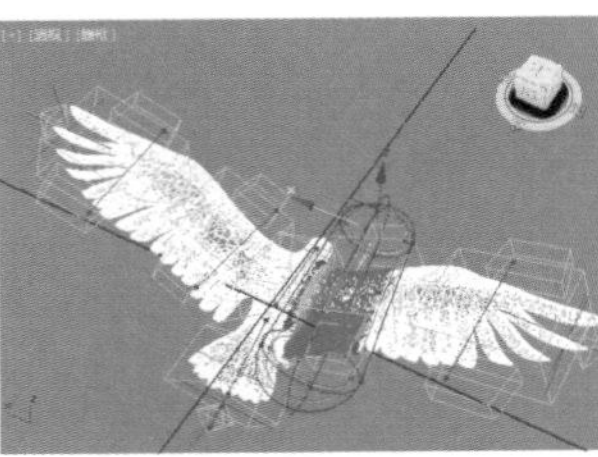

图19-83

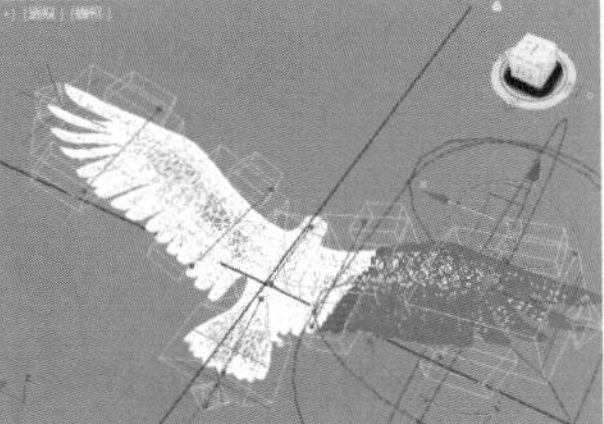

图19-84

步骤 09 用同样的方法选择列表中的Bone010，并对Bone10的封套大小和位置进行调整，如图19-85所示。

步骤 10 用同样的方法选择列表中的Bone011，并对Bone11的封套大小和位置进行调整，如图19-86所示。

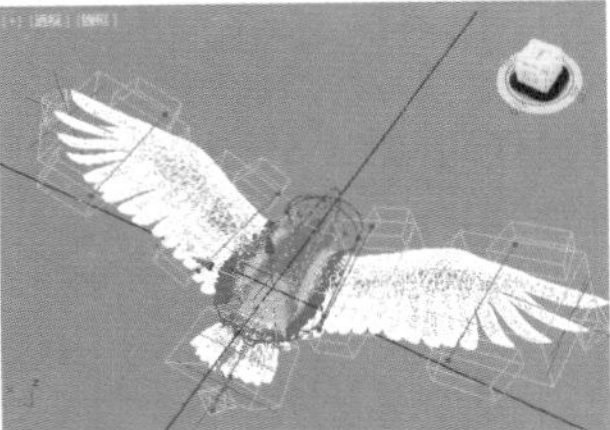

图19-85

图19-86

步骤 11 开始测试老鹰的动作。选择尾部的十字图标，将其向下移动，可以看到老鹰尾部也跟随骨骼产生了反应，如图 19-87 所示。

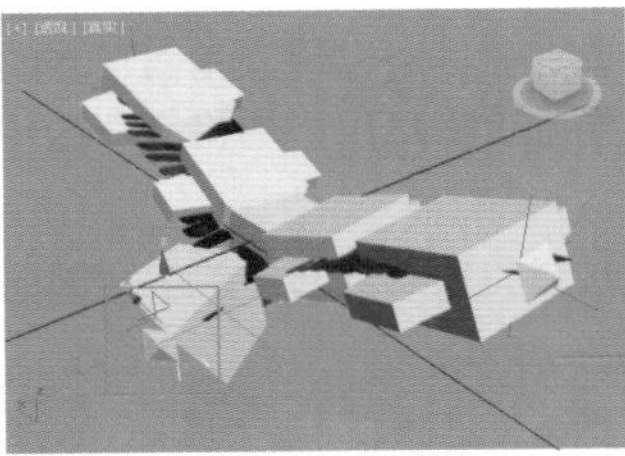
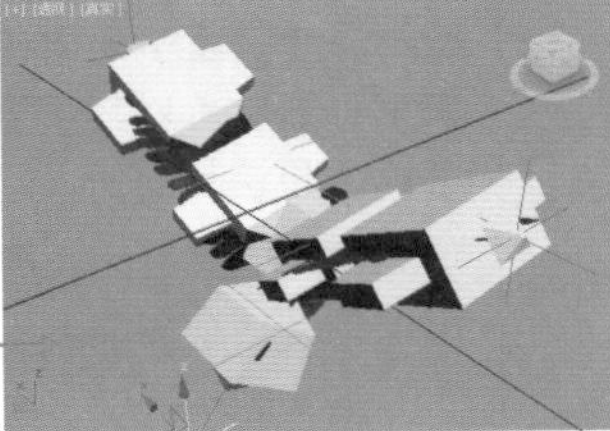

图19-87

步骤 12 将骨骼隐藏，效果如图19-88所示。

图19-88

步骤 13 选择两侧翅膀的十字图标，将其向上移动，可以看到老鹰翅膀也跟随骨骼产生了反应，如图19-89所示。

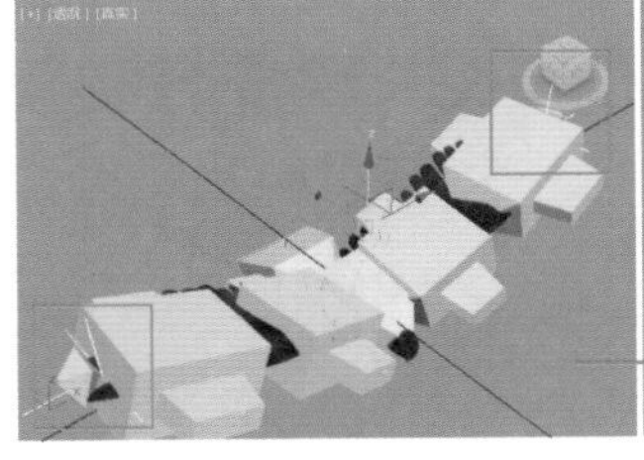
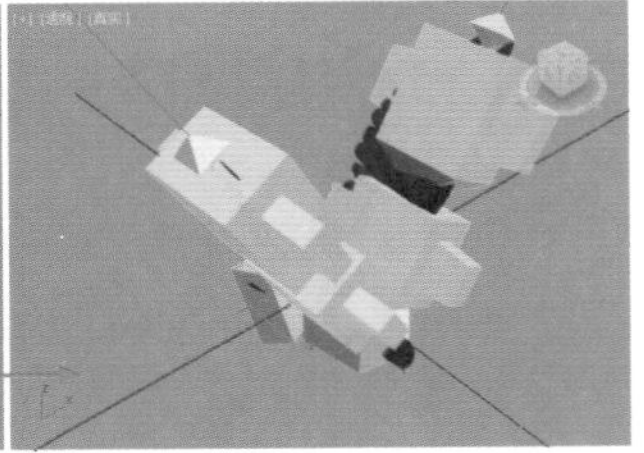

图19-89

步骤 14 将骨骼隐藏，效果如图19-90所示。

图19-90

19.5 CAT 对象

扫一扫，看视频

CAT 对象是一种比较智能、简单的骨骼系统，其中包括了很多预设好的骨骼类型，如人体骨骼、动物骨骼、虫子骨骼、恐龙骨骼等，只需要创建这些骨骼类型对齐进行适当修改就可以使用了，因此非常方便。CAT 在以前老版本 3ds Max 中使用时，需要作为插件使用。而在 3ds Max 2016 中 CAT 早已经被内置进来了。只需要执行（创建）|（辅助对象）| CAT 对象 命令，即可创建 CAT，如图 19-91 所示。

单击【CAT 父对象】，即可选择合适的 CATRig 类型，如图 19-92 所示。单击【CAT 父对象】，并在列表中选择其中的类型，创建出的骨骼效果如图 19-93 所示。

图 19-91

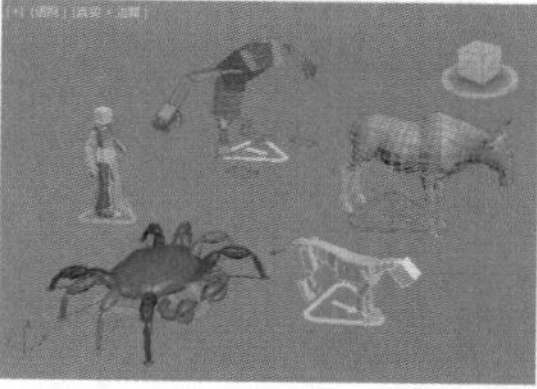

图 19-92

图 19-93

轻松动手学：创建 CAT 直线行走

文件路径：Chapter 19 高级动画→轻松动手学：创建 CAT 直线行走

步骤 01 执行（创建）|（辅助对象）| CAT 对象 | CAT 父对象 命令，然后在下方列表中单击选择 Gnou，如图 19-94 所示。

步骤 02 在透视图中拖动创建一个 CAT 对象，如图 19-95 所示。

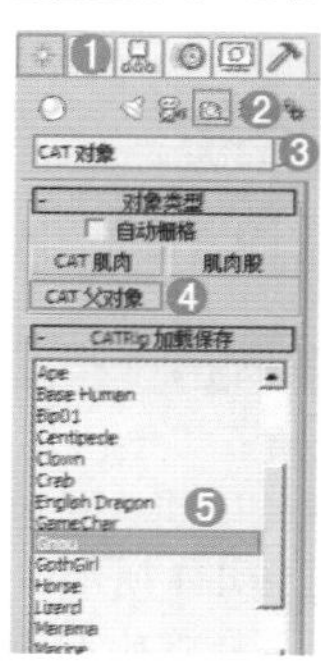

图 19-94

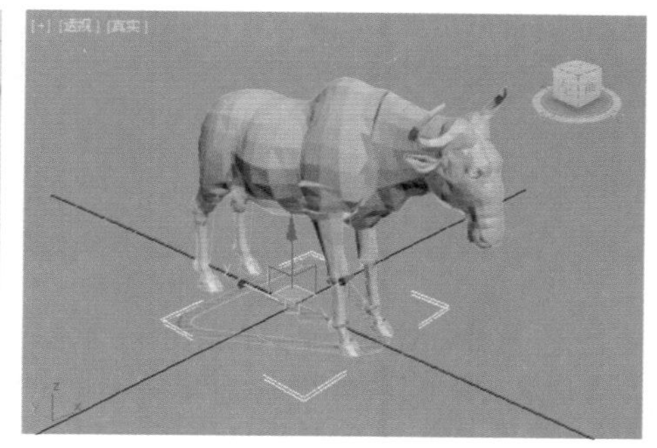

图 19-95

步骤 03 单击（运动）按钮，打开【运动】面板，再单击按钮，并选择，如图 19-96 所示。

步骤 04 单击（CATMotion 编辑器）按钮，并在弹出的对话框中选择 Globals，最后设置【行走模式】为【直线行走】，如图 19-97 所示。

步骤 05 单击（设置/动画模式切换）按钮，此时该按钮变为了，如图19-98所示。

步骤 06 此时看到 CAT 对象的形态产生了变化，如图 19-99 所示。

图 19-96

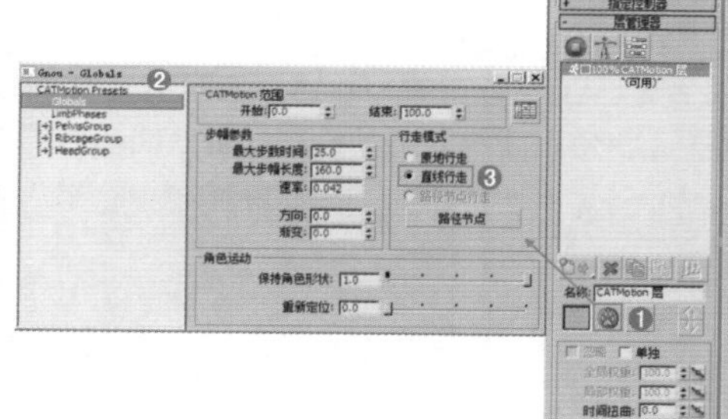

图 19-97

图 19-98

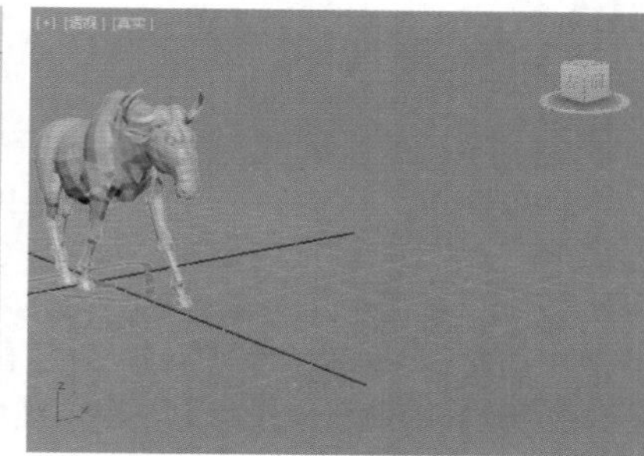

图 19-99

步骤 07 拖动时间线，可以看到已经产生了直线行走动画，如图 19-100 所示。

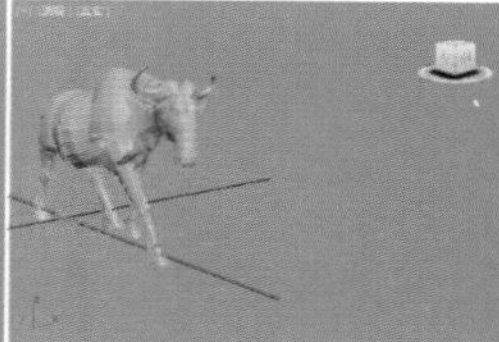

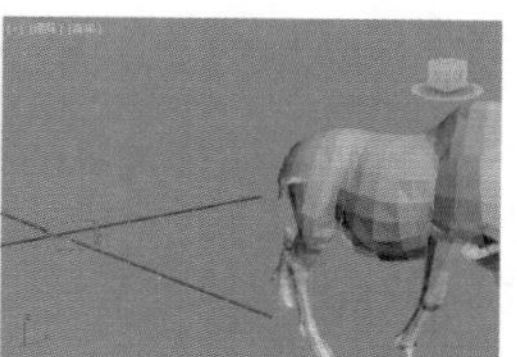

图 19-100

轻松动手学：创建 CAT 沿路径行走

文件路径：Chapter 19 高级动画→轻松动手学：创建 CAT 沿路径行走

步骤 01 执行（创建）|（辅助对象）| CAT 对象 | CAT 父对象 命令，然后在下方列表中单击选择 Spider，如图 19-101 所示。

步骤 02 在透视图中拖动创建一个 CAT 对象，如图 19-102 所示。

图19-101

图19-102

步骤 03 选择 CAT 底部的三角形图标，单击【修改】按钮，设置【CAT 单位比】为 0.15，如图 19-103 所示。

步骤 04 使用【线】工具绘制一条曲线，如图 19-104 所示。

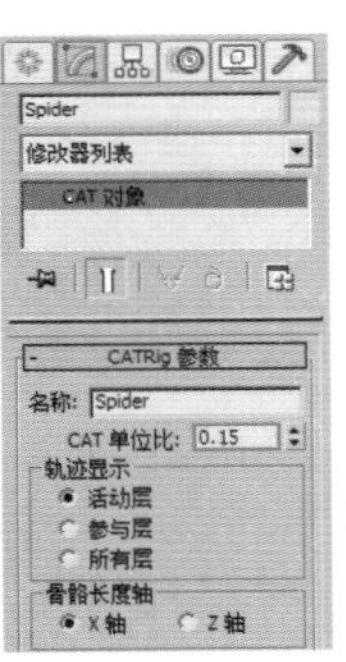

图19-103

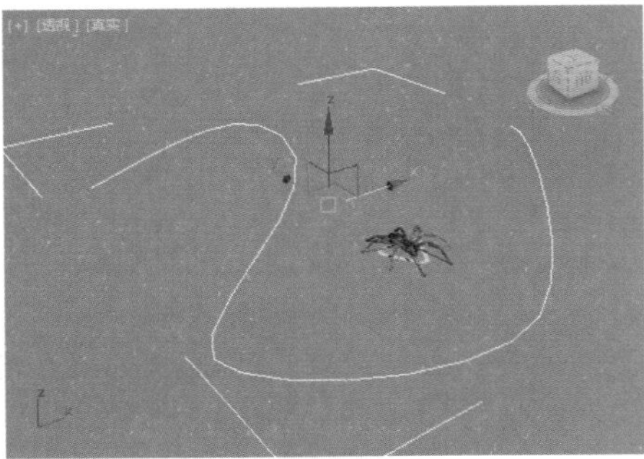

图19-104

步骤 05 执行（创建）|（辅助对象）| 标准 | 点 命令，如图 19-105 所示。在场景中创建一个辅助对象【点】，如图 19-106 所示。

步骤 06 选择辅助对象【点】，单击【修改】按钮，勾选【长方体】，设置【大小】为20mm，如图19-107所示。

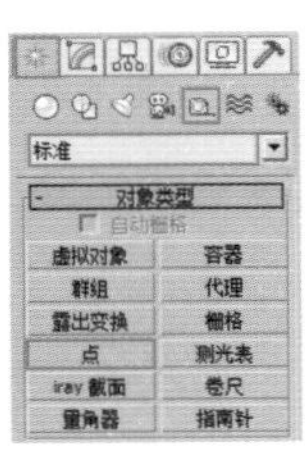

图19-105

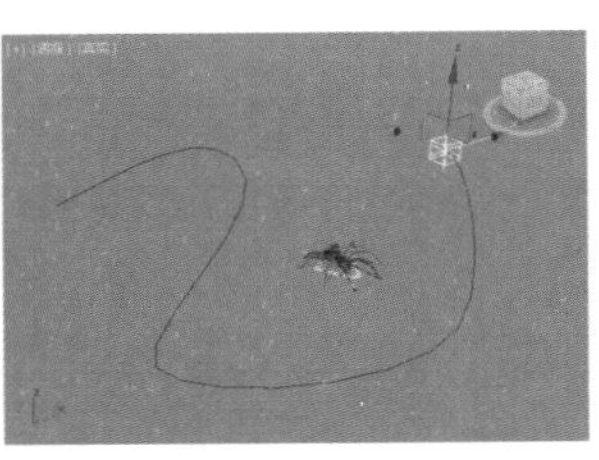

图19-106

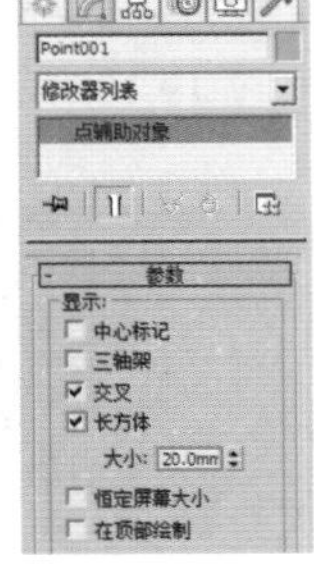

图19-107

步骤 07 选择刚才创建的辅助对象【点】，在菜单栏中执行【动画】|【约束】|【路径约束】命令，如图 19-108 所示。此时出现一条虚线，在场景中单击刚才绘制的线，如图 19-109 所示。

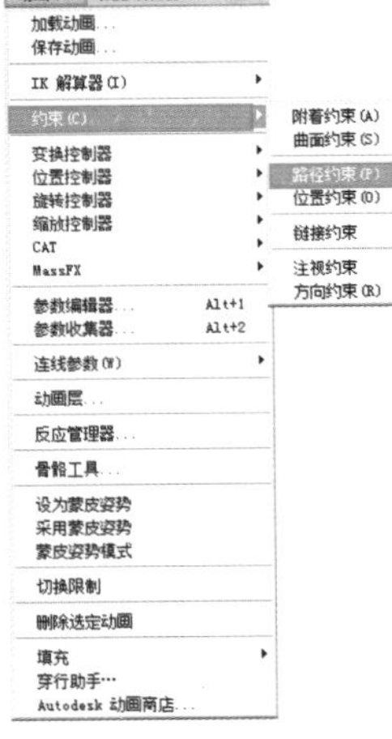

图19-108

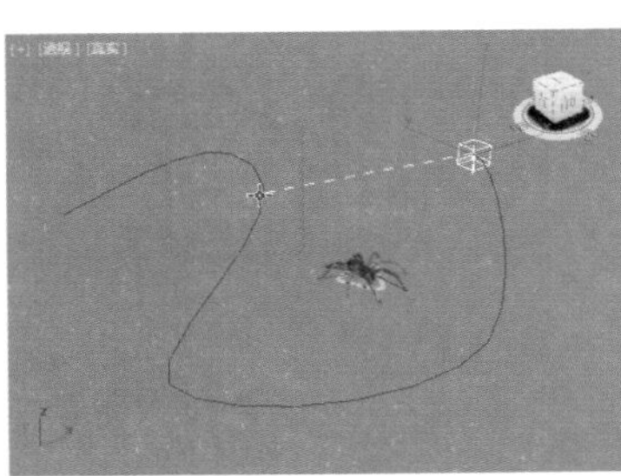

图19-109

步骤 08 此时出现了动画效果，如图 19-110 所示。

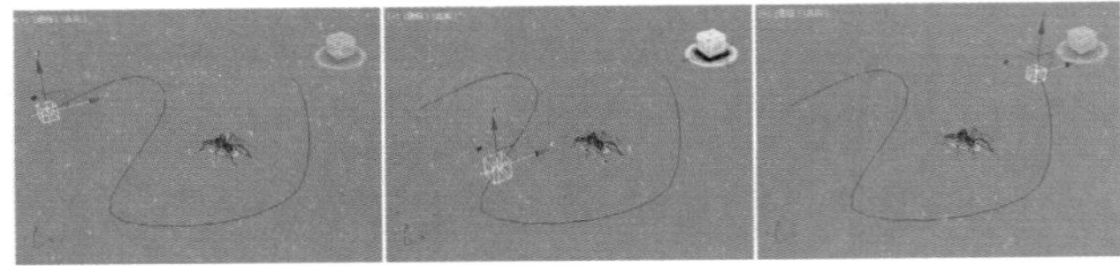

图19-110

步骤 09 选择 CAT 底部的三角形图标，单击按钮，进入【运动】面板，再单击按钮，并选择，如图 19-111 所示。

步骤 10 单击（CATMotion 编辑器）按钮，并在弹出的对话框中选择 Globals，然后单击【路径节点】按钮，并单击场景中的辅助对象【点】，如图 19-112 所示。

步骤 11 设置【行走模式】为【路径节点行走】，如图 19-113 所示。

图19-111

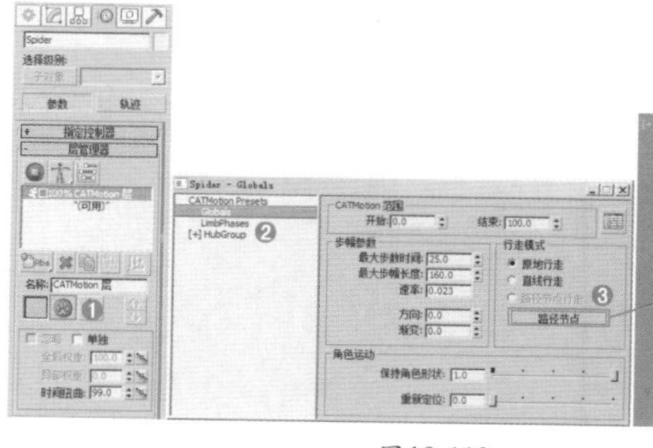
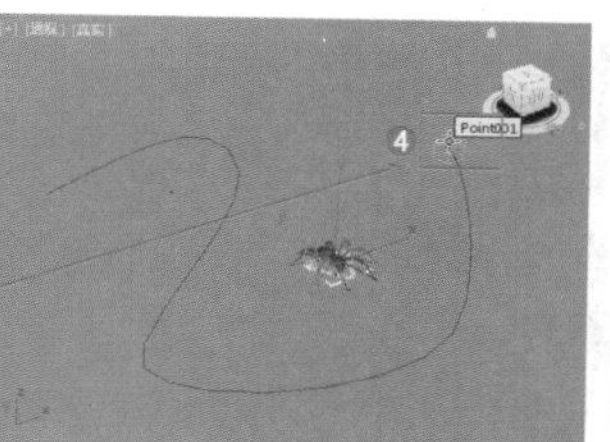

图19-112

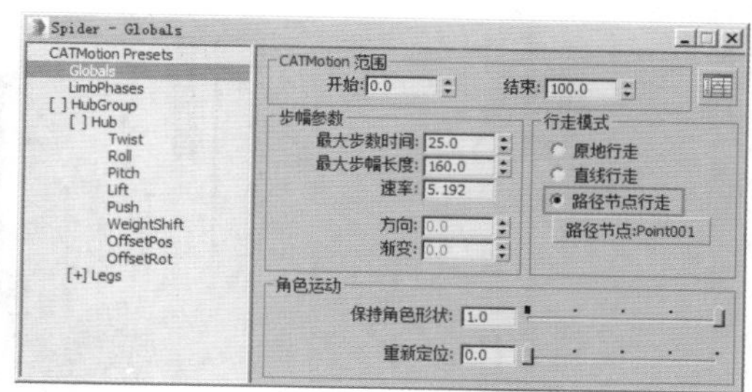

图19-113

步骤 12 单击（设置 / 动画模式切换）按钮，此时该按钮变为了，可以看到 CAT 对象的形态产生了变化，如图 19-114 所示。

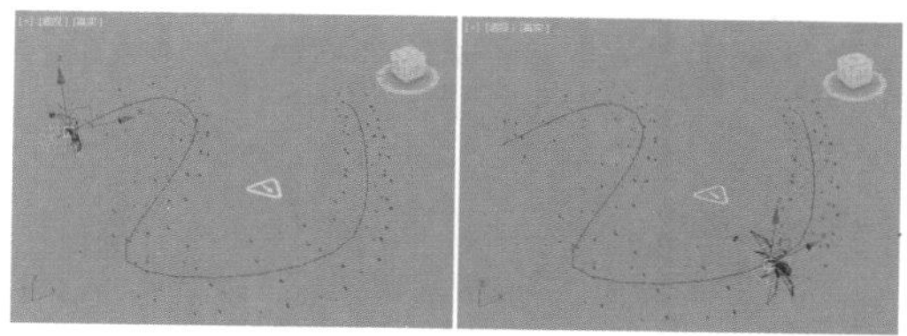

图19-114

步骤 13 此时 CAT 的位置不正确，可以选择辅助对象【点】，单击（角度捕捉切换）按钮，沿 Y 轴旋转 -90 度，如图 19-115 所示。

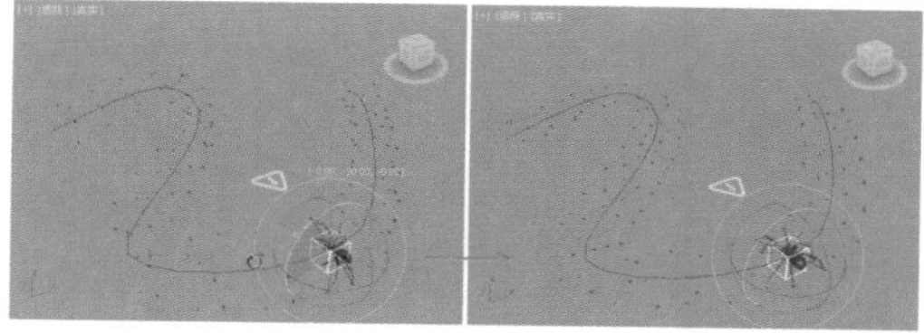

图19-115

步骤 14 继续沿Z轴旋转－90度，如图19-116所示。

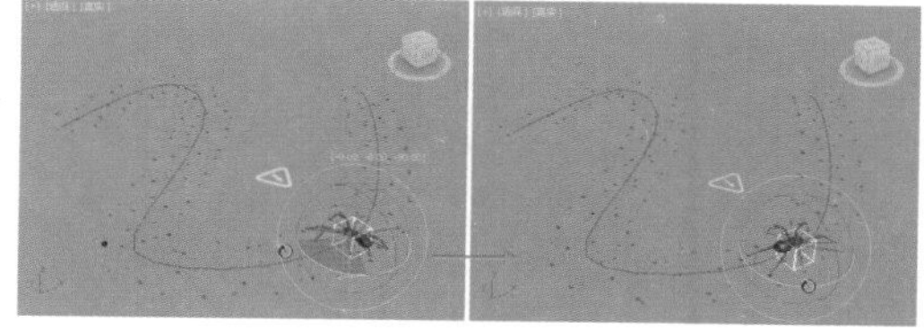

图19-116

步骤 15 此时拖动时间线，看到 CAT 的行走动画始终朝向一个方向，如图 19-117 所示。

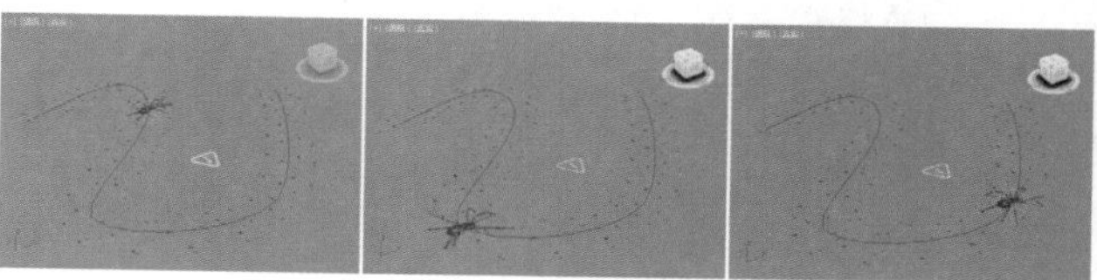

图19-117

步骤 16 单击（运动）面板，勾选【跟随】，如图 19-118 所示。

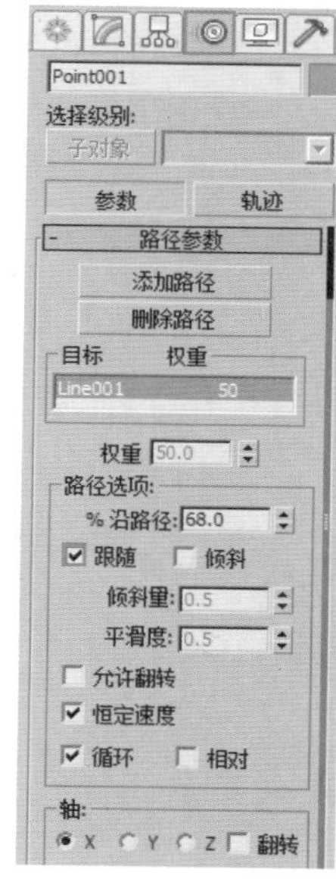

图19-118

步骤 17 隐藏辅助对象【点】，并拖动时间线可以看到出现了 CAT 沿路径爬行的动画，如图 19-119 所示。

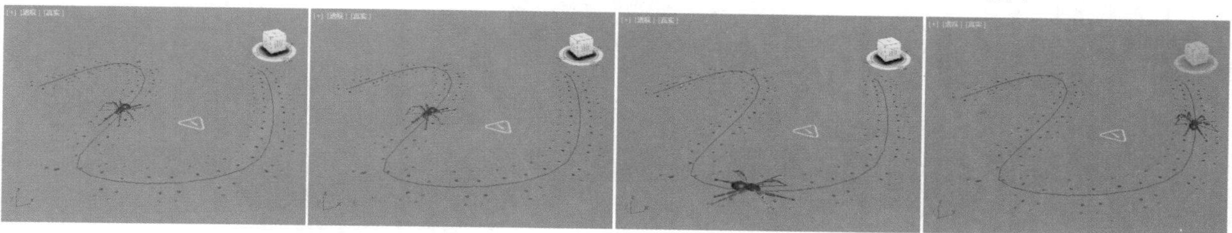

图19-119

Chapter 20

第20章

新古典风格客厅设计

新古典主义设计风格是在古典风格中加入了更多的现代元素与奢华元素，是经过改良的古典主义风格，其空间材质色多为灰色系（冷色系），灯光的选择多以暖白色为主，材料选择多以灰色系高档瓷砖、高级墙纸、硬包、水银镜、橡木银色漆（或香槟色）为主，家具多为橡木银色漆（或香槟色）布艺（或皮）材质......新古典家居的品牌风格定位较高，是奢华装修空间的代表。

本章将通过一个新古典风格客厅的具体设计案例，抛砖引玉，使读者对新古典风格设计有一个大致的了解。

20.1 实例介绍

本例是一个客厅场景，室内明亮灯光表现主要使用了目标灯光、VR灯光来制作，使用VRayMtl制作主要材质。最终渲染效果如图20-1所示。

图20-1

20.2 操作步骤

扫一扫，看视频

20.2.1 设置VRay渲染器

步骤 01 打开本书场景文件，如图20-2所示。

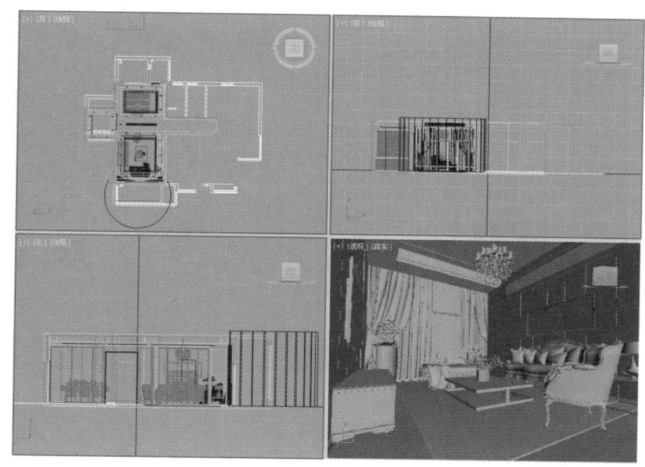

图20-2

步骤 02 按F10键打开【渲染设置】对话框，选择【公用】选项卡，在【指定渲染器】卷展栏下单击...按钮，在弹出的【选择渲染器】对话框中选择VRay Adv 3.00.08。此时在【指定渲染器】卷展栏的【产品级】后面显示了VRay Adv 3.00.08，【渲染设置】对话框中出现了V-Ray、GI、【设置】选项卡，如图20-3所示。

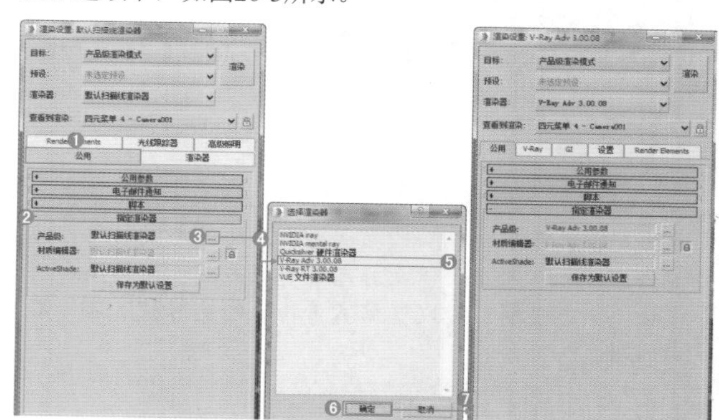

图20-3

20.2.2 材质的制作

下面就来讲述场景中的主要材质的调节方法，包括大理石瓷砖、布艺墙面、地毯、沙发、茶几、油画、沙发金属边框、窗帘、灯罩、玻璃材质的制作。效果如图20-4所示。

读书笔记

图20-4

1.大理石瓷砖的制作

步骤 01 单击一个材质球，设置材质类型为VRayMtl材质，命名为【大理石瓷砖】。在【漫反射】后面的通道上加载【石材2.jpg】贴图，如图20-5所示。

步骤 02 然后设置【反射】为深灰色，【高光光泽度】为0.9，【反射光泽度】为1，【细分】为16，如图20-6所示。

图20-5

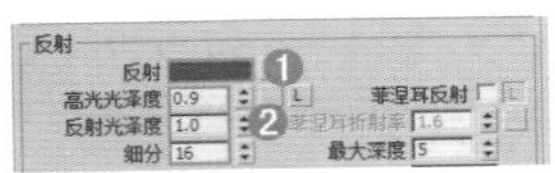

图20-6

提示：设置“反射”的用途。

反射主要是用颜色来表示，颜色越深，吸收光线的能力越强，反射就越弱；颜色越浅，反射光线的能力就越强。颜色不同，物体反射光线的能力就不同，纯白色最强；黑色最弱，可以根据不同物体的反射程度选择不同的颜色。

步骤 03 双击材质球，效果如图20-7所示。

步骤 04 选择模型，单击（将材质指定给选对对象）按钮，将制作完毕的墙面材质赋给场景中的墙面部分的模型，如图20-8所示。

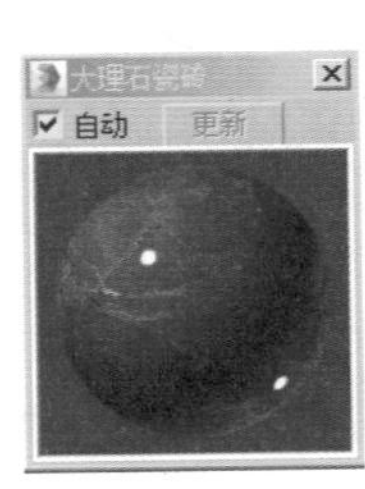

图20-7

图20-8

2.布艺墙面的制作

步骤 01 单击一个材质球，设置材质类型为VRayMtl材质，命名为【布艺墙面】。在【漫反射】通道上加载【衰减】程序贴图，并在两个通道上分别加载43806s1ddsad.jpg贴图和43806s1ddsa.jpg贴图，如图20-9所示。

图20-9

步骤 02 继续上面的设置，在【黑色】和【白色】后面的通道上加载43806s1ddsad.jpg贴图，如图20-10所示。

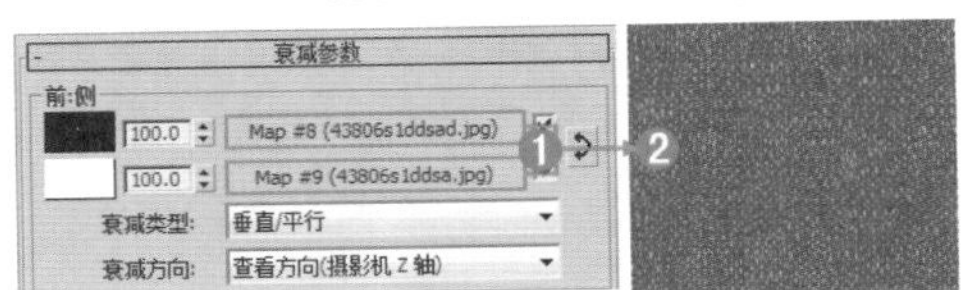

图20-10

步骤 03 双击材质球，效果如图20-11所示。

步骤 04 选择模型，单击（将材质指定给选对对象）按钮，将制作完毕的布艺墙面材质赋给场景中的墙面部分的模型，如图20-12所示。

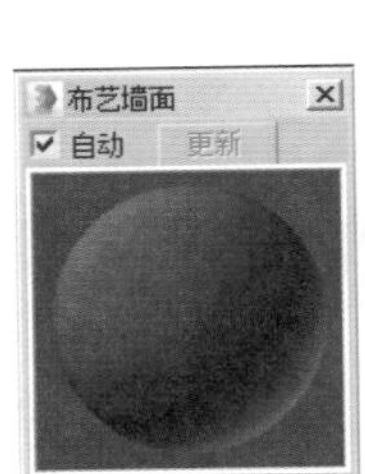

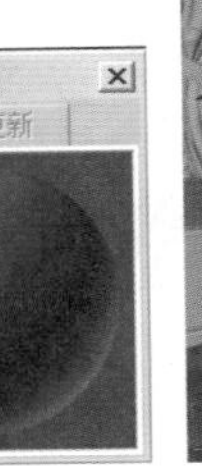

图20-11

图20-12

3.地毯的制作

步骤 01 单击一个材质球，设置材质类型为VRayMtl材质，命名为【地毯】。在【漫反射】后面的通道上加载【43810副本（2）.jpg】贴图，如图20-13所示。

图20-13

步骤 02 双击材质球，效果如图20-14所示。

步骤 03 选择模型，单击（将材质指定给选对对象）按钮，将制作完毕的地毯材质赋给场景中的地毯模型，如图20-15所示。

图20-14

图20-15

4.沙发的制作

步骤 01 单击一个材质球，设置材质类型为VRayMtl材质，命名为【沙发】。在【漫反射】后面的通道加载438906s1ddqqaaaa2.jpg贴图，如图20-16所示。

步骤 02 双击材质球，效果如图20-17所示。

步骤 03 选择模型，单击（将材质指定给选对对象）按钮，将制作完毕的沙发材质赋给场景中的沙发部分的模型，如图20-18所示。

图20-16

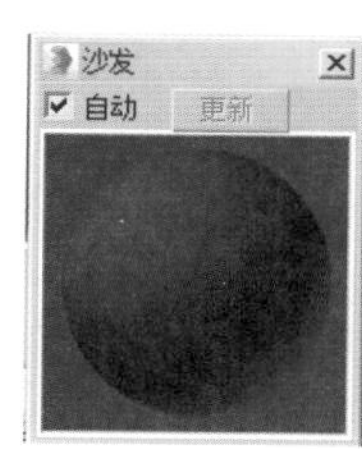

图20-17

图20-18

5.茶几的制作

步骤 01 单击一个材质球，设置材质类型为Multi/Sub-Object材质，命名为【茶几】。单击【设置数量】按钮，在弹出的【设置材质数量】对话框中设置【材质数量】为2，单击【确定】按钮，如图20-19所示。

步骤 02 此时出现了两个ID的效果，如图20-20所示。

步骤 03 单击ID1后面的通道，并为其加载VRayMtl材质，命名为1。设置【漫反射】颜色为深灰色，然后设置【反射】颜色为浅灰色，【高光光泽度】为0.6，【反射光泽度】0.99，如图20-21所示。

步骤 04 单击ID2后面的通道，并为其加载VRayMtl材质，命名为2。设置【漫反射】颜色为灰色，设置【反射】颜色为深灰色，【反射光泽度】0.99，如图20-22所示。

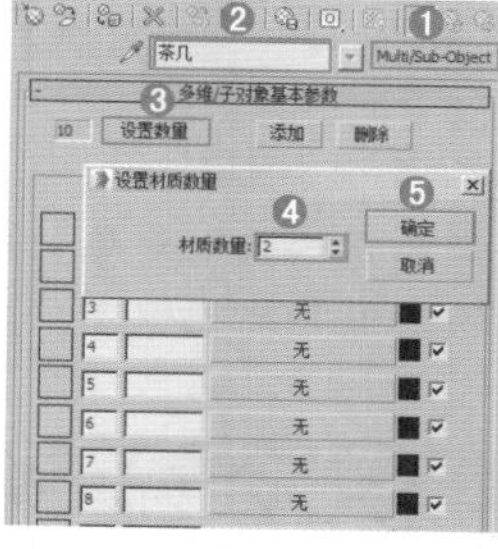

图20-19

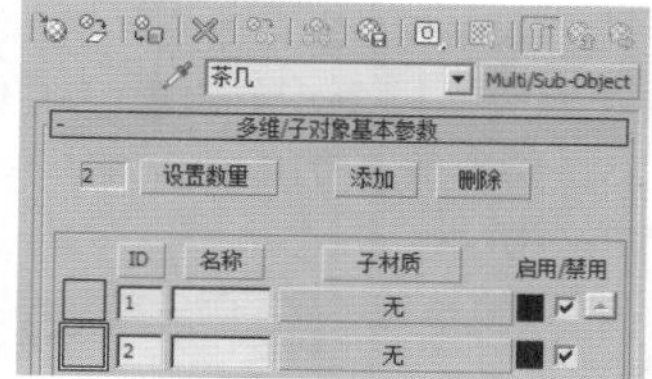

图20-20

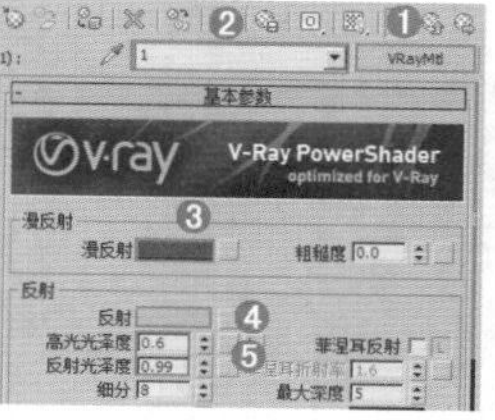

图20-21

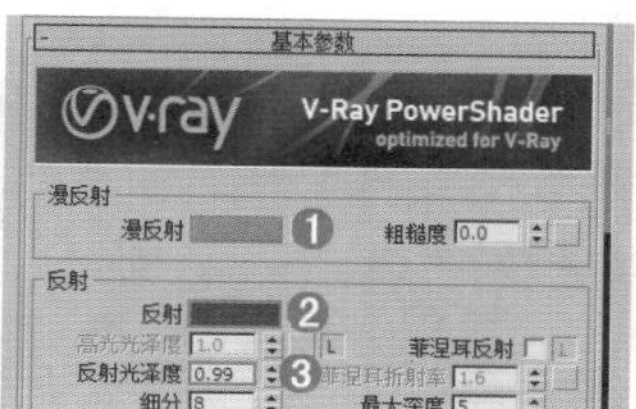

图20-22

提示：“反射光泽度”的作用？

反射光泽度是表面有反射效果时出现的光滑程度，如果降低数值，则表面会出现反射模糊；数值越大，越光滑，越有光泽。

步骤 05 双击材质球，效果如图20-23所示。

步骤 06 选择模型，单击（将材质指定给选对对象）按钮，将制作完毕的茶几材质赋给场景中的茶几模型，如图20-24所示。

图20-23

图20-24

6.油画的制作

步骤 01 单击一个材质球，设置材质类型为Standard，命名为【油画】。在【漫反射】后面的通道加载【装饰画294.jpg】贴图，设置【角度】的W值为90，如图20-25所示。

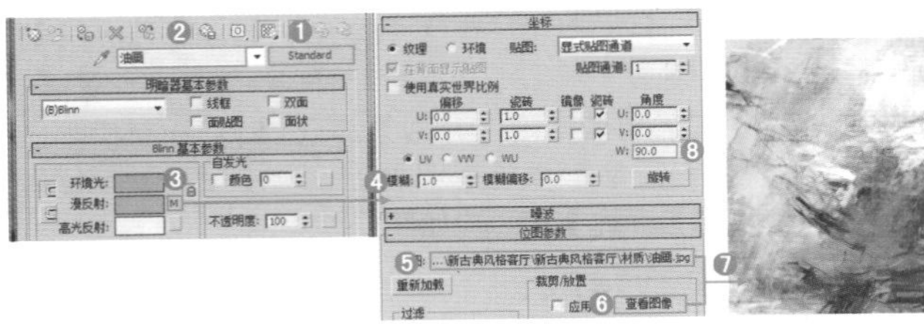

图20-25

步骤 02 双击材质球，效果如图20-26所示。

步骤 03 选择模型，单击 （将材质指定给选对对象）按钮。将制作完毕的油画材质赋给场景中的油画模型，如图20-27所示。

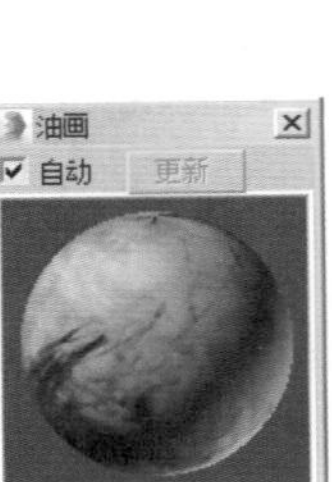

图20-26

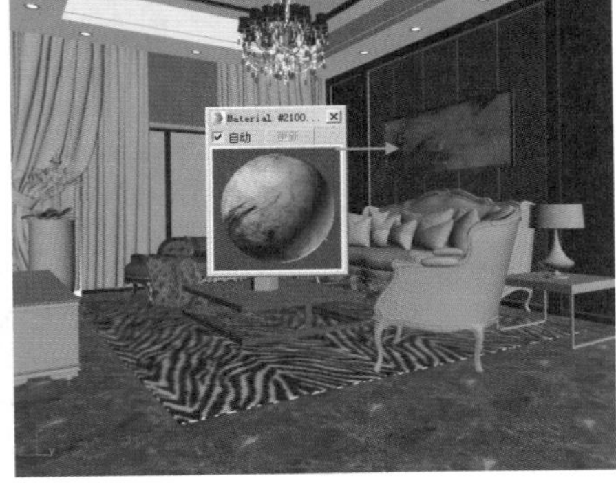

图20-27

7.沙发金属边框的制作

步骤 01 单击一个材质球，设置材质类型为VRayMtl材质，命名为【沙发金属边框】。在【漫反射】后面的通道上加载006w11a4.jpg贴图，如图20-28所示。

步骤 02 单击【反射】后面的通道，并加载006w11aaaa1jpg.jpg贴图。设置【高光光泽度】为0.65，【反射光泽度】为0.7，【细分】为50，如图20-29所示。

图20-28

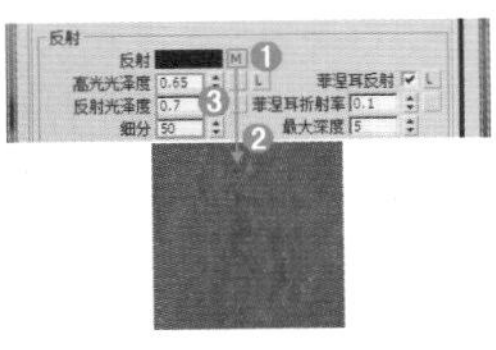

图20-29

步骤 03 双击材质球，效果如图20-30所示。

步骤 04 选择模型，单击 （将材质指定给选对对象）按钮，将制作完毕的金边框材质赋给场景中的沙发模型的边框上，如图20-31所示。

读书笔记

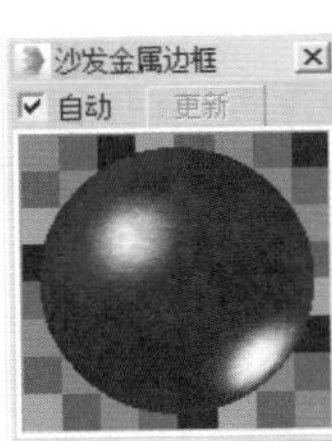

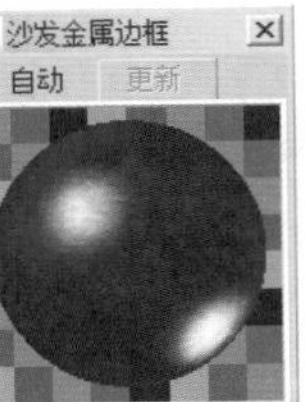

图20-30

图20-31

8.窗帘材质的制作

步骤 01 单击一个材质球，设置材质类型为VRayMtl材质，命名为【窗帘】。在【基本参数】卷展栏中设置【漫反射】颜色为深褐色，接着单击【反射】后面的通道，并加载【布艺窗帘.jpg】贴图。设置【反射光泽度】为0.65，【细分】为16，如图20-32所示。

步骤 02 展开【贴图】卷展栏，拖拽【反射】后面通道的贴图到【凹凸】后面的通道，这时会出现【复制（实例）贴图】对话框，选中【复制】，单击【确定】按钮，然后设置【凹凸】值为60，如图20-33所示。

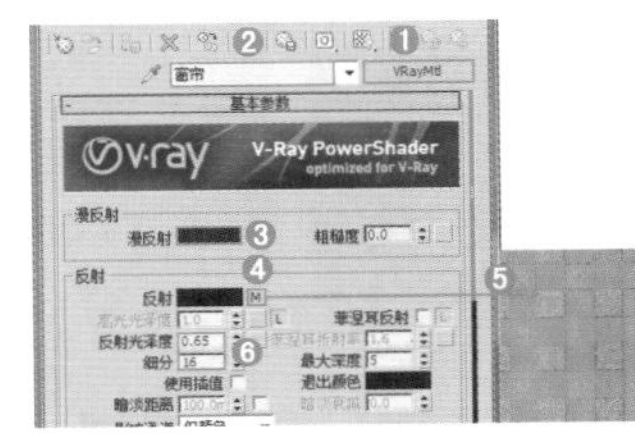

图20-32

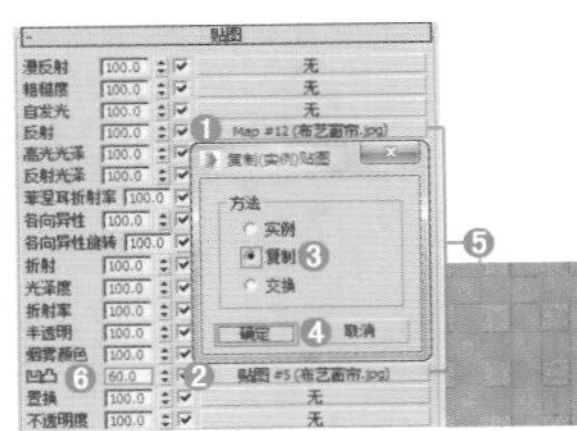

图20-33

提示："凹凸"的作用。

设置【凹凸】数值可以为指定的素材模型制造出凹凸的质感，使其模型更具真实感。

步骤 03 双击材质球，效果如图20-34所示。

步骤 04 选择模型，单击 （将材质指定给选对对象）按钮，将制作完毕的窗帘材质赋给场景中的顶部的窗帘模型，如图20-35所示。

图20-34

图20-35

9.灯罩材质的制作

图20-36

步骤 01 单击一个材质球，设置材质类型为VRayMtl材质，命名为【灯罩】。在【漫反射】通道上加载【衰减】程序贴图，并设置两个颜色为黑色，【衰减类型】为Fresnel，如图20-36所示。

提示：加载“衰减”程序贴图的作用。

在【漫反射】通道上加载【衰减】程序贴图，可以产生过渡非常真实的两种漫反射颜色或贴图的过渡效果。

步骤 02 展开【贴图】卷展栏，在【不透明】通道上加载【混合】程序贴图，并将【颜色#1】设置为白色，【颜色#2】设置为浅灰色。单击【混合量】后面的通道，并加载Arch49_fabric_cap.jpg贴图，如图20-37所示。

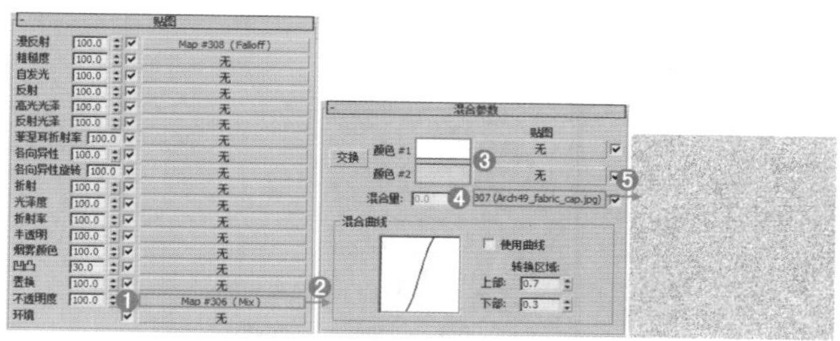

图20-37

步骤 03 双击材质球，效果如图20-38所示。

步骤 04 选择模型，单击（将材质指定给选对对象）按钮，将制作完毕的灯罩材质赋给场景中台灯模型，如图20-39所示。

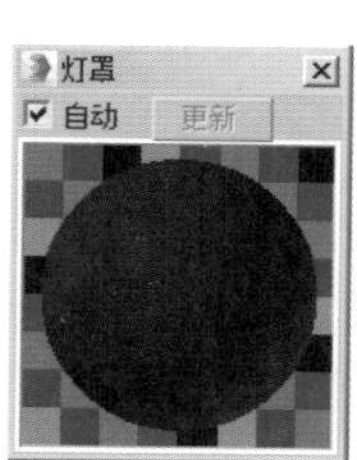

图20-38

图20-39

10.玻璃材质的制作

步骤 01 单击一个材质球，设置材质类型为VRayMtl材质，命名为【玻璃】。设置【漫反射】颜色为白色，设置【反射】颜色为深灰色，【高光光泽度】为0.85，【反射光泽度】为1.0，【细分】为16。然后在【折射】后面的通道加载【衰减】程序贴图，分别设置颜色为【白色】和【浅灰色】，设置【衰减类型】为【垂直/平行】，然后设置【细分】为16，如图20-40所示。

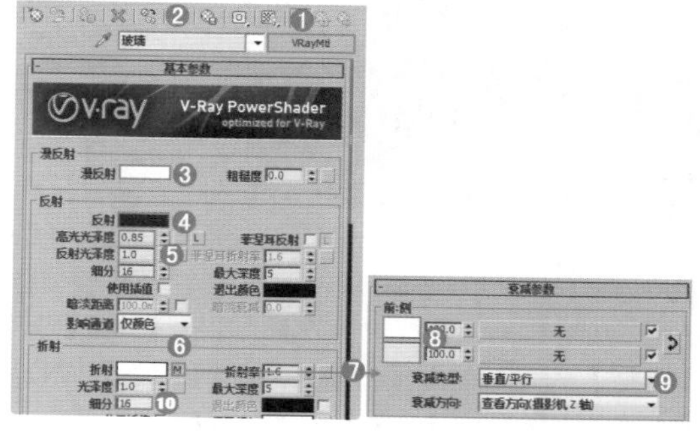

图20-40

提示：VRayMtl 材质制作玻璃需要注意哪些？

使用VRayMtl材质制作玻璃时，需要特别注意的是反射和折射的颜色。一般来说，制作水、玻璃等材质时，折射的强度一定要高于反射的强度，因此需要设置的折射颜色更浅。

步骤 02 双击材质球，效果如图20-41所示。

步骤 03 选择模型，单击（将材质指定给选对对象）按钮，将制作完毕的玻璃材质赋给场景中的玻璃模型，如图20-42所示。

图20-41

图20-42

20.2.3 灯光的制作

下面主要讲述室内灯光制作，包括窗户灯光、室内射灯、灯带、吊灯、台灯和室内的辅助灯光。

1.窗户灯光

步骤 01 使用【VR-灯光】工具在前视图中拖拽创建1盏VR-灯光，放置在一个窗户的外面，如图20-43所示。单击【修改】按钮，设置【类型】为【平面】,【倍增】为12,【颜色】为浅蓝色，【1/2长】为1200mm，【1/2宽】为900mm，勾选【不可见】,【细分】设置为20，如图20-44所示。

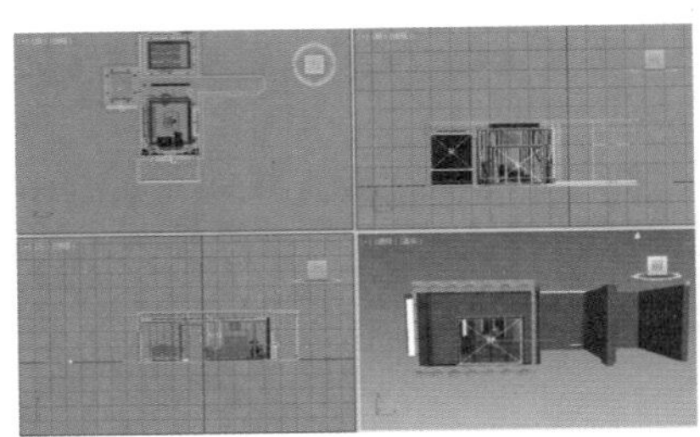

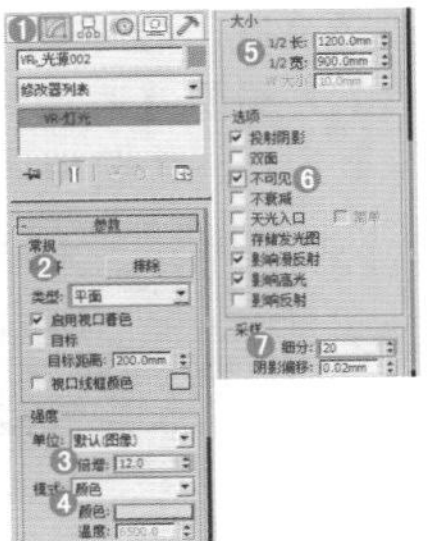

图20-43　　图20-44

步骤 02 使用【VR-灯光】工具在前视图中再拖拽创建1盏VR-灯光，放置在另一个窗户的外面。单击【修改】按钮，设置【类型】为【平面】，【倍增】为5，【颜色】为浅蓝色，【1/2长】为1085mm，【1/2宽】为950mm，勾选【不可见】，【细分】设置为20，如图20-45所示。

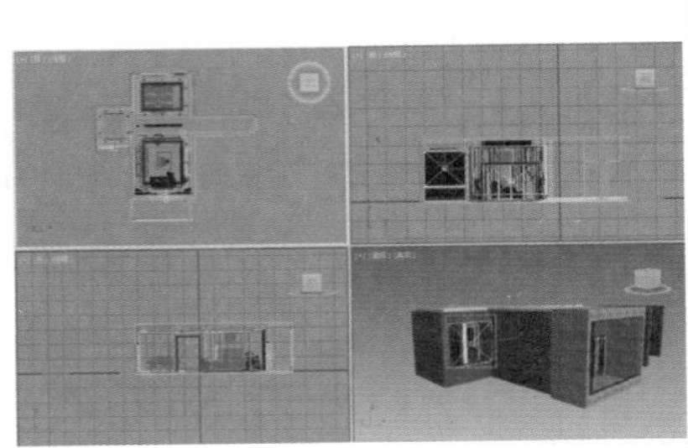

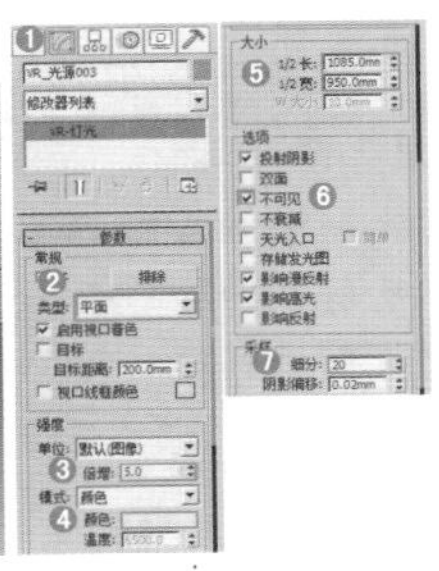

图20-45

2.室内射灯

步骤 01 使用【目标灯光】工具在前视图中拖拽创建4盏目标灯光，分别创建在客厅、餐厅和门廊，如图20-46所示。单击【修改】按钮，在【阴影】选项组中勾选【启用】，设置方式为【VR-阴影】，设置【灯光分布（类型）】为【光度学Web】，为其添加光域网文件20.ies，设置【过滤颜色】为浅黄色，【强度】为34000。在【VRay阴影参数】卷展栏下勾选【区域阴影】，设置【U/V/W大小】为10mm，【细分】为20，如图20-47所示。

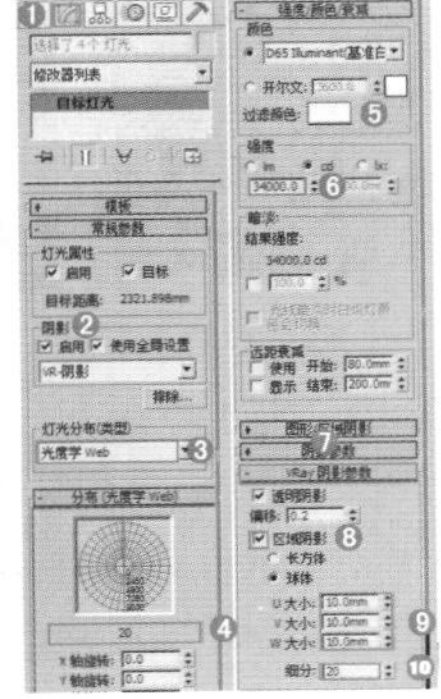

图20-46　　图20-47

3.灯带

步骤 01 客厅中的灯带。用【VR-灯光】工具在顶视图中拖拽创建1盏VR-灯光，并将其复制3盏，再分别将其拖拽到顶棚适合的位置，如图20-48所示。然后单击【修改】按钮，设置【类型】为【平面】，【倍增】为4，【颜色】为浅黄色，【1/2长】为1390mm，【1/2宽】为55mm，勾选【不可见】，【细分】设置为20，如图20-49所示。

图20-48　　图20-49

步骤 02 客厅中的灯带。用【VR-灯光】工具在顶视图中拖拽创建1盏VR-灯光，并将其复制3盏，再分别将其拖拽到顶棚适合的位置，如图20-50所示。然后单击【修改】按钮，设置【类型】为【平面】，【倍增】为3.0，【颜色】为浅黄色，【1/2长】为717.746mm，【1/2宽】为55.45mm，勾选【不可见】，【细分】设置为20，如图20-51所示。

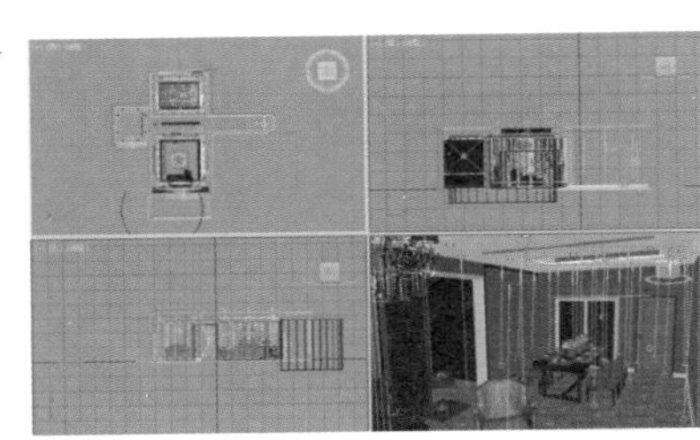

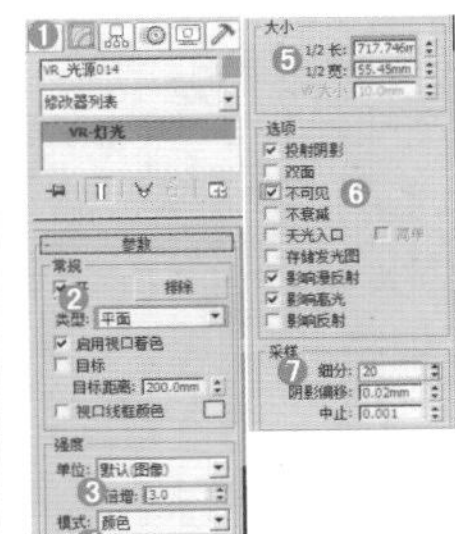

图20-50　　图20-51

提示：“灯带”的作用。

【灯带】在室内中主要起着装饰烘托氛围的作用，一般要调节【颜色】【倍增】【大小宽度】【细分】和【朝向】等数值。

4.吊灯

步骤 01 用【VR-灯光】工具在左视图中拖拽创建1盏VR-灯光，并将其复制14盏，放在顶棚吊顶的每个灯罩内，如图20-52所示。然后单击【修改】按钮，设置【类型】为【球体】，【倍增】为100，【颜色】为淡橙色，【半径】为15mm，勾选【不可见】,【细分】设置为20，如图20-53所示。

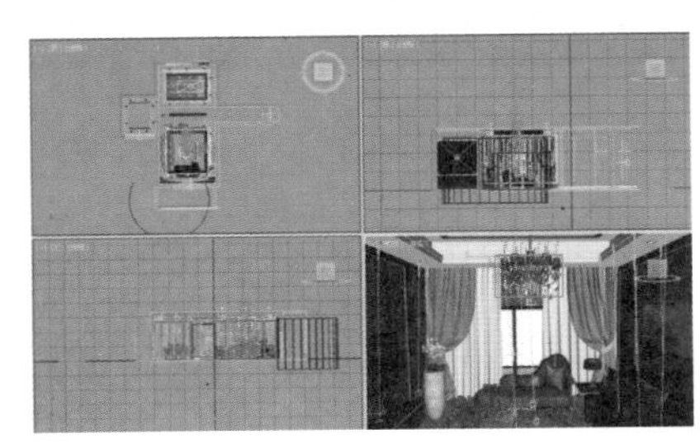

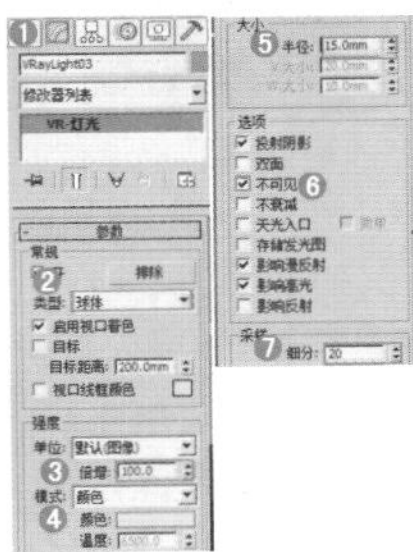

图20-52　　图20-53

步骤 02 创建一盏【聚光灯】放置在吊灯下方，如图 20-54 所示。单击【修改】按钮，展开【常规参数】卷展栏，在【灯光类型】选项组中勾选【启用】，设置【类型】为聚光灯，在【阴影】选项组中勾选【启用】。展开【强度 / 颜色 / 衰减】卷展栏，设置【倍增】为 1.5，如图 20-55 所示。

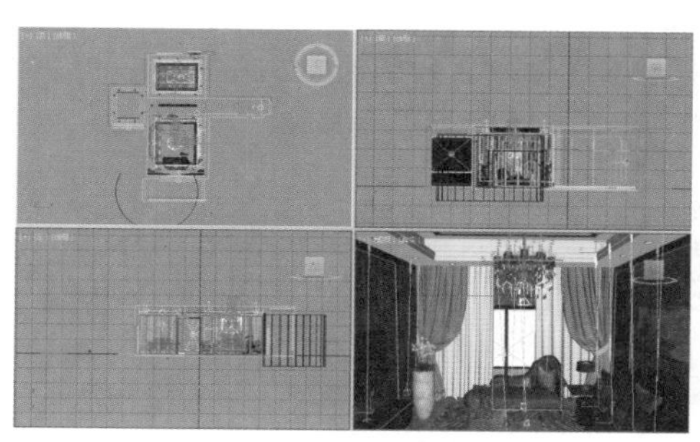

图20-54

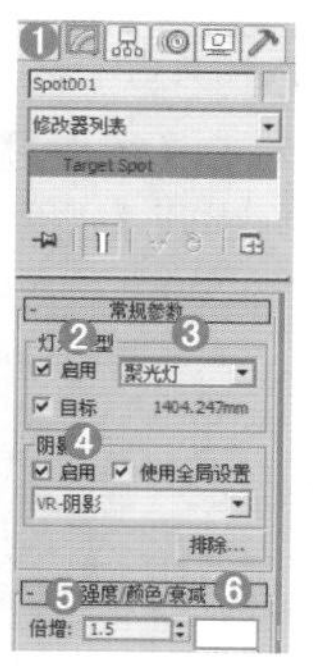

图20-55

提示：聚光灯的效果。

聚光灯主要是为了照亮空间所创建的，想要调节适合的光感需要动手适度的调节，【倍增】数值不能过高，否则会出现曝光的现象。

5.台灯

使用【VR- 灯光（球体）】工具在前视图中拖拽创建 2 盏 VR- 灯光，放在两盏台灯灯罩内，如图 20-56 所示。单击【修改】按钮，设置【类型】为【球体】,【倍增】为 80,【颜色】为淡橙色,【半径】为 80mm，勾选【不可见】,【细分】设置为 20，如图 20-57 所示。

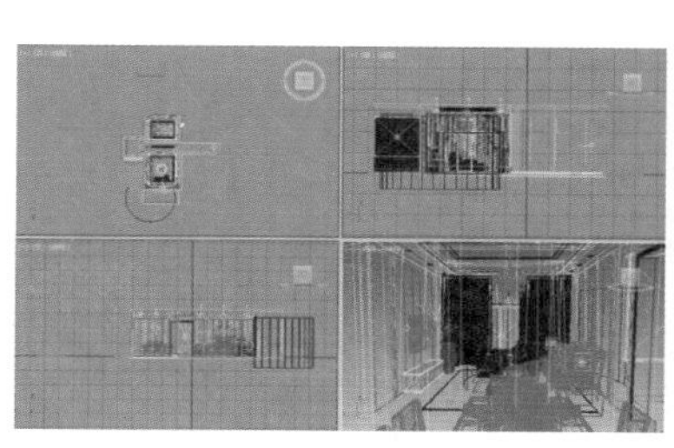

图20-56

图20-57

6.室内辅助灯

使用【VR- 灯光】工具在顶视图中拖拽创建 1 盏【VR- 灯光】，放在室内，平行照向餐厅整个场景，作为辅助光源，如图 20-58 所示。单击【修改】按钮，设置【类型】为【平面】,【倍增】为 3,【颜色】为淡黄色,【1/2 长】为 900mm,【1/2 宽】为 400mm，勾选【不可见】,【细分】设置为 20，如图 20-59 所示。

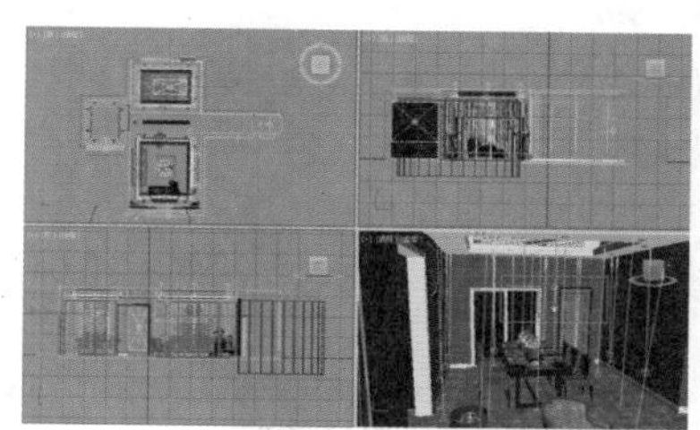

图20-58

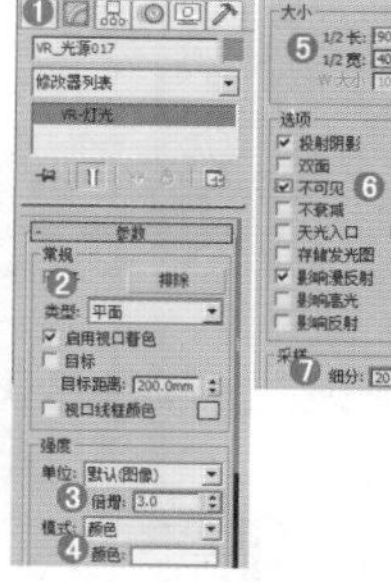

图20-59

20.2.4　摄影机的制作

本案例中的摄影机以两种视角创建，一种是以两台目标摄影机作为空间的主体摄影机，起到对空间整体照射的作用；另一种是以一台目标摄影机对某个物品进行局部照射，可以起到突出的作用。

1.主要摄影机视角

步骤 01 使用【标准】摄影机，在左视图中拖拽创建 1 台【目标】摄影机，再适当地进行调整，如图 20-60 所示。单击【修改】按钮，设置【镜头】为 26.23,【视野】为 68.919,【目标距离】为 2901.596，如图 20-61 所示。

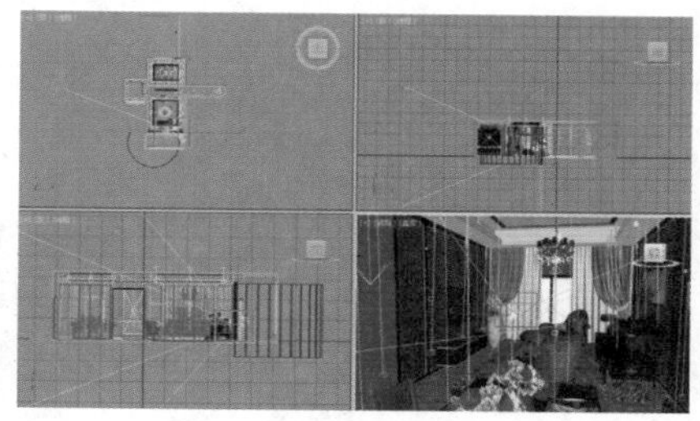

图20-60

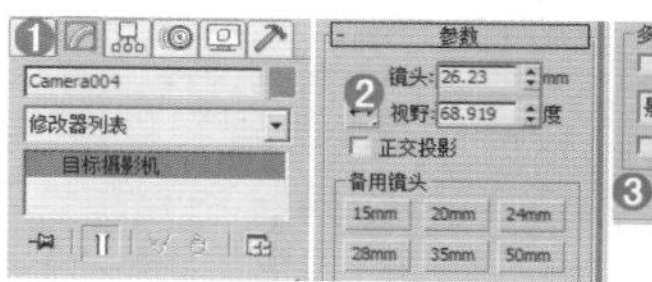

图20-61

步骤 02 再使用【标准】摄影机，在左视图中拖拽创建 1 台【目标】摄影机，再适当地进行调整，如图 20-62 所示。单击【修改】按钮，设置【镜头】为 30.434,【视野】为 61.203,【目标距离】为 4125.067，如图 20-63 所示。

图20-62

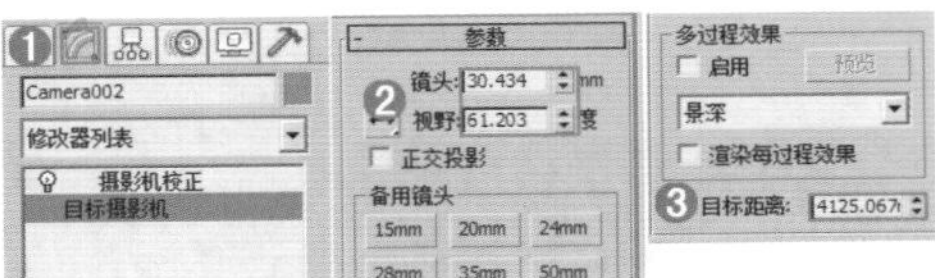

图20-63

步骤 03 在透视图中按快捷键C切换到摄影机视图，如图20-64所示。

图20-64

2.局部摄影机视角

步骤 01 使用【标准】摄像影机，在左视图中拖拽创建1台【目标】摄影机，再适当地进行调整，如图20-65所示。单击【修改】按钮，设置【镜头】为26.23，【视野】为68.919，【目标距离】为1139.588，如图20-66所示。

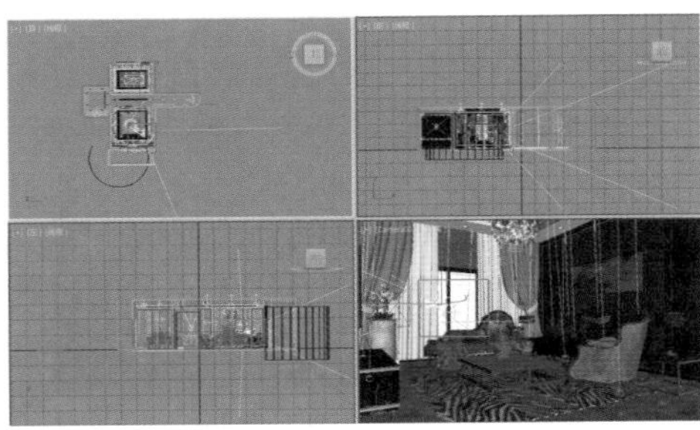

图20-65

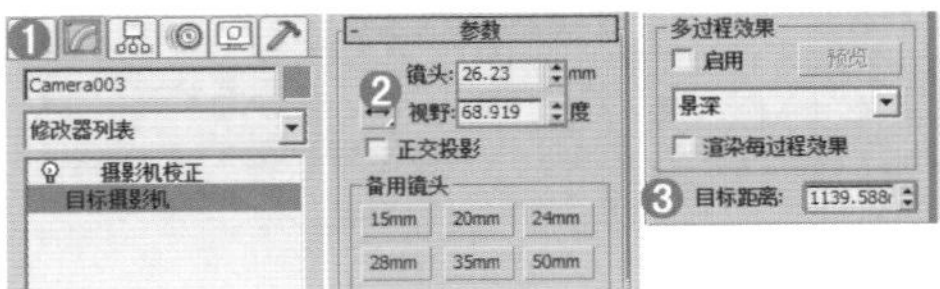

图20-66

步骤 02 在透视图中，按快捷键Ctrl+C即可将当前的角度创建一台摄影机，如图20-67所示。

图20-67

20.2.5 渲染器参数设置

步骤 01 设置最终渲染的渲染器参数。单击（渲染设置）按钮，会自动弹出【渲染设置】面板，选择【公用】选项卡，设置【输出大小】的【宽度】为1500、【高度】为1125，如图20-68所示。

步骤 02 选择V-Ray选项卡，设置【类型】为【自适应】，勾选【图像过滤器】，【过滤器】设置为Catmull-Rom。然后展开【颜色贴图】卷展栏，设置【类型】为【指数】，如图20-69所示。

图20-68

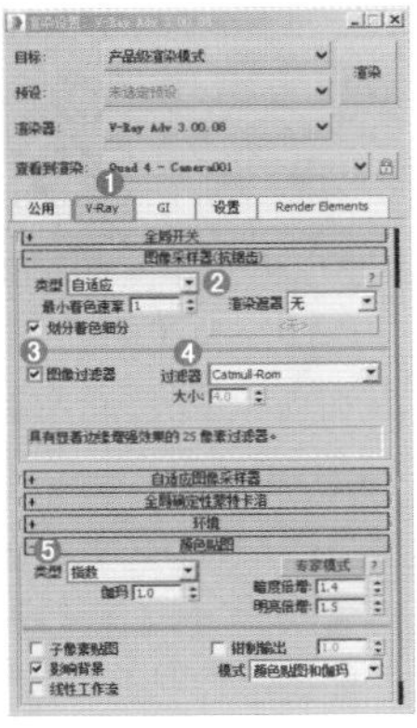

图20-69

步骤 03 选择GI选项卡，展开【全局照明】卷展栏，勾选【启用全局照明（GI）】，设置【首次引擎】为发光图，【二次引擎】为【灯光缓存】；展开【发光图】卷展栏，设置【细分】为55，【插值采样】为50，勾选【显示计算相位】和【显示直接光】；展开【灯光缓存】面板，设置【细分】为1000，如图20-70~图20-72所示。

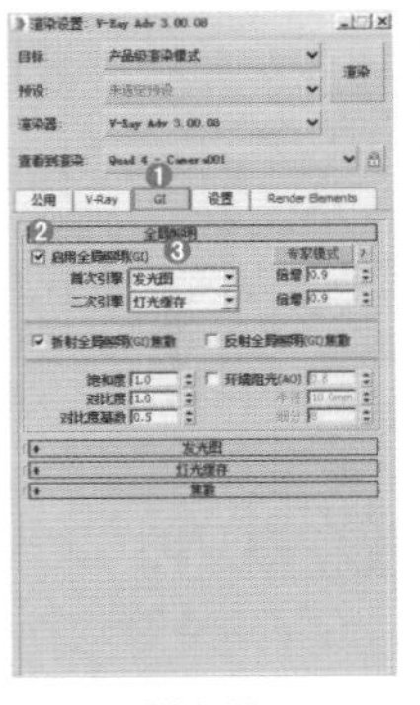

图20-70

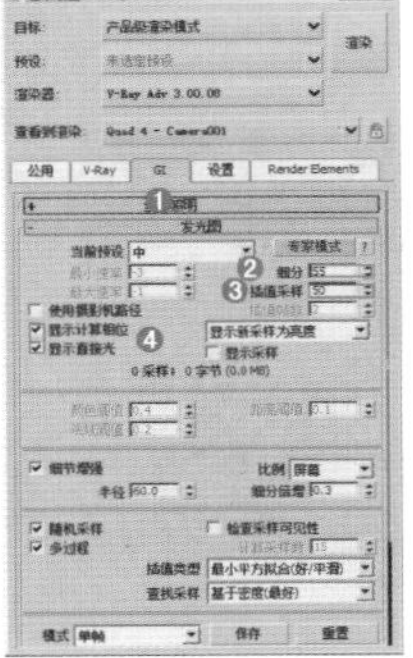

图20-71

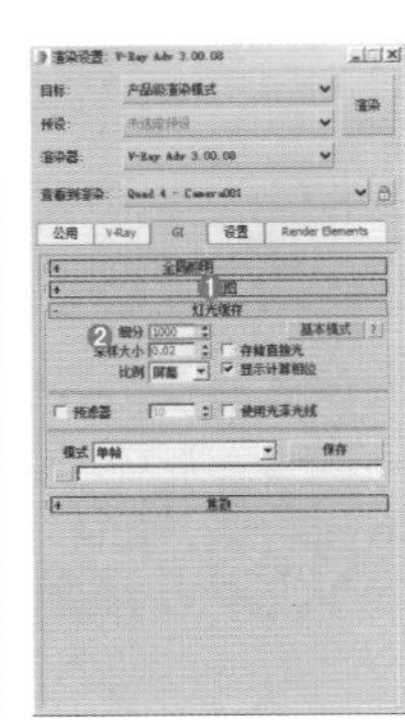

图20-72

步骤 04 选择【设置】选项卡，展开【系统】卷展栏，取消勾选【显示消息日志窗口】，如图20-73所示。

步骤 05 选择Render Elements选项卡，单击【添加】按钮，在弹出的窗口中选择VRayWreColor，单击【确定】按钮，如图20-74所示。

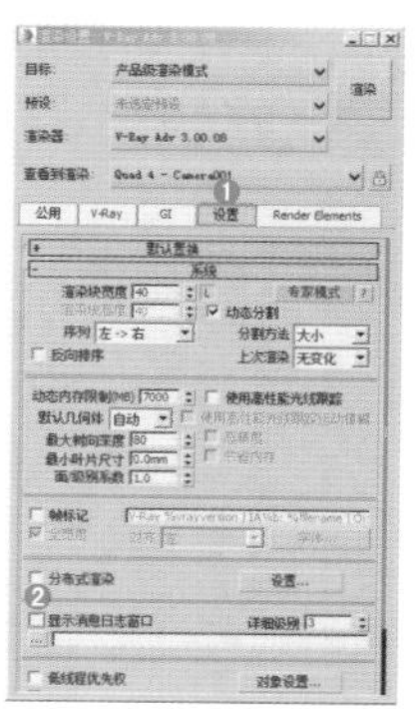

图20-73

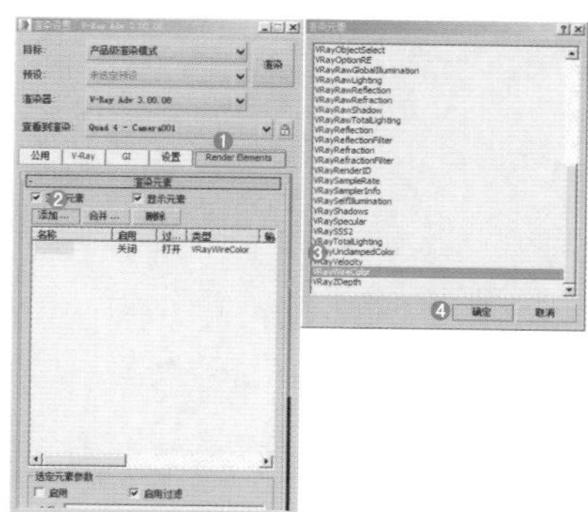

图20-74

20.2.6 Photoshop后期处理

步骤 01 在Photoshop软件中打开配套光盘中的【客厅效果图.jpg】文件，如图20-75所示。认真观察渲染出来的效果图，觉得效果图的亮度以及对比度都存在一些问题，显得效果图的视觉效果不是很好，所以在这里解决这些问题。

图20-75

步骤 02 选中【背景】图层，执行【图像】|【调整】|【曲线】命令，在弹出的【曲线】对话框中调整曲线形态，如图20-76所示。调节完的效果如图20-77所示。

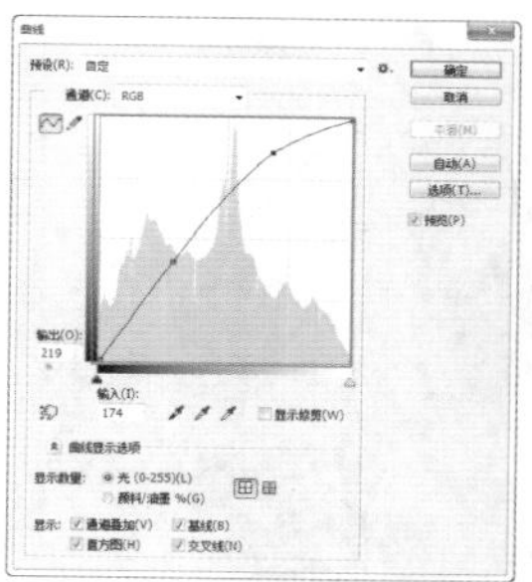

图20-76

图20-77

步骤 03 执行【图像】|【调整】|【亮度/对比度】命令，在弹出的【亮度/对比度】对话框中设置【亮度】为5，【对比度】为5，单击【确定】按钮完成调整操作，如图20-78所示。这样这张图像的后期处理就完成了，如图20-79所示。

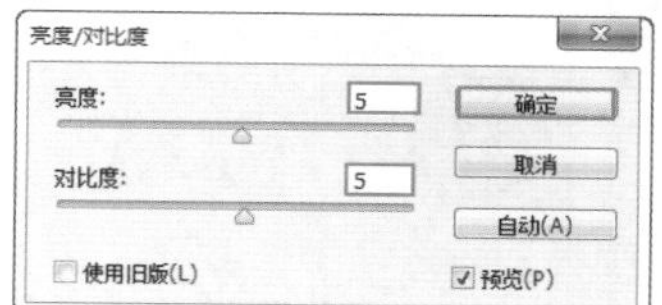

图20-78

图20-79

读书笔记

Chapter 21 第21章

简约欧式走廊设计

简约欧式风格即“简欧”风格，是简化了的融入了现代装饰元素的欧式风格，其空间多以象牙白为主色调，浅色为主，深色为辅，材料多以米黄色系高档瓷砖、高级墙纸、硅藻泥、软包、水银镜、橡木白色漆为主，家具多为白色的板木结合布艺材质.....简欧风格是经过改良的古典欧式主义风格，它一方面保留了材质、色彩的大致风格，仍然可以很强烈地感受传统的历史痕迹与浑厚的文化底蕴，同时又摒弃了过于复杂的肌理和装饰，简化了线条。简欧风格更多的表现为实用性和多元化，是目前住宅别墅装修最流行的风格之一。

本章将通过一个简约欧式走廊的具体设计过程，希望读者能够对简约欧式装修风格有一个大致的了解。

文件路径：Chapter 21 简约欧式走廊设计

扫一扫，看视频

21.1 实例介绍

本例是一个简约欧式走廊场景，该场景中是典型的工装设计，工装设计中常用大理石瓷砖、艺术墙面等大面积装饰，而且常用射灯体现场景的层次感觉，如图21-1所示。

图21-1

21.2 操作步骤

21.2.1 设置VRay渲染器

步骤 01 打开本书场景文件，如图21-2所示。

图21-2

步骤 02 按F10键打开【渲染设置】对话框，选择【公用】选项卡，在【指定渲染器】卷展栏下单击 ... 按钮，在弹出的【选择渲染器】对话框中选择V-Ray Adv 3.00.08。此时在【指定渲染器】卷展栏的【产品级】后面显示了V-Ray Adv 3.00.08，【渲染设置】对话框中出现了V-Ray、GI、【设置】选项卡，如图21-3所示。

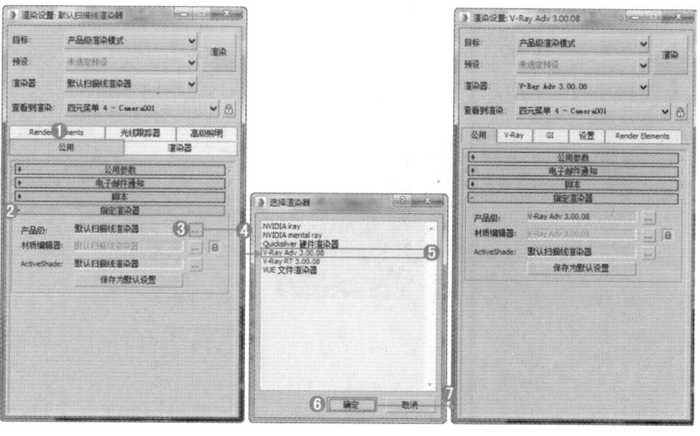

图21-3

21.2.2 材质的制作

下面就来讲述场景中主要材质的调节方法，包括地面、墙壁、顶棚、植物、装饰画材质等，如图21-4所示。

图21-4

1.地面材质的制作

步骤 01 按M键打开【材质编辑器】对话框，选择第一个材质球，单击 Standard （标准）按钮，在弹出的【材质/贴图浏览器】对话框中选择VRayMtl，如图21-5所示。

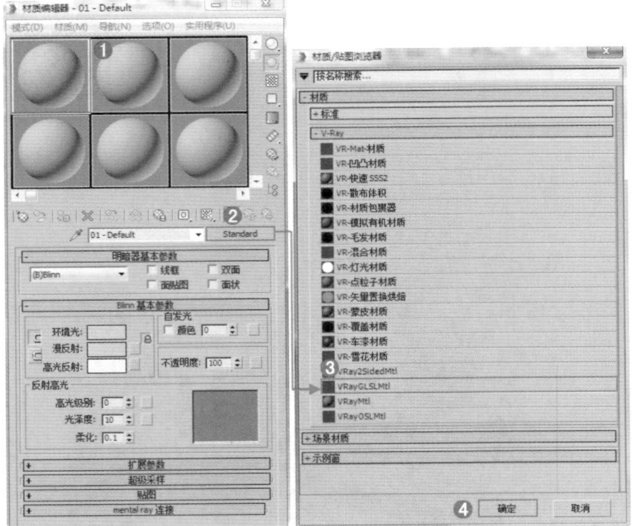

图21-5

步骤 02 将其命名为【地面】，在【漫反射】后面的通道上加载【新雅米黄122 副本.jpg】贴图文件，设置【反射】颜色为灰色，【反射光泽度】为0.9，如图21-6所示。

步骤 03 将制作完毕的地面材质赋给场景中地面部分的模型，如图21-7所示。

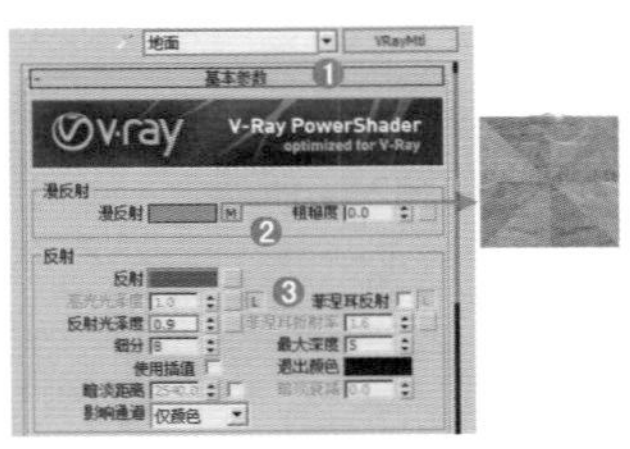

图21-6

图21-7

2.墙壁材质的制作

步骤 01 按M键打开【材质编辑器】对话框，选择一个材质球，单击 Standard （标准）按钮，在弹出的【材质/贴图浏览器】对话框中选择VRayMtl。

步骤 02 将其命名为【墙壁】，在【漫反射】后面的通道上加载“金花米黄.jpg”贴图文件，设置【反射】颜色为深灰色，设置【反射光泽度】为0.9，如图21-8所示。

步骤 03 将制作完毕的墙面材质赋给场景中墙面部分的模型，如图21-9所示。

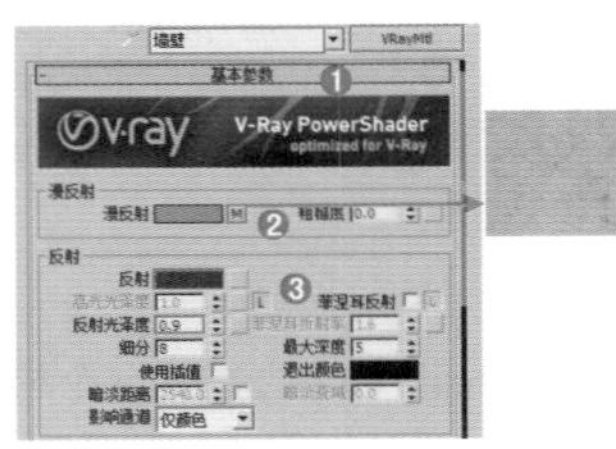

图21-8

图21-9

3.顶棚材质的制作

步骤 01 选择一个空白材质球，然后将【材质类型】设置为VRayMtl，并命名为【顶棚】，设置【漫反射】颜色为白色，如图21-10所示。

步骤 02 将制作完毕的顶棚材质赋给场景中顶棚部分的模型，如图21-11所示。

图21-10

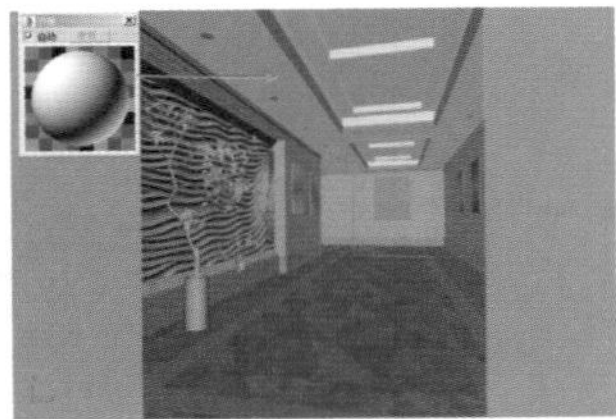

图21-11

4.植物材质的制作

步骤 01 按 M 键打开【材质编辑器】对话框，选择第一个材质球，单击 Standard （标准）按钮，在弹出的【材质 / 贴图浏览器】对话框中选择【VR 覆盖材质】，将其命名为【植物】，在【基本材质】后面的通道上加载 VRayMtl 材质，在【全局照明材质】后面的通道上加载 VRayMtl 材质，如图 21-12 所示。

步骤 02 单击进入【基本材质】后面的通道中，在【漫反射】后面的通道上加载【衰减】程序贴图，展开【衰减参数】卷展栏，在【颜色1】后面的通道上加载【渐变】程序贴图，在【颜色2】后面的通道上加载【渐变】程序贴图，设置【衰减类型】为Fresnel，如图21-13所示。

图21-12

图21-13

步骤 03 单击进入【颜色1】后面的通道中，展开【渐变参数】卷展栏，在【颜色#1】后面的通道上加载Arch41_031_leaf.jpg贴图文件，展开【坐标】卷展栏，设置【角度W】为90，设置【模糊】为4。在【颜色#2】后面的通道上加载arch24_leaf-07.jpg贴图文件，在【颜色#3】后面的通道上加载arch24_leaf 07.jpg贴图文件，展开【坐标】卷展栏，设置【角度W】为90，设置【模糊】为4，如图21-14所示。

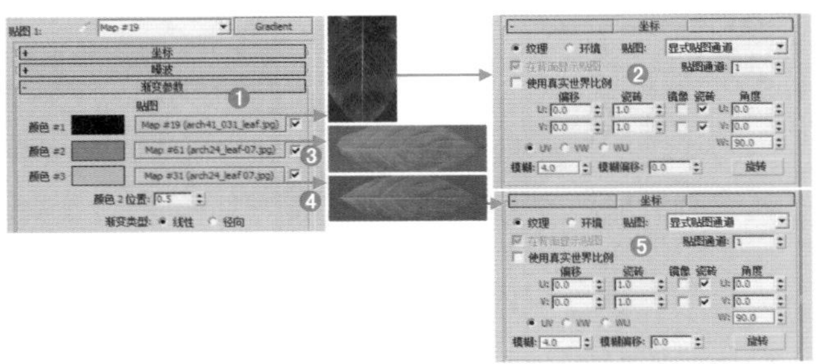

图21-14

步骤04 单击进入【颜色2】后面的通道中，展开【渐变参数】卷展栏，在【颜色#1】后面的通道上加载arch24_leaf-01-yellow-.jpg贴图文件，展开【坐标】卷展栏，设置【角度W】为90，设置【模糊】为4。在【颜色#2】后面的通道上加载arch24_leaf-07B.jpg贴图文件，在【颜色#3】后面的通道上加载arch24_leaf-07B.jpg贴图文件，展开【坐标】卷展栏，设置【角度W】为90，设置【模糊】为4，如图21-15所示。

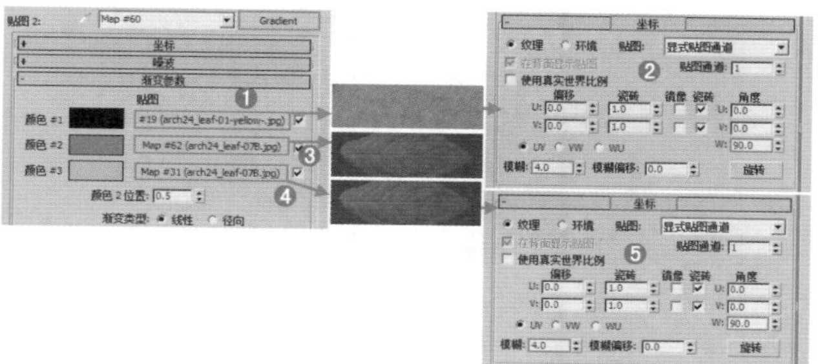

图21-15

步骤05 在【反射】选项组下，设置【反射】颜色为黑色，设置【反射光泽度】为0.7，如图21-16所示。

步骤06 单击进入【全局照明材质】后面的通道中，设置【漫反射】颜色为浅灰色，如图21-17所示。

步骤07 将制作完毕的植物材质赋给场景中植物部分的模型，如图21-18所示。

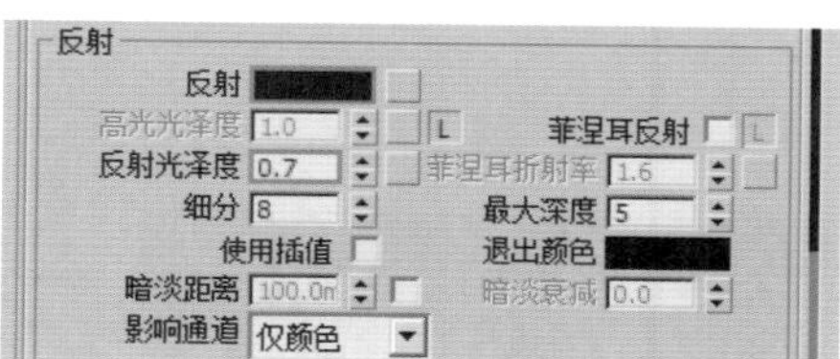

图21-16

图21-17

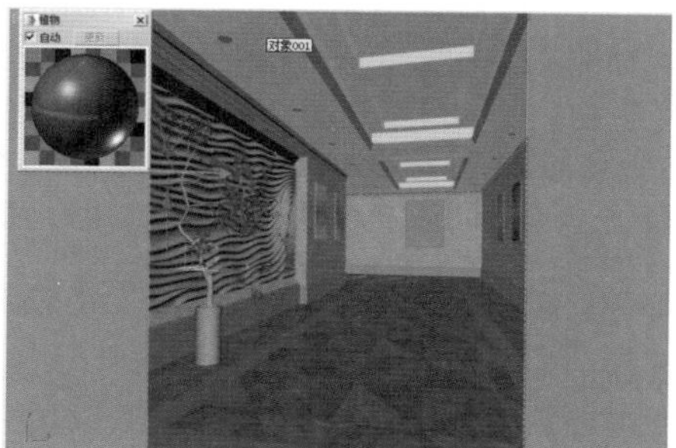

图21-18

5.装饰画材质的制作

步骤01 选择一个空白材质球，然后将【材质类型】设置为VRayMtl，并命名为【装饰画】，在【漫反射】后面的通道上加载1115915468.jpg贴图文件，如图21-19所示。

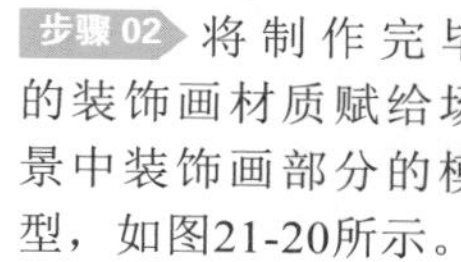

图21-19

步骤02 将制作完毕的装饰画材质赋给场景中装饰画部分的模型，如图21-20所示。

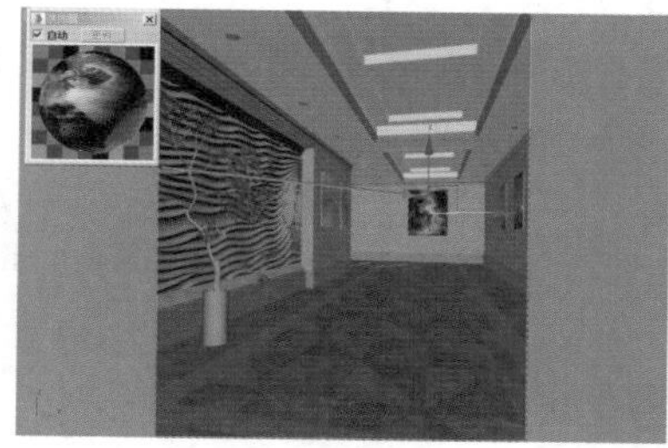

图21-20

21.2.3 设置摄影机

步骤01 执行（创建）|（摄影机）| 目标 命令，如图21-21所示。单击在视图中拖拽创建，如图21-22所示。

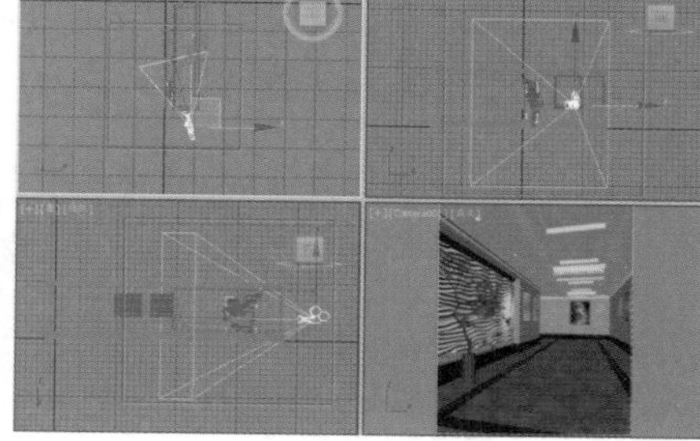

图21-21 图21-22

步骤02 选择刚创建的摄影机，单击【修改】按钮，并设置【镜头】为36.341，【视野】为52.7，最后设置【目标距离】为5969.096mm，如图21-23所示。

步骤03 此时的摄影机视图效果如图21-24所示。

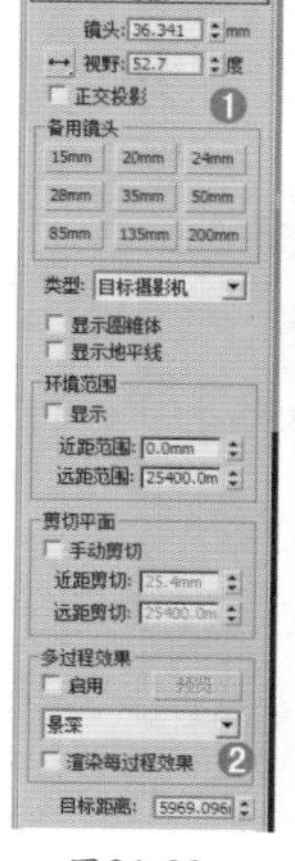

图21-23 图21-24

21.2.4 设置灯光并进行草图渲染

在这个简约欧式走廊场景中，使用两部分灯光照明来表现，一部分使用了自由灯光模拟射灯效果，另外使用了室内灯光的照明。也就是说想得到好的效果，必须配合室内的一些照明，最后设置一下辅助光源即可。

1.设置自由灯光

步骤 01 使用【自由灯光】工具在前视图中创建15盏，如图21-25所示。

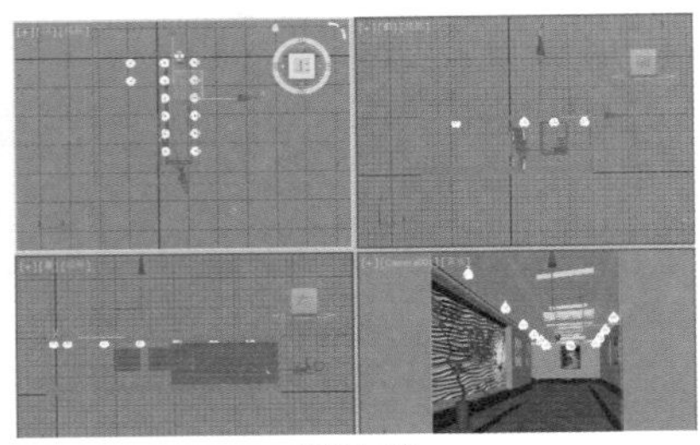

图21-25

步骤 02 选择上一步创建的自由灯光，然后勾选【启用】，并设置【阴影类型】为【VRay阴影】，设置【灯光分布（类型）】为【光度学Web】，接着展开【分布（光度学Web）】卷展栏，并在通道上加载【射灯01.ies】文件。展开【强度/颜色/衰减】卷展栏，调节【颜色】为黄色，设置【强度】为4000，展开【VRay阴影参数】卷展栏，勾选【区域阴影】，设置【U/V/W大小】为50mm，如图21-26所示。

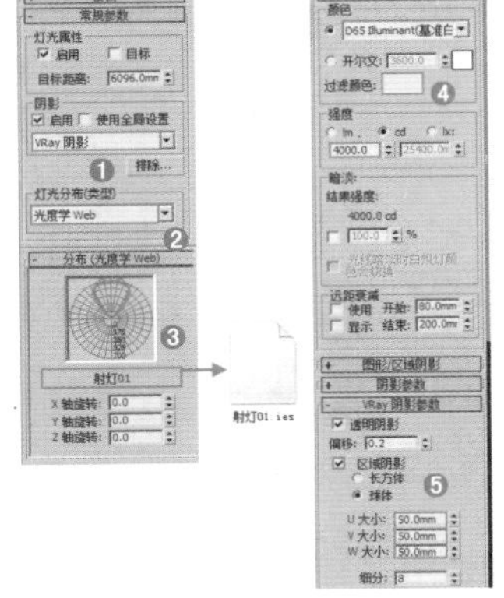

图21-26

步骤 03 按F10键打开【渲染设置】对话框。首先设置V-Ray和GI选项卡下的参数，刚开始设置的是一个草图设置，目的是进行快速渲染来观看整体的效果，参数设置如图21-27所示。

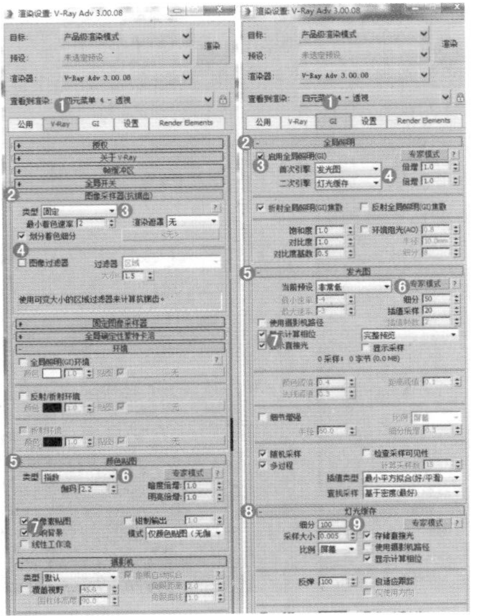

图21-27

步骤 04 按快捷键Shift+Q快速渲染摄影机视图，其渲染的效果如图21-28所示。

图21-28

2.创建室内的辅助光照

步骤 01 在前视图中拖拽并创建2盏VR灯光，如图21-29所示。

步骤 02 选择上一步创建的VR灯光，然后在【常规】选项组下设置【类型】为【平面】，在【强度】选项组下设置【倍增】为3，在【大小】选项组下设置【1/2长】为1444.794mm，【1/2宽】为1219.459mm，在【选项】选项组下勾选【不可见】，如图21-30所示。

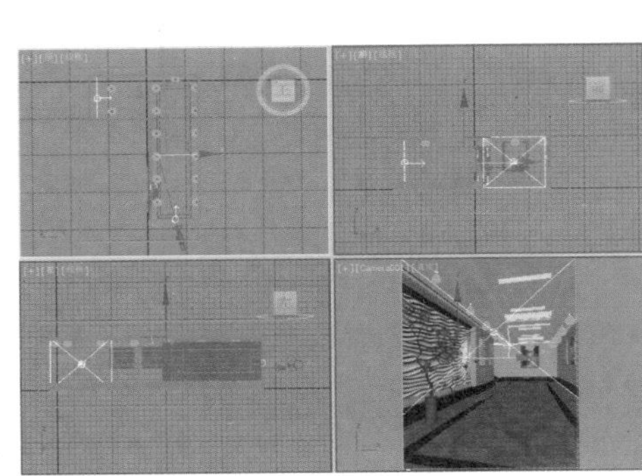

图21-29

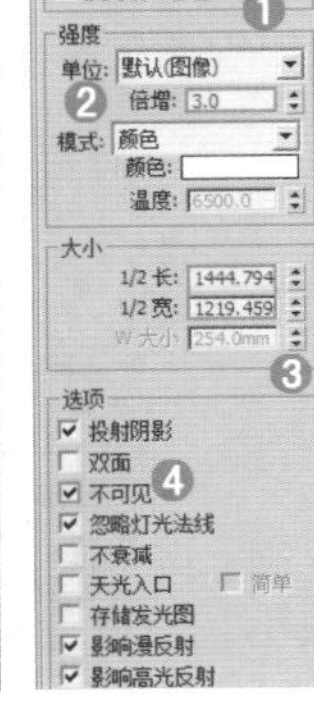

图21-30

步骤 03 继续在前视图中拖拽并创建4盏VR灯光，如图21-31所示。

步骤 04 选择上一步创建的VR灯光，然后设置类型为【平面】，在【强度】选项组下设置【倍增】为20，在【大小】选项组下设置【1/2长】为25.4mm，【1/2宽】为2032mm，在【选项】选项组下勾选【不可见】，如图21-32所示。

步骤 05 继续在前视图中拖拽并创建4盏VR灯光，如图21-33所示。

步骤 06 选择上一步创建的VR灯光，然后设置类型为【平面】，在【强度】选项组下设置【倍增】为30，在【大小】选项组下设置【1/2长】为25.4mm，【1/2宽】为762mm，在【选项】选项组下勾选【不可见】，如图 21-34 所示。

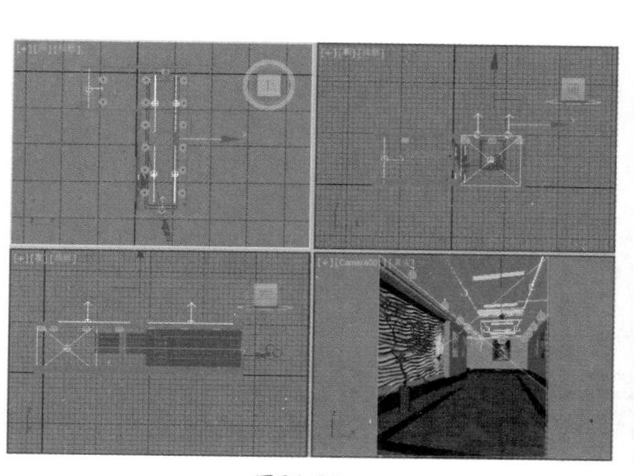

图21-31

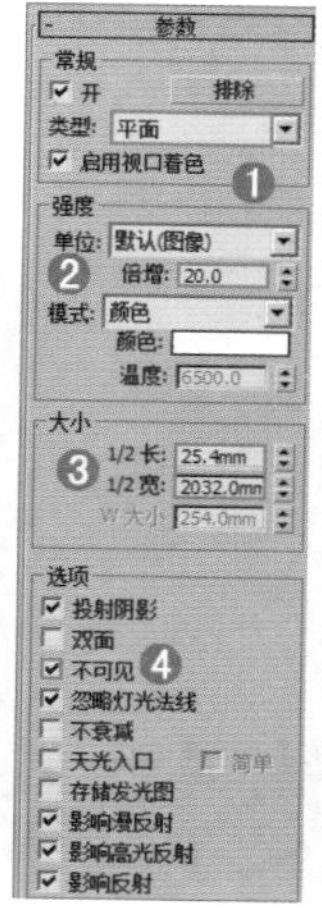

图21-32

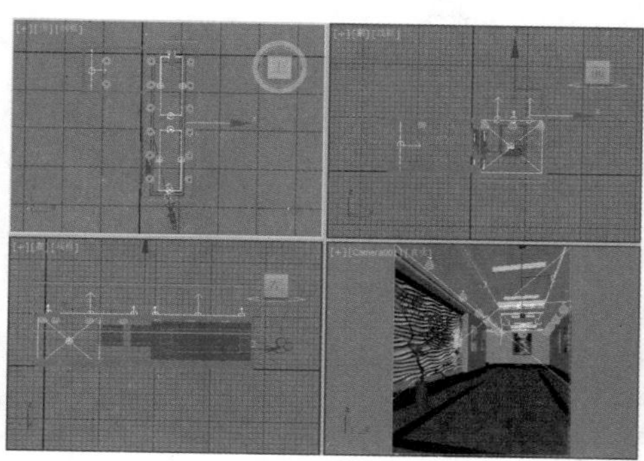

图21-33

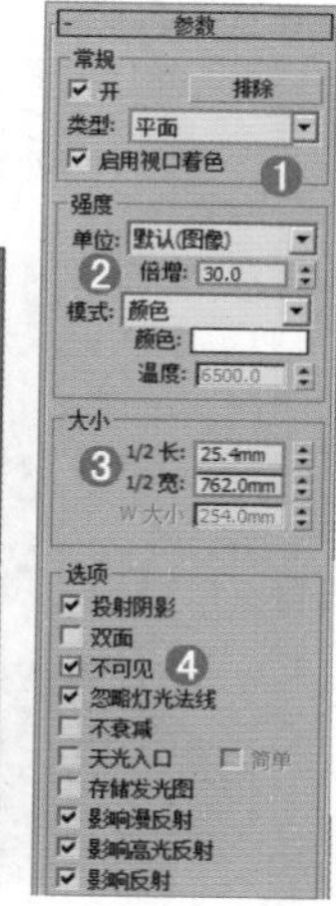

图21-34

21.2.5 设置成图渲染参数

经过了前面的操作，已经将大量烦琐的工作做完了，下面需要做的就是把渲染的参数设置得高一些，再进行渲染输出。最终渲染参数如图21-35~图21-38所示。

图21-35

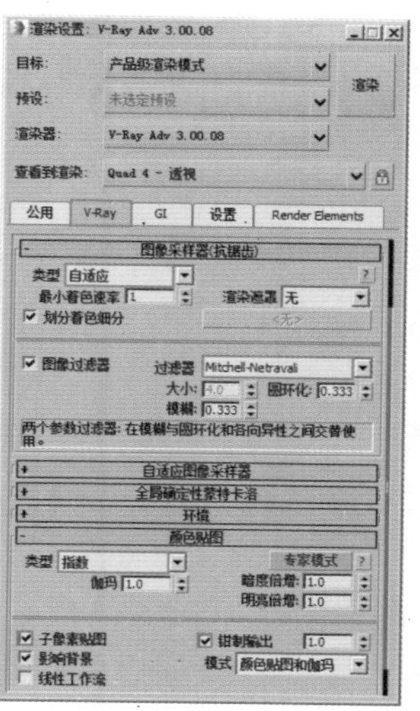

图21-36

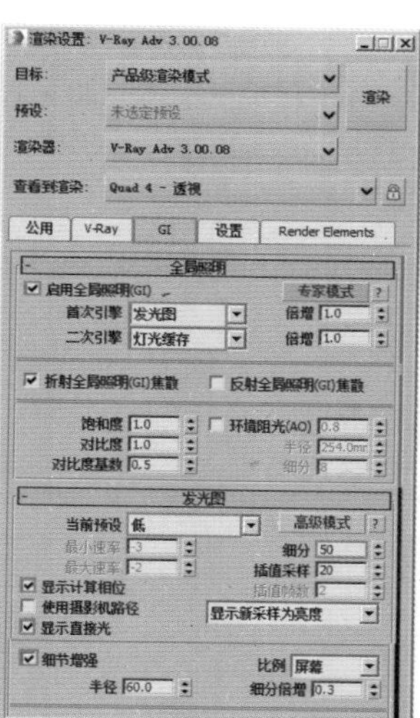

图21-37

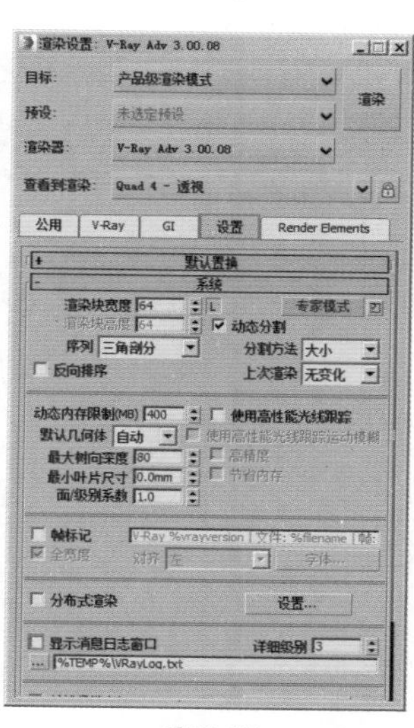

图21-38

最终渲染效果如图21-39所示。

图21-39

Chapter 22

第22章

办公楼接待中心设计

办公楼接待大厅是一座大楼的门面，一定程度上也代表着一座大楼的特征。是内敛的还是充满朝气的，是古朴的还是充满现代气息的，是文化气氛浓厚还是科技感满满……这是在一进入大厅，就会产生的一种主观感受。所以在设计装修时一定要在满足大厅功能性要求的同时考虑整个大楼的性质，设计出符合整座大楼性质的大厅风格。

本章将通过一个办公楼接待中心大堂场景的具体设计过程，希望读者了解在3ds Max中场景效果的实现过程。

文件路径：Chapter 22 办公楼接待中心设计

扫一扫，看视频

22.1 实例介绍

本例是一个大堂场景，场景中的灯光主要有目标灯光、目标聚光灯和VR-灯光。本例的效果重点在于空间的反射效果，让环境变得更加具有通透感，如图22-1所示。

图22-1

22.2 操作步骤

22.2.1 设置VRay渲染器

步骤 01 打开本书场景文件，如图22-2所示。

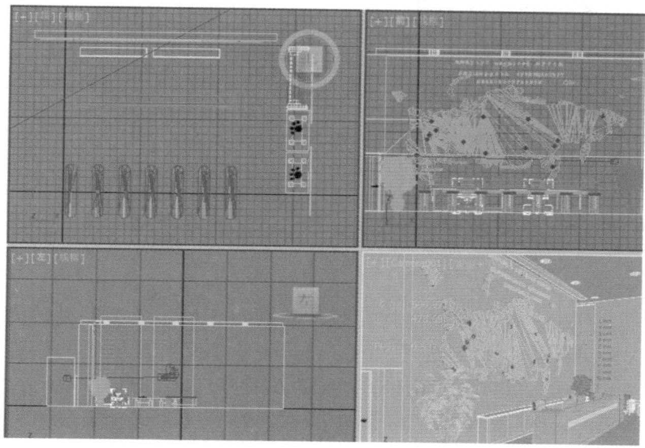
图22-2

步骤 02 按F10键打开【渲染设置】对话框，选择【公用】选项卡，在【指定渲染器】卷展栏下单击...按钮，在弹出的【选择渲染器】对话框中选择V-Ray Adv 3.00.08，如图22-3所示。

步骤 03 此时在【指定渲染器】卷展栏的【产品级】后面显示了 V-Ray Adv 3.00.08，【渲染设置】对话框中出现了VRay、GI、【设置】选项卡，如图 22-4 所示。

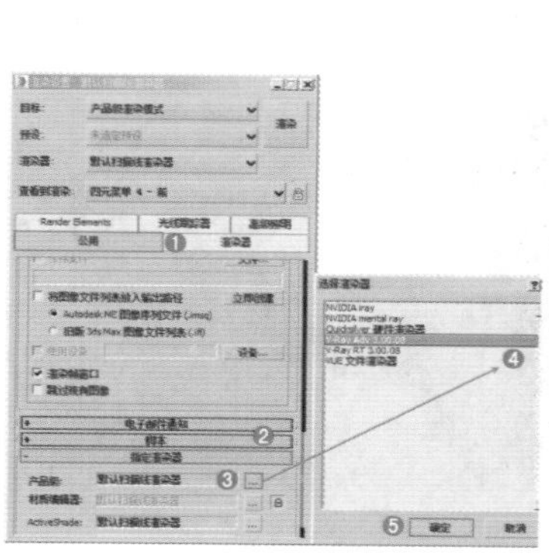
图22-3

图22-4

22.2.2 材质的制作

下面就来讲述场景中主要材质的调节方法，包括地面、墙面、大理石、叶子、桌子材质等。效果如图22-5所示。

图22-5

1.地面材质的制作

步骤 01 按M键打开【材质编辑器】对话框，选择第一个材质球，单击 Standard （标准）按钮，在弹出的【材质/贴图浏览器】对话框中选择VRayMtl，如图22-6所示。

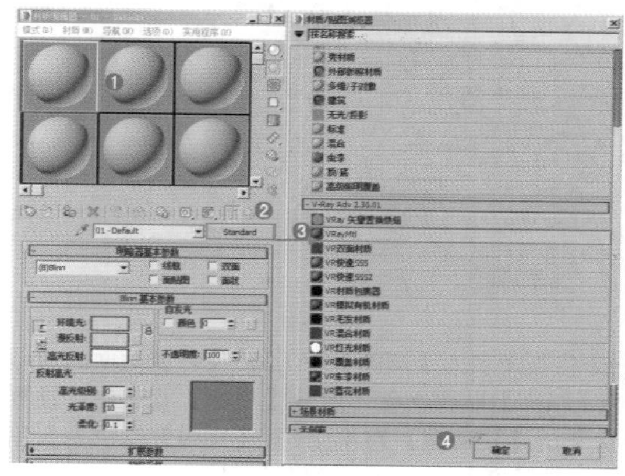
图22-6

步骤 02 将其命名为【地面】，在【漫反射】后面的通道上加载【沙安娜.jpg】贴图文件，展开【坐标】卷展栏，设置【瓷砖 U/V】分别为 10 和 10，设置【反射】颜色为灰色，设置【反射光泽度】为 0.9，【细分】为 20，如图 22-7 所示。

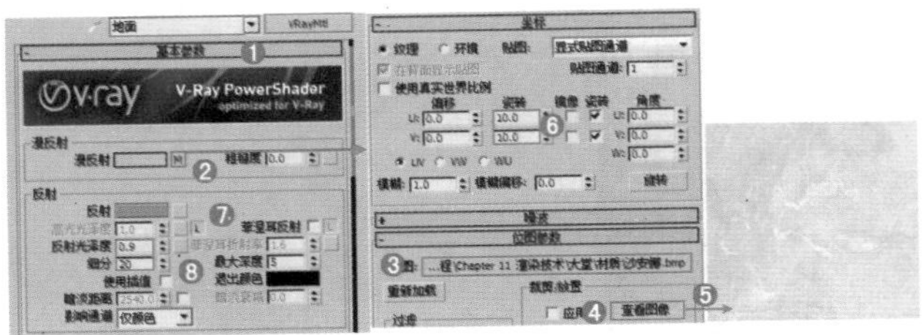

图22-7

步骤 03 展开【贴图】卷展栏，在【凹凸】后面的通道上加载【地拼250.jpg】贴图文件，设置【凹凸】为30，如图22-8所示。

步骤 04 将制作完毕的地面材质赋给场景中地面部分的模型，如图22-9所示。

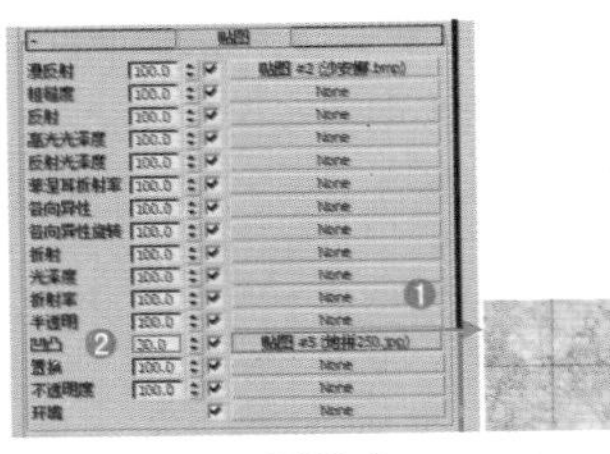

图22-8

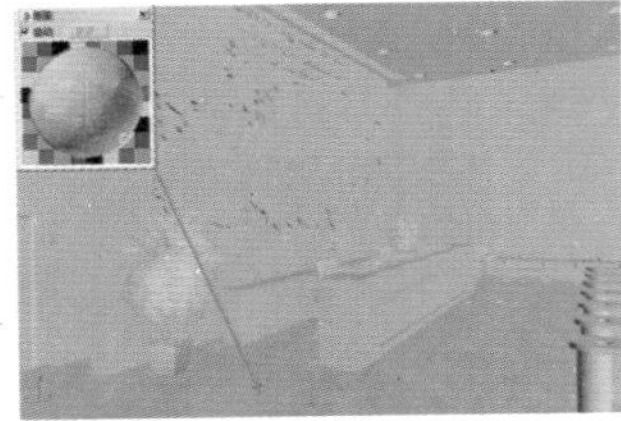

图22-9

2.墙面材质的制作

步骤 01 按M键，打开【材质编辑器】对话框，选择一个材质球，单击 Standard （标准）按钮，在弹出的【材质/贴图浏览器】对话框中选择VRayMtl，如图22-10所示。

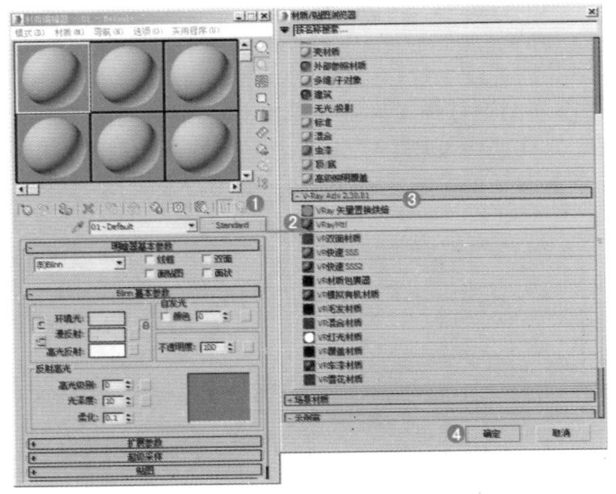

图22-10

步骤 02 将其命名为【墙面】，在【漫反射】后面的通道上加载【洞石.jpg】贴图文件，展开【坐标】卷展栏，设置【瓷砖 U】为 6，【瓷砖 V】为 4。设置【反射】颜色为灰色，设置【反射光泽度】为 0.85，如图 22-11 所示。

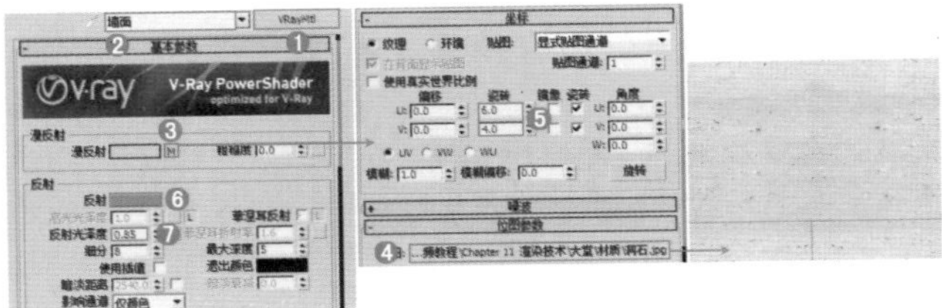

图22-11

步骤 03 展开【贴图】卷展栏，在【凹凸】后面的通道上加载【地拼250.jpg】贴图文件，设置【凹凸数量】为30，如图22-12所示。

步骤 04 将制作完毕的墙面材质赋给场景中墙面部分的模型，如图22-13所示。

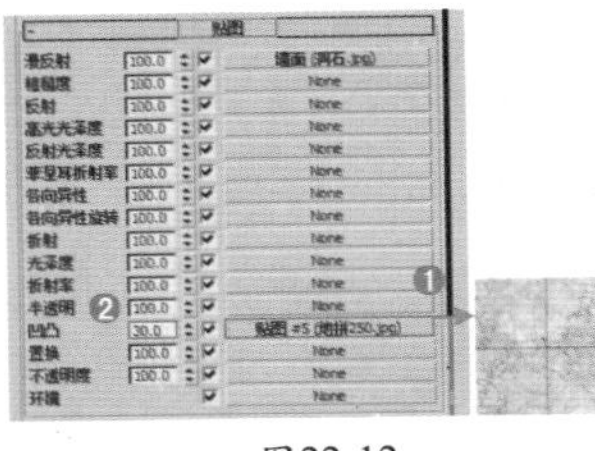

图22-12

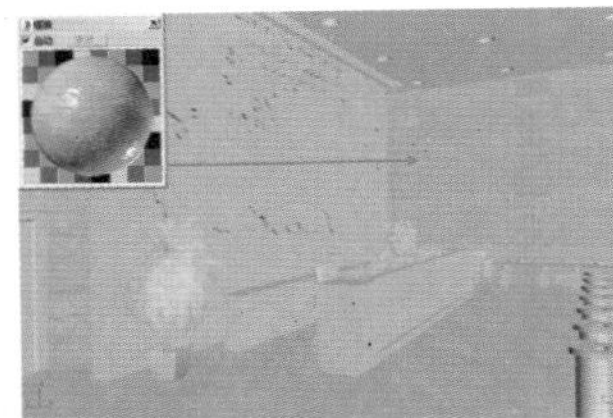

图22-13

3.大理石材质的制作

步骤 01 选择一个空白材质球，然后将【材质类型】设置为VRayMtl，并命名为【大理石】，在【漫反射】后面的通道上加载 20090801_61b8c810a57c67f77fd7sd7GBJd479Ax.jpg 贴图文件，展开【坐标】卷展栏，设置【瓷砖 U】为 0.9，【瓷砖 V】为 0.8。设置【反射】颜色为浅灰色，勾选【菲涅耳反射】，设置【反射光泽度】为 0.97，【细分】为 25，如图 22-14 所示。

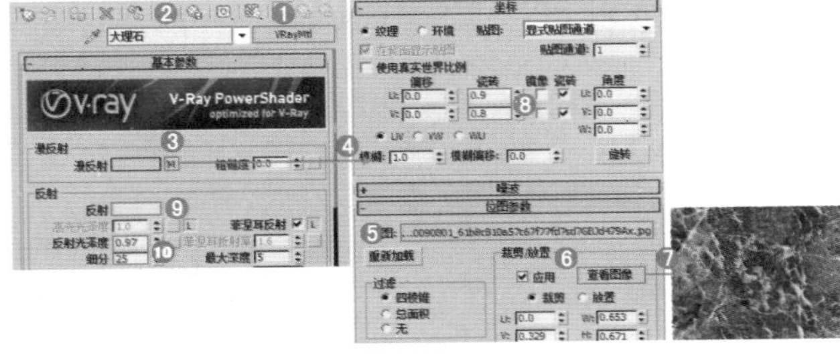

图22-14

步骤 02 将制作完毕的大理石材质赋给场景中地图部分的模型，如图22-15所示。

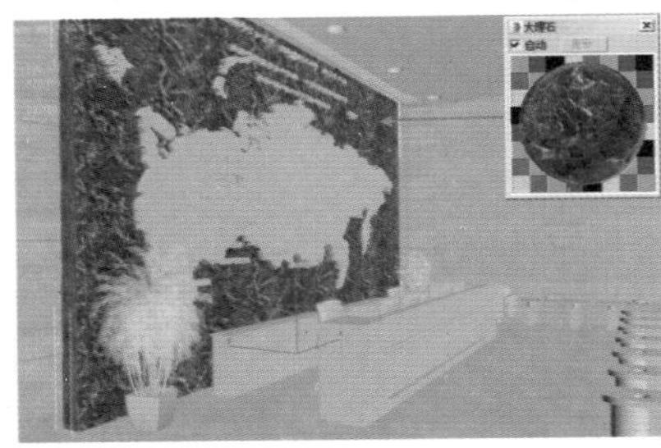

图22-15

4.叶子材质的制作

步骤01 选择一个空白材质球，然后将【材质类型】设置为VRayMtl，并命名为【叶子】，在【漫反射】后面的通道上加载 Arch41_039_leaf.jpg 贴图文件，设置【反射】颜色为灰色，设置【反射光泽度】为 0.7，如图 22-16 所示。

步骤02 将制作完毕的叶子材质赋给场景中叶子部分的模型，如图22-17所示。

图22-16

图22-17

5.桌子材质的制作

步骤01 选择一个空白材质球，然后将【材质类型】设置为VRayMtl，并命名为【桌子】，在【漫反射】后面的通道上加载 179636_000127136774_2.jpg 贴图文件，设置【反射】颜色为白色，勾选【菲涅耳反射】，设置【反射光泽度】为0.9，如图 22-18 所示。

步骤02 展开【贴图】卷展栏，在【凹凸】后面的通道上加载179636_000127136774_2.jpg贴图文件，设置【凹凸数量】为20，如图22-19所示。

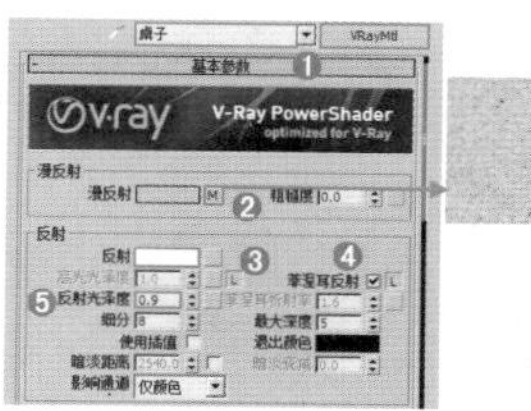

图22-18

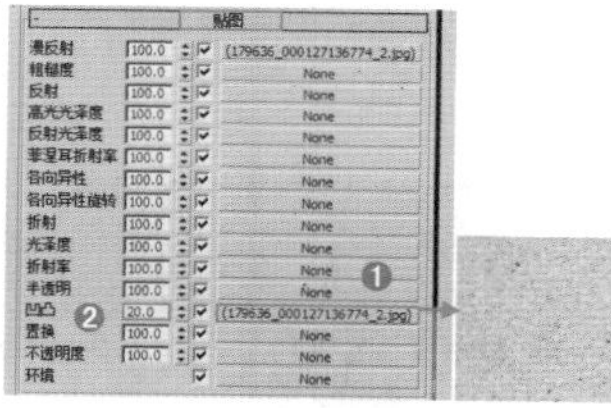

图22-19

步骤03 将制作完毕的桌子材质赋给场景中桌子部分的模型，如图22-20所示。

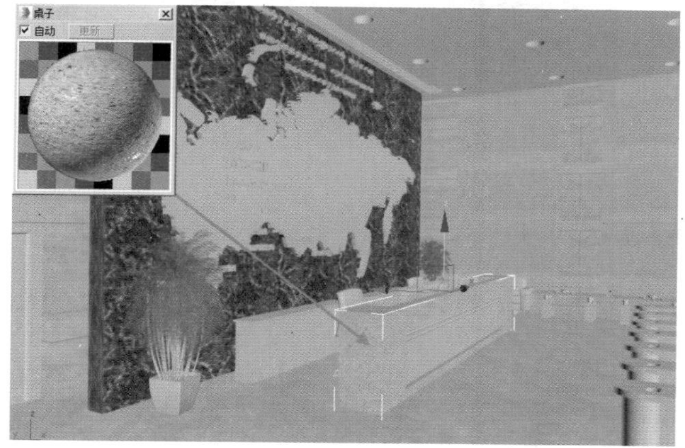

图22-20

22.2.3 设置摄影机

步骤01 执行（创建）|（摄影机）| 目标 命令，如图22-21所示。单击在视图中拖拽创建，如图22-22所示。

步骤02 选择刚创建的摄影机，单击【修改】按钮，并设置【镜头】为 29.37，【视野】为 63.005，最后设置【目标距离】为 12114.21mm，如图 22-23 所示。

步骤03 此时选择刚创建的摄影机右击，选择【应用摄影机校正修改器】命令，如图22-24所示。

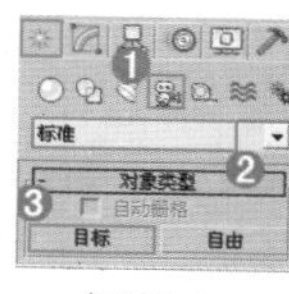

图22-21

图22-22

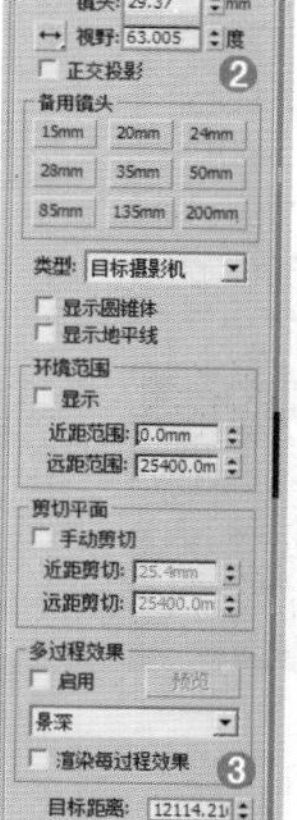

图22-23

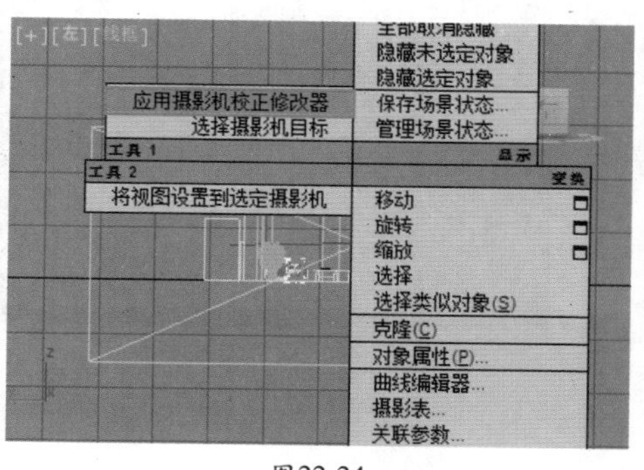

图22-24

步骤04 此时看到【摄影机校正】修改器被加载到了摄影机上，最后设置【数量】为 0.474，【方向】为 90，如图 22-25 所示。

步骤05 摄影机视图效果如图22-26所示。

图22-25

图22-26

22.2.4 设置灯光并进行草图渲染

在这个大堂场景中，使用两部分灯光照明来表现：一部分使用了环境光效果，另一部分使用了室内灯光的照明。也就是说，想得到好的效果，必须配合室内的一些照明，最后设置一下辅助光源就可以了。

1.设置目标灯光

步骤 01 使用【目标灯光】在前视图中创建17盏灯光，如图22-27所示。

步骤 02 选择上一步创建的目标灯光，勾选【启用】，并设置【阴影类型】为【VRay 阴影】，设置【灯光分布（类型）】为【光度学 Web】，接着展开【分布（光度学 Web）】卷展栏，并在通道上加载 16.ies 文件。展开【强度 / 颜色 / 衰减】卷展栏，调节【颜色】为黄色，设置【强度】为 8564，在【远距衰减】选项组下，勾选【使用】，设置【开始】为 3405.22，【结束】为 5842。展开【VRay 阴影参数】卷展栏，设置【偏移】为 13.7，勾选【区域阴影】，设置【U/V/W 大小】为 965.2mm，如图 22-28 所示。

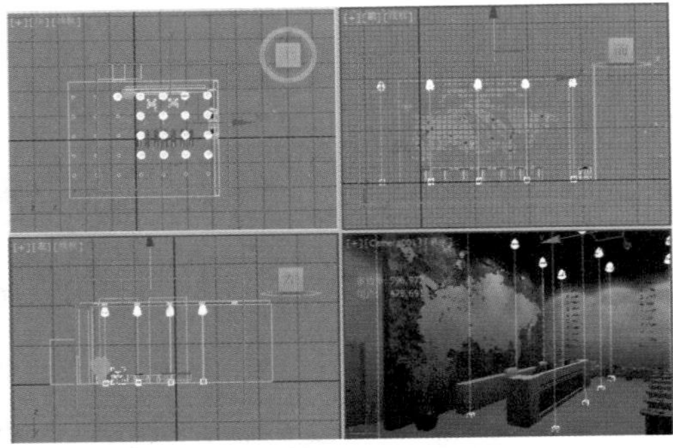

图22-27

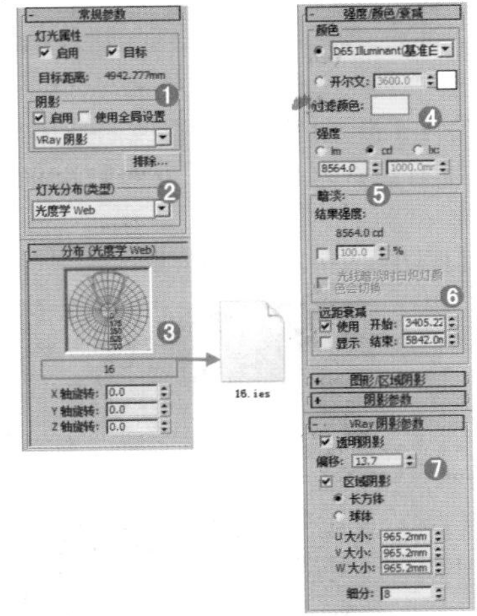

图22-28

步骤 03 按F10键打开【渲染设置】对话框。首先设置V-Ray和GI选项卡下的参数，刚开始设置的是一个草图设置，目的是进行快速渲染来观看整体的效果，参数设置如图22-29所示。

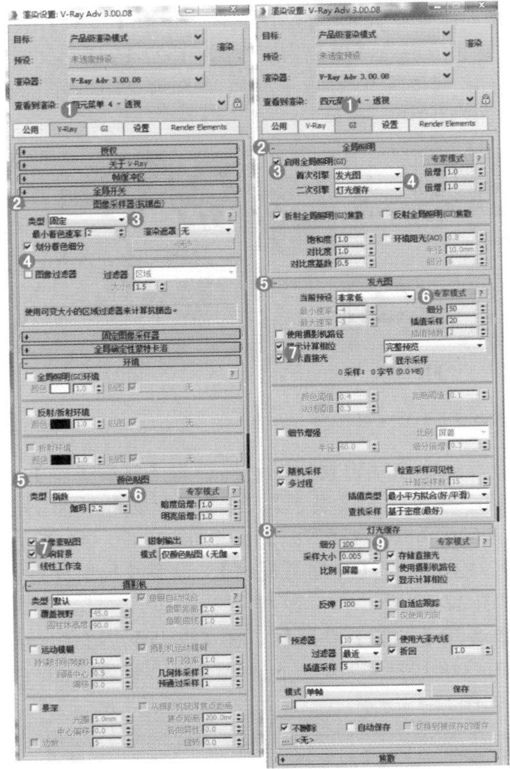

图22-29

步骤 04 按快捷键Shift+Q快速渲染摄影机视图，其渲染的效果如图22-30所示。

图22-30

2.设置目标聚光灯

步骤 01 使用【目标聚光灯】在前视图中创建5盏，如图22-31所示。

步骤 02 选择上一步创建的目标聚光灯，勾选【启用】，设置【阴影类型】为【VRay 阴影】，展开【强度 / 颜色 / 衰减】卷展栏，设置【倍增】为 0.37，调节【颜色】为白色，在【近距衰减】选项组下，设置【结束】为 1016，在【远距衰减】选项组下，设置【开始】为 2032，【结束】为 5080。展开【聚光灯参数】卷展栏，设置【聚光区 / 光束】为 35.2，【衰

减区 / 区域】为 64，展开【VRay 阴影参数】卷展栏，设置【U/V/W 大小】为 254mm，如图 22-32 所示。

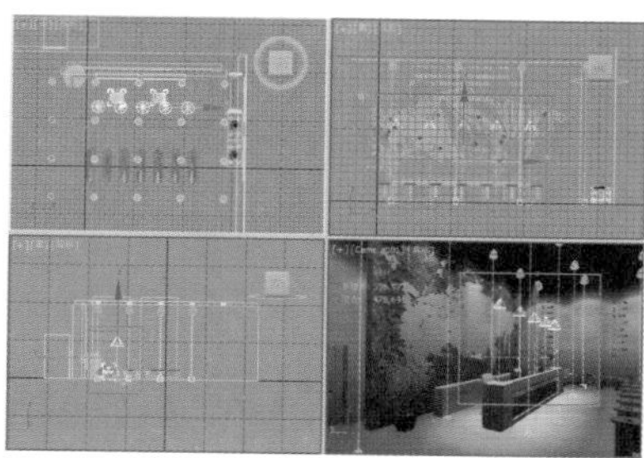
图22-31

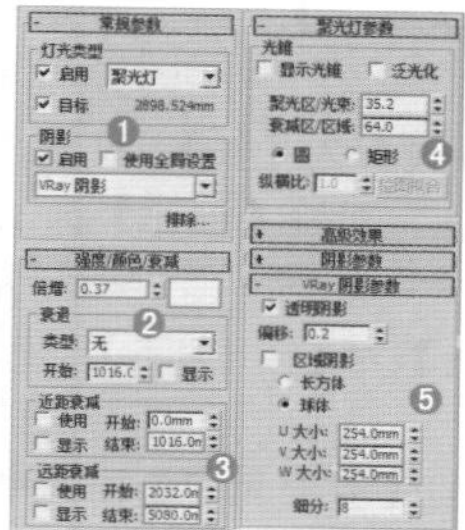
图22-32

步骤 03 继续使用【目标聚光灯】在前视图中创建3盏，如图22-33所示。

步骤 04 选择上一步创建的目标聚光灯，勾选【启用】，设置【阴影类型】为【VRay 阴影】，展开【强度 / 颜色 / 衰减】卷展栏，设置【倍增】为 1，调节【颜色】为白色，在【近距衰减】选项组下，设置【结束】为 1016，在【远距衰减】选项组下，设置【开始】为 2032，【结束】为 5080。展开【聚光灯参数】卷展栏，设置【聚光区 / 光束】为 19.4，【衰减区 / 区域】为 26.3，展开【VRay 阴影参数】卷展栏，设置【U/V/W 大小】为 254mm，如图 22-34 所示。

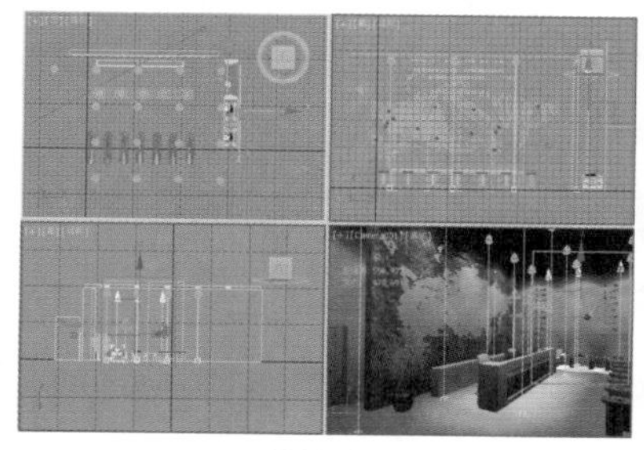
图22-33

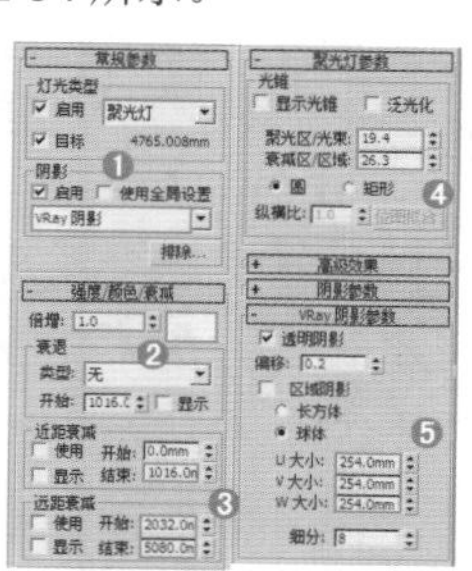
图22-34

步骤 05 按快捷键Shift+Q快速渲染摄影机视图，其渲染的效果如图22-35所示。

图22-35

3.创建室内的辅助光照

步骤 01 在前视图中拖拽并创建1盏VR灯光，如图22-36所示。

步骤 02 选择上一步创建的 VR 灯光，在【常规】选项组下设置【类型】为【平面】，在【强度】选项组下设置【倍增】为 14，调节【颜色】为浅蓝色，在【大小】选项组下设置【1/2 长】为 307.48mm，【1/2 宽】为 6121.633mm，如图 22-37 所示。

图22-36

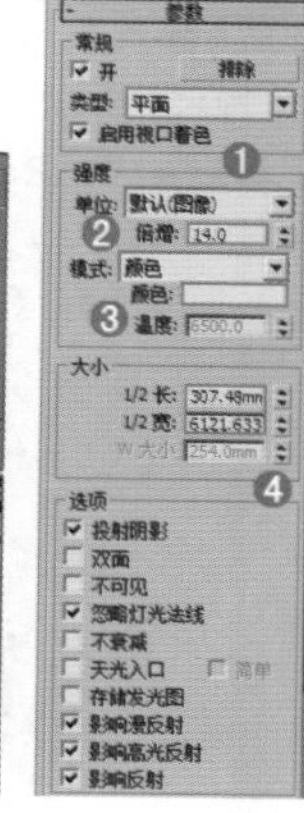
图22-37

步骤 03 继续在前视图中拖拽并创建1盏VR灯光，如图22-38所示。

步骤 04 选择上一步创建的 VR 灯光，然后在【常规】选项组下设置【类型】为【平面】，在【强度】选项组下【倍增】为 12，调节【颜色】为浅蓝色，在【大小】选项组下设置【1/2 长】为 4200mm，【1/2 宽】为 220mm，在【选项】组下勾选【不可见】，如图 22-39 所示。

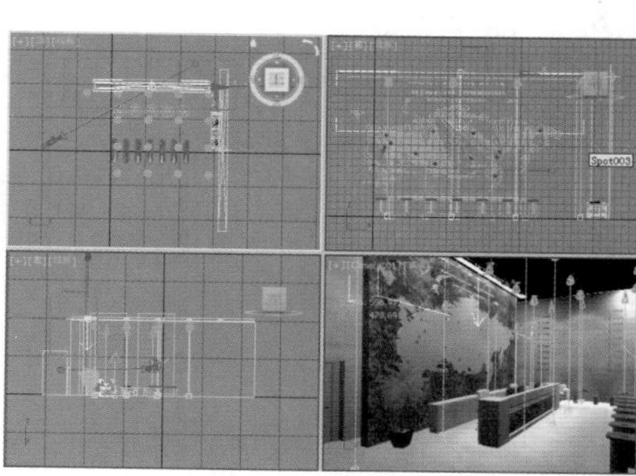

图22-38

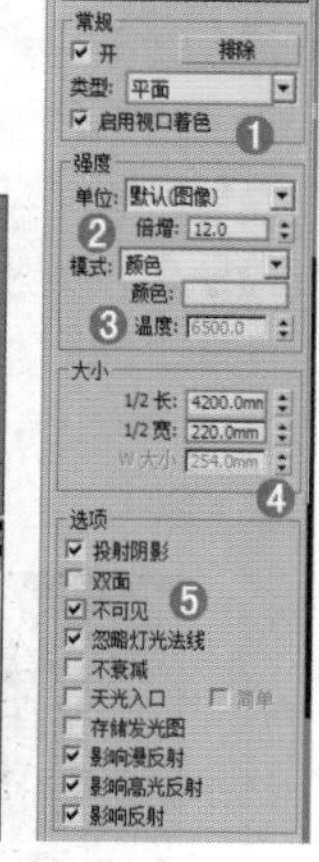
图22-39

22.2.5 设置成图渲染参数

经过了前面的操作，已经将大量烦琐的工作做完了，下面需要做的就是把渲染的参数设置得高一些，再进行渲染输出。

步骤 01 重新设置一下渲染参数，按 F10 键，在打开的【渲染设置】对话框中，选择 V-Ray 选项卡，展开【图形采样器（抗锯齿）】卷展栏，设置【类型】为【自适应细分】，接着勾选【图像过滤器】，并选择【过滤器】类型为 Catmull-Rom；展开【自适应细分图像采样器】卷展栏，设置【最小速率】为 1，【最大速率】为 4；展开【颜色贴图】卷展栏，设置【类型】为【指数】，勾选【子像素贴图】，如图 22-40 所示。

步骤 02 选择 GI 选项卡，展开【发光图】卷展栏，设置【当前预设】为【低】，设置【细分】为 50，【插值采样】为 30，勾选【显示计算相位】和【显示直接光】；展开【灯光缓存】卷展栏，设置【细分】为 1200，勾选【存储直接光】和【显示计算相位】选项，如图 22-41 所示。

步骤 03 选择【设置】选项卡，展开【系统】卷展栏，设置【序列】为【上 -> 下】，最后取消勾选【显示消息日志窗口】，如图 22-42 所示。

步骤 04 选择Render Elements选项卡，单击【添加】按钮在弹出的【渲染元素】窗口中选择VRayWireColor选项，如图22-43 所示。

步骤 05 选择【公用】选项卡，展开【公用参数】卷展栏，设置输出的尺寸为1200×900，如图22-44所示。

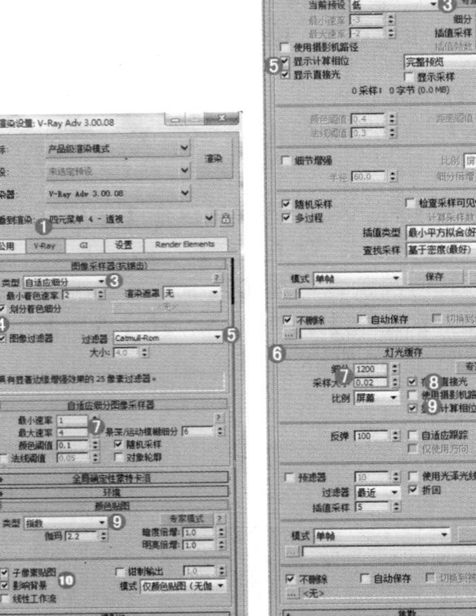

图22-40　图22-41

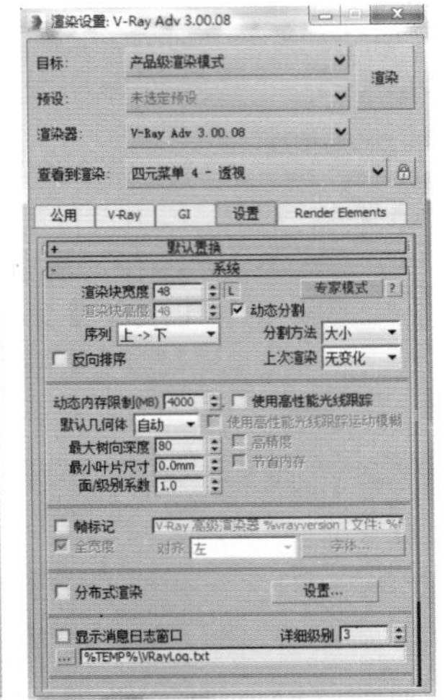

图22-42

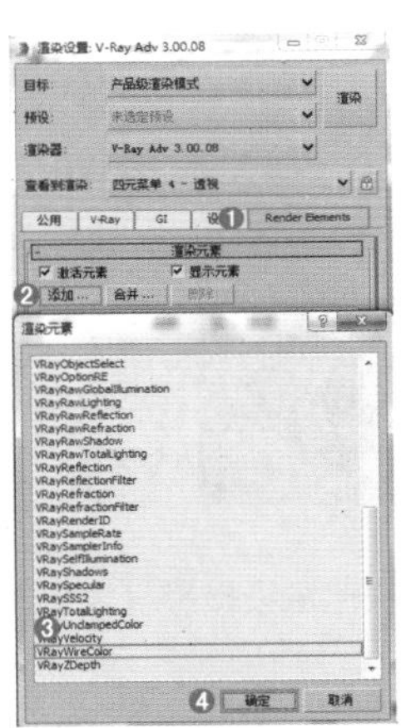

图22-43

图22-44

步骤 06 等待一段时间后渲染完成，最终的效果如图22-45所示。

图22-45

汽车广告设计

广告设计是3ds Max软件一个很重要的应用，本章将主要介绍3ds Max在汽车广告设计中为汽车模型和广告场景添加材质的具体过程，包括地面材质、车身材质、车玻璃材质、轮胎材质和背景材质。最后为整个场景添加摄影机和灯光。通过本章的学习，读者将进一步掌握不同材质的制作过程。

23.1 实例介绍

扫一扫，看视频

本例是一个汽车场景，重点在于使用虫漆材质制作汽车车身的烤漆材质，如图23-1所示。

图23-1

23.2 操作步骤

23.2.1 设置VRay渲染器

步骤 01 打开本书场景文件，此时场景效果如图23-2所示。

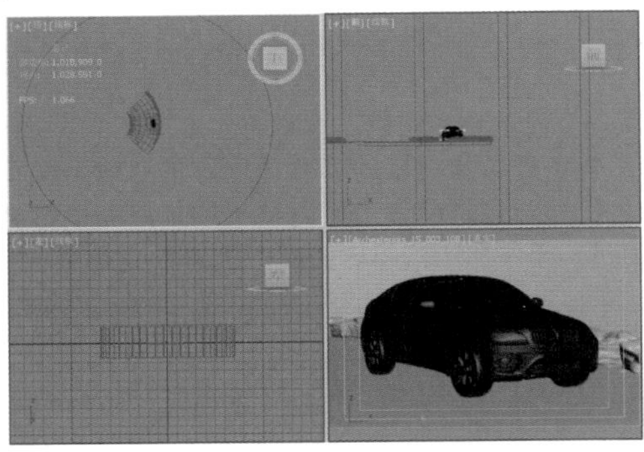
图23-2

步骤 02 按F10键打开【渲染设置】对话框，选择【公用】选项卡，在【指定渲染器】卷展栏下单击...按钮，在弹出的【选择渲染器】对话框中选择V-Ray Adv 3.00.08，如图23-3所示。

步骤 03 此时在【指定渲染器】卷展栏的【产品级】后面显示了V-Ray Adv 3.00.08，【渲染设置】对话框中出现了V-Ray、GI、【设置】选项卡，如图23-4所示。

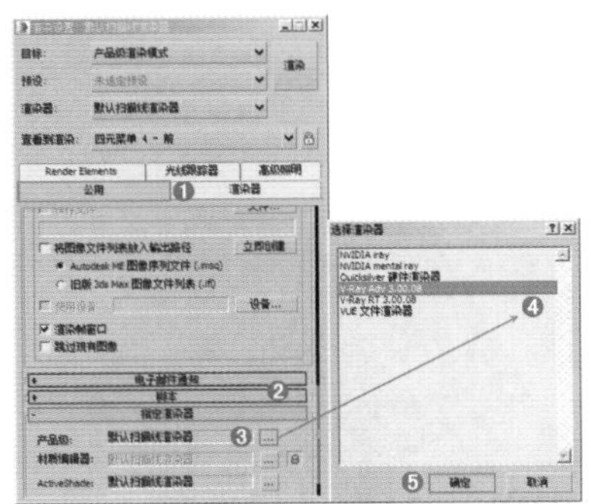
图23-3

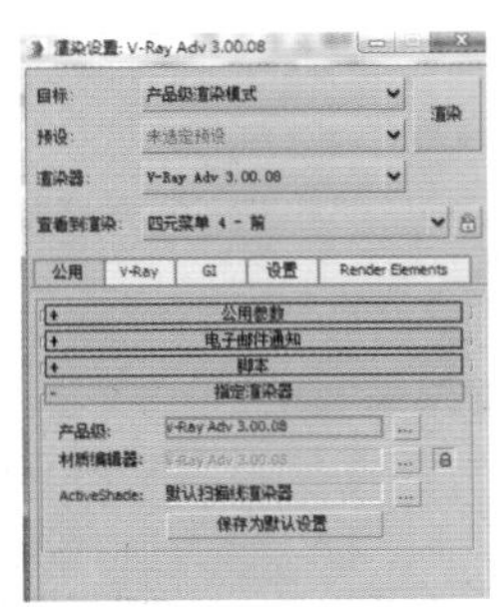
图23-4

23.2.2 材质的制作

下面就来讲述场景中主要材质的调节方法，包括地面、车身、车玻璃、轮胎、背景材质等。效果如图23-5所示。

图23-5

1.地面材质的制作

步骤 01 按M键打开【材质编辑器】对话框，选择第一个材质球，单击 Standard （标准）按钮，在弹出的【材质/贴图浏览器】对话框中选择VRayMtl，如图23-6所示。

步骤 02 将其命名为【地面】，在【漫反射】后面的通道上加载【混合】程序贴图，如图 23-7 所示。

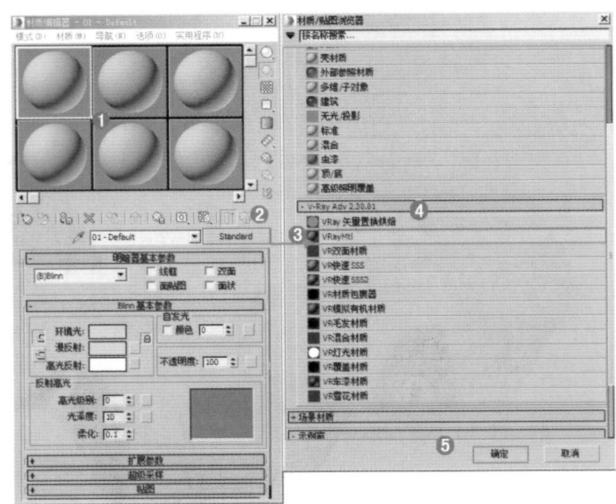
图23-6

图23-7

步骤 03 展开【混合参数】卷展栏，在【颜色#1】后面的通道上加载Archexteriors_15_003_color_sand.jpg贴图文件；展开【坐标】卷展栏，设置【偏移U】为0.13，【瓷砖U/V】分别为1.5和1.5，设置【模糊】为0.5。在【颜色#2】后面的通道上加载Archexteriors_15_003_mask_track_02.jpg贴图文件，展开【坐标】卷展栏，设置【模糊】为0.5。在【混合量】后面的通道上加载Archexteriors_15_003_mask_track.jpg贴图文件，展开【坐标】卷展栏，设置【模糊】为0.5，如图23-8所示。

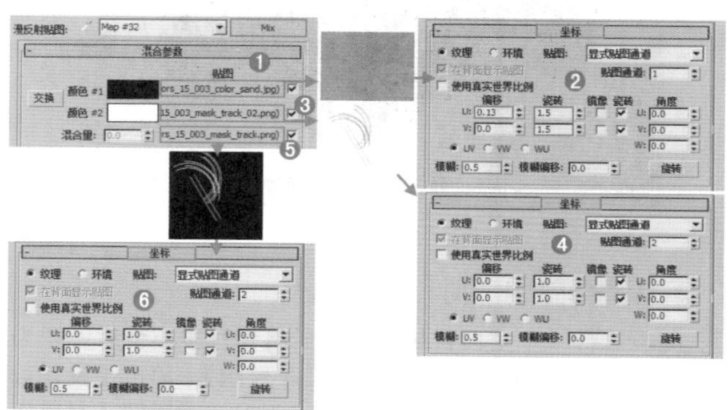

图23-8

步骤 04 展开【贴图】卷展栏，在【粗糙度】后面的通道上加载 Archexteriors_15_003_color_sand.jpg 贴图文件，展开【坐标】卷展栏，设置【偏移 U】为 0.13，【瓷砖 U/V】分别为 1.5 和 1.5，设置【模糊】为 0.5，如图 23-9 所示。

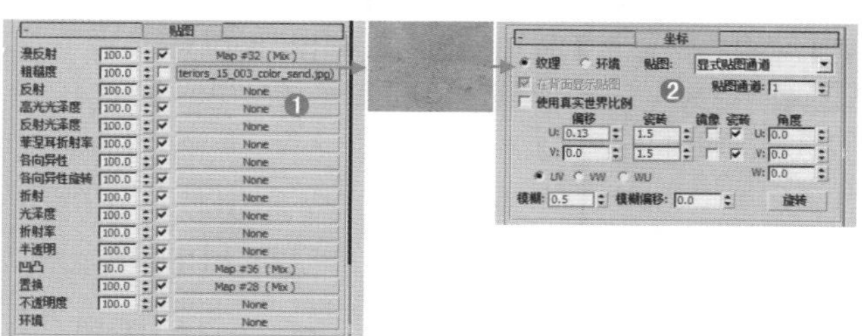

图23-9

步骤 05 展开【贴图】卷展栏，单击【漫反射】后面通道中的【混合】程序贴图，拖拽到【凹凸】后面的通道中，在弹出的【复制（实例）贴图】对话框中勾选【实例】复制方法，然后单击【确定】按钮，最后设置【凹凸】为10，如图23-10所示。

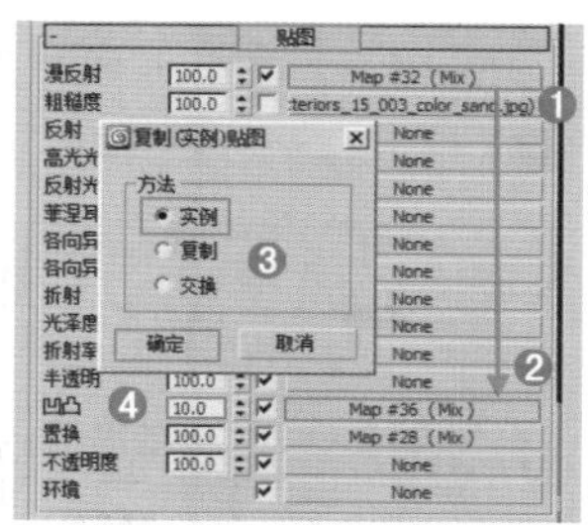

图23-10

步骤 06 展开【贴图】卷展栏，在【置换】后面的通道中加载【混合】程序贴图，如图23-11所示。

步骤 07 展开【混合参数】卷展栏，在【颜色#1】后面的通道上加载 Archexteriors_15_003_displace_sand.jpg 贴图文件，展开【坐标】卷展栏，设置【偏移 U】为 -0.06，【瓷砖 U】为 1.5，【瓷砖 V】为 1.7，【角度 W】为 106，设置【模糊】为 1。在【颜色 #2】后面的通道上加载 Archexteriors_15_003_mask_track_02.jpg 贴图文件，展开【坐标】卷展栏，设置【模糊】为 0.5。在【混合量】后面的通道上加载 Archexteriors_15_003_mask_track.jpg 贴图文件，展开【坐标】卷展栏，设置【模糊】为 0.5，如图 23-12 所示。

步骤 08 将制作完毕的地面材质赋给场景中地面部分的模型，如图23-13所示。

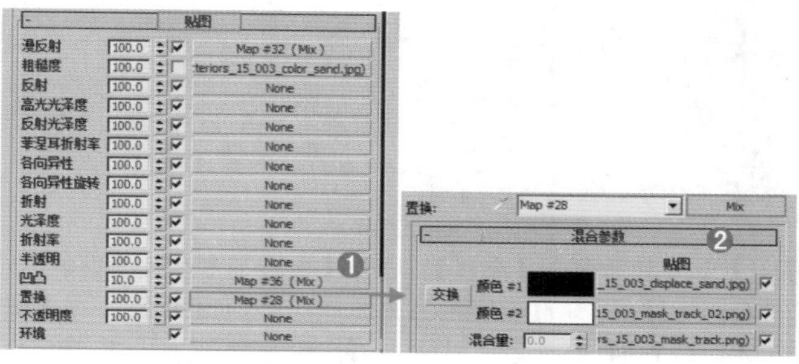

图23-11

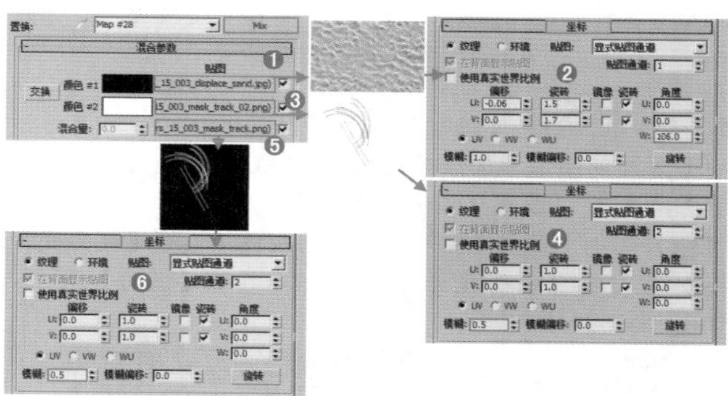

图23-12

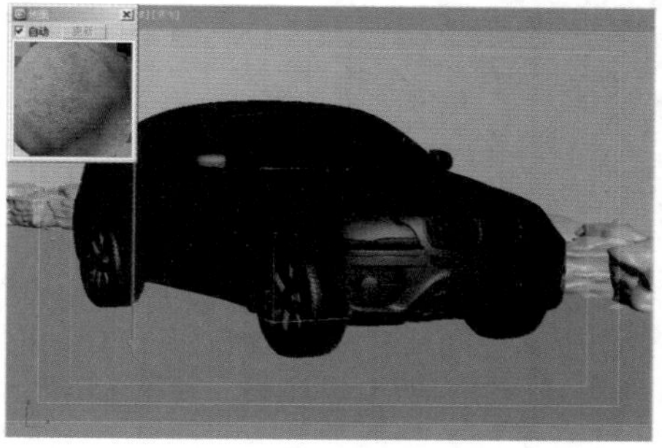

图23-13

2.车身材质的制作

步骤 01 按M键打开【材质编辑器】对话框，选择第一个材质球，单击 Standard （标准）按钮，在弹出的【材质/贴图浏览器】对话框中选择【虫漆】，单击【确定】按钮，如图23-14所示。

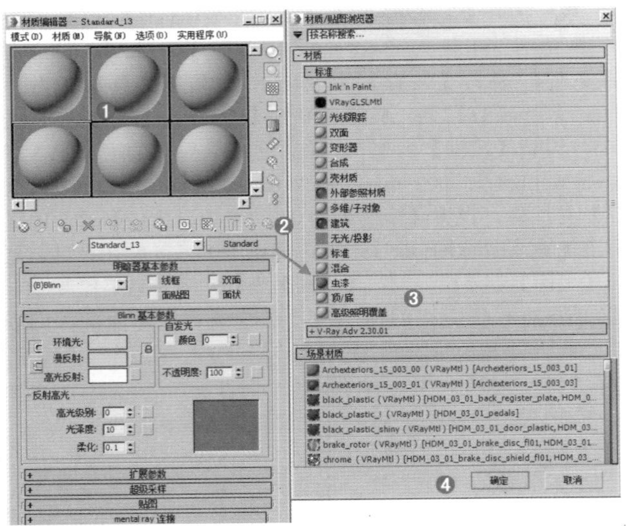

图23-14

步骤 02 将其命名为【车身】，展开【虫漆基本参数】卷展栏，在【基础材质】后面的通道上加载 VRayMtl 材质，在【虫漆材质】后面的通道上加载 VRayMtl 材质，设置【虫漆颜色混合】为 50，如图 23-15 所示。

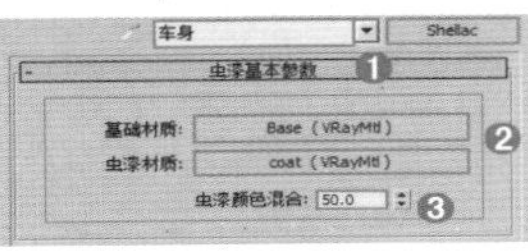

图23-15

步骤 03 单击进入【基础材质】后面的通道中，在【漫反射】后面的通道上加载【衰减】程序贴图，展开【衰减参数】卷展栏，设置【颜色 #1】颜色为浅灰色，【颜色 #2】颜色为灰色，设置【反射】颜色为灰色，设置【高光光泽度】为 0.96，【反射光泽度】为 0.7，设置【细分】为 32，如图 23-16 所示。

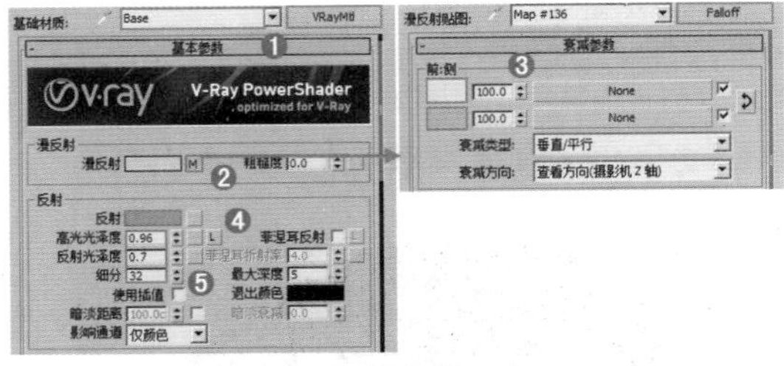

图23-16

步骤 04 单击进入【虫漆材质】后面的通道中，设置【漫反射】颜色为黑色，在【反射】后面的通道上加载【衰减】程序贴图，展开【衰减参数】卷展栏，设置【颜色 #1】颜色为浅灰色，【颜色 #2】颜色为灰色，设置【衰减类型】为 Fresnel，勾选【菲涅耳反射】，设置【菲涅耳折射率】为 1.7，如图 23-17 所示。

步骤 05 将制作完毕的车身材质赋给场景中车身部分的模型，如图23-18所示。

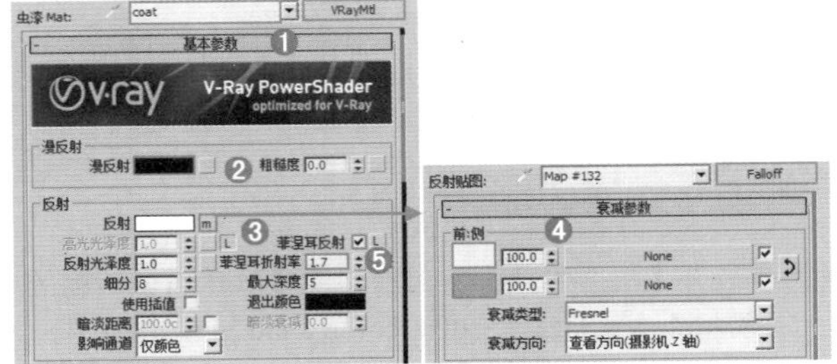

图23-17

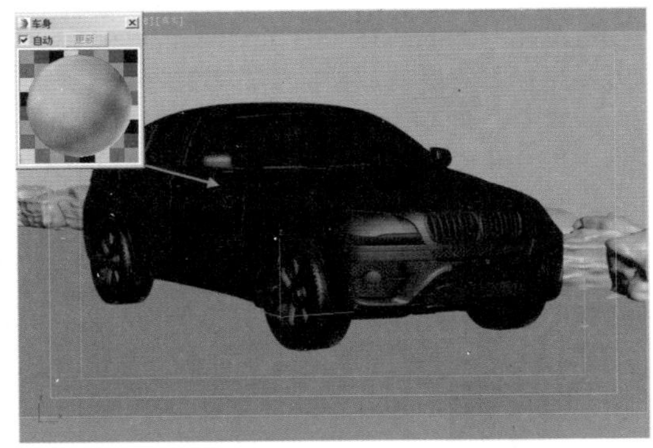

图23-18

3.车玻璃材质的制作

步骤 01 选择一个空白材质球，然后将【材质类型】设置为【多维 / 子对象】材质，并命名为【车玻璃】，单击【设置数量】，并设置数值为 2。然后单击进入 ID1，并设置【材质类型】为 VRayMtl 材质，设置【漫反射】为灰色，【反射】为白色，勾选【菲涅耳反射】，在【折射】通道上加载【衰减】程序贴图，并设置两个颜色为浅色，【衰减类型】为 Fresnel，并设置【折射率】为 1.66。然后单击进入 ID2，并设置【材质类型】为 VRayMtl 材质，设置【漫反射】为深灰色，【反射】为白色，勾选【菲涅耳反射】，如图 23-19 所示。

步骤 02 将制作完毕的车玻璃材质赋给场景中的车玻璃部分的模型，如图23-20所示。

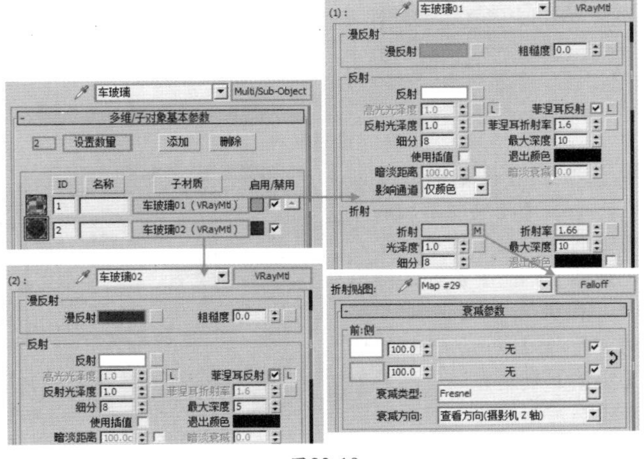

图23-19

图23-20

4.轮胎材质的制作

步骤 01 选择一个空白材质球，然后将【材质类型】设置为VRayMtl，并命名为【轮胎】，设置【漫反射】颜色为灰色，设置【反射】颜色为深灰色，设置【反射光泽度】为0.7，【细分】为10，如图23-21所示。

步骤 02 将制作完毕的轮胎材质赋给场景中轮胎部分的模型，如图23-22所示。

图23-21

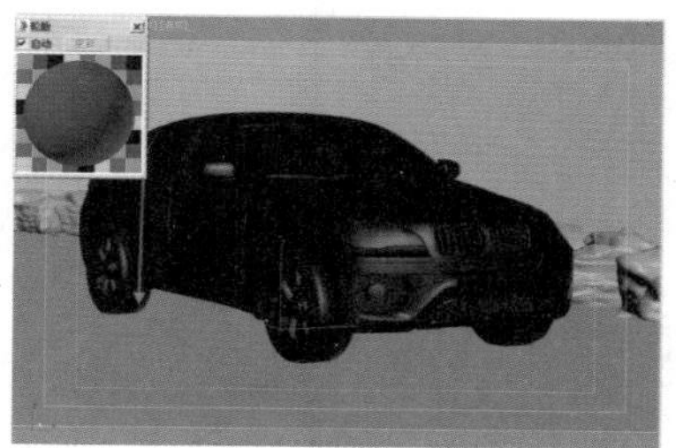

图23-22

5.背景材质的制作

步骤 01 按M键打开【材质编辑器】对话框，选择第一个材质球，单击 Standard （标准）按钮，在弹出的【材质/贴图浏览器】对话框中选择【VR灯光材质】，如图23-23所示。

步骤 02 将其命名为【背景】，在【颜色】后面的通道上加载Archexteriors_15_003_color_enviro.jpg贴图文件，展开【坐标】卷展栏，设置【瓷砖U】为2，最后设置【颜色强度】为11，如图23-24所示。

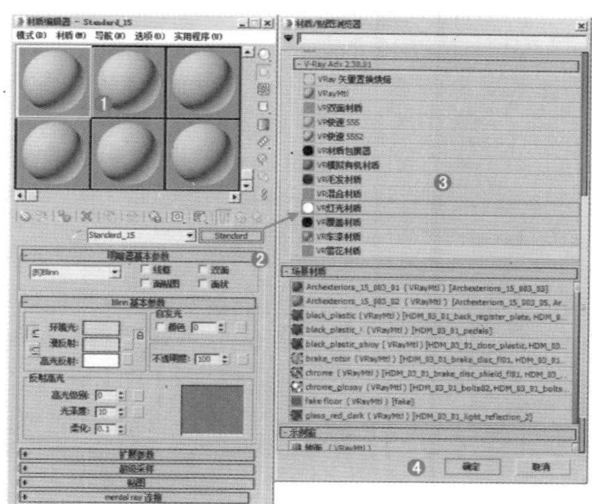

图23-23

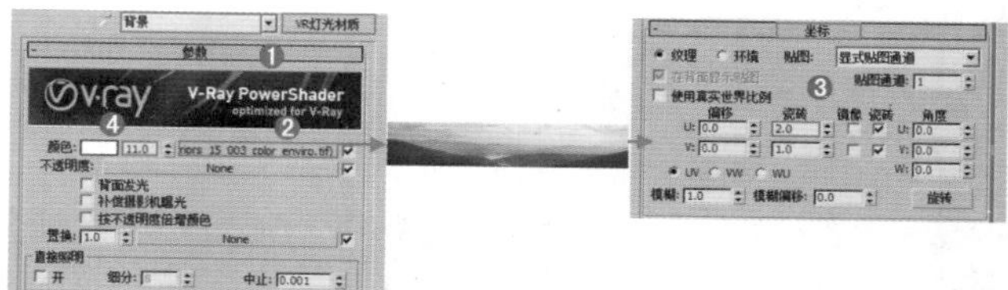

图23-24

步骤 03 将制作完毕的背景材质赋给场景中背景部分的模型，如图23-25所示。

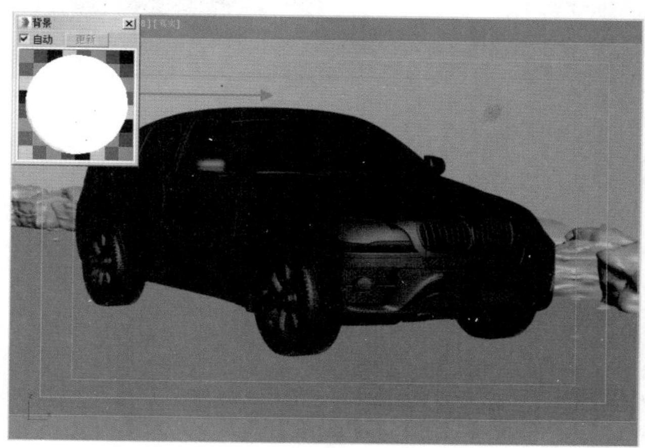

图23-25

至此场景中主要模型的材质已经制作完毕，其他材质的制作方法就不再详述了。

23.2.3 设置摄影机

步骤 01 执行（创建）|（摄影机）| VRay | VR物理摄影机 命令，如图23-26所示。单击并在视图中拖拽创建摄影机，如图23-27所示。

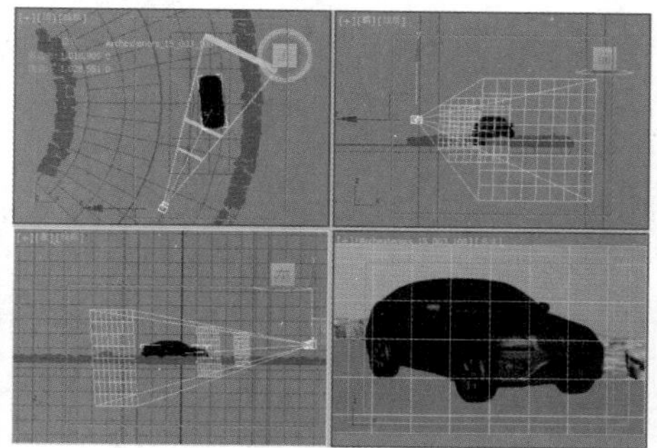

图23-26 图23-27

步骤 02 选择刚创建的摄影机，单击【修改】按钮，并设置【缩放因子】为2，【光圈数】为4，勾选【指定焦点】，设置【焦点距离】为770cm，设置白平衡为【自定义】，设置【自定义平衡】颜色为浅黄色，设置【快门速度（s^-1）】为160，展开【采样】卷展栏，勾选【景深】，如图23-28所示。

步骤 03 摄影机视图效果如图23-29所示。

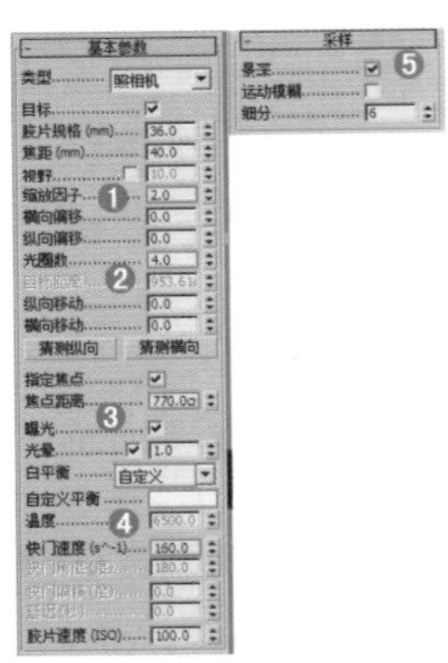

图23-28

图23-29

提示

VR物理摄影机不仅可以固定视角，而且还可以通过修改摄影机参数改变渲染效果，如改变渲染的两大、白平衡、光晕等，是更接近真实单反相机原理的摄影机类型。

读书笔记

23.2.4 设置灯光并进行草图渲染

在这个汽车场景中，使用两部分灯光照明来表现：一部分使用了环境光效果，另一部分使用了室外灯光的照明。也就是说，想得到好的效果，必须配合室外的一些照明，最后设置一下辅助光源即可。

1.设置目标平行光

步骤01 使用【目标平行光】在前视图中创建1盏灯光，如图23-30所示。

步骤02 选择上一步创建的目标平行光，然后在【阴影】选项组下勾选【启用】，设置【阴影类型】为【VRay阴影】；展开【强度/颜色/衰减】卷展栏，设置【倍增】为13，调节【颜色】为白色；展开【平行光参数】卷展栏，设置【聚光区/光束】为1000cm，【衰减区/区域】为2000cm；展开【VRay阴影参数】卷展栏，勾选【区域阴影】，设置【U/V/W大小】为120cm，【细分】为4，如图23-31所示。

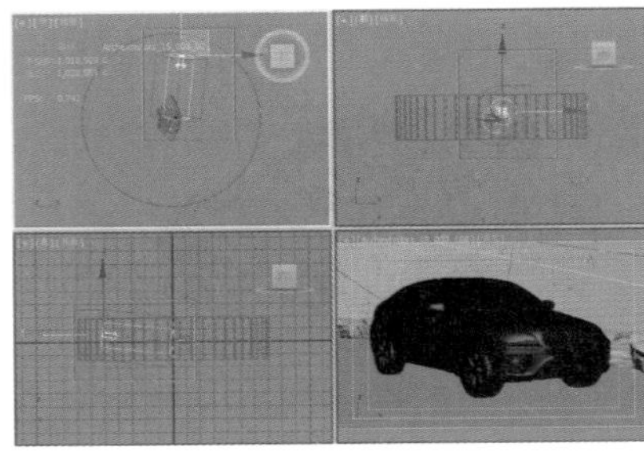

图23-30

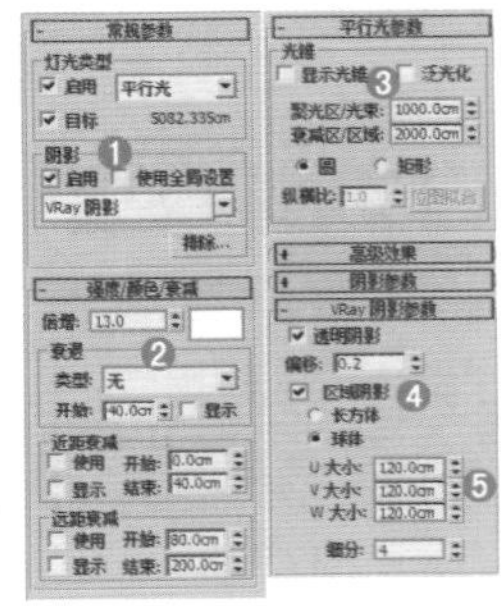

图23-31

步骤03 按F10键打开【渲染设置】对话框，对渲染器参数进行设置，如图23-32~图23-34所示。

步骤04 渲染效果如图23-35所示。

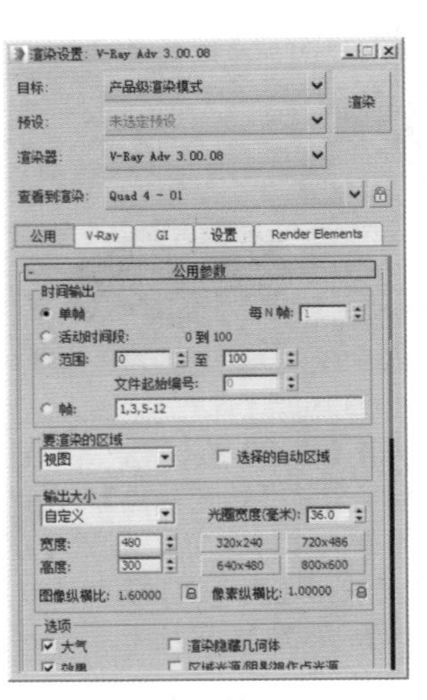

图23-32

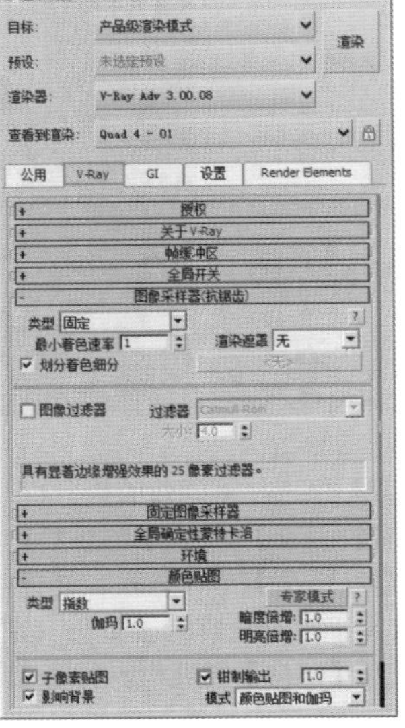

图23-33

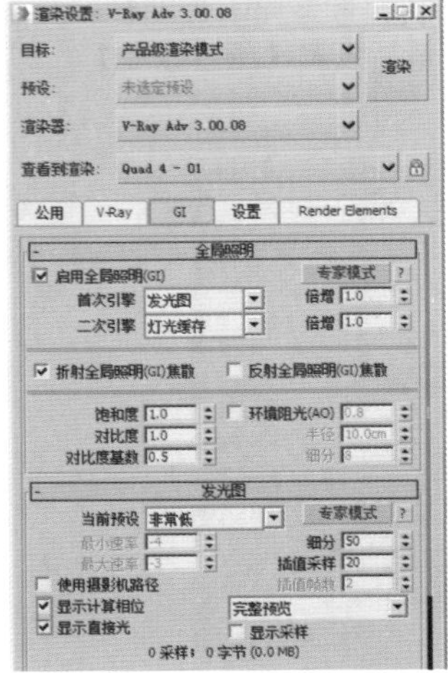

图23-34

图23-35

2.创建室外的辅助光照

步骤01 在顶视图中拖拽并创建1盏VR-灯光，如图23-36所示。

步骤02 选择上一步创建的 VR- 灯光，然后设置【类型】为平面；在【强度】选项组下设置【单位】为辐射率（W），【倍增】为 50；在【大小】选项组下设置【1/2 长】为 15cm，【1/2 宽】为 5cm，如图 23-37 所示。

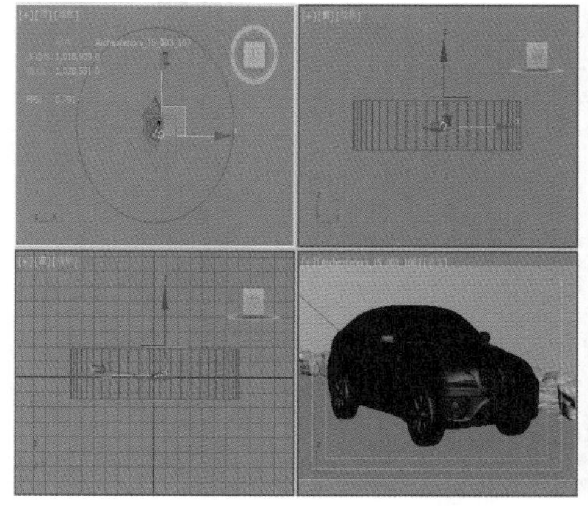

图23-36

图23-37

23.2.5 设置成图渲染参数

经过了前面的操作，已经将大量烦琐的工作做完了，下面需要做的就是把渲染的参数设置得高一些，再进行渲染输出。具体参数设置如图23-38~图23-41所示。

等待一段时间后渲染完成，最终的效果如图23-42所示。

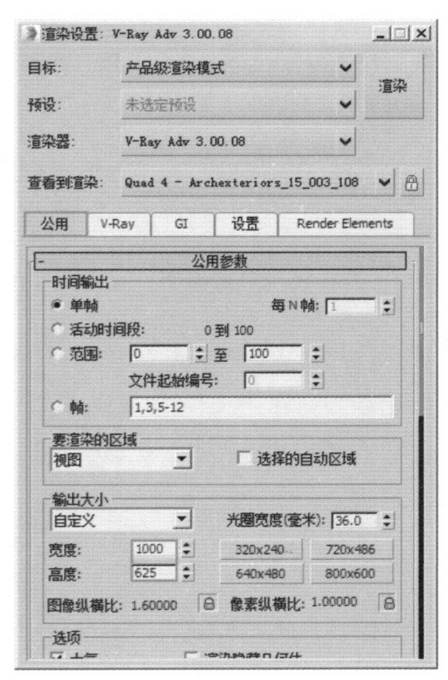

图23-38

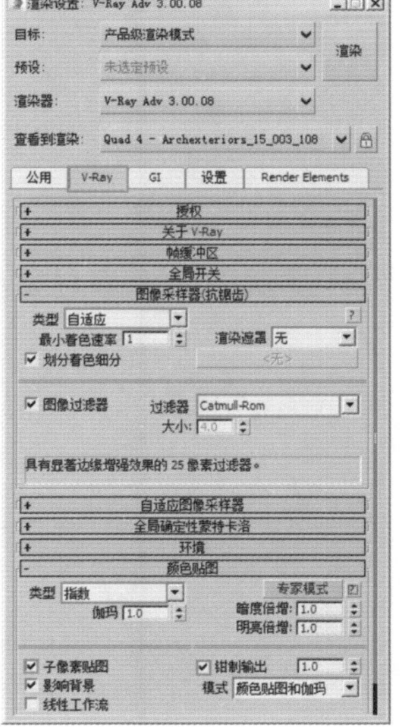

图23-39

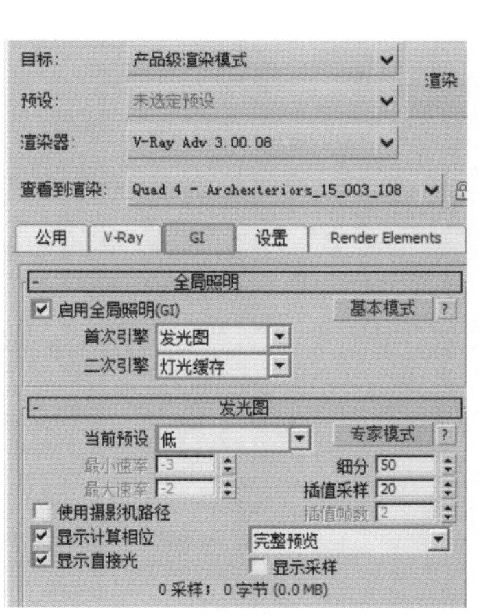

图23-40

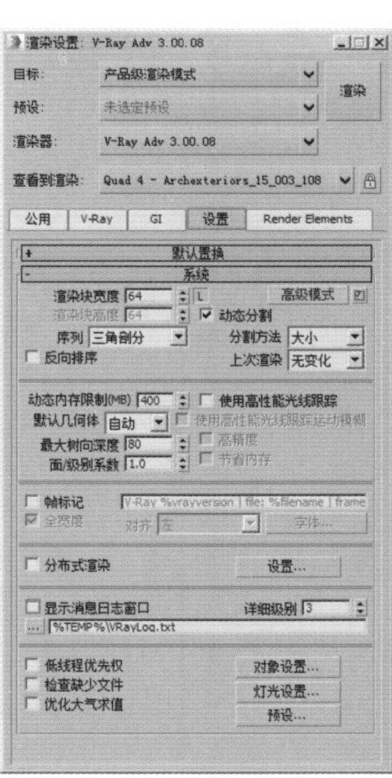

图23-41

图23-42